Gustav Comberg

Die deutsche Tierzucht im 19. und 20. Jahrhundert

Tierzuchtbücherei

Herausgegeben von Prof. Dr. G. Comberg, Hannover

Die deutsche Tierzucht im 19. und 20. Jahrhundert

von Gustav Comberg, Hannover

mit Beiträgen von M. Becker, E. Kunze,
E.-H. Lochmann und H. Winkel

49 Abbildungen
57 Tabellen
16 Übersichten

Verlag Eugen Ulmer, Stuttgart

Die Mitarbeiter an diesem Werk

Prof. Dr. Gustav Comberg
emeritierter Prof. am Institut für Tierzucht und Vererbungsforschung der Tierärztlichen Hochschule Hannover

Prof. Dr. Max Becker
emeritierter Prof. am Institut für Tierernährungslehre der Universität Kiel

Dr. Eberhard Kunze
Ministerialdirigent a. D., Kiel

Prof. Dr. Ernst-Heinrich Lochmann
Fachgebiet Geschichte der Veterinärmedizin der Tierärztlichen Hochschule Hannover

Prof. Dr. Harald Winkel
Lehrstuhl für Wirtschafts-, Sozial- und Agrargeschichte der Universität Hohenheim

Die Untersuchungen, Erhebungen und Ausarbeitungen zu diesem Werk wurden von der Deutschen Forschungsgemeinschaft, Bonn-Bad Godesberg, in dankenswerter Weise durch eine Forschungsbeihilfe gefördert.
Gedruckt mit Unterstützung der Förderungs- und Beihilfefonds Wissenschaft der VG WORT GmbH, Goethestraße 49, 8000 München 2.

CIP-Kurztitelaufnahme der Deutschen Bibliothek

Comberg, Gustav:
Die deutsche Tierzucht im 19. und 20. Jahrhundert/
von Gustav Comberg. Mit Beitr. von M. Becker . . .-
Stuttgart: Ulmer 1984.
(Tierzuchtbücherei)
ISBN 3-8001-3061-0

Wollgrasweg 41, 7000 Stuttgart 70 (Hohenheim)
Printed in Germany
Einbandgestaltung: A. Krugmann
Satz: Ungeheuer + Ulmer KG GmbH + Co, Ludwigsburg
Druck: Sulzberg-Druck GmbH, Sulzberg im Allgäu

Geleitwort

In der deutschsprachigen landwirtschaftlichen Fachliteratur gibt es eine Fülle von Einzelbeschreibungen tierzüchterischer Vorgänge sowie von kurzen Abschnitten zur Viehwirtschaft im Rahmen umfassender Ausarbeitungen über die Entwicklung der Gesamtlandwirtschaft. Nicht vorhanden ist eine spezielle, ausführliche Wiedergabe der Geschehnisse in der deutschen landwirtschaftlichen Tierzucht. Dies wäre somit eine fortlaufende und zusammenhängende Darlegung der Vorgänge und damit einerseits eine Zusammenfassung der vielen Einzelmitteilungen, und andererseits eine Erweiterung der kurzen Abschnitte zur Viehwirtschaft, wie sie in den verschiedenen Kompendien über die Geschichte der deutschen Landwirtschaft zu finden sind. Eine „Geschichte der deutschen Tierzucht" zu erarbeiten, wird seit längerer Zeit immer wieder aufgegriffen und in Fachkreisen diskutiert.
Vor Aufnahme eines derartigen Vorhabens sollte die Frage gestellt werden: Ist eine zusammenfassende Darstellung überhaupt möglich und in welcher Art zweckvoll? Die umfangreiche, vielschichtige und verzweigte Materie erfordert dies! Vor Aufnahme der Ausarbeitung einer Geschichte der deutschen Tierzucht und nach einer ersten Einblicknahme in den zu behandelnden Stoff erschien es daher zweckvoll, viele Gespräche und Diskussionen mit Tierzuchtwissenschaftlern, erfahrenen Fachleuten aus dem Bereich der Züchterverbände, Verwaltungsfachleuten und anderen zu führen. Dabei ergab sich die beachtliche Tatsache, daß im deutschen Raum schon immer eine umfangreiche Viehwirtschaft bestand. Über die Jahrhunderte hin betrifft dies allerdings nur die im Vergleich mit den Bevölkerungszahlen relativ hohen Viehbestände, die selbstverständlich unter Seuchengängen, Kriegszeiten und anderem Einbußen erlitten, sich bestandsmäßig jedoch immer wieder erholten. Die Viehhaltung war allerdings recht primitv, und eine echte, fortlaufende Entwicklung mit fördernden Maßnahmen läßt sich im Mittelalter bis zur Neuzeit hin nur ganz sporadisch erkennen und hat kaum nachhaltige Wirkung gehabt. In einem einleitenden Kapitel wird auf diese über lange Zeiträume fast gleichbleibenden Verhältnisse näher eingegangen.
Diese Erkenntnis und daraus resultierende Überlegungen haben dann dazu geführt, den Beginn einer Darstellung und Wiedergabe der Entwicklung der deutschen Tierzucht erst mit dem Zeitraum um 1750 bis 1800 beginnen zu lassen. Was vorher liegt, ist zweifelsohne interessant und hat auch bedeutsame Grundlagen für die kommende Zeit gebildet. Keineswegs läßt sich jedoch vor dieser Zeitperiode eine Entwicklung erkennen, die von privater oder staatlicher Seite angeregt, eine dann erforderliche fortlaufende Förderung erfuhr. Der lange vor etwa 1750 bis 1800 liegende Zeitraum kann somit kurz unter Verwendung der wenigen vorliegenden Fakten abgehandelt werden.
Die Bearbeitung des nunmehr eingegrenzten Berichtszeitraumes basiert auf einer fast unübersehbaren Fülle allgemeiner Publikationen, wissenschaftlicher Abhand-

lungen, Dokumenten, Mitteilungen staatlicher sowie privater Stellen und Organisationen usw., deren Umfang im Verlaufe des 19. Jahrhunderts bis in die jüngste Zeit fast lawinenartig zugenommen hat. Das Schrifttumsverzeichnis gibt nur einen Auszug der vielen Publikationen in zahlreichen wissenschaftlichen und wissenschaftlich-praktischen Fachzeitschriften sowie Mitteilungen der Züchterverbände wieder, die eingesehen oder berücksichtigt werden mußten. Dabei war es häufig schwierig, Wichtiges von Unwichtigem zu unterscheiden. Daten und Angaben variierten zwischen den einzelnen Quellen; vielerlei Recherchen und Rückfragen erschwerten und verzögerten die Bearbeitung.
Das Ergebnis ist nun eine Zusammenstellung und Auswertung von Unterlagen, Daten und Fakten zur staatlichen, privaten und wissenschaftlichen Förderung und daraus resultierender Entwicklung der deutschen Tierzucht im 19. und 20. Jahrhundert. Erfaßt sind die verschiedenen Bereiche – wissenschaftliche Erkenntnisse, Züchtervereinigungen, staatliche Maßnahmen und Gesetze, Gestüte, Ausbildungs-Forschungsstätten usw. Dabei hat immer das Bemühen bestanden, jedweden Fehler auszuschalten. Viele der ausgearbeiteten Aufstellungen wurden mit der Bitte um Überprüfung und evtl. Ergänzung an zuständige Stellen gegeben. Trotzdem verbleibt die Bitte um Nachsicht, wenn sich hier oder da ein Fehler ergeben haben sollte.
Eine Frage besonderer Art war die Form der Wiedergabe oder Darstellung des Stoffes. Wie hervorgehoben, beruhen die gewonnenen Erkenntnisse über die Entwicklung und Förderung der deutschen Tierzucht auf historisch-wissenschaftlicher Basis. Die Darstellung kann nun einen streng wissenschaftlichen Charakter erhalten unter verstärkter Anführung von Quellen und Einzeldaten. Dies spricht den im wissenschaftlichen Schrifttum Beheimateten und den Historiker sicherlich an, weniger jedoch die in den Tierzuchtorganisationen Tätigen bis hin zum praktischen Tierzüchter. Aber auch für diesen Kreis ist das Buch gedacht, da gerade die Praxis einen großen Anteil an der Entwicklung dieses Zweiges der Landwirtschaft hat. Aus diesen Überlegungen heraus wurde eine Art Mittelweg gewählt, um die Lesbarkeit für alle Bereiche sicherzustellen. Somit sei ausdrücklich betont, daß die Ausgangsbasis immer wissenschaftlich fundierte Untersuchungen und Analysen sind, in der Darstellung jedoch – wo immer möglich – auf allzuviel Quellenangaben und Details verzichtet wurde.
Es bestand zunächst die Absicht, die einzelnen Abschnitte des Buches von dafür besonders zuständigen Persönlichkeiten verfassen zu lassen. Dies erbrachte Erfolge, leider aber auch Mißerfolge. Zumeist erfolgte ein „Rückzug“ nach Einblicknahme in die schwierige Materie. Es verblieb bei einigen Beiträgen. Diese speziellen Kapitel haben folgende Autoren verfaßt: M. Becker (Tierernährung), E. Kunze (Gesetzgebung), E. H. Lochmann (Veterinärmedizin) und H. Winkel (Wirtschaftliche Fragen). Ein von H. O. Diener erbetener und verfaßter Beitrag „Förderung der deutschen Haustierzucht und der tierischen Produktion im 19. und 20. Jahrhundert durch staatliche Maßnahmen“ war zu umfangreich angelegt, inhaltlich jedoch so wertvoll, daß eine eigenständige Publikation erfolgte.
Nicht unerwähnt sei außerdem, daß als Ende des bearbeiteten und erfaßten Zeitraumes das Jahr 1975 festgelegt wurde. In einigen Bereichen ergab sich eine geringfügige zeitliche Verschiebung, um bei besonderen Maßnahmen diese als Endpunkt anzusehen oder sie noch einzuschließen.
Nach Abschluß der Ausarbeitung verbleibt eine Fülle des Dankes. Dieser sei

zunächst für die speziellen Kapitel der genannten Mitautoren ausgesprochen. Er umfaßt weiterhin aber die vielen staatlichen Stellen als Verwaltungen, Ausbildungsstätten, Bibliotheken und Archive sowie die umfangreichen und verzweigten Züchterorganisationen und sonstige private Institutionen. Einzelnennungen aus diesem weitläufigen Kreis sind kaum möglich. So sei ein allgemeiner Dank ausgesprochen!

Speziell gedankt sei jedoch den nunmehrigen Veteranen der deutschen Tierzucht, den Herren K. Biegert, H. Löwe, K. Schimmelpfennig und O. A. Sommer sowie nicht zuletzt den leider verstorbenen H. O. Diener und R. Winnigstedt. Ihr Rat und ihre Hilfe waren unersetzlich! Gedankt sei aus dem Bereich der Bibliotheken insbesondere Herrn K. L. Baresel, Leiter der Bibliothek der Tierärztlichen Hochschule Hannover, der unermüdlich schwierig zu beschaffende Literatur heranholte. Ein herzlicher Dank gebührt auch den engeren Mitarbeitern am Forschungsauftrag, Frau I. Barsch und Frau Dr. Bartels. In nimmermüdem Fleiß haben sie Zusammenstellungen erarbeitet, Daten gesucht, Zeichnungen angefertigt usw. Nicht zuletzt habe ich Herrn Kräußlich – München – zu danken, der bereit war, das Gesamtmanuskript durchzusehen und mir wertvolle Hinweise und Anregungen zu geben. Der Verlag Eugen Ulmer hat die umfangreiche und oft stark heterogene Materie in überaus ansprechender Form als nunmehriges Buch vorgelegt, dies mit viel Verständnis und Einfühlungsvermögen. Dafür sei herzlich gedankt.

So möge diese Ausarbeitung zur Geschichte der deutschen Tierzucht eine wohlwollende Aufnahme finden und damit die Absicht erfüllen, die große Arbeit bei Aufbau und Entwicklung der deutschen Tierzucht zu würdigen.

Hannover, im Frühjahr 1984 G. COMBERG

Inhaltsverzeichnis

A Einleitung

1 Allgemeine Bemerkungen

Wie im Geleitwort betont, ist die geschichtliche Entwicklung der deutschen Tierzucht oder Viehhaltung als ein Teil der Geschichte der deutschen Landwirtschaft anzusehen. Über letztere liegt eine große Zahl älterer Schriften und Bücher vor, wie auch eine Reihe von Publikationen der neueren Literatur versuchen, die Anfänge der deutschen Landwirtschaft zu erfassen, ihre Entwicklung zu beschreiben und zu bewerten. Es mag nicht verwundern, wenn sich diese Mitteilungen und Abbhandlungen mit vielen Fragen allgemeiner Entwicklungen in den teils zeitlich weit zurückreichenden Perioden befassen, wobei das Bemühen besteht, die Landwirtschaft im Rahmen der Völkerentwicklungen und -verschiebungen, gesellschaftspolitischen Verflechtungen sowie wirtschaftlichen Möglichkeiten zu sehen.
Der Beginn landwirtschaftlicher oder ähnlicher Maßnahmen ist eng gebunden an den jeweiligen Stand der Voraussetzungen, insbesondere aber an die natürlichen Gegebenheiten der Gebiete. So sind in diesen Schriften mancherlei Mitteilungen zu finden über den Beginn fester Besiedlungen und ihrer Formen, über die Arten der Baulichkeiten, zu den Bodennutzungssystemen und vielem anderen.
Eine geregelte Bestellung des Ackers und die Haltung von Haustieren werden anfänglich nur sporadisch erwähnt. Sie stehen in engem Zusammenhang mit dem Seßhaftwerden nach den großen Völkerwanderungen im deutschen Raum, und hier liegen große Variationen vor. Viehhaltung und Ackerbau sind nun die beiden Grundpfeiler einer sich allmählich entwickelnden und sich fester fügenden Landwirtschaft. Dabei zeigen die Bestellung von Ackerflächen und die Viehhaltung mit einer Beweidung von primitiver Waldweide bis zu Grünflächen in den Marschen von den frühesten Anfängen bis in die Neuzeit ein Wechselspiel und Bevorzugen des einen oder anderen Nutzungszweiges, wobei zunächst natürliche Voraussetzungen, später aber auch wirtschaftliche Erwägungen Beachtung fanden.
Im Geleitwort wie auch in diesem Abschnitt des Buches sind die Worte Tierzucht und Viehhaltung (Tierhaltung) oder Viehwirtschaft gebraucht. Es drängt sich die Frage auf, und es mag erforderlich sein, eine kurze Erläuterung dieser Begriffe zu geben. Derzeit gegen Ende des 20. Jahrhunderts versteht man landläufig unter Tierzucht die Züchtung, Fütterung und Haltung der landwirtschaftlichen Nutztiere. In früheren Zeiten hat die Züchtung eine noch geringe Rolle gespielt, selbst die Fütterung ließ große Mängel und Lücken erkennen. Was bestand, war eine Viehhaltung oder Viehwirtschaft, wenn man diesen Teil des landwirtschaftlichen Betriebes im Gesamtrahmen der Landwirtschaft sieht. Allmählich haben sich dann Züchtungsmaßnahmen ergeben, solche der Tierernährung bzw. Fütterung wurden verbessert und weiterentwickelt wie auch die Haltung ein stärkeres Augenmerk erhielt. Diese drei Gruppen kamen in dem Wort oder Begriff Tierzucht zur Zusammenfas-

sung. Bei der Entwicklung der Tierzucht im deutschen Raum sind diese Bereiche eng miteinander verflochten, begrenzen oder ergänzen sich.
In den Abschnitten des Buches zur Entwicklung der deutschen Tierzucht wird selbstverständlich versucht, den Einfluß der einzelnen Bereiche herauszustellen, dies jedoch immer unter dem Aspekt, daß eine echte Trennung oder graduelle Bewertung des einen oder anderen Gebietes nicht möglich ist. – Nicht unerwähnt sei, daß in den letzten Jahrzehnten häufig die Begriffe tierische Produktion oder die Produktion landwirtschaftlicher Nutztiere gebraucht und des öfteren an die Stelle von Tierzucht gesetzt werden. Meines Erachtens umfassen diese Begriffe jedoch nur Maßnahmen der Fütterung und Haltung und schließen damit ein optimales Management ein. Man könnte dann die Züchtung oder Tierzüchtung eigenständig sehen, wie es teilweise schon in den modernen Verfahren der Hybridisation bei Huhn und Schwein geschieht. Dies mag sich weiterentwickeln und erfordert neue Fassungen der Begriffsbestimmungen. In dem vorliegenden Buch über die Tierzucht im 19. und 20. Jahrhundert muß man jedoch unter dem Begriff Tierzucht die Züchtung, Fütterung und Haltung der landwirtschaftlichen Nutztiere verstehen und die Entwicklung und Förderung dieser Bereiche.
Sicherlich ist es zweckvoll, in den weiter zurückliegenden Zeiträumen von einer Vieh- oder Tierhaltung zu sprechen, dabei jedoch die fließenden, regional unterschiedlichen Übergänge zu einer Tierzucht mit den genannten Bereichen zu beachten.

2 Beginn einer Haustierhaltung im deutschen Raum

Wie bereits hervorgehoben, läßt die Entwicklung einer landwirtschaftlichen Tierhaltung im deutschen Raum nach Beendigung der Völkerwanderungen um die Mitte des ersten Jahrtausends unserer Zeitrechnung eine nur recht primitive Viehhaltung erkennen, wobei die Vermehrung beachtet, die Züchtung noch kaum eine Rolle gespielt hat und die Fütterung und Haltung zwar notwendigerweise berücksichtigt wurden, aber kaum besondere beeinflussende Züge zeigten. Erst im Verlaufe einer ungemein langsamen Entwicklung finden während der letzten Jahrhunderte züchterische Fragen Berücksichtigung, wird die zweckvolle Ernährung der Tiere stärker erkannt und berücksichtigt man auch die Notwendigkeit besserer Haltungsmaßnahmen. Wie in dem vorigen Kapitel bereits erwähnt, zeigt die Viehhaltung zunehmend Maßnahmen der Züchtung, Fütterung und solche der Haltung und wird zur Tierzucht. Dabei wächst die Erkenntnis, daß die Züchtung genetische Voraussetzungen oder Veranlagungen zu schaffen hat, die eine zweckvolle Fütterung und optimale Haltung auszuschöpfen haben. Die enge und notwendige Verflechtung dieser Arbeitsgebiete des Züchters unserer landwirtschaftlichen Nutztiere wird zur wichtigen Voraussetung für die wirtschaftlich bedeutsamen Leistungen und Leistungssteigerungen der landwirtschaftlichen Tierbestände. Man erkennt zunehmend, daß Züchtungsmaßnahmen nur Sinn haben, wenn Fütterung und Haltung den Veranlagungen der Individuen voll gerecht werden können. Hier finden die natürlichen Voraussetzungen und deren mögliche Verbesserung ebenso Beachtung wie auch die sich allmählich entwickelnden Änderungen von Fütterung und Haltung durch Eingriffe und Maßnahmen des Menschen.
Berücksichtigung verdienen auch die natürlichen Voraussetzungen und Gegebenheiten der Gebiete und Räume für eine Tierhaltung. Die Relationen zwischen

diesem gegebenen Naturraum und dem Komplex künstlich herbeigeführter Maßnahmen und Veränderungen durch den Menschen haben sich in neuerer Zeit teils verschoben und dürften sich auch weiterhin ändern. Bei der vorliegenden Betrachtung der geschichtlichen Entwicklung der deutschen Tierzucht hat jedoch zunächst der gegebene Naturraum mit seinen verschiedenen Einflußsphären der natürlichen Umwelt vorrangige Bedeutung.

Wenn man in die Anfänge einer Tierhaltung zurückblickt, dann haben unsere Vorfahren, die später im heutigen deutschen Raum seßhaft wurden, über lange Zeit als Wander-, Jäger- und Hirtenvölker bei ihrem weiten Weg aus dem asiatisch-osteuropäischen Raum in die Gebiete Europas sicherlich bereits eine primitive, aber voraussichtlich starke Viehhaltung getrieben. Mitführung und Vermehrung der Tiere, aber auch erneute Domestikation der vielfach vorhandenen Wildformen dürften die Bestände erhalten haben.

Nach ABEL blieb eine starke Viehhaltung auch in den ersten Jahrhunderten unserer Zeitrechnung mit Seßhaftwerden und Beginn eines Ackerbaues. Es mag den Überblick erleichtern, wenn man der Ansicht von ABEL und anderen Agrarhistorikern folgt, die 3 Stufen der Tierhaltung und Fleischversorgung herausstellen.

1. Eine noch geringe Bevölkerung erlaubt eine extensive Bodennutzung. Im Verhältnis zu den großen Bodenflächen sind die Arbeitskräfte knapp. Die Viehhaltung läßt große Räume mit geringem Arbeitsaufwand und wenig Hilfsmitteln nutzen. Das Tier liefert dem Menschen den Großteil seiner Ernährung.
2. Die Bedeutung des Ackerbaus wächst mit Zunahme der Bevölkerung. Der sich verbreitende Ackerbau übernimmt nun allmählich einen wachsenden Teil des Nahrungsmittelbedarfs. Im Verhältnis zu den Ackererzeugnissen (vornehmlich Getreide) werden Milch/Milchprodukte und Fleisch teuer. ADAM SMITH sagt zu dieser Entwicklung und ihrer Auslösung: „Ein Getreidefeld von mäßiger Fruchtbarkeit bringt eine viel größere Menge von Nahrung für die Menschen hervor als der beste Weideplatz von gleicher Ausdehnung.“ Neben den bisherigen Aufgaben tritt das Tier zusätzlich in den Dienst des Ackerbaus als Düngerlieferant. ABEL zitiert folgenden Ausspruch: „Wenn man imstande gewesen wäre, sich dem Zwange zu entziehen, der von dem Mistbedarf des Ackers ausging, so hätte man sicher im größten Teil von Deutschland (etwa zu Beginn des 19. Jahrhunderts) die Viehzucht ganz aufgegeben und so, wenn auch auf anderer Grundlage, das Beispiel der Landwirte von China und Japan nachgeahmt.“
3. Die Erzeugnisse des Ackers dienen der Tierhaltung und fördern sie. Es ist der Beginn der sogenannten Veredlungswirtschaft. In Deutschland fällt diese Stufe mit der Industrialisierung zusammen.

Diese Stufen lassen die großen Linien für die Entwicklung der Tierzucht erkennen. Sie erklären zugleich auch die wechselnde und nicht immer gleichmäßige Bedeutung der Tierhaltung über die Jahrhunderte hin. Sie lassen zugleich aber auch die enge Verflechtung der landwirtschaftlichen Tierzucht mit einer sich allmählich entwickelnden allgemeinen Wirtschaft erkennen. In einer Einleitung zu einer Geschichte der deutschen Tierzucht ist der Hinweis auf dieses Eingebundensein der landwirtschaftlichen Tierzucht in das gesamtwirtschaftliche Geschehen von besonderer Bedeutung. Maßnahmen der landwirtschaftlichen Haustierhaltung, besser Nutztierhaltung, wurden nie als Selbstzweck betrieben! Ob Versorgung für einen Hausstand oder aber eine solche im Rahmen des volkswirtschaftlichen Bedarfes bis hin zum weltwirtschaftlichen, immer hat das Verlangen nach der Versorgung des

Menschen die Tierzucht geprägt. Somit ist eine Geschichte der Tierzucht auch keineswegs ohne ökonomische Betrachtungen und Ausblicke zu sehen.
Wie im vorhergehenden Abschnitt bereits hervorgehoben, kann die Betrachtung und Bewertung einer Tier- oder Viehhaltung im deutschen Raum erst nach dem Seßhaftwerden der germanischen Volksstämme beginnen. Die Haltung und das Mitführen von Tieren während der großen Völkerwanderungen sind sicherlich bereits einer Viehhaltung zuzurechnen, feste und geregelte Formen einer Tierhaltung dürften dies jedoch noch nicht gewesen sein. Somit mag man den Beginn einer echten Haustierhaltung im deutschen Raum etwa in das Ende des Römischen Reiches, zeitlich um die Mitte des ersten Jahrtausends nach der Zeitrechnung legen.
Bei einem großen Überblick von diesem Zeitraum bis in die Neuzeit läßt sich nun hervorheben, daß zwar eine Vieh- oder Nutztierhaltung seit dieser Zeit bestand, von einer Tierzucht mit Maßnahmen der Züchtung, Ernährung und Haltung im Sinne der neueren Zeitepochen jedoch keineswegs gesprochen werden kann. Es ist sicherlich richtig, wenn viele Agrarhistoriker darauf hinweisen, daß eine maßgebliche Entwicklung und damit auch anwachsende Produktivität der Viehhaltung im deutschen Raum erst im 19. Jahrhundert, insbesondere in seiner zweiten Hälfte, einsetzte, die Anfänge dieses Aufschwunges jedoch bereits ab etwa 1750 zu erkennen sind. Unter Beachtung dieser Gegebenheit müssen sich Titel und vornehmlich Inhalt dieses Buches auf die Entwicklung und Förderung im 19. und 20. Jahrhundert beschränken, und erfaßt ist damit der bedeutsame Weg der Haustierbestände zur neuzeitlichen, enorm angewachsenen Produktivität (s. auch Geleitwort).
In der Entwicklung der deutschen Tierzucht sind somit nur die letzten 200 Jahre mit einer fast rasant zu bezeichnenden Entwicklung von besonderer Bedeutung. Einer richtigen Betrachtung und Bewertung dieses Aufschwunges sind jedoch kurze Hinweise auf Ausgang und Grundlage voranzustellen. Es erscheint somit notwendig, den langen Zeitraum vom Seßhaftwerden unserer Vorfahren und Beginn einer Haustierhaltung bis gegen Ende des 18. Jahrhunderts in einer kurzen Übersicht wiederzugeben.

3 Landwirtschaftliche Haustierhaltung in Deutschland von der Mitte des 1. Jahrtausends bis Ende des 18. Jahrhunderts

Viel wissen wir über diesen langen Zeitabschnitt nicht. Ausgehend von den Verhältnissen nach Beginn der Zeitrechnung oder um den Niedergang des Römischen Reiches kann, wie bereits hervorgehoben, von einer Tierzucht mit allen fördernden Maßnahmen keine Rede sein. Es ist eine Viehhaltung zumeist primitivster Form, die über die Jahrhunderte hin nur ein geringes Auf und Ab erlebte und in keinem Zeitraum größere oder besondere und nachhaltige Fortschritte erzielte. Es genügen daher kurze Hinweise auf eine Viehhaltung in einem Zeitraum von mehr als 1000 Jahren, die zu erwähnen ist, ohne allerdings von besonderer Bedeutung zu sein.
Zur Zeit des Seßhaftwerdens etwa um die Mitte des ersten Jahrtausends und in den folgenden Jahrhunderten erlaubte eine noch geringe Bevölkerungszahl eine exten-

sive Bodennutzung. Der vorhandene Raum, das gering vorhandene Arbeitspotential wie auch das Fehlen von Geräten und sonstigen Hilfsmitteln boten für eine zwar äußerst primitive, aber verbreitete Tierhaltung beste Voraussetzungen.
Was die einzelnen Tierarten anbetrifft, sei hervorgehoben, daß das Pferd schon immer als Kriegs-, Reit- oder Sportpferd Bedeutung besaß, als Wagenpferd herangezogen wurde, für landwirtschaftliche Arbeiten jedoch unterschiedliche Verwendung fand. Nach ABEL ist die Frage umstritten, ab wann im deutschen Raum die Zugkraft des Rindes im stärkeren Maße von derjenigen des Pferdes ersetzt wurde. Man kann vielleicht MITCHELL zustimmen, daß sich die verstärkte Pferdeanspannung in der Landwirtschaft oder bei den Feldarbeiten erst im späten Mittelalter durchsetzte. Dies deckt sich mit der Feststellung, daß im Verlaufe der Zeit die Arbeitskräfte eine stärkere Beachtung und höhere Bewertung erfuhren. Die vergleichsweise bessere Arbeitsproduktivität des Pferdes schuf hier einen Ausgleich bei der Gegenüberstellung mit der Zugkraft und dem langsameren Schritt des Rindes. Zur Exterieurausprägung des Pferdes sei vermerkt, daß nach den vorliegenden Mitteilungen die Pferde in der zweiten Hälfte des 1. Jahrtausends relativ klein, im Körperbau gedrungen und plump gewesen sind. Ihre Ausdauer und Härte sollen jedoch groß gewesen sein.
Über die Rinderhaltung liegen unterschiedliche Berichte vor. Sie soll im Vergleich zur Bevölkerungszahl recht groß gewesen sein, wobei allerdings nicht zu übersehen ist, daß es sich um kleine, wenig produktive Tiere gehandelt hat, die zudem unter schlechtesten Futterverhältnissen gehalten wurden. Ansätze einer züchterischen Beeinflussung lassen sich hier und da erkennen, zumal wenn die germanischen Stämme bei ihren Wanderungen oder nach Seßhaftwerden mit vorhandenen Rindern, oft Tiere aus römischen Siedlungen, zusammentrafen. Im Mittelalter wird auch der Handel mit Schlachttieren von außerdeutschen Gebieten gelegentlich für die Entwicklung der eigenen Bestände bemerkenswert (s. S. 391). Das Rind war Zugtier, Fleisch- und Milchlieferant. Auch Käse kannte man als Produkt des Rindes, Butter wird in diesem Zeitraum noch weniger genannt.
Stark war die Schweinehaltung. Die erwähnte extensive Viehhaltung bot dieser Tierart in der ausgedehnten Waldweide (Eichen-, Buchenwälder) besonders günstige Voraussetzungen. Die Tiere waren hochbeinig, karpfenrückig, langköpfig und recht spätreif, lieferten aber ausreichend Fleisch und Speck.
Neben Pferd, Rind und Schwein hat auch das Schaf schon früh im deutschen Raum als landwirtschaftliches Nutztier Bedeutung gehabt. Im Vordergrund stand eine Nutzung als Pelz- und Wollieferant, wie auch der Fleischanfall und in geringem Maße die Milch Beachtung fanden. Ziegen sind im beschränkten Umfang, zumeist neben den Schafen oder innerhalb der Schafherden, gehalten worden.
Die Ernährung dieser Haustiere ist denkbar primitiv gewesen. Agrarhistoriker weisen auf eine Art „Wilde Feldgraswirtschaft" und dann aufkommende „Dreifelderwirtschaft" hin. Die Hutungen, die sich nach Waldrodungen im Rahmen dieser Bodennutzungssysteme ergaben, zusammen mit den Waldweiden, boten vom Frühjahr bis zum Winter hin eine quantitativ zumeist ausreichende, qualitativ schlechte Weide. Die Winter machten eine geregelte Haustierhaltung sehr schwierig, zumal sich eine Futtervorratswirtschaft nur langsam entwickelte (im Vergleich mit späteren Zeiträumen soll die starke Bewaldung jedoch zu einem vergleichsweise milderen Klima geführt haben). Die Unterbringung der Haustiere war nach KRZYMOWSKI lange Zeit eine Art Hutehaltung in der Nähe der Wohnsitze (halbwilde Hege in

umzäunten Gehegen, auch als Schutz gegen wilde Tiere). Erst allmählich kommt es zur Einrichtung von Unterkünften oder primitiven Stallanlagen.
Die Viehhaltung im damaligen deutschen Raum hat allerdings ein unterschiedliches Gepräge gehabt. So heben einzelne Agrarhistoriker Variationen zwischen den einzelnen germanischen Stämmen hervor mit einer Bevorzugung einzelner Tierarten. Diese Vorliebe für bestimmte Haustierarten dürfte jedoch von den natürlichen Voraussetzungen überlagert gewesen sein, vielleicht primär von diesen ausgelöst. Eine primitive Viehhaltung ist in besonders starkem Maße von den vorhandenen Umweltverhältnissen bestimmt. Diese Abhängigkeit der Tierhaltung vom Naturraum wird allerdings mit aufkommendem Ackerbau mehr und mehr verwischt, hat aber für einzelne Tierarten bis in die Neuzeit hinein Bedeutung behalten. So konnte sich schon recht früh in den graswüchsigen Seemarschen des Nordens eine vergleichsweise bessere Rinderhaltung entwickeln, während das Schwein in dem waldreichen Binnenland besonders gut zu halten war. Scheinbar schon früh stellte man fest, daß Schafe und Ziegen in Gebieten mit kärglichem Bewuchs wie Heide oder auch Gebirgszonen noch ein erträgliches Fortkommen fanden. Diese zeitlich weit zurückgreifende Differenzierung fand insbesondere auch durch die Arbeiten von HERRE, NOBIS u.a. an Knochenfunden bei Ausgrabungen eine Bestätigung. Diese Autoren machten folgende Gegenüberstellung: Die Wurtensiedlung Tofling an der Nordseeküste (6. bis 10. Jahrhundert) hatte bei den Knochenfunden 66,7 % Rind, 10,0 % Schwein und 23,3 % Schaf/Ziege, während in Wollin (von weitläufigen Waldungen umgeben) (950 bis 1050) diese Anteile 14,7 % Rind, 70,0 % Schwein und 15,3 % Schaf/Ziege betrugen.
ABEL hat versucht, Aussagen über die Größe der damaligen Tierbestände zu machen. Er leitet diese aus der salfränkischen Einung ab, die besondere Abschnitte für Diebstähle enthält (Tab. 1):

Tab. 1. Herden- und Bußenordnung der Salfranken (um 510 n. Chr.).

Tierart	Kopfzahl der Herden	Bußen (Schilling)
Pferde	7–12	62½
Rinder	12–25	62½
Schweine	25–50	62½
Schafe	40–60	62½
Ziegen	mehr als 3	15

(nach ABEL, Geschichte der Deutschen Landwirtschaft, 1978)

ABEL verweist darauf, daß diese Bußen im Falle des Diebstahls einer Herde zu zahlen waren. Man kann damit in etwa auf den Wert des Einzeltieres schließen. Für Pferd, Rind und Schwein ergibt sich eine Relation von 1:0,50:0,25.
Abschließend zu den Verhältnissen in den sich bildenden, fester gefügten landwirtschaftlich-bäuerlichen Betrieben sei eine Zusammenstellung bzw. Berechnung von ABEL genannt, die den Nahrungshaushalt einer frühmittelalterlichen Bauernfamilie wiedergibt. Gegenübergestellt sind ein Marschbetrieb damaliger Größenordnung sowie ein Betrieb im Rintelner Becken, heutiger Kreis Schaumburg-Lippe (Tab. 2).

Tab. 2. Nahrungshaushalt eines frühmittelalterlichen Bauernhofes (6 Vollpersonen).

Rintelner Becken		Seemarsch
vom Acker: 2190*	Nettonahrungsproduktion (in Kalorien je Kopf/Tag)	aus der Viehhaltung: 1600**
– 1010 = 32 %	Kalorienrestbedarf (3200 Kalorienbedarf Kopf/Tag)	– 1600 = 50 %

* 7 dz/ha
** 200 kg Lebendgewicht eines Rindes, 800 kg Milchleistung je Jahr/Vieh
(nach ABEL, Geschichte der Deutschen Landwirtschaft, 1978)

Die Fehlmengen mußten für den Hof der Marschen durch Ackerbau und für denjenigen des Binnenlandes durch Viehhaltung gedeckt werden, ohne daß dazu die Voraussetzungen besonders günstig waren. Hinzu kamen Jagd und Fischfang. Grundsätzlich mag jedoch betont sein, daß eine Viehhaltung unbedingt notwendig war, wobei ihre geringe Produktivität im Vergleich zu derjenigen späterer Zeitepochen relativ große Bestände erforderte, wenn man die Versorgung der jeweiligen Bevölkerungszahlen betrachtet.
Diese starke Viehhaltung ist zunächst erhalten geblieben. Aus der Zeit Karls des Großen liegt die berühmte *Capitulare de villis* vor, eine Anweisung zur Bewirtschaftung der königlichen Güter. Hier wird der Ackerbau nur wenig erwähnt. Die Viehhaltung steht im Vordergrund mit Pferd, Rind, Schwein, Schaf und Ziege, aber auch Bienen und die Geflügelhaltung einschließlich Ziergeflügel finden Berücksichtigung. Neben dem Wirtschaftsgeflügel wie Huhn, Gans und Ente dürfte das Ziergeflügel für die Masse der damaligen Betriebe jedoch kaum Bedeutung gehabt haben. Die Einrichtung von königlichen Höfen zur Zeit der Karolinger, insbesondere durch Karl den Großen, entsprach der Schaffung von Musterwirtschaften. Die Lehnsherren und insbesondere auch die Klöster folgten diesem Beispiel, wobei letztere der lateinischen Sprache mächtig, sicherlich manche Erkenntnisse der Griechen und Römer über Ackerbau und Viehzucht übernahmen. Hierdurch können Einflüsse auf die Produktivität angenommen werden. Im Ausmaß blieben diese jedoch sehr gering, da gesellschaftspolitische Verflechtungen wie die Abhängigkeit der Bauern von Lehnsherren oder Kirche und das stark einengende Wirtschaftssystem der Dreifelderwirtschaft kaum Entfaltungen zuließen.
Die Entwicklung der Tierhaltung vom Frühmittelalter bis in die Zeit des alles verheerenden Dreißigjährigen Krieges war insgesamt bescheiden und spärlich, obwohl eine gewisse Differenziertheit nicht übersehen werden sollte. Diese liegt zunächst zwischen den Tierarten. Bei derartigen Betrachtungen muß das Pferd besonders gesehen und herausgestellt werden. Soweit die vorhandenen Quellen sichere Aussagen zulassen, hat das Pferd in diesen Jahrhunderten einen bedeutenden Anteil am Gesamttierbestand besessen. Kriegszüge, Kreuzzüge, Ritterturniere, Verwendung als Reit- und Wagenpferde sowie im landwirtschaftlichen Betrieb als zunehmender Konkurrent des Rindes bedingen dies. Dabei läßt sich bei dieser Tierart eine teils von den natürlichen Gegebenheiten wie Weide, Winterfutter und

Unterkunft unabhängige Entwicklung feststellen. Die Verbindung mit dem Orient, insbesondere auch die Kreuzzüge, brachte bereits durchgezüchtete Pferde in das damalige Deutschland und das vielseitige Verlangen nach eleganten und beweglichen Tieren einerseits, aber auch schwereren sogenannten Ritterpferden (Mann und Rüstung mußten getragen werden) andererseits führte zu Selektionen und dem Herausstellen oder bereits Herauszüchten leichter bis schwerer Schläge.
Bei den übrigen Haustierarten kommt es zu Wechselwirkungen mit dem Ackerbau, d. h. in einzelnen Gebieten auch zu Rückgängen einzelner Haustierarten. Insgesamt verblieb jedoch ein relativ großer Tierbestand, und es sei nicht übersehen, daß der Fleischverzehr damals sehr groß gewesen ist. Angaben aus dem 14. Jahrhundert nennen einen Fleischverbrauch je Kopf der Bevölkerung von über 100 kg je Jahr. So berechnete bzw. schätzte KLÖDEN (nach ABEL) für Berlin im Jahr 1397 einen Verbrauch von etwa 1500 g je Tag und Kopf der Bevölkerung. Diese großen Mengen brachten einen Handel mit Schlachtvieh, der innerhalb des deutschen Raumes stattfand, aber auch benachbarte Länder einschloß. Rückschauend mag es fast verwunderlich erscheinen, daß keine erhöhte Produktivität der Bestände angestrebt wurde. Diese sollte allerdings nicht vollends ausgeschlossen werden, hatte jedoch keinen nachhaltigen Erfolg, da die bereits erwähnten gesellschaftspolitischen und wirtschaftlichen Gegebenheiten zu viel Zwang auferlegten. Wo diese sich nicht so stark auswirkten, wie in den Klosterwirtschaften oder bei den wenigen freien Bauern, läßt sich ohne Zweifel eine Entwicklung ermitteln.
Innerhalb der Tierarten sind Variationen der Körperausprägungen bereits beachtlich gewesen. Rinder aus den Marschgebieten übertrafen an Größe und Gewicht diejenigen des Binnenlandes beträchtlich. Dies gilt nicht in gleichem Maße für die Schweine, die überall von der Waldweide abhängig waren, mit ihren vergleichsweise geringeren Variationen. Eine Rassen- oder Schlagbildung hat es außer beim Pferd für die übrigen Tierarten nur in Abhängigkeit vom Naturraum gegeben. Ein direkter Einfluß des Menschen ist somit in nur beschränktem Maße beim Pferd festzustellen (s. auch S. 521).
Der aufkommende Wohlstand in den Städten wie auch der Bedarf an Fürstenhöfen sowie Klöstern läßt eine stärkere Differenzierung zwischen den Produkten der Tierhaltung erkennen. Erwähnt seien Spezialkäseherstellungen, die Herstellung besonderer Wurstsorten u. a.
Nach den vorliegenden spärlichen Berichten dürfte anzunehmen sein, daß im 16. Jahrhundert und zu Anfang des 17. Jahrhunderts die Viehwirtschaft einen gewissen, wenn auch bescheidenen Aufschwung genommen hat. Sicherlich kann von gezielten züchterischen Maßnahmen und ihren Auswirkungen noch keineswegs gesprochen werden. Aber das Interesse für die Landwirtschaft und damit auch Viehwirtschaft ist unverkennbar. Dies geht aus der leider nur geringen Literatur jener Zeit hervor. Zu erwähnen ist hier insbesondere CONRAD HERESBACH, der 1570 in 4 Bänden (Band 3 über Viehwirtschaft) von den landwirtschaftlichen Verhältnissen seiner niederrheinischen Heimat berichtete (nach ABEL das erste Buch über die deutsche Landwirtschaft). Dieses Werk erschien noch in lateinischer Sprache, während die bald einsetzende Hausväterliteratur deutsch verwandte. So gab der evangelische Geistliche JOHANNES COLER 1597 erstmals die später stark verbreitete „Oeconomia“ heraus. Seine sehr positiven Mitteilungen zum Stand der Viehwirtschaft dürften allerdings mit einer gewissen Vorsicht zu betrachten sein. Dies gilt auch für die Schriften der Hausväter MARTIN GROSSER und VON THUMBSHIRN, die

im Zeitraum vor oder zu Beginn des Dreißigjährigen Krieges auf die Viehwirtschaft hinweisen. Ihnen fehlte jeder Vergleich, vor allem mit der im Ausland (England, Spanien) bereits stärker entwickelten Tierzucht, und sicherlich waren sie als Nichtlandwirte in manchen landwirtschaftlichen Bereichen nicht unbedingt kompetent.

Zusammenfassend läßt sich für den langen Zeitraum bis zum Dreißigjährigen Krieg außer den Förderungsanordnungen aus der Karolingerzeit nur wenig zur Entwicklung der Tierzucht im deutschen Raum erwähnen. Sicherlich gibt es hier und da Förderungsmaßnahmen mit begrenzten Bereichen, wie auch in der aufkommenden Literatur ein Fachgebiet Tierhaltung erkennbar ist, wie die Schriften von FUGGER, COLER, GROSSER u. a. zeigen. Dabei ist nicht zu bezweifeln, daß im 16. Jahrhundert und zu Anfang des 17. Jahrhunderts eine als bescheiden zu bezeichnende Entwicklung der Landwirtschaft bemerkenswert ist. Vielfach wird auch eine Lockerung der Fruchtfolgesysteme eingeführt, und dieses Verlassen der Dreifelderwirtschaft bringt günstigere Voraussetzungen für die Versorgung der Viehwirtschaft.

Die Kriegswirren mit Beginn des 17. Jahrhunderts erbrachten für die Viehwirtschaft jedoch verheerende Verluste. Nach Mitteilungen von SCHRÖDER-LEMBKE, die sich auf die genannten Schriften von HERESBACH, THUMBSHIRN u. a. stützen, ist die Viehhaltung im 16. und zu Anfang des 17. Jahrhunderts, d. h. vor dem Dreißigjährigen Krieg, weitaus umfangreicher und auch intensiver gewesen als nach Beendigung der verbreiteten kriegerischen Auseinandersetzungen in der Mitte des 17. Jahrhunderts. Die Erholungsphase dauert lange Zeit, zumal auch die wiederum fast überall eingeführte Dreifelderwirtschaft keine günstigen Voraussetzungen für eine intensive Viehwirtschaft gestattete. Wie bereits angedeutet, hat man vor dem großen Kriegsgeschehen bereits eine Vier- bis Fünffelderwirtschaft gekannt mit Erbsen- und Wickenanbau und damit einer besseren Winterversorgung der Viehbestände. Diese Entwicklung setzte sich aber nicht fort, und es dauerte lange Zeit, bis eine aufgelockerte Anbauweise auf dem Acker und sonstige Maßnahmen günstigere Voraussetzungen, insbesondere Futterverhältnisse für die Viehwirtschaft, schufen. Um die Mitte des 18. Jahrhunderts setzt diese Wandlung ein, und damit beginnt die Periode des Aufschwungs und der Bedeutung der deutschen Tierzucht oder des starken Anstiegs der tierischen Produktion.

Der Wiederaufbau, Konsolidierung und auch Ausbau der Betriebe zeigen sich allenthalben im Verlaufe des 18. Jahrhunderts. Die Einführung der neuen Fruchtwechselsysteme bringt eine zunehmende Verbesserung des Futteranfalls, der Winterbevorratung und -versorgung.

Zunächst sind in der Viehwirtschaft allerdings noch keine großflächigen Veränderungen festzustellen. Es kommt zu einzelnen Zuchtstätten oder auch zu regional begrenzten tierzüchterischen Gebieten, die sich aus den natürlichen Umweltverhältnissen (See- und Flußmarschen, Weidegebiete der Voralpen) ergaben. Aber auch staatliche oder private Initiativen entwickelten sich. So fallen einige bedeutende Gestütsgründungen wie Trakehnen, Celle, Neustadt/Dosse (s. S. 439) in die erste Hälfte des 18. Jahrhunderts, und im Verlaufe des Jahrhunderts erfolgen an vielen Orten Aufbauten von Zuchten mit Material aus bereits weiterentwickelten Tierzuchtgebieten wie aus Ostfriesland oder dem Ausland. Erinnert sei an den Import von Pferden aus Spanien, Italien oder dem Orient, an die Einfuhr spanischer Merinos (s. S. 520) und an den beginnenden Aufbau von Rinderzuchten. Ein Beispiel ist hier die Entstehung des Ansbach-Triesdorfer Schlages, der 1740 mit dem Import von ostfriesischen und holländischen Rindern begann (s. S. 597). Zunächst waren dies noch Einzelaktionen. Sie fanden jedoch Nachahmung, und in der zweiten Hälfte des 18. Jahrhunderts werden zudem mehr und mehr die züchterischen Erfolge im Ausland bekannt und regen ebenfalls an.

Interessant und bemerkenswert mag sein, daß die Verpflanzung und der Import von Zuchttieren nicht problemlos blieb. Diese Tiere entstammten zumeist Gebieten mit guten Futterverhältnissen und ihr hohes Leistungsniveau bedingte entsprechende Ansprüche an die Ernährung und Haltung. ABEL weist darauf hin, daß nunmehr im Schrifttum oft der Satz auftaucht: „Alles kommt auf das Futter und die Pflege an." Es wird sogar gelegentlich davor gewarnt, schweizerische, ostfriesische oder ungarische Bullen zu verwenden. Die eigenen kleinen Kühe würden zu Boden gedrückt, Schwergeburten träten ein und in wenigen Generationen käme es bei fortlaufender Verwendung derartiger Vatertiere zu einer Diskrepanz der anspruchsvoller gewordenen Tiere zur vorhandenen Futterlage (Oekon. Reallexicon 1799).

Diese Erkenntnis, besser Tatsache, hat bis in das 20. Jahrhundert hinein der deutschen Viehwirtschaft Sorgen bereitet. Noch vor wenigen Jahrzehnten wurde im deutschen Schrifttum darauf hingewiesen, daß importierten Tieren anspruchsvoller Rassen die entsprechenden Umweltverhältnisse (Futter, Haltung) gewährt werden müssen (s. KRONACHER – entartetes Fleckvieh in deutschen Mittelgebirgen).

Aus der Sicht der Tierarten wuchs das Interesse für Pferde, Schafe und auch Rinder. Das Schwein bleibt noch lange Zeit ein Haustier, welches zwar große Aufgaben in der menschlichen Versorgung hat, sich aber sonst weiterhin im Wald und auf Hutungen mehr oder weniger kümmerlich ernähren muß. Der Schwerpunkt seiner Verbreitung verbleibt in bäuerlichen Wirtschaften.

Der Viehbesatz erreicht im 18. Jahrhundert wieder eine beachtliche Höhe. ABEL bringt hierzu eine von SAALFELD erarbeitete Aufstellung (Tab. 3).

Tab. 3. Viehbesatz bäuerlicher Wirtschaften im 18. Jahrhundert (Auszug).

	GV je Hof			GV je 100 ha Acker		
Gebiet	Zugvieh	Nutzvieh	Insgesamt	Zugvieh	Nutzvieh	Zug- zu Nutzvieh
Ostdeutschland	11,0	7,4	76,7	45,8	30,9	1:0,7
Nordwestdeutschland	4,3	6,1	67,1	27,7	39,4	1:1,4
Hessen und Franken	2,5	3,7	68,8	27,5	41,3	1:1,5

Die Tabelle wurde nach Unterlagen von RIEMANN, SAALFELD u. a. von SAALFELD im Institut für Wirtschafts- und Sozialgeschichte der Universität Göttingen zusammengestellt. Als GV-Schlüssel wurde zugrunde gelegt: Pferde 1,3, Fohlen 0,6, Ochsen 1,2, Kühe 1,0, Rinder 0,5, Schweine 0,2, Schafe 0,1.

Im Vergleich mit den entsprechenden Werten aus dem 19. und 20. Jahrhundert (s. Tab. 5) zeigt sich, daß im 19. Jahrhundert der Viehbesatz je 100 ha LN geringer war und erst vor dem 1. Weltkrieg wieder etwa 70 GV. erreicht wurden. Diese Zahlen

sollten jedoch nicht ohne Vorbehalte gesehen werden. Vom Standpunkt der tierischen Produktion her gesehen muß erwähnt werden, daß zwischenzeitlich trotz langsamer Entwicklung die Bestände produktiver wurden.
Wenn somit festzustellen ist, daß die Viehwirtschaft im Verlauf des 18. Jahrhunderts an Bedeutung gewonnen hat, dann sollten die wirtschaftlichen Voraussetzungen oder Anreize nicht übersehen werden. An vielen Stellen dieses Buches ist darauf hingewiesen, daß vornehmlich die Wandlung der Wirtschaft, das stärkere Aufkommen der Industrie mit ihren gesellschaftlichen Wandlungen, einen Markt für landwirtschaftliche Produkte schuf. Um 1800 war für die Viehwirtschaft der preisliche Anreiz zu einer verstärkten Produktion noch gering.
Für die Erzeugnisse des Ackers stiegen die Preise schneller und veranlaßten die vielfältigen Überlegungen über den „Nutzen und die Vorteile von Ackerbau oder Viehwirtschaft". ABEL weist nach einer Untersuchung von ELSAS und Mitarbeitern darauf hin, daß zwischen 1669 bis 1673 und 1780 bis 1784 der Preis des Roggens schneller stieg als derjenige des Rindfleisches. Zugleich zeigten sich Unterschiede zwischen einzelnen Städten. Bei einem Ausgangswert von 100 erreicht in München der Roggen den Index von 270 und das Rindfleisch denjenigen von nur 155. In Augsburg und Würzburg ergaben sich jedoch Werte von 335 und 185. Zum Unterschied zwischen den Städten führt ABEL eine weitere Untersuchung für Berlin an. Hier ist dem Roggenpreis ein Mittelwert der Preise für Rind-, Hammel- und Schweinefleisch gegenübergestellt:

	Roggenpreis	Fleischpreis
1731–1740	100	100
1771–1780	125	120
1781–1790	120	124
1805–1806	300	254

Trotz dieses relativ geringeren Preisanstiegs der animalischen Produkte ist der Anreiz von seiten des Marktes oder der Abnehmer nicht zu verkennen. Sicherlich mögen die ackerbautreibenden Betriebe oder solche, die vermehrt Erzeugnisse des Ackers produzieren konnten, diesen Zweig ihrer Wirtschaften bevorzugt haben. Aber zu jener Zeit erschien ein Ackerbau ohne gleichzeitige Viehwirtschaft noch nicht möglich. Kunstdünger war noch nicht erfunden, und die Gründüngung war wenig verbreitet. Schon HERESBACH berichtet allerdings bereits 1570 von Gründüngung, systematische Anwendung von Gründüngung wird jedoch erst im 18. Jahrhundert allmählich bekannter. Der Dunganfall aus der Tierhaltung (insbesondere Rind) wurde somit zu einem „notwendigen Übel". Der grundsätzliche, wenn auch vergleichsweise bescheidenere Preisanstieg für die tierischen Produkte ist für Distrikte mit naturgegebenen Voraussetzungen für Tierzucht sicherlich ein Anlaß zur Vermehrung und Bestandsverbesserung gewesen, während die Ackerbaugebiete notwendigen Dung als Viehbestandsbemessung ansahen.
Es kristallisieren sich somit gegen Ende des 18. Jahrhunderts zunehmend günstige Voraussetzungen für die landwirtschaftliche Tierzucht im deutschen Raum heraus. Die Landwirtschaft griff dies auf. Führende Landwirte wurden in ihren Betrieben Vorbilder, und der Staat suchte durch Ankäufe von „besseren" Tieren des In- oder Auslandes zu unterstützen.

4 Landwirtschaftliche Haustierhaltung in Deutschland im 19. und 20. Jahrhundert (Überblick)

Im vorigen Abschnitt konnte hervorgehoben werden, daß die verschiedensten Gründe im 18. Jahrhundert eine Wende in der Produktivität der Haustierbestände erbrachten. Nach den Kriegswirren des 17. Jahrhunderts mit starken Einbußen unter der Bevölkerung kam es nunmehr zu einem schnellen Anwachsen und damit zur Notwendigkeit, das Ernährungsangebot zu erhöhen und auch qualitativ zu verbessern, da sich eine allgemeine Beruhigung des menschlichen Lebens ergab. Hinzu kamen gesellschaftspolitische Entwicklungen, Lösungen wirtschaftlicher Bindungen und Abhängigkeiten im agrarischen Bereich, und nicht zuletzt sei eine zunehmende naturwissenschaftliche Aufklärung erwähnt, die eine Entfaltung gestattete. HAUSHOFER weist darauf hin, daß 1800 als der Mittelpunkt des „Zeitalters der Revolution" angesehen werden kann, und er hebt nach Gehlen (1957) diesen Zeitraum als „wirklich geschichtlich entscheidende Zäsur" hervor.
Die allgemeine wirtschaftliche Belebung, die selbstverständlich auch die Landwirtschaft erfaßte, konnte den bereits im 18. Jahrhundert einsetzenden Wandlungsbeginn fortsetzen, besser noch verbreiten. Waren es vorher zumeist Einzelaktionen, die Zuchttierimporte durchführten, Kreuzungen mit Landrassen vornahmen und Neuentwicklungen anstrebten, so kommt es nun zu weitläufigeren, breiter gefächerten Maßnahmen.
In der ersten Hälfte des 19. Jahrhunderts ließen agrarpolitische und marktwirtschaftliche Gegebenheiten eine schnelle Entwicklung noch nicht zu. Der Aufwärtstrend in der Viehwirtschaft war somit nur schrittweise, und außerdem „folgte" die Entwicklung den Maßnahmen in der Ackerwirtschaft mit zeitlichem Abstand. Die landwirtschaftlichen Betriebe standen in den ersten Jahrzehnten des 19. Jahrhunderts stark unter der vorherrschenden Feldwirtschaft, und eine Veredelungswirtschaft setzte erst allmählich ein.
So läßt sich in der ersten Hälfte des 19. Jahrhunderts zweifelsohne eine positive Entwicklung der deutschen Tierzucht registrieren. Sie ist jedoch noch langsam und zögernd, insbesondere in den bäuerlichen Wirtschaften. Erst in der zweiten Hälfte des Jahrhunderts beginnt ein Anstieg, der dann sehr bald als steil bezeichnet werden kann. Züchtervereinigungen, Fachorganisationen u.a. entstehen und fördern, und staatlicherseits zeigen Maßnahmen und Verordnungen ebenfalls das Bemühen, zur Entwicklung beizutragen.
Der 1. Weltkrieg unterbricht den Aufwärtstrend, und nach den Notzeiten erfolgt das beachtliche Bestreben nach Erhöhung des Leistungspotentials. Die Zeit der verstärkten Ausdehnung der Leistungsprüfungen bei allen Tierarten setzt ein, schafft bedeutsame Unterlagen und Voraussetzungen für die Produktivität.
Der 2. Weltkrieg wirft wiederum zurück. Danach setzt unter Aufbau auf genetisch bereits verankerten Leistungsveranlagungen ein weiterer, gezielter Ausbau der Leistungsüberprüfungen der Tiere ein, wie auch die Verwertung ausländischer Erkenntnisse stark fördert. Der Anstieg der tierischen Produktion kann nunmehr als rasant bezeichnet werden. Es wird eine enorme Produktivität der Bestände erreicht!
Blickt man auf die letzten 200 Jahre der deutschen Tierzucht zurück, dann hat erst dieser Zeitraum eine Wandlung gebracht, die als echte Entwicklung bezeichnet

werden kann. Was vorher war stagnierte letzten Endes, und die wenigen Entwicklungen innerhalb eines Jahrtausends – zumeist nur kurzfristig – verblieben ohne nachhaltige Auswirkungen in der deutschen Viehwirtschaft.
Im folgenden Abschnitt des Buches ist nun zunächst für den Zeitraum ab 1800 ein Hinweis auf die Fakten gegeben, d.h. Bestandszahlen und erbrachte Leistungen. Ferner erscheint es notwendig, die wirtschaftlich-ökonomischen Gegebenheiten zu erläutern.

B Entwicklung im 19. und 20. Jahrhundert

1 Entwicklung der Viehbestände

Wie bereits vermerkt, heben Agrarhistoriker hervor, daß im Verhältnis zur Bevölkerungszahl im Mittelalter ein stärkerer Viehbestand als in den folgenden Jahrhunderten vorhanden war. Sicherlich haben dann die verheerenden Kriege des 17. Jahrhunderts zu einer Dezimierung der Bestände beigetragen. Der genannte hohe Viehbestand des Mittelalters im Vergleich mit den geringeren Zahlen späterer Perioden hat aber auch andere Gründe. Hier ist insbesondere herauszustellen, daß die noch geringe Zahl der Einwohner eine im Vergleich zum Gesamtareal geringe Ackerfläche beanspruchte, und so blieb reichlich Raum für umfangreiche Wälder, Weideflächen und Ödländereien. Von ökonomischer Seite wird darauf hingewiesen, daß die Viehhaltung damaliger Zeit als arbeitssparende Bodennutzung angesehen werden kann, wobei die Produktivität allerdings als sehr gering zu bezeichnen ist. Die Wald-Ödlandweiden bis zu den Austrieben auf Brachland oder geringwertige Weiden erlaubten ein nur langsames Abwachsen der Jungtiere und geringgradige sonstige Leistungen, zumal auch eine Futterbevorratung für den Winter Schwierigkeiten bereitete. Hemmungen bis Stillstand des Wachstums, Abmagerungen und starke Leistungsdepressionen gehörten zu den fast selbstverständlichen Folgen der Wintermonate (sogenanntes Schwanzvieh, welches im Frühjahr auf die Weide geschleppt wurde).
Wenn trotzdem von einem hohen Grad der Versorgung der Bevölkerung mit Produkten animalischer Herkunft berichtet wird (s. S. 20), dann ist dies durch den starken Viehbestand im Verhältnis zur Bevölkerungszahl bedingt. Nach den Kriegswirren im 17. Jahrhundert und starker Verluste an Haustieren kam es zwar zur Erholung und Wiederaufstockung, dies jedoch nur zögernd. Es läßt sich auch feststellen, daß wegen eines hohen Preisniveaus eine Abkehr von den Produkten animalischer Herkunft erfolgte und diejenigen des Ackerbaus für die menschliche Ernährung bevorzugt wurden.
Der starke Aufschwung des Ackerbaus im 18. Jahrhundert ließ in vielen Teilen des deutschen Raumes das Interesse an den Produkten der Haustierhaltung zurücktreten, vielmehr sah man die Hauptaufgabe des Viehstapels in der Versorgung des Ackers mit Dünger und in der Verwertung des auf dem Felde anfallenden Futters oder auch der Nebenprodukte des Ackerbaus. Dies wandelte sich in der ersten Hälfte des 19. Jahrhunderts. Eine wachsende Kaufkraftsteigerung der Bevölkerung führte zu einer Verbesserung der Preisrelation zugunsten der vergleichsweise teureren Erzeugnisse animalischer Herkunft. Die Voraussetzungen für eine Entwicklung der Viehbestandszahlen wie auch der Produktivität des Viehstapels waren damit gegeben. Nach der geschilderten Entwicklung sind die Viehbestände im deutschen Raum um 1800 relativ gering, um dann im Verlaufe des 19. Jahrhunderts

anzuwachsen. BITTERMANN hat unter Verarbeitung von Erhebungen und Berechnungen anderer Autoren eine Zusammenstellung gegeben.
Dabei interessiert die Frage nach der Genauigkeit dieser Angaben besonders stark. Viehzählungen durch das frühere Statistische Reichsamt werden 1861 erstmals mitgeteilt, aber erst ab 1873 erfolgen die Erhebungen nach einheitlichen Vorschriften und Terminen. Vor diesen Zeitpunkten liegen sporadisch durchgeführte Zählungen vor, somit noch nicht für den gesamten deutschen Raum. Unter Verwertung aller vorhandenen Unterlagen und Schätzungen sind die Werte in Tab. 4 entstanden, die BITTERMANN nach den Berechnungen von ESSLEN, RITTER, BUSCH u. a. zusammenstellte. Vergleiche dieser absoluten Bestandszahlen haben nur Bedeutung, wenn sie für Zeiträume mit einem gleichen Gebietsumfang angegeben werden. Es ergeben sich daher die Perioden von 1800 bis 1913, von 1918 bis 1945 sowie ab 1945. Es war jedoch möglich, jeweils für 1913 und 1935 den Viehbestand des späteren Gebietes (Deutsches Reich nach 1918, Bundesrepublik Deutschland nach 1945) zu berechnen.
Im ersten Abschnitt von 1800 bis 1913 stiegen die Bestände bei den Tierarten, außer beim Schaf, an. Dieser Anstieg war bei den einzelnen Tierarten stetig. Auch die Zunahme nach Umrechnung auf Großvieheinheiten ist beträchtlich. Vor dem 1. Weltkrieg sind insgesamt 23690 Mio. Großvieheinheiten erreicht. Dies entspricht dem 3fachen Wert von 1800. Bemerkt sei, daß sich beim Schaf die mehr und mehr aufkommende Konkurrenz billiger Wolle aus Übersee, aber auch die mehr und mehr zurückgehende absolute Schafweide (Brachflächen u.a.) ausgewirkt hatten.
Der 1. Weltkrieg brachte eine Dezimierung der Bestände. In der zweiten Periode von 1918 bis 1945 erfolgten die Angaben für den Gebietsumfang Deutschlands nach dem 1. Weltkrieg, und es erschien ratsam, die Bestände von 1935 bis 1945 durch die dann einsetzende Gebietsfluktuation nicht heranzuziehen. Für den Vergleich sehr dienlich waren die aus den Werten von 1913 errechneten Bestandszahlen für die nach 1918 verbliebenen Gebiete. Aus der Tabelle geht hervor, daß bei Rind, Schwein und Geflügel bald wieder eine Erholung bis zum Anstieg der Bestandszahlen einsetzte. Beim Pferd tritt ab etwa 1925 ein Rückgang ein. Es beginnen die Auswirkungen der zunehmenden Motorisierung. Die Schafbestände erlebten in den Notjahren nach dem 1. Weltkrieg einen geringen Anstieg, der jedoch nur kurzfristig war, dann setzte sich der seit Mitte des 18. Jahrhunderts begonnene Rückgang fort. Hier haben auch die Bemühungen zur Hebung der Schafbestände im Rahmen der sogenannten Erzeugungsschlacht der 30er Jahre nur geringen Erfolg gehabt. Auch die Ziegenbestände zeigten kurz nach dem Krieg einen Anstieg, um dann zurückzugehen. Die Bestandsvermehrungen bei Rind, Schwein sowie Geflügel einerseits und die Rückgänge bei Pferd, Schaf sowie Ziege andererseits bedingen, daß die Berechnung nach GV zwischen den beiden großen Kriegen eine nur geringgradige Änderung erkennen läßt.
Tabelle 4 nennt auch die Bestandszahlen für die Bundesrepublik Deutschland nach 1945. Hier ließ sich aus den statistischen Erhebungen für das Jahr 1935 eine Zusammenstellung der Viehbestände für den Gebietsumfang der heutigen BRD vornehmen. Verglichen mit diesem Ausgangswert erfolgt bei Pferd und Schaf ein weiterer Rückgang bis etwa 1970, der dann bei beiden Tierarten einer Stagnation oder leichten Erholung weicht. Beim Rind ist ein Anstieg der Bestände vorhanden, dies auch beim Schwein und beim Geflügel. Die Ziegenbestände gehen stark zurück und sind 1975 in den statistischen Jahrbüchern nicht mehr angegeben. Auf

Tab. 4. Entwicklung der Viehbestände in Deutschland von 1800–1975 (in 1000 Stück).

Jahr	Pferde	Rindvieh	Schweine	Schafe	Ziegen	Geflügel	GV insgesamt[4] einschl. Pferde	GV insgesamt[4] ohne Pferde
1800[1]	2700	10 150	3 800	16 190	340	–	7 388	
1833	2664	11 318	4 425	20 842	809	–	8 078	
1853	2735	13 376	5 297	25 117	1437	–	11 568	
1873	3552	15 777	7 124	24 999	2320	–	14 642	
1900	4195	18 946	16 807	9 693	3267	–	20 010	
1913	4558	20 994	25 659	5 521	3548	–	23 690	
1913[2]	3807	18 474	22 533	4 988	3164	71 907	20 609	15 546
1920	3588	16 807	14 179	6 150	4459	65 200	18 532	13 760
1925	3917	17 202	16 200	4 753	3796	71 504	20 605	15 395
1930	3522	18 470	23 442	3 504	2581	98 232	21 633	16 949
1935	3380	18 938	22 827	3 928	2501	94 145	21 747	17 252
1935[3]	1547	11 641	12 378	1 607	1429	55 384	12 624	10 566
1950	1570	11 149	11 890	1 643	1347	51 801	12 214	10 126
1955	1099	11 553	14 593	1 188	766	56 040	12 119	10 657
1960	710	12 867	15 776	1 035	352	63 983	12 702	11 758
1965	358	13 677	17 714	796	121	85 043	13 100	12 624
1970	251	14 024	20 961	842	50	101 194	13 233	12 899
1975	339	14 510	19 845	1 093	–	91 115	13 974	13 523

[1] Werte von 1800–1913 nach BITTERMANN, E.: „Die landwirtschaftliche Produktion in Deutschland 1800–1950", Kühn-Archiv, Halle/S., 1956 Werte von 1913–1975 nach Statistischen Jahrbüchern des Deutschen Reiches und der BRD sowie nach Statistischen Jahrbüchern über Ernährung, Landwirtschaft und Forsten, Berlin und Hamburg, und Münster-Hiltrup

[2] umgerechnet auf Reichsgebiet von 1937

[3] umgerechnet auf Gebiet der BRD

[4] Die Umrechnung auf Großvieheinheiten (GV) folgt dem Verfahren bzw. dem Umrechnungsschlüssel, den BITTERMANN (nach v. d. DECKEN) verwandte.

	Stck. je GV
Pferde	1,33
Rindvieh einschl. Kälber	0,75
Schafe	0,085
Schweine	0,11
Ziegen	0,081

Neuere Umrechnungsschlüssel unterteilen die Tierbestände nach Altersklassen. Eine derartige Differenzierung liegt jedoch erst in einem späteren Teil des Untersuchungszeitraumes vor. Die Vergleichbarkeit der Ergebnisse ließ es ratsam erscheinen, den Umrechnungsschlüssel BITTERMANN – v. d. DECKEN für den gesamten Zeitraum der Untersuchung beizubehalten. Es ergeben sich dadurch Abweichungen zu den Werten in den statistischen Jahrbüchern. Für Geflügel, welches erst ab 1913 aufgeführt wird, fand der neuere Umrechnungsschlüssel von 0.004 Anwendung.

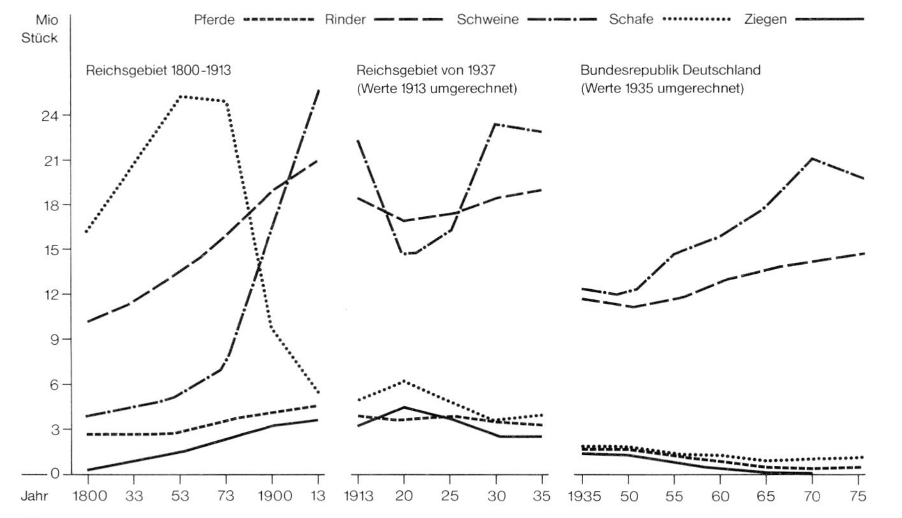

Übersicht 1. Entwicklung der Viehbestände in Deutschland von 1800–1975.

Großvieheinheiten umgerechnet, läßt der Wert von 1935 im Vergleich mit 1975 zwar eine Erhöhung erkennen, diese verbleibt jedoch in Grenzen.
In Übersicht 1 sind diese Entwicklungen in grafischer Darstellung wiedergegeben worden. Die Änderung des Gebietsumfanges erlaubt keine durchgehende Darstellung von 1800 bis 1975. Es läßt sich somit nur die Tendenz der Entwicklungen in den einzelnen Zeiträumen wiedergeben.
Diese Angaben der absoluten Zahlen gewinnen an Bedeutung, wenn sie in Beziehung zur landwirtschaftlich genutzten Fläche wie auch zur Bevölkerungszahl gesetzt werden. Daraus ergeben sich der sogenannte Viehbesatz (GV/100 ha LN) sowie die Viehdichte (GV je 100 Einwohner). Die erste Berechnung (Tab. 5) paßt sich den starken Gebietsveränderungen im Gesamtzeitraum von 1800 bis 1975 an, während die zweite Auswertung (Tab. 6) die Bevölkerungszahl einschließt, die seit 1800 stark angestiegen ist (s. auch Übersicht 2 und 3).
Bei den einzelnen Tierarten folgt der Viehbesatz in Tabelle 5 selbstverständlich dem Anstieg und Rückgang der Bestandszahlen. Bemerkenswert sind nun Angaben in der letzten Spalte unter Berechnung der Gesamt-GV je 100 ha LN. Hier läßt sich ein stetiger Anstieg erkennen. Wenn nun für 1800 ein Wert von 24,6 errechnet wurde und für 1975 ein solcher von 97,0 vorliegt, dann taucht die Frage auf, wie die Landwirtschaft es ermöglichte, derartig große Bestände zu ernähren. Einerseits ist die zunehmende Ertragssteigerung von Acker, Weide und Wiesen als Erklärung anzuführen, während andererseits nach 1945 der verstärkte Import von Futtermitteln nicht übersehen werden sollte.
Besonders interessant ist der Bezug der gehaltenen Großvieheinheiten zur Bevölkerungszahl. Im Verlaufe des Zeitraumes von 1800 bis 1975 stieg die Bevölkerungszahl stetig an. Die je 100 Einwohner gehaltenen Großvieheinheiten gehen nach dem 2. Weltkrieg beginnend stetig zurück. Dies hat eine Begründung zunächst in dem starken Rückgang der Pferdebestände. Die vorliegenden Unterlagen erlaubten für den Zeitraum nach 1920 auch eine Berechnung ohne Pferde. Diese ist angefügt und zeigt für 1935 umgerechnet auf den Gebietsumfang der BRD einen Wert von 25,5, der 1950 auf 20,3 zurückgeht und dann nur noch wenig ansteigt. Trotzdem ist eine ausreichende bis verstärkte Versorgung der Bevölkerung mit Produkten animalischer Herkunft erreicht worden. Sicherlich hat namentlich nach 1945 der Import seine Bedeutung. Dieser dürfte jedoch gering im Vergleich mit der erreichten erhöhten Produktivität der Bestände sein (s. auch Seite 37).
Es ist somit ein gewaltiger Erfolg der Haustierhaltung bzw. ihrer Produktivität erzielt worden. Hier sind die verschiedensten Einflußbereiche und Maßnahmen anzuführen, die in einem Zusammenwirken den Erfolg möglich gemacht haben.
Aus den vorhandenen statistischen Unterlagen ließ sich eine Berechnung von Viehbestandszahlen, Viehbesatz und Viehdichte für das Gebiet der heutigen Bundesrepublik Deutschland vornehmen. Die Angaben in den Berichten und Zusammenstellungen des seinerzeitigen Reichsamtes für Statistik erfolgten für die damaligen Länder bzw. preußischen Provinzen. Die Grenzen der heutigen Länder der Bundesrepublik Deutschland decken sich in etwa mit diesen früheren Einteilungen, bzw. nur geringgradige Abweichungen sind vorhanden, so daß ein Vergleich der Werte nach 1945 mit den für diese Gebiete vor diesem Zeitraum angegebenen Zahlen durchaus möglich erscheint.

Tab. 5. Viehbesatz je 100 ha LN von 1800 bis 1975 (Stück je 100 ha LN)*.

Jahr	Pferde	Rindvieh	Schweine	Schafe	Ziegen	Geflügel	GV je 100 ha LN
1800[1]	9,0	33,6	12,7	54,0	1,1	–	24,6
1883	9,9	44,3	25,8	53,8	7,4	–	40,5
1900	11,9	54,0	47,9	27,6	9,3	–	57,1
1913	13,1	60,3	73,7	15,9	10,2	–	68,0
1913[2]	12,8	62,1	75,8	16,8	10,7	241,9	69,4
1920	12,8	60,1	50,7	22,0	16,0	233,1	66,3
1925	13,8	60,4	56,8	16,7	13,3	250,9	72,3
1930	12,0	62,9	79,8	11,9	8,8	334,4	73,7
1935	11,8	65,9	79,4	13,7	8,7	327,4	75,7
1935[3]	10,6	79,7	84,7	11,0	9,8	379,0	86,4
1950	11,1	79,0	84,2	11,6	9,5	366,8	86,5
1955	7,7	81,1	102,4	8,3	5,4	393,2	85,1
1960	5,0	90,3	110,7	7,3	2,5	448,9	89,2
1965	2,6	97,2	126,0	5,7	0,9	604,4	93,1
1970	1,9	103,3	154,4	6,2	0,4	745,3	97,5
1975	2,6	109,1	149,2	8,2	–	684,9	105,1

* (alle Fußnoten s. Tab. 4)

Tab. 6. Viehdichte je 100 Einwohner von 1800 bis 1975 (Stück je 100 Einwohner)*.

Jahr	Pferde	Rindvieh	Schweine	Schafe	Ziegen	Geflügel	GV je 100 Einwohner einschl. Pferde	GV je 100 Einwohner ohne Pferde
1800[1]	11,3	42,3	15,8	67,5	1,4	–	30,8	
1883	7,7	34,5	20,1	42,0	5,7	–	31,2	
1900	7,5	33,6	45,5	17,2	5,8	–	33,0	
1913	7,0	32,3	39,5	8,5	5,5	–	36,5	
1913[2]	6,3	30,6	37,3	8,3	5,3	119,2	34,2	25,8
1920	5,8	27,2	23,0	10,0	7,2	105,5	30,0	22,3
1925	6,2	27,2	25,6	7,5	6,0	113,2	32,7	24,4
1930	5,4	28,4	36,0	5,4	4,0	150,9	33,3	26,1
1935	5,1	28,3	34,1	5,9	3,7	140,8	32,6	25,8
1935[3]	3,7	28,1	29,9	3,9	3,5	133,6	30,5	25,5
1950	3,1	22,3	23,8	3,3	2,7	103,6	24,5	20,3
1955	2,1	22,1	27,9	2,3	1,5	107,0	23,2	20,4
1960	1,3	23,2	28,5	1,9	0,6	115,4	23,0	21,3
1965	0,6	23,2	30,0	1,4	0,2	144,1	22,2	21,4
1970	0,4	23,1	34,6	1,4	0,1	166,9	21,9	21,3
1975	0,6	23,5	32,1	1,8	–	147,0	22,6	21,9

* (alle Fußnoten s. Tab. 4)

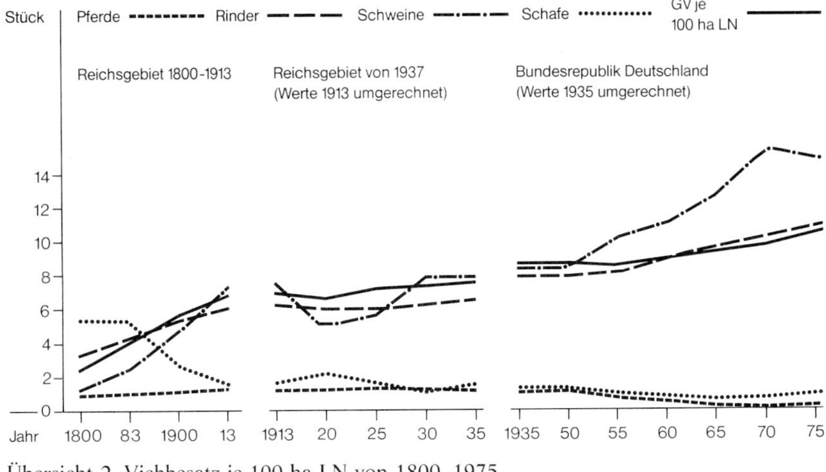

Übersicht 2. Viehbesatz je 100 ha LN von 1800–1975.

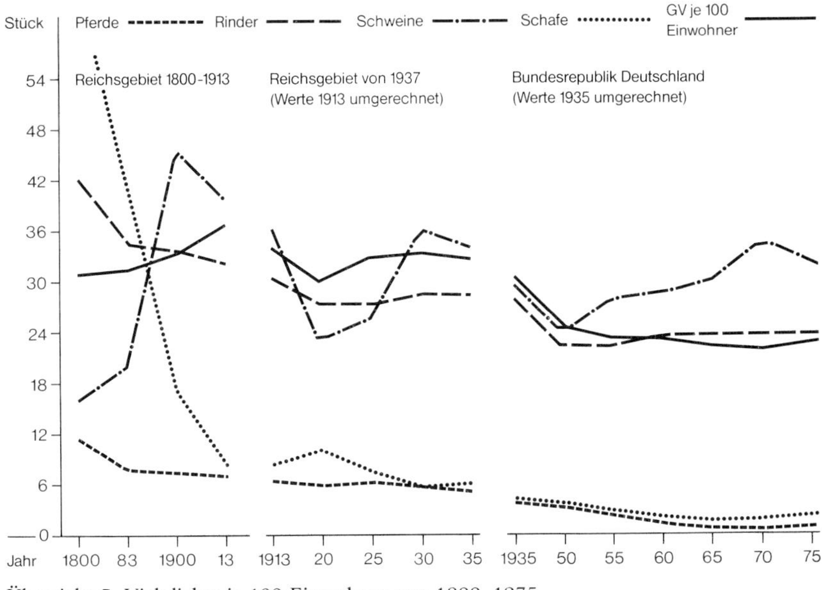

Übersicht 3. Viehdichte je 100 Einwohner von 1800–1975.

Die Tabellen 7 bis 9 geben diese Resultate ab 1861 bis zum Jahr 1975 wieder. Die Übersichten 4 bis 6 sollen dies noch veranschaulichen. Die Zeitabstände nach 1900 konnten einem fünfjährigen Rhythmus folgen, vorher erlaubten die teils lückenhaften Angaben nur einen Abstand von etwa 10 Jahren.

Tab. 7. Viehbestände im Bereich der heutigen BRD (einschl. Saarland, ohne Berlin).

Jahr	Pferde	Rindvieh	Schweine	Schafe	Ziegen	Geflügel
1861	1 367 897	9 026 006	3 361 809	8 421 556	1 013 395	–
1873	1 325 556	9 024 423	3 316 999	6 641 921	1 223 771	–
1883	1 366 615	8 835 465	4 196 207	5 624 491	1 385 107	–
1892	1 476 846	9 806 588	5 904 915	4 406 206	1 619 929	–
1897	1 555 509	10 212 350	6 913 424	3 865 453	–	–
1900	1 618 020	10 523 014	8 183 327	3 296 395	1 694 032	–
1905	1 676 500	10 675 600	9 301 400	2 668 000	–	40 569 027
1910	1 751 390	11 061 253	11 366 916	1 938 767	1 842 281	43 148 047
1914	1 765 543	11 597 870	13 594 600	1 980 345	1 925 253	–
1920	1 585 393*	10 301 857	7 614 605	2 811 876	2 281 480	33 095 914
1925	1 776 504*	10 506 065	8 915 112	1 796 846	2 080 732	41 692 631
1930	1 536 635*	12 073 785	12 852 162	1 295 926	1 418 124	57 139 243
1935	1 547 093*	11 641 250	12 377 851	1 607 253	1 428 878	55 384 285
1940	1 402 721*	12 082 928	11 242 825	2 143 342	1 186 186	54 577 952
1950	1 570 400	11 148 500	11 890 400	1 642 500	1 347 200	51 800 800
1955	1 098 500	11 552 500	14 593 300	1 188 000	766 100	56 040 300
1960	710 200	12 867 300	15 775 600	1 034 800	351 800	63 982 500
1965	358 300	13 677 400	17 714 200	795 700	121 400	85 043 300
1970	250 700	14 024 000	20 960 700	841 500	49 900	101 193 700
1975	339 100	14 510 300	19 845 400	1 092 800	–	91 114 500

* ohne Militärpferde

entnommen aus Statistischen Jahrbüchern des Deutschen Reiches und der BRD

Die Tabellen wurden angefertigt unter Einbezug der Länder der heutigen BRD ohne Berlin. Berlin wurde ausgeschlossen, da sich die früheren Angaben auf die gesamte Stadt einschl. näherer Umgebung beziehen. Bei den Ländern der BRD haben sich geringgradige Verschiebungen ergeben, so daß hier ein Vergleich mit den früheren Werten möglich ist.

Ab 1861 sind die ersten statistischen Angaben gemacht worden. Bei lückenhaften Unterlagen ist versucht worden, in etwa zehnjährigem Abstand die Werte wiederzugeben. Die manchmal unregelmäßigen Abstände haben somit ihre Begründung in dem Vorhandensein sicherer Unterlagen.

Tab. 8. Viehbesatz je 100 ha LN im Bereich der BRD (Stück auf 100 ha LN).

Jahr	Pferde	Rindvieh	Schweine	Schafe	Ziegen	Geflügel
1861	–	–	–	–	–	–
1873	7,8	53,5	19,6	39,4	7,2	–
1883	7,9	51,4	24,4	32,7	8,0	–
1892	8,6	57,1	34,4	25,6	9,4	–
1897	9,0	59,5	40,2	22,5	–	–
1900	10,4	67,9	52,8	21,3	10,9	–
1905	10,8	68,9	60,0	17,2	–	261,7
1910	11,3	71,6	73,6	12,5	11,9	279,3
1914	11,4	75,1	88,0	12,8	12,5	–
1920	12,7*	82,3	60,8	22,5	18,2	264,3
1925	14,2*	83,9	71,2	14,3	16,6	333,0
1930	11,5*	90,0	95,8	10,0	10,6	426,1
1935	10,6*	79,7	84,7	11,0	9,8	379,0
1940	10,5*	90,1	83,8	16,0	9,9	407,0
1950	11,1	79,0	84,2	11,6	9,5	366,8
1955	7,7	81,1	102,4	8,3	5,4	393,2
1960	5,0	90,3	110,7	7,3	2,5	448,9
1965	2,6	97,2	126,0	5,7	0,9	604,4
1970	1,9	103,3	154,4	6,2	0,4	745,3
1975	2,6	109,1	149,2	8,2	–	684,9

Tab. 9. Viehdichte auf 100 Einwohner im Bereich der BRD (Stück auf 100 Einwohner).

Jahr	Pferde	Rindvieh	Schweine	Schafe	Ziegen	Geflügel
1861	6,7	44,7	16,6	41,7	5,0	–
1873	6,2	42,8	15,7	31,5	5,8	–
1883	5,8	38,1	18,0	24,2	5,9	–
1892	6,0	40,0	24,0	17,9	6,6	–
1897	5,9	39,2	26,5	14,8	–	–
1900	5,7	37,0	28,8	11,6	5,9	–
1905	5,4	34,5	30,1	8,6	–	131,2
1910	5,2	33,0	33,9	5,7	5,5	128,8
1914	5,2	34,6	40,6	5,9	5,7	–
1920	4,6*	29,8	22,0	8,1	6,6	95,7
1925	4,8*	28,6	24,3	4,9	5,7	113,6
1930	4,0*	31,5	33,5	3,4	3,7	148,9
1935	3,7*	28,1	29,9	3,9	3,5	133,6
1940	3,5*	29,8	27,8	5,3	2,9	134,7
1950	3,1	22,3	23,8	3,3	2,7	103,6
1955	2,1	22,1	27,9	2,3	1,5	107,0
1960	1,3	23,2	28,5	1,9	0,6	115,4
1965	0,6	23,2	30,0	1,4	0,2	144,1
1970	0,4	23,1	34,6	1,4	0,1	166,9
1975	0,6	23,5	32,1	1,8	–	147,0

* ohne Militärpferde
entnommen aus Statistischen Jahrbüchern des Deutschen Reiches und der BRD

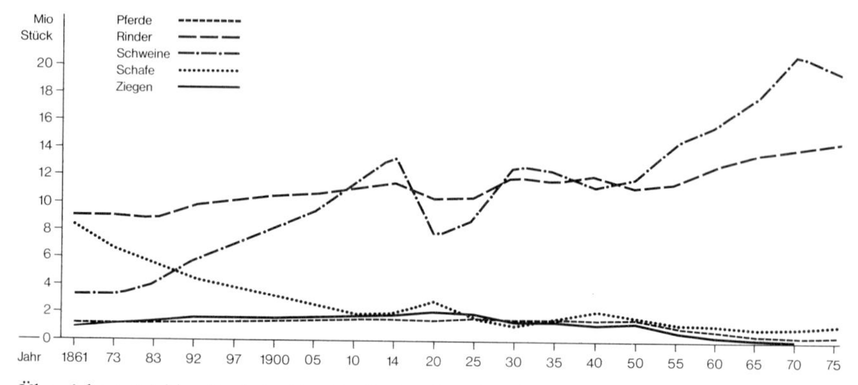

Übersicht 4. Viehbestände im Bereich der heutigen Bundesrepublik Deutschland (einschließlich Saarland, ohne Berlin).

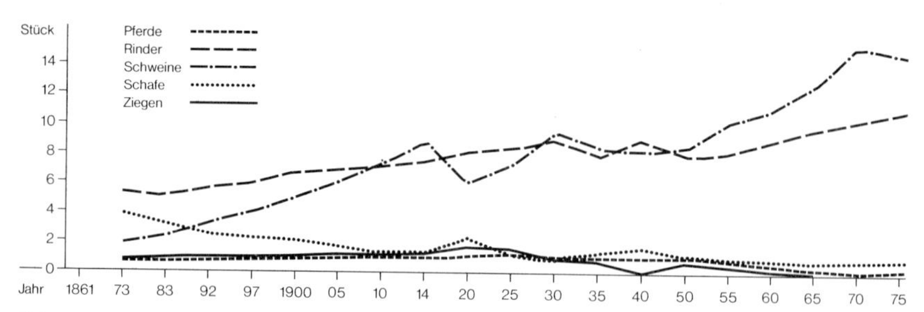

Übersicht 5. Viehbesatz je 100 ha LN im Bereich der heutigen Bundesrepublik Deutschland.

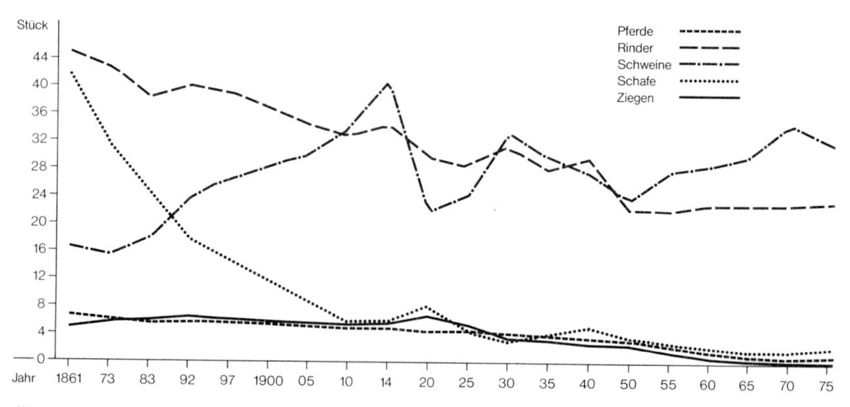

Übersicht 6. Viehdichte auf 100 Einwohner im Bereich der heutigen Bundesrepublik Deutschland.

2 Leistungen der einzelnen Tierarten
(Fleisch-/Fettproduktion s. S. 74)

In einem besonderen Abschnitt dieses Buches (s. S. 346) wird über die Leistungserhebungen – Beginn und Entwicklung, Problematik und Besonderheiten – bei den einzelnen Tierarten berichtet. Im folgenden ist das Ergebnis dieser Ermittlungen bereits wiedergegeben, um damit den stark produktiven Anstieg und zugleich das Leistungsvermögen der Haustiergruppen darzulegen. Diese Aufstellungen sind somit eine Vorwegnahme von Erfolg und Auswirkungen mannigfacher Arbeiten an den landwirtschaftlichen Haustierbeständen, die es in den einzelnen Buchabschnitten unter Einschluß der verschiedensten Tätigkeitsbereiche zu analysieren und zu bewerten gilt. Die enorme Steigerung der Produktivität der Haustierbestände im Zeitraum seit 1800 soll somit übersichtartig und plastisch bereits zu Beginn eines Buches, welches sich mit der Entwicklung und Förderung der landwirtschaftlichen Haustierhaltung befaßt, in den Raum gestellt werden.
Wie bei den Angaben zum Umfang der Tierbestände sind auch bei den Leistungsermittlungen genaue Angaben problematisch. Objektiv durchgeführte Erhebungen setzten erst allmählich ein, und häufig sind vorher nur Schätzungen möglich. Des öfteren mußten vor einer genauen Ermittlung Methoden zur Merkmalserfassung entwickelt werden (z. B. das Gerber-Verfahren zur Milchfettbestimmung). In den statistischen Jahrbüchern sind aus dem Bereich tierischer Leistungen erstmals solche über das Milchmengenaufkommen ab 1861 zu finden. Für das Rind bzw. seine Milchleistung ließ sich somit eine Leistungsentwicklung wiedergeben. Diese Angaben sind anfänglich lückenhaft und kaum zuverlässig; erst im Verlaufe der Jahre gewinnen sie an Exaktheit. In Tabelle 10 sind die Unterlagen aus den statistischen Jahrbüchern zusammengestellt, ergänzt durch Schätzungen ab 1800. Die Bestandszahlen der Milchkühe und die Leistungsangaben beziehen sich auf die Gebiete bis nach dem 1. Weltkrieg, zwischen den beiden Kriegen und nach 1945. Die Milchmengenleistung je Kuh ist, wie erwähnt, bis Ende des 19. Jahrhunderts teils geschätzt, und danach wurde eine Berechnung in Anlehnung an die Milchleistungsprüfungen vorgenommen. Angaben zum Fettgehalt der Milch liegen erst seit 1925 in den Jahrbüchern vor.
Zweifelsohne zeigt die Tabelle 10 den gewaltigen Leistungsanstieg von 860 kg je Kuh im Jahr 1800 bis auf 3926 kg im Jahr 1975. Der Fettgehalt wird von 3,25 % im Jahr 1925 auf 3,82 % gesteigert. Mit 9,146 Mio. Kühen lassen sich im Jahr 1925 603 000 t Butter produzieren, während im Jahr 1975 mit nur 5,447 Mio. Tieren eine Milchfetterzeugung von 817 000 t erreicht wird (s. auch Übersicht 7).
Diese Werte sind in Gebieten mit unterschiedlicher Fläche genommen und von Kuhbeständen, die in ihrer Zusammensetzung stark differenzieren. Die Tendenz zum Leistungsanstieg ist erkennbar, ohne dabei Schätzfehler und Sonstiges zu übersehen. Es wurde daher versucht, Werte bzw. Unterlagen zu erhalten, die eine weitgehende Ausschaltung der genannten Faktoren herbeiführen ließen. Mannigfache Ermittlungen und Berechnungen sind angestellt worden, um einerseits objektiv ermittelte, absolute Leistungen wiederzugeben und andererseits stärkere Schwankungen in der Zusammensetzung der zur Untersuchung herangezogenen Bestände erkennen zu lassen. Damit war eine Bindung an Leistungsprüfungen gegeben. Diese sind bei den verschiedenen Tierarten zeitlich unterschiedlich aufgenommen worden. Ferner wurde eine Beschränkung auf bestimmte Gruppen einer Tierart oder

Tab. 10. Milch- und Milchfettleistung der Kuhbestände in Deutschland[4].

Jahr	Zahl der Milchkühe in 1000 St.	Leistung je Kuh/Jahr			Kuhmilcherzeugung in 1000 t	Milchfetterzeugung in 1000 t
		Milch kg	Fett %	Fett kg		
1800[1]	5 075	860			4 365	
1861	8 093	1150			9 307	
1873	8 513	1300			11 067	
1883	8 634	1400			12 088	
1892	9 449	1700			16 063	
1900	9 800	1900			18 620	
1913	10 470	2200			23 034	
1913[2]	9 223	2200			20 291	
1925	9 146	2040	3,25	66	18 658	603
1926	9 200	2090	3,25	68	19 228	626
1927	9 400	2225	3,25	72	20 915	677
1928	9 500	2297	3,25	75	21 822	713
1929	9 400	2258	3,25	73	21 225	686
1930	9 500	2376	3,25	77	22 572	732
1931	9 700	2470	3,25	80	23 959	776
1932	9 800	2490	3,25	81	24 402	794
1933	10 099	2484	3,25	81	25 086	818
1934	10 120	2419	3,21	78	24 480	789
1935	9 940	2406	3,24	78	23 916	775
1936	9 980	2530	3,27	83	25 249	828
1937	9 992	2501	3,30	83	24 990	829
1937[3]	5 997	2492	3,31	83	14 945	498
1950/51	5 706	2560	3,48	89	14 607	508
1951/52	5 804	2725	3,53	96	15 816	557
1952/53	5 833	2765	3,55	98	16 128	572
1953/54	5 863	2934	3,61	106	17 202	621

1954/55	5 776	2910	3,63	106	16 808	612
1955/56	5 659	3006	3,65	110	17 011	623
1956/57	5 649	2996	3,63	109	16 924	616
1957/58	5 607	3169	3,70	117	17 769	656
1958/59	5 567	3293	3,70	122	18 332	679
1959/60	5 635	3354	3,72	125	18 900	704
1960/61	5 734	3406	3,75	128	19 530	734
1961/62	5 846	3436	3,78	130	20 087	760
1962/63	5 907	3485	3,79	132	20 586	780
1963/64	5 878	3540	3,80	135	20 808	794
1964/65	5 826	3608	3,77	136	21 020	792
1965/66	5 835	3643	3,75	137	21 257	799
1966/67	5 856	3683	3,74	138	21 568	808
1967/68	5 862	3760	3,77	142	22 041	832
1968/69	5 872	3760	3,77	142	22 079	834
1969/70	5 841	3798	3,79	144	22 184	841
1970/71	5 637	3813	3,80	145	21 494	817
1971/72	5 452	3894	3,80	148	21 230	807
1972/73	5 449	3936	3,83	151	21 447	823
1973/74	5 469	3927	3,83	150	21 477	820
1974/75	5 447	3926	3,82	150	21 385	817

[1] bezogen auf Reichsgebiet vor 1919
[2] bezogen auf Reichsgebiet 1919
[3] bezogen auf Gebiet der heutigen BRD
[4] nach BITTERMANN, E.: „Die landwirtschaftliche Produktion in Deutschland 1800–1950", Kühn-Archiv, Halle (Saale), 1956
WULF: „Entwicklung und heutiger Stand des Milchleistungskontrollwesens im früheren Reich bzw. heutigem Bundesgebiet"
ZEDDIES, J.: „Die Leistungssteigerung in der Tierproduktion", Diss. Göttingen, 1969
GRUPE, D.: „Die Nahrungsmittelversorgung Deutschlands seit 1925", Sonderheft 3/4, Agrarwirtschaft, Hannover, 1957
ergänzt durch Werte aus Stat. Jahrbüchern für Ernährung, Landwirtschaft und Forsten, Berlin und Hamburg, 1913–1974, sowie Stat. Jahrbüchern für Ernährung, Landwirtschaft und Forsten, Münster-Hiltrup, 1975 und 1976

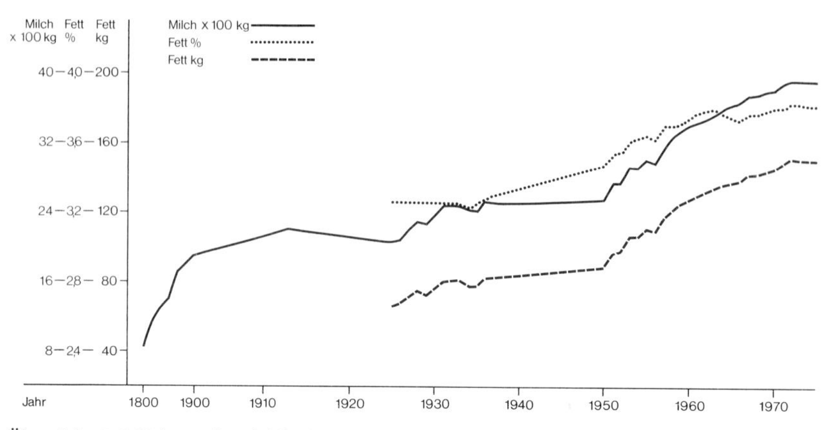

Übersicht 7. Milch- und Milchfettleistung der Kuhbestände in Deutschland von 1800–1975.

Rasse vorgenommen wie auch eine Herausstellung begrenzter Gebiete für diese Population. Diese Erhebungen können dann repräsentativ für die Gesamtrassen sein. Als Beispiel seien die Milchleistungsprüfungen im Bereich des Vereins Ostfriesischer Stammviehzüchter angeführt (Tab. 16). Diese werden seit 1896 bei den Herdbuchkühen des Verbandes durchgeführt und dies in fast unverändertem Einzugsgebiet. Die Werte sind somit objektive Ermittlungen an einem Tiermaterial unter weitgehend gleichen Umweltverhältnissen. Das Ergebnis ist Ausdruck oder Erfolg aller Maßnahmen zur Förderung und Entwicklung der Rinderbestände von der Züchtung über die Fütterung bis zur Haltung und Gesunderhaltung der Herden. Diese Aufstellung kann repräsentativ für die Deutschen Schwarzbunten sein.

Die Möglichkeiten einer derartigen Wiedergabe sind bei den einzelnen Tierarten unterschiedlich. Unter Verarbeitung der gegebenen Unterlagen ergab sich:

2.1 Pferd

Leistungsermittlungen bei den verschiedenen Rassen unter dem Reiter und als Zugtier wurden vorgenommen (s. S. 346). Diese Erhebungen und Feststellungen sind jedoch zeitlich recht unterschiedlich aufgenommen und sporadisch zur Durchführung gekommen. Leistungsergebnisse einer in etwa gleichbleibenden Population oder Rasse über längere Zeiträume hin sind leider nicht vorhanden. Dies trifft für die großen Gruppen Warm- und Kaltblut zu. Allenfalls ließen sich die Resultate von Rennen (Derby u.a.) bei Vollblutpferden heranziehen (Tab. 11). Die in jüngster Zeit regelmäßig und fortlaufend durchgeführten Ermittlungen sind noch kaum geeignet, Leistungsdaten und -entwicklungen in einem Buch niederzulegen, welches einen Zeitraum von etwa 200 Jahren umfaßt.

Tab. 11. Deutsches Derby (Gr. I) – Dreijährige[1 und 2] (Direktorium für Vollblutzucht und Rennen, Köln).

Jahr	Besitzer	Pferd	Abstammung	Jockey	Starter	Zeit
1900	C. v. Lang-Puchof u. A. v. Schmieder	Hagen	v. Charibert – Hyères	H. Ibbett	11	2:44,5
1901	Maj. v. Gossler	Tuki	v. Gouverneur – Räuberbraut	Ch. Bowman	20	2:41,7
1902	A. v. Pechy	Macdonald	v. Chislehurst – Marie	F. Taral	15	2:47,8
1903	Baron G. Springer	Bono modo	v. Bona vista – Kis Iblay	H. Lewis	11	2:37,2
1904	L. Graf Trauttmansdorff	Con amore	v. Matchbox – Grisette	G. Stern	11	2:37,6
1905	T. Graf Festetics	Patience	v. Bona Vista – Podagra	R. Huxtable	4	2:37,1
1906	Weinberg	Fels	v. Hannibal – Festa	W. O'Connor	6	2:35,2
1907	Weinberg	Désir	v. Saphir – Gold Dream	W. Shaw	8	2:36,8
1908	E. Frhr. v. Oppenheim	Sieger	v. Hannibal – Semiramis	G. Stern	6	2:35,8
1909	K. Hauptgestüt Graditz	Arnfried	v. Hannibal – Abendglocke	W. Warne	7	2:35,4
1910	K. Hauptgestüt Graditz	Orient	v. Bona Vista – Olly	F. Bullock	13	2:36,6
1911	Baron G. Springer	Chilperic	v. Gallinule – Chilmark	B. Carslake	12	2:35,2
1912	K. Hauptgestüt Graditz	Gulliver II	v. Hannibal – Gnädigste	F. Bullock	8	2:36,8
1913	R. Haniel	Turmfalke	v. Caius – Tootie	D. Maher	10	2:41,3
1914	S. A. Frhr. v. Oppenheim	Ariel	v. Ard Patrick – Ibidem	G. Archibald	8	2:33,6
1915	R. Haniel	Pontresina	v. Biniou – Princess Margaret	W. Plüschke	14	2:42,2
1916	A. u. C. v. Weinberg	Amorino	v. Festino – Anmut I	O. Schmidt	10	2:42,8
1917	R. Haniel	Landgraf	v. Louviers – Ladora	F. Kasper	13	2:35,6
1918	S. A. Frhr. v. Oppenheim	Marmor	v. Saphir – Mahalla	O. Schmidt	12	2:38,6
1919	Hauptgestüt Graditz	Gibraltar	v. Nuage – Granada	R. Kaiser	11	2:33,3
1920	Hauptgestüt Graditz	Herold	v. Dark Ronald – Hornisse	J. Rastenberger	9	2:35,3
1921	A. u. C. v. Weinberg	Omen	v. Nuage – Orkade	L. Danek	17	2:32,6
1922	Gestüt Weil	Hausfreund	v. Landgraf – Hecuba	W. Tarras	12	2:36,6
1923	A. u. C. v. Weinberg	Augias	v. Pergolese – Augusta Charlotte	O. Schmidt	9	2:41,5
1924	A. Stierheim	Anmarsch	v. Fervor – Amanda	R. Torke	17	2:36,6
1925	L. Lewin	Roland	v. Traum – Rosanna	E. Haynes	9	2:32,2
1926	R. Haniel	Ferro	v. Landgraf – Frauenlob	F. Williams	9	2:35
1927	S. A. Frhr. v. Oppenheim	Mah Jong	v. Prunus – Maja v. Caius	E. Pretzner	14	3:03,2
1928	L. u. W. Sklarek	Lupus	v. Herold – Lux	E. Haynes	15	2:34,2
1929	M. J. Oppenheimer	Graf Isolani	v. Graf Ferry – Isabella	E. Grabsch	11	2:36,2
1930	S. A. Frhr. v. Oppenheim	Alba	v. Wallenstein – Arabis	J. Munro	9	2:32,4

Tab. 11. Deutsches Derby (Gr. I) – Dreijährige[1 und 2] (Fortsetzung).

Jahr	Besitzer	Pferd	Abstammung	Jockey	Starter	Zeit
1931	Hauptgestüt Graditz	Dionys	v. Herold – Dichterin	E. Böhlke	17	2:35,4
1932	P. Mülhens	Palastpage	v. Prunus – Palma	E. Haynes	8	2:36,2
1933	Hauptgestüt Graditz	Alchimist	v. Herold – Aversion	E. Grabsch	10	2:36,2
1934	Gestüt Erlenhof	Athanasius	v. Ferro – Athanasie	J. Rastenberger	13	2:32
1935	Gestüt Schlenderhan	Sturmvogel	v. Oleander – Schwarze Kutte	W. Printen	11	2:32,6
1936	Gestüt Erlenhof	Nereide	v. Graf Isolani od. Laland – Nella da Gubbio	E. Grabsch	10	2:28,8
1937	Hauptgestüt Graditz	Abendfrieden	v. Ferro – Antonia	E. Grabsch	12	2:34,8
1938	Gestüt Schlenderhan	Orgelton	v. Prunus – Odaliske	G. Streit	13	2:33,2
1939	Gestüt Schlenderhan	Wehr Dich	v. Wallenstein – Waffe	G. Streit	10	2:37,2
1940	Gestüt Schlenderhan	Schwarzgold	v. Alchimist – Schwarzliesel	G. Streit	13	2:32,8
1941	Gestüt Schlenderhan	Magnat	v. Astérus – Mafalda	G. Streit	10	2:33
1942	Gestüt Erlenhof	Ticino	v. Athanasius – Terra	O. Schmidt	13	2:33,2
1943	Gestüt Schlenderhan	Allgäu	v. Ortello – Arabella	G. Streit	11	2:33
1944	Gestüt Erlenhof	Nordlicht	v. Oleander – Nereide	O. Schmidt	17	2:31,6
1945	nicht gelaufen					
1946	Gestüt Birkenhof	Solo	v. Lampos – Sorgenwende	G. Streit	11	2:47
1947	Stall Buchhof	Singlspieler	v. Wildling – Singadula	St. Zajac	16	2:35
1948	K. H. Wieland	Birkhahn	v. Alchimist – Bramouse	E. Böhlke	12	2:32
1949	Gestüt Schlenderhan	Asterblüte	v. Pharis – Aster	W. Held	14	2:35,3
1950	Gestüt Erlenhof	Niederländer	v. Ticino – Najade	O. Schmidt	13	2:29,9
1951	Gestüt Erlenhof	Neckar	v. Ticino – Nixe	O. Schmidt	11	2:33,8
1952	Gestüt Waldfried	Mangon	v. Gundomar – Mainkur	G. Streit	11	2:35,1
1953	Gestüt Schlenderhan	Allasch	v. Magnat – Astarte	H. Bollow	14	2:34
1954	Gestüt Asta	Kaliber	v. Wirbelwind – Kirschfliege	H. Bollow	13	2:31,3
1955	Gebr. Buhmann	Lustige	v. Ticino – Lapis	A. Klimscha	15	2:38,4
1956	Gestüt Asta	Kilometer	v. Alizier – Kirschfliege	H. Bollow	13	2:39,6
1957	Gestüt Erlenhof	Orsini	v. Ticino – Oranien	L. Piggott	17	2:30
1958	Gestüt Ravensberg	Wilderer	v. Neckar – Waldrun	W. Gassmann	16	2:43,1
1959	Gestüt Röttgen	Uomo	v. Orator – Ungewitter	A. Klimscha	13	2:31,9
1960	Gestüt Rösler	Alarich	v. Mangon – Alma mater	P. Fuchs	14	2:35,5
1961	Gestüt Waldfried	Baalim	v. Mangon – Blaue Adria	G. Streit	20	2:29,4

1962	Gestüt Römerhof	Herero	v. Borealis – Horatia	H. Bollow	14	2:35,3
1963	Gräfin Batthyany	Fanfar	v. Sunny Boy – Friedrichsdorf	L. Piggott	14	2:31,6
1964	W. Vischer	Zank	v. Neckar – Zacateca	J. Pall	11	2:30,7
1965	Gestüt Ravensberg	Waidwerk	v. Neckar – Windstille	J. Starosta	13	2:33
1966	Stall Gamshof	Ilix	v. Orsini – Ivresse	O. Langner	18	2:35,7
1967	Stall Primerose	Luciano	v. Henry the Seventh – Light Arctic	L. Piggott	15	2:32,6
1968	Gestüt Waldfried	Elviro	v. Orsini – Egina	P. Alafi	11	2:33,4
1969	Gestüt Schlenderhan	Don Giovanni	v. Orsini – Donna Diana	B. Taylor	15	2:33,1
1970	Gestüt Schlenderhan	Alpenkönig	v. Tamerlane – Alpenlerche	P. Kienzler	16	2:32,3
1971	Gestüt Rösler	Lauscher	v. Pantheon – Lipoma	D. K. Richardson	17	2:32,8
1972	F. Ostermann	Tarim	v. Tudor Melody – Tamerella	J. Lewis	22	2:40,2
1973	Gestüt Zoppenbroich	Athenagoras	v. Nasram – Avenida	H. Remmert	15	2:28,8
1974	M. Gräfin Batthyany	Marduk	v. Orsini – Marlia	J. Pall	19	2:35,2
1975	Gestüt Hohe Weide	Königsee	v. Soderini – Königsbirke	J. Orihuel	17	2:29,8

[1] Seit 1900 liegen fortlaufend Zeitangaben vor.
[2] in Hamburg, 1919 in Berlin-Grunewald, 1943 und 1944 in Berlin-Hoppegarten, 1946 in München-Riem, 1947 in Köln
2400 m (für dreijährige Hengste und Stuten) Hengste 58 kg, Stuten 56,5 kg, ab 1957 Stuten 56 kg

2.2 Rind

Im Rahmen der tierischen Produktion haben beim Rind Milchmenge und Milchinhaltsstoffe sowie das Fleischbildungsvermögen vor allem Bedeutung. In den einleitenden Ausführungen dieses Kapitels wurde bereits auf die Tabellen 10 und 16 hingewiesen. In Art der Tabelle 16 sind dann in den Tabellen 12 bis 15 und 17 bis 18 für die Rassen Fleckvieh, Gelbvieh, Braunvieh, Pinzgauer sowie Rotbunte und Angler die Leistungsentwicklungen wiedergegeben. Eine Erläuterung soll mit den zusätzlichen grafischen Darstellungen erreicht werden (Übersichten 8 bis 16). Bei den großen Rassengruppen wie Fleckvieh, Schwarzbunte und Rotbunte waren mancherlei Rückfragen erforderlich, bevor die angeführten Zuchtgebiete als repräsentativ für die Gesamtrasse herausgestellt wurden. Sicherlich gibt es hier und da bei diesen Rassen Gebiete, die züchterisch älter und bedeutungsvoller sind. Für die vorliegende Darstellung war jedoch der zeitlich frühe Beginn von Leistungsermittlungen und die bis in die Neuzeit möglichst lückenlose Durchführung in einem Einzugsgebiet, dessen Umfang nicht wesentlich schwankte, entscheidend.
Von einer Bewertung des erreichten, absoluten Leistungsniveaus bei den einzelnen Rassen sei abgesehen. Zweck und Ziel dieser Zusammenstellungen und grafischen Darstellungen ist der Hinweis auf den enormen Anstieg von Milchmenge und Milchfettgehalt im Verlaufe von 7 bis 8 Jahrzehnten.
Das Fleischbildungsvermögen besitzt bei den deutschen Rinderrassen Variationen zwischen den Rassen bzw. ihren Nutzungsrichtungen. Dies ist schon sehr früh bekannt gewesen und ermittelt worden. Schlachtvieh-, Mastvieh- oder Fettviehschauen werden seit der zweiten Hälfte des vorigen Jahrhunderts durchgeführt (s. S. 387). Sie lassen jedoch kaum die durchgehende Entwicklung und Steigerung der Produktivität in der Weise erkennen, wie dies für Milchmenge und Milchinhaltsstoffe möglich ist. Dies würden erst die seit 1958 allmählich eingerichteten Nachkommenprüfstationen für Mastleistung und Schlachtwert gestatten. Der Zeitraum ist jedoch zu kurz, um weitläufige Entwicklungen ablesen zu können.
Es wurde für das Fleischbildungsvermögen ein für alle Tierarten zusammenfassender Abschnitt (die Leistungen der einzelnen Tierarten – Fleisch-/Fettproduktion) angefügt.

Tab. 12. Milchleistungsprüfungen beim Deutschen Fleckvieh (Zuchtverband für Fleckvieh in Niederbayern, Abteilung Süd/Landshut).

Jahr	Zahl der kontroll. Kühe	Milch kg	Fett %	Fett kg
1911–13[1]	125	2085	–	–
1914	367	2299	3,72	86
1915/16	308	2205	3,73	82
1917/18	407	2082	3,81	79
1919/20	359	1870	3,68	69
1921	554	2130	3,73	79
1922	717	2123	3,74	79
1923	923	2190	3,63	80
1924	1 094	2165	3,64	79
1925	1 617	2260	3,76	85
1926	2 534	2281	3,75	86
1927	2 845	2277	3,78	86
1928	3 235	2523	3,78	95
1929	3 691	2625	3,79	99
1930	4 108	2759	3,76	104
1931	5 958	2908	3,77	110
1932	5 664	2803	3,75	105
1933	6 036	2923	3,70	108
1934	6 828	2876	3,79	109
1935[2]	12 371	2715	3,73	101
1936	15 293	2816	3,83	108
1937	15 984	2789	3,82	107
1938	15 467	2795	3,83	107
1939	15 405	2813	3,86	109
1940[3]		2883	3,87	112
1941	15 274	2763	3,85	106
1942	15 434	2629	3,83	101
1943		2646	3,86	102
1944	13 657	2600	3,85	100
1945	17 963	2223	3,83	85
1946	18 236	2301	3,82	88
1947	16 940	2097	3,79	79
1948	15 483	2363	3,87	91
1949		2956	3,86	114
1950	16 829	3252	3,85	125
1951	10 476	3307	3,86	128
1952	9 520	3194	3,92	125
1953	9 341	3485	3,94	137
1954	8 776	3537	4,06	144
1955	9 081	3369	4,02	135
1956	8 611	3379	4,04	137
1957	8 935	3580	4,06	145
1958	9 081	3749	4,08	153
1959	9 399	3888	4,08	159
1960	9 649	4065	4,14	168
1961	10 262	4015	4,12	166

Tab. 12. Milchleistungsprüfungen beim Deutschen Fleckvieh (Fortsetzung).

Jahr	Zahl der kontroll. Kühe	Milch kg	Fett %	Fett kg
1962	9 687	4027	4,13	166
1963	9 618	4041	4,11	166
1964	10 187	4134	4,10	169
1965	10 671	4103	4,06	167
1966	10 500	4038	4,05	164
1967	9 609	4138	4,05	168
1968	10 196	4324	4,07	176
1969	10 838	4383	4,09	179
1970	13 513	4359	4,09	178
1971	13 515	4273	4,01	171
1972	14 059	4564	4,02	183
1973	12 652	4503	4,05	182
1974	13 320	4551	4,02	183
1975	14 044	4585	3,97	182

Quellen: Mitteilungen des Verbandes

[1] Vorher durchgeführte Ermittlungen (Schönbrunn 1900) sind als einzelne Probemelkungen zu betrachten und als Durchschnittsleistung der Rassengruppe kaum zu verwerten. 15. 1. 1909 Erlaß des Bayerischen Staatsministeriums des Inneren: „Die Durchführung sachgemäßer Milchleistungsprüfungen (Probemelkungen usw.) ist eine wichtige Aufgabe der Züchterverbände und muß von ihnen, soweit es nicht schon geschehen ist, im Benehmen mit dem Landesinspektor für Tierzucht sobald als möglich in Angriff genommen werden."

[2] Nach Wirksamwerden des Reichstierzuchtgesetzes mußten ab 1935 alle zur Körung kommenden Jungbullen einen Leistungsnachweis in Milch haben. Dies führte zu einer Erhöhung der kontrollierten Herdbuchkühe.

[3] Der Zeitraum von 1940 bis 1948 gibt die starken Auswirkungen der mangelhaften Futterversorgung der Milchkühe in den Kriegs- und Nachkriegsjahren wieder und ist bei Sichtbarmachung des Leistungsfortschritts der Rasse auszuklammern.

Tab. 13. Milchleistungsprüfungen beim Deutschen Gelbvieh (Zuchtverbandsabteilung Würzburg).

Jahr	Zahl der kontroll. Kühe	Milch kg	Fett %	Fett kg
1909/13	246	2292	3,75	86
1914	159	2278	3,85	88
1915/16	67	1964	3,79	74
1917/18	95	1913	3,90	75
1919/20	130	1767	3,78	67
1921	349	2077	3,63	83
1922	250	2073	3,58	74
1923	267	2022	3,70	75
1924	245	1940	–	–
1925	183	2289	–	–
1926	261	2493	–	–
1927	467	2554	–	–
1928	561	2646	–	–
1929	680	2574	3,71	105
1930	753	2639	3,72	103
1931	1547	2553	3,94	101
1932	1253	2447	3,94	96
1933	1248	2471	4,02	99
1934	1477	2363	3,99	94
1935	3346	2419	3,81	91
1936[1]	6040	2532	3,88	100
1937	6006	2454	3,81	94
1938	5955	2439	3,84	94
1939	5804	2427	3,81	93
1940	5786	2412	4,00	97
1941	5228	2361	3,98	94
1942	5000	2177	3,92	85
1943	5464	2201	3,90	86
1944	5010	2226	3,90	87
1945	5581	2034	–	–
1946	6411	2115	3,91	85
1947	6429	1881	3,87	73
1948	6072	1938	3,85	75
1949	6072	2629	3,94	104
1950	4410	2771	3,92	109
1951	4459	2838	3,94	112
1952	4529	2738	3,91	107
1953	4721	2680	3,88	104
1954	5091	2891	3,99	115
1955	5445	2860	4,03	115
1956	6122	2883	3,97	114
1957	6511	2986	4,01	120
1958	6898	3172	4,05	128
1959	7403	3313	4,04	134
1960	7893	3400	4,03	137
1961	7956	3371	4,14	140

Tab. 13. Milchleistungsprüfungen beim Deutschen Gelbvieh (Fortsetzung).

Jahr	Zahl der kontroll. Kühe	Milch kg	Fett %	Fett kg
1962	7351	3353	4,09	137
1963	6936	3504	4,12	144
1964	6554	3661	4,13	151
1965	6519	3644	4,04	147
1966	6503	3589	4,14	148
1967	6325	3689	4,14	152
1968	6145	3816	4,14	157
1969	6110	3895	4,14	161
1970	5888	3985	4,16	165
1971	5926	4054	4,16	168
1972	7053	4196	4,10	171
1973	7905	4140	4,14	171
1974	7419	4127	4,10	169
1975	7569	4323	4,04	174

[1] 1936 bis 1949 Pflichtmilchkontrolle

Quellen: Mitteilungen des Verbandes

1909 bis 1964: Peter, O.: Untersuchungen über geschichtliche Entwicklung und züchterisch-wirtschaftlich wichtige Leistungseigenschaften des deutschen Gelbviehs.

Tab. 14. Milchleistungsprüfungen beim Deutschen Braunvieh (Allgäuer Herdbuchgesellschaft Kaufbeuren – Kempten).

Jahr	Zahl der kontroll. Kühe	Milch kg	Fett %	Fett kg
1894/95	105	3217	3,59	115
1895/96	100	3132	3,56	111
1896/97	210	3058	3,59	110
1897/98	210	3033	3,57	108
1898/00	425	3216	3,66	118
1900/01	400	3115	3,74	117
1901/02	300	3069	3,66	112
1902/04	950	3048	3,65	111
1904/05	900	3027	3,67	111
1905/07	900	3161	3,64	115
1907/09	700	3172	3,64	115
1909/12	1 300	3132	3,56	111
1912/14	1 400	3054	3,63	111
1914/16	1 300	3001	3,69	111
1916/17	650	2827	3,74	106
1917/18	650	2830	3,74	106
1918/20	1 000	2741	–	–
1921	651	2801	3,63	102
1922	1 000	2824	3,70	104
1923	864	2809	3,71	104
1924	1 379	2830	3,69	104

Tab. 14. Milchleistungsprüfungen beim Deutschen Braunvieh (Fortsetzung).

Jahr	Zahl der kontroll. Kühe	Milch kg	Fett %	Fett kg
1925	2 004	2865	3,67	105
1926	3 289	2995	3,66	110
1927	5 006	3109	3,68	114
1928	6 536	3234	3,68	119
1929	7 939	3299	3,71	122
1930	7 895	3351	3,68	123
1931	8 395	3314	3,69	122
1932	7 169	3316	3,61	120
1933	7 379	3497	3,66	128
1934	8 601	3559	3,65	130
1935[1]	21 421	3379	3,71	125
1936	31 855	3283	3,67	121
1937	33 634	3171	3,56	113
1938	33 971	3213	3,59	115
1939	34 379	3192	3,62	116
1950[2]	29 561	3524	3,77	133
1951	18 274	3784	3,80	144
1952	18 024	3667	3,84	141
1953	16 917	3797	3,86	147
1954	15 592	3781	3,87	146
1955	15 319	3748	3,85	144
1956	13 700	3759	3,87	145
1957	12 464	3856	3,84	148
1958	12 335	3955	3,91	155
1959	13 561	4052	3,90	158
1960	14 799	4175	3,96	165
1961	17 433	4113	3,94	162
1962	19 691	4246	4,00	170
1963	18 934	4364	4,04	176
1964	20 256	4222	3,99	168
1965	20 033	4394	3,97	175
1966	18 840	4346	3,95	172
1967	18 969	4457	3,97	177
1968	18 808	4636	4,00	185
1969	18 720	4626	4,01	185
1970[3]	48 797	4366	4,01	175
1971	48 954	4268	3,97	169
1972	51 233	4431	3,99	177
1973	55 831	4547	4,03	183
1974	58 484	4594	3,99	183
1975	60 989	4627	3,99	185

[1] 1935 bis 1939 Pflichtmilchkontrolle, nur Angaben für alle kontrollierten Kühe des Zuchtgebietes vorhanden

[2] Werte ab 1950 sind Zusammenfassungen der seit 1947 getrennten Herdbuchgesellschaften Kaufbeuren und Kempten

[3] ab 1970 Angabe aller ganzjährig geprüften Kühe in Herdbuchbetrieben

Quellen: Mitteilungen der Verbände

Tab. 15. Milchleistungsprüfungen beim Pinzgauer Rindvieh (Rinderzuchtverband Traunstein).

Jahr	Zahl der kontroll. Kühe	Milch kg	Fett %	Fett kg
1909/11	4	2992	3,91	117
1911/13	68	2259	3,72	84
1913/14	102	2164	3,74	81
1915/16	130	2194	3,70	81
1917/18	125	2209	3,70	82
1938	4088	2852	3,54	101
1941	5439	2507	3,80	95
1942	4649	2447	3,87	95
1944	4186	2290	3,88	89
1945	5543	1962	3,80	77
1946	5748	1953	3,82	75
1947	5614	1780	3,82	68
1949	3700[1]	2607	3,79	99
1950	3400[1]	2911	3,81	111
1951	3100[1]	3103	3,79	118
1952	2800[1]	2970	3,88	115
1953	2511	3055	3,88	119
1954	2079	3087	3,90	120
1955	1792	2991	3,89	116
1956	1540	3078	3,95	122
1957	1585	3225	3,94	127
1958	1453	3369	3,96	133
1959	1731	3418	3,95	135
1960	1761	3464	3,95	137
1961	1750	3502	3,96	139
1962	1601	3565	3,99	142
1963	1497	3671	4,01	147
1964	1461	3619	3,96	143
1965	1289	3623	3,90	141
1966	1104	3564	3,93	140
1967	927	3655	3,90	142
1968	793	3806	3,92	149
1969	666	3876	3,92	152
1970	1666[2]	3573	3,92	140
1971	1449	3464	3,88	135
1972	1277	3665	3,89	143
1973	1366	3714	3,92	146
1974	1078	3777	3,91	148
1975	801	3694	3,89	144

[1] geschätzt
[2] ab 1970 durch EDV-Erfassung aller Kühe in Herdbuchbetrieben

Quellen: „75 Jahre Traunsteiner Rinderzucht" sowie Mitteilungen des Rinderzuchtverbandes Traunstein

Tab. 16. Milchleistungsprüfungen bei Deutschen Schwarzbunten (Verein Ostfriesischer Stammviehzüchter, Leer).

Jahr	Zahl der kontroll. Kühe	Milch kg	Fett %	Fett kg
1896	65	3326	3,07	102[1]
1905	1 227	3545	3,09	110[2]
1906	1 419	3642	3,10	113
1907	2 027	3913	3,14	123
1908	3 126	3726	3,14	117
1909	6 135	3526	3,09	109
1910	6 583	3580	3,13	112
1911	8 360	3461	3,05	105
1912	9 222	3667	3,11	114
1913	10 389	3865	3,21	124
1919	3 018	3056	3,19	98
1920	8 437	3278	3,17	104
1921	11 123	3322	3,21	107
1922	13 823	3440	3,21	110
1923	25 119	3310	3,21	106
1924	26 316	3360	3,17	107
1925	31 817	3279	3,15	103
1926	31 523	3604	3,15	114
1927	31 783	3743	3,17	119
1928	32 407	3782	3,12	118
1929	26 965	4100	3,22	132
1930	26 244	4417	3,24	143
1931	26 332	4465	3,27	146
1932	17 378	4443	3,29	146
1933	18 301	4444	3,31	147
1934	31 638	3817	3,22	123
1935	30 515	4007	3,22	129
1936	34 623	4060	3,25	132
1937	40 065	3834	3,31	127
1938	38 360	3775	3,30	125
1939	37 009	3838	3,34	128
1940	36 400	3550	3,37	120
1941	34 300	3550	3,38	120
1942	31 500	3450	3,41	118
1943	31 876	3426	3,42	117
1950	41 827	4284	3,59	154
1953	44 788	4308	3,71	160
1954	43 099	4184	3,75	157
1955	42 037	4152	3,78	157
1956	43 686	4293	3,85	165
1957	44 494	4300	3,85	166
1958	46 365	4404	3,93	173
1959	46 787	4397	3,88	171
1960	48 393	4597	3,93	181
1961	50 818	4607	3,99	184
1962	51 910	4720	4,03	190

Tab. 16. Milchleistungsprüfungen bei Deutschen Schwarzbunten (Fortsetzung).

Jahr	Zahl der kontroll. Kühe	Milch kg	Fett %	Fett kg
1963	51 663	4633	4,04	187
1964	50 428	4610	4,05	187
1965	51 571	4739	4,02	191
1966	53 211	4730	4,00	189
1967	52 784	4793	3,99	191
1968	51 922	4859	4,01	195
1969	53 821	4833	3,97	192
1970	53 012	4941	4,03	199
1971	49 911	5063	4,01	203
1972	52 293	5176	4,04	209
1973	56 610	5043	4,03	203
1974	57 621	5087	3,99	203
1975	58 185	5201	3,96	206

[1] sämtliche Kühe aus sieben vom Verein Ostfriesischer Stammviehzüchter ausgewählten Herden; von 97 Tieren wurden 65 ganzjährig kontrolliert

[2] 1904 Gründung der ersten Kontrollvereine

Quellen: Mitteilungen des Verbandes

Werte von 1905 bis 1943 nach KÖPPE, A.: Ostfrieslands Rinderzucht zwischen zwei Weltkriegen (1920 bis 1945), 1946

Ab 1950 nach „Ergebnisse der Milchleistungsprüfungen", später „Rinderproduktion", Arbeitsgemeinschaft Deutscher Rinderzüchter, Bonn

Tab. 17. Milchleistungsprüfungen bei Deutschen Rotbunten (Westf. Rinderstammbuch der Rotbuntzüchter, Münster).

Jahr	Zahl der kontroll. Kühe	Milch kg	Fett %	Fett kg
1903[1]	–	3629	3,10	112,45
1904	–	3310	3,22	106,58
1905	–	3427	3,23	110,53
1906	–	3505	3,27	114,67
1907	–	3423	3,18	108,99
1908	–	3575	3,13	111,81
1909	–	3576	3,11	111,06
1910	1 848	3752	3,11	116,76
1911	2 205	3407	3,12	106,41
1912	2 907	3675	3,17	116,49
1913	2 988	3970	3,19	126,64
1914	1 705	3711	3,22	119,46
1915	302	3432	3,20	109,67
1916	109	3589	3,13	112,25
1917	105	2650	2,83	75,00
1918	522	3039	2,92	88,73
1919	1 826	2956	2,99	88,46
1920	2 535	3185	3,09	98,25
1921	4 576	3050	3,13	95,31
1922	4 930	3140	3,14	98,63
1923	5 856	3419	3,17	108,23
1924	8 771	3508	3,16	110,84
1925	15 456	3678	3,16	116,22
1926	17 930	4063	3,20	129,84
1927	15 465	4053	3,20	129,67
1928	13 000	4044	3,20	129,51
1929	14 418	4055	3,20	129,56
1930	15 686	4251	3,22	136,83
1931	16 207	4257	3,23	137,11
1932[2]	10 290	4317	3,23	139,50
1933	10 683	4301	3,26	140,22
1934	11 517	4234	3,23	136,72
1935	12 763	4290	3,24	138,97
1936	14 473	4464	3,26	145,43
1937	15 652	4215	3,27	137,62
1938	13 130	4253	3,25	138,00
1939	18 749	4230	3,29	139,34
1940	19 599	4051	3,29	133,30
1941	22 984	4021	3,33	133,82
1942	25 294	3777	3,32	125,31
1943	28 554	3783	3,29	124,62
1944	26 614	3588	3,29	118,10
1945	6 579	3522	3,31	116,47
1946	27 970	3180	3,27	104,00
1947	28 413	2732	3,33	91,00
1948	31 133	3340	3,29	110,00

Tab. 17. Milchleistungsprüfungen bei Deutschen Rotbunten (Fortsetzung).

Jahr	Zahl der kontroll. Kühe	Milch kg	Fett %	Fett kg
1949	34 870	4041	3,34	135,00
1950	38 980	4417	3,37	149,00
1951	40 195	4526	3,40	154,00
1952	43 982	4324	3,45	149,00
1953	49 809	4408	3,45	152,00
1954	48 838	4300	3,53	152,00
1955	52 073	4216	3,53	149,00
1956	49 168	4222	3,60	152,00
1957	50 898	4226	3,50	148,00
1958	56 259	4433	3,61	160,00
1959	63 347	4311	3,60	155,00
1960	64 935	4424	3,62	160,00
1961	55 531	4613	3,71	171,00
1962	55 011	4602	3,74	172,00
1963	53 829	4702	3,74	176,00
1964	53 301	4683	3,80	178,00
1965	55 830	4730	3,78	179,00
1966	59 289	4708	3,76	177,00
1967	60 901	4737	3,78	179,00
1968	61 846	4762	3,76	179,00
1969	60 614	4817	3,78	182,00
1970	57 550	4937	3,79	187,00
1971	51 719	5008	3,79	190,00
1972	49 354	5136	3,82	196,00
1973	51 255	5062	3,81	193,00
1974	50 426	5139	3,78	194,00
1975	49 145	5253	3,81	200,00

[1] von 1903 bis 1931 keine Trennung von Herdbuch- und Nichtherdbuchkühen
[2] ab 1932 nur Herdbuchkühe

Quellen:
HÜTTEMANN, H.: Die züchterisch wertvollsten Kuhfamilien der westfälischen Rotbuntzucht, 1952 Verlag Vienerius, Münster, und Fortsetzung 1964 Verlag Hansen, Telgte; sowie ab 1963 aus „Ergebnisse der Milchleistungsprüfungen" und „Rinderproduktion", Arbeitsgemeinschaft Deutscher Rinderzüchter, Bonn

Tab. 18. Milchleistungsprüfungen beim Angler Rind (Verband Angler Rinderzüchter, Süderbrarup).

Jahr	Zahl der kontroll. Kühe	Milch kg	Fett %	Fett kg
1903	319	2765	3,41	94
1904	313	2714	3,38	92
1905	342	2849	3,38	96
1906	340	2853	3,46	99
1907	1 034	2866	3,44	99
1908	1 443	2967	3,49	104
1909	2 238	2917	3,48	102
1910	5 046	2840	3,34	95
1911	5 110	2899	3,40	99
1912	6 707	2891	3,40	98
1913	8 683	3017	3,47	105
1914	7 982	3100	3,38	105
1915	2 216	2757	3,34	92
1916	1 500	2549	3,40	87
1917	1 379	2119	3,31	70
1918	1 082	2105	3,36	71
1919	2 917	2128	3,26	69
1920	4 344	2273	3,25	74
1921	5 996	2366	3,26	77
1922	7 744	2411	3,32	80
1923	10 222	2571	3,38	87
1924	11 791	2789	3,39	95
1925	14 211	2973	3,36	100
1926	16 456	3271	3,43	112
1927	18 308	3333	3,47	116
1928[1]	9 250	3445	3,46	119
1929	9 900	3752	3,51	132
1930	10 079	3933	3,53	139
1931	9 523	3885	3,61	140
1932	7 996	3801	3,55	134
1933	8 280	3990	3,59	143
1934	8 575	3862	3,61	139
1935	8 165	3995	3,55	142
1936	8 456	3967	3,61	143
1937	8 254	3884	3,76	146
1938	8 558	3771	3,76	142
1939	7 431	3803	3,80	145
1940	9 034	3597	3,83	138
1941	8 255	3512	3,85	135
1942	6 632	3276	3,79	124
1943	7 979	3397	3,76	128
1944	8 019	3153	3,75	118
1945	5 867	3039	3,66	111
1946	7 234	3038	3,74	114
1947	9 831	2685	3,81	102
1948	10 707	2819	3,83	108

Tab. 18. Milchleistungsprüfungen beim Angler Rind (Fortsetzung).

Jahr	Zahl der kontroll. Kühe	Milch kg	Fett %	Fett kg
1949	12 627	3425	3,89	133
1950	14 566	3982	4,04	161
1951	16 606	4020	4,14	166
1952	15 872	3985	4,17	166
1953	18 336	4043	4,24	171
1954	18 137	3911	4,25	166
1955	16 769	3839	4,31	165
1956	16 144	3847	4,33	167
1957	14 205	4048	4,41	179
1958	15 730	4072	4,55	185
1959	16 739	4052	4,52	183
1960	17 163	4153	4,58	190
1961	16 755	4165	4,59	191
1962	16 227	4208	4,66	196
1963	15 841	4128	4,63	191
1964	15 139	4188	4,68	196
1965	15 676	4272	4,68	200
1966	14 710	4343	4,63	201
1967	11 962	4408	4,59	202
1968	14 562	4442	4,60	205
1969	16 260	4452	4,61	205
1970	15 822	4554	4,68	213
1971	14 879	4586	4,64	213
1972	13 986	4712	4,76	224
1973	14 929	4803	4,70	226
1974	12 577	4816	4,70	226
1975	12 500	4798	4,71	226

[1] von 1903 bis 1927 Werte aller kontrollierten Kühe in den verschiedenen Kontrollvereinen (vorwiegend Herdbuchkühe), ab 1928 nur Herdbuchkühe

Quellen: Nach Mitteilungen des Verbandes und solchen der ADR, Bonn

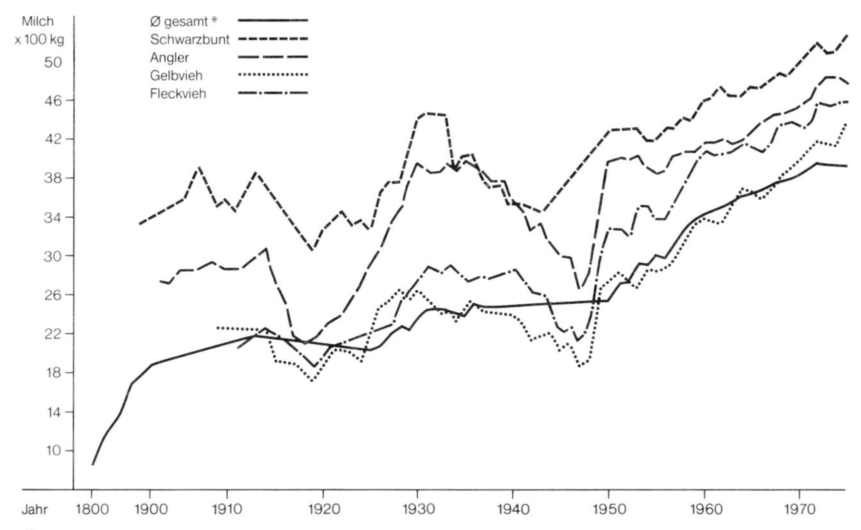

Übersicht 8. Entwicklung der Milchleistung in Deutschland – Milchmenge (Vergleich bedeutsamer Rassen).
* Durchschnitt der Leistungen der Kuhbestände.

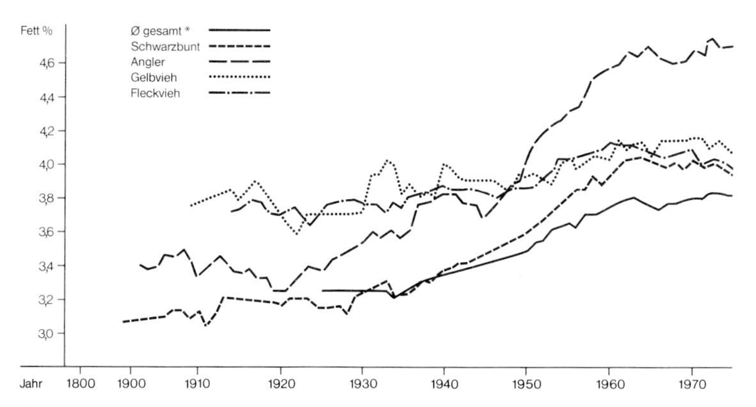

Übersicht 9. Entwicklung der Milchleistung in Deutschland – % Milchfettgehalt (Vergleich bedeutsamer Rassen).
* Durchschnitt der Leistungen der Kuhbestände in Deutschland.

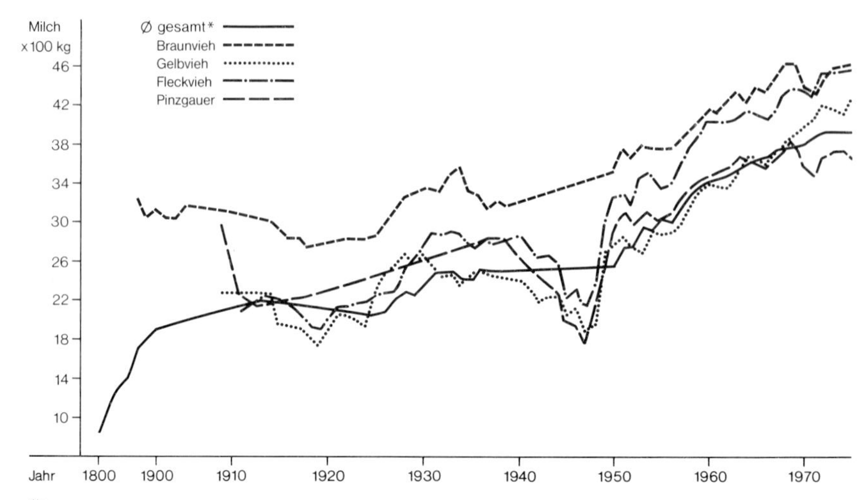

Übersicht 10. Entwicklung der Milchleistung in Deutschland – kg Milchfett (Vergleich bedeutsamer Rassen).
* Durchschnitt der Leistungen der Kuhbestände in Deutschland.

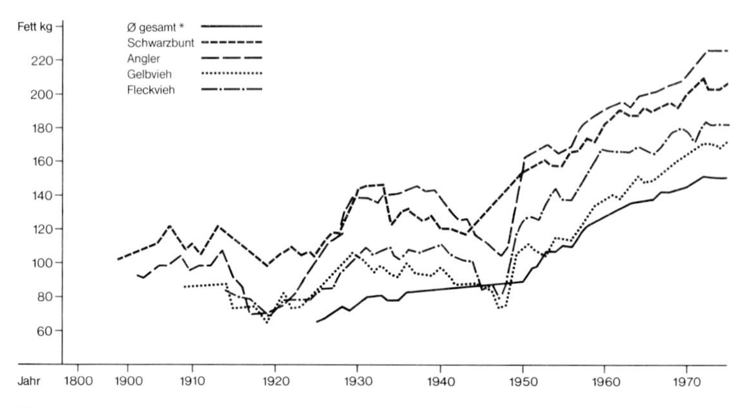

Übersicht 11. Entwicklung der Milchleistung in Deutschland – Höhenrinder – Milchmenge.
* Durchschnitt der Leistungen der Kuhbestände in Deutschland.

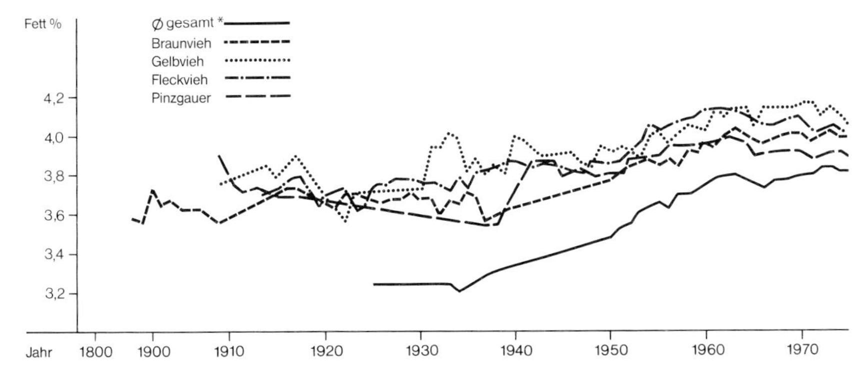

Übersicht 12. Entwicklung der Milchleistung in Deutschland – Höhenrinder – % Milchfett.
* Durchschnitt der Leistungen der Kuhbestände in Deutschland.

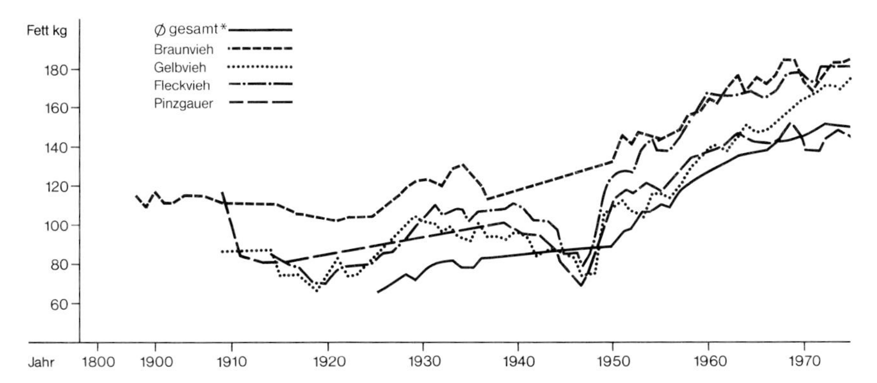

Übersicht 13. Entwicklung der Milchleistung in Deutschland – Höhenrinder – kg Milchfett.
* Durchschnitt der Leistungen der Kuhbestände.

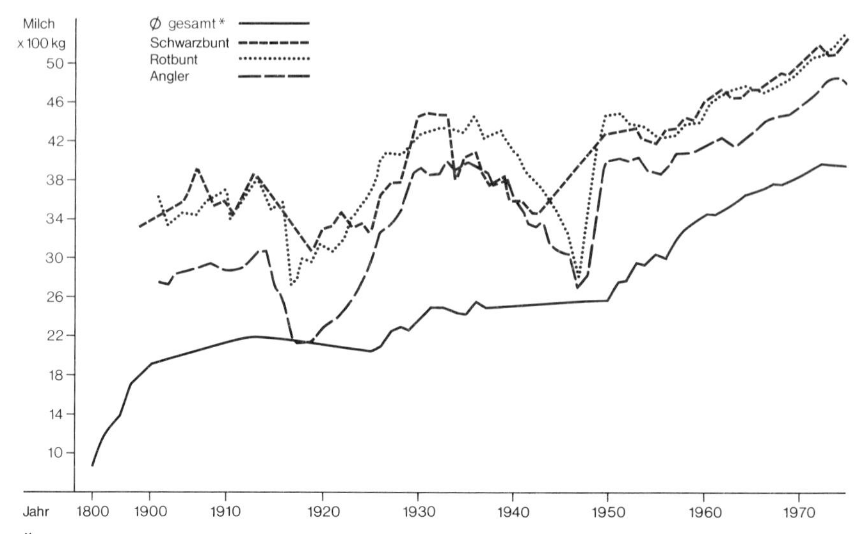

Übersicht 14. Entwicklung der Milchleistung in Deutschland – Tieflandrinder – Milchmenge.
* Durchschnitt der Leistungen der Kuhbestände in Deutschland.

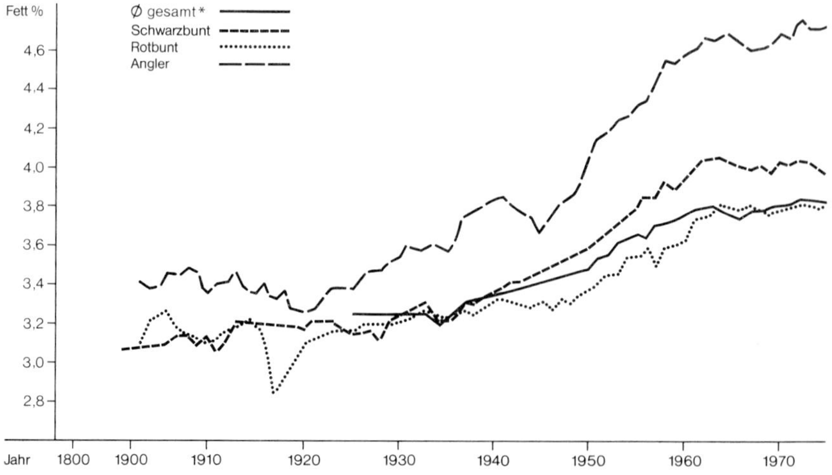

Übersicht 15. Entwicklung der Milchleistung in Deutschland – Tieflandrinder – % Milchfett.
* Durchschnitt der Leistungen der Kuhbestände in Deutschland.

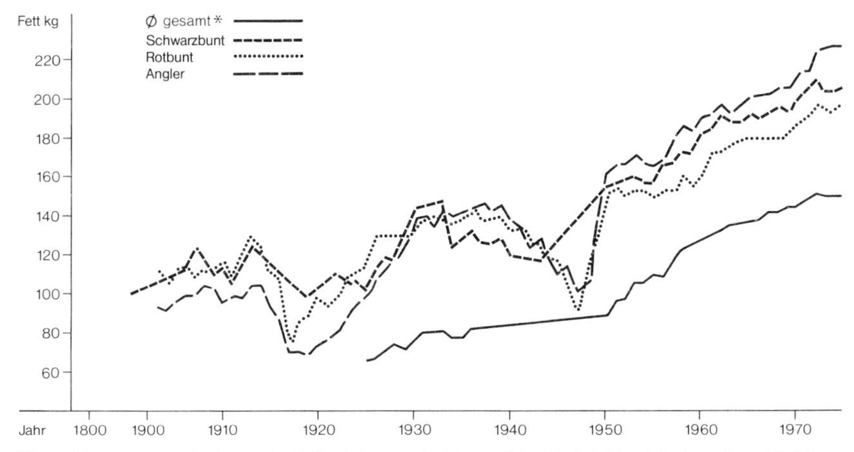

Übersicht 16. Entwicklung der Milchleistung in Deutschland – Tieflandrinder – kg Milchfett.
* Durchschnitt der Leistungen der Kuhbestände in Deutschland.

2.3 Schwein

Für diese Tierart sind Ermittlungen der sogenannten Zuchtleistungen als objektiv vorgenommene Erhebungen nach dem 2. Weltkrieg aufgenommen worden. Sie beschränken sich auf die für das Schwein entscheidenden Produktionsmerkmale Fruchtbarkeit und das Abwachsen der Jungtiere (Zuchtleistungsprüfungen). Die entsprechenden Daten lassen sich in den Ställen der Zuchtbetriebe nehmen, während exakte Erfassungen der Mastfähigkeit und der Schlachtwerte an neutrale Prüfanstalten mit den Einrichtungen zur Ermittlung aller Daten der Mast und Ausschlachtung gebunden sind.
1925 wurde in Friedland bei Göttingen die erste Mastprüfanstalt für Schweine nach dänischem Muster errichtet. Die langsame Entwicklung bei Bau und Einrichtung dieser aufwendigen Anstalten, Unterbrechung im 2. Weltkrieg und nicht zuletzt mehrmalige Änderungen der Methodik bei Mast und Erfassung der Schlachtwerte lassen eine fortlaufende Wiedergabe der Ergebnisse, um damit eine Steigerung der Produktivität zu erkennen, kaum oder nur bedingt zu. Einzel- oder Abschnittsergebnisse s. S. 359. Allgemeine Daten zur Schlachttierproduktion nach Menge und Gewicht ohne qualitative Hinweise, teils Schätzungen, teils Ermittlungen auf Schlachthöfen, liegen beim Schwein bis 1800 zurückgehend vor. Wie beim Rind sind diese mehr allgemeinen Zusammenstellungen im Abschnitt Fleisch-/Fettproduktion (s. S. 74) wiedergegeben.
Für die Zuchtleistungen ließen sich ähnlich dem bei den Rinderrassen angewandten Verfahren Angaben für die wichtigsten Schweinerassen machen. Auch hier waren zeitlich früher Beginn, lückenlose Aufzeichnungen und möglichst gleichbleibendes Erfassungsgebiet entscheidend für die Wahl des jeweiligen Verbandes. Die Tabellen 19 bis 22 bringen Unterlagen zu den verschiedenen Kriterien des Komplexes Zuchtleistungsprüfungen beim Deutschen veredelten Landschwein, beim Deutschen weißen Edelschwein, beim Angler Sattelschwein sowie beim Deutschen Weideschwein.

Tab. 19. Zuchtleistungsprüfungen bei Schweinen – Deutsches veredeltes Landschwein/Deutsche Landrasse (Verband Lüneburger Schweinzüchter, Uelzen)*.

Jahr	Fruchtbarkeit Zahl d. durchschn. geborenen Ferkel		Aufzuchtvermögen Zahl d. durchschn. aufgezogenen Ferkel		28. Tag nach der Geburt durchschn. Gewicht in kg		Ferkelverluste %	Wurfabschnitt Tage
	je Wurf	je Sau/Jahr	je Wurf	je Sau/Jahr	je Wurf	je Ferkel		
1928/29	11,8	–	8,2	–	66,1	7,5	–	–
1930	10,8	–	8,2	–	62,0	7,6	–	–
1931	10,5	–	8,3	–	62,6	7,5	–	–
1932	10,5	–	8,4	–	66,5	7,9	–	–
1933	10,8	–	8,7	–	71,4	8,2	–	–
1934	10,8	–	8,6	–	71,2	8,3	–	–
1935	10,4	18,6	8,6	15,5	70,3	8,2	16,6	204
1936	10,6	18,6	8,7	15,3	69,8	8,0	17,3	208
1937	10,3	18,1	8,3	14,6	66,7	8,0	19,3	208
1938	10,5	19,1	8,5	15,5	68,0	8,0	18,8	201
1938/39	10,5	18,7	8,4	15,0	66,9	8,0	19,8	205
1939/40	10,6	18,4	8,2	14,2	62,9	7,7	22,8	210
1940/41	10,2	19,2	8,1	15,1	62,1	7,7	21,4	194
1941/42	10,6	19,3	8,3	15,5	64,4	7,8	19,7	200
1942/43	10,4	18,5	8,2	14,6	64,4	7,8	21,1	205
1943/44	10,3	18,5	8,0	14,7	62,6	7,8	20,5	203
1944/45	10,3	18,1	8,3	14,6	63,9	7,7	19,3	208
1945/46	10,1	17,4	7,9	13,7	60,2	7,6	21,3	212
1946/47	10,0	16,5	8,0	13,3	59,1	7,4	19,4	221
1947/48	9,9	17,5	7,9	13,9	59,9	7,6	20,6	207
1948/49	10,0	18,5	8,2	15,2	63,8	7,8	17,8	197
1949/50	10,5	20,0	8,6	16,5	71,2	8,2	17,5	195
1950/51	10,7	21,0	8,8	17,2	72,2	8,2	18,1	187
1951/52	10,6	20,5	8,9	17,3	72,5	8,1	15,9	190

1952/53	10,8	21,0	9,1	17,7	73,9	8,1	15,9	188
1953/54	10,9	21,2	9,1	17,6	72,5	8,0	17,2	190
1954/55	10,8	20,7	9,0	17,2	72,2	8,0	16,8	190
1955/56	10,7	20,6	9,0	17,4	71,2	7,9	15,6	189
1956/57	10,7	21,1	9,1	17,9	72,2	8,0	15,4	186
1957/58	10,8	21,2	9,2	18,0	73,4	8,0	15,0	186
1958/59	10,8	21,2	9,2	18,0	73,3	8,0	15,0	186
1959/60	10,9	21,3	9,2	17,9	73,3	8,0	15,9	188
1960/61	11,0	21,8	9,3	18,5	74,9	8,1	14,9	183
1961/62	10,9	21,9	9,5	19,2	76,1	8,0	12,5	182
1962/63	10,9	21,6	9,8	19,3	79,0	8,1	10,8	181
1963/64	11,0	22,0	9,9	19,6	80,5	8,1	10,5	182
1964/65	11,1	22,2	9,8	19,6	80,6	8,2	11,6	181
1965/66	11,0	22,2	9,7	19,6	79,9	8,2	11,8	179
1966/67	10,9	22,0	9,6	19,3	80,1	8,3	12,4	182
1967/68	10,9	21,5	9,4	18,8	78,6	–	12,6	183
1968/69	11,2	22,4	9,8	19,6	79,9	–	12,2	184
1969/70	10,8	21,5	9,5	19,0	79,7	–	11,6	182
1970/71	10,8	21,7	9,6	19,3	79,8	–	11,3	181
1971/72	10,7	21,8	9,5	19,3	79,5	–	11,1	180
1972/73	11,0	21,0	9,5	18,7	79,8	–	10,6	182
1973/74	10,5	20,9	9,4	18,7	79,4	–	10,4	184
1975	10,3	21,0	9,5	19,4	–	–	7,6	181

* aus: Zeddies, J.: Leistungssteigerung in der Tierproduktion, Diss. Göttingen, 1969; ergänzt durch Angaben in „Schweineproduktion" 1968–75, herausgegeben von der ADS, Bonn

Tab. 20. Zuchtleistungsprüfungen bei Schweinen – Deutsches weißes Edelschwein (Ammerländer Schweinezuchtgesellschaft, Bad Zwischenahn).

Jahr	Fruchtbarkeit Zahl d. durchschn. geborenen Ferkel		Aufzuchtvermögen Zahl d. durchschn. aufgezogenen Ferkel		28. Tag nach der Geburt durchschn. Gewicht in kg		Ferkelverluste %	Wurfabschnitt Tage
	je Wurf	je Sau/Jahr	je Wurf	je Sau/Jahr	je Wurf	je Ferkel		
1926*	–	20,3	–	15,0	51,0	–	–	–
1939*	–	22,0	–	17,3	69,7	–	–	–
1950/51	10,5	21,0	8,8	17,6	61,6	7,0	17,1	177
1954/55	10,9	22,1	9,7	19,6	76,6	7,9	10,8	178
1959/60	11,3	22,9	9,7	19,5	82,1	8,5	14,1	180
1964/65	11,1	22,3	9,7	19,4	88,5	9,1	12,5	179
1969/70	11,9	22,8	10,3	21,3	–	–	13,8	185
1974/75	11,4	22,8	10,3	20,7	–	–	9,3	185

* nach LÜERS, G.: Die Edelschweinzucht im Ammerland (1941) in Festvortrag Fr. HARING zu „75 Jahre Ammerländer Edelschweine“ 1969;
ergänzt durch Angaben in „Schweineproduktion“, herausgegeben von der ADS, Bonn

Tab. 21. Zuchtleistungsprüfungen bei Schweinen – Angler Sattelschwein (Verband der Züchter des Piétrainschweines und des Angler Sattelschweines, Neumünster)*.

Jahr	Fruchtbarkeit Zahl d. durchschn. geborenen Ferkel		Aufzuchtvermögen Zahl d. durchschn. aufgezogenen Ferkel		28. Tag nach der Geburt durchschn. Gewicht in kg		Ferkelverluste %
	je Wurf	je Sau/Jahr	je Wurf	je Sau/Jahr	je Wurf	je Ferkel	
1936	11,4	18,2	9,4	15,0	68,5	7,3	16,0
1941	11,1	17,8	9,0	14,4	64,3	7,2	18,8
1946	10,8	18,4	8,9	15,1	63,8	7,2	17,3
1950/51	11,1	22,2	9,2	18,4	70,9	7,7	16,9
1955/56	11,1	21,8	9,5	18,5	73,0	7,7	15,0
1960/61	11,3	22,7	9,8	19,6	78,0	8,0	13,8
1965/66	11,2	22,1	10,0	19,8	81,3	8,1	10,7
1970/71	11,3	22,9	9,9	20,0	80,9	8,2	12,6
1976	10,5	21,1	9,5	19,0	–	–	10,0

* nach Mitteilungen von Tierzuchtdirektor Dr. H. E. Wandhoff

Tab. 22. Zuchtleistungsprüfungen bei Schweinen – Deutsches Weideschwein[1] (Schweinezuchtverband Südhannover-Braunschweig, Northeim) (reinrassige und Kreuzungen zusammengefaßt).

Jahr	Fruchtbarkeit Zahl d. durchschn. geborenen Ferkel		Aufzuchtvermögen Zahl d. durchschn. aufgezogenen Ferkel		28. Tag nach der Geburt durchschn. Gewicht in kg		Ferkelverluste %	Würfe je Sau/Jahr
	je Wurf	je Sau/Jahr	je Wurf	je Sau/Jahr	je Wurf	je Ferkel		
1937	7,5	11,3	6,6	9,9	35,7	5,4	12,0	1,5
1938	7,8	12,9	6,8	11,3	35,7	5,3	12,4	1,7
1939	7,7	12,8	6,9	11,6	37,1	5,4	9,6	1,7
1940/41	7,4	12,5	6,5	11,0	33,1	5,1	12,0	1,7
1941/42	7,3	13,7	6,6	12,4	35,2	5,3	9,2	1,7
1942/43	7,1	12,9	6,5	11,9	34,6	5,3	8,4	1,6
1943/44	7,2	13,4	6,6	12,3	34,0	5,2	8,6	1,9
1944/45	7,5	12,7	6,9	11,7	35,4	5,1	8,2	1,7
1945/46	7,6	13,5	6,8	12,1	35,2	5,2	10,7	1,8
1946/47	7,5	13,3	6,6	11,7	33,7	5,1	12,4	1,8
1947/48	7,5	13,8	6,6	12,3	34,4	5,2	11,2	1,8
1948/49	7,5	14,1	6,7	12,6	36,5	5,5	10,4	1,9
1949/50	7,9	15,4	7,0	13,5	38,0	5,4	12,1	1,9
1950/51	8,0	15,5	7,1	13,8	41,0	5,8	10,6	1,9
1951/52	8,0	14,8	7,3	13,4	42,4	5,8	9,5	1,8
1952/53	8,1	15,2	7,4	13,9	43,2	5,8	8,1	1,9
1953/54	8,1	15,3	7,3	13,8	42,9	5,9	9,3	1,9
1954/55	8,2	15,4	7,4	13,9	43,1	5,8	10,0	1,9
1955/56	8,1	14,7	7,3	13,2	42,6	5,8	10,0	1,8
1956/57	8,2	15,9	7,7	14,9	44,7	5,8	6,5	1,9
1957/58	8,3	16,1	7,7	15,0	45,2	5,9	7,0	1,9
1958/59	8,4	16,7	7,5	14,9	45,2	6,0	11,0	1,9
1959/60	8,4	16,9	7,8	15,7	47,5	6,1	7,6	2,0
1960/61	8,7	17,6	7,9	15,9	51,4	6,5	9,5	2,0

1961/62	8,6	16,7	8,0	15,5	52,4	6,6	7,2	1,9
1962/63	8,5	15,7	7,8	14,3	52,1	6,7	8,8	1,8
1963/64	8,4	16,2	7,9	15,2	55,2	7,0	5,9	1,9
1964/65	8,4	15,9	8,0	15,0	56,9	7,1	5,5	1,9
1965/66	8,7	17,1	8,1	15,8	57,6	7,1	7,4	1,9
1966/67	8,7	16,9	8,2	16,0	59,6	7,3	5,4	1,9
1967/68	8,7	15,9	8,2	14,9	59,0	7,2	6,3	1,8
1968/69	8,7	18,2	8,0	16,7	61,3	7,7	8,3	2,1
1969/70	8,9	16,4	8,0	14,7	61,8	7,7	10,2	1,8
1970/71	9,1	16,7	8,0	14,7	60,8	7,6	12,2	1,8
1971/72[2]	9,8	19,6	8,1	16,2	62,0	7,7	17,4	2,0

[1] nach Unterlagen und Mitteilungen des Schweinezuchtverbandes Südhannover-Braunschweig, Northeim
[2] ab 1972 werden Deutsche Weideschweine nicht mehr geführt

2.4 Schaf

Es mag erstaunlich sein, daß trotz des großen Interesses für die deutsche Schafzucht die Unterlagen über die erbrachten Leistungen sowohl nach Wollproduktion als auch nach Schlachtaufkommen gering sind. Vielleicht ist die Begründung dahingehend zu suchen, daß nach der Einführung exakter Leistungsermittlungen zu Anfang des 20. Jahrhunderts die Bedeutung der Schafzucht bereits abgenommen hatte. Die vorhandenen Unterlagen der verschiedensten Quellen einschließlich der statistischen Jahrbücher ermöglichten lediglich die Zusammenstellung der Tabelle 24. Das Schurgewicht der Schafe zeigt bis 1913 einen starken Anstieg, um dann stetig zurückzugehen. Dies könnte mit der zunehmenden Umstellung auf die Nutzungsrichtung Fleisch erklärbar sein. Erstaunlich ist jedoch, daß die angegebenen Schlachtgewichte je Schaf im Verlaufe der Jahrzehnte kaum eine Änderung erfuhren. Allerdings trat ein schnelleres Abwachsen der Tiere ein, wie Tabelle 24 zeigt. Weitere Mitteilungen zum Schlachtaufkommen bei Schafen s. S. 81.
Bei der kleinen Gruppe Ostfriesischer Milchschafte wurden (sicherlich angeregt durch die Leistungsprüfungen bei Rindern) schon früh Milchschafleistungsprüfungen aufgenommen. Tabelle 23 läßt einen Anstieg der Milchmenge erkennen bei einem Bestand, der in der Anzahl kontrollierter Tiere stark schwankte.

Tab. 23. Milchschafleistungsprüfungen in Ostfriesland/Oldenburg.

Jahr	Anzahl der Schafe	Melkdauer Tage	Milch kg	Fett %	Fett kg
1909*	19	227	401	6,03	24
1919	15	228	334	6,44	22
1929	59	264	639	6,35	41
1939	969	245	483	6,04	29
1949	330	238	526	6,20	33
1959	128	203	482	5,94	29
1969**	110	235	690	6,53	45
1979	71	221	730	6,67	49

* nach KÖPPE, J.: Ostfriesische Tierzucht in „Ostfriesland im Schutze des Deiches“, 1969 (Werte nach Verband der ostfriesischen Milchschafzüchter, Norden)
** Nach Mitteilungen des Landes-Schafzuchtverbandes Weser-Ems, Oldenburg

2.5 Ziege

Bei Ziegen haben nur die Milch und die Milchinhaltsstoffe Interesse erlangt. Die Fleischproduktion wurde kaum erfaßt. Unterlagen über Gewichtsermittlungen oder Ausschlachtungen, die fortlaufend gemacht wurden, sind nicht vorhanden (Angaben in einzelnen Publikationen, Dissertationen u.a. können kaum Hinweise zum Leistungsanstieg oder sonstigen Veränderungen über einen längeren Zeitraum geben).
Milchleistungsprüfungen kamen seit kurz nach 1900 zur Durchführung. Fortlaufende Ergebnisse für die beiden großen Rassengruppen Weiße Deutsche Edelziege

Tab. 24. Leistungsentwicklungen bei Schafen (ohne Rassenangaben).

Jahr	Schurgewicht je Schaf/kg	Schlachtgewicht je Schaf/kg
1800	0,75	15,0
1861	1,25	18,0
1883	2,50	18,7
1900	3,50	22,0
1913[1]	4,00	23,0
1913[2]	4,00	22,0
1925	4,00	22,0
1935/38	4,20	25,0
1935/38[3]	3,97	26,0
1950	4,20	24,0
1951	–	–
1952	–	–
1953	–	–
1954	–	–
1955	3,87	25,0
1956	3,93	25,0
1957	3,99	25,0
1958	4,07	25,0
1959	4,06	25,0
1960	3,96	25,0
1961	3,86	26,0
1962	3,98	25,0
1963	3,89	25,0
1964	3,92	25,0
1965	4,02	25,0
1966	3,94	25,0
1967	3,95	24,0
1968	3,98	24,0
1969	4,04	24,0
1970	4,03	23,0
1971	4,00	23,0
1972	3,85	24,0
1973	3,44	24,0
1974	3,37	24,0
1975	3,22	24,0

[1] Reichsgebiet vor 1919
[2] Reichsgebiet nach 1919
[3] Gebiet der heutigen BRD

Quellen:

BITTERMANN, E.: Die landwirtschaftliche Produktion in Deutschland 1800–1950. Kühn-Archiv, Halle/Saale 1956

ZEDDIES, J.: Leistungssteigerung in der Tierproduktion. Diss., Göttingen 1969

Statistische Jahrbücher für Ernährung, Landwirtschaft und Forsten. Verlag P. Parey, Berlin–Hamburg 1913 bis 1974

Statistische Jahrbücher für Ernährung, Landwirtschaft und Forsten. Landwirtschaftsverlag, Münster-Hiltrup 1975 bis 1976

Tab. 25. Milchleistungsprüfungen bei Ziegen (Landesverband Württembergischer Ziegenzüchter, Stuttgart).

Jahr	Weiße Deutsche Edelziege				Bunte Deutsche Edelziege			
	Zahl der kontroll. Ziegen	Milch kg	Fett %	Fett kg	Zahl der kontroll. Ziegen	Milch kg	Fett %	Fett kg
1912/13	23	653	3,63	19,16	42	667	3,68	22,58
1913/14	16	862	3,43	29,59	56	668	3,60	24,11
1914/15	15	616	3,29	20,27	92	632	3,51	22,19
1915/16	14	533	3,24	17,29	22	656	3,39	22,28
1916/17	8	619	3,13	19,43	9	644	3,22	20,77
1917/18	–	–	–	–	6	667	3,16	21,11
1918/19	–	–	–	–	35	591	3,37	19,97
1919/20	–	–	–	–	85	504	3,42	17,27
1920/21	–	–	–	–	36	575	3,39	19,53
1921/22	–	–	–	–	76	699	2,76	19,32
1922/23	–	–	–	–	91	507	3,09	16,00
1923/24	–	–	–	–	81	621	–	–
1924/25	14	874	3,21	28,06	140	632	3,40	21,49
1925/26	23	724	3,20	23,16	153	631	3,68	23,25
1926/27	35	800	3,37	27,17	166	689	3,50	24,18
1927/28	32	835	3,52	29,45	131	767	3,56	27,35
1928/29	19	855	3,83	32,78	87	810	3,40	27,58
1929/30	14	1161	3,57	41,47	97	688	3,15	21,73
1930/31	12	1291	3,55	45,84	110	771	3,95	30,47
1931/32	22	911	3,66	33,38	117	932	3,45	32,20
1932/33	39	877	3,78	33,16	154	747	3,32	24,81
1933/34	38	742	3,53	26,17	206	745	3,37	25,08
1934/35	30	940	3,55	37,00	239	743	3,34	24,80
1935/36	32	1064	4,37	46,54	372	749	3,47	26,01
1936/37	29	1070	4,01	43,00	237	749	3,45	25,90
1937/38	37	1003	4,00	36,90	357	726	3,44	24,95

1938/39	200	673	3,70	24,89	885	681	3,49	23,80
1939/40	234	679	3,40	23,10	1912	622	3,40	21,33
1940	273	674	3,42	23,09	2341	641	3,42	21,97
1941	73	776	3,45	26,75	2134	695	3,44	23,92
1942	55	738	3,47	25,65	1292	704	3,45	24,32
1943	38	733	3,59	26,54	1261	789	3,27	23,15
1944–47				keine Abschlüsse getätigt bzw. vorhanden				
1948	9	722	3,52	25,00	278	705	3,49	25,00
1949	47	883	3,42	30,17	1874	763	3,42	26,06
1950	71	935	3,42	30,00	1418	861	3,55	26,00
1951	64	895	3,70	33,00	1195	844	3,60	30,39
1952	53	890	3,50	31,00	1376	844	3,50	30,00
1953	39	1008	3,89	37,00	1413	932	3,14	29,00
1954	45	998	3,63	36,24	1322	877	3,60	31,64
1955	34	1054	3,54	37,30	1169	906	3,65	33,00
1956	30	1057	3,44	36,30	1027	894	3,67	32,70
1957	32	1045	3,37	35,20	1459	911	3,66	33,40
1958	16	976	3,30	32,20	1149	900	3,70	33,30
1960	–	–	–	–	866	938	3,74	35,10
1965	4	1072	3,29	35,00	428	933	3,74	35,00
1970	11	804	3,32	27,00	330	910	3,78	34,00
1975	16	1034	3,45	36,00	314	1029	3,89	40,00

Quellen:
GRESSEL.: Festschrift zum 50jährigen Bestehen des Verbandes Württembergischer Ziegenzüchter, 1959, sowie Mitteilungen des Landesverbandes Württembergischer Ziegenzüchter.

und Bunte Deutsche Edelziege konnte der Landesverband Württembergischer Ziegenzüchter liefern (Tab. 25). Dabei ist erstaunlich, daß bereits 1930 bei den Weißen Ziegen eine Milchmenge erreicht wurde, die dann in etwa stagnierte. Anders bei den Bunten Ziegen. Hier läßt sich eine stete Steigerung der Mengenleistung ermitteln, und auch der Fettgehalt zeigt eine steigende Tendenz. Die Milchfetterzeugung erhöht sich allmählich von 20 auf 40 kg. Das Ergebnis an einem kleinen Bestand Weißer Ziegen, der auch noch stark bei den kontrollierten Ziegen schwankte, war Veranlassung, die Abschlüsse eines weiteren Kontrollbezirkes heranzuziehen. Tabelle 26 bringt für einen allerdings kürzeren Zeitraum Ergebnisse aus Baden. Auch hier haben die Weißen Ziegen 1930 schon ein beachtliches Leistungsniveau, können dies aber sowohl bezüglich Milchmenge als auch Fettgehalt noch steigern. Entsprechend steigt auch die Milchfettproduktion an.

Tab. 26. Milchleistungsprüfungen bei Ziegen (Landesverband Badischer Ziegenzüchter, Stuttgart – Wirtschaftsgebiet Nord).

Jahr	Weiße Deutsche Edelziege			
	Zahl d. kontroll. Ziegen	Milch kg	Fett %	Fett kg
1923	7	713	–	–
1929	131	861	–	–
1930	32	866	3,30	28,60
1931	88	870	3,23	28,06
1949	991	796	3,07	24,40
1950	878	879	3,20	28,10
1951	683	898	3,21	28,80
1952	606	975	3,25	31,70
1953	618	1020	3,27	33,40
1954	639	1024	3,32	34,00
1955	518	1070	3,44	37,00
1956	419	1107	3,43	38,00
1957	434	1096	3,38	37,00
1958	420	1104	3,39	38,00
1959	380	1138	3,43	39,00
1960	360	1138	3,43	39,00
1961	304	1139	3,53	40,00
1962	246	1133	3,51	40,00
1963	208	1180	3,64	43,00
1964	185	1123	3,52	39,00
1965	151	1112	3,51	39,00
1966	126	1098	3,46	38,00
1967	119	1140	3,48	40,00
1968	121	1160	3,56	41,00
1969	118	1199	3,53	42,00
1970	113	1163	3,71	43,00
1971	102	1181	3,64	43,00
1972	139	1164	3,56	41,00
1973	73	1150	3,70	43,00
1974	69	1187	3,56	42,00
1975	69	1198	3,59	43,00

aus: Jahrbuch für Tierzucht, DGfZ., Schaper-Verlag, 1931 bis 1933, und Angaben des Landesziegenzuchtverbandes Baden

2.6 Geflügel und sonstiges

Sichere Mitteilungen über Leistungen der deutschen Geflügelwirtschaft liegen erst nach dem 2. Weltkrieg, d.h. ab etwa 1950 vor. Auch den für 1935/38 angebenen Zahlen haftet nach BITTERMANN noch eine große Unsicherheit an. Dies hat seine Begründung in der unübersichtlichen Haltung von Geflügel in Kleinst- bis Großbetrieben und einem kaum mitgeteilten Eier- und Schlachttieranfall. Eingehende Bearbeitungen von Bittermann, wobei Schätzungen nicht zu vermeiden waren, geben trotzdem einen ausreichenden Einblick in den Eieranfall ab 1800. Diese Angaben und Berechnungen sind dann bis 1975 durch die Ausarbeitungen von ZEDDIES und Unterlagen der statistischen Jahrbücher ergänzt worden. Tabelle 27 enthält diese Zusammenstellung. Der Leistungsanstieg ist beträchtlich – von 50 Eiern je Henne auf 237. Dabei haben sich die Anwendung neuerer Zuchtverfahren (Hybridhühner) nach dem 2. Weltkrieg besonders stark ausgewirkt. Die Geflügelfleischerzeugung (Hühner, Gänse, Enten) hat gesamt- und marktwirtschaftlich bis in die jüngste Zeit hinein nur geringe Bedeutung. Wie beim Eianfall unterlag ihre Erfassung unübersichtlichen und wenig kontrollierbaren Angaben. Einige Werte ab 1935/38 in den Tabellen 28 und 29 (vergl. im folgenden Abschnitt zur Fleisch-/Fettproduktion) geben Hinweise, die auch hier einen Anstieg erkennen lassen (s. S. 75 u. 76).

Was für das Geflügel gesagt wurde, gilt auch für die sonstigen Zweige der Kleintierzucht einschl. der Honigerzeugung. Dies bedeutet keineswegs eine Abwertung der im Rahmen der Hauswirtschaften immer schon bedeutenden Produktion der Kleintierzuchtzweige. Innerhalb einer Arbeit zur Erfassung der tierischen Produktivität im Verlaufe der letzten 200 Jahre muß jedoch von weitgehend sicheren Unterlagen ausgegangen werden, und diese liegen für diese Produktionszweige der landwirtschaftlichen Kleintierzucht erst für die letzten Jahrzehnte vor.

Tab. 27. Bestands- und Leistungsentwicklung in der Legehennenhaltung.

Jahr	Legehennen 1000 Stck.	Legeleistung Stck./Henne	Eieranfall Mrd./Stck.
1800	19 200	50	0,960
1860	29 160	60	1,750
1885	40 361	70	2,825
1900	51 562	75	3,867
1913	65 588	80	5,247
1935/38	81 352	93	7,566
1935/38[1]	44 000	108	4,752
1950	41 600	120	4,992
1955	45 600	126	5,746
1960	52 200	149	7,778
1965	62 000	196	12,152
1970	70 300	216	15,185
1975	63 250	237	14,990

[1] umgerechnet auf Gebiet der BRD

Quellen:

BITTERMANN, E.: „Die landwirtschaftliche Produktion in Deutschland 1800–1950“, Kühn-Archiv, Halle/S. 1956

ZEDDIES, J.: Die Leistungssteigerung in der Tierproduktion. Diss., Göttingen 1969

Statistische Jahrbücher über Ernährung, Landwirtschaft und Forsten, Berlin und Hamburg, sowie Münster-Hiltrup

3 Fleisch-/Fettproduktion

Im Rahmen der Haustierhaltung, später landwirtschaftliche Nutztierhaltung, war über lange Zeiträume hin die Fleisch-/Fetterzeugung der wichtigste Zweig der tierischen Produktion. Erst im Verlaufe des 19. Jahrhunderts schieben sich weitere Produktionsgruppen der sich zunehmend entwickelnden Veredlungswirtschaft, insbesondere die Milch und ihre Inhaltsstoffe, stärker in den Vordergrund. Für die Fleisch-/Fettproduktion von der Frühzeit über das Mittelalter bis in die Neuzeit schufen die Voraussetzungen relativ große Tierbestände. So hat ABEL in seinen umfangreichen Untersuchungen darauf hingewiesen, daß im Mittelalter der Tierbestand im Vergleich mit der Bevölkerungszahl beträchtlich war. Entsprechend war ein hoher Fleischverbrauch möglich, den er mit mehr als 100 kg je Kopf und Jahr der Bevölkerung angibt. Dieser hohe Versorgungsgrad wurde mit Tierbeständen erreicht, die extensiv gehalten und deren Wachstumsquoten gering waren. Schwache Bevölkerungszahlen und hohe Viehbestandszahlen waren somit die Voraussetzungen einer möglichen starken Fleisch-/Fettversorgung (s. auch S. 20).
Der Dreißigjährige Krieg und seine Folgeerscheinungen erbrachten dann starke Einbußen bei den Viehbeständen. Während die Bevölkerungszahlen schnell wieder anstiegen, ließ sich dies in der Haustierhaltung nicht in gleichem Maße feststellen. Der Versorgungsgrad mit Fleisch/Fett mußte somit sinken. Die Folge war eine Umstellung auf einen höheren Anteil pflanzlicher Nahrungsmittel. An verschiedenen Stellen dieses Buches ist auf die diesbezüglichen Verhältnisse Ende des 18. und zu Anfang des 19. Jahrhunderts hingewiesen worden. Im Verlaufe des 19. Jahrhunderts trat jedoch eine Wandlung ein, und die Produkte der Tierhaltung im Rahmen einer Veredlungswirtschaft gewannen zunehmend an Bedeutung. Nunmehr war die deutsche Landwirtschaft, räumlich begrenzt und mit der Erzeugung der verschiedensten Lebensmittel betraut, jedoch gezwungen, den Produktionszweig Fleisch/ Fett nicht mehr allein über die Tierzahl, sondern auch über die Gewichte der Einzeltiere und über günstigere Wachstumsquoten zu erreichen. Die Leistungen der Rassen, kleinere Gruppen wie Familien bis zum Einzelindividuum hin rücken mehr und mehr in das Blickfeld der Förderungs- und Entwicklungsmaßnahmen. Es zeigt sich eine Wandlung der Tierzucht bzw. der tierischen Produktion, die Beachtung verdient. Hervorgehoben sei, daß im deutschen Raum die Fleisch-/ Fettversorgung vornehmlich durch Rind, Schwein und Schaf erreicht wurde.
Aus dem Vorhergesagten geht hervor, daß zunächst die Viehbestände die bedeutsamste Voraussetzung für die Höhe der Erzeugung waren. Tab. 4 hat bereits den starken Anstieg der Bestände gezeigt, insbesondere der Rind- und Schweinebestände.
In Tab. 28 sind nun Angaben gemacht, was mit diesen Beständen an Fleisch/Fett produziert wurde. In der Aufstellung läßt eine Indexberechnung erkennen, daß von 1800 bis 1913 die Fleischproduktion den 9fachen Anstieg erreichte, während für die Viehbestände eine 3- bis 4fache Erhöhung aus der GV-Berechnung in Tab. 4 (s. S. 28) entnommen werden kann. Für das Gebiet der heutigen BRD wurde in wenigen Jahrzehnten nach dem 2. Weltkrieg eine weitere Verdoppelung des Aufkommens erreicht.
In Tab. 29 ist diese Fleischproduktion in Beziehung zur Bevölkerungszahl gebracht worden. Dabei hat BITTERMANN versucht, für den Zeitraum um 1800 den Fleischverzehr je Kopf der Bevölkerung zu ermitteln. Nach Verarbeitung der Berechnun-

Tab. 28. Die Fleischproduktion von 1800 bis 1975 (in 1000 t).

Jahr	Rinder	Kälber	Schweine	Schafe/Ziegen		Geflügel	insgesamt	Index 1800 = 100
1800	143,9	60,7	126,7	50,9			382,2	100
1883	484,4	95,8	656,9	126,7			1363,8	357
1900	812,4	158,4	1428,6	103,1			2502,5	655
1913	931,8	200,8	2283,7	82,0			3498,3	915
1925	710,0	175,0	1532,0	73,0			2490,0	651
1935/38	931,0	209,0	2350,0	53,0			3543,0	927
								Index 1935/38 = 100
1935/38*	661,2	137,2	1168,8	19,0	9,0	58,7	2053,9	100
1950/51	561,6	111,2	1078,4	23,0	9,0	55,3	1838,5	89
1960/61	974,4	107,3	1867,2	16,0	3,0	107,1	3075,0	149
1970/71	1381,8	92,3	2666,4	11,5	0,0	283,9	4435,9	216
1974/75	1450,8	66,3	2806,4	13,5	0,0	280,5	4617,5	224

* berechnet auf das Gebiet der heutigen BRD

Quellen:
Statistisches Jahrbuch über Ernährung, Landwirtschaft und Forsten. Hamburg und Berlin 1963
und Statistisches Jahrbuch über Ernährung, Landwirtschaft und Forsten. Münster-Hiltrup 1976
sowie Bittermann, E.: Die landwirtschaftliche Produktion in Deutschland 1800–1950. Kühn-Archiv, Halle/Saale, 1956.

Tab. 29. Fleischproduktion je Kopf der Bevölkerung[1] (in kg).

Jahr	insgesamt	Rinder	Kälber	Schweine	Schafe/Ziegen		Geflügel
1800[2]	15,9	6,0	2,5	5,3	2,1		–
1883[3]	29,7	10,5	2,1	14,3	2,8		–
1900	44,6	14,5	2,8	25,5	1,8		–
1913	52,2	13,9	3,0	31,1	1,2		–
1922[4]	29,7	10,1	2,5	16,6	0,8	0,2	–
1925	39,8	11,7	2,8	24,2	0,9	0,2	–
1930	48,1	13,7	2,9	30,7	0,7	0,2	–
1935	53,2	14,6	3,1	34,9	0,5	0,2	–
1950/51	38,3	11,7	2,3	22,5	0,5	0,1	1,2
1960/61	57,7	18,3	2,0	35,0	0,3	0,1	2,0
1970/71	72,6	22,6	1,5	43,6	0,2	–	4,7
1974/75	74,5	23,4	1,1	45,3	0,2	–	4,5

[1] Inlandserzeugung; durch Importe sind die tatsächlichen Verzehrzahlen z. T. höher.
[2] Schätzungen
[3] Beginn von Erhebungen über Lebend-/Schlachtgewichte.
[4] Für 1920 liegen nur ungenaue Werte vor.

Quellen:
Werte von 1800 bis 1913 nach Bittermann, E.: Die landwirtschaftliche Produktion in Deutschland 1800–1950. Kühn-Archiv, Halle/Saale 1956.
Werte von 1913 bis 1975 nach Statistischen Jahrbüchern des Deutschen Reiches und der Bundesrepublik Deutschland sowie nach Statistischen Jahrbüchern über Ernährung, Landwirtschaft und Forsten, Berlin–Hamburg und Münster-Hiltrup.

gen von ESSLEN, DIETERICI, RYBARK u.a. kommt er zu der Annahme einer Erzeugung von rund 16 kg Fleisch je Kopf und Jahr. Insbesondere war um 1800 das Rind an diesem Aufkommen beteiligt; in der zweiten Hälfte des 19. Jahrhunderts übernimmt dann das Schwein die führende Rolle. Mit den Schafbeständen werden um 1800 noch 13 % der Fleisch-/Fettproduktion erzeugt; später geht diese Produktion auf wenige Prozentanteile zurück. Derartige Berechnungen können für den tatsächlichen Versorgungsgrad der Bevölkerung allerdings nur Hinweise geben. Einerseits liegen erst ab Ende des 19. Jahrhunderts genaue Werte vor, und andererseits ist später die tatsächliche Versorgung durch die heimischen Bestände von Importen überlagert. Trotzdem geben die errechneten Werte gute Anhalte für die stark angestiegene Erzeugung. Zu berücksichtigen und auszuklammern sind bei dieser steten Entwicklung die Kriegs- und Nachkriegszeiten der beiden Weltkriege.
Wie läßt sich nun ein Leistungsanstieg der Fleisch-/Fettproduktion der landwirtschaftlichen Haustierhaltung als Auswirkung von Züchtungs-, Haltungs- und Ernährungs- sowie sonstigen Maßnahmen erkennen? Erwähnt wurde der ungewöhnlich hohe Versorgungsgrad der Bevölkerung im Mittelalter bei extensiven Haltungsformen und geringen Wachstumsquoten der Haustiere. Geringe Einwohnerzahlen und im Vergleich dazu hohe Tierbestände ließen diesen Fleisch-/Fettver-

Tab. 30. Die Veränderungen der Lebendgewichte bei Schlachttieren in kg (Rind, Schwein, Schaf) von 1800 bis 1975.

Jahr	Kühe	Ochsen	Schweine	Schafe
1800	206	298	63	30
1838/39	326	470	73	37
1849/50	334	485	88	37
1860/61	328	482	88	36
1880	350	500	94	37
1900	434	550	99	44
1906	440	582	106	44
1913	450	588	111	46
1925	454	558	114	44
1937	506	577	118	–
1950	502	610	125	48
1960	520	542	111	50
1970	548	544	110	50
1975	504	550	110	50

Quellen:
BITTERMANN, E.: Die landwirtschaftliche Produktion in Deutschland 1800–1950. Kühn-Archiv, Halle/Saale 1956
ZEDDIES, J.: Leistungssteigerung in der Tierproduktion. Diss. Göttingen 1969
Statistische Jahrbücher für Ernährung, Landwirtschaft und Forsten. Berlin und Hamburg 1913 bis 1974 und Statistisches Jahrbuch für Ernährung, Landwirtschaft und Forsten, Münster-Hiltrup 1975

Anmerkung: Die Lebendgewichte sind aus den Schlachtgewichten berechnet unter der Annahme, daß die Schlachtausbeute bei Kühen 50 %, bei Ochsen 55 %, bei Schweinen 80 % und bei Schafen 50 % beträgt.

brauch zu. Wie hervorgehoben, ist dies im Zeitraum von 1800 bis heute nicht mehr möglich gewesen.
Um die gestellte Frage zu untersuchen und zu beantworten, sind in Tab. 30 die Lebendgewichte der Schlachttiere wiedergegeben, die aus den zunächst geschätzten, später exakter ermittelten Schlachtgewichten errechnet wurden. Ferner enthält Tab. 31 die aus den verschiedensten Quellen und Unterlagen ermittelten Schlachtgewichte. Diese Werte lassen starke positive Veränderungen bei Kühen und Schafen erkennen, während bei Schweinen bis 1900 ebenfalls ein Anstieg der Gewichte festzustellen ist, danach jedoch neben schwereren Speck-/Fleischschweinen (vor allen in den Krisenperioden der Kriegs- und Nachkriegszeiten) insbesondere leichtere Fleischschweine verlangt wurden. Insgesamt gesehen haben bei allen Tierarten die höheren Lebend- bzw. Schlachtgewichte zum erhöhten Gesamtschlachtaufkommen beigetragen.
Neben den höheren Lebend- und damit Schlachtgewichten sind auch die Auswirkungen weiterer Merkmalsgruppen von Bedeutung. Diese mit den ermittelten Leistungsdaten auszudrücken, versuchen die Tab. 32 bis 34. Hier sind für Rind, Schwein und Schaf neben dem Viehbestand und den Schlachttieren in einer dritten Spalte die Zahl der geschlachteten Tiere in Prozent des Gesamtbestandes angegeben. Diese sogenannten Schlachtviehverhältniszahlen versuchen, die Auswirkung eines verbesserten Wachstumsquotienten oder einer erhöhten Frühreife wiederzugeben. Der Wert gibt das Verhältnis der Zahl der Schlachtungen zum Viehbestand

Tab. 31. Schlachtgewichte von 1800 bis 1975 (in kg je Stück)

Jahr	Rinder (Ochsen, Bullen, Färsen, Kühe)	Kälber	Schweine	Schafe
1800*	113	19	50	15
1838/39	178	22	58	19
1849/50	180	23	70	19
1860/61	177	22	70	18
1880	202	25	75	19
1900	242	40	79	22
1906	249	40	85	22
1913	253	43	89	23
1925	230	41	91	22
1937	257	43	94	25
1950**	254	36	100	24
1955	258	42	93	25
1960	263	48	89	25
1965	271	62	89	25
1970	277	76	88	23
1975	286	81	88	24

* bis 1937 nach BITTERMANN, E.: Die landwirtschaftliche Produktion in Deutschland 1800–1950. Kühn-Archiv, Halle/Saale 1956

** ab 1950 nach Statistischen Jahrbüchern für Ernährung, Landwirtschaft und Forsten, Berlin und Hamburg 1950 bis 1974 und Münster-Hiltrup 1975 bis 1976

Tab. 32. Schlachtvieh-Verhältniswerte (Verhältnis der Zahl der Schlachtungen zu der im betreffenden Jahr ermittelten Viehzahl oder Prozentsatz des Viehbestandes, der im Laufe eines Jahres zur Abschlachtung kam).

Rinder (ohne Kälber) – Dezember-Zählung

Jahr	Viehbestand in 1000 Stück	Schlachtvieh in 1000 Stück	Schlachttiere in % des Gesamtbestandes
1800*	–	–	11,7
1883	–	–	15,2
1900	–	–	17,7
1913	–	–	17,9
1937	–	–	17,9
1950**	10 276	1950	19,0
1951	10 415	1984	19,1
1952	10 610	2259	21,3
1953	10 627	2601	24,5
1954	10 418	2659	25,5
1955	10 395	2553	24,6
1956	10 573	2644	25,0
1957	10 716	2734	25,5
1958	10 694	3057	28,6
1959	11 057	2942	26,6
1960	11 381	3233	28,4
1961	11 691	3269	28,0
1962	11 823	3383	28,6
1963	11 549	3826	33,1
1964	11 480	3753	32,7
1965	12 000	3475	29,0
1966	12 326	3355	27,2
1967	12 360	3874	31,3
1968	12 503	3956	31,6
1969	12 720	3980	31,3
1970	12 500	4308	34,5
1971	12 152	4497	37,0
1972	12 311	4334	35,2
1973	12 197	3609	29,6
1974	12 271	4327	35,3
1975	12 334	4572	37,1

* Werte nach BITTERMANN, E.: Die landwirtschaftliche Produktion in Deutschland 1800–1950. Kühn-Archiv Band 70, Halle/Saale 1956

** Nach Berechnungen unter Verwendung der Unterlagen der Statistischen Jahrbücher für Ernährung, Landwirtschaft und Forsten, Hamburg und Berlin 1935 bis 1975, sowie Münster-Hiltrup 1976 bis 1977

Tab. 33. Schlachtvieh-Verhältniswerte (Verhältnis der Zahl der Schlachtungen zu der im betreffenden Jahr ermittelten Viehzahl oder Prozentsatz des Viehbestandes, der im Laufe eines Jahres zur Abschlachtung kam).

Schweine – Dezember-Zählung

Jahr	Viehbestand in 1000 Stück	Schlachtvieh in 1000 Stück	Schlachttiere in % des Gesamtbestandes
1800*	–	–	66,6
1850	–	–	75,0
1875	–	–	95,0
1900	–	–	102,0
1937	–	–	102,7
1950**	11 890	10 700	90,0
1951	13 603	13 723	100,9
1952	12 979	14 206	109,5
1953	12 435	14 206	114,2
1954	14 525	15 703	108,1
1955	14 593	17 575	120,4
1956	14 408	17 590	122,1
1957	15 418	17 605	114,2
1958	14 654	19 240	131,3
1959	14 876	19 471	130,9
1960	15 776	19 596	124,2
1961	17 207	20 773	120,7
1962	16 858	22 469	133,3
1963	16 643	23 131	139,0
1964	18 146	22 866	126,0
1965	17 723	25 366	143,1
1966	17 682	24 671	139,5
1967	19 032	24 799	130,3
1968	18 732	26 844	143,3
1969	19 323	28 107	145,5
1970	20 969	28 324	135,1
1971	19 985	30 051	150,4
1972	20 028	30 010	149,8
1973	20 452	29 890	146,2
1974	20 234	29 341	145,0
1975	19 805	31 666	159,9

* Werte nach BITTERMANN, E.: Die landwirtschaftliche Produktion in Deutschland 1800–1950. Kühn-Archiv Band 70, Halle/Saale 1956

** Nach Berechnungen unter Verwendung der Unterlagen der Statistischen Jahrbücher für Ernährung, Landwirtschaft und Forsten, Hamburg und Berlin 1935 – 1975, sowie Münster-Hiltrup, 1976–1977

Tab. 34. Schlachtvieh-Verhältniswerte (Verhältnis der Zahl der Schlachtungen zu der im betreffenden Jahr ermittelten Viehzahl oder Prozentsatz des Viehbestandes, der im Laufe eines Jahres zur Abschlachtung kam).

Schafe – Dezember-Zählung

Jahr	Viehbestand in 1000 Stück	Schlachtvieh in 1000 Stück	Schlachttiere in % des Gesamtbestandes
1800–1850/60*	–	–	16,6
1873	–	–	24,7
1883	–	–	31,5
1892	–	–	38,1
1900	–	–	40,0
1904	–	–	38,7
1907	–	–	36,5
1937	–	–	35,0
1950**	1643	956	58,2
1951	1666	767	46,0
1952	1544	750	48,6
1953	1352	830	61,4
1954	1226	660	53,8
1955	1188	605	51,0
1956	1145	581	50,7
1957	1127	558	49,5
1958	1106	621	56,2
1959	1084	610	56,3
1960	1035	635	61,4
1961	1010	626	62,0
1962	980	544	55,5
1963	899	522	58,1
1964	841	542	64,5
1965	797	505	63,4
1966	812	443	54,6
1967	810	428	52,8
1968	830	429	51,7
1969	851	437	51,4
1970	843	427	50,7
1971	850	487	57,3
1972	908	471	51,9
1973	1016	452	44,5
1974	1040	453	43,6
1975	1087	561	51,6

* Werte nach BITTERMANN, E.: Die landwirtschaftliche Produktion in Deutschland 1800–1950. Kühn-Archiv Band 70, Halle/Saale 1956

** Nach Berechnungen unter Verwendung der Unterlagen der Statistischen Jahrbücher für Ernährung, Landwirtschaft und Forsten, Hamburg und Berlin 1935 bis 1975, sowie Münster-Hiltrup 1976 bis 1977

Tab. 35. Fleischproduktion, Viehbesatz und Viehdichte von 1800 bis 1975 [1].

Jahr	Fleisch-produkt. in kg je Kopf d. Bevölk.	GV[2] je 100 ha LN		GV[2] je 100 Einwohner	
		einschl. Pferde	ohne Pferde	einschl. Pferde	ohne Pferde
1800	15,9	24,6		30,8	
1883	29,7	40,5		31,2	
1900	44,6	57,1		33,0	
1913	52,2	68,0		36,5	
1913[3]		69,4	52,3	34,2	25,8
1920	29,7	66,3	49,2	30,0	22,3
1925	39,8	72,3	54,1	32,7	24,4
1930	48,1	73,7	57,7	33,3	26,1
1935	53,2	75,7	60,0	32,6	25,8
1935[4]		86,4	72,4	30,5	25,5
1950	38,3	86,5	71,7	24,5	20,3
1955		85,1	74,8	23,2	20,4
1960	57,7	89,2	82,5	23,0	21,3
1965		93,1	89,8	22,2	21,4
1970	72,6	97,5	95,0	21,9	21,3
1975	74,5	105,1	101,7	22,6	21,9

[1] Werte von 1800 bis 1913 nach BITTERMANN, E.: Die landwirtschaftliche Produktion in Deutschland 1800–1950. Kühn-Archiv, Halle/Saale 1956
Werte von 1913 bis 1975 nach Statistischen Jahrbüchern des Deutschen Reiches und der Bundesrepublik Deutschland sowie nach Statistischen Jahrbüchern über Ernährung, Landwirtschaft und Forsten, Berlin und Hamburg und Münster-Hiltrup

[2] Die Umrechnung auf Großvieheinheiten (GV) folgt dem Verfahren bzw. Umrechnungsschlüssel, den Bittermann (nach v. d. Decken) verwandte:

	Stck. je GV
Pferde	1,33
Rindvieh einschl. Kälber	0,75
Schafe	0,085
Schweine	0,11
Ziegen	0,081

Neuere Umrechnungsschlüssel unterteilen die Tierbestände nach Altersklassen. Eine derartige Differenzierung liegt jedoch erst in einem späteren Teil des Untersuchungszeitraumes vor. Die Vergleichbarkeit der Ergebnisse ließ es zu, den gesamten Zeitraum der Untersuchungen beizubehalten. Es ergeben sich dadurch Abweichungen zu den Werten in den statistischen Jahrbüchern. Für Geflügel, welches erst ab 1913 aufgeführt wird, fand der neuere Umrechnungsschlüssel von 0,004 Anwendung.

[3] umgerechnet auf das Reichsgebiet von 1937

[4] umgerechnet auf das Gebiet der BRD

des betreffenden Jahres wieder. Beim Rind zeigt sich ein steter Anstieg, d.h., es stand bei gering veränderten Bestandszahlen ein immer höherer Anteil als Schlachttiere zur Verfügung. Die gleiche Tendenz findet sich beim Schwein und im begrenzten Maß auch beim Schaf.

In Tab. 35 ist nun eine Gegenüberstellung der Fleischproduktion je Kopf der Bevölkerung, des Viehbesatzes und der Viehdichte (s. S. 82) vorgenommen worden. Dabei waren für die Zeit nach dem 1. Weltkrieg (einschl. Angaben für 1913, umgerechnet auf das Reichsgebiet nach 1918) Angaben ohne Pferde möglich, um damit die tatsächlich für die Fleischproduktion wichtigen Tierarten – Rind, Schwein, Schaf und Geflügel – zu erfassen. Kriegs- und Nachkriegszeiten müssen bei dieser Gegenüberstellung berücksichtigt werden. Sieht man von diesen Auswirkungen ab, dann steht einem Anstieg der Produktion bzw. des Verzehrs je Kopf der Bevölkerung eine Zunahme des Viehbesatzes je 100 ha/LN gegenüber. Besonders wichtig ist jedoch, daß dem erhöhten Fleischanfall und Verbrauch je Kopf ein abnehmender GV-Wert je 100 Einwohner gegenübersteht.

Aus den Tabellen und Aufstellungen läßt sich somit entnehmen, daß sich im Verlaufe des 19. Jahrhunderts eine wesentliche Erhöhung der Fleisch-/Fettproduktivität der Viehbestände ergeben hat. Hier dürften sich insbesondere Maßnahmen der Rassenbereinigung, Import und Erzüchtung leistungsfähigerer Rassen und die bessere Futterversorgung ausgewirkt haben. Etwa nach 1900, insbesondere aber nach dem 2. Weltkrieg, kommt ein erhöhtes „Leistungsdenken“ hinzu, und hier einsetzende Maßnahmen schließen auch die Fleischproduktion in erhöhtem Maße ein.

4 Wirtschaftliche Voraussetzungen der tierischen Produktion

Von Prof. Dr. HARALD WINKEL

Trotz vorhandener Lücken in der Erfassung des Verbrauchs animalischer Nahrungsmittel (19)* und der tierischen Produktion generell ist es unbestritten, daß die tierische Produktion im 19. Jahrhundert in außerordentlich starkem Maße zugenommen hat. Dabei ist sowohl für die Ermittlung des Viehbestandes als auch für die Verbrauchsberechnung animalischer Produkte der Zeitraum um 1800 insofern ein schlechter Ausgangspunkt, als die Wirren der Napoleonischen Kriege eine Ausnahmesituation darstellen. Im Viehbestand wurden die Einbußen dieser Zeit durchweg erst um 1830 wieder aufgeholt; allein die Zahl der Schafe lag um 1830 bereits wesentlich über dem Bestand von 1800 (s. Tab. 4). Die Ursache dafür dürfte vor allem darin zu sehen sein, daß sich bei der bereits stark mechanisierten englischen Textilindustrie nach Wegfall der Kontinentalsperre 1813 für die deutsche Wolle ein aufnahmefähiger Absatzmarkt gezeigt hatte. Die Wollexporte nach England stiegen kontinuierlich an. Ihr Wert erreichte 1833 mit 4,8 Mio. Pfund Sterling 71 % der deutschen Gesamtexporte nach England (14). Positiv wirkte sich für die weitere Zunahme der Schafhaltung bis über die Jahrhundertmitte hinaus dann auch die zunehmende großgewerbliche Wollverarbeitung im eigenen Lande aus. Diese erweiterten Verarbeitungsmöglichkeiten im gewerblichen Bereich gaben den Anstoß zur Ausdehnung der Wollproduktion und damit auch zu weiteren züchterischen Bemühungen. Neben der Ausbreitung des Ende des 18. Jahrhunderts bereits eingeführten Merinoschafes und dem Aufblühen der Gutsschäferei beginnen Versuche, veredelte Landschafrassen zu züchten, um den unterschiedlichen regionalen Anforderungen und Weidemöglichkeiten gerecht zu werden.
Im Gegensatz zu den wachsenden Absatzchancen für Wolle – die Schaffleischverwertung hat in Deutschland stets eine untergeordnete Rolle gespielt – veränderte sich die Marktlage in den übrigen Bereichen der Tierhaltung zunächst nur wenig. Es gab keine Anreize, in den ersten Jahrzehnten des 19. Jahrhunderts an den althergebrachten Formen der Tierhaltung und -verwertung Wesentliches zu ändern. Nach wie vor war das Vieh in einer vom Getreideanbau dominierten Landwirtschaft „notwendiges Übel", das für eine arbeitssparende Ackerwirtschaft die nötige Zugkraft und für die Ertragssicherung des Getreideanbaus den erforderlichen Dünger zu liefern hatte. Einer die bäuerlichen Einkommen wesentlich beeinflussenden, über den Eigenbedarf hinausgehenden Verwertung animalischer Produkte wie Fleisch, Milch, Butter usw. standen vielfache Hindernisse entgegen. Zum einen fehlten breite kaufkräftige Nachfragerschichten, weil entweder geringe Einkommen einen Verbrauch von Fett und Fleisch kaum zuließen oder die selbst noch in den Städten weit verbreitete Tierhaltung in diesem Bereich einen hohen Selbstversorgungsgrad bot. Zum anderen waren tierische Produkte nur begrenzt lager- oder transportfähig und schieden damit für einen weiträumigen Handel aus. Eine ausgesprochene Marktproduktion hat es allenfalls in wenigen stadtnahen Regionen gegeben. Für ihre Ausdehnung bestanden weder ökonomische Anreize noch technische Möglichkeiten.

---

* vgl. Literaturverzeichnis S. 100

Größere Absatzchancen und damit über den Eigenbedarf hinausgehende Verwertungsmöglichkeiten brachte der Viehhandel. Er bot die einzige Möglichkeit, Frischfleisch an größere Verbrauchszentren zu liefern, so wie dies schon beim mittelalterlichen Ochsenhandel der Fall war (s. auch S. 391). Allerdings war die große Zeit des internationalen Viehhandels vorüber; Deutschland war weitgehend „fleischautark", was sich daraus ergibt, daß im 19. Jahrhundert Vieh- und Fleischexporte die Importe übertrafen. Viehexporte gingen vor allem in französische Städte und brachten einzelnen Aufzucht- und Mastgebieten, wie z. B. dem Hohenloher Land, gute Erträge. Im Zusammenhang mit diesen guten Absatzmöglichkeiten begannen die Bauern, wie JOHANN FRIEDRICH MAYER 1773 schildert, „das schlechtere Vieh auszumerzen und besseres von außen anzukaufen" (15). Solche und andere Einzelbeispiele sollten jedoch nicht darüber hinwegtäuschen, daß eine marktorientierte Tierproduktion bis weit in die erste Hälfte des 19. Jahrhunderts hinein unbekannt blieb.

Größeres Interesse fanden allenfalls die Aufzucht und der Absatz von Pferden. Nach wir vor bildete das Pferd die Grundlage des Transport- und Verkehrsgewerbes, daneben spielte es als Zug- und Kavalleriepferd eine entscheidende Rolle im Heerwesen. Vor allem darin ist der Grund zu sehen, daß sich staatliche Organe schon früh um die Pferdezucht kümmerten und durch den Ausbau von Gestüten, den Erlaß von Beschälordnungen und andere züchterische Maßnahmen fördernd eingriffen (s. auch S. 439). Damit wurde auch dem privaten Züchter die Chance geboten, hochwertige Pferde zu züchten, für deren Absatz stets ein Markt gegeben war.

Wachsendes staatliches wie privates Interesse an einer rationelleren Landwirtschaft erstreckte sich im beginnenden 19. Jahrhundert ebenso auf den Landbau wie auf die Tierproduktion. Zahlreiche Personen und Institutionen bemühten sich um die Verbreitung neuer Erkenntnisse, die Verbesserung der Produktionsmethoden und um erste züchterische Qualitätssteigerungen. Auf welchen Motiven auch immer dieses Engagement beruhen mag – bei der Pferde- und Schafzucht wurden die wichtigsten Gründe bereits genannt –, so genügt doch züchterische Leistung allein nicht, um eine völlige Umwandlung der Tierhaltung und -produktion in Gang zu setzen. Die vom Züchter angestrebten Erfolge schlagen sich nicht in Mehrertrag und Qualitätssteigerung nieder, um die Arbeit und den Ehrgeiz des Züchters zu belohnen, sondern tun dies nur dann, wenn für den Landwirt darüber hinaus bestimmte ökonomische Anreize bestehen, die von der Zucht her gebotenen Chancen aufzugreifen, um sie zur Verbesserung seiner eigenen Ertrags- und Einkommenslage einzusetzen. Die Pferdezucht bleibt „l'art pour l'art", wenn damit nicht den auf der Nachfrageseite gestellten Anforderungen besser entsprechende Zug- und Reittiere geliefert werden können; die Bemühungen um eine vermehrte und verbesserte Wollproduktion in der Schafzucht wären sinnlos, wenn es nicht gelänge, damit einer vorhandenen Wollnachfrage zu genügen. Wenn nun auch bei der Rinder- und Schweinezucht verstärkt züchterische Bemühungen einsetzen, die auf eine qualitative und quantitative Verbesserung der Produktion und damit des Angebots animalischer Produkte ausgerichtet sind und diese Bemühungen sich in einer rasch ausdehnenden Produktion niederschlagen, dann muß es hierfür zusätzliche Voraussetzungen geben.

Die wohl wichtigste und letztlich entscheidende Voraussetzung für den Aufschwung der tierischen Produktion in Deutschland im 19. Jahrhundert ist das seit dem ausgehenden 18. Jahrhundert zunächst langsam, dann immer schneller einsetzende Bevölkerungswachstum, das von einer gleichzeitigen Veränderung der Bevölkerungsstruktur begleitet wird.

Bevölkerungswachstum Deutschlands
(Gebietsstand: Deutsches Reich 1871) (10), (12)

1816 = 23,5 Mio.	1900 = 56,0 Mio.
1850 = 35,0 Mio.	1910 = 64,9 Mio.
1871 = 41,0 Mio.	1914 = 67,0 Mio.

Bis in die 1860er Jahre bedeutet dies eine durchschnittliche jährliche Zuwachsrate von 9,9 %, für die Zeit ab 1870 bis zum 1. Weltkrieg liegt diese Rate bei 11,8 %. Den stärksten Bevölkerungszuwachs im erstgenannten Zeitraum hatte Sachsen (14,1 %), gefolgt von Preußen (12,8 %); am wenigsten vermehrte sich die Bevölkerung in Hannover (3,7 %) (12). In der zweiten Periode liegen die Stadtstaaten und Großstädte bei den Zuwachsraten an der Spitze, so z.B. Hamburg mit 28,4 %, gefolgt von Berlin, Bremen und Lübeck; dann folgen erneut Sachsen und besonders Westfalen (Ruhrgebiet). Damit wird gleichzeitig ein Urbanisierungsprozeß deutlich:

Zahl der Großstädte im Deutschen Reich
(Städte mit 100000 und mehr Einwohnern)

1800 = 2	1890 = 26
1850 = 4	1900 = 33
1871 = 8	1910 = 45
1880 = 14	

Zu Beginn des 19. Jahrhunderts lag der Anteil der landwirtschaftlichen Bevölkerung bei gut 80 %. In Sachsen war er bereits 1861 auf 25 % gesunken, während er sonst noch zwischen 50 und 60 % lag. Im Reichsdurchschnitt sank er von 42,5 % (1882) auf 28,6 % (1907), bis 1939 auf 18,2 %, und erreicht für die Bundesrepublik heute rund 5 %. Als Folge dieser Entwicklung ging der Selbstversorgungsgrad des einzelnen laufend zurück. Die Tierhaltung in städtischen Gemeinwesen verschwand bis zum Ende des 19. Jahrhunderts; die Verbraucher waren immer stärker auf eine Versorgung über den Markt angewiesen. Hinzu kam ein Wandel in den Verbrauchsgewohnheiten, der sich zuerst in den städtischen Haushalten bemerkbar machte. Immer mehr Verbraucher verfügten, im Gegensatz zu früher, über wachsende Bargeldmengen, die sie nach eigener Entscheidung für die qualitative Zusammensetzung der von ihnen gewünschten Nahrungsmittel verausgaben konnten. Dabei zeigte sich der Trend, pflanzliche Nahrung durch höherwertige, in jedem Fall aber höher eingeschätzte tierische Nahrung zu ersetzen. Brot, Hirse- und Haferbrei treten hinter Milch, Butter und Eier zurück. Industriearbeiter, Beamte und Angestellte, die „städtische Bürgerschicht", bevorzugen bei steigendem Lebensstandard anstelle oft schwer verdaulicher, voluminöser pflanzlicher Erzeugnisse die leichtere, „vornehmere" animalische Kost.

Zu dem durch eine wachsende Bevölkerung zwangsläufig verursachten Mehrabsatz kommt damit eine qualitative Verschiebung zugunsten animalischer Produkte hinzu. Nach ESSLEN (6)* hat sich der jährliche Fleischverbrauch pro Kopf der

---

* Vgl. dagegen TEUTEBERG, der für 1913 zu einem wesentlich niedrigeren Wert kommt.

Bevölkerung von 1816 (13,6 kg) bis 1907 (51,1 kg) verdreifacht (s. auch Tab. 29); die Fleischproduktion ist von 1800 (0,382 Mio. t) bis 1913 (3,498 Mio. t) angestiegen (3). In ähnlicher Weise ist die Milchproduktion von 1800 (4,364 Mio. t) bis 1913 (23,034 Mio. t) gestiegen (3). Der entscheidende Durchbruch zur Mehrverwendung von Milch und Milchprodukten kam allerdings erst im letzten Drittel des 19. Jahrhunderts, als Kühltechnik und bessere Verarbeitungsmöglichkeiten dafür günstigere Voraussetzungen schufen. So ist die Zahl der Molkereien, Butter- und Käsefabriken von 2769 (1875) auf 11 949 (1907) angestiegen (1). Die Zunahme an kaufkräftiger Nachfrage war stark genug, nicht nur diese Produktionssteigerungen aufzunehmen, sondern führte in der zweiten Jahrhunderthälfte auch zu einem spürbaren Ansteigen der Preise. So stieg der Preis für ein Kilo Rindfleisch von 1,14 Mark (1876/80) auf 1,81 Mark (1913); für den Liter Milch ergaben sich Erhöhungen um 5 bis 6 Pfennig von 0,17 auf 0,22 Mark (2). Zur wachsenden Nachfrage kommt so als zweiter Produktionsanreiz ein steigendes Preisniveau. Die Butterpreise sind von 1850 bis 1900 um 50 %, die Rindfleischpreise um 80 % und die Schweinefleischpreise um rund 40 % gestiegen; demgegenüber sind die Getreidepreise nur unwesentlich angestiegen und nach den 1870er Jahren sogar kräftig gefallen (13). Von daher wird es verständlich, wenn man sich in der Landwirtschaft um eine Intensivierung der tierischen Produktion bemühte und gern züchterische Erfolge aufgriff, die höhere Erträge versprachen.

Trotz des allgemein steigenden Absatzes zeigen sich jedoch schon früh innerhalb des Sektors tierische Produktion bestimmte Verschiebungen, die durch die Entwicklung der Nachfrage auf einzelnen Teilmärkten ausgelöst werden. So läßt sich bald ein deutlicher Trend zu einer vergleichsweise höheren Nachfrage nach Schweinefleisch feststellen, das für den Konsumenten billiger als Rind- oder Kalbfleisch ist, sich aber immer noch der oben erwähnten höheren Wertschätzung animalischer Nahrung erfreut. Der für die Konsumenten günstigere Preis wird auf der Angebotsseite durch die günstigeren Fütterungsmöglichkeiten und die raschere Umtriebszeit in der Schweinemast bestimmt. Auch hier kommt es dann zu züchterischen Bemühungen, die die Wünsche des Konsumenten und die optimalen Produktionsbedingungen des Erzeugers in Einklang zu bringen suchen.

Im Rahmen der starken Bevölkerungsvermehrung und der dadurch ausgelösten Mehrnachfrage kommt speziell den wachsenden kaufkräftigen Schichten einer an städtisches Leben gewöhnten Bevölkerung besondere Bedeutung zu. Neben der allgemeinen Nachfragesteigerung nach Nahrungsmitteln gewinnt die spezielle Nachfrage nach tierischen Veredelungsprodukten an Gewicht. Ertragssteigerung durch die Herstellung solcher Veredelungsprodukte wird der nun im Vordergrund stehende Zweck der Viehhaltung und -züchtung. Dies gilt um so mehr, sobald sich mit neuen technischen Möglichkeiten der Kühlung, der Konservierung und des Transports erweiterte Marktchancen ergeben (9)*.

Eine zweite bedeutsame Voraussetzung für den Aufschwung der tierischen Produktion liegt in der Entstehung eines weltweiten Futtermittelmarktes. Umfang und Ausdehnung der tierischen Produktion waren zunächst durch das Bewirtschaftungssystem und die vorhandene Ackerfläche begrenzt. Die Bebauung der Brache mit Klee, dem bald andere Feldfutterpflanzen nachfolgten, leitete nicht nur den

---

* So weist z.B. HAUSHOFER auf den Aufschwung der Allgäuer Milchwirtschaft hin, nachdem 1853 dieses Gebiet an das Eisenbahnnetz Anschluß gefunden hatte.

Übergang von der Dreifelderwirtschaft zur Fruchtwechselwirtschaft ein, sondern lieferte auch gutes Viehfutter und erzwang durch die Einsaat der Brache die Sommerstallhaltung, die wiederum eine intensivere Fütterung und Pflege ermöglichte. Im Rahmen der Fruchtwechselwirtschaft wurde vermehrt Futtergerste, Mais oder Luzerne angebaut; der seit der ersten Jahrhunderthälfte sich stark ausdehnende Zuckerrübenanbau lieferte mit Schnitzeln und Rübenblättern weiteres Futter; der Kartoffelanbau schließlich kam der Schweinemast zugute. Wurden um 1800 nur ca. 30 % der Produktion des Ackerlandes für Futterzwecke genutzt – was mit einem Drittel fast dem dreijährigen Turnus der Brache entsprach – so waren es 1913 bereits 59 % (3). Zwar gab es in zahlreichen Gebieten auch weiterhin die offene Weidewirtschaft (Almwirtschaft, Koppelwirtschaft), die Vorzüge einer verbesserten Futterbeschaffung und -ausnutzung in der Fruchtwechselwirtschaft waren jedoch nicht zu übersehen. Da der Futterbau nun nicht mehr wie noch zu Beginn des 19. Jahrhunderts weitgehend auf das natürliche Grünland beschränkt blieb, konnte auf diese Weise auch die Tierhaltung beträchtlich erweitert werden. Zwar wurde damit auch die Dungproduktion zur Erhöhung der vegetabilischen Erträge wesentlich gesteigert, der Zweck einer erweiterten tierischen Produktion lag jedoch in den sich laufend verbessernden Absatzchancen.
In der zweiten Jahrhunderthälfte kommt dann die Möglichkeit hinzu, zusätzliches Futter über den Markt zu beziehen und damit die Produktion tierischer Produkte von der eigenen Anbaufläche unabhängig werden zu lassen. Verbesserungen im Schiffsbau und Verbilligung der Frachtraten – so sinkt z.B. der Preis je Bushel Getreide von der amerikanischen Ostküste nach England von 8,8 Pence 1871 auf 1,3 Pence 1900 – bringen nicht nur konkurrierendes Getreide auf den deutschen Markt, was 1879 den Übergang zum Schutzzoll auslöst, sie bringen auch billige Futtermittel, die eine weitere Ausdehnung der Tierproduktion fördern. 1913 werden bereits für rund 1 Mrd. Mark Futtermittel importiert, d.h., rund ein Drittel des Viehbestandes der deutschen Landwirtschaft wird mit importiertem Futter ernährt (11), (3), (9)*. Ob die fehlende Futterbasis als „Versorgungslücke“ oder als positiv zu wertende Eingliederung in den Welthandel und dessen Arbeitsteilung angesehen wird, Tatsache bleibt, daß ohne die gegebenen transporttechnischen und handelspolitischen Möglichkeiten die Ausdehnung der Viehhaltung nicht den Umfang hätte erreichen können, wie er im Viehbestand vor Ausbruch des 1. Weltkriegs zum Ausdruck kommt. Die in Deutschland aufgebaute Veredelungswirtschaft beruhte damit nur zum Teil auf der erweiterten heimischen Futterbasis. Die Verselbständigung der tierischen Produktion als ein bislang von Futtermittelanbau, Düngerbedarf, Zugkraftbeanspruchung und Selbstversorgung der bäuerlichen Wirtschaft begrenzter Bereich und ihre Eingliederung in das Marktgeschehen auch von der Angebotsseite her haben ihr große Entfaltungsmöglichkeiten gebracht. Nach dem Zusammenbruch der ausländischen Futterversorgung im 1. Weltkrieg mußte zwangsläufig ein drastischer Abbau der Viehhaltung folgen, bis sie an die – allerdings ebenfalls verringerten – Möglichkeiten der inländischen Futtermittelversorgung angepaßt war.

---

* Die Schätzungen über die Abhängigkeit von importierten Futtermitteln gehen allerdings weit auseinander, auch haben sie bestimmte Bereiche der tierischen Produktion stärker (z.B. Futtergerste für die Schweinemast) andere schwächer betroffen. BITTERMANN berechnet den Anteil importierter Futtermittel für 1913 mit „über 16 %“.

Eine 3. Voraussetzung für die Ausdehnung der tierischen Produktion im 19. Jahrhundert waren schließlich die Ergebnisse einer rationellen Landwirtschaft selbst. Der Anbau von Futterpflanzen verschiedenster Art, die starke Ausdehnung des Kartoffelanbaus, Ertragssteigerungen durch künstliche Düngung, Sommerstallfütterung und die Möglichkeit, über Stärkewerttabellen optimale Futterzusammensetzungen zu finden, sind nur einige der hier zu nennenden Entwicklungen.
Auch die Ausgestaltung der Zoll- und Handelspolitik darf in ihrem Einfluß auf die Entwicklung der tierischen Produktion nicht übersehen werden. Zu Anfang des 19. Jahrhunderts war die Zollbelastung für Vieh und tierische Produkte, soweit damit überhaupt ein grenzüberschreitender Handel stattfand, sehr gering. Der liberale preußische Zolltarif von 1818 sah z. B. für Pferde, Esel und Maultiere einen Zoll von 3 Mark, für Ochsen und Stiere 1,60 Mark, für Kühe und Färsen 0,80 Mark, für Schweine, Schafe und Ziegen 0,20 Mark je Stück vor (16). Für das einheitliche Gebiet des deutschen Zollvereins galten dann ab 1834 folgende Sätze:

Pferde, Esel und Maultiere	4,00 Mark je Stück
Ochsen und Stiere	15,00 Mark je Stück
Kühe	9,00 Mark je Stück
Jungvieh	6,00 Mark je Stück
gemästete Schweine	3,00 Mark je Stück
magere Schweine	2,00 Mark je Stück
Ferkel	0,50 Mark je Stück

Bis 1865 blieben diese Zölle unverändert, dann traten bei Rindern 50%ige, bei Schweinen 33%ige Ermäßigungen in Kraft. Im Zuge der weiteren Liberalisierung des Handels verschwanden 1870 alle diese Zölle mit Ausnahme einer Zollbelastung für Schweine in Höhe von 2 Mark. Der Anteil des aus der Zollvereinsstatistik feststellbaren Rinderhandels am Bestand ist mit 2 bis 3 %, wobei sich Ein- und Ausfuhr sogar in etwa ausgleichen, sehr gering. Lediglich bei Schweinen läßt sich ein höherer Importanteil (ca. 7 %) feststellen, die Ausfuhr ist minimal (4). Tierische Produkte spielen, mit Ausnahme der Wolle, bis in die 1870/80er Jahre hinein im Außenhandel keine nennenswerte Rolle. Dies sollte sich ändern, als nach 1875 erste Spezialschiffe für Gefrierfleischtransporte gebaut wurden und die Eisenbahnen Kühltransporte übernahmen. Nachdem die Schutzzollpolitik ab 1879 neben Getreide- auch wieder Viehzölle gebracht hatte, wurden bei der Zollerhöhung des Jahres 1885 die bisher nur wenig berücksichtigten tierischen Produkte in die Schutzzollpolitik mit einbezogen. Die Belastung betrug im einzelnen bei

Fleisch	20 Mark je dz
Schmalz	10 Mark je dz
Butter	20 Mark je dz
Eier	3 Mark je dz

Hinzu kamen beträchtliche Erhöhungen der Viehzölle, so z.B. bei Schweinen auf 6 Mark je Stück. Die züchterischen Erfolge des 19. Jahrhunderts, die sich u.a. in einer laufenden Zunahme des Schlachtgewichtes ausdrückten, ließen den Stückzoll mehr und mehr als unbefriedigende Lösung erscheinen. 1902 ging man daher für Rindvieh, Schafe und Schweine zu der Verzollung nach Lebendgewicht über. Nur bei Pferden, Eseln und Maultieren blieb die Verzollung je Stück bestehen, war allerdings nach dem geschätzten Wert des Tieres von 90 Mark bis 360 Mark gestaffelt. Der Hochleistungszucht, die sich im Wert des Tieres ausdrückte, wurde damit im Inland besonderer Schutz zuteil. Nach 1906 galten folgende Sätze:

Rindvieh, Schafe und Schweine	18,00 Mark je dz (Lebendgewicht)
Fleisch	45,00
Schmalz	13,50
Butter und Käse	30,00
Eier	6,00

Durch die handelsvertraglichen Abmachungen wurden in der Realität für die Mehrzahl der Importe diese Sätze beträchtlich ermäßigt. So wurden bei Rindvieh je dz Lebendgewicht 8 Mark, bei Schweinen 9 Mark, bei Fleisch 27 Mark, bei Butter 20 Mark, bei Käse 15 Mark und bei Schmalz 10 Mark je dz erreicht.
Die Zollbelastungen haben einerseits durch Verhinderung ausländischer Billigimporte der einheimischen Erzeugung Schutz gewährt, andererseits den Konsum tierischer Produkte nicht unerheblich verteuert. Trotzdem sind der Import und der Konsum in dieser Zeit stark angestiegen. Saldiert man den unbedeutenden Export mit dem Import, so zeigt sich, daß pro Kopf der Bevölkerung 1872 für 1,32 Mark, 1910 dagegen bereits für 8,71 Mark tierische Produkte eingeführt wurden (8). Der neue Zolltarif von 1902 in Verbindung mit neuen oder ausgebauten veterinärpolizeilichen Maßnahmen hat jedoch insofern einen relativen Rückgang der Importe gebracht, als der Inlandsverbrauch bis zum 1. Weltkrieg wesentlich stärker anstieg als der Import. Diese Mehrnachfrage konnte durch eine entsprechende Ausdehnung der inländischen tierischen Produktion befriedigt werden, die allerdings, wie schon gesagt, dazu auf erhebliche Futtermitteleinfuhren angewiesen war.
Wachsende Massenkaufkraft bei der Bevölkerung eines heranwachsenden Industrielandes, Schutzzölle auf Vieh und tierische Produkte sowie quantitativ uneingeschränkte Importmöglichkeiten für Futtermittel mußten die Viehzucht in starkem Maße begünstigen. Da die Viehzucht – mit Ausnahme der Pferde – eine Domäne des klein- und mittelbäuerlichen Betriebes war, ergab sich hier für die bäuerliche Bevölkerung eine gute, anhaltende Einnahmequelle. Aus dem „notwendigen Übel" hatte sich ein Wirtschaftszweig entwickelt, dessen Erträge das wirtschaftliche Rückgrat vieler landwirtschaftlicher Betriebe bildeten. Das Interesse an weiterer Leistungssteigerung und marktgerechter Produktion war eine natürliche Folge dieser Situation.
Damit wird ein Punkt erreicht, an dem auch die züchterischen Leistungen unmittelbar für die weitere Ausgestaltung der Produktion bedeutsam werden. Die von der rationellen Landwirtschaft des 19. Jahrhunderts bereits geförderte Erhöhung der Milchleistung oder des Schlachtgewichts, die Zuchtauswahl und zunehmende Überführung „seit Generationen vererbter Erfahrungen in ein wissenschaftliches, d.h. exakt meßbares System" (19), die Übertragung wissenschaftlicher Erkenntnisse in den bäuerlichen Produktionsprozeß, werden nun zum zentralen Anliegen der Tierproduktion, um diese nach optimalen Bedingungen zu gestalten. Damit wird die Umsetzung züchterischer Ergebnisse in die allgemeine Praxis zu einer weiteren Voraussetzung für eine ökonomisch zu betreibende Produktion tierischer Erzeugnisse. Es versteht sich von selbst, daß eine erweiterte Ausbildung der Landwirte, eine intensive veterinärmedizinische Versorgung und Betreuung der Betriebe, Investitionshilfen für den Ausbau moderner Stallungen oder die Anlage von Futtervorräten und nicht zuletzt der Ausbau der Vermarktungs-Organisation

ebenfalls zu den unabdingbaren Voraussetzungen für die Ausdehnung der tierischen Produktion wurden.

Trotz dieses zunächst einheitlich erscheinenden Bildes verläuft die Entwicklung bei den einzelnen Tierarten doch recht unterschiedlich, was wiederum auf unterschiedliche, sich im Zeitablauf ändernde ökonomische Voraussetzungen zurückzuführen ist.

Eine wohl erste tierische Produktion unter rein ökonomischen Gesichtspunkten bringt schon im frühen 19. Jahrhundert die **Schafhaltung.** A. THAER bemerkt in seiner „Rationellen Landwirschaft", daß das Schaf „in fast ganz Europa bei den Landwirten in höherer Achtung steht als das Rindvieh". Die starke Ausdehnung der Textilindustrie brachte in den ersten Jahrzehnten des Jahrhunderts eine wachsende Wollnachfrage; der geforderten Qualität suchte man durch Einkreuzung der spanischen Merinoschafe zu genügen. Im Haupt-, vor allem aber im Nebenerwerb bot die Produktion von Wolle für den Landwirt ein sicheres Einkommen. Um 1800 kann man mit ca. 16,2 Mio. Schafen und einem durchschnittlichen Ertrag von knapp 1 kg Wolle pro Tier und Jahr rechnen; bis 1860 hatte sich die Zahl der Schafe auf 28 Mio. Tiere, der Wollertrag pro Tier auf fast 2 kg erhöht (11), dies nur in guten Herden (s. Tab. 24). Während zunächst, wie schon erwähnt, ein erheblicher Teil der Wolle exportiert wird, überwiegt ab 1850 der Import: Einmal war inzwischen die inländische Wollverarbeitung angestiegen, zum anderen kamen jetzt qualitativ hochwertige und preisgünstigere Wollsorten aus Übersee auf den Markt. Da die Schaffleischverwertung in Deutschland nur geringe Chancen hatte und die Intensivierung der landwirtschaftlichen Produktion gleichzeitig die Weidemöglichkeiten beschränkte, verlor die Schafhaltung rasch an Bedeutung und ging bis 1913 auf 5,5 Mio. Stück zurück. Bei dem ausgesprochenen Weidetier war eine Intensivierung der Produktion nicht möglich, zumal die Umstellung auf andere tierische Produkte höhere Erträge versprach.

Beim **Rindvieh** hat sich der Bestand von 1800 bis 1913 in etwa verdoppelt. Er ist damit, wie die Viehdichte je 100 Einwohner ergibt (1800 = 42,3; 1913 = 32,3; s. Tab. 6), in wesentlich geringerem Umfang angestiegen als die zu versorgende Bevölkerung. Trotzdem ist die Versorgung mit tierischen Produkten je Einwohner besser geworden, da die Leistungen des einzelnen Tieres erheblich gesteigert werden konnten. Ein Vergleich des durchschnittlichen Schlachtgewichts bei Rindern und der Milchleistung je Kuh läßt dies deutlich werden (s. auch Tab. 31 und Tab. 10):

Schlachtgewicht		Milchleistung	
1800	100–115 kg	1800	800–900 l
1875	190 kg	1875	1400 l
1913	250 kg	1913	2200 l

Der Fleischanfall erhöhte sich auch dadurch, daß bei der nun speziell betriebenen Rindermast die Umtriebszeiten wesentlich verkürzt werden konnten. Andererseits darf nicht übersehen werden, daß der Anteil des Rindfleischs an der gesamten Fleischversorgung, der zu Beginn des 19. Jahrhunderts rund ⅔ betrug, zurückging und an seine Stelle das Schweinefleisch trat. Die Ausdehnung der Milchwirtschaft als ertragreicher Bestandteil der tierischen Produktion fällt erst in die beiden letzten Jahrzehnte vor der Jahrhundertwende. Die Entwicklung von Kühltechnik und geeigneten Transportsystemen war dabei ebenso von Bedeutung wie die Erfindung der Zentrifuge (1877) bzw. des Separators (1878) und der Ausbau des Molkereiwesens. Erst das moderne Produktions- und Vertriebssystem haben die Milch von einem viehwirtschaftlichen Nebenprodukt, dessen Produktionssteigerung solange uninteressant war, als es nur für den Eigenbedarf und Futterzwecke verwandt wurde, zu einem entscheidenden Bestandteil tierischer Produktion werden lassen. Während bis in die 1870er Jahre die Milchwirtschaft weitgehend auf den bäuerlichen Haushalt beschränkt blieb oder bestenfalls einen Nebenverdienst der Hausfrau bildete, rückt die Milchproduktion und ihre Weiterverarbeitung von nun an in den Mittelpunkt des Interesses bei der Rindviehhaltung. Dementsprechend setzt eine quantitative und qualitative Kontrolle der Milchproduktion und eine systematische Ausrichtung züchterischer Bemühungen auf eine Steigerung der Milchleistung erst im beginnenden 20. Jahrhundert ein.

Für die **Schweinehaltung** hatten sich zu Beginn des 19. Jahrhunderts mit den Gemeinheitsteilungen und dem Rückgang der Waldmast die Bedingungen verschlechtert. Fehlende Weidemöglichkeiten nach der Aufgabe der Brache, schlechte Unterbringung der Tiere und die durch Überwinterungsprobleme bedingte starke Abschlachtung im Dezember („Schweinemond") führten die Schweinehaltung in eine Krise. Erst mit dem zunehmenden Kartoffel- und Rübenanbau gewinnt die Schweinehaltung wieder an Bedeutung und findet nun als Fleischlieferant wachsende Beachtung. Die Sicherung der Futterbasis und zunehmende Fleischnachfrage führen zur Nachzucht oder Einkreuzung schnellwüchsiger, überwiegend aus England importierter Schweine, deren Ergebnis die Grundlage für einen steilen Anstieg der Schweineproduktion wird. Kann man um 1800 noch ein Schlachtgewicht von ca. 50 kg annehmen, so wird mit dem Aufschwung der Schweinezucht in der zweiten Jahrhunderthälfte 1875 bereits ein Gewicht von 75 kg erreicht, das sich bis 1913 auf 90 kg verbessert.

Die starke Zunahme auch der Stückzahlen (1800 = 3,8 Mio.; 1913 = 25,6 Mio., s. Tab. 4 und Tab. 33), wobei hier besonders große Unsicherheiten bestehen, da Schweine als typische „Abfallverwerter" auch in vielen nichtbäuerlichen Haushalten gehalten wurden) führt dazu, daß sich der Bestand pro Kopf der Bevölkerung von 1800 = 15,8 bis 1913 = 39,5 (s. Tab. 6) mehr als verdoppelt. Während zunächst noch das fette Schwein entsprechend der vom überwiegenden Teil der Bevölkerung zu leistenden schweren körperlichen Arbeit dominierte, rückte später in Abhängigkeit von der zunehmenden Milch- und Butterversorgung das magere Fleischschwein in den Vordergrund. Bei sinkendem Anteil des Rindfleisches von 1800 (38%) bis 1913 (27%) am Gesamtfleischverbrauch, stieg der Anteil des Schweinefleisches im gleichen Zeitraum von 33 auf 65%. Für die „gehobenen Ansprüche" einer städtischen Bevölkerung wird der Fettbedarf durch die „feinere" Butter, der Fleischbedarf dafür zunehmend durch das Schwein gedeckt. Der Produktion kam zugute, daß neben der heimischen Kartoffel importiertes Futtergetreide und bald auch industriell aufbereitetes Kraftfutter zur Verfügung standen. Es gelang, die Schweinemast zu einem fast selbständigen Erwerbszweig auszubauen. Wie stark dabei die Verbindung zur eigenen landwirtschaftlichen Futterbasis verlorenging, zeigt der radikale Rückgang des Schweinebestandes um rund 9 Mio. Stück, als mit Beginn des 1. Weltkrieges eine Ergänzung der Futtermittel aus Importen unmöglich wurde.

Betrachtet man die Entwicklung des **Pferdebestandes,** so fällt auf, daß die Pferdedichte je 100 Einwohner gerade in der Zeit des expansiven Bevölkerungswachs-

tums in der zweiten Jahrhunderthälfte konstant bleibt (s. Tab. 6). Hierin kommt die nur begrenzte Steigerung der Leistungskraft und die nach wie vor ungebrochene Rolle des Pferdes als Zugtier zum Ausdruck. Zwar wurden innerhalb der Landwirtschaft Ochsen und in geringerem Maße Kühe als Zugtiere verwendet – das Pferd blieb größeren Betrieben vorbehalten –, dafür dominierte das Pferd aber im gesamten gewerblichen und privaten Transportwesen, was u.a. auch an dem hohen Anteil der Pferde, die in den Städten gehalten werden, zum Ausdruck kommt. In der Landwirtschaft entsteht mit dem beginnenden Landmaschineneinsatz ebenfalls eine wachsende Nachfrage nach leistungsstarken Ackerpferden. Auch die Erkenntnis einer ergiebigeren Bodennutzung durch Tiefpflügen und der Hackfruchtbau mit höheren Zug- und Transportleistungen begünstigten den Einsatz von Pferden. Die wachsende Bedeutung als Arbeitstier förderte die Entwicklung der Kaltblutzucht, die bis zum Beginn der Motorisierung in den 1930er Jahren jenen Pferdebestand sicherte, der zur Aufrechterhaltung der landwirtschaftlichen Produktion erforderlich war. Auf die Bedeutung des Pferdes als Zugtier im 1. Weltkrieg, die durch Abgabe von Pferden an die Truppe zu einer starken Belastung der Landwirtschaft führte, sei hier nur hingewiesen.
Auffallend ist die starke Zunahme der **Ziegenhaltung,** der „Kuh des kleinen Mannes". Diese Tiergattung hat sowohl absolut (1800 = 0,3 Mio.; 1913 = 3,5 Mio.) als auch im Verhältnis zur Einwohnerzahl (1800 = 1,4 je 100 Einwohner; 1913 = 5,5 je 100 Einwohner) – s. Tab. 4 und Tab. 6 – ihren Bestand erweitert. Die Ursache ist auch hier in den veränderten Bewirtschaftungsformen zu suchen: Die Aufhebung der Allmenden und Gemeinheiten erlaubte es Kleinbauern und bäuerlichen Unterschichten nicht mehr, eine Kuh zu halten, wohl aber eine Ziege, die hinsichtlich ihrer „Verwertbarkeit" (Fleisch, Milch, Fell) den Bedürfnissen gerade der ärmeren Bevölkerung am stärksten entgegenkam. Hinzu kam die Verwertung der Ziegenmilch für die Aufzucht eines Schweines. Diesen Vorteilen stand eine kaum mögliche Spezialisierung dieser Tiergattung gegenüber. Die Ziegenhaltung blieb bis ins 20. Jahrhundert eine Art „Krisenbarometer": In Not- und Kriegsjahren nahm der Bestand stets zu, um mit wachsendem Wohlstand ebenso rasch wieder abgebaut zu werden. Beweis dafür mag sein, daß der Ziegenbestand heute jede „statistische" Bedeutung verloren hat (s. Tab. 7). So wenig ergiebig die Ziege auch für eine Marktproduktion sein mag, hat sie doch bis ins 20. Jahrhundert weiten Bevölkerungsschichten als wichtiger Lieferant animalischer Nahrungsmittel gedient und damit im Rahmen der tierischen Produktion einen nicht ganz unerheblichen Beitrag geleistet.

Der 1. Weltkrieg verändert eine Reihe der geschilderten ökonomischen Voraussetzungen oder läßt sie zumindest vorübergehend unwirksam werden. Die Einfuhrzölle werden außer Kraft gesetzt, ohne daß jedoch dadurch ein vermehrter Import zustande kommt. Der internationale Futtermittelmarkt ist für Deutschland nicht mehr zu erreichen. Die Folge ist ein allgemeiner Rückgang in der Produktion tierischer Erzeugnisse, der nicht allein in einer Verringerung der Stückzahlen zum Ausdruck kommt. Reduzierte Futtermengen und der Ersatz von Pferden durch Ochsen und Kühe als Zugtiere wirken sich negativ auf Milchleistung und Fleischproduktion aus. Die Nachfrage nach Fett und Fleisch hält demgegenüber ungebrochen an, sie nimmt angesichts der allgemeinen Mangellage an Dringlichkeit zu. Von staatlicher Seite versucht man, durch Verfütterungsverbote und ähnliche Maßnahmen darauf hinzuwirken, statt einer „Veredelungsproduktion" wenigstens eine

Sicherstellung der Versorgung mit Grundnahrungsmitteln zu erreichen. Jede über die Lieferung eines Minimalbedarfs tierischer Produkte hinausgehende Viehhaltung wird als „unnützer Fresser" angesehen.
Allein die Schafhaltung wird während des Krieges um über 20 % auf ca. 6,5 Mio. Stück ausgedehnt, um für die unterbrochenen Wollimporte einen Ausgleich zu schaffen, zumal das Schaf keine für die menschliche Ernährung unmittelbar verwertbaren Futtermengen beansprucht.
Neben den kriegsbedingten Einbußen wurde die Tierhaltung nach dem Krieg durch Reparationsforderungen betroffen, die die Ablieferung gerade besonders wertvoller, für die weitere Zucht notwendiger Tiere zur Folge hatte. Die Ausgangslage des Jahres 1919 mit einem außer Schafen und Ziegen allgemein verminderten und geschwächten Tierbestand war äußerst ungünstig. Trotzdem gelang es, bis etwa 1924/25 den Stand der Vorkriegsproduktion wieder zu erreichen (s. Tab. 4).
Für die weitere Entwicklung gilt, daß von der Markt- und Kostensituation sowie von der technischen Entwicklung tiefgreifende Veränderungen für die Tierproduktion ausgehen und neue Daten setzen. Hinzu kommt auch eine veränderte Einstellung der staatlichen Agrarpolitik: Vor 1914 herrschte eine mehr den Landbau und den agrarischen Großbetrieb fördernde Einstellung vor, während jetzt stärker die Rolle der bäuerlichen Betriebe als Veredelungswirtschaften berücksichtigt wurde (5). Nach Wiedererlangung der Zollhoheit wurden 1925 die 1914 geltenden Zölle wieder eingeführt, gleichzeitig jedoch damit begonnen, sie bei tierischen Produkten stärker zu differenzieren. Um eine allzu starke Reduzierung der Zölle über den Weg der Handelsverträge zu verhindern, wurde für Rinder und Schweine ein Mindestzoll angesetzt, der nicht unterschritten werden durfte. Er lag mit 13 RM für Rinder umd 14,50 RM für Schweine je dz Lebendgewicht über den vor 1914 geltenden Vertragszöllen. Ein Zeichen für die fortgeschrittene technische Entwicklung und die weiter spezialisierten Verarbeitungsmöglichkeiten tierischer Produkte ist die Einführung des Zolls auf Dosenmilch und auf Sahne, um auf diese Weise die Umgehung des Butterzolls zu verhindern.
Mit dem Übergang zu einer gelenkten Außenwirtschaft und der nunmehr allein auf die anzustrebende Autarkie ausgerichteten Agrarpolitik des Dritten Reiches wird dann eine Abkapselung der inländischen tierischen Produktion erreicht, die nur noch den echten Fehlbedarf und die erforderlichen Futtermittelmengen zu importieren erlaubt. Während zunächst die „Fettlücke" bzw. der Futtermittelbedarf durch Einfuhren gedeckt werden konnte, wurde dies im weiteren Verlauf der Entwicklung zum 2. Weltkrieg immer schwieriger. Nun hat allerdings der in den 1920er Jahren wieder ansteigende Bedarf – so ist z.B. der Pro-Kopf-Verbrauch an Fleisch von 34,3 kg 1924 auf 44,9 kg 1929 gestiegen, ohne allerdings das Vorkriegsniveau zu erreichen (17) – in der Weltwirtschaftskrise 1930/32 einen Rückschlag erlitten, der nur langsam bis 1938/39 überwunden wurde. Der Fleischverbrauch lag 1938/39 bei 48 kg pro Kopf (11) (s. auch Tab. 29). In ähnlicher Weise hat sich der Kaufkraftverlust aus der Weltwirtschaftskrise bei anderen tierischen Produkten ausgewirkt. Ab 1936 sorgte dann eine entsprechende Lohn- und Preispolitik dafür, daß zwischen Nachfrage und Produktions- bzw. Angebotsmöglichkeit keine allzu störende Lücke aufgerissen wurde. Damit wurde es möglich, bei einer weiter ansteigenden Bevölkerung, einem stagnierenden Viehbestand und einer so allein auf die Leistungssteigerung angewiesenen tierischen Produktion gerade den Bedarf zu decken. Die angestrebte Autarkie jedoch wurde nicht erreicht. Viehbe-

stände und Produktion stagnierten zwischen 1933 und 1938 oder veränderten sich nur unwesentlich. Das Fleischangebot 1938 beruhte zu etwa ⅓ auf Importen oder importierten Futtermitteln, die Versorgung mit tierischen Fetten war nur zu etwa 80 % aus inländischer Produktion gedeckt.
Die geschilderte Situation und die Erkenntnis, einem wachsenden Bedarf, der ohne Ausbruch der Weltwirtschaftskrise bereits kurz nach 1929 spürbar geworden wäre, begegnen zu müssen, hat zahlreiche Förderungsmaßnahmen im Bereich der tierischen Produktion ausgelöst, die nach 1933 im Sinne der „Erzeugungsschlacht" fortgeführt wurden. Gesetzliche Regelungen für den Bereich der Futtermittel (Futtermittelgesetz v. 1. 11. 1927), der Marktordnung (Reichsmilchgesetz v. 31. 7. 1930) oder der Bekämpfung von Tierseuchen wurden ergänzt durch eine Förderung der Züchtungsforschung, durch Erschließung neuer Grünlandflächen für den Futtermittelanbau und neue Fütterungsmethoden (z. B. Gärfutterkonservierung). Die Zucht auf Leistung begann bei allen Tierarten auf breiter Grundlage. Das Reichstierzuchtgesetz vom 17. 3. 1936 brachte eine Zusammenfassung aller bisher in den Ländern ergangenen Bestimmungen. Aktuelle Forderungen wie die „Schließung der Fettlücke" ließen dem tierischen Produktionssektor besondere Aufmerksamkeit zuteil werden. Alles in allem waren für die Entwicklung der tierischen Produktion beste Voraussetzungen geschaffen: Nie vorher war die Tierzucht von staatlicher Seite so vielseitig und nachhaltig unterstützt worden, nie zuvor war der Schutz vor ausländischer Konkurrenz vollkommener, schließlich brauchte man sich um den Absatz einer steigenden Produktion keine Sorgen zu machen. Trotz dieser günstigen ökonomischen Voraussetzungen waren der weiteren Entwicklung Grenzen gesetzt, die vor allem durch die Futtermittelversorgung und unerfüllbare Autarkieforderungen bestimmt waren.
Die im einzelnen unterschiedliche Entwicklung läßt sich wieder an Hand der Tierarten darlegen. Der kriegsbedingte Anstieg der **Schafbestände** ging bis 1934 um 40 % zurück, da die heimische Wolle nach wie vor nicht mit Importware konkurrieren konnte. Unter dem Einfluß der Autarkiepolitik wurden dann die Bestände wieder vermehrt und erreichten 1935 3,9 Mio. Stück, um während der Kriegsjahre bis 1945 noch weiter anzusteigen. Die rückläufige Entwicklung wiederholte sich nach Kriegsende, allerdings beginnt ab 1968 der Bestand wieder zu steigen, wobei die zunehmende „Sozialbrache" einer extensiven Weidewirtschaft entgegenkommt. Zusätzlich findet durch Umschichtung der Bevölkerung (hoher Anteil bestimmter Ausländergruppen) und neue Verbrauchsgewohnheiten erstmals das Schaffleisch einen größeren Markt. 1975 übersteigt der Bestand wieder die Millionengrenze.
Der auf ca. 16,7 Mio. Stück im Jahre 1921 abgesunkene **Rinderbestand** wuchs bis 1934 auf ca. 19 Mio. und dann bis Kriegsbeginn auf ca. 20 Mio. Stück. Im relativ raschen Anstieg zwischen 1929 bis 1933 sieht Henning (11) möglicherweise den Versuch, die rückläufigen Viehpreise durch Vermehrung der Stückzahlen auszugleichen. Der Stand des Jahres 1939 wurde im großen und ganzen über den Krieg gehalten. Obwohl dazu letzte Futterreserven ausgeschöpft wurden, gelang es jedoch nicht, den Milchertrag in alter Höhe zu sichern. Hier fehlte es an qualitativ hochwertigem Zuschußfutter. Die regional unterschiedlichen Verluste zum Kriegsende waren bis 1950 wieder ausgeglichen. Die Erhöhung der Milchleistung – und ebenso des Schlachtgewichts – setzte sich relativ langsam, jedoch kontinuierlich fort; 1939 wurden 2500 l pro Jahr und Kuh erreicht. An diese Leistungen konnte

nach dem kriegsbedingten Rückgang 1950 wieder angeknüpft werden (s. Tab. 10). Auch der **Schweinebestand,** durch die Not der Kriegsjahre von 22,5 Mio. 1913 auf 14,1 Mio. Stück 1920 dezimiert, wird wieder aufgebaut, überschreitet aber nicht den Bestand des Jahres 1913. Eine langsame Vermehrung – nach 1933 durch Futtersammelaktionen, „Kampf dem Verderb" u.a. Aktionen unterstützt – auf 25 Mio. Stück bis 1939, wird in den Kriegsjahren auf 15 Mio. Stück abgebaut (s. Tab. 4). Die Substitution von Rind- durch Schweinefleisch war offensichtlich in der Zwischenkriegszeit zum Stillstand gekommen, der Verbrauch an Schweinefleisch stieg aber auf Grund der Bevölkerungszunahme weiter an. Um so härter mußte für die Versorgung der Produktionsrückgang im 2. Weltkrieg zu Buche schlagen. Hinzu kam, daß im Sinne der Autarkiepolitik das Schwein weniger als Fleisch- denn als Fettlieferant angesehen wurde, womit die bisherigen an der Nachfrage des Marktes orientierten züchterischen Bemühungen ins Gegenteil verkehrt wurden. Allerdings sollte sich die Vorstellung, damit die „Fettlücke" schließen zu können, rasch als illusorisch erweisen. Kriegseinwirkungen und Futtermangel führten schließlich zu einem (geschätzten) Rückgang der Bestände um 50 % (18).
Für Rind und Schwein kann gesagt werden, daß ohne die vorangehenden, auf Mehrleistung bedachten Züchtungsbemühungen der erreichte Versorgungsgrad nicht hätte verwirklicht werden können. Die im 19. Jahrhundert bis 1913 und nochmals in den 1920er Jahren vom Markt her gebotenen und von den Landwirten ausgenutzten Voraussetzungen für eine Leistungssteigerung haben dazu beigetragen, daß mit den erreichten Beständen und Leistungen zumindest eine begrenzte Versorgung auch in den Kriegsjahren aufrecht erhalten werden konnte.
Für den **Pferdebestand** sind die Zwischenkriegsjahre eine deutlich sichtbare Zeit des Umbruchs. Der Bedarf für den militärischen Bereich ging nach dem 1. Weltkrieg bereits stark zurück; es folgte die Ersetzung des Pferdes als Zugtier durch den Kraftwagen. Mitte der 1920er Jahre hatte der Pferdebestand trotzdem wieder die Vorkriegshöhe erreicht. Die entscheidende Wende setzte dann in den 1930er Jahren mit der beginnenden Motorisierung der Landwirtschaft ein, durch die das Arbeitspferd mehr und mehr verdrängt wurde. Die Kriegsjahre begünstigten diese Entwicklung, konnten doch Ochsen oder Kühe als Zugtiere gleichzeitig als Fleisch- oder Milchlieferanten angesehen werden. Andererseits haben sich die durch den Krieg verzögerte Motorisierung und die Treibstoffknappheit auch wieder positiv auf die Erhaltung des Pferdebestandes ausgewirkt. Die in den 1930er Jahren eingeleitete Entwicklung ließ jedoch erkennen, daß die hohe Zeit des schweren Arbeitspferdes dem Ende zuging.
Für die **Ziegenhaltung** gilt das bereits Gesagte. Sie hat ebenso wie die Kleintier- und Geflügelhaltung in den Kriegs- und Notjahren zugenommen, um die unzureichende Fleisch- und Fettversorgung auf möglichst individueller Basis zu ergänzen.
Die Nachkriegszeit stand zunächst unter dem Zwang, die Verluste des Krieges aufzuholen und die nach wie vor gegebene Importabhängigkeit zu verringern. Leistungssteigerung in der tierischen Produktion einerseits und eine die Marktverhältnisse regelnde Gesetzgebung andererseits schufen die dazu nötigen Voraussetzungen. Die Marktordnungsgesetze vom November 1950 dienten der Absatzsicherung, das Landwirtschaftsgesetz vom 5. 9. 1955 wurde zur Grundlage außerordentlich zahlreicher Förderungsmaßnahmen, die vom Milchpreiszuschlag über die Förderung der Silowirtschaft bis hin zum Aufbau von Mastviehleistungsanstalten reichten (5). Jahrelang gewährte Förderungsmaßnahmen dieser Art hatten zur

Folge, daß es auch im tierischen Produktionsbereich zu einer erheblichen Steigerung der Erzeugung kam. Da fast alle diese Maßnahmen nicht nur auf eine quantitative Erhöhung der Erzeugung oder ihre qualitative Verbesserung ausgerichtet waren, sondern gleichzeitig auch die Rentabilität der Produktion sichern und steigern wollten, war eine von den Anforderungen des Marktes unabhängige Produktionssteigerung geradezu vorprogrammiert, zumal die bestehenden Marktordnungen den sicheren Absatz erzeugter Mengen garantierten. Die ökonomischen Voraussetzungen der tierischen Produktion wurden damit weitgehend durch agrarpolitische Gesetzgebungsmaßnahmen bestimmt. Der Eintritt in die EWG hat diese Entwicklung weiter gefestigt. Während sich die gesetzlichen Grundlagen zu einem kaum noch überschaubaren Geflecht an Absicherungs- und Förderungsmaßnahmen entwickelt haben (7), werden ohne Rücksicht auf die tatsächliche Marktlage Mengen produziert, die zwar deutlich die Leistungsfähigkeit der Tierproduktion unter Beweis stellen, gleichzeitig aber auch die Fragwürdigkeit dieser Politik zeigen. Hier werden für die tierische Produktion politisch jederzeit manipulierbare Voraussetzungen geschaffen und damit Produktionsbedingungen, die sich nicht mehr an der kaufkräftigen Nachfrage orientieren.
Unter diesen Voraussetzungen ist es nach 1950 gelungen, den kriegsbedingten Stillstand der Entwicklung rasch aufzuholen. Unter Rentabilitätsdruck und sich wandelnden sozialen Verhältnissen auch auf dem Lande hielt die Technisierung in immer stärkerem Maße Einzug in die Tierproduktion. Spezialisierung auf eine Tierart, Automatisierung der Fütterung und Stallsäuberung, der Einsatz von Melkmaschinen und Kühlaggregaten und schließlich die Aufnahme neuer Produktionszweige, wie z.B. die Hähnchenmast und die spezialisierte Legehennenhaltung, bestimmen das Bild.
Neue wissenschaftliche Erkenntnisse beeinflussen die züchterischen Bemühungen. Als entscheidende Einrichtung erweist sich die künstliche Besamung, die in den 1970er Jahren fast zur Regel geworden ist. Umfangreiche Zuchtprogramme suchen den unterschiedlichen Leistungsanforderungen unter Beachtung der Nutzungsrichtung innerhalb der Tierarten gerecht zu werden. Anfang der 1970er Jahre werden bereits 80 % aller Kühe maschinell gemolken. In vielen Fällen ermöglichen erst die züchterischen Arbeiten, eine moderne, technisierte Tierproduktion aufzubauen. Die Fülle der biologischen, chemischen oder veterinärmedizinischen Kenntnisse, die die heutige Tierproduktion verlangt, setzen wesentlich stärker als in früheren Zeiten eine entsprechende Ausbildung des Landwirts voraus. Auch wenn der „fabrikmäßigen" Ausrichtung der Landwirtschaft, speziell der Tierproduktion, wie sie in der DDR heute propagiert und praktisch versucht wird, mit Skepsis zu begegnen ist, bleibt die Tatsache bestehen, daß eine hoch leistungsfähige, rentable tierische Produktion nicht mehr unter den Bedingungen möglich ist, wie sie noch vor wenigen Jahrzehnten gegeben waren.
Die Entwicklung der tierischen Produktion nach dem 2. Weltkrieg für das Gebiet der Bundesrepublik ergibt sich aus folgenden Zahlen (5):

	1950/51	1960/61	1974/75
Fleisch	1,862 Mio. t	3,069 Mio. t	4,735 Mio. t
Milch	14,610 Mio. t	19,530 Mio. t	21,386 Mio. t
Eier	0,271 Mio. t	0,458 Mio. t	0,898 Mio. t

Die Pro-Kopf-Zahlen des Verbrauchs lassen erkennen, daß diese Produktionssteigerungen nicht nur auf die oben angeführten Bedingungen zurückzuführen sind, sondern ihnen auch echte Nachfragesteigerungen gegenüberstehen:

Pro-Kopf-Verbrauch in kg (19)

	1950/51	1960/61	1974/75
Fleisch	34,8 (+5,8)	55,3 (+5,7)	73,7 (+6,3)*
Milch und Milchprodukte	291,2	352,3	344,6
Eier (1 Ei = 50 g)	6,8	11,4	14,1
Geflügel	1,2	4,4	8,8

Beim Fleischverbrauch zeigt sich, daß der Konsum an Schweinefleisch zwar immer noch leicht zunimmt und fast 70 % des Gesamtfleischkonsums erreicht, doch hat sich der Verzehr an Rindfleisch dagegen nicht nur stabilisiert, sondern er steigt gerade in der Nachkriegszeit an. Wachsender Wohlstand, Abhebung vom Massenkonsum und Ausflüsse der „Gesundheitswelle“ zeichnen sich hier ab. Eine Verlangsamung im Zuwachs des Fleischverbrauchs ist auf die starke Zunahme des Verzehrs an Geflügel zurückzuführen. Die Änderung der Verbrauchsgewohnheiten hat hier einem zusätzlichen, in früheren Jahren kaum über die Selbstversorgung hinausreichenden tierischen Produktionszweig einen neuen Markt erschlossen. Dagegen scheint der in den 1970er Jahren rückläufige Verbrauch an Milch und Milchprodukten eine Sättigung des Marktes zu signalisieren. Nicht zuletzt wird gerade in diesem Bereich die Übererzeugung deutlich sichtbar. Das Milchgeld, als ein über das ganze Jahr gleichmäßig fließendes Einkommen, wird von den Produzenten hoch geschätzt; solange vom Markt nicht beeinflußte Absatzgarantien bestehen, wird mit einer Produktionseinschränkung kaum zu rechnen sein.
Was die Entwicklung bei den einzelnen Tierarten anbelangt, so wurde die Zunahme der **Schafhaltung** als Äquivalent für die Aufgabe einer intensiven Flächennutzung bereits angesprochen.
Die Zunahme der **Rinderhaltung** (1950 = 11,1 Mio.; 1975 = 14,5 Mio. Stück; s. Tab. 4) war vor allem durch die Zunahme der Mastviehhaltung bedingt, da der Bestand an Kühen sich nur unwesentlich verändert hat. Hier spiegelt sich einmal die veränderte Arbeitssituation auf dem Bauernhof wider: Die Rindermast ist weniger arbeitsintensiv als die Milchviehhaltung. Der Einsatz von (Fremd-) Arbeitskräften ist jedoch heute für die Rentabilität auch der tierischen Produktion von ausschlaggebender Bedeutung. Zum anderen zeigt sich, daß die Erhöhung der Milchproduktion im wesentlichen allein auf eine Leistungssteigerung zurückzuführen ist. Tatsächlich ist die Milcherzeugung je Kuh und Jahr von 2500 l 1950/51 auf 4000 l 1974/75 gestiegen (s. Tab. 10). Dies bedeutet, daß bei optimalen Bedingungen der Tierhaltung und -fütterung und angesichts der Verbrauchssituation es keiner Steigerung des Rindviehbestandes mehr bedarf, um eine ausreichende Milchversorgung zu sichern. Die Erfolge der Rindermast kommen in dem steigenden Schlachtgewicht zum Ausdruck: 254 kg (1950/51), 286 kg (1974/75).

---

* Die Zahlen in ( ) enthalten den bei TEUTEBERG gesondert ausgewiesenen Schlachtfettkonsum. In den Zahlen der vorangehenden Tabelle von DIENER über die Fleischproduktion sind die Schlachtfette enthalten; ihr Verbrauch muß also hier zum Zwecke des Vergleichs dem Fleischverbrauch hinzugerechnet werden.

Der erwähnte Wandel der Verbrauchsgewohnheiten vom Schweinefleisch zum „Rindersteak" hat dazu beigetragen, die verstärkte Produktion in der Rindermast am Markt unterzubringen.
Nach dem 2. Weltkrieg haben Ochsen und Kühe als Zugtiere praktisch keine Rolle mehr gespielt, Tierzucht und -haltung konnten sich voll den Zielen Fleisch- und Milchproduktion widmen. Die Möglichkeiten der Motorisierung auch im Kleinbetrieb, die dort das Zugvieh ersetzte, und der stärkeren Spezialisierung unter Vernachlässigung der früher üblichen und notwendigen Kombination tierischer und pflanzlicher Produktionszweige hat dazu geführt, daß die Zahl der Rinderhalter von 1,5 Mio. 1950 auf 0,6 Mio. 1975 zurückgegangen ist und damit in stärkerem Maße abgenommen hat als die Zahl der landwirtschaftlichen Betriebe insgesamt. Diese Konzentration auf leistungsfähige, spezialisierte Betriebe hat nicht unwesentlich zur Produktionssteigerung beigetragen.
Der Bestand der **Schweine** als Hauptfleischlieferanten – vor allem auch in der weiterverarbeiteten Form der Wurstwaren – hat sich von 11,9 Mio. 1950 auf 19,9 Mio. Stück 1975 (s. Tab. 4) fast verdoppelt. Der geringeren Nachfrage nach Schweinefett entsprechend hat sich die Zucht darum bemüht, an Stelle des „Fettschweins", wie es im Sinne der Autarkiepolitik der 1930er Jahre gefragt war, ein vielrippiges, mageres „Fleischschwein" anzubieten. In spezialisierten Schweinemastbetrieben, die oft auf eine eigene Futtergrundlage weitgehend verzichten, kommt hier die Tierproduktion einer „fabrikmäßigen" Form am nächsten. Kraftfutterzugaben und eine rasche Umtriebszeit wirken sich auf eine lückenlose Marktversorgung aus und sichern für den Produzenten die Rentabilität.
In der **Pferdehaltung** hat sich die in den 1930er Jahren sichtbar gewordene Tendenz verstärkt fortgesetzt. Der Bestand ist von 1,570 Mio. 1950 auf 0,339 Mio. Stück 1975 gesunken. Das Arbeitspferd wurde davon am stärksten betroffen, seine Leistung wurde durch den Motor ersetzt. Zunehmende Bedeutung erlangte dagegen der Reit- und Rennsport, von dem nicht unerhebliche Rückwirkungen auf die Pferdezucht ausgehen. So wie einst das Schaf nur gehalten wurde, weil sich seine Wolle gewerblich verwerten ließ, wird das Pferd heute für den Markt der Pferdeliebhaber gehalten – für den landwirtschaftlichen Betrieb ist es keine zwingende Notwendigkeit mehr. Die einmal – schon im Hinblick auf den Dunganfall – notwendige Symbiose zwischen tierischer und pflanzlicher Produktion ist hier wie bei den modernen Mastanstalten aufgehoben. Damit wird deutlich, daß die tierische Produktion in zunehmendem Maße nicht mehr von den Gegebenheiten des landwirtschaftlichen Betriebes her, sondern von Marktbedingungen und Rentabilitätsüberlegungen bestimmt wird.
So wie die **Ziegenhaltung** ihre Bedeutung völlig verloren hat, ist als neuer Produktionszweig die **Geflügelhaltung** hinzugekommen. Der gestiegenen Nachfrage nach Geflügelfleisch und Eiern kommt entgegen, daß sich die Geflügelhaltung im Großbetrieb weitgehend automatisieren und damit zur arbeitssparenden Produktion ausbilden läßt. Sie ist am stärksten vom landwirtschaftlichen Betrieb getrennt und auf Fremdfutter angewiesen. Der Versuch, in gewerbliche Produktionsmethoden vorzustoßen, ist allerdings nicht unproblematisch und gerät ähnlich wie bestimmte Formen der Großtiermast zunehmend unter Kritik.
Tierzucht und -produktion sind seit dem 19. Jahrhundert auf Produktionserhöhung und Leistungssteigerung ausgerichtet. Eine wachsende Bevölkerung mit zunehmender Kaufkraft, schließlich auch eine Differenzierung der Nachfrage boten den

ökonomischen Hintergrund, um diesen Bemühungen letztlich einen pekuniären Erfolg für den Landwirt zu verschaffen. Diese „natürlichen" ökonomischen Bedingungen wurden im 20. Jahrhundert zunehmend durch „gesetzte" Bedingungen ergänzt, die sich in einer Zoll- und Marktordnungspolitik niederschlugen und durch weitere agrarpolitische Maßnahmen ergänzt wurden. So werden häufig Bedingungen als ökonomische Leitlinien für die Ausrichtung der Produktion angenommen, die aus sozialen, politischen u.a. Gründen gesetzt wurden und damit zu Produktionsergebnissen führen, die zwar das engere Ziel erreichen mögen, nicht aber mit der Realität des Marktes übereinstimmen. Dabei bieten sich gerade der tierischen Produktion heute wesentlich günstigere Chancen als noch im 19. Jahrhundert. Die Vielgestaltigkeit der Nachfrage, die Möglichkeiten der nachfolgenden industriellen Produktvariation, der Konservierung, der jederzeit möglichen Marktnähe – dies alles sind Bedingungen, die im 19. Jahrhundert noch nicht galten. Eine Rückbesinnung auf ökonomische Grunddaten wäre nötig, ohne daß dadurch die Leistungen der Tierzucht gefährdet würden. Im Gegenteil, gerade die züchterischen Leistungen haben in der Vergangenheit gezeigt, wie durch sie die tierische Produktion flexibel und bedarfsgerecht gestaltet werden kann.

Literatur

1) ALTROCK, W. v.: Milchwirtschaft und Molkereiwesen. Handwörterbuch der Staatswissenschaften (HdStW), 6. Bd., 4. Aufl., 1925.
2) BERNDT, T.: Untersuchungen über die Höhe und Bewegung der Roherträge im deutschen Getreidebau und ihre Ursachen seit etwa 50 Jahren. Diss. Berlin, 1928.
3) BITTERMANN, E.: Die landwirtschaftliche Produktion in Deutschland. Halle/Saale 1956.
4) BORRIES, B. v.: Deutschlands Außenhandel 1836 bis 1856. Stuttgart 1970.
5) DIENER, H. O.: Förderung der deutschen Haustierzucht und der tierischen Produktion im 19. und 20. Jahrhundert durch staatliche Maßnahmen. Bay. Landw. Jahrbuch. 57. Jahrg., 1980.
6) ESSLEN, J. B.: Die Entwicklung von Fleischerzeugung und Fleischverbrauch auf dem Gebiet des heutigen Deutschen Reiches seit dem Anfang des 19. Jahrhunderts und ihr gegenwärtiger Stand. Jahrb. f. Nat. u. Stat. Bd. 43, 1912.
7) GIESECKE, W.: Die Landwirtschaft in der EWG. Stuttgart 1966.
8) HARMS, B.: Der auswärtige Handel. In: Deutschland unter Kaiser Wilhelm II. 2. Bd.: Das Wirtschaftsleben. Berlin 1916.
9) HAUSHOFER, H.: Die deutsche Landwirtschaft im technischen Zeitalter. 2. Aufl. Stuttgart 1972.
10) HENNING, Fr.-W.: Die Industrialisierung in Deutschland 1800–1914. Paderborn 1973.
11) HENNING, Fr.-W.: Landwirtschaft und ländliche Gesellschaft. Band 2. Paderborn 1978.
12) KÖLLMANN, W.: Bevölkerungsgeschichte 1800–1970. In: Handbuch der deutschen Wirtschafts- und Sozialgeschichte. Bd. 2, Stuttgart 1976.
13) KRZYMOWKSY, R.: Geschichte der deutschen Landwirtschaft. 3. Aufl. Berlin 1961.
14) KUTZ, M.: Deutschlands Außenhandel von der französischen Revolution bis zur Gründung des Zollvereins. Wiesbaden 1974.
15) MAYER, J. Fr.: Lehrbuch für die Land- und Hauswirthe in der pragmatischen Geschichte der gesamten Land- und Hauswirthschaft des Hohenlohe Schillingsfürstlichen Amtes Kupferzell. Nürnberg, 1773, Neudruck Schwäb. Hall 1980.

16) RITTER, K.: Viehzölle. Handwörterbuch der Staatswissenschaften (HdStW), 8. Bd., 4. Aufl., 1928.
17) ROLFES, M.: Landwirtschaft 1914–1970. In: Handbuch der deutschen Wirtschafts- und Sozialgeschichte, Bd. 2. Stuttgart 1976.
18) SCHMIDT, J.: Allgemeine Tierzuchtlehre. Berlin 1952.
19) TEUTEBERG, H. H.: Der Verzehr von Nahrungsmitteln in Deutschland pro Kopf und Jahr seit Beginn der Industrialisierung (1850–1975). Versuch einer quantitativen Langzeitanalyse. Archiv f. Sozialgeschichte. XIX. Bd., 1979.

C Allgemeine Grundlagen und Maßnahmen der Förderung

1 Bereich Züchtung

1.1 Allgemeine züchterische Maßnahmen – Zuchtmethoden

Wie im vorigen Abschnitt beschrieben und erläutert, ist seit der zweiten Hälfte des 18. Jahrhunderts ein wachsendes Interesse für die Landwirtschaft festzustellen, und damit gewinnt auch die Haustierhaltung an Bedeutung. Schrittweise nimmt die Landwirtschaft an den Entwicklungen der allgemeinen Wirtschaft teil und wird mehr und mehr zu einem beachtlichen, volkswirtschaftlichen Faktor. Ein zunehmender Bedarf und eine wachsende Nachfrage der Bevölkerung nach landwirtschaftlichen Erzeugnissen einschließlich denjenigen aus der tierischen Produktion läßt sich allenthalben beobachten. Diese Ausweitung des Marktes für landwirtschaftliche Produkte einschließlich der Erschließung neuer Absatzgebiete hat verschiedene Gründe. Einerseits geht die Selbstversorgung der städtischen Haushalte allmählich zurück, und andererseits bringt die zunehmende Industrialisierung eine gesellschaftliche Umschichtung mit einer Wanderung vom Land in die Stadt und gänzlicher Lösung von landwirtschaftlicher Eigenerzeugung. Beides bringt starke Auswirkungen auf die landwirtschaftliche Produktion; es sind somit zwei wichtige Voraussetzungen für eine Erzeugung der Landwirtschaft über die früher vorherrschende Erzeugung für den eigenen Hausbedarf hinaus.
Die Entwicklungen verlaufen regional unterschiedlich, wie auch die Forderungen an die einzelnen Tierarten und ihre Produkte starke Variationen erkennen lassen. Beim Pferd zeigte sich bereits zu Anfang des 18. Jahrhunderts durch die Aufstellung stehender Heere mit ihren starken Kontingenten berittener Kräfte und bespannter Einheiten ein Bedarf an Remonten, der die staatlichen Gestüte zu beträchtlichen Erweiterungen zwang, Neugründungen erforderlich machte wie auch die bäuerlichen Zuchten in die Produktion einbezog (s. auch S. 439). Für die Schafzucht war von Bedeutung, daß der Verbraucher mehr und mehr feine Tuche verlangte, die nur eine züchterische Weiterentwicklung des vorhandenen Tiermaterials liefern konnte. Auch Rind und Schwein mußten so produktionsfähig werden, daß sie den wachsenden Bedarf an Fleisch und Fett, Milch und Milchprodukten u. a. zu decken in der Lage waren. Somit entwickelte sich langsam aber stetig ein Anreiz für die heimische Landwirtschaft zur Steigerung ihrer Produktivität. Dabei ist bemerkenswert, daß mit dem beginnenden Zeitalter der Industrialisierung und dem allgemeinen Umstellungsprozeß in der Wirtschaft nicht allein mehr, sondern auch qualitativ differenzierte Produkte verlangt wurden. Beschreibungen zur tierzüchterischen Entwicklung können auch nicht darüber hinwegsehen, daß der Prozeß der Industrialisierung mit allen wirtschaftlichen Folgen in England begann, somit zeitlich vor derjenigen auf dem Kontinent lag und nicht ohne Ausstrahlung blieb.

Vor diesem Hintergrund allgemeiner wirtschaftlicher Umstellungen und zunehmender Entstehung eines Marktes für landwirtschaftliche Produkte ist das Aufkommen von Überlegungen zur Entwicklung der vorhandenen, teils wenig leistungsfähigen Tierbestände zu sehen. Wissenschaft und interessierte praktische Züchter zeigten schon bald die erforderliche Weitsicht, befaßten sich mit den Fragen züchterischer Entwicklungsmöglichkeiten und versuchten, Vorschläge für neuere Verfahren zu entwickeln.

Wie auch in anderen Kapiteln dieses Buches hervorgehoben, hat es Gedankengänge zur Entwicklung der Haustierhaltung, Maßnahmen zur Förderung wie auch solche züchterischer Art immer schon gegeben. Sie dürften so alt sein wie die Haltung von Haustieren an sich. So lassen sich bereits im klassischen Altertum Hinweise finden, die man als züchterische Bearbeitung bezeichnen kann. Damals und über die folgenden Jahrhunderte hin sind die Vorschläge und Maßnahmen zur Zucht und Haltung der Haustiere jedoch mit viel Unkenntnis und Aberglauben vermischt. Es fehlten Erkenntnisse auf dem Gebiet der Vererbung, alle Maßnahmen basierten auf Beobachtungen und Erfahrungen, die häufig mündlich weitergegeben und nur gelegentlich niedergeschrieben wurden. Der allgemeine Bildungs- und Ausbildungsstand war noch zu gering, um schnell und tiefgründig Kenntnisse zu verbreiten. Selbst im 18. Jahrhundert mit dem erwähnten Beginn eines stärkeren Interesses für die Förderung der Haustierzucht durch züchterische Maßnahmen ist immer noch ein nur kleiner Kreis in der Lage, das wenige Gedruckte, das vorhanden war, zu lesen.

Das Verständnis des Beginns oder einer Entwicklung einer Tierzüchtung oder züchterischer Maßnahmen erfordert somit den Hinweis, daß die Domestikation der wichtigsten Haustiere Jahrtausende zurückliegt. Formen einer geregelten Haustierhaltung hat es bereits in den ältesten menschlichen Kulturräumen gegeben, und es ist somit keineswegs verwunderlich, wenn in den frühen Zentren im westasiatischen Raum und im östlichen Mittelmeerraum bereits Unterlagen zur Viehwirtschaft zu finden sind. Erinnert sei an das wohl älteste Lehrbuch auf diesem Gebiet, den Kikkuli-Text (Pferdezucht und Pferdehaltung in hethitischer Sprache um 1350 v. Chr.), an die vielen bildlichen Darstellungen zur Tierhaltung in Ägypten oder die mannigfachen Hinweise auf Haustiere im Alten Testament der Bibel. Fragen der Vererbung oder der Züchtung sind allerdings noch kaum zu finden. Wie bereits erwähnt, erfolgt dies jedoch bereits im griechischen Kulturkreis. Hier seien HIPPOKRATES (460–377 v. Chr.) und ARISTOTELES (364–322 v. Chr.) erwähnt. Im Römischen Reich werden diese Studien fortgesetzt, wie auch nicht zu übersehen ist, daß der arabische Kulturkreis im 9. und 10. Jahrhundert Fragen des Erbgeschehens aufgreift. Sicherlich haftet diesen Erkenntnissen mancherlei Unverständiges bis zum Aberglauben an. Es sind jedoch Grundsätze gewesen, die über die Jahrhunderte hin fortwirkten.

Im deutschen Raum haben ohne Zweifel die Klöster Kenntnisse von diesen Schriften gehabt. Die Mönche, der griechischen und lateinischen Sprache mächtig, werden sie gekannt haben. Der Geist der Zeit ließ aber ein eigenständiges, selbständiges Arbeiten und eine Weiterentwicklung nicht zu. Es hat lange Zeit gedauert, bis eine Schrift wie die von MARX VON FUGGER („Von der Gestüterey", 1578) im 16. Jahrhundert erscheinen und verbreitet werden konnte. Aber auch sie fußt auf den überlieferten Erkenntnissen der Griechen und Römer. WOLSTEIN (1738–1820) gab diese Ausarbeitung Fuggers mit geringen Zusätzen Ende des 18.

Jahrhunderts neu heraus. Es spannt sich damit ein Bogen von den Kenntnissen der alten Kulturkreise im Vorderen Orient über die der Griechen und Römer bis in das 18. Jahrhundert. Erst in diesem Jahrhundert, verstärkt in seiner zweiten Hälfte, setzt alltenthalben ein Umschwung ein. Dies geschieht selbstverständlich auf allgemein naturwissenschaftlichem Gebiet, erfaßt damit aber auch die Haustierhaltung und ihre Bereiche.

Diese Wandlung der naturwissenschaftlichen Basis hat lange Zeit gedauert. Es ist nicht Aufgabe dieser Ausführungen zur Entwicklung der deutschen Tierzucht, umfassend darauf einzugehen. Hervorgehoben sei jedoch, daß LINNÉ (1707–1778), der Begründer der systematischen Naturgeschichte, noch die Vorstellung hatte, daß die Arten in voller Wesenheit bestehen, aus Gottes Hand hervorgegangen und unwandelbar seien. Ein Jahrhundert später begründet DARWIN (1809–1882) die Deszendenztheorie und beweist die Entwicklung alles Lebenden über lange Zeiträume hin (Evolution). Diese Erkenntnis der Variabilität ist eine der entscheidenden Grundlagen für den Aufbau und die Förderung einer Haustierzucht.

Der Zeitraum um 1800 mit seinen zunehmenden naturwissenschaftlichen Ausarbeitungen ist somit nicht ohne Auswirkungen auf die Haustierhaltung geblieben. Theoretische Erörterungen und praktische Erfahrungen haben dabei gleichermaßen gefördert. Dabei sei nicht übersehen, daß vielerlei Grundlagenwissen, welches für uns heute selbstverständlich ist, noch gänzlich fehlte und das Geschehen in den Tierbeständen in starkem Maße auf Erfahrungen beruhte. Die Gestalter und Förderer der Tierzucht waren Kinder ihrer Zeit und konnten ihre Maßnahmen nur auf den vorhandenen Erkenntnissen aufbauen.

Wie bereits hervorgehoben, ist die Veränderungsmöglichkeit der Formen, die Variabilität, etwas ungemein Wichtiges, um eine Entwicklung der Viehwirtschaft zu ermöglichen. Die Entstehung von Gruppen, die sich von anderen in ihren Eigenschaften unterscheiden und diese an die Nachkommen weitergeben, sind sicherlich Kriterien, die dem ebenfalls zu den Säugetieren gehörenden Menschen schon sehr früh bekannt gewesen sein müssen. Trotz Unkenntnis der Vererbungsgesetze mag diese Feststellung von Variationen bei Mensch und Haustier nach der positiven oder negativen Seite hin Veranlassung zu Maßnahmen oder der Beginn von Züchtungen sein. Auch FUGGER deutet dies in der bereits erwähnten Schrift zur Gestüterei (1578) an. Er nimmt sich vornehmlich der Pferdezucht an, spricht aber folgende grundsätzliche Auffassung aus: „Es ist kein Bauer, er befleissigt sich, daß er ein gut geschlachtet Vieh bekomme, das süsse und viel Milch gebe – Es ist gleichfalls kein Schäfer, der sich nicht befleisse um eine gute Art von Schafen, die gute zarte Wolle tragen, – warum sollte einer sich dann nicht auch befleissigen, wenn er eine Rosszucht will anrichten, daß er nicht auch eine gute Art von Rossen bekomme, damit er etwas Gutes erzielen kann." An anderer Stelle führt er aus: „Es soll einer auch trachten nach denjenigen Stuten, die den Beschälern nachtragen, daß nämlich das Junge allzeit dem Beschäler gleich sehe." Interessant mag sein, daß FUGGER aus seinen Beobachtungen heraus um Rückschläge im Züchtungsgeschehen wußte. Er sagt hierzu: „Die Jungen schlagen oft in das dritte und vierte Glied zurück."

FUGGERs Erkenntnisse und Ratschläge blieben allerdings zunächst ohne größere Ausstrahlungen. Das 17. Jahrhundert mit seinen verheerenden Kriegen ließ dazu keinen Raum, und erst das 18. Jahrhundert brachte insbesondere in seiner zweiten Hälfte den erwähnten Beginn des Interesses für die Landwirtschaft und ihre

Tierzucht. Wie bereits hervorgehoben, hat WOLSTEIN die Grundsätze von FUGGER um 1800 neu bearbeitet und mit Anmerkungen und einem zusätzlichen Teil versehen, dessen Ausführungen den Zeiterkenntnissen, aber auch denjenigen des klassischen Altertums entsprachen.
Versucht man, einen Einblick in die Lage und den Stand der Haustierhaltung in der zweiten Hälfte des 18. Jahrhunderts bzw. um 1800 zu erhalten, dann zeigt sich allenthalben ein Regen und Drängen, und der Beginn einer echten Entwicklung bahnt sich an. Dabei liegt einerseits der Anreiz auf wirtschaftlichem Gebiet zum Ausbau und zur Erweiterung der tierischen Produktion vor, während andererseits die zur züchterischen Förderung notwendigen Erkenntnisse zur Vererbung noch unbekannt sind. Die Vorschläge für Züchtungsmaßnahmen basieren auf Erfahrungen und noch mangelhaftem Grundlagenwissen. Erstaunlich sind in diesem Zeitraum die Arbeiten von BAKEWELL (1725–1795) und seiner Schüler, die Gebrüder COLLINGS, in England, die Pferde-, Rinder- und Schafrassen schufen, ohne züchterisches Grundwissen zu besitzen. Die von ihnen benutzten Zuchtmethoden sind nicht gänzlich bekannt. Sicherlich haben sie aber in den vorhandenen Beständen stark selektiert und dann in der Art der späteren Reinzucht konsolidiert bis zur Anwendung engster Inzucht (das Pedigree des berühmten Shorthornbullen Hubback ist hier das bekannteste Beispiel). Bekannt ist auch, daß sie ihre neuen Rassen fortlaufend wieder mit anderen Gruppen gekreuzt haben.
Keineswegs dürften sie aber die Vorschläge des in damaliger Zeit bekannten französischen Naturforschers BUFFON (1707 – 1788) befolgt haben, wahrscheinlich haben die englischen Züchter diese Theorien überhaupt nicht gekannt. BUFFON trug ohne Zweifel auf naturwissenschaftlichem Gebiet viel zur Lockerung der starren Auffassungen zur Entwicklung des Lebenden bei. Von vielen Seiten wird er als Begründer der Evolutionslehre angesehen, die dann über LAMARCK (1744–1829) zu DARWIN (1809–1882) führte.
Was die Viehwirtschaft anbetrifft, ist bemerkenswert, daß Buffon in seinem 36bändigen Werk über Naturgeschichte den Haustieren relativ viel Raum einräumte. Im Gegensatz zu den englischen Gedankengängen zu Züchtungsfragen entsprangen solche auf dem Kontinent häufig theoretischen Erörterungen. Dies ist längere Zeit so geblieben, und der Erfolg in der englischen Haustierzucht jener Zeit dürfte sicherlich auf Entwicklung und gedanklicher Konzeption von „unten nach oben" zurückzuführen sein, während auf dem Festland allzuoft der umgekehrte Weg zwar heftige Diskussionen hervorrief, ohne jedoch sichtbare praktische Auswirkungen zu zeigen. Dies wandelte sich nach 1800, und etwa seit A. THAER (1752–1828) findet man kaum eine Schrift, in der nicht auf die in der Praxis gewonnenen englischen Züchtungsmaßnahmen hingewiesen wird.
BUFFON schlug der damaligen Haustierhaltung ein stetes Kreuzen und Anpaaren mit „Fremden" vor. Er bringt seine Auffassungen und Grundsätze wie folgt zum Ausdruck: „Und etwas ganz Besonderes ist hierbei das, wie mir es scheint, das Urbild des Schönen auf der ganzen Erde zerstreut und daß davon in jedem Klima nur ein Teil zu treffen ist, welcher immer ausartet, wenn man ihn nicht mit einem anderen aus der Ferne genommenen Teil verbindet, dergestalt, daß man, um gutes Korn und schöne Blumen u. a. zu haben, mit dem Samen abwechseln und nie welchen in den Boden säen muß, welcher ihn hervorgebracht hat. Auf gleiche Weise muß man, um schöne Pferde, gute Hunde zu erhalten, die weiblichen Tiere des Landes mit ausländischen männlichen und die männlichen mit ausländischen

weiblichen paaren. Ohne diese Vorsicht arten die Blumen, die Pflanzen, die Tiere aus oder nehmen einen so starken Eindruck vom Klima an, daß die Materie über die Form herrschend wird und sie verdirbt. Etwas bleibt zwar immer vom Urbild, aber dieses ist durch eine Menge ihm nicht wesentlicher Züge verunstaltet. Wenn man aber im Gegenteil die Rassen vermischt und besonders wenn man sie von Zeit zu Zeit durch fremde Rassen erfrischt, so scheint die Form sich zu vervollkommnen, die Natur sich zu erheben und das beste hervorzubringen, dessen sie nur fähig ist."
BUFFON hebt die Einwirkungen der Umwelt in einem Übermaß hervor, von Selektion im Rahmen von Züchtungsmaßnahmen, wie sie bereits in England zu finden sind, ist kaum die Rede. Trotzdem fanden seine Vorschläge Beachtung und Anwendung. Zumindest gab er die Anregung, die im Vergleich mit dem deutschen Stand weiter entwickelten auswärtigen Rassen heranzuziehen und damit zu kreuzen. Es mag dahingestellt sein, ob die vielen Importe und Verpflanzungen von Rassengruppen innerhalb des deutschen Raumes diesen Ratschlägen entsprangen oder auch dem grundsätzlichen Suchen nach dem Besseren zuzuschreiben sind und man nach den Vorstellungen der englischen Züchter weiterzüchtete.
Die BUFFONsche Kreuzungstheorie hat sicherlich Mißerfolge und Rückschläge gebracht. Dies einerseits, und andererseits sah man den züchterischen Hochstand konsolidierter, in sich fortgezüchteter Rassengruppen wie den Araber oder das spanische Merinoschaf.
Hinzu kamen die mehr und mehr bekannt werdenden englischen tierzüchterischen Erfolge. Wenn man auch die Züchtungsverfahren BAKEWELLS, der Gebrüder COLLINGS u. a. nicht genau kannte und kopieren konnte, ohne Zweifel wußte man, daß sie auch mit Kreuzungen begonnen hatten und dann in einer geschlossenen Gruppe bis zur Inzuchtanwendung weiterzüchteten.
Dies war die Situation etwa um 1800. Sie führte im deutschen, besser noch im mitteleuropäischen Raum zu einem Verlassen zu starker Kreuzungsmethoden im BUFFONschen Sinne. Man erkannte die englischen Verfahren und Methoden an und verfolgte dann ein bedenkliches „Extrem" – die Konstanztheorie. Als Vater dieser Züchtungstheorie wird immer der k. u. k. Hofgestütsinspektor in Wien JUSTINUS (1750–1824) genannt. Er publizierte 1815 seine sehr bekannt gewordenen Grundsätze zur Pferdezucht und hielt hier unter der Arbeit mit Arabern und englischem Vollblut die Konsolidierung dieser Rassen fest. Wie das Wort zum Ausdruck bringt, sah man eine sich unbedingt fortvererbende Konstanz in der Rasse – keinen oder wenig Raum für eine Variation.
Die Stellungnahmen und Auffassungen von Justinus zu Züchtungsmethoden sind bis in die Neuzeit vielfach erläutert und erklärt worden. KRONACHER hat 1926 eine sehr gute Zusammenfassung zu den Gedankengängen und Vorstellungen der Konstanztheorie gebracht, die wie folgt lautet: „Die Natur schuf Rassen mit unvertilgbarer Vererbungskraft, deren Eigenschaften deshalb niemals wechseln und die sich ewig gleichbleiben. Diese Eigenschaft der Beständigkeit ist in der Reinheit der Abstammung begründet. Die Aufgabe der Tierzucht ist es, für die verschiedenen Gebrauchszwecke ähnlich beständige Rassen zu benutzen und, wenn sie nicht vorhanden sind, zu bilden. Um dieses zu erreichen, muß man reine Rassen (Reinblut) wählen und sie unvermischt, also in Reinzucht, fortzüchten, denn nur die Reinzucht liefert Produkte, die sich im Besitz der Vollkraft des Vererbungsvermögens befinden, unausbleiblich durch sich selbst forterben, sich also gleichbleiben. Je reiner die Rasse, desto sicherer die Vererbung, je gemischter,

desto unsicherer vererben die Individuen. Nur durch die Reinzucht unvermischter Rassen gelangt man zur Selbständigkeit in der Tierzucht, die uns von anderen fremden Stammzuchten unabhängig macht. Das Fortvererbungsvermögen bildet sich dann immer inniger, bleibender, unvertilgbarer aus."

Wenn man versucht, Justinus und seine Auffassungen und Darlegungen zu verstehen, dann ist dies nur möglich, wenn die tierzüchterische Situation der damaligen Zeit beachtet wird. Justinus war Hofgestütsinspektor in Wien und kannte damit die Erfolge und den züchterischen Hochstand konsolidierter Rassen wie den Araber, die spanischen und italienischen Pferderassen sowie auch bereits das englische Vollblutpferd (General Stud Book, 1799). Der Pferdezucht war damals bereits ein „Denken in Generationen" geläufig, und Justinus betont die Abhängigkeit seines Zuchtgebietes vom Import der genannten Rassen mit diesen erwünschten, nachgewiesenen Abstammungen. Sicherlich erhielt er auch Kenntnis von der Einfuhr spanischer Merinos in das damalige Österreich. Umgeben war er von einem Rassenwirrwarr in der Landeszucht.

Justinus war ein Schüler WOLSTEINs, und dieser hatte, wie bereits erwähnt, die im 16. Jahrhundert erschienene „Gestüterey" von FUGGER Ende des 18. Jahrhunderts neu herausgegeben. Diese Schule und seine Arbeit mit den genannten, damals schon durchgezüchteten konsolidierten Pferderassen mögen Begründung sein, daß Justinius zwar die Rassenkonstanz herausstellte, trotzdem war er kaum ein engstirniger „Konstanzler", und es verblieb bei ihm ein gewisser Spielraum für eine Fortentwicklung im Rahmen einer Selektion. So spricht er zwar von erwiesener Abkunft und Güte, hebt aber auch ein Erproben derselben hervor. Auch Rückschläge, wie sie bei FUGGER – WOLSTEIN zu finden sind, läßt er nicht unerwähnt. Eine bedenkliche Starrheit und absolute Konstanz in Züchtungsablauf und -geschehen schufen die dann folgenden Experten in der Tierzucht der damaligen Zeit. Genannt seien MENTZEL (1801–1874), BAUMEISTER (1804–1846) und von WECKHERLIN (1794–1868).

Es mag zu weit führen, ihre verschiedenen Darlegungen zu dieser Theorie zu erörtern. Eine Art Zusammenfassung finden sie in der öffentlichen Anerkennung durch das Königlich Preußische Landesökonomie-Kollegium in Berlin 1848. In den von diesem Gremium herausgegebenen „Allgemeinen Züchtungsgrundsätzen" heißt es:

1. Die Natur schuf Rassen von unvertilgbarer Vererbungskraft, deren Eigenschaften niemals wechseln und die sich ewig gleich bleiben.
2. Die Eigenschaft der Beständigkeit ist in der Reinheit der Abstammung begründet; je reiner die Rasse, um so sicherer die Vererbung.
3. Der Einfluß der unmittelbaren Eltern auf das Produkt der Paarung ist als der größte, der der Voreltern in aufsteigender Linie als abnehmend zu betrachten. Man kann etwa annehmen, daß die Vererbungsfähigkeit ungefähr im umgekehrten Verhältnis zum Grad der Deszendenz steht.

Die Konstanzlehre fand damit öffentliche Anerkennung und allgemeine Billigung. Sie verbreitete sich sehr bald über Mittel- und Nordeuropa.

Nunmehr fehlten der Konstanzlehre jegliches genetisches Denken. Die Erbmasse der hoch bewerteten Vorfahren wird nach der Konstanztheorie zu gleichen Teilen auf die Nachkommen verteilt. Mit mathematischer Genauigkeit erhält der Nachkomme seinen Anteil aus der elterlichen Erbmasse. Die diesbezüglichen Berechnungen von von WECKHERLIN für Schafböcke, wobei die Feinheit der Wolle für jede nachfolgende Generation um einen mathematisch zu berechnenden Anteil sank, zeigt dies beispielhaft. Für eine Variation und damit Fortentwicklung bleibt kein Raum!

SETTEGAST (1819–1908), der im Zeitraum nach der Mitte des 19. Jahrhunderts die Konstanzlehre und ihre Grundsätze stark angriff, sagte: „Könnte die sogenannte Constanz in unseren Züchtungsrassen je zur Wahrheit werden, so wäre sie ein Fluch für unser wirtschaftliches Leben, denn sie würde den augenblicklichen Zustand der Zucht verewigen und uns zum Stillstand in der Tierzucht verdammen" (1868).

Wenn man sich in einem historischen Rückblick um eine Bewertung bemüht, dann ist es zweifelsohne schwer, der Konstanztheorie, ihrer positiven und negativen Seite bzw. ihren Auswirkungen, gerecht zu werden. Sie hat viele Anhänger gefunden, dies insbesondere unter dem Aspekt der damaligen allgemeinen Erkenntnis über das Erbgeschehen. Das angenommene mathematisch einfache Verhalten der Merkmale in den Generationen war bequem und einfach. Noch 1865 erklärt von WECKHERLIN den Begriff Konstanz – neben den 1868 geäußerten Ansichten von SETTEGAST – wie folgt: „Constanz, constant (Beständigkeit, beständig) bezeichnen die durch kleinere oder größere Anzahl hinter sich habender Generationen von Voreltern, welche in einer einzelnen oder in der Gesamteigenschaft gleichartig waren, entstandene Fähigkeit (Potenz) der Tiere, ihre, ihrer Rasse oder Stammes oder Familie eigentümlichen Gesamt- oder Einzeleigenschaften mehr oder weniger sicher und ohne Rückschlag (mit Beständigkeit) auf ihre Nachkommen zu vererben. Man bezeichnet die Eigenschaft eines Stammes, seine Gesamtbeschaffenheit, constant zu vererben, auch mit „consolidiert."

Die negativen Seiten der Theorie sind genannt, man sollte jedoch auch nach positiven suchen. Die um 1800 bekannten Rassevorbilder wie Araber, englisches Vollblut u. a. führten zu einem Denken „in genetisch determinierten Gruppen". Für eine Erklärung von „Durchschlagskraft" und „gleichmäßiger Vererbung" dieser Gruppen fehlten damals jegliche Unterlagen über genetische Zusammenhänge und Abhängigkeiten. In dem Wirrwarr der Rassen, noch erhöht durch die Kreuzungsvorschläge von BUFFON, erreichte das Konstanzdenken ein gewisses „Gleichmaß" in der züchterischen Arbeit. Unter diesem Blickwinkel kann man der aus der Zeit geborenen Konstanztheorie vielleicht sogar eine gewisse Förderung der Tierzucht zusprechen. Dies gilt zumindest für den Anfang des 19. Jahrhunderts, später erstarrte die Lehre allerdings in zu engem theoretischen Denken.

Bemerkenswert ist, daß Praxis und Theorie in der ersten Hälfte des 19. Jahrhunderts keineswegs immer die gleichen Wege gegangen sind. Die Kenntnisse der englischen Verfahren, die durch die aufkommenden Akademien verbreitet wurden, die sichere Vererbung der Importrassen wie auch sich mehrende eigene Erfahrungen führten zu einigen beachtlichen Entwicklungen, die keineswegs immer dem Gedanken der Konstanztheorie engstirnig folgten. Einige Beispiele seien für die einzelnen Tierarten herausgegriffen:

Beim **Rind** entstand zu Anfang des 19. Jahrhunderts in Rosenstein (Württemberg) der sogenannte Rosensteiner Rindviehstamm (oder auch Rosensteiner Rinderrasse). Nach SETTEGAST findet man in ihr eine Kombination von „Holländer-, Schwyzer-, Limpurger- und Alderney-Rasse, ja selbst das Zebu-Rind". Die Rasse wird als weitgehend konsolidiert bezeichnet. Man wußte, daß Rückschläge in den Farbausprägungen sowie in den Körperformen zu erwarten waren (s. auch S. 599).

Das gleiche trifft für die Zucht in Oberweimar (Thüringen) zu. Hier entstand zu Anfang des vorigen Jahrhunderts aus einer Zusammenführung von Tieren aus Friesland mit solchen aus der Schweiz eine beachtliche eigene Rassengruppe. Auch diese wurde offiziell als „konstant" im Sinne der Lehre bezeichnet, obwohl die Praktiker wußten, daß Rückschläge immer wieder auftraten.
Weitgehend bekannt und verbreitet hat sich die aus Kreuzungen entstandene Ansbach-Triesdorfer Rasse. Im Verbreitungsgebiet Mittelfranken war ursprünglich ein Landvieh im Typ des bayerischen Blässenviehs verbreitet. Dieses ist bereits im 18. Jahrhundert mit Niederungsvieh verkreuzt worden und soll dadurch die gewünschte Zugfähigkeit der Tiere verloren haben. Um die Mitte des vorigen Jahrhunderts erfolgte dann eine Paarung mit Schweizer Fleckvieh, später auch mit Breitenburgern. Diese Kombination von Landvieh mit friesischen Rindern, solchen aus der Schweiz sowie Rotbunten aus Schleswig-Holstein erbrachte eine leistungsfähige, ausreichend schwere Rasse, die sich als Ansbach-Triesdorfer Rind über Jahrzehnte hin weitgehender Beliebtheit erfreute. Das Ziel einer „Konstanz" wird des öfteren genannt, man kannte jedoch Variationen, die es in der Selektion auszunutzen galt und wußte auch von Rückschlägen und sonstigen unangenehmen Erscheinungen im Zuchtgeschehen.
Die praktische Rinderzüchtung in der ersten Hälfte des 19. Jahrhunderts läßt somit das Streben nach homogenen Rassengruppen erkennen, keineswegs sind diese jedoch „konstant" in der Vererbung gemäß der Theorie.
In der **Pferdezucht** war man im deutschen Raum bei allen züchterischen Maßnahmen um oder nach 1800 sehr vorsichtig. Die für die Pferdezucht Verantwortlichen jener Zeit, wozu auch der k. und k. Hofgestütsinspektor Justinus gehörte, glaubten an die unbedingte Konstanz der arabischen und englischen Vollblutpferde in der Vererbung und vermieden jede Auflockerung dieses Denkens. Eine Anpaarung vorhandener Warmblutpferde mit englischem oder arabischem Vollblut stand dem Denken in „Konstanz der Rasse" nur bedingt entgegen, da es zu Kombination und Neubildung von Rassen nicht kam. Das Beispiel aus Frankreich mit der Paarung leichter und schwerer Pferderassen und der Entstehung der Percherons fand in Deutschland keine Nachahmung.
Dies galt auch zunächst für die aus Spanien importierten **Schafe** (Merinos). Auch hier erfolgten unveränderte Nachzuchten oder nur Anpaarungen mit Vertretern dieser sogenannten konstanten Rassen. Erst ganz allmählich setzt sich die Entstehung eigenständiger Rassen durch, oder aber man übernimmt weitere ausländische Rassen, nunmehr zumeist aus Frankreich.
Beim **Schwein** lassen sich züchterische Maßnahmen in der ersten Hälfte des 19. Jahrhunderts kaum feststellen. Erst in der zweiten Hälfte des Jahrhunderts wären Kombinationen wie das „Baldinger Tigerschwein", „Baasener Schwein" u. a. zu nennen, die dann schon in den Zeitraum nach Überwinden des Konstanzlehre-Denkens fallen.
Die Tatsache der Entstehung neuer Rassen bei einigen Tierarten zeigt, daß die „Konstanztheorie" somit keineswegs zu einer Erstarrung geführt hat. Die praktischen Züchter jener Zeit wußten, daß man durch Kombination von Rassen mit gewünschten Eigenschaften zu Gruppen kommen konnte, die dann bei ihren Nachkommen das erwartete Leistungsniveau zeigten. Dabei ist sicherlich manches mißglückt und nicht in die Literatur aufgenommen. Die Erfahrungen erbrachten, daß Rückschläge eintreten können, ohne allerdings das Vorhaben unbedingt zu

gefährden. Es muß somit gesagt werden, daß die Konstanztheorie bekannt war, daß sie züchterisches Denken grundsätzlich anregte, in der Praxis aber kaum voll befolgt wurde. Allein zur Anwendung gebracht, hätte sie einen Stillstand der Entwicklung bedeutet. L. HOFFMANN sagt hierzu Ende des 19. Jahrhunderts: „Daß bald eine Reihe von Züchtern die herrschende Lehre zwar öffentlich anerkannte, aber nach anderen Grundsätzen handelte." Den „Konstanztheoretikern" gebührt trotzdem das Verdienst, Grundlagen für in Farbe, Form und Leistung gleichmäßige Rassengruppen gelegt zu haben. Wenn später das „Reinzuchtdenken" in den Vordergrund rückte, dann findet man hier die guten Gedanken der „Konstanztheorie" wieder. Das zunehmende Wissen um die Vererbung und die genetischen Zusammenhänge führten dazu, daß man nach homogenen Tiergruppen strebte, dies jedoch keineswegs im starren Sinn der „Konstanztheorie". Das Wort „Reinzucht" ist immer so aufgefaßt worden, daß zwar im Rahmen einer genetisch determinierten Population gezüchtet wird, aber eine Variation bestehen bleibt.
Aber zurück zur Entwicklung des Züchtungsgeschehens bzw. den Züchtungsmethoden. In der Mitte des 19. Jahrhunderts nehmen die Kritiken an der Konstanztheorie zu. Dies hatte einerseits seine Begründung in der Zunahme allgemeiner naturwissenschaftlicher Erkenntnisse, wie auch andererseits durch die Erfahrungen der Praxis im Ablauf der tierzüchterischen Maßnahmen. Es sind CASPARI (nach L. HOFFMANN schon 1843), später SETTEGAST, von NATHUSIUS, RUEFF u. a., die sich gegen die Konstanztheorie wandten. Es mag müßig sein, die Auseinandersetzungen der Tierzüchter jener Zeit um das richtige Züchtungsverfahren in den zahlreichen Schriften und Vorträgen wiedergeben zu wollen. Dieses Ringen ist unter Beachtung der naturwissenschaftlichen Kenntnisse der damaligen Zeit als wissenschaftliche Auseinandersetzung mit hohem Niveau zu bezeichnen.
Dabei erkannten die Gegner der Konstanztheorie immer an, daß eine Population, die über längere Generationen ohne Zufuhr fremder Eigenschaftsträger gezüchtet, vielleicht sogar ingezüchtet war, günstige Voraussetzungen für eine gleichbleibende Weitervererbung besitzt. Hier jedoch eine Gesetzmäßigkeit abzuleiten oder die Konstanz zum Dogma zu erheben, wurde als großer Fehler der Tierzuchtwissenschaftler, vielleicht besser der Theoretiker, in der ersten Hälfte des 19. Jahrhunderts herausgestellt. In den Auseinandersetzungen um brauchbare Zuchtmethoden um die Mitte des 19. Jahrhunderts kommt zum Ausdruck, daß einerseits das Erzielen in der Vererbung konstanter Gruppen oder Rassen erstrebenswert ist, der bestehende Rassenwirrwarr dies sogar verlangt und die wenig entwickelten Landrassen verbessert werden müssen. Der Drang, konsolidierte Gruppen zu erzüchten, bleibt somit erhalten! Es wächst jedoch die Erkenntnis, daß dies nicht im Sinne der Lehren von JUSTINUS und seiner Schüler erreicht werden kann und auch bei weitgehender Konsolidierung der Gruppen eine Variabilität bestehen bleibt.
Damit ergibt sich das Züchten innerhalb einer Gruppe, die sich als Rasse präsentiert. Dieses Züchten innerhalb der Rasse, als „Reinzucht" bezeichnet, ist somit keineswegs ohne Variationen, die selbstverständich bei lange in sich fortgezüchteten Gruppen (oft auch unter Einschaltung von Inzucht) geringer werden. Das Wort Reinzucht für alle innerhalb der Rasse durchgeführten Maßnahmen wird eingeführt, und es mag auf der Hand gelegen haben, bei Kombinationen zwischen Rassen das Wort „Kreuzung" zu wählen. Die an die Rassen gebundenen Worte Reinzucht und Kreuzung bleiben nun für Jahrzehnte die Grundlage für eine Zuchtmethode mit den jeweiligen Unterverfahren.

Für die genannten Gegner der Konstanztheorie ist es sicherlich schwer gewesen, die Züchter von der einfachen und liebgewordenen Konstanztheorie zu lösen und von einem Zuchtablauf zu überzeugen, der Risiken in sich birgt. Sicherheit in der Vererbung ist immer das erstrebte Ziel gewesen, um insbesondere wirtschaftliche Fehlschläge zu vermeiden. Nach der vorherrschenden Ansicht bewahrte die „Konstanz" vor Verlusten. Es mag verständlich sein, wenn Hinweise auf eine Variabilität auch innerhalb „konstanter Rassen" mit möglichen negativen Auswirkungen nicht gern gehört wurden. Die Konstanzgegner verdammten dieses Denken in konsolidierten Rassen keineswegs, sie versuchten nur, das Überbewerten, Ableitung von Abstammung und Alter der Rasse und das Ablehnen einer Variabilität zu überwinden. Ohne Kenntnis genetischer Zusammenhänge sahen sie die Möglichkeit und Notwendigkeit einer tierzüchterischen Entwicklung innerhalb der Rasse (Reinzucht) wie auch bei Kombination dieser Gruppen (Kreuzung).
Eine kleine Anekdote von SETTEGAST mag die Situation beleuchten. Bei dem Besuch einer Stammschäferei stellte Settegast an den Zuchtleiter die Aufforderung: „Zeigen Sie mir die besten Sprungböcke und Mutterschafe Ihrer Herde." Antwort: „Wir haben keine Besten. Sie sind alle gleich gut, denn die Herde besteht aus den Nachkommen von Originaltieren der reinen spanischen Rasse." Die Antwort zeigt das verbreitete Denken in konstanten Rassen und ihrer Vererbung, in der Frage von Settegast liegt jedoch die Anerkennung der Variabilität innerhalb einer in der Vererbung konstant angesehenen Schafherde. Zugleich betont er das mögliche Vorhandensein besonders hervorragender Tiere. Damit sind Individuen gemeint, die sich besonders „durchschlagend" vererben oder nach Settegast eine „Individualpotenz" besitzen. Er führte damit ein neues, zusätzliches Denken in den Ablauf um das Züchtungsgeschehen ein.
Die Individualpotenz hat bis in die Neuzeit die Tierzüchter beschäftigt und verdient als Zuchtmethode im Ablauf der tierzüchterischen Maßnahmen Erwähnung. Man war bei ihrer Einführung noch nicht in der Lage, Erklärungen für die häufig herausragende Vererbungskraft bestimmter Individuen zu geben. Settegast selbst führt vornehmlich zwei Beispiele an, die in der Literatur der damaligen Zeit immer wieder genannt und zur Erklärung herangezogen wurden. Durch Individualpotenz entstand nach Settegast in Frankreich die „Mauchamp-Rasse". Auf dem Gut Mauchamp fiel 1828 innerhalb der Merinoherde ein Bocklamm, welches anstatt der erwarteten Merinowolle Wolle mit einem Seidenglanz hatte, die lang und kaum gewellt war. Die Nachkommen dieses Tieres zeigten zum größten Teil den gleichen Vliescharakter. Nach einigen Jahrzehnten war eine neue, die Mauchamp-Rasse, entstanden. Settegast sah hier die Auswirkungen einer echten Individualpotenz. Später hat man das Vorliegen einer Mutation angenommen. ADAMETZ konnte dann nachweisen, daß es sich um eine Kreuzung gehandelt hat, d. h., die Mutter dieses Bocklammes wurde unbeabsichtigt mit dem Bock einer englischen Glanzwollrasse gepaart. Adametz konnte damit auch das starke Aufspalten und die Selektionsnotwendigkeit in den Folgegenerationen erklären.
Als zweites Beispiel für das Vorhandensein sogenannter Individualpotenz führte Settegast das Ankon- oder Otterschaf in Nordamerika an. In einer Landschafherde fiel ein kurzbeiniges Bocklamm, welches seine „Dachsbeinigkeit" vererbte. Sie war beliebt, da diese Tiere die Schafhürden nicht übersprangen. Inzwischen weiß man, daß es sich um eine Erscheinung handelt, die als Domestikationsmutation bezeichnet werden kann und bei den meisten Haustierarten auftritt. Man kennt

sie als Mikromelie der Dachshunde, sie kommt beim Dexter-Kerryrind vor und gehört zu mehr oder weniger pathologischen Erscheinungen, da alle Übergänge vom Normalen bis zum Lebensunfähigen vorkommen.
Die Beispiele mögen von SETTEGAST nicht gerade glücklich gewählt sein. Andere Autoren und Vertreter der Individualpotenz nennen überrragende Vererber, führen ihre „Durchschlagskraft" im Erbgang an und sehen darin den Beweis für die Richtigkeit der Theorie. Sie sollte auch keineswegs grundsätzlich abgelehnt werden. Dominanz, Homozygotie u. a. sind später nach Erkenntnis des Erbgeschehens Begriffe geworden, die eine gewisse Vorrangstellung bestimmter Vererber im Erbgang erklären. Wie bei der Konstanztheorie enthält auch das Denken in Individualpotenz genetische Substanz, die damals noch nicht erklärbar, zu Überspitzungen führte. Es sei nicht übersehen, und entsprechende Hinweise sind immer wieder erforderlich, daß erst in der zweiten Hälfte des 19. Jahrhunderts, insbesondere aber im 20. Jahrhundert, grundlegende naturwissenschaftlich-genetische Erkenntnisse erfolgten. Sie verwarfen, erklärten, bestätigten und erweiterten die umfangreichen Erfahrungen im zurückliegenden Zuchtgeschehen. Keineswegs besteht Veranlassung, die mit den Kenntnissen und Mitteln der Zeit im 19. Jahrhundert zur Anwendung gebrachten Methoden zu mißachten oder sogar verächtlich zu machen. Auch die Tierzuchtwissenschaftler waren und sind nur Kinder ihrer Zeit. Sie haben sich stets redlich und fleißig bemüht zu entwickeln und zu fördern!
Die Individualpotenz war ein Zuchtverfahren innerhalb des um die Mitte des 19. Jahrhunderts sich verstärkt entwickelnden Arbeitens bei den Rassen und mit ihren Kombinationen. Die daraus abgeleiteten Methoden der Reinzucht und der Kreuzung werden nun Begriffe in der Haustierzüchtung, die bis in die Neuzeit ihre Bedeutung und Anwendung behalten haben. Bevor auf diese Verfahren näher eingegangen wird, erscheint es notwendig, einige Ausführungen zu dem Wort und dem Begriff Rasse zu machen.
In den Sprachen des klassischen Altertums läßt sich keine Bezeichnung als Ausgangswort für Rasse finden. Der Ursprung dürfte im landwirtschaftlichen Bereich zu suchen sein. So verwendet GRISONE 1552 erstmals das italienische Wort „razza" und meint damit Gestüte und Zucht. De SERRES überträgt 1600 die Bezeichnung in die französische Sprache als „race" in der Bedeutung für einen Stamm oder eine Zucht von Rindvieh. MARKHAM verwendet 1631 das Wort oder den Begriff „race" in England und meint damit Zucht und Familie. In Deutschland findet man die Bezeichnung „race", auch „racé", als Übertragung aus Frankreich erstmals bei WINTER von ADLERSFLÜGEL im Jahr 1672 (FUGGER kannte die Bezeichnung in seiner 1583 herausgegebenen Schrift zur Pferdezucht noch nicht).
Was unter Rasse zu verstehen ist, läßt sich auch bei v. Adlersflügel nicht vollends erkennen (von Fohlenzucht bis zur Gruppe gleichartiger Tiere). Ende des 17. und Anfang des 18. Jahrhunderts erfaßt der Begriff „razza" (italienisch), „race" (französisch) und „race" (englisch) dann mehr und mehr Gruppen innerhalb einer Art. Auch im deutschen Schrifttum wird für diese Gruppen innerhalb einer Art weiterhin das Wort „race" gebraucht. Noch bei SETTEGAST findet man 1868 „Die Racen der Hausthiere". Von NATHUSIUS ändert dann die aus dem Ausland stammende Bezeichnung in das deutsche Wort „Rasse". Von NATHUSIUS weist auf die italienische Bezeichnung „razza" (in der Mehrzahl razze) sowie auf die französische Schreibweise „race" hin, hebt aber auch mögliche Zusammenhänge mit dem althochdeutschen „reiza" = Linie, Strich hervor. Die von ihm eingeführte Schreib-

weise Rasse hat sich erhalten. Wichtig erscheint nun die Frage: Wann und wie beginnt eine Rassenbildung und was ist eine Rasse? Grundsätzlich ist es eine mehr oder weniger genetisch determinierte Gruppe innerhalb einer Art. Begriff und Wort werden nur im landwirtschaftlichen Bereich gebraucht. Die Zoologie spricht von „spezies" innerhalb einer Art. Derartige Gruppenbildungen von Haustieren innerhalb der gleichen Art kennt man bereits im klassischen Altertum.

Die besprochenen Zuchtverfahren des 18. und 19. Jahrhunderts sind eng an die Rasse gebunden, und es mag nicht uninteressant sein, in chronologischer Reihenfolge Definitionen und Begriffsbestimmungen herauszustellen.

L. HOFFMANN, 1899.

„Rasse ist eine Gruppe von Tieren gemeinsamer Abstammung, verschieden großem Verbreitungsgebiet, mit einer größeren Anzahl nach Übereinkommen bestimmter Merkmale, den Rassecharakteren, die von den Eltern auf die Jungen übertragen werden, jedoch wieder verloren gehen können."

PUSCH, 1904:

„Eine Rasse besteht aus Individuen einer Art, welche sich in ihren morphologischen und physiologischen Eigenschaften gleichen und letztere auf ihre Nachkommen übertragen."

Besonders eingehend hat sich KRONACHER 1922 mit der Rassenbildung und der Begriffsbestimmung Rasse auseinandergesetzt. Er betont, daß der Zoologe innerhalb der freilebenden Arten „Varietäten" kennt und der Tierzüchter derartige Gruppen als „Rassen" bezeichnet. Varietäten sind allein durch natürliche Einflüsse entstanden, während Entstehung, Fortbestand und Umgestaltung der Rassen größtenteils auf die von Menschen geübte Zuchtwahl zurückzuführen sind. Hinzu kommen den Tieren zugewiesene Aufenthaltsorte sowie gewählte Haltungs- und Ernährungsweise – somit künstlich geschaffene Einflüsse.

KRONACHER sagt zur Begriffsbestimmung Rasse:

„Unter ‚Rasse' verstehen wir heute im allgemeinen eine Gruppe von Tieren derselben Art, die auf Grund ihrer Abstammung, bestimmter morphologischer und physiologischer Eigenschaften und ihres Gebrauchszweckes eine engere Zusammengehörigkeit aufweisen, durch ihre äußeren Merkmale, Art und Umfang ihrer Leistungen sowie die zur Erzielung dieser Leistungen an die Lebensbedingungen gestellten Ansprüche sich von anderen Tiergruppen der gleichen Art unterscheiden und unter gleichbleibenden umgebenden Verhältnissen durchschnittlich eine nach Aussehen und Leistungen gleiche oder ähnliche Nachkommenschaft liefern."

KRONACHER weist eindringlich darauf hin, daß diese Begriffsbestimmung in streng wissenschaftlichem Sinne das nicht bezeichnet, was als Rasse genannt werden müßte. Nach seiner Ansicht müßten Fragen der Homozygotie und damit Beachtung gleicher Genotypen Bedeutung erhalten.

Nach KRONACHER hat von der MALSBURG kurz nach dem 1. Weltkrieg versucht, die Begriffsbestimmungen für Rasse mit den neueren genetischen Erkenntnissen in Übereinstimmung zu bringen. Diese Auslegung hat jedoch keine Bedeutung erlangt. Spätere Formulierungen setzen sich mit der Notwendigkeit, die genetische Breite einer derartigen Gruppe stärker zu berücksichtigen, vermehrt durch. So sagt ENGELER auf dem 6. Internationalen Tierzuchtkongreß 1952: „Eine Rasse ist eine Population von Tieren, die in ihren wesentlichen Form- und Leistungsmerkmalen übereinstimmt, und diese Merkmale in ihrer Gesamtheit den Nachkommen weitergibt."

HARING hebt 1958 hervor: „Da die einzelnen Individuen der gleichen Rasse nicht erbgleich und erbrein sind, ergibt sich eine Variabilität innerhalb der Rassen."
Im wesentlichen sind die Begriffsbestimmungen über die Jahrzehnte hin jedoch gleich geblieben. Somit ist eine Rasse eine Tiergruppe innerhalb einer Art mit weitgehend übereinstimmenden morphologischen und physiologischen Eigenschaften, die auf die Nachkommen übertragen werden. Bei weitgehender Übereinstimmung in den Merkmalen – keiner Gleichheit – gestattet eine Variabilität innerhalb der Gruppe die Selektion. Diese Variabilität ist von Rasse zu Rasse unterschiedlich, d. h., es ist möglich, von erbgleichen oder erbreinen und weniger erbgleichen oder erbreinen Rassen zu sprechen. Immer war und ist jedoch eine Variabilität vorhanden. Eine Rassenkonstanz gibt es somit nicht.
Die Einteilung und Gliederung der Haustierbestände nach Rassen ist eine konventionelle Angelegenheit. Für die Entwicklung der Haustiere und ihre Produktivität hat dieses System jedoch große Bedeutung gehabt. Es steht außer Zweifel, daß die moderne Entwicklung im Rahmen der Populationsgenetik auch ohne den Rassenaufbau, wie er sich insbesondere im 19. Jahrhundert und zu Anfang des 20. Jahrhunderts ergeben hat, arbeiten könnte. Bei allen landwirtschaftlichen Haustierarten wurden durch die Gruppierungen nach Rassen aus dem vorhandenen Durcheinander einheitlichere Komplexe geschaffen, die eine Züchtungsarbeit gestatteten und insbesondere Leistungsgruppen oder Leistungsrassen schufen. Das Einsetzen der Populationsgenetik ist jedoch wesentlich erleichtert worden durch das Vorhandensein festumrissener Rassenkomplexe mit mehr und mehr ermittelten Kenndaten für die verschiedensten Leistungsmerkmale.
Nach Erklärung des Begriffes Rasse zurück zur Entwicklung der Zuchtverfahren. Die in der zweiten Hälfte des 19. Jahrhunderts entwickelte Systematik – Reinzucht = Verfahren innerhalb der Rassen und Kreuzung = Verfahren zwischen den Rassen – ist von SETTEGAST durch seine Schriften eingeführt worden. Von WECKHERLIN, stark verhaftet in der Gedankenwelt der Konstanztheorie, spricht im gleichen Zeitraum noch von der Paarung von Originaltieren, kennt das Wort Reinzucht scheinbar noch nicht. Er sagt ferner: „Kreuzung findet statt, wenn Tiere ungleicher Abstammung, von zweierlei Rassen, zusammengepaart werden." Er zeigt damit, daß der Begriff Kreuzung als Paarung von Angehörigen zweier Rassen bereits geläufig war. Interessant mag sein, daß von WECKHERLIN mit Mestizen und Bastarden Individuen meint, die man heute in die Gruppe der Gebrauchskreuzungen oder auch Hybriden eingruppieren würde. Erwähnt sei auch, das von Weckherlin unter Inzucht, besser Inzüchtung, das Züchten innerhalb einer Rasse, eines Stammes oder Schlages (ohne Rücksicht auf Blutsverwandtschaft) versteht. Er kennt den Begriff Verwandtschaftzucht als Paarung innerhalb der Familie.
SETTEGAST stellte dann 1868 eine Systematik vor, die sich allgemein durchsetzte. Sie basiert nunmehr weitgehend auf den an der Rassengliederung gebundenen Verfahren, der Reinzucht und der Kreuzung. Dazu sagt er: „Bei der Reinzucht erfolgt die Paarung innerhalb der Tiergruppe, die vermöge ihrer festen Typierung eine gesonderte Stellung anderen Typen gegenüber einnimmt und deren Zusammengehörigkeit unter Beilegung einer bestimmten Bezeichnung in Züchterkreisen anerkannt ist." Die Inzucht im engeren und weiteren Sinne führt er zwar getrennt an, läßt sie aber in die Reinzucht prinzipiell einfließen. Zur Kreuzung führt Settegast aus: „Die Kreuzung ist der Reinzucht entgegengesetzt . . . Zur Kreuzung gehört die Paarung der Individuen verschiedener Typen, die in Züchterkreisen

anerkannt und benannt worden sind und deren Begriff bald lediglich mit dem von Rasse, bald wieder mit dem von Schlag, Stamm, Familie oder Zucht zusammenfällt."

Auch nach Herausstellung dieser für die Praxis verständlichen Terminologie verblieb die Schwierigkeit einer Einteilung der Zuchtverfahren, insbesondere unter wachsender Erkenntnis genetischer Grundlagen und Zusammenhänge. Immer wieder ist versucht worden, die Begriffe Reinzucht und Kreuzung zu erklären und zu definieren. Zahllose Publikationen weisen auf die wissenschaftlich kaum vertretbare Einteilung hin. Insbesondere wird das Wort *Reinzucht* der Kritik unterzogen, da im genetischen Sinne kaum eine *Rein*-Zucht betrieben wird. Gelegentlich hat man die Worte Reinzucht und Kreuzung durch Gleichzucht und Fremdzucht (ZORN) zu ersetzen versucht, jedoch ohne Erfolg.

Ohne die Worte und ihre Auslegungs- und Deutungsmöglichkeiten zu beachten, ist es rückwärtsschauend trotzdem richtig gewesen, an dieser Einteilung festzuhalten. In dem Züchtungsgeschehen der breiten Praxis bzw. der Landestierzucht wurde bei dem Vorhandensein von vielen Rassen innerhalb aller Haustierarten und Bindung der Zuchtmethoden an die Rassen mit Reinzucht und Kreuzung eine verständliche Anweisung gegeben, die ungemein fördernd gewirkt hat und die Grundlage für die modernen Leistungsrassen geschaffen hat. Selbstverständlich erfolgten entsprechend den Erkenntnissen Untergliederungen innerhalb der Verfahren Reinzucht und Kreuzung, immer blieben diese für den Züchter aber anwendbar.

An der grundsätzlichen Methode Reinzucht und Kreuzung ist somit bis in die Neuzeit hinein festgehalten worden. Trotzdem haben die wachsenden genetischen Erkenntnisse die jeweilige Terminologie geprägt. In größeren Zeitsprüngen seien einige Darlegungen und Stellungnahmen wiedergegeben.

ROHDE äußert sich 1885 wie folgt:

„Die Reinzucht ist die Züchtung innerhalb einer Rasse oder eines Schlages ohne Einmischung von Tieren einer fremden Rasse, sie ist Züchtung im reinen Blute einer Rasse, diese mag ihrer Veredelung mehr oder weniger zugeführt sein. Die zu einer und derselben Rasse gehörigen Tiere besitzen fest typierte Eigenschaften, welche durch die Erziehung und das Zusammenleben unter gleichen Verhältnissen und durch die Paarung innerhalb der Rasse entweder durch die natürliche Wahlzucht oder, wie es jetzt fast überall der Fall ist, durch die künstliche Wahlzucht unter Leitung des Menschen bei der Nachzucht sich vererben und derselben eine bestimmte Konformität geben.

Die Kreuzung ist die Vermischung von Tieren aus verschiedenen Rassen und Schlägen, die in ihrem Typus verschieden sich zeigen. Auch bei den Schlägen einer und derselben Rasse findet eine Kreuzung statt, wenn die Schläge durch charakteristische Eigenschaften von einander sich trennen."

PUSCH sagt 1904: „Unter Reinzucht versteht man die Paarung von Individuen ein und derselben Rasse. Die Reinzucht kann, sie braucht aber nicht Verwandtschaftszucht zu sein. Der Reinzucht steht die Kreuzung gegenüber, unter welcher man die Paarung von Individuen verschiedener Rassen versteht – heterogene Paarung im Sinne des Rassenzüchters. In Bezug auf Reinzucht und Kreuzung ist also die Rasse das bedingende Moment . . . Will man die Art der Paarung in Bezug auf die Gleich- oder Verschiedenartigkeit des Materials unabhängig von der Rasse zum Ausdruck bringen, so soll man das nicht Reinzucht oder Kreuzung, sondern homogene und heterogene Paarung nennen."

KRONACHER war zu seiner Zeit wohl der beste Kenner des tierzüchterischen Geschehens. Er äußert sich 1927 wie folgt zu den Zuchtverfahren: „Der Begriff der Reinzucht gründet sich auf den Rassenbegriff, indem wir im allgemein-tierzüchterischen Sinne unter Reinzucht die Paarung von Individuen derselben, züchterisch als solche anerkannten Rassen verstehen." Unter den zur Zeit Kronachers bereits bekannten mannigfachen Kenntnissen auf dem Gebiet des Erbgeschehens weist er auf die im genetischen Sinne falsche Wiedergabe des Wortes „rein" und die Schematik der Einteilung hin, hält aber an ihrer Anwendung in der breiten Praxis fest. Er sagt daher: „Auf alle Fälle bietet die Rassenreinzucht, soweit eine Rasse nach Art und Modifikationsfähigkeit ihrer ausschlaggebenden Wirtschaftseigenschaften in den gegebenen Verhältnissen überhaupt am Platze ist, den für die große Masse der Züchter im allgemeinen billigsten, aussichtsreichsten und sichersten Weg zum Erfolg; zumal, wenn sie nicht schablonenmäßig als Reinzucht im weitesten Sinne, sondern an Hand der Leistungsauslese in der Nachzucht betrieben und damit manche zunächst nur individuell vorhandene Leistungsanlage mit der Zeit als Rassen-Eigenschaft festgelegt wird. Daher auch mit Recht ihre große Verbreitung in den Landeszuchten vieler Staaten, in denen der Klein- und Mittelbetrieb die vorwiegende Besitz- und Betriebsart bilden."
Kronacher versteht unter Kreuzung: „. . . gemeinhin die Paarung von Individuen verschiedener Rassen. Auch der Begriff Kreuzung stützt sich auf den Rasse-Begriff, deshalb wird uns auch hier mangels vorläufiger Kenntnis der jeweils bedingenden Erbanlagen und ihres Bestandes bei den einzelnen Rassen-Individuen eine Begriffsfestlegung bzw. die Begrenzung schwer, wie weit es sich in bestimmter Richtung um die Paarung von genotypisch Ungleichartigen, um Kreuzung oder Nichtkreuzung handelt."
Kronacher untergliedert die beiden Hauptverfahren der Züchtung und kommt aus der Kenntnis des Erbgeschehens, in der Praxis und in der Wissenschaft erworben, zu dem Schluß: „Rindviehzucht und Pferdezucht der verflossenen sechs bis acht Jahrzehnte bis auf den heutigen Tag bieten in dieser Hinsicht der lehrreichen Beispiele übergenug; Beispiele, zwar hier nicht im allgemeinen angezogen, um etwa die Kreuzung infolge ihrer vielfach falschen oder unzweckmäßigen Verwendung als Hilfsmittel züchterischen Fortschritts überhaupt in Mißkredit zu bringen, wohl aber geeignet und heute auch bestimmt als Warnung, Notwendigkeit und Aussichten der Kreuzung, vor allem in der Landestierzucht, reiflich zu überlegen und den sicheren Weg der Reinzucht mit sorgfältiger individueller Zuchtwahl nicht ohne zwingenden Grund zu verlassen."
Dieser grundsätzlichen Auffassung von Kronacher in den 20er Jahren des 20. Jahrhunderts folgte die Tierzucht mit ihren Zuchtmaßnahmen, wobei die wachsenden genetischen Erkenntnisse in zunehmendem Maße allerdings Einfluß erhielten.
Die Gliederung der Zuchtverfahren, wie sie von Settegast um die Mitte des 19. Jahrhunderts herausgestellt wurden, blieb somit über Jahrzehnte hin erhalten, wobei die beiden großen Gruppen Reinzucht und Kreuzung eine enge Bindung an die Einteilung in Rassen bedeuten. Die wachsenden Erkenntnisse auf genetischem Gebiet ließen die Problematik dieser Gliederung zwar erkennen, aber – wie Kronacher es ausdrückte – konnte man mit dieser recht schematischen Einteilung zumindest die Landeszucht sehr gut fördern.
Des öfteren sind Untergliederungen der beiden großen Verfahren bereits angedeutet worden. Die dabei zur Anwendung gebrachten Ausdrücke sind nicht einheitlich,

obwohl im Prinzip das gleiche verfolgt oder erreicht werden sollte. Innerhalb der Reinzucht werden Unterverfahren wie Blutauffrischung, Blutlinienzucht und Typenzucht genannt. Die Inzucht, die ursprünglich als Sondermethode angesehen wurde, findet sich mehr und mehr in die Reinzucht eingegliedert. Bei den Kreuzungen wird die Erzüchtung neuer Rassen durch Kombination verschiedener Rassengruppen im Verlaufe der Zeit seltener, man bezeichnet ein derartiges Verfahren als Kombinationskreuzung, während die altbekannten Methoden der Verdrängungs- und Veredelungskreuzung häufiger angewandt werden. Die schon immer bekannte Gebrauchskreuzung war über die Jahrzehnte hin eine Erstellung von Gebrauchstieren, mit denen man keineswegs weiterzüchtete. Erst die moderne Genetik hat dieses Verfahren zu einer echten Zuchtmethode werden lassen.
Interessant mag die Stellungnahme des 6. Internationalen Tierzuchtkongresses 1952 in Kopenhagen sein. Dort wurde zu den Zuchtmethoden erklärt:

a) Die Reinzuchtmethode ist in den letzten Jahren das Grundprinzip der europäischen Tierzucht gewesen und hat in Verbindung mit einer strengen Auswahl dazu beigetragen, die verschiedenen Rassen auf einen hohen Standard zu bringen. Reinzucht wird nach wie vor notwendig sein, nicht nur zur Erhaltung der verschiedenen Rassen, sondern auch als Grundlage für jede andere Zuchtmethode.
b) Kreuzung als Zuchtmethode in Gestalt der Verdrängungs- und Veredelungskreuzung hat ihre volle Berechtigung, wenn es sich um die Verbesserung primitiver Rassen oder solcher Kulturrassen handelt, bei denen gewisse Eigenschaften in bezug auf Form und Leistung noch der Verbesserung bedürfen.
c) Die praktische Bedeutung der Heterosiswirkung, die gewisse Kreuzungsmethoden zu begleiten scheint, muß auf dem Gebiet der Haustierzucht durch weitere Forschung, besonders für Rassen mit kombinierten Zuchtzielen, abgeklärt werden.

Faßt man die Entwicklung der Zuchtmethodik seit der Mitte des 19. Jahrhunderts zusammen, dann fußen seit dieser Zeit die Züchtungsverfahren und in der Praxis angewandte Methoden im deutschen, besser europäischen Raum auf Maßnahmen, die innerhalb oder zwischen den Rassen der Tierarten vorgenommen wurden. Die Richtigkeit dieses Weges ist viel diskutiert worden. Ohne Zweifel haben diese Verfahren aber zu Tiergruppen geführt, die nach den verschiedenen Richtungen hin zunehmend hohe Leistungen oder Produktivität aufweisen. Es war somit möglich, mit diesen Methoden die Tierzucht zu entwickeln und zu fördern. Letzten Endes verdanken wir ihnen die Leistungsrassen bei den verschiedenen Haustierarten mit den unterschiedlichsten Merkmalsausprägungen über das Rennvermögen, die Milchleistung, die Fleischbildung bis hin zur hohen Eiabgabe des Huhnes. Dabei sei auch nicht übersehen, daß es möglich war, die zunehmenden Erkenntnisse auf naturwissenschaftlichem Gebiet, die insbesondere etwa ab Mitte des 19. Jahrhunderts gewonnen wurden, in diese allgemeine Zuchtmethodik einzubauen. Hierzu ließen Dogmen wie die Konstanzlehre oder Individualpotenz geringeren oder kaum Raum. Die Lösung von diesen Methoden und der breite Spielraum für züchterisch-genetische Maßnahmen, den Reinzucht und Kreuzung gestatteten, stand einer Verwendung und Auswertung von Erkenntnissen im Ablauf des Erbgeschehens nicht im Wege. Es dürfte kaum überspitzt sein, wenn man die Maßnahmen der Reinzucht und Kreuzung als eine Art Leitlinie bezeichnet, die im streng genetischen Sinne nur geringere Bedeutung besaßen, aber einen stark ordnenden Charakter erhielten. Insbesondere in der Landeszucht mit häufig geringerem Verstehen der biologischen Zusammenhänge wie auch Verständnis für die Viehwirtschaft ist den Zuchtleitungen und der Beratung die Möglichkeit gegeben worden, einheitliche Erbgruppen bzw. Leistungsgruppen zu schaffen. Erst der allgemeine, höhere Bildungsstand in der Landwirtschaft läßt in der Neuzeit Maßnahmen zu, die vor 100 oder auch noch vor 50 Jahren kaum angebracht waren und sicherlich nicht fördernd gewesen wären.

Es ist schwer, den genauen Zeitpunkt festzulegen, seitdem spezielle naturwissenschaftliche Erkenntnisse auf das Geschehen der Haustierzüchtung stärkeren Einfluß nahmen. Erinnert sei an CHARLES DARWIN, der um die Mitte des 19. Jahrhunderts mit seinen Werken alle Gebiete der Naturwissenschaften einschließlich derjenigen, die sich mit angewandten Problemkomplexen befaßten, stark beeinflußte. Es zeigte sich allenthalben das Bemühen, das Erbgeschehen sowohl bei Pflanzen als auch bei Tieren zu untersuchen und zu erfassen. In der Haustierzüchtung lassen die Auseinandersetzungen um die Konstanzlehre wie um die danach kommende Individualpotenz erkennen, daß die Variabilität auch innerhalb der als „durchgezüchtet" geltenden Gruppen Beachtung und Berücksichtigung verdient. Es setzte sich aber auch langsam die Erkenntnis durch, daß es äußerst schwierig ist, die Veranlagung der Haustiere genau festzustellen, so daß die Bezeichnung „Schätzung" zunehmend an Boden gewann.

1866 gab MENDEL seine in den Jahren 1856 bis 1864 durchgeführten, bahnbrechenden Untersuchungen bekannt. Ob die Zeit für derartige genetische Ermittlungen noch nicht reif war, sei dahingestellt. Seine Experimente an Pflanzen sind ohne Zweifel grundsätzlicher Art gewesen, sie erhielten jedoch zunächst keinerlei Beachtung. Erst um 1900 wurden sie „wiederentdeckt" und fanden dann von DE VRIES, CORRENS, TSCHERMAK u. a. die erforderliche Ausweitung, Verbreitung und Anwendung. 1902 übertrug BATESON den Erkenntniskomplex mit Hühnerexperimenten auf den tierischen Bereich.

Die Zeit um die Jahrhundertwende kann als der Beginn des stärkeren Befassens mit genetischen Vorgängen im Bereich der Haustierzüchtung angesehen werden. Allgemeine naturwissenschaftliche Erkenntnisse lassen eine Übertragung auf den Haustierbereich zu, und solche innerhalb der Tierarten bringen die Voraussetzungen für eine Entwicklung, die versucht, das Erbgeschehen, den Züchtungsablauf zu erfassen, zumindest zu schätzen und in die praktischen Maßnahmen einfließen zu lassen. Der Weg zur neuzeitlichen Populationsgenetik beginnt. Die mannigfachen Verfahren und Methoden verlangen eine besondere Darstellung – s. folgender Abschnitt. Es wird hier versucht, einige Erkenntnisse und Anwendungsbereiche herauszustellen, die, dem jeweiligen Wissensstand folgend, das Ziel haben, das Erbgeschehen zu ermitteln, zu erfassen und damit das Zuchtgeschehen zu beeinflussen und zu fördern. Die Vielfalt der Merkmale bei den einzelnen Haustieren läßt Detailerkenntnisse und -maßnahmen nicht vermeiden. Vielfach sind Methoden zur Erbwertschätzung bei den einzelnen Haustierarten – bezogen auf einzelne Merkmale oder Merkmalsgruppen – eingeführt und zur Anwendung gebracht und bei fortlaufender Verbesserung des Wissensstandes durch neuere, bessere Verfahren ersetzt worden. Dies war zunächst im Rahmen der Leitverfahren Reinzucht und Kreuzung möglich. Erst in jüngster Zeit wurde dieser Rahmen mit seiner Anpassung an die konventionellen Rassen für Huhn und Schwein und teils auch für das Rind gesprengt. Ergeben haben sich Zuchtprogramme und Zuchtplanungen, die nach KRÄUSSLICH als geschlossene Systeme (Geflügelzucht, Hybridzuchtprogramm beim Schwein) und offene Systeme zur Durchführung kommen. Die Arbeit des Züchtens geht über den Einzelbetrieb hinaus und erfordert eine Zusammenarbeit verschiedener Organisationen, von den Züchtervereinigungen über Besamungsstationen, Leistungsprüfwesen bis zu den Rechenzentren hin.

1.2 Spezielle züchterische Maßnahmen – insbesondere nach 1900

Die im vorigen Abschnitt beschriebenen Zuchtmethoden haben ohne Zweifel einen starken Einfluß auf die Konsolidierung und die entstehenden Zuchtziele der einzelnen Haustierarten und -rassen gehabt. Die Tierzucht des 19. Jahrhunderts hat unter Anwendung der beschriebenen Zuchtverfahren gleichmäßige Tiergruppen oder Rassenkomplexe geschaffen oder zumindest die Weichen für eine gleichmäßige und kontinuierliche Entwicklung gestellt. In der zweiten Hälfte des 19. Jahrhunderts rückte nach Anwendung der Konstanzlehre und der Individualpotenz Reinzucht und Kreuzung als Verfahren innerhalb und zwischen Rassen in den Vordergrund, Methoden, die in ihren Grundzügen bis in die Neuzeit verblieben.
Die zweite Hälfte des 19. Jahrhunderts erbrachte nun stark erweiterte naturwissenschaftliche Erkenntnisse, die allmählich auch eine Ausstrahlung auf die Landwirtschaft, ihren Pflanzenbau und die Tierzucht erfuhren. Der Pflanzenbau oder besser die Pflanzenzüchtung verlangen insofern Erwähnung, als mannigfach Untersuchungen und Erkenntnisse zum Vererbungsgeschehen bei der Pflanze auf das Tier übertragen werden konnten.
Sicherlich sind Erbvorgänge und die Übertragung von Merkmalen auf nachfolgende Generationen immer schon beobachtet und hier und da berücksichtigt worden. Etwa um 1900 kamen nun Leistungsermittlungen hinzu, und damit wuchs das Interesse an Erkenntnissen zum Erbgeschehen der Leistungen bei möglichst sicherer Erfassung des Erbwertes bestimmter Individuen.
Erwähnt wurde bereits der Beginn allgemeiner naturwissenschaftlicher Untersuchungen und das Wechselspiel zwischen solchen an Pflanzen und beim Tier. So hatte GREGOR MENDEL bereits 1866 erstmals seinen bedeutsamen Versuch bei Pflanzenhybriden mitgeteilt und die wichtigen Vererbungsgesetze erarbeitet. Sie gerieten zwar zunächst in Vergessenheit, erhielten aber ab etwa 1900 die ihnen gebührende Beachtung und Auswertung (s. auch S. 118). Nach LAUPRECHT fanden die Mendelschen Gesetze auch bei Haustieren sowie Labortieren bald Anerkennung (Haut- und Haarfarben im Erbgang):
1902 Huhn, Maus
1903 Schwein, Kaninchen, Meerschweinchen, Ratte
1904 Hund, Katze
1905 Schaf
1906 Pferd, Rind, Ziege.
Die Mendelschen Gesetze haben somit erst im 20. Jahrhundert bei Haustieren Anwendung gefunden. Bei ihrer Übertragung auf das Geschehen in der Haustierzüchtung zeigte sich sehr bald, daß ihr Gebrauch bei den sogenannten qualitativen Merkmalen möglich ist. Die Vererbung der bedeutsamen Gruppe von Leistungseigenschaften mittels eines oder weniger Genpaare zu erfassen und zu erklären, erwies sich jedoch als nicht durchführbar. Die erstere Gruppe wie Farbe, Haarfar-

ben waren sicherlich interessant, keineswegs jedoch so bedeutungsvoll wie die der wirtschaftlich wichtigen Leistungsmerkmale – quantitative Merkmale.
Der Engländer FRANCIS GALTON (ein Vetter Darwins, 1822 geboren) und seine Schüler haben nun versucht, die Vererbung quantitativer Eigenschaften mit biometrischen Methoden zu erfassen. Galton publizierte seine Ergebnisse in den achtziger Jahren, und JOHANNSEN bestätigte und erweiterte diese Arbeiten um 1900. Diese mathematischen Berechnungen einerseits und die mannigfachen neuen Beobachtungen bzw. neu interpretierten Ermittlungen im Naturgeschehen nach Wiederentdeckung der Mendelschen Regeln andererseits erschienen vorübergehend als zwei kaum vereinbare Erklärungsversuche des Erbgeschehens. Der deutsche Arzt WEINBERG hat dann 1909/1910 eine Synthese herbeigeführt und damit die Ergebnisse der Mendelschen Schule und diejenigen von Galton auf einen Nenner gebracht. R. A. FISHER und S. WRIGHT bauten in der Zeit in oder kurz nach dem 1. Weltkrieg diese Arbeiten aus und legten damit die Grundlagen für die moderne Haustiergenetik. Eine Reihe von Forschern wäre zu nennen, die ebenfalls Theorien und Grundlagen auf dem Weg zur neuzeitlichen Populationsgenetik schufen. Sie erarbeiteten Theorien und Möglichkeiten, auch die quantitativen Eigenschaften näher zu beleuchten und Selektion und Paarungssysteme zu analysieren. J. L. LUSH gebührt das Verdienst, die Brücke allgemeiner Erkenntnisse im Pflanzen- und Tierbereich auf die spezielle Haustierzüchtung übertragen zu haben. Es erscheint erforderlich, auf einzelne Phasen dieser Entwicklung einzugehen, hier jedoch nur Arbeiten und Ergebnisse der Tierzuchtforschung zu nennen, die mehr oder weniger unmittelbare Einwirkung auf die deutsche Tierzucht gehabt bzw. sie gefördert haben.
Wie hervorgehoben, erhielten die Mendelschen Gesetze vornehmlich bei der Vererbung von qualitativen Merkmalen Bedeutung. Hier hat sich für die Tierzuchtforschung allerdings ein weites Gebiet der Bearbeitung bei allen Tierarten ergeben. So wurde das Verhalten der Pferdefarben im Erbgang geklärt (WALTHER), diejenigen beim Rind (einschließlich Einfarbigkeit und Scheckung) sowie auch beim Schwein und den anderen Haustierarten. Die praktische Tierzüchtung hat hieraus Folgerungen ziehen können und Anwendungsbereiche erkannt. Erinnert sei beispielsweise an die dominante Vererbung von Weiß beim Schwein, die im Rahmen von Gebrauchskreuzungen fleischwüchsiger weißer mit fruchtbaren Sauen gefleckter Rassen (z. B. ♂ Deutsche Landrasse × ♀ Angler Sattelschwein) Mastschweine lieferte ohne die von der Konservenindustrie wenig gewünschten Produkte mit bei der Verarbeitung zurückbleibenden Stoppeln. Erwähnt sei auch die Kennhuhnzüchtung. Hier nutzte man die geschlechtsgebundene Vererbung des sogenannten Sperberfaktors aus, der eine Unterscheidung von Eintagsküken auf ihr Geschlecht hin gestattet. Die Erzüchtung von Kennhuhnrassen sollte an die Stelle der Geschlechtsbestimmung nach der bekannten japanischen Methode treten, hat sich jedoch gegen diese nicht durchsetzen können. Diese Beispiele ließen sich bei fast allen Tierarten erweitern. Auch Identitätsnachweise sind unter Anwendung des Farbverhaltens im Erbgang geklärt worden.
Genannt sei auch das Gebiet der Blutgruppenbestimmungen (LANDSTEINER entdeckte 1900 die Blutgruppen beim Menschen), wobei in Deutschland vor allem SCHERMER erwähnt sei, der damit begann, auch bei den Haustieren Blutgruppen zu bestimmen. Insbesondere muß auch auf das Gebiet der Erbkrankheiten hingewiesen werden. Über zahlreiche Letalfaktoren, die sich im allgemeinen rezessiv im Erbgang, aber auch dominant verhalten können, sind wesentliche Erkenntnisse

gesammelt worden, die der Tierzucht große Schäden erspart haben. Aus den zahlreichen diesbezüglichen Mitteilungen seien die von LAUPRECHT aus dem Jahr 1958 hervorgehoben sowie die Listen erblicher Defekte bei landwirtschaftlichen Nutztieren von KOCH, MEYER u. a. genannt.
Neben den genannten Gruppen qualitativer Merkmale blieben aber die quantitativen Leistungsmerkmale für die auf wirtschaftlich-ökonomischen Fundamenten ruhende Haustierzucht von besonderer Bedeutung. Milch nach Menge und Inhaltsstoffen, Fleisch- und Fettbildung, konstitutionelle Veranlagung usw. sind nur einige der vielen Leistungskomplexe bei den einzelnen Haustierarten. Die hier einsetzenden Arbeiten und Forschungen gehen bis in die Neuzeit und werden auch weiterhin ein bedeutsames Gebiet der Tierzuchtforschung bleiben.
Aus der Fülle der Forschungs- und Arbeitsgebiete sind im folgenden einige Komplexe herausgegriffen. Es sind dies Bereiche, die zu Anwendungen in der Praxis führten und damit besondere Bedeutung im Rahmen einer Förderung der Tierzucht erhielten. Daneben gibt es mannigfache Gebiete, die, ebenfalls intensiv bearbeitet, Grundlagenforschung blieben, die Übertragung in die Praxis nicht ermöglichten oder aber erst in Zukunft an Bedeutung gewinnen werden. Bevor auf einige Arbeitsbereiche, ihre Ergebnisse und Anwendungen in der Praxis eingegangen wird, sei kurz erwähnt, daß zu dem wichtigen, noch stark in der Forschung befindlichen Komplex u. a. der Embryotransfer (einschließlich Polyovulationen), Arbeiten zur Steuerung der Geschlechtsverhältnisse sowie solche der Zellbiologie und molekularen Genetik zu rechnen sind.

1.2.1 Das Exterieur der Tiere und die Bewertung einzelner Körperpartien im Rahmen züchterischer Maßnahmen*

Bereits im klassischen Altertum, sowohl bei den Griechen als auch bei den Römern, fand das Exterieur der Haustiere Beachtung. Dabei ergab sich eine Übertragung der Beurteilung des Körperbaus des Menschen mit seinem Streben nach „klassischer Schönheit“ auf die Tiere. In der darstellenden Kunst kommt dies insbesondere bei Pferden zum Ausdruck, weniger bei den übrigen Haustieren. Dieses Suchen nach schönen Formen und Exterieurausprägungen zieht sich wie ein roter Faden durch die Tierzucht bis in die Neuzeit. Zur Tierbeurteilung seien genannt: ARISTOTELES, XENOPHON u. a. in Griechenland; VARRO, TAURUS u. a. im Römischen Reich.
Wie beim Menschen hat man auch schon sehr früh bei den Haustieren mit mathematischen Grundbegriffen die Körper zu erfassen versucht. Bereits ARISTOTELES bearbeitete diese Frage, und später wurden die Proportionsstudien von LEONARDO DA VINCI im 16. Jahrhundert bekannt.
Es ist anzunehmen, daß diese Studien nicht ohne züchterische Auswirkungen geblieben sind, da man die erarbeiteten und herausgestellten Ideale als eine Art Zuchtziele anstrebte. Wie erwähnt, lassen dies vor allem die Darstellungen von Pferden erkennen.

---

* Dieses Kapitel wird ergänzt durch einen Abschnitt „Exterieurbeurteilung“ im Rahmen der Ausführungen zu den Maßnahmen der Züchtervereinigungen. Hier sind ausführliche Details der Exterieurerfassung wie auch Stellungnahmen zum „übertriebenen Formalismus“ von Wissenschaft und Praxis gegeben (s. S. 336).

So dürften im deutschen Raum die genannten Studien von LEONARDO DA VINCI ihre Auswirkungen auf dem Gebiet der Tierzucht gehabt haben. MARX VON FUGGER weist Ende des 16. Jahrhunderts auf Körperausprägungen beim Pferd hin, und auch im 17. Jahrhundert setzt PINTER VON DER AUE in einer Publikation im Jahr 1688 die Gedankengänge um einen idealen, in geometrische Figuren aufgeteilten Pferdekörper fort.

Im 18. und verstärkt im 19. Jahrhundert gewinnen die Gedankengänge um die Gestaltung der Haustierform besondere Beachtung. Die Tierzüchter sahen sich gezwungen, aus dem bestehenden Wirrwarr von Rassen und Schlägen weitgehend einheitliche Gruppen zu schaffen, wobei bereits vorhandene Populationen wie der Araber, das englische Vollblutpferd oder die spanischen Merinos als Ideale vorschwebten.

Dabei konnten Leistungen (allenfalls beim Pferd in geringem Maße als Renn- oder Springleistung) noch keine Berücksichtigung finden. Erst gegen Ende des 19. Jahrhunderts bzw. zu Anfang des 20. Jahrhunderts beginnt man diese zu erfassen (s. S. 346). Die Entstehung einheitlicher Gruppen als Rassen oder Schläge hat nun das „klassische“ Denken in schönen Formen wieder aufleben lassen. ZEISING erklärt 1854 die erstrebte Formbildung mit dem Goldenen Schnitt, dies beim Menschen, jedoch die Übertragung auf das Haustier lag nahe, und SETTEGAST publizierte 1868 eine sogenannte Proportionslehre. Neben dem sicherlich notwendigen Beachten gleichmäßiger Exterieurausprägungen mit dem Ziel der Bildung von Rassen oder Schlägen kommt nun – man möchte mit Hinblick auf das klassische Altertum sagen, erneut – ein Denken oder Streben nach schönen Formen. Aber an anderer Stelle dieses Buches ist darauf hingewiesen (s. S. 336), daß auch sehr bald starke Diskussionen einsetzten und Stimmen gegen diesen Formalismus aufkamen.

Gegen Ende des 19. Jahrhunderts, bei einigen Tierarten zu Anfang des 20. Jahrhunderts, setzten von seiten der Tierzuchtwissenschaft über die Züchtervereinigungen oder Fachorganisationen wie die DLG mit ihren Tierschauen und Fachgremien verstärkt Untersuchungen ein, inwieweit Exterieurmerkmale im züchterischen Geschehen Beachtung verdienen oder Anwendung finden können. Tiermessungen wurden durchgeführt und Zusammenhänge mit anatomischen und physiologischen Gegebenheiten gesucht. Zahlreich sind diese Untersuchungen gewesen, und an anderer Stelle dieses Buches ist hervorgehoben worden, daß die Zusammenhänge zwischen Exterieur und Leistungen der Individuen gering oder kaum vorhanden sind (s. S. 339).

Diese mannigfachen Untersuchungen der Tierzuchtwissenschaft haben jedoch für die züchterische Arbeit Erkenntnisse oder Teilermittlungen gebracht, die bemerkenswert sind. Sie bildeten die Grundlage für eine Tierbeurteilung, die auch in der Neuzeit unter Beachtung dieser Erkenntnisse ihre Bedeutung behielt.

Herausgeschält hat sich die Beurteilung bzw. Bewertung des Gesamtkörpers eines Haustieres oder die Beachtung von Teilen des Tierkörpers im Rahmen züchterischer Maßnahmen. Das zunehmende Denken in Leistungen führte zwangsläufig zu Untersuchungen, inwieweit der erstrebte Zuchtwert in einer Exterieurausformung erkennbar sei. Neben dem Rassen- oder Schlagcharakter eines Individuums taucht in der Literatur dann sehr bald der Begriff Typ auf. Man verstand und versteht darunter eine Körperausprägung mit einem gut arbeitenden und funktionierenden, innersekretorischen Drüsensystem, welches das Tier in die Lage versetzt, hohe

Leistungen im Rahmen seiner genetischen Veranlagung zu erbringen und dabei eine Konstitution zu besitzen, die mit allen Einflüssen und Widerwärtigkeiten der Umwelt fertig wird.
Bei der Beschäftigung mit sogenannten Konstitutionstypen kam nun DUERST 1931 zu bemerkenswerten Ermittlungen. Seine Untersuchungen fußten auf den Ermittlungen von SIGAUD, KRETSCHMER u. a., die für den Menschen Konstitutionstypen herausgestellt hatten. Duerst fand, daß beim Rind zwei Typen vorliegen, die sich im Exterieur zeigen – den *Typus respiratorius* und den *Typus digestivus* (s. Abb. 1). Der erstere hat einen langen, schmalen Kopf, einen verhältnismäßig langen Hals und Rumpf sowie lange Gliedmaßen, während der zweite Kürze und Gedrungenheit zeigt. Besonders fällt die Stellung der Rippen auf. Der Brustkorb beim *Typus respiratorius* ist langgestreckt bei schräger Rippenlage im Gegensatz zu den senkrechten Rippen des *Typus digestivus.* Duerst verwandte zur Messung dieser Rippenstellung ein eigens von ihm konstruiertes Gerät, das Costalgoniometer.

Abb. 1. *Typus digestivus* (links) und *Typus respiratorius* (rechts, Quelle: DUERST, Grundlagen der Rinderzucht, Springer Berlin 1931).

Duerst mußte dann sehr bald feststellen, daß diese Typologie verstärkt Anwendung im Hinblick auf die Nutzungsrichtungen zwischen Rassen oder Populationen finden kann. In zahlreichen Untersuchungen der Tierzuchtinstitute konnte ermittelt werden, daß der *Typus respiratorius* dem Umsatztyp entspricht, d. h. der Form, die viel einnimmt, aber auch viel ausgibt (Milchleistungstyp), während der *Typus digestivus* als Ansatz- oder Verdauungsform (Masttyp) anzusehen ist. In verschiedenen Untersuchungen konnte dann nachgewiesen werden, daß in konstitutioneller Hinsicht keine Vorteile bei dem einen oder anderen Typ liegen. Es steht somit die Stoffwechselrichtung im Vordergrund, und man kann HERRE folgen, wenn er vorschlägt, von Körperbautypen zu sprechen.
In der Tierzucht lassen sich diese Ausprägungen beim Rind in den Milchrassen wie Ayrshires oder Jerseys *(Typus respiratorius)* oder Herefords, Aberdeen-Angus *(Typus digestivus)* finden. Bei den deutschen Rinderrassen liegen fast durchweg Mischformen vor, wie zahlreiche Messungen mit dem Costalgoniometer haben erkennen lassen. Beim Schwein sei auf die Gegenüberstellung der Formen Berkshires und Dänische Landrasse hingewiesen, wie auch bei den anderen Haustierarten bis zu Kleintieren (Kaninchen, Hühner) diese Exterieurausformungen im Hinblick auf die Nutzungsrichtungen zu erkennen sind.

Diese Untersuchungen und ihre Ergebnisse haben zweifelsohne die Erkenntnisse erweitert und Zusammenhänge aufgezeigt, zumal auch festgestellt werden konnte, daß die Formen des *Typus digestivus* höheren Fettansatz besitzen, wie Ausschlachtungsversuche ergaben. Milchleistungsformen beim Rind oder der Typ des Fleischschweines sind mit dem *Typus respiratorius* verbunden worden. Insgesamt gesehen hat die Beurteilung des Gesamtkörpers die Züchtung jedoch nicht besonders gefördert. Sie erbrachte auch keine Verbindung zur Krankheitsresistenz, wie zahlreiche Untersuchungen zeigten.
Bemerkenswert sind bei der Bewertung des Exterieurs der Tiere jedoch Einzelpartien. Die Tierzuchtforschung hat immer wieder versucht, Zusammenhänge zwischen der Ausprägung einzelner Körperpartien als Leistungsmerkmal und ihrer genetischen Abhängigkeit zu erkennen. So sei hingewiesen auf die Bewegungsmechanik des Pferdes und ihr Zusammenhängen mit der Ausbildung einzelner Teile des Tierkörpers oder von Euterformen und Leistungsvermögen, Schinkenausprägungen beim Schwein u. a. m. Die diesbezüglichen Zusammenstellungen der Heritabilitätswerte zeigen die Ergebnisse und lassen eine Beeinflussung und Förderung des tierzüchterischen Geschehens zu.
Häufig sind diese Merkmale auch Ausdruck des Gesundheitszustandes oder der Konstitution der Tiere und verdienen dann verstärkte züchterische Berücksichtigung.

1.2.2 Die Konstitution der Haustiere im Blickfeld des Tierzüchters bzw. der Tierzuchtforschung

Die Konstitution der Haustiere hat die Tierzuchtforscher des 19. und 20. Jahrhunderts fortlaufend beschäftigt. Unter der anwachsenden Leistungsbeanspruchung der Tiere traten konstitutionelle Probleme zunehmend in das Blickfeld des Tierzüchters. Auch die Frage Umwelt und Konstitution fand mehr und mehr Beachtung, da man die Folgen des „Drängen in die Ställe" bei teils schlechtesten Unterbringungen (s. S. 241) erkannte. Mannigfache Untersuchungen insbesondere in den ersten Jahrzehnten des 20. Jahrhunderts wurden durchgeführt, um die konstitutionellen Veranlagungen der Individuen, ihre Gesunderhaltung bei hoher Leistungsbeanspruchung zu ermitteln bzw. zu erkennen.
Dabei ist die Konstitution ein allgemein biologisches Problem, welches alle Lebensäußerungen des Lebenden einschließt mit einer stets ungemein schwierigen Erfassung. Bereits im klassischen Altertum ringt man um die Festlegung des Begriffs, und dies setzt sich bis in die Neuzeit fort. Dabei hat die Frage „angeboren", später „genetisch verankert", eine besondere Rolle gespielt. Insbesondere wurde immer wieder in zahlreichen Untersuchungen zu klären versucht, inwieweit, falls eine genetische Veranlagung vorliegt, diese im Lebensablauf durch die verschiedensten Einflüsse geändert oder beeindruckt werden kann. Es ist fast selbstverständlich, daß Konstitution zunächst im humanen Bereich behandelt wurde, so im klassischen Altertum. Erst ganz allmählich sprangen diese Gedankengänge auf die Haustierhaltung über und gewannen das Interesse der landwirtschaftlichen Tierzüchter, der Veterinärmedizin, der Zoologie und vor allem auch der Genetik.
Wenn man das im gesamtbiologischen Bereich bemerkenswerte Forschungsgebiet auf die landwirtschaftliche Haustierhaltung beschränkt, dann sei auch hier zunächst auf die Begriffsbestimmungen zur Konstitution hingewiesen. Zu Anfang

des 19. Jahrhunderts fußte man auf den weit vor der Zeitwende erarbeiteten Grundlagen des Griechen HIPPOKRATES (460–377 v. Chr.). Er sah aus dem Blickwinkel des humanen Bereiches in der Konstitution „etwas Angeborenes, das nicht mehr im Individuum umgestaltet, sondern nur um weniges durch Lebenseinflüsse verändert werden kann". Er sprach weiterhin von guter und schlechter, starker und schwacher wie auch trockener und feuchter Konstitution. Hippokrates deutete darüber hinaus Habitusformen mit entsprechender konstitutioneller Veranlagung an. Diese grundsätzliche Auffassung aus dem klassischen Altertum ist über die Jahrhunderte hin erhalten geblieben und ist zeitweilig nur von unklaren Begriffsbestimmungen überschattet worden. Eine Übertragung auf die Haustiere hat immer nahegelegen und ist auch vorgenommen worden.

Auf diesen Unterlagen fußend, spricht WEBER 1811 bei Haustieren von harter Konstitution, KRAEMER und SETTEGAST heben 1883 und 1888 kräftige, grobe wie auch feine und schwache Konstitution hervor. Diese Begriffsbestimmungen lassen enge Zusammenhänge mit der Exterieurbeurteilung erkennen. Gegen Ende des 19. Jahrhunderts und zu Anfang des 20. Jahrhunderts wird das Blickfeld jedoch erweitert, erbracht durch die zunehmende Verbreiterung der Wissensgebiete. In den älteren Forschungen standen somit als Indikator das Exterieur mit seinen sichtbaren Erscheinungen wie auch in gewisser Weise die gewebliche Beschaffenheit des Tierkörpers im Vordergrund (Haut, Haar). Die neuere Konstitutionsforschung versucht, das Reaktionsvermögen der verschiedensten inneren und äußeren Faktoren des Tierkörpers zu erfassen, wobei die Fragen der Krankheitsbereitschaft eine nicht unerhebliche Rolle spielen. Diese Lebenserscheinungen werden außerdem im genetischen Zusammenhang gesehen.

So sagt PUSCH 1904 zur Konstitution: „Die Konstitution ist die gesamte Körperverfassung des Tieres und durch den anatomischen Aufbau der Zellen und deren physiologisches Verhalten begründet. Sie bedingt die Lebenskraft und Widerstandsfähigkeit und bildet im Verein mit dem körperlichen Entwicklungszustande das, was BEHMER als Naturell bezeichnet. Die Konstitution hat einen wesentlichen Einfluß auf die Leistung der Individuen, und deshalb ist es wichtig, sie richtig zu beurteilen, um so mehr, als sie während des ganzen Lebens bestehen bleibt."

KRONACHER 1927: „Die Gesamtkonstitution ist das aus der gesamten erblichen Zell- und Organveranlagung in der befruchteten Keimzelle und aus ihrer besonderen Ausgestaltung sich ergebende Gesamtreaktionsvermögen des erwachsenen Organismus auf bestimmte ihn treffende Umwelteinflüsse."

Besonders interessant ist eine Begriffsbestimmung, die 1943 nach einer gemeinsamen Beratung von Tierzüchtern und Tierärzten entstand: „In der Tierzucht versteht man unter Konstitution die jedem Einzeltier eigene, in der Anlage ererbte, durch Umwelteinwirkungen beeinflußbare Körperverfassung und die daraus für jedes Tier sich ergebende Widerstandskraft gegen Schädigungen durch Leistungsanforderungen und sonstige Umwelteinflüsse."

ZORN hat später in einer Kurzfassung zum Ausdruck gebracht: „Erblich und umweltbedingte Widerstandsfähigkeit gegen krankmachende Einflüsse, gegen Krankheitsbereitschaft."

Die Genetik und Resistenz gegen Krankheiten haben somit in den neueren Fassungen genügend Berücksichtigung erfahren, und es ist recht bemerkenswert, die Stellungnahmen eines Genetikers zu lesen. A. KÜHN erklärte 1939: „Die Gesamtverfassung des Lebewesens, in der seine Einzeleigenschaften in wechselseitiger

Beziehung stehen, bezeichnet man als Konstitution. Sie spricht sich aus in einer besonderen Gestaltung und in allen seinen körperlichen und seelischen Leistungen, in seiner Widerstandskraft, Krankheitsbereitschaft und Lebensfähigkeit. Die Gesamtverfassung eines jeden Einzelwesens wird in seiner Lebensgeschichte geschaffen und durch die aufeinanderfolgenden Entwicklungsreaktionen auf die Umweltbedingungen nach der erblich festgelegten Reaktionsnorm."

Das Wechselspiel der genetisch gegebenen Körperverfassungen, das erblich verankerte Reaktionsvermögen auf die Umwelt und ihre Reize, hatte bereits Hippokrates erkannt. Seinen Untersuchungen im humanen Bereich folgte nun die Übertragung auf alle Haustierarten durch die Tierzuchtforschung Ende des 19. und zu Anfang des 20. Jahrhunderts.

HERTWIG spricht 1959 von einer „Plastizität der Reaktionsnorm". Auch damit ist zum Ausdruck gebracht, daß die in der Anlage ererbte Körperverfassung einer fortlaufenden Beeinflussung unterliegt.

In einer Reihe von Untersuchungen ist nach Zeiträumen im Lebensablauf der Tiere gefragt worden, die einer stärkeren Beeinflussung unterliegen können. Dabei konnte ermittelt werden, daß von der Befruchtung über die Trächtigkeit und Geburt bis etwa zur Geschlechtsreife, d.h. in der Periode des Wachstums, eine konstitutionelle Beeinflussung am ehesten möglich erscheint. Die Literatur spricht von einer sogenannten „sensiblen Periode", und die praktische Tierhaltung leitet daraus für kommende Zuchttiere und sonstige langlebige Leistungstiere eine besondere Beachtung von Haltung und Fütterung im Jugendstadium ab. ZORN schuf dafür 1950 den Ausdruck „Konstitutionspflege". Die Konstitutionsforschung prägte für den Lebensabschnitt nach Abschluß des Wachstums die Bezeichnung „gefügte Konstitution". Die Widerstandskraft des Individuums gegen die Umwelteinwirkungen ist stärker geworden. Einflußperioden beim erwachsenen Tier nach der positiven oder negativen Seite hin sind dem praktischen Tierzüchter seit eh und je bekannt und sind zumeist nur als Körperzustände, Kondition, zu bezeichnen wie Hunger-, Zucht- und Mastzustand. Sie haben ein wissenschaftliches, interessantes und praktisch-tierzüchterisch bedeutsames Arbeitsgebiet ergeben, welches ermitteln konnte, daß diese konditionellen Zustände beim ausgewachsenen Tier zumeist ohne konstitutionelle Schädigung vorübergehen.

In einem anderen Abschnitt dieses Buches ist nun bereits darauf hingewiesen worden, daß immer wieder versucht worden ist, äußere Merkmale vom Gesamthabitus bis zu einzelnen Körperpartien oder Merkmalen als Indikator für eine gute oder schlechte, starke oder schwache Konstitution heranzuziehen. Hier ist der Erfolg sehr gering geblieben. Sicherlich bedeuten Extreme den züchterischen Ausschluß des Tieres, aber bei der Masse gut gehaltener und aufgezogener Zuchttiere hat es trotz allen Bemühens bislang keine Möglichkeit gegeben, die konstitutionelle Veranlagung visuell zu erkennen, und die sogenannten Konstitutionstypen, wie sie DUERST herausstellte, erwiesen sich als brauchbare Körperbautypen im Hinblick auf die Nutzungsrichtungen (s. S. 123).

Nicht unerwähnt sei, daß VON DER MALSBURG 1911 mit einer Untersuchung und Bewertung von Körperzellen (Zelltheorie) Zusammenhänge mit der individuellen konstitutionellen Veranlagung suchte. ADAMETZ u.a. setzten später diese Ermittlungen fort, ohne jedoch zu einem Ergebnis zu kommen. Auch das Blut wurde immer wieder herangezogen, ohne bislang sichere Zusammenhänge mit der Konstitution erkennen zu lassen (s. S. 141).

Ein Arbeitsgebiet, welches auch in der Neuzeit nach wie vor starke Beachtung findet, sind die eventuellen Zusammenhänge der inneren Sekretion mit der Konstitution. Ohne Zweifel bedingen Störungen des Drüsensystems konstitutionelle Schwächen und gehören dann – soweit sie erblich sind – in das Gebiet der Erbpathologie. In einer Reihe von Arbeiten der diesbezüglichen Forschungsrichtungen wird jedoch versucht, allgemeine Bindungen und Gesetzmäßigkeiten zu ermitteln, die über das Hormonsystem als Regulator von Stoffwechsel, Wachstum und Fortpflanzung Verbindung mit der Konstitution finden.
Bei den letztgenannten Untersuchungen tauchte sehr bald die Frage nach Gesamt- oder Partialkonstitution auf. Unter dem Einfluß der Nutzungsanforderungen des Menschen bzw. des menschlichen Bedarfs sind einzelne Körperpartien oder Organe der Haustiere ungemein entwickelt worden. So erfuhr die Milchleistung des Rindes in kurzer Zeit eine Steigerung von 800–1000 kg auf nunmehr 6000–8000 kg Milch je Jahr und Tier. Tageszunahme beim Schwein von 600–800 g je Tier/Tag und Eierleistungen der Hennen von 250–300 Stück je Tier/Jahr gelten als normal. Einzelne Organe des Körpers wie Euter und Eierstöcke oder Körperpartien wie die Schinken haben dadurch einen ungemeinen Bedeutungszuwachs erhalten und vor allem eine hohe Belastung erfahren, und es mag naheliegen, hier eine entstandene eigengesetzliche Konstitution anzunehmen. Die Forschung hat jedoch darauf hinweisen können, daß die betreffenden Organe immer im Rahmen des Gesamtkörpers oder der Gesamtkonstitution gesehen und bewertet werden sollten. In einer Reihe von Arbeiten, so von KLATT, HERRE, WIARDA, HARDER, SCHILLING, JAESCHKE-VAUK u.a., ist hervorgehoben worden, daß die Züchtungsmaßnahmen mit dem Ziel, diese einzelnen Körperpartien zu stark zu betonen und nicht im Rahmen des Gesamtkörpers zu sehen, äußerst bedenklich sind. So berichtet WIARDA 1954, „daß bei Untersuchungen an Hausschweinskeletten im Vergleich mit denjenigen von Wildschweinen bei ersteren starke Disharmonien morphologischer Art vorlagen. Die Skelette besonders guter, dem Zuchtziel entsprechender Eber verschiedener Rassenzugehörigkeit zeigten bei einer Zerlegung in Körperabschnitte kaum noch eine einheitlich zusammengefügte Wuchsform, abgesehen von besonders starken Disharmonien in den einzelnen Körperabschnitten. Im Gegensatz hierzu standen die Feststellungen an den Wildschweinskeletten, die eine weitgehende Gesetzmäßigkeit widerspiegelten. Die Tierzucht sollte daraus Konsequenzen ziehen und ausgeglichene Körper anstreben, die allen Reaktionen standhalten“.
Aus den Gedankengängen um die Harmonie des Tierkörpers und der daraus abzuleitenden günstigen Reaktion auf Beanspruchung sowie Umwelt haben sich Fragen der diesbezüglichen Überprüfungen der Haustiere ergeben. Dies hat sich aber bislang kaum verwirklichen lassen und findet nur beim Pferd, d.h. bei Rennen, einen Ausdruck. Bei den übrigen Tierarten ist als eine Art Ersatz dieser Gedankengänge die Langlebigkeit der Zuchttiere mit gleichmäßiger, hoher Leistung und Resistenz gegen Krankheiten herausgestellt worden. Die sogenannte „erlebte Konstitution“ hat im Schrifttum Bedeutung erlangt. Genannt seien aus den zahlreichen Forschungen, insbesondere der letzten Jahrzehnte, diejenigen von KRONACHER, SCHÄPER, VON PATOW, HOGREVE, BÖTTGER, ZORN, KRÜGER u.a.
Faßt man zusammen und blickt auf das umfangreiche Arbeitsgebiet Tierzucht und Konstitution zurück, dann haben zahlreiche Untersuchungen und viele Dissertationen des veterinärmedizinischen und landwirtschaftlichen Bereiches erbracht, daß

es sichere konstitutionelle Merkmale oder Merkmalsausprägungen für das Exterieur oder für Körperpartien, Körperzellen oder Blutbeschaffenheit nicht oder nur andeutungsweise gibt. Verblieben ist die notwendige Beachtung der Lebensabläufe oder die Reaktion bis zur Krankheitsresistenz langlebiger Tiere. Da dieses Reaktionsvermögen erblich ist, dürfte seine Erfassung von großer, die Tierzucht fördernder Bedeutung sein. Hier besteht nun eine Lücke, auf die immer wieder hingewiesen wurde! Der praktische Tierzüchter notiert in seinen Zuchtbüchern alle Unterlagen über Fruchtbarkeit, Geburt und Leistungen – er ist aber bislang nur in wenigen Ausnahmefällen bereit, Angaben über konstitutionelle Gegebenheiten, die sich im Lebensablauf der Tiere ergeben, zu machen. Insbesondere werden Abgangsursachen zumeist verschwiegen. Mit Recht hat DOBBERSTEIN 1951 einen „Totenschein" für die ausscheidenden Tiere mit allen Bemerkungen über die Abgangsursache verlangt. Es müßte sich aus diesen Unterlagen zum Lebensablauf der Tiere ein konstitutionell-genetisches Denken ergeben, welches trotz der Bedenken mancher Tierzüchter, die bei zu starker Offenlegung Absatzschwierigkeiten befürchten, von größter Bedeutung sein könnte.

1.2.3 Zuchtwertschätzungen

Die um 1900 beginnende Erfassung objektiv ermittelter Leistungsdaten, insbesondere beim Rind, erzwang folgerichtig die Möglichkeit, besser noch Notwendigkeit, ihrer Verwendung in der Selektion. So waren die Leistungsermittlungen beim **Rind** (Milchmenge, Fettgehalt nach dem Gerber-Verfahren) Ausgang von Überlegungen, die zum Bemühen der Erfassung der genetischen Veranlagungen (Zuchtwertschätzungen) führten. Hier erzielte Ergebnisse und Forschungs- und Anwendungsrichtungen sind später auch auf die anderen Tierarten übertragen worden. Vornehmlich beim Rind begannen derartige Auswertungen; im folgenden wird zunächst auf Maßnahmen bei dieser Tierart eingegangen.

Erwähnt sei auch, daß die anlaufenden Ermittlungen und Bestimmungen von Milchmenge und Milchinhaltsstoffen noch mancherlei Probleme bei der technischen Durchführung erbrachten, insbesondere aber im Hinblick auf die Genauigkeit der Ergebnisse. Umfangreiche Untersuchungen der Tierzuchtforschung in engster Zusammenarbeit mit der Praxis waren erforderlich. So hat die Frage des Kontrolljahres (Laktation, Kalenderjahr), die Häufigkeit der Kontrollen in diesem Zeitraum u.a. zu vielen Arbeiten und Diskussionen geführt.

Bei der Anwendung der Ergebnisse im Rahmen der Zuchtwahl ergab sich dann sehr bald das Problem oder die Frage der Umwelteinwirkungen. Hier sind die Fütterung und Haltungsmaßnahmen zu nennen, aber auch Kalbetermine, Alter beim ersten Kalben, Zwillingsträchtigkeiten u. a. Die sichere oder weitgehend sichere Erfassung des Erbwertes ist somit das Bemühen von Tierzuchtwissenschaft und Praxis seit Jahrzehnten.

Weitgehend ausgeschaltet ist die Faktorenkette der Umwelt innerhalb eines Bestandes oder einer Herde, wobei allerdings auch hier die Futterverhältnisse von Jahr zu Jahr schwanken können, falls ein Vergleich zwischen den Jahren vorgenommen werden soll. Es ist damit das System oder Verfahren angedeutet, bei gleichen Umwelteinwirkungen die Leistungen des Individuums mit anderen Individuen bzw. Gruppen von Individuen, z.B. Altersgruppen, zu vergleichen. Es ist schwer, den Zeitpunkt genau zu ermitteln, wann erstmals Vergleiche von Tieren mit anderen Gruppen aufgenommen wurden. Sicherlich erfolgte dies anfänglich jedoch innerhalb eines Bestandes. So wird berichtet, daß in der Rinderherde von Schrewe, Kleinhof-Tapiau in Ostpreußen, der schon sehr früh Milchleistungsprüfungen durchführte, die Ermittlungen und Ergebnisse der einzelnen Kühe mit Alters- oder sonstigen Gruppen verglichen wurden. Schrewe bildete auch bereits Nachkommengruppen von Bullen und stellte starke Variationen zwischen diesen fest, somit der Beginn einer Nachkommenbewertung von Vatertieren, die sich sehr bald neben den Zuchtwertschätzungen für weibliche Tiere ergab.

J. PETERS, Königsberg, publizierte dann 1913 ein Verfahren, welches auf ähnliche Weise versuchte, den Erbwert zu erfassen. Er verglich die Leistungsdaten von Einzeltieren in den im Zuchtgebiet Ostpreußens vorhandenen großen Herden mit dem jeweiligen Mittel der Altersklassen (mit Färsen beginnend) des Bestandes. Daraus entstand ein Jahrgangsstallgefährtinnen-Vergleich. Ein derartiges Verfahren war nur in Großbetrieben möglich, da hier ausreichend große Altersgruppen gebildet werden konnten. In kleineren Beständen ist auch als Vergleichswert die Durchschnittsleistung aller Kühe des Bestandes herangezogen worden. Dies allerdings nicht ohne Fehler, da die Leistungen beim Rind im Verlaufe der Laktation ansteigen, was namentlich bei der Gegenüberstellung mit Färsenleistungen zu ungüngstigen Ergebnissen führt.

Peters hat dieses Verfahren immer weiter ausgebaut und später wie folgt zur Anwendung gebracht: (Auszug aus 50 Jahre Zuchtaufbau der Ostpreußischen Holländer Herdbuchgesellschaft, Königsberg/Pr. 1932) „Die absoluten Kontrollvereinserträge bieten allein keinen genügenden Maßstab für die Bewertung der Tiere, besonders nicht in Ostpreußen, wo in den Zuchtherden wegen der schwachen Fütterung nicht annähernd die Höchstleistungen herausgeholt werden können. Es wurde schon darauf hingewiesen, daß manche Herden überhaupt kein Kraftfutter geben, während in einzelnen Herden so kräftig gefüttert wird, daß annähernd die Höchstleistungen erzielt werden. Auch das Grundfutter (Güte der Weiden und Wiesen, Menge des zur Verfügung stehenden Heus) und die sonstigen Vorbedingungen für den Milchertrag wechseln von Herde zu Herde innerhalb weiter Grenzen. Deshalb ist es erforderlich, zur richtigen Bewertung der Leistungen der Tiere für die Zuchtwahl die absoluten Kontrollvereinserträge zu ergänzen. Hierzu verwenden wir die Herdendurchschnittserträge. In jeder Herde wird eine Einteilung in zwei Altersklassen vorgenommen (I. Klasse Kühe über 5 Jahre alt; II. Klasse Kühe bis 5 Jahre alt) und der Durchschnittsmilchertrag von jeder Klasse jährlich festgestellt. In jedem Kontrolljahr wird dann ermittelt, wieviel die einzelne Kuh mehr oder weniger an Milch, prozentischem Fettgehalt und Milchfettmenge geliefert hat als der Durchschnitt der zugehörigen Altersklasse (Tab. 36).

Bei diesen Feststellungen gehen wir von der Annahme aus, daß die Haltung der Kühe in ein und derselben Herde ziemlich gleichmäßig ist und die besseren Kühe mit ihren Leistungen über dem Durchschnitt, die geringeren unter dem Durchschnitt stehen müssen.

Um die guten Leistungskühe für die Zuchtwahl kenntlich zu machen, erhalten sie Pluszeichen. Die Pluszeichen bedeuten:

- ein einfaches Pluszeichen (+), daß die betreffende Kuh die gleichaltrigen Stallgefährtinnen um mehr als 10 kg Milchfett übertroffen hat,
- ein doppeltes Pluszeichen (++), daß sie mit mehr als 30 kg Milchfett im Durchschnitt von 2 Laktationen oder mit mehr als 20 kg Milchfett im Mittel von mindestens 3 Laktationen über dem Durchschnitt gestanden hat,

Tab. 36. Leistungen der Töchter von Anton 12931.
I. Klasse (Kühe über 5 Jahre alt).

Kontrolljahr	Zahl der Kühe	Milch kg	Fett %	Milchfett kg	+ oder – kg Milch	+ oder – % Fett	+ oder – kg Milchfett
1928/29	9	4666	3,90	182	+ 550	+ 0,41	+ 38
1929/30	22	4269	3,63	155	+ 216	+ 0,30	+ 19,2
1930/31	33	5140	3,37	173	+ 445	+ 0,12	+ 20,6
1931/32	26	4496	3,60	162	+ 420	+ 0,24	+ 25

II. Klasse (Kühe bis 5 Jahre alt).

Kontrolljahr	Zahl der Kühe	Milch kg	Fett %	Milchfett kg	+ oder – kg Milch	+ oder – % Fett	+ oder – kg Milchfett
1925/26	2	2770	3,59	99,5	– 559	+ 0,10	– 16,6
1926/27	20	3598	3,62	130	+ 34	+ 0,03	+ 2,1
1927/28	39	3871	3,62	140	– 62	–	– 2,3
1928/29	41	4418	3,60	159	+ 340	+ 0,08	+ 16,0
1929/30	25	4405	3,57	157	+ 374	+ 0,16	+ 20,2
1930/31	16	4528	3,51	159	+ 130	+ 0,01	+ 5
1931/32	15	4760	3,66	174	+ 430	+ 0,08	+ 19

– ein dreifaches Pluszeichen (+++), das höchste Leistungszeichen unserer Herdbuch-Gesellschaft, daß die Kuh mehr als 3 Laktationen geprüft ist und in der ganzen Prüfungszeit im Durchschnitt wenigstens 30 kg Milchfett mehr gegeben hat als ihre gleichaltrigen Stallgefährtinnen.

Bei den Kühen handelt es sich bei dieser Bewertung um die Ermittlung des Leistungsnachweises der Tiere selbst.“

Wie bereits hervorgehoben, erlangte diese Methode besondere Bedeutung in Gebieten mit großen Herden wie in Ostpreußen. Es ist nicht bekannt, ob ein derartiges Verfahren als Stallgefährtinnen-Vergleich auch in anderen Gebieten des damaligen Deutschen Reiches mit größeren Beständen wie Pommern oder Schlesien Anwendung gefunden hat. Ohne Zweifel gestalteten sich Maßnahmen und Verfahren in den kleineren Herden des übrigen deutschen Zuchtgebietes schwieriger. Ein Stallgefährtinnen-Vergleich nach Peters entfiel.

Man mußte somit versuchen, einen brauchbaren Vergleichsmaßstab zu finden. Auf die Problematik, hier den Stalldurchschnitt in kleinen Herden zu nehmen, wurde bereits hingewiesen. Zur Überwindung arbeitete man Korrekturen wie Alterskorrektionen, solche für den Kalbemonat, Alter beim ersten Kalben, Zwillingsgeburten u. a. m. aus, dies nicht ohne Problematik in bezug auf Genauigkeit.

In anderen Untersuchungen ist als Vergleichsmaßstab nicht der Stalldurchschnitt, sondern der Ortsdurchschnitt, derjenige des Molkereieinzugsgebietes u. a. herangezogen worden. Bei den Herdbuchverbänden fand in den Jahren vor und zunächst auch nach 1945 allgemein die Formel Anwendung:

$$\text{Relativzahl} = \frac{\text{Einzelleistung} \times 100}{\text{Vergleichsmaßstab}}$$

SCHMIDT – VON PATOW – KLIESCH gaben 1950 zu diesen Berechnungen folgendes Beispiel:
„Den Erbwert der Kuh formulieren wir folgendermaßen:
Kuh 381 geb. 34, kontr. 36/37–42/43 = 6¼ Jhr., 7 Abkalbungen abs. 4297/154/3,59 umger. 110 bis 116/106 bis 108 = M^+/M^+. Stalldurchschn. 3784–4245/120–150/3,17–3,57 aus 40–61 Kühen. Milchtyp, gutes Drüseneuter, immer gesund.
Der Einfachheit halber teilen wir den Bereich der Erbwerte in 5 Klassen ein, welche wir mit S (schlecht), M^- (untermittel), M (mittel), M^+ (übermittel) und G (gut) bezeichnen (Abb. 2)".

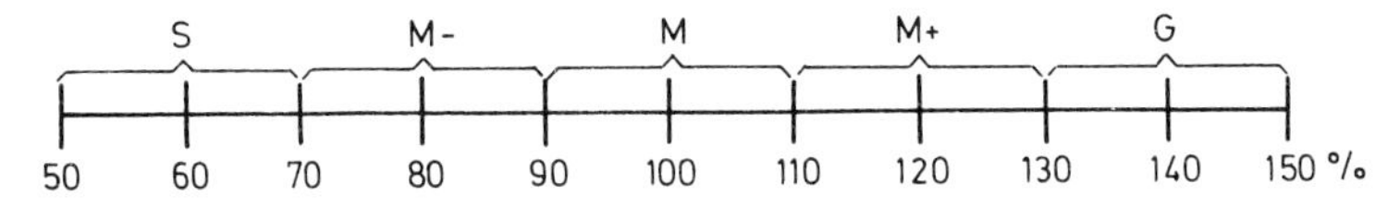

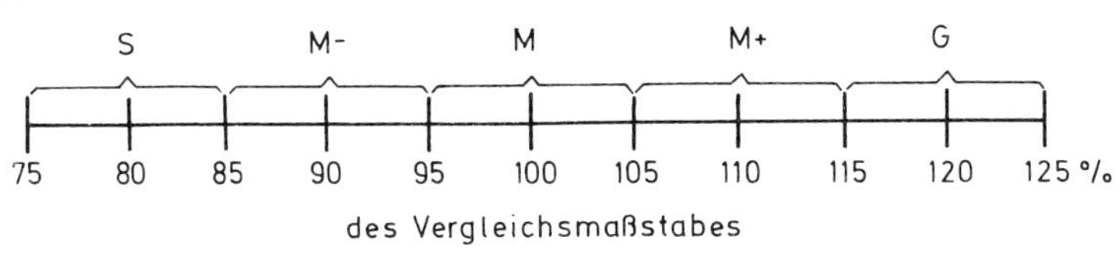

Abb. 2. Erbwertbereich (nach SCHMIDT-PATOW-KLIESCH).

Es tauchte nun die Frage auf, ob es richtig sei, so entstehende Prozentzahlen oder aber die absoluten Abweichungen zu nennen. GRAVERT klärte diese Frage 1959; er konnte unter Verarbeitung eigener Untersuchungen und solcher anderer Autoren zu keiner nennenswerten Rangfolge kommen.
Nach der Bewertung der Leistungen der weiblichen Tiere und dem Bemühen, ihre tatsächliche Veranlagung zu ermitteln, ist dann sehr bald der mit Recht starke Drang festzustellen, den Erbwert von Bullen zu erfassen. Dies sollte und soll möglichst früh, d.h. schon bald nach dem Vorliegen der ersten Färsenleistungen der Töchter, geschehen. Bereits in den erwähnten Ermittlungen von SCHREWE in Kleinhof-Tapiau hatten sich Färsengruppen oder Nachkommengruppen von Bullen ergeben, die innerhalb des großen Bestandes echte Unterscheidungsmöglichkeiten gestatteten. Derartige Vergleiche sind nur in wenigen Fällen möglich gewesen. Sie sind jedoch in Dänemark im Rahmen von Prüfstationen aufgegriffen worden. Dort wurden in eigens dazu eingerichteten Betrieben Töchtergruppen von jeweils 20 Tieren besonders bedeutsamer Vatertiere über die Färsenlaktation hin unter die gleichen Umweltbedingungen gestellt und Milchmenge, Milchinhaltsstoffe, Futterverwertung, Gesundheitszustand u.a. bestimmt und festgehalten. Der Verein Ostfriesischer Stammviehzüchter griff dieses Verfahren auf und stellte 1954 in Loga/Leer 2 Töchtergruppen von jeweils 15 Töchtern der Bullen Harald und Jäger auf

(Bericht: HARING, FR., GROENEWOLD, H. und GRUHN, R., 1956). Auch über eine folgende Untersuchung liegt eine ausführliche Mitteilung (HARING, FR., GRUHN, R., und GROENEWOLD, H., 1958) vor. Der hohe Aufwand und die Möglichkeit, eine nur geringe Zahl von Vatertieren überprüfen zu können (jeweils nur 2 Töchtergruppen mit 15 bis 20 Färsen je Bulle), waren Veranlassung der Einstellung nach einem weiteren Prüfungsjahr.
Inzwischen waren die Untersuchungen zur Auswertung der Milchkontrollergebnisse im Rahmen von Zuchtwertschätzungen für Bullen durch die Tierzuchtwissenschaft und die Herdbuchverbände weiter vorangetrieben worden. Insbesondere fand ein Vergleich von Leistungen der Töchter mit demjenigen ihrer Mütter (TMV) verstärkt Beachtung, um damit die Vererbung der Vatertiere zu erfassen.
LAUPRECHT hebt hervor, daß dieses Verfahren bereits 1905 in Dänemark genannt wird. Diese Methode beruht somit auf der Gegenüberstellung von Leistungen der Töchter eines Bullen mit denjenigen ihrer Mütter, wobei mit Rücksicht auf die Abhängigkeit der Leistungen vom Alter der Tiere jeweils korrespondierende Werte gegenübergestellt werden müssen. Nach der Anwendung bzw. Arbeit, anfänglich mit absoluten Zahlen, selbstverständlich unter Beachtung der notwendigen bereits genannten Berücksichtigung von Kalbemonat, Alter beim ersten Kalben, Krankheiten u.a., ist dann sehr bald das Vergleichen von Relativwerten einbezogen und erörtert worden. Hier tauchte nun wiederum verstärkt das Problem des Vergleichsmaßstabes auf, da insbesondere in den kleineren Herden der Stall- oder Stallgruppendurchschnitt nicht anwendbar war oder zu größeren Fehlerquellen führte. J. PETERS konnte in Ostpreußen im Rahmen eines Gefährtinnenvergleiches arbeiten und sagt dazu: „Die Feststellung der Milchvererbung der Bullen hat unsere Herdbuch-Gesellschaft immer für außerordentlich wichtig gehalten. Sie hat bisher noch Jahr für Jahr trotz der Not der Zeit die bezüglichen Arbeiten restlos durchführen können. Die Arbeit basiert auf dem gleichen Prinzip, das bei der Bewertung der Kühe in Anwendung kommt. Bei den Bullen werden die Leistungen der Töchter mit den Leistungen der gleichaltrigen Kühe anderer Abstammung in ihrer Standherde verglichen. Auf der Rückseite der Ahnentafeln jedes Bullen wird jährlich vermerkt, wieviel seiner Töchter in dem betreffenden Kontrolljahr mehr oder weniger an Milch, prozentischem Fettgehalt und Milchfettmenge erzeugten als die Stallgefährtinnen der gleichen Alterskategorie anderer Abstammung (s. Tab. 36).
Die Herdbuch-Gesellschaft ist also dauernd darüber unterrichtet, wie sich jeder zur Zucht benutzte Herdbuchbulle auf Milchleistung (Milchmenge und Fettgehalt der Milch getrennt) vererbt hat.
Zur Bewertung der Bullen bedienen wir uns eines ähnlichen Zeichensystems wie bei der Bewertung der Kühe. Das Zeichensystem für die Bullen ist folgendes:
Ein Einfuß mit Fahne links (¬), ein Zweifuß mit Fahne links (ㄱ\) oder ein Dreifuß mit Fahne links (ㄱ|\) bedeutet, daß der Bulle den Milchfettertrag seiner Töchter ganz oder hauptsächlich durch einen hohen prozentischen Fettgehalt der Milch über den Herdendurchschnitt erhöht hat, und zwar um so stärker, je mehr Füße die Fahne hat.
Ein Einfuß mit Fahne rechts (⌐), ein Zweifuß mit Fahne rechts (/⌐) oder ein Dreifuß mit Fahne rechts (/|⌐) bedeutet, daß der Bulle den Milchfettertrag seiner Töchter ganz oder vorwiegend durch eine hohe Milchmenge über den Herdendurchschnitt erhöht hat, und zwar ebenfalls wieder um so stärker, je mehr Füße die Fahne hat.

Ein Einfuß mit Fahne links und rechts (⊤), ein Zweifuß mit Fahne links und rechts (⊼) oder ein Dreifuß mit Fahne links und rechts (⊼) bedeutet, daß der Bulle den Milchfettertrag seiner Töchter sowohl durch Erhöhung der Milchmenge als auch durch Erhöhung des prozentischen Fettgehalts der Milch verbessert hat, und zwar auch hier wieder um so bedeutender, je mehr Füße die Fahne hat.
Damit die Bullen diese Zeichen erhalten, müssen ihre Töchter im Durchschnitt aller geprüften Laktationen das Mittel der gleichaltrigen Stallgefährtinnen mindestens überschritten haben:

bei Einfußfahne	um 3,5 kg Milchfett, wenn 25 bis 50 Jahreserträge der Töchter vorliegen,
	um 2,5 kg Milchfett, wenn 51 bis 100 Jahreserträge der Töchter vorliegen,
	um 1,5 kg Milchfett, wenn mehr als 100 Jahreserträge der Töchter vorliegen,
bei Zweifußfahne	um 5 kg Milchfett, wenn 51 bis 100 Jahreserträge der Töchter vorliegen,
	um 3 kg Milchfett, wenn mehr als 100 Jahreserträge der Töchter vorliegen.
Eine Dreifußfahne	wird nur bei Bullen erteilt, von denen mehr als 100 Jahreserträge der Töchter vorliegen, und zwar nur dann, wenn diese um mindestens 5 kg Milchfett das Mittel ihrer gleichaltrigen Stallgefährtinnen überschritten haben.“

Sofern der Stalldurchschnitt als Vergleichsmittel nicht genommen werden konnte, sind derjenige des Dorfes, Molkereieinzugsgebietes, Bezirksdurchschnitts usw. herangezogen worden. Nach den vorliegenden Mitteilungen soll der bekannte Züchter VON LOCHOW, Petkus, in den 20er Jahren als einer der ersten in Deutschland diese Art der TMV-Berechnung angewandt haben. Sicher ist, daß KÖPPE 1928 in Ostfriesland den TMV in größerem Umfang zur Anwendung gebracht hat. Es folgten dann die meisten deutschen Herdbuchvereinigungen.
Die Durcharbeitung und Verbesserung des Verfahrens hat eine fast unübersehbare Fülle von Publikationen, Erörterungen und Diskussionen erbracht. In fast allen Tierzuchtinstituten und tierzüchterischen Forschungsstätten hat man sich mit den anstehenden Problemen befaßt. Genannt seien als Träger von Forschungen und Erörterungen die Namen: KRONACHER, SCHMIDT, LAUPRECHT, VON PATOW, GÄRTNER, KRALLINGER, ZORN, KRÜGER, KÖPPE, SCHIMMELPFENNIG, LANGLET, LÖRTSCHER, GRUHN und GRAVERT.
Da man sehr bald von einem Vatertier Unterlagen oder zumindest Hinweise auf den Erbwert haben wollte, führte K. SCHIMMELPFENNIG in Oldenburg die Berechnung nach der sogenannten FÄRSENKURZLEISTUNG, d.h. nach 200 Laktationstagen, ein.
Der Ausdruck des Ergebnisses des TMV erfolgte in Zahlen oder aber auch in Abbildungen. Zu den Zahlen ein Beispiel aus dem Oldenburger Zuchtgebiet (nach SCHIMMELPFENNIG – SCHUBERT – VON PATOW). Dieser TMV ist zugleich nach der frühzeitigen Verwendung der Färsenkurzleistungen (Fkl) durchgeführt.

Mynheer 17526	28 Tö	46–49	3831 (+ 18 %)	3,90 (+ 13 %)	160	$Mi = m^{+}$
	28 Mü	31–43	4066 (+ 10 %)	3,60 (+ 7 %)	146	F% = g

Mynheer 17526 26 Tö–Fkl 45–48 2129 (+ 20 %) 3,78 81

26 Mü–Fkl 34–43 2380 (+ 5 %) 3,60 86

Unter Verwendung von Relativwerten, d. h. die Werte jeweils in Beziehung zu einem Vergleichsmaßstab gesetzt, nennt ZORN folgende Berechnung:

36 Tö: 4364 (109); 3,25 (99); 142 (108)

36 Mü: 3545 (104); 3,22 (102); 114 (107)

Es zeigt sich hier die Bedeutung der Gegenüberstellung von Relativwerten. So läßt der Prozent-Fettgehalt trotz Steigerung des absoluten Wertes bei der Gegenüberstellung der Relativzahlen einen Rückgang erkennen, und auch die Milchmenge und die Fett-kg sind in Relation zum Vergleichsmaßstab geringer im Anstieg. Dies hatte besondere Bedeutung in den Nachkriegsjahren, als des öfteren die Mütterleistungen unter den schlechten Bedingungen der Kriegs- und Nachkriegsjahre erbracht und die Töchterleistungen mit zunehmendem Kraftfuttereinsatz und sonstigen günstigen Verhältnissen erzielt wurden.
Die Ergebnisse des TMV sind auch in Erbgittern und sonstigen Darstellungen wiedergegeben worden. Zum Erbgitter sei zunächst das Verfahren der Wiedergabe nach VON PATOW gezeigt (Abb. 3):

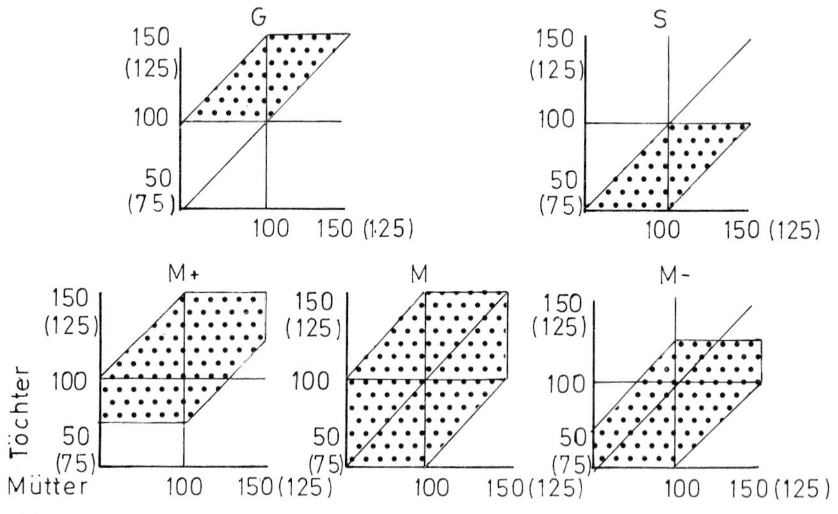

Abb. 3. TMV-Erbgitter.

ZORN hat dann an einem sehr guten Beispiel die verschiedenen Darstellungsarten demonstriert. Er hat hierzu einen größeren Herdbuchbestand schwarzbunter Rinder verwandt, in dem nacheinander die Bullen Kurt 13132 und Biber 19190 gedeckt haben. Die Vererbung dieser beiden Vatertiere, teils deckten sie die gleichen Tiere, war sehr unterschiedlich. Zur Anwendung kamen absolute Werte (Abb. 4 bis 8).

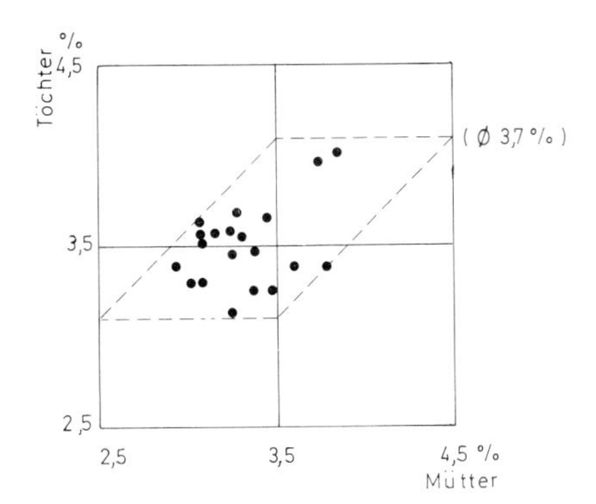

Abb. 4. Darstellung der Fettvererbung des Bullen „Kurt“ 13132 im Erbgitter.

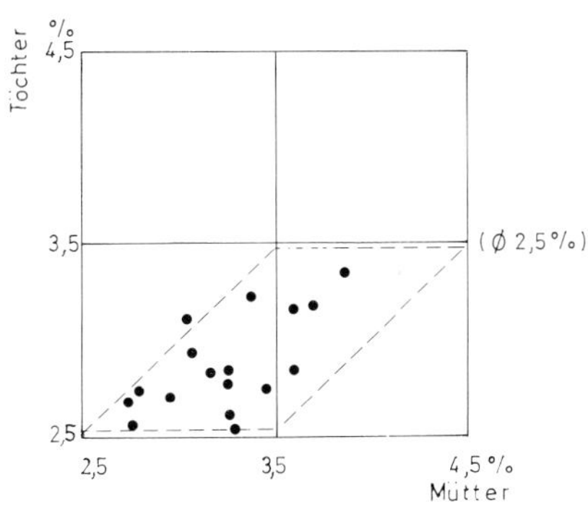

Abb. 5. Darstellung der Fettvererbung des Bullen „Biber“ 19190 im Erbgitter.

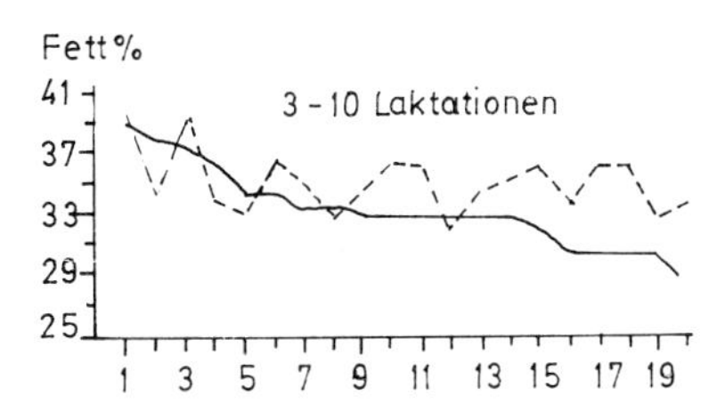

Fett%
1. Laktation
41
37
33
29
25
1 3 5 7 9 11 13 15 17 19
Kühe

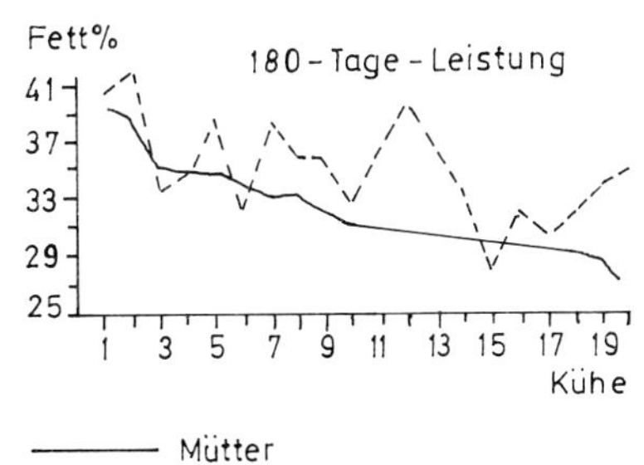

Fettvererbung des Bullen 'Biber' 19 190

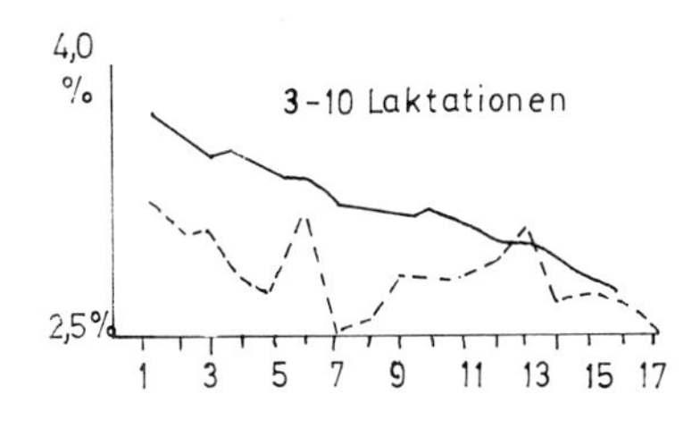

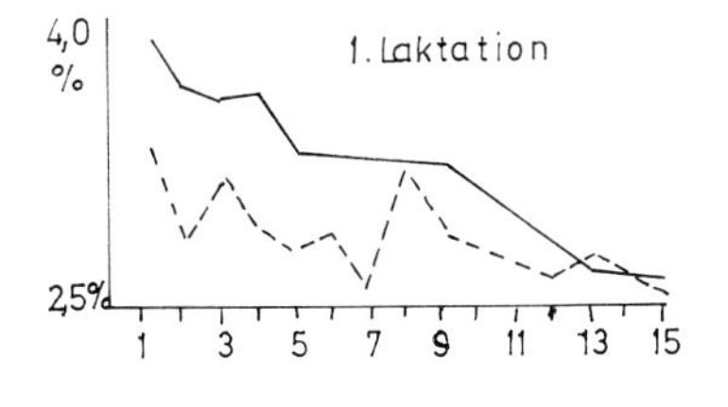

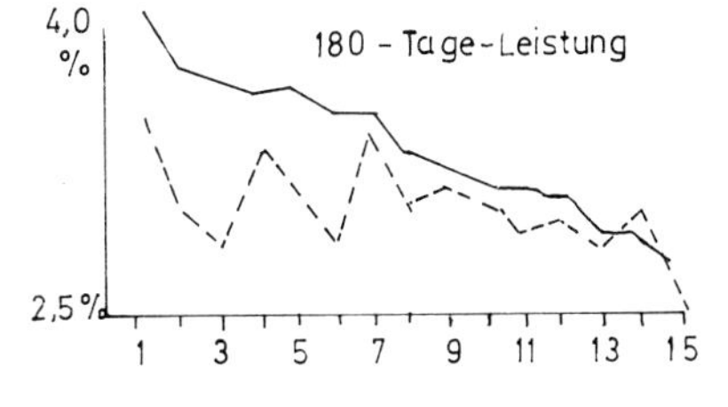

——— Mütter
- - - - - Töchter

Abb. 6. Darstellung der Fettvererbung durch Kurvenverlauf.

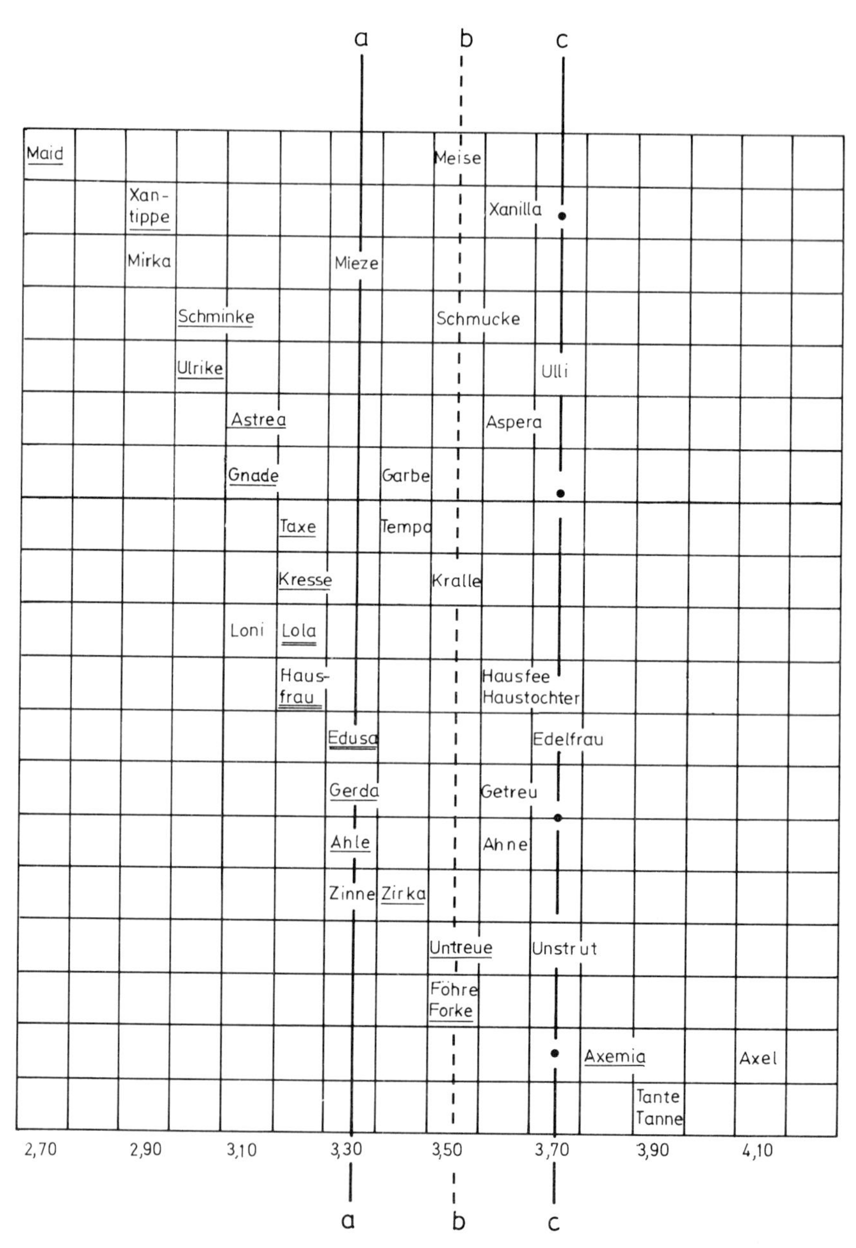

Abb. 7. Leistungserbblatt des Bullen „Kurt" im Fettprozentgehalt. a = durchschnittlicher Fettprozentgehalt der Mutter, b = durchschnittlicher Fettprozentgehalt der Töchter, c = Erbwertlinie des Bullen, Erhöhung 0,2 %.

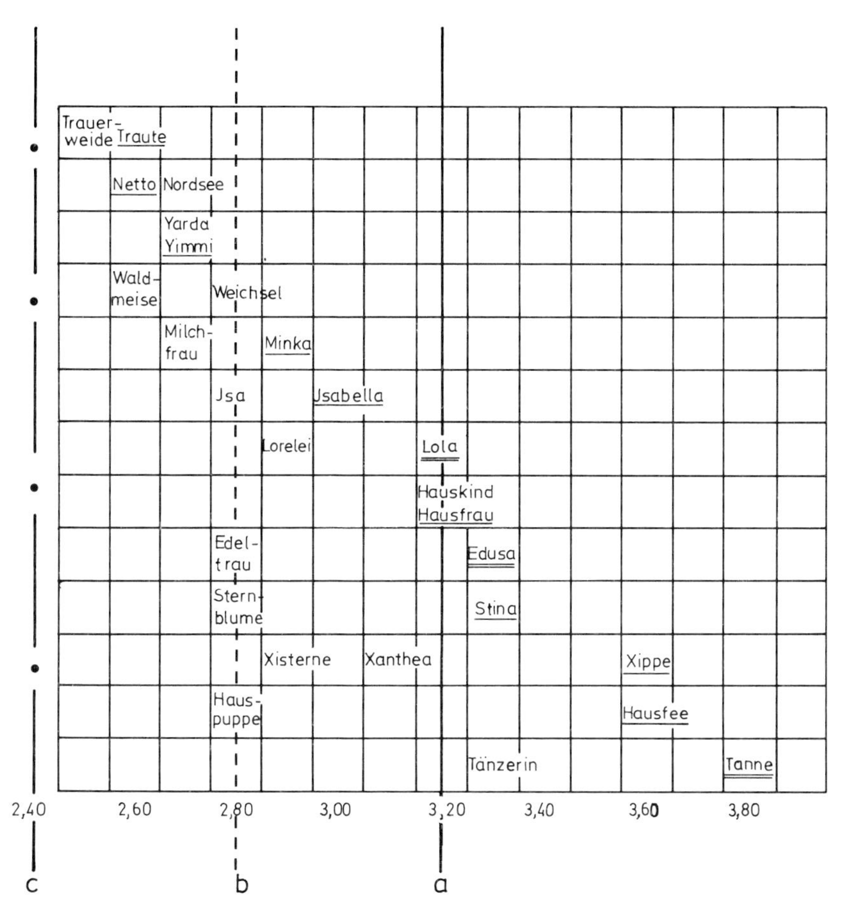

Abb. 8. Leistungserbblatt des Bullen „Biber" im Fettprozentgehalt. a = durchschnittlicher Fettprozentgehalt der Mutter, b = durchschnittlicher Fettprozentgehalt der Töchter, c = Erbwertlinie des Bullen, Erniedrigung 0,6 %.

Der Vollständigkeit halber sei auch ein Erbgitter für einen Bullen unter Verwendung von Relativwerten hinzugefügt (Abb. 9).

Die Methode des Töchter-Mütter-Vergleichs hat längere Zeit in der deutschen Rinderzucht Anwendung gefunden. Auch im Ausland fand das Verfahren Nachahmung. Alle Untersuchungen zur Bewertung haben jedoch Fehlerquellen aufzeigen können, und auch die später vermehrte Verwendung von Relativwerten hat diese nicht ausräumen können.

Ein neueres, besseres Verfahren wurde dann von England übernommen und schloß die Verwendung des TMV allmählich ab. In England hatte man die Methode des Zeitgefährtinnen-Vergleiches wieder aufgegriffen. (EDWARDS vom Milk Marketing Board betont die erstmalige Anwendung dieses Verfahrens als Stallgefährtinnen-Vergleich durch PETERS.)

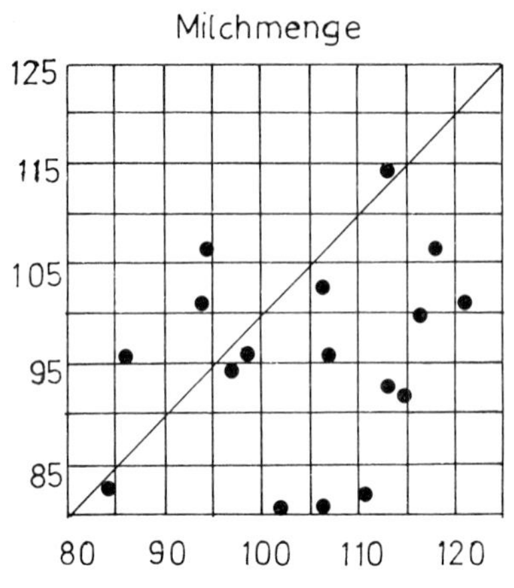

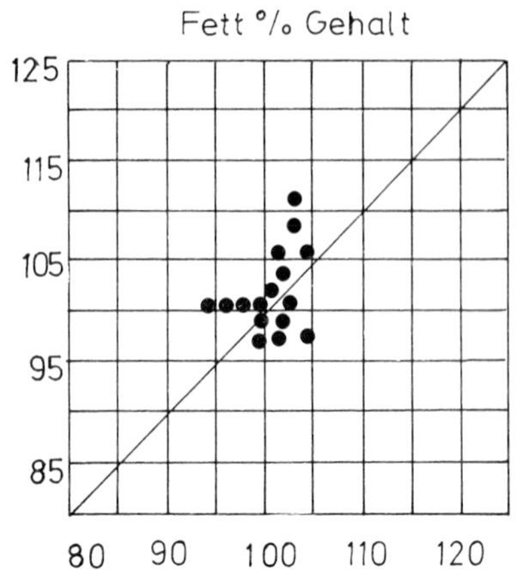

Abb. 9. Stier „Knall". Stark streuend in der Vererbung der Milchmenge, wenig in der Vererbung des Fettprozentgehaltes.

Günstige Voraussetzungen für einen derartigen Vergleich von Nachkommengruppen bot die stärkere Anwendung der KB. Nunmehr hatte man größere Zahlen von Töchtern eines Besamungsbullen, die zudem in vielen, zumeist recht unterschiedlichen, Betrieben standen. Damit ergab sich ein Ausgleich des Faktors Umwelt, und zugleich war auch das Müttermaterial recht heterogen. Nach populationsgenetischen Grundsätzen und unter Anwendung statistischer Methoden erarbeitete ROBERTSON 1950 das neue Verfahren eines Zeitgefährtinnen-Vergleiches (contemporary comparison). Der MMB in England arbeitete bald nach diesen Grundsätzen. Auch in Deutschland wurde die Methode bekannt, und in einigen Zuchtgebieten begann man mit ihrer Anwendung. Rasche Ausbreitung der KB, vermehrter Einsatz der Datenverarbeitung in den Landeskontrollverbänden und nicht zuletzt verstärktes populationsgenetisches Denken boten hierzu die Voraussetzungen. Eine einheitliche Anwendung erwies sich bald als dringend erforderlich.
Dies führte dazu, daß GRAVERT 1965 dem zuständigen Ausschuß der DGfZ ein für deutsche Verhältnisse zugeschnittenes Verfahren vorschlug. Nach Durcharbeitung entstanden die Vorschläge des Arbeitsausschusses „Genetisch-statistische Methoden in der Tierzucht" (Vors. E. Lauprecht), die dann als Empfehlungen der Deutschen Landwirtschafts-Gesellschaft für die Zuchtwertschätzung auf Milchmengenleistung und Milchbestandteile, vorgeschlagen von der Arbeitsgemeinschaft Deutscher Rinderzüchter, ihren Niederschlag und praktische Anwendung fanden (1966).

A) Zweck und Aufgabe der Zuchtwertschätzung

Damit die Zuchtwertschätzung von Bullen auf Milchmengenleistung und Milchbestandteile für das ganze Bundesgebiet einheitlich durchgeführt wird, hat die Deutsche Landwirtschafts-Gesellschaft auf Vorschlag der Arbeitsgemeinschaft Deutscher Rinderzüchter die vorliegende ‚Empfehlung' herausgegeben, die durch den bei der Arbeitsgemeinschaft Deutscher Rinderzüchter gebildeten Arbeitsausschuß für Zuchtwertschätzung ausgearbeitet wurde.
Nach § 4 des Gesetzes über Maßnahmen auf dem Gebiet der tierischen Erzeugung (Tierzuchtgesetz) vom 7. Juli 1949 in der Fassung vom 23. Juni 1953 bestimmt der Bundesminister für

Ernährung, Landwirtschaft und Forsten die Mindestforderungen für die Leistung der Vorfahren des Tieres und für das Tier selbst. Für die Milchleistung und die Milchbestandteile sind bei Bullen Mindestforderungen nur für ihre geschätzten Zuchtwerte möglich.
Die im folgenden festgelegte Methode enthält Mindestforderungen hinsichtlich der Durchführung der Zuchtwertschätzung aufgrund der Töchterleistungen, die in allen Ländern und in allen Zuchtgebieten erfüllt werden müssen. Weitergehende Forderungen, die die Aussagefähigkeit der Ergebnisse verbessern, stehen in freiem Ermessen der Stellen, die die Zuchtwertschätzung durchführen.

B) Organisation der Zuchtwertschätzung
Für die Durchführung der Zuchtwertschätzung sollte auf der Ebene des Landes oder der Landwirtschaftskammer eine Zuchtwertschätzungsstelle eingerichtet werden. Träger dieser Zuchtwertschätzungsstelle muß eine neutrale Organisation sein. Falls die Oberste Landesbehörde für Landwirtschaft die Trägerschaft selbst übernimmt, erscheint es zweckmäßig, diese Empfehlung als Richtlinie für die Durchführung der Zuchtwertschätzung zu übernehmen. Die Neutralität ist auch dann gewährleistet, wenn ein Landeskontrollverband die Trägerschaft der Zuchtwertschätzungsstelle übernimmt oder ein besonderer eingetragener Verein gegründet wird, dessen Mitglieder die zuständigen Zuchtverbände, die Landeskontrollverbände und die Besamungsorganisationen sind.
Der Zuchtwertschätzungsstelle müssen alle erforderlichen Unterlagen aus den amtlichen Milchleistungsprüfungen laufend zur Verfügung stehen.
Der Leiter der Zuchtwertschätzungsstelle muß ein staatlich geprüfter Tierzuchtleiter oder ein Diplomlandwirt der Fachrichtung Tierproduktion sein und eine Spezialausbildung in genetisch-statistischen Methoden nachweisen können. Die Zuchtwertschätzungsstelle muß, um voll arbeitsfähig zu sein, dem Umfang der zu bearbeitenden Unterlagen entsprechende technische Einrichtungen (Lochkartenmaschinen, Datenverarbeitungsanlagen usw.) zur Verfügung haben.

C) Durchführung der Zuchtwertschätzung
1. Für die Zuchtwertschätzung eines Bullen sind die Leistungen aller Töchter (Herdbuch und Nichtherdbuch) heranzuziehen.
2. Für die Zuchtwertschätzung eines Bullen dienen Kurzleistungen und die ersten 305-Tage-Leistungen aller geprüften Töchter. Teilleistungen sind mittels geeigneter Faktoren auf 305-Tage-Leistungen umzurechnen.
3. Für die Zuchtwertschätzung der Bullen ist folgende Formel anzuwenden:

$$ZW = \frac{2\,n}{n + k}\,(\bar{T} - VG)$$

dabei ist
ZW = geschätzter Zuchtwert
n = Anzahl der Töchter
T = durchschnittliche Töchterleistung
VG = Vergleichswert
h^2 = Erblichkeitsanteil

$$k = \frac{4 - h^2}{h^2}$$

4. Der Vergleichswert VG ist der gleichzeitige Durchschnitt der entsprechenden Kurzleistungen bzw. der ersten 305-Tage-Leistungen der Population unter Berücksichtigung von Erstkalbealter, Kalbemonat, Betrieb und weiteren erfaßbaren Einflüssen, wie z. B. mütterliche Abstammung, Herdengröße, Art des Bulleneinsatzes, Melktechnik usw.
Der Einfluß der Betriebe auf die Milchmengenleistung der Töchter muß in seiner durchschnittlichen Höhe berücksichtigt werden. Es ist anzustreben, daß sich die Töchter auf möglichst viele Betriebe – mindestens 10 Betriebe – verteilen.

5. Die erfaßbaren Einflüsse sind, soweit erforderlich, in Höhe der partiellen Regression zu berücksichtigen.
6. Die Regressionskoeffizienten und die übrigen in der Anlage aufgeführten Zahlenwerte müssen für die jeweilige Population ermittelt und jährlich überprüft werden.

D) Veröffentlichung der Ergebnisse der Zuchtwertschätzung

Bei der Veröffentlichung der Ergebnisse der Zuchtwertschätzung sind mindestens anzugeben:

a) Anzahl der Töchter (mindestens 10); bei 305-Tage-Leistungen ist die Anzahl der mittels Hochrechnung errechneten 305-Tage-Leistungen oder die mittlere Anzahl der wirklichen Melktage in Klammern anzugeben.
b) Geschätzte Zuchtwerte. Absolute Durchschnittsleistung der Töchter können angegeben werden.

Die Ergebnisse sind den beteiligten Dienststellen und Organisationen (Körämter, Körstellen, Tierzuchtämter, Zuchtleitungen und Zuchtverbände, Besamungsstationen bzw. -organisationen) laufend bekanntzugeben. Ferner sind sie in die Versteigerungs- und Schauverzeichnisse sowie in die Abstammungsnachweise einzutragen. Bei Veröffentlichung von Zuchtwertschätzungsergebnissen ist anzugeben, welche Stelle die Berechnung durchgeführt hat. Ob eine listenmäßige Veröffentlichung in den Mitteilungsblättern der vorgenannten Organisationen erfolgt, bleibt diesen überlassen.

Diese nunmehr schon klassische Methode (KRÄUSSLICH) hat weitere Bearbeitung und Ergänzung gefunden und fand 1976 Aufnahme in die Verordnungen zum Tierzuchtgesetz.

Die Zuchtwertschätzung bei **Schweinen** ist ähnliche Wege gegangen. Da hier die Zuchtleistungen, insbesondere die Ferkelzahlen, eine besondere Rolle spielen, wurden Töchter-Mütter-Vergleiche zur Ermittlung des Erbwertes eines Vatertieres in bezug auf die Zuchtleistungen angestellt. Die verschiedene Art der Darstellung ist zu finden, einschließlich derjenigen von Erbgittern.

Schon sehr früh ergab sich, daß die Mastfähigkeit und der Ausschlachtungswert nur in neutralen Prüfstationen korrekt zu erfassen sind (s. S. 359). Die Auswertungen dieser Ergebnisse und ihre Einordnung im Rahmen von Zuchtwertschätzungen haben die Tierzuchtforschung stark beschäftigt und zu vielen Arbeiten und Publikationen geführt.

Hinzu kam das System der Eigenleistungsprüfungen (s. S. 365), dieses aber auch bei fast allen Tieren, und entsprechende Auswertungsverfahren.

Auch bei den übrigen Haustierarten sind mannigfache Untersuchungen angestellt worden, um die gewonnenen Werte aus Zuchtleistungen, Leistungsprüfungen und sonstigen Ermittlungen in die Zuchtwertschätzung einzubeziehen. So gab LÖWE 1944 für das **Pferd** Untersuchungen von vergleichenden Gegenüberstellungen von Fohlen mit ihren Müttern auf Fohlenschauen bekannt, um damit die Vererbung eines Hengstes zu erkennen. Nach einer Einrangierung und Vergabe von Punkten ließen sich entsprechende Gegenüberstellungen der einzelnen Nachzuchten vornehmen. Dieses Verfahren kam verschiedentlich zur Anwendung und Überprüfung, erbrachte Erkenntnisse über die Vererbung bestimmter Körpermerkmale, unterlag insgesamt jedoch einer zu stark subjektiven Beeinflussung der Notenvergabe, so daß die Vergleichbarkeit im größeren Rahmen, d.h. in einem größeren Zuchtgebiet mit der notwendigen Anzahl von Bewertungskommissionen, kaum ohne größere Fehlerquellen blieb.

Abschließend sei zu den Zuchtwertschätzungen bemerkt, daß im Verlaufe der letzten Jahrzehnte neuere mathematisch-statistische Auswertungsmethoden und

-möglichkeiten wesentliche Verbesserungen schufen. Sie fanden und finden breiteste Anwendung und führen bei engster Zusammenarbeit von Tierzuchtwissenschaft und Praxis zur immer genaueren Erfassung des Erbwertes der Haustiere.

1.2.4 Immunogenetik

Blutgruppenbestimmungen und die Erblichkeit von Blutgruppenfaktoren haben nach der bereits erwähnten Entdeckung dieser Merkmale beim Menschen (LANDSTEINER 1900), in der Tierzuchtforschung nach dem 1. Weltkrieg beginnend, verstärkt aber nach 1945, an Bedeutung gewonnen und auch mannigfache Anwendung in der praktischen Tierzucht erfahren. KRONACHER u.a. griffen diesen Forschungskomplex auf, und später ist eine kaum überschaubare Fülle von Untersuchungen und Publikationen erfolgt.
Die praktische Tierzüchtung hat damit insbesondere Identitätsnachweise führen und Abstammungen sichern können. Diese Verfahren sind zu einem wichtigen Gebiet der Herdbuchzucht geworden, um versehentlich oder auch bewußt falsche Angaben zu eliminieren. Es ist damit eine direkte Förderung der tierzüchterischen Entwicklung erfolgt. Erwähnt sei auch, daß die Tierzuchtforschung selbst Blutgruppen und Blutgruppenfaktoren in der Arbeit mit eineiigen Rinderzwillingen mit Erfolg verwandte.
Einen breiten Raum haben dann in der Tierzuchtforschung die Bestimmung von Blutgruppen sowie anderen Blutwerten und ihre Beziehung zu Leistungseigenschaften der Tiere erhalten. In zahlreichen Mitteilungen wird von positiven Korrelationen berichtet, die jedoch zumeist nicht signifikant waren.

1.3 Gesetzgebung und allgemeine staatliche Förderung

Von Ministerialdirigent a.D. Dr. EBERHARD KUNZE

Vorbemerkung

Unter staatlichen Maßnahmen sind solche zu verstehen, die von Körperschaften des öffentlichen Rechts mit Hoheitsbefugnissen getroffen sind. Das ist einmal die Bundesrepublik, davor das Deutsche Reich und vordem der Deutsche Bund, zum anderen die innerhalb dieser Reiche bestehenden selbständigen Bundesländer. Es gehören aber auch die Provinzen, Regierungsbezirke, Kreise und Gemeinden dazu. Einzubeziehen waren auch die Landwirtschaftskammern, der Reichsnährstand und seine Landesbauernschaften, die an sich Selbstverwaltungseinrichtungen waren, aber den Status von öffentlich-rechtlichen Körperschaften hatten und mit gewissen Hoheitsbefugnissen ausgestattet waren. Nicht dazu gehören die Züchtervereinigungen, Herdbuchgesellschaften und Tierzuchtverbände. Sie sind privatrechtlich organisiert und treffen keine unmittelbaren staatlichen Maßnahmen, wenn auch ihre Existenz und einige ihrer Maßnahmen im modernen Tierzuchtrecht Voraussetzung für dessen Durchführung sind und sie insoweit als „beliehene Verbände" bezeichnet werden können.
Als Maßnahmen kommen in erster Linie förmliche Gesetze und Verordnungen in Betracht, die Ge- und Verbote an die Bürger, hier die Tierzüchter und -halter, enthalten und meist mit Strafandrohungen versehen sind. Zu den staatlichen Maßnahmen gehören aber auch die vielfältigen finanziellen Förderungen, die teils

an Organisationen und Verbände, teils aber auch unmittelbar an Tierzüchter und Tierhalter vergeben werden, und die in den verschiedensten rechtlichen Formen verlautbar sind. Weiter muß auch die Schaffung und der Ausbau einer staatlichen Tierzuchtverwaltung dazu gerechnet werden, ebenso die von staatlicher Seite geschaffenen und unterhaltenen Einrichtungen zur Förderung der Tierzucht, wie z. B. Gestüte, Anstalten, Stationen einschl. derjenigen im Hochschulbereich, die aber im Abschnitt D, 2 besonders behandelt werden.

Es ist nicht möglich, sämtliche seit etwa der Mitte des 18. Jahrhunderts getroffenen staatlichen Maßnahmen auf dem Gebiet der Tierzucht zu beschaffen und hier mit vollem Wortlaut oder auch nur im Inhalt im einzelnen wiederzugeben. Das ist auch nicht der Sinn dieser Darstellung. Es ist mir vielmehr darauf angekommen, die Entwicklung der staatlichen Maßnahmen auf dem Gebiet der Tierzucht in großen Linien aufzuzeigen, beginnend bei den ersten, meist einzelnen und örtlich oder gebietlich recht begrenzten Schritten, um dann bei der Fortentwicklung auf die in den einzelnen Ländern und Zuchtgebieten teils gemeinsamen, teils aber auch recht unterschiedlichen Regelungen aufmerksam zu machen, dabei auch hier und da besonders wesentliche oder interessante Vorschriften im Wortlaut zu bringen, um dann bei den umfassenden und weitgreifenden Regelungen der Tierzuchtgesetze des Reiches und der Bundesrepublik zu enden.

Diese Darstellung legt das Schwergewicht auf die Maßnahmen zur Förderung der Tierzüchtung. Maßnahmen, die die Förderung der Tierhaltung u. a. betreffen, können nur am Rande erwähnt werden, wie z. B. diejenigen zur Förderung des Absatzes von Zucht-, Nutz- und Schlachtvieh oder von tierischen Produkten, wenn sie sich indirekt natürlich auch auf die Zuchtviehhaltung ausgewirkt haben. Die Maßnahmen auf dem Gebiet des Veterinärrechts und des Futtermittelrechts werden in anderen Abschnitten dieses Buches behandelt.

1.3.1 Maßnahmen vom 18. Jahrhundert bis 1934

Einleitung

Die Auffassung, daß es zu den Staatsaufgaben gehöre, auch die Tierzucht als einen wichtigen Zweig der Landwirtschaft zu fördern, hängt natürlich eng mit der Entwicklung der Tierzucht als eines besonderen Betriebszweiges der Landwirtschaft zusammen. Sie entstand zuerst bei der Pferdezucht und hier schon im 17./18. Jahrhundert, um dann im 19. Jahrhundert auch die Rinderzucht zu erfassen und gegen dessen Ende auch die anderen Haustierarten einzubeziehen. Diese Förderungen sind aber nicht nur zeitlich, sondern auch inhaltlich, vor allem aber gebietlich sehr unterschiedlich verlaufen. Vielerlei Gründe waren dafür maßgebend. Es lag in erster Linie daran, welche Bedeutung die Tierzucht in den einzelnen Gebieten oder Gebietsteilen hatte, welche Erkenntnisse über die Förderungswürdigkeit und Förderungsnotwendigkeit bei der jeweiligen Staatsführung vorlagen und welche Einstellung die Tierhalter und Tierzüchter gegenüber den staatlichen Maßnahmen hatten. Sie hatten vielfach wenig oder kein Verständnis dafür, lehnten insbesondere die Zwangsmaßnahmen ab oder führten sie nicht durch.

Die unmittelbaren Maßnahmen des Staates zur Förderung der Tierzucht bestehen aus:

Überwachung des männlichen Zuchtmaterials,
Beschaffung und Unterhaltung guter Zuchttiere,
Bereitstellung und Vergabe von öffentlichen Geldern.
Diese 3 Maßnahmen stellen jedenfalls die Schwerpunkte der staatlichen Förderung dar. Die zuerst genannte Maßnahme wurde in vielen Gebietsteilen, die zweite vorzugsweise in Süd- und Mitteldeutschland und die dritte wohl überall getroffen. Wenn die einzelnen Maßnahmen auch zu sehr unterschiedlichen Zeiten in Kraft getreten sind, so haben sie doch im Kern und für alle Tierarten überall einen etwa gleichen Inhalt. Um Wiederholungen zu vermeiden, sollen sie hier zunächst allgemein dargestellt werden, auf Besonderheiten wird bei den einzelnen Tierarten eingegangen werden.

1.3.1.1 Überwachung des männlichen Zuchtmaterials

Wegen der Breitenwirkung, die ein Vatertier in der Tierzucht hat, konzentriert sich die Beeinflussung der Tierzucht auf die Vatertiere. Nur geeignete, gute, möglichst beste Vatertiere sollen zur Zucht verwendet werden. Deshalb griff hier der Staat zunächst ein und traf Bestimmungen über die Auswahl dieser Tiere. Sie mußten vor der Zuchtverwendung gekört oder angekört (von küren = auswählen) sein, nicht gekörte Vatertiere waren von der Zucht ausgeschlossen. Einer direkten Einflußnahme auf die Auswahl der Muttertiere hat sich der Staat überall enthalten.
An sich hätte man davon ausgehen können, daß die Tierhalter aus ureigenem Interesse nur die besten Vatertiere verwenden würden. Dem stand aber vielerlei entgegen. In den meisten Fällen fehlte dem Tierhalter die wirtschaftliche Kraft zur Haltung eigener Vatertiere. Weitgehend hatte man im vorigen Jahrhundert auch noch nicht die Einsicht in die wirtschaftlichen Vorteile der Verwendung guter Vatertiere, es mangelte auch am Beurteilungsvermögen, oft hatte der Tierhalter darüber auch seinen eigenen Sinn. Wirksam konnte hier nur durch die „höhere Weisheit“ von „oben“ geholfen werden.
Natürlich gab es auch im vorigen Jahrhundert schon einsichtige und fortschrittliche Tierzüchter, besonders in viehreichen Gebieten. Diese schlossen sich im letzten Viertel des vorigen Jahrhunderts zu Züchtervereinigungen zusammen, die für ihre Mitglieder recht straffe und strenge Körordnungen erließen und deren Beachtung durch eine gute Verbandsdisziplin auch durchsetzten. Wo dies der Fall war, bestand an sich keine Notwendigkeit zum Erlaß staatlicher Körordnungen. Deshalb wurden solche in diesen Gebieten auch meist recht spät erlassen und auch nur deshalb, um die Nichtmitglieder der Züchtervereinigungen, die Außenseiter, zu erfassen. Es bestanden dann staatliche und verbandliche Körordnungen nebeneinander. Daraus entstehende Schwierigkeiten hat man durch verständnisvolle Zusammenarbeit zwischen Staat und Züchtern zu vermeiden gewußt, vielfach wurde z. B. bestimmt, daß bei verbandsgekörten Tieren die staatliche Körung nicht mehr notwendig sei. Für die Durchführung der neueren Körordnungen sind die Züchtervereinigungen zwingend notwendig. Denn fast alle nach 1900 bis 1936 erlassenen Körordnungen verlangen Abstammungsnachweise, die regelmäßig nur über anerkannte Züchtervereinigungen erbracht werden können.
Die staatlichen Körordnungen enthielten stets den entscheidenden Satz, daß ein Vatertier zum Bedecken fremder, also dem Vatertierhalter nicht gehörender Muttertiere erst dann verwendet werden durfte, wenn es nach vorhergehender Prüfung (Körung) als zur Zucht tauglich befunden worden war. Vatertiere im Besitz von

Gemeinden, Verbänden und Vereinen wurden ausdrücklich einbezogen. Die Verwendung ungekörter Vatertiere zum Bedecken eigener Muttertiere war also bis 1934 zulässig mit Ausnahme von Bayern, wo bereits seit 1913 auch hierfür Körzwang bestand. Für das Bedecken von Muttertieren, die im Eigentum von Betriebsangehörigen standen oder mehreren Eigentümern gehörten, wurden vielfach Sonderbestimmungen erlassen.

In früheren Körordnungen galt der Körzwang nur für das entgeltliche Decken, wobei aber die Gewährung von Trinkgeldern, Naturalien oder Dienstleistungen ausdrücklich als Entgelt anzusehen war. Später ist die Unentgeltlichkeit als Ausnahme vom Körzwang nicht mehr zugelassen worden.

Das Land oder die Provinz oder das Gebiet, in denen die Körordnung galt, war in Körbezirke aufgeteilt, die sich zunächst regelmäßig nach den politischen Grenzen (Kreis, Amt) richteten, später aber häufig nach den in einem Gebiet vorherrschenden Zuchtrichtungen. Dabei spielte auch der Umfang des Viehbestandes eine Rolle, um die Arbeitsfähigkeit der Körkommissionen nicht zu überfordern.

Für jeden Körbezirk wurde eine Körkommission (Schauamt) gebildet. Sie bestand meist aus 3 bis 5 Personen. In den älteren Körordnungen hatten die Vertreter der öffentlichen Hand das Übergewicht (vom Kreistag gewählte Mitglieder, Landrat, Amtstierarzt), was auch damit zusammenhing, daß – jedenfalls in Preußen – sich die Körordnungen auf Polizeirecht gründeten. Allerdings wurde dabei auch auf besonders sachverständige Mitglieder Wert gelegt. Nach der Bildung und dem Erstarken der landwirtschaftlichen Selbstverwaltung, insbesondere nach der Errichtung der Landwirtschaftskammern, ging die Befugnis, die Mitglieder der Körkommissionen zunächst vorzuschlagen und später selbst zu benennen oder zu bestimmen, zunehmend auf diese über, wobei die Staatsvertreter nicht nur vermehrt durch Züchter, sondern auch durch Tierzuchtbeamte der Landwirtschaftskammern oder Geschäftsführer von Züchtervereinigungen abgelöst wurden.

Wurde ein Vatertier für zuchttauglich befunden, erhielt der Halter eine schriftliche Erlaubnis (Deckerlaubnis, Deckschein, Körschein). Darin wurde das gekörte Vatertier im einzelnen beschrieben und der Bezirk oder die Stelle, wo es decken durfte, genau angegeben. Rechtsmittel gegen die Entscheidungen über die Körung und die Deckerlaubnis waren meist ausgeschlossen, mit Ausnahme von Bayern, Württemberg und Oldenburg, wo sie ausdrücklich zugelassen und das Rechtsmittelverfahren genau geregelt war.

Überall und schon von Anfang an war ein bestimmtes Mindestalter für die zu körenden Tiere festgelegt worden. Wesentlich unterschiedlicher waren aber die sonstigen Voraussetzungen für die Körungen. Während der König von Dänemark 1782 für die Hengste sehr präzise und umfangreiche Voraussetzungen forderte, enthielten die Körordnungen, die im Laufe des 19. Jahrhunderts erlassen wurden, nur sehr wenige und allgemein gehaltene Vorschriften. So waren z. B. kranke oder minderwertige Tiere von der Körung ausgeschlossen, sonst sollten sie „gut“ oder „tüchtig“ sein oder den „Bedürfnissen der Rinder- bzw. Schweinezucht entsprechen“ oder „für die im Körbezirk vorherrschende Viehart geeignet“ sein. Gegen Ende des 19. Jahrhunderts wurde schon deutlicher verlangt, daß die zu körenden Tiere der vorhandenen Viehrasse angehören sollten und/oder geeignet sein sollten, sie zu verbessern. Im 20. Jahrhundert wurde dann immer klarer und deutlicher verlangt, daß das Vatertier der im Körbezirk vorherrschenden Rasse angehören und auch ein Abstammungsnachweis, regelmäßig von der in Betracht kommenden

Züchtervereinigung ausgestellt, vorgelegt werden mußte. Seit der Jahrhundertwende wurden die Voraussetzungen in den Körordnungen nur kurz umrissen, im einzelnen dann in besonderen „Reglements" oder „Instruktionen", die leichter abgeändert werden konnten, oder auch nur in mehr oder weniger veröffentlichten Anweisungen an die Körkommissionen ausführlicher niedergelegt.
Die Körungen fanden regelmäßig, mindestens jährlich einmal, oft auch zweimal statt. Die Deckerlaubnis galt fast immer für eine bestimmte Zeit, meist ein Jahr oder bis zur nächsten oder übernächsten Körung, dann mußte das Tier wieder vorgeführt werden. Waren die Vatertiere nicht mehr zur Verbesserung der Landestierzucht geeignet, wurden sie abgekört. Die Körungen waren regelmäßig Sammel- oder Hauptkörungen. Nachkörungen waren zwar vorgesehen, aber erschwert.
Für das Körwesen waren eine Menge von Förmlichkeiten vorgesehen. Die Körkommissionen, die Körbezirke, -termine und -orte mußten öffentlich bekanntgemacht werden, ebenso die Körergebnisse mit näheren Angaben über die Besitzer der gekörten Tiere wie insbesondere über diese selbst. Der Vatertierhalter hatte ein sorgfältiges Deckregister zu führen.
Hierzu wurde über das Tierzuchtrecht hinaus 1911 eine reichsrechtliche Verpflichtung ausgesprochen. In § 35 der Ausführungsvorschriften zum Viehseuchengesetz vom 7. 12. 1911 heißt es, daß Personen oder Gemeinden, Verbände oder Vereine, die einen Hengst oder Bullen zum Decken fremder Pferde oder fremden Rindviehs verwenden, ein Deckregister nach näherer Weisung der Landesregierungen zu führen haben. Den Haltern von Zuchthengsten und -bullen kann auch eine Anzeigepflicht auferlegt werden.
Dieses ganze Körwesen verursachte Kosten. Die Mitglieder der Körkommissionen erhielten Tagegelder und Reisekosten. Dazu kam der Schriftverkehr und anderes mehr. Diese Kosten sollten grundsätzlich durch Gebühren gedeckt werden, die von den Vatertierhaltern, die ihre Tiere zur Körung brachten, zu erheben waren. Da aber zur Erleichterung der Einführung des Körzwanges diese Gebühren nicht zu hoch angesetzt werden sollten, wurden die Kreise zur Tragung der Ausfälle verpflichtet. Wichtig war auch die Höhe des Deckgeldes. Der Vatertierhalter war hier nicht frei, die Höhe wurde amtlich festgesetzt. Einerseits sollte das Deckgeld hoch genug sein, um die Unkosten des Vatertierhalters zu decken und ihm einen Anreiz zur Haltung zu geben, andererseits sollte die Höhe auch die Muttertierhalter nicht von der Benutzung der gekörten Vatertiere abhalten. Der richtige Mittelweg war häufig schwierig. Man half sich vielfach damit, daß der Vatertierhalter einen Haltungszuschuß erhielt und/oder die Muttertierhalter Beihilfen, z. B. Freideckscheine, bekamen.
Sämtliche Körordnungen enthielten Strafvorschriften. Es konnte der bestraft werden, welcher als Halter ein nichtgekörtes Vatertier zum Decken verwendete oder verwenden ließ, z. B. auch durch unkontrollierten Weidegang. Ebenso konnte ein Muttertierhalter bestraft werden, der seine Tiere von nichtgekörten Vatertieren decken ließ. Es waren regelmäßig Geldstrafen in zunächst recht niedriger Höhe vorgesehen, die aber später verschärft wurden. Notfalls konnten auch Haftstrafen verhängt werden. Es ist wohl nicht übertrieben, wenn gesagt wird, daß diese Strafen weitgehend auf dem Papier standen. Denn sowohl die örtlichen Polizeibehörden, die zur Strafverfolgung verpflichtet waren, wie auch die Amtsrichter als Strafgericht sahen die Verwendung nichtgekörter – sogen. schwarzer – Vatertiere oft als verzeihliches Kavaliersdelikt an.

Wie schon erwähnt, waren in Preußen die Körordnungen auf das Polizeirecht gegründet. Es entstand deshalb 1922 große Aufregung, als das preußische Oberverwaltungsgericht entschied, daß das Polizeirecht nur zur Gefahrenabwehr, nicht aber zur Förderung der allgemeinen Wohlfahrt benutzt werden dürfe. Es erklärte deshalb alle auf Polizeirecht beruhenden Körordnungen – und das waren wie gesagt in Preußen alle – für nichtig. Darauf reagierten die preußische Staatsregierung und der preußische Landtag ungewöhnlich schnell. Bereits am 4. 8. 1922 wurde ein Gesetz über die Regelung des Körwesens und des Pferderennwesens erlassen, das nicht nur für die Zukunft, sondern auch für die Vergangenheit eine ausreichende Rechtsgrundlage für die in Preußen geltenden Körordnungen abgab.
Zum Abschluß dieses Abschnitts über die Körordnungen muß auch gesagt werden, daß es von Anfang an erheblichen Streit darüber gegeben hat, ob und inwieweit der Staat in die wirtschaftliche Entscheidungsfreiheit eines Tierzüchters und eines Tierhalters eingreifen dürfe. Der Streit darüber ist ja auch jetzt noch nicht abgeschlossen. So wurde die Frage, ob der Körzwang in § 1 des Tierzuchtgesetzes vom 7. 7. 1949 mit dem Grundgesetz vereinbar sei, dem Bundesverfassungsgericht zur Entscheidung vorgelegt, das sie aber mit Beschluß vom 14. 7. 1959 eindeutig bejaht hat. Aber auch gegen die Einzelheiten in den Körordnungen und auch gegen die Vorschriften über die gemeindliche Bullenhaltung gab es viel Ablehung und Widerstand sowohl in der Praxis wie teilweise auch aus der Wissenschaft, so daß trotz der besonders in Züchterkreisen ständig gewachsenen Einsicht in die Notwendigkeit und Richtigkeit der staatlichen Körordnungen ihre Durchführung vielfach recht mangelhaft war. Dagegen gab es gegen die Tätigkeit des Staats als Geld- oder Preisgeber durchweg keine Einwendungen.

1.3.1.2 Beschaffung und Unterhaltung von guten Vatertieren

(s. auch S. 405)

Die mit der Körung verfolgte Verbesserung der Landestierzucht konnte ihren Zweck nur erreichen, wenn auch genügend entsprechende Vatertiere vorhanden waren. Während bei Pferden in den meisten Ländern der jeweilige Staat der größte Pferdehalter war und deshalb selbst für eine ausreichende Zahl von Zuchthengsten zunächst für sich, dann aber auch für die übrigen Pferdehalter sorgte, waren die Verhältnisse bei den übrigen Tierarten wesentlich anders. Große und sehr große landwirtschaftliche Betriebe konnten zwar eigene Vatertiere halten, mittlere, kleinere und kleinste Betriebe waren dazu aber nicht in der Lage.
Dies traf wegen der Betriebsstruktur besonders für Süd- und Mitteldeutschland zu. Dort hatten die Gemeinden es schon frühzeitig als eine Gemeindeaufgabe übernommen – so z.B. in Württemberg spätestens schon seit Mitte des vorigen Jahrhunderts –, durch vertragliche Verpflichtungen einzelne Tierbesitzer zum Halten eines Vatertieres zur Benutzung durch alle anderen Gemeindemitglieder zu veranlassen. Teilweise wurden solche Abmachungen auch mit dem örtlichen Rittergut oder der Domäne geschlossen. Oder die Verpachtung der Gemeindeschenke oder des Gemeindebackhauses war mit entsprechenden Auflagen verbunden, besonders bei der Eberhaltung. Teilweise waren derartige Verpflichtungen als dingliche Last im Grundbuch eingetragen, die „Last“ wurde oft mit der Haltung geringwertiger Vatertiere erfüllt. Hier und da stellte die Gemeinde als Gegenleistung Weideland, die „Bullenwiese“, zur Verfügung.
Als gegen Ende des 19. Jahrhunderts die amtliche Körung fast überall vorgeschrie-

ben wurde, mußte staatlicherseits auch sichergestellt werden, daß die notwendigen Vatertiere vorhanden waren. Es wurden deshalb in vielen Ländern Gesetze über die Verpflichtung der Gemeinden zur Bullenhaltung oder zur Eberhaltung oder gleich zusammen für Bullen, Eber und Böcke erlassen. Teilweise waren sie mit den Körordnungen in einem Gesetz zusammengefaßt. Ein Gesetz war notwendig, weil in das Selbstverwaltungsrecht der Gemeinden eingegriffen wurde. Deshalb wurde für die Gemeinden mit einem entsprechenden Viehbestand die Vatertierhaltung als eine im öffentlichen Interesse liegende Gemeindeaufgabe festgelegt.
Die Gemeinden wurden in diesen Gesetzen verpflichtet, für das Vorhandensein einer dem Bedürfnis entsprechenden Anzahl von Vatertieren zu sorgen. Dabei wurde meist eine Mindestzahl von deckfähigen Muttertieren, aber auch eine Höchstzahl je Vatertier festgesetzt, z.B. bei Bullen höchstens 100, teils auch nur 80 Kühe. Manchmal hatte darüber der Kreisausschuß zu beschließen. Mehrere Gemeinden konnten für diese Aufgabe einen besonderen Bullenhaltungsverband gründen. Die Gemeinden konnten das Vatertier selbst halten oder durch Vertrag mit einem geeigneten, zuverlässigen Tierhalter halten lassen. Eine Reihumhaltung war aber regelmäßig verboten. Der betreffende Viehhalter mußte zur guten Wartung und Fütterung verpflichtet werden, wobei z.B. in Baden die Futtermengen für Farren mit täglich 9–15 kg Heu je nach Alter und 2 kg Hafer nebst einem Löffel Salz u.a.m. genau vorgeschrieben waren. In Bayern sollten die Gemeinden zunächst versuchen, die betreffenden Viehhalter durch Bildung einer Genossenschaft zur eigenverantwortlichen Haltung der Vatertiere zu bewegen, und erst, wenn dies erfolglos geblieben war, zur gemeindlichen Haltungspflicht übergehen. Während in der ersten Zeit über die Qualität der zu haltenden Vatertiere recht wenig gesagt wurde, schrieben die späteren Gesetze ausdrücklich vor, daß die Gemeinden nur gute Vatertiere der in der Gemeinde vorherrschenden Rasse ankaufen sollten. Sie sollten sich dabei auch von einer Kommission sachverständiger Züchter beraten lassen.
Die Kreise waren verpflichtet, die Erfüllung dieser Aufgabe zu überwachen. Sie hatten jährlich einmal eine Revision der Zuchttauglichkeit sowie der Art und Weise der Haltung der Gemeindebullen bzw. -eber vorzunehmen. Auch dabei sollten sie sich der Mithilfe sachverständiger Rinder- bzw. Schweinezüchter bedienen.
Die der Gemeinde insoweit entstehenden Kosten waren grundsätzlich von den Muttertierhaltern aufzubringen. Diese wurden nach der Zahl der an einem Stichtag gehaltenen Muttertiere veranlagt. Um die Kosten zu verringern, erhielten die Gemeinden Zuschüsse von den Ländern, allerdings weniger zur laufenden Unterhaltung, sondern in der Hauptsache zum Ankauf der Vatertiere. Hierbei wurde ein erheblicher Einfluß auf Qualität und Rasse ausgeübt.

1.3.1.3 Bereitstellung und Vergabe von öffentlichen Geldern

Schon seit langer Zeit, jedenfalls vor Erlaß von Körordnungen und Gemeindebullenhaltungspflichten, halfen staatliche Stellen bei der Entwicklung der Tierzucht, sei es durch organisatorische Maßnahmen, sei es durch geldliche Zuwendungen. Die Zahl und Form dieser Hilfsmaßnahmen ist außerordentlich groß und unterschiedlich, hat auch im Laufe der Zeiten sehr gewechselt. Noch unterschiedlicher ist die Höhe der Geldbeihilfen. Es ist deshalb nur möglich, einen sehr allgemeinen Überblick zu geben, von der Nennung von Geldbeträgen ist gänzlich abgesehen, weil dies infolge der im Laufe der Jahrzehnte und Jahrhunderte laufend veränderten

Wirtschafts- und Währungsverhältnisse keinen Wert hat. Die Bedeutung der Verwendung guter Vatertiere war schon frühzeitig erkannt. Es wurden deshalb den Tierhaltern zum Ankauf guter Zuchttiere Beihilfen, meist Zuschüsse, aber auch Darlehen gegeben. Die Empfänger mußten sich verpflichten, die gekauften Tiere längere Zeit zu behalten oder nur im Bezirk zu verkaufen und sie den anderen Tierhaltern zur Zucht zur Verfügung zu stellen. Sonst mußten sie die Beihilfen zurückzahlen. Bei der Vergabe dieser Mittel wurde mit Erfolg dafür gesorgt, daß nur gute Vatertiere der erwünschten Rasse angeschafft wurden.

Nach Inkrafttreten der Körordnungen wurden die besten der gekörten Tiere prämiiert, wobei vor allem in Preußen die großen Grundbesitzer mehr Ehrenpreise und die bäuerlichen Grundbesitzer mehr Geldpreise erhalten sollten, weil letztere auf eine finanzielle Förderung mehr angewiesen waren.

Auch die Züchtervereinigungen erhielten beim Ankauf bester Vatertiere Beihilfen, z.T. auch beim Ankauf und der Einfuhr der Tiere aus dem Ausland. Auch hier wurde meist die Verpflichtung zur längeren Haltung und Zuchtverwendung im Körbezirk ausgesprochen.

In den Gebieten ohne gemeindliche Vatertierhaltung wurden gegen Ende des 19. Jahrhunderts und auch noch später Vatertierhaltungsgenossenschaften oder -vereine für Bullen, Eber oder auch Ziegenböcke errichtet, um die Last der Vatertierhaltung auf die Schultern aller Interessenten zu verteilen. Solche Gründungen wurden vom Staat und den Landwirtschaftskammern sehr gefördert. Man unterstützte die organisatorische Vorbereitung, hielt Werbe- und Gründungsversammlungen ab usw. Die gegründeten Genossenschaften und Vereine erhielten Starthilfen, wichtig war hier vor allem der Zuschuß zum Ankauf des Vatertiers oder der benötigten Vatertiere.

Ähnlich verhielt es sich mit den Züchtergenossenschaften und -verbänden, die sich ab etwa 1870 bis 1900 in den ausgesprochenen Zuchtgebieten gebildet hatten und deren Zahl sich auch danach noch ausdehnte. Hier wurden außer den schon erwähnten Start- und Ankaufshilfen auch Zuschüsse für den laufenden Betrieb gegeben, weil die von diesen Vereinigungen geführten Zuchtbücher, Stutbücher, Herdbücher für die bei den Körungen geforderten Abstammungsnachweise unbedingt erforderlich waren.

Ein besonders erfolgreiches Mittel zur Förderung der Tierzucht waren die Veranstaltungen von Tierschauen und Ausstellungen (s. S. 384). Aber fast überall, von der kleinsten bis zur größten Schau, half die öffentliche Hand, mögen es nun Gemeinden, Kreise, Provinzen oder Länder oder mehrere zusammen gewesen sein. Besonders wichtig war dabei, daß alle von diesen Stellen gestifteten Preise, seien es nun Ehren- oder Geldpreise, möglichst nur bei diesen oder über diese Schauen gegeben wurden. Dies trug ganz wesentlich zum Erfolg der Schauen und Ausstellungen bei.

In die Vergabe der staatlichen Finanzmittel waren in Preußen die Landwirtschaftskammern eingeschaltet. Über diese wurden die Mittel geleitet. Sie stellten die Richtlinien für die Verteilung der Staatspreise (und der eigenen) auf und regelten auch das Auswahlverfahren für die zu prämiierenden Tiere für die in ihrem Gebiet stattfindenden Schauen.

1.3.1.4 Spezielle Maßnahmen

1.3.1.4.1 Pferde

Staatsgestüte
Als erste Maßnahme des Staates zur Förderung der Pferdezucht sind die Errichtung und das Betreiben der Staatsgestüte zu nennen (s. S. 439).

Körordnungen
Wegen der unmittelbaren Bedeutung der Pferdezucht für den Staat haben die Landesherren schon frühzeitig Vorschriften erlassen, nach denen nur geprüfte und anerkannte Hengste zur Zucht verwendet werden durften. Die wohl älteste als Vorläufer einer Körordnung anzusprechende Regelung stammt aus Württemberg, wo der Herzog bereits 1687 seinen Untertanen zwar gestattete, eigene Hengste zum Bedecken der Bauernstuten zu halten (mit Ausnahme der Alb, wie erwähnt), aber nur, wenn diese vorher vom Oberstallmeister als „tüchtig" anerkannt waren. In Ostfriesland wurde 1715 bestimmt, daß Hengste von Privaten erst dann zur Zucht benutzt werden durften, wenn sie von dem Vicestallmeister und den Drosten abgenommen waren.
Für die Herzogtümer Schleswig und Holstein, die Herrschaft Pinneberg, Stadt Altona und Grafschaft Ranzau hatte der König von Dänemark 1779 eine Verordnung zur Verbesserung der Pferdezucht erlassen, die er am 12. 6. 1782 verschärfte und neu herausgab. Sie ist eindeutig auf die Förderung der Landespferdezucht gerichtet, äußerst streng gehalten, und legt vor allem sehr genau fest, welche Eigenschaften ein zu körender Hengst haben muß bzw. nicht haben darf. Diese nun schon 200 Jahre alten Vorschriften enthalten bereits die meisten auch in modernen Hengst-Körordnungen stehenden Bestimmunge, ihr Wortlaut ist aber äußerst interessant und soll deshalb hier teilweise abgedruckt werden.

„Wir, Christian der Siebende, von Gottes Gnaden König von Dänemark und Norwegen, der Wenden und Gotthen, Herzog zu Schleswig, Holstein, Stormarn und der Dithmarschen, wie auch Oldenburg x x Thun kund hiermit: Demnach durch die Verbesserung der Pferdezucht in Unseren Herzoghtümern Schleswig und Holstein unterm 13. Jan. 1779 ausgelassene Verordnung ihre gemeinnützige Absicht nicht nach Unserem Wunsche erreichet worden, dass Wir um durch wirksamere Mittel die Verschlimmerung der Pferde und almähligen Verfall ihrer Art zu verhüten und eine dem Zwecke völlig angemessene Pferdezucht zuwege zu bringen, mithin zugleich die Verführung der Pferde in die Fremde, als einen dem Lande vorteilhaften Handelszweig, immer mehr zu befördern, gut und nöthig befunden haben, über diesen Gegenstand, anstatt der bisherigen Verordnung, eine neue folgenden Inhalts für beyde vorbenannte Herzogthümer, nebst unserer Herrschaft Pinneberg, Stadt Altona und Grafschaft Ranzau, ergehen zu lassen.

§ 1

Weil nichts einer guten Pferdezucht nachtheiliger ist und die Abartung der Pferde mehr befördert, als wenn untaugliche Hengste zum Beschälen gebraucht werden; so soll es hinführo in besagten Unseren Herzogthümern und Landen, so wenig in den Städten als dem Bauer oder Besitzer eines Bauernhofes auf dem Lande, er gehöre zu einem Amt, Landschaft, Stadtgebiete, Klösterlichen- Adeligen- oder Kanzleygute, erlaubt seyn, Hengste, die über zwey Jahre alt sind, länger als bis zur nächsten, im folgenden siebenten § umständlich verordneten jährlichen Untersuchung unbesichtigt zu behalten. Und werden sie bey solcher Untersuchung zu Beschälern nicht brauchbar gefunden, noch also zum Beweise ihrer Tauglichkeit auf die eben daselbst gedachte Art gemercket, so müssen die Eigentümer dieselbe innerhalb sechs Monaten, nachdem sie für untüchtig erkannt worden, entweder wallachen lassen oder ausserhalb Landes verkaufen. Nur sollen von dieser Vorschrift solche Hengste, die nachweislich zu Ausmachung eines Gespannes gehalten und zugezogen werden, ausgenommen seyn.

§ 2

Wer hierin Unserem ausdrücklichen Willen und Befehl zuwiderhandelt, hat für jeden über zwey Jahre alten unapprobirten Hengst, der von ihm länger als der vorige § es verstattet, gehalten worden, eine Geldbusse von Acht Rthlr. in den Marsch- und Vier Rthlr. in den Geest-Distrikten unabbittlich zu erlegen.

§ 3

Es wird hiemit gänzlich untersagt, nach bewerckstelligter ersten, in diesem Jahre vorzunehmenden Untersuchung und Besichtigung eine Stute von einem unapprobierten Hengst, er sey über zwey Jahre alt oder nicht, belegen zu lassen. Geschähe es nichts destoweniger, so sollen in jedem Übertretungsfalle die Eygenthümer beyder Pferde, jeder zur Hälfte (und zwar der Eigenthümer des Hengstes ausser der für das verbotene Halten desselben zu bezahlenden Mulet) eine Geldstrafe von Acht Rthlr. in der Marsch und von Vier Rthlr. auf der Geest verwircket haben, und keinerley Vorwand, auch der nicht, dass die Pferde von selbst und ohne dass es bemercket worden, zusammengekommen, sie davon befreyen. Jeder Eigenthümer eines Hengstes soll ein Verzeichnis über die Stuten halten, die von demselben bedecket werden, und wer ein Füllen besitzet, soll schuldig seyn, wenn es verlangt wird, den Hengst erweislich anzugeben, von welchem es gefallen ist.

§ 5

Den Eigenthümern approbirter und gemerckter Hengste, sie seyn schon jetzt der bisherigen Verordnung gemäss oder werden hinfüro nach Maasgebung gegenwärtiger Verordnung untersuchet und tauglich befunden, steht nicht nur frey, für den jedesmahligen Gebrauch derselben soviel, als sie erhalten könen, zu fordern, sondern es soll ihnen auch unverwehret seyn, dergleichen Hengste, wenn und wo sie wollen, es sey in- oder ausserhalb des Landes, zu verkaufen. Die nach dem 2.–4. § einkommenden Strafgelder werden jährlich an die Unterthanen ausgeteilt, die mit gültigen, an Eides Statt ausgestellten und von der gehörigen Obrigkeit beglaubigten Zeugnissen der Eigenthümer der ihrem Hengst zugeführten Stuten bescheinigen, dass er wenigstens funfzehn Stuten, die von ihm Füllen gebohren, im abgewichenen Jahre bedecket habe; und bei einer solchen Verteilung erhalten die Eigenthümer der schönsten Hengste, welche nach dem Inhalt des folgenden § 7 ausser dem gewöhnlichen Merckzeichen eine Krone eingebrannt ist, gedoppelten Antheil.

§ 7

An dem in jedem Amts- oder Landschaftlichen Districte bestimmten Orte und Tage, haben nicht nur die Eingesessenen desselben, sondern auch die Unterthanen aus den nächsten Städten, Stadtgebieten, klösterlichen, adeligen oder Kanzleygütern sich einzustellen und ihre über zwey Jahre alten Hengste zur Untersuchung vorzuzeigen. Jedem für seinen tüchtigen Beschäler anerkannten Pferde wird sogleich das für das Amt oder die Landschaft verfertigte Merckzeichen, oder, falls eine Stadt- oder Guts-Obrigkeit lieber ein besonderes Brenneisen hiezu anschaffen wollte, das Zeichen der Stadt oder des Gutes, am Halse unter der Mähne eingebrannt; und wenn ein Pferd von auserlesener Schönheit wäre, und die Eigenschaften eines guten Beschälers sich bey demselben in vorzüglichem Grade vereiniget fänden, so würde es noch ausserdem zum Unterschiede mit einer Krone gemercket. Nicht weniger ist jeder vorhin approbirte Hengst aufs neue vorzuweisen und den Alters oder anderer Ursachen wegen untauglich gewordenen, um Missbrauch und Begrug zu verhüten, der Buchstabe C als ein Cassationszeichen einzubrennen. Bey diesen jährlichen Localversammlungen müssen sich auch diejenigen melden und gehörige Bescheinigungen beybringen, die an den nach Vorschrift des § 5 auszutheilenden Strafgeldern zu partizipieren gedencken. Von ihrer jedesmaligen Verrichtung haben der Landstallmeister und ihm zugegebene Cavallerie-Officier an die von Uns in Unserer Residenz-Stadt Copenhagen verordnete Direction der Landstutereyen ausführlichen Bericht abzustatten, mit Beyfügung einer von ihnen beglaubigten Abschrift ihres über die Besichtigung der Pferde zu führenden Protokolls, das insonderheit eine umständliche Anzeige enthalten soll, in welchem Grade jeder approbirte Hengst nach Masgabe des folgenden § annehmlich befunden worden.

§ 8

Die zur Bedeckung der Stuten bestimmten Hengste müssen, wenn sie für gute und taugliche Beschäler geachtet werden sollen, besonders folgende Eigenschaften an sich haben:

1. Muss ein solcher Hengst wohlgestaltet und regelmässig gebaut sein, wozu vornehmlich gehöret:

a) Dass er einen kleinen mageren Kopf und nicht starke Kinnbacken habe, auch der Kopf nicht unter der Stirne eingebogen, sondern daselbst nach Art der Schafsnasen erhoben sey.

b) Dass die Ohren klein und weder zu lang noch zu breit seyn, auch nicht am Kopfe, wo sie ansetzen, zuweit von einander seyn, oder unterwärts hängen, sondern wohlgerichtet und gerade stehen.

c) Dass die Augen nicht zu klein seyn, noch zu tief im Kopfe liegen, sondern mit demselben gleich stehen, auch gross und helle seyn. Sollte aber ein solcher Hengst durch irgend einen äusserlichen Zufall ein Auge verlohren oder eine Verletzung daran erlitten haben, so darf er darum als Beschäler nicht verworfen werden.

d) Dass der Hals nicht zu kurz, sondern wohlgerichtet, nicht unterwärts wie ein Hirschhals gebogen, noch oben an der Mähne nach der Seite hängend oder ein Speckhals sey, sondern in einer ebenen Krümmung von dem Widerrist oder den Schultern nach dem Kopfe gehe, oben zu immer schmaler werde und sich in einer Ründung bey dem Kinnbacken endige.

e) Dass die Brust nicht zu schmal sey, sondern, im Verhältnis gegen die Höhe des Hengstes, die gehörige Breite habe.

f) Dass der Rücken weder eingebogen, noch scharf oder krum aufgebogen, auch nicht vorn niedriger als hinten, sondern gerade sey, die Schultern aber oder der sogenannte Widerrist hoch und scharf seyn.

g) Dass das Kreutz weder nieder hängend noch scharf sey, und die Hüften nicht hoch stehen oder hervorragen.

h) Dass der Schweif nicht zu niedrig sitze, und der Hengst wohl bey Leibe und ja nicht dünn und aufgeschürzet sey.

i) Dass die Füsse weder ein- noch auswärts gewandt seyn, auch der Huf von allem, was platt- voll- oder engfüssig genannt wird, frey sey.

k) Dass die Vorderbeine gerade stehen und weder einwärts gegeneinander gebogen, noch vor- oder rückwärts gekrümmt noch dabey starck und nicht gar zu fein oder dünne seyn.

l) Dass insonderheit auch die Hinterbeine gut, auch die Lenden breit seyn, der Schenkel oder Hinterbeigel nicht zu weit hintenausstehe, und die Kniekehlen weder ein- noch auswärts gehen, als welches das Pferd kuhhältig macht. Wobey dasselbe von allen Arten des Spats, von der Galle und von Hassbein frey seyn muss, auch die Hinterbeine überhaupt nicht fein und lang gefesselt seyn dürffen.

2. Ist es nothwendig, dass ein zu diesem Gebrauche bestimmtes Pferd von allen Kranckheiten und Schwachheiten, als sogenannte Düsigkeit, Koller, Engbrüstigkeit usw. frey sey, weil solche auf die Abkömmlinge fortgepflanzt werden, und folglich die damit behafteten Hengste zum Beschälen unbrauchbar und schlechterdings verwerflich sind.

3. Approbirte und gemerckete Pferde, die über zwey und noch niht drey Jahr alt sind, als Beschäler zu gebrauchen, kann zwar im Nothfalle, wenn es an tüchtigen Pferden, die drey Jahr und darüber alt sind, mangelt, für zulässig geachtet werden. Es ist aber doch am besten, damit zu warten, bis der Hengst das dritte Jahr völlig zurückgelegt hat, weil in der schädlichen

Weise, die Hengste eher zum Bedecken zuzulassen, die vornehmste Ursache zu suchen ist, warum so viele Pferde frühe veralten und untauglich werden. Ist ein Pferd über 15 Jahre alt, so kann es zum Beschälen nicht mehr für tüchtig geachtet werden.
4. Wenn die zur Pferdezucht bestimmten Hengste besagtermassen regelmässig gebauet, gesund und des gehörigen Alters sind, so ist auf keine bestimmte Höhe derselben zu sehen, sondern diese nach der allgemeinen Grösse der Pferdeart eines jeden Orts oder Districtes zu beurtheilen; und kann also ein Hengst, wie viel ihm auch an der vollkommenen Höhe von fünf Fuss zwey Zoll dänischen Anlegemasses fehlen möchten, nach Beschaffenheit des Falles approbirt werden.“

Der König von Preußen erließ 1787 ein Landgestüte-Reglement, das auch einen Körzwang vorsah. Sein Hauptzweck bestand aber in einer Bevorzugung des Gestütwesens und der Gestütbeschäler, außerdem sollte der Pferdebestand innerhalb des Landes erhöht werden. So besagt z.B. § 5:
„Bey 10 Thaler Strafe und im erforderlichen Fall, bei Confiscierung des gesamten Kaufschillings, wird ohne Unterschied der Person und ohne Obwaltung von Entschuldigung, aufs schärfste verboten, eine Stute ausserhalb des Landes zu verkaufen, und sollte dieses Vergehen durch obgemeldete Strafe nicht gänzlich zu verhindern seyn, so erklären wir, dass, um zu unserem Zweck zu gelangen, künftighin sämtlichen Stuten und Stutfohlen ein Ohr abgeschnitten werden soll.“
In § 10 ist vorgesehen, daß alle Remonten und auch die zur Landbeschälung nötigen jungen Remontehengste künftighin im Lande zu erkaufen seien, und zwar nicht zu ‚festgesetzten‘, sondern zu den mit den Besitzern ‚nach deren freyen Willen‘ auszuhandelnden Preisen. Und außerdem bekömmt ein jeder unserer treuen Untertanen, so einen jungen Hengst an das Landgestüt verkauft, zu fernerer Aufmunterung eine goldene Gedächtnismünze, von 6 Thaler an Wert, zur Prämie.“
1811 wurde in Nassau eine Verordnung über die Veredelung der inländischen Pferdezucht erlassen. In Ostfriesland wurde 1816 unter Aufhebung von Vorschriften aus dem vorhergehenden Jahrhundert eine Körordnung für Hengste erlassen. 1818 wurde in Bayern die Verwendung von Privatbeschälern zur Zucht von einer durch eine Kommission vorgenommenen Untersuchung und Ausstellung eines Erlaubnisscheins abhängig gemacht. Wegen rechtlicher, durch das Inkrafttreten der Reichsgewerbeordnung um 1870 ausgelöster Schwierigkeiten wurde nach einer Übergangsregelung 1887 wieder eine für ganz Bayern geltende Körordnung für Hengste erlassen, die dann durch das allgemeine Körgesetz von 1913 abgelöst wurde.
In der Provinz Westfalen wurde in der Körordnung für Hengste von 1827 bestimmt, daß ein Hengst nur gekört werden sollte, wenn er ein gutes Reit- oder Zugpferd sei und gute Fohlen erwarten lasse. Im Königreich Hannover sah man 1826 zwar noch ausdrücklich von der Einführung einer Körordnung ab, „um die Haltung von Privatbeschälern nicht zu erschweren“. Aber im Jahre 1844 erließ man doch eine Körordnung für Hengste. Und so erließen viele deutsche Länder Körordnungen für Hengste, in Preußen zwar nicht das Land, aber viele Provinzen. Die rechtlichen Voraussetzungen waren damit weitgehend gegeben, die Durchführung ließ aber vielfach zu wünschen übrig.
Alle Körordnungen stimmten darin überein, daß Privathengste zum Bedecken fremder Stuten (ab 1913 in Bayern und schon vorher in Sachsen auch eigener Stuten) nur dann benutzt werden durften, wenn sie von einer Kommission oder

einem Schauamt untersucht und für zuchttauglich befunden waren. Die Mehrzahl der Körordnungen befreite vom Körzwang Vollbluthengste mit einem Deckgeld von mindestens 50 Mark, mit Staatsgeldern angeschaffte oder unter bestimmter Aufsicht stehende Hengste u. a. m. Die Körerlaubnis wurde meist für ein Jahr, in einigen Gebieten auch für länger oder unbefristet erteilt. Durchweg war aber eine Rücknahme bei triftigen Gründen vorgesehen. Der gekörte Hengst durfte nur auf einer genau bestimmten Stelle (Station, Platte) decken, sie sollte vor der Öffentlichkeit abgeschirmt sein. Die Hengstreiterei war fast überall ausdrücklich verboten. In einer Reihe von Provinzen und Ländern konnten nur solche Hengste gekört werden, die der bestehenden oder der von der Landwirtschaftskammer anerkannten Zuchtrichtung entsprachen und zur Erreichung des Zuchtzieles geeignet waren. Woanders wurde nur verlangt, daß die Hengste für das Körgebiet geeignet und dem Stutenmaterial angepaßt sein mußten. In den neueren Körordnungen wurde vielfach ein Abstammungsnachweis verlangt, der durch die Eintragung in die entsprechenden Bücher einer anerkannten Züchtervereinigung geführt werden mußte. Teilweise sollten nur so viele Hengste gekört werden, wie für die vorhandenen Stuten erforderlich waren, teilweise war die Zahl der jährlichen Bedeckungen begrenzt. Die Voraussetzungen für die Körungen wurden oft in besonderen internen Instruktionen an die Körkommissionen niedergelegt.
In der Zusammensetzung der Körkommissionen spiegelt sich die Entwicklung wider. Während früher der staatliche Einfluß überwog – Leiter des Landgestüts, Landrat, vom Kreistag gewählte Mitglieder, Amtstierarzt –, sind in den neueren Körordnungen die Vertreter der Landwirtschaft und der Züchtervereinigungen eindeutig in der Überzahl, während die Staatsvertreter oft nur noch teilnahmeberechtigt ohne Stimmrecht sind.
Einer besonderen Erwähnung bedarf die staatliche Förderung der Pferdezucht im Großherzogtum Oldenburg. Sie unterscheidet sich insoweit von allen anderen Ländern, als sie schon sehr frühzeitig eine umfassende staatliche Tätigkeit auf dem Gebiet der Pferdezucht vorsah. Bereits am 20. 12. 1819 wurde durch Regierungsbekanntmachung bestimmt, „daß alle Hengste, welche zum Beschälen fremder Stuten gehalten würden und mindestens 3 Jahre alt seien, geprüft und zum Beschälen tüchtig anerkannt sein müßten, daß die besten Hengste eine Prämie von 100 Taler Gold erhalten sollten und daß das niedrigste Deckgeld für eine Stute 1½ Taler Gold betragen sollte". Für die Körung wurde eine Körungskommission aus 5 Mitgliedern (3 ständige, 2 von diesen hinzuzuwählenden Achtsmännern) von der Staatsregierung bestellt, die praktisch bei allen Pferdezuchtfragen im Lande maßgeblich mitwirkte. Gegen die Körungsentscheidungen – es wurde sehr scharf geurteilt, manchmal bis zu 50 % der vorgestellten Hengste nicht- bzw. abgekört – gab es Revision an eine Revisionskommission. 1840 wurde die Stutenprämiierung eingeführt, später auch Füllenprämien. 1861 war die Führung eines Stammregisters für Hengste und Stuten vorgeschrieben worden, das aber durch das Gesetz von 1897 in ein Stutbuch für das nördliche Zuchtgebiet „für den eleganten schweren Kutschschlag" und in eines für das südliche Zuchtgebiet „für den eleganten mittelschweren Wagenschlag" abgelöst wurde. Dies alles wurde in dem Pferdezuchtgesetz von 1897 zusammengefaßt, die weitere Entwicklung hat dann ihren Niederschlag in dem großen Pferdezuchtgesetz vom 29. 5. 1923 gefunden.
Dieses Gesetz weitet den Körzwang dahin aus, daß ein Abstammungsnachweis vorgeschrieben wird, die gekörten Hengste aber ein Deckmonopol im Geltungsbe-

reich des Gesetzes erhalten. Das „Oldenburger Stutbuch" wird weiter vorgeschrieben und seine Führung sehr genau geregelt. Die beiden bisherigen Züchterverbände, deren Errichtung, Organisation und Befugnisse bereits im Gesetz von 1897 geregelt sind, werden zu einem Züchterverband zusammengeschlossen, der den Charakter einer öffentlich-rechtlichen Körperschaft bekommt mit Zwangsmitgliedschaft für alle Züchter. Diesem Züchterverband werden praktisch alle wichtigen Aufgaben zur Förderung der Pferdezucht übertragen. Die Körkommission besteht aus 3 Mitgliedern, von denen der Vorsitzende vom zuständigen Minister, die beiden anderen ebenfalls vom Minister, aber erst nach Anhörung des Züchterverbandes, ernannt werden. Die zu körenden Hengste müssen vorher von einem Tierarzt untersucht und frei von Erbfehlern sein und dem Zuchtziel des Zuchtgebietes entsprechen. Die Körkommission kann die Ahnen und die Nachzucht des Hengstes vorführen lassen. Gegen die Entscheidung ist wieder die Revision zulässig. Angekörte Hengste dürfen jedoch erst zur Zucht verwendet werden, wenn für sie eine Zulassungsbescheinigung ausgestellt ist und auch nur im Rahmen der darin enthaltenen Beschränkungen. Die zur Aufnahme in das Stutbuch vorgesehenen Stuten müssen vom Vorsitzenden der Körkommission gekört worden sein. Auch die Prämienvergabe ist genau im Gesetz geregelt, die Körkommission ist auch die Prämienkommission. Dieses Pferdezuchtgesetz in Oldenburg wurde mit Billigung der Oldenburger Pferdezüchter, ja auf ihren ausdrücklichen Wunsch hin, erlassen, also von Personen, die für ihr Streben nach Selbständigkeit und auch Eigenwilligkeit bekannt sind. Sie haben offenbar in dieser Totalregelung durch den Staat das beste und wohl einzige Mittel zur Erhaltung und Förderung ihrer Oldenburger Pferdezucht gesehen.

Finanzielle Förderungen

Sehr vielfältig waren die finanziellen Maßnahmen zur Förderung der Pferdezucht. Wichtig war z. B. die Höhe des Deckgeldes. Es sollte dem Hengsthalter einen Anreiz zur Haltung geben, aber auch den Stutenbesitzer nicht abschrecken. Deshalb erhielten teilweise die Hengsthalter Zuschüsse zur Haltung, teilweise aber auch die Stutenbesitzer Beihilfen zum Deckgeld oder gar Freideckscheine. Dafür kamen aber z. B. in Schlesien nur solche Stuten in Betracht, die von einer besonderen Kommission ausgewählt waren und einem genau bestimmten Hengst zugeführt werden mußten, der der für die betreffende Gegend festgelegten Zuchtrichtung entsprach. Anderswo gab es nur für prämiierte Stuten Freideckscheine.

Einen besonders großen Einfluß auf die Hebung der Pferdezucht nahmen die Pferdezüchtervereinigungen und Hengsthaltungsgenossenschaften, die in den beiden letzten Jahrzehnten des vorigen Jahrhunderts und auch noch später in den Gebieten mit einer bedeutenden Pferdezucht errichtet wurden. Hier halfen die Länder, Regierungsbezirke, Kreise und die Landwirtschaftskammern durch Aufklärung, Übernahme der organisatorischen Vorarbeiten bei der Gründung, aber auch durch direkte finanzielle Zuschüsse. Auch der laufende Betrieb dieser Einrichtungen wurde organisatorisch oder finanziell unterstützt.

Große und kleine Staatspreise, Ehrenpreise, Aufmunterungspreise, Prämien, Anerkennungen, Plaketten u. a. m. waren weitere Mittel, mit denen von der öffentlichen Hand Einfluß auf die Hebung der Pferdezucht genommen wurde. Diese wurden teils gleich bei den Körungen an besonders hervorragende Hengste bzw. ihre Halter und Züchter gegeben, teils auf besonderen Pferdeschauen, Stuten- und Fohlenschauen, die oft im Anschluß an die Körungen stattfanden, aber auch gesondert abgehalten wurden. Letztere wurden dann von den Züchtervereinigungen oder von landwirtschaftlichen Vereinen veranstaltet. Bei diesen wurden neben Hengsten und Stuten auch ganze Stämme prämiiert. Teilweise hatten diese Schauen die Länder oder die preußischen Provinzen durch besondere Verordnungen oder Erlasse geregelt, teilweise auch die Landwirtschaftskammern. Darin wurde zunächst bestimmt, daß Staatspreise nur auf diesen Schauen gegeben werden durften. Weiter wurden die öffentlichen Beihilfen für den Ankauf von guten Zuchthengsten, teils aber auch von Stuten, vielfach Angelder genannt, festgelegt. Mit diesen Beihilfen wurde regelmäßig die Auflage verbunden, das geförderte Zuchttier eine bestimmte Mindestzeit selbst zu halten und bei Hengsten diesen anderen Stutenbesitzern zur Verfügung zu stellen oder bei Stuten diese auch zur Zucht zu verwenden. Anderenfalls oder bei Verkauf mußte das Angeld ganz oder teilweise zurückgezahlt werden. Das Großherzogtum Baden, das keine Staatsgestüte oder staatliche Hengsthaltung hatte und deshalb auf ausreichende und gute Privatbeschäler besonderen Wert legen mußte, bestimmte in einer Körordnung von 1880, daß zum Ankauf von Deckhengsten Geldbeihilfen von einem Drittel bis zur Hälfte des Ankaufspreises gegeben werden konnten. Außerdem wurde ein jährliches Futtergeld in Aussicht gestellt. In Ostfriesland, das ebenfalls nur Privathengste verwendete, wurden vom Staat besonders hohe Prämien für qualifizierte Hengste mit der Verpflichtung gegeben, diese nur im Bezirk zu halten.

Pferderennwesen

Der Gedanke der Leistungsprüfungen bei Zuchttieren wurde zuerst bei Pferden praktiziert, und zwar in Gestalt der Pferderennen, die schon aus dem Altertum bekannt sind, in Deutschland aber als Leistungsprüfungen erst wieder in der zweiten Hälfte des vorigen Jahrhunderts eine Rolle zu spielen begannen (nach englischem Vorbild). Sie dienten zwar recht verschiedenen Zwecken, einer davon und nicht der geringste war die Prüfung der Leistung der Vollblutpferde, später auch der Traber. Veranstalter der Rennen waren regelmäßig private Rennvereine, wie z. B. der berühmte Union-Club. Der Staat und auch die jeweiligen Gemeinden des Rennplatzes unterstützten diese Rennen finanziell und im besonderen durch die Bereitstellung von Preisen, aber auch durch die Teilnahme der Vollblüter aus den Staatsgestüten.
Eine besondere und wirkungsvolle Geldquelle zur Förderung dieses Rennwesens und damit der Pferdezucht erschloß sich der Staat durch die Inanspruchnahme der Spielfreude der Rennbahnbesucher. Im Rennwett- und Lotteriegesetz von 1922 bestimmt § 1, daß aus Anlaß öffentlicher Pferderennen und anderer öffentlicher Leistungsprüfungen für Pferde der Betrieb eines Totalisators durch die Landeszentralbehörde zugelassen werden kann, die Erlaubnis nach § 2 aber nur solchen Vereinen erteilt werden darf, die die Sicherheit bieten, daß sie die Einnahmen ausschließlich zum Besten der Landestierzucht, u. a. durch Veranstaltung von Leistungsprüfungen verwenden. Die Rennvereine, die einen Totalisator betreiben, erhalten bis zu 95 % der Totalisatorsteuer, sie müssen diese Einnahmen aber auch für Leistungsprüfungen für Pferde verwenden. Durch eine sehr genaue Staatsaufsicht wird für die Einhaltung dieser Vorschriften gesorgt. Auch die Veranstaltung von Reit- und Fahrturnieren fand das Wohlwollen der staatlichen Behörden, das insbesondere durch die Verleihung von Preisen zum Ausdruck kam.

1.3.1.4.2 Rinder

Körordnungen

Die staatlichen Maßnahmen zur Förderung der Rinderzucht begannen wesentlich später als bei Pferden. Im wesentlichen setzten sie erst in den letzten Jahrzehnten des 19. Jahrhunderts ein und kamen in voller Breite erst ab 1900 zur Wirkung. In ausgesprochenen Zuchtgebieten wie Ostpreußen, Schleswig-Holstein, Westfalen, Teilen Bayerns u. a. war aber vielfach schon die Gründung von Rindviehzuchtvereinigungen vorangegangen. Diese hatten sich nicht nur die Zucht bestimmter Rassen zur Aufgabe gemacht, sondern nahmen auch schon verbandseigene Körungen vor, führten Herdbücher usw. Die Einführung einer staatlichen Körpflicht war hier nicht nötig oder jedenfalls nicht vordringlich.

Als älteste Körordnung für Bullen wird eine für den Kreis Kleve aus dem Jahre 1761 genannt. Sie wird auf Friedrich den Großen zurückgeführt. Als nächste ist eine polizeiliche Regelung von 1829 für den Regierungsbezirk Wiesbaden anzusehen. Hier wird in Verbindung mit der Pflicht zur gemeindlichen Bullenhaltung vorgeschrieben, daß die von den Gemeinden anzuschaffenden Bullen von den Bezirkstierärzten zu untersuchen und Atteste über die Tüchtigkeit und Güte des Bullen zu erteilen seien. In diesen war nicht nur der Bulle genau zu beschreiben mit den für die Zucht wesentlichen Merkmalen, es war auch sein Alter und seine Rasse anzugeben sowie ein Gutachten über die Tauglichkeit zur Zucht zu erstatten. Die Tierärzte hatten auch jährlich das Zuchtvieh ihres Bezirks zu besichtigen und zuchtuntaugliche Bullen den Ämtern zur Ausmerzung zu melden.

1858 wurde in einem Teil des Kreises Bremervörde die obligatorische Bullenkörung eingeführt. Ab 1862 gab es in der Wesermarsch eine Körordnung, 1879 wurde eine solche für den Regierungsbezirk Kassel erlassen, 1888 in allen Regierungsbezirken der Provinz Hannover nach einem von der Königlichen Landwirtschaftsgesellschaft aufgestellten Muster. Das Königreich Sachsen regelte 1886 die Körung der Zuchtbullen. Auch in Bayern wurde 1888 zusammen mit der gemeindlichen Zuchttierhaltung eine amtliche Körpflicht vorgeschrieben. Dasselbe geschah in Baden im Jahre 1896 und in Württemberg 1897. Im selben Jahre wurde im ganzen Großherzogtum Oldenburg die obligatorische Stierkörung eingeführt, nachdem wie erwähnt die Wesermarsch 1862 schon vorausgegangen war. In der Rheinprovinz, in der schon seit 1839 eine Zuchtstierkörordnung galt, wurden 1898 die Kreise veranlaßt, unter Aufhebung der alten Vorschriften neue Kreis-Körordnungen zu beschließen. 1898 folgten auch Schlesien, 1900 Schleswig-Holstein, 1901 die Provinz Sachsen, Westfalen und das Großherzogtum Hessen. Auch in anderen kleineren Ländern des deutschen Reiches waren und wurden Körordnungen erlassen. Alle diese Regelungen haben im Laufe der Jahre viele Änderungen, Ergänzungen und Verschärfungen erfahren.

Der Inhalt dieser Körordnungen entspricht im allgemeinen Aufbau sowie im Inhalt dem der Hengstkörordnungen. Interessant ist, daß bei Bullen schon frühzeitig festgelegt wurde, nur Tiere einer bestimmten Rasse oder Zuchtrichtung zu kören. Besonders deutlich wurde dies in dem bayrischen Gesetz über die Haltung und Körung der Zuchtstiere von 1888 festgelegt, wobei zu diesem Gesetz noch eine ausführliche Durchführungsverordnung und dazu wiederum eine Bekanntmachung erlassen und im Gesetzblatt verkündet wurde.

Die Körungen fanden kreis- oder bezirksweise statt, und zwar entweder einmal, meist aber zweimal im Jahr, und galten für ein Jahr. Während in den Körkommissionen oder Schauämtern zunächst der staatliche Einfluß über Kreistag, Landrat und Kreistierarzt überwog, trat nach 1900 eine Änderung dahin ein, daß die Mitglieder zur Hauptsache aus der Landwirtschaft, vor allem den Züchtervereinigungen gestellt und nicht mehr vom Landrat oder Regierungspräsidenten, sondern – soweit vorhanden – von den Landwirtschaftskammern bestellt wurden. Die Züchtervereinigungen, die ja schon lange verbandseigene Körungen abhielten, erkannten die staatlichen Körungen für die Bullen, die in ihrem Herdbuch eingetragen waren, innerhalb ihres Verbandes an.

Besonders fortschrittlich war – wie schon bei Pferden – das Großherzogtum Oldenburg. Schon 1904 hatte die großherzogliche Regierung die Ausführung der staatlichen Körung auf die Herdbuchgesellschaft der Wesermarsch übertragen. 1924 wurde ein neues Rinderzuchtgesetz erlassen. Darin waren ein gesetzlicher Zusammenschluß aller bestehenden Rinderzuchtverbände zu einem Verband, eine gemeinsame Herdbuchführung und eine einheitlich ausgerichtete Körung durch eine gemeinsame, von den Züchtern gestellte Körkommission vorgesehen.

Gemeindebullenhaltung

Die gesetzlich geregelte Pflicht der Gemeinden zur Haltung von Zuchtbullen oder -farren für die Kuhhalter der Gemeinden hatte ihren Schwerpunkt in Süddeutschland. Im Regierungsbezirk Wiesbaden war bereits 1829 eine gemeindliche Bullenhaltung vorgeschrieben: „Die bei den öffentlichen Herden zu verwendenden Bullen sollen einer anerkannt guten, den örtlichen Verhältnissen entsprechenden Rasse angehören, welche für fortschreitende Veredelung der Viehzucht geeignet ist.“ Das Großherzogtum Baden erließ 1837 ein Gesetz über die Verpflichtung der Gemeinden zur Faselviehhaltung, diese Pflicht wurde 1865 durch Verordnungen genauer festgelegt, um dann im Gesetz von 1896 über die Haltung von Zuchtfarren usw. neu geregelt zu werden. 1888 kam in Bayern ein Gesetz über die Haltung und Körung von Zuchtstieren heraus, 1890 wurden für die Rheinprovinz entsprechende Pflichten der Gemeinden festgelegt, 1897 folgte in Württemberg ein Gesetz über die Farrenhaltung. Preußen verkündete 1897 ein Gesetz über die Verpflichtung der Gemeinden zur Bullenhaltung zunächst nur für die Provinzen Schlesien und Hessen-Nassau, das dort 1898 ausgeführt wurde. Am 8. 1. 1900 wurde dieses Gesetz auf das ganze Land Preußen ausgedehnt und in den Provinzen Hannover und Westfalen noch im selben Jahr praktiziert. Das Großherzogtum Hessen hatte bereits 1887 ein Gesetz über die Anschaffung und Unterhaltung des Faselviehs erlassen, in dem die gemeindliche Bullenhaltung vorgeschrieben war, 1901 wurde dieses Gesetz verbessert und erneuert.

Der sachliche Inhalt dieser Bestimmungen war im wesentlichen gleich, es kann deshalb auf die früheren allgemeinen Bemerkungen verwiesen werden. Zu bemerken ist, daß Bayern 1888 verlangte, daß „bei der Aufstellung der Zuchtstiere auf eine entsprechende Rasse und auf die in der Gemeinde vorherrschenden Viehschläge Rücksicht zu nehmen sei.“ In anderen Gesetzen wurden diese Auswahlmerkmale erst später erwähnt. Während z. B. im preußischen Gesetz von 1897 nur von der Anschaffung der notwendigen Zahl von Bullen die Rede ist, fordert das Gesetz von 1900 bereits, daß die Bullen zuchttauglich sein müssen und daß in einer Gemeinde nur Bullen derselben Rasse gehalten werden sollen.

Finanzielle Förderungen

Zur Förderung der Rinderzucht sind schon frühzeitig und im Laufe der Jahre in steigendem Maße geldliche Unterstützungen seitens der Länder, aber auch der Kommunen und der Landwirtschaftskammern gegeben worden. Es fing damit an, für die Beschaffung guter Bullen sowohl an die Zuchtbullen haltenden Gemeinden sowie an private Bullenhalter Ankaufsbeihilfen zu geben mit den schon genannten Auflagen zur längeren Haltung und Zuchtverwendung, anderenfalls mußte die Beihilfe zurückgezahlt werden. Teilweise wurden auch Beihilfen für die Unterhaltung der Bullen gezahlt, auch für den Bau von Gemeindebullenställen gab es Geld. Immer mehr wurde Wert darauf gelegt, daß der anzukaufende Bulle nicht nur von guter Zuchtqualität war, sondern auch der in der betreffenden Gegend vorherrschenden Rasse angehörte. Später wurde nur noch der Ankauf solcher Bullen unterstützt, die der von der Landwirtschaftskammer anerkannten Zuchtrichtung entsprachen.

Die in den letzten Jahrzehnten des 19. Jahrhunderts gegründeten Bullenhaltungsvereine oder -genossenschaften sowie die Rinderzuchtvereinigungen wurden durch staatliche Mittel gefördert, insbesondere beim Ankauf bester Vatertiere. Auch die Herdbuchführung fand finanzielle Unterstützung.

Besonders wesentlich war die Förderung der Ausstellungen und der Tierschauen, bei denen oft sowohl die allgemeinen Organisationskosten wie auch die Beschikkungskosten der Aussteller durch Beihilfen erleichtert wurden. Ganz erhebliche Mittel wurden für die Preise und Prämien zur Verfügung gestellt. Diese wurden auch oft auf Körungen verliehen, um damit die Einführung des Körzwanges etwas volkstümlicher zu machen. Im 20. Jahrhundert machten die für diese Preise und Prämien aufgewandten Mittel des Staates den größeren Teil der Gesamtmittel der Förderungsmittel für die Tierzucht aus.

Eine weitere bedeutsame Maßnahme zur Förderung der Rinderzucht vor und auch noch nach der Jahrhundertwende bestand in der Einrichtung von Bullenstationen. Diese belieferten vor allem in den Gebieten, in denen die Bildung von Bullenhaltungsvereinen und Züchterverbänden zurückgeblieben war, die Bullenhalter mit geeigneten Zuchtbullen und trugen damit sowohl zur Bereinigung der Rinderrassen wie zur Hebung der Qualität bei. Diese Stationen wurden meist von den Landwirtschaftskammern oder vor deren Errichtung, die erst ab 1894 einsetzte, von den landwirtschaftlichen Zentralvereinen oder auf deren Veranlassung von Zuchtvereinen betrieben und erhielten Staatszuschüsse. Etwa dasselbe gilt für die Einrichtung von Rinderstammherden.

Zu nennen wären auch noch Jungviehweiden, Rinderweiden und sogen. Tummelplätze, die teils von den Rindviehhaltern, teils auch von Gemeinden eingerichtet und mit öffentlichen Mitteln gefördert wurden.

1.3.1.4.3 Schweine

In der zweiten Hälfte des 19. Jahrhunderts begannen staatliche Stellen, sich auch für die Förderung der Schweinezucht zu interessieren, allerdings meist nur für kleinere Gebietsteile, Kreise usw., in denen die Schweinezucht eine größere Rolle spielte. Da die Schweinehaltung vielfach in klein- und kleinstbäuerlichen Betrieben lag, die aus eigener Kraft oder aus mangelnder Einsicht zu Zuchtverbesserungsmaßnahmen nicht in der Lage waren, sahen sich hier die Träger der Hoheitsgewalt zu Hilfsmaßnahmen veranlaßt. Der Betriebsstruktur entsprechend, geschah dies

besonders in Süd- und Mitteldeutschland, während in Preußen nur einzelne Provinzen tätig wurden und auch nur in einzelnen Kreisen. Es muß aber bemerkt werden, daß es Gebiete gab, in denen sich bereits in den letzten Jahrzehnten des vorigen Jahrhunderts fortschrittliche Schweinezüchter zu Züchtervereinigungen zusammengeschlossen und geeignete Vatertiere beschafft hatten sowie auch teilweise schon eine verbandseigene Körung durchführten. Hier erschien eine staatliche Regelung nicht erforderlich oder jedenfalls nicht dringlich.
Bei den staatlichen Maßnahmen wurde teils die gemeindliche Eberhaltung, teils die Eberkörung, oft beides gemeinsam vorgeschrieben. Da die gemeindliche Eberhaltung die ältere Form war, soll sie zunächst behandelt werden.

Gemeindliche Eberhaltung

Bei der gemeindlichen Eberhaltung gingen die Gemeinden häufig zunächst nicht mit öffentlich-rechtlichen Rechtsvorschriften vor, sondern lösten diese Aufgabe durch privatrechtliche Abmachungen, z. B. bei der Verpachtung der Gemeindeschenke oder des Gemeindebackhauses oder mit dem örtlichen Rittergut oder der Domäne oder auch durch Auflage an den Gemeindehirten. Ein Einfluß auf die Qualität des Ebers fehlte hier regelmäßig.
Eine gesetzliche Verpflichtung der Gemeinden zur Eberhaltung durch den jeweiligen Landesherrn ist wohl zuerst in Nassau erfolgt, und zwar schon 1829. Hier wurden die Gemeinden verpflichtet, die „nötigen" Eber anzuschaffen, sie waren der Aufsicht durch die Kreistierärzte unterstellt. In Württemberg waren die Gemeinden in der oben genannten vertraglichen Weise ab Mitte des vorigen Jahrhunderts tätig und förderten die Eberhalter durch finanzielle Zuschüsse. In Baden wurden die Gemeinden durch Landesgesetz von 1896 zur Anschaffung und Unterhaltung der erforderlichen Zahl von Ebern verpflichtet, was sie durch entsprechende Verträge mit zuverlässigen Eberhaltern erfüllen konnten. In Hessen galt die entsprechende Vorschrift ab 1901. Durch die mit diesen gesetzlichen Vorschriften verbundene Staatsaufsicht und auch die Mitwirkung der Tierärzte wurde erreicht, daß verhältnismäßig gute Zuchteber eingesetzt wurden.

Körordnungen

Die älteste staatliche Körordnung dürfte die für den Landkreis Mühlhausen/Thür. aus dem Jahre 1856 und die für den benachbarten Kreis Heiligenstadt von 1858 sein. In Hannover machte den Anfang der Kreis Meppen 1861, Aschendorf 1866, Diepholz 1869, Fallingbostel 1882 und Uslar 1883. Im Lande Oldenburg wurde die staatliche Eberkörung durch Gesetz von 1888, in Baden 1896, in Hessen 1901 und in Bremen 1902 eingeführt. In Preußen gab es sie in einigen Kreisen der Rheinprovinz schon in den Jahren von 1896 bis 1903, in Schlesien in 2 Kreisen 1900 und 1901, in den Regierungsbezirken Aurich und Hannover 1901 und Wiesbaden 1902.
In allen diesen „Ordnungen" war von einer Einflußnahme auf die Qualität der Eber nicht die Rede, jedenfalls nicht ausdrücklich, wenn man von dem gelegentlich gebrauchten Wort „geeignet" einmal absieht. Alle diese Körordnungen wurden im Laufe der Jahre ergänzt, geändert oder verschärft. In weiteren Gebieten wurden neue Körordnungen erlassen. In Schleswig-Holstein trat erst 1929 bis 1931 – allerdings nach langer verbandlicher Vorarbeit – eine Körordnung in Kraft und auch nur für die Kreise Südtondern, Husum und Pinneberg. Im Aufbau und Inhalt

entsprachen die Körordnungen im wesentlichen denen für Bullen. Der Körzwang galt regelmäßig nur für das Decken fremder Sauen. Er galt auch nur für das entgeltliche Decken, als Entgelt waren aber auch Trinkgelder, Naturalien, Dienstleistungen u. ä. anzusehen. Eber einer anerkannten Züchtervereinigung waren oft von der Körpflicht befreit.
Die Körung nahm eine Kommission vor, die meist vom Landrat oder dem Kreistag nach Anhörung oder auf Vorschlag landwirtschaftlicher oder züchterischer Kreisvereine bestellt war. Der Landrat konnte, der Kreistierarzt mußte als stimmberechtigtes Mitglied teilnehmen.
Die Körungen fanden regelmäßig zweimal im Jahr statt. Es bestand Vorführzwang bei einem Mindestalter von 6 bis 8 Monaten. Die Körerlaubnis galt bis zur übernächsten Körung, anschließend meist als Dauererlaubnis.
Die Grundsätze für die Körentscheidung waren meist negativ gefaßt: minderwertige, schlechte, kranke oder sonst fehlerhafte Eber waren nicht zu kören. Dagegen waren der Stand der Schweinezucht und die Bedürfnisse des Körbezirks zu berücksichtigen. Eine Rassezugehörigkeit war in den älteren Körordnungen nicht vorgeschrieben, jedoch ging in der Praxis der Einfluß der Körkommissionen doch so weit, daß bereits etwa ab 1900 die Masse der gekörten Eber dem veredelten Landschwein oder dem Edelschwein angehörte. In späteren Körordnungen, z. B. denen in Schleswig-Holstein, war direkt vorgeschrieben, daß nur Eber angekört werden durften, die dem Zuchtziel der Rassen veredeltes Landschwein, weißes deutsches Edelschwein und Berkshire entsprachen. Außerdem mußte die Abstammung von Eltern, die in einem Herdbuch einer anerkannten Züchtervereinigung eingetragen waren, nachgewiesen werden.
Zuwiderhandlungen gegen die Körordnungen konnten mit Geldstrafe geahndet werden, deren Höchstgrenze zunächst recht niedrig war, im Laufe der Zeit aber gesteigert wurde.

Sonstige Förderungsmaßnahmen

Größerer Einfluß auf die Qualität der Zuchteber wurde über die etwa in derselben Zeit vielfach gebildeten Eberstationen erreicht, die besonders in Bayern und einigen preußischen Provinzen eingerichtet und regelmäßig von Eberhaltungsgenossenschaften oder -vereinen getragen wurden. Ihre Gründung wurde vom Land oder den Landwirtschaftskammern angeregt und gefördert, sie erhielten von diesen Stellen z. B. zinslose Darlehen zum Ankauf von gutem Zuchtmaterial. Dabei wurde erheblicher Einfluß auf die Zuchtrichtung bzw. Rasse genommen und damit die Schweinezucht im Ergebnis mehr als durch die staatlichen Körordnungen gefördert. In dieselbe Richtung geht die Errichtung von Schweineaufzuchtstationen.
Schweinezüchtervereinigungen und Schweinezuchtgenossenschaften waren in einigen Gebieten schon vor 1900 vorhanden. Ab 1900 erhöhte sich ihre Zahl aber ganz wesentlich, besonders in Hannover, Westfalen, Hessen und Bayern. Auch hier waren die Länder und die Landwirtschaftskammern fördernd tätig, halfen bei den Gründungen, stellten auch Personal zur Verfügung usw. Sie gaben dabei auch Finanzhilfen, teils an die Vereinigungen selbst, teils zur Errichtung der von diesen Vereinigungen getragenen Eberstationen, der besonderen Aufzuchtstationen oder zum Eberankauf für diese Stationen.
Die Länder und die Landwirtschaftskammern gaben aber auch Geldpreise für die besten Eber oder für die beste Eberhaltung, daneben wurden Ehrenpreise, Aner-

kennungen, Plaketten u. dgl. verteilt. Dies geschah sowohl bei den Körungen, um diese etwas beliebter zu machen, dann aber auch bei den Tierschauen und -ausstellungen. Diese entwickelten sich zwar bei Schweinen später als bei Bullen, nahmen aber im Laufe der Jahre doch erheblichen Umfang an.

1.3.1.4.4 Schafe

Die Schafhaltung war nach großer Blüte in früheren Jahrhunderten im Laufe des 19. Jahrhunderts stark zurückgegangen, sowohl nach der Zahl der Schafe wie der Schafhalter (s. S. 28). Deshalb war das staatliche Interesse an dieser Tierart gering, und demzufolge gab es auch wenig staatliche Förderungsmaßnahmen. Sie hatten nur für wenige, meist kleine Gebiete Bedeutung, in denen die Schafhaltung und die Schafzucht noch eine gewisse Rolle spielten, wie z. B. in Ostfriesland, Schleswig-Holstein u. a., oder wo sie für entwicklungsfähig gehalten wurde.
In Oldenburg war für die Ämter Jever und Rüstringen 1909 eine staatliche Körordnung für Schafböcke erlassen worden, deren Ausführung 1912 vom zuständigen Ministerium dem friesischen Milchschafzuchtverein übertragen wurde. 1910 folgte die Provinz Hannover für den Landesteil Ostfriesland.
Im übrigen beschränkten sich der Staat und auch die Landwirtschaftskammern auf finanzielle und sonstige Hilfsmaßnahmen. Als solche kamen insbesondere in Betracht:

- Die Bildung und Unterstützung von Züchtervereinigungen,
- Zuschüsse zum Ankauf von guten Zuchtböcken,
- Errichtung oder Förderung von Stammschäfereien, Schafbockhaltereien, Eliteherden u. ä. mit der Verpflichtung, dort gezogene Schafe, insbesondere Böcke, verbilligt an Schafzüchter abzugeben,
- Wanderlehrgänge für Schäfer,
- Veranstaltung von Wollmärkten und -versteigerungen.
  Um hier die Erlöse für die Schafhalter etwas zu verbessern, wurden nach 1918 in den Schwerpunktgebieten der Schafhaltung mit starker behördlicher Unterstützung 3 Wollverwertungsgesellschaften gegründet.

1.3.1.4.5 Ziegen

Auf die schwach entwickelte Ziegenzucht versuchte Württemberg bereits Mitte des vorigen Jahrhunderts Einfluß zu nehmen und sie durch Versuchsstationen zu verbessern. Dieser Versuch blieb aber ohne Erfolg und ging bald wieder ein.
Gegen Ende des 19. Jahrhunderts nahm aber die Ziegenhaltung einen ungeahnten Aufschwung. Dies hatte hauptsächlich 2 Gründe: Einmal war das vorhandene sehr schlechte Zuchtmaterial durch gezielte Einfuhren, vor allem aus der Schweiz, auf einen verhältnismäßig guten Stand gebracht, zum anderen war über den klein- und kleinstbäuerlichen Kreis hinaus das Interesse anderer Bevölkerungsgruppen (Arbeiter, Kleingärtner und besonders Eisenbahner) an der Ziegenhaltung geweckt worden. Der Schwerpunkt dieser Entwicklung lag im Großherzogtum Hessen und hier im Regierungsbezirk Starkenburg.
Dort wurde 1892 der erste Ziegenzuchtverein Deutschlands gegründet. Es setzte darauf in Süddeutschland, aber auch in Mitteldeutschland eine wahre Gründungswelle ein. Und sehr schnell folgten staatliche Förderungsmaßnahmen. So sah z. B. schon 1894 das Königreich Sachsen folgende Hilfen vor: Beihilfen für die Anschaffung guten Zuchtmaterials, insbesondere von Ziegenböcken, auch bei der Einfuhr

aus der Schweiz, Prämien für beste Ziegenböcke bei Schauen und für die längere Haltung von Zuchttieren, Unterstützung bei der Bildung von Ziegenzuchtvereinen mit Bockhaltung und, wo dies nicht angängig war, Errichtung von Ziegenbockstationen.

Wo Landwirtschaftskammern vorhanden waren, bemühten sich diese (woanders die betreffenden Länder) über ihre Tierzuchtbeamten um die Errichtung von Ziegenzuchtvereinen und die Belehrung der Mitglieder. Sie wirkten bei der Aufstellung der Zuchtziele und der Durchführung von Vereinskörungen mit. Die Errichtung von Bockstationen wurde durch Ankaufsbeihilfen bis zu ¾ des Kaufpreises gefördert. Die Böcke wurden auch gelegentlich von den Landwirtschaftskammern unentgeltlich zur Verfügung gestellt.

Baden hatte 1896 in seinem Gesetz über die Haltung der Zuchtfarren und der Zuchteber auch die Ziegenböcke mit einbezogen und die Möglichkeit vorgesehen, die Gemeinden, in denen es erforderlich erschien, zur Ziegenbockhaltung zu verpflichten. Dasselbe tat 1901 das Großherzogtum Hessen. In anderen Gebieten mit Ziegenzucht hatten die Gemeinden die Bockhaltung intern geregelt. Die Zuchtvereine führten Vereins- und Verbandskörungen durch.

In der Provinz Hessen-Nassau wurde 1909 ein Gesetz über die Verpflichtung der Gemeinden zur Haltung von Ziegenböcken erlassen. Dasselbe tat dann Preußen für sein gesamtes Gebiet am 14. 12. 1920. Darin wurde festgelegt, daß eine Gemeinde die Pflicht hatte, eine dem Bedürfnis entsprechende Zahl von Ziegenböcken anzuschaffen und zu unterhalten, wenn in ihr die Zahl der vorhandenen Böcke, gemessen an der Zahl der Ziegen, ungenügend war. Das galt nur, wenn in der Gemeinde mehr als 30 Ziegen vorhanden waren, auf einen Bock sollten nicht mehr als 80 Ziegen kommen. Es durften nur Ziegenböcke verwendet werden, die nach einer vom Regierungspräsidenten nach Anhörung der Landwirtschaftskammer erlassenen Körordnung gekört waren.

Daraufhin sind in den preußischen Provinzen, soweit das Gesetz bei ausreichender Ziegenhaltung überhaupt praktikabel war, Körordnungen für Ziegenböcke erlassen worden. In Schleswig-Holstein war dies z. B. 1921/1924 der Fall. Hier wurde bestimmt, daß Ziegenböcke nur gekört werden durften, wenn sie der von der Landwirtschaftskammer anerkannten Zuchtrichtung entsprachen und außerdem für sie ein Abstammungsnachweis vorgelegt werden konnte. Die im Herdbuch einer anerkannten Ziegenzüchtervereinigung eingetragenen Ziegenböcke waren von der Körpflicht befreit.

1.3.1.4.6 Geflügel und Bienen

Die Geflügelwirtschaft und hier fast ausschließlich die Hühnerhaltung begann erst um die Jahrhundertwende, ein besonderer Betriebszweig in der Landwirtschaft zu werden. Von diesem Zeitpunkt an setzten aber auch schon staatliche Förderungen ein. Sie kamen naturgemäß nur in einzelnen Gebieten zur Anwendung, in denen die Geflügelhaltung eine größere Bedeutung gewonnen hatte. Dies war besonders in Süddeutschland, in Bayern, Württemberg und Baden und in den preußischen Provinzen Sachsen, Hannover, Hessen-Nassau und der Rheinprovinz der Fall.

Die einzelnen Maßnahmen konzentrierten sich auf Geldzuwendungen und auf eine umfassende Beratung. Träger waren durchweg die Landwirtschaftskammern und, wo solche wie in Süddeutschland nicht bestanden, die Länder bzw. deren Fachministerien. Diese Stellen legten in erster Linie Wert auf die Verbreitung von

allgemeinen Fachkenntnissen in der Geflügelzucht, die damals in der Landwirtschaft recht mangelhaft waren. Hier waren sehr wirkungsvoll die von den Kammern bzw. Ländern eingerichteten und unterhaltenen Geflügelzucht- und Lehranstalten, die als Muster- und Versuchsbetriebe anregend und beispielhaft wirken sollten und durch die Abhaltung von Lehrgängen für die Ausbildung von Fachkräften für die Geflügelwirtschaft sorgten. Die Landwirtschaftskammern hatten besonders nach dem 1. Weltkrieg Geflügelzuchtreferate eingerichtet und Geflügelzuchtberater und -beraterinnen und Wanderlehrer für die Geflügelwirtschaft eingestellt.
Zur Bereinigung der Rassenvielfalt und zur Hebung der Qualität und der Leistung wurde die Einrichtung von Geflügelzuchtstationen und Geflügelstammzuchten gefördert, die die Geflügelhalter mit einwandfreien Bruteiern und entsprechendem Junggeflügel versorgen sollten. Diese Betriebe wurden bei entsprechenden Leistungen von den Kammern „anerkannt“. Die Leistungskontrolle über Fallnester u. ä. wurde von den Lehranstalten bekannt gemacht und ihre Einführung in der Praxis gefördert. Besonders vorbildlich geführte landwirtschaftliche Geflügelbetriebe wurden prämiiert. Auf Geflügelausstellungen, die von Geflügelzuchtvereinen und -verbänden veranstaltet wurden, gab es Preise des Staates und der Kammern in Form von Geld- und Ehrenpreisen, von Medaillen, Plaketten und Schildern.
Zur Leistungsförderung gab es noch etwa ab 1920 öffentliche „Wettlegen“. Diese Veranstaltungen wurden entweder von den Landwirtschaftskammern oder in Bayern vom zuständigen Fachministerium oder in Hessen vom Tierzuchtinstitut der Universität Gießen organisiert und geleitet. In der Rheinprovinz wurden sie ab 1926/1927 unter offizielle staatliche Kontrolle gestellt.
Als nach dem 1. Weltkrieg sehr starke Eiereinfuhren aus den Nachbarländern Holland und Dänemark die Existenz der deutschen Geflügelwirtschaft ernsthaft bedrohten und handels- und zollrechtliche Schutzmaßnahmen keine nennenswerten Erfolge brachten, wandelte sich das staatliche Interesse auch der Absatzförderung zu. Deshalb fanden alle entsprechenden Selbsthilfemaßnahmen der Geflügelwirtschaft und der landwirtschaftlichen Genossenschaften zur Konzentrierung und Rationalisierung und damit zur Verbilligung der Eiererfassung sowie die Versuche zur Einführung einheitlicher Handelsklassen für Eier auch die Unterstützung der Länder und insbesondere der Landwirtschaftskammern, die ihre ganze Lehr- und Beratungstätigkeit dafür einsetzten. Wegen der starken Zersplitterung und der gebietlich sehr unterschiedlichen Verhältnisse in der Geflügelwirtschaft hatten diese Bemühungen allerdings nur recht mäßige Erfolge.
Auch die Bienenwirtschaft war nach dem 1. Weltkrieg Gegenstand staatlicher Förderungsmaßnahmen, wenigstens in den Gebieten, wo sie nicht nur zur Erzeugung von Honig, sondern auch für die Obstwirtschaft eine Rolle spielte. Die Maßnahmen bestanden im wesentlichen in der Verbesserung der allgemeinen Kenntnisse über die Bienenhaltung, z. B. durch die Einrichtung von Imkerschulen sowie die Abhaltung von Lehrgängen über die Bienenzucht, außerdem in der Errichtung einzelner Königinnenzuchtstationen und in Verbesserungen der Bienenweiden.

1.3.1.5 Handels- und Zollrecht

Die deutsche Viehwirtschaft war nicht in der Lage, den Bedarf der Bevölkerung mit ihren Produkten, vor allem mit Fleisch und Milcherzeugnissen, voll zu decken. Das traf besonders im 19. Jahrhundert, aber auch trotz erheblich gestiegener Produk-

tionszahlen noch im 20. Jahrhundert zu. Man war deshalb auf Einfuhren angewiesen. Für die Tierzucht und deren Fortentwicklung war die Einfuhr besonders hochwertiger Zuchttiere lebensnotwendig. Aber auch für die Einfuhr von Arbeitstieren (Pferden, Ochsen) und Nutzvieh (Milchkühe) bestand echter Bedarf, ebenso für Schlachtvieh und Fleisch.
Dieser notwendigen Einfuhr standen auf der anderen Seite die Interessen der deutschen Viehwirtschaft und hier insbesondere der Tierzucht entgegen. Es wäre widersinnig gewesen, einen Wirtschaftszweig, den man eben, wie in den vorstehenden Abschnitten gezeigt, mit vielerlei Mitteln recht erfolgreich aufwärtsentwickelt hatte, schutzlos einer regelmäßig preisdrückenden Einfuhr auszuliefern. Hier zu helfen war Aufgabe der Handels- und Zollpolitik des Reiches (s. S. 89).

1.3.1.6 Sonstige Förderungsmaßnahmen

Für die Viehwirtschaft und damit auch für die Tierzucht war der Schutz vor Viehseuchen und -krankheiten von ganz großer Bedeutung. Zu deren Bekämpfung diente das Reichs-Viehseuchengesetz von 1909 mit vielen Ausführungsbestimmungen. Zum Schutze der Menschen vor Krankheiten durch den Genuß tierischer Erzeugnisse wurden Schlachthofgesetze, in Preußen bereits 1869, sowie das Fleischbeschaugesetz und das Lebensmittelgesetz erlassen. Über diese Gesetze wird in Abschnitt C,3 berichtet.
Viehmärkte gab es von alters her. Hier waren die Marktgemeinden vielfach die Träger oder jedenfalls Förderer. Gehandelt wurde hier aber durchweg nur Nutzvieh. Der Zuchtviehhandel vollzog sich entweder von Hof zu Hof oder über die Absatzveranstaltungen der Züchtervereinigungen ohne unmittelbare öffentliche Förderung, wenn man davon absieht, daß teilweise im Anschluß an große staatliche Körungen oder öffentlich geförderte Tierschauen sich auch ein beachtlicher Absatz der gekörten oder prämiierten Tiere anschloß. Der Tierzucht war aber mittelbar auch die Regelung des Schlachtviehabsatzes dienlich. Dieser erfolgte in immer stärkerem Maße über die Schlachtviehmärkte, deren Einrichtung und Betreiben eine kommunale Aufgabe war. 1909 erließ das Deutsche Reich ein Gesetz über die Preisfeststellung beim Handel mit Schlachtvieh auf den Schlachtviehmärkten, dessen Zweck es war, einheitliche Bewertungsmaßstäbe beim Schlachtviehhandel und damit für die Preisfeststellung und Preisnotierung zu schaffen. Nach Wegfall der durch den 1. Weltkrieg bedingten Sondervorschriften wurden im Reichsgesetz über den Verkehr mit Vieh und Fleisch von 1925 straffere Vorschriften insbesondere über den Verkehr auf den Schlachtviehmärkten erlassen.
Auch die Förderung des Absatzes von tierischen Erzeugnissen ist hier zu erwähnen. Das Margarinegesetz von 1897 wurde zum Schutz des Butterabsatzes herausgegeben. Den Handel mit Milch und Milcherzeugnissen versuchte man vor dem 1. Weltkrieg mit kommunal-, gewerbe- und gesundheitsrechtlichen Bestimmungen zu beeinflussen. Nach dem 1. Weltkrieg wurden diese Maßnahmen von den Ländern weiter ausgebaut, um dann am 23. 12. 1926 im Reichsgesetz zur Regelung des Verkehrs mit Milch zusammengefaßt zu werden. Dies wurde aber schon am 31. 7. 1930 durch ein neues verbessertes Reichsmilchgesetz abgelöst. Es enthält in der Hauptsache Vorschriften hygienischer und lebensmittelrechtlicher Art, sieht aber auch eine Reihe von qualitäts- und absatzfördernden Maßnahmen vor.
So wichtig auch die Qualitäts- und Absatzförderung bei Milch und Milcherzeugnissen war, wichtiger für die Rentabilität der Rindviehhaltung und damit auch der

Rinderzucht war die Milchleistung. Hier kam es darauf an, sie genau und objektiv zu ermitteln. Diese Aufgabe übernahmen die sogen. Milchkontrollvereine, deren erster 1897 in Schleswig-Holstein gegründet worden war. Sie dehnten sich aber sehr schnell über das ganze Reichsgebiet aus. Sie schlossen sich zu Landes- oder Provinzverbänden zusammen, waren privatrechtlich organisiert, wurden aber vom Staat bzw. den Landwirtschaftskammern sehr gefördert, teils direkt finanziell, teils durch Zurverfügungstellung von Personal bzw. dessen Ausbildung zu Kontrollassistenten, Oberkontrolleuren u. ä.
Die besonders nach 1920 einsetzenden Bemühungen der staatlichen Stellen zur Einführung von Handelsklassen, Schlachtwertklassen und sonstigen Standardisierungen dienten ebenfalls der Hebung der Wirtschaftlichkeit der Viehwirtschaft und damit auch der Tierzucht.

1.3.1.7 Organisatorische Maßnahmen

Als älteste organisatorische Maßnahme des Staates zur Förderung der Tierzucht muß das staatliche Gestütwesen genannt werden (s. S. 439).

1.3.2 Maßnahmen von 1933 bis 1945*

1.3.2.1 Das Reichstierzuchtgesetz

Mit dem Umbruch 1933 trat eine völlig veränderte Rechts- und Sachlage ein. Die Ausschaltung der Demokratie und das straffe Führersystem gaben der Staatsgewalt unbeschränkte Vollmachten. Sie wurden auch auf dem Gebiet der Tierzucht genutzt.
Wie in den vorstehenden Abschnitten gezeigt, waren zwar innerhalb Deutschlands eine große Zahl von staatlichen Maßnahmen zur Förderung der Tierzucht getroffen worden. Entsprechend der föderalen Struktur des Reiches und der unterschiedlichen Einstellung der maßgebenden Stellen waren diese Maßnahmen aber gebietlich und auch fachlich sehr uneinheitlich, dasselbe gilt für ihre Durchführung. Es war sozusagen ein recht bunter Flickenteppich.
Preußen machte mit der zentralen Regelung den Anfang und erließ bereits am 24. 8. 1934 ein Gesetz über die Förderung der Tierzucht, das eine absolute Körpflicht und sonstige zentrale Regelungen vorsah, das Inkrafttreten aber dem preußischen Landwirtschaftsminister vorbehielt. Ehe es soweit kam, wurde am 17. 3. 1936 das Reichsgesetz zur Förderung der Tierzucht erlassen und sofort in Kraft gesetzt. Es war ein sogen. Ermächtigungsgesetz, d. h., es traf selbst keine tierzüchterischen Vorschriften, sondern ermächtigte den Reichsminister für Ernährung und Landwirtschaft (REM), solche zu erlassen. Es gab lediglich die Richtung an: Die Ermächtigung bezog sich auf die allgemeine Körpflicht für Hengste, Bullen, Eber, Schafböcke und Ziegenböcke, auf die gemeindliche Vatertierhaltung, auf die Strafvorschriften sowie den Erlaß von Ausführungs- und Ergänzungsvorschriften. Das Reichstierzuchtgesetz brachte also keinen Umbruch in der bisherigen tierzüchterischen Entwicklung, sondern eine sehr energische zielsichere Fortentwicklung,

---

* Bei der Schilderung dieses Zeitabschnitts wird von der Aufzählung der Maßnahmen zur sogen. Erzeugungsschlacht und zur Kriegsernährungswirtschaft abgesehen.

verbunden mit einer sehr straffen zentralistischen Befehlsgewalt. Trotzdem blieben der Staatsführung noch genügend Möglichkeiten, sich bei der Durchführung des Gesetzes flexibel zu verhalten und in Zusammenarbeit mit den Organisationen der Landwirtschaft und der Züchter je nach den tierzüchterischen Gegebenheiten in den einzelnen Gebieten Sonderregelungen zu treffen.

1.3.2.2 Organisatorische Maßnahmen

Das mit dem Reichstierzuchtgesetz angestrebte Ziel einer wirksamen und einheitlichen Förderung der Tierzucht im gesamten Reichsgebiet konnte nur mit einer entsprechenden Organisation erreicht werden. Diese wurde auch sofort geschaffen, auf ihr Vorhandensein und Funktionieren sind die erreichten Erfolge weitgehend zurückzuführen. Dabei war zunächst der Ausbau und die Führung des Tierzuchtreferats im REM von entscheidender Bedeutung. Hier wurden die Durchführungsverordnungen zum Reichstierzuchtgesetz ausgearbeitet und herausgegeben, von hier wurde überhaupt die Durchführung des Gesetzes im Reichsgebiet einheitlich gesteuert. Dem dienten eine große Zahl von Erlassen, Verfügungen und sonstigen Verlautbarungen, mit denen die tierzüchterische Entwicklung einerseits vorangetrieben wurde, andererseits Fehlentwicklungen verhindert oder ausgeglichen wurden.
Ebenso wichtig war die Errichtung des Reichsnährstandes. Obwohl formal eine Selbstverwaltungskörperschaft des öffentlichen Rechts, war er doch durch die weitgehende Übertragung von Staatsaufgaben und auch durch Personalunionen in den Führungsspitzen mit dem Staat so verzahnt, daß er praktisch eine Staatseinrichtung war. Der Reichsnährstand hatte seine Spitze im Reichsbauernführer und seinem Verwaltungsapparat. In den Ländern und Provinzen hatte er die Landesbauernschaften, in die die aufgelösten Landwirtschaftskammern eingegliedert waren. Auf Kreisebene gab es die Kreisbauernschaften. Beim Reichsbauernführer und den Landesbauernschaften waren besondere Tierzuchtabteilungen gebildet (Abt. II D). Den Landesbauernschaften unterstanden die Tierzuchtämter, Körämter, Körstellen und die Tiergesundheitsämter. Eine der wichtigsten Aufgaben der Landesbauernschaften auf dem Gebiet der Tierzucht war der Erlaß der Körordnungen, in denen zur Ergänzung der reichsrechtlichen Vorschriften die gebietlich wichtigen Ausführungs- und Sonderregelungen getroffen wurden, z. B. über die Rassenfrage.
Zusätzlich bestellten sowohl der Reichsernährungsminister wie der Reichsbauernführer besondere Beauftragte für die Tierzucht, für Zuchtvieh, für Nutzvieh, für Schafe, für die Kleintierzucht u. a. m., die ebenfalls Anordnungsbefugnisse hatten. Besonders streng waren die Eingriffe in die Züchterorganisationen. Sie wurden zwar nicht aufgelöst, sondern dem Reichsnährstand nur angegliedert, d. h., sie behielten zwar ihre rechtliche Selbständigkeit, der Reichsnährstand hatte aber ein sehr starkes Aufsichts- und Eingriffsrecht. Die Vielzahl dieser Verbände und der Organisationen wurde erheblich begrenzt, auf Landes- und Reichsebene wurden Einheitsverbände für die einzelnen Tierarten geschaffen.

1.3.2.3 Die 1. Durchführungsverordnung zum Reichstierzuchtgesetz

Die Maßnahmen, zu denen das Reichstierzuchtgesetz ermächtigte, waren in der 1. DVO vom 26. 5. 1936, geändert am 20. 11. 1939, enthalten. Sie hatten entsprechend dem Gesetz 2 Schwerpunkte:

a) Körpflicht

Nach § 1 durften Hengste, Bullen, Eber, Schafböcke und Ziegenböcke erst dann zum Decken verwendet werden, wenn sie angekört waren. Die Körpflicht bestand also für die genannten Tierarten ausnahmslos im gesamten Reichsgebiet. Für das Körwesen waren die bei jeder Landesbauernschaft gebildeten Körämter zuständig. Für jede Tierart war eine besondere Abteilung vorgesehen. Leiter der Körämter waren die jeweiligen Landesbauernführer.

Den Körämtern unterstanden die Körstellen, deren Bezirk regelmäßig der eines Kreises oder einer Kreisbauernschaft war. Auch die Körstellen waren in Abteilungen für die einzelnen Tierarten aufgegliedert. Die Körungen für Hengste waren jedoch wegen der geringeren Zahl vom Köramt selbst durchzuführen, auch bei Schafen war das teilweise der Fall. In der Mitgliedschaft bei den Körämtern und Körstellen war zwar keine grundsätzliche Änderung eingetreten, die staatlichen Vertreter (Tierzuchtbeamte, Landräte, Amtstierärzte) bekamen gegenüber den reinen Züchtern und den Geschäftsführern der Züchterverbände ein kleines Übergewicht.

Die Körungen fanden als Haupt- oder Sammelkörungen, Sonderkörungen oder Nachkörungen statt. Neu und besonders wichtig waren die Sonderkörungen. Sie fanden bei Absatzveranstaltungen, Versteigerungen, Schauen oder Ausstellungen der anerkannten Züchtervereinigungen oder der Landesbauernschaften statt. Damit war regelmäßig ein größerer Auftrieb von Vatertieren gesichert, das Körgeschäft konnte gleichmäßiger und erfolgreicher durchgeführt werden. Da diese Veranstaltungen durchweg sehr gut besucht wurden, gaben sie auch für einen größeren Interessentenkreis einen guten Überblick über den Stand der Tierzucht im betreffenden Gebiet. Die für die Tierzucht wichtigste Folge aber war, daß alle auf einer Sonderkörung gekörten Tiere anschließend auch zum Verkauf gestellt wurden. Die Kaufinteressenten fanden also ein großes tierzüchterisch und auch tiergesundheitlich überprüftes Zuchtmaterial vor und konnten ihrem Bedarf entsprechend einkaufen, die verkaufenden Züchter erzielten regelmäßig gute Preise, die Wirtschaftlichkeit der züchterischen Arbeit wurde also belohnt. Aus diesen Gründen wurde später vom REM verfügt, daß alle zur Zucht bestimmten Vatertiere, die verkauft werden sollten, nur auf einer mit einer Sonderkörung verbundenen Absatzveranstaltung zum Verkauf gestellt werden durften.

Als Voraussetzung für die Körung galten wie bisher ein bestimmtes Mindestalter sowie Gesundheit. Relativ neu war, daß nunmehr auch bei allen staatlichen Körungen im ganzen Reichsgebiet Abstammungsnachweise, verbunden mit Nachweisen über Leistungen der Vorfahren, vorgelegt werden mußten, wenn auch bei einzelnen Tierarten, wie z. B. Schafböcken, oder in einzelnen Gegenden noch Übergangsregelungen vorgesehen waren.

Bis auf Bayern war bisher das Decken eigener Tiere von der Körpflicht freigestellt gewesen. Das wurde jetzt anders, die Körpflicht galt ausnahmslos. Deshalb wurde bei den nach der Körung auszustellenden Deckerlaubnissen unterschieden zwischen der Deckerlaubnis A, die zum Decken eigener und fremder Tiere berechtigte, und der Deckerlaubnis B, die nur zum Decken eigener Tiere und solcher von Betriebsangehörigen galt. Verpflichtete sich der Halter eines Tieres mit Deckerlaubnis A, dieses uneingeschränkt auch zum Decken fremder Tiere zur Verfügung zu stellen, so erhielt er die Deckerlaubnis A 1.

Im übrigen entsprachen die Vorschriften über Körbücher, Deckblocks, Deckscheine usw. im wesentlichen dem bisherigen Recht. Recht einschneidend war die Vorschrift, daß abgekörte oder körpflichtige, aber auf einer Körung nicht vorgeführte Tiere binnen einer zu bestimmenden Frist zu kastrieren oder zu schlachten waren. Sie stieß in der Praxis aber auf erhebliche Schwierigkeiten.
Besonders wichtig waren auch die bereits erwähnten Körordnungen, die für das Gebiet jeder Landesbauernschaft zu erlassen waren. In diesen wurden nicht nur viele für das betreffende Gebiet wichtige Einzelheiten der Körungen geregelt, sondern vor allem die Rassen der einzelnen Tierarten festgelegt, für die in den einzelnen Körbezirken nur Deckerlaubnisse ausgestellt werden durften. Damit war ein entscheidender Schritt zur Beseitigung der Rassenvielfalt und zur Herstellung der Rassenreinheit getan, zumal da noch verfügt wurde, daß, jedenfalls bei Hengsten und Bullen, einem Vatertier nur weibliche Tiere derselben Rasse zugeführt werden sollten.
Die Kosten der Körungen wurden grundsätzlich dem Reichsnährstand auferlegt. Diesem flossen dafür die Gebühren zu, die für die Körung und die Ausstellung der Deckerlaubnis erhoben werden durften. Das REM hatte dafür aber Höchstsätze festgelegt und außerdem ihre Verwendung – ausnahmslos zugunsten der Tierzucht – im einzelnen geregelt.

b) Gemeindliche Vatertierhaltung

Die Verpflichtung der Gemeinden zur Beschaffung und Unterhaltung einer ausreichenden Zahl von Vatertieren für alle Tierarten, Hengste ausgenommen, galt nunmehr reichseinheitlich. Sie entsprach im wesentlichen der bisherigen Regelung. Das galt auch für die Aufbringung der Kosten. Sofern sich bisher örtliche Verfahren als gut und erfolgreich erwiesen hatten, sollte daran auch bei gewissen Abweichungen vom Reichsrecht nichts geändert werden.

Strafvorschriften

Einheitlich waren nun auch die Strafvorschriften. Die Straftatbestände waren im einzelnen recht genau festgelegt. Sie sahen in schweren Fällen unbegrenzte Geldstrafen, in leichten Fällen Geldstrafen bis 150 RM vor.

1.3.2.4 Spezielle Maßnahmen

1.3.2.4.1 Pferde

Die Körpflicht für Hengste galt, wie bereits ausgeführt, ausnahmslos. Die Konzentration der Körungen bei den Körämtern, also für das Gebiet einer ganzen Landesbauernschaft, brachte einen zahlenmäßig größeren Auftrieb, eine bessere Vergleichbarkeit und gleichmäßige Körentscheidungen für ein großes Gebiet und damit eine erhebliche Verbesserung der Pferdezucht.
Für Vollblut- und Traberhengste, die in den Büchern der zuständigen Obersten Behörden (s. weiter unten) geführt wurden, hatten die Körämter die Deckerlaubnis ohne Vorführung, lediglich auf Grund der schriftlichen Unterlagen der Behörden auszustellen. Vollblut- und Traberhengste, die sich in Trainers Hand befanden, brauchten auch nicht vorgeführt zu werden, erhielten aber auch keine Deckerlaubnis. Ponyhengste mußten dagegen vorgeführt werden. Sollten sie nicht zum Decken verwendet werden, konnte das Köramt Ausnahmen zulassen. Für Hengste, die

ausschließlich zum Gebrauch als Reit-, Jagd-, Spring-, Dressurpferde oder für Halbblutrennen Verwendung finden sollten und in den Listen der zuständigen Obersten Behörden eingetragen waren, konnte die Vorführpflicht erlassen werden, ebenso für Hengste, die zu Erwerbszwecken in nichtlandwirtschaftlichen Betrieben gehalten wurden.
Die Körordnungen der Landesbauernschaften bestimmten die Pferderassen oder -schläge, für die in den einzelnen Gebieten überhaupt eine Deckerlaubnis A ausgestellt werden durfte. Darüber hinaus griff der REM in die ständige Auseinandersetzung über die Vor- und Nachteile der Warm- oder Kaltblutzucht durch mehrere Erlasse ein, mit denen geschützte Warmblutzuchtgebiete geschaffen wurden. Für 9 Landesbauernschaften legte er bestimmte Bezirke oder Kreise fest, in denen nur Warmbluthengste genau bestimmter Schläge die Deckerlaubnis erhalten durften, Kaltbluthengste also vom Decken ausgeschlossen waren.
Die Forderungen an den Inhalt der Abstammungsnachweise wurden verschärft, vor allem wurde Wert auf die Abhaltung von Leistungsprüfungen für Warm- und Kaltbluthengste gelegt. Nachdem in den Landgestüten Versuche über angemessene Leistungsprüfungen durchgeführt waren, drängte der REM – ohne jedoch eine gesetzliche Pflicht anzuordnen – auf die Abhaltung solcher Prüfungen in der privaten und verbandlichen Hengsthaltung, gab über den Inhalt der einzelnen Prüfungen Richtlinien heraus und ließ einen großen Teil der staatlichen Beihilfen zur Förderung der Pferdezucht nur für diese Zwecke verwenden. In jeder Landesbauernschaft waren besondere Kommissionen für die Prüfung von Warm- bzw. Kaltblutpferden zu bilden.
Um die Pferdezucht und insbesondere die Leistungsprüfungen zu fördern, wurden außerdem auf Reichsebene schon 1934 durch Verordnung besondere Körperschaften des öffentlichen Rechts geschaffen, nämlich die Obersten Behörden für Vollblutzucht und -rennen, Traberzucht und -rennen, die Prüfung von Warmblutpferden und die Prüfung von Kaltblutpferden. Diese Behörden hatten die gesetzliche Aufgabe, die öffentlichen Leistungsprüfungen für Pferde zu fördern und einheitlich zu regeln, u. a. durch den Erlaß verbindlicher Renn- und Turnierordnungen. Sie waren also u. a. für das gesamte Pferderennwesen zuständig, regelten und überwachten aber auch das gesamte Leistungsprüfungswesen. Sie arbeiteten eng mit den Zuchtverbänden für die einzelnen Pferdearten zusammen. Um das Leistungs- und Prüfungswesen weiter zu fördern, durften die nicht unerheblichen Reichs- und Staatsmittel für diese Zwecke nur auf Veranstaltungen gegeben werden, die von den genannten Behörden zugelassen und überwacht wurden. Es durften nur Geldpreise für siegende oder plazierte Pferde, nicht aber Züchter- oder Ehrenpreise bewilligt werden.
Staatliche Finanzhilfen wurden auch für die Einrichtung oder Verbesserung von Hengsthaltungsbetrieben gegeben, allerdings nur zum Ankauf von auf einer Haupt- oder Sonderkörung gekörten Hengsten mit Deckerlaubnis A 1.

1.3.2.4.2 Rinder

Die Körordnungen der Landesbauernschaften bestimmten die Schläge oder Rassen, für die in den einzelnen Gebieten überhaupt eine Deckerlaubnis A erteilt werden durfte. Wichtig war weiter, daß nunmehr reichseinheitlich die Vorlage von Abstammungsnachweisen und vor allem von Nachweisen über die Leistungen der mütterlichen Vorfahren vorgeschrieben war. Die Leistungen bezogen sich auf die Milchlei-

stung der Mutter, teilweise auch der Großmütter, nach Menge und insbesondere Fettgehalt, sie waren für die einzelnen Rinderrassen unterschiedlich festgesetzt. Die auf den Körungen vorgestellten Bullen waren nach den Leistungen der Vorfahren und nach ihrer Form in eine von 4 Zuchtwertklassen einzustufen, was u. a. auch für den erzielbaren Kaufpreis wesentlich war. Auch die weiblichen Zuchttiere, die zum Verkauf gestellt werden sollten, mußten in Zuchtwertklassen eingestuft werden.
Voraussetzung für diese Leistungsnachweise war ihre einwandfreie Ermittlung. Dafür wurde schon 1935 die Verordnung über Milchleistungsprüfungen erlassen, die das bisher private Milchkontrollvereinswesen dem Reichsnährstand übertrug und einen Anschlußzwang vorsah. Der Reichsnährstand bestellte einen besonderen Beauftragten für die Milchleistungsprüfungen, der die Einzelheiten regelte. Weitere Voraussetzung für die Leistungsnachweise waren die Rinderzuchtverbände, ihre Herdbücher und das von der DLG vorgesehene Rinderleistungsbuch.
Verschiedene Landesbauernschaften schützten ihre heimischen Rinderrassen durch Einfuhrverbote für Zuchtrinder anderer Rassen aus den anderen Teilen des Reichsgebiets.
Die Konzentration des Absatzes der Zuchtbullen über Absatzveranstaltungen der anerkannten Züchterverbände wurde bereits erwähnt.

1.3.2.4.3 Schweine

Auch bei Schweinen wurden in den meisten Körordnungen der Landesbauernschaften die Schweinerassen festgelegt, für die eine Deckerlaubnis A erteilt werden durfte. Allerdings bestimmte 1941 der REM, daß für Eber des deutschen weißen Edelschweins, des deutschen veredelten Landschweines und des deutschen Landschweines im gesamten Reichsgebiet die Deckerlaubnis A oder A 1 erteilt werden konnte.
Außer den Abstammungsnachweisen mußten auch bei Ebern Nachweise über die Leistungen der Ebermütter erbracht werden. Sie bezogen sich auf die Zahl der Würfe, die Zahl der geworfenen und aufgezogenen Ferkel und deren Gewicht in einem bestimmten Alter.
Zuchteber mußten bei den Körungen je nach Leistung des Muttertieres in Zuchtwertklassen (von I bis IV) eingereiht werden, auch für Zuchtsauen, die verkauft werden sollten, war dies vorgeschrieben. Für den Verkauf dieser Eber und Sauen wurden Höchstpreise festgesetzt.

1.3.2.4.4 Schafe

Bis 1936 bestand für Schafböcke nur in einigen Gebieten die Körpflicht. Durch das Reichstierzuchtgesetz wurde nun auch für Schafböcke die absolute Körpflicht im ganzen Reichsgebiet eingeführt. Gegenüber den anderen Tierarten war dies eine große Neuerung. Die Körungen führten wegen der geringeren Verbreitung der Schafzucht meist nicht die Körstellen, sondern die entsprechenden Abteilungen der Körämter aus. Die Pflicht der Gemeinden zur Vatertierhaltung galt nunmehr überall auch für Schafzuchtböcke, sofern ein Bedürfnis gegeben war. Dies war anzunehmen, wenn in einer Gemeinde 30 oder mehr deckfähige Schafe vorhanden waren, ab 61 Schafen mußten 2 Schafböcke gehalten werden.
Organisatorisch wurde vom Reichsnährstand ein Reichsbevollmächtigter für die Neuorganisation der deutschen Schafzucht bestellt. Für die größeren Schafhalter wurde eine Zwangsmitgliedschaft im jeweiligen Landesschafzuchtverband verfügt.

Die Landesverbände waren im Reichsverband Deutscher Schafzüchter zusammengeschlossen. Dieser wurde bei allen Maßnahmen zur Förderung der Schafzucht maßgeblich beteiligt, oder es wurde ihm die Durchführung solcher Maßnahmen übertragen.
Finanzielle Beihilfen gab es nicht nur zum Ankauf und für die Zuchterhaltung von Schafböcken, sondern auch zur Neuanschaffung von weiblichen Schafen für neuerrichtete oder durch Zukauf erweiterte Schafhaltungen. Für Lämmer des ostfriesischen Milchschafes waren Aufzuchtbeihilfen vorgesehen.
Besonders wichtig und erfolgreich waren die Maßnahmen zur besseren Wollverwertung. Bereits 1933 wurde ein Reichsgesetz zur Förderung und Verwendung inländischer Schafwolle erlassen, das auch eine Mindestpreisregelung vorsah. 1934 folgte eine Verordnung über die Erfassung und den Absatz inländischer Wolle, die nur noch über die inzwischen gegründete Einheitsgesellschaft, die Reichswollverwertung, verkauft werden durfte. Damit war eine wichtige Maßnahme für die Wirtschaftlichkeit der Schafhaltung getroffen, die sich auch sichtbar in einem Bestandsaufbau auswirkte.

1.3.2.4.5 Ziegen

Mit der allgemeinen Körpflicht auch für Ziegenböcke wurden die letzten gebietlichen Lücken geschlossen. Es durften nur noch Ziegenböcke zweier Rassen gekört werden, nämlich der weißen deutschen Edelziege und der bunten deutschen Edelziege. Für die Körung war zwingend ein Abstammungsnachweis vorgeschrieben. Dieser wurde nur als ausreichend angesehen, wenn er auch über die Leistungen Auskunft gab. Es waren Mindestleistungen vorgesehen, die die Milchleistungen der Muttertiere nach Menge und Fettgehalt zum Inhalt hatten. Weiter war die Einreihung der Böcke bei der Körung in 4 Zuchtwertklassen erforderlich, die nach einem besonderen Punktesystem zu ermitteln waren.
Die gemeindliche Ziegenbockhaltung war nun überall dort vorgeschrieben, wo sich 20 oder mehr deckfähige Ziegen in einer Gemeinde befanden. Die Ziegenbockhaltung fand allerdings nicht überall das notwendige Interesse. Zum Teil lag das daran, daß in vielen Gebieten die Ziegenhaltung von geringer Bedeutung war, z. T. fehlten den Ziegenbockhaltern die wichtigsten Kenntnisse für eine gute Bockhaltung. Staat bzw. Landesbauernschaften bemühten sich deshalb, die Ziegen- und Ziegenbockhalter über eine richtige Haltung der Tiere laufend zu belehren. Dies wurde durch Finanzhilfen zum Bau zweckmäßiger Ziegenbockställe sowie zur Schaffung mustergültiger Ziegenhaltungen unterstützt. Ebenso wie bei anderen Tierarten gab es auch für Ziegenböcke Zuchterhaltungsprämien sowie Beschaffungshilfen für den Ankauf hochwertiger Vatertiere, die im Deutschen Ziegenleistungsbuch eingetragen sein mußten. Für weibliche Ziegenlämmer konnten Aufzuchtprämien gegeben werden.
Auch für Ziegenböcke galt die Vorschrift, daß diese erst nach einer Sonderkörung auf den offiziellen Absatzveranstaltungen der Fachorganisationen verkauft werden durften. Hiermit sollte erreicht werden, daß das Angebot an Ziegenböcken nach einheitlichen Gesichtspunkten gekört, klassifiziert und gesundheitlich überprüft, konzentriert zum Verkauf stand und mit den höheren Versteigerungserlösen die Wirtschaftlichkeit der Ziegenzucht gehoben wurde.
Die Ziegenzüchter waren in Kreisfachgruppen, Landesfachgruppen und der Reichsfachgruppe Ziegenzüchter organisiert. Diese arbeiteten im engen Einverneh-

men mit den entsprechenden Tierzuchtverwaltungen des Reichsnährstandes auf Kreis-, Landes- und Reichsebene zusammen und sorgten, insbesondere durch ständige Beratung, für eine erhebliche Förderung der Ziegenzucht.

1.3.2.4.6 Geflügel und Bienen

Das Geflügel unterlag nicht dem Reichstierzuchtgesetz. Es wurde lediglich 1940 in die Verordnung über den Verkehr mit Nutz- und Zuchtvieh einbezogen. Infolgedessen fehlten direkte gesetzliche Förderungsmaßnahmen. Der Staat und der Reichsnährstand brachten aber der Geflügelwirtschaft großes Interesse entgegen. Der Reichsnährstand und die von diesem bestellten besonderen Beauftragten bemühten sich, die für die Geflügelwirtschaft wichtigen Betriebe in ihren einzelnen Funktionen voneinander abzugrenzen und besondere Anerkennungs- oder Genehmigungsvorschriften, z. B. für Brütereien, Bruteierlieferbetriebe, Vermehrungszuchten u. a., aufzustellen. Diese Betriebe wurden durch eine umfassende Beratungstätigkeit durch das Geflügelzuchtpersonal der Landesbauernschaften wesentlich unterstützt. Das Reichsernährungsministerium gab über die Landesbauernschaften und die zuständige Berufsvertretung (Fachgruppe landwirtschaftlicher Geflügelzüchter im Verband Deutscher Kleintierzüchter) Beihilfen und Verbilligungszuschüsse für die Beschaffung von Junggeflügel und den Ankauf gekörter Zuchthähne, Stallbauten der bäuerlichen Hühnerhaltung, den Geflügelgesundheitsdienst und die Anschaffung von farbigen Fußringen für Junggeflügel.
Auch für die Bienenwirtschaft gab es Förderungsmaßnahmen. Das Reich stellte z. B. Mittel für die Anschaffung von Bienenzuchtgeräten, für den Bau von Bienenständen und zur Bekämpfung von Bienenkrankheiten zur Verfügung. In einigen Gebieten wurden Anordnungen zum Schutze der Belegstellen für Bienen getroffen. Weiter sind Maßnahmen zur Erleichterung der Bienenwanderung sowie zur Anlage und Förderung von Bienenweiden zu nennen.

1.3.2.5 Sonstige Förderungsmaßnahmen

Finanzielle Förderungen

Die bisher üblichen finanziellen Förderungen der Tierzucht wurden auch nach 1933 im Prinzip fortgesetzt, nur daß jetzt – da die Förderung der Tierzucht durch das Reichstierzuchtgesetz zur Reichsaufgabe erhoben war – auch das Reich als Finanzgeber auftrat. Es stellte nicht nur erhebliche Mittel zur Verfügung, sondern regelte auch das Vergabeverfahren bis ins einzelne und setzte Prioritäten. Es gab nach wie vor Mittel für den Ankauf von Vatertieren und für die Einrichtung und Verbesserung von Vatertierhaltungsbetrieben. Es gab weiter Zuchterhaltungsprämien für die möglichst lange Verwendung hochwertiger Vatertiere. Besonders gepflegt wurde die Vergabe von Auszeichnungen und Preisen. Diese wurden regelmäßig an Bedingungen geknüpft, mit denen bestimmte tierzüchterische Ziele gefördert werden sollten. Bei Körungen durften solche Auszeichnungen nur auf Sammel- oder Sonderkörungen verliehen werden. Diese Körungen mußten einen bestimmten Mindestauftrieb haben. Dasselbe galt für die Preisvergabe auf Tierschauen und -ausstellungen. Für die prämiierten Tiere war ein Leistungs- und Gesundheitsnachweis obligatorisch. Es wurde unterschieden zwischen Großen Ehrenpreisen und Siegerehrenpreisen, Ehrenschilden und Ehrenpreismünzen, Ehrenpreisen und Großen und Kleinen Preismünzen. Daneben waren auch Geldpreise möglich. Die Vergabe von Preisen und Auszeichnungen durch andere Stellen blieb unberührt, wenn diese gegenüber den Reichs- und Staatspreisen an Bedeutung auch zurücktraten.

Ausbildung (s. S. 459)

Absatzförderung
Um die Wirtschaftlichkeit der Landwirtschaft zu heben, schuf der Reichsnährstand eine besondere land- und ernährungswirtschaftliche Marktordnung. Sie war mit teilweise sehr eingreifenden Maßnahmen verbunden, hat ihr Ziel aber erreicht. Außer den bereits genannten Absatzregelungen für Zuchtvieh wurden auf Grund der Verordnung über den Verkehr mit Nutz- und Zuchtvieh vom 22. 11. 1935 für jeden Umsatz von Nutz- und Zuchtvieh die Schlußscheinpflicht eingeführt, die Neuerrichtung von Nutzviehmärkten genehmigungspflichtig gemacht, bestehende Nutzviehmärkte mußten anerkannt werden, der Handel mit Schlachtvieh war dort verboten. Für Nutzpferde, die verkauft werden sollten, mußte eine Pferdekarte mit einem amtlichen Schätzwert vorhanden sein. Sie durften ab 1940 nur auf öffentlichen Pferdemärkten oder Absatzveranstaltungen anerkannter Pferdezuchtverbände stattfinden.
Die Hauptvereinigung der deutschen Viehwirtschaft schuf auf Grund der Verordnung zur Regelung des Verkehrs mit Schlachtvieh von 1935 eine umfassende Ordnung des gesamten Schlachtviehverkehrs. Sie lenkte ihn vor allem über ein Netz von Schlachtviehmärkten und setzte überall Höchst-, Mindest- oder Spannenpreise fest. Zur Förderung des Qualitätsgedankens vervollständigte sie das schon früher begonnene System der Schlachtwertklassen, für die entsprechend unterschiedliche Preise festgesetzt wurden. Die Hauptvereinigung der deutschen Milch- und Fettwirtschaft regelte den Milchabsatz über die Molkereien und den Milchhandel durch Einzugs- und Absatzgebiete und förderte auf Grund des Milchgesetzes und anderer Vorschriften die Qualität der Milchgewinnung und der Milchverarbeitung. Auf Grund der Butter- und der Käseverordnungen von 1934 wurden verbindliche Handelsklassen für Butter und Käse geschaffen, der Markt damit übersichtlicher gemacht und der Absatz gefördert. Die Einführung der umfassenden Milchleistungskontrolle wurde schon erwähnt. Die Hauptvereinigung der deutschen Eierwirtschaft traf viele Maßnahmen, um den Absatz von Eiern und Schlachtgeflügel in geordnete Bahnen zu lenken und für die Erzeuger wirtschaftlicher zu machen. Zum Beispiel wurden Gewichts- und Handelsklassen für Eier und für Schlachtgeflügel der Begriff des „Deutschen Markengeflügels“ geschaffen.
Die Reichsstellen für Tiere und tierische Erzeugnisse, für Öle und Fette sowie für Eier hatten die Aufgabe, die einheimische Erzeugung vor schädlichen Einfuhren zu schützen.

1.3.3 Maßnahmen von 1945 bis 1977

1.3.3.1 Entwicklung bis zum Bundestierzuchtgesetz

Nach dem Zusammenbruch 1945 traten erhebliche rechtliche und verwaltungsmäßige Änderungen ein. Die Reichsgewalt war weggefallen. Es gab besatzungsrechtliche Zonenverwaltungen, innerhalb derer Länder errichtet wurden. Für Wirtschaftsfragen wurde der Zweizonen-Wirtschaftsrat geschaffen, der sich später durch den

Beitritt der französischen Zone zum Dreizonenrat entwickelte. 1949 trat das Grundgesetz in Kraft. Die damals bestehenden Länder bildeten die Bundesrepublik Deutschland.
Der Reichsnährstand mit seinen Landes-, Kreis- und Ortsbauernschaften wurde 1948 durch Gesetz des Zweizonenwirtschaftsrates aufgelöst. In einem Teil der Bundesländer wurden nach altem Vorbild wieder Landwirtschaftskammern gebildet. Mit diesem völligen Umbruch war eine weitgehende Rechtsunsicherheit verbunden. Die bisherigen Vorschriften auf dem Gebiet der Tierzucht waren zwar nicht weggefallen, sondern galten an sich weiter. Sie hingen aber wegen des Wegfalls der sie durchführenden Institutionen, nämlich des Reiches und des Reichsnährstandes, praktisch in der Luft. Um diese Unsicherheit zu beseitigen, fingen die einzelnen Länder 1948/1949 an, eigene Vorschriften tierzüchterischer Art zu erlassen. Die mühsam errungene einheitliche Tierzuchtregelung drohte wieder auseinanderzufallen. Deshalb erließ der Zweizonenwirtschaftsrat am 7. 7. 1949 das neue „Gesetz über Maßnahmen auf dem Gebiet der tierischen Erzeugung“, das nach Schaffung der Bundesrepublik als Bundestierzuchtgesetz für das Gebiet der Bundesrepublik galt.
Mit diesem neuen Gesetz wurde eigentlich erst ein wirklich zentral geregeltes Tierzuchtrecht mit allen seinen ergänzenden Förderungsmaßnahmen erreicht. Denn so straff und streng auch das Reichstierzuchtgesetz von 1936 war, die Besonderheiten in den Ländern und in den Züchterverbänden ließen sich auch in der damaligen Zeit nicht so schnell und hundertprozentig gleichschalten. Trotz einheitlicher Vorschriften und Befehlsgewalt kam die Durchführung nicht überall in gleicher Weise voran, später verhinderte der 2. Weltkrieg viele Maßnahmen.

1.3.3.2 Das Bundestierzuchtgesetz

Durch den Erlaß des Bundestierzuchtgesetzes wurde eindeutig zum Ausdruck gebracht, daß die im Gesetz behandelten Maßnahmen auf dem Gebiet der tierischen Erzeugung Staatsaufgaben waren. Entsprechend der geänderten Auffassung über die Aufgaben des Staates einerseits und der Selbstverwaltung andererseits gab es eine klare Trennung: nur staatliche Behörden hatten die direkte Befehlsgewalt, Selbstverwaltungseinrichtungen konnten bei der Durchführung staatlicher Aufgaben nur beraten, helfen, vorbereiten u. dergl. Demzufolge war das Bundestierzuchtgesetz auch kein Ermächtigungsgesetz mehr, sondern regelte die Maßnahmen, die es für nötig und richtig hielt, selbst. Dabei übernahm man die bisher bewährten Vorschriften über die Körpflicht für die männlichen Vatertiere, regelte die Grundsätze des Körverfahrens, hielt die Gemeindepflicht zur Vatertierhaltung aufrecht und traf Strafvorschriften. Soweit sich der Bund die Ausführungsvorschriften nicht selbst vorbehielt, übertrug er sie an die obersten Behörden für Landwirtschaft in den einzelnen Bundesländern.
Wie schon angedeutet, baute das Bundestierzuchtgesetz mit seinen Durchführungsverordnungen weitgehend auf dem Reichstierzuchtgesetz und dessen erster Durchführungsverordnung auf. Deshalb sollen hier nur die wesentlichsten Neuerungen oder Veränderungen erwähnt werden. Die wichtigste Neuerung ist wohl die Einführung der künstlichen Besamung. Auf sie wird in einem besonderen Abschnitt eingegangen werden.
Die Aufteilung der Körungen in Haupt-, Sonder- und Nachkörung wurde beibehalten. Es wurde aber gleich im Gesetz bestimmt, daß Hauptkörungen stets als

Sammelkörungen durchzuführen sind und daß alle erstmalig zur Körung kommenden Tiere, die zum Verkauf bestimmt waren, auf einer Sonderkörung vorgeführt werden müßten. Nicht nur die Abstammungsnachweise, sondern auch die Leistungsnachweise wurden allgemein verbindlich vorgeschrieben. Im einzelnen wird darüber bei den jeweiligen Tierarten berichtet werden.
Die Körung galt für das gesamte Bundesgebiet. Dagegen wurde die Deckerlaubnis nur beschränkt erteilt, z. B. mußte ihre Geltungsdauer, das Gebiet, in dem sie galt, und ggf. auch die Rasse, der das zu deckende Muttertier angehören mußte, darin festgelegt sein.
Die Vorschriften über die Abkörung der Tiere, die nicht mehr zur Verbesserung der Landestierzucht geeignet waren, wurden verschärft. Im Gesetz war ausdrücklich die Befugnis erteilt worden, ihre Unfruchtbarmachung oder Schlachtung anzuordnen. Das Bundesverfassungsgericht hat diese Vorschrift durch Beschluß vom 22. 1. 1963 ausdrücklich als verfassungsgemäß erklärt. Die Strafvorschriften wurden gestrafft, mit Geldstrafe bis zu 10 000 DM konnte bestraft werden, wer ein nicht gekörtes oder ein abgekörtes Tier zum Decken oder zur künstlichen Besamung verwandte oder wer ein weibliches Tier von einem solchen Vatertier decken ließ, ebenso derjenige, der ein zur Körung vorführpflichtiges Tier nicht auf einer Körung vorführte. Diese Strafvorschriften wurden 1974 in Ordnungswidrigkeiten umgewandelt, die von den Verwaltungsbehörden mit Bußgeld geahndet werden konnten. Damit war den Verstößen gegen das Tierzuchtgesetz der sehr harte Strafcharakter genommen, der Betroffene gilt nicht als vorbestraft, Bußgelder konnten regelmäßig schneller und damit wirkungsvoller verhängt werden.
Erwähnt muß noch werden, daß alle Entscheidungen über die Körung, die Deckerlaubnis, die Unfruchtbarmachung usw. Verwaltungsakte waren, die – entgegen der früher in den meisten Ländern geltenden Regelung – durch Rechtsmittel angefochten werden konnten, über die im weiteren Weg dann durch die Verwaltungsgerichte entschieden wurde.
Wie schon erwähnt, trennte das Tierzuchtgesetz zwischen den öffentlich-rechtlichen Aufgaben und Maßnahmen und denen des Verbands- und Privatrechts. Da aber, wie auch schon mehrfach betont, die staatlichen Maßnahmen ohne eine umfassende Vor- und Mitarbeit der Züchterverbände nicht möglich waren, bestimmte das Tierzuchtgesetz selbst die Mitwirkung dieser Züchterverbände. Es legte aber in der 1. DVO von 1950 gleich fest, daß diese vorher erst von den obersten Landesbehörden anerkannt werden mußten, und bestimmte weiter, welche Voraussetzungen dafür zu erfüllen waren. Die Züchtervereinigung mußte z. B. die Gewähr für die ordnungsmäßige Führung der Herd- oder Stutbücher sowie für eine ordnungsmäßige Durchführung der Leistungsprüfungen bieten. Sie mußte weiter jedem beitrittswilligen Züchter, der die Voraussetzung einwandfreier züchterischer Arbeit erfüllte, zum Beitritt offenstehen. Sie mußte sich einer Vorprüfung und einer laufenden Überwachung durch die Deutsche Landwirtschafts-Gesellschaft unterwerfen, wofür die von dieser Gesellschaft niedergelegten und vom Bundesernährungsministerium anerkannten Grundsätze (Grundregel) galten. In dieser Grundregel von 1950 waren eingehende Vorschriften insbesondere darüber enthalten, welche Voraussetzungen eine Zuchtbuchführung erfüllen mußte, damit eine Züchtervereinigung anerkannt werden konnte.

1.3.3.3 Entwicklung des Landestierzuchtrechts

Das Bundestierzuchtgesetz und seine im Laufe der folgenden Jahre erlassenen Durchführungsverordnungen beschränkten sich auf das, was bundeseinheitlich geregelt werden sollte. Alle Einzelheiten und gebietlichen Besonderheiten übertrug es den obersten Behörden für Landwirtschaft in den einzelnen Bundesländern. Um diesen zeitlich keinen Zwang aufzuerlegen, blieben die bisherigen Bestimmungen ausdrücklich so lange in Kraft, bis sie von den Länderbehörden durch neue ersetzt worden waren.

Die obersten Landesbehörden regelten in den Jahren zwischen 1950 und 1960 – entsprechend den Körordnungen der früheren Landesbauernschaften – vor allem die Durchführung der Körung, bestimmten die für die Körung zuständigen Stellen, ordneten das Verfahren sowie die Kosten. Bei der Erteilung der Deckerlaubnis schrieben viele Länder vor, daß die Deckerlaubnis nur für das Decken von Muttertieren bestimmter Rassen gelten durfte. Auch für die gemeindliche Vatertierhaltung wurden die Einzelheiten geregelt. Im allgemeinen traten aber bei diesen Länderverordnungen gegenüber den früheren Vorschriften keine grundsätzlichen Neuerungen ein, bis auf die im nächsten Abschnitt zu behandelnde künstliche Besamung.

1.3.3.4 Künstliche Besamung

(s. auch S. 407)

Das Bundestierzuchtgesetz erstreckte im § 1 die allgemeine Körpflicht der Vatertiere auch auf die Verwendung zur künstlichen Besamung. Damit wurde diese Fortpflanzungsmethode zum ersten Mal im Tierzuchtrecht erwähnt und auch legalisiert. Nach § 1 Satz 2 konnten an die für die künstliche Besamung vorgesehenen Vatertiere weitere Anforderungen gestellt werden. Da dies der Bund, jedenfalls zunächst, nicht tat, regelten die meisten Bundesländer dieses neue Gebiet selbst.

Wegen der ungemein großen Zahl an Nachkommen, die von einem Vatertier bei seiner Verwendung in der künstlichen Besamung erzeugt werden können, war es verständlich, daß an dieses neue Zuchtverfahren nur langsam und vorsichtig herangegangen wurde. Die Vorschriften der Länder ähnelten sich in den wesentlichen Punkten, es handelte sich um folgende:

a) Das zur Verwendung in der künstlichen Besamung vorgesehene Vatertier bedurfte außer der üblichen Körung einer besonderen Zulassung, bei der verschärfte Bedingungen für die Zuchttauglichkeit, Gesundheit, Abstammung, Leistungen der Vorfahren u. a. erfüllt werden mußten.
b) Die Gewinnung des Samens für den Einsatz in der künstlichen Besamung durfte nur auf bestimmten Stellen (Besamungsstationen) erfolgen, die eine Reihe von Voraussetzungen zu erfüllen hatten, bevor sie von den obersten Landesbehörden zugelassen wurden. Sie mußten auch unter der Leitung von besonders ausgebildeten und zugelassenen Besamungstierärzten stehen.
c) Die künstliche Besamung durfte für Rinder und Pferde nur durch Tierärzte oder durch Techniker unter tierärztlicher Leitung vorgenommen werden, die für Schweine und andere Tierarten auch durch besonders ausgebildete und geprüfte Besamungstechniker oder Besamungsbeauftragte.
d) Sowohl die zur Verwendung in der künstlichen Besamung zugelassenen Vatertiere wie die Besamungsstationen und die darin tätigen Personen unterlagen einer ständigen und strengen Aufsicht der zuständigen Landesbehörden.

Die künstliche Besamung hat inzwischen eine ungeahnte Entwicklung genommen, jedenfalls in der Rinderzucht. Etwa rund ⅔ aller Kühe werden zur Zeit künstlich besamt. Bei Schweinen ist es ein kleiner Teil, bei den übrigen Tierarten spielt die künstliche Besamung so gut wie keine Rolle. Wegen dieser großen Bedeutung hat der Bund 1971 ein eigenes Gesetz über die künstliche Besamung erlassen, in dem die oben genannten Schwerpunkte einheitlich für das ganze Bundesgebiet festgelegt wurden. Sie wurden ergänzt durch Bestimmungen über das Inverkehrbringen von Samen.

1.3.3.5 Spezielle Vorschriften

1.3.3.5.1 Pferde

Die bundesrechtlichen Vorschriften über die Körung von Hengsten wurden in der 4. DVO zum Tierzuchtgesetz von 1953, später mehrfach geändert, niedergelegt. Danach durfte ein Hengst wie schon bisher üblich nur gekört werden, wenn er nach Typ, Gesamteindruck, Abstammung und Gesundheit den Anforderungen der Landestierzucht entsprach. Neu und wichtig war die allgemeine und verbindliche Einführung von Leistungsprüfungen, und zwar sowohl der Eigenleistung des Hengstes (zu erbringen binnen einer bestimmten Frist nach der Körung) wie auch der Leistungen der Mutter. Sie bestanden für Warm- und Kaltbluthengste in einer Zugleistungsprüfung. Für Vollblut-, Traber- und Ponyhengste galten besondere Bestimmungen. Die gekörten Hengste mußten je nach ihrem Zuchtwert in Leistungsklassen eingestuft werden, die Deckerlaubnis erhielten nur Hengste der Zuchtwertklassen I bis III.
Von den Ländern wurden die Einzelheiten der Hengstkörungen geregelt und insbesondere festgelegt, für welche Rassen und Gebiete die Deckerlaubnis A erteilt werden durfte.

1.3.3.5.2 Rinder

Für die Körung der Bullen wurde 1951 die 2. DVO zum Tierzuchtgesetz erlassen, 1956 aber durch die 6. DVO ersetzt. Darin wurden die allgemeinen Mindestanforderungen wie Typ, Gesamteindruck, Abstammung und Gesundheit festgelegt, aber außerdem für alle im Bundesgebiet vorkommenden 12 wichtigen Rinderrassen der Nachweis bestimmter Milchleistungen sowohl für das Muttertier wie für die Großmütter gefordert. Sie bezogen sich auf die Milchleistung nach Menge und Fett, und zwar nach der „mittleren Lebensleistung“, wobei für die Berechnung und die Berücksichtigung von Sonderfällen ein genaues Berechnungssystem vorgeschrieben war. Je nach der festgestellten mittleren Lebensleistung der Mutter und der Großmütter wurden die Bullen in 3 Leistungsklassen eingeteilt. Aus der Berücksichtigung der Leistungsklasse, des Typs, Gesamteindrucks und der Abstammung ergab sich dann die Einstufung des gekörten Bullen in die Zuchtwertklassen I bis IV. Die Deckerlaubnis A durfte nur für Bullen der Zuchtwertklassen I bis III erteilt werden.
In der Verordnung wurde als fachlich einwandfreies Verfahren für die Ermittlung der Leistungen der weiblichen Vorfahren des zu körenden Bullen die nach Anhörung der Arbeitsgemeinschaft Deutscher Rinderzüchter von der Deutschen Landwirtschafts-Gesellschaft erlassene Grundregel bestimmt. Diese vom Bundesernährungsministerium anerkannte Grundregel über die Durchführung von Milchlei-

stungsprüfungen von 1951 regelte die Organisation der Milchleistungsprüfungen, die Qualifikation des dabei tätigen Personals sowie das gesamte Prüfungsverfahren. Die Länder ordneten auch hier das Körverfahren im einzelnen, bestimmten die dafür zuständigen Stellen, legten die Rassen und Gebiete fest, auf die die Deckerlaubnis A beschränkt werden konnte, und ergänzten dort, wo es eine Rolle spielte, die Vorschriften über die gemeindliche Bullenhaltung.

1.3.3.5.3 Schweine

Bei der Körung von Ebern waren nunmehr Mindestanforderungen zu erfüllen (3. DVO von 1951/1958). Sowohl für die Muttertiere wie für die Großmütter mußte nachgewiesen werden, daß sie in bestimmten Fristen geferkelt hatten. Dabei mußte jeder Wurf (im Durchschnitt aller Würfe) eine Mindestzahl an Ferkeln erbracht haben und wiederum von jedem Wurf nach 28 Tagen noch eine Mindestzahl von Ferkeln mit einem Mindestgewicht vorhanden sein. Die Eber wurden je nach der Leistung ihrer Vorfahren sowie ihres Gesamteindrucks in 4 Zuchtwertklassen eingestuft, die Deckerlaubnis durfte nur für Eber der Zuchtwertklassen I bis III erteilt werden.

Die Leistungen der weiblichen Vorfahren wurden nach der Grundregel der Deutschen Landwirtschafts-Gesellschaft für die Durchführung der Zuchtleistungsprüfungen bei Herdbuchschweinen von 1950 ermittelt.

Die Länder konnten in ihren Ausführungsbestimmungen die Gebiete und Rassen festlegen, auf die die Deckerlaubnis A beschränkt werden konnte.

1.3.3.5.4 Schafe

Auch bei der Körung der Schafböcke mußten jetzt besondere Mindestanforderungen erfüllt werden (5. DVO von 1955). Sie mußten nach Typ, Gesamteindruck, Körperbau, Geschlechtscharakter und Beschaffenheit des Vlieses sowie nach Abstammung und Gesundheit den Anforderungen der Landestierzucht entsprechen, um gekört zu werden. Außerdem mußten ihre Mütter bestimmte Voraussetzungen an Fruchtbarkeit (Zahl der Lammungen) sowie an Körpergewicht und Wolleistung, unterschiedlich für 9 Schafrassen festgelegt, erfüllt haben. Bei Milchschafen kam auch eine Mindestleistung an Milchfett und -menge hinzu. Danach wurden die Böcke in die Zuchtwertklassen I bis IV eingestuft, die Deckerlaubnis A gab es nur für Böcke der Zuchtwertklassen I bis III.

1.3.3.5.5 Ziegen

Gemäß der 3. DVO von 1951/1958 wurde bei der Körung der Ziegenböcke jetzt einheitlich der Nachweis einer Mindestleistung der Mutter und der Großmütter an Milch nach Menge und Fettgehalt verlangt. Für die Bewertung dieser Leistungen waren Leistungsklassen (I bis IV) nach Maßgabe bestimmter jahresdurchschnittlicher Mindestleistungen zugrunde zu legen. Die Ziegenböcke waren nach der Leistungsklasse ihrer Vorfahren und ihrer eigenen Formklasse in Zuchtwertklassen I bis IV einzustufen. Für die Ermittlung der Leistungen der Verfahren galt die Grundregel der Deutschen Landwirtschafts-Gesellschaft für die Durchführung der Milchleistungsprüfungen bei Ziegen von 1951.

1.3.3.5.6 Geflügel

Nach 1949 hatte eine Reihe von Bundesländern gesetzliche Vorschriften zur Regelung der Geflügelwirtschaft und der Geflügelzucht erlassen. Sie betrafen die in

der Geflügelwirtschaft bedeutungsvollen Betriebe, wie z. B. Brütereien, Bruteierlieferbetriebe, Vermehrungszuchten und Herdbuchzuchten, die bestimmte Voraussetzungen erfüllen mußten, um anerkannt oder genehmigt zu werden. Sie wurden auch unter eine laufende Überwachung gestellt. Züchtervereinigungen bedurften ebenfalls der Anerkennung. Für Zuchthähne war teilweise ein Körverfahren entsprechend dem bei anderen Tierarten vorgeschrieben.
Durch die Entwicklung in der Geflügelzucht, die von der herkömmlichen völlig abwich, und über das Hybrid-Verfahren und die darin tätigen in- und ausländischen Großbetriebe, die die Nachwuchsbeschaffung auf eine ganz andere Basis stellte, wurden diese Länderbestimmungen im wesentlichen hinfällig und deshalb aufgehoben. Bayern hat jedoch 1977 wieder eine Anmeldepflicht für Geflügelzuchtbetriebe, Vermehrungszuchten und Brütereien eingeführt, deren Bestände auf Leistung und Gesundheit untersucht werden sollen.
Die staatlichen Förderungsmaßnahmen für die Geflügelwirtschaft hatten deshalb in der letzten Zeit ihren Schwerpunkt in der finanziellen Förderung z. B. der großen Hybridzuchtprojekte und anderer Maßnahmen sowie in der Unterstützung der Zuchtverbände, ihrer Ausstellungen und Schauen und der Vergabe von Preisen und Anerkennungen auf diesen Veranstaltungen. Sehr fördernd waren auch die allgemeine Beratung und Betreuung durch die Landwirtschaftskammern, vor allem durch deren Lehr- und Versuchsanstalten.
Im übrigen hat sich die Europäische Wirtschaftsgemeinschaft als erstem tierzüchterischem Fachgebiet der Geflügelwirtschaft angenommen und bereits 1972 durch die VO 1349/72, geändert durch die VO 2782/75 Vorschriften über die Erzeugung von und den Verkehr mit Bruteiern und Küken von Hausgeflügel erlassen, außerdem wegen der Gefahr der Überproduktion die finanzielle Förderung von Einzelbetrieben untersagt.

1.3.3.5.7 Bienen

Zum Schutze der Bienen hat der Bund 1950 eine Verordnung über bienenschädliche Pflanzenschutzmittel erlassen. Danach ist die Verwendung solcher Mittel grundsätzlich verboten. Wenn dies aber zur Verhütung schwerer Verluste durch Schädlinge notwendig ist, müssen die Eigentümer der im Umkreis von 3 km vom Behandlungsort befindlichen Bienenstöcke rechtzeitig unterrichtet werden, damit sie Schutzmaßnahmen ergreifen können.
Niedersachsen hat 1959 ein Gesetz zur Regelung der Bienenwanderung und zum Schutze der Belegstellen erlassen. Danach kann die Aufstellung von Bienenvölkern genehmigungspflichtig gemacht werden, wenn sie vorübergehend außerhalb ihres ständigen Aufstellungsortes aufgestellt werden sollen. Die Genehmigung soll nur versagt werden, wenn am Aufstellungsort keine genügende Tracht vorhanden ist oder Ansteckungsgefahr besteht. Außerdem können Schutzbezirke von Insel- oder Reinzuchtbelegstellen eingerichtet werden. Ähnliche Regelungen haben Schleswig-Holstein und Hamburg getroffen. Bayern hat in seinem besonderen Tierzuchtgesetz von 1977 Vorschriften über Leistungsprüfungen bei Bienenvölkern und über Belegstellen getroffen.

1.3.3.6 Förderungsmaßnahmen finanzieller und organisatorischer Art

Welche Bedeutung der Tierzucht seitens der öffentlichen Hand beigemessen wurde und wird, zeigt am besten die Tatsache, daß in allen Ministerien des Bundes und der

Länder, in allen Landwirtschaftskammern und ähnlichen Institutionen besondere Tierzuchtabteilungen oder -referate oder dergl. mit ausreichendem und gut ausgebildetem Personal vorhanden sind. Die hierfür aufgewendeten Finanzmittel sind erheblich. Hier werden die Mittel angefordert, verwaltet und ausgegeben, die in den jeweiligen Haushalten zur Förderung der Tierzucht eingesetzt und von den betreffenden Parlamenten gebilligt worden sind.
Der Bund gibt keine unmittelbaren Finanzhilfen. Er ist daran über die sogen. „Gemeinschaftsaufgaben zur Förderung der Agrarstruktur und des Küstenschutzes" beteiligt. Die dafür vorgesehenen und für notwendig erachteten Maßnahmen, also auch die zur Förderung der Tierzucht, werden in einer besonderen Bund-Länder-Kommission nach Zweck und Höhe vereinbart. An diesen Beträgen beteiligt sich der Bund mit 60 %.
Im allgemeinen kann gesagt werden, daß die Form der unmittelbaren finanziellen Förderung von Einzelpersonen abgenommen hat. Es gibt aber z. B. noch Zuschüsse an Hengsthalter und Zuchterhaltungsprämien für Hengste und Stuten. Die finanzielle Förderung konzentriert sich jetzt mehr auf die allgemeine Förderung des Leistungsprüfungswesens, auf Herdbuch- und Zuchtverbände, Milchleistungsverbände, Mastprüfungsanstalten, Beratungs- und Kontrollringe, Lehr- und Versuchsanstalten für Viehzucht, Viehhaltung, Geflügelzucht, Bienenzucht u. a. m. Weiter wird nach wie vor das Tierschau- und Ausstellungswesen gefördert, teils durch Beteiligung an den Allgemeinkosten oder den Unkosten für die Beschicker, teils durch Vergabe von Staats- und Ehrenpreisen. Hier sind vor allem die großen Tierschauen der DLG, aber auch die Landes- und Kreistierschauen zu nennen und die großen Reit- und Fahrturniere u. ä. (s. S. 384)

1.3.3.7 Maßnahmen zur Absatzförderung

An die Stelle der Marktordnung des Reichsnährstandes traten ab 1950 die Marktordnungsgesetze des Bundes. Für die Tierzucht waren das Milch- und Fettgesetz und das Vieh- und Fleischgesetz von Bedeutung, beide aus dem Jahr 1951. Diese Gesetze, in denen auch die Einfuhr- und Vorratsstellen für Fette bzw. für Schlachtvieh, Fleisch und Fleischerzeugnisse ihre rechtliche Grundlage haben, hatten im wesentlichen folgende Aufgaben:

a) durch Beeinflussung der Einfuhr nach Menge und Zeit und vor allem Preis die inländische Erzeugung vor Erschütterungen zu bewahren,
b) durch eine Vorratswirtschaft die deutsche Erzeugung zu fördern und eine gleichmäßige Versorgung zu sichern,
c) durch Preismaßnahmen sowohl der deutschen Landwirtschaft wie der Verbraucherschaft angemessene Preise zu sichern,
d) durch Vorschriften über den Warenweg und die Be- und Verarbeitung die Versorgung mit den wichtigsten Nahrungsmitteln tierischer Erzeugung in möglichst guter Qualität zu erleichtern.

Ergänzend sind noch das Handelsklassengesetz zu erwähnen, auf dessen Grundlage die Handelsklassen für Eier und für geschlachtetes Geflügel und für Geflügelteile vorgeschrieben wurden, sowie ein besonderes Gesetz zur Förderung der deutschen Eier- und Geflügelwirtschaft von 1956/61, das aber keinen langen Bestand gehabt hat. Der Verband der Landwirtschaftskammern gab Einheitsbestimmungen für deutsches Markengeflügel heraus.
Die Handels- und auch die Zollpolitik wurden teils über die bereits genannten

Einfuhr- und Vorratsstellen, teils aber auch über die Außenhandelsstelle für Erzeugnisse der Ernährung und Landwirtschaft (Gesetz von 1951) abgewickelt, wobei aber auch noch das große internationale „Allgemeine Zoll- und Handelsabkommen" (GATT-Abkommen) von Genf vom 30. 10. 1947 erwähnt werden muß. Alle diese bundesdeutschen Marktordnungsvorschriften sind ab 1962 in den Hintergrund getreten oder völlig aufgehoben worden durch die Agrar-Marktordnung der Europäischen Gemeinschaft. Auf diese kann hier nur allgemein hingewiesen werden.

1.3.4 Schlußbemerkung

Diese Darstellung der staatlichen Maßnahmen zur Förderung der Tierzucht schließt mit dem Ende des Jahres 1976. Am 1. 1. 1977 ist ein neues Tierzuchtgesetz in Kraft getreten, das die Bundesrepublik am 20. 4. 1976 beschlossen hat. Dieses Gesetz war aus tierzüchterischen wie rechtlichen Gründen notwendig geworden. Es soll vor allem dazu dienen, das Tierzuchtrecht dem züchterischen Fortschritt anzupassen und das Verfahren zu vereinfachen. Es ist deshalb systematisch klarer und straffer gefaßt und von überholten Bestimmungen befreit worden.
Bei diesem neuen Tierzuchtgesetz ist auch berücksichtigt, daß es im Bereich aller Mitgliedstaaten der Europäischen Gemeinschaft bei einer künftigen Rechtsharmonisierung auf dem Gebiet der Tierzucht ohne besondere Schwierigkeiten in diese eingegliedert werden kann. An dieser Rechtsharmonisierung wird im übrigen schon länger gearbeitet. Einzelne Maßnahmen sind schon getroffen worden. Es ist zu hoffen, daß die deutsche Tierzucht durch die künftigen Gemeinschaftsmaßnahmen keine Beeinträchtigung erfährt.

Literatur

Becker, R.: Das Reichstierzuchtgesetz und seine Auswirkungen auf die rheinische Landeszucht. Bonn 1940.
Dettweiler, Fr., Müller, K., und Pfeiler, W.: Lehrbuch der Schweinezucht. Berlin 1924.
– : Lehrbuch der Rinderzucht. Berlin 1927.
Hansen, J.: Allgemeine Tierzuchtlehre. Berlin 1929.
Holdefleiss, F.: Die öffentliche Förderung der Tierzucht. Breslau 1906.
Knispel, O.: Die Verbreitung der Rinderschläge in Deutschland. Arbeiten der DLG, Heft 23. Berlin 1907.
– : Die Verbreitung der Pferdeschläge in Deutschland. Arbeiten der DLG, Heft 49. Berlin 1900.
– : Die öffentlichen Maßnahmen zur Förderung der Schweinezucht. Arbeiten der DLG, Heft 77. Berlin 1909.
– : Die öffentlichen Maßnahmen zur Förderung der Rinderzucht. Arbeiten der DLG, Heft 103. Berlin 1905.
– : Die Verbreitung der Pferdeschläge in Deutschland. Arbeiten der DLG, Heft 274. Berlin 1915.
Kronacher, C.: Allgemeine Tierzucht, 6. Abteilung (öffentliche und genossenschaftliche Maßnahmen zur Förderung der Tierzucht). Berlin 1923.
Küthe, F.: Die Kleintierzucht. Berlin 1942.
Kunze, E.: Tierzuchtrecht in der BRD. Stollhamm (Oldbg.) 1959.
Müller, R.: Staats- und volkswirtschaftliche Einrichtungen zur Förderung der landwirtschaftlichen Tierzucht. Leipzig 1900.
Runge, A.: 100 Jahre Hengstkörung in Oldenburg. Oldenburg 1920.
Sauer, E.: Landwirtschaftliche Selbstverwaltung. Stollhamm (Oldbg.) 1957.

SCHMIDT, J., von PATOW, C., und KLIESCH, J.: Allgemeine Tierzuchtlehre. Berlin 1952.
– : Besondere Tierzuchtlehre. Berlin 1953.

Gesetz- und Verordnungsblätter:
Reichsgesetzblatt des Deutschen Reiches
Bundesgesetzblatt der Bundesrepublik Deutschland
Gesetz- und Verordnungsblätter der Länder des Deutschen Reiches, vor allem Preußen, Bayern, Sachsen, Württemberg, Baden, Hessen, Oldenburg
Gesetz- und Verordnungsblätter der Länder der Bundesrepublik
Amtsblätter der früheren preußischen Provinzen und Regierungsbezirke
Verkündungsblatt des Reichsnährstandes
Verkündungsorgane der Landwirtschaftskammern

2 Bereich Tierernährung

2.1 Ihre Entwicklung und Bedeutung im 19. und 20. Jahrhundert

Von Prof. Dr. MAX BECKER

2.1.1 Wesen und Grundlagen der Tierernährungslehre

Aufgabe und Zweck der Tierernährung ist es, im Futter der Nutztiere die energetischen und stofflichen Äquivalente für Erhaltung und produktive Leistungen bereitzustellen. Dabei ist der gewissermaßen unproduktive Anteil, der z. B. als „Grundbedarf an Energie" für die bloße Existenz und die zusätzliche innere Arbeit bei Leistungen verbraucht wird, überraschend sehr hoch und wird nur bei Hochleistungstieren vom modernen Typ von der im Produkt steckenden Nettoenergie erreicht und eventuell übertroffen. Ähnlich ist es beim stofflichen Bedarf. Für den Züchter ist dieser physiologische Umstand von erheblicher Bedeutung und hat ihn – zunächst vielleicht unbewußt, später bewußt – dazu veranlaßt, die produktive Leistung bei wenig veränderter Größe und damit etwa gleichbleibendem Erhaltungsbedarf ständig zu steigern, bis es zu den geradezu eine Leistungsexplosion darstellenden Erfolgen der Berichtszeit kam. Man denke hierbei etwa an die Milchproduktion weiblicher Nutztiere oder die Eierproduktion der Legehennen. Wo die Tiere oder ihre Bestandteile das nutzbare Produkt ausmachen, wie in der Fleischproduktion oder der Wollerzeugung, sind die Relationen der modernen Produktivität zu den Leistungen der extensiv gehaltenen Tiere früherer Zeiten weniger auffällig, trotzdem ebenfalls hoch. Die Konsequenz der Notwendigkeit, einen immer höher steigenden Nahrungsbedarf zu decken, war eine entsprechende Ernährungsforschung. Soweit es sich um grundlegende Erkenntnisse handelte, ging sie in der Tierernährung derjenigen auf dem Gebiet der menschlichen Ernährung stets weit voraus.

Der Grund hierfür waren gezielte systematische Versuche, die mit Menschen kaum möglich sind (allenfalls in Ausnahmefällen als Selbstversuche), mit allen in Frage kommenden Nutztierarten aber leicht durchgeführt werden können. Es ist natürlich unmöglich, auf dem verfügbaren Raum eine umfassende oder gar erschöpfende Darsellung der Entwicklung der Tierernährungslehre zu geben; das würde ein ganzes Buch erfordern. Für Einzelheiten ist daher auf die vorhandenen Lehr- und Handbücher zu verweisen. Es kann aber bemerkt werden, daß sich auf diesem Fachgebiet sowohl die Grundlagenforschung als auch die angewandte Forschung in

lebhafter Bewegung befinden. Die Beziehung zur modernen Tierzucht ist dadurch gekennzeichnet, daß der züchterische Erfolg, d. h. die Hervorbringung immer leistungsfähigerer Rassen und Typen der Nutztiere, durchweg das Primäre war, dem das Streben nach optimaler Bedarfsdeckung mittels der Tierernährungsforschung folgte. Es gab manchmal Lücken dazwischen, in denen gewisse Schäden und Nachteile auftraten, als man zwar dem quantitativen Bedarf einigermaßen nachkam, jedoch durch das Fehlen einschlägiger Kenntnisse bestimmte Mängel an lebenswichtigen Ergänzungs- und Wirkstoffen im Futter hatte.
Unzweifelhaft ist die Tierernährungslehre ein Fach ganz besonderer Eigenart. Sie hat vielfältige und komplizierte Grundlagen, für die maßgebende Erkenntnisse z. T. recht spät, oft erst mitten im 20. Jahrhundert gewonnen werden konnten. Man kann drei große Teilgebiete erkennen. Die *Ernährungsphysiologie* erstreckt sich auf die Vorgänge im Tierkörper, welche, von der Nahrungsaufnahme ausgehend über Verdauung, Stoffwechsel und Energiewechsel, die Grundlage für Leben und Leistung darstellen. *Fütterungslehre und Fütterungstechnik* befassen sich mit den Verfahren, den Energie- und Stoffbedarf der Nutztiere richtig und rationell durch Zufuhr passender Nahrung zu decken. Eng verbunden mit dieser Aufgabe ist die *Futtermittelkunde*, zu der die Futtermitteluntersuchung (Analyse und Bewertung der Futterstoffe) im allgemeinen und die Kenntnis der einzelnen Futtermittel im besonderen gehören. Zusätzlich werden die genannten Aufgaben kompliziert durch die oft sehr großen physiologischen Unterschiede in Verdauung und Stoffwechsel usw., die zwischen den verschiedenen Nutztierarten bestehen. Man denke nur an die großen Gruppen der Wiederkäuer einerseits und die der monogastrischen Tierarten andererseits mit den Besonderheiten der Geflügelarten, der Omnivoren und Carnivoren.
Ein erstes systematisches Befassen mit grundlegenden Problemen der Tierernährung ist allenfalls für kleine Teilgebiete zu Ende des 18. Jahrhunderts erkennbar. Eine wissenschaftlich fundierte Tierernährungslehre beginnt etwa Mitte des 19. Jahrhunderts. Insofern ist die Begrenzung der vorliegenden Darstellung auf die letzten beiden Jahrhunderte gewissermaßen zwangsläufig. Demgegenüber ist es erstaunlich, daß es domestizierte Nutztiere sicher seit etwa 10 000 Jahren gegeben hat und natürlich gab es auch bestimmte Maßnahmen für die Haltung und Fütterung derselben. Diese Art Tierernährung basierte sicher allein auf empirisch gewonnenen Erfahrungen, ausgehend von der natürlichen Nahrung der Wildformen und endend bei den extensiven Haltungsformen von Landrassen. Anfangs wurden solche Erfahrungen mündlich weitergegeben.
Mit dem Aufkommen der Schrift machte man sich bald diesen Fortschritt zunutze *.
In den günstigen Jahreszeiten war es kein Problem, u. U. recht zahlreiche Haustiere zu halten; dafür gab es im Winter und Frühjahr außerordentliche und manchmal unüberwindliche Versorgungsschwierigkeiten, die ein Hungern und Verhungern von Nutztieren zur Folge hatten. Noch in einigen Schriften von FRITZ REUTER finden sich derartige Angaben. Von Interesse ist vielleicht, daß der Jurist GOETHE

* Ältestes Dokument ist der vor etwa 3500 Jahren erstellte „Kikkuli-Bericht“. Das auf Tontafeln erhaltene „Lehrbuch“ enthält genaue Anweisungen u. a. für die Fütterung, bei der Weidegang, Luzerne als Grünfutter und Heu und Gerste als Futtergetreide die Hauptrolle spielten.

(als Staatsminister auch für Landwirtschaft zuständig) anläßlich des Futterpflanzenanbaus im Lande damit begann, sich systematisch für Botanik und danach für andere Naturwissenschaften zu interessieren.
Bevor in die sachliche Erörterung der für die Tierernährungslehre wichtigen Erkenntnisse eingetreten werden kann, soll auf einige die Entwicklung des Faches eindeutig charakterisierende Umstände hingewiesen werden. Die beiden Hauptanliegen der wissenschaftlichen Bearbeiter waren von Anfang an einmal die Aufklärung der physiologischen Vorgänge und andererseits die Bewertung des Nährwertes von Futtermitteln und Futterrationen. In beiden Disziplinen spielt die Chemie eine entscheidende Hauptrolle, und zwar in mehrfacher Beziehung, als analytische, als organische und besonders als physiologische Chemie. Allerdings war die Zahl der Spezialisten und ihrer Arbeitsstätten zunächst gering; um so höher ist die Leistung der Forscher einzuschätzen, die als Pioniere auf dem zunächst nicht allzuhoch geschätzten Gebiet arbeiteten. Meist waren es Chemiker, indessen finden sich bald auch Wissenschaftler anderer fachlicher Herkunft beteiligt. Ein „Vorläufer" war ALBRECHT THAER (1752–1828), Arzt und später Leiter einer Landwirtschaftlichen Akademie. JUSTUS von LIEBIG (1803–1873) schuf als Chemiker nicht nur die Agrikulturchemie, in deren Bereich die Tierernährung lange Zeit an den Landwirtschaftlichen Hochschulen, Fakultäten und Untersuchungsanstalten mit betreut wurde, sondern begründete in Deutschland auch die Ernährungsphysiologie, über die gleichzeitig auch in Frankreich PASTEUR (1822–1895) u. a. intensiv forschten. Führende Wissenschaftler der nach LIEBIG folgenden Generation waren u. a. WOLFF (1818–1896), GROUVEN, HENNEBERG (1825–1890), LEHMANN (1860–1942), KÜHN (1840–1892) und als einer der größten KELLNER (1851–1911). Diese und weitere an deutschen Instituten wirkende Forscher brachten es zuwege, daß in der zweiten Hälfte des 19. Jahrhunderts und bis zum 1. Weltkriege die deutsche Ernährungswissenschaft absolut dominierte und viele einschlägig Interessierte nach Deutschland kamen, um sich als Studenten und Mitarbeiter ausbilden zu lassen. Der unglückliche Kriegsausgang beendete diese Entwicklung. Die Amerikaner erkannten die Bedeutung der Ernährungswissenschaften und gründeten zahlreiche großzügig ausgestattete Forschungsanstalten, an denen nun ständig auch europäische Gelehrte arbeiten.
In einem so vielfältigen und den letzten Höhepunkt in der praktischen Anwendung findenden Fach laufen die Interessen der Beteiligten nicht immer parallel. Tierzüchter und Tierhalter waren in erster Linie weniger an der reinen Grundlagenforschung interessiert als an einer richtigen Bewertung der Futtermittel und Futterrationen sowie an Fütterungslehre und Fütterungstechnik. Die erste von einem Wissenschaftler aufgestellte Theorie betraf daher gerade diese Gebiete. Es war der „Heuwert" ALBRECHT THAERS. Die Futterwirkung der Rationen für Wiederkäuer (bei den anderen Tierarten blieb es bei der Empirie) wurde im Vergleich zur Produktivität guten Heus festgelegt, z. T. sogar schon in Fütterungsversuchen. Die landwirtschaftliche Praxis sah darin einen großen Fortschritt, nahm THAERS Befunde bereitwillig auf und hielt außerordentlich lange an ihnen fest. Dann unternahmen es LIEBIG und nach ihm EMIL VON WOLFF (Hohenheim), durch ständig verbesserte Analysen der organischen und schließlich auch der mineralischen Bestandteile des Tierkörpers und der Nahrungsstoffe die Zusammenhänge zu klären. Der entscheidende Fortschritt kam indessen mit dem Wirken von WILHELM HENNEBERG in der von ihm gegründeten Landwirtschaftlichen Versuchsstation

Weende-Göttingen (s. S. 471) HENNEBERG und STOHMANN hatten dort die heute noch gültigen Methoden der Futtermittelanalyse geschaffen und dann schließlich bewiesen, daß nicht die ursprünglichen „Rohnährstoffe" den Futterwert bedingen, sondern das, was aus ihnen im Verdauungsprozeß (das Innere des Magendarmkanals ist für den Körper noch Außenwelt) dem Körperinnern zugeführt und dort im Stoffwechsel umgesetzt wird. HENNEBERG bewies seine Theorien von Anfang an mit genau durchdachten Plänen und mit Hilfe genial konstruierter Apparaturen. Er verfocht den Vorrang der Grundlagenforschung absolut kompromißlos und wurde dadurch sowie durch seine zahlreichen Schüler und seine Nachfolger zur bedeutendsten Figur auf dem Gebiet der Tierernährung vor KELLNER.

2.1.2 Übersicht über die biologisch wichtigen Stoffe

Im Gegensatz zu den höheren Pflanzen, die sich „autotroph", d.h. aus den einfachsten Verbindungen der Elemente aufbauen können und nur der Zufuhr der nötigen Energie, ebenfalls in einfacher physikalischer Form, bedürfen, benötigen die höheren Tiere eine weitgehend präformierte Nahrung, in der diejenigen Stoffe, aus denen der Körper sich zusammensetzt bzw. die er für seinen Betrieb umsetzt, entweder selbst vorhanden sind oder in solchen Formen, die nur geringe Änderungen erfordern. Bau- und Betriebsstoffe des Tierkörpers und Bestandteile der Nahrung müssen sich also einigermaßen entsprechen, und die Möglichkeiten einer Eigensynthese biologisch wichtiger Stoffe durch den tierischen Organismus sind recht begrenzt; für die einzelnen Tierarten gibt es hierbei jedoch gewisse Unterschiede.

Energieliefernde Substanzen

Sie sind ausschließlich organischer Natur. Am wichtigsten sind die Hauptbestandteile der Nahrungspflanzen, die Kohlenhydrate. Auch die Energie von Eiweißen und Fetten, soweit sie überschüssig sind, d.h. nicht für andere Zwecke benötigt werden, sowie die einiger einfacherer organischer Substanzen nutzt der Organismus aus. Dabei ist die besondere Struktur der Energieträger nicht von Belang. Sie werden im Körper bei der Energiegewinnung zersetzt, und zwar nicht „verbrannt", wie man es früher in Analogie zur Energiegewinnung in der Technik nannte; denn dann würde die Erzeugung von Wärme die Folge sein. Tatsächlich werden aber die organischen Substanzen nach passender Vorbereitung in außerordentlich vielen Schritten und Stufen komplizierten Reaktionen unterworfen, bei denen jeweils nicht Wärme wie bei der Verbrennung mit Feuer und Flamme entsteht, sondern chemische Energie, die für die Lebensprozesse einsatzfähig ist. Die Endprodukte sind indessen die gleichen wie bei der Verbrennung, nämlich Wasser und Kohlendioxid; dient Eiweiß als Energielieferant, kommt noch Harnstoff hinzu, alles Substanzen, die keine nutzbare Energie mehr enthalten.

Substanzen, deren Bedeutung in ihrer Struktur liegt

Baustoffe. Die wasserfreie Substanz der Tierkörper enthält in der Hauptsache Eiweißkörper von sehr unterschiedlicher Art; daneben Fett, das in größerem Ausmaß als Energiereserve dient, in besonderen Formen und mit sehr kleinen Konzentrationen auch physiologische Bedeutung hat. Mineralstoffe finden sich hauptsächlich im Skelett, aber auch in anderen Körperteilen.

Wirkstoffe. Charakteristisch für diese Substanzen sind die stets sehr geringen Mengen, in denen sie bestimmte Lebensvorgänge, vor allem im Stoffwechsel in Gang setzen und regulieren. Körpereigene Wirkstoffe sind die Fermente (auch Enzyme genannt) und die Hormone. Der Organismus bildet sie selbst; manche von ihnen bedürfen zu ihrer Synthese jedoch gewisser Vorstufen in der Nahrung. Sie heißen Vitamine, wenn sie organischer Natur sind; ihre anorganischen Analoga finden wir in den Verbindungen der sogenannten Spurenelemente. Die Entdeckung und Erforschung der Nahrungswirkstoffe beider Arten wurden durch das Auftreten anderweitig nicht erklärbarer Störungen (Mangelkrankheiten) angeregt. Zwischen manchen Baustoffen und Wirkstoffen bestehen Übergänge; auch kommen Doppelfunktionen einzelner Verbindungen vor; anorganische Elemente können auch in vorwiegend organischer Bindung auftreten.
Naturstoffe, und das sind die Futtermittel der Nutztiere zum allergrößten Teil, enthalten neben den vorhin in einer Übersicht erwähnten und später eingehender charakterisierten Nährstoffen meist noch gewisse Mengen an sonstigen (accessorischen) Bestandteilen, die keinen Nährwert aufweisen und auch sonst ernährungsphysiologisch unbedeutend sind. Eine gewisse, wenn auch negative Bedeutung haben derartige Inhaltstoffe, wenn sie schädlich wirken. Dies wird in einem späteren Abschnitt etwas ausführlicher behandelt.

2.1.3 Die Eiweißkörper als Nahrungsbestandteile

Die Eiweiße sind die universellen Baustoffe des tierischen Organismus. Zellen und Zellinhalt, Fleisch, Bindegewebe, die organische Substanz der Knochen, Haut, Haare, Wolle, Hörner, Klauen und Federn – all dies besteht fast gänzlich aus Eiweißstoffen. Viele körpereigene Wirkstoffe – praktisch alle Fermente und ein Teil der Hormone – sind eiweißartiger Natur, ebenso die Antikörper im Blut, die gegen körperfremde Einflüsse schützen. Alle Lebewesen haben ihr spezifisches Eiweiß; jedoch beruhen die Unterschiede nicht in der elementaren Zusammensetzung, die durchweg ähnlich ist, sondern in der Molekülstruktur, nämlich der Zahl, Art und Anordnung der einzelnen Eiweißbausteine, der Aminosäuren. Die Spaltung der Eiweißkörper und die Isolierung ihrer Bausteine, der Aminosäuren, verdanken wir den Arbeiten des Münchener Chemikers EMIL FISCHER (Nobelpreis 1902) und seiner Schüler, darunter EMIL ABDERHALDEN. Mit den Aminosäuren hängen alle Probleme zusammen, die das Eiweiß als Nahrungsmittel bietet. Natürliches Eiweiß enthält 26 verschiedene Aminosäuren, die regelmäßig vorhanden sind, dazu kommen noch etwa 15 bis 20 andere, die nur gelegentlich vorkommen. Zu Beginn des 20. Jahrhunderts erkannte man, daß das verdauliche Eiweiß unterschiedlicher Herkunft oft recht beträchtliche Differenzen in Nährwirkung und sonstigen Funktionen haben kann. Das ist die sogenannte „biologische Wertigkeit" des Nahrungseiweißes. Der Begriff wurde schon 1912 von dem deutschen Ernährungswissenschaftler KARL THOMAS geprägt, der damit seiner Zeit voraus war, so daß noch keine praktischen Konsequenzen gezogen wurden. Er wurde dann von dem Amerikaner H. H. MITCHELL beibehalten, der 1931 eine grundlegende Darstellung seiner Arbeiten veröffentlichte. Sie beruht nicht auf der Größe des Eiweißmoleküls, das bei einfachen Formen 30 bis 50, bei komplizierten Eiweißen aber mehrere Tausend einzelne Aminosäuren enthalten kann. In jahrzehntelanger Arbeit hat man vielmehr gefunden, daß von den erwähnten 26 Aminosäuren etwa 10 unbedingt in der

Nahrung enthalten sein müssen, damit der Körper dieses Eiweiß verwerten kann. Man nennt diese Aminosäuren die „essentiellen"; es sind für die meisten Tierarten (die Wiederkäuer machen aus später darzulegenden Gründen eine Ausnahme; s. hierzu S. 196) folgende: Valin, Leucin, Isoleucin, Threonin, Methionin, Phenylalanin, Lysin, Tryptophan, Arginin und Histidin. Die Erkenntnisse über Existenz und Bedeutung der essentiellen Aminosäuren gehen hauptsächlich auf die außerordentlich sorgfältigen und mühevollen Untersuchungen des Amerikaners W. C. ROSE (etwa 1920–1930) zurück. Fehlt auch nur eine dieser Aminosäuren, dann stockt u. a. die ständig – auch bei ausgewachsenen Individuen – im Gang befindliche Eiweißneubildung völlig, und es treten die schwersten Folgen für Gesundheit und Leben ein. Ist die Menge an einer bestimmten Aminosäure im Verhältnis zu den anderen unzureichend, dann begrenzt sie die Eiweißwirkung der Nahrung; man nennt sie daher die „limitierende." Die übrigen nicht essentiellen Aminosäuren vermag der Organismus entweder durch Umbau schon vorhandener zu bilden oder durch Synthese, wenn das organische Grundskelett und Ammoniak zur Verfügung stehen. Die ersten genaueren Ermittlungen der biologischen Eiweißwertigkeit erfolgten durch Stoffwechselversuche mit jungen wachsenden Tieren (Ratten oder Schweinen), womit die wichtigsten Funktionen, d. s. Erhaltung und Wachstum, zum Ausdruck kamen. Später, als man genügend exakte Analysenmethoden für alle essentiellen Aminosäuren ausgearbeitet hatte, konnte man an Hand der jeweiligen Anteile die Wertigkeit mittels besonderer mathematischer Formeln berechnen. Die nachstehende Tabelle gibt einige Resultate solcher Untersuchungen wieder. Die Zahlen geben an, wieviel Körpereiweiß durch 100 g Nahrungseiweiß neu gebildet wird.

Voll-Ei (Huhn)	96	Weizenkleie	74	Nüsse	60
Kuhmilch, frisch	92	Kartoffeln	71	Mehl, fein	52
Trockenmilch	85	Hefe	70	Erbsen	48
Fischmehl	76–90	Weizen, ganz	67	Weizenkleber	40
Reines Fleisch	75	Hafer, ganz	66	Bohnen	38
Soja, erhitzt	75	Soja, roh	64	Gelatine	25

Die höchste Wertigkeit hat das Gesamteiweiß der Hühnereier und der frischen Milch wie auch manche Materialien tierischer Herkunft, besonders von Fischen. Das Eiweiß ganzer Körper anderer Tierarten ist aber wegen des Gehaltes an sehr geringwertigem Bindegewebe oft recht wenig wert. Dagegen stehen manche Pflanzeneiweiße kaum hinter den tierischen zurück, wie z. B. erhitzte Sojabohnen (bei denen ursprünglich vorhandene Hemmstoffe unwirksam gemacht werden), Kleie (die das wertvolle Aleuroneiweiß enthält), Kartoffeln und Hefe, wie überhaupt das Eiweiß von Mikroorganismen meist hochwertig ist. Geringwertig ist das Eiweiß aus dem Innern der Getreidekörner (feines Mehl und Weizenkleber) sowie das von Erbsen und Bohnen. In allen diesen Fällen haben sich später charakteristische Anteile an einzelnen essentiellen Aminosäuren feststellen lassen. Das ist auch der Grund für die sogenannte Ergänzungswirkung von Eiweißen verschiedener Herkunft, so daß z. B. die Wertigkeit einer Kombination von Fleisch mit Getreide höher sein kann als die von Fleisch allein, auf jeden Fall aber erheblich über dem rechnerischen Mittel der Wertigkeiten liegt. Relativ zu geringe Anteile finden sich in gebräuchlichen Futterrationen an den beiden wichtigen Aminosäuren Lysin und Methionin, so daß es in der Fütterungspraxis schon mit technisch hergestellten Präparaten von Lysin und Methionin aufgewertete Rationen gibt.

Die wie erwähnt ungeheure Vielfalt der Eiweißkörper hat man – meist nach äußerlichen Merkmalen und nach der Molekülgröße, seltener nach den eigentlichen Funktionen – zu klassifizieren versucht. Das kann hier nur aufgezählt werden. Man unterscheidet zunächst die eigentlichen Eiweißstoffe oder Proteine in den Klassen: Protamine, Histone, Gliadine, Gluteline, Albumine, Globuline und Gerüsteiweißkörper. Eine zweite Gruppe umfaßt die Proteide, in denen Proteine mit einer nichteiweißartigen sogenannten „prosthetischen" Gruppe zu einem Komplex vereinigt sind: Nucleoproteide; Phosphorproteide, Glykoproteide und Chromoproteide. Die als Nährstoffe verwertbaren Eiweißkörper werden im Verlauf der Verdauung grundsätzlich in die kleinsten Bausteine, die Aminosäuren, zerlegt. Das beginnt im Magen und wird im Dünndarm vollendet, wobei komplexe Fermentsysteme (Proteasen und Peptidasen), die im Magensekret, im Pankreassaft und im Darmsaft enthalten sind, die Spaltung besorgen. Nur als freie Aminosäuren können Eiweißbestandteile die Darmwand passieren. Lediglich bei neugeborenen Jungtieren ist die Darmwand für kurze Zeit auch für Globuline aus dem Colostrum (der ersten Muttermilch) durchlässig, die einen zunächst noch nicht ausgebildeten Immunitätsschutz verleihen. In der Leber und anderen Organen werden dann aus dem sogenannten „Aminosäure-Pool" die Körpereiweiße je nach Bedarf zu arteigenem und u. U. zu individualspezifischem Eiweiß aufgebaut. Dabei verbindet sich die Aminogruppe einer Aminosäure mit der Säuregruppe der nächsten und umgekehrt (Peptidbindungen).

Stickstoffhaltige Verbindungen nichteiweißartiger Natur (NPN).

An sich ist das Eiweiß durch seinen Gehalt an Stickstoff (N) charakterisiert. In der Natur finden sich indessen auch regelmäßig kleine Mengen an stickstoffhaltigen nichteiweißartigen Verbindungen (NPN = Nicht-Protein-N), die ganz verschiedener Natur sind:

a) Eiweißbausteine, freie Aminosäuren, einfache Peptide
b) Säureamide: Asparagin, Glutamin, Harnstoff
c) Ammoniumsalze
d) Verbindungen organischer Basen: Amine, N-haltige Glykoside, Alkaloide, Purine.

Mit Ausnahme der Substanzen der Gruppe A und Teilen der Gruppe B sind diese NPN-Verbindungen für die nicht wiederkäuenden (monogastrischen) Tierarten wertlos. Bei Wiederkäuern können sie dagegen (wie in Abschnitt 6. dargelegt wird) als Material für die Eiweißsynthese im Pansen dienen. Dies wird auch praktisch ausgenutzt, z. B. durch Milchviehfutter mit einem gewissen Anteil an Harnstoff, der leicht großtechnisch hergestellt werden kann. Die erste noch ohne praktische Folgen bleibenden Erwähnung dieser Möglichkeit wurde schon kurz nach 1900 als „Zuntz-Hagemannsche Hypothese" bekannt. Sie wurde Ende der 20er Jahre von W. KLEIN und R. MÜLLER wieder aufgeriffen und experimentell bewiesen. Im Zuge der Autarkie-Bestrebungen erfolgte etwa ab 1935 eine praktische Nutzung im Großen, um importierte Eiweißfuttermittel für Wiederkäuer zu ersetzen.

2.1.4 Die Kohlenhydrate der Nahrung

Als Hauptbestandteile der Pflanzen sind die Kohlenhydrate auch die wichtigsten Nährstoffe im Futter. Sie kommen in der Natur in einer außerordentlichen Vielfalt vor, die derjenigen der Eiweißkörper kaum nachsteht. Man unterscheidet haupt-

sächlich nach der Molekülgröße; als Bausteine fungieren die einfachen Zucker (Monosaccharide), bei denen entweder fünf (Pentosen), meistens aber sechs Kohlenstoffatome (Hexosen) in einer Kette angeordnet sind. Niedermolekulare Kohlenhydrate heißen Zucker, hochmolekulare Polysaccharide. Als wichtigste Naturstoffe – es gibt viel mehr – bei den Monosacchariden sind zu nennen: Glucose (Traubenzucker), Fructose (Fruchtzucker), Galactose und Mannose. Als Disaccharide sind von Bedeutung: Rohrzucker (Rübenzucker, Saccharose), Milchzucker (Lactose) und Malzzucker (Maltose). Wichtigste Polysaccharide – auch hiervon gibt es viel mehr – sind die Stärke als bedeutendstes Nahrungskohlenhydrat überhaupt und die Cellulose, welche aber von höheren Tieren nicht direkt, sondern nur in Symbiose mit Mikroorganismen ausgenutzt werden kann.
Im Stoffwechsel dominiert die Glucose. Nur solche Nahrungskohlenhydrate werden verwertet, die zu Glucose aufgespalten oder in sie umgewandelt werden können. Dazu finden sich (außer im Speichel mancher Tierarten) in den Magen-Darm-Kanal hinein abgegebene Fermentsysteme, z. B. die stärkespaltenden Amylasen; auch Disaccharide zerlegende Fermente gibt es. Gewisse Schwierigkeiten macht nur der Milchzucker, der als typischer Nährstoff ganz junger Säugetiere vom Geflügel direkt gar nicht und von älteren anderen Tieren nur langsam verwertet wird. Aus dem Darm transportiert die Pfortader die entstandenen Monosaccharide zur Leber, in der alles Brauchbare in Glucose umgewandelt wird. Überschüsse werden als körpereigenes Polysaccharid Glykogen größtenteils in der Leber, daneben auch in der Muskulatur abgelagert und bei Bedarf rasch wieder zu Glucose umgesetzt. Glucose ist die hauptsächliche Energiequelle der meisten Tierarten; bei laktierenden Tieren ist sie die Ausgangssubstanz für den Milchzucker; dauernde Überschüsse werden schließlich als Fett abgelagert. Beim Wiederkäuer steht sie in allen diesen Hinsichten indessen hinter den bei der Pansentätigkeit entstehenden organischen Säuren zurück (s. S. 196).

2.1.5 Fette und Lipoide

Durch die Extraktion mit organischen Lösungsmitteln wird aus den Nahrungsstoffen eine eigenartige Fraktion, das „Rohfett" erhalten, in dem sich neben dem echten, aus den Glycerinestern der Fettsäuren bestehendem Reinfett noch mit diesem chemisch verwandte Stoffe (Lipoide) vorfinden und darüber hinaus weitere Substanzen, die kein Fett darstellen (Fettbegleiter), wie fettlösliche Farbstoffe, Sterine, Gallensäuren, fettlösliche Vitamine, ätherische Öle, Wachse, Harze usw. Man kann eine genauere Aufteilung des Rohfetts vornehmen, was sich indessen bei den meisten natürlichen fettarmen Futterstoffen nicht lohnt. Echte Fette und Öle werden zur menschlichen Ernährung und zu technischen Zwecken gewonnen. Etwa anfallende Überschüsse können aber gut als ballastarme Energieträger mit Vorteil in der Ernährung fast aller Nutztierarten eingesetzt werden.
Im Tierkörper kommen Fettstoffe in zwei grundsätzlich verschiedenen Formen vor. Größere Mengen werden als Depot- oder Reservefett im Unterhautfettgewebe und an anderen Stellen abgelagert. Die andere Form ist das mengenmäßig geringfügige, indessen spezifisch und kompliziert zusammengesetzte, biologisch bedeutsame Organfett in den physiologisch aktiven Zellen vieler Organe sowie im Zentralnervensystem und im Gehirn. Auch das Blutfett besteht überwiegend aus derartigen Lipoiden. Sie enthalten u. a. die mehrfach ungesättigten „essentiellen Fettsäuren",

die als lebenswichtige unentbehrliche Substanzen mit der Nahrung, allerdings nur in minimalen Mengen, zugeführt werden müssen. Die Entdeckung der essentiellen Fettsäuren wurde von EVANS und BURR erstmals 1926/27 veröffentlicht. Die Arbeiten hierüber zogen sich bis etwa 1950 hin und zeigten die relativ geringe praktische Bedeutung dieser Stoffgruppe. Am wichtigsten von ihnen sind die wohl als Ursubstanz anzusehende zweifach ungesättigte Linolsäure der Pflanzenfette und die aus ihr im Tierkörper gebildete vierfach ungesättigte Arachidonsäure. Sie sind auch Bestandteile der physiologisch aktiven Lipoide, von denen hier die Lecithine und Kephaline sowie die noch komplizierteren Sphingomyeline und Cerebroside erwähnt werden sollen. Fette und Fettsäuren sind an sich völlig wasserunlöslich, während der tierische Organismus ein überwiegend wässeriges System darstellt. Durch die zeitweilige Bildung hydrophiler, d. h. in Wasser fein verteilbarer Verbindungen kann der Organismus für die Fettsubstanzen „Transportformen" herstellen. Als solche kennen wir neben den Lecithinen und anderen Phosphatiden die Cholesterinester der Fettsäuren, womit eine der Funktionen des biologisch wichtigen Cholesterins, das der Organismus aus Ölsäure synthetisiert, gegeben ist.

2.1.6 Wirkstoffe und Ergänzungsstoffe in der Ernährung

Vitamine *

In den ersten Jahrzehnten des 20. Jahrhunderts ergaben sich Hinweise auf die Existenz von Nahrungswirkstoffen, die mit den bekannten Hauptnährstoffen nichts zu tun hatten. Eine intensive wissenschaftliche Forschung, die etwa bis zum Ende der 30er Jahre anhielt, führte dann zu maßgebenden Erkenntnissen über die ganze Stoffklasse der Vitamine, zur Aufklärung ihrer chemischen Konstitution und zur Krönung derartiger Arbeiten, der Synthese im Laboratorium. Danach sind Vitamine „für Mensch und Tier lebenswichtige und unentbehrliche Nahrungsbestandteile von charakteristischer, komplizierter organisch-chemischer Struktur und starker physiologischer Wirkung." Diese Definition ist wichtig, um die Vitamine gegenüber anderen Wirkstoffen und den essentiellen, ebenfalls unentbehrlichen Baustoffen abzugrenzen. So hat man z. B. eine Zeitlang die essentiellen Fettsäuren als Vitamin F bezeichnet, mußte dies jedoch aufgeben, als deren wirkliche Funktion erkannt wurde. Ähnliches galt vom Cholin, einem Baustein der Lecithine, das zeitweilig zu den B-Vitaminen gezählt wurde. Ein völliger Mangel an einem Vitamin in der Nahrung, eine „Avitaminose", zieht stets heftige Erkrankungen nach sich; häufiger sind wohl noch relative Mängel, d. h. Unterversorgungen, die ebenfalls mit Gesundheitsstörungen verbunden sind. Die Verhütung solcher Mangelkrankheiten ist aber keineswegs die wirkliche Aufgabe der Vitamine. Tatsächlich sind sie in das normale Stoffwechselgeschehen des gesunden Organismus eingeschaltet. In der Regel stellen die Vitamine Vorstufen oder Bausteine körpereigener Wirkstoffe dar,

---

* Der erste einwandfreie Nachweis eines Vitamins betraf das später B_1 benannte. In aufsehenerregenden Untersuchungen hatte der holländische Tropenarzt EIJKMANS nachgewiesen, daß dem Reiskorn nach mehrmaligem Schälen und Polieren ein Wirkstoff entzogen war, dessen Fehlen die Mangelkrankheit „Beri-Beri", eine Polyneuritis, nach sich zog. Der Name Vitamine wurde 1910 von Casimir Funk vorgeschlagen, in der (irrigen) Annahme, daß diese Stoffklasse – wie das B_1 – generell N-haltig (Amine) sei.

was im einzelnen zu belegen indessen aus räumlichen Gründen unmöglich ist. Die Vitaminversorgung der Nutztiere sollte sich niemals auf das Minimum beschränken, das eventuelle Mangelerscheinungen verhütet, sondern ein für die bestmögliche Leistungsfähigkeit hinreichendes Optimum anstreben. In seiner Höhe ist dies für viele Vitamine vom Stoffumsatz im Körper abhängig, d.h., es wird durch die produktive Leistung bedingt, was die moderne Fütterungslehre mit entsprechenden Bedarfsnormen berücksichtigt.
Vitaminwirkung kommt oft nicht nur einer einzigen Substanz von definierter chemischer Konstitution zu, sondern einer Gruppe ähnlich gebauter Stoffe. Die gebräuchliche natürliche Klasseneinteilung unterscheidet zwischen den fettlöslichen Vitaminen A, D, E und K und dem Komplex der wasserlöslichen B-Vitamine: B_1, B_2, Nicotinsäure, B_6, Pantothensäure, Biotin, Folsäure und B_{12}. Funktionen und Wirkungsmechanismus sind jetzt von allen diesen Vitaminen gut bekannt; auch haben die mit Buchstaben und Zahlen gekennzeichneten Vitamine wissenschaftliche Namen, die in der Praxis jedoch wenig verwendet werden. So heißt das Vitamin A Axerophtol oder Retinol; Vitamin D Calciferol; Vitamin E Tokopherol und Vitamin K Phyllochinon. B_1 wird in der wissenschaftlichen Literatur als Aneurin oder Thiamin bezeichnet; B_2 als Riboflavin oder Lactoflavin; B_6 als Pyridoxin oder Adermin und B_{12} als Cobalamin. Einige Vitamine haben Vorstufen in den Nahrungsmitteln. So entsteht Vitamin A im Tierkörper aus dem pflanzeneigenen Carotin; die Vitamine D_1 und D_3 entstehen durch UV-Bestrahlung, also auch im Sonnenlicht aus gewissen Vorstufen in Pflanzen, aber auch in der tierischen und menschlichen Haut, was vor seiner eigentlichen Entdeckung eine Zeitlang bei Laien Zweifel an seiner stofflichen Natur hervorrief. Bei den Vitaminen A und D ist ein Übermaß nachteilig, was selten vorkommt. Dagegen sind alle B-Vitamine in Mengen oberhalb des Optimums nicht schädlich. Vielleicht vermissen manche Leser an dieser Stelle das Vitamin C, die Ascorbinsäure, aber diese Substanz ist nur für den Menschen (und die exotischen Tiere Affen und Meerschweinchen) ein unentbehrlicher Nahrungsstoff. Alle unsere Nutztiere bilden es selbst; für sie ist es ein körpereigener Wirkstoff und kein Vitamin. Auch Mikroorganismen bilden oft Vitamine, jedoch nur solche der wasserlöslichen Gruppe, also des B-Komplexes.

Mineralstoffe in der Tierernährung

Die Erkenntnis, daß neben den als eigentliche Nährstoffe angesehenen organischen Substanzen auch anorganische Verbindungen lebensnotwendig sind, ist schon sehr alt. Versuche, die man heute nicht mehr anstellen würde, hatten ergeben, daß reichlich, aber mineralstoffrei ernährte Tiere eher starben als solche, die überhaupt keine Nahrung erhielten. So hat sich in der Zeit, über die hier berichtet wird, mit der Aufklärung des Mineralstoffwechsels ein intensiv betriebenes Forschungsgebiet herausgebildet und in der Fütterungslehre wird der Deckung des oft leistungsbedingenden Mineralstoffbedarfs große Sorgfalt gewidmet. Man muß daran denken, daß alle biologisch notwendigen Mineralstoffe als vom Tierkörper nicht synthetisierbare Substanzen „essentielle", d.h. unersetzbare Nahrungsbestandteile für sich darstellen. Von den vielen anorganischen Elementen bzw. deren Verbindungen ist ein recht großer Teil biologisch wichtig. Man kann sie leicht in zwei Gruppen einteilen. Die Massenelemente machen einen ins Gewicht fallenden Anteil an der Körpersubstanz aus; es sind an erster Stelle Calcium und Phosphor, danach Kalium, Natrium, Magnesium, Chlor, Schwefel und Eisen. Die Spurenelemente sind dagegen oft in so winzigen Konzentrationen vorhanden, daß sie eindeutig Wirkstoffcharakter haben, was durch die Klärung ihres Wirkungsmechanismus bewiesen werden konnte. Ihre Verbindungen werden in körpereigene Wirkstoffe eingebaut, meistens Fermente, aber auch einige Hormone (s. S. 193). Sichere biologische Bedeutung wurde nachgewiesen für: Mangan, Kupfer, Kobalt, Silicium, Zink, Vanadium, Lithium, Nickel, Chrom, Jod, Fluor, Molybdän und Selen. Allerdings sind manche Verbindungen gerade dieser Elemente in etwas höheren Konzentrationen starke Gifte, so daß eine besondere Zufuhr, um etwaigen Mangelzuständen vorzubeugen oder solche zu beheben, sehr sorgfältig bedacht werden muß. Wenn überhaupt, dann gilt hier die These des Paracelsus: „Die Dosis entscheidet, ob ein Stoff Gift oder Heilmittel ist." Der Mineralstoffwechsel bietet viele interessante Einzelheiten, so daß auch dem Nichtfachmann ein näheres Kennenlernen zu empfehlen ist. Er erfährt dann unter anderm, daß der Salzgehalt des Blutwassers die Herkunft allen tierischen Lebens aus dem Meer widerspiegelt oder daß auch die scheinbar starre Mineralsubstanz der Knochen ihren Stoffwechsel d. h. einen ständigen Auf- und Abbau hat. Weiterhin kann erwähnt werden, daß bei der Mineralstoffversorgung (Bedarfsbemessung und Bedarfsdeckung) manchmal spezielle Richtlinien bedacht werden müssen. Es gibt Antagonismen und Wechselwirkungen zwischen Mineralstoffen, welche die tatsächliche Anwendung modifizieren. Überhöhte Mengen an Calcium steigern u. a. den Zinkbedarf; zu große Eisenmengen hemmen die Phosphorsäureverwertung und umgekehrt; auch zwischen Calcium und Magnesium besteht ein Antagonismus. Das alles wirkt sich auf die Dosierungen aus. Auch die Schmackhaftigkeit der Mineralstoffe ist gelegentlich von – meist negativer – Bedeutung.

Körpereigene Wirkstoffe

Fermente

Die schon mehrfach erwähnte Stoffklasse der Fermente (Enzyme) umfaßt eine ungeheure Vielzahl von Einzelsubstanzen, deren Wirksamkeit eines der Fundamente des Lebens überhaupt ist. Mittels der Fermente vollbringt die lebende Zelle, z. B. in den im Zellkern befindlichen Mitochondrien, auf mikroskopisch kleinem Raum synthetische und analytische Leistungen – und das bei normalem Druck, neutraler Reaktion und relativ niedriger Temperatur –, für welche der Mensch, wollte er sie nachahmen, mit ungeheurem Aufwand ausgestattete Laboratorien, ja ganze chemische Fabriken benötigen würde. Es gibt natürlich auch einfachere Aufgaben für Fermente, so z. B. die Zerlegung höhermolekularer Nahrungsstoffe in ihre resorptionsfähigen Bausteine. Aber auch dies könnte der Mensch nur durch die Einwirkung starker Säuren oder Laugen und die Anwendung von hohem Druck und hoher Temperatur erreichen.

Die Grundsubstanz der Fermente sind Eiweißkörper, deren Hitzeempfindlichkeit, d. h. die Denaturierung beim Erwärmen, benutzt wird, um nicht mehr erwünschte Fermentwirkungen zu unterbrechen. Neben der Eiweißsubstanz, „Apo-Ferment" genannt, enthalten die Fermente noch eine nichteiweißartige Wirkungsgruppe, das „Co-Ferment". Das Apo-Ferment bedingt die Substratspezifität, d. h. auf welche Substanz oder Konfiguration sich die Umsetzung erstrecken soll, während das Co-Ferment die Wirkungsspezifität bestimmt, d. h. welche Umsetzung stattfinden soll. Die Apo-Fermente sind körpereigen, die Co-Fermente (wie schon früher andeutungsweise mitgeteilt) meistens essentielle Nahrungsstoffe, darunter Vitamine und Spurenelementverbindungen. Die Fermentforschung hat sich im Laufe der letzten Generationen zu einem besonderen Fachgebiet mit gewaltigem Umfang und großen Erfolgen entwickelt, über das aus räumlichen Gründen nur die eben gemachten Andeutungen möglich sind.

Ernährungsphysiologisch wichtige Hormone

Das Hormonsystem der höheren Tiere und des Menschen dient in ähnlicher Weise wie das Nervensystem – nur auf andere Art – der Regulierung der Lebensvorgänge vor allem im Stoff- und Energiewechsel. Einige Hormone haben direkte Einflüsse in ernährungsphysiologischer Hinsicht, andere sind für Tierzucht und Konstitutionslehre von Bedeutung und haben dadurch mittelbar Auswirkungen auf den Stoffumsatz und die tierische Leistung. Man unterscheidet zwei Klassen von Hormonen: die direkt wirkenden und die übergeordneten. Die ersteren sind die Produkte spezieller Drüsen, die in den typischen Fällen ins Blut abgegeben werden und auf diesem Wege zu den Organen gelangen, auf die sie wirken sollen. Solche Hormonausschüttungen unterliegen einer Feinregulierung seitens der in der Hypophyse (Hirnanhangdrüse) gebildeten und von dort zu den innersekretorischen Drüsen geschickten übergeordneten Hormone. Obwohl die meisten Hormone in fast unglaublich kleinen Konzentrationen ihre Wirkung entfalten, ist es gelungen, ihre chemische Konstitution aufzuklären (s. u.). Anstelle einer seitenlangen Beschreibung soll die nachstehende kleine Tabelle einige Informationen über die hier interessierenden Hormone vermitteln. Dabei ist besonders auf die überragende Rolle des Schilddrüsenhormons Thyroxin hinzuweisen, zu dessen Bildung bekanntlich Jod erforderlich ist. Thyroxin greift maßgebend in den Zellstoffwechsel ein und bedingt dadurch die Entwicklung der Tiere von Anfang an und ihre produktive Leistung. Es wird dabei verbraucht und muß ständig nachgeliefert werden. Unzweifelhaft wird der züchterische Erfolg zum großen Teil über die funktionelle Verbesserung des Hormonsystems erreicht. Dabei ist eine natürliche Ausgewogenheit unabdingbar, wie man überhaupt das Funktionieren des Systems bald nach seiner Entdeckung mit einem gut eingespielten Orchester verglichen hat. Die chemische Konstitution der Hormone ist sehr unterschiedlich. Thyroxin und Adrenalin leiten sich von Aminosäuren ab; die Hormone der Nebennierenrinde und der Keimdrüsen sind Steroide; alle übrigen Hormone sind Polypeptide. Anfangs waren sie in ihrer Konstitution schwer erkennbar, dank den Fortschritten der Biochemie sind sie jetzt aber fast alle gut bekannt und können schon synthetisiert werden.

Unter den auf S. 194 aufgeführten Hormonen sind einige mit gegenteiliger Wirkung, sozusagen „Hormonpaare.“ Dieses Spiel und Gegenspiel dient zweifellos (Beispiele: Insulin – Glucagon; Parathormon – Calcitonin) einer besonders genauen Regulierung von Stoffwechselvorgängen. Äußere willkürliche Eingriffe, wie sie z. B. bei der Zufuhr von Insulin notwendig sind, können daher nur als relativ grobe Maßnahmen angesehen werden. Bestrebungen, auf Hormonwirkungen beruhende tierische Leistungen durch meistens massive Extrazufuhren (mit dem Futter oder durch Injektion) steigern zu wollen, müssen auf jeden Fall als unphysiologisch und letzten Endes schädlich abgelehnt werden. Selbst wenn die Tiere gesund bleiben – was nicht immer sicher ist! – erhalten doch die zum menschlichen Verzehr bestimmten Produkte einen ganz unerwünschten, überhöhten Hormongehalt mit bestimmten nachteiligen Folgen. Näheres hierzu im nächsten Abschnitt.

A Direkt wirkende Hormone der inneren Sekretion

Produzierende Drüse	Hormon	Wirkung
Schilddrüse	Thyroxin	Entwicklung, Stoffwechsel
Nebennierenmark	Adrenalin	Glykogenmobilisierung
Nebennierenrinde	Corticosteron u. a. (fast 30 Substanzen)	Mineralhaushalt, Kohlenhydrathaushalt, Glucoseneubildung
Weibliche Keimdrüsen	Östron	Entwicklung, Fortpflanzung
Corpus luteum	Progesteron	Trächtigkeit, Ausbildung der Milchdrüsen
Männliche Keimdrüsen	Testosteron	Entwicklung
Langerhanssche Inseln	Insulin	Blutzuckersenkung
Pankreas	Glucagon	Blutzuckersteigerung
Nebenschilddrüsen	Parathormon	Calciummobilisierung
Schilddrüse	Calcitonin	Calciumfixierung

Die Hypophyse, ein sehr kleines Organ (Gewicht beim Rind etwa 2–4 g), besteht aus 2 unterschiedlichen Teilen, dem Vorderlappen, der Drüsengewebe und dem Hinterlappen, der Nervensubstanz aufweist.

B Übergeordnete Hormone

a) Hypohysenvorderlappen

Hormon	Einfluß
Wachstumshormon, Somatotropes H. STH	Wachstum, Stoffwechsel
Corticotropes Hormon ACTH	Anregung der Nebennierenrinde
Thyreotropes Hormon TSH	Anregung der Schilddrüse
Gonadotrope Hormone	Entwicklung und Anregung der Keimdrüsen
Laktotropes Hormon (Prolaktin) LTH	Milchbildung

b) Hypophysenhinterlappen

Oxytocin	Sekretionsförderung, Milchfluß (wichtig für das Melken)
Vasopressin	Sekretionshemmung

Organische Fremdsubstanzen mit Sonderwirkungen als Futterzusätze
(s. auch die gesetzlichen Regelungen im Kapitel Futtermittelrecht)
Manche Substanzen, die der Definition entsprechen würden, haben wir schon in den verschiedenen „essentiellen" Nahrungsstoffen kennengelernt, z. B. Aminosäuren, Fettsäuren und Vitamine. Diese Substanzen dem Futter zuzusetzen, ist also nicht unnatürlich und oft sogar geboten, damit die genetisch vorgezeichnete Leistungshöhe der Tiere tatsächlich erreicht wird. In den letzten Jahrzehnten wurde indessen bekannt, daß eine überraschend große Zahl von Futterwirkungen durch kleine Zusätze von organischen Substanzen anderer Art erzielt oder verstärkt

werden. Manche davon haben nur äußerliche Effekte oder sind an sich harmlos. Über andere hat sich jedoch, z.T. aus guten Gründen, z.T. in übertriebener Weise, eine lebhafte Diskussion erhoben, die bis in die Öffentlichkeit, d.h. weit über die eigentliche Fachwelt hinaus gedrungen ist. Zur Diskussion stehen dabei weniger die Leistungssteigerung, sondern tatsächliche oder vermeintliche Gefahren vor allem durch das Verbleiben von Rückständen und eventuell Folgeprodukten solcher Futterzusätze in den vom Menschen verzehrten Teilen, besonders in Fleisch und inneren Organen. In die Milch gehen solche Substanzen in der Regel nicht über. Der Vergleich mit dem „Doping" der Sportler zwecks Leistungserhöhung, das ja verpönt ist, lag nahe und wurde auch gemacht. Meist trifft er nicht zu. Erst seit man auch die Anabolika zu verbotenen Dopingsubstanzen erklärt hat, gibt es Parallelen in der Tierernährung. Gerade eine anabolische Wirkung, die in Wachstumsförderung und besserer Fleischbildung besteht, ist der angestrebte Effekt vieler derartiger Futterzusätze. Die Gefahren der Rückstände und die möglichen Gefahren bei irrtümlicher oder mißbräuchlicher Anwendung von nicht direkt schädlichen Substanzen haben die zuständigen Stellen veranlaßt, sich eingehend mit der Verwendung derartiger Futterzusätze zu befassen, was u.a. in der seit über 100 Jahren als vorbildlich geltenden deutschen Gesetzgebung mit dem Lebensmittelgesetz, dem Arzneimittelgesetz, dem Tierarzneimittelgesetz und dem Futtermittelgesetz geschehen ist. Eine eingehende Darstellung an dieser Stelle ist natürlich nicht möglich; eine einfache Aufzählung muß genügen. Erlaubt ist die Anwendung von Pflanzenfarbstoffen (auch synthetischen) zur Verbesserung der Eidotter- und Geflügelhautfarbe, von Emulgatoren (meist Lecithinen) zur Verbesserung der Fettverdauung bei Jungtieren, von Antioxidantien in festgesetzten Konzentrationen zum Schutz oxidationsempfindlicher Futtermittel mit mehrfach ungesättigten Fettsäuren, von Propionsäure zur Verhinderung des Verderbs von Futtermitteln bei ungünstigen Lagerungsbedingungen, von bestimmten Würz- und Aromastoffen zur Verbesserung des Futterverzehrs und von sogenannten Tranquilizern, soweit sie als harmlos anerkannt werden. Strikt verboten, und zwar von jeher ist die Verwendung von Hormonen, hormonähnlichen bzw. hormonwirksamen Substanzen. Hierher gehören die berüchtigten synthetischen Östrogene, z.B. das Diäthylstilböstrol, und die Thyreostatica, die schilddrüsenhemmenden Substanzen. Verboten sind auch die organischen Arsenverbindungen, (die anabolische Wirkung des Arsens in kleinen Dosen ist seit Jahrhunderten bekannt) trotz relativer Unschädlichkeit und rascher Ausscheidung aus dem Körper. Problematisch war und ist die Anwendung von antibiotischen Substanzen natürlicher oder synthetischer Art als Futterzusatz in kleinen, medizinisch-therapeutisch unwirksamen Dosierungen. Hier sieht man die Gefahr vor allem in der Ausbildung resistenter Krankheitserreger und im Verbleib von Rückständen im Fleisch der Schlachttiere. Nur solche Antibiotika und mit ihnen vergleichbare Substanzen können zugelassen werden, die erstens keine Verwendung in der Humanmedizin und Veterinärmedizin finden und zweitens aus dem Magen-Darm-Kanal nicht resorbiert werden. Es kann aber nicht verschwiegen werden, daß (bei uns) verbotene wachstumsfördernde Stoffe, wie Östrogene, Thyreostatica, Antibiotika und Arsenikalien in vielen anderen Ländern erlaubt oder zumindest nicht ausdrücklich verboten sind und in großem Umfang als Futterzusätze eingesetzt werden.

Eine weitere ziemlich große Gruppe von ähnlichen Futterzusätzen, die hier nur erwähnt werden sollen, da sie nicht eigentlich zur Tierernährung gehören, umfaßt die sogenannten Futterarzneimittel. Diese werden unter tierärztlicher Kontrolle in der Massentierhaltung durchweg zur Vorbeugung (Prophylaxe) gegen epidemisch auftretende Krankheiten dem regulären Futter zugesetzt. Diese Verabreichung erspart die nachträgliche Behandlung erkrankter Tiere. Beispiele sind infektionsverhindernde Chemikalien, Coccidiostatica gegen die oft verheerende Coccidiosen, Anthelmintica gegen die verschiedenen Wurmerkrankungen und ähnliche Mittel gegen äußere und innere Parasiten. Die Hauptanwendung liegt bei Geflügelarten. Sie erhält die Bestände gesund und ist daher oft von entscheidender wirtschaftlicher Bedeutung.

2.1.7 Die ernährungsphysiologischen Besonderheiten der Wiederkäuer im Vergleich zu anderen Tierarten

Nicht das Wiederkauen an sich, so zwangsläufig und notwendig es für die Tiere auch sein mag, bedingt die wesentlichen Unterschiede in vielen ernährungsphysiologischen Belangen der Wiederkäuer gegenüber den sonstigen Nutztieren, sondern ihr absolut eigenartiges vielseitiges Magensystem. Die domestizierten Wiederkäuer, Rinder, Schafe, Ziegen, Kamele, Rentiere, Lamas und zahme Büffel, und die wildlebenden Wiederkäuer, Hirsche, Rehe, Gemsen, Antilopen, Wildrinder, Giraffen u. a., vermögen von natürlichem Pflanzenmaterial noch dann zu leben, wenn es wegen zu geringer Verdaulichkeit von anderen Tieren nicht mehr verwertet wird. Das gelingt durch die besondere Ausgestaltung der anatomischen Verhältnisse und die Symbiose mit Mikroorganismen verschiedener Arten. Das hierbei vor sich gehende Zusammenspiel ist für die Tiere entscheidend lebenswichtig. Es kann in seiner Kompliziertheit (diese findet ihren Ausdruck in der Entwicklung eines speziellen Forschungsbereichs und der Lebensarbeit einer ganzen Reihe angesehener Wissenschaftler) hier lediglich in den Grundzügen und oberflächlich dargestellt werden. Gedeihen und Wohlbefinden der Wiederkäuer sind nur gesichert, wenn Aufnahme und Verarbeitung der Nahrung fast ununterbrochen vor sich gehen. Wiederkäuer sind unfähig zu hungern; eine Kuh ist nach einer Woche ohne Futter unrettbar verloren und geht ein.
Die zunächst nur wenig zerkleinerte Nahrung (z. B. eines ausgewachsenen Rindes) gelangt mit Hilfe einer reichlichen Speichelsekretion von etwa 50–60 l täglich in die ersten Vormägen Haube und Pansen. Dort wird sie mittels einer kräftigen Muskulatur mit dem im Pansen noch verbliebenen Futterbrei durchmischt (auch das ist notwendig – Pansenstillstand führt zum Tode) und dann wiedergekaut und erneut abgeschluckt. Nun setzt die Tätigkeit der Mikroorganismen ein, die durchweg strikt oder fakultativ anaerob arbeiten. Geringe Reste von Sauerstoff werden schnell eliminiert; danach herrscht ein kräftiges Reduktionspotential. Die Reaktion ist zunächst infolge der im Speichel vorhandenen Alkalibicarbonate schwach alkalisch und wird dann neutral, weil sich infolge der mikrobiellen Gärungsvorgänge (Cellulosezersetzung) organische Säuren, wie Ameisensäure, Essigsäure, Propionsäure und Buttersäure bilden, die als Energieträger und als Vorstufen für die Synthese körpereigener Stoffe genutzt werden, besonders auch zur Milch- und Milchfettbildung. Die Struktur des Futters, d. h. die Anregung der Pansenmuskulatur und der Cellulosegehalt, d. h. die Mikrobentätigkeit, sind unbedingt notwendig. Das Futter muß „wiederkäuergerecht“ sein; Einzelheiten sind aus den speziellen Lehrbüchern zu ersehen. Zur Nutzbarmachung der Cellulose kommt als weitere Haupttätigkeit

der Bakterien die Synthese wichtiger Stoffe, die dem Wirtsorganismus zugute kommen. Der Panseninhalt wird nach einiger Zeit zunächst in den Psalter (Blättermagen) befördert, wo eine weitere Feinzerkleinerung stattfindet, und gelangt dann in den Labmagen und den Dünndarm, in denen nun verdaut wird, auch die Mikroorganismen, worauf die Resorption der verdaulichen Nährstoffe einsetzt. Auch der Dickdarm der Wiederkäuer ist besonders lang und umfangreich, in ihm finden weitere bakterielle Gärungen statt. Der Nutzen der Symbiose mit einer Bakterienmasse von etwa 5 kg im Pansen einer Kuh besteht zunächst in der Bildung einiger hundert Gramm an hochwertigem verdaulichem Eiweiß. Die Mikroorganismen sind imstande, nicht nur geringwertiges Eiweiß aus dem Futter in eigenes umzuwandeln, sondern können auch Eiweiß völlig neu bilden, wenn ihnen das Ausgangsmaterial verfügbar ist, z. B. in Form von NPN-Verbindungen. Das läßt sich ausnutzen, indem man großtechnisch gewonnene einfache N-Verbindungen, in erster Linie Harnstoff, zu einem gewissen Anteil in das Mischfutter für Kühe und Mastrinder einbezieht (s. auch S. 188). Mikroorganismen-Eiweiß hat eine beachtlich hohe biologische Wertigkeit. Sogar die Synthese der sonst fehlenden schwefelhaltigen Aminosäuren (Methionin und Cystin) kann durch Beigabe einfacher Schwefelverbindungen zum Futter erreicht werden. Ebenfalls bedeutungsvoll ist die Synthese von wasserlöslichen Wirkstoffen, z. B. aller Vitamine der B-Gruppe auch von B_{12}, wenn man die nötigen Spuren von Kobalt im Futter hat. So sind von allen Vitaminen für den Wiederkäuer nur die fettlöslichen A, D und E notwendig (Vitamin K ist im Futter immer von Natur aus vorhanden). Entgegen früheren Annahmen werden gelöste Stoffe auch schon im Pansen resorbiert, ins Blut aufgenommen und dem Stoffwechsel zugänglich.
Symbiose mit Mikroorganismen, wenn auch nicht in so starkem Ausmaß wie bei den echten Wiederkäuern, finden wir auch bei Pferden und den sich überwiegend von Pflanzen ernährenden Omnivoren. Völlig ohne die Gärungshilfe von Mikroorganismen und auf rein enzymatische Verdauung angewiesen sind die Carnivoren, und wie man feststellen muß, steht ihnen der Mensch näher als den anderen. Charakteristische Belege für diese Thesen erhält man, wenn man das Verhältnis der Körperoberfläche zur Innenfläche des Magen-Darm-Kanals berechnet. Es beträgt für das Rind 1:3,0, für das Pferd 1:2,2, für das Schwein 1:1,33 und für Hund und Katze 1:0,6.

2.1.8 Das System der Ökonomie der Nährstoffe

Die eben dargelegten physiologischen Unterschiede bei der Verdauung und Verwertung des Futters durch die verschiedenen Lebewesen haben seinerzeit den Nachfolger HENNEBERGS in Göttingen, LEHMANN, zu Erwägungen über die zweckmäßige Verwendung der unterschiedlichen von der Natur gewonnenen Nahrungs- und Futtermittel veranlaßt. Es ist z. B. nicht möglich, ein geringwertiges Futter bei steigender Leistung in um so größerer Menge zu verabreichen, weil dann u. U. Aufnahmevermögen und Verwertung seitens des Tieres versagen. Auch der umgekehrte Fall, einem Tier nur geringe Mengen eines sehr hochwertigen Futters zu geben, würde an Verdauungsstörungen und Unbekömmlichkeit scheitern. LEHMANN versuchte nun, die Ansprüche der Lebewesen (auch der Mensch gehörte dazu) mit den Eigenschaften der Materialien in Korrespondenz zu bringen, um letztere dem besten Verwendungszweck zuzuführen. Das von ihm gewählte Krite-

Übersicht über die zweckmäßige und ökonomische Verwendung der Nahrungs- und Futtermittel

Verdaulichkeit der organischen Substanz	Hauptsächliche Verwendung	Einzelne Materialien
über 85 %	Menschliche Nahrung	Tierische Produkte (Fleisch, Fisch, Milch, Eier usw.), Mehl u. Mehlprodukte, Kartoffeln, Rüben, Hefe u. dergl.
über 80 %	Mastfutter für Schweine, Leistungsfutter für Geflügel	Alle Getreidearten außer Hafer, vollwertige Rübenschnitzel, Hülsenfrüchte, Futtermehle, Erbsenkleie, beste Ölsaatrückstände, Sojaschrot, Fischmehl, Schlachtabfälle u. dergl.
70–80 %	Leistungsfutter für Arbeitspferde	Hafer, Lupinen, Pferdemischfutter
60–80 %	Leistungsfutter für Milchkühe und Mastrinder	Grünfutter aller Art, sehr gutes Heu, Kleeheu, Luzerneheu, künstlich getrocknetes Grünfutter, gute Grünfuttersilagen
über 60 %	Erhaltungsfutter für Schweine	Kleien aller Art, Schlempe, Ölsaatrückstände aller Art, Mischfutter
50–60 %	Erhaltungsfutter für Pferde	Mittleres Wiesenheu, Kleeheu, Luzerneheu, Mischfutter
über 50 %	Erhaltungsfutter für Wiederkäuer	Geringeres Heu aller Art, Maisstroh, Hülsenfruchtstroh, Hülsenfruchtschalen
unter 50 %	Ballastfutter = Zusatz zu hochverdaulichem Futter	Stroh aller Art, Spreu, Hülsen, Spelzen, Baumrinden
wenig oder nichtverdaulich	als Futter nicht verwendbar	Holz, Sägemehl, Torfmehl, Reisspelzen, Erdnußschalen, Sonnenblumenkernschalen

rium war die Verdaulichkeit der organischen Substanz. Seine Bezeichnung (s. Überschrift) war indessen unvollständig; das System betrifft die rationelle und ökonomische Verwendung der Nahrungsmittel (nicht der Nährstoffe). Der spätere Nachfolger LEHMANNS in Göttingen, LENKEIT, ergänzte die ursprüngliche Fassung wesentlich, und ich selbst habe dann versucht, durch Angabe derjenigen Materialien, welche die verlangte Verdaulichkeit aufweisen und sich damit für den vorgesehenen Verwendungszweck eignen, mehr Anschaulichkeit zu vermitteln. So entstand die unten aufgeführte Tabelle. Die höchsten Ansprüche an seine Ernährung stellt der Mensch. Es folgen die Leistungsfutter und dann die Erhaltungsfutter der

verschiedenen Tierarten. Treten Engpässe in der Versorgung auf, entstehen naturgemäß Konkurrenzsituationen. Man greift u. U. zur Versorgung einer bevorzugten Tiergattung auf Materialien über, die der im System benachbarten Tiergruppe zustehen, welche dann in ihrer Zahl entsprechend eingeschränkt wird. Auch die menschliche Bevölkerung wird von solchen Situationen betroffen, wie es ein großer Teil der jetzt noch lebenden älteren Generation zweimal, nämlich in und nach den beiden Weltkriegen erlebt hat. Zugunsten einer fragwürdigen Bedarfsdeckung der Bevölkerung mit für sie z. T. ungeeigneten und unbekömmlichen Materialien mußten wertvolle Zweige der Nutztierhaltung, deren Produkte die Ernährung wenigstens qualitativ hätten verbessern können, verschwinden bzw. auf ein sehr geringes Minimum reduziert werden. Das betraf vor allem die mit den Menschen eventuell konkurrierenden Geflügelarten und die Schweinemast. Eine weitere Konsequenz war der Zwang, Bodenflächen, auf denen bis dahin Futterbau betrieben wurde, auf den Anbau von direkt verzehrbaren Nahrungsmitteln umzustellen, was häufig ein dilettantischer Mißgriff war, weil sie sich hierfür gar nicht eigneten. Trotzdem mußten dadurch viele Nutztiere abgeschafft werden.
Auch die Bestrebungen, die schwer oder gar nicht verdaulichen Materialien der beiden untersten Gruppen, z. B. Stroh und Holz, durch chemische Behandlung in höher verdauliche Futtermittel umzuwandeln, denen ein gewisser Erfolg beschieden war, gehen auf LEHMANN und sein System zurück.

2.1.9 Nährwert und Nährwertermittlung

Bei den bisher beschriebenen Themen wurde der Begriff Nährwert öfter erwähnt, indessen nur in allgemeinem und grundsätzlichem Sinne. Tatsächlich besteht in der Tierproduktion das allergrößte Interesse daran, den Nährwert einer Futterration zur Bedarfsdeckung so genau wie möglich zu kennen. Nach den schon früher behandelten Prinzipien gliedert sich der Nahrungsbedarf in den an nutzbarer Energie und den an notwendigen Stoffen. In ökonomischer Hinsicht ist es besonders wichtig, beim Energieumsatz Fehler zu vermeiden. Unterversorgung führt zum Ausbleiben der optimalen Leistung, zur Minderung des Ertrags und zur Aufzehrung von Körperreserven der Tiere. Überversorgung bedeutet unrationelle Produktion, Verschwendung wertvollen Materials und einen meist unerwünschten Fettansatz der Tiere. Diese Erkenntnisse führten dazu, daß die Feststellung des wahren energetischen Futterwerts die eigentliche Hauptaufgabe der bedeutendsten Tierernährungsforscher unserer Berichtszeit wurde, mit VON WOLFF und HENNEBERG beginnend und bis zur Jetztzeit anhaltend. An dieser Stelle kann das Vorgehen der Forschung auf diesem Gebiet nicht in den Einzelheiten behandelt werden; dazu gehört ein Spezialstudium. Mitgeteilt werden können nur die Prinzipien der Futterwertfeststellung. Eine aus solchen Betrachtungen abgeleitete Erkenntnis soll aber schon im voraus mitgeteilt werden. Eine exakte Messung des Energiewerts kann nur durch Tierversuche erfolgen, wie es auch an den betreffenden wissenschaftlichen Institutionen geschieht. Für praktische Zwecke ist dies, weil viel zu zeitraubend und kostspielig, unmöglich. Die Forschung verfolgte daher immer gleichzeitig das Ziel, aus den Ergebnissen der Tierversuche, die zu statistisch gesicherten Resultaten geführt hatten, und den zugehörigen charakteristischen Daten der Futtermittel Gleichungen abzuleiten, um später auf rechnerischem Wege nach chemischen Analysen (und eventuellen Verdauungsversuchen) brauchbare Nähr-

werte zu ermitteln. Solchen Bestrebungen ist der Erfolg nicht versagt geblieben; es wird indessen auch heute noch ständig an der Verbesserung solcher Systeme gearbeitet.
Noch eine Bemerkung sei gestattet und zwar angesichts der Animosität eines unwissenden Publikums gegen Tierversuche überhaupt. Die in der Tierernährungsforschung durchgeführten Versuche, z. B. zur Nährwertermittlung, aber auch für physiologische Untersuchungen, werden nur dann als schlüssig anerkannt, wenn die Tiere mit so wenig Beeinträchtigungen wie möglich gehalten werden, sich bei bestem Gesundheitszustand und in allem wohl befinden. Treten im Verlauf solcher Versuche Störungen auf, so werden sie abgebrochen.
Die Futterwertbestimmung beginnt mit der Kenntnis der organischen Nährstoffe. Die Vielzahl der vorhandenen Einzelstoffe macht es unmöglich, jeden für sich zu erfassen. Man ist genötigt, konventionell festgelegte Gruppen zu bestimmen und möglichst einfache Analysenverfahren anzuwenden. Das gelang, wie schon erwähnt, HENNEBERG und STOHMANN mit der noch heute gebräuchlichen „Weender Analyse", die wohl jedem an der rationellen Fütterung interessierten Landwirt bekannt ist. Es ist ein Gang mit nur fünf einzelnen Bestimmungen, die für annähernd normal zusammengesetzte Futterstoffe charakteristische Daten ergeben. Dazu kommt als Differenz zu 100 % eine zusätzliche Fraktion.

Die Weender Analyse

Analysenverfahren	Resultat	Erfaßte Nährstoffgruppe
Rohwasser (Flüchtiges)	Trockensubstanz	
Stickstoff	Roheiweiß (-protein)	Eiweiß + NPN
Extraktion (Soxhlet)	Rohfett	Fette + Lipoide + Fettbegl.
Verbrennung	Organische Substanz	
Rohfaseranalyse	Rohfaser (Cellulose)	unlösliche Kohlenhydrate
Differenzberechnung	N-freie Extraktstoffe	lösliche Kohlenhydrate + sonstige N-freie Stoffe

Mit der Kenntnis dieser Daten – manchmal wird sogar auf einige verzichtet, ist für den Kundigen schon viel gewonnen, wenn er sie z. B. mit den in zuverlässigen Tabellen wiedergegebenen Mittel- und Extremwerten vergleicht und damit ein erstes Qualitätsurteil abgeben kann. Zur Festlegung des Energiewerts ist die Rohnährstoffanalyse nicht ausreichend. Man muß wissen, welcher Anteil der Rohnährstoffe verdaulich ist, d. h. die Darmwand passiert. Das wird im Verdauungsversuch am lebenden Tier ermittelt, das in einer Stoffwechselbox zunächst solange mit der zu prüfenden Ration ernährt wird, bis alle Reste früheren Futters aus dem Magen-Darm-Kanal verdrängt sind. Es folgt eine meistens 10 Tage lange Analysenperiode, in der bei gleichbleibender Fütterung alle Ausscheidungen verlustlos (quantitativ) aufgefangen und analysiert werden. Ist man nur am Energiehaushalt interessiert, genügt die Brennwertbestimmung der beteiligten Materialien (Futter und Ausscheidungen) im Verbrennungskalorimeter. Meist interessiert jedoch auch die Verdaulichkeit der stofflichen Fraktionen. Dazu werden auf das

Futter und die Ausscheidungen dieselben Analysenmethoden angewendet, und es gilt als verdaulich, was von den Bestandteilen des Futters im Kot nicht wieder erscheint. Das ist ein Problem, da der normale Kot, je nach Art der Nahrung usw. auch endogene Substanzen enthält, was man jedoch bei den meisten Tierarten als belanglos außer acht läßt. Mit der Kenntnis der Gehalte an verdaulichen Nährstoffen, deren kalorische Werte bekannt sind, begnügt man sich schon in manchen Futterwertsystemen. Subtrahiert man von deren Energiewert noch diejenigen Energiemengen, die im Harn und in den Gärungsgasen den Tierkörper verlassen, so erhält man die „umsetzbare Energie.“ Tatsächlich liefern derartige Systeme brauchbare Maßstäbe für den Futterwert, wenn es sich um Rationen mit relativ hochverdaulichen Komponenten, d. h. mit geringen Verlusten im Kot usw. handelt. Das sind die Futterstoffe der drei oberen Gruppen der im vorhergehenden Abschnitt S. 198 gezeigten Tabelle mit einer Verdaulichkeit der organischen Substanz von annähernd 80 % und darüber. LEHMANN entwickelte für die Fütterung von Schweinen und Geflügel den Begriff „Gesamtnährstoff“ als Summe aller verdaulichen Nährstoffe, wobei zum Ausgleich des höheren kalorischen Werts des verdauten Fetts dessen Gehalt mit 2,3 multipliziert wurde. Ein völlig analoges System findet in Nordamerika und anderen Ländern mit der Bezeichnung TDN (= Total Digestible Nutrients) universale Verwendung in der Nutztierhaltung.
Für die Wiederkäuerfütterung genügte dies den führenden europäischen Wissenschaftlern nicht. Im Streben nach einem völlig befriedigenden System der energetischen Bewertung entwickelten sie das der „Nettoenergie.“ Es ist die Tatsache zu berücksichtigen, daß die in den Stoffwechsel gelangenden Nährstoffe je nach ihrer Art und Herkunft nicht in gleicher Weise für die tierischen Funktionen und Produkte verwertbar sind. Vielmehr müssen unterschiedliche Aufwendungen an innerer Arbeit getätigt werden, die nach dem Gesetz von der Erhaltung der Energie nur in Form von Wärme erscheinen. Diese „thermische Energie“ muß man daher noch von der umsetzbaren Energie des Futters abziehen, um die Energie der nutzbaren Leistung, eben der Nettoenergie, zu erhalten. Zur experimentellen Feststellung war es nötig, neben dem Stoffwechsel auch den Energiewechsel der Tiere genau messend zu erfassen. Das konnte durch die recht schwierige Ermittlung der Wärmeproduktion (direkte Kalorimetrie) oder durch Berechnung aus dem Gaswechsel mit Hilfe von Respirationsapparaten geschehen (indirekte Kalorimetrie). Als einer der Ersten verwirklichte HENNEBERG dieses von PETTENKOFER angegebene Vorgehen, indem er in Göttingen einen inzwischen zu historischer Bedeutung gelangten Respirationsapparat von gewaltigen Dimensionen erbauen ließ, der genaueste Messungen des Gaswechsels von Großtieren z. B. ausgewachsenen Ochsen, mit der Feststellung des sogenannten „Respiratorischen Quotienten“ ermöglichte. Hinsichtlich der eigentlichen Technik und des Ganges der notwendigen ziemlich komplizierten Berechnungen ist auf die größeren Lehr- und Handbücher zu verweisen. Hier soll nur eine kleine Übersicht über die bisher mitgeteilten Erkenntnisse gegeben werden.

Bruttoenergie ist der im Verbrennungskalorimeter festgestellte Wert.
Verdauliche Energie ergibt sich nach Abzug des Brennwertes des Kots von der Bruttoenergie.
Umsetzbare Energie ergibt sich nach Abzug des Brennwertes von Harn und Gärungsgasen von der verdaulichen Energie.

Nettoenergie ist die Energie der nutzbaren Leistung und ergibt sich nach Abzug der thermischen Energie von der umsetzbaren Energie.

Nach den Vorbildern von PETTENKOFER und HENNEBERG entstanden hauptsächlich in Deutschland, aber auch in anderen Ländern Europas und der Welt ziemlich viele ähnliche Anlagen, z. B. in Leipzig-Möckern (KÜHN und KELLNER), Berlin (ZUNTZ), Kopenhagen (MÖLLGAARD) und Zürich (CRASEMANN und SCHÜRCH); auch das große Respirationskalorimeter des Amerikaners ARMSBY ist erwähnenswert. Durch Vervollkommnung der Technik bei gleichbleibendem Prinzip konnte der hohe Personalaufwand (KELLNER beschäftigte z. B. je Versuch mehr als zehn qualifizierte Analytiker) mittels Automation und neuerdings Elektronik in modernen Anlagen vermindert werden, die nun auch nicht allein Nettoenergiebestimmungen durchführten, sondern auch für viele andere, z. T. subtile physiologische Probleme eingesetzt wurden, bei denen der Energieumsatz mit maßgebend war. Hier sind die nach 1945 neu errichteten Anlagen in Rostock (NEHRING und SCHIEMANN), Stuttgart-Hohenheim (WÖHLBIER) und Braunschweig-Völkenrode (RICHTER und OSLAGE) zu erwähnen.
Daß für praktisch alle nutzbaren tierischen Leistungen der Einsatz des Futters nach seinem Nettoenergiegehalt (auch die Erhaltung macht dabei keine Ausnahme) absolut richtig und besser als nach den anderen Systemen ist, vor allem wenn es sich um Stoffe mit geringer und mittlerer Verdaulichkeit handelt, zeigt die nachstehende kleine Übersicht, die wir NEHRING und SCHIEMANN verdanken.

1000 g Gesamt-nährstoff (TDN)+	in	Stroh	entsprechen	1112	Nettokalorien
		Heu		1522	
		Grünfutter		1829	
		Silage		1977	
		Kraftfutter		2171	

Um ein in der Fütterungspraxis brauchbares System der Nettoenergie zu schaffen, mußte KELLNER eine ungeheure Arbeit leisten. Die experimentelle Ermittlung der Nettoenergie von möglichst vielen Einzelfuttermitteln erreichte er durch die Wahl des Fettansatzes ausgewachsener Ochsen als tierische Leistung, die gut mittels seiner Apparate bestimmt werden konnte und ein exaktes Maß der Nettoenergie darstellte, was in späteren sorgfältigen Nachprüfungen durch MÖLLGAARD, NEHRING u. a. als richtig und reproduzierbar anerkannt wurde. So entstand die „Nettokalorie-Fett (NKF)“. Für die Praxis der Wiederkäuerernährung kam es nun darauf an, – weil im Tierversuch jedesmal eine Bestimmung natürlich völlig unmöglich war, – ein Berechnungsverfahren auszuarbeiten, mit dem die sehr unterschiedliche jeweilige thermische Energie für die einzelnen Futtermittel eliminiert werden konnte. KELLNER verwendete hierzu für hochverdauliche Futtermittel die aus seinen Experimenten abgeleitete „Wertigkeit“. Für normale Futtermittel wurde der „Produktionsausfall“, den die thermische Energie darstellt, nach dem Rohfasergehalt berechnet. Als praktisches Maß der Nettoenergie nahm KELLNER die von reiner Stärke an, mit der Stärkeeinheit (StE) als Maßzahl. Lange Zeit hat man mit der

+ Gesamtnährstoff (nach LEHMANN = g verdauliches Eiweiß + g verdauliche Rohfaser + g verdauliche N-freie Extraktstoffe + 2,3mal g verdauliches Fett.

NKF bzw. StE für alle Funktionen und Leistungen von Wiederkäuern gearbeitet, z. B. die Bedarfsnormen und Tabellenwerte darauf abgestellt. Es war aber nicht zweifelhaft, daß es Unterschiede in der Art der Leistung gibt, je nachdem ob sie ausschließlich mit Energieumsatz verbunden sind – das betrifft Erhaltung, Arbeitsleistung und Fettansatz, und hierfür sind die NKF bestens geeignet und richtig – oder ob der Hauptanteil der Leistung in der Bildung eiweißreicher Substanzen wie Fleisch und Milch besteht. Mit diesen Problemen haben sich insbesondere MÖLLGAARD und neuerdings die Gesellschaft für Ernährungsphysiologie der Haustiere, in der alle deutschen Tierernährungswissenschaftler und viele namhafte ausländische Forscher vereinigt sind, auseinandergesetzt. Seit kurzem gibt es nun eine dem Nettoenergie-Fett entsprechende Nettoenergie-Laktation. Sie wird nach einem modifizierten Berechnungsverfahren ermittelt, das in den Verlautbarungen der Gesellschaft, der DLG und einigen anderen Publikationsorganen veröffentlicht wurde.*

Bei den anderen Tierarten ist es bisher nicht zur Ausarbeitung eines Nettoenergiesystems gekommen. Es gibt zwar entsprechende Respirationsversuche verschiedener Forscher an Schweinen, aber nur in geringer Zahl. NKF, d. h. Nettokalorie-Fett, wäre auch nicht der völlig richtige Maßstab in der Schweinefütterung, die Wachstum und eventuell Laktation als Leistung zu versorgen hat. Man hat sich daher – auch im Hinblick auf die durchweg hohe Verdaulichkeit der Futtermittel für Schweine seitens der Gesellschaft für Ernährungsphysiologie endgültig für die umsetzbare Energie als Bewertungsmaßstab für das energetische Leistungsvermögen der Futtermittel in der Schweinehaltung entschieden. Für das Geflügel war von jeher unbestritten sowohl wegen der Art der Futtermittel als auch aus verdauungs- und stoffwechselphysiologischen Gründen die umsetzbare Energie der passende Bewertungsmaßstab.

Praktische Fütterungsversuche

Unter dieser Bezeichnung versteht man wissenschaftliche Versuche zur Lösung von Problemen der Fütterungslehre, nicht aber ähnliche Vorhaben in praktischen Betrieben unter den dort möglichen Bedingungen. Letztere sind allenfalls als Probe- oder Beispielsfütterungen zu bezeichnen. Da es auf diesem Gebiet lange Zeit Unklarheiten gegeben hat, sind neuerdings die strikt einzuhaltenden Bedingungen seitens der maßgebenden Vereinigungen im Einvernehmen mit dem Bundesernährungsministerium festgelegt worden, damit die Resultate von Fütterungsversuchen als gültig und schlüssig anerkannt werden können. Einige besonders wichtige Vorschriften sollen hier erläutert werden. Um die individuellen Zufälligkeiten auszuschalten, die dadurch gegeben sind, daß unsere Nutztiere auch bei gleichem Typ in der Futterverwertung nicht einheitlich sind, z. B. in den Zunahmen (Schweinemast) oder in der Milchleistung (Kühe) auch bei gleichem Futter Leistungsunterschiede zeigen, muß man die einzelnen Versuchsgruppen groß genug halten, bei Rindern mit 10 bis 12 Tieren, bei Schweinen mit mindestens sechs, besser acht

* Der Vollständigkeit halber sei erwähnt, daß infolge neuer gesetzlicher Vorschriften künftig die Angaben der Nahrungs-Energie (Gehalte und Bedarfsnormen) nicht mehr in Kalorien oder deren Ersatzformen (Stärkewert, Futtereinheiten und dergl.) erfolgen sollen, sondern in Joule. Da dies eine praktisch unbrauchbare sehr kleine Einheit ist, müßte man in der Tierernährung nach Mega-Joule (MJ) rechnen.

Tieren. Einzelfütterung und Einzelermittlung der Resultate ist unabdingbar, ebenso die Feststellung der Signifikanz nach den modernsten Methoden der mathematischen Statistik. Vorteilhaft ist es, wenn man mittels Vorprüfungen ein möglichst ausgeglichenes Tiermaterial beschaffen kann. Andernfalls muß für jedes Tier einer Versuchsgruppe in der Parallelgruppe ein gewissermaßen spiegelbildliches Tier vorhanden sein. Das Futter ist vorher nach allen maßgebenden Kriterien zu analysieren, auch auf solche Bestandteile, die selbst nicht Gegenstand der Untersuchungen sind, z. B. Mineralstoffe und Wirkstoffe, damit Differenzen hierin, welche die Resultate fälschen könnten, vorher ausgeglichen werden können. Die Versuchsdauer muß lang genug sein, da Futterwirkungen bzw. Differenzen zwischen solchen oft erst nach längerer Zeit deutlich werden. Meistens ist die gesamte Leistungsperiode oder sogar die Lebenszeit der Tiere als Versuchsdauer einzuhalten, z. B. bei Hennen die Legeperiode oder bei Mastschweinen bis zum Schlachtgewicht.
Hoch einzuschätzen ist es, wenn die Futterrationen in gleichzeitigen Verdauungsversuchen – für die zwei oder drei Tiere ausreichen, da das Verdauungsvermögen bei unseren Nutztieren weitgehend einheitlich ist – auf die Verdaulichkeit der Inhaltsstoffe geprüft wird. Alle äußeren Faktoren sind sorgfältig gleichzuhalten, wie Pflege, Temperatur, Wasserversorgung u. ä. So ist ein „Praktischer Fütterungsversuch" keinesfalls eine einfache Sache, und man muß KELLNER beipflichten, der unmißverständlich mitgeteilt hat: „Wem diese Sorgfalt übertrieben erscheint und wer nicht alles aufbieten will und kann, alle diese Voraussetzungen zu erfüllen, der überliefert seine Resultate dem Zufall und trägt nur dazu bei, die ungeheure Zahl der unbrauchbaren Versuche weiter zu vermehren." Eine besondere Variante solcher Versuche, mit der man besonders verläßliche Aufschlüsse erhält, besteht in der Bereitstellung einer größeren Zahl möglichst gleichartiger, evtl. besonders gezüchteter Tiere, von denen einige zu Beginn, weitere im Verlauf und noch weitere am Ende des Versuchs total analysiert werden.
Neben den schon erwähnten Versuchszielen (Schweinemast, Legeleistung, Milchleistung) sind noch folgende denkbar: Kälberaufzucht, Kälbermast, Jungrindermast, Lämmermast, Schafmast, Arbeitsleistung von Pferden, Junggeflügelmast. Die Gewinnung zusätzlicher Informationen ist meistens üblich, so z. B. über die Schlachtausbeute, die Fleischqualität, die Haltungs- und Futterkosten, also die Wirtschaftlichkeit der Verfahren.

2.1.10 Ernährungsbedingte Gefahren für Nutztiere

Gewisse Störungen bei Nutztieren, meist regional begrenzt, die zu schweren Krankheitserscheinungen und nicht selten zum Tode führten, erwiesen sich lange als einer zutreffenden Diagnose und ebensowenig einer erfolgreichen Therapie seitens der Tierärzte unzugänglich. Die fortschreitenden Erkenntnisse in der Ernährungsphysiologie und der Futtermittelanalyse brachten die Erklärung, daß solche Störungen mit der natürlichen Nahrung der durchweg extensiv gehaltenen Tiere zusammenhingen. Es waren Mangelkrankheiten auf Grund der unzureichenden Qualität der auf armen und schlecht versorgten Böden wachsenden Futterpflanzen. Ältestes Beispiel ist wohl die seit Jahrhunderten in manchen Gegenden (Gebirge) bekannte „Lecksucht", der nach neueren Erkenntnissen viele ähnliche Störungen in anderen Regionen und bei verschiedenen Tierarten entsprechen. Man fand schließlich heraus, daß die wesentlichen Ursachen für den kläglichen und meist unheilbaren Zustand der befallenen Tiere auf einem Mangel an Spurenelementen in den Futterpflanzen beruhten. Typisches Beispiel war der Mangel an Kobalt bei Rindern in Teilen des Schwarzwaldes. Alle Tiere einer Gegend waren betroffen und alle wurden geheilt, als man kleine Mengen an Kobaltsalzen verfütterte oder die Futterflächen damit zusätzlich düngte. Kobalt ist ein unentbehrlicher Nährstoff für die Bakterien im Pansen der Wiederkäuer, und wenn es fehlt, dann stockt nicht nur die Synthese des Vitamins B_{12} (Cobalamin), sondern die Mikrobenflora im ganzen mit ihren vielen lebenswichtigen Funktionen ist gehemmt. Am empfindlichsten gegen solche Mängel sind junge Schafe, es folgen ältere Schafe, junge Rinder und schließlich ältere Rinder. Auch Mangel an Kupfer verursacht lecksuchtähnliche Symptome, Anämien und Todesfälle; er ist noch mehr verbreitet als der an Kobalt. Ähnliche, scheinbar unspezifische Symptome treten bei Manganmangel auf. Es gibt jedoch auch typische Folgen. Dazu gehören Fruchtbarkeits- und Fortpflanzungsstörungen, das Hervorbringen lebensschwacher Jungtiere bei Rindern, Schweinen und Geflügel, und geradezu charakteristisch sind Skelettstörungen bei Schweinen und bei Hühnern, wo es zu einer Verkürzung und Deformation der Beinknochen kommt, die „Perosis" genannt wird. Zinkmangel ist nicht sehr häufig, vermag aber gegebenenfalls Störungen bei einer ganzen Reihe von Tierarten hervorzurufen. Spezifisch und typisch ist bei Zinkmangel die Parakeratose der Schweine, die früher häufiger vorkam und in Wachstumshemmungen, Haarausfall und vor allem in Haut- und Epithelschäden besteht. Dabei sind die weniger auffälligen Folgen, wie Appetitlosigkeit und schlechte Futterverwertung, sicher noch ernster zu nehmen. Die bisher erwähnten Spurenelementmängel haben dazu geführt, daß in praktisch allen als solche gegebenen oder in Mischfutter einbezogenen Mineralstoffmischungen Verbindungen der vier genannten Spurenelemente vorhanden sind. In der Wiederkäuerfütterung muß dies allerdings mit sorgfältig abgestimmter Dosierung geschehen, da insbesondere Kupfer- und Zinksalze Mikrobengifte sind, welche schon in geringem Übermaß die Pansenfunktion erheblich stören können. Die Bedeutung des Jods für die Thyroxinbildung wurde schon behandelt. Dementsprechend sind in Jodmangelgebieten zusätzliche Jodgaben notwendig, insbesondere bei hohen tierischen Leistungen.

Eigenartiger Natur sind die jetzt zu erwähnenden Störungen, die ebenfalls lange Zeit von den Tierärzten allenfalls in den Symptomen gemildert, aber nicht geheilt werden konnten, nämlich die Weide- oder Grastetanie und die Acetonämie. Beide waren früher unbekannt; sie befallen nur Milchkühe mit hohen und höchsten Leistungen, zeitweise in geradezu epidemischem Ausmaß, und führen zu großen Verlusten in der tierischen Produktion. Über die Grastetanie existiert sehr viel Literatur bis zu speziellen umfangreichen Büchern. Der Name kommt von den krampfartigen Anfällen, von denen die Tiere erfaßt werden, wenn scheinbar völlig unterschiedliche Einflüsse auf sie einwirken. Dazu gehört unsanfte oder rohe Behandlung, schnelles Treiben, Erschrecken und manchmal ganz geringfügige Anlässe. Die Ausbrüche erfolgen weitaus am häufigsten im Frühjahr kurz nach dem Weideaustrieb, in seltenen Fällen jedoch auch schon vorher im Stall. Die Aufklärung gelang erst nach jahrzehntelanger Forschung mit der Feststellung des Abfalls des Magnesiumsgehaltes im Blut. Das ist aber ein typisches Anzeichen einer Streß-Situation. Sie hat ihre Ursachen in Mängeln (vor allem an Vitaminen und Mineralstoffen) bei der Winter- und Frühjahrsernährung und wird verschärft durch die Plötzlichkeit der Umstellung auf die junge Frühjahrsweide, deren Futter zunächst

nachweislich sehr einseitig in der Zusammensetzung und daher unbekömmlich ist. Ernährt man jedoch die Tiere im Winter und im Frühjahr mit einem vollwertigen Futter, das ihren hohen Leistungen gerecht wird, bereitet sie rechtzeitig auf den Weideaustrieb vor und füttert auf der Weide zusätzlich ein die Einseitigkeit behebendes Ergänzungsfutter, das insbesondere einen angemessenen Anteil an Magnesiumsalzen aufweist, dann hat die in manchen intensiven Grünlandgebieten zu einer wahren Geißel gewordene Grastetanie ihre Schrecken verloren.
Die Acetonämie tritt gleichfalls bei Kühen mit Höchstleistungen auf, wie sie insbesondere beim Erreichen des Leistungsgipfels nach dem Kalben abgegeben werden. Es ist oft so, daß die Energieäquivalente im Futter nicht ausreichen bzw. daß die Kuh gar nicht so viel fressen kann, wie ihrer zeitweiligen Milchproduktion zusätzlich zum Grundbedarf entspricht. Sie muß daher einen erheblichen Zuschuß aus ihrer Körpersubstanz leisten, was ihren Stoffwechsel belastet und ändert. Daß er weitgehend fehlgeht, erkennt man am Auftreten der Acetonkörper im Blut und im Harn der Tiere. Ähnliche Symptome gibt es beim menschlichen Diabetes. Sie rühren her von einer erhöhten Inanspruchnahme des Körperfettes als Energiereserve bei gleichzeitigem Mangel an Kohlenhydraten. Fettsäuren und ihre Abbauprodukte werden energetisch mittels des sogenannten Citronensäurezyklus genutzt (nach seinem Entdecker, dem Nobelpreisträger KREBS, auch Krebszyklus genannt). Dazu bedarf es der Mitwirkung von Glucose bzw. der aus Glucose gebildeten Brenztraubensäure. Lange vor der epochemachenden Entdeckung von KREBS haben die Physiologen des vorigen Jahrhunderts diesen Zusammenhang geahnt, wie die These: „die Fette verbrennen im Feuer der Kohlenhydrate“ besagt. Sind nicht ausreichend Kohlenhydrate vorhanden, dann bleibt der Umsatz bei den Acetonkörpern hängen. Rechtzeitige Verabreichung von Futterstoffen, die genügend Mengen an Kohlenhydraten bzw. auf jeden Fall Brenztraubensäure liefern, kann diese Störung mildern oder ganz verhindern.

Schadstoffe im natürlichen Futter
(s. auch die gesetzlichen Regelungen im Kapitel Futtermittelrecht)
Was sich in vielen durchaus gebräuchlichen, stark angebauten und verfütterten Pflanzenarten an Substanzen vorfindet, die keineswegs unschädlich sind, sondern ohne besondere Vorsichtsmaßregeln Schäden und Nachteile hervorrufen, ist nach Menge und Art fast unglaublich vielfältig. Vieles davon ist aus den Erfahrungen der Tierhalter lange bekannt; es gibt aber Fälle von überraschender Aktualität mit neuen Erkenntnissen, die noch keineswegs allgemein bekanntgeworden sind. Eine gewisse Rolle spielt das fehlende Selektionsvermögen vieler Pflanzen, die aus der Bodenlösung auch Verbindungen aufnehmen, die in den dann vorhandenen Konzentrationen schädlich oder gar giftig wirken, was natürlich durchaus regional begrenzt ist. Das ist z. B. bei den in ganz kleinen Mengen sogar benötigten Spurenelementen Molybdän und Selen der Fall und in zunehmendem Maße beim Nitrat, das in das stark giftige Nitrit übergehen kann und in den letzten Jahren Gegenstand umfangreicher Studien geworden ist. Es gibt aber Schadstoffe, die ständige Inhaltsubstanzen bestimmter Pflanzenarten sind, wobei sie sich entweder in allen Teilen oder aber nur in dem vegetativen Anteil oder schließlich nur in den Körnern und Samen angereichert vorfinden. Diese Vielfalt erlaubt an sich nur eine einfache Aufzählung; nähere Aufschlüsse kann ein Spezialstudium der Literatur vermitteln. Beginnen wir mit den Leguminosen, die in vielen Arten vor allem als

besonders eiweißreiche Pflanzen große Bedeutung haben, großenteils als Grünfutter dienen, aber in ihren reifen Samen ebenfalls Futtermittel liefern. Ausgesprochen giftig waren die nährstoffreichen Lupinen durch ihren Alkaloidgehalt. In früheren Zeiten hat man die Körner durch Auslaugen entgiftet; jetzt ist dies durch die Selektion alkaloidfreier „Süßlupinen" unnötig. Man muß nur darauf achten, daß im Anbau die wertvolle Eigenschaft der Alkaloidfreiheit erhalten bleibt. Viele Leguminosen, besonders *Phaseolus*-Arten, zu denen auch die gewöhnliche Gartenbohne gehört, enthalten schädliche Glykoside, deren Giftanteil unterschiedlicher Natur sein kann und meistens erst bei enzymatischer oder bakterieller Zersetzung wirksam wird. Sehr häufig findet sich Blausäure in glykosidischer Bindung und nicht nur bei Leguminosen. Meist bietet sich indessen die Möglichkeit der Entgiftung, regelmäßig durch Kochen oder Dämpfen. Zu nennen sind die stark blausäurehaltigen Mondbohnen und ihre Varietäten (Rangoonbohnen, Kratokbohnen, Javabohnen), ferner Feuerbohnen, Mungobohnen, Urdbohnen, Adzukibohnen, Mückenbohnen, Langbohnen, Kundebohnen, Kuherbsen, Spargelfiesolen, Catjangbohnen, Angolaerbsen, Helmbohnen, Faselbohnen, Strauchbohnen, Straucherbsen, Platterbsen und andere *Lathyrus*-Arten sowie die Ervenwicken. Aus dem Namen geht hervor, daß es sich häufig um überseeische Erzeugnisse handelt. Alle importierten Hülsenfruchtkörner sollten einer Hitzebehandlung unterzogen werden. Bei den heimischen Arten ist an die Züchtung oder Selektion glykosidarmer Sorten zu denken, was in zahlreichen Fällen – auch bei Pflanzen mit anderen Schadstoffen – schon gelungen ist. Eine andere Gruppe derartiger Pflanzen, die nährstoffreich, aber bedenklich sind, besteht in den Cruciferen. Ihre Glykoside enthalten z.T. giftige Senföle, Rhodanid und Vinylthiooxazolidon. Die beiden letzten sind Verbindungen mit außerordentlich starker thyreostatischer Wirkung. Wegen der Gefahr der „Kohlanämie" mußten die täglichen Gaben an Rinder unbedingt begrenzt werden. Bei Raps ist die Züchtung glykosidarmer Futterpflanzen schon gelungen; vorher war auch er nur beschränkt einzusetzen. Manche Kleearten enthalten Schadstoffe; Weißklee z.B. oft Blausäure in kleinen Mengen, die aber sortenbedingt auch höher sein können. Sehr oft finden sich in Pflanzen gewisse Isoflavone mit stark östrogener Wirkung, obwohl sie chemisch überhaupt nicht mit dem körpereigenen Hormon Östron verwandt sind. Besonders bekannt geworden ist dies vom australischen Erdklee, der, in großem Umfang zur Schafftterung angebaut, bei den Tieren Störungen bewirkte, die bis zur Unfruchtbarkeit reichten. Die als preiswerte Futtermittel geschätzten Baumwollsaatrückstände der Ölgewinnung enthalten das mehrwertige Phenol Gossypol, sortenbedingt in unterschiedlichen Anteilen, das aber auch schon Schäden verursacht hat. Wiederum Blausäure findet sich in exotischer Leinsaat, die kontrolliert werden muß und in der Maniokwurzel, einem der wichtigsten pflanzlichen Erzeugnisse für die Ernährung von Mensch und Tier in der ganzen Welt. Ihr sehr giftiger Zellsaft muß restlos entfernt werden, was bei den zu Futterzwecken verwendeten Partien ebenfalls kontrolliert werden sollte.

Mehr ein Kuriosum ist das Ricinusschrot, der Rückstand bei der Ricinusölgewinnung, das unbehandelt ein selbst in kleinen Mengen tödliches Toxalbumin Ricin enthält. Aber auch dieses Material hat man durch Hitzeeinwirkung entgiftet und gelegentlich verfüttert. Daß man in den eben behandelten Fällen oft viel Mühe und Arbeit aufwendet, gelegentlich auch ein Risiko nicht scheut, um schadstoffhaltige Materialien für die Tierernährung geeignet zu machen, liegt an dem grundsätzlichen Mangel an Futtermitteln in der Welt. Schließlich handelt es sich jedesmal um im Grunde wertvolle, nährstoffreiche Materialien.

2.1.11 Futterkonservierung

Die Notwendigkeit, Futterreserven anzulegen, betrifft vor allem diejenigen Tierarten, die sich in der Vegetationszeit der Futterpflanzen vom späten Frühjahr bis zum Herbst überwiegend von wirtschaftseigenem Futter zu ernähren haben. Aus ernährungsphysiologischen und ökonomischen Gründen, auf die hier nicht näher eingegangen werden kann, ist es ein Vorteil, wenn für die Zeit ohne natürlichen Pflanzenwuchs im Winter und Frühjahr auf Vorräte zurückgegriffen werden kann, die aus Überschüssen von wirtschaftseigenem Futter stammen. Solche kommen u. a. vom Dauergrünland (Wiesen und Weiden), vom speziellen Futterpflanzenanbau, vom Zwischen- und Stoppelfruchtbau und von Nebenerzeugnissen anderer Feldfrüchte (Zuckerrüben u. dergl.). Alle diese müssen durch Konservierung haltbar gemacht werden. Es sollten soviel Futtervorräte dieser Art angelegt werden, daß in der zu überbrückenden Zeit nur begrenzte Mengen an Ergänzungsfutter gebraucht werden, das einer Konservierung nicht bedarf, wie z. B. bestimmte Wurzeln und Knollen, Futterstroh, eigenes Futtergetreide und importiertes Kraftfutter. Betroffen sind vor allem die Milchkühe, und diese sollten aus guten Gründen auch im Winter vollwertig ernährt und in ungeminderter Produktivität gehalten werden können. Auf keinen Fall dürfen sie hungern; ihr Nutzeffekt wäre dann negativ.
Entscheidend wichtig sind daher sowohl die Massenleistung eines Konservierungsverfahrens als auch die Erhaltung der natürlichen Qualitäten des Frischmaterials. Diese beiden Forderungen lassen bisher nur drei Konservierungsmethoden für das wirtschaftseigene Grundfutter in Frage kommen: die natürliche Trocknung (Heubereitung), die Einsäuerung (Silagebereitung) und die künstliche Trocknung, diese gegenwärtig wohl nicht uneingeschränkt. Leider ist festzustellen, daß die äußeren Bedingungen, nämlich die klimatischen Verhältnisse in Deutschland, allen diesen Verfahren nicht günstig sind. Am meisten abhängig vom Wetter ist die Heuwerbung, aber auch bei der Silagebereitung und der künstlichen Trocknung ist Regenwetter unbedingt ein Nachteil.
Die Heuwerbung ist das älteste und einfachste Verfahren überhaupt und liefert in vielen Betrieben den größten Anteil am Winterfutter der Wiederkäuer. Je schneller der Wassergehalt des frischen Grüns durch Sonnenwärme und Luftbewegung auf 12 % bis höchstens 15 % gesenkt wird, um so besser ist der Erfolg. Die Sommerregen in Deutschland machen dies meist zu einer Art Lotteriespiel. Bei idealem Heuwetter (mehrere Tage Sonnenschein unmittelbar nach dem Schnitt) bleiben die Verluste eventuell unter 10 %. In der Regel liegen sie bei 30–40 %, können aber bei mehrfachem Beregnen höher sein und bis zum totalen Verderben der gesamten Futtermasse gehen. Leider sind die Verluste an Qualität prinzipiell noch höher als die an Menge. Die Eiweißverdaulichkeit geht erheblich zurück, und das als Vorstufe des Vitamins A wertvolle Carotin geht in der Regel weitgehend verloren. Solange die Pflanzenzellen noch leben, entstehen Verluste durch Veratmung, dann bei Regeneinwirkung Verluste durch Auswaschen löslicher organischer und mineralischer Inhaltstoffe und wenn das Material weitgehend trocken ist, durch Abbröckeln feiner Teilchen. Verdaulichkeit und Nährwert von Heu sind daher stets

niedriger als beim Ausgangsmaterial; auch die Unterschiede zwischen „gutem", „mittlerem" und „geringem" Heu sind über die Maßen beträchtlich. Am schlechtesten schneidet immer die Bodentrocknung ab. Verbesserungen bringen alle Maßnahmen, die das Trocknen beschleunigen: mechanische Behandlung, Wenden, Umpacken, Haufenbildung. Sehr viel besser schneidet die Gerüsttrocknung ab, z. B. auf dem Dünndraht- oder Schwedenreuter, wo das Grünfutter den ungünstigen Einflüssen weniger ausgesetzt ist. Eine ganz entscheidende Verbesserung erfuhr die Heuwerbung durch die Anwendung der Heubelüftung, auch Scheunentrocknung, Unterdach- und Kaltlufttrocknung genannt.
Das Grünfutter wird nur bis zu einem Wassergehalt von etwa 40 % abgewelkt und in besonders eingerichtete Scheunenkammern gebracht, in denen mittels eines kräftigen Gebläses Luft hindurchgeblasen oder -gesaugt wird, die das Heu auf den erforderlichen Trockenmassegehalt von 85 % und darüber bringt. Man erhält wesentlich mehr und besseres Heu als bei der Bodentrocknung, was in zahlreichen Berichten nachgewiesen wurde. Lagert man Heu in gehäckseltem Zustand ein, um eine bessere Raumausnutzung zu erreichen, muß es jedoch auf jeden Fall schon völlig trocken und haltbar sein. Sonst erwärmt es sich stark, fängt möglicherweise an zu brennen, erleidet aber auf jeden Fall beträchtliche Verluste an wertvollen Nährstoffen. Heu wird im allgemeinen nicht länger als höchstens ein Jahr gelagert, das sollte auch die äußerste Grenze der Aufbewahrung sein. Überaltertes Heu verliert ständig an Qualität. Der nur noch geringe Carotingehalt schwindet völlig, nährstoffreichere feine Blättchen zerbröckeln zu Staub, auch büßt das Heu den ursprünglichen aromatischen und appetitanregenden Geruch und Geschmack ein.

Einsäuerung (Silagebereitung)
Das Prinzip der Grünfuttersilierung besteht in der dichten Einlagerung des frischen Pflanzenmaterials unter möglichst vollständiger Entfernung und Fernhaltung der Luft. Haltbar wird die Silage, und zwar bei gutem Gelingen für lange, fast unbegrenzte Zeit, durch die Bildung von Milchsäure aus Traubenzucker im Stoffwechsel spezifisch Milchsäure bildender Bakterienarten. Milchsäure ist eine starke Säure mit hoher desinfizierender Kraft. Sie wirkt auch diätetisch günstig, verhindert bzw. mildert Verdauungsstörungen, fördert die Resorption des Calciums und belastet den Säure-Basen-Haushalt nicht. Ihr Nährwert ist nur wenig geringer als der des Zuckers. Das sind zusätzliche Vorzüge einer guten Silage als Futtermittel. Nicht alle Materialien verhalten sich bei der Silierung günstig. Zusätzliche „wilde" Gärungen erzeugen Essigsäure und Buttersäure, was stets ein ungünstiges Qualitätsmerkmal ist. Damit die Silierung gelingt, muß eine gewisse Mindestmenge an Zucker bzw. gärungsfähigen Kohlenhydraten vorhanden sein. Bei eiweißreichen Futterpflanzen, die in Deutschland häufig in Frage kommen, ist das meist nicht der Fall.
Abhilfe erhoffte man zunächst von der Anwendung sogenannter Sicherungszusätze, mit denen die Säurewirkung der Milchsäure in der Anfangsphase der Silierung ersetzt werden sollte. Man gab der Grünmasse Säure zu, wobei man zuerst die starken anorganischen Säuren (Schwefelsäure, Salzsäure, Phosphorsäure) verwandte (AIV-Verfahren, benannt nach dem finnischen Forscher VIRTANEN, dem einzigen Nobelpreisträger [1945] auf landwirtschaftlichem Gebiet), in manchen Ländern in solchen Mengen, daß eine bakterielle Gärung nicht in Gang kam und die bloße Säurekonservierung blieb. In Deutschland wurde dies abge-

lehnt, um die Gefahr der Acidose, gegen die insbesondere die Wiederkäuer empfindlich sind, zu vermeiden. Stattdessen wurde die im Stoffwechsel unschädliche Ameisensäure, die auch in geringeren Konzentrationen als die anorganischen Säuren wirkt, verwendet. Der grundsätzlich beste Weg einer Silierungshilfe besteht darin, den Milchsäurebildnern Nährstoffe in Form von Zucker oder leicht umsetzbaren Kohlenhydraten zu bieten. Gut bewährt hat sich daher der Zusatz von 1–2 % Futterzucker oder 2–4 % Melasse oder einer entsprechenden Menge fein zerkleinerter Kartoffeln oder Rüben.
Die Pflanzen silieren auch besser, wenn sie am Spätnachmittag geschnitten werden, wenn durch die Assimilation tagsüber die Zuckerkonzentration am höchsten ist. Auch ein Abwelkenlassen der Pflanzen zwecks Erhöhung des Trockenmassegehalts fördert die Silierfähigkeit. Wichtig für die Erzielung einer guten Silage ist auch ein optimaler Behälter. Nach generationenlangen (schlechten und guten) Erfahrungen erweist sich der massive ebenerdig stehende völlig luftdichte Hochbehälter (Turmsilo) mit einem Verhältnis von Durchmesser zu Höhe von 1:3 als am besten geeignet. Bei ihm lassen sich Füllung und Entnahme total mechanisieren. Die Anlagekosten sind hoch, lohnen sich aber. Daneben verwenden Großbetriebe, bei denen in kurzer Zeit große Mengen, z. B. Rübenblatt, zu silieren sind, auch den sogenannten Fahrsilo, einen großen aus Beton gebauten Flachbehälter. Aus dem Futter wird durch Überfahren mit einem schweren Schlepper die Luft ausgepreßt und die Oberfläche dann mit Folien luftdicht abgedeckt. Es wäre zur Silagebereitung und -verwendung noch viel Interessantes mitzuteilen, was indessen an dieser Stelle unmöglich ist.

Künstliche Trocknung

Die schnelle Konservierung von frischem Grünfutter mittels Heißluft, u. U. Feuergasen, erhält bei sachgemäßer Ausführung den Futterwert des Ausgangsmaterials am besten. Die Errichtung einer Trocknungsanlage und ihr Betrieb bringen jedoch erhebliche technische und finanzielle Probleme mit sich. Das gewonnene Trockengut ist außer mit den festen Kosten der Verzinsung und Tilgung des Anlagekapitals mit hohen direkten Trocknungskosten belastet. Die Beschäftigung erfahrenen qualifizierten Personals und die über alle Maßen gestiegenen Energiepreise lassen zur Zeit eine Rentabilität kaum erwarten, es sei denn, die ernährungsphysiologischen Werte und die sonstigen Vorzüge (leichte Handhabung und Lagerung, leichte Mischung mit anderen Futtermitteln, geringe Transportkosten und Handelsfähigkeit) würden weit höher eingeschätzt als der tatsächliche Futterwert. Daher sollen jetzt nur einige wesentliche Grundsätze für die künstliche Trocknung behandelt werden. Auf jeden Fall muß das Ausgangsmaterial im besten Vegetationszustand sein, um ein Trockengrünfutter von bester Qualität und hohem innerem Wert zu liefern. Leider ist junges Grünfutter dieser Art mit etwa 15 % Trockensubstanz (oft noch weniger) immer sehr wasserreich, so daß große Wassermengen verdampft werden müssen und danach doch nur eine relativ geringe Ausbeute an Trockengut, das etwa 88 % Trockensubstanz enthalten soll, resultiert. Für den Betrieb kommen daher nur Universal-Hochleistungstrockner in Frage, die in 24 Stunden (kontinuierlicher Betrieb ist unerläßlich) mindestens 4000 dt Frischmaterial durchsetzen. Das erfordert größtmögliche Sorgfalt, denn aus Gründen der Thermodynamik wird mit Anfangstemperaturen von 500 bis 800 °C gearbeitet und doch so schonend getrocknet, daß das Material im Trockner niemals wärmer als 90 °C wird. Bewertungsmaßstäbe für Trockengrün sind Eiweißgehalt und Carotingehalt, doch sind auch andere Bestandteile schätzenswert, z. B. B-Vitamine und Mineralstoffe, die sich in weit höherem Maße vorfinden als etwa im Heu. Daher wird Trockengrünfutter in meist kleinen Anteilen nicht seines Nährwertes wegen, sondern als Träger von Qualitätsfaktoren z. B. in das Mischfutter für Schweine und Geflügel einbezogen.

1.2.12 Schlußbemerkung

Die in den vorstehenden Abschnitten gemachten Ausführungen konnten lediglich eine kurze, meist nur oberflächliche Übersicht über den Kern der Tierernährungslehre, ihre wichtigsten Grundlagen, geben. Nicht berücksichtigt wurden die spezielle Futtermittelkunde, die Fütterungslehre und die Fütterungstechnik. Diese Gebiete bilden das Bindeglied zwischen Theorie und Praxis. Sie leiten über zur eigentlichen Tierhaltung, und sie sind ganz unzweifelhaft einer Kurzdarstellung völlig unzugänglich.

Hervorzuheben ist die für die nutztierhaltende Landwirtschaft unschätzbare Zusammenarbeit von Behörden, Wissenschaft und Praxis gerade auf dem Gebiet der Tierernährung, an der u. a. die einschlägigen Institute der Agrarwissenschaftlichen Fakultäten, die Landwirtschaftskammern, die Landwirtschaftsministerien des Bundes und der Länder, das Bundesgesundheitsamt und die wissenschaftlichen Vereinigungen, nämlich die Gesellschaft für Ernährungsphysiologie der Haustiere, der Verband Deutscher Landwirtschaftlicher Untersuchungs- und Forschungsanstalten und die Deutsche Landwirtschafts-Gesellschaft beteiligt sind. In diesen Kreisen ist viel ehrenamtliche und selbstlose Arbeit geleistet worden, u. a. sind die Aufstellung von Bedarfsnormen und die Vorarbeiten zu den gesetzlichen Regelungen zu nennen.

Nicht vergessen werden darf die professionelle Seite, nämlich diejenigen Kreise, die im Bereich der Tierernährung einen bedeutenden Wirtschaftszweig darstellen. Das sind zunächst die Tierzüchter und die Tierhalter. Es ist weiterhin bekannt, daß infolge der hohen Produktivität der Nutztiere in Deutschland große Mengen an Futtermitteln zugekauft werden, wozu erhebliche Anteile davon sowie an Rohstoffen für die Herstellung von Kraftfutter importiert werden. Hier liegt die bedeutende Aufgabe, welche die großen Handelsfirmen und die deutsche Futtermittelindustrie zu erfüllen haben. Die Futtermittelindustrie stellt den größten Teil des benötigten Kraftfutters in Form von Mischfuttern her und bringt diese in den Verkehr, woran auch der regionale Landhandel beteiligt ist.

Literatur

BERGNER, H.: Tierernährung, 3. Aufl. Berlin 1974.

BERGNER, H., und KETZ, H. A.: Resorption und Intermediärstoffwechsel bei landwirtschaftlichen Nutztieren. Berlin 1969.

HELFFERICH, B. und GÜTTE, J. O.: Tierernährung in Stichworten. Kiel 1972.

KARLSON, P.: Kurzes Lehrbuch der Biochemie. 5. Aufl. Stuttgart 1966.

KELLNER, O., und BECKER, M.: Grundzüge der Fütterungslehre. 15. Aufl. Hamburg und Berlin 1971.

KIRCHGESSNER, M.: Tierernährung. Frankfurt/M. 1969.

KIRCHGESSNER, M., und FRIESECKE, H.: Wirkstoffe in der praktischen Tierernährung. München 1966.

KIRSCH, W., und SPLITTGERBER, H.: Vollwertige Ernährung der Milchkühe. Hamburg und Berlin 1953.

KLEIBER, M.: Der Energiehaushalt von Mensch und Haustier. Hamburg und Berlin 1967.

LENKEIT, W.: Einführung in die Ernährungsphysiologie der Haustiere. Stuttgart 1953.

LENKEIT, W., BREIREM, K., und CRASEMANN, E. (Hrsg.): Handbuch der Tierernährung. 2 Bände. Hamburg und Berlin 1969/70.

MANGOLD, E. (Hrsg.): Handbuch der Ernährung und des Stoffwechsels der landwirtschaftlichen Nutztiere. 4 Bände. Berlin 1929–1931.

NEHRING, K.: Lehrbuch der Tierernährung und Futtermittelkunde. 8. Aufl. Radebeul 1963.

ORTH, A., und KAUFMANN, W.: Die Verdauung im Pansen und ihre Bedeutung für die Fütterung der Wiederkäuer. Hamburg und Berlin 1961.

ORTH, A.: Silage und ihre Verfütterung. Frankfurt/M. 1961.

RICHTER, K.: Praktische Viehfütterung. 30. Aufl. Stuttgart 1965.

TANGL, H.: Die Rolle der Vitamine, Hormone und Antibiotika in der Tierzucht. Budapest 1959.

2.2 Die Entwicklung des deutschen Futtermittelrechts

Von Prof. Dr. MAX BECKER

Schon bald nach der Konstitutierung des Deutschen Reiches im vorigen Jahrhundert erfuhr das Lebensmittelrecht in Deutschland eine gesetzliche Fixierung, die von Anfang an als vorbildlich angesehen wurde, zumal es kaum Beispiele bei den übrigen Staaten der Welt gab.
Es ist daher erstaunlich, daß es ähnliche rechtliche Bestimmungen auf dem Futtermittelsektor noch viele Jahrzehnte danach nicht einmal andeutungsweise gab. Über die eigentlichen Gründe für dieses Manko kann man nur Vermutungen anstellen. Insbesondere sind es zwei Umstände, die in Frage kommen. Es liegt in der Natur der Sache, daß Gesetze und Verordnungen nur solche Futterstoffe als Gegenstand haben konnten, die „in den Verkehr gebracht“ wurden, das sind die Handelsfuttermittel. Im 19. Jahrhundert erfolgte die Ernährung der Nutztiere indessen weit überwiegend mittels des wirtschaftseigenen Futters, das die Felder und den Hof der Bauern nicht verließ und daher niemals Objekt irgendwelcher gesetzlicher Regelungen sein konnte. Der Handelsverkehr mit Futtermitteln war demgegenüber sehr gering. Heu, Futterstroh und Futterrüben z. B. konnten gekauft und verkauft werden, auch waren die ersten Kraftfuttermittel in den Verkehr gekommen, u. a. Futtergetreide, auch importiertes, Mühlennachprodukte, Schlachtabfälle, Nebenprodukte der Zuckerindustrie wie Rübenschnitzel und Melasse, dazu die ersten Ölsaatrückstände (Ölkuchen), als man deren Wert als Kraftfutter erkannt hatte und sie nicht mehr als Düngemittel verwendete. Für die maßgebenden Instanzen waren für diese Stoffe keine staatlichen Reglementierungen notwendig. Im Verkehr genügten der Augenschein und gewisse durch die Erfahrung gewonnene Regeln zur Vereinbarung und Einigung über Qualität und Preis. In Zweifelsfällen konnte man eine „Weender Analyse“ durchführen lassen, wozu die schon seit einigen Jahrzehnten bestehenden Landwirtschaftlichen Versuchsstationen (welche schon einen Verband gebildet hatten und nach einheitlichen Methoden arbeiteten) oder entsprechend eingerichtete Handelslaboratorien zur Verfügung standen.

Ein zweiter Grund für die Zurückhaltung des Gesetzgebers auf dem Futtermittelsektor lag wahrscheinlich in der eigenartigen deutschen Rechtsauffassung hinsichtlich der Tiere. Verstöße gegen die im Lebensmittelrecht zum Schutz der menschlichen Bevölkerung erlassenen Normen waren geeignet, Personen zu schädigen, und zwar an ihrer Gesundheit, einem mit Recht hoch eingeschätzten Gut. In zweiter Linie schädigten z. B. betrügerische Manipulationen mit Lebensmitteln Eigentum und Vermögen von Personen. Der Schutz von Gesundheit und Eigentum lag daher im öffentlichen Interesse.

Tiere waren und sind auch heute noch nach deutschem Recht „nur Sachen". Ihre Benachteiligung erschien daher allenfalls als Sachbeschädigung, die vor allem den Besitzer der Tiere anging, aber das öffentliche Interesse nicht so weit berührte, daß ein Gesetz als notwendig anzusehen war. Es gab natürlich gewisse Regeln im Handelsverkehr mit Futtermitteln, die stets auf privater Initiative beruhten. Offiziellen Charakter hatte lediglich der Ankauf des Futters für die Militärpferde der Kavallerie. Hierfür gab es buchmäßig genau festgelegte Anforderungen, nach denen sich die Anbieter zu richten hatten. Aber sonst war der Handel mit Futtermitteln frei von gesetzlichen Vorschriften, auch als er immer größere Dimensionen annahm und ständig neue Gruppen von in- und ausländischen Materialien zur Tierernährung auf den Markt kamen. Ein wesentlicher Punkt war wahrscheinlich auch der recht entschiedene Widerstand der Futtermittelhändler gegen behördliche Einflußnahmen auf den Handelsverkehr, von denen sie Beschränkungen und Belastungen befürchteten. Wie wir aus den Veröffentlichungen in der Zeitschrift der Landwirtschaftlichen Versuchsstationen und anderen Quellen entnehmen können, häuften sich mit der Zeit durchaus unerwünschte Mißstände, welche die Qualität mancher als Handelsfuttermittel angebotenen Materialien betrafen. Unter ihnen hatten in erster Linie diejenigen fortschrittlichen Landwirte zu leiden, die für Tiere mit überdurchschnittlichen Leistungen steigende Mengen an Kraftfutter benötigten, aber auch die seriösen Futtermittelfabrikanten und -händler. Um welche Mißstände es sich handelte, kann man außer in den erwähnten Veröffentlichungen auch in den Bestimmungen des später erlassenen Futtermittelgesetzes und seiner Ausführungsverordnungen bestätigt finden. Es waren vor allem Verunreinigungen und Verfälschungen, Verdorbenheit von Futtermittelpartien, falsche oder irreführende Benennungen, auch Phantasienamen und Angaben, die eine höhere Qualität vortäuschen sollten. Dadurch wurde entweder reelle Ware verdrängt oder ungerechtfertigter Gewinn auf Kosten der Landwirtschaft erzielt. Während durchaus ähnliche Mißstände Jahrzehnte früher auf dem Lebensmittelsektor den Gesetzgeber zum fast unverzüglichen Eingreifen veranlaßt hatten, war es in der Tierhaltung leider anders. Man konnte eventuell auf dem Rechtswege mittels des BGB oder StrGB gegen grobe Mißstände oder Betrügereien vorgehen, aber Initiative und Beweislast lagen dann beim Landwirt, der meist die Führung eines Prozesses scheute und dazu auch das Risiko hatte, in einem solchen zu unterliegen, weil es eben keine einschlägigen fachlichen Regelungen gab. Solche blieben auch aus, bis der Krieg 1914–1918 in der Futtermittelversorgung eine totale Wandlung brachte.

Selbstverständlich hatte in der Zwischenzeit die Kenntnis der Futtermittel aller Art ständig zugenommen, vor allem durch die Tätigkeit der für die Landwirtschaft arbeitenden überregionalen Organisationen, so des Verbandes der Landwirtschaftlichen Versuchsstationen, von denen einige sich geradezu auf Tierernährung und Futtermittelkunde spezialisierten, wie z. B. die in Leipzig-Möckern, die Wirkungs-

stätte KELLNERS und die LEHMANNS in Göttingen, des Nachfolgers HENNEBERGS mit seiner auf die intensive Tierproduktion ausgerichteten Arbeitsweise. Damals entstand das 3bändige Werk von POTT „Handbuch der tierischen Ernährung und der landwirtschaftlichen Futtermittel" (1904–1909), das viele Jahrzehnte lang absolut maßgebend blieb. Dazu kamen die Veröffentlichungen der Deutschen Landwirtschafts-Gesellschaft, in der es nicht übersehen wurde, daß der Anteil der aus dem Verkauf von Tieren und tierischen Produkten resultierenden Einnahmen am Gesamtertrag immer höher stieg, bis er schließlich mehr als ⅔ ausmachte.
Der Import von Futtermitteln war gewaltig, vor allem für die Schweinehaltung, in der Lehmann die Schnellmast eingeführt und das Fischmehl als Eiweißträger durchgesetzt hatte, zu dem große Mengen ausländischen Futtergetreides hinzukamen. In diese Zeit fällt auch die Abfassung des großen Lehrbuchs von KELLNER mit seinem für die damalige Zeit außerordentlich wertvollen Tabellenteil über die Zusammensetzung und Verdaulichkeit der Futtermittel. Die Grundlagen dafür, den Mißständen auf dem Futtermittelmarkt zu begegnen, waren also vorhanden.
Mit dem Krieg kam die Blockade und das Fortfallen der Importe, das die tierische Produktion viel schwerer traf als andere Wirtschaftszweige. In kurzer Zeit machten sich von keinerlei Skrupeln beeinflußte Geschäftemacher daran, „Ersatzfuttermittel" herzustellen und den Tierhaltern zu verkaufen. Die früheren gelegentlichen Mißstände auf diesem Gebiet wurden zur Regel. KLING, der Direktor der Versuchsstation in Speyer, hat dies in seinem Buch „Die Kriegsfuttermittel" ausführlich dargelegt. Jetzt griffen die Behörden ein. In einer Kriegsverordnung (1916) als rechtlicher Grundlage wurden erstmalig Vorschriften über die Beschaffenheit von Futtermitteln erlassen.
Weitere Kriegsverordnungen betrafen die Förderung von Bestrebungen, die Gewinnung von sonst ungebräuchlichen Materialien als Futtermittel zu erreichen, darunter den Strohaufschluß, das Sammeln von Baumlaub usw. sowie die Zuteilung von Futtermitteln an die Tierhalter. Der Futtermangel war dadurch natürlich kaum zu mildern, jedoch war das Reichsernährungsministerium nachdrücklich auf die in der Tierproduktion hemmend wirkenden rechtlichen Probleme hingewiesen worden.
Als sich einige Jahre nach dem Krieg die Verhältnisse wieder normalisierten und die Regierung wieder an Autorität gewann, wurden Vorbereitungen für den Erlaß eines regulären Futtermittelgesetzes getroffen. Es muß jedoch vorher noch auf einen äußerst negativen Effekt der Kriegsverhältnisse auf den Futtermittelsektor hingewiesen werden. Er hatte seine Ursache in der „Fabrikation" von „Mischfutter" in meist kleinen Quantitäten durch unqualifizierte Hersteller, den berüchtigten „Badewannenmischungen". Die Verwendung von z. T. völlig wertlosen Materialien und das daraus resultierende Versagen in der Fütterung wurde für viele Landwirte zum Anlaß, mit dem Namen Mischfutter die Vorstellung von etwas Minderwertigem zu verbinden. Noch 30 Jahre nach dieser Zeit und nach völliger Abstellung der Mißstände lehnten es manche Nutztierhalter ab, Handels-Mischfutter zu verwenden und erwarben grundsätzlich nur einheitliche Einzelfuttermittel. Jahrzehntelange Aufklärungs- und Beratungstätigkeit waren notwendig, diese Vorurteile abzubauen, bis der heutige Zustand erreicht war, daß es nämlich kaum noch anderes zur unmittelbaren Verfütterung bestimmtes Kraftfutter im Handelsverkehr gibt als industriell hergestelltes Mischfutter. Bevor die weitere Entwicklung des Futtermittelrechts in Deutschland behandelt wird, soll daher eine kurze Erläuterung der Mischfutter gegeben werden. Dies ist nicht zuletzt deshalb notwendig,

weil die mit der Vielfalt der Mischfutter und mit ihrer Zusammensetzung und Herstellung sich ergebenden Probleme die an einem wirksamen Futtermittelrecht interessierten Kreise – Regierung, Wissenschaft, Verbände, landwirtschaftliche Praxis, Industrie und Handel – mehr in Anspruch nahmen und zu langwierigen Verhandlungen führten als alle anderen zu regelnden Verhältnisse.
Mischfutter soll (von wenigen Ausnahmen für Spezialzwecke abgesehen) stets Kraftfutter sein. Diese Bezeichnung ist eigentlich antiquiert und unkorrekt. In der Physik wurde der hier gemeinte Kraft-Begriff schon vor langer Zeit durch die richtige Bezeichnung Energie ersetzt. In der Landwirtschaft hat man sich dazu nicht entschließen können und blieb bei dem althergebrachten Namen, mit dem in Wirklichkeit energiereiche Futterstoffe gemeint sind, für die sogar bestimmte Abgrenzungen konventionell festgelegt wurden.
Es entspricht erprobten Erfahrungen, energiereiche Materialien nicht einseitig durch ein einziges Futtermittel in die Ration einzubringen, sondern in einer Mischung von mindestens 3 oder 4 Komponenten in jeweils nicht zu kleinen Anteilen. So gesehen ist das Mischfutter für den Tierhalter eigentlich etwas Selbstverständliches, und das Problem bestand für ihn lediglich darin, die Mischung selbst vorzunehmen. Dazu gehörte der Einkauf der Einzelfuttermittel, die Kenntnis ihrer wertbestimmenden Bestandteile und der Mischvorgang, der entweder im eigenen Betrieb oder als Lohnmischung in einem anderen, mit den entsprechenden Maschinen ausgerüsteten Betrieb wahrgenommen wurde. Die Alternative: Selbstmischen oder Kauf fertigen Handelsmischfutters gehört an sich nicht hierher, sondern in die Fütterungslehre. Die Entwicklung hat gezeigt, daß der zunächst berechenbare Kostenvorteil der Selbstversorgung aus den verschiedensten Gründen immer geringer ausfiel und daß der Bezug des fertigen Mischfutters von einer vertrauenswürdigen Firma in stets gleichbleibender Qualität schließlich höher zu werten war. Ein Großunternehmen kann z. B. folgende Vorteile nutzen, die dem Verbraucher nicht möglich sind. Der Bezug der Einzelfutter erfolgt in großen Partien (u. U. schiffsladungsweise), deren Menge es lohnend macht, Durchschnittsproben im eigenen Labor oder in einer Untersuchungsanstalt bzw. einem Handelslabor analysieren zu lassen. Dem Markt der Einzelfuttermittel bleiben dann oft die geringerwertigen Partien überlassen. Es gibt weiterhin Futterstoffe, die geeignet, aber wenig beliebt sind. Ihr Preis (Gesetz von Angebot und Nachfrage) ist dann vergleichsweise niedrig. Mischfutter bietet die Gelegenheit, solche „Billigmacher" einer zweckmäßigen Verwendung zuzuführen. Auch ist es dem selbstmischenden Tierhalter kaum möglich, bestimmte Zusätze, z. B. Spurenelementverbindungen sowie sonstige Stoffe mit Sonderwirkungen, mit ihren minimalen Dosierungen dem Futter gleichmäßig beizufügen.
Wie später näher dargelegt wird, hat der Gesetzgeber stets festgehalten, Herstellung und Zusammensetzung von Mischfuttern nur nach von ihm bestimmten Richtlinien zuzulassen, was nicht immer den Beifall der Hersteller fand, die sich größere Freizügigkeit wünschten. Ohne auf die Technik der Mischfutterherstellung näher einzugehen, kann bemerkt werden, daß sie in modernen Werken einen außerordentlich hohen Stand erreicht hat. Optimierung der gewünschten Kombinationen erfolgt mit Hilfe von Computern, die Mischung selbst mit Präzisionsapparaturen, die auch bei minimalen Zusätzen zur Hauptmasse die gleichmäßige Verteilung garantieren, was natürlich der analytischen Kontrolle standhalten muß.

Unbedingt zu erwähnen ist eine weitere Konsequenz der gesetzlosen Zeit im Handel mit Futtermitteln, nämlich der bis zur derzeit endgültigen Regelung im Futtermittelgesetz (FMG) vom 2. Juli 1975 anhaltende Streit um die Deklaration der Zusammensetzung der Mischfutter. Die landwirtschaftlichen Verbraucher verlangten die genaue Angabe der einzelnen Bestandteile nach Art und Prozentgehalt (amtliche Bezeichnung v. H. = vom Hundert), die so genannte „offene Formel". So ist es z. B. geltendes Recht im Lebensmittel- und im Arzneimittelbereich; Geheimhaltung ist auf diesen Gebieten ausdrücklich verboten. Die deutschen Landwirte hielten es für unabdingbar, die Zusammensetzung der Futtermischungen hinsichtlich ihrer Komponenten genau zu kennen und sie gegebenenfalls in einer Untersuchungsanstalt kontrollieren zu lassen. Mit diesem Ansinnen setzten sie sich – wie hier vorweg erwähnt werden soll – zunächst durch, die offene Formel ist lange Zeit bindende Vorschrift gewesen. Hersteller und Händler hätten dagegen lieber eine gewisse Flexibilität hinsichtlich der Zusammensetzung ihrer Mischfutter gehabt, z. B. eine gerade knapp oder zu teuer gewordene Komponente ohne neues Genehmigungsverfahren durch eine ähnliche ersetzen zu können oder in den prozentualen Anteilen der einzelnen Komponenten gewisse Änderungsmöglichkeiten zu haben. Deshalb setzten sie sich ständig für eine geschlossene Formel ein, mit der für ein bestimmtes Mischfutter nur die wertbestimmenden Bestandteile zahlenmäßig angegeben werden, je nachdem also die Gehalte an Rohprotein, Rohfaser usw. und die an verdaulichem Eiweiß und an Gesamtnährwert (diese beiden letzten berechnet). Gegen die Argumente der Bauern wurde eingewendet, daß es vielen Verbrauchern an den Kenntnissen mangele, den Wert jeder der einzelnen Komponenten des Mischfutters zu beurteilen, und daß für die allermeisten der Auftrag auf eine Kontrollanalyse nicht in Frage komme. Die Auseinandersetzung ging jahrzehntelang hin und her. Viele Argumente, Gegenargumente und Gegen-Gegenargumente hatten durchaus ihre Berechtigung, und der Gesetzgeber sah sich in der Rolle des weisen Königs Salomo, um schließlich eine Entscheidung treffen zu können, wie wir sie dann im FMG und seinen Ausführungsverordnungen 1976 finden.
Zunächst müssen wir zur Situation des Futtermittelrechts nach 1918 zurückkehren. Die Kriegsverordnungen hatten die Zwangswirtschaft auf dem Futtermittelsektor gebracht, derzufolge die Herstellung von Handelsfuttermitteln nur noch in staatlicher Regie und als Mischfutter stattfand. Als sich nach dem Kriege die Verhältnisse langsam wieder zu normalisieren begannen, wurde die Zwangswirtschaft aufgehoben. Es waren noch relativ große Vorräte an Ersatzfuttermitteln vorhanden, andererseits bestand Mangel an wirklich wertvollem Kraftfutter. Mit einer „Verordnung über Mischfutter" vom 8. 4. 1920 ließ die Regierung die private Herstellung von Mischfutter wieder zu, schrieb aber zwingend vor, daß alle Fabrikation und Veräußerung genehmigungspflichtig sei, im Verkehr entsprechende Bescheinigungen vorgelegt werden mußten und die Lieferungen mit Zetteln, Aufklebern oder dergl. nach der offenen Formel zu deklarieren seien. Die Genehmigung erteilte das Reichsministerium für Ernährung und Landwirtschaft (RML) nach Beratung in einer Sachverständigenkommission, die paritätisch mit Vertretern der Landwirtschaft und des Handels zusammengesetzt war und unter Beteiligung eines ständigen Vertreters des Verbandes der Landwirtschaftlichen Versuchsstationen verhandelte. Die Kommission hatte mit großen Schwierigkeiten zu kämpfen, und besonders ihre Kompromisse in Einzelfällen bei der Unterbringung von Restbeständen an Ersatzfuttermitteln wurden kritisiert. Es wurde dann

feste Übung, nach einer gewissen Übergangszeit die Ersatzfuttermittel, ebenso Abfallprodukte mit zu hohem Rohfasergehalt, die Verwendung von mehr als einem Träger beim Vermischen von Melasse und die Einfuhr von Mischfutter aus dem Ausland zu verbieten.
Die Landwirtschaftlichen Versuchsstationen setzten sich überhaupt für die generelle Abschaffung der Mischfutter ein, allenfalls mit einer Beschränkung auf zwei Gemengteile für eine Übergangszeit, mußten jedoch einsehen, daß dies auf absehbare Zeit nicht zu verwirklichen sei. Es wurde also auch weiterhin Mischfutter hergestellt. Das RML erkannte bald, daß die Mischfutterverordnung sowohl nach ihrem sachlichen Inhalt als auch aus rechtlichen Gründen für den Handelsverkehr mit Futtermitteln unzulänglich war. Der Erlaß eines regulären Futtermittelgesetzes (FMG) wurde beschlossen. Vor allem durch die Initiative von Regierungsrat Dr. A. Moritz kamen die Vorbereitungen bald in Gang. Ein Sachverständigenrat für Futtermittel wurde gebildet, der in ausgedehnten Sitzungen die zu regelnden Probleme behandelte. Es ist nicht uninteressant, einmal festzustellen, wieviele z. T. sehr bekannte Persönlichkeiten und Organisationen an diesen Sitzungen beteiligt waren. Leiter war Min.-Rat. Dr. Niklas. Das RML war vertreten durch die Regierungsräte Dr. Moritz, Heinitz, Finzel, ferner durch Dr. Liehr und Herrn Bode. Der Verband der Versuchsstationen entsandte die Professoren Honcamp, Tacke, Haselhoff, Neubauer, Mach, Popp und Fingerling. Weiterhin waren vertreten: die Versuchsstation Hohenheim, die Kontrollstation Berlin, die Tierärztliche Hochschule Berlin, der Bund Deutscher Getreide-, Mehl-, Saaten-, Futter- und Düngemittelhändler (mit sieben Vertretern), der Deutsche Apotheker-Verein, der Verband der Getreidehändler, der Verein Deutscher Großhändler in Getreide, Dünge- und Futtermitteln, das Preußische Landwirtschafts-Ministerium, der Reichslandbund, die Vereinigung öffentlicher Chemiker Deutschlands, der Bauernverein Berlin, der Reichsverband der Deutschen Landwirtschaftlichen Genossenschaften, die Pommersche Landwirtschaftliche Hauptgenossenschaft, die Brandenburgische Landwirtschaftliche Zentralgenossenschaft, die Bezugsvereinigung der Deutschen Landwirtschaft, die Hauptgenossenschaft Hannover, die Hauptgenossenschaft Halle, die Hauptgenossenschaft Berlin, die Bayer. Zentraldarlehenskasse München, die Bayer. Landesbauernkammern, das Reichsgesundheitsamt, der Deutsche Drogistenverband, der Verein süd- und westdeutscher Getreide- und Futtermittelhändler (Frankfurt/M.), der Verein der Futtermittelhandelsfirmen Hamburg, der Verein der Getreide- und Futtermittelhändler in Rheinland-Westfalen, der Verband deutscher Mischfutterfabriken, der Verband Bremer Futtermittel-Großhändler, der Deutsche Landwirtschaftsrat in Berlin sowie einzelne sachverständige Persönlichkeiten aus der landwirtschaftlichen Praxis und aus der Wissenschaft (darunter SCHEUNERT, Berlin, und LOEW, München), insgesamt etwa 60 Sitzungsteilnehmer. Dieser illustre Kreis zeigt eindrücklich, welche Bedeutung dem Vorhaben des RML beigemessen wurde. Das Hauptverdienst am Zustandekommen des Gesetzes, das am 22. 12. 1926 verabschiedet wurde, gebührt zweifellos dem Referenten des RML Dr. A. Moritz, der gleichzeitig einen ausführlichen Kommentar zum Gesetz veröffentlichte, der noch viele Jahre lang als Arbeitsunterlage bei Problemen im Verkehr mit Futtermitteln wertvolle Hilfe leistete. Das FMG (wie alle nachfolgenden ähnlichen Gesetze) war ein „Rahmengesetz", in dem die grundlegenden Prinzipien derart fixiert wurden, daß sie möglichst lange und unverändert gültig blieben. Den Rahmen mit Einzelheiten auszufüllen, war Aufgabe der Ausführungs- oder Durch-

führungsverordnungen, zu deren Erlaß das RML im FMG ermächtigt wurde, je nach sachlichem Inhalt allein oder unter bestimmten Modalitäten in Zusammenarbeit mit anderen Ministerien. Die Ausführungsverordnungen zum FMG von 1926 folgten am 21. 7. 1927. Der Zweck dieses FMG war eindeutig der Schutz der heimischen Landwirtschaft, d. h. der Tierhalter und ihrer Tiere, vor Benachteiligungen aller Art. Außerdem enthielt es u. a. die Begriffsbestimmungen für Futtermittel, die Abgrenzung derselben von den Arzneimitteln und die Angabe der Tierarten, für die es Gültigkeit hatte.
Es ist innerhalb dieses im Umfang begrenzten Kapitels natürlich undenkbar, die Texte der FMG – dieses und der folgenden – und der meist noch wichtigeren Ausführungsverordnungen wiederzugeben oder zu kommentieren, möglich sind nur Hinweise auf die wichtigsten Tendenzen und Entwicklungen im Futtermittelrecht. Eine Bemerkung, die besonders für die späteren Bestimmungen gilt, soll jetzt schon gemacht werden. Jahrzehntelange Erfahrungen in der Anpassung des Rechts an die ständigen Fortschritte der Tierernährungswissenschaft und der Fütterungslehre sowie des Verkehrs mit Futtermitteln, haben den Gesetzgeber dazu veranlaßt, solche Bestimmungen möglichst lückenlos, gewissermaßen dicht zu gestalten. Derartig perfektionistisches Handeln gilt auf vielen Gebieten als übertrieben, auf dem Futtermittelsektor ist es unerläßlich. Besonders in der Zeit von 1950 bis 1975 wurde mit Sicherheit jede, auch die kleinste Lücke in den Bestimmungen gefunden und zu ihrer Umgehung ausgenutzt. Unklarheiten führten zu gerichtlichen Prozessen, um Ausnahmegenehmigungen von bindenden Vorschriften des Futtermittelrechts zu erreichen. Eine Kritik der Arbeiten des Gesetzgebers als Perfektionismus ist daher unberechtigt. Es liegt im Interesse aller Beteiligten, daß es keine Lücken oder Unklarheiten auf diesem so wichtigen Gebiet gibt.
Zunächst bewährte sich das FMG von 1926 längere Zeit, obwohl sich die Verhältnisse im Deutschen Reich durch die Weltwirtschaftskrise 1929–1932 und die politische Umwälzung 1933 in vielen Gebieten einschneidend änderten. Der Niedergang des Welthandels führte zu Devisenmangel und Importeinschränkungen, die Erfahrungen des letzten Krieges brachten das Streben nach Selbstversorgung in der Ernährung hervor, nach „Autarkie". Es wurde für die Landwirtschaft eine Zwangsorganisation, der Reichsnährstand, geschaffen, der auf dem Sektor der tierischen Produktion eine besonders schwierige Aufgabe zu bewältigen hatte, vor allem durch die natürliche Knappheit an Futtermitteln bei gleichzeitiger Erhöhung der Produktion um jeden Preis. Die Ausbeutung der in den ersten Kriegsjahren ab 1939 eroberten Gebiete ließ indes keinen Mangel aufkommen.
Um so schwieriger wurden die Verhältnisse nach dem Kriege, die Situation wurde sogar der von 1916 recht ähnlich. Erschwerend wirkte zusätzlich, daß durch die Teilung Deutschlands die landwirtschaftlichen Intensivgebiete östlich der Elbe an die sowjetisch besetzte Zone fielen, während in den Westzonen die Industriegebiete überwogen, so daß trotz relativ hohem Stand der Landwirtschaft in einigen Gebieten die Ernährung der sehr dichten Bevölkerung aus der verbliebenen Fläche praktisch unmöglich war. Wie im vorhergehenden Kapitel „Tierernährung" (Abschnitt 7) kurz dargelegt, hatte die tierische Produktion einen außerordentlichen Rückgang hinnehmen müssen, der vor allem die vom Zukauf von Futtermitteln abhängige Schweine- und Geflügelhaltung betraf, in denen die Tierzahlen bis auf einen kleinen Bruchteil der ursprünglichen zurückgingen. In der Rindviehhaltung konnten sich wenigstens die Bestände des absoluten Grünlandes halten, wenn

auch mit geringerer Leistung je Kuh, aber die zwangsweise Umwandlung von Futterflächen in solche zum Anbau direkt verzehrbarer Produkte (angeordnet und erzwungen von einer Verwaltung, die hinsichtlich Ernährung und Landwirtschaft aus Laien bestand) drohte auch hierbei in die Tierbestände einzugreifen. Nach der Währungsreform von 1948 und der sich damit anbahnenden wirtschaftlichen Besserung konnte die Zwangswirtschaft wieder aufgehoben werden. Die inzwischen weitgehend veränderten Bedingungen in der Tierernährung bedurften indessen einer Neuregelung des Futtermittelrechts. Das FMG von 1926 war nicht mehr brauchbar, selbst als Rahmengesetz nicht mehr. An ein neues FMG war in absehbarer Zeit nicht zu denken; das Bundesministerium für Ernährung, Landwirtschaft und Forsten (BML) behalf sich mit dem Erlaß der „Anordnung über Futtermittel, Mischfutter und Mischungen" (= Futtermittelanordnung FMA) vom 24. 10. 1951. Diese FMA sollte auf lange Zeit das Fundament des deutschen Futtermittelrechts bleiben, obwohl es wenig günstig war, daß gerade in den unmittelbar folgenden Jahrzehnten Tierernährungswissenschaft und Fütterungslehre in die lebhafteste Bewegung gerieten, die es je gegeben hatte. Auf Einzelheiten kann hier nicht eingegangen werden, das soll bei der Behandlung des FMG von 1975 geschehen, das aus dieser FMA hervorgegangen ist.
Die hauptsächlichen Regelungen und Vorschriften der FMA betrafen wiederum das Mischfutter. Kernstück dieser Vorschriften war die sogenannte „Normentafel" für Mischfutter, in der für die damals üblichen Mischfutterarten gewissermaßen Normalzusammensetzungen hinsichtlich der wertbestimmenden Bestandteile und zugelassenen Komponenten aufgeführt waren. Beabsichtigte eine Fabrik, ein Mischfutter herzustellen, das der Normentafel nicht entsprach, so mußte sie eine Ausnahmegenehmigung beantragen. Diese war ausführlich zu begründen. Die Gründe mußten mit wissenschaftlichen Gutachten – eventuell gestützt auf entsprechende Tierversuche in einer staatlichen oder ähnlichen Anstalt – belegt werden. Für die Beratung des BML und zur Beurteilung der vorliegenden Anträge auf Ausnahmegenehmigungen sowie zur Klärung grundsätzlicher Fragen der Futtermittelkunde hatte die FMA die Bildung einer „Gutachterkommission" eingeführt, die unter Leitung und Federführung eines höheren Ministerialbeamten aus dem zuständigen Referat des BML stand. Die Kommission die bis zum Inkrafttreten des neuen FMG von 1975 am 1. 7. 1976 bestanden hat, setzte sich wie folgt zusammen: Ständige Mitglieder waren u. a. Vertreter des Bauernverbandes, der Landwirtschaftskammern, des Fachverbandes der Futtermittelindustrie, des Verbandes der Landwirtschaftlichen Genossenschaften, der Fütterungsreferenten bei den Landwirtschaftsministerien der Bundesländer, des privaten Landhandels und des Bundesgesundheitsamtes. Sachverständige für Rechtsfragen und Veterinärmedizin stellte das BML. Dazu kamen ständige Mitglieder und Sachverständige auf den Gebieten der einschlägigen Wissenschaft, d. h. der Tierernährungsphysiologie und Fütterungslehre, des für die Sache besonders wichtigen Gebietes der Futtermittelanalyse, und in Spezialfällen konnten zusätzliche Sachverständige hinzugezogen werden. Die Gutachterkommission hatte sich bald mit einer unerwarteten Flut von Anträgen auf Sondergenehmigungen von nach neuen Gesichtspunkten zusammengestellten Mischfuttern zu befassen, eine Erscheinung, die bis zum Auslaufen der FMA anhielt. Bis dahin waren 100 Kommissionssitzungen, d. h. mindestens 4 in jedem Jahr, notwendig. Das BML erkannte diese Entwicklung sehr bald und begann schon in der Mitte der 50er Jahre mit der Planung für ein gänzlich neues FMG. Ein

besonderer Impuls für dieses Vorhaben bestand in der Notwendigkeit, eine neue, einwandfreie Rechtsgrundlage für den Erlaß von Verordnungen auf dem Futtermittelsektor zu schaffen. Vorschriften, die sich nur auf die FMA von 1951, nicht aber auf ein Gesetz (FMG von 1926, Getreidegesetz, Arzneimittelgesetz, Lebensmittelgesetz) stützen konnten, wurden nicht selten hinsichtlich ihrer Gültigkeit bestritten und in gerichtlichen Verfahren angegriffen. Obwohl so gut wie alle diese Verfahren zugunsten des BML ausgingen, erschien es doch auf jeden Fall besser zu sein, das alte FMG und die FMA durch ein neues FMG abzulösen.
Es wurde auch eine Kommission gebildet, die einen Entwurf ausarbeiten sollte. Die hier entstandenen Entwürfe hatten jedoch keinen Erfolg, wobei neben sachlichen auch juristische und wirtschaftspolitische Momente maßgebend waren. Die schließlich erfolgreichen gesetzgeberischen Maßnahmen geschahen auf Grund von Referentenentwürfen aus dem BML. Es waren das Gesetz zur Änderung futtermittelrechtlicher Vorschriften vom 3. 9. 1968, das Gesetz zur Durchführung der gemeinsamen Marktorganisation vom 31. 8. 1972 und das Gesetz zur Änderung des Arzneimittelgesetzes vom 5. 6. 1974, jeweils mit den zugehörigen Ausführungsverordnungen. Die Krönung der Bemühungen des BML bestand dann in der erfolgreichen Durchsetzung des FMG vom 2. 7. 1975, das als Rahmengesetz die Richtlinien für alle beizubehaltenden und für die künftig möglichen Sachlagen festlegt. Es trat am 1. 7. 1976 in Kraft, nachdem am 16. 6. 1976 die zugehörige Futtermittelverordnung (FMV) erlassen worden war. Wie lebhaft die Bewegung indessen auf dem Futtermittelsektor immer noch anhält, geht daraus hervor, daß schon in den nächsten Jahren nicht weniger als 4 Änderungen der FMV notwendig wurden und daß schließlich anstelle einer 5. Änderung am 8. 4. 1981 eine neue Futtermittelverordnung erlassen wurde, welche die zur Zeit gültigen Vorschriften noch einmal als Ganzes zusammenfaßt. Erwähnt werden muß noch, daß das geltende Futtermittelrecht in der ganzen Europäischen Gemeinschaft (EG) harmonisiert werden, d. h. angeglichen werden, mußte. Doch ist es den einzelnen Mitgliedstaaten der EG (wie übrigens auch den einzelnen Bundesländern der Deutschen Bundesrepublik) erlaubt, zusätzliche Futtermittelregelungen für ihren Bereich zu erlassen, die jedoch dem gemeinsamen Futtermittelrecht nicht zuwiderlaufen dürfen. Hinsichtlich aller Einzelheiten von Gesetz und Verordnung muß auf die Originaltexte verwiesen werden, auch gibt es schon eine kommentierende Literatur in Büchern und Zeitschriften. Sehr instruktiv sind auch die bei der Einbringung der Gesetzentwürfe im Bundestag und Bundesrat mitgeteilten ausführlichen Begründungen, die gleichzeitig einen ausgezeichneten Kommentar darstellen.
Das FMG hat insgesamt 25 Paragraphen (von denen einige indessen nur Formalitäten betreffen), die, wie schon mehrfach erwähnt, den Rahmen darstellen, der durch Rechtsverordnungen ausgefüllt wird, zu deren Erlaß der Bundesminister jeweils ausdrücklich ermächtigt wird. In § 1 wird der Zweck des FMG dargelegt, nämlich 1. die tierische Erzeugung zu fördern, 2. sicherzustellen, daß durch Futtermittel die Gesundheit der Tiere nicht beeinträchtigt wird, 3. vor Täuschungen im Verkehr mit Futtermitteln zu schützen und 4. die entsprechenden Vorschriften der EG durchzuführen. § 2 enthält die Begriffsbestimmungen (Definitionen) aller im Gesetz erwähnten besonderen Angaben, nämlich 1. Futtermittel, 2. Zusatzstoffe, 3. Vormischungen, 4. Halbfabrikate, 5. Schadstoffe, 6. das Herstellen (zu dem auch das Zubereiten, Bearbeiten, Verarbeiten und Mischen gehört), 7. das Behandeln (wor-

unter alle zwischen Herstellen und In-Verkehr-Bringen liegenden Tätigkeiten zu verstehen sind), 8. das In-Verkehr-Bringen (diese Definition ist wichtig: es umfaßt das Anbieten, zur Abgabe Vorrätig-Halten, Feilhalten und jede Form der Abgabe an andere), 9. die Benennung der einzelnen Nutztiere (Rinder, Schweine, Schafe, Ziegen, Pferde, Kaninchen, Gänse, Enten, Hühner, Truthühner, Karpfen und Forellen). Andere Tiere können durch Rechtsverordnung des Bundesministers mit Zustimmung des Bundesrats den genannten gleichgestellt werden.
Der 2. Abschnitt des FMG betrifft in den §§ 3 und 4 die Allgemeinen Regelungen über Futtermittel. § 3 verbietet das In-Verkehr-Bringen, die Herstellung und Behandlung von Futtermitteln, die imstande sind, die Gesundheit der Tiere zu schädigen oder die Qualität der tierischen Erzeugnisse zu beeinträchtigen. Futtermittel, die in ihrer Qualität und ihrem Futterwert gegenüber der Käufererwartung minderwertig sind, dürfen nur mit ausreichender Kennzeichnung in den Verkehr kommen. § 4 enthält eine umfangreiche Ermächtigung für den Bundesminister zum Erlaß von Rechtsverordnungen, welche die Festsetzung von Anforderungen an Futtermittel hinsichtlich der wertbestimmenden Eigenschaften betreffen, weiterhin die Zulassung neuer Einzelfuttermittel sowie von Zusatzstoffen, auch solchen, die zur Verhütung von Krankheiten bestimmt sind, die Festsetzung der zulässigen Gehalte an Zusatzstoffen und der Höchstgehalt an Schadstoffen. Festgesetzt werden kann auch die Beschränkung der Abgabe und der Verfütterung von Futtermitteln, die für die Tiere schädliche Gehalte an Zusatz- oder Schadstoffen aufweisen bzw. die Qualität der tierischen Erzeugnisse beeinträchtigen, die Einhaltung von Wartezeiten nach der Verfütterung solcher Stoffe, innerhalb derer die Erzeugnisse nicht als Lebensmittel gewonnen werden dürfen. Die Bestimmungen über Zusatz- und Schadstoffe sowie über Futterarzneimittel bedürfen des Einvernehmens mit dem Bundes-Gesundheitsministerium. Dieser § 4 ermächtigt den Bundesminister auch, für bestimmte Futtermittel das In-Verkehr-Bringen und die Verfütterung zu verbieten. § 5 des FMG enthält allgemeine Regelungen über Zusatzstoffe und Vormischungen, darunter die Ermächtigungen, bestimmte Anforderungen an diese durch Rechtsverordnung mit Zustimmung des Bundesrats festzusetzen. Der nächste Abschnitt mit den §§ 6, 7 und 8 enthält die wichtige Regelung der Kennzeichnung, Werbung und Verpackung. § 6 ermächtigt zum Erlaß von Rechtsverordnungen (mit Zustimmung des Bundesrats), Bezeichnungen für die vom Gesetz erfaßten Stoffe festzulegen, die Kennzeichnung nach Art und Umfang zu regeln und die duldbaren Abweichungen bei allen für die Verwendung wichtigen Angaben (Inhaltsstoffe aller Art und Energiewerte) festzulegen. Für die Kennzeichnung sind in einem besonderen umfangreichen Abatz alle erforderlichen Angaben wiedergegeben. Darunter zu finden ist auch die Herkunft, die Art und Zeit der Herstellung, der Verwendungszweck und die sachgerechte Verwendung sowie die eventuelle Wartezeit. Sie muß in deutscher Sprache abgefaßt, deutlich lesbar und haltbar sein. § 7 enthält das Verbot, die vom Gesetz erfaßten Stoffe unter irreführender Bezeichnung, Angabe oder Aufmachung in den Verkehr zu bringen oder mit falschen Angaben über die Futterwirkung zu werben. Besonders verboten sind Aussagen, die sich auf die Beseitigung oder Linderung von Krankheiten erstrecken. Hier findet sich auch die schon immer übliche Vorschrift, daß der Veräußerer für die handelsübliche Reinheit und Unverdorbenheit Gewähr leisten muß. § 8 bestimmt, daß Mischfuttermittel, Zusatzstoffe und Vormischungen nur in verschlossenen Packungen oder Behältern in den Verkehr gebracht werden, deren Verschlüsse beim

Öffnen unbrauchbar werden, so daß ein Mißbrauch der Packungen usw. nicht möglich ist, eine sehr wichtige Bestimmung, von der nur Mischungen von ganzen Körnern oder Früchten ausgenommen sind. Der Verpackungszwang kann, jedoch nur mittels einer besonderen Rechtsverordnung, auch für Einzelfuttermittel besonderer Art festgesetzt werden. Der nächste Abschnitt enthält in § 9 die Anforderungen an Herstellerbetriebe, von denen bestimmte Arten einer amtlichen Anerkennung bedürfen, für die u. a. die Zuverlässigkeit und Sachkenntnis die Voraussetzung ist, die der für die Herstellung Verantwortliche nachzuweisen hat. Die §§ 10, 11 und 12 regeln die Genehmigung von Ausnahmen von den gesetzlichen Vorschriften der vorhergehenden Paragraphen. Im Gegensatz zur Situation vor Erlaß dieses FMG, als es mehr Mischfutter mit Sondergenehmigungen gab als ohne solche, sind die möglichen Ausnahmen jetzt eng begrenzt. Ausnahmen können insbesondere für solche Stoffe gemacht werden, mit denen wissenschaftliche Versuche angestellt werden. § 13 bestimmt, daß in einigen genau bezeichneten Fällen vor Erlaß von Rechtsverordnungen ein jeweils auszuwählender Kreis von Vertretern der Wissenschaft, der Fütterungsberatung, der Futtermitteluntersuchung, der Futtermittelüberwachung, der Landwirtschaft und der sonst beteiligten Wirtschaft angehört werden soll. Eine Gutachterkommission, wie sie mit etwa dieser Zusammensetzung vorher ständige Einrichtung war, gibt es also nicht mehr. An die Meinung der Sachverständigen ist der Bundesminister nicht gebunden, er wird sie natürlich nicht außer acht lassen. Es ist allerdings innerhalb der fast 25jährigen Tätigkeit der Gutachterkommission so gut wie niemals zu „Kampfabstimmungen" gekommen, auch nicht zu Voten, denen das BML nicht zustimmen konnte, es sei denn aus juristischen Gründen. Das lag wohl daran, daß anstehende Probleme stets bis zum allgemeinen Einvernehmen ausdiskutiert wurden und daß die sachkundigen Referenten des BML ständig an den Verhandlungen beteiligt waren. Die noch folgenden Paragraphen regeln im wesentlichen an sich wichtige, aber allgemein weniger interessante Formalitäten. Eine Ausnahme machen die §§ 18 und 19, mit denen die amtliche Futtermittelkontrolle rechtlich fundiert wird. Nach dem Grundgesetz ist es Sache der Bundesregierung, Gesetze und Rechtsverordnungen auf dem Gebiet der Futtermittel zu erlassen. Der Bund verfügt aber nicht über entsprechende Organe usw., die Einhaltung der Vorschriften bzw. Verstöße gegen sie (die nach den §§ 20, 21 und 22 des FMG mit Strafen oder Bußgeldern geahndet werden) zu kontrollieren. Dies ist vielmehr Ländersache, und so haben die Bundesländer das Recht und die Pflicht der amtlichen Futtermittelkontrolle (§ 19 FMG). Die für die Landwirtschaft zuständigen Ministerien haben durchweg Futtermittelreferate, auf deren Veranlassung eine der Landwirtschaftlichen Untersuchungsanstalten (die in der Bundesrepublik sämtlich öffentlich-rechtlichen Charakter haben und Hoheitsrechte ausüben können) die Kontrolle übernimmt. Dabei haben die Beauftragten das Recht, Besichtigungen vorzunehmen, Proben ohne Entgelt gegen Empfangsbescheinigung zu ziehen und geschäftliche Unterlagen einzusehen. Die versiegelten Proben werden dann in den Anstalten analysiert. Sowohl für die Probenahme als auch für die Analysenmethoden gibt es bindende Vorschriften, die in einer vom Bundesminister (mit Zustimmung des Bundesrats) erlassenen Rechtsverordnung festgelegt sind (§ 18 FMG).

Mit dieser kurzen Übersicht wurde das Rahmengesetz in seinen wesentlichen Punkten dargestellt. Für die unmittelbar am Futtermittelrecht interessierten Kreise, das sind die Futtermittelindustrie, der Futtermittelhandel, die landwirtschaftlichen

Verbraucher und die amtlichen Kontrollorgane, ist nun die Futtermittelverordnung (FMV vom 8. 4. 1981) das eigentliche Entscheidende, weil sie die Einzelheiten aller futtermittelrechtlichen Regelungen enthält, und zwar in 9 Abschnitten mit 38 Paragraphen und 7 z. T. sehr umfangreichen Anlagen. Die Ausarbeitung dieser Verordnung, die von den Sachbearbeitern des BML im Einvernehmen mit der Gutachterkommission und besonders eingesetzten Gremien erfolgte, stellt eine ungeheure Leistung dar. In voller Länge, zsuammen mit ihren Begründungen und Erläuterungen, füllt sie ein kleines Buch. An dieser Stelle kann daher verständlicherweise nur eine kurze Inhaltsangabe wiedergegeben werden. § 1 enthält die Begriffsbestimmungen, soweit sie nicht schon in § 2 FMG angegeben sind, und zwar für Alleinfuttermittel, Ergänzungsfuttermittel, Mineralfuttermittel, Gesamtration, Inhaltsstoffe, Versuchstiere und Heimtiere. § 2 bringt die Regeln für die Kennzeichnung. Im zweiten Abschnitt mit den §§ 3 bis 7 werden die Einzelfuttermittel behandelt, und zwar hinsichtlich Zulassung, Anforderungen, Verpackung, Kennzeichnung und Toleranzen. Dazu gehört die Anlage 1, in der sämtliche zugelassene Einzelfuttermittel aufgeführt sind, alle mit einer kurzen Beschreibung, den Anforderungen, dem charakteristischen Gehalt des sogenannten „Normtyps", der obligatorischen und der fakultativen Angabe der Inhaltsstoffe und der eventuellen, aber selten angeordneten Verpackungspflicht. Es sind 313 überwiegend organische Futterstoffe und 48 mineralische Einzelfuttermittel (ohne die später in einer besonderen Anlage aufgeführten Spurenelementverbindungen). Die Bezeichnung muß der Natur der Sache entsprechen. Zusammen mit dem im FMG zur Pflicht gemachten Gebrauch der deutschen Sprache schließt dies die Verwendung von Phantasienamen irgendwelcher Art aus. Der dritte Abschnitt mit den §§ 8 bis 15 erfaßt die Mischfuttermittel. § 8 enthält die allgemeinen Anforderungen, die an Mischfutter gestellt werden, § 9 die Zusammensetzung, § 10 die seltenen Ausnahmen von der im FMG vorgeschriebenen Verpackungspflicht, § 11 die Kennzeichnung, § 12 die Bezeichnung. § 13 enthält die Vorschriften über die Deklaration der Inhaltsstoffe und der Zusammensetzung. Es ist die „geschlossene Formel", bei der die einzelnen Komponenten, das sind die in der Mischung vorhandenen Einzelfuttermittel, nicht mitgeteilt zu werden brauchen. Der jahrzehntelange Streit um die Deklaration ist damit wenigstens in der Theorie zugunsten der Industrie gegen die Wünsche der Landwirtschaft entschieden worden. Es steht aber jedem Hersteller natürlich frei, neben den obligatorischen Angaben der Inhaltsstoffe auch die Einzelfuttermittel als Bestandteile anzugeben, entweder nur mit den Namen oder wie bei der früheren offenen Formel auch mit den prozentualen Anteilen. Sollte sich erweisen, daß die Kundschaft von Industrie und Handel dies wirklich wünscht, dann würde mit großer Wahrscheinlichkeit auch diesem Wunsch entsprochen werden. Möglicherweise liegt darin auch ein Moment der Konkurrenz zwischen den verschiedenen Firmen der Industrie und des Handels.

Fertige Mischfuttermittel vertragen kostenmäßig keine allzu langen Transportwege, aber keineswegs gibt es Monopolstellungen auf Grund regionaler Vorteile. § 14 befaßt sich mit den zusätzlichen Angaben und § 15 mit den Toleranzen. In der Anlage 2 sind dann sämtliche im Verkehr befindlichen Mischfutterarten aufgeführt, und zwar u. a. mit den Werten für einen „Normtyp", die, je nachdem, ob sie wertbestimmende oder wertmindernde Kriterien betreffen, als minimale oder maximale Gehalte angegeben werden. Eine gewisse Neuheit stellt die Verpflichtung dar, bei einzelnen besonders gekennzeichneten Mischfuttern Hinweise für eine sachgerechte Verwendung beizufügen. Es sei wenigstens die Zahl der Mischfutterarten angegeben: Rinder (Kälber, Kühe, Mastrinder) 16, Schweine (Ferkel, Sauen, Mastschweine) 17, Schafe 4, Ziegen 1, Pferde 4, Geflügel (Enten, Hühner, Truthühner) 20 und Forellen 1. Im vierten Abschnitt wird das wichtige Gebiet der Zusatzstoffe abgehandelt, § 16: Allgemeine Bestimmungen, § 17: Gehalte, § 18: Kennzeichnung, § 19: Toleranzen. Die hierfür ausgearbeitete Anlage 3 enthält sämtliche derzeit zugelassenen Zusatzstoffe mit ihrem Verwendungszweck, ihren Mindest- und Höchstgehalten und sonstigen Vorschriften (Gruppe 1: Zusatzstoffe, die die Futterverwertung verbessern: Antibiotika (7 Arten), ähnliche Zusatzstoffe (3 Arten); Gruppe 2: Antioxidantien (15 Arten); Gruppe 3: Aromastoffe; Gruppe 4: Zusatzstoffe zur Verhütung verbreitet auftretender Krankheiten von Tieren (Coccidiose: 10 Arten, Schwarzkopfkrankheit: 3 Arten); Gruppe 5: Emulgatoren, Stabilisatoren, Verdickungs- und Geliermittel (etwa 60 Arten); Gruppe 6: Färbende Stoffe (12 Arten); Gruppe 7: Fließhilfsstoffe (7 Arten); Gruppe 8: Gerinnungshilfsstoffe (2 Arten); Gruppe 9: Konservierungsstoffe (40 Arten); Gruppe 10: Nichteiweißartige N-Verbindungen (NPN, 4 Arten); Gruppe 11: Preßhilfsstoffe (3 Arten); Gruppe 12: Spurenelementverbindungen von Eisen (8), Jod (4), Kobalt (5), Kupfer (5), Mangan (7), Molybdän (2), Selen (1), Zink (6); Gruppe 13: Vitamine und Provitamine (A, B_1, B_2, B_6, B_{12}, C, D_2, D_3, E, K_3, β-Carotin, Biotin, Calciumpantothenat, Folsäure, Inosit, Nicotinsäure, p-Aminobenzoesäure); Gruppe 14: Einfache Aminoverbindungen wie Betain, Cholin.

Im fünften Abschnitt werden die Halbfabrikate und Vormischungen in den §§ 20 bis 22 behandelt. Von erhöhtem Interesse ist der sechste Abschnitt: Schadstoffe in Futtermitteln und verbotene Stoffe. Hierzu ist die Anlage 5 beigefügt, in der für Einzelfuttermittel und Mischfutterarten die noch tolerierbaren Höchstgehalte angegeben sind (§ 23). Als Schadstoffarten sind erfaßt: Aflatoxin, Arsen, Blausäure, Blei, Chlordan, Crotalaria-Arten, DDT, DDE, DDD, Aldrin, Dieldrin, Endrin, Fluor, freies Gossypol, Heptachlor, Hexachlorbenzol (HCB), Lindan, Mutterkorn, Nitrit, Quecksilber, Rizinus, flüchtiges Senföl, Theobromin, Unkrautsamen und -früchte, die Alkaloide, Glykoside oder andere giftige Stoffe enthalten, Vinylthiooxazolidon. § 24 enthält die Bestimmung, daß Futtermittel mit etwas überhöhtem Gehalt an Schadstoffen nicht an Tierhalter abgegeben werden dürfen, jedoch mit Angabe des Schadstoffgehaltes nur zur Verarbeitung an anerkannte Hersteller von Mischfuttern. In § 25 wird auf eine in Anlage 6 aufgeführte Liste von verbotenen Stoffen hingewiesen, die (auch be- oder verarbeitet) nicht als Futtermittel in den Verkehr gebracht werden dürfen. Ausnahmen gelten nur für wissenschaftliche Versuche in staatlichen oder unter öffentlicher Aufsicht stehenden Anstalten. Die hier vorliegende Liste verbotener Stoffe ist viel kleiner als in früheren Jahren und enthält im wesentlichen die als ausgesprochen giftig bekannten Saatkörner von 13 (meist tropischen) Pflanzen, Bäumen und Sträuchern. Die restlichen Bestimmungen der FMV enthalten im wesentlichen formale Vorschriften ohne größeres Interesse für Tierhalter.

Mit diesen beiden umfassenden Vorschriftenwerken, dem FMG vom 2. 7. 1975 und der FMV vom 8. 4. 1981, hat das deutsche Futtermittelrecht den denkbar höchsten Stand an Klarheit und Wirksamkeit auf diesem zugegeben schwierigen Gebiet erlangt. Es hat auch das in den Mitgliedstaaten der EG harmonisierte Futtermittelrecht maßgebend beeinflußt, wenn es auch dabei gelegentlich auf andere Anschauungen Rücksicht nehmen und Kompromisse schließen mußte.

Literatur

BECKER, M., und NEHRING, K. (Hrsg.): Handbuch der Futtermittel. 3 Bände. Hamburg und Berlin 1965–1969.

ENTEL, H. J., FÖRSTER, N., und HINCKERS, E.: Futtermittelrecht. Loseblattsammlung mit Ergänzungen. Hamburg und Berlin ab 1970.

KELLNER, O.: Die Ernährung der landwirtschaftlichen Nutztiere. 8. Aufl., Berlin 1924.

KELLNER, O., und BECKER, M.: Grundzüge der Fütterungslehre. 15. Aufl., Hamburg und Berlin 1971.

KLING, M.: Die Kriegsfuttermittel. Stuttgart 1919.
– Die Handelsfuttermittel. Stuttgart 1928.
– Die Handelsfuttermittel, Ergänzungsband. Stuttgart 1936.

KOCH, V., und WEINREICH, O.: Futtermittelrechtliche Vorschriften. Hannover 1981.

POTT, E.: Handbuch der tierischen Ernährung und der landwirtschaftlichen Futtermittel. 3 Bände. Berlin 1904–1909.

STÄHLIN, A.: Die Beurteilung der Futtermittel. Radebeul 1957.

Kraftfutter. Monatszeitschrift, z. Zt. 66. Jahrgang. 1983, Hannover.

3 Bereich Veterinärmedizin

Tierzucht und Tiermedizin im wechselseitigen Geben und Nehmen

Von ERNST-HEINRICH LOCHMANN, Hannover

Tierzucht und Tiermedizin stehen seit alters in ständiger enger Wechselbeziehung zueinander – streng genommen bilden sie eine unauflösbare Einheit, bei der es schlechterdings unmöglich ist, einem von beiden den Primat einzuräumen. Diese Wechselbeziehung läßt sich – zwangsläufig etwas vergröbernd – auf einen einfachen Nenner bringen: der Tierzüchter züchtet die Patienten des Tierarztes, der Tierarzt sorgt für die Gesundheit der Tiere des Züchters und hält sie zuchttauglich. Wohlgemerkt, darin erschöpft sich der Aufgabenkatalog von Tiermedizin und Tierzucht nicht, doch zu diesem Kern sollen die folgenden Reflexionen immer wieder zurückkehren. Folgerichtig müßte sich eine über Einzelaspekte hinausgehende geschichtliche Betrachtung beiden ineinander verflochtenen Bereichen gleichermaßen widmen. Es wäre mithin erforderlich, eine Geschichte der Tiermedizin mit einer solchen der Tierzucht zu vereinen und dabei ihre Kohärenz deutlich zu machen. Gewiß eine reizvolle Aufgabe für den Historiker, doch sie würde den gegebenen Rahmen sprengen. Aus Zweckmäßigkeitsgründen also, und um der auf die Tierzucht ausgerichteten Konzeption des Werkes zu entsprechen, soll die Veterinärmedizingeschichte nur so weit in Streiflichtern dargestellt werden, daß die Aufmerksamkeit auch auf diesen Aspekt des Komplexes gelenkt wird, im Sinne eines Hauptanliegens der Landwirtschafts-, Tierzucht- und Veterinärmedizinhistorik überhaupt: Tierhaltung bewußt zu machen als eine der bestimmenden Komponenten der Menschheitsgeschichte.
Aus verschiedenen Gründen ist es nicht opportun, dabei nur die Entwicklung der letzten 100 oder 200 Jahre zu betrachten. Es muß vielmehr von der Frage ausgegangen werden: Wie hat es angefangen?
Um 10000 Jahre liegt es zurück – etwa an der Grenze zwischen Jungpaläolithikum und Mesolithikum – daß Menschen sich daran machten, zuerst Schaf und Ziege,

später dann auch andere wild lebende Tiere einzufangen, sie in ihrem Gewahrsam zu halten, allmählich an ihre ständige Nähe zu gewöhnen, sie sich nutzbar zu machen und ihnen für die verlorene Freiheit Schutz und mühelose Nahrung zu bieten. Ein Vorgang, den wir heute als Domestikation von Wildtieren bezeichnen. Mit diesem wohl größten erfolgreich durchgeführten biologischen Experiment seiner Geschichte schuf sich der Mensch nach der etwas früher vollzogenen Domestikation wilder Pflanzen die zweite der Voraussetzungen, die ihn frei machten von dem Zwang, dem er Hunderttausende von Jahren hatte folgen müssen: nomadisierend umherzuziehen, ständig auf der Suche nach Nahrung und Materialien für wichtige Gebrauchsgegenstände wie Kleidung, Werkzeuge und Waffen.

Damit waren unsere Vorfahren von besitzlosen Jägern und Sammlern zu besitzenden Tierhaltern geworden. Und dieser Besitz barg zudem als unschätzbaren Vorteil die Fähigkeit nicht allein zur Regeneration, sondern vielmehr auch zur Multiplikation. Das aber forderte den Menschen erneut, kreativ zu sein. Es galt, bei den im Gewahrsam gehaltenen Tieren diese angelegten Möglichkeiten zum Tragen, die Tiere also auch unter den veränderten Lebensumständen zur Vermehrung zu bringen. Doch damit nicht genug. Es zeigte sich, daß diese Vermehrung gesteuert werden kann, so daß Produkte entstehen, die eine möglichst große Zahl gewünschter Eigenschaften in möglichst hoher Vollendung in sich vereinen. Als das erkannt war, als Wege gesucht und gefunden wurden, diese Chance zu nutzen, hatte der Mensch einen weiteren, entscheidenden Schritt seiner Entwicklung getan: der Tierhalter war nun Tierzüchter. Jetzt aber konnte er das Nomadenleben aufgeben, er wurde seßhaft. Dieser Schritt war deshalb so entscheidend, weil Seßhaftigkeit mit der sich daraus ergebenden Gründung von festen Ansiedlungen und Schaffung von Gemeinwesen Voraussetzung war für höheres Kulturschaffen. Tierhaltung und Tierzucht standen also nicht nur am Anfang der Entwicklung, die den Menschen aus seiner Primitivform herausführte, sie waren vielmehr ausschlaggebende Prämissen. Jedoch – des Glückes ungetrübte Freude wird keinem Sterblichen zuteil: der Mensch konnte sich des Gewonnenen nicht sorglos erfreuen. Als er sich von den Zwängen des nomadisierenden Lebens befreite, mußte er eine Erfahrung machen, die Jahrtausende später HORAZ aussprach, als er im ersten vorchristlichen Jahrhundert mit den Worten *crescentum sequitur cura pecuniam* klagte, daß Besitz Sorgen schafft. Es war wohl eine der ersten bitteren Erkenntnisse des kulturschaffenden Menschen, zudem eine, die bis heute nicht an Aktualität eingebüßt hat.
Die Tierhaltung und -zucht erwiesen sich nämlich nicht als so problemlos, wie es wünschenswert war. Dann und wann zeigten die Tiere Veränderungen im Verhalten, Störungen in der Nahrungsaufnahme, in der Entwicklung, im Wachstum, in der Gewichtszunahme und der Leistungsfähigkeit. Die Nachzucht bereitete bisweilen Schwierigkeiten, die Aufzucht der Jungtiere gelang nicht immer. Oft waren nicht einmal mehr die Tierkörper zu verwerten. Manches der Tiere verendete, der Besitz wurde dezimiert. Diese Störungen konnten vereinzelt, aber auch gehäuft auftreten, ja sie breiteten sich zuweilen mehr oder minder schnell innerhalb einzelner Tierbestände, aber auch von Bestand zu Bestand aus. Kurz – die Menschen wurden mit Tierkrankheiten konfrontiert.
Diese Konfrontation überraschte sie zwar nicht völlig unvorbereitet, hatten sie doch seit eh und je bei erbeuteten Wildtieren hin und wieder Veränderungen vor allem an den inneren Organen beobachtet. Jedoch das tangierte sie nicht direkt, es

sei denn, man sah darin Zeichen der Götter und Geister. Aber Krankheitserscheinungen bereiteten dann unmittelbar Sorgen, als sie auch bei domestizierten Tieren vorkamen. Nun war das Eigentum des Menschen betroffen, dessen Erhaltung, Mehrung und Nutzung in Frage gestellt. Tierkrankheiten wurden jetzt nicht mehr lediglich als Zufälligkeiten in der Umwelt außerhalb der persönlichen Sphäre betrachtet, sie wuchsen sich vielmehr zum besorgniserregenden, gefährdenden, ja existenzbedrohenden Phänomen aus.

Das zwang den Tierzüchter, sich mit Tierkrankheiten auseinanderzusetzen. Er mußte bemüht sein, ihr Auftreten zu verhüten, und – war das nicht erreichbar – sie zu heilen oder wenigstens ihre Schadwirkung so gering wie möglich zu halten. Der Mensch war zu tierheilkundlichem Denken genötigt, dessen Ursprung also in jener frühen Epoche der Geschichte des kulturschaffenden Menschen liegt. Der Tierarztberuf ist demnach ebenso wie der des Tierzüchters einer der Berufe mit der am weitesten zurückreichenden geschichtlichen Entwicklung. Beide sind seither eng miteinander verbunden geblieben, ja sie wurden mit Sicherheit während einer langen Zeit in Personalunion, also von ein und derselben Person, wahrgenommen: der Tierbesitzer und Züchter – später sein mit der Betreuung der Herde Beauftragter – waren selbst um das gesundheitliche Wohl der Tiere bemüht.

Natürlich entsprang diese tierheilkundliche Ambition zunächst nicht ethischer Verpflichtung. Ein Denken im Interesse des Tieres, Tierliebe und Tierschutz gar, waren dem Menschen fremd. Reine Zweckmäßigkeitsüberlegungen, auch Verehrung von Göttern und Dämonen sowie Furcht vor ihnen, das Bestreben, diese Mächte günstig zu stimmen, waren Motiv. Erst allmählich dann ließ das Zusammenleben mit den Tieren über das rein Materielle, über das Mythisch-Religiöse hinausgehende emotionale Bindungen entstehen und wachsen. Vor allem zu den Jagd- und Kampfgefährten, die teils auch Hausgenossen wurden, mag sich nach und nach geistig-seelische Kommunikation herausgebildet haben, in Europa vor allem zum Hund und später auch zum Pferd.

Bei der Darstellung der Anfänge tierheilkundlichen Denkens und Handelns ist der Historiker weitestgehend auf Analogieschlüsse angewiesen, spielten sie sich doch in vorgeschichtlicher Zeit ab, über die nur archäologische Funde spärlich berichten. Auch späteres Quellenmaterial anderer Art aus der Frühgeschichte liefert noch kein geschlossenes Geschichtsbild menschlichen Lebens, und so weisen nur vereinzelte Zeugnisse vergangenes tierheilkundliches Handeln nach. Immerhin aber wissen wir von dem Sumerer URLUGALEDINNA, den wir schon als Tierarzt bezeichnen dürfen und der um 2050 v. Chr. lebte. Er führte in seinem überlieferten Siegel mehrere Symbole, die eindeutig auf sein Wirken als Tiergeburtshelfer hinweisen, was auch Bestandteile seines Namens andeuten. Aus etwa dieser Zeit stammt ferner der älteste uns bekannte tierärztliche Text, der *Veterinärpapyrus von Kahun,* eine altägyptische Quelle also. Während uns dieses nur als Text-Fragment erhaltene Schriftstück aber den vollen ursprünglichen Inhalt des Papyrus nicht preisgibt, zeigen überlieferte bildliche Darstellungen wiederum eindeutig tierärztliches Handeln. Vor 4000 bis 4500 Jahren in ägyptischen Gräbern geschaffene Reliefs haben wiederholt menschliche Geburtshilfe bei der Kuh zum Thema. Dabei ist sozialgeschichtlich bemerkenswert, daß der Tierarzt als Anweisungen gebender Herr dargestellt ist, während die eigentliche Geburtshilfe von einem Helfer verrichtet wird, worauf auch die hieroglyphische Beischrift hindeutet: *Hirt! Sei vorsichtig beim Herausgleitenlassen!*

Diese und ähnliche Zeugen aus längst vergangenen Tagen geben deutlich Kunde von tierärztlichem Handeln damals. Doch lassen sie nicht eindeutig erkennen, ob hier die allgemeine Verantwortlichkeit für die Herden auch deren tierärztliche Betreuung umfaßte oder ob Tierärzte im Haupt- und alleinigen Berufe diese Aufgabe wahrnahmen. Aber wie dem auch sei – und es war gewiß nicht einheitlich an allen Orten in all jenen Jahrhunderten –, den Zusammenhang zwischen Tierheilkunde und Tierzucht belegen sie.
Aus den tausend Jahren des klassischen Altertums liegen uns dann in zunehmender Zahl und Deutlichkeit Zeugnisse tierärztlicher Tätigkeit vor. Auch hier häufig noch Personalunion zwischen Tierarzt einerseits und Tierhalter, Tierzüchter, Landwirt oder Arzt andererseits. Doch es mehren sich die Überlieferungen, die den Tierarzt als Hauptberuf nachweisen, besonders seit dem 1. Jahrhundert n. Chr. Auch gab es tierärztliche Berufsbezeichnungen. So nannte man in der griechischen Welt den Tierarzt meist ἱππιατρός (hippiatros), worunter aber nicht nur der Pferdearzt, sondern auch der Arzt für andere Tiere verstanden wurde. Er war als Hof-, Militär-, Gemeinde- oder Stadttierarzt tätig. Das Römische Reich kannte mehrere Bezeichnungen, was auch damit im Zusammenhang stand, daß es auf verschiedene Bereiche spezialisierte Tierärzte gab: den frei praktizierenden Tierarzt, den Gutstierarzt, den Posttierarzt, den Sport- und Zirkustierarzt und den Militärtierarzt. Man sprach u.a. vom *veterinarius, medicus veterinarius, medicus equarius, medicus pecuarius, medicus pecorum* und *medicus iumentorum,* vom *mulomedicus, mulicurius* und *mulosapiens.* Im stark landwirtschaftlich orientierten Italien mit seiner vorherrschenden Rinderhaltung waren die Tierärzte, zumindest der praktizierende und der Gutstierarzt, natürlich auch in der Tierzucht engagiert. Die Wirtschaft des Römischen Reiches beruhte ja ganz wesentlich auf der Rinderhaltung, weshalb die Griechen vom „Rinderland" sprachen, nach ἰταλός (italos) = taurus = der Stier, also Italien.
Nicht grundsätzlich anders verhielt es sich in den uns ferneren Kulturkreisen, in Indien, China, Japan beispielsweise, doch sollen sie uns hier nicht beschäftigen.

Als 476 n. Chr. das Weströmische Reich zu Ende ging, war das auch das Ende des Altertums, und eine neue Epoche des christlichen Abendlandes zog herauf: das Mittelalter. Hundert Jahre früher hatte bereits die Völkerwanderung begonnen, und als um 900 n. Chr. die Völkerschaften wieder weitgehend zur Ruhe gekommen waren, bestand die einst geschlossene Mittelmeerkulturwelt nicht mehr, sie wurde vom kontinentalen Europa abgelöst. Damit neigte sich das Frühe Mittelalter, gefolgt vom Hohen und vom Späten Mittelalter. Um 1500 dann ist der Übergang zur Neuzeit gekennzeichnet besonders durch Humanismus, Renaissance und Reformation sowie durch die Entdeckung Amerikas. Hat das Mittelalter einerseits, vor allem durch seine Staatenbildung und Kulturleistungen, bis in unsere Zeit ausstrahlende Werte geschaffen, so konnten sich andererseits Naturwissenschaften und Medizin nicht zuletzt wegen der kirchlichen Gebundenheit des Denkens nur wenig weiterentwickeln. In der Tierheilkunde wurde das Wissen der Antike vergessen, ging z.T. ganz verloren, einen tierärztlichen Stand gab es bald nicht mehr. Die Sorge um die Gesundheit der Tiere lag mehr und mehr in den Händen unzureichend oder auch gar nicht ausgebildeter Laien.
Im späteren Mittelalter und in der frühen Neuzeit herrschte auf tierheilkundlichem Gebiet Ambivalenz. Auf dem flachen Lande und in gewissem Grade auch in den

noch wenigen und kleinen Städten oblag die Tierheilkunde hauptsächlich denen, die ohnehin mit Tieren zu tun hatten, also Bauern, Hirten, Schäfern, Kutschern, Hufschmieden und Abdeckern. Sie waren höchst unzureichend für diese Tätigkeit vorbereitet, bestenfalls im Meister-Lehrling-Verhältnis. Doch was konnte ein Älterer dem Jüngeren vermitteln, wenn er selbst keine gediegenen Kenntnisse besaß? Und dieses Fehlen von Tierärzten bedeutet, daß es auch bei der Züchtung von Tieren keine tierärztliche Mitwirkung und Beratung geben konnte.
Anders an den weltlichen und geistlichen Höfen, bei den Stadtverwaltungen und Armeen. Hier war es um die gesundheitliche Betreuung der Pferde und anderen Einhufer etwas besser bestellt. Vor allem die Pferde der höfischen und städtischen Marställe sowie der Armeen waren für den Transport von Menschen und Sachen, für die Repräsentation, für Jagd und Spiel, für Kampf und Krieg unentbehrlich. Den Pferdehaltungen standen Stallmeister vor. Sie besaßen eine gewisse Bildung, waren des Lesens und Schreibens kundig und entstammten häufig dem Adelsstande. Auf Grund ihrer Tätigkeit verfügten sie über einen – wenn auch unterschiedlichen – hippologischen Erfahrungsschatz. Verschiedentlich wirkten sie auch auf diesem Gebiet schriftstellerisch. Sie waren für alles verantwortlich, was den ihnen anvertrauten Tierbestand betraf, ihnen unterstand das Stallpersonal. Die Aufsicht über das Sattelzeug, die Geschirre und den Fuhrpark gehörte ebenso zu ihren Aufgaben wie alles, was zur Haltung der Tiere, in erster Linie der Pferde, gehörte: Fütterung und Pflege, Ausbildung und Einsatz, Gesundheitsfürsorge und Krankheitsbehandlung, Zucht und Aufzucht. Hier trafen sich also die tierheilkundlichen und die tierzüchterischen Tätigkeiten wieder in einer Person. Darüber kann man in den auf uns gekommenen Schriften der Stallmeister nachlesen. Diese Werke sind der allgemeinen Pferdekunde ebenso wie der Reitkunst, der Roßarznei gleichermaßen wie der Pferdezucht gewidmet. Einmal nehmen sie sich dieses, ein anderes Mal jenes Themas ausführlicher an. Zuweilen behandeln sie auch ausschließlich nur eines der Gebiete, so etwa die Stuterei oder die Pferdeheilkunde. Entsprechend der Bedeutung der Stallmeister und ihrer Schriften führt diese Epoche der Tiermedizin die Bezeichnung *Stallmeisterperiode*.
Doch den Berufsstand des Tierarztes verkörperte der Stallmeister nicht, zumal er auch zumeist die praktischen tierheilkundlichen Tätigkeiten nicht selbst verrichtete. Dafür waren die ihm unterstellten Kur- und Reitschmiede zuständig. Einige dieser Leute erwarben – meist weitgehend autodidaktisch – beachtliche Kenntnisse, gemessen am Wissensstand der Zeit. Sie führten später sogar verschiedentlich den Titel eines Hof- oder Oberhofroßarztes.
Diese Verhältnisse dominierten noch im 18. Jahrhundert. Aber in dessen zweiter Hälfte bahnten sich grundsätzliche Änderungen an.
Das Jahrhundert war in Europa beherrscht von der Aufklärung, die vernunftmäßiges Denken und Handeln als eigentlichen Kern menschlichen Seins ansah. Sie bewirkte eine Neuorientierung in vielen Lebensbereichen. Auf wirtschaftlichem und gesellschaftlichem Gebiet bahnten sich Wandlungen an, die in der zweiten Hälfte des Jahrhunderts dann auch zu den später in Parallele zur Französischen Revolution als *Industrielle* und als *Landwirtschaftliche Revolution* bezeichneten Neuerungen führte. Die landwirtschaftlichen Betriebs- und Produktionsmethoden wurden modernisiert und rationalisiert. Der Wert der Tierbestände war nicht mehr wie bislang in erster Linie in ihrer Bedeutung als Düngerproduzenten begründet. Zwar nahm diese Bedeutung noch zu, weil der intensivierte Ackerbau mehr und

bessere Düngung erforderte. Aber jetzt wurden sie auch als Arbeitskräfte sowie besonders als Quellen tierischer Nahrungsmittel und Lieferanten von Rohstoffen immer bedeutungsvoller. Während nämlich bis dahin eine vorwiegend ländliche, seit Jahrhunderten stagnierende Bevölkerung, die im Laufe des Dreißigjährigen Krieges sogar zurückgegangen und nur allmählich wieder auf den alten Stand gekommen war, mit pflanzlichen und tierischen Nahrungsmitteln versorgt werden mußte, galt es jetzt, die Ernährung von immer mehr Menschen sicherzustellen, die in den an Zahl und Größe wachsenden Städten lebten. Die Bevölkerungszunahme hatte ihre wesentlichen Gründe in einer auch das Eherecht umgestaltenden allgemeinen Liberalisierung sowie in einer auf Wachstum gerichteten Bevölkerungspolitik der merkantilistischen Regierungen. Man brauchte Menschen, einerseits als Arbeitskräfte in den an Bedeutung gewinnenden Gewerben sowie in der entstehenden und rasch sich entfaltenden Industrie, und andererseits als Soldaten.
Der sich seit dem Westfälischen Frieden in Europa außer in England und Polen immer stärker ausbildende fürstliche Absolutismus brachte nämlich die Aufstellung starker stehender Heere anstelle der bisherigen Söldnerarmeen mit sich. Diese Heere bestanden aber nicht allein aus Menschen, vielmehr waren Pferde in großer Menge und hoher Qualität Voraussetzung für Beweglichkeit und Schlagkraft; und im Troß wurden große Schlachtviehherden als lebender Proviant mitgeführt. Wertvolle Pferde in beachtlicher Zahl brauchten die fürstlichen, städtischen, bischöflichen und anderen Marställe. Pferde wurden in verstärktem Maße von der Landwirtschaft, auch von Industrie und Gewerbe, beispielsweise im Bergbau, und vom Transportwesen benötigt. Doch an Pferden, vor allem an guten und leistungsfähigen, mangelte es. In Preußen z. B. kannte man noch keine geregelte Landespferdezucht. Es bestanden nur einige kleinere Gestüte bei Hofe oder in Privathand, in denen man edle Reit- und Kutschpferde in verhältnismäßig kleiner Zahl, nicht aber die dringend benötigten Gebrauchspferde zog. Die Bauern trieben gar keine planmäßige Pferdezucht, sie ließen ihre Stuten auf der Weide im freien Sprung belegen. Die Nachteile liegen auf der Hand: keine Erbgutauswahl, zu frühe Zuchtnutzung junger Stuten, Fohlensterblichkeit, leistungsmindernde Krankheiten. Erst FRIEDRICH WILHELM I. unternahm gleich im Jahre seines Regierungsantritts 1713 Versuche, die Pferdezucht zu fördern. Eine durchgreifende Besserung der Verhältnisse wurde aber weder von ihm noch von seinem Sohn und Nachfolger FRIEDRICH II. erreicht, offenbar weil man nicht genügend Mittel bewilligte. Erst FRIEDRICH WILHELM II. gründete Landgestüte und leitete damit die Hebung der Pferdezucht durch Schaffung einer eigentlichen Landespferdezucht ein (s. S. 453).
Durch diese und manche anderen Entwicklungen und Neuerungen gewannen Zucht und Haltung von landwirtschaftlichen Nutztieren und Pferden wesentlich an Bedeutung. Damit aber wurde die Gesundheit der Tiere für Züchter und Halter wie auch für die Volkswirtschaft zu einem ausschlaggebenden Faktor. Das allein schon hätte genügt, ein Verlangen nach tiefgreifender Verbesserung der Tiergesundheitsfürsorge zu begründen. Jedoch das Verlangen wurde zum dringenden Erfordernis, weil sich seit Beginn des Jahrhunderts wieder einmal Tierseuchen, allen voran die Rinderpest, verlustreich unter den Tierbeständen Europas ausbreiteten. In einer Unzahl von Verordnungen, Erlassen und Berichten wird auf die von den Tierseuchen ausgehenden Gefahren und die Notwendigkeit der Bekämpfung eindringlich hingewiesen. Selbst höchste Stellen nahmen sich dieses Problems an. So heißt es in einem Tierseuchenerlaß MARIA THERESIAS von 1753, *daß die leidige Vieh-Seuche*

fast unaufhörlich fürdaure, an mehreren Orten aber sehr grossen Schaden . . . verursachet habe. Die schweren Belastungen durch die Seuchen gehen beispielsweise auch aus einem Bericht hervor, den der Feldmarschalleutnant Freiherr DE LA REINTRIE 1763 dem Wiener Hofkriegsrat erstattete und in dem er feststellte, *daß öfters durch eine Contagion das Land in betrübtere Umstände als durch den schwersten Krieg versetzt wird.* Doch man war ohne Tiermedizin, ohne Tierärzte machtlos dagegen, soviel man auch bemüht war, ihr Auftreten zu verhüten, ihre Ausbreitung einzudämmen, ihre Schadwirkung in Grenzen zu halten und eine wirksame Therapie zu finden. Das zeigt abermals in aller Deutlichkeit die Wechselwirkung zwischen Tierzucht und Tiermedizin: Die in ihrer Bedeutung wachsende, von der Tierzucht getragene Tierhaltung kommt ohne Tierärzte nicht mehr aus, die neuzeitliche Tiermedizin bekommt wichtige Entstehungs- und Entwicklungsimpulse von Tierzucht und Tierhaltung.

In der zweiten Hälfte des 18. Jahrhunderts zog man dann die folgerichtige Konsequenz, indem man innerhalb kurzer Zeit in den europäischen Ländern eine ganze Anzahl Schulen zur Ausbildung von Tierärzten gründete. Daß bei diesen Gründungen tatsächlich die Tierseuchen eine wesentliche Rolle gespielt haben, belegen Verlautbarungen wie die von FRIEDRICH WILHELM II., der als Aufgabe der Berliner Tierarzneischule u. a. festlegte, . . . *die im Lande wütenden Tierseuchen zu bekämpfen.* Auch die Münchner Tierarzneischule wurde zur Heranbildung des für die Tierseuchenbekämpfung fehlenden Personals gegründet. Und die Tierarzneischule in Dresden entstand *mit Rücksicht auf die Hornviehseuche.* Der Beispiele gibt es mehr (s. auch S. 485).

Die für diese Schulen verantwortlichen Staatsbeamten waren verschiedentlich hochstehende Stallmeister, also Männer, die u.a. der Pferdezucht verbunden waren. So in Hannover der Oberstallmeister VON MARENHOLTZ und der Vizeoberstallmeister VON DEM BUSSCHE, in Dresden der Oberstallmeister Graf VON LINDENAU, Vater, und in Berlin der Oberstallmeister Graf VON LINDENAU, Sohn. Auch als Leiter und Lehrer dieser neuen Institutionen wurden häufig mit der Tierzucht mehr oder weniger vertraute Männer gewonnen. Gründer und Leiter der ersten Tierarzneischule überhaupt in Lyon (1762) war der Chef der dortigen Reitakademie CLAUDE BOURGELAT. Der Direktor der ersten Wiener Tierarzneischule (1767) LUDWIG SCOTTI war zu seiner Zeit der bekannteste und berühmteste Tierarzt Österreichs, zugleich aber ein Kenner sowie Förderer und Organisator der Pferdezucht par excellence. Der Direktor der zweiten Wiener Tierarzneischule, welche die Aufgaben der ersten ab 1776/77 weiterführte, JOHANN GOTTLIEB WOLSTEIN, ebenfalls ein erfahrener, erfolgreicher und berühmter, dazu ein *philosophischer* Tierarzt von umfangreicher Bildung, hatte in England die Pferde- und Schafzucht kennengelernt sowie in Dänemark Gestüts-Studien betrieben (s. auch S. 103). Auch im Falle des Tierarztes AUGUST CONRAD HAVEMANN, Gehilfe des Direktors JOHANN ADAM KERSTING an der 1778 gegründeten Tierarzneischule in Hannover, war die Verbindung zwischen Tierheilkunde und Tierzucht auffallend. Am Unterricht zu KERSTINGS Lebzeiten wenig beteiligt, tat er hauptsächlich zunächst als Hofmarstall-Pferdearzt und später als Gestütsmeister Dienst. Seine Erfahrungen fanden einen Niederschlag in der von ihm geschriebenen *Anleitung zur Beurteilung des äußeren Pferdes, in Beziehung auf dessen Gesundheit und Tüchtigkeit zu verschiedenen Diensten.* Daß er in diesem Buch auch auf die Gesundheit abgehoben hat, zeigt einmal mehr die Verzahnung der beiden Gebiete. ERIK NISSEN

VIBORG, ab 1801 nach dem Tode des Schulgründers PETER CHRISTIAN ABILDGAARD Vorstand der Kopenhagener Tierarzneischule, machte während seiner Ausbildung der Gepflogenheit seiner Zeit gemäß mit staatlicher Unterstützung eine mehrjährige Studienreise in das europäische Ausland, die ihn nicht nur zu Tierarzneischulen und Marställen, sondern auch in Gestüte, Schäfereien u.a. führte.

Diese Beispiele mögen genügen, um zu zeigen, daß in der neuzeitlichen Tierheilkunde gleich von Anbeginn Tierzuchtfragen vielfach zur Ausbildung und zu den Aufgaben der tierärztlichen Lehrer und damit der Tierärzte gehörten.

So kann es auch nicht überraschen, daß Tierärzte schon damals Autoren einschlägiger Publikationen waren. VIBORG verfaßte 1792 eine Anleitung zur verbesserten Schafzucht, 1800 eine Geschichte der dänischen Pferdezucht und 1821 eine Schrift über das Exterieur des Pferdes. SCOTTI schrieb *Über die Pferdezucht.*

Die Verbindung Tierzucht/Tierheilkunde schlug sich auch in den Lehrplänen der Tierarzneischulen nieder. Wie beispielsweise der Lehrplan für das Wintersemester 1778/79 ausweist, gab es in Hannover seit Anbeginn das Unterrichtsfach *Von der äußeren Kenntnis des Pferdes und dessen Alter*, also die für den Züchter wichtige Lehre vom Exterieur. Im Wintersemester 1791/92, als der ehemalige Gestüter HAVEMANN Direktor war, verzeichnete der Lehrplan bereits *Pferdezucht und Gestütswesen und die Behandlung der Füllen und der jungen Pferde.* Allgemeine Themen wie Tierzuchtlehre, Exterieur und Gestütskunde sowie später auch speziellere Fragestellungen aus der Tierzucht sind dann bis zur Gegenwart Lehrgegenstände an den tierärztlichen Bildungsstätten geblieben (s. auch S. 459).

Was Wunder, daß zahlreiche Tierärzte auch in der Tierzucht tätig waren und sind. Das reicht von der Beratung durch den Hoftierarzt über die Mitgliedschaft in Remontierungs- und Körkommissionen, die Mitarbeit in Verbänden und Gremien, die Tätigkeit in Verwaltungs- und Regierungsstellen bis hin zu den Spitzenpositionen der Tierzucht, wie etwa der eines Landstallmeisters. Stellvertretend für viele sei eine der verdienstvollsten Persönlichkeiten der jüngeren tierärztlichen Geschichte genannt, die sich auch in der Tierzucht hohes Ansehen erwarb: LYDTIN. Als er 1917 verstorben war, rühmte die Deutsche Landwirtschafts-Gesellschaft: *Die Geschichte der DLG und der deutschen Tierzucht legt auf jedem Blatt Zeugnis ab von seinem schöpferischen Wirken* (s. auch S. 503).

Die unmittelbare Mitwirkung des Tierarztes in der Tierzucht war schon im vorigen Jahrhundert selbstverständlich. Bekanntlich wurde zur Hebung der Tierzucht die Körung eingeführt, also die Auswahl bestimmter männlicher Tiere als zuchtgeeignet, die dann ausschließlich als Vatertiere Verwendung finden dürfen. Körordnungen für Hengste wurden in Preußen schon um die Mitte des 18. Jahrhunderts erlassen, wie beispielsweise 1755 in Ostfriesland. In der zweiten Hälfte des 19. Jahrhunderts, hauptsächlich während der letzten beiden Jahrzehnte, regelte Preußen die Hengstkörung durch Polizeiverfügungen. In diesen Körordnungen wurde festgelegt, daß den Körkommissionen oder den Schauämtern Tierärzte, möglichst solche in beamteter Stellung, angehören sollten, oder daß sie zumindest zu den Körterminen zuzuziehen waren. In ähnlicher Weise wirkten Tierärzte in den Bullenkörkommissionen, und sie waren Mitglieder in landwirtschaftlichen Vereinen, nicht zuletzt mit dem Ziele, die Rinderzucht zu heben. Auch die Mitgliedschaft des – meist beamteten – Tierarztes in Eberkörkommissionen war durch Polizeiverordnungen festgelegt. Ebenso war die Mitarbeit von Tierärzten bei Belangen der Zucht anderer Tierarten gang und gäbe (s. auch S. 141).

Schon diese wenigen Beispiele zeigen, daß im 19. und 20. Jahrhundert das Tierzuchtwesen durch zahlreiche Gesetze, Verordnungen, Verfügungen, Erlasse u. a. m. staatlich beeinfluß und geregelt war. Um diese nicht zuletzt aus der politischen Gliederung der deutschen Lande resultierende Vielfalt abzubauen, wurde 1936 als reichseinheitliche Regelung das *Gesetz zur Förderung der Tierzucht* erlassen. Ihm folgte 1949 auf Bundesebene das *Gesetz über Maßnahmen auf dem Gebiete der tierischen Erzeugung (Tierzuchtgesetz),* zu dem dann von den Bundesländern Durchführungsverordnungen erlassen worden sind. Ausführlich ist darüber an anderer Stelle berichtet (s. S. 174). Hier geht es um die gesetzliche Regelung der hergebrachten Mitwirkung des Tierarztes in der Tierzucht auch durch diese Vorschriften. So schreibt der § 2 des Tierzuchtgesetzes vor, daß die obersten Landesbehörden zuständige Stellen für die Körung der männlichen Tiere zu bestimmen haben. In den hierauf beruhenden Verordnungen ist nun auch festgelegt worden, daß den Körämtern, Körstellen, Körkommissionen und Körausschüssen Vertreter der Veterinärverwaltungen, ministeriell zu bestellende beamtete Tierärzte und die örtlich zuständigen beamteten Tierärzte als Mitglieder angehören. Weiter wird festgelegt, daß die Gesundheit der angekörten Tiere ständig vom zuständigen beamteten Tierarzt zu überwachen ist. Andere Verordnungen wiederum betreffen die Regelung der sogen. künstlichen Besamung sowie die Ausbildung von Besamungstierärzten (s. auch S. 176).

Damit ist ein Gebiet berührt, auf dem die Verbindung zwischen Tiermedizin und Tierzucht besonders auffällig ist. Die Wurzeln der instrumentellen Samenübertragung reichen ziemlich weit in die Geschichte zurück. Überlegungen und auch praktische Versuche, die Befruchtung der Eizelle anders als durch den normalen Geschlechtsakt herbeizuführen, sind aus verhältnismäßig früher Zeit auf uns gekommen. Was darüber aus dem Mittelalter berichtet worden ist, dürfte allerdings in das Reich der Sage gehören. Geschichtlich überliefert sind als wahrscheinlich erste zielbewußte, wenn auch erfolglose Versuche die Arbeiten von MALPIGHI und BIBBIENA mit Seidenraupeneiern im 16./17. Jahrhundert. Mit Fischen experimentierten 1725 JACOBI und 1763 VON VELTHEIM. Ihnen gebührt der Ruhm, als erste erfolgreich Samenübertragungen bei Tieren vorgenommen zu haben, doch ihre Arbeiten blieben unbeachtet. Der Abt von Pavia und Forscher SPALLANZANI ging dann gegen Ende des 18. Jahrhunderts einen Schritt weiter: er arbeitete mit Säugetieren. Durch Samenübertragung erreichte er 1780 die Trächtigkeit einer Hündin und die Geburt gesunder Welpen. Ungläubig stand er selbst vor seinem Erfolg: . . . *mein Geist, übervoll der Verwunderung und des Staunens, kann nicht an die Zukunft dessen denken, was ich entdeckt habe.* Und doch dachte dieser suchende Geist durchaus in die Zukunft, wenn er durch das Verfahren neue Möglichkeiten zur Erforschung des Fortpflanzungsgeschehens und zur Hybridzucht eröffnet sah. Überlegungen und Versuche, die Samenübertragung auch beim Menschen anzuwenden, führten zu widerstreitenden Meinungen in erster Linie bei Medizinern und Theologen. Sie gipfelten 1897 in einer päpstlichen Bulle, die nicht nur die praktische Anwendung bei der Frau, sondern jede Beschäftigung mit dieser „unmoralischen" Tätigkeit überhaupt verbot. Sicherlich hat sich das auch hemmend auf die Weiterentwicklung des Verfahrens bei Tieren ausgewirkt (s. auch S. 407).

Dennoch haben Vertreter der damals noch jungen Veterinärmedizin die vielfältigen Möglichkeiten und Chancen für die Tierzucht erkannt. Eine Denkschrift des französischen Tierarztes RÉPIQUET, die er 1885 an die Académie vétérinaire sandte und mit der er schon auf die durch die Samenübertragung gebotenen Möglichkeiten der Hybridisierung, der erweiterten Einsetzbarkeit guter Vatertiere und der Unfruchtbarkeitsbekämpfung aufmerksam machte, gelangte zwar zufolge des Streites der Meinungen um das Für und Wider nicht an die Öffentlichkeit. Doch hat offenbar unter seinem Einfluß in Rußland 1888 der Magister der Tiermedizin CHELCHOWSKY die Samenübertragung beim Pferd versucht. Nach diesen beiden befaßten sich bis heute zahlreiche Tierärzte mit diesem noch lange heftig umstrittenen Zuchtverfahren, doch nicht alle können genannt werden. Stellvertretend für die tierärztlichen Vorkämpfer dieser heute nicht mehr wegzudenkenden Methode sollen noch die Namen LIEDEMANN, LUND, IVANÓV, LAGERLÖF und GÖTZE stehen, von denen letzterer **der** Pionier der Haustierbesamung in Deutschland ist. Die mit der Samenübertragung zusammenhängenden Fragen wurden an den tierärztlichen Lehr- und Forschungsstätten intensiv bearbeitet, speziell damit befaßte Universitäts- und Hochschulinstitute entstanden, enge Kooperation mit Landwirtschaft und Tierzucht bei der Gründung von Besamungsgenossenschaften und -stationen erwies sich als äußerst nutzbringend. Beide Seiten – Tierzucht und Veterinärmedizin – brachten ihre Sicht der Probleme, ihre Interessen, ihre Grundlagenkenntnisse in die gemeinsamen Anstrengungen ein: die Tierärzte Fragen der Unfruchtbarkeits-, der Deckinfektionsbekämpfung, der Fortpflanzungshygiene überhaupt, die Tierzüchter Bestrebungen zur Erbgutoptimierung, Leistungsverbesserung, Rationalisierung und Wirtschaftlichkeit. Diese Zusammenarbeit ist noch heute Grundlage bei der Anwendung und Weiterentwicklung des Verfahrens. Und sie wird es bleiben.

Ganz Ähnliches gilt – um nur noch zwei Beispiele für direkte züchterische Kooperation zwischen Tierzucht und Tiermedizin zu nennen – für die Brunstsynchronisation und die Eitransplantation, verhältnismäßig junge Arbeitsgebiete, die darum noch nicht Gegenstand der Betrachtung des Historikers sein sollen.

Neben diesen unmittelbaren Tätigkeiten des Tierarztes in der Tierzucht haben tierärztliche Wissenschaft und Praxis aber stets noch vielfältigen mittelbaren, nicht sofort ins Auge fallenden Bezug zu ihr gehabt.

Wie schon gezeigt werden konnte, vollzogen sich die Landwirtschaftliche Revolution und die anfängliche Entwicklung der neuzeitlichen Veterinärmedizin etwa zur selben Zeit. Auf beiden Gebieten wurden in zunehmendem Maße wissenschaftliche Erkenntnisse nutzbar gemacht. Wenn auch die Tierheilkunde zunächst noch traditionsgemäß und in Ermanglung besseren Wissens weitgehend handwerksmäßig ausgeübt wurde, so ist doch schon in den ersten Jahrzehnten des Bestehens der tierärztlichen Lehrstätten bei deren Lehrern ein deutliches, ständig zunehmendes Bestreben zu beobachten, durch Forschung die Zusammenhänge des Lebens und des Krankheitsgeschehens beim Tier aufzudecken. Etwa die Mitte des 19. Jahrhunderts markiert dann den Durchbruch, die Wende von der handwerklichen Tierheilkunde zur wissenschaftlichen Veterinärmedizin. Ganz ähnlich verlief die Entwicklung der Landwirtschaft und damit auch die der Tierzucht. Eine nahezu zwangsläufige Folge dieser Parallelentwicklung sowie der in weiten Bereichen gleichgerichteten Zielsetzung war die erwähnte Einführung tierzüchterischer Lehrveranstaltungen und die spätere Gründung von Forschungseinrichtungen für Tierzucht an den tierärztlichen Bildungsstätten einerseits, wie auch die Schaffung tierärztlichen Unterrichts und tierärztlicher Institute an den landwirtschaftlichen Hochschulen und Fakultäten andererseits. Auf dieser Basis ergaben und ergeben sich nun ständig über die unmittelbaren züchterischen Kontakte hinaus weitere Berührungspunkte. Eigentlich haben die meisten, wenn nicht alle tierärztlichen Gebiete irgendwie – teils sehr direkt, teils mehr entfernt – Einfluß auf die Tierzucht, oder aber sie werden von ihr beeinflußt. Davon soll anschließend die Rede sein. Doch auch hierbei müssen einige Beispiele zur Verdeutlichung genügen.

Bekanntlich waren im 18. Jahrhundert Tierseuchen eines der Hauptprobleme der sich herausbildenden und immer mehr verfeinerten systematischen Tierzucht; denn wie sollte man diese auf- und ausbauen, wenn die Tierbestände immer wieder von Seuchen befallen, dezimiert oder gar vernichtet wurden? U. a. deshalb gehörten die Tierseuchen auch zu den wesentlichen Gründen für die Schaffung tierärztlicher Bildungsstätten. Was Wunder, daß den ersten Leitern und Lehrern dieser Institutionen – teils auch schon vor Übernahme dieser Position – vielfach Aufgaben in der Tierseuchenbekämpfung übertragen waren.

So wurde ABILDGAARD, der nachmalige Gründer der Tierarzneischule in Kopenhagen, 1766 beauftragt, im Lande die *Rinderpest* zu bekämpfen. Zwei Jahre hat er dieser Aufgabe gewidmet. Auch von BOURGELAT ist bekannt, daß er den Tierseuchen große Aufmerksamkeit widmete und seine Schüler zu deren Bekämpfung einsetzte. Obzwar diese Seucheneinsätze schon bei den Zeitgenossen arg umstritten waren, so stellen sie doch unter Beweis, welche Aufmerksamkeit die Öffentlichkeit den Tierseuchen zollte: der auf seinen Nimbus sehr bedachte BOURGELAT nutzte geschickt die Möglichkeit, mittels der die Gemüter bewegenden Tierseuchen auf sich und seine Schulen in Lyon und Alfort aufmerksam zu machen. Beredtes Zeugnis vom Einsatz der Tierarzneischullehrer bei der so wichtigen Tierseuchenbekämpfung legt SCOTTIS Schrift *Berichte, Behandlungs- und Vorbeugungsanweisungen über diverse Hornvieh- und Pferdeseuchen* ab. Von WOLSTEIN sind Gutachten zum Thema Tierseuchen und sein Buch von 1781 *Anmerkungen über die Viehseuchen in Oesterreich* auf uns gekommen. KERSTING hat im Jahre 1756 eine Handschrift über den *Maleus* geschrieben, 1766 sanierte er den Universitätsreitstall in Göttingen von dieser unter dem Namen *Rotz* bekannten Einhuferseuche, und 1774 publizierte er *Erfahrungen über die Heilung des Rotzes bei Pferden*. Zwei Jahre später wurde ihm von der kurhessischen Regierung der Auftrag zuteil, in der Grafschaft Schaumburg die *Rinderpest* zu studieren und zu bekämpfen. Damals veröffentlichte er in Rinteln ein Büchlein *Patriotischer Unterricht vor den Landmann, wie er der jetzo grasirenden Viehseuche mit Nutzen vorbeugen könne.*

Später, während seiner Dienstjahre in Hannover, wurde er immer wieder bei Seuchenausbrüchen hinzugezogen und an den Ort des Geschehens gesandt, wie beispielsweise 1779 nach Mecklenburg. Auch HAVEMANN wurde zur Tierseuchenbekämpfung und -abwehr eingesetzt. So studierte er im Auftrag der oldenburgischen Regierung 1797 in Holland die *Rinderpest,* kämpfte im selben Jahr im eigenen Land mit Impfungen dagegen und wirkte auch 1813 bei der Tilgung dieser Seuche wesentlich mit. 1805 war er erfolgreich an der Bekämpfung der *Brustseuche der Pferde* beteiligt, 1815 diagnostizierte er im Lande Wursten den *Maleus* und organisierte die Sanierung der Bestände, 1819 wurde er wegen der seit Jahren im Hannoverschen grassierenden *Lungenseuche der Rinder* konsultiert. Als letztes dieser Beispiele sei die Einsetzung des Arztes und Tierarztes WILL 1786 in Bayern als oberster – und einziger(!) – Tierarzt erwähnt. Er führte den Titel eines Medizinalrates und hatte die Aufgabe, im Lande die Viehseuchen zu bekämpfen.

Doch dazu fehlte ihm jegliches geeignete Personal. Um dem abzuhelfen, ordnete der Kurfürst 1790 die Errichtung einer Tierarzneischule in München an. Und dabei ist im hier besprochenen Zusammenhang besonders die Begründung . . . *um den einbrechenden Viehseuchen zu steuern, hierdurch aber die Viehzucht zu bessern* . . . beachtenswert.

Es hieße Eulen nach Athen tragen, wollte man besonders ausführlich hervorheben, daß die eine der Wurzeln unserer neuzeitlichen Veterinärmedizin – die Abwehr der Tierseuchengefahr also – auch ihre Domäne geblieben ist. Allerdings hat es noch fast ein Jahrhundert währende standespolitische Kämpfe gekostet, bis der Tierärzteschaft die volle und alleinige Verantwortung für die Tierseuchenbekämpfung zuerkannt wurde. Das geschah durch das 1875 in Kraft getretene preußische *Viehseuchengesetz*. Dieses erste Gesetz seiner Art überhaupt begründete auch das öffentliche Veterinärwesen und damit die offizielle Geltung des tierärztlichen Berufes im Staate. Nur fünf Jahre waren ins Land gegangen, als dieses sorgfältig erarbeitete, nahezu musterhafte Gesetz 1880 fast wortgetreu als *Reichsgesetz zur Abwehr und Unterdrückung von Viehseuchen* in Kraft trat. Der unschätzbare Nutzen, welcher der landwirtschaftlichen Tierhaltung, insbesondere den wertvollen Zuchtbeständen, durch die nun reichseinheitliche Tierseuchenbekämpfung mit ihrer eindeutigen Kompetenz-Zuweisung an die Tierärzteschaft erwuchs, liegt auf der Hand. Das Gesetz von 1880 wurde dann 1909 vom *Viehseuchengesetz* abgelöst. Seither hat sich eine umfassende, immer wieder den Zeitgegebenheiten angepaßte Tierseuchengesetzgebung entwickelt, ein bis heute immer mehr verfeinertes Instrumentarium, das es erlaubt, allen sich abzeichnenden Tierseuchengefahren wirksam entgegenzutreten – zum Segen für Tierzucht und -haltung, zum Schutze der Volksgesundheit und zur Verhütung volkswirtschaftlicher Schäden. Über seine eigentliche Aufgabe hinaus brachte das Gesetz für die deutsche sowie die Tierzucht derjenigen Länder, die ähnliche Gesetze erließen, aber noch einen weiteren Vorteil: es bot die Möglichkeit, die Grenzen gegen Vieheinfuhren abzuschließen.

Außer dieser gesetzlich, also staatlich geregelten Tierseuchenbekämpfung gibt es auf diesem Gebiet aber auch Beispiele erfolgreicher freiwilliger Zusammenarbeit zwischen Veterinärmedizin einerseits sowie Tierzucht und Tierhaltung andererseits. Erwähnt sei die Bekämpfung der *Tuberkulose,* des *Seuchenhaften Verkalbens (Abortus Bang)* und der *Leukose.* Ein Blick auf den Verlauf der *Tuberkulose-Tilgung* mag diese Form des Zusammenwirkens verdeutlichen.

Die *Tuberkulose,* seit dem Altertum eine der gefürchtetsten Seuchen des Menschen, hatte bis in die Mitte unseres Jahrhunderts nichts von ihrem Schrecken verloren. Sie zählte zu den häufigsten Todesursachen. Natürlich hatte es nicht an Versuchen gefehlt, ihrer Herr zu werden. Doch bis zur Entdeckung der Tuberkelbakterien 1882 durch ROBERT KOCH war man völlig machtlos dagegen. Jetzt erst bestand berechtigte Hoffnung, diese Krankheit unter Kontrolle zu bekommen; zahlreiche Versuche dazu wurden unternommen. Dabei spielte die Erkenntnis eine große Rolle, daß diese Anthropozoonose bedeutungsvolle Reservoire in den Haustier-, insbesondere Rinderbeständen hatte. Also galt es, diese als Infektionsquellen auszuschalten. Nachdem verschiedene staatliche und private Maßnahmen zur Erreichung dieses Zieles nicht zum Erfolg geführt hatten, wurde in der Bundesrepublik Deutschland 1952 ein neuartiges freiwilliges Bekämpfungsverfahren in Angriff genommen. Es bestand in der Ermittlung der tuberkulös infizierten Rinder mittels der von Tierärzten durchgeführten intrakutanen Tuberkulinprobe, der Ausmerzung dieser Tiere und der tuberkulosefreien Nachzucht. Obwohl dieses Tilgungsverfahren staatlich gefördert wurde, verlangte es von den Rinderzüchtern und -haltern große wirtschaftliche Opfer. Doch innerhalb von 10 Jahren gelang es durch gemeinsame Anstrengungen von Veterinärmedizin und Landwirtschaft, die *Rindertuberkulose* in unserem Land unter Kontrolle zu bekommen: am 31. 12. 1961 waren 99,7 % der Rinderbestände mit 99,6 % der Rinder amtlich als tuberkulosefrei anerkannt.

Liegen bei den bisher dargestellten Beispielen die Beziehungen zwischen Tierzucht und Tiermedizin noch verhältnismäßig eindeutig offen, so gibt es auch andere Zusammenhänge und Abhängigkeiten, die nicht ohne weiteres auf den ersten Blick hervortreten. Das gilt u. a. für das weite Feld der tierärztlichen Lebensmittelwissenschaften. Einige Hinweise mögen das verdeutlichen.

Mit der seit dem 18. Jahrhundert ständig intensiveren Nutzung des Rindes als Milchlieferant gewannen Milchleistung, Eutergesundheit, Melkbarkeit und Milchhygiene immer mehr an Bedeutung.

Die Milchleistung des Einzeltieres zu steigern, war ein wichtiges Ziel der Züchter und ist es wohl auch heute noch. Vor allem galt es, die Bevölkerung, die insbesondere bis 1900 immer schneller zunahm, mit Milch zu versorgen. Noch 1951 hat der namhafte tierärztliche Wissenschaftler GÖTZE auf die trotz gewaltiger Erzeugung den Inlandsbedarf nicht deckende, also unzureichende Milchproduktion in der Bundesrepublik Deutschland hingewiesen. Doch es stellte sich heraus, daß das übernormal entwickelte Euter der Hochleistungskuh auch übermäßig krankheitsanfällig geworden war. Das veranlaßte GÖTZE bei aller Anerkennung der züchterischen Glanzleistung zu der Mahnung, *daß der Züchter bei der Zuchtwahl nicht allein die Erbanlagen zur Leistung, sondern in gleicher Weise und mit gleicher Energie die Erbanlagen des Anpassungsvermögens, d. h. einer lebenstüchtigen Form und Funktion,* berücksichtigen solle. Zur umfassenden Bekämpfung der Euterentzündungen forderte er *Umwelthygiene* einschließlich Therapie und *Erbhygiene*. Die erbhygienische Betrachtungsweise des Mastitis-Problems dürfe nicht unterschätzt werden. In diesem Sinne verlangte er die *Ausschaltung der Milchtiere, Jungtiere und Kälber, die bezüglich der Milchdrüse und der Zitzen erbliche Minusvarianten sind, von der Zucht*. Dasselbe habe für diejenigen Bullen zu gelten, *die nachweislich mangelhafte Euter oder Zitzen vererben.*

Die wichtigen Fragen, ob morphologische Merkmale von Euter und Zitze die Entstehung von Mastitiden – also Krankheiten – prädisponieren und ob Exterieurmerkmale des Euters erblich sind, ist vielfach von Tierärzten und Tierzüchtern untersucht und konträr diskutiert worden (u. a. SCHMAHLSTIEG 1956/57, DALICHAU 1959, BOGE 1965, RABOLD und Mitarbeiter 1974). Verschiedentlich ist auch unter Hintansetzung morphologischer und physiologischer Einzelelemente die allgemeine Abwehrbereitschaft des Organismus gegenüber Mastitiden Gegenstand von Untersuchungen und Überlegungen gewesen. Vor allem interessierte dabei, ob es eine erbliche Resistenz gegen die Mastitis gibt. SCHMAHLSTIEG (1960) bejaht diese Frage auf Grund der Angaben in der Literatur. Doch es ist nicht Aufgabe des Historikers, sich in die Diskussion dieser Fragen einzuschalten oder gar Stellung zu beziehen. Es geht vielmehr darum, an dieser Problematik aufzuzeigen, wie eng hierbei Tiermedizin und Tierzucht ineinander verzahnt sind. Euterentzündungen sind eine milchhygienische und wirtschaftliche Belastung. Den Konsumenten in erster Linie vor

Gesundheitsgefährdungen und den Erzeuger vor Verlusten zu bewahren, ist eine der von Züchter und Tierarzt gemeinsam zu lösenden Aufgaben.
Nach dem 2. Weltkrieg, insbesondere seit Beginn der 50er Jahre, hat das Maschinenmelken auch in unserem Lande immer mehr Eingang gefunden. Es bringt unbestreitbare Vorteile. Der Milchproduzent sucht in erster Linie die Arbeitsrationalisierung, der tierärztliche Kliniker die Melkhygiene und der tierärztliche Lebensmittelspezialist die Milchhygiene. Alles das ist zu erreichen, wenn die Voraussetzungen optimal sind, d.h., die Melkmaschine muß technisch den Anforderungen entsprechen, die Maschine muß ordnungsgemäß gehandhabt sowie sorgfältig gewartet werden und die Euter müssen maschinengerecht sein. Spielt die Melkbarkeit des Euters schon beim Handmelken eine beachtliche Rolle, so ist sie beim Maschinenmelken noch bedeutungsvoller, denn trotz perfektester Technik kann sich die Maschine nicht jeder Euterbesonderheit optimal anpassen. *Je mehr also die Melkmaschine zum Einsatz kommt,* hat WITT 1951 gefordert, *um so mehr muß der Züchter es zu seiner Aufgabe machen, das dafür am besten geeignete Euter zu erzüchten.* Und er hat für dieses Euter den Begriff *Melkmaschineneuter* eingeführt. Also auch hier wieder ergänzen sich Tierzüchter und Tierarzt: bringt der Züchter das melkmaschinengerechte Euter hervor, werden neben anderem auch die tierärztlichen Forderungen auf den Gebieten Melk- und Milchhygiene erfüllt. In diesem Sinne sprach ANDREAE 1965 von einem hohen Erblichkeitsgrad der meisten Eutermerkmale. Gleichfalls DACHS hat sich 1958 mit diesen Fragen auseinandergesetzt. Doch auch hier: der Historiker kann und will diese speziellen Fragen nicht erschöpfend behandeln, sondern vielmehr an Beispielen verdeutlichen, wie Tierarzt und Tierzüchter gemeinsam die Forderungen formuliert und deren Realisierung erarbeitet haben.
Wenn im vorhergehenden von der erblichen Disposition des Kuheuters für Mastitiden gesprochen worden ist, so handelt es sich bekanntlich keineswegs um einen Ausnahmefall erblicher Bedingtheit von Erkrankungen. Sehr eindrucksvolle Zusammenhänge ergaben sich beispielsweise auch in der Schweinewirtschaft.
Mitte der 50er bis Anfang der 60er Jahre wurden in zunehmendem Maße Erkrankungen des Bewegungsapparates der Schweine beobachtet und die tierärztlichen Praktiker sowie Kliniken vermehrt damit konfrontiert. Das war die Zeit der Umzüchtung des deutschen veredelten Landschweines, das durch Anpaarung holländischer Schweine innerhalb von 10 Jahren um etwa 8 % länger wurde. Damit sowie mit einer züchterischen Verbreiterung des Rahmens und einer Erhöhung des Fleischanteils im Tierkörper wollte man, der geänderten Verbrauchererwartung *weg vom Fett* folgend, die Fleischleistung des Schweines erhöhen. Die Verlängerung führte aber zu einer Verschiebung der Statik des Tierkörpers und als Folge dessen zu Veränderungen im Skelett bis hin zu den erwähnten Erkrankungen des Bewegungsapparates. Auch die Selektion auf prozentual höheren Fleischanteil am Gesamtkörper war nicht unproblematisch, insofern als sie eine Minderung der Fleischqualität begünstigte. Vorteile auf der einen brachten also Nachteile auf der anderen Seite mit sich. Doch man kann nicht immer auf jene verzichten, um diese zu vermeiden, denn es gibt Zwänge, deretwegen ein bestimmter Weg beschritten werden muß, wie eben die wirtschaftlich notwendige Umzüchtung zum Fleischschwein mit den ihr eigenen Problemen. Es muß dabei aber mit der notwendigen Umsicht, Sachkenntnis und Koordination vorgegangen werden. Dementsprechend verlangte MEYER 1963, *in der Zucht stets auf eine optimale und nicht in jedem Fall*

auf eine maximale Ausprägung der Fleischeigenschaften zu selektieren. Ein eindrucksvolles Beispiel für die *dringende Aufgabe von Tierzucht und Veterinärmedizin,* bei der Anpassung der Landwirtschaft an einen wirtschaftlichen Zwang *helfend mitzuwirken* (COMBERG, 1962). In diesem Sinne haben sich mit diesen Fragen in den 60er Jahren noch zahlreiche andere tierärztliche und tierzüchterische Wissenschaftler auseinandergesetzt, deren etliche von LAUPRECHT, SCHULZE und BOLLWAHN (1967) im Zuge eigener Untersuchungen diskutiert worden sind.
Eine weitere Belastung für Schweinezucht und -mast waren an Rachitis erinnernde, jedoch nicht fütterungsbedingte Krankheitserscheinungen bei Ferkeln. Zunächst rief dieses Krankheitsbild den tierärztlichen Kliniker auf den Plan. Jedoch durch intensive Untersuchungen im klinischen und züchterischen Bereich konnte es als erbliche Kalziumstoffwechselstörung erkannt werden (PLONAIT, 1968; MEYER und PLONAIT, 1968), durch die wiederum Tierzüchter und Tierarzt gemeinsam gefordert waren.
Auf erblicher Krankheitsveranlagung beruhen auch Phänomene wie die akute Rückenmuskelnekrose und die Belastungsmyopathie des Schweines. BICKHARDT und Mitarbeiter (1972) haben ausführlich darüber gearbeitet und die einschlägige Literatur referiert. Dabei handelt es sich im wesentlichen auch um Probleme der Fleischqualität, die in ihrer Abhängigkeit von der Tiergesundheit ebenfalls von SCHULZE (1971b) besprochen worden ist. Er hat an diesem Beispiel die Verflechtung tierzüchterischer und tierärztlicher Belange und Ziele verdeutlicht, wenn er sagt: *Auf jeden Fall ist in der Veterinärmedizin . . . der Hinweis auf die Zusammenhänge zwischen Fleischqualität und vorausgegangener Gesundheit des Tieres gegeben worden. Dieses Band praktisch zu verknüpfen und damit dem Verbraucher wie dem Mäster und am Ende auch dem Züchter zu dienen, ist die Veterinärmedizin aufgerufen.*
Das Gesagte darf nun aber nicht vergessen machen, daß nicht allein erblich bedingte Krankheiten und aus der züchterischen Selektion resultierende unerwünschte Effekte die Schweinezucht vor Probleme stellen. Vielmehr beeinträchtigen beim Schwein ebenso wie bei anderen Tieren eigentlich alle Krankheiten auf diese oder jene Weise den züchterischen Erfolg mehr oder weniger und zwingen Tierzüchter und Tierarzt zur Zusammenarbeit. Diese alltägliche Beobachtung ist auch aus der Geschichte bekannt. Exempli causa sei ein in jüngster Zeit von BOLLWAHN und Mitarbeitern (1970), also gemeinsam von Tierärzten und Tierzüchtern bearbeiteter, auf den ersten Blick nicht züchterisch relevant erscheinender Problemkreis angeführt, der auch 1971(a) nochmals von SCHULZE diskutiert worden ist. Gemeint sind Motilitätsstörungen, deren Form bereits Gegenstand dieser Betrachtungen war. Gleich welcher Genese, mindern sie den Zuchtwert sowohl des Ebers als auch der Sau erheblich oder machen ihn ganz zunichte, weil sie das Standvermögen beeinträchtigen und dadurch der Zuchtverwertbarkeit Abbruch tun. Der Tierarzt muß helfend einschreiten, damit dem Zuchterfolg keine Einbuße widerfährt.
Genug – diese wenigen Beispiele gemeinsamer Probleme von Tierzucht und Tiermedizin müssen ausreichen. Natürlich gibt es deren mehr, natürlich gibt es ähnliche Problemstellungen in Fülle auch bei anderen Tierarten als bei Rind und Schwein. Doch nicht umfassend soll berichtet, sondern Zusammenhänge sollen bewußt gemacht werden. Und so sei abschließend nochmals hervorgehoben, daß es nicht Ziel dieser Abhandlung über die Verbindung zwischen Tierzucht und Veterinärme-

dizin ist, ein lückenloses geschichtliches Bild der interessanten und wichtigen Zusammenhänge zu zeichnen. Das kann im vorgegebenen Rahmen auch gar nicht das Ziel sein, dazu ist das Geschehen zu komplex, ist der Stoff zu vielfältig und umfangreich. So wurde vieles nur andeutungsweise behandelt, blieb sehr vieles – wie das Zusammenwirken in Tiergesundheitsämtern und Tiergesundheitsdiensten – ganz unberücksichtigt. Ziel der Darstellung ist vielmehr, an Hand einiger willkürlich herausgegriffener Beispiele aus früherer, jüngerer und jüngster Geschichte auf die Verknüpfung der beiden dem Tier verpflichteten Disziplinen hinzuweisen, auf ihre gegenseitigen Abhängigkeiten und Beeinflussungen in Wissenschaft und Praxis der Vergangenheit und Gegenwart. Tierzucht kann ohne Veterinärmedizin weder geschichtlich treu betrachtet noch in der gegenwärtigen Praxis optimal betrieben werden.

Literatur

ANDREAE, U.: Melkbarkeit und Exterieur des Euters. Tierzüchter **17**, 112–114, 1965.

BEHNCKE, U.: Maßnahmen preußischer Könige zur Förderung der Tierzucht von 1713–1820. Diss., Berlin 1927.

BICKHARDT, K., CHEVALIER, H.-J., GIESE, W. und REINHARD, H.-J.: Akute Rückenmuskelnekrose und Belastungsmyopathie beim Schwein. Berlin 1972.

BOGE, A.: Untersuchungen über verschiedene prädisponierende Faktoren für die Entstehung von Mastitiden. Diss., Hannover 1965.

BOLLWAHN, W., LAUPRECHT, E., POHLENZ, J., SCHULZE, W. und WERHAHN, E.: Untersuchungen über das Auftreten und die Entwicklung der Arthrosis deformans tarsi beim Schwein in Abhängigkeit vom Alter der Tiere. Zschr. Tierzüchtung u. Züchtungsbiol. **87**, 207–219, 1970.

COMBERG, G.: Zur Züchtung marktgerechter Fleischschweine. Tierärztl. Umschau **17**, 74–78, 1962.

DACHS, W.: Untersuchungen über Form und Größe des Euters als Grundlage der Beurteilung. Zschr. Tierzüchtung u. Züchtungsbiol. **72**, 1–32, 1958/59.

DALICHAU, H.-W.: Untersuchungen über die Beziehungen zwischen morphologischen Merkmalen der Zitze und Euterinfektionen. Diss., Hannover 1959.

EICHBAUM, F.: Zur Geschichte der Thierarzneischulen. Berliner Thierärztl. Wschr. **5**, 113–114, 1889.

FROEHNER, R. und WITTLINGER, C. (Hsg.): Der preußische Kreistierarzt als Beamter, Praktiker und Sachverständiger. III. Bd. Berlin 1905.

FROEHNER, R.: In: Die Tierärztliche Hochschule in Hannover 1778–1953, I. Teil. Hannover 1953.

GÖTZE, R.: Besamung und Unfruchtbarkeit der Haussäugetiere. Hannover 1949.

– : Zur Bekämpfung der Euterentzündungen des Rindes. Dtsch. tierärztl. Wschr. **58**, 198–205, 213–215, 1951.

GÜNTHER, K.: Die Königliche Thierarzneischule zu Hannover in den ersten Hundert Jahren ihres Bestehens. Hannover 1878.

HAUSMANN, W.: Urlugaledinna – der erste Tierarzt der Geschichte. Berl. Mchn. Tierärztl. Wschr. **79**, 73, 1966.

– : Klarstellungen zu Urlugaledinna. Berl. Mchn. Tierärztl. Wschr. **90**, 288, 1977.

HAVEMANN, A. C.: Anleitung zur Beurteilung des äußern Pferdes, in Beziehung auf dessen Gesundheit und Tüchtigkeit zu verschiedenen Diensten. Hannover 1792.

HELLICH, M. und STÖRIKO, R.: Die Deutsche Tierseuchengesetzgebung. Berlin 1953.

IVANÓV, E.: Die künstliche Befruchtung der Haustiere. Hannover 1912.

KERSTING, J. A.: Patriotischer Unterricht vor den Landmann, wie er der jetzo grasirenden Viehseuche mit Nutzen vorbeugen könne. Rinteln 1776.

KUNZE, E.: Das Tierzuchtrecht in der Bundesrepublik Deutschland. Stollhamm 1959.

LAUPRECHT, E., SCHULZE, W. und BOLLWAHN,

W.: Untersuchungen über das Vorkommen von Bewegungsstörungen und Erkrankungen der Gliedmaßen bei Fleischschweinen. Zschr. Tierzüchtung u. Züchtungsbiol. **83,** 297–311, 1967.

LECHNER, W.: Ludwig Scotti. Johann Gottlieb Wolstein. In: 200 Jahre Tierärztliche Hochschule in Wien. Wien 1968.

LEISERING, T.: Die Königliche Thierarzneischule zu Dresden in dem ersten Jahrhundert ihres Bestehens. Dresden 1880.

LOCHMANN, E.-H.: Gründe und Anlaß für die Schaffung tierärztlicher Bildungsstätten in der zweiten Hälfte des 18. Jahrhunderts. In: Schwenk, S., Tilander, G. und Willemsen, C. A.: Et multum et multa. Berlin 1971.

– : Vom Werden und Wachsen. In: Lochmann, E.-H. (Hsg.): 200 Jahre Tierärztliche Hochschule Hannover. Hannover 1978.

MEYER, H.: Möglichkeiten und Grenzen der Fleischschweinezüchtung. Dtsch. tierärztl. Wschr. **70,** 176–182, 1963.

MEYER, H. und PLONAIT, H.: Über eine erbliche Kalziumstoffwechselstörung beim Schwein (erbliche Rachitis). Zbl. Vet. Med., A, **15,** 481–493, 1968.

PFENNINGSTORFF, F. (Hsg.): Das Reichstierzuchtgesetz und seine Durchführung im Kriege. Berlin 1943.

PLONAIT, H.: Erbliche Rachitis der Saugferkel: Pathogenese und Therapie. Habil.-Schrift, Hannover 1968.

RABOLD, K., LANSER, E., MAYNTZ, M. und PAIZS, L.: Biotechnik der Milchgewinnung. Hildesheim 1974.

ROLLE, M. und MAYR, A.: Mikrobiologie und allgemeine Seuchenlehre. Stuttgart 1966.

SCHMAHLSTIEG, R.: Zur Konstitution des Euters des Rindes. Dtsch. tierärztl. Wschr. **63,** 441–444; **64,** 157–161, 186–190, 1956/57.

– : Sammelreferat: Die Mastitis; tägliche Umweltbedingungen, Körper- und Leistungseigenschaften des Rindes als Faktoren der Anfälligkeit und Widerstandsfähigkeit. Dtsch. tierärztl. Wschr. **67,** 104–107, 159–163, 1960.

SCHMALTZ, R.: Entwicklungsgeschichte des tierärztlichen Berufes und Standes in Deutschland. Berlin 1936.

SCHRADER, G. W. und HERING, E.: Biographisch-literarisches Lexicon der Thierärzte aller Zeiten und Länder. Stuttgart 1863.

SCHREIBER, J.: Die Tierärztliche Hochschule in Wien – Ihre Gründung, Geschichte, Lehrpläne und Gebäude. In: 200 Jahre Tierärztliche Hochschule in Wien. Wien 1968.

SCHULZE, W.: Klauenkrankheiten des Schweines. Tierzüchter **23,** 223–224, 1971a.

– : Die Bedeutung der Tiergesundheit hinsichtlich der Fleischqualität in der Schweinezucht und -mast. Tierärztl. Umschau **26,** 436–437, 1971b.

WITT, M.: Das Melkmaschinen-Euter. Züchtungskunde **23,** 93–101, 1951/52.

WOLSTEIN, J. G.: Anmerkungen über die Viehseuchen in Oesterreich. Wien 1781.

4 Bereich Haltung/Hygiene

Tierhaltung und ihre Einwirkung auf die Produktivität der Viehbestände

Die landwirtschaftlichen Haustiere unterlagen immer schon Problemen und Fragen ihrer Beaufsichtigung, Haltung sowie Unterbringung. Vom eingefangenen oder in Gefangenschaft aufgezogenen Wildtier mit einer Haltung im primitiven Gehege bis zum neuzeitlichen Leistungstier im vollklimatisierten Stallraum war ein weiter Weg zurückzulegen. Auf diesem Weg hat es vielerlei Irrtümer und mangelnde Erkenntnisse gegeben, die zu unzweckmäßigen bis sogar schädigenden Unterbringungen der Tiere führten. Artspezifische Anforderungen und physiologische Gegebenheiten fanden häufig zu wenig Beachtung. Dies zeigte sich insbesondere nach Beginn

des verstärkten Leistungsanstiegs seit der zweiten Hälfte des 19. Jahrhunderts mit einer beträchtlichen Wandlung der Ansprüche der nunmehrigen Leistungstiere an ihre Umgebung.
Zusammenhänge zwischen der Produktivitätsveranlagung und der positiven oder negativen Auswirkung durch die Umweltgestaltung sind somit ein bedeutsames Gebiet der Förderung der Viehwirtschaft. Es steht außer Zweifel, daß die Lösung der Haltungsprobleme, d.h. die Anpassung der Haltungsformen und -verfahren an die Erfordernisse der einzelnen Haustiergruppen, ein wichtiger Beitrag und Voraussetzung für die Entwicklung der Tierzucht bedeutet.
In den Anfangsstadien der Domestikation und der allmählichen Gewöhnung des Wildtieres an den Menschen war lediglich das bereits genannte Gehege erforderlich, um ein Entweichen zu verhindern wie auch einen Schutz gegen Schadtiere zu bieten. In der Futterversorgung verblieb es im mitteleuropäisch-deutschen Raum zunächst fast unverändert bei den Gegebenheiten des frei lebenden Tieres mit allen Schwierigkeiten eines Futterangebots während der Wintermonate. Eine Hutung oder Beaufsichtigung der kaum voll gezähmten Tiere war neben der Gehegeeinrichtung der einzige Haltungsaufwand.
Eine Unterbringung in Unterschlupfen bis zu stallähnlichen Einrichtungen gab es somit in den Zeiträumen um oder nach der Domestikation noch nicht, war auch bei diesen mehr oder weniger gezähmten Tieren kaum erforderlich. Der Mensch selbst lernte erst allmählich den Bau von Wohnungen, in den Ausführungen recht variabel, dies in Mitteleuropa nicht zuletzt durch die unterschiedlichen Verhältnisse von der Nord-/Ostsee bis zu den Alpen bedingt.
Es ist nicht bekannt, ab wann für Haustiere Unterkünfte oder Stallungen geschaffen wurden. Voraussichtlich läßt sich eine Entwicklung über lange Zeiträume hin annehmen, wobei das Seßhaftwerden des Menschen Voraussetzung und die sichere Unterbringung der Tiere Anlaß waren, die lose Gehegehaltung abzuwandeln.
Die enge Verbindung zwischen der Unterbringung von Mensch und Tier verlangt somit Beachtung. Entsprechend der Entwicklung des Menschen wandeln sich die Gestaltungen seiner Behausungen bis zu wohnungsähnlichen Formen. Ursprünglich dienten die Unterkünfte des Menschen dem Schutzbedürfnis gegen Kälte, Feuchtigkeit, Wind, wilde Tiere wie auch gegen Übergriffe der Nachbarn. Nach dem Nomadentum mit der charakteristischen beweglichen Rundhütte bringt das Seßhaftwerden die Möglichkeit, auch ortsfeste Unterkünfte zu schaffen, zugleich erfolgt die Einführung des Ackerbaues. Beides sind Voraussetzungen, daß auch die Haustierhaltung festgefügtere Formen annehmen kann – Unterbringung in Stallungen oder ähnliche Formen und Futterversorgung. Schrittweise entwickelt sich das landwirtschaftliche Anwesen. In Deutschland sind es 2 Grundformen – das Einhaus im bayerischen, alemannischen sowie niederdeutschen Raum und das Gehöft in anderen Gebieten des damaligen deutschen Raumes. Eingeschlossen oder angefügt ist jeweils die Unterbringung der Tiere. Über lange Zeit hin werden die Haustiere allerdings nur „untergebracht". Dieses Wort mag mit größter Primitivität gleichzusetzen sein. Trotz Ackerbaues entwickelte sich auch eine Vorratswirtschaft für die Wintermonate erst ganz allmählich. Die Haustiere weiden auf den Brachen der Dreifelderwirtschaft oder in den Waldungen, und dies, wenn es die Witterung irgendwie zuläßt. Geringe Leistungen sind die Folge, und die noch erhaltene Konstitution sowie auch noch vorhandene Gewohnheiten des Wildtieres lassen diese Art der Tierhaltung zu.

Dieser Zustand zieht sich über die Jahrhunderte hin. Die Art der Tierhaltung und Futterversorgung lassen eine Erhöhung der Produktivität nicht zu. Die primitive Unterbringung ist der Gesunderhaltung der Tiere kaum förderlich gewesen. Die geringe Leistungsbeanspruchung und der vom zeitigen Frühjahr bis in den Frühwinter betriebene Hutungs-/Weidegang schufen jedoch tragbare Auswirkungen. Eine Ausnahme mögen in Einzelfällen Klöster und Wirtschaften der Fürstenhöfe gebildet haben, sonst tritt eine Wende erst im 18. und verstärkt im 19. Jahrhundert ein, als die Wandlung der Ackerbewirtschaftung sich von der Dreifelderwirtschaft löst und der Ackerfutterbau sowie Hackfruchtbau eine echte Vorratswirtschaft ermöglichen. Schrittweise entwickelt sich eine geregelte Winterbevorratung. Nunmehr entfallen jedoch die Hutungen auf Flächen mit geringwertigem Futteraufwuchs. Dafür entsteht die Möglichkeit der ganzjährigen Stallfütterung. Die Tiere werden „in den Stall gedrängt", und bereits um 1750 beginnt eine Diskussion um diese ganzjährige Stallhaltung.

Interessant mögen Ausführungen des Göttinger Professors J. C. P. ERXLEBEN (1744–1777) sein, der die Situation in den damaligen Stallanlagen schildert:

„Man muß das Vieh, und namentlich die Schafe, nicht gar zu sehr zur Wärme gewöhnen. Die Ställe müssen nach der Anzahl des darin zu haltenden Viehs die erforderliche Größe haben. Die Ausdünstungen des Viehs und des Mistes verunreinigen in einem engen Stall, worin viel Vieh steht, die Luft um so mehr, zumal im Sommer und insbesondere wenn der Stall zu niedrig ist. Ein großer und hoher Stall hat etwa nur den einzigen Fehler, daß er im Winter etwas kälter ist als ein kleiner; aber es ist dem Viehe ungleich besser im Winter etwas kälter, als in einer warmen und dabei mit vielen unreinen Dünsten angefüllten Luft zu stehen. Aus derselben Ursache muß auch der Stall mit Öffnungen genug versehen sein, durch welche die Dünste aus demselben hinaus und dagegen frische Luft hereintreten kann. Sie können immer offen bleiben. Außerdem ist es notwendig, den Stall hinlänglich zu erleuchten. Allem Vieh ist das Licht angenehm und zu seiner Gesundheit und Wohlbefinden notwendig. Der Boden des Stalles muß mit Steinen gepflastert sein. Für die Pferde ist es am besten, wenn breite und eben gehauene Steine oder auch Ziegelsteine dazu genommen werden. Denn auf einem gewöhnlichen Steinpflaster liegen und stehen die Pferde niemals gerade, sie liegen also höchst unbequem und verderben sich die Füße im Stehen mit der Zeit gänzlich. Bei den ebenen Steinen ist nur das zu bemerken, daß sie nicht ganz glatt, sondern ein wenig ausgehauen werden müssen, damit die Pferde nicht darauf ausglitschen. Daß die Ställe beständig reinlich gehalten werden müssen, kann nicht genug betont werden. Bleibt der Mist zu lange drin, so daß er zu sehr in Fäulnis übergeht, so sammeln sich eine Menge von unreinen Dünsten in der Luft an. Eine andere Ursache, warum die Ställe so rein als möglich gehalten werden müssen, ist die, damit sich das Vieh nicht in den Kot legen und dadurch verunreinigen müsse."

THAER und andere führende Landwirte greifen den Fragenkomplex auf und weisen auf Folgen dieser Tierhaltungsform hin.

Die Probleme und Fragen zweckvoller Stall- und Haltungsformen werden besonders aktuell in Gebieten, die sich voll auf Ackerbau umstellen (z.B. Magdeburger Börde). Des Düngers wegen und zur Verwertung des Futteranfalls aus dem Rübenanbau muß auch hier ein hoher Viehbestand, insbesondere Rindvieh, gehalten werden – dies zwangsweise in ganzjähriger Stallhaltung. Dunganfall und Düngerwert stehen im Vordergrund der Überlegungen und führen zu Empfehlun-

gen, die der Dungqualität den Vorrang einräumen (so Tiefstall für Milchkühe). Allgemein entwickeln sich Haltungsformen, die keineswegs den physiologischen Ansprüchen der einzelnen Tierarten gerecht werden und zu Beeinflussungen des Gesundheitszustandes führen, Kurzlebigkeit bedingen und Fruchtbarkeitsstörungen verursachen. In Gebieten mit absolutem Grünland und der Notwendigkeit, Weidewirtschaft zu betreiben, bringen die Sommermonate (Marschen; Voralpengebiete mit hohen Niederschlägen) durch „Außenperioden“ einen gewissen Ausgleich. In diesen Wirtschaften waren die Wintermonate häufig jedoch um so schlechter, da ein geringer Ackerbau eine nur schwache Winterbevorratung gestattete. Das Wort „Schwanzvieh“ entstand in diesen Betrieben, d.h., gänzlich abgemagerte Tiere, die im Frühjahr per Schleppe auf die Weide gefahren und dann am Schwanzansatz gepackt und aufgerichtet wurden.
Nicht übersehen sei auch, daß ein allgemeiner wirtschaftlicher Aufschwung in der Landwirtschaft eine aufwendigere Bauweise gestattete. Die im Wohnungsbau aufkommende und verbreitete massive Bauart wird auch auf den Stallbau übertragen. Es entstehen mit viel festen, undurchlässigen Baustoffen errichtete Stallungen, die mangelhaft entlüftet und wenig beleuchtet sind. Was ERXLEBEN bereits Ende des 18. Jahrhunderts rügte, setzt sich bei dieser Bauweise verstärkt fort. Man kennt in der ersten Hälfte des 19. Jahrhunderts einerseits die physiologischen Anforderungen der einzelnen Haustierarten noch nicht ausreichend und beherrscht andererseits Ventilation und Durchlüftung der Stallräume kaum. Es werden Räume für die Tiere geschaffen, die bei weitgehend undurchlässigen Wänden wie Ziegelstein und Zement (früher Fachwerk, Holz oder anderes durchlässiges Material) vom Individuum aufgeheizt werden müssen, und die starken Ausdünstungen der Tiere und ihrer Exkremente finden keine geregelte Ableitung.
Um die Mitte des 19. Jahrhunderts mehren sich dann die Stimmen aus Fachkreisen, die vor den Folgen dieser Haltungsform warnen und zugleich Verbesserungsvorschläge machen. So weist MAY 1863 auf notwendige Stalltemperaturen und den erforderlichen Luftaustausch hin. Er hebt eigene Untersuchungen an einigen Kühen über ihre Ansprüche an die Temperatur hervor (Optimalluft + 10 °R = 12 °C), Werte, die mit denjenigen von HENNEBERG und STOHMANN übereinstimmen. May führt auch Untersuchungen des Ammoniakgehaltes der Stalluft (GROUVEN, Versuchsstation Salzmünde) sowie des notwendigen Sauerstoffverbrauchs (BOUSSINGAULT) an. Er macht Vorschläge für eine Stallraumbemessung und Ventilation auf Grund dieser Ermittlungen.
Auch PABST befaßt sich 1880 (Rindvieh) mit diesem Problem, nachdem ROHDE bereits 1872 für die Schweinehaltung Hinweise auf Stallungen und ihre Einrichtungen gegeben hat. Letztere Ausführungen können als eine echte Überleitung zu den Auffassungen der neueren Zeit gelten. Rohdes Ausführungen basieren auf zunehmenden Erkenntnissen, sowohl bei den Ansprüchen der Tiere als auch was den Innenraum anbetrifft (z.B. Hinweis auf die am Boden lagernde Kohlensäure u.a.). Unbekannt war ihm scheinbar noch die nachteilige Anwendung einer zu starken Verwendung von Zement im Stallbau, feste Trennwände zwischen den Buchten u.a.
Die Praxis hat diese Vorschläge und Anweisungen leider in nur geringem Maße befolgt. Dies mag verschiedene Gründe haben. Sicherlich hat es nicht zuletzt daran gelegen, daß die Architekten und Baumeister weiterhin den Wohnungsbau mit seinen Erkenntnissen und Gegebenheiten auf den Stallbau übertrugen, zumal es

den direkten „Landbaumeister“ noch nicht gab. Hinzu kommt in den sogenannten Gründerjahren (Ende des 19. Jahrhunderts bis zum 1. Weltkrieg) das Streben nach repräsentativen, massiven Gebäuden, eine Entwicklung, die, auf den Stallbau übertragen, zu „Zementsärgen“ führte. Den Stallraum in diesen Massivbauten mußten die Individuen selbst aufheizen. Um die Wärme zu erhalten, wurde ein möglicher Luftaustausch begrenzt und die Fensteröffnungen in der Größe reduziert. Was entstand, waren „dunkle, lichtlose Gemäuer mit schlechten Luftverhältnissen“.

Es ist somit nicht zu übersehen, daß im Vergleich zu dem allgemeinen Streben nach erhöhter Produktivität der Viehbestände unter stärker wissenschaftlich fundierten Züchtungsmaßnahmen, verbesserter Fütterung, verstärkter Seuchenhygiene u.a. die Tierhaltung falsche Wege ging und eher hemmte denn förderte.

Ein durchgreifender Wandel trat erst nach dem 1. Weltkrieg ein. Durch die Notzeit des Krieges bedingt, erfolgte ein zunehmendes Leistungsdenken für alle Tierarten. Zugleich wird die Frage nach den gegenseitigen Abhängigkeiten und Beeinflussungen von Tierleistungen und Umwelt gestellt. Die verschiedenen Erkenntnisse über die Ansprüche der einzelnen Tierarten an die Umgebung, hygienische Voraussetzungen und Grundsätze der Gesunderhaltung werden diskutiert und an den Verhältnissen in den vorhandenen Stallanlagen gemessen. KRONACHER bringt die entstehenden Forderungen 1922 wie folgt zum Ausdruck:

„Als Aufgabe einer sachgemäßen Haltung und Pflege unserer landwirtschaftlichen Haustierbestände erscheint die Sicherung der Widerstandskraft und Gesundheit derselben auf Grund Schaffung entsprechender Lebensbedingungen: einmal um die Zuchtfähigkeit der Tiere zu wahren und sie zur Produktion einer gesundheitlich selbst wieder tunlichst einwandfrei beschaffenen Nachkommenschaft zu befähigen, – dann um sie in höchster Leistungsfähigkeit für bestimmte Gebrauchszwecke zu erhalten, – weiter die Nachzucht zu züchterisch und wirtschaftlich möglichst gebrauchstüchtigen Individuen heranzuziehen.“

Nunmehr setzten allenthalben verstärkte Untersuchungen der Stallanlagen und ihrer Einrichtungen ein. Die bereits vorliegenden Analysen zur Stalluft und sonstigen Gegebenheiten werden unter Anwendung neuerer physikalischer und chemischer Methoden überprüft und erweitert. Zugleich erfolgt aber auch die Ermittlung von Daten für die Ansprüche der einzelnen Tierarten an ihre Umgebung, und innerhalb der Gruppen zeigt sich die Notwendigkeit einer Aufgliederung nach Altersklassen.

Die verstärkt einsetzenden Arbeiten können auf älteren Ermittlungen fußen. Einige dieser Arbeiten in der zweiten Hälfte des 19. Jahrhunderts wurden bereits genannt. Darüber hinaus sei hervorgehoben, daß sich SCHULTZE und MÄRCKER (auf Untersuchungen VON PETTENKOFER aufbauend) 1866 bis 1871 bereits mit dem Kohlendioxidgehalt der Stalluft befaßten. VOLLRATH schließt 1872 den Ammoniakgehalt wie auch den Wasserdampfanteil ein. TIEDEMANN weist 1895 auf wärmewirtschaftliche Fragen hin, und CINOTTI macht bemerkenswerte Ausführungen zum Kohlendioxidgehalt in den einzelnen Luftschichten des Stallinnenraumes. Nach langjährigen Versuchen gibt KING Anweisungen für Zu- und Belüftungskanäle, die richtungweisend wurden.

Nach dem 1. Weltkrieg seien die Arbeiten von WEBER, DEUTSCH, HOFMANN, SÜPFLE, VON SYBEL, OBER, STIETENROTH u.a. genannt, die grundsätzlichen Fragen nachgingen. Sie schließen nunmehr verstärkt die physiologischen Ansprüche der

Tierarten und ihrer Altersgruppen ein. Als Folge kommt es zur Entwicklung von Be- und Entlüftungsanlagen, insbesondere aber auch zur Überprüfung des Baumaterials. Die allzu massive Bauweise unter starker Zementverwendung findet mehr und mehr Ablehnung. Wie in anderen Bereichen wird auch hier in einer Art Übergang ein Problem durch das andere ersetzt. So kann vorübergehend ein Abgleiten in das Gegenteil, d.h. zu einer Form der Primitivbauweise, beobachtet werden (Lochowställe, Strohballenställe u.a.).
Die „Stallmüdigkeit“ sucht man durch Wechselstallungen oder ähnliche Ausweichanlagen für eine vorübergehende Nutzung zu überwinden (s. bewegliche Hüttenanlagen für ferkelführende Sauen nach Gruber Muster). Ausläufe werden dort angestrebt, wo die Sommerweide fehlt. Offenstallanlagen für Rinder- und Schweineausläufe entstehen. Für das Pferd und Schaf ergeben sich diese Notwendigkeiten nicht, da diese Tierarten viel im Freien sind.
Diese Forderungen einer aufgelockerten, gesünderen Stallbauweise werden in der jüngsten Zeit durch notwendige Rationalisierungen aus betriebs- und arbeitswirtschaftlicher Sicht beeinflußt. Diese Gegebenheiten verlangen Berücksichtigung, trotzdem müssen die Haltungsverfahren und Aufstallungsformen den Tierarten gerecht werden, insbesondere auch der Gesetzgebung zum Tierschutz genügen. Dabei gilt es, die Kenntnisse über die physiologischen Ansprüche zu beachten, Verhaltensweisen der Tierart zu berücksichtigen und das richtige Baumaterial zu wählen sowie alle technischen Möglichkeiten der Be- und Entlüftung auszunutzen. Der neuzeitliche Tierwirt zwingt den Landbaumeister oder Architekten, endlich von „innen nach außen“ zu bauen.
Zusammenfassend kann zur Tierhaltung und ihrer Entwicklung hervorgehoben werden, daß die Ansprüche der einzelnen Tierarten erst seit etwa 100 Jahren wissenschaftlich untersucht wurden. Die Praxis hat diese Erkenntnisse nur zögernd aufgegriffen. Bis in das 20. Jahrhundert hinein haben Stallanlagen wie auch Tierhaltungsverfahren des öfteren wenig fördernd gewirkt. Eine Wandlung tritt erst nach dem 1. Weltkrieg ein und bringt dann zunehmende Verbesserungen. Viele Diskussionen und verzweigte Versuchs- und Forschungsarbeiten werden durchgeführt, um die Tierhaltung optimal zu gestalten. Hier verbleibt jedoch nach wie vor ein weites Feld, um auch durch die Tierhaltung das Leistungspotential der Haustiere voll auszuschöpfen.

D Spezielle Grundlagen und Maßnahmen der Förderung

1 Organisationsformen zur Förderung mit privatem Charakter

1.1 Züchtervereinigungen

1.1.1 Allgemeines zur Gründung und Entwicklung von Züchtervereinigungen

Eine Nennung und Beschreibung wertvoller Haustiere bei des öfteren gleichzeitiger Aufzeichnung ihrer Abstammung ist keineswegs neu. Bereits im klassischen Altertum findet man derartige Unterlagen für einzelne Individuen. Es sind sporadisch vorkommende Hinweise auf wertvolle Tiere oder kleinere Gruppen, keineswegs wiederholt angewandte, fortlaufende, feste Verfahren oder Formen. Sicherlich haben diese Mitteilungen dazu geführt, daß derartige hervorstechende Tiere verstärkt in der Fortpflanzung eingesetzt wurden, nur wenig oder kaum ist jedoch eine züchterisch-genetische Arbeit im Rahmen zusammenhängender Maßnahmen zu sehen. Dies verbleibt mit geringen Ausnahmen (Erzüchtung des Arabers) über die Jahrhunderte hin.

Erst im 18. Jahrhundert entstehen in England Register von Haustieren, die, für Tiergruppen oder Populationen aufgestellt, die notwendigen, züchterisch-genetischen Zusammenhänge des Materials wahren und damit züchterisches Denken erkennen lassen. Das erste dieser Art ist das „General-Stud-Book“, welches als ältestes Zuchtbuch der Welt oder auch als klassisches Zuchtregister bezeichnet wird. Es entstand 1791 aus den Unterlagen von Rennergebnissen (seit 1709), Rennkalendern (seit 1727) wie auch Verkaufslisten und enthält insgesamt 5500 Pferde, insbesondere des englischen Vollblutes, aber auch Araber, Berber, Türken und Perser. 1808 erschien der 1. Band im Druck.

Für das Rind erfolgte ebenfalls in England erstmalig die Aufstellung eines Zuchtregisters. Der Züchter COATES wurde zum Begründer des „Short-horned-Herdbook“, welches 1822 erschien und die Abstammung der Tiere bis 1737 zurückverfolgte. Dieses älteste aller Herdbücher für Rinder enthielt 2 Teile: A für Bullen, B für weibliche Tiere.

Sicherlich unter dem Einfluß des englischen Vorbildes faßte auch in Deutschland der Gedanke Fuß. Das Vollblutpferd bot Voraussetzungen und Möglichkeiten. So wurde 1827 ein Verzeichnis der in Mecklenburg befindlichen Vollblutpferde herausgegeben. 1832 und 1839 folgten Aufstellungen in Preußen befindlicher Vollblutpferde. 1842 kommt es dann im „Norddeutschen Gestütbuch“ zu einer umfassenderen Mitteilung über den Vollblutpferdebestand mit erweiterten Mitteilungen zu Abstammungen, Exterieurmerkmalen, Züchtern wie auch Nachkommen bei weiblichen Tieren. Dieses Gestütbuch (Zusammenstellung im Auftrag des Jockey-Clubs) erschien nur in einem Band. Eine Art Nachfolge ist dann im

„Allgemeinen Gestüt-Buch" zu sehen (ebenfalls vom Jockey-Club veranlaßt). Dieses Verzeichnis erscheint in mehreren Folgen und schließt ganz Deutschland und auch angrenzende Staaten ein.
Daneben geben Gestüte wie Trakehnen und Graditz sogenannte Stut- oder Gestüt-Bücher heraus mit Beschreibung der einzelnen Tiere und ihrer Abstammungen. Auch in einigen Zuchtgebieten (z. B. Stammregister I des Herzogtums Oldenburg) erfolgen derartige Aufstellungen.
Trotz Aufnahme von Exterieurbeurteilungen, Nachkommenschaften u. a. handelt es sich zumeist um Verzeichnisse bzw. Zusammenstellungen.
Derartige Registrierungen von Zuchttieren sind in der deutschen Tierzucht bis in die Neuzeit zu finden. Hingewiesen sei auf die Hengstverzeichnisse von Gestüten und Verbänden oder auf die Bullenregister, die über die Jahrzehnte hin von den Rinderzüchtervereinigungen herausgegeben wurden. Häufig sind sie mit der Einrangierung der Einzeltiere (zumeist Vatertiere) in Blutlinien verknüpft worden und versuchen damit, dem Zuchtaufbau eines Gebietes eine Art „Skelett" und dem Züchter einen schnellen Einblick zu geben.
Daneben sind auch Beschreibungen von Zuchten (vornehmlich sogenannte Hochzuchten) vorgenommen worden. Derartige Zusammenstellungen findet man ebenfalls bis in die jüngere Tierzuchtliteratur.
Diese sicherlich wertvollen Zusammenstellungen sind für die Entwicklung der deutschen Tierzucht jedoch keineswegs so bedeutungsvoll, wie die in der zweiten Hälfte des 19. Jahrhunderts aufkommenden und eingerichteten Herd- oder Stammbücher. Sie werden zunächst auf 2 Ebenen vorgelegt und entwickelt:
1. Als Herd- oder Stammregister für alle Rassen und Schläge des deutschen Raumes.
2. Als Herd- oder Stammregister für einzelne Rassen oder Schläge in einzelnen Bezirken oder auch für eine über ganz Deutschland verbreitete Rasse.

Verfahren und Methoden seien an Beispielen erläutert:
JANKE, KÖRTE und VON SCHMIDT gaben 1864 das „Stammzuchtbuch Deutscher Zuchtherden" heraus. Es waren Zusammenstellungen, die als Jahrbücher erschienen (7 Bände bis zur Einstellung 1872). Erfaßt wurden Rind, Schaf und Schwein, und innerhalb dieser Tierarten erfolgte eine Gruppierung nach Rassen, Schlägen und Herden (Pferde nur in einem Band und auch nur ein Gestüt erfaßt). Neben einer Registrierung der Tiere, Erfassung ihrer Abstammung, Bonitierung und Zuchtabläufen ist auch versucht worden, Leistungsdaten und die Futterverwertungsfähigkeit, zumindest den Futteraufwand, zu erfassen. Zweifelsohne waren diese Jahrbücher ein guter Anfang einer gründlichen und durchdachten Niederschrift aus und für das Zuchtgeschehen. Die vorhandenen Unterlagen in den Herden wie auch Möglichkeit ihrer Erfassung reichten jedoch zumeist nicht aus, um das Vorhaben „über die besonderen Eigenschaften und Leistungen der verschiedenen Herden, Zuchten und Zuchttiere nach Maß und Gewicht Auskunft zu erteilen" zu verwirklichen.
SETTEGAST und KROCKER legten 1868 den 1. Band eines „Deutsches Herdbuch" vor. Ähnlich den Vorhaben in den genannten Jahrbüchern von JANKE und Mitarbeitern wollten auch sie alle Zuchten Deutschlands bei Pferd, Rind, Schwein und Schaf erfassen. Tatsächlich verblieb es jedoch bei Rind, Schaf und Schwein. Die Mitteilungen für die beiden letztgenannten Tierarten waren gering, und beim Rind kam es zu einer Konzentration auf Shorthorns. Nach englischem Vorbild wurden

diese in Deutschland überregional herdbuchmäßig registriert. Das Deutsche Herdbuch erschien in mehreren Bänden (1868, 1871 und 1875 erschienen 4 Bände). Die Deutsche Viehzucht- und Herdbuch-Gesellschaft (1880 gegründet) gab einen 5. Band im Jahr 1882 heraus. Danach führte die immer stärker gewordene Konzentration auf Shorthorns zu einer Übernahme durch die neugegründete „Gesellschaft Deutscher Shorthornzüchter". Mit den weiteren Bänden (6. – 1889 usw.) ist das Deutsche Herdbuch ein Shorthorn-Herdbuch geworden.
Auch die Vorhaben von Janke und Mitarbeiter sowie von Settegast und Mitarbeiter reichten im wesentlichen über eine Registrierung der Tiere kaum hinaus. Sie waren Kinder ihrer Zeit, und innerhalb der sich im 19. Jahrhundert entwickelnden Tierzucht waren derartige Verzeichnisse ein möglicher Weg zu ordnen und zu gruppieren und einen Überblick zu erhalten. Beim Stammbuch Deutscher Zuchten von Janke und Mitarbeiter ist aber schon darauf hingewiesen worden, daß es dringend notwendig erschien, in derartigen Aufzeichnungen das gesamte Geschehen in den Einzelzuchten zu erfassen und dies für Tier- oder Rassengruppen im regionalen Bereich zusammenzutragen, und die Autoren haben dies auch versucht. Hier ist nun die unter 2. angesprochene Form Herd- und Stammregister in einzelnen Bezirken entstanden.
Im Verlaufe des 19. Jahrhunderts, insbesondere in seiner zweiten Hälfte, entwickeln sich mehr und mehr konsolidierte Zuchtbetriebe, die Aufzeichnungen machen, d. h., sie führen Herdenbücher. Diese Unterlagen enthalten Beschreibungen der Tiere, Abstammungen, Angaben über das Fruchtbarkeitsgeschehen einschließlich Nachzuchten, evtl. auch Leistungen (Rennergebnisse bei Pferden). Im Sprachgebrauch ist aus Herdenbuch allmählich Herdbuch entstanden. Dieser Begriff führte in der zweiten Hälfte des 19. Jahrhunderts zu heftigen Diskussionen. So setzt sich MARTINY 1883 in längeren Ausführungen mit diesem Begriff auseinander. Er hebt hervor, daß man in den entstehenden Herdbüchern vornehmlich Einzeltiere und nicht Herden beschreibt. Er schlug das Wort „Stammbuch" vor. Rückschauend läßt sich feststellen, daß sich trotz der Diskrepanz das Wort „Herdbuch" erhalten hat, aber auch „Stammbuch" gebräuchlich ist.
In der zweiten Hälfte des 19. Jahrhunderts beginnend, schließen sich diese Zuchten bei vielen Rassen zu Züchtervereinigungen zusammen. Eine wesentliche, wenn nicht überhaupt entscheidende Voraussetzung für die Arbeit in einem Verband von Züchtern sind die genannten Herdenbücher oder Stammbücher, die in den Betrieben bzw. Zuchten geführt regional oder überregional zusammengetragen die schriftliche oder gedruckte Unterlage für das gesamte Zuchtgeschehen in einer Rassengruppe eines Bezirkes oder auch für eine überregional verbreitete Rasse bedeuten. In Deutschland haben sich daraus 2 Formen von Herd- oder Stammbüchern ergeben:

1. Für Rassen, die (häufig sporadisch) über den ganzen deutschen Raum verbreitet sind.
2. Für kleinere Rassen oder Gruppen einer größeren Rasse in abgegrenzten Bereichen.

Unter 1. fallen die bereits genannten Shorthorns, später bei den Schweinen Berkshires und Cornwalls, bei den Schafen Karakuls u. a. Unter 2. ergibt sich die weitaus größere Gruppe.
In der zweiten Hälfte des 19. Jahrhunderts ist die Diskussion um die zweckvolle Art und Form von Herd- oder Stammbüchern sehr stark. Martiny erstellte 1883 auf

Anregung der Deutschen Viehzucht- und Herdbuchgesellschaft (Vorsitzender: von Nathusius) ein Buch mit dem Titel „Die Zucht-Stammbücher aller Länder“. Diese Zusammenfassung von Unterlagen und Erfahrungen des In- und Auslandes hat die entstehenden Züchtervereinigungen und ihre Arbeit stark beeinflußt. Zu den Aufzeichnungen in den Herd-/Stammbüchern und ihrer Bedeutung sagt Martiny u. a.:

„... eine in ein Buch geordnete Zusammenstellung beglaubigter Abstammungsnachweise von Tieren. ... Nachweis der Blutsverwandtschaft durch Aufzeichnung der Abstammung offen zu erhalten. ... diese Aufzeichnungen öffentlich bekannt zu machen, um den Tieren von nachgewiesener Abstammung einen höheren Handelswert zu verleihen. ... wissentlich gemachte unrichtige Angaben werden mit Ausschluß aller Tiere des Züchters bestraft“.

Damit ist bereits zur Zeit der Anfänge des deutschen Herdbuchwesens, des Entstehens von Züchtervereinigungen, ein wichtiger Grundsatz zum Ausdruck gebracht. Die offen dargelegten Unterlagen müssen – es handelt sich um Ermittlungen und Feststellungen von privater Seite – zuverlässig und sicher sein. Diese Forderung ist zu einer grundsätzlichen Maßnahme geworden und fand immer strikte Durchführung. Seine Nichtbefolgung bedeutet für den Züchter unangenehme Auswirkungen, insbesondere Ausschluß von Schauen und Verkaufsveranstaltungen. In vielen Züchtervereinigungen überprüfen seit Beginn ihres Bestehens Vertrauensmänner innerhalb der einzelnen Herden die Zuchtbuchführung oder sonstige vom Züchter gemachte Angaben.

Insbesondere hat die DLG der Frage einer ordnungsgemäßen Zuchtbuchführung bald nach ihrer Gründung ein besonderes Augenmerk gewidmet. In den Berichten über die Tätigkeiten der verschiedenen Sonderausschüsse der Tierzuchtabteilung wird die Zuchtbuchführung, vor allem ihre Vereinheitlichung, angeführt und immer wieder erwähnt. Nach dem Buch von Martiny (1883) mit grundsätzlichen Vorschlägen und Stellungnahmen zur Zuchtbuchführung sind von seiten der DLG fortlaufend weitere Schriften herausgegeben worden (z. B. Knispel „Zuchtbuchführung“, 1914 u. a.).

In der technischen Durchführung wurden die Ergebnisse der Ermittlungen und Eintragungen in die Stall- oder Herdenbücher der Züchter an die Geschäftsstellen der Züchtervereinigungen weitergegeben. Hier erfolgte über Jahrzehnte hin die Übertragung in die Verbands-Herdbücher. Bei den Züchtervereinigungen entstanden große Buchreihen als Ergebnis züchterischer Arbeit in den Betrieben und Unterlagen für Schauwesen und Absatzveranstaltungen und nicht zuletzt als Fundgrube wissenschaftlicher Untersuchungen und Ausarbeitungen. Dem so ungemein fleißig zusammengetragenen Inhalt ist höchste Achtung zu zollen! Später haben die Karteikarte und dann moderne Buchungs- und Speicherungsmethoden dieses zeitaufwendige alte Verfahren abgelöst (z. B. Lochkartensystem).

Die Registrierung von Zuchttieren ist nach den obigen Ausführungen somit älter als die Züchtervereinigungen. Eine geordnete Zuchtbuchführung wurde jedoch Voraussetzung und dann ein äußerst wichtiger Teil der Arbeit dieser Vereinigungen.

Wie und wann kam es nun im deutschen Raum zur Bildung von Züchtervereinigungen? Die in allen Teilen Deutschlands entstehenden Einzelzuchten oder Zuchtstätten im Verlaufe des 19. Jahrhunderts sahen die Notwendigkeit zu Zusammenschlüssen ein. Die verschiedensten Gründe sind hierzu Anlaß gewesen. Häufig –

namentlich in Gebieten mit mittleren bis kleineren Betriebsgrößen – führte die Vatertierfrage zu Zusammenschlüssen auf genossenschaftlicher Basis. Sofern züchterisches Denken hinzukam, dürfte auch die Möglichkeit, unter gemeinsamen Bedingungen ein besonders wertvolles Vatertier bezahlen und halten zu können, von Bedeutung gewesen sein. Ferner förderten landwirtschaftliche Vereine auf Distrikt- oder Kreisebene bereits in der ersten Hälfte des 19. Jahrhunderts, vermehrt um die Mitte des Jahrhunderts, den Gedanken gemeinsamen Handelns. Größere Herden, die züchterisch selbständiger arbeiten können, erkannten den Vorteil, durch einen Zusammenschluß eine überwachte, objektive Herdbuchführung zu erhalten, Schauen durchzuführen und Verkaufsveranstaltungen anzusetzen. Im wesentlichen kommt es somit durch Vatertierhaltungsgenossenschaften, Gremien in landwirtschaftlichen Vereinen sowie durch die Inititative einzelner Züchter zu Züchtervereinigungen! Neben den notwendigen Aufzeichnungen über das züchterische Geschehen in den Herden (Bedeckungen, Geburten u. a.) legen diese Vereinigungen die erwähnten Zuchtbücher an, die als Ausgangsbasis für Abstammungsnachweise, Unterlagen für Schauen, Verkaufsveranstaltungen u. a. dienen. Da diese Bücher die Bezeichnung Herd- oder Stammbücher erhalten, führt sich für die Vereinigungen der Begriff Herdbuchgesellschaft, auch Stammbuchvereinigung ein.

Der Beginn des Züchtervereinswesens in Deutschland wird häufig für das Jahr 1861 festgelegt. Am 18. 8. 1861 erließ die Oldenburgische Regierung ein Gesetz für die Pferdezucht ihres Landes. Danach konnte die Führung eines öffentlichen Stammregisters angeordnet werden. Auch in der Rinderzucht sind in den 60er Jahren des vorigen Jahrhunderts die ersten Bestrebungen zur Bildung von Züchtervereinigungen festzustellen. 1869 stellte die Meßkirchener Genossenschaft auf einer Tierschau in Mannheim aus. Als älteste Rinderzuchtgenossenschaft in Art und Charakter einer Züchtervereinigung gilt hingegen diejenige in Fischbeck/Altmark, die im Jahr 1876 gegründet wurde. Ihr folgte 1878 die Gründung des „Heerdbuch für Ostfriesisches Milchvieh“ in Ostfriesland durch den dortigen Landwirtschaftlichen Hauptverein. Beim Schwein entstand 1888 die erste Schweinezuchtgenossenschaft auf deutschem Boden für das Meissner Schwein in Sachsen. Ebenfalls 1888 wurde bei den Ziegen eine erste Züchtervereinigung in Wieseck/Hessen gegründet. Beim Schaf war dies 1894 der Ostfriesische Milchschafzuchtverein in Wilhelminenhof bei Dornum.

Es ist nun versucht worden, für die Züchtervereinigungen, ihre Gründungsdaten und Entwicklungen einen Überblick zu geben. Am Ende dieses Abschnitts folgen dem Text Aufstellungen über die Züchtervereinigungen in Deutschland. Diese Wiedergabe ist nicht ohne Problematik. Es war aus Gründen des Umfangs der Aufstellung nicht möglich, für jede Vereinigung besondere Angaben zu machen. Nach längeren Überlegungen sind Stichtage, besser Stichjahre, gewählt worden, um damit Bestand und Entwicklung darzulegen. Die erste genaue Mitteilung über die Vereinigungen gab die DLG 1901. Es wurde dann ein Zeitpunkt zwischen den beiden Weltkriegen (Variationen bei den einzelnen Tierarten durch die jeweiligen vorliegenden zuverlässigen Angaben bedingt) sowie ein solcher des Jahres 1970 genommen. Letztere Angaben entfallen für die Deutsche Demokratische Republik. Es ergab sich dadurch eine Untergliederung in das Gebiet bzw. Länder der heutigen Bundesrepublik Deutschland sowie in dasjenige des ehemaligen Ost- und Mitteldeutschlands (s. S. 261). In diesem Zeitraum zeigt sich die erwartete Entwicklung

von einer Vielzahl kleinerer Vereinigungen bis zu umfassenden, großen Zusammenschlüssen. Nähere Erläuterungen sind den Aufstellungen beigegeben. Die Gründungsdaten zeigen, daß bis zur Jahrhundertwende eine Flut von Neugründungen erfolgte. In einer Rückschau hebt DÜRRWAECHTER hervor, daß insofern Unterschiede zwischen Nord- und Süddeutschland bestanden, als im norddeutschen Raum die zumeist größeren Zuchten von sich aus zu diesen Zusammenschlüssen kamen, während der Kleinbesitz im südlichen Deutschland zumeist eines Druckes von „oben" bedurfte. Damit ist auch zum Ausdruck gebracht, daß die Entwicklung regional sehr unterschiedlich gewesen ist. In Gebieten mit einer interessierten Züchterschaft entstehen und verbreiten sich schnell feste Formen und Arbeitsweisen, die einen vollen Einbezug der Herden in die züchterische Bearbeitung durch die Vereinigung, ihre Leitung, Geschäftsstelle u. a. bringen, während es in anderen Gebieten lange Zeiten über eine gemeinsame Vatertierhaltung kaum hinauskam. Allenthalben ergab sich jedoch das Verlangen bzw. die Notwendigkeit, für den Aufbau und die Arbeit der Vereinigungen Arbeitsmodelle aufzustellen und Mustersatzungen zu entwerfen. Wie bereits hervorgehoben, nahm sich die DLG sofort nach ihrer Gründung in der für Tierzuchtfragen zuständigen Abteilung des Herdbuchwesens und der Züchtervereinigungen an, insbesondere forderte auch das Schauwesen klare Unterlagen und Abgrenzungen. Bei den DLG-Ausstellungen konnten neben den Züchtervereinigungen zunächst noch Einzelzüchter ausstellen (Körperschaften wie Landwirtschaftsvereine, Landwirtschaftskammern u. a. waren als Aussteller immer ausgeschlossen; auch Viehhändler waren nicht zugelassen). Allmählich wurden die Einzelaussteller jedoch zugunsten der Züchtervereinigungen mehr und mehr zurückgedrängt. Die Schauordnungen verfolgten schrittweise das Ziel, nur Züchtervereinigungen ausstellen zu lassen, und dies gab ihrer Entwicklung einen ungemeinen Auftrieb. 1893 kam dann folgerichtig die Bestimmung, daß die jeweilige Züchtervereinigung von der DLG überprüft und danach „anerkannt" sein mußte. Selbstverständlich ergab sich die Notwendigkeit, Bedingungen für die Anerkennung auszuarbeiten und bekanntzugeben. Damit waren zielstrebige Unterlagen für eine gleichmäßige Entwicklung gegeben. Die zuständigen Fachgremien gaben nach eingehenden Beratungen Schriften heraus, die als sogenannte Anleitungen und Flugblätter erschienen (MARTINY, Kennzeichnung der Tiere, 1899; WÖLBLING und KNISPEL, Verwaltung von Züchtervereinigungen, 1902; bereits genannt KNISPEL, Zuchtbuchführung, 1914 u. a.).
Der Beschluß, daß eine Züchtervereinigung nur dann anerkannt wird, wenn sie von der DLG überprüft worden ist, verblieb. Diese bedeutsame Maßnahme hat sich bis in die Neuzeit erhalten. Selbstverständlich wurde auch immer eine gelegentliche Überprüfung bestehender Vereinigungen vorgenommen.
In den jungen Züchtervereinigungen oder ähnlichen Zusammenschlüssen sah man als die zunächst wichtigsten Aufgaben die Bewertung der männlichen und weiblichen Zuchttiere, Erfassung von Vorfahren und Nachzuchten und zugleich Festhalten des Zuchtablaufes (Fortpflanzung) sowie An- und Verkauf von Zuchttieren an. Der bereits mehrmals genannte Martiny erwarb sich große Verdienste um die beginnende Arbeit der Organisation und ihre Lenkung in geordnete Bahnen. Martiny stellte 1883 in seinem bereits genannten Werk nach Durcharbeitung von Zuchtstammbüchern, die in Europa, Nordamerika und Australien bereits eingerichtet waren, Vorschläge für die Führung eines Herdbuches und damit zugleich Notwendigkeit und Möglichkeiten für die Arbeit in den Züchtervereinigungen auf.

Diese Unterlage ist für die kommenden Jahrzehnte zu einer Art Richtschnur geworden. Er faßte seine Grundsätze wie folgt zusammen:

„1. Als Sammelbegriff für Bücher der in Rede stehenden Art ist die Bezeichnung ‚Stammbuch' zu wählen.*
2. Der Bereich eines Stammbuches soll auf eine möglichst eng begrenzbare Gruppe gleichartiger Rassetiere beschränkt werden.
3. Unternehmer eines Stammbuches soll die Gemeinschaft der betreffenden Züchter sein, mit oder ohne Beteiligung landwirtschaftlicher Vereine oder des Staates.
4. Die Grundlage jeden Stammbuches soll eine Darstellung des Charakters des zu einem Herdbuch vereinten Viehschlages und dessen Geschichte sein.
5. Nur Tiere im Besitze von Mitgliedern des Stammbuchvereines sollen in das Stammbuch aufgenommen werden.
6. Alle für das Stammbuch angemeldeten Tiere sollen einer Auswahl (Körung) durch einen ständigen Prüfungsausschuß unterliegen. Dieser Körung soll ein Prototyp des betreffenden Schlages zugrunde gelegt und bei derselben soll ausgesprochen werden, in welchem Grade einer vorgeschriebenen Stufenleiter die angekörten Tiere dem Prototyp entsprochen haben. Werden Nachkommen von Stammbuchtieren für nicht aufnahmefähig erklärt (abgekört), so sind die Gründe der Abkörung ausdrücklich anzugeben und zu verzeichnen.
7. Die Körung soll frühestens stattfinden bei Pferden im Alter von 2 bis 3, bei Rindvieh von 1 bis 2 Jahren, bei Wollschafen 6 Monate nach der ersten Schur, bei Fleischschafen im Alter von 10 bis 15, bei Schweinen von 5 bis 10 Monaten.
8. Inbetreff abgekörter Tiere soll eine Berufung bzw. eine Nachkörung zulässig sein.
9. Die Stammbuchführung besteht in dem eigentlichen Stammbuche und in einem demselben voraufgehenden Jahrbuche.
10. Alle zur Eintragung bestimmten Erhebungen oder Ereignisse werden in dem Jahrbuche fortlaufend, in dem Stammbuche für jedes Tier nach dessen Tode oder Verkauf in die Fremde summarisch abgeschlossen durch Druck veröffentlicht.
11. Im Stammbuch werden die Tiere, die Geschlechter in 2 gesonderte Teile getrennt, nach ihrer Altersfolge je unter fortlaufender Nummer geführt, wobei für die männlichen Tiere die ungeraden, für die weiblichen die geraden Zahlen in Anwendung zu bringen sind.
12. In das Stammbuch eingetragen werden alle angekörten Tiere, von den abgekörten nur die Nachkommen von Herdbuchtieren.
13. Von jedem für aufnahmefähig erklärten (angekörten) Tiere sind unmittelbar bei demselben, in das Stammbuch einzutragen bzw. können nach Ermessen des Stammbuchvereins eingetragen werden
    a) die zur Feststellung seiner Wesenheit dienenden Tatsachen wie Name, Nummer im Stammbuche und Nummer seines privaten Zuchtregisters, Markierung, Züchter, Besitzer, etwaige Verschneidung und Abgang, d. i. Verkauf nach außerhalb des Herdbuchbezirkes oder Tod
    b) die den Wert eines Zuchttieres positiv oder negativ bedingenden Eigenschaften, Leistungen oder Zufälle, wie Farbe, Behaarung, Beschaffenheit der Haut,

---

* MARTINY lehnte den Begriff „Herdbuch" ab

Körperbau, Körpermaße, Körpergewicht, Gangwerk, Gemütsart, Wachstum, Kraft und Gewandtheit des Körpers, Milchergiebigkeit nach Menge und Güte, Wollertrag nach Menge und Güte, Mastfähigkeit, Schlachtergebnisse, Ausstellungs- und Wetterfolge, Fehlschläge unter den Nachkommen, Krankheiten, die Abstammung in väterlicher wie mütterlicher Linie bis ins 4. Glied mit kurzen Angaben über den Wert der Voreltern, die Nachkommenschaft u. dergl. m. Werden nach Bestimmung des Stammbuchvereins Angaben nur über einzelne dieser Gesichtspunkte vorgeschrieben, so ist ein Hinweis auf das Vorhandensein einer darüber hinausgehenden Zuchtbuchführung dem Anmelder zu gestatten. Beifügung naturgetreuer Abbildungen ist höchst wünschenswert. Beschreibungen der einzelnen Zuchten in ihrer Gesamtheit können eine weitere Ergänzung bilden.

14. Die Zuverlässigkeit der Angaben ist dadurch zu sichern, daß
    a) jedes Mitglied der Stammbuch-Gemeinschaft zur Führung einer vorschriftsmäßigen Zuchtbuchführung verpflichtet wird
    b) Vertrauensmänner aus den Mitgliedern angestellt werden, welche die Zuchtbuchführung zu kontrollieren, insbesondere die von den Züchtern über Eigenschaften und Leistungen der Tiere gemachten Angaben zu prüfen, oder bisweilen auch diese selbständig zu erheben, überhaupt Angaben, deren Glaubwürdigkeit bestritten werden könnte, zu bestätigen haben
    c) das Belegtwerden und das Gebären der weiblichen Tiere sowie Verkaufs- oder Todesfälle durch besondere Urkunden festgestellt werden
    d) alle Stammbuch-Tiere und deren Nachkommen an ihrem Körper durch unauswechselbare und unzweideutige Marken gezeichnet und mit Namen belegt werden
    e) für die zu erhebenden Angaben Formulare vorgeschrieben werden und
    f) wissentlich etwa gemachte unrichtige Angaben mit Ausschluß aller Tiere des betreffenden Anmelders bestraft werden.
15. Zur Führung des Stammbuches nebst Jahrbuch und zur Verwaltung des Stammbuch-Archivs ist ein besonderer Beamter anzustellen.
16. Das Stammbuch-Archiv soll jedermann zur Einsicht offenstehen.
17. Alle Eintragungen sollen auf Kosten des Stammbuchvereins unentgeltlich sein.
18. Das Stammbuch sowohl wie das Jahrbuch werden auf Kosten des Stammbuchvereins herausgegeben. Jedes Mitglied des Vereins erhält von beiden ein Exemplar unentgeltlich. Nichtmitgliedern wird dasselbe zu Kauf gestellt.
19. Über etwaige Gebühren in Vereinssachen amtlich wirkender Mitglieder beschließt der Verein.
20. Zur Deckung der Vereinskosten zahlen die Mitglieder einmalige oder laufende Beiträge und von verkauften eingetragenen Zuchttieren einen zu bestimmenden Prozentsatz.
21. Neben der Stammbuchführung bietet ein Stammbuch-Verein günstige Gelegenheit zu anderweitiger genossenschaftlicher Förderung der Viehzucht."

Diese Grundsätze sind zu einer Art Leitlinie für die Arbeit in den Züchtervereinigungen geworden. Manches hat sich überholt, aber auch manche bedeutsamen Vorschläge sind enthalten, die erst viel später im Herdbuchwesen verwirklicht werden konnten, teils sogar heute noch auf der Wunschliste stehen. Hingewiesen

sei auf seine Ratschläge in Punkt 13 zur Erfassung der Leistungen wie zu den Angaben von Krankheiten.
Diese Ausarbeitungen Martinys haben somit ihre Auswirkungen nicht verfehlt. Die jungen Züchtervereinigungen brauchten Anweisungen und Vorschläge für ihre Arbeit und mußten sich zunächst häufig aus primitiven Anfängen entwickeln.
Bedeutsame und entscheidende Arbeit in den entstehenden Organisationen haben die Körkommissare, oder auch Vertrauensmänner genannt, geleistet. Dies sind immer besonders befähigte Züchter und allseits anerkannte Persönlichkeiten gewesen. Ihre Arbeit ist einerseits die Bewertung (Körung) männlicher und weiblicher Tiere, während andererseits bei Durchführung dieser Maßnahme zugleich eine Beratung in den Zuchten stattgefunden hat. Man kann ohne Abstriche hervorheben, daß besonders in den Anfangsstadien der Züchterverbände diese Persönlichkeiten eine besondere Pionierarbeit übernommen haben.
Ein Teil dieser Tätigkeiten wurde später von hauptamtlichen Kräften übernommen, die als Tierzuchtleiter auf den verschiedensten Ebenen, insbesondere aber als Geschäftsführer der Züchtervereinigungen eingesetzt wurden. Trotz dieser Ämterteilung verblieb der direkte Einfluß der Züchter auf das Zuchtgeschehen, insbesondere auf Zuchtrichtung und Zuchtziel über die Körkommissare, und dies sollte auch in Zukunft erhalten bleiben! Selbst überragende Könner – erinnert sei an Vogel, Peters, Köppe u. a. – haben immer das Urteil ihrer Züchter gesucht und geachtet!
Im Verlaufe der Jahrzehnte nach den ersten Gründungen von Züchtervereinigungen in der zweiten Hälfte des 19. Jahrhunderts ist es zu einer zunehmenden Fundierung der Organisation und zur Erweiterung ihres Aufgabenbereiches gekommen. Zu diesem gehören die Ermittlungen von Leistungen, Jungviehaufzucht (Jungviehweiden der Verbände), Verkaufsveranstaltungen u. a. Ebenso haben auch weiterhin Erkenntnisse des Auslandes das Herdbuchwesen und seine Tätigkeit vervollkommnet und erweitert. KRONACHER faßt 1923 die Aufgabenstellung kurz und prägnant zusammen:

1. Beschaffung und Haltung besten männlichen Zuchtmaterials
2. Beschaffung und Haltung geeigneten weiblichen Zuchtmaterials
3. Körungen von männlichen und weibliche Tieren
4. Kennzeichnung nach Bewertung, einschließlich Nachzucht in jugendlichem Alter
5. Eintragung aller gekörten Tiere und Nachzucht ins Herdbuch – erschöpfende Angaben über Entwicklung, Leistungen, Gesundheit und Verbleib der Tiere
6. Aufzuchtmaßnahmen (Laufstände, Tummelplätze, Jungviehweiden u. a.)
7. Leistungsprüfungen einschließlich ihrer Auswertungen
8. Erhebungen über den Gesundheitszustand, planmäßige Seuchentilgung
9. Tierschauen, einschließlich Jungviehprämiierungen und Stallprämiierungen
10. Absatzförderung
11. Beratung der Mitglieder durch qualifizierte Fachkräfte

Diese Aufgabenstellung verblieb im wesentlichen bis in die Neuzeit. Sie erfuhr nach 1945 insofern eine Erweiterung, als die Besamung neue Wege züchterischer Bearbeitung aufzeigte. Zugleich ermöglichte die moderne Datenverarbeitung eine schnellere Auswertung aller gesammelten Unterlagen.
Während der letzten Jahrzehnte führte die schnelle Ausweitung und Anwendung der künstlichen Besamung zu neueren Möglichkeiten der züchterischen Bearbei-

tung. Dies insbesondere beim Rind, aber auch in allmählicher Übertragung auf die übrigen Tierarten. Hinzu kam die verstärkte Überprüfung in Nachkommen- und Eigenleistungsprüfanstalten. Sämtliche Unterlagen aus Stall, Prüfanstalt usw. lassen sich nunmehr schnell im Rahmen der elektronischen Datenverarbeitung auswerten. Vorübergehend entstanden neben den Züchtervereinigungen weitere Organisationsformen. Sehr bald zeigte sich die notwendige enge Zusammenarbeit bis zur Fusion, um die bedeutsamen weitflächigen Zuchtplanungen durchführen zu können. Dabei sollte aber nie vergessen werden, daß die Züchtervereinigungen – sicherlich hier und da reichlich stark mit traditionellem Gedankengut verbunden – immer Ausgang und Ursprung dieser Entwicklung waren.

Rückblick auf die Arbeit der Züchtervereinigungen

Wie aus den Ausführungen über die Entstehung und Entwicklung der Züchtervereinigungen hervorgeht, ist der Gedanke, Zuchttierregister anzulegen wie auch Zusammenschlüsse von Züchtern herbeizuführen und zu gründen, nicht deutschen Ursprungs. Die ersten Registrierungen von Zuchttieren wie das „General-Stud-Book“ oder das Shorthorn-Register von Coates entstanden in England. Dies war bereits um 1800. Erst später folgten die deutschen Züchter mit ähnlichen Zusammenstellungen. Ebenso nimmt England für den Zusammenschluß von Züchtern in Europa eine zeitliche Vorrangstellung ein.

KRONACHER sagt hierzu 1923: „In England ist die Existenz der Züchtervereinigungen schon alt (Anfang und Mitte des 19. Jahrhunderts), in Deutschland ist sie in der Hauptsache eine Errungenschaft der letzten vier bis fünf Jahrzehnte“.

Man wird die deutschen Züchter des vorigen Jahrhunderts jedoch kaum fehlender Initiative wie auch Eigeninitiative bezichtigen können. Wie des öfteren betont, brauchte die deutsche Tierzucht einen Entwicklungsstand und einen Reifungsprozeß für derartige Maßnahmen, und die Tierzucht Englands eilte derjenigen des Kontinents um einige Jahrzehnte voraus. Es mag somit klug gewesen sein, aus den englischen Erfahrungen zu lernen.

Die Entwicklung war dann jedoch konsequent und zielstrebig. Rückwärtsschauend sei auch hier KRONACHER (1923) angeführt, der zum Ausdruck bringt: „Man kann sagen, daß die Fortschritte der deutschen Tierzucht mit dem Aufblühen und Gedeihen des Züchtervereinswesens untrennbar verbunden sind“. WINNIGSTEDT hebt 1971 hervor: „... bei den Zuchtverbänden handelt es sich um freiwillige Zusammeschlüsse von landwirtschaftlichen Tierhaltern, die durch systematische Zuchtwahl ihre Viehbestände verbessern wollen. Ihre Zuchtmethoden und ihre sonstige Arbeitsweise richten sich nach dem jeweiligen Stand des Wissens“.

Winnigstedt weist auch darauf hin, daß während eines nunmehr zurückliegenden Zeitraumes von 100 Jahren die Züchtervereinigungen unter dem Prinzip der Reinzucht arbeiteten. Sie haben mit dieser Methode in zielstrebiger Auf- und Ausbauarbeit ein festes Fundament geschaffen. Aus dem großen Durcheinander wenig produktiver Tierformen und Tiergruppen erstellten sie Rassen mit einem beachtlichen Leistungsniveau.

Bei ihrer Arbeit erhielten die Züchtervereinigungen von staatlicher Seite oder von Körperschaften öffentlich-rechtlicher Art wie DLG, Landwirtschaftskammern u. a. immer die notwendige Unterstützung. Allerdings sind Art und Form dieser Hilfen zwischen den Ländern, häufig auch innerhalb derselben, unterschiedlich gewesen, und es ist kaum möglich, auf die vielfältigen Beihilfen, Prämien und Anerkennun-

gen einzugehen. Grundsätzlich ist von seiten der Öffentlichkeit immer erkannt worden, daß die Herdbuchzuchten die Keimzellen oder Ausgangsbasen für die sogenannte Landestierzucht waren und sind (s. auch S. 437).
Der Anteil der Herdbuchtiere am Gesamtbestand der Population war immer sehr variabel. Gebiete mit intensiv betriebener Tierzucht haben einen höheren Anteil von Herdbuchtieren als solche mit primärem Interesse an anderen landwirtschaftlichen Bereichen (z. B. Ackerbau). Beim Rind dürfte ein Durchschnittsprozentsatz von 10 % richtig sein, während dieser beim Schwein immer wesentlich niedriger lag. Die Herdbuchzuchten haben jedoch ausgereicht, um die sogenannten Landeszuchten mit Zuchtmaterial, insbesondere Vatertieren, zu versorgen. Unter dem Aspekt der Förderung der Landestierzucht mag – trotz aller Kritik – bei Einführung eines allgemeinen Körzwangs für Vatertiere (Reichstierzuchtgesetz 1936) die Entscheidung richtig gewesen sein, nur Vatertiere mit nachgewiesener Abstammung, d. h. aus der Herkunft der Herdbuchbestände, zu kören.
In zeitlicher Reihenfolge läßt sich die Tätigkeit der Züchtervereinigungen wie folgt darstellen:

1. Nach Zusammenschluß interessierter Züchter kommt es zur Erfassung und Bewertung der Bestände. Exterieurbeurteilungen und Körungen beginnen. Vorhandene Abstammungsunterlagen werden erfaßt. Das Fruchtbarkeitsgeschehen unterliegt einer Registrierung.
2. Die Züchter wenden Reinzucht einschließlich begrenzter Inzucht an. Die Festlegung von Zuchtzielen erbringt zunehmende Konsolidierung der Rassen.
3. Bald folgen Gedankengänge, die erzüchteten Tiere zu zeigen. Nach dem Erfolg von Tierschauen in Hamburg 1863, Mannheim 1868, Bremen 1874 u. a. greift die DLG nach ihrer Gründung 1887 das Schauwesen auf, und es kommt zu den jährlich stattfindenden Wanderausstellungen (s. S. 387). Damit wird eine weitflächige Vereinheitlichung der Zuchtziele erreicht, dies in engem Zusammenspiel zwischen der DLG mit ihren Fachausschüssen und den Züchtervereinigungen.
4. Die Züchtervereinigungen nehmen den Absatz der Tiere auf, d. h., die nunmehr mit Abstammungsnachweisen versehenen Individuen kommen zum Austausch mit anderen Zuchtherden, oder sie gehen in die Landeszucht. Man sollte hier ein ökonomisches Denken der Herdbuchgesellschaften nicht übersehen! Auf einer Zusammenkunft und Aussprache von Leitern und Geschäftsführern in Rinderzüchtervereinigungen im Jahr 1926 in München fällt folgende Bemerkung aus der Erfahrung eines älteren Tierzuchtleiters:
   „Der Einfluß, den die Züchtervereine auf ihre Mitglieder auszuüben vermögen, richtet sich danach, welche Vorteile sie ihnen bieten. Aus Idealismus sind die Züchter im allgemeinen nicht bereit, die evtl. unbequemen Maßnahmen durchzuführen. Nur wenn die Züchter durch die Züchtervereine Erfolg haben, für die Herdbuchtiere höhere Preise erzielen als für Nichtherdbuchtiere und wenn sie zu der Überzeugung kommen, daß die Bestrebungen der Züchtervereine ihnen wirtschaftlichen Nutzen gewähren, werden sie ihren Intentionen folgen".
   Dies sind klare, vielleicht harte Worte. Sie mögen jedoch deutlich zeigen, daß die landwirtschaftliche Tierzucht einschließlich des Züchtervereinswesens wirtschaftliche Aufgaben zu erfüllen hat. Dies sollte immer beachtet werden, da die Tierzucht nicht aus Freude und Liebe zu schönen Formen oder Liebhabereien züchtet, sondern unter dem Zwang der Versorgung der Bevölkerung mit tieri-

schen Produkten steht. Als Teil des landwirtschaftlichen Betriebes muß die tierische Produktion ökonomisches Denken und entsprechende Leitlinien beachten.

5. Schon bald nach der Gründung der Züchtervereinigungen setzt eine breit gestreute Beratung ein. An anderer Stelle ist bereits hervorgehoben worden, daß hier zunächst die Körkommissare und Vertrauensmänner in den jungen Zuchten und Betrieben wertvolle Pionierarbeit leisteten. Mit dem Ausbau der Vereinigungen wird diese Aufgabe dann mehr und mehr von eingestellten Fachkräften übernommen, wobei sich eine sinnvolle Ergänzung privater Arbeit und Maßnahmen staatlicher Seiten ergeben haben. Die Aufgabenstellungen sind vielseitig. Sie liegen teils in den Mitgliedsbetrieben als züchterische Beratung, Fragen der Tierhaltung wie Melken und Klauenpflege, Stallbauberatung, Aufzucht, Gesundheitspflege, Grünlandpflege bis zum Feldfutterbau, Fütterungsberatung u. a., teils werden Aufzuchthöfe (s. S. 393) und Ausbildungsstätten (s. S. 509) eingerichtet.
6. Eine besondere Aufgabe entstand für das Herdbuchwesen bei den Ermittlungen und Auswertungen von Leistungen der Tiere. Zeitlich ist der Beginn des Prüfungswesens bei den verschiedenen Tierarten unterschiedlich. Zumeist sind die Feststellungen von den Züchtervereinigungen, d. h. von privater Seite aufgenommen und begonnen worden. Die Objektivität der Ermittlungen hat jedoch sehr bald eine Übernahme durch staatliche oder sonstige unabhängige Organisationen erforderlich gemacht(s. S. 346).
7. Zeitlich schon sehr früh und im Verlaufe der Zeit mit wachsendem Interesse und Engagement haben die Züchtervereinigungen Maßnahmen zur Gesunderhaltung ihrer Bestände aufgegriffen (s. S. 225). Hier hat es immer eine enge Zusammenarbeit mit den für die Tiergesundheit zuständigen Institutionen des Staates, den Landwirtschaftskammern oder sonstigen Organisationen gegeben. Die Züchtervereinigungen haben die Gesundung und Gesunderhaltung auch des öfteren in die eigene Regie genommen. Erinnert sei an die Ostpreußische Herdbuchgesellschaft, die bereits 1900 Tierärzte zur Tuberkulosebekämpfung (Ostertagsches Verfahren) einstellte und diesen Gesundheitsdienst ausbaute und erweiterte unter Einschluß der Bekämpfung des seuchenhaften Verkalbens, Aufzuchtkrankheiten u. a. oder an das auf Initiative der Oldenburger Herdbuchgesellschaft im Jahr 1949 eingerichtete „Kuratorium für Rindergesundheitsdienst in Oldenburg".
   Diese Beispiele ließen sich, insbesondere auch beim Schwein, fortsetzen. Sie zeigen das Bemühen der Herdbuchverbände, die Fragen Krankheiten und Konstitution aufzugreifen und zu erfassen. Dieses Vorhaben und Arbeiten brachte der große Könner und Kenner züchterischer Vorgänge und Notwendigkeiten, J. PETERS, 1938 nach langjähriger Tätigkeit in der ostpreußischen Rinderzucht vor der versammelten Elite deutscher Tierzüchter folgendermaßen zum Ausdruck:
   „Sie haben 25 Jahre auf Form gezüchtet, dann 25 Jahre die Leistung in den Vordergrund gerückt, nun müssen Sie 50 Jahre auf die Gesunderhaltung züchten".
8. Züchterische Maßnahmen haben nur Erfolg, wenn Ermittlungen und Erhebungen wie Leistungsfeststellungen unter Anwendung aller Möglichkeiten ausgewertet werden. Hier haben die Züchtervereinigungen unter den jeweiligen Bedingungen eine ungeheure Arbeit geleistet, die wesentlich zu dem Anstieg der Produktionswerte beigetragen hat.

In enger Zusammenarbeit mit der Wissenschaft haben die Züchtervereinigungen ihre Arbeitsweise immer dem jeweiligen Erkenntnisstand angepaßt. Die möglichst genaue Erfassung der Zuchtwerte (Zuchtwertschätzungen) ist fortlaufend verbessert worden.

Die moderne Populationsgenetik hat hier eine festfundierte Ausgangsbasis, um nunmehr über Hybridverfahren, Mehr-Rassen-Kreuzungen u. a. weitere züchterische Verbesserungen zu erreichen.

Abschließend sei zur Gründung, Entwicklung und Arbeitsweise der Züchtervereinigungen bemerkt, daß es erforderlich erscheint, zu einigen Kernaufgaben ausführlicher Stellung zu nehmen. Dies wird in den folgenden Abschnitten vorgenommen. Dabei sind die Gebiete Beurteilungswesen als Voraussetzung der Körungen, Tierschauen und Absatzveranstaltungen, Leistungsermittlungen und in einem besonderen Kapitel die allgemeinen Förderungsmaßnahmen behandelt. Gelegentlich ergab sich eine Konzentration auf das Rind, wenn die Maßnahmen gleichsinnig auch bei den anderen Tierarten anzuwenden waren und sind.

Bei der Zusammenstellung der Züchtervereinigungen war innerhalb der Tierarten eine Unterteilung nach Rassengruppen bei Pferd, Rind und Schwein möglich. Diese lehnt sich an die Quellenangaben an und ließ folgende Gliederung zu:

Pferde:	A	Warmblut
	B	Kaltblut
	C	Kleinpferde und Ponys
Rinder:	A	Fleckvieh
	B	Braunvieh
	C	Gelbvieh
	D	Rotvieh (Mitteldeutsches Rotvieh)
	E	Schecken und Blässen
	F	Schwarzbunt
	G	Rotbunt
	H	Angler
	I	Shorthorn/Angus
	K	Jersey
Schweine	A	Deutsches weißes Edelschwein
	B	Deutsches veredeltes Landschwein (seit 1969 Bezeichnung: Deutsche Landrasse)
	C	Rotbuntes Schwein
	D	Angler Sattelschwein
	E	Deutsches Weideschwein
	F	Schwäbisch-Hällisches Schwein
	G	Piétrainschwein

1.1.2 Die Züchtervereinigungen der BRD*

(Erläuterungen s. S. 251)

Quellen:

Pferde	1901 KNISPEL, O.: Die Züchtervereinigungen im Deutschem Reiche nach dem Stande vom 1. 1. 1901	1944 GATERMANNS Kalender für Tierzüchter, 1944, bearbeitet von ED. MEYER, Berlin	1970 Taschenbuch für Tierzüchter, 1973 und 1975, Hannover
Rinder	1901 KNISPEL, O.: Die Züchtervereinigungen im Deutschen Reiche nach dem Stande vom 1. 1. 1901	1929 BÄSSMANN, FR.: Anleitung zur Einrichtung von Rinderzüchter-Vereinigungen und Richtlinien für die Zuchtbuchführung, DLG	1970 Taschenbuch für Tierzüchter, 1973 und 1975, Hannover
Schweine	1901 KNISPEL, O.: Die Züchtervereinigungen im Deutschen Reiche nach dem Stande vom 1. 1. 1901	1937 WOWRA-LENTZ: Schweinehaltung und Schweinekrankheiten, Neudamm, 1937	1970 Taschenbuch für Tierzüchter, 1973 und 1975, Hannover
Schafe	1918 FREYER, G.: Die Verbreitung und Entwicklung der deutschen Schafzuchten, Berlin, 1918	1939 DOEHNER, H.: Handbuch der Schafzucht und Schafhaltung, Berlin, 1939	1970 Taschenbuch für Tierzüchter, 1973 und 1975, Hannover
Ziegen	1901 KNISPEL, O.: Die Züchtervereinigungen im Deutschen Reiche nach dem Stande vom 1. 1. 1901	1928 Reichsverband deutscher Ziegenzuchtvereinigungen: Jahrbuch der deutschen Ziegenzucht, 1925 bis 1928	1970 Taschenbuch für Tierzüchter, 1973 und 1975, Hannover

* Die Einrangierung der Gründungsorte erfolgte unter Beachtung der heutigen Landesgrenzen. Die Unterlagen bzw. Aufstellungen sind den Spitzenorganisationen der einzelnen Länder in der Bundesrepublik Deutschland zur Einblicknahme und Korrektur vorgelegt worden. Ergänzungen wurden aufgenommen und stärkere Abweichungen zu Literaturangaben vermerkt.

Schleswig-Holstein und Hamburg: Pferde

1901	1944	1970
A Warmblut		
1. Verband der Pferdezucht-Vereine in den holsteinischen Marschen, Elmshorn, 1891 a) Pferdezucht-Verein der Kremper Marsch, 1883 b) Pferdezucht-Verein Seestermühe-Haseldorfer Marsch, 1885 c) Pferdezucht-Verein Norderdithmarschen, 1887 d) Pferdezucht-Verein Süderdithmarschen, 1888 e) Pferdezucht-Verein Wilster Marsch, 1889 2. Verband der Pferdezucht-Vereine der Schleswig-Holsteinischen Geestlande, Segeberg, 1896 a) Angler-Pferdezucht-Verein Ausacker bei Husby, 1887 b) Bordesholm-Groß-Flintbeker Pferdezucht-Verein, Bordesholm, 1887 c) Pferdezucht-Verein Kellinghusen-Bramstedt, Kellinghusen, 1891 d) Mittelholsteinischer Pferdezucht-Verein, Neumünster, 1887 e) Kreis-Pferdezucht-Verein Oldenburg, Oldenburg i. H., 1896 f) Pferdezucht-Verein des Plöner Kreises, Preetz, 1892 g) Rendsburger Kreis-Pferdezucht-Verein, Rendsburg, 1898 h) Pferdezucht-Verein für den Kreis Segeberg, Segeberg, 1897 i) Pferdezucht-Verein für den Kreis Stormarn, Oldesloe, 1897 3. Pferdezuchtverein des Kreises Süderdithmarschen, Busenwurth bei Meldorf, 1898 4. Pferdezucht-Verein der Hamburger Marschen, Allermöhe bei Bergedorf, 1893	Verband der Züchter des Holsteiner Pferdes, Elmshorn	1. Verband der Züchter des Holsteiner Pferdes mit Reit- und Fahrschule, Elmshorn 2. Verband der Züchter und Freunde des Warmblutpferdes Trakehner Abstammung, Hamburg

Schleswig-Holstein und Hamburg: Pferde

1901	1944	1970
B Kaltblut		
Verband Schleswiger Pferdezucht-Vereine, Flensburg, 1891 a) Pferdezucht-Verein für die Insel Alsen, Ketting, 1891 (nach KNISPEL 1888) b) Pferdezucht-Verein für das schleswig'sche Pferd im südlichen Angeln, Karlsdamm bei Uelsby, 1892	1. Verband für die Zucht des rheinisch-deutschen Kaltblutpferdes Lübeck, Lübeck 2. Verband Schleswiger Pferdezüchter, Husum	Verband Schleswiger Pferdezuchtvereine, Kiel
c) Apenrader Pferdezucht-Verein, Apenrade, 1901 (nach KNISPEL 1881) d) Dänischwohlder Pferdezucht-Verein, Gettorf, 1907 (nach KNISPEL 1897) e) Eiderstedter Pferdezucht-Verein, Kating bei Tönning, 1897 (nach KNISPEL 1896) f) Pferdezucht-Verein auf Föhr, Alkersum bei Wyk, 1892 g) Haderslebener Pferdezucht-Verein, Hadersleben, 1891 h) Hattstedter Pferdezucht-Verein, Hattstedt, 1900 (nach KNISPEL 1899) i) Hellewatter Pferdezucht-Verein, Hellewatt, 1898	k) Karrharder Pferdezucht-Verein, Leck, 1890 l) Pferdezucht-Verein Lügumkloster, Lügumkloster, 1891 (nach KNISPEL 1887) m) Pferdezucht-Verein für den Mittelrücken der Umgegend von Schleswig, Lürschau, 1903 (nach KNISPEL 1891) n) Nordangler Pferdezucht-Verein, Steinbergkirche, 1891 o) Nordfriesischer Pferdezucht-Verein, Bredstedt, 1891 p) Nordhackstedter Pferdezucht-Verein, Schafflund, 1899 q) Röddinger Pferdezucht-Verein, Brenstrup bei Gramur, 1899	r) Pferdezucht-Verein im Kreise Husum, Schwesing bei Husum, 1897 (nach KNISPEL 1887) s) Stapelholmer Pferdezucht-Verein, Spätinghof bei Friedrichstadt, 1891 t) Tondernscher Pferdezucht-Verein, Sollwig bei Jeising-Hostrup, 1887 u) Wittensee'er Pferdezucht-Verein, Wittensee, 1897
C Kleinpferde und Ponys		
kein Verband	Verband der Kleinpferdezüchter Deutschlands, Berlin	Landesverband der Pony- und Kleinpferdezüchter Schleswig-Holstein/Hamburg, Kiel

Schleswig-Holstein und Hamburg: Rinder

1901	1929	1970
F Schwarzbunt		
1. Verband der Viehzucht-Vereine für die Zucht von schwarzbuntem Vieh, Kl. Harrie a) Mittelholsteinischer Viehzuchtverein, Neumünster, 1879 b) Neustädter Herdbuchverein, Neustadt i. H., 1898 c) Fehmarn'scher Viehzucht-Verein für schwarzbuntes Vieh, Landkirchen, 1899 (nach KNISPEL 1900) d) Rindviehzucht-Verein in dem Bezirk des landw. Vereins für das östliche Holstein, Lensahn i. H., 1887 e) Probsteier Viehzucht-Verein für schwarzbuntes Rindvieh, Schönberg i. H., 1899 f) Rastorfer Rindviehzucht-Verein, Rastorf bei Preetz, 1898 (nach KNISPEL 1896) g) Rindviehzucht-Verein Schönwalde und Umgegend, Schönwalde, 1882 h) Viehzucht-Verein für die Amtsbezirke Perdoel und Depenau, Wankendorf, 1898 2. Züchtergenossenschaft Schwansen, Karby, 1894 3. Schwartauer Rindviehzucht-Verein, Schwartau, 1885 4. Verband der Viehzucht-Vereine für die Zucht des Holländer und Ostfriesischen Milchviehs in Eutin, Eutin, 1901	1. Verband Schwarzbunte Schleswig-Holsteiner, Kiel 2. Rindviehzuchtverein der Hamburger Marschen, Oberbillwärder b. Bergedorf 3. Moorburger Rindviehzuchtverein, Moorburg (Hamburg) 4. Geestländischer Rindviehzuchtverein für Hamburg und Umgebung, Hamburg a) Rinderzuchtverein Böbs, Böbs bei Pansdorf, 1895 b) Stammzucht-Genossenschaft Eutin, Eutin 1894 c) Stammzuchtverein für Gnissau und Umgegend, Gnissau, 1884 d) Rinderzuchtverein für Pansdorf und Umgegend, Pansdorf, 1901	1. Verband Schwarzbunte Schleswig-Holsteiner, Lübeck 2. Rindviehzuchtverein schwarzbunte Schleswig-Holsteiner Groß-Hamburg, Hamburg

Schleswig-Holstein und Hamburg: Rinder

1901

G Rotbunt

1. Verband der Viehzucht-vereine für die Zucht des rotbunten holsteinischen Milchviehs, 1898
   - I Unterverband für die Viehschläge der holsteinischen Marsch, Kamerland
     - a) Viehzucht-Verein für die holsteinische Elbmarsch, Elmshorn, 1889
     - b) Norderdithmarscher Herdbuch-Verein, Heide i. H., 1884
     - c) Rindviehzucht-Verein für die Süder-Dithmarscher Marsch, Meldorf, 1885
     - d) Viehzucht-Verein der Wilstermarsch, Wilster, 1876
     - e) Rindviehzucht-Verein für die Süder-Dithmarscher Geest, Meldorf, 1900
   - II Unterverband für den Breitenburger Viehschlag, Lohbarbeck
     - a) Viehzucht-Verein für Ascheberg und Umgegend, Ascheberg, 1901
     - b) Vereinigung Breitenburger Viehzüchter, Lohbarbeck, 1878
     - c) Bordesholmer Rindviehzucht-Verein, Bordesholm, 1884
     - d) Fehmarn'scher Verein für Rindviehzucht der Breitenburger Rasse, Burg auf Fehmarn, 1899
     - e) Groß-Flintbeker Rindviehzucht-Verein, Groß-Flintbek bei Voorde, 1900
     - f) Heikendorfer Viehzucht-Verein, Heikendorf bei Altheikendorf, 1897
     - g) Hörnerkirchener Rindviehzuchtverein, Hörnerkirchen, 1900
     - h) Rindviehzucht-Verein für Kaltenkirchen und Umgegend, Kaltenkirchen, 1899
     - i) Rindviehzucht-Verein für Kirchbarkau und Umgegend, Kirchbarkau, 1885
     - k) Rindviehzucht-Verein für Raisdorf, Raisdorf, 1899
     - l) Rindviehzucht-Verein für Reinfeld und Umgegend, Reinfeld, 1896
     - m) Rindviehzucht-Verein für Segeberg, Segeberg, 1901
     - n) Rindviehzucht-Verein an der Trave, Schlamersdorf, 1897 (nach Knispel 1896)
     - o) Rindviehzucht-Verein westlich der Trave, Högersdorf bei Segeberg, 1894 (nach Knispel 1895)
     - p) Rindviehzucht-Verein im ehemaligen Amte Traventhal, Kl. Gladebrügge bei Segeberg, 1887
     - q) Rindviehzucht-Verein Wittenberg bei Selent, 1900
     - r) Rindviehzucht-Verein Wulfsfelde bei Pronstorf, 1898
   - III Unterverband für die Zucht des rotbunten Milchviehs der Holsteinischen Geest, Hohenwestedt
     - a) Rindviehzucht-Verein für Barmstedt, Barmstedt, 1900
     - b) Rindviehzucht-Verein für Pinneberg und Umgegend, Pinneberg, 1891 (nach Knispel 1900)
     - c) Probsteier Viehzucht-Verein für rotbuntes Milchvieh der Holsteinischen Geest, Schönberg, 1901 (nach Knispel 1898)
     - d) Rendsburger Kreis-Rindviehzucht-Verein, Hohenwestedt, 1896
     - e) Zuchtverein für rotbuntes Milchvieh für Oldesloe und Umgegend, Oldesloe, 1899
     - f) Rindviehzucht-Verein für Schönweide und Umgegend, Schönweide bei Plön, 1903 (nach Knispel 1899)
2. Rindviehzucht-Verein Bockholt bei Eutin, 1887
3. Rindviehzuchtverein Wulfsdorf, Wulfsdorf bei Gleschendorf, 1900

1929	1970
Verband Rotbunte Holsteiner, Neumünster/H. Ia) Zuchtbezirk für die Elb- und Wilstermarsch, Wilster Ib) Zuchtbezirk Dithmarschen, Heide/H. II Zuchtbezirk für die Breitenburger, Kellinghusen III Zuchtbezirk für die Holsteiner Geest, Neumünster IV Geschäftsstelle des Zuchtbezirkes für die Holsteiner Geest, Neumünster	Verband Rotbunte Schleswig-Holsteiner, Neumünster/H.

Schleswig-Holstein und Hamburg: Rinder

1901	1929	1970
I Shorthorn/Angus		
1. Verband der Shorthornzucht-Vereine, Damm vor Husum a) Shorthornzucht-Verein Drelsdorf bei Brecklum, 1899 b) Bezirksverein für Shorthornzucht, Shorthornzucht, Eiderstedt, 1883 c) Shorthornzucht-Verein der Gemeinde Hattstedt, Hattstedt, 1897 d) Hostruper Shorthornzucht-Verein, Hostrup bei Jeising-Hostrup, 1899 e) Bezirksverein für Shorthornzucht, Jörl bei Eggebek, 1899 f) Verein für Shorthornzucht in Landeby-Miesberg-Alstrup-Loitwitt, Loitwitt bei Lügumkloster, 1899 g) Nordfriesischer Shorthornzucht-Verein, Bredstedt, 1897 h) Viehzucht-Verein für Schwesing und Umgegend, Schwesing, 1900 i) Bezirksverein für Shorthornzucht der 6 süderoktroyrten Köge, Chr.-Albr.-Koog bei Niebüll, 1899 k) Shorthornzucht-Verein Südwest-Schleswig, Lürschau, 1901 2. Gesellschaft Deutscher Shorthornzüchter Hamburg, Geschäftsstelle Damm vor Husum, 1898	Verband schleswig-holsteinischer Shorthornzuchtvereine, Husum/H.	1. Verband Schleswig-Holsteinischer Fleischrinderzüchter, Husum (Schleswig) 2. Verband Schleswig-Holsteinischer Shorthornzüchter, Neumünster/H.

Schleswig-Holstein und Hamburg: Rinder

1901	1929	1970
H Angler		
Verband der Viehzuchtvereine für die Zucht des roten schleswigschen Milchviehs a) Vereinigung Angler Viehzüchter, Karlsdamm bei Uelsby (mit 23 Ortsvereinen), 1879 b) Züchtervereinigung für die Zucht des schweren roten nordschleswigschen Milchviehs, Hadersleben (mit 4 Ortsvereinen), 1896	Herdbuchkontrollverband Angeln, Süderbrarup/Angeln	Verband der Züchter des Angler Rindes, Süderbrarup/Angeln
K Jersey		
kein Verband	kein Verband	Verband der Züchter des Angler Rindes, Abt. Jersey, Süderbrarup/Angeln

Schleswig-Holstein und Hamburg: Schweine

1901	1937	1970
A Deutsches weißes Edelschwein		
kein Verband	Landesverband der Schweinezüchter Schleswig-Holstein, Kiel	kein Verband
B Deutsches veredeltes Landschwein		
kein Verband	Landesverband der Schweinezüchter Schleswig-Holstein, Kiel	Verband Schleswig-Holsteinischer Schweinezüchter, Kiel
C Rotbuntes Schwein		
kein Verband	kein Verband	Verband der Züchter des Rotbunten Schweines, Husum
D Angler Sattelschwein		
kein Verband	Landesverband der Schweinezüchter Schleswig-Holstein, Kiel, Abt. in Süderbrarup	Verband der Züchter des Piétrainschweines und des Angler Sattelschweines, Neumünster
G Piétrainschwein		
kein Verband	kein Verband	Verband der Züchter des Piétrainschweines und des Angler Sattelschweines, Neumünster

Schleswig-Holstein und Hamburg: Schafe

1918	1939	1970
1. Verein zur Züchtung des Wilstermarschschafes, Wilster, 1909 2. Verein Eiderstedter Cotswold- und Oxfordshire-Schafzüchter, Tönning, 1912 (bereits 1885 als Schafzuchtverein in Eiderstedt gegründet) 3. Schafzüchterverein der 6 süderoktroyierten Köge des Kreises Tondern, Neu-Galmsbüll, 1913 4. Ostholsteinischer Schafzüchterverein, Eutin 5. Ferner bestanden Vereine der Schafzüchter in den Holsteinischen Elbmarschen (1917) sowie Vereine im Kreise Husum (Hattstedter Marsch) der Landschaft Angeln	Landesverband Schleswig-Holsteinischer Schafzüchter, Kiel	Landesverband Schleswig-Holsteinischer Schafzüchter, Kiel

Schleswig-Holstein und Hamburg und Lübeck: Ziegen

1901	1928	1970
1. Ziegenzucht-Verein Kreis Pinneberg, Thesdorf, 1896 2. Steinburger Ziegenzucht-Verein, Itzehoe, 1895	1. Verband der Ziegenzüchter in der Provinz Schleswig-Holstein, Pinneberg 2. Ausschuß für Ziegenzucht bei dem Landwirtschaftlichen Hauptverein für das Hamburger Staatsgebiet, Neuengamme 3. Lübecker Landesziegenzuchtverband, Lübeck	1. Landesverband Schleswig-Holsteiner Ziegenzüchter, Neumünster 2. Landesverband der Ziegenzüchter Hamburgs, Hamburg-Altengamme

Niedersachsen und Bremen: Pferde

1901	1944	1970
A Warmblut		
1. Hannoversches Stutbuch, Hannover, 1888 2. Ostfriesisches Stutbuch, Norden, 1897 3. Verband der Züchter des Oldenburger eleganten schweren Kutschpferdes, Rodenkirchen, Amt Brake, 1897 (nördlicher Pferdezüchter-Verband) 4. Oldenburgischer südlicher Pferdezüchter-Verband, Vechta, 1897	1. Verband Hannoverscher Warmblutzüchter (Hann. Stutbuch), Hannover 2. Ostfriesisches Stutbuch, Norden 3. Verband der Züchter des Oldenburger Pferdes, Oldenburg i. O.	1. Verband hannoverscher Warmblutzüchter, Hannover a) Verein der Züchter des hannoverschen Pferdes im Bremer Staatsgebiet, Bremen b) Bezirksverband Emsland im Verband hannoverscher Warmblutzüchter, Meppen c) Hamburger Bezirksverband hannoverscher Warmblutzüchter, Hamburg d) Verband für Pferdezucht im Reg.-Bez. Hannover, Hannover e) Lüneburger Bezirksverband hannoverscher Warmblutzüchter, Uelzen f) Osnabrücker Bezirksverband hannoverscher Warmblutzüchter, Osnabrück g) Stader Bezirksverband hannoverscher Warmblutzüchter, Stade 2. Ostfriesisches Stutbuch, Hannover 3. Verband der Züchter des Oldenburger Pferdes, Oldenburg

1901	1944	1970
B Kaltblut		
1. Landespferdezucht-Verein des Herzogtums Braunschweig, Braunschweig, 1899 2. Pferdezucht-Verein für den Amtsbezirk Calvörde und Umgegend, Calvörde, 1896	Stammbuch für Kaltblutpferde Niedersachsen, Hannover	Stammbuch für Kaltblutpferde Niedersachsen, Hannover a) Pferdezuchtverein Braunschweig, Northeim b) Kaltblutzuchtverein Emsland, Meppen c) Pferdezuchtverein Hildesheim, Peine d) Kaltblutzüchterverein für den Regierungsbezirk Lüneburg, Uelzen e) Pferdezuchtverein Südhannover, Northeim f) Verband für Pferdezüchter im Reg.-Bez. Hannover, Hannover
C Kleinpferde und Ponys		
kein Verband	Verband der Kleinpferdezüchter Deutschlands, Berlin	1. Verband der Pony- und Kleinpferdezüchter Hannover, Hannover a) Bezirksverband der Pony- und Kleinpferdezüchter, Südhannover-Braunschweig, Northeim b) Bezirksverein Lüneburg des Verbandes der Pony- und Kleinpferdezüchter Hannover, Uelzen c) Bezirksverband Stade im Verband der Pony- und Kleinpferdezüchter Hannover, Stade d) Bezirks-Verein Hannover im Verband der Pony- und Kleinpferdezüchter Hannover, Hannover 2. Verband der Kleinpferde- und Ponyzüchter Weser-Ems, Oldenburg

Niedersachsen und Bremen: Rinder		
1901	1929	1970
D Rotvieh (Mitteldeutsches Rotvieh)		
1. Herdbuch-Genossenschaft St. Andreasberg, 1893 2. Herdbuch-Genossenschaft Buntenbock bei Klausthal, 1892 3. Klausthaler Herdbuch-Genossenschaft, Klausthal, 1893 4. Herdbuchgenossenschaft Sieber, Sieber i. H., 1888 5. Herdbuchgenossenschaft Zellerfeld, Zellerfeld, 1893	Verband der Zuchtgenossenschaft des Harzrindes, Goslar	Verband der Harz- und Rotviehzüchter, Süderbrarup/Holst.

1901

F Schwarzbunt

1. Verein Ostfriesischer Stamm-Viehzüchter, Norden, 1878
2. Jeverländer Herdbuch-Verein, Hohenkirchen, 1878
3. Hauptverband zur Hebung der Rindviehzucht im landwirtschaftlichen Hauptvereins-Bezirk für das Fürstentum Osnabrück, Osnabrück, 1901
   a) Artländer Rindviehzucht-Genossenschaft, Badbergen, 1897
   b) Rindviehzuchtverein Belm, Belm, 1899
   c) Verein zur Hebung der Rindviehzucht der Samtgemeinden Bissendorf und Holte, Bissendorf, 1900
   d) Rindviehzuchtverein zu Bramsche, Bramsche, 1898
   e) Rindviehzuchtverein Buer, Buer, 1900
   f) Rindviehzuchtverein Redecke, Redecke bei Neuenkirchen, 1897
   g) Verein zur Hebung der Rindviehzucht im landwirtschaftlichen Verein zu Riemsloh, Riemsloh, 1896
   h) Rindviehzuchtverein Schledehausen, Schledehausen, 1896
   i) Rindviehzuchtverein Wittlage, Bohmte, 1892
4. Emsländischer Rindviehzucht-Verein, Aschendorf, 1896
5. Emsländischer Rindviehzucht-Verein, Lathen, Lathen, 1896
6. Oldenburger Wesermarsch-Herdbuch-Verein, Oberhammelwarden bei Hammelwarden, 1880
7. Herdbuchverein für das Amt Oldenburg, Oldenburg, 1896
8. Rindviehzucht-Genossenschaft für das oldenburgische Amt Delmenhorst, Delmenhorst, 1900
9. Verband zur Förderung der Rindviehzucht für die Ämter Vechta, Cloppenburg, Frisoythe und Wildeshausen, Ihorst bei Holdorf, 1894
   a) Unterverband Frisoythe, 1894
   b) Unterverband Wildeshausen, 1895
10. Lüneburger Herdbuch-Gesellschaft, Lüneburg, 1896
11. Stader Stammviehzucht-Verein, Stade, 1900
12. Verein der Stammviehzüchter in den Hannoverschen Unterwesermarschen, Welle bei Stotel, 1894
13. Verein Bremischer Wesermarsch-Stammviehzüchter, Schwachhausen, 1896
14. Verband der Stammviehzucht-Vereine für das mittlere Wesergebiet, Brinkum, Brinkum, 1897
   a) Stammzucht-Verein für die Marschen des Kreises Hoya, Hoya, 1897
   b) Stammzucht-Verein für den Kreis Nienburg, Holtorf, 1897
   c) Stammzucht-Verein für den Kreis Stolzenau in Domäne Schinna bei Stolzenau, Schinna, 1897
   d) Stammzucht-Verein für die Marschen des Kreises Syke, Brinkum, 1897
   e) Stammzucht-Verein für die Kreise Verden und Achim, Verden/Aller, 1897
   f) Stammzuchtverein für das Amt Thedinghausen, Thedinghausen, 1897
15. Schaumburger Stammzuchtverein, Rinteln, 1895

Niedersachsen und Bremen: Rinder

1929		1970
F Schwarzbunt		
1. Verein Ostfriesischer Stammviehzüchter, Norden 2. Friesische Milchviehzüchtervereinigung Jeverland, Jeverländischer Herdbuchverein, Jever 3. Osnabrücker Herdbuchgesellschaft, Osnabrück 4. Emsländischer Rindviehzuchtverband, Meppen 5. Oldenburgische Wesermarsch-Herdbuchgesellschaft, Rodenkirchen 6. Oldenburger Herdbuchverein, Oldenburg 7. Verband Oldenburgischer Rindviehzüchter, Oldenburg 8. Herdbuchverein der Schwarzbuntzüchter Südoldenburgs, Cloppenburg 9. Lüneburger Herdbuchgesellschaft, Lüneburg 10. Verband Lüneburger Rindviehzuchtvereine, Uelzen 11. Stader Herdbuchgesellschaft, Stade 12. Herdbuchgesellschaft Mittelweser, Hannover 13. Stammzuchtverein des Kreises Grafschaft Schaumburg, Rodenberg a. Deister 14. Rindviehherdbuch des Landw. Hauptvereins für Schaumburg-Lippe, Stadthagen 15. Hildesheimer Herdbuchgesellschaft, Hildesheim 16. Rindviehzuchtverein für den Hauptvereinsbezirk Göttingen, Northeim	17. Zuchtgenossenschaft für das schwarzbunte Tieflandrind, Braunschweig 18. Herdbuchverein Seesen für schwarzbuntes Niederungsvieh, Seesen a. H.	1. Verein Ostfriesischer Stammviehzüchter, Leer/Ostfriesl. 2. Osnabrücker Herdbuch-Gesellschaft, Osnabrück 3. Herdbuchgesellschaft Emsland, Meppen 4. Oldenburger Herdbuch-Gesellschaft, Oldenburg 5. Herdbuchgesellschaft Südoldenburg, Cloppenburg 6. Lüneburger Herdbuch, Uelzen 7. Stader Herdbuchgesellschaft, Stade 8. Herdbuchgesellschaft Mittelweser, Hannover 9. Herdbuchgesellschaft Südhannover-Braunschweig, Northeim

Niedersachsen und Bremen: Rinder

1901	1929	1970
G Rotbunt		
1. Verein Ostfriesischer Stamm-Viehzüchter, Norden, 1878 2. Hauptverband zur Hebung der Rindviehzucht im landwirtschaftl. Hauptvereinsbezirk für das Fürstentum Osnabrück, Osnabrück, 1901 Rindviehzuchtverein des landw. Vereinsbezirks Hasbergen (f. Rotbunt), Hasbergen, 1898 3. Verband zur Förderung der Rindviehzucht für die Ämter Vechta, Cloppenburg, Frisoythe und Wildeshausen, Ihorst bei Holdorf, 1894 a) Unterverband Vechta, 1894 b) Unterverband Cloppenburg, 1894 4. Verein der Altländer Stammviehzüchter im Kreise York, York, 1889	1. Verein Ostfriesischer Stammviehzüchter, Norden 2. Herdbuchverein der Rotbuntzüchter Südoldenburgs, Vechta 3. Rotbuntzüchterverband Hannoversche Elbmarsch, Stade	1. Verein Ostfriesischer Stammviehzüchter, Norden 2. Herdbuchgesellschaft Südoldenburg, Cloppenburg 3. Verein der Rotbuntzüchter im Reg.-Bez. Stade, Stade (dem Herdbuch Rotbunte Schleswig-Holsteiner in Neumünster angeschlossen)
I Shorthorn/Angus		
kein Verband	kein Verband	Verband Nieders. Angus-Züchter, Wittingen
K Jersey		
kein Verband	kein Verband	Nordwestdeutscher Jersey-Zuchtverband (Verbreitungsgebiet Niedersachsen und Nordrhein-Westfalen), Großburgwedel

Niedersachsen und Bremen: Schweine

1901	1937	1970
A Deutsches weißes Edelschwein		
1. Ammerländische Schweinezucht-Genossenschaft, Zwischenahn, 1894 2. Emsbürener-Salzbergener Schweinezucht-Genossenschaft, Emsbüren, 1897 3. Schweinezucht-Genossenschaft Nortrup-Loxten, Nortrup-Loxten, 1896 4. Schweinezucht-Genossenschaft Schnega, Schnega, 1898	1. Oldenburger Schweinezüchterverband, Oldenburg Ammerländer Schweinezucht-Gesellschaft, Bad Zwischenahn 2. Hannoverscher Landesschweinezuchtverband, Hannover Zuchtgebiet Norden/Ostfr. 3. Braunschweigischer Schweinezuchtverband, Braunschweig	1. Ammerländer Schweinezuchtgesellschaft, Bad Zwischenahn 2. Schweinezuchtverband Südhannover-Braunschweig, Northeim
E Deutsches Weideschwein		
Hildesheimer Züchtervereinigung zur Zucht des Hannover-Braunschweigischen Landschweines, Hildesheim, 1899	Hannoverscher Landesschweinezuchtverband, Hannover Zuchtgebiet Südhannover, Northeim	Schweinezuchtverband Südhannover-Braunschweig, Northeim

1901	1937	1970
B Deutsches veredeltes Landschwein		
1. Genossenschaft zur Züchtung des veredelten Landschweines Butjadingen, Potenburg, 1899 2. Schweinezucht-Genossenschaft für das Amt Delmenhorst, Delmenhorst, 1900 3. Oldenburgische-Münsterländische Schweinezucht-Genossenschaft Dinklage, 1894 4. Oldenburgische-Münsterländische Schweinezucht-Genossenschaft in Löningen, Amt Cloppenburg, Löningen, 1892 5. Artländer Schweinezucht-Genossenschaft, Bottorf bei Menslage-Quakenbrück, 1895 6. Osnabrücker-Westfälische veredelte Landschweinezucht-Genossenschaft, Iburg, 1899 7. Verband der Schweinezucht-Genossenschaften zur Züchtung des Hoyaer Schweines in den Grafschaften Hoya und Diepholz, Hannover, 1899 a) Schweinezucht-Genossenschaft im Kreise Syke, Bassum, 1895 b) Schweinezucht-Genossenschaft im Kreise Hoya, Hoya, 1900 c) Schweinezucht-Genossenschaft im Kreise Nienburg, Nienburg, 1899 d) Schweinezucht-Genossenschaft im Kreise Sulingen, Sulingen, 1899	1. Oldenburger Schweinezüchterverband, Oldenburg i. O. Oldenburger Schweinezucht-Gesellschaft, Oldenburg 2. Hannoverscher Landesschweinezuchtverband, Hannover a) Zuchtgebiet Osnabrück, Osnabrück b) Zuchtgebiet Hoya, Hannover c) Zuchtgebiet Lüneburg, Uelzen d) Zuchtgebiet Stade, Stade e) Zuchtgebiet Südhannover, Northeim 3. Braunschweigischer Schweinezuchtverband, Braunschweig	1. Oldenburger Schweinezucht-Gesellschaft, Oldenburg i. O. 2. Schweinezüchtervereinigung Osnabrück-Emsland, Osnabrück 3. Verband der ostfriesischen Schweinezüchter, Aurich 4. Schweinezuchtverband Hoya, Hannover 5. Verband Lüneburger Schweinezüchter, Uelzen 6. Verband Stader Schweinezüchter, Stade 7. Schweinezuchtverband Südhannover-Braunschweig, Northeim
	e) Schweinezucht-Genossenschaft im Kreise Stolzenau, Stolzenau, 1900 f) Schweinezucht-Genossenschaft im Kreise Diepholz, Diepholz, 1900 8. Schweinezucht-Genossenschaft für das ehemalige Amt Ebstorf und nähere Umgegend, Ebstorf, 1901	9. Schweinezucht-Genossenschaft Soltau, Soltau, 1897 10. Schweinezucht-Genossenschaft für den Kreis Isenhagen, Wittingen, 1900 11. Schweinezucht-Genossenschaft Visselhövede, Visselhövede, 1896

Niedersachsen und Bremen: Schafe

1918	1939	1970
1. Ostfriesischer Milchschafzüchterverein Norden, Norden, 1897* 2. Milchschafzüchterverein für den Kreis Aurich, Aurich, 1902 3. Ostfriesischer Milchschafzüchterverein Harlingerland, Wittmund, 1911 4. Ostfriesischer Milchschafzüchterverein für den Kreis Leer, Neermoor, 1913 5. Milchschafzüchterverein Weener, Norden 6. Friesischer Milchschafzüchterverein Jeverland, Jever i. O., 1910 7. Verein der Merinozüchter, Berlin, mit Herden in Hannover und Braunschweig, 1886 8. Oldenburger Schafzuchtvereinigung, Rodenkirchen 9. Friesischer Schafzuchtverein für das Amt Friesoythe	1. Landesschafzuchtverband Niedersachsen, Hannover 2. Landesschafzuchtverband Weser-Ems, Oldenburg i. O. 3. Verband Deutscher Karakulzüchter, Wolfenbüttel (für das gesamte Reichsgebiet)	1. Landesschafzuchtverband Niedersachsen, Hannover 2. Landes-Schafzuchtverband Weser-Ems, Oldenburg (Oldb.) (einschl. Freie und Hansestadt Bremen) 3. Stader Schafzuchtverband, Stade 4. Verband der Lüneburger Heidschnuckenzüchter, Uelzen

* KNISPEL nennt 1901: Ostfries. Milchschafzuchtverein in Wilhelminendorf bei Dornum, 1894

Niedersachsen und Bremen: Ziegen

1901	1928	1970
1. Ziegenzucht-Verein für Bramsche und Umgegend, Bramsche, 1897 2. Ziegenzucht-Verein Tostedt, Tostedt, 1897	1. Bezirksziegenzuchtverband des Hauptvereins Hannover, Hannover 2. Gesamtverband der Hildesheimer Harzziegenzuchtvereine, Hildesheim 3. Verband der Harzziegenzuchtvereine im Bezirk des Hauptvereins Göttingen, Göttingen 4. Verband der Kreisziegenzuchtverbände für den Regierungsbezirk Lüneburg, Tosterglope bei Dahlenburg 5. Verband der Ziegenzuchtvereine im Regierungsbezirk Stade, Stade 6. Bezirksziegenzuchtverband Osnabrück, Osnabrück 7. Verband der ostfriesischen Kleintierzuchtvereine, Abt. Ziegenzucht, Norden 8. Verband der Ziegenzuchtvereine von Bremen und Umgegend, Bremen 9. Landesverband Braunschweigischer Ziegenzuchtverbände, Braunschweig 10. Verband der Oldenburgischen Ziegenzuchtvereine, Oldenburg i. O.	1. Landesverband Hannoverscher Ziegenzüchter, Hannover 2. Landesverband der Ziegenzüchter Weser-Ems, Oldenburg (1977 aufgelöst)

Nordrhein-Westfalen: Pferde

1901	1944	1970
A Warmblut		
1. Pferdezucht-Verein des Landkreises Bielefeld, Bielefeld, 1895 2. Pferdezucht-Verein des Kreises Coesfeld, Coesfeld, 1897 3. Pferdezucht-Verein des nördlichen Münsterlandes, Burgsteinfurt, 1888 4. Verein zur Förderung der Zucht von Halbblut- u. edleren Pferden, Unna 1897	1. Westf. Pferdestammbuch, Münster 2. Rheinisches Pferdestammbuch, Bonn	1. Westf. Pferdestammbuch, Münster 2. Rheinisches Pferdestammbuch, Bonn
B Kaltblut		
1. Pferdezucht-Verein des Kreises Beckum, Beckum, 1894 2. Zucht-Genossenschaft für kaltblütige Pferde, Horn/W., 1897 3. Rheinisches Pferdestammbuch, Wickrath, 1892	1. Westf. Pferdestammbuch, Münster 2. Rheinisches Pferdestammbuch, Bonn	1. Westf. Pferdestammbuch, Münster 2. Rheinisches Pferdestammbuch, Bonn
C Kleinpferde und Ponys		
kein Verband	kein Verband (nur Reichsverband)	1. Westf. Pferdestammbuch, Münster 2. Rheinisches Pferdestammbuch, Bonn

Nordrhein-Westfalen: Rinder

1901	1929	1970
D Rotvieh (Mitteldeutsches Rotvieh)		
1. Siegerländer Herdbuch-Genossenschaft, Siegen, 1894 2. Zuchtgenossenschaft des Amtes Hallenberg, Hallenberg, 1899	Verband Westfälischer Rotviehzüchter, Erndtebrück	Verband Westfälischer Rotviehzüchter, Erndtebrück

Nordrhein-Westfalen: Rinder

1901	1929	1970
E Schecken und Blässen		
Herdbuchgesellschaft zur Züchtung Wittgensteiner Rindviehs, Berleburg, 1899	kein Verband	kein Verband
F Schwarzbunt		
1. Verband der Rindviehzucht-Vereinigungen Westfalens, Münster, 1899 a) Verein zur Hebung der Rindviehzucht im Münsterlande, Münster, 1892 b) Verein zur Hebung der Rindviehzucht im Hauptvereinsbezirk Paderborn, Bad Driburg, 1892 c) Rindviehzucht-Verband Minden-Ravensberg, Herford, 1897 d) Rindviehzucht-Verein für das südöstliche Münsterland, Beckum, 1900 e) Rindviehzucht-Verein im Kreise Soest, Soest, 1901 f) Rindviehzucht-Genossenschaft des Kreises Hamm, Unna, 1893 2. Verband zur Hebung der Rindviehzucht im Sauerlande, Hagen, 1900 3. Lippischer Herdbuch-Verein, Lemgo, 1898 4. Zuchtverband der Rheinprovinz, Hübsch bei Mehrhorg, 1875 a) Rindvieh-Stammzucht-Genossenschaft des Kreises Cleve, Cleve, 1896	1. Westfälische Herdbuchgesellschaft für die Zucht des schwarzweißen Tieflandrindes, Herford a) Rindviehzucht-Verband Minden-Ravensberg b) Rindviehzucht-Verein für das südöstliche Münsterland c) Rindviehzucht-Verein im Kreise Soest b) Stammzucht-Genossenschaft Duisburg, Ruhrort, 1896 c) Stammzucht-Genossenschaft des Kreises Geldern, Geldern, 1896 d) Stammzucht-Genossenschaft des Kreises Moers I, Moers, 1896 e) Stammzucht-Genossenschaft des Kreises Moers II, Moers, 1896 f) Stammzucht-Genossenschaft des Kreises Rees, Wesel, 1894 5. Viehzucht-Verein des Kreises Geilenkirchen, Geilenkirchen, 1895 6. (Stammzucht-Genossenschaft für den Kreis Eupen, Kirchbusch-Astenet, 1894)*	1. Westfälische Herdbuchgesellschaft für die Zucht des Deutschen Schwarzbunten Rindes, Hamm/Westf. 2. Rheinischer Verband für Schwarzbunt-Rinderzucht, Bonn d) Zuchtverband für das schwarzweiße Tieflandrind im westlichen Münsterland 2. Verein zur Hebung der Rindviehzucht im Hauptvereinsbezirk Paderborn 3. Rindviehzuchtgenossenschaft des Kreises Hamm 4. Verband zur Hebung der Rindviehzucht im Sauerlande, Hagen 5. Lippischer Herdbuch-Verein, Lemgo 6. Rindvieh- u. Kontrollverein Dortmund-Hörde 7. Rheinischer Verband für Tieflandrinderzucht, Bonn 8. Kölner Herdbuchverband, Köln 9. Aachener Herdbuchverein, Aachen

* heute Belgien

Nordrhein-Westfalen: Rinder

1901	1929	1970
G Rotbunt		
1. Verband der Rindviehzucht-Vereinigungen Westfalens, Münster, 1899 a) Verein zur Hebung der Rindviehzucht im Münsterlande, Münster, 1892 b) Verein zur Hebung der Rindviehzucht im Hauptvereinsbezirk Paderborn, Bad Driburg, 1892 c) Rindviehzucht-Genossenschaft des Kreises Hamm, Unna, 1893 2. Verband zur Hebung der Rindviehzucht im Sauerlande, Hagen, 1900 3. Zuchtverband der Rheinprovinz, Hübsch bei Mehrhorg, 1895 a) Rindvieh-Stammzuchtgenossenschaft Cleve, Cleve, 1896 b) Stammzucht-Genossenschaft Duisburg, Ruhrort, 1896 c) Stammzucht-Genossenschaft des Kreises Geldern, Geldern, 1896 d) Stammzucht-Genossenschaft des Kreises Moers I, Moers, 1896 e) Stammzucht-Genossenschaft des Kreises Moers II, Moers, 1896 f) Stammzucht-Genossenschaft des Kreises Rees, Wesel, 1894 4. Viehzucht-Verein des Kreises Geilenkirchen, Geilenkirchen, 1895 5. (Stammzucht-Genossenschaft für den Kreis Eupen, Kirchbusch-Astenet, 1894)*	1. Verband Westfälischer Rotbuntzüchter, Münster a) Münsterländer Herdbuchgesellschaft, Münster b) Rindviehzuchtverein Paderborn c) Verein zur Hebung der Rindviehzucht im Sauerland, Arnsberg d) Rindviehzuchtverein des Kreises Hamm, Unna/Westf. 2. Rheinischer Verband für Tieflandrinderzucht, Bonn	1. Westfälisches Rinderstammbuch der Rotbuntzüchter, Münster 2. Verband Rheinischer Rotbuntzüchter, Koblenz
I Shorthorn/Angus		
kein Verband	kein Verband	Nordrhein-Westfälisches Fleischrinder-Herdbuch, Bonn

* heute Belgien

Nordrhein-Westfalen: Schweine

1901	1937	1970
B Deutsches veredeltes Landschwein		
1. Osnabrücker-Westfälische veredelte Landschweinzucht-Genossenschaft, Iburg, 1899 2. Verband der Landwirte zur Hebung der Schweinezucht in Minden-Ravensberg, Herford, 1891 3. Ostmünsterländer Schweinezuchtverein, Stromberg, 1894 4. Lippischer Schweinezucht-Verein, Lemgo, 1896 5. Verein zur Hebung der Schweinezucht in Paderborn-Land, Paderborn, 1898 6. Verein zur Hebung der Schweinezucht im Sauerland, Arnsberg, 1898	1. Landesverband Westfälischer Schweinezüchter, Münster 2. Landesverband Rheinischer Schweinezüchter, Köln	1. Landesverband Westfalen-Lippe, Münster 2. Landesverband Rheinischer Schweinezüchter, Bonn
G Piétrainschwein		
kein Verband	kein Verband	1. Landesverband Westfalen-Lippe, Münster 2. Landesverband Rheinischer Schweinezüchter, Bonn

Nordrhein-Westfalen: Schafe

1918	1939	1970
Verein Westfälischer Schafzüchter, Münster i.W., 1913	1. Landesverband Rheinischer Schafzüchter, Bonn 2. Landesverband Westfälischer Schafzüchter, Paderborn	1. Vereinigung Rheinischer Schafzüchter und -halter, Bonn 2. Landesverband Westfälischer Schafzüchter, Paderborn

Nordrhein-Westfalen: Ziegen

1901	1928	1970
1. Ziegenzucht-Verein für den Kreis Siegen, Siegen, 1896 2. Ziegenzucht-Verein Gelsenkirchen, Hattingen, Ahaus, 1900 3. Ziegenzucht-Verein Minden, Coesfeld, Lüdinghausen, Münster, Meschede, Arnsberg, Soest, Schwelm, 1901 4. Ziegenzucht-Verein Neuenrade (Altena), 1894 5. Ziegenzucht-Verein Haspe (Hagen), 1896 6. Ziegenzucht-Verein Brekkerfeld, Grundschöttel (Halver), Soest, Wadersloh (Beckum), Osterfeld (Recklinghausen), Sinsen, 1897 7. Ziegenzucht-Verein Kierspe (Dahlerbrück), Marbach-Hamme (Bochum), Heßler (Gelsenkirchen), Bulmke, Uekkendorf, Dahlhausen (Hattingen), Werther (Halle), 1898	1. Provinzialziegenzuchtverband der Rheinprovinz, Bonn 2. Verband der Ziegenzuchtvereine von Westfalen und Lippe, Münster	1. Landesverband Rheinischer Ziegenzüchter, Bonn 2. Landesverband der Ziegenzüchter für Westfalen und Lippe, Münster
8. Ziegenzucht-Verein Wattenscheid, Wanne, Bismarck, Eickel, Dahl, Winz-Baak, Hattingen, Niedersprockhövel (Schwelm), (Milspe), Lichtenau (Büren), Gütersloh (Wiedenbrück), Billerbeck (Coesfeld), Darfeld, Telgte (Münster), Hochlarmark, 1899 9. Ziegenzucht-Verein Herdringen (Arnsberg), Warstein, Hirschberg, Langendreer, Höntrop, Gute-Hoffnung-Wattenscheid (Eppendorf), Bommern, Niederstüter, Bredenscheid, Ramsberg	(Meschede), Steinhagen, Gehlenbeck, Paderborn, Ahaus, Legden, Stadtlohn, Gescher, Dülmen, Lüdinghausen, Münster, Wohlbeck, Hiltrup, Appelhülsen, Neuenkirchen (Steinfurt), Borghorst, Rheine, Ochtrup, Nordwalde, 1900 10. Voswinkel, Hoffstedde, Marten (Dortmund), Blankenstein, Rüdinghausen (Hörde), Meschede, Hiddinghausen (Herford), Clafeld, Eiserfeld, Ferndorf, Freudenberg,	Hilchenbach, Netphen, Siegen, Wilndorf, Westheim, Hiddenhausen (Herford), Lügde (Höxter), Brakel, Bölhorst (Minden), Barkhausen, Meißen, Minderheide, Hahlen, Todtenhausen, Wewer, Südlohn, Sendenhorst, Ahlen, Herzfeld, Hiddingsel, Buldern, Darup, Senden, Nordkirchen, Drensteinfurt, Walstedde, Olfen, Werne, Bockum, Altenberge, Emsdetten, Metelen, Wettringen, Laer, Ibbenbüren (Tecklenburg), Lengerich, 1901

Rheinland-Pfalz und Saarland: Pferde

1901	1944	1970
A Warmblut		
1. Remontezucht-Verein der Westpfalz, Zweibrücken, 1878 2. Remontezucht-Verein Vorderpfalz, Haßloch, 1888	1. Landesverband der Pferdezüchter Westmark, Kaiserslautern 2. Rheinisches Pferdestammbuch, Bonn	1. Landesverband der Pferdezüchter Pfalz-Saar, Kaiserslautern 2. Pferdezuchtverband Rheinland-Nassau, Koblenz
B Kaltblut		
1. Rheinhessisches Stutbuch, Alzey, 1901 2. Pferdezucht-Verein Südpfalz, Billigheim, 1896 3. Rheinisches Pferdestammbuch, Wickrath, 1892	1. Landesverband der Pferdezüchter Saarpfalz, Kaiserslautern 2. Rheinisches Pferdestammbuch, Bonn	1. Landesverband der Pferdezüchter Pfalz-Saar, Kaiserslautern 2. Pferdezuchtverband Rheinland-Nassau, Koblenz
C Kleinpferde und Ponys		
kein Verband	kein Verband	1. Landesverband der Pferdezüchter Pfalz-Saar, Kaiserslautern 2. Pferdezuchtverband Rheinland-Nassau, Koblenz

Rheinland-Pfalz und Saar: Rinder

1901	1929	1970
A Fleckvieh		
1. Zuchtverband für Fleckvieh in der Pfalz, Landau, 1892 mit Zuchtgenossenschaft Althornbach, 1899 Zuchtgenossenschaft Altstadt-Limbach, 1890 Zuchtgenossenschaft Battweiler, 1898 Zuchtgenossenschaft Biedershausen, 1898 Zuchtgenossenschaft Billigheim-Mühlhofen, Billigheim, 1898 Zuchtgenossenschaft Boehl, 1901 Zuchtgenossenschaft Dirmstein, 1901 Zuchtgenossenschaft Einöd, 1898 Zuchtgenossenschaft Gersbach, 1898 Zuchtgenossenschaft Gönnheim, 1900 Zuchtgenossenschaft Hassloch, 1899 Zuchtgenossenschaft Heidelbingerhof, 1897 Zuchtgenossenschaft Herxheim, 1901 Zuchtgenossenschaft Höheinöd, 1898 Zuchtgenossenschaft Ilbesheim, 1894 Zuchtgenossenschaft Insheim, 1896 Zuchtgenossenschaft Kandel, 1897 Zuchtgenossenschaft Kapellen und Umgegend, 1898 Zuchtgenossenschaft Kirschbacherhof, 1901 Zuchtgenossenschaft Knopp, 1899 Zuchtgenossenschaft Kübelberg und Umgegend, 1897 Zuchtgenossenschaft Minfeld, 1897 Zuchtgenossenschaft Nünschweiler, 1898 Zuchtgenossenschaft Ottersheim, 1898 Zuchtgenossenschaft Rohrbach und Umgegend, 1894 Zuchtgenossenschaft Rülzheim, 1898 Zuchtgenossenschaft Steinweiler, 1891 Zuchtgenossenschaft Vollmersweiler, 1897 Zuchtgenossenschaft Winzeln, 1898 2. Zuchtverband für Simmenthaler Vieh in Rheinhessen, Alzey, 1900 3. Rindviehzucht-Genossenschaft des Kreises Mayen, Polsch, 1894 4. Simmenthaler Zuchtgenossenschaft der Kreise Ottweiler-St. Wendel, Ottweiler, 1900 (heute Saarland)	1. Zuchtverband für Fleckvieh in der Pfalz, Landau 2. Zuchtverband für Fleckvieh in der Provinz Rheinhessen, Alzey	1. Rindviehzuchtverband Pfalz, Landau 2. Landesverband der Rinderzüchter im Saarland, Saarbrücken

1901	1929	1970
C Gelbvieh		
1. Zuchtverband für Glan-Donnersberger Vieh in der Pfalz, Kaiserslautern, 1898 mit den Zuchtgenossenschaften Gundersweiler, 1892 Imsweiler, 1888 Langmeil, 1882 Mehlbach, 1888 Münchweiler a. A., 1890 Potzbach, 1884 Rodenbach, 1888 Steinbach a. D., 1888 Elschbacherhof, 1900 Dietschweiler, 1886 Gries, 1891 Reichenbach, 1891 Steinwenden, 1897 Waldmohr, 1897 Morbach-Bernkastel, 1901 Alsenz, 1899 Mörsfeld, 1900 Ransweiler, 1900 Callbach, 1892 Finkenbach, 1889 Gaugrehweiler, 1894 Gerbach, 1889 Würzweiler, 1900 Kriegsfeld, 1898 Schiersfeld, 1891 Schnalfelderhof, 1889 Mannweiler, 1898 Standenbühl, 1896 Lettweiler, 1900 Neudorferhof, 1900 Föckelberg, 1900 Altenglan, 1890 Quirnbach, 1878 Kusel, 1890 St. Julian, 1891 Ulmet, 1890 Neunkirchen, 1898 Lohnweiler, 1890 Hundheim, 1891 Jettenbach, 1891 Theisbergstegen, 1894 Hermersberg, 1897 Weselberg-Zeselberg, 1897 Harsberg, 1897 Thaleischweiler, 1897 Glanvieh-Zuchtgenossenschaft für den Kreis Baumholder, 1896 2. Rindviehzuchtverein für den Unterwesterwaldkreis, Montabaur, 1898 3. Zuchtverband für Glan-Donnersberger Vieh in Rheinhessen, Alzey, 1900 4. Rindviehzuchtgenossenschaft des Kreises Mayen, Polch, 1894 5. Glanviehzucht-Genossenschaft Kirn, Kirn/Nahe, 1900 6. Viehzuchtgenossenschaft Meisenheim, Meisenheim/Glan, 1895 7. Glanvieh-Zucht-Verein des Kreises St.-Wendel, Offenbach/Glan, 1896 (heute Saarland)	1. Zuchtverband für Glan-Donnersberger Vieh in der Pfalz, Kaiserslautern 2. Verband Rheinischer Glanviehzuchtgenossenschaften, Koblenz und Trier 3. Zuchtverband für Glan-Donnersberger Vieh in Rheinhessen, Alzey 4. Zuchtverband für Lahnvieh im Kreis St. Goarshausen, Nastätten 5. Zuchtverband für Gelbes Höhenvieh im Unterwesterwaldkreis	Rinderzuchtverband Pfalz, Kaiserslautern

Rheinland-Pfalz und Saar: Rinder

1901	1929	1970
E Schecken und Blässen		
1. Hauptverein für Züchtung und Veredelung der Westerwälder Rindviehrasse in Nassau, Halbs bei Westerburg, 1875 a) Kreisverein Dillkreis, Dillburg, 1900 b) Kreisverein Oberwesterwald, Marienberg/Westerwald, 1900 c) Kreisverein Unterwesterwaldkreis, Montabaur, 1900 d) Vereinigung der Züchter im Kreise Westerburg, Westerburg, 1892 2. Nassauisch-Rheinischer Verband der Vereine für Züchtung und Veredelung der Westerwälder Rindviehrasse, Halbs bei Westerburg, 1901	1. Westerwälder Zuchtverein Westerburg 2. Herdbuchgesellschaft des Kreises Neuwied, Neuwied	kein Verband
F Schwarzbunt		
kein Verband	Rheinischer Verband für Tieflandrinderzucht, Bonn	1. Landesverband der Rinderzüchter im Saarland, Saarbrücken 2. Rheinischer Verband für Schwarzbunt-Rinderzucht, Bonn
G Rotbunt		
kein Verband	1. Rheinischer Verband für Tieflandrinderzucht, Bonn 2. Verein zur Züchtung des rotbunten Niederungsrindes im Kreis Altenkirchen	1. Verband Rheinischer Rotbuntzüchter, Koblenz 2. Landesverband der Rinderzüchter im Saarland, Saarbrücken
I Shorthorn/Angus		
Zucht-Genossenschaft Bruch-Sickingerhöhe, Spesbach, 1894	Zuchtverband für Shorthornvieh in der Pfalz, Kaiserslautern	kein Verband

Rheinland-Pfalz und Saarland: Schweine

1901	1937	1970
B Deutsches veredeltes Landschwein		
Schweinezucht-Genossenschaft in den Kreisen Ottweiler und St. Wendel, Neunkirchen, 1898	1. Landesverband der Schweinezüchter Saarpfalz, Kaiserslautern 2. Landesverband Rheinischer Schweinezüchter, Köln	1. Landesverband der Schweinezüchter im Saarland, Saarbrücken 2. Verband für Schweineproduktion Rheinland-Pfalz-Saar, Bad Kreuznach
G Piétrainschwein		
kein Verband	kein Verband	1. Landesverband der Schweinezüchter im Saarland, Saarbrücken 2. Verband für Schweineproduktion Rheinland-Pfalz-Saar, Bad Kreuznach

Rheinland-Pfalz und Saarland: Schafe

1918	1939	1970
kein Verband	1. Landesschafzuchtverband Saar-Pfalz, Kaiserslautern 2. Landesverband Rheinischer Schafzüchter, Bonn	1. Landesverband der Schafzüchter Rheinland-Pfalz, Kaiserslautern 2. Landesverband der Schafzüchter im Saarland, Saarbrücken 3. Schafzuchtverband Mittelrhein, Koblenz (zu 1.: bis 1977 Landesverband der Schafhalter Rheinland-Pfalz, Kaiserslautern, ab 1977 Bad Kreuznach) (zu 2.: ab 1980 Landesverband der Schafhalter im Saarland, Saarbrücken)

Rheinland-Pfalz und Saarland: Ziegen

1901	1928	1970
1. Ziegenzucht-Verein Albig, Albig 1900 2. Ziegenzucht-Genossenschaft Alzey, Alzey, 1892 3. Ziegenzucht-Verein Dorn-Dürkheim, Dorn-Dürkheim, 1897 4. Ziegenzucht-Verein Wintersheim, Wintersheim, 1899	1. Ziegenzuchtverband der Pfalz, Pirmasens 2. Ziegenzuchtverband für die Provinz Rheinhessen, Alzey 3. Provinzial-Ziegenzucht-Verband der Rheinprovinz, Bonn	kein Verband (Betreuung der Züchter im Bereich ehem. Rheinprovinz durch Verband in Bonn)

Hessen: Pferde

1901	1944	1970
A Warmblut		
Landespferdezucht-Verein im Großherzogtum Hessen, Darmstadt, 1877	1. Kurhessisches Pferdestammbuch, Kassel 2. Landesverband der Pferdezüchter Hessen-Nassau, Frankfurt	Verband Hessischer Pferdezüchter, Kassel (1972)
B Kaltblut		
Landespferdezucht-Verein im Großherzogtum Hessen, Darmstadt, 1877	1. Kurhessisches Pferdestammbuch, Kassel 2. Landesverband der Pferdezüchter Hessen-Nassau, Frankfurt	Verband Hessischer Pferdezüchter, Kassel (1972)
C Kleinpferde und Ponys		
kein Verband	kein Verband	Verband der Ponyzüchter Hessens, Friedberg

Hessen: Rinder

1901	1929	1970
A Fleckvieh		
1. Verband der Rindviehzüchter im landwirtschaftlichen Ortsverein für Borken und Nachbargebiet, Borken, 1891 2. Herdbuch-Genossenschaft für den Kreis Eschwege, Eschwege, 1899 3. Rindviehzucht-Genossenschaft des landwirtschaftlichen Kreisvereins Gersfeld, Gersfeld (Rhön) 1899 4. Zuchtviehgenossenschaft des Kreises Homberg, Homberg, 1901 5. Zuchtverein Kirchhain für Simmenthaler Rindvieh, Kirchhain, 1889 6. Verein der Rindviehzüchter für den Simmenthaler Rindviehschlag, Marburg, 1891 7. Züchterverein für das Simmenthaler Vieh im Oberlahnkreis, Weilburg, 1894 8. Rinderzucht-Genossenschaft des Kreises Schlüchtern, Schlüchtern, 1888 9. Rindviehzucht-Genossenschaft Witzenhausen, Witzenhausen, 1886 10. Zuchtgenossenschaft für Simmenthaler Reinzucht für den Kreis Ziegenhain, Ziegenhain, 1901 11. Oberhessische Herdbuchgesellschaft für Simmenthaler, Alsfeld, 1897 a) Rindviehzucht-Verein für das Simmenthaler Vieh im Kreis Alsfeld, Alsfeld, 1883 b) Rindviehzuchtverein für das Simmenthaler Vieh im Kreis Büdingen, Büdingen, 1888 c) Rindviehzuchtverein im Kreis Friedberg, Friedberg, 1895 d) Rindviehzuchtverein im Kreis Lauterbach, Lauterbach, 1886 e) Rindviehzuchtverein im Kreis Gießen, Gießen, 1897 12. Herdbuch für Starkenburger Simmenthaler, Darmstadt, 1899	1. Verband der Kurhess. Fleckviehzüchter, Kassel 2. Züchterverein für Nassauisches Fleckvieh in den Kreisen Limburg u. Unterlahn, Limburg/Lahn 3. Züchtervereinigung für das Höhenfleckvieh in Waldeck, Korbach/Waldeck 4. Oberhessische Herdbuchgesellschaft für Hessisches Fleckvieh, Gießen 5. Herdbuch für Hessisches Fleckvieh, Darmstadt	Verband Hessischer Fleckviehzüchter, Gießen (1972)

Hessen: Rinder

1901	1929	1970
C Gelbvieh		
1. Herdbuch-Genossenschaft für den Kreis Eschwege, Eschwege, 1899 2. Züchter-Verein für den Lahnrindviehschlag im Kreis Limburg, Limburg, 1896 3. Zuchtgenossenschaft für das Schwälmer Vieh im Kreis Ziegenhain, Ziegenhain, 1901	1. Züchterverein für den Lahnrindviehschlag im Kreis Limburg 2. Züchterverein für den Lahnrindviehschlag im Kreis Untertaunus, Nastätten	Verband der Frankenviehzüchter, Kassel
D Rotvieh (Mitteldeutsches Rotvieh)		
1. Verband der Herdbuch-Gesellschaften für das Vogelsberger Rind, Biedenkopf, 1896 a) Herdbuchgesellschaft des Kreises Biedenkopf für das Vogelsberger Rind, Biedenkopf, 1896 b) Zuchtverband zur Zucht des Vogelsberger Rindes im Kreis Kirchhain, Kirchhain, 1890 c) Herdbuchgesellschaft des Kreises Marburg für das Vogelsberger Rind, Marburg, 1898 d) Herdbuchgesellschaft des Kreises Wetzlar für das Vogelsberger Rind, Wetzlar, 1898 2. Herdbuch für Odenwälder Rotvieh, Darmstadt, 1899 3. Oberhessische Herdbuchgesellschaft für Vogelsberger, Alsfeld, 1897 a) Rindviehzuchtverein für das Vogelsberger Rind im Kreis Gießen, Gießen, 1885 b) Rindviehzuchtverein für das Vogelsberger Rind im Kreis Schotten, Schotten, 1898 4. Verein der Züchter des Waldeckischen Rindviehschlages, Mühlhausen, 1890	1. Herdbuchgesellschaft Biedenkopf für das Vogelsberger Rind, Biedenkopf 2. Züchtervereinigung für Waldecker Rotvieh, Korbach 3. Herdbuch für Odenwälder Rotvieh, Darmstadt 4. Oberhessische Herdbuchgesellschaft für Vogelsberger Vieh, Gießen	Verband hessischer Rotviehzüchter, Marburg

1901	1929	1970
E Schecken und Blässen		
Hauptverein für Züchtung und Veredlung der Westerwälder Rindviehrasse in Nassau, Halbs bei Westerburg, 1900 Kreis-Verein Dillkreis, Dillburg, 1900	kein Verband	kein Verband
F Schwarzbunt		
kein Verband	1. Verband Kurhess. Niederungsviehzüchter, Kassel 2. Züchtervereinigung für das Schwarzbunte Niederungsvieh in Waldeck, Korbach	Verband Hessischer Schwarzbuntzüchter, Kassel (1973)
G Rotbunt		
Rindviehzucht-Verein Waldau, Waldau bei Bettenhausen, 1891	1. Verband Kurhess. Niederungsviehzüchter, Kassel 2. Züchtervereinigung für das rotbunte Niederungsvieh in Waldeck, Korbach	Verband Hessischer Rotbuntzüchter, Korbach/Waldeck (1972)
I Shorthorn/Angus		
kein Verband	kein Verband	Verband Hessischer Fleischrinderzüchter, Kassel

Hessen: Schweine

1901	1937	1970
A Deutsches weißes Edelschwein		
1. Schweinezucht-Verein Dieburg, in der Provinz Starkenburg, 1898 2. Schweinezucht-Verein Klein-Gerau, Klein-Gerau, 1897 3. Schweinezucht-Verein Lengfeld, Lengfeld, 1898 4. Schweinezucht-Genossenschaft, Weilburg, 1894	1. Landesverband der Schweinezüchter in Hessen-Nassau, Frankfurt 2. Landesverband Kurhessischer Schweinezüchter, Kassel	kein Verband
B Deutsches veredeltes Landschwein		
1. Schweinezucht-Verein Hofgeismar, Hofgeismar, 1899 2. Schweinezucht-Verein Hetzbach in Etzean bei Hetzbach, 1899	1. Landesverband der Schweinezüchter in Hessen-Nassau, Frankfurt 2. Landesverband Kurhessischer Schweinezüchter, Kassel	1. Verband der Schweinezüchter in Hessen-Nassau, Gießen 2. Verband Kurhessischer Schweinezüchter, Kassel (1973 Zusammenschluß zum Verband Hessischer Schweinezüchter)

Hessen: Schafe

1918	1939	1970
1. Oberhessischer Schafzüchterverein in Lich, Lich, 1914 2. Stammschäfereien Bodenhausen I + II, Bodenhausen II, 1909 3. Stammschäferei Götzen, Götzen, 1909 4. Stammschäferei Wanfried (1919 gegründet) 5. Stammschäferei Laar (1919 gegründet) 6. Verband Süddeutscher Schäfereibesitzer, Stuttgart	1. Landesverband der Schafzüchter in Hessen-Nassau, Frankfurt 2. Landesverband Kurhessischer Schafzüchter, Kassel	Hessischer Schafzüchterverband, Kassel

Hessen: Ziegen

1901	1928	1970
1. Ziegenzucht-Verein Bad Nauheim, Bad Nauheim, 1892 2. Ziegenzucht-Verein Büdingen, Büdingen, 1893 3. Ziegenzucht-Verein Wieseck, Wieseck, 1888 4. Ziegenzucht-Verein Biebesheim, Biebesheim, 1900 5. Ziegenzucht-Verein Groß-Umstadt, Groß-Umstadt, 1896 6. Ziegenzucht-Verein Hähnlein, Hähnlein, 1899 7. Ziegenzucht-Verein Heppenheim, Heppenheim, 1894 8. Ziegenzucht-Verein Pfungstadt, Pfungstadt, 1892 9. Ziegenzucht-Verein Reinheim, Reinheim, 1899	1. Verband Kurhessischer Ziegenzuchtvereine, Kassel 2. Nassauischer Ziegenzuchtverband, Frankfurt/M. 3. Verband Hessischer Ziegenzuchtvereine in der Provinz Starkenburg, Habitzheim 4. Verband der Oberhessischen Ziegenzuchtvereine, Angenrod 5. Landesverband der Ziegenzuchtvereine in Waldeck, Korbach	Verband der Ziegenzüchter Hessen-Nassau, Darmstadt (1973 aufgelöst)

Bayern: Pferde

1901	1944	1970
A Warmblut		
1. Remontezucht-Verein Bruck, Bruck, 1886 2. Remontezucht-Genossenschaft Fischerdorf-Natternberg, Fischerdorf bei Deggendorf, 1877 3. Remontezucht-Verein Windsbach, Windsbach, 1881 4. Verein zur Förderung der Pferdezucht im Remontebezirk Uffenheim, Uffenheim, 1886 5. Remontezucht-Genossenschaft Neuburg a. D., Neuburg a. D., 1877 6. Remontezucht-Verein Rain, Rain a. Lech, 1891 7. Pferdezucht-Verein für den Regensburger Gau Taimering, Bezirk Amt Regensburg, 1893	1. Landesverband Bayerischer Pferdezüchter, München, Abt. Warmblut a) Pferdezuchtverband Oberbayern, Abt. Warmblut, München b) Pferdezuchtverband Franken, Abt. Warmblut, Ansbach c) Pferdezuchtverband Schwaben, Abt. Warmblut, Augsburg 2. Landesverband der Pferdezüchter Bayreuth, Abt. Warmblut, Bayreuth a) Hauptgeschäftsstelle Bayreuth b) Pferdezuchtverband Niederbayern/Oberpfalz, Abt. Warmblut, Landshut	Landesverband Bayerischer Pferdezüchter, Abt. Warmblut, München a) Pferdezuchtverband Oberbayern, Abt. Warmblut, München b) Pferdezuchtverband Niederbayern/Oberpfalz, Abt. Warmblut, Landshut c) Pferdezuchtverband Franken, Abt. Warmblut, Ansbach d) Pferdezuchtverband Schwaben, Abt. Warmblut, Augsburg
B Kaltblut		
kein Verband	1. Landesverband Bayerischer Pferdezüchter, München, Abt. Kaltblut a) Pferdezuchtverband Franken, Abt. Kaltblut, Ansbach b) Pferdezuchtverband Oberbayern, Abt. Kaltblut, München c) Pferdezuchtverband Schwaben, Abt. Kaltblut, Augsburg 2. Landesverband der Pferdezüchter Bayreuth, Abt. Kaltblut, Bayreuth a) Hauptgeschäftsstelle Bayreuth b) Pferdezuchtverband Niederbayern/Oberpfalz, Abt. Kaltblut, Landshut.	Landesverband Bayerischer Pferdezüchter, Abt. Kaltblut, München a) Pferdezuchtverband Oberbayern, Abt. Kaltblut, München b) Pferdezuchtverband Niederbayern/Oberpfalz, Abt. Kaltblut, Landshut c) Pferdezuchtverband Franken, Abt. Kaltblut, Ansbach d) Pferdezuchtverband Schwaben, Abt. Kaltblut, Augsburg

1901	1944	1970
C Kleinpferde und Ponys		
kein Verband	Landesverband Bayerischer Pferdezüchter, Abt. Haflinger, München a) Pferdezuchtverband Oberbayern, Abt. Haflinger, München b) Pferdezuchtverband Niederbayern/Oberpfalz, Abt. Haflinger, Landshut c) Pferdezuchtverband Franken, Abt. Haflinger, Ansbach d) Pferdezuchtverband Schwaben, Abt. Haflinger, Augsburg	1. Landesverband Bayerischer Pferdezüchter, Abt. Haflinger, München a) Pferdezuchtverband Oberbayern, Abt. Haflinger, München b) Pferdezuchtverband Niederbayern/Oberpfalz, Abt. Haflinger, Landshut c) Pferdezuchtverband Franken, Abt. Haflinger, Ansbach d) Pferdezuchtverband Schwaben, Abt. Haflinger, Augsburg 2. Verband der Kleinpferdezüchter Bayerns, München a) Verband der Ponyzüchter Oberbayerns, München b) Verband der Ponyzüchter Frankens, Ansbach c) Verband der Ponyzüchter Niederbayerns/Oberpfalz, Landshut d) Verband der Ponyzüchter Schwabens, Augsburg

Bayern: Rinder

1901

A Fleckvieh

1. Zuchtverband für Oberbayerisches Alpenfleckvieh, Miesbach, 1892
   a) Viehzucht-Genossenschaft Aibling, Bad Aibling, 1891
   b) Viehzucht-Genossenschaft Miesbach und Tegernsee, Miesbach, 1891
   c) Viehzucht-Genossenschaft Tölz, Bad Tölz, 1891
2. Zuchtverband für Fleckvieh in Niederbayern, Landshut, 1899
3. Herdbuch-Gesellschaft für Bayreuther Scheckvieh, Bayreuth, 1890
4. Zuchtverband für Fleckvieh in Mittelfranken, Ansbach, 1898, mit 54 Ortsvereinen:
   Ansbach, 1899
   Eyb, 1899
   Leutershausen, 1899
   Rüpland, 1899
   Möckenau, 1899
   Mitteldachstetten, 1899
   Neunkirchen, 1899
   Obersulzbach, 1899
   Unterbibert, 1899
   Schalkhausen, 1900
   Heilsbronn, 1899
   Windsbach, 1899
   Lichtenau (Einzelzüchter), 1899
   Banzenweiler, 1899
   Vorderbreitenthann, 1899
   Feuchtwangen, 1899
   Herrieden, 1900
   Dinkelsbühl, 1899
   Obermögersheim, 1900
   Ehingen, 1900
   Gerolfingen, 1900
   Wassertrüdingen, 1900
   Hohenstadt, 1899
   Lauf, 1899
   Schnaittach, 1899
   Schillingsfürst, 1899
   Gastenfelden, 1899
   Wörnitz, 1900
   Brunst, 1899
   Schönbronn (Einzelzüchter), 1899
   Dombühl, 1900
   Schwabach, 1899
   Gunzenhausen, 1899
   Merkendorf, 1890
   Oberasbach, 1899
   Windsfeld, 1900
   Westheim, 1899
   Heidenheim, 1900
   Ostheim, 1900
   Gnotzheim, 1900
   Hüssingen, 1900
   Oberaltenbernheim, 1899
   Unternzenn, 1899
   Ottenhofen, 1900
   Unteraltenbernheim, 1899
   Buchschwabach, 1899
   Raitersaich, 1900
   Weinzierlein, 1900
   Langenzenn, 1900
   Altdorf, 1900
   Trautskirchen, 1900
   Alfershausen, 1900
   Uttenreuth, 1899
   Eschenau, 1901
5. Zuchtverband für Fleckvieh in den westlichen Bezirken Unterfrankens, Aschaffenburg, 1901
6. Zuchtverband für das Schwäb. Fleckvieh, Donauwörth, 1897
   mit 22 Viehzucht-Genossenschaften:
   Bergheim bei Wittislingen, 1896
   Frauenriedhausen bei Haunsheim, 1896
   Fristingen bei Dillingen, 1897
   Gundelfingen, 1898
   Haunsheim, 1896
   Lauingen, 1897
   Untermedlingen bei Obermedlingen, 1896
   Brachstadt bei Oppertshofen, 1898
   Oppertshofen, 1896
   Ellgau, 1898
   Oberndorf, 1898
   Mertingen, 1899
   Ebermergen, 1899
   Genderkingen, 1899
   Günzburg, 1898
   Pfaffenhofen a. d. Roth, 1896
   Steinheim bei Neu-Ulm, 1896
   Weißenhorn, 1897
   Nördlingen, 1898
   Unterthürheim bei Buttenwiesen, 1896
   Pfaffenhofen a. Husam bei Buttenwiesen, 1897
   Reimlingen, 1896

1929	1970
1. Zuchtverband für Oberbayerisches Alpenfleckvieh, Miesbach	1. Zuchtverband für Oberbayerisches Alpenfleckvieh, Miesbach/Obb.
2. Zuchtverband für Fleckvieh in Oberbayern, Abt. Ost, Mühldorf	2. Zuchtverband für Fleckvieh in Oberbayern-Ost, Mühldorf/Inn/Obb.
3. Zuchtverband für Fleckvieh in Oberbayern, Abt. West, Pfaffenhofen/Ilm	3. Zuchtverband für Fleckvieh in Oberbayern-West, Pfaffenhofen/Ilm
4. Zuchtverband für Fleckvieh in Oberbayern, Abt. Südwest, Weilheim	4. Zuchtverband für Fleckvieh in Oberbayern, Weilheim/Obb.
5. Zuchtverband für Fleckvieh Niederbayern, Abt. Süd, Landshut	5. Rinderzuchtverband für Fleckvieh in Oberbayern, Traunstein
6. Zuchtverband für Fleckvieh in Niederbayern, Abt. Nord, Passau	6. Zuchtverband für Fleckvieh in Niederbayern, Abt. Süd, Landshut
7. Verband Oberpfälzischer Fleckviehzüchter, Abt. Nord, Weiden (Oberpfalz)	7. Zuchtverband für Fleckvieh in Niederbayern, Abt. Nord, Passau
8. Herdbuchgesellschaft für Bayreuther Scheckvieh, Bayreuth	8. Zuchtverband für Fleckvieh in Niederbayern, Abt. Bayer. Wald, Regen
9. Zuchtverband für Fleckvieh in Mittelfranken, Ansbach	9. Zuchtverband für Fleckvieh in der Oberpfalz, Abt. Nord, Weiden/Opf.
10. Zuchtverband für Fleckvieh in Unterfranken, Aschaffenburg	10. Zuchtverband für Fleckvieh in der Oberpfalz, Abt. Süd, Regensburg
11. Zuchtverband für das Schwäb. Fleckvieh, Donauwörth	11. Zuchtverband für Fleckvieh in der Oberpfalz, Abt. Ost, Cham/Opf.
	12. Zuchtverband für Fleckvieh in Oberfranken, Bayer. Herdbuchgesellschaft, Bayreuth
	13. Coburger Herdbuchgesellschaft, Coburg
	14. Hofer Herdbuchgesellschaft, Hof/Saale
	15. Zuchtverband für Fleckvieh in Mittelfranken, Ansbach
	16. Zuchtverband für Fleckvieh in Unterfranken, Aschaffenburg
	17. Zuchtverband für das Schwäb. Fleckvieh, Abt. Ost, Donauwörth
	18. Zuchtverband für das Schwäb. Fleckvieh, Abt. West, Günzburg

Bayern: Rinder

1901	1929	1970
B Braunvieh		
1. Zuchtverband für einfarbiges Gebirgsvieh in Oberbayern, Weilheim, 1901 2. Allgäuer Herdbuch-Gesellschaft Immenstadt, 1893, mit 38 Zuchtgenossenschaften: Sonthofen, 1892 Wolfertschwenden, 1893 Weitnau, 1892 Immenstadt, 1894 Kempten, 1893 Seltmanns, 1893 Simmerberg, 1894 Mayerhöfen, 1894 Grönenbach, 1894 Legau, 1894 Gestratz, 1894 Oberstdorf, 1895 Woringen, 1895 St. Rettenberg, 1895 Zell, 1895 Benningen, 1895 Markt Oberdorf, 1895 Reicholzried, 1896 Altusried, 1896 Dietmannsried, 1896 Grünenbach, 1896 U.-Maiselstein, 1896 Kimratshofen, 1897 Oberstaufen, 1897 Wertach, 1897 Unter-Thingau, 1899 Illertissen, 1899 Buchloe, 1899 Albrechts, 1899 Ebersbach, 1899 Krugzell, 1899 Sulzberg, 1899 Pforzen, 1900 Hindelang, 1900 Seeg, 1900 Wilhams, 1900 Fischen, 1900 Wengen, 1900 sowie 13 Einzelzüchter	1. Zuchtverband für einfarbiges Gebirgsvieh in Oberbayern, Weilheim 2. Allgäuer Herdbuchgesellschaft, Immenstadt (mit Tierzuchtinspektionen Immenstadt, Kaufbeuren, Kempten)	1. Zuchtverband für Murnau-Werdenfelser Vieh, Weilheim 2. Allgäuer Herdbuchgesellschaft, Kempten 3. Allgäuer Herdbuchgesellschaft, Kaufbeuren 4. Zuchtverband für Braunvieh, Weilheim 5. Rinderzuchtverband für Braunvieh, Traunstein

1901	1929	1970
C Gelbvieh		
1. Zuchtverband für gelbes Frankenvieh, Abt. Oberfranken, Bamberg, 1899, mit Zuchtgenossenschaften in: Staffelbach Frensdorf Pettstadt Herrndorf Röbersdorf Unterneuses Grasmannsdorf Burgebrach Burgwindheim Walsdorf Kolmsdorf-Feigendorf Stappenbach-Oberharrnsbach Friesen-Seigendorf Gunzendorf-Stackendorf Staffelstein Grundfeld-Wolfsdorf-Vierzehnheiligen	Gesamtausschuß des Zuchtverbandes für gelbes Frankenvieh, Gunzenhausen a) Zuchtverband für gelbes Frankenvieh, Abt. Ober- und Mittelfranken, Nürnberg b) Zuchtverband für gelbes Frankenvieh, Abt. Unterfranken, Würzburg	Arbeitsgemeinschaft Deutsches Gelbvieh, Würzburg, mit Abt. in Nürnberg, Bamberg, Würzburg
Unterzettlitz Unterleiterbach Steppach a. Ebrach Elsendorf 2. Zuchtverband für gelbes Frankenvieh, Abt. Mittelfranken, Nürnberg, 1897, mit 8 Stammzucht-Vereinen a) Stammzucht-Verein Bibart-Scheinfeld, Scheinfeld, 1875 b) Stammzucht-Verein Ellingen, Ellingen, 1880 c) Stammzucht-Verein Georgensgmünd-Hauslach, Hauslach, 1899 d) Stammzucht-Verein Gunzenhausen-Heidenheim, Dittenheim, 1897	e) Stammzucht-Verein Neustadt/Aisch, Neustadt, 1898 f) Stammzucht-Verein Pappenheim, Pappenheim, 1897 g) Stammzucht-Verein Uffenheim, Uffenheim, 1884 h) Stammzucht-Verein Windsheim, Windsheim, 1876 3. Zuchtverband für gelbes Frankenvieh, Abt. Unterfranken, Würzburg, 1899 a) Zuchtverein Albertshausen, 1888 b) Zuchtverein Ebertshausen, 1878 c) Zuchtverein Frankenwinheim, 1900 d) Zuchtverein Gerolzhofen, 1892	e) Zuchtverein Giebelstadt, 1894 f) Zuchtverein Mechenried, 1893 g) Zuchtverein Prosselsheim, 1874 h) Zuchtverein Salz, 1876 i) Zuchtverein Stockheim, 1900 k) Zuchtverein Unterwaldbehrungen, 1899 l) Zuchtverein Uettingen, 1890 m) Zuchtverein Maibach, 1900 n) Zuchtverein Grettstadt, 1900 o) Zuchtverein Saal a. S., 1900

Bayern: Rinder

1901	1929	1970
D Rotvieh (Mitteldeutsches Rotvieh)		
Zuchtverband für Bayerisches Rotvieh, Weiden, 1897 a) Zuchtgenossenschaft Altenstadt, 1900 b) Zuchtgenossenschaft Bernstein, 1898 c) Zuchtgenossenschaft Dietersdorf, 1900 d) Zuchtgenossenschaft Falkenberg, 1898 e) Zuchtgenossenschaft Gumpen, 1900 f) Zuchtgenossenschaft Luhe, 1897 g) Zuchtgenossenschaft Mallersricht, 1897 h) Zuchtgenossenschaft Mantel, 1897 i) Zuchtgenossenschaft Neunkirchen, 1896 k) Zuchtgenossenschaft Parkstein, 1900 l) Zuchtgenossenschaft Roschau, 1900 m) Zuchtgenossenschaft Schirmitz, 1901 n) Zuchtgenossenschaft Klobenreuth, 1901 o) Zuchtgenossenschaft Kirchendemenreuth, 1901 und 2 Zuchthöfe in Waldsassen, 1895, und Wildenreuth, 1900	Verband Oberpfälzischer Rotviehzüchter, Weiden	kein Verband

1901	1929	1970
E Schecken und Blässen		
Verband für Reinzucht des Pinzgauer Rindes in Oberbayern, Traunstein, 1896 a) Zuchtgenossenschaft Berchtesgaden-Reichenhall, Weissbach, 1896 b) Zuchtgenossenschaft Laufen-Teisendorf-Tittmoning, Teisendorf, 1896 c) Zuchtgenossenschaft Prien, Prien, 1896 d) Zuchtgenossenschaft Rosenheim-Aibling, Essbaum bei Törwang, 1894 e) Zuchtgenossenschaft Traunstein, Traunstein, 1896	1. Verband für die Reinzucht des Pinzgauer Rindes in Oberbayern, Traunstein 2. Zuchtverband für Kelheimer Vieh in der Oberpfalz, Regensburg 3. Zuchtverband für Fleckvieh in Mittelfranken, Ansbach (für Ansbach-Triesdorfer)	Rinderzuchtverband Traunstein, Traunstein
F Schwarzbunt		
kein Verband	kein Verband	Zuchtverband für schwarzbuntes Vieh in Bayern, Regensburg
G Rotbunt		
kein Verband	kein Verband	Verband Bayer. Rotbuntzüchter, Regensburg
I Shorthorn/Angus		
kein Verband	kein Verband	Verband für Fleischrinderzucht in Bayern und Baden-Württemberg, Bamberg
K Jersey		
kein Verband	kein Verband	Jersey-Zuchtverband, Bayern, Bamberg

Bayern: Schweine

1901	1937	1970
B Deutsches veredeltes Landschwein		
Schweinezucht-Genossenschaft Roding, Roding, 1894 (unveredelte halbrote bayerische Landschweine)	1. Verband Oberbayerischer Schweinezüchter, Grub, Post Poing 2. Verband Niederbayerischer Schweinezüchter, Landshut 3. Verband Oberpfälzischer Schweinezüchter, Abt. Nord, Weiden 4. Verband Oberfränkischer Schweinezüchter, Coburg 5. Verband Mittelfränkischer Schweinezüchter, Ansbach 6. Verband Unterfränkischer Schweinezüchter, Würzburg 7. Verband Schwäbischer Schweinezüchter, Günzburg 8. Kreisverband Oberpfälzischer Schweinezüchter, Abt. Süd, Regensburg	1. Verband Oberbayerischer Schweinezüchter, München 2. Verband Niederbayerischer Schweinezüchter, Straubing 3. Verband Oberpfälzischer Schweinezüchter, Weiden 4. Verband Oberfränkischer Schweinezüchter, Bayreuth 5. Verband Mittelfränkischer Schweinezüchter, Ansbach 6. Verband Unterfränkischer Schweinezüchter, Würzburg 7. Verband Schwäbischer Schweinezüchter, Wertingen
G Piétrainschwein		
kein Verband	kein Verband	1. Verband Oberbayerischer Schweinezüchter, München 2. Verband Niederbayerischer Schweinezüchter, Straubing 3. Verband Oberpfälzischer Schweinezüchter, Weiden 4. Verband Oberfränkischer Schweinezüchter, Bayreuth 5. Verband Mittelfränkischer Schweinezüchter, Ansbach 6. Verband Unterfränkischer Schweinezüchter, Würzburg 7. Verband Schwäbischer Schweinezüchter, Wertingen

Bayern: Schafe

1918	1939	1970
1. Verband Mittelfränkischer Schafzüchter, Gunzenhausen, 1905 2. Verband Süddeutscher Schäfereibesitzer, Stuttgart, 1911 3. Landesverband Bayerischer Schafzüchter, München, 1918	1. Landesverband der Schafzüchter, Bayerische Ostmark, Bayreuth 2. Landesverband Bayerischer Schafzüchter, München	Bayerische Herdbuchgesellschaft für Schafzucht, München (früher Landesverband Bayerischer Schafhalter, München) Bezirksvereine: a) Verein Werdenfelser Bergschafzüchter, Mittenwald b) Milchschafzuchtverein Bayern, München c) Oberbayerischer Schäfereiverein München, München d) Schäferverein Ingolstadt und Umgebung, Pörnbach über Pfaffenhofen/Ilm e) Vereinigung Niederbayerischer Schafhalter, Landshut f) Vereinigung Oberpfälzischer Schafhalter, Regensburg g) Oberfränkischer Schäfereiverein, Oberharnsbach über Bamberg h) Schäferverein Burgsalach und Umgebung, Suffersheim über Treuchtlingen i) Schäferverein Gunzenhausen-Dinkelsbühl, Unterasbach k) Schäferverein Aischgrund-Rothenburg und Umgebung, Gollachostheim l) Unterfränkischer Schäferverein, Bad Neustadt/S. m) Vereinigung Schwäbischer Schafhalter, Gablingen

Bayern: Ziegen

1901	1928	1970
kein Verband	1. Ziegenzuchtverband für Oberfranken, Lichtenfels 2. Verband Mittelfränkischer Ziegenzüchter, Ansbach 3. Unterfränkischer Ziegenzuchtverband, Neustadt 4. Verband Oberbayerischer Ziegenzüchter, Ingolstadt 5. Kreisverband Niederbayerischer Ziegenzüchter, Plattling 6. Kreisverband Schwäbischer Ziegenzüchter, Augsburg 7. Verband Oberpfälzischer Ziegenzüchter, Abt. Nord, Weiden 8. Verband Oberpfälzischer Ziegenzüchter, Abt. Süd, Regensburg	Landesverband Bayerischer Ziegenzüchter, München, mit Untergruppen in: Bayreuth Würzburg München Passau Wertingen Weiden

Baden-Württemberg: Pferde

1901	1944	1970
A Warmblut		
Pferdezucht-Genossenschaft, Seckenheim, 1896	1. Badisches Pferdestammbuch, Karlsruhe 2. Verband Württ. Warmblutzüchter, Stuttgart	1. Badisches Pferdestammbuch, Heidelberg 2. Verband Württ. Pferdezüchter, Stuttgart 3. Badisches Pferdestammbuch, Neustadt
C Kleinpferde und Ponys		
kein Verband	kein Verband	1. Badisches Pferdestammbuch, Heidelberg 2. Verband Württ. Pferdezüchter, Stuttgart 3. Badisches Pferdestammbuch, Neustadt

Baden-Württemberg: Pferde

1901	1944	1970
B Kaltblut		
1. Verband der Pferdezucht-Vereine der Ulmer Alp, Langenau, 1893 a) Pferdezucht-Verein Blaubeuren, 1891 b) Pferdezucht-Verein Geislingen, 1891 c) Pferdezucht-Verein Heidenheim, 1890 d) Pferdezucht-Verein Langenau-Ulm, 1877 e) Pferdezucht-Verein Oehringen, 1898 2. Pferdezucht-Verein für Kaltblutzucht, Radolfzell, 1897 3. Schwarzwälder Pferdezucht-Genossenschaft, Ebnet bei Freiburg i. Br., 1896 4. Verband der Unterbadischen Pferdezucht-Genossenschaften, Heidelberg, 1895 a) Genossenschaft Adelsheim, 1896 b) Genossenschaft Bruchsal, 1897 c) Genossenschaft Bretten, 1897 d) Genossenschaft Eppingen, 1896 e) Genossenschaft Heidelberg, 1895 f) Genossenschaft Mosbach, 1895 g) Genossenschaft Nekkarbischofsheim, 1895 h) Genossenschaft Sinsheim, 1895 i) Genossenschaft Tauberbischofsheim, 1895 k) Genossenschaft Wiesloch, 1895 l) Genossenschaft Weinheim, 1898	1. Badisches Pferdestammbuch, Karlsruhe 2. Verband Württ. Kaltblutzüchter, Stuttgart	1. Badisches Pferdestammbuch, Heidelberg 2. Verband Württ. Pferdezüchter, Stuttgart 3. Badisches Pferdestammbuch, Neustadt

Baden-Württemberg: Rinder

1901

A Fleckvieh

1. Viehzucht-Genossenschaft Haigerloch, 1892
2. Viehzucht-Genossenschaft Hechingen, 1891
3. Zuchtgenossenschaft Ostrach, 1886
4. Viehzuchtgenossenschaft Sigmaringen-Wald-Hohenfels, Sigmaringen, 1889
5. Verband Württ. Fleckvieh-Genossenschaften, Riedlingen, 1898
   - I Verband der Oberschwäbischen Zuchtgenossenschaften, Mengen, 1895
     - a) Viehzucht-Genossenschaft Blaubeuren, Blaubeuren, 1887
     - b) Zuchtvieh-Genossenschaft Ehingen, Ehingen, 1890
     - c) Viehzucht-Genossenschaft Mengen, Mengen, 1887
     - d) Viehzucht-Genossenschaft Riedlingen, Riedlingen, 1890
     - e) Viehzuchtgenossenschaft Saulgau, Saulgau, 1891
   - II Verband der Zuchtgenossenschaften des IX. Württ. Gauverbandes in Rottweil, 1892
     - a) Viehzucht-Gesellschaft Balingen, Balingen, 1886
     - b) Viehzucht-Genossenschaft Nagold, Nagold, 1889
     - c) Viehzucht-Genossenschaft Oberndorf, Oberndorf, 1892
     - d) Viehzucht-Genossenschaft Rottweil, Rottweil, 1891
     - e) Viehzucht-Genossenschaft Spaichingen, Spaichingen, 1891
     - f) Viehzucht-Genossenschaft Sulz a. Neckar, Kirchberg, 1890
     - g) Viehzucht-Genossenschaft Tuttlingen, Tuttlingen, 1887
6. Zucht-Genossenschaft Backnang, Backnang, 1890
7. Zuchtgenossenschaft Böblingen, Sindelfingen, 1897
8. Viehzucht-Genossenschaft des Oberamtsbezirkes Brackenheim, Brackenheim, 1888
9. Viehzucht-Genossenschaft Eßlingen, Eßlingen, 1891
10. Viehzucht-Genossenschaft Gaildorf für Simmenthaler, Gaildorf, 1898
11. Zuchtgenossenschaft Göppingen, Göppingen, 1896
12. Viehzucht-Genossenschaft Geislingen, Geislingen, 1900
13. Viehzucht-Genossenschaft Hall, Schwäb. Hall, 1877
14. Viehzucht-Genossenschaft Heidenheim, Heidenheim, 1889
15. Zuchtvieh-Genossenschaft Heilbronn, Heilbronn, 1891
16. Viehzucht-Genossenschaft Künzelsau, Künzelsau, 1888
17. Zucht-Genossenschaft Leonberg, Leonberg, 1886
18. Viehzucht-Genossenschaft Münsingen, Münsingen, 1892
19. Viehzucht-Genossenschaft Neckarsulm, Nekkarsulm, 1887
20. Viehzucht-Genossenschaft Oehringen, Oehringen, 1890
21. Viehzuchtgenossenschaft Ulm, Langenau, 1891
22. Viehzucht-Genossenschaft Vaihingen, Vaihingen, 1887
23. Verband der Oberbadischen Zuchtgenossenschaften, Waldshut, 1887
    - a) Zuchtgenossenschaft Bonndorf, 1887
    - b) Zuchtgenossenschaft Donaueschingen-Baar, Donaueschingen, 1884
    - c) Zuchtgenossenschaft Engen, 1886
    - d) Zuchtgenossenschaft Meßkirch, 1882
    - e) Zuchtgenossenschaft Pfullendorf, 1886
    - f) Zuchtgenossenschaft Radolfzell, 1887
    - g) Zuchtgenossenschaft Stockach, 1886
    - h) Zuchtgenossenschaft Ueberlingen, 1888
    - i) Zuchtgenossenschaft Villingen, 1889
    - k) Zuchtgenossenschaft Waldshut, 1888
24. Verband Mittelbadischer Zucht-Genossenschaften, Emmendingen, 1899

1901	1929	1970
a) Zuchtgenossenschaft Achern, 1896 b) Zuchtgenossenschaft Bühl, 1892 c) Zuchtgenossenschaft Emmendingen, 1885 d) Zuchtgenossenschaft Ettenheim, 1891 e) Zuchtgenossenschaft Freiburg i. Br., 1896 f) Zuchtgenossenschaft Kehl, 1890 g) Zuchtgenossenschaft Kenzingen, 1894 h) Zuchtgenossenschaft Offenburg, 1897 i) Zuchtgenossenschaft Lahr, 1887 k) Markgräfliche Viehzucht-Genossenschaft, Lörrach, 1895 l) Zuchtgenossenschaft Neustadt/Schww., 1895 25. Verband Unterbadischer Zuchtgenossenschaften, Adelsheim, 1900 a) Viehzucht-Genossenschaft Wertheim, 1896	1. Verband Hohenzollernscher Viehzuchtgenossenschaften, Sigmaringen (mit Viehzuchtgenossenschaften Sigmaringen-Wald-Hohenfels, Ostrach, Hechingen, Haigerloch, Gammertingen) 2. Verband Oberschwäbischer Fleckviehzuchtgenossenschaften, Ulm/Donau (15 Zuchtviehgenossenschaften) 3. Fleckviehzuchtverband für den Württembergischen Schwarzwaldkreis, Rottweil/Neckar 4. Württembergischer Fleckviehzuchtverband für den Sülchgau, Herrenberg 5. Fränkisch-Hohenlohescher Fleckviehzuchtverband, Schwäbisch-Hall (13 Zuchtgenossenschaften)	1. Verband Oberschwäbischer Fleckviehzüchtervereine, Ulm 2. Fränkisch-Hohenlohescher Fleckviehzuchtverband, Schwäb. Hall 3. Fleckviehzuchtverband des Württ. Unterlandes, Ludwigsburg 4. Württ. Fleckviehzuchtverband für den Sülchgau, Herrenberg 5. Fleckviehzuchtverband des Württ. Schwarzwaldes, Rottweil 6. Verband Hohenzollernscher Zuchtgenossenschaften, Sigmaringen 7. Verband Nordbadischer Rinderzüchter, Heidelberg 8. Verband Mittelbadischer Rinderzüchter, Freiburg i. Br. 9. Verband Südbadischer Rinderzüchter, Radolfzell
b) Zucht-Genossenschaft Tauberbischofsheim-Gerlachsheim, Tauberbischofsheim, 1895 c) Zucht-Genossenschaft Boxberg-Krautheim, Boxberg, 1887 d) Zucht-Genossenschaft Adelsheim, Adelsheim, 1889 e) Zucht-Genossenschaft Mosbach, Mosbach, 1889 f) Zucht-Genossenschaft Sinsheim, Sins-	heim, 1901 g) Zucht-Genossenschaft Eberbach, Eberbach, 1901 h) Zucht-Genossenschaft Neckargemünd, Neckargemünd, 1890 i) Zucht-Genossenschaft Neckarbischofsheim, Neckarbischofsheim, 1888 k) Zucht-Genossenschaft Eppingen, Eppingen, 1900 l) Zucht-Genossenschaft Bretten, Bretten, 1895	6. Fleckviehzuchtverband des Württ. Unterlandes (IV), Ludwigsburg (16 Genossenschaften) 7. Verband der Unterbadischen Fleckviehzuchtgenossenschaften, Heidelberg 8. Verband Oberbadischer Zuchtgenossenschaften, Konstanz 9. Verband der Mittelbadischen Rinderzuchtgenossenschaften, Freiburg i. Br.

Baden-Württemberg: Rinder		
1901	1929	1970
B Braunvieh		
Zuchtverband zur Förderung der württ. Braunviehzucht, Hopfenweiler bei Waldsee, 1896 a) Braunviehzuchtverein Biberach, Biberach, 1883 b) Braunviehzuchtverein Laupheim, Laupheim, 1889 c) Allgäuer Zuchtverein Leutkirch, Leutkirch, 1887 d) Braunviehzuchtverein Waldsee, Waldsee, 1895 e) Braunviehzucht-Genossenschaft, Wangen, Wangen/Allgäu, 1896	Württembergischer Braunviehzuchtverband, Waldsee (angeschlossen Viehzuchtvereine in Biberach, Laupheim, Leutkirch, Ravensburg, Tettnang, Unterlang, Waldsee, Wangen)	Württembergischer Braunviehzuchtverband, Biberach a. d. Riss
C Gelbvieh		
1. Viehzuchtgenossenschaft Aalen, Aalen, 1889 2. Zuchtvieh-Genossenschaft Gaildorf, Gaildorf, 1898	Zuchtverband für das Limburger Vieh in Württemberg, Schwäb. Gmünd	kein Verband

1901	1929	1970
E Schecken und Blässen		
Verband der Hinterwälder Stammzucht-Genossenschaft in Schönau i. W., 1901 a) Hinterwälder Stammzucht-Genossenschaft Schönau im Wiesenthal, 1889 b) Wälderzucht-Genossenschaft Schopfheim, Schopfheim, 1891 c) Hinterwälder Stammzucht-Genossenschaft St. Blasien, St. Blasien, 1900 d) Zuchtgenossenschaft für Wäldervieh, Neustadt, 1901	Verband der Vorderwälder Zuchtgenossenschaften Freiburg i. Br. (6 Zuchtgenossenschaften)	Verband Südbadischer Rinderzüchter, Abt. Wäldervieh, Neustadt
F Schwarzbunt		
kein Verband	kein Verband	Verband der Schwarzbunt- und Rotbuntzüchter in Baden-Württemberg, Stuttgart-Plieningen
G Rotbunt		
kein Verband	kein Verband	Verband der Schwarzbunt- und Rotbuntzüchter in Baden-Württemberg, Stuttgart-Plieningen
I Shorthorn/Angus		
kein Verband	kein Verband	Verband für Fleischrinderzucht und -haltung in Bayern und Baden-Württemberg, Bamberg

Baden-Württemberg: Schweine

1901	1937	1970
A Deutsches weißes Edelschwein		
kein Verband	Badischer Landesschweinezuchtverband, Karlsruhe	kein Verband
B Deutsches veredeltes Landschwein		
Schweinezucht-Genossenschaft Donaueschingen-Baar, Donaueschingen, 1899 (badisches Tiger- oder Baldinger Schwein)	1. Badischer Landesschweinezuchtverband, Karlsruhe 2. Landeszuchtverband der Schweinezüchter Württembergs, Stuttgart	1. Badischer Landesschweinezuchtverband, Forchheim–Bahnhof 2. Landesverband Württ. Schweinezüchter, Stuttgart 3. Landesverband der Schweinezüchter und -erzeuger, Sigmaringen
F Schwäbisch-Hällisches Schwein		
kein Verband	Landesverband der Schweinezüchter Württembergs, Stuttgart	kein Verband
G Piétrainschwein		
kein Verband	kein Verband	1. Badischer Landesschweinezuchtverband, Forchheim – Bahnhof 2. Landesverband Württ. Schweinezüchter, Stuttgart 3. Landesverband der Schweinezüchter und -erzeuger, Sigmaringen

Baden-Württemberg: Schafe

1918	1939	1970
1. Schafweidegenossenschaft Neuenburg a. Rh., Neuenburg a. Rh. 2. Merinofleischschafzüchtervereinigung für den Amtsbezirk Göppingen, Göppingen 3. Verband Süddeutscher Schäfereibesitzer, Stuttgart, 1911 4. Verband Süddeutscher Schäfereibesitzer, Arnstein, 1906	1. Landesverband Badischer Schafzüchter, Karlsruhe 2. Landesverband Württembergischer Schafzüchter, Stuttgart	1. Landesschafzuchtverband Baden-Württemberg, Stuttgart 2. Milchschafzüchtervereinigung Baden-Württemberg im Landesschafzuchtverband Baden-Württemberg, Stuttgart

Baden-Württemberg: Ziegen

1901	1928	1970
1. Ziegenzucht-Verein Ortsgruppe Mühlheim a. D., Mühlheim, 1899 2. Ziegenzucht-Verein Tuttlingen, Tuttlingen, 1892 3. Ziegenzuchtverein Tailfingen, Tailfingen, 1887 4. Ziegenzucht-Verein Vaihingen, Vaihingen, 1895 5. Verband der Ziegenzucht-Vereine des Elsensgaues, Sinsheim, 1901 a) Ziegenzucht-Verein Eschelbronn, Eschelbronn, 1901 b) Ziegenzucht-Verein Hoffenheim, Hoffenheim, 1896 c) Ziegenzucht-Verein Ittlingen, Ittlingen, 1897 d) Ziegenzucht-Verein Zuzenhausen, Zuzenhausen, 1894	1. Landesverband der Ziegenzuchtvereine Württembergs, Freudenstadt 2. Badischer Landesziegenzuchtverband, Karlsruhe 3. Verband Hohenzollernscher Ziegenzuchtvereine, Sigmaringen 6. Ziegenzucht-Genossenschaft Neckarbischofsheim, Neckarbischofsheim, 1900 7. Ziegenzucht-Genossenschaft Siegelsbach, Siegelsbach, 1901 8. Ziegenzucht-Verein St. Blasien, St. Blasien, 1899	1. Badischer Landesziegenzuchtverband, Wirtschaftsgebiet Nord, Heidelberg 2. Badischer Landesziegenzuchtverband, Wirtschaftsgebiet Süd, Neustadt (Schww.)* 3. Landesverband Württembergischer Ziegenzüchter, Stuttgart

* später Südbadischer Landesziegenzuchtverband

Für den organisatorischen Aufbau und die Entwicklung der Tierzucht in der Sowjetischen Besatzungszone – später DDR – nach 1945 waren keine zusammenhängenden Unterlagen zu erhalten.

1.1.3 Die Züchtervereinigungen in den Ländern des Deutschen Reiches sowie der Preußischen Provinzen[1] Ost- und Mitteldeutschlands vor 1945

(Erläuterungen s. S. 251)

Ostpreußen und Westpreußen/Danzig: Pferde

1901	1939/1944
A Warmblut	
Ostpreußisches Stutbuch für edles Halbblut, Trakehner Abstammung, in Insterburg, 1888	Ostpreußische Stutbuchgesellschaft für Warmblut Trakehner Abstammung – Verband ostpreußischer Warmblutzüchter, Königsberg/Pr.
B Kaltblut	
kein Verband	Ostpreußisches Stutbuch für schwere Arbeitspferde, Königsberg/Pr.
Westpreußen/Danzig	
A Warmblut	
Die Westpreußische Stutbuch-Gesellschaft in Danzig, 1896	Westpreußische Stutbuchgesellschaft für Warmblut, Trakehner Abstammung, Danzig
B Kaltblut	
kein Verband	Danzig-Westpreußisches Stutbuch für schwere Arbeitspferde, Danzig

[1] Die Einrangierung der Vereinigungen in den Bereich der Provinz Sachsen folgt den Angaben von KNISPEL 1901. Später gehörte ein Teil dieser Züchtervereinigungen zu Thüringen.

Ostpreußen und Westpreußen/Danzig: Rinder		
1901	1929	1939/1944
F Schwarzbunt		
Herdbuchgesellschaft zur Verbesserung des in Ostpreußen gezüchteten Holländer Rindviehs, Königsberg/Pr., 1882	1. Ostpeußische Holländer Herdbuchgesellschaft, Königsberg/Pr. 2. Herdbuchverein für das schwarzbunte Tieflandrind in Ostpreußen, Insterburg 3. Westpreußische Holländer Herdbuchgesellschaft, Marienburg	Ostpreußische Herdbuchgesellschaft, Königsberg/Pr. a) Ostpreußische Herdbuchgesellschaft, Abt. Königsberg/Pr. b) Ostpreußische Herdbuchgesellschaft, Abt. Insterburg c) Ostpreußische Herdbuchgesellschaft, Abt. Allenstein
G Rotbunt		
Ostpreußisches Herdbuch für in Ostpreußen gezogenes rotbuntes Vieh der Breitenburger- und Wilstermarsch-Rasse, Insterburg, 1890	Ostpreußisches Herdbuch für rotbuntes Niederungsvieh, Insterburg	Ostpreußische Herdbuchgesellschaft, Königsberg/Pr. (1944 nicht mehr vorhanden)
Westpreußen/Danzig		
F Schwarzbunt		
Herdbuchgesellschaft zur Züchtung von Holländer Rindvieh in Westpreußen in Danzig, Danzig, 1889	Danziger Herdbuchgesellschaft (Alte Westpr.), Danzig	Danzig-Westpreußische Herdbuchgesellschaft, Danzig

Ostpreußen und Westpreußen/Danzig: Schweine

1901	1939/1944
A Deutsches weißes Edelschwein (verbreitete Rasse)	
kein Verband	Ostpreußische Schweinezuchtgesellschaft, Königsberg/Pr. a) Unterabteilung Allenstein b) Unterabteilung Insterburg c) Unterabteilung Königsberg
B Deutsches veredeltes Landschwein (weniger vorkommend)	
kein Verband	Ostpreußische Schweinezuchtgesellschaft, Königsberg/Pr. a) Unterabteilung Allenstein b) Unterabteilung Insterburg c) Unterabteilung Königsberg

Westpreußen/Danzig

1901	1939/1944
A Deutsches weißes Edelschwein (verbreitete Rasse)	
kein Verband	Ostpreußische Schweinezuchtgesellschaft, Königsberg/Pr. Unterabteilung Marienburg
B Deutsches veredeltes Landschwein (weniger vorkommend)	
kein Verband	Ostpreußische Schweinezuchtgesellschaft, Königsberg/Pr. Unterabteilung Marienburg

Ostpreußen und Westpreußen/Danzig: Schafe	
1918	1939/1944
Verein der Merinozüchter, Berlin, mit Herden in Ostpreußen, 1886	Landesverband Ostpreußischer Schafzüchter, Königsberg/Pr. (hauptsächlich schwarzköpfige Fleischschafe, geringer Merino-Fleischschafe und Deutsche veredelte Landschafe)
Westpreußen/Danzig	
Verein der Merinozüchter, Berlin, mit Herden in Westpreußen, 1886	Landesverband der Schafzüchter Danzig-Westpreußen, Danzig

Ostpreußen und Westpreußen/Danzig: Ziegen	
1901	1939/1944
kein Verband	Landesgruppe Ostpreußen, Königsberg/Pr.
Westpreußen/Danzig	
kein Verband	Landesgruppe Westpreußen, Danzig

Kurmark (Brandenburg): Pferde	
1901	1939/1944
A Warmblut	
1. Pferdezucht-Verein für die Prignitz, den Kreis Ruppin und das Havelland, Perleberg, 1896 2. Pferdezucht-Verein für die südliche Neumark, Baudach bei Crossen, 1898 3. Pferdezucht-Verein für das Netzebruch, Netzbruch, 1900	Verband Brandenburgischer Warmblutzüchter (Kurmärkisches Pferdestammbuch, Abt. Warmblutzucht), Berlin
B Kaltblut	
kein Verband	Vereinigung der Züchter eines schweren Arbeitspferdes für die Provinz Brandenburg, Berlin

Kurmark (Brandenburg): Rinder

1901	1929	1939/1944
F Schwarzbunt		
1. Verband der Herdbuch-Gesellschaften für schwarzbuntes Niederungsvieh in der Prignitz, Prignitz, 1900 a) Herdbuch-Gesellschaft der Havelniederung in Havelberg, 1897 b) Herdbuch-Gesellschaft der Lenzener Elbniederung in Lenzen/Elbe, 1896 c) Herdbuch-Gesellschaft Ostprignitz I, in Pritzwalk, 1899 d) Herdbuch-Gesellschaft Ostprignitz II, in Kyritz, 1899 e) Herdbuch-Gesellschaft Ostprignitz II, in Wittstock, 1899 f) Herdbuch-Gesellschaft Westprignitz-Höhe, in Karwe bei Dallmin, 1898 g) Rindvieh-Zuchtverein der Wilsnacker Niederung, in Wilsnack, 1884 h) Herdbuch-Gesellschaft Wittenberge, Wittenberge, 1896 2. Herdbuch-Gesellschaft Grüneberg, Grüneberg, 1899 3. Herdbuch-Gesellschaft Löwenberg, Löwenberg/Mark, 1899 4. Netzebrucher Herdbuch-Gesellschaft, Netzebruch, 1890 5. Neumärkische Herdbuch-Gesellschaft, Königsberg i. d. Neumark, 1896 6. Oderbrucher-Ostfriesen Zuchtgenossenschaft, Ortwig, 1899 7. Uckermärkische Rinderzucht-Gesellschaft, Prenzlau, 1897 8. Warthebruch-Herdbuch-Gesellschaft, Landsberg a. Warthe, 1891 9. Herdbuch-Gesellschaft Westhavelland, Garlitz bei Nennhausen, 1900	1. Prignitzverband, Wittenberge 2. Ruppin-Havelland-Verband, Neustadt/Dosse 3. Neumärkischer Herdbuchverband, Küstrin 4. Herdbuchkontrollverband der Uckermark, Prenzlau 5. Verband der Rindviehzüchter der Mittelmark, Jüterbog 6. Niederlausitzer Herdbuchkontrollverband, Cottbus 7. Grenzmark-Herdbuchgesellschaft für das schwarzweiße Tieflandrind, Schneidemühl	Landesverband Kurmärkischer Rindviehzüchter, Berlin
G Rotbunt		
Zucht-Verband für das rotbunte ostfriesische Vieh im Oderbruch, Kitz bei Küstrin, 1901	kein Verband	kein Verband

Kurmark (Brandenburg): Schweine	
1901	1939/1944
A Deutsches weißes Edelschwein	
kein Verband	Landesverband Kurmärkischer Schweinezüchter, Berlin (1937 noch Grenzmark-Schweinezüchtervereinigung, Schneidemühl)
B Deutsches veredeltes Landschwein	
kein Verband	Landesverband Kurmärkischer Schweinezüchter, Berlin (1937 noch Grenzmark-Schweinezüchtervereinigung, Schneidemühl)

Kurmark (Brandenburg): Schafe	
1918	1939/1944
1. Verein der Merinozüchter, Berlin, mit Herden in Brandenburg, 1886 2. Verband der Schafzüchter der Provinz Brandenburg, Berlin, 1914 3. Verein der Schafzüchter des Kreises Lübben, Lübben, 1903 4. Verein der Schafzüchter des Kreises Weststernberg, Weststernberg/Frankfurt a. O. 5. Verein der Schafzüchter des Kreises Oststernberg, Oststernberg/Frankfurt a. O.	Landesverband Kurmärkischer Schafzüchter, Berlin (hauptsächlich Merinofleischschafe, geringe Anteile schwarz- und weißköpfiger Fleischschafe sowie Deutscher veredelter Landschafe)

Kurmark (Brandenburg): Ziegen	
1901	1939/1944
1. Angermünder Ziegenzucht-Verein, Angermünde, 1896 2. Ziegenzüchter-Verein Schönfließ, Schönfließ, Neumark, 1894	Landesgruppe Kurmark, Berlin

Pommern: Pferde		
1901		1939/1944
A Warmblut		
kein Verband		Verband Pommerscher Warmblutzüchter, Stettin
B Kaltblut		
kein Verband		Verband Pommerscher Kaltblutzüchter, Stettin

Pommern: Rinder		
1901	1929	1939/1944
F Schwarzbunt		
1. Baltische Herdbuch-Gesellschaft, Greifswald, 1889 2. Pommersche Herdbuch-Gesellschaft, Stargard, 1896 (1900 Zusammenschluß zu: Herdbuch-Gesellschaft der Provinz Pommern für Ostfriesen und Holländer, Stettin)	1. Pommersche Herdbuchgesellschaft für das schwarzweiße Tieflandrind, Stettin 2. Rindviehzuchtverein für den Kreis Dramburg, Falkenburg/Pommern 3. Rindviehzuchtverein des Kreises Schivelbein, Schivelbein/Pommern 4. Rindviehzuchtverein des Kreises Neustettin, Neustettin	Pommersche Herdbuchgesellschaft, Stettin, Abt. Schwarzbunt
G Rotbunt		
Verband Pommerscher Züchter von Holsteiner und Schleswiger Rotvieh, Stettin, 1899	Verband Pommerscher Rotbuntzüchter, Stettin	Pommersche Herdbuchgesellschaft, Stettin, Abt. Rotbunt

Pommern: Schweine	
1901	1939/1944
A Deutsches weißes Edelschwein (verbreitete Rasse)	
kein Verband	Landesverband Pommerscher Schweinezüchter, Stettin
B Deutsches veredeltes Landschwein (weniger vorkommend)	
kein Verband	Landesverband Pommerscher Schweinezüchter, Stettin

Pommern: Schafe	
1918	1939/1944
1. Verein der Merinozüchter, Berlin, mit Herden in Pommern, 1886 2. Verband Pommerscher Wollschafzüchter, Stettin 3. Schafzüchterverein Altkörtnitz, Altkörtnitz, 1914 4. Schafzüchterverein Ball, Ball, 1903 5. Schafzüchterverein Balster, Balster, 1913 6. Schafzüchterverein Isinger, Isinger, 1914 7. Schafzüchterverein Cremerbruch, Cremerbruch 8. Schafzüchterverein Neurackitt, Neurackitt, 1913 9. Schafzüchterverein Schwanenbeck-Goldbeck, Schwanenbeck, 1912	Landesverband Pommerscher Schafzüchter, Stettin (hauptsächlich Merinofleischschafe, geringe Anteile Pommerscher rauhwolliger Landschafe und schwarzköpfiger Fleischschafe)

Pommern: Ziegen	
1901	1939/1944
kein Verband	Landesgruppe Pommern, Stettin

Schlesien: Pferde

1901		1939/1944
A Warmblut		
kein Verband		Schlesisches Pferdestammbuch, Breslau, Abt. Warmblut, Breslau
B Kaltblut		
Pferdezuchtverein Canth, Canth, 1896		Schlesisches Pferdstammbuch, Breslau, Abt. Kaltblut, Breslau

Schlesien: Rinder

1901	1929	1939/1944
D Rotvieh (Mitteldeutsches Rotvieh)		
1. Verband der Rotviehstammherden der Landwirtschaftskammer für die Provinz Schlesien, Breslau, 1886 2. Sonderabteilung des landwirtschaftlichen Kreisvereins Liegnitz, 1889	1. Verband Schlesischer Rindviehzüchter, Abt. Schles. Rotvieh, Breslau 2. Verband Oberschlesischer Rindviehzüchter, Abt. Schles. Rotvieh, Oppeln	Landesverband Schlesischer Rinderzüchter, Abt. Schles. Rotvieh, Breslau
F Schwarzbunt		
Züchter-Vereinigung zur Verbesserung und Züchtung schwarzbunten Niederungs-Viehs in Oels, Oels, 1901	1. Verband Schlesischer Rindviehzüchter, Abt. Schwarzbuntes Niederungsvieh, Breslau 2. Verband Oberschlesischer Rindviehzüchter, Abt. Schwarzbuntes Niederungsvieh, Oppeln 3. Herdbuchgesellschaft für die Oberlausitz, Abt. Schwarzbuntes Niederungsvieh, Görlitz	Landesverband Schlesischer Rinderzüchter, Abt. Schwarzbuntes Niederungsvieh, Breslau

Schlesien: Rinder

1901	1929	1939/1944
G Rotbunt		
kein Verband	1. Verband Schlesischer Rind-Viehzüchter, Abt. Rotbunt und Rote Ostfriesen, Breslau 2. Verband Oberschlesischer Rindviehzüchter, Abt. Rotbunt, Oppeln 3. Herdbuchgesellschaft für die Oberlausitz, Abt. Rotbunt, Görlitz	Landesverband Schlesischer Rinderzüchter, Abt. Rotbuntes Niederungsvieh, Breslau

Schlesien: Schweine

1901	1939/1944
A Deutsches weißes Edelschwein (verbreitete Rasse)	
Rybniker Schweinezucht-Genossenschaft, Rybnik, 1899	Verband Schlesischer Schweinezüchter, Breslau
B Deutsches veredeltes Landschwein (weniger vorkommend)	
kein Verband	Verband Schlesischer Schweinezüchter, Breslau

Schlesien: Schafe

1918	1939/1944
1. Verein der Merinozüchter, Berlin, mit Herden in Schlesien, 1886 2. Verband Schlesischer Schafzüchter, Breslau, 1914	Landesverband Schlesischer Schafzüchter, Breslau (hauptsächlich Merinofleischschafe, geringe Anteile schwarzköpfiger Fleischschafe)

Schlesien: Ziegen

1901	1939/1944
kein Verband	Landesgruppe Niederschlesien, Breslau

Mecklenburg: Pferde

1901		1939/1944
A Warmblut		
1. Gestütbuch für edle Pferde im Großherzogtum Mecklenburg-Schwerin, 1895 2. Mecklenburger Pferdezuchtverein zu Gnoyen, 1896		Verband Mecklenburgischer Warmblutzüchter, Güstrow
B Kaltblut		
Pferdezucht-Verein für das Fürstentum Ratzeburg in Schönberg i. M., 1899		Verband Mecklenburgischer Kaltblutzüchter, Güstrow

Mecklenburg: Rinder

1901	1929	1939/1944
F Schwarzbunt		
1. Verband Mecklenburgischer Rindviehzuchtvereine mit dem Sitz in Güstrow, 1898 a) Rindviehzuchtverein für Güstrow und Umgegend, Güstrow, 1899 b) Rindviehzucht-Verein Rostock, Rostock, 1892 c) Rindviehzucht-Verein des Vereins kleinerer Landwirte des Distrikts Schwerin, Schwerin, 1897 d) Rindviehzucht-Genossenschaft zu Parchim, Parchim, 1886 2. Herdbuch-Gesellschaft für Mecklenburg-Strelitz'sches Rindvieh, Neu-Brandenburg, 1897	Herdbuchverband der Mecklenburgischen Rindviehzuchtvereine für schwarzweißes Niederungsvieh, Rostock	Landesverband Mecklenburgischer Rinderzüchter, Güstrow

Mecklenburg: Rinder		
1901	1929	1939/1944
G Rotbunt		
Verband Mecklenburgischer Rindviehzuchtvereine mit dem Sitz in Güstrow, 1898 a) Breitenburger Rindvieh-zucht-Verein Barlin, Barlin, 1872 b) Rindviehzucht-Verein Wismar, Wismar, 1885	Herdbuchverband der Mecklenburgischen Rindviehzuchtvereine für rotweißes Niederungsvieh, Rostock	Landesverband Mecklenburgischer Rinderzüchter, Güstrow

Mecklenburg: Schweine	
1901	1939/1944
A Deutsches weißes Edelschwein	
kein Verband	Verband Mecklenburger Schweinezüchter, Güstrow
B Deutsches veredeltes Landschwein	
Wismar'sche Schweinezucht-Genossenschaft, Wismar, 1896	Verband Mecklenburger Schweinezüchter, Güstrow

Mecklenburg: Schafe	
1918	1939/1944
Verein der Merinozüchter, Berlin, mit Herden in Mecklenburg-Schwerin und Mecklenburg-Strelitz, 1886	Landesverband Mecklenburgischer Schafzüchter, Güstrow (hauptsächlich Merinofleischschafe, geringe Anteile schwarz- und weißköpfiger Fleischschafe)

Mecklenburg: Ziegen	
1901	1939/1944
kein Verband	Landesgruppe Mecklenburg, Güstrow

Thüringen: Pferde

1901	1939/1944
A Warmblut	
kein Verband	Landesverband Thüringer Warmblutzüchter, Weimar
B Kaltblut	
1. Züchterverein für die Zucht des schweren Arbeitspferdes im Großherzogtum Sachsen, Weimar, 1901 2. Pferdezüchter-Verein für das Herzogtum Sachsen-Altenburg, Altenburg, 1895 3. Stutbuch für das Herzogtum Gotha, Gotha, 1868 4. Mitteldeutscher Pferdezuchtverein, Erfurt, 1895	Landesverband Thüringer Kaltblutzüchter, Weimar

Thüringen: Rinder

1901	1929	1939/1944
A Fleckvieh		
1. Herdbuch-Verein Blankenhain, Blankenhain, 1900 2. Herdbuch-Verein Thalbürgel, Gniebsdorf bei Bürgel, 1901 3. Zuchtgenossenschaft Bucha, Bucha bei Apolda, 1898 4. Herdbuch-Verein Buttstädt, Buttstädt, 1899 5. Herdbuch-Verein Großromstedt, Großromstedt bei Apolda, 1901 6. Herdbuch-Verein Groß-Schwabhausen, Groß-Schwabhausen, 1900 7. Herdbuch-Verein Lachstedt, Lachstedt bei Stadtsulza, 1901 8. Herdbuch-Verein Niederröblingen, Niederröblingen, 1901 9. Herdbuch-Verein Obertreba, Obetreba bei Niedertreba, 1900 10. Herdbuch-Verein Pfiffelbach, Pfiffelbach bei Niederroßla, 1900 11. Herdbuch-Verein Pfuhlsborn, Pfuhlsborn bei Apolda, 1900 12. Herdbuch-Verein Utenbach, Utenbach bei Apolda, 1900 13. Zuchtgenossenschaft Wetzdorf, Wetzdorf bei Lautenburg, 1900 14. Herdbuchverein Wilsdorf, Wilsdorf bei Dornburg a. S., 1901 15. Herdbuchverein Wormstedt, Wormstedt bei Apolda, 1900 16. Herdbuchverein Zwätzen, Zwätzen, 1900 17. Zuchtgenossenschaft Sondheim, Sondheim v. d. Rhön, 1901 18. Zuchtgenossenschaft Tiefenort, Tiefenort, 1901 19. Viehzucht-Verein des Neustädter Kreises, Triptis, 1888 20. Viehzucht-Verein im Ostkreise des Herzogtums Altenburg, Altenburg, 1890 21. Zuchtvieh-Genossenschaft Kahla, Kahla, 1898 22. Verband der Zuchtgenossenschaften für Höhenvieh für das Herzogtum Gotha, Gotha, 1898 a) Zuchtgenossenschaft Illeben, Illeben bei Ekkardtsleben, 1889 b) Zuchtgenossenschaft Gr. Fahner, in Gr. Fahner bei Wolschleben, 1889 c) Zuchtgenossenschaft Friemar, in Friemar, 1889 d) Zuchtgenossenschaft Sonneborn, in Sonneborn, 1889	Landesverband Thüringer Fleckviehzüchter, Weimar a) Kreisfleckviehzuchtverband, Weimar b) Fleckviehzuchtverband im Kreise Eisenach, Eisenach c) Kreisherdbuchverein für Höhenvieh in Schwarzburg-Sondershausen, Sondershausen d) Südthüringer Fleckviehzuchtverband, Meiningen e) Rindviehzuchtverein für die Grafschaft Camburg u. U., Abt. Fleckvieh, Weimar f) Kreisfleckviehzuchtverband Stadtroda, Weimar g) Fleckvieh-Herdbuchverein Stadtilm, Großhettstedt h) Verband Ostthüringer Höhenfleckviehzüchter, Altenburg	Landesverband Thüringer Fleckviehzüchter, Weimar

1901	1929	1939/1944
C Gelbvieh		
1. Zuchtgenossenschaft Dankmarshausen, Dankmarshausen bei Berka a. W., 1900 2. Rindviehzucht-Genossenschaft für den Itzgrund, Wohlbach bei Koburg, 1895	Mitteldeutscher Verband für einfarbig gelbes Höhenvieh (Franken), Saalfeld	Landesverband Thüringer Frankenzüchter, Weimar
F Schwarzbunt		
kein Verband	Landesverband Thüringer Niederungsviehzüchter, Weimar	Landesverband Thüringer Niederungsviehzüchter, Weimar

Thüringen: Schweine

1901	1939/1944
A Deutsches weißes Edelschwein (weniger vorkommend)	
kein Verband	Landesverband Thüringer Schweinezüchter, Weimar
B Deutsches veredeltes Landschwein (verbreitete Rasse)	
Zucht-Genossenschaft für das Ronneburger Schwein, Ronneburg, 1895	Landesverband Thüringer Schweinezüchter, Weimar

Thüringen: Schafe	
1918	1939/1944
1. Schäfereigenossenschaft Föhlritz, Föhlritz 2. Schäfereigenossenschaft Stadtlengsfeld, Stadtlengsfeld 3. Schafzüchterverein Kaltensundheim Kaltensundheim, 1914	Landesverband Thüringer Schafzüchter, Weimar (Deutsche Merinofleischschafe und Deutsche veredelte Landschafe zu gleichen Anteilen, geringe Anteile Rhönschafe, Leineschafe und schwarzköpfige Fleischschafe)

Thüringen: Ziegen	
1901	1939/1944
1. Ziegenzucht-Genossenschaft Leina, Leina bei Waltershausen, 1894 2. Ziegenzuchtverein Langensalza, Langensalza, 1898	Landesgruppe Thüringen, Weimar

Sachsen-Anhalt: Pferde	
1901	1939/1944
A Warmblut	
kein Verband	Pferdezucht-Verband Sachsen-Anhalt, Abt. Warmblut, Halle/S.
B Kaltblut	
1. Züchter-Verband für die Zucht des schweren Arbeitspferdes in der Provinz Sachsen, Halle a. S., 1897 2. Mitteldeutscher Pferdezuchtverein, Erfurt, 1895 3. Pferdezuchtverein Bitterfeld-Delitzsch, Neuhaus bei Paupitzsch, 1885	Pferdezuchtverband Sachsen-Anhalt, Halle/S.

Sachsen-Anhalt: Rinder

1901	1929	1939/1944
A Fleckvieh		
Verband für die Zucht des Simmenthaler Rindes in der Provinz Sachsen, Halle a. S., 1899 1. Stammzucht-Genossenschaft Steigra zu Zingst bei Nebra, 1888 2. Stammzucht-Genossenschaft für den Kreis Ekkartsberga in Colleda, 1897 3. Stammzucht-Genossenschaft für den Kreis Ziegenrück, Gräfendorf bei Krölpa, 1899 4. Stammzucht-Genossenschaft Lützen, Starfiedel, 1900 5. Stammzucht-Genossenschaft Walschleben, Walschleben, 1899 6. Stammzucht-Genossenschaft Elxleben, Elxleben, 1900 7. Stammzucht-Genossenschaft Droitzen, Droitzen bei Stössen, 1900	Verband Mitteldeutscher Fleckviehzüchter, Gruppe Erfurt, Erfurt	Fleckviehzüchterverband Sachsen-Anhalt, Halle/S.
C Gelbvieh		
Zuchtgenossenschaft Bibra, Bibra, 1881		
D Rotvieh (Mitteldeutsches Rotvieh)		
1. Genossenschaft zur Züchtung des reinen Harzviehs für den Kreis Grafschaft Wernigerode, Wasserleben, 1900 2. Stammzucht-Genossenschaft für Harz-Rindvieh im Kreise Ballenstedt, Ballenstedt, 1900	Verband der Harzviehzucht-Genossenschaften in der Provinz Sachsen, Sangerhausen	

Sachsen-Anhalt: Rinder

1901	1929	1939/1944
F Schwarzbunt		
1. Verband für die Zucht des schwarzbunten Niederungsviehs in der Provinz Sachsen, Halle a. S., 1899 a) Stammzucht-Genossenschaft Fischbeck, Fischbeck bei Schönhausen a. E., 1876 b) Stammzucht-Genossenschaft Schönhausen a. E., 1888 c) Stammzucht-Genossenschaft der Altmärkischen Elbniederung (Wische), Seehausen, Altmark, 1894 d) Altmärkische Stammzucht-Genossenschaft Miltern, Miltern bei Tangermünde, 1895 e) Stammzucht-Genossenschaft der Elbniederung des Kreises Wolmirstedt, Berlingen bei Mahlwinkel, 1898 f) Stammzucht-Genossenschaft Ostheeren, Ostheeren bei Tangermünde, 1898 g) Stammzucht-Genossenschaft an der Achte, Insel bei Stendal, 1898 h) Stammzucht-Genossenschaft Jerichow I, Königsborn, 1898 i) Stammzucht-Genossenschaft Loburg, Loburg, 1899 k) Stammzucht-Genossenschaft Gr.-Engersen, Gr.-Engersen bei Calbe a. M., 1900 l) Stammzucht-Genossenschaft Callehne und Umgegend, Callehne, Altmark, 1900 m) Stammzucht-Genossenschaft Gr.-Schwechten, Gr.-Schwechten, Altmark, 1900 n) Stammzucht-Genossenschaft Gr.-Apenburg und Umgegend, Gr.-Apenburg, 1900 o) Stammzucht-Genossenschaft Brunau und Umgegend, Brunau, 1900 p) Stammzucht-Genossenschaft Bismarck und Umgegend, Bismarck, 1900 2. Herdbuch-Genossenschaft der Zerbst-Jerichower Landschaft, Zerbst, 1900	Verband für die Zucht des schwarzbunten Tieflandrindes in der Provinz Sachsen, Halle/S.	Herdbuchverband der Schwarzbuntzüchter Sachsen-Anhalt, Halle/S.

Sachsen-Anhalt: Schweine

1901	1939/1944
A Deutsches weißes Edelschwein	
kein Verband	Schweinezüchterverband Sachsen-Anhalt, Magdeburg
B Deutsches veredeltes Landschwein	
Schweinezucht-Genossenschaft Eichstedt und Umgegend, Eichstedt, Altmark, 1901	Schweinezüchterverband Sachsen-Anhalt, Magdeburg

Sachsen-Anhalt: Schafe

1918	1939/1944
Verein der Merinozüchter, Berlin, mit Herden in Sachsen und Sachsen-Anhalt, 1886	Landesschafzüchterverband Sachsen-Anhalt, Halle/S. (nur Merinofleischschafe, ab 1935 ausschließlich Körung von Merinofleischschafböcken)

Sachsen-Anhalt: Ziegen

1901	1939/1944
1. Ziegenzucht-Verein Diesdorf, Diesdorf, 1898 2. Ziegenzucht-Verein Langensalza, Langensalza, 1898 3. Ziegenzucht-Verein Salzwedel, Salzwedel, 1895 4. Verband der Ziegenzucht-Genossenschaft im Kreise Ballenstedt, Ballenstedt, 1896	Landesgruppe Sachsen-Anhalt, Halle/S.

Sachsen: Pferde

1901		1939/1944
A Warmblut		
kein Verband		Sächsisches Pferdestammbuch, Abt. Warmblut, Dresden
B Kaltblut		
kein Verband		Sächsisches Pferdestammbuch, Abt. Kaltblut, Dresden

Sachsen: Rinder

1901	1929	1939/1944
A Fleckvieh		
1. Verband der Erzgebirgischen Zucht-Genossenschaften, Chemnitz, Chemnitz, 1898 2. Zuchtgenossenschaft Oberwiesenthal, Oberwiesenthal, 1884	Landesverband Sächsischer Herdbuchgesellschaften, Abt. Höhenfleckvieh, Dresden	Landesrinderzuchtverband Sachsen, Abt. B. Höhenfleckvieh, Annaberg
D Rotvieh (Mitteldeutsches Rotvieh)		
Vogtländer Herdbuch-Verein, Auerbach i. V., 1897	Landesverband Sächsischer Herdbuchgesellschaften, Abt. Rotvieh, Abt. Vogtland, Auerbach	Vogtländer Herdbuchverein, Plauen i. Vogtland
F Schwarzbunt		
Herdbuchverein für das schwarzbunte Niederungsvieh in dem Bezirk des landwirtschaftlichen Kreisvereins Leipzig, Leipzig, 1900	Landesverband Sächsischer Herdbuchgesellschaften, Abt. Schwarzbunt, Dresden	Landesrinderzuchtverband Sachsen, Abt. A Schwarzweißes Tieflandrind, Dresden

Sachsen: Schweine		
1901		1939/1944
A Deutsches weißes Edelschwein (weniger vorkommend)		
kein Verband		Landesschweinezuchtverband Sachsen, Dresden
B Deutsches veredeltes Landschwein (verbreitete Rasse)		
Zuchtgenossenschaft für das Meißener Schwein, Meißen, 1888		Landesschweinezuchtverband Sachsen, Dresden

Sachsen: Schafe		
1918		1939/1944
Verein der Merinozüchter, Berlin, mit Herden in Sachsen und Sachsen-Anhalt, 1886		Landesverband Sächsischer Schafzüchter, Dresden (hauptsächlich Merinofleischschafe, beachtliche Anteile ostfriesischer Milchschafe, geringere Anteile Rhönschafe und schwarzköpfige Fleischschafe)

Sachsen: Ziegen		
1901		1939/1944
1. Verband der Erzgebirgischen Ziegenzuchtgenossenschaften in Hammerunterwiesenthal, Hammerunterwiesenthal, mit angeschlossenen Genossenschaften: a) Ziegenzuchtgenossenschaft Hammerunterwiesenthal, Hammerunterwiesenthal/Annaberg, 1894 b) Ziegenzuchtgenossenschaft Neudorf, Neudorf/Annaberg, 1894 c) Ziegenzucht-Genossenschaft Ober- und Unterwiesenthal,	Oberwiesenthal/Annaberg, 1896 2. Flöhathaler Ziegenzucht-Genossenschaft in Borstendorf, Flöha, 1897 3. Ziegenzucht-Genossenschaft des Kunewalder Thales in Oberkunewalde bei Kunewalde, Löbau, 1895 4. Ziegenzucht-Genossenschaft Sebnitz, Pirna, 1894	Landesgruppe Sachsen, Dresden

1.1.4 Besondere Aufgabengebiete der Züchtervereinigungen
(Gesunderhaltung der Bestände s. S. 225)

1.1.4.1 Bewertung der Zuchttiere

Die Beurteilung der Zuchttiere nach ihrem Exterieur, somit nach Körperform, Haut, Haar und sonstigen für das menschliche Auge sichtbaren Merkmalen, hat bei Beginn tierzüchterischer Arbeiten besonders starke Beachtung erhalten. Merkmale des Leistungsvermögens fanden zunächst im Vergleich mit der späteren bis heutigen Betrachtungsweise eine nur geringe Berücksichtigung. Dies jedoch keineswegs gänzlich, wie es des öfteren hervorgehoben wird. Euterausprägungen, Muskelansatz beim Rind und Pferd u. a. wurden auch bei Aufnahmen züchterischer Arbeit im vorigen Jahrhundert im Hinblick auf die zu erwartenden Leistungen gesehen und bewertet, dies allerdings ohne die später herangezogenen Beziehungen zur Anatomie und Physiologie. Fragt man nach den Gründen dieses einseitigen „Formalismus", wie er bald genannt wurde, dann sollte man sich in die Gegebenheiten des vorigen Jahrhunderts, besser noch in den Zustand um die Mitte des 19. Jahrhunderts, versetzen. Abgesehen von wenigen Importtieren konsolidierter Rassen – kleine Gruppen bei Pferd, Rind, Schaf und auch Schwein – war in Deutschland ein ungemein heterogenes Tiermaterial vorhanden. Mitteilungen aus dem Ausland (Erfolge der britischen Tierzucht) lagen vor, und man sah die Leistungen der Importtiere bereits konsolidierter Rassen. So mag es trotz aller späteren Kritik zunächst durchaus richtig gewesen sein, wenn „Rassenbilder" entstanden und Zuchtziele festgelegt wurden, die eine notwendige, gleichmäßige Grundlage schaffen sollten. Dabei ist es durchaus verständlich, wenn zunächst äußere, sichtbare Merkmale als Mittel bei dem Streben nach Vereinheitlichung im Typ und Ausdruck dienten. Es sei allerdings nicht übersehen, daß sich auch Extreme zeigten, die für eine produktive Haustierhaltung nicht erforderlich, ihr teils sogar hinderlich gegenüberstanden.

Zu diesen Extremen sei bemerkt, daß im vorigen Jahrhundert die Vorstellung von wohlproportionierten Tieren gelegentlich zum Suchen nach einem Schönheitsideal wurde. Wenn ZEISING und ROLOFF den goldenen Schnitt erörtern oder SETTEGAST eine Proportionslehre (einzelne Körperteile im Verhältnis zueinander und zum Gesamtkörper) entwickelten, so mögen einzelne Grundsätze diskutabel sein, insgesamt ist diese Entwicklung nur als ein Übergang von einem Form- und Rassenwirrwarr in geordnete Bahnen zu akzeptieren. Rückwärtsschauend sind diese Phasen vielleicht notwendig gewesen, um eine Klärung im Durcheinander der Formen und Gruppen herbeizuführen (s. auch S. 102).

Seit der Jahrhundertwende fehlte es dann nicht an Stimmen und auch Maßnahmen, die das Exterieur auch weiterhin beachteten, aber eine Verbindung mit den Leistungen des Tieres herzustellen versuchten. So sei insbesondere an die Schrift von POTT erinnert: „Der Formalismus in der landwirtschaftlichen Tierzucht" (1899), die beim Erscheinen zwar stark kritisiert wurde, aber die notwendige Entwicklung klar zeigte.

Um die Jahrhundertwende gewinnt das Leistungsdenken mehr und mehr an Boden. Die Entwicklung von Verfahren der Ermittlungen (z. B. dasjenige von GERBER beim Rind) mögen dabei mitgewirkt haben (s. S. 351), allgemein kam es allerdings noch nicht zu einem Durchbruch. Bemerkenswert sind jedoch die Auseinandersetzungen und Diskussionen. Diese Situation gegen Ende des 19. Jahrhunderts mit den beginnenden Problemstellungen um die Fragen Exterieur und Leistung in der Tierzucht bringt PUSCH in seinem Lehrbuch zur Allgemeinen Tierzucht im Jahre 1904 ausführlich zum Ausdruck. Er sagt zur Frage der „Zucht auf Rasse und Form und Zucht auf Leistung“:

„Die Zucht nach dem Exterieur hat aber natürlich auch ihre Grenzen, und diese werden geregelt durch das Maß von Leistungsvermögen, welches den Tieren sonst innewohnt. Eine Vervollkommnung der Formen verliert ihre Berechtigung und mit ihr den sicheren Boden, wenn sie auf die Leistung ohne förderlichen Einfluß bleibt oder gar auf Kosten derselben erfolgt. Ausgenommen ist die Sportzucht, die sich aber fast nur auf die Hunde-, Kleintier- und gewisse Zweige der Geflügelzucht beschränkt. Jede Vernachlässigung der Leistung rächt sich aber in der Zucht der landwirtschaftlichen Nutztiere trotz des besten Exterieurs, denn jeder Betrieb, so auch die Zucht, verlangt Rente.“

Erst nach dem 1. Weltkrieg erhalten die Leistungen verstärkt Beachtung. HANSEN führt 1927 zu dieser Frage in bezug auf die Rinderzucht (gilt in gleichem Maße für die anderen Tierarten) aus: „Ein Streben nach schönen Formen bloß um dieser selbst willen und ohne Rücksicht auf den Nutzungszweck – Formalismus – ist mit den wirtschaftlichen Rücksichten, welchen die Rinderzucht zu dienen hat, unvereinbar und deshalb unter allen Umständen falsch.“ Die Wissenschaft hat in diesem Ringen um die zweckvolle Form des Tierkörpers und sein Leistungsvermögen somit Leitlinien gegeben. Es ist nun keineswegs uninteressant, auch die Praxis zu hören. So nahm PETERS 1926 und 1921 wie folgt Stellung:

„Wenn man heute rückschauend auf die Entwicklung der deutschen Rinderzüchtervereine blickt, so muß man bedenken, daß vor 50 Jahren die Zahl der Züchter, die wirklich etwas von der Viehbeurteilung und Viehzucht verstand, klein war. Es gab einzelne gute Züchter, von denen jeder seine eigene Anschauung hatte und danach arbeitete. Durch die emporwachsenden Züchtervereinigungen und die Propaganda, die sie trieben, wuchs einerseits die Zahl der guten Viehkenner, andererseits traten Landwirte den Züchtervereinigungen bei, die für Viehzucht und Viehbeurteilung wenig Verständnis hatten. Am leichtesten konnten sie Farbe und Abzeichen beurteilen, und so ist es gekommen, daß diese ganz nebensächlichen, rein formalistischen Eigenschaften zeitweise eine ganz unberechtigte Bedeutung gewonnen haben. Es ist mit Freuden zu begrüßen, daß neuerdings sich die Anschauungen über das zu erstrebende Zuchtziel mehr den praktischen Bedürfnissen angepaßt haben. Da wir unsere Rinder zu Nutzzwecken und nicht zum Vergnügen oder zu Sportzwecken halten, so müssen die Nutzzwecke auch allein das Zuchtziel bestimmen. Je einfacher das Zuchtziel gedacht ist, um so besser. Alle Nebensächlichkeiten, die mit der Nutzung der Tiere nicht im Zusammenhang stehen, erschweren die Zucht und sind schädlich, weil sie auf Kosten der wichtigen Eigenschaften die Zucht erschweren. . .“

Zu damals im Vordergrund stehenden Einzelfragen führt PETERS (1921) aus:

„In diesem Züchtungsprogramm muß immer das Wesentliche vorangestellt werden. Das Wesentliche ist: hohe Milchleistungen, viel Fleisch, starke Konstitution. Das Unwesentliche, Nebensächliche ist: Farbe und Abzeichen. Nun war aber im Laufe der Zeit die Nebensache – Farbe und Abzeichen – viel zu viel in den Vordergrund gerückt. Den Ostpreußen wird der Vorwurf gemacht, daß sie mit den sogenannten Farbfehlern angefangen haben. Jede neue Züchtervereinigung suchte aber die anderen in den Anforderungen an Farbe und Abzeichen womöglich noch zu überbieten. Heute sind folgende Farbfehler von fast allen Züchtervereinigungen des schwarzweißen Niederungsrindes anerkannt:

1. weiße Köpfe,
2. ganz schwarze Beine bis auf den Kronenrand herab,
3. schwarzer Hodensack oder schwarzes Euter (schwarze Striche schließen nicht aus),
4. isolierte schwarze Flecke unter Knie und Sprunggelenk sowie auf Hodensack und Euter.

Welchen Wert hat es nun, Tiere mit diesen Farbfehlern von der Herdbuchzucht auszuschließen?

Um diese Frage zu beantworten, muß man die einzelnen Farbfehler besprechen.

Tiere mit weißen Köpfen werden ausgeschlossen, weil sie etwas Typfremdes anzeigen. Weiße Köpfe hat das schwarzweiße Rind von Haus aus nicht. Weiße Köpfe sind dem Groninger Rind und einigen Gebirgsschlägen eigen. Treten weiße Köpfe beim schwarzweißen Rind auf, so darf man auf Einkreuzung fremden Blutes schließen.

Ganz schwarze Beine bis auf den Kronenrand hinab und isolierte schwarze Flecke an den Sprunggelenken und am Euter sind ebenfalls ausschließende Merkmale geworden, weil eben Kreuzungen mit fremden Rassen diese Farbfehler erzeugten. Zum Beispiel entstehen einfarbig schwarze Rinder bei Kreuzungen mit Anglern oder einfarbigen Landschlägen. Bunte Beine zeigen Kreuzungen mit rotbunten Holsteinern oder bunten Landschlägen an. Da die alten Landrassen in breitem Umfange in das schwarzweiße Rind aufgegangen sind, entbehren die Farbfehler nicht ganz der Berechtigung, weil sie auf fremdes Blut hindeuten.

Im Laufe der Zeit artete die Farbfehlerfrage in Kleinlichkeiten aus. Nicht nur die direkten Farbfehler wurden beanstandet, sondern auch unregelmäßige Zeichnungen, wie Schnippe, Blässe, schwarze Beine unterhalb Knie und Sprunggelenk, vorwiegend Schwarz oder vorwiegend Weiß aus.

Neuerdings ist eine sehr zu begrüßende Gegenströmung eingetreten. In der letzten Sitzung der Mitarbeiter der Deutschen Gesellschaft für Züchtungskunde (März 1921) ist eingehend über die Farbfehlerfrage verhandelt worden und die anwesenden Vertreter der Züchtervereinigungen bzw. Tierzuchtbeamten stellten sich in der Mehrzahl auf den Standpunkt, daß die Farbfehler in der Zucht des schwarzweißen Rindes abgeschafft werden müßten. Man müsse nur die schwarzweiße Farbe verlangen. Dieses Votum ist zwar noch nicht entscheidend; es werden noch weitere Verhandlungen folgen. Eine Milderung in der Beurteilung von Farbe und Abzeichen ist jedoch zu erwarten.

Wenn man bedenkt, daß Farbe und Abzeichen weder etwas mit den Leistungen noch mit der Gesundheit der Tiere zu tun haben, so muß man sich die Frage vorlegen: Wie ist es überhaupt möglich, daß diese nebensächlichen Eigenschaften eine so hohe Bedeutung für die Wertschätzung der Tiere erlangt haben? Die Farbe und Abzeichen haben, wie bereits ausgeführt, eine gewisse Bedeutung für die Beurteilung der Rasse-Reinheit der Tiere. Ferner beeinflussen sie das züchterische Schönheitsgefühl. Wenn man sich an gut gezeichnete Tiere gewöhnt hat, gefallen einem zunächst Tiere mit abweichenden Zeichnungen nicht. Man gewöhnt sich aber bald an die Abweichungen. Die rotbunten Holsteiner Rinder haben fast immer bunte Beine und keiner stößt sich daran. Die Shorthornrinder sind manchmal ganz weiß. Das Lakenvieh in Holland hat ganz schwarze Beine. Bei einem Fuchspferd sieht man weiße Beine verbunden mit einer Blässe sehr gern. Warum sind diese Zeichnungen beim schwarzweißen Niederungsrinde häßlich? Farbe und Abzeichen sind zum größten Teil Modesache. Es wird so sehr daran festgehalten, weil jeder, der sonst wenig von der Tierbeurteilung versteht, Farbe und Abzeichen und ihre richtige Anordnung beurteilen kann, und sich nun mit besonderem Eifer auf diese belanglosen Eigenschaften wirft.

Der Hochzüchter, der auf Qualität der Tiere sehen muß, ist nicht selten gezwungen, Farbe und Abzeichen milde zu beurteilen, um nicht auf ganz hochwertige Tiere Verzicht zu leisten. Die bedeutendsten Vererber, die wir in unserem Zuchtbezirk gehabt haben, wie Winter und Prinz, waren nicht besonders schön gezeichnet.

Farbe und Abzeichen sind aber durchaus nicht das einzige Steckenpferd in der Zucht des schwarzweißen Niederungsrindes. Es sei nur erinnert an Form und Stellung der Hörner, das

Hervortreten einzelner Dornfortsätze und andere Kleinigkeiten, die mit dem normalen Bau eines Tieres nichts zu tun haben. Auch die Jagd nach dem tafelförmigen Becken ist ein Steckenpferd in der Zucht des schwarzbunten Niederungsrindes. Es ist durchaus richtig und zu befürworten, daß auf eine gute, normale Lage des Beckens geachtet wird, denn bei dem schwarzweißen Niederungsrind kommen leicht Abweichungen von der normalen Lage vor. Es ist aber falsch, die tafelförmige Form des Beckens zu übertreiben und die Dornfortsätze der Lendenwirbel und den Kamm des Kreuzbeines zu kurz zu züchten. Damit züchtet man die guten Ansatzflächen für eine starke Bemuskelung weg und die Tiere werden muskelarm. Eine gute Beckenlage bedingt durch einen hochliegenden, kräftig entwickelten, weit nach hinten liegenden Umdreher, ist erwünscht. Die Tiere dürfen aber nicht eckig werden. Eckige Tiere sind nicht nur muskelarm, sondern häufig auch schwerfütterig.
Das Zuchtziel muß unbedingt zweckmäßige Körperformen erstreben und nicht dem Schönheitssinn zuliebe Abweichungen von der normalen Form bevorzugen. Von einem guten Zuchttier muß man verlangen, daß es nicht zu hoch gestellt ist, daß es einen breiten, tiefen Körper und ein gut gestelltes Fundament hat. Auch muß der Geschlechtscharakter deutlich ausgeprägt sein.
Einen normalen Körperbau müssen wir unseren Rindern anzüchten im Interesse ihrer Gesundheit. Gesundheit ist die erste Voraussetzung für eine lohnende Zucht. Nur gesunde Tiere können dauernd hohe Leistungen bringen. Hohe Leistungen sind das Endziel der Zucht. Alle Kleinigkeiten müssen diesem Endziel zuliebe zurücktreten.
Von dem schwarzweißen Niederungsrinde verlangen wir die kombinierte Leistung: Milch und Fleisch. Diese kombinierte Leistung stellt ein sehr zweckmäßiges Zuchtziel dar; denn sie schützt vor Einseitigkeit und Überbildung. Sie zwingt uns, kräftig entwickelte, schwere Tiere zu züchten mit guter Bemuskelung. Solchen Tieren kann man auch dauernd hohe Milchleistungen zutrauen, ohne Schädigung der Gesundheit fürchten zu müssen."

SCHMIDT faßt dann 1950 wie folgt zusammen: „Die äußere Form eines Zuchttieres sagt zwar unmittelbar nichts über dessen Erbwert aus, da sie stark durch die Umwelt beeinflußt wird. Der Phänotyp braucht nicht dem Genotyp zu entsprechen. Trotzdem hat die Form ihre Bedeutung für die Zuchtwahl, weil sie einmal für bestimmte Nutzungszwecke direkt entscheidend sein kann (Arbeit) und weil sie ferner ein Urteil über den Gesundheitszustand und die Widerstandsfähigkeit gestattet. Insofern ist die Form ein Maßstab auch für wirtschaftliche Leistungen. Daraus folgt, daß man sich bei der Formbeurteilung auch nur auf diejenigen äußeren Merkmale beschränken muß, die wirklich wirtschaftlich bedeutsam sind. Alles, was nur mit Mode oder sonstigen Spielereien zusammenhängt, ist beiseite zu lassen. Andernfalls huldigt man dem ‚Formalismus' vergangener Zeiten, der heute überwunden sein sollte".
Blickt man auf die Entwicklung zurück, dann hat das Bewerten der Exterieurausprägungen im Rahmen einer Tier- und Rassenbeurteilung sicherlich Bedeutung gehabt. Sie ist als eine Maßnahme zur Bildung von Rassen und ihrer Konsolidierung in bezug auf das äußere Bild zu sehen. Der Gedanke, daß dem erstrebten Idealtyp auch die erstrebte Leistung innewohne, hat sich bei den meisten Haustierarten jedoch als nur bedingt richtig erwiesen. Hier macht nur das Pferd eine Ausnahme, da bei dieser Tierart Merkmale des Exterieurs Zusammenhänge mit den Leistungsmerkmalen wie Rennleistung, Springvermögen oder auch Zugkraft besitzen. Bei Tierarten wie Rind, Schwein und Schaf sind jedoch Beziehungen und Abhängigkeiten zwischen den Exterieurausprägungen und den Leistungen gering. Es bleibt somit zusammenfassend festzustellen, daß die Beurteilung der äußeren Formen der Individuen einschließlich ihrer Haar- und Farbausprägungen als Phase bei der Entwicklung sowie Konsolidierung der Rassen zu sehen ist. In den Lehrbü-

chern des 19. Jahrhunderts nehmen daher Form- und Farbbeurteilungen der Tiere einen breiten Raum ein. Auch die in der zweiten Hälfte des 19. Jahrhunderts und später entstandenen Züchtervereinigungen waren gezwungen, unter Verfolg der aufgestellten Zuchtziele für die bearbeiteten Rassen Exterieurbewertungen vorzunehmen. Damit war es erforderlich, die einzelnen in die Herdbücher aufzunehmenden Tiere zu beurteilen und zu bewerten. Neben die Daten zur Abstammung, Geburtstermin und sonstigen festen Aussagen tritt die Beschreibung des Tieres nach Körperform, Farbe und allgemeinem Ausdruck. Für letztere entwickelt sich eine Art „Fachsprache", die sicherlich dem Beurteilenden geläufig ist, sonst aber nur bedingte objektive Aussagekraft besitzt.
Es ist daher keineswegs verwunderlich, wenn man in der Exterieurbeurteilung bald nach objektiven Maßstäben suchte, um die Ergebnisse festzuhalten, um insbesondere auch innerhalb und bei Rassengruppen zwischen den Gebieten zu vergleichen wie auch auswerten zu können. Man zieht hier die Hilfsmittel des Meßstockes, des Bandmaßes und der Waage heran. Später kommt die Fotografie hinzu.
Bei der Tiermessung findet das von KRAEMER und LYDTIN entwickelte Verfahren mit dem *Lydtinschen Meßstock* breiteste Anwendung. Zahlreiche wissenschaftliche Arbeiten beschäftigen sich mit Messungen aller Körperproportionen bei den verschiedenen Rassen, die DLG läßt die ausgestellten Tiere messen, und eine Reihe von Herdbuchverbänden setzt Mindestmaße für ins Stamm- oder Herdbuch aufzunehmende Tiere fest. Dies hat ohne Zweifel bis in die Neuzeit Bedeutung, wenn es bei einer Beschränkung auf bestimmte Körpermaße wie Widerrist oder auch Brusttiefe verbleibt. Hier kann der Meßstock eine wertvolle Unterstützung für den Beurteilenden sein, ergänzt durch das Bandmaß für Umfangmessungen.
Ähnliches trifft auch für die Wägung zu. Eine solche ist bei Masttieren, um den Erfolg zu kontrollieren, selbstverständlich und bedarf keiner Diskussion. Diskutabel verbleibt die Zuhilfenahme bei Zuchttieren. Auch hier sollte dieses Hilfsmittel bei der Beurteilung und Bewertung nicht grundsätzlich abgelehnt werden. Die Bewertung von Wägungen verlangt selbstverständlich die Berücksichtigung von Alter, Futterzustand u. a.
Der Vollständigkeit halber sei erwähnt, daß auf Schauen häufig keine Viehwaage zur Verfügung steht, während Bandmaße immer vorhanden sind. Bereits 1854 entwickelte PRESSLER ein Verfahren, nur unter Anwendung des Bandmaßes das Gewicht des Tieres zu erfassen (Rumpf des Tieres wird mit einer Walze verglichen und mit Bandmaß gemessen). Diese Methode ist verschiedentlich verbessert worden (KLÜVER-STRAUCH, FRISCHAUF-RUDL, CREVAT u. a.) und später als diejenige von FROHWEIN bekannt geworden. Es ist eine Art Notbehelf und kann die Waage nicht ersetzen.
Die subjektiven Beurteilungen und genannten objektiven Verfahren hat man nun immer schon versucht festzuhalten. Bei Tieren mit besonderen Farbausprägungen (Abzeichen bei Pferden, schwarzbunte Rinder, rotbunte Rinder u. a.) ist von der Möglichkeit, dies mit Worten auszudrücken, schon zeitlich sehr früh Gebrauch gemacht worden. Im Herdbuchwesen, d. h. bei Herdbuchaufnahmen, blieb das Verfahren jedoch immer umstritten, zumal häufig nur allgemeine Ausdrücke wie schwarz-bunt und rot-bunt niedergeschrieben wurden. Dies ist für eine Identitätsbeschreibung des Tieres ohne Sinn. Werden jedoch besondere Farbausprägungen gewählt, dann können derartige in Herdbüchern festgehaltene Unterlagen von entscheidender Bedeutung sein. In den Wirren und vielen Tierumstellungen 1945

und in den ersten Jahren nach dem 2. Weltkrieg war es möglich, manches wertvolle Herdbuchtier an Hand dieser Unterlagen zu identifizieren und der Zucht zu erhalten.
Die Bewertung des Tieres versucht man seit dem Beginn von Beurteilungen ferner in Zahlen oder Punkten festzuhalten und die Individuen entsprechend einzugruppieren. Das sogenannte Punktierverfahren stammt aus England und wurde dort bei Prämiierungen zur Anwendung gebracht. Nach PUSCH fand es in Deutschland nur langsam Eingang. Im Rahmen der DLG-Ausschüsse ist die Verwendung des Punktrichtens auf Tierschauen eingehend diskutiert worden, und zahlreiche Schriften befassen sich mit Stellungnahmen und Vorschlägen (PUSCH, LYDTIN, BEHMER, BRÖDERMANN, MOMMSEN u. a.). PUSCH nennt 1904 die Vorzüge der Anwendung bei Schauen:

1. Es hält den Richter an, planmäßig vorzugehen, und verhindert eine Übereilung.
2. Es entlastet das Gedächtnis und verhütet eine vorzeitige geistige Abspannung.
3. Es ermöglicht eine spätere Rechtfertigung und Begründung des Urteils.
4. Es macht auf den Aussteller den Eindruck der Gründlichkeit und Unparteilichkeit.
5. Es erhöht in den Kreisen der kleineren Züchter das Verständnis für eine rationelle Tierbeurteilung und wirkt hier in hervorragendem Maße belehrend.

Die DLG schrieb für die Tierschau in Danzig 1904 bei Rindern folgendes Punktierschema erstmals vor (Tab. 37 u. 38):
Dieses Schema ist bei der DLG über lange Zeit hin mit geringgradigen Abänderungen in Gebrauch geblieben. Bemerkenswert dürfte sein, daß der Nutzungswert der Tiere bereits 1904 Berücksichtigung fand. Im Verlaufe der Jahre hat der Zucht- und

Tab. 37. Punktierschema für die Beurteilung der Rinder auf der Ausstellung der DLG in Danzig.

I.	Zuchtwert	Höchstzahl der Punkte	
	1. Schlag, Farbe, Abstammungsnachweis	10	30 Punkte
	2. Wüchsigkeit	10	
	3. Gesundheit, Widerstandskraft	10	
II.	Körperbau		
	1. Kopf und Hals	5	25 Punkte
	2. Rumpf	10	
	3. Gliedmaßen, Gang	5	
	4. Haut und Haar	5	
III.	Nutzwert (s. Tab. 38)		
	1. Zeichen der Milchleistung		30 Punkte
	2. Zeichen der Fleischleistung		
	3. Zeichen der Arbeitsleistung		
IV.	Gesamteindruck		15 Punkte
		Endzahl	100 Punkte

Tab. 38. Festsetzung der Wertzahlen für die verschiedenen Nutzungseigenschaften der untereinander in Wettbewerb stehenden Viehschläge innerhalb der Gesamtzahl 30 in der Abteilung III „Nutzwert".

Schlag	Höchstzahl der Punkte für		
	1. Milch-leistung	2. Fleisch-leistung	3. Arbeits-leistung
A. Höhenschläge			
1. Großes Fleckvieh etc.			
a) Badische Zuchten	10	10	10
b) Bayerische Zuchten	10	10	10
c) Württembergische Zuchten	15	10	5
d) Hessische Zuchten	15	10	5
e) Sächsische Zuchten	15	10	5
2. Gelbe einfabige Höhenschläge	10	10	10
3. Graubraunes Gebirgsvieh	20	10	–
4. Einfarbiges rotes und rotbraunes Vieh	10	10	10
5. Rot- und Braunblässen	10	10	10
6. Pinzgauer	10	10	10
7. Kleines rückenblässiges Höhenvieh	10	10	10
8. Ansbach-Triesdorfer etc.	15	10	5
B. Tieflandschläge			
1. Schwarzbunte Tieflandschläge (Ostfriesen, Jeverländer, Ost- und Westpreussen etc.)	15	15	–
2. Wesermarschschlag	12	18	–
3. Rotbunte Tieflandschläge Rheinlands etc.	15	15	–
4. Rotbunte Holsteinische Schläge	15	15	–
mit Ausnahme der Breitenburger	18	12	–
5. Rotes Schleswigsches Milchvieh	20	10	–
6. Rote Ostfriesen	15	15	–
7. Schlesisches Rotvieh	10	10	10
8. Rotbunte Ostfriesen	15	15	–
9. Alle anderen Niederungsschläge	15	15	–
C.			
Shorthorns	10	20	–

Nutzwert, d. h. die Leistung, zunehmend an Bedeutung gewonnen und einen wachsenden Anteil an der Gesamtpunktzahl erhalten. Die ursprünglich stärkere Betonung des Exterieurs mußte somit der notwendigen Leistungsbetonung weichen. Die bei den einzelnen Verbänden zur Anwendung gebrachten Schemata waren recht unterschiedlich. Sie nahmen selbstverständlich auch Rücksicht auf die Besonderheiten bei den einzelnen Tiergruppen und regionale Abweichungen.
Wie bereits PUSCH 1904 betonte, später auch KRONACHER (1927) u. a. bestätigten, ist die Anwendung des Punktrichtens bei Schauen sicherlich zeitraubend, sie zwingt den Beurteilenden jedoch, das Tier genauestens anzusehen und zu bewerten.

Das Ergebnis, in einer Punktzahl zum Ausdruck gebracht, sagt allerdings wenig über besondere und spezielle Mängel des Individuums aus.
In Erkenntnis dieser Gegebenheit entwickelten einige Züchterverbände aussagefähigere Punktierverfahren. Als Beispiel sei das der Ostpreußischen Herdbuchgesellschaft genannt:

Höchstpunktzahl für Typ	9
Höchstpunktzahl für Körperbau	9
Höchstpunktzahl für Leistung	9 *
Höchstpunktzahl für Muskelbildung	9

Diese Punkte wurden in den Herdbüchern festgehalten und bei Verkaufsveranstaltungen mitgeteilt, z. B. Jungbulle Anton, Katalog Nr. 23, Punkte 8796.
Wie bereits betont, werden Punktierverfahren bis in die Neuzeit zur Anwendung gebracht. Sie bemühen sich, mehr und mehr die Ergebnisse von Leistungsermittlungen, insbesondere auch solche aus Prüfanstalten, zu berücksichtigen. Als Beispiel sei ein Verfahren genannt, welches 1966/67 in den zuständigen Fachausschüssen für Schweinezucht entwickelt und erprobt wurde:

1. Exterieurbeurteilung		
Typ und Entwicklung	3 × 5 = 15 Punkte	
Konstitution	2 × 5 = 10 Punkte	= 25 Punkte
2. Leistungsbewertung **		
Futterverwertung	2 × 5 = 10 Punkte	
Muskelfläche	1 × 5 = 5 Punkte	
Fleisch-Fett-Verhältnis	2 × 5 = 10 Punkte	= 25 Punkte
		50 Punkte

Neben der Punktbewertung hat es auch weitere Maßnahmen und Hilfsmittel gegeben, die bei Herdbuchaufnahme und Körungen erfaßten Merkmale der Tiere in einer Art Kurzform auszudrücken. Hierzu gehört das Rechteckverfahren (Zeichenschlüssel). In ein vorgedrucktes Rechteck werden die wichtigsten positiven und negativen Körpermerkmale des Tieres eingetragen. Diese Arbeitsmethode erlaubt ein schnelles Festhalten des Gesehenen, was beim zügigen Ablauf von Körungen oder Bewertungen bei Schauen von Vorteil ist (Abb. 10).
In der Exterieurbeurteilung wie auch Identitätsermittlung hat die Fotografie immer schon eine Rolle gespielt. Die DLG richtete bereits 1894 einen Sonderausschuß für Tierabbildungen ein, der sich ab 1919 „Sonderausschuß für Tierabbildungen und Tiermessungen" nannte. Daraus ist zu ersehen, welche Bedeutung der Tierfotografie von ihren Anfängen an beigemessen worden ist. Es wurde immer versucht, gute und naturgetreue Abbildungen den Zuchtunterlagen hinzuzufügen, blieb jedoch in der Anwendung immer in Grenzen. Stärker hat das Tierbild bei den verschiedenen Tierarten in der Lehre, aber auch in der Werbung Bedeutung erhalten. Die DLG und die Züchterverbände haben sich immer bemüht, gute Fotos ihrer Tiere

---

* bei weiblichen Rindern Eigenleistung, bei männlichen Tieren Mutter-Großmütter-Leistungen.

** Die Errechnung der Leistungswerte erfolgt unter Verwendung der Unterlagen aus den Mastprüfungsanstalten.

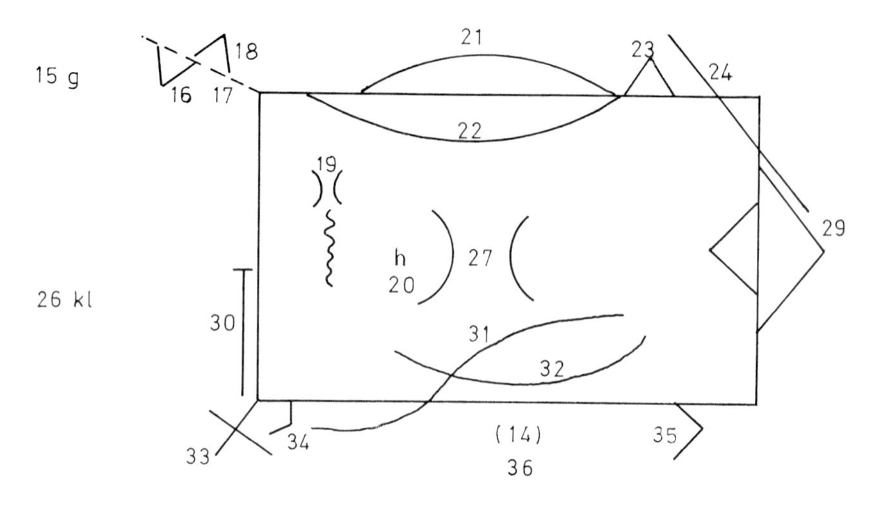

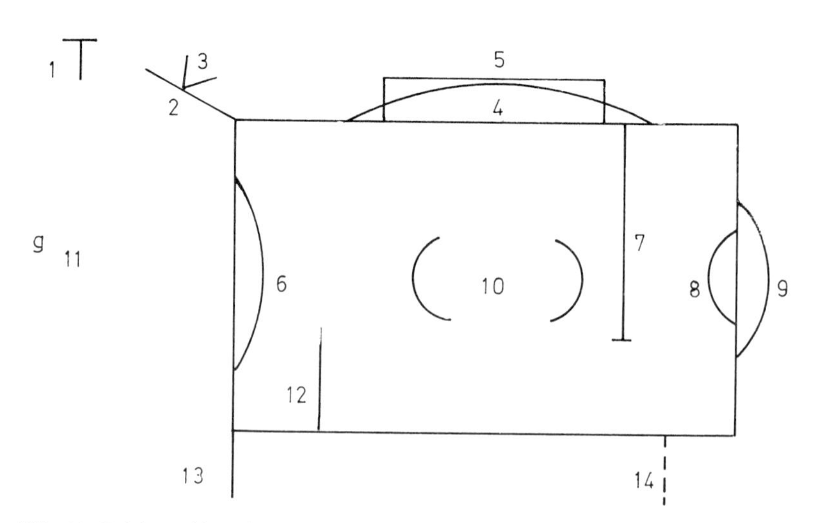

Abb. 10. Zeichenschlüssel (nach BRACKELMANN). 1 = typisch, 2 = kurzer Hals, 3 = breiter Hals, 4 = langer, gespannter Rücken, 5 = kurzer, gerader Rücken, 6 = gut gerippt, 7 = flankentief, 8 = guter Innenschinken, 9 = guter Außenschinken, 10 = guter Schluß, 11 = Großwüchsig, 12 = tiefgestellt, 13 = gerade und kräftige Beine, 14 = schwaches Hinterbein, 15 = grober (gemeiner) Kopf, 16 = eingeknicktes Profil, 17 = langer Hals, 18 = schmaler Hals, 19 = lose Schulter, 20 = hinter der Schulter gedrückt (herzleer), 21 = Karpfenrücken, 22 = Senkrücken, 23 = spitze Kruppe, 24 = abgeschlagenes, spitzes Becken, 25 = hinter der Schulter geschnürt, 26 = kleiner Rahmen, 27 = schlechter Schluß, 28 = schlechter Innenschinken, 29 = schlechter Außenschinken, 30 = hochgestellt, 31 = aufgeschürzt, 32 = Hängebauch, 33 = Neigung zu X-Beinen, 34 = weich in den Fesseln, 35 = säbelbeinig, 36 = Zitzenzahl. T = Typisch, | = grob, : = fein, M = gut bemuskelt, M̲ = schlecht bemuskelt, S = schwammig tr = trocken, ⏖ = Hautfalten, ↔ = weiter Stand, — = enger Stand, f = fein behaart, g = grob behaart.

Abb. 11. Verband der Züchter des Oldenburger Pferdes, Oldenburg i. O. (Quelle: WEDEKIND, O.: Brandzeichen bei Pferden, Schaper, Hannover 1975).

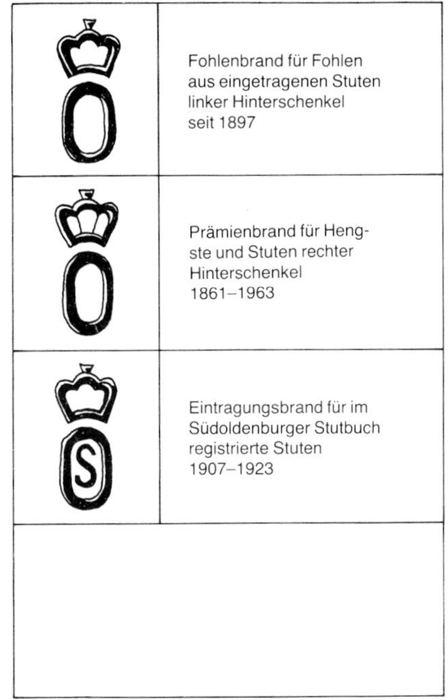

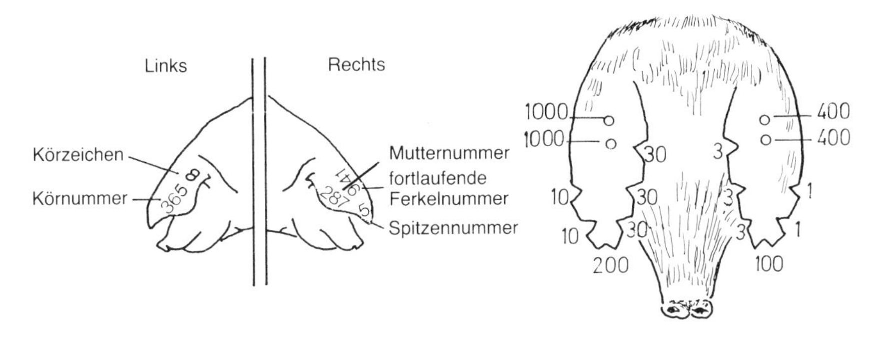

Abb. 12. Tätowier- und Kerbschlüssel (Quelle: SCHMIDT-KLIESCH-GOERTTLER, Lehrbuch der Schweinezucht, Parey, Berlin-Hamburg 1956).

weitesten Kreisen bekannt zu machen. Es entstand hier ein wesentlicher Faktor, der die Entwicklung der einzelnen Haustierarten und ihre Rassen zeigt (s. S. 520). Da es sich fast ausschließlich um Tiere gehandelt hat, die das erstrebte Zuchtziel darstellen, kann man die Verbreitung guter, naturgetreuer Tierabbildungen als eine echte Förderungsmaßnahme bezeichnen.

Die Züchtervereinigungen haben immer das Bemühen gezeigt, ihre angekörten bzw. in die Herd-/Stammbücher aufgenommenen Tiere zu kennzeichnen. Es handelt sich um die Anbringung von Stall-, Herdbuchnummern oder auch Zeichen des jeweiligen Verbandes. Zu nennen sind Brand, Ohrkerbung, Ohrtätowierung und Ohrmarke. Ihre Anwendung ist immer schon unterschiedlich vorgenommen worden und folgte zumeist praktischen Erfahrungen. So erhielten einfarbig dunkle Tiere (Cornwalls, Karakuls) Ohrkerben, da Ohrmarken leicht ausrissen. Pferde sind immer mit Bränden* versehen worden, da Ohrmarken unschön wirken würden. Bei in Deutschland vorherrschenden Schweine- und Schafrassen mit weißen Ohren ist hier immer von der Tätowierung Gebrauch gemacht worden. Beim Rind stand immer die Ohrmarke im Vordergrund (nur Ostpreußen wandte Ohrkerbung und Ohrmarke an). Im allgemeinen kann hervorgehoben werden, daß sich die verbesserte, einfach einzuziehende Ohrmarke beim Rind bis in die Neuzeit erhalten hat, neben dem Brand bei Pferden und der Tätowierung bei Schweinen und Schafen (Abb. 11 und 12).

1.1.4.2 Leistungsermittlungen

Im Abschnitt B 2 u. 3 ist über die Leistungen der einzelnen Tierarten der landwirtschaftlichen Haustierhaltung berichtet worden. Es konnte die gewaltige Steigerung der Produktivität im 19. und 20. Jahrhundert anhand statistischer Unterlagen oder sonstiger Quellen und Mitteilungen wiedergegeben und erläutert werden. Die Ermittlungen dieser Leistungen sind an ein Prüfsystem gebunden, welches bei den einzelnen Tierarten unterschiedlich entwickelt, immer jedoch im Verlaufe der Zeit verfeinert und vervollkommnet wurde.
Bei diesem Prüfsystem hat die Objektivität stets starke Bedeutung gehabt. Es ist somit richtig und zweckvoll, wenn die Durchführung der Ermittlungen von staatlicher Seite vorgenommen wird, zumindest aber neutralen Institutionen untersteht. Die Initiative und die Aufnahme von Leistungsprüfungen ist aber fast immer von privater Seite und hier insbesondere von den Züchtervereinigungen ausgegangen. Zumeist zeitlich später erfolgte dann ein Übergang auf staatliche Stellen oder solche öffentlich-rechtlicher Art. Es mag somit berechtigt sein, die Leistungsermittlungen, die Entwicklung von Methoden und Formen der Erfassung in den Abschnitt Züchtervereinigungen zu nehmen.

1.1.4.2.1 Leistungsermittlungen bei Pferden
(s. auch Seite 40)

Beim Pferd haben Leistungen und Leistungsfähigkeit sicher schon sehr früh Berücksichtigung erhalten. Nach Nutzung dieser Haustierart als Reit- oder als Lasttier, insbesondere im Rahmen kriegerischer Zwecke, hat der Mensch das Leistungsvermögen seines „Hilfsmittels Pferd" beachten müssen. Es liegen Berichte vor, daß schon zeitlich früh versucht wurde, die Leistungsveranlagung in irgendeiner Form zu erfassen und festzulegen. Dies verblieben allerdings Einzelaktionen ohne nachhaltige Wirkung. Anzunehmen ist jedoch, daß Tiere mit hervorstechenden Eigenschaften in der Zucht vermehrt zur Fortpflanzung kamen.

---

* Zumeist nur als Brandzeichen des Verbandes (weniger Individualkennzeichnung). Es ist nicht möglich, die in den verschiedenen Entwicklungsepochen zur Anwendung gebrachten Pferdebrände wiederzugeben.

Ein sicherer und dann fortlaufender Nachweis von Leistungsermittlungen läßt sich erst in England zu Anfang des 18. Jahrhunderts für das Vollblutpferd feststellen. Ab 1709 erfolgen Aufzeichnungen von Rennergebnissen, und 1727 erscheint der erste Rennkalender. Damit ist mit festen Aufzeichnungen über die Leistungen von Einzeltieren begonnen worden; dieses Verfahren wurde bis in die Neuzeit fortgesetzt. 1793 wird in England das General Stud Book angelegt, und in Deutschland erscheint seit 1847 das Allgemeine Deutsche Gestütbuch. In den verschiedenen Formen der Flach- und Hindernisrennen werden Vollblutpferde in einer Art von Eigenleistungsprüfungen getestet, ihre Leistungen registriert und die Spitzentiere nach Beendigung der Rennlaufbahn als Zuchttiere in den Gestüten eingesetzt. ZORN macht zu diesem Prüfungssystem, zum nachfolgenden Ausleseprinzip und Zuchteinsatz der geprüften Tiere folgende Bemerkungen: „Der Rennsport als Leistungsprüfung ersetzt daher in allen Kulturländern in denkbar vollkommener Weise den natürlichen Ausleseprozeß in der freien Wildbahn, wo auch nur das zu Höchstleistungen fähige, das heißt vollkommen gesunde Tier den Daseinskampf gegen seine Feinde in der ihm entsprechenden Art bestehen und zur Fortpflanzung kommen kann. Diese Erkenntnis ist in ihrer Einfachheit direkt genial zu nennen und war ohne Zweifel eine große Kulturtat des englischen Volkes.“

Selbstverständlich kennt auch die Vollblutzucht eine Beurteilung des Pferdes nach seinem Exterieur, und besonders starke Beachtung findet die Abstammung. Der Vollblutzüchter ist sich jedoch immer bewußt gewesen, daß subjektive Bewertung und Geschmack des Beurteilenden sicherlich Beachtung verdienen, das tatsächliche Leistungsvermögen jedoch nicht überdecken sollten. Die Verbindung von Leistungsprüfungen in Rennen und der Zuchtverwendung der Besten mit Merzung des Minderwertigen – auch bei bestem Exterieur – haben beim Vollblutpferd eine Population mit hoher Vererbungskraft im Sinne des Zuchtzieles entstehen lassen. Dabei hat sich ein bestimmtes System von Rennen ergeben, die für Galopppferde der Rennordnung (RO) des Direktoriums für Vollblutzucht und Rennen unterliegen. Die wichtigsten Zuchtrennen sind: Henckelrennen (1600 m), Union (2200 m), Derby (2400 m), St. Leger (2800 m) sowie für Stuten Schwarzgoldrennen (1600 m), Preis der Diana (2000 m) und Deutscher Stutenpreis (2400 m).

Ähnlich war die Entwicklung und sind die Bestimmungen für das Trabpferd. Die Rasse ist wesentlich jünger. Die ersten Rennen wurden 1806 in Amerika gelaufen. In Deutschland war die Geburtsstunde für Trabrennen 1856 in München. Sehr bald gab es dann festgefügte Formen für dieses Rennwesen mit Bestimmungen, die heute in der Trabrennordnung (TRO) zusammengefaßt sind. Wie bei den Galopppferden besteht auch hier eine enge Bindung von Leistungsvermögen auf der Rennbahn und Zuchtverwendung der besten Tiere.

Es ist nun fast erstaunlich, daß bei den übrigen Pferdegruppen Warmblut und Kaltblut Leistungsprüfungen zwar aufgenommen wurden, aber zunächst sehr uneinheitlich zur Durchführung kamen. Das Vorbild bei den Vollblütern regte zweifelsohne an, aber die vielseitigere Verwendung der Warm- und Kaltblutrassen erschwerte die Entwicklung einer gleichmäßigen Methodik. Es ist wie ein Ringen um aussagefähige, objektiv ermittelte Leistungen, die man auch züchterisch verwerten bzw. auswerten möchte.

Nach mancherlei Einzelaktionen und Bestimmungen wurde für die deutsche Warmblutzucht 1922 von der „Obersten Behörde für die Prüfung von Warmblutpferden“ eine Turnierordnung herausgegeben, die später erneuert wurde. Sie unterscheidet

A. Materialprüfungen, B. Eignungsprüfungen, C. Leistungsprüfungen und D. Vielseitigkeitsprüfungen. Diese Aufgabenstellung ist in der Nachkriegszeig vom Hauptverband für Zucht und Prüfung deutscher Pferde (FN) übernommen worden. Dieser erließ eine Leistungsprüfungsordnung (LPO). Damit besteht ein Prüfungssystem, welches zumindest Möglichkeiten und Hinweise für eine Zuchtwahl nach Leistung bietet.
Die Vielzahl der Veranstaltungen und die regionale Weite des Verbreitungsraumes der Warmblutpferde verknüpfte das System immer schon mit großen Unsicherheiten für die genetische Selektion. Es ist somit keineswegs erstaunlich, wenn eine Prüfung von kommenden Zuchttieren unter gleichen, neutralen Bedingungen bald in die diesbezügliche Diskussion einbezogen wurde. Eine derartige Testung junger, zur Zucht vorgesehener Hengste wird ab 1926 in Zwion/Ostpr. und ab 1928 in Westercelle/Niedersachsen durchgeführt. Interessant mag sein, in welcher Weise in den damals bedeutenden Zuchtgebieten Ostpreußens der Leistungsgedanke Fuß faßte. GATERMANN sagt hierzu: „Die Leistungsprüfung von Zuchtmaterial, Hengsten wie Stuten, ist unter den Gesichtswinkel zu stellen, daß das Pferd diejenigen Leistungen nachzuweisen hat, die später von ihm oder seinen Nachkommen gefordert werden müssen. Bei der planmäßigen Prüfung der ostpreußischen Landbeschäler auf ihre Eignung hat die Preußische Gestütsverwaltung bei der Ausarbeitung des Prüfungssystems an diesem Grundsatz unbeirrbar festgehalten."
Zwion ging verloren, und in Westercelle (ab 1975 Adelheidsdorf) bei Celle erfolgt nach einem genau festgelegten System die Überprüfung der kommenden Zuchthengste. Damit ist eine „Zuchtwahl nach Leistung" gegeben.
In der relativ jungen Kaltblutzucht besteht vornehmlich Interesse an der Leistungsfähigkeit im Zug. Die Zugleistung des Pferdes hat aber auch die Warmblutzucht interessiert, da große Kontingente dieser Gruppe hauptsächlich wegen dieser Eigenschaft gehalten wurden. Nach 1945 verlor dieses Merkmal des Pferdes zunehmend an Bedeutung. Bis etwa zu diesem Zeitraum mit der allmählichen Ablösung durch die Maschine wurden Zugleistungsprüfungen Beachtung geschenkt, ohne allerdings auch hier zu einem einheitlichen System zu kommen.
Der Gedanke, das Zugvermögen bei Warm- und Kaltblutpferden zu ermitteln, läßt sich weit zurückverfolgen. ZORN hebt hervor, daß bereits 1828 in Schlesien mit einem auf Schienen laufenden Wagen versucht wurde, eine Art Leistungsprüfung durchzuführen. Der gleiche Autor erwähnt, daß Pferdezüchter in Mecklenburg 1831 eine Leistungsprüfung für die Landbeschäler verlangten. KLATTE machte 1828 einen „Vorschlag zur Veredelung der Landespferdezucht in den Preußischen Staaten durch Prüfungen der Schnelligkeit, Ausdauer, Gewandtheit, Sprung- und Zugkraft". 1829 kam es zur Gründung der „Gemeinnützigen Gesellschaft zur Förderung der Pferdezucht und Pferdedressur" in Berlin (1874 aufgelöst und im Union-Klub aufgegangen). Im Rahmen der Maßnahmen dieser Vereinigung erhielt auch das Zugleistungsvermögen des Pferdes Berücksichtigung. So fanden 1846 auf der Berliner Rennbahn verschiedene Überprüfungen der Pferde-Zugkraft statt, nachdem bereits seit 1844 Vorermittlungen zur Methodik durchgeführt waren. Hierzu konstruierte SALZENBERG einen Flaschenzug, mit dem absolute Zug-Höchstleistungen ermittelt werden konnten. Ferner fanden Gespannprüfungen vor beladenen Wagen auf Belastungsfähigkeit und Schnelligkeit statt. Aus einem Bericht geht hervor, daß 1857 ähnliche Prüfungen auf der Berliner Rennbahn oder in ihrer näheren Umgebung als eine Art Kurztest stattfanden.

In den kommenden Jahrzehnten, d. h. in der zweiten Hälfte des 19. Jahrhunderts, sind dann nur ganz vereinzelt Zugleistungsprüfungen angesetzt und darüber berichtet worden. Erst gegen Ende des 19. Jahrhunderts wächst das Interesse an derartigen Überprüfungen. Dies hat seine Begründung in dem starken und schnellen Anwachsen der Gruppe schwere Arbeitspferde (Kaltblut). Die DLG nimmt ab 1895 den Fragenkomplex auf mit einer vermehrten Verlagerung zum Kaltblutpferd. So werden 1895 auf der DLG-Schau in Köln schwere Arbeitspferde auf ihr Leistungsvermögen hin überprüft. Auch auf den DLG-Schauen in den nächsten Jahren sind derartige Prüfungen angesetzt. Der Erfolg und die Auswirkungen bleiben jedoch gering. In den Jahren von 1907 bis 1913 nimmt das Gestüt Warendorf/Westfalen dann Überprüfungen der Zugwilligkeit vor dem Traberkarren und auch solche des Leistungsvermögens in schwerem Zug vor. Verbreitet haben sich die Überprüfungen auf Zugleistung jedoch nicht durchsetzen lassen, trotzdem werden sie keineswegs gänzlich fallengelassen, es verbleibt zunächst bei sporadischen Durchführungen und gelegentlichen Diskussionen.

Nach dem 1. Weltkrieg kommt es zu einer starken Förderung von Leistungsermittlungen bei allen Tierarten. Auch beim Pferd wird die Erfassung des Zugvermögens wieder verstärkt diskutiert und methodisch durchgearbeitet.

Neben der Zugwilligkeit vor dem Sulky erfolgt die Erfassung von Dauerleistungen, zumeist als Tagespensum. 1923 wird der Zugmeßwagen von COLLINS und CAINE aus den USA bekannt, der die Höchstzugkraft auf Kurzstrecken ermitteln läßt. Nunmehr läßt das einfache Verfahren eine verbreitete Aufnahme von Zugleistungsprüfungen zu. Ebenso befaßt sich die Wissenschaft mit den auftretenden Problemen und entwickelt Einrichtungen wie den Zugprüfungsschlitten. 1927 beginnt der Reichsverband der Kaltblutzüchter mit Leistungsprüfungen in den ihm angeschlossenen Vereinigungen. Es kommt zur Einrichtung des „Leistungsbuch des Reichsverbandes der Kaltblutzüchter Deutschlands" (DKLB). Auch in vielen Warmblutzuchtverbänden werden systematisch durchgeführte Zugleistungsprüfungen aufgenommen. Bemerkenswert ist die Feststellung, daß der Gedanke der Vielseitigkeitsprüfung (Schritt, Trab, Galopp, Zugwilligkeit, Ausdauer – Konstitution) an Raum gewinnt.

Bis zum Ausbruch des 2. Weltkrieges ist die Zahl der bei den verschiedenen Pferdezuchtverbänden oder sonstigen Institutionen durchgeführten Zugleistungsermittlungen groß. Es sind Prüfungen von Einzeltieren oder von Gespannen auf Kurz- oder Langstrecken. Da zu zeitaufwendig, treten die Langstrecken allerdings mehr und mehr zurück. Eine erstrebenswerte Vereinheitlichung des Systems wird leider nicht erreicht.

Nach 1945 sind die Bemühungen um eine einheitliche Erfassung des Zugvermögens zunächst fortgesetzt worden, verloren dann aber mehr und mehr an Interesse, da die Zugkraft des Pferdes als Merkmal dieser Tierart zurücktrat. Die Eigenleistungsprüfungen in Westercelle schlossen zunächst die Testung des Zugleistungsvermögens ein; aber auch hier sank das Interesse an dieser Leistungseigenschaft des Pferdes. Man behielt das Anspannen vor einem Sulky jedoch bei, um durch den Wechsel von Anziehen und von Halten den Charakter des Tieres zu testen.

1.1.4.2.2 Leistungsermittlungen bei Rindern

Milchleistungsprüfungen (s. auch S. 44)
Der Gedanke, die Leistungen milchgebender Haustiere zu ermitteln, ist sehr alt. ZEUNER, PARAU u. a. weisen darauf hin, daß bereits im klassischen Altertum Messungen von Milchmengen vorgenommen wurden und diese sicherlich auch im Verlaufe der folgenden Zeitperioden hier und da stattfanden. Es sind dies allerdings nur sehr grobe Ermittlungen der Milchmenge gewesen, erfaßt in Gefäßen, ein Verfahren, welches als sogenannte „Eimermethode" bezeichnet wird. Da man die Gewinnung und Herstellung von Butter zeitlich schon relativ früh kannte, mag die Beziehung von erhaltener Buttermenge zur Milchmenge Hinweise auf den Fettgehalt der Milch gegeben haben, für genauere Ermittlungen von Milchinhaltsstoffen fehlten die methodischen Voraussetzungen.
Der allgemeine Aufschwung der tierischen Produktion im 19. Jahrhundert und die einsetzende Rassenbereinigung läßt Gedanken um das Wissen der Leistungsfähigkeiten dieser Rassen und von Einzeltieren mehr und mehr in den Vordergrund treten. So versuchten einzelne einsichtige Züchter bereits um die Mitte des 19. Jahrhunderts, die Milch ihrer Kühe zumindest mengenmäßig möglichst exakter als mit der genannten Eimermethode zu erfassen. Dazu diente ein mit einem Schwimmer versehenes Meßgefäß mit Gradeinteilung (BAUERTAL). Auch auf den Tierschauen fand das Denken um die Leistungen der vorgestellten Tiere allmählich Eingang. Berichten ist zu entnehmen, daß wohl erstmalig in Deutschland im Jahr 1866 in Reichenbach in Schlesien eine Ermittlung der Milchmenge bei einer Rinderschau stattfand. Beachtung fanden derartige Feststellungen dann bei den Kühen auf den Schauen 1883 in Hamburg und 1887 in Frankfurt (1. DLG-Schau). Die Ermittlung der Milchmenge während der Ausstellungstage hatte jedoch eine nur geringe Aussagekraft und unterblieb bei den folgenden Veranstaltungen oder fand nur noch gelegentlich statt (1897 in Hamburg Vorstellung einiger Kühe zum Probemelken; 1907 in Düsseldorf Probemelken außer Wettbewerb).
Als allgemeine Anregung sind diese Ermittlungen auf öffentlichen Veranstaltungen jedoch von Bedeutung. Ebenso ist bemerkenswert, daß in dieser Zeit bereits genaue Aufzeichnungen bei besonders interessierten Einzelzüchtern stattfanden, dies jedoch in Form von Eigeninitiative vorausschauender, besonders interessierter Landwirte. Als Beispiel sei die Mitteilung von PETERS genannt (Deutsche Landwirtschaftliche Tierzucht, 1913) aus einer ostpreußischen Herdbuchherde (Tab. 39):
Derartige Ermittlungen in einzelnen Herden wurden auch in anderen Zuchtgebieten von interessierten Züchtern durchgeführt, insbesondere in den Versuchswirtschaften der Ausbildungsstätten (Weihenstephan, Triesdorf, Hohenheim u. a.).
Trotz dieser erfreulichen Anfänge sei nicht übersehen, daß eine verbreitete, weitläufige Beachtung der Leistung des Rindes nur zögernd Eingang fand. Die vorherrschenden Maßnahmen konzentrierten sich auf die Form des Tieres und erschöpften sich hier oft in einseitiger Berücksichtigung äußerer Merkmale. Sicherlich ist dadurch die Fleischleistung wie auch die Arbeitsleistung (Zugvermögen zur Anspannung verwendeter Kühe und Ochsen) nicht ungünstig beeinflußt worden. Fast erstaunlich mag jedoch sein, daß bei einer auch damals schon angestrebten Erhöhung der Rentabilität der Landwirtschaft der Bereich Milch und ihrer Inhaltsstoffe nur allmählich Eingang in die betriebswirtschaftlichen Überlegungen fand. Dies änderte sich jedoch gegen Ende des Jahrhunderts, zumal auch einzelne

Tab. 39. Durchschnittsmilcherträge aller Herdbuchkühe der Herde in der Zeit von 1884 bis 1912*

Jahrgang	Zahl der Kühe	Gesamte Milchmenge**	Durchschnittlicher Milchertrag**
1884	5	17 725	3545
1885	11	34 805	3164
1886	15	52 328	3489
1887	16	52 816	3301
1888	20	66 230	3312
1889	23	83 727	3640
1890	28	96 647	3452
1891	35	114 219	3263
1892	39	135 943	3486
1893	39	131 006	3359
1894	49	161 537	3297
1895	43	148 276	3448
1896	44	159 693	3629
1897	51	188 109	3688
1898	60	220 518	3675
1899	56	209 609	3743
1900	49	177 373	3620
1901	47	180 632	3843
1902	51	189 783	3721
1903	50	183 369	3667
1904	49	187 093	3818
1905	51	186 409	3655
1906	52	189 176	3638
1907	50	209 998	4199
1908	52	209 529	4029
1909	56	237 303	4236
1910	66	292 867	4437
1911	59	248 733	4216
1912	67	303 210	4526

* Der Verfasser nennt den Namen der Herde nicht. Es dürfte sich um Ergebnisse aus der Herdbuchherde Schrewe/Kleinhof-Tapiau handeln.
** Keine Maßangaben – anzunehmen Ltr.

Molkereien dazu übergingen, die Anlieferungen nach Milchmenge und Milchfettmenge zu bezahlen.
Letzteres mag der Grund gewesen sein, daß nach einfachen Methoden gesucht wurde, um den für die Buttererzeugung so wichtigen Fettgehalt der Milch zu ermitteln. Um 1890 entwickelte der Schweizer GERBER ein Milchfettbestimmungsverfahren, welches bis in die Neuzeit angewandt wird und seinen Namen trägt. Die im Ausland erarbeiteten Methoden (so LINDSTRÖM in Schweden und BABCOCK in den USA) fußen auf gleichen Grundsätzen.
Nunmehr war der Weg für einfach anzuwendende Verfahren in der Praxis frei (Milchmengenermittlung nach Gewicht und Ermittlung des prozentualen Fettge-

halts nach GERBER). So zeigten die neugegründeten Herdbuchgesellschaften wachsendes Interesse, bei ihren Tieren Leistungsermittlungen aufzunehmen, zögerten jedoch oft noch mit einer umfassenden Durchführung.
Die „Wiege der deutschen Milchleistungsprüfungen" stand nun im Allgäu. Bei der Gründungsversammlung der Allgäuer Herdbuchgesellschaft am 15. 11. 1893 in Kempten wurde in den Satzungen festgehalten, daß Milchleistungsprüfungen bei Zuchtverbandsmitgliedern auf freiwilliger Basis durchgeführt werden können. Diese Absicht basierte auf Vorarbeiten insbesondere von WIDMANN, der bereits in seinem Bestand Leistungsermittlungen angestellt hatte, wie auch VON STETTEN (Aystetten bei Augsburg) schon 1864 mit derartigen Überprüfungen begann (beide Mitglieder der späteren Allgäuer Herdbuchgesellschaft).
Ein Kontrollverein im Sinne eines sich entwickelnden Kontrollvereinswesens wurde dann 1895 in Vejen/Südjütland/Dänemark gegründet. Dies war der 1. Kontrollverein Europas. Die Einrichtung verdient insofern eine besondere Beachtung, als sie zu einer Art Vorbild für ähnliche Gründungen in Deutschland und im übrigen Europa wurde. In Vejen schlossen sich 13 Landwirte auf genossenschaftlicher Basis zusammen. Sie stellten einen Kontrollbeamten ein, der in regelmäßigen Abständen das Tagesgemelk der Kühe ermittelte (Wägung) und nach dem Gerber-Verfahren den Fettgehalt bestimmte. Multiplikation aller Ergebnisse führte zu den Jahresleistungen, die nach Jahres- oder Laktationswerten errechnet wurden. Futterverbrauch und die Berechnung der Futterverwertung sind bereits damals eingeschlossen worden. Der Kontrollverein Vejen arbeitete unabhängig von einer Züchtervereinigung.
1897 erfolgte dann auf deutschem Boden die Einrichtung eines ersten Kontrollvereins auf der Insel Alsen (damals zu Deutschland gehörend). Es folgten 1901 Gründungen von Kontrollvereinen am Niederrhein (Bislich, 1901) wie auch in anderen Gebieten Deutschlands (Süderbrarup-Angeln, 1902) u. a. Diese Kontrollvereine standen nur teils in Zusammenhang mit den jungen Herdbuchvereinigungen, waren aber auch teils von diesen gegründet. Die Herdbuchvereinigungen arbeiteten im Rahmen der sich konsolidierenden Rassen, und es dürfte eine selbstverständliche Folge gewesen sein, daß man Kenntnisse über das Leistungsvermögen dieser Population haben wollte. Hier sah die Tierzuchtwissenschaft eine echte Aufgabe, um zugleich auch die Notwendigkeit von Leistungsermittlungen zu demonstrieren und ihre verbreitete Anwendung anzuregen.
So sind die von FLEISCHMANN bereits 1890 in Kleinhof-Tapiau angesetzten und über mehrere Jahr fortgesetzten Ermittlungen zu erwähnen, 1896 begann RAMM in der Versuchswirtschaft Dikopshof der damaligen Königlich-Preußischen Landwirtschaftsakademie Bonn-Poppelsdorf mit der Aufstellung und Ermittlung des Leistungsvermögens verschiedener Rassen. Diese Untersuchungen setzte sein Nachfolger HANSEN fort (verschiedene Berichte von RAMM und MOMMSEN sowie von HANSEN 1901 bis 1911). Es wurden folgende „Viehschläge geprüft: Westerwälder, Glaner, Niederrheiner, Schwyzer, Simmentaler, Ostfriesen, rotbunte Holsteiner, Angler, Wesermarscher, ostpreußische Holländer, Breitenburger und Jeverländer" (HANSEN). Außerdem waren Guernseys und Jerseys einbezogen worden. Die Ergebnisse dieser am neutralen Ort ermittelten Werte sind von den Berichterstattern analysiert worden und erbrachten eine Einteilung der Schläge in die Gruppen von Milchrindern, solchen mit der Nutzungsrichtung Milch – Mast und Mast – Milch. HANSEN schließt die Berichtsserie 1911 mit folgenden Bemerkungen: „Der Anfang

Tab. 40. Entwicklung der Milchleistungsprüfungen.

Jahr	Anzahl der Kontrollvereine oder -bezirke	Anzahl der kontrollierten Betriebe	Anzahl der kontrollierten Kühe	Prozent der kontrollierten Kühe vom Gesamtbestand
1900	4	–	–	–
1902	18	–	–	–
1904	80	1 154	29 076	0,3
1906	120	–	43 500	0,5
1908	207	3 005	88 206	0,9
1911	471	7 053	200 330	2,0
1912	545	8 989	256 517	2,5
1914	792	13 219	351 857	3,4
1919	320	4 355	131 955	–
1920	496	–	204 282	2,3
1922	1 058	–	430 242	5,2
1925	1 610	27 838	581 691	6,6
1926	2 014	37 639	742 685	8,2
1927	2 245	42 073	819 697	8,9
1928	2 612	50 888	924 484	9,8
1929	2 822	55 825	1 015 031	10,7
1930	2 917	57 435	1 025 042	11,0
1931	3 024	67 459	1 064 050	11,3
1932	2 973	66 971	1 052 666	10,9
1933	2 897	68 032	1 041 049	10,6
1934	3 001	75 665	1 135 870	11,2
1935	4 333	123 903	1 147 793	14,3
1936	7 465	203 881	1 992 631	20,0*
1937	18 125	742 460	5 210 931	51,3
1938	–	1 118 510	6 890 662	67,4**
1950		144 659	1 185 976	21,5
1955		198 277	1 656 590	29,3
1960		239 592	2 054 087	35,4
1965		202 401	2 057 774	35,4
1970		175 668	2 175 713	37,2
1975		138 340	2 225 693	41,2

* Am 22. 11. 1935 Verordnung des Reichsernährungsministers betreffs Durchführung der allgemeinen Pflichtmilchkontrolle. Organisatorische Fragen und Seuchengang (MKS) bringen Verzögerungen.

** Starke Variation zwischen den Kontrollbezirken des damaligen Deutschen Reiches. Teilweise betrug der Prozentanteil der kontrollierten Kühe am Gesamtbestand 90 % und mehr.

Zusammenstellung nach Unterlagen von:

TAUSSIG, ST.: Die Milchleistungsprüfungen in den verschiedenen Ländern. Berlin 1935.

WINNIGSTEDT, R., aus ROEMER, SCHEIBE, SCHMIDT, WOERMANN: Handbuch der Landwirtschaft, 3. Band. Berlin und Hamburg 1952.

HANSEN, J.: Das Kontrollvereinswesen im Deutschen Reich, aus: Mitteilungen der DLG sowie Ergebnisse der Milchleistungsprüfungen, aus: Mitteilungen der ADR.

der Leistungsprüfungen liegt in einer Zeit, wo die sich heute mehr und mehr in den Kontrollvereinen verkörperten, systematischen Leistungsprüfungen in den einzelnen Zuchtgebieten noch nicht bekannt waren. Es galt damals, Anregung zu geben ... Dieser Zweck dürfte erreicht sein ... Jetzt sind die Kontrollvereine wohl in allen Zuchtgebieten bekannt ... Damit werden unsere Leistungsprüfungen unnötig, denn etwas Besseres tritt an ihre Stelle."
Dieser Auszug aus den Schlußbetrachtungen von Hansen gibt sehr anschaulich die Situation wieder, die sich nach Bekanntwerden des Gerberschen Verfahrens und Bildung der ersten Kontrollvereine ergeben hatte. Die Zusammenstellung der Entwicklung der Milchleistungsprüfungen (Tab. 40) zeigt bis zu Beginn des 1. Weltkrieges, d. h. im Verlaufe von 2 Jahrzehnten, eine nur langsame Verbreitung. 1914 werden erst rund 350 000 Kühe untersucht, d. h. 3,4 % des Gesamtkuhbestandes. Rückwärtsschauend ist die Frage berechtigt, warum im Verlaufe von 20 Jahren dieses nur geringe Anwachsen festzustellen ist. Aus den verschiedensten Berichten und Mitteilungen kann man entnehmen, daß die Bewegung zur Gründung von Kontrollvereinen bzw. zur Überprüfung der Leistungsfähigkeit der Milchkühe mit großen Widerständen zu kämpfen hatte. Selbst maßgebende Züchter sahen den Wert der Leistungskontrolle noch nicht ein. Teils befürchteten sie, daß eine einseitige Zucht auf Leistung einsetzen würde zum Schaden von Form und Gesundheit, teils scheuten sie auch die relativ hohen Kosten.
BÜHRIG rügte 1908 in einer Ausarbeitung zum Einfluß der Kontrollvereine die zu starke Zurückhaltung der DLG und forderte, daß die Leistungsergebnisse bei den Schauen berücksichtigt werden sollten. 1909 kam es dann zur Gründung des Sonderausschusses für Rinderleistungsprüfungen (anfängliche Bezeichnung Sonderausschuß für Kontrollvereinswesen) der DLG, und dies mag den etwas stärkeren Anstieg der Milchkontrolle von 1911 bis 1914 bedingt haben.
Dieser Sonderausschuß hatte eine bemerkenswerte Aufgabenstellung, die teils erst viel später aufgenommen und verwirklicht werden konnte.
Die Punkte lauten:

1. Art und Umfang der Feststellung der absoluten Leistungen
2. Art und Umfang der Feststellung der relativen Leistungen
3. Anpassung der Fütterung an die Leistung
4. Verwertung der Ergebnisse für Herdbuch- und Schauwesen
5. Beschaffung, Ausbildung und Anstellung der Kontrollbeamten
6. Zweckmäßige Einrichtung der Kontrollvereine und ihre Eingliederung in die sonstigen Maßnahmen zur Förderung der Zucht
7. Ständige Sammlung, Sichtung und Nutzbarmachung der Ergebnisse auf dem Gebiet der Leistungsprüfungen im In- und Ausland

Der 1. Weltkrieg brachte das Kontrollsvereinswesen weitgehend zum Erliegen, da die Kräfte für die Durchführung fehlten. Trotzdem blieb der Gedanke um derartige Ermittlungen im Vordergrund tierzüchterischer Überlegungen, nicht zuletzt hatten die Notzeiten des Krieges auf die unbedingt erforderliche vermehrte Beachtung der Tierleistung aufmerksam gemacht. So mag auch zu erklären sein, daß sich der Sonderausschuß für Rinderleistungsprüfungen der DLG ab 1918 vermehrt und eingehend mit Milchleistungsprüfungen befaßte und neben dem allgemeinen Ratschlag einer Durchführung auf breiterer Basis, insbesondere auch die Möglichkeit der Anregung durch Verteilung von Leistungspreisen auf den Wanderausstellungen der DLG erörterte. Dieser Vorschlag ist viel diskutiert worden, vor allem wurde das Problem einer gerechten Bewertung der aus den verschiedenen Herkunfts- bzw. Futtergebieten stammenden Ausstellungskühe besprochen. Absolute und relative Leistungswerte wurden erörtert. Unter relativer Leistung verstand man den Bezug auf den Verbrauch an Stärkewerten, um damit die Unterschiede der Futtervoraussetzungen zwischen Gebieten wie auch zwischen den Herden auszuschalten. Durch die Forderung der Berechnung relativer Leistungszahlen wollte man ferner vermeiden, daß überhöhte Leistungen der konkurrierenden Tiere durch ein ungesundes Wettfüttern erzielt würden (BAUERTAL).

Anfang 1920 beschloß dann der Sonderausschuß der DLG, Leistungsprämiierungen ohne Berücksichtigung der Formpreise als besonderen Wettbewerb anzusetzen. Als Grundlagen dienten die absoluten Werte, da eine Berechnung von Relativzahlen auf zu große Schwierigkeiten stieß. Durch Berücksichtigung der Herdenleistungen hoffte man, das Wettfüttern der in Konkurrenz stehenden Tiere in Grenzen zu halten. Bemerkenswert ist, daß die für den Leistungswettbewerb gemeldeten Tiere einem von der DLG anerkannten Kontrollverein angehören mußten (ab 1919). Diese Bestimmung hat das Kontrollvereinswesen stark gefördert, insbesondere zwang diese Forderung die Züchtervereinigungen, nunmehr ihre Tiere generell kontrollieren zu lassen! Die ersten Leistungswettbewerbe auf einer DLG-Schau fanden 1924 in Hamburg statt, und Leistungspreise sind dann bis 1939 neben den Formpreisen vergeben worden, allerdings unter den verschiedensten Wandlungen, nicht zuletzt unter der zunehmenden Erkenntnis, in den vergebenen Preisen Form und Leistung kombinieren zu müssen. Nicht unerwähnt sei, daß ab 1928 Tiere aus dem Deutschen Rinderleistungsbuch besonders prämiiert wurden.

Wie bereits betont, nahmen die Leistungsermittlungen bei den landwirtschaftlichen Nutztieren und damit auch das Kontrollvereinswesen bei Rindern mit der Feststellung der Milchmenge und des Fettgehaltes nach dem 1. Weltkrieg einen stärkeren Aufschwung. Vor allem wurden die Züchtervereinigungen gezwungen, die Leistungen bei Schauen anzugeben, diese in Abstammungsnachweisen niederzulegen, insbesondere aber in die züchterische Arbeit einzubeziehen. Einige Mitteilungen aus diesem Zeitabschnitt mögen die Situation beleuchten:

KRONACHER stellte 1923 fest: „In verschiedenen Zuchtgebieten werden die ermittelten Ergebnisse der Kontrollvereinstätigkeit, die mindestens nach den Durchschnittsleistungen der einzelnen Herden zweckmäßigerweise auch veröffentlicht werden sollten, auch in die Herdbücher der einschlägigen Züchtervereinigungen eingetragen. Zuerst hat der Zuchtverband für die Rheinprovinz die Eintragung relativer Milchleistungskontrollergebnisse bestätigt (1907)."

BAUERTAL sagte 1928: „Eine besondere Förderung erhielt die Milchleistungskontrolle dadurch, daß immer mehr Züchterverbände dazu übergingen, diese Kontrolle für die Herden ihrer Mitglieder vorzuschreiben. Auch wo dies noch nicht geschehen ist, wird den Züchtern durch die Aufnahme der festgestellten Leistungen in die Marktverzeichnisse und Abstammungsnachweise ein weiterer Ansporn erteilt, sich einem Kontrollverein anzuschließen."

Allenthalben werden somit nach dem 1. Weltkrieg Anstrengungen unternommen, Milchleistungsprüfungen, zumindest bei allen Herdbuchtieren, vorzunehmen, um damit Unterlagen für Abstammungsnachweise, Zuchttierauktionen u. a. zu erhalten. Die für die Züchtervereinigungen obligatorisch gewordene Maßnahme erbrachte allerdings das Problem ihrer Neutralität. Züchtervereinigungen sind auf privater Basis tätige Institutionen. Die Ergebnisse der Milchleistungsprüfungen verlangen jedoch einen amtlichen Charakter, wenn sie in Urkunden wie Abstammungsnachweisen Verwendung finden. Man war somit gezwungen, das Kontrollvereinswesen sehr bald staatlichen (Referaten der Ministerien) oder öffentlich-rechtlichen Anstalten (Landwirtschaftskammern) zu unterstellen unter Bildung von Gebiets- oder Landeskontrollverbänden. Das Problem ist auch in der jüngsten Zeit noch nicht gänzlich überwunden, da häufig personelle Verbindungen zwischen der Arbeit in den Züchtervereinigungen und denjenigen in den Kontrollverbänden kaum zu vermeiden sind.

In der Zeit nach dem 1. Weltkrieg sind mancherlei Anweisungen für die Arbeit in den Kontrollvereinen geschaffen worden (z. B. HANSEN – Rindviehkontrollverein, DLG 1921, B. SCHMIDT – Ausbildung und Tätigkeit von Milchviehkontrollassistenten, 1921). Hier sind die Aufgabenstellungen der Kontrollassistenten festgelegt, die neben den Leistungsermittlungen Futterberechnungen durchzuführen haben, häufig die Zuchtbuchführung vornehmen oder überwachen wie auch Hinweise auf den Gesundheitszustand der Tiere geben sollen. Gute Kontrollassistenten sind für viele Betriebe wertvolle Berater in allen Fragen der Züchtung, Fütterung und Haltung.

Wie Tab. 40 erkennen läßt, stieg durch das sich mehr und mehr durchsetzende „Leistungsdenken" nach dem 1. Weltkrieg der Anteil der kontrollierten Kühe am Gesamtbestand auf 10 bis 11 %, um dann zu stagnieren. Diese Werte geben keine Auskunft, ob neben der obligatorischen Kontrolle der Herdbuchtiere auch Nichtherdbuchtiere einbezogen waren. Anzunehmen ist, daß es im wesentlichen bei einer Beschränkung auf die Herdbuchtiere blieb.

Am 22. 11. 1935 erfolgte dann mit einer Verordnung des Reichsernährungsministers die Durchführung der allgemeinen Pflichtmilchkontrolle. Nunmehr unterlagen alle Kühe den Leistungsermittlungen. Organisatorische Fragen forderten den Ausschluß kleinster Bestände (regional unterschiedlicher Einbezug in die Kontrolle von Herden ab 3 bis 5 Kühen aufwärts). 1938 sind 67,4 % aller Kühe kontrolliert worden. In einzelnen Bezirken betrug der Anteil 90 % und mehr.

Nach 1945 wurde die Verordnung über die Pflichtmilchkontrolle aufgehoben. In der Bundesrepublik Deutschland übernahmen die Länder oder öffentlich-rechtlichen Anstalten innerhalb derselben Milchleistungsprüfungen auf nunmehr wieder freiwilliger Basis. Die dringende Notwendigkeit einer Einheitlichkeit und Erarbeitung allgemein gültiger Grundregeln führte 1948 zur Gründung des Arbeitsausschusses für Milchleistungsprüfungen innerhalb der Arbeitsgemeinschaft Deutscher Rinderzüchter (ADR), Bonn. Dieser Ausschuß bearbeitet alle Fragen der Milchleistungsprüfungen. In einer „Grundregel für die Durchführung der Milchleistungsprüfungen für Rinder" wurde auch die Aufgabenstellung des Kontrollassistenten oder Leistungsprüfers neu gefaßt:

a) Feststellung der Milchmenge und des Fettgehaltes
b) Übertragung der ermittelten Ergebnisse in das Stall- und Hauptbuch
c) Errechnung der Jahresleistung jeder einzelnen Kuh und Anfertigung des Herdenabschlusses sowie des Vereins- und Bezirksabschlusses
d) Regelmäßige Futterberatung durch Aufstellung eines Futtervoranschlages und laufende Überwachung der Fütterung
e) Schaffung der Unterlagen für die züchterische Auswertung der Leistungsergebnisse eines Bezirks durch Zusammenstellung der Leistungen der Nachkommen

der einzelnen Bullen und durch Zusammenstellung der Leistungen nach Familien

f) Kennzeichnung der Nachzucht und Führung der Stall- und Zuchtbücher, soweit örtlich nicht anders geregelt

g) Mithilfe am Gesundheitsdienst

Am 14. 7. 1951 erfolgte der Beitritt zum Europäischen Komitee für Milchleistungsprüfungen. Die Bildung eines „Nationalen Komitees für Milchleistungsprüfungen" war daraufhin erforderlich. 1954 erfolgte die Zuerkennung des Siegels des Europäischen Komitees für Milchleistungsprüfungen.
Die Milchleistungsprüfungen in der BRD – nunmehr auf freiwilliger Basis – nahmen eine erstaunliche Entwicklung. Vor Einführung der Pflichtmilchkontrolle 1935 waren vornehmlich die Herdbuchtiere einbezogen. Die Periode weitläufiger, allgemeiner Kontrollen hat jedoch das Interesse an derartigen Ermittlungen stark beeinflußt. Wie Tab. 41 zeigt, erhöhte sich der Anteil der Nichtherdbuchkühe auf über 50%. Es sei auch nicht übersehen, daß mehr und mehr Kühe kontrolliert werden (1975 bereits 41,2% aller Kühe (Tab. 40).
Über die Zahl der in der Milchviehkontrolle tätigen Personen liegen erst nach 1945 genauere Unterlagen vor. Tab. 42 gibt diese Unterlagen und läßt den Umfang des Milchkontrollvereinswesens erkennen.
Nach umfangreichen Untersuchungen in Instituten und Entwicklung einfacher, praktikabler Bestimmungsmethoden sind in jüngster Zeit auch Erfassungen des Milcheiweißgehaltes aufgenommen worden.

Mast- und Schlachtleistungsprüfungen
(s. auch Seite 74)
Auch hier bemühte sich die DLG, mit einem Sonderausschuß unter Heranziehung von Experten aus Produktion und Verarbeitung Grundlagen zusammenzutragen und Vorschläge für Prüfungen, Ermittlungen oder Beobachtungen zu machen. 1894 bis 1907 bestand ein Sonderausschuß für Schlachtversuche und Schlachtbeobachtungen, der dann jedoch in dem Sonderausschuß für Fütterungswesen aufging. Erst 1930 wurde dann innerhalb der Rinderzuchtabteilung der DLG ein Sonderausschuß für Schlachtbeobachtungen eingerichtet (bei den anderen Tierarten entstanden ähnliche Einrichtungen). Exakte Prüfungen der Fleischleistung des Rindes sind vor dem 2. Weltkrieg jedoch nie in größerem Umfang zur Durchführung gekommen. Es verblieb bei Schlachtwettbewerben auf Mastviehausstellungen, die sicherlich den Erkenntnisstand wesentlich gefördert haben und auch züchterisch nicht ohne Auswirkung geblieben sind (s. S. 387).
Nach 1945 wurden Mast- und Schlachtleistungsprüfungen bei Rindern über Nachkommengruppen von Bullen in umfangreichem Maße aufgenommen. Seit 1958 sind besondere Prüfanstalten eingerichtet worden, die objektive Ermittlungen gestatten. In der Methodik sind sie stark durchgearbeitet und um Eigenleistungsprüfungen erweitert worden.

Zugleistungsprüfungen
(s. auch S. 429)
Obwohl in vielen Gebieten Deutschlands – namentlich in Süddeutschland – die Anspannung von Kühen in starkem Umfang üblich und wirtschaftlich notwendig

Tab. 41. Entwicklung der Milchleistungsprüfungen in Herdbuch- und Nichtherdbuchbetrieben von 1950 bis 1975*.

Jahr	Anzahl der Betriebe				Anzahl der Kühe			
	Herdbuch	in %	Nichtherdbuch	in %	Herdbuch	in %	Nichtherdbuch	in %
1950	107 421	67,4	52 008	32,6	698 559	50,5	684 348	49,5
1955	117 266	59,1	81 011	40,9	736 720	44,5	919 870	55,5
1960	137 782	57,5	101 810	42,5	904 680	44,0	1 149 407	56,0
1965	117 888	58,2	84 513	41,8	869 909	42,3	1 187 865	57,7
1970	91 699	52,2	83 969	47,8	1 014 032	46,6	1 161 681	53,4
1975	72 827	52,6	65 513	47,4	1 031 007	46,3	1 194 686	53,7

* entnommen aus: Ergebnisse der Milchleistungsprüfungen 1949–1975, ADR, Bonn

Tab. 42. Zahl der Angestellten bei den Landeskontrollverbänden*.

Jahr	Gesamt-Personalbestand**	davon Probenehmer
1950	7 844	2325
1955	9 599	3091
1960	11 791	5605
1965	10 845	5396
1970	11 159	6509
1975	10 921	7241

* entnommen aus: Ergebnisse der Milchleistungsprüfungen, 1949–1975, ADR, Bonn
** bestehend aus: Leistungsinspektoren, Kontroll- und Oberkontrollassistenten, Bürokräften und Probenehmern

war, ist es zur Überprüfung des Leistungsvermögens im Zug nur in geringem Maße gekommen. Die DLG schrieb bereits 1887 bei ihrer ersten Schau eine Zugprüfung für Ochsen aus; 1888 wurde diese auf Kühe und 1898 auf Bullen ausgedehnt. Es sollten Gängigkeit, Lenksamkeit und Zugleistungsvermögen ermittelt werden. Schwierigkeiten der Schaffung gleicher oder vergleichbarer Bedingungen und sonstige methodische Fragen erbrachten jedoch keinen Erfolg dieser Überprüfungen. 1900 bis 1905 wurde der Wettbewerb nicht mehr ausgeschrieben, dann wieder aufgenommen, erneut ohne größeren Erfolg oder Auswirkungen. Ab 1929 verzichtete die DLG auf diese Wettbewerbsklassen, und es verblieb bei von den Besuchern immer gern gesehenen kleinen Schaunummern. In Süddeutschland sind in einigen Verbandsgebieten Zugleistungsermittlungen bei Kühen vorgenommen worden. Aber auch hier kam es zu keinen vergleichbaren Ergebnissen.

1.1.4.2.3 Leistungsermittlungen bei Schweinen

(s. auch S. 61)

Die Ermittlungen von Leistungen bei unseren Hausschweinen – wenn auch in primitivster Form – dürfte ebenfalls schon sehr alt sein. Bereits in älteren Schriften, die sich mit der Haltung von Haustieren befassen, sind Hinweise auf Ferkelzahlen oder eine besonders günstige Ausmästung auf dieser oder jener Weide gegeben. Über grobe Angaben oder allgemeine Bemerkungen hinaus ist es jedoch nicht gekommen. Für das im Rahmen der Hauswirtschaften gehaltene Schwein fehlte über die Jahrhunderte hin der Anreiz zu ökonomischen Fragen oder Denkweisen, die als Grundlage aller Leistungsermittlungen erforderlich sind. Es mangelte auch lange Zeit an Organisationen, um eine aussagefähige Durchführung von Leistungserfassungen vornehmen zu können. Ferner waren noch im 19. Jahrhundert die in Deutschland gehaltenen Schweineformen so heterogen, daß jede Leistungsermittlung auf breiterer Basis an der Streubreite des Materials scheiterte. In Einzelfällen sind allerdings in diesem oder jenem Stall bereits zu Anfang und in der Mitte des 19. Jahrhunderts Aufzeichnungen gemacht worden, diese blieben aber weitgehend unbekannt und erhielten keine Allgemeingültigkeit.

Dies änderte sich, seitdem zu Ende des 19. Jahrhunderts eine verstärkte Konsolidierung in der deutschen Schweinehaltung einsetzte, die Rassenbereinigung starke Fortschritte machte und Züchtervereinigungen entstanden. Die um die Wende zum

20. Jahrhundert vielerorts entstehenden Schweinezuchtgenossenschaften beschränkten sich allerdings zunächst häufig auf die Vatertierhaltung und auf die Einrangierung von Importtieren und selbst gezüchtetem Material in die neu aufgestellten Zuchtziele, wobei Exterieurbeurteilungen im Vordergrund standen. Selbst in den einschlägigen Lehrbüchern der damaligen Zeit wurden die Leistungseigenschaften zwar beschrieben, aber kaum in ihrer tatsächlichen Höhe bei Einzeltieren oder Rassen genannt.

Der Gedanke und das Verlangen nach genauen Leistungsermittlungen sowie Auswertung und Verwendung dieser Unterlagen in der Zuchtarbeit setzte erst nach dem 1. Weltkrieg ein. Vielleicht mögen auch hier, ähnlich den Verhältnissen in der Rinderzucht, die Notzeiten des Krieges die Leistungsfähigkeit der Schweinebestände und Möglichkeiten ihrer Steigerung verstärkt in die Betrachtungen einbezogen haben.

Nach einem Hinweis auf die Notwendigkeit von Leistungsprüfungen beim Schwein durch SEEDORF im Jahr 1919 blieb ein stärkeres Echo in der Praxis zunächst noch aus. Trotzdem nahmen Einzelzüchter wie VON LOCHOW, Petkus, die Anregung auf, und auch die neueingerichtete Anstalt für Schweinezucht in Ruhlsdorf bei Berlin befaßte sich mit derartigen Ermittlungen. So schrieb MÜLLER, Ruhlsdorf, noch Anfang 1924:

„Es ist wiederholt darauf hingewiesen worden, daß in der Schweinezucht bisher zu wenig Wert auf die Leistungsprüfungen gelegt worden ist. Es ist bekannt, daß die Durchführung der Leistungsprüfungen im allgemeinen schwierig ist, man braucht nur an das Milchkontrollvereinswesen zu denken. Aber wesentlich schwieriger gestalten sich die Leistungsprüfungen in der Schweinezucht. Wenn es auch an sich einfach ist, bei der Schweinemast durch Wägungen der Mastschweine und vielleicht auch des Mastfutters den Enderfolg festzustellen, so ist die Leistungsprüfung in der Schweinezucht bedeutend schwieriger. Es mag viele Landwirte geben, die behaupten, ihre leistungsfähigen Tiere zu kennen, da sie dieselben jahrelang im Stall haben und bei den Sauen beobachten, wie viele Ferkel geworfen und groß werden. Das Auge ist bekanntlich nicht geeignet, alle feinen Unterschiede bei den Leistungsprüfungen herauszufinden."

Die Diskussionen um die Leistungsermittlungen waren aber entfacht und führten dazu, daß DAHLANDER 1924 im Rahmen der von ihm geleiteten Ostpreußischen Schweinezüchtervereinigungen den ersten Schweinekontrollring in Reichenbach/Ostpr. einrichtete. Er folgte dabei einem in Schweden praktizierten Muster. Das System basierte auf Erfassung der Zuchtleistung und dem Versuch, auch die Mastfähigkeit festzuhalten. Nach diesem Vorbild entstanden derartige Kontrollringe bald in vielen Zuchtgebieten des damaligen Deutschen Reiches. Sie hatten zunächst einen eigenen Mitarbeiterbestand. Später erwies sich dieser als zu kostspielig, und man suchte Anlehnung an das Kontrollvereinswesen in der Rinderzucht oder anderen Organisationen, die regelmäßig in die Zuchten kamen, um Ermittlungen der 3-, später 4-Wochen-Gewichte der Würfe sowie der einzelnen Ferkel und auch Wägungen der Masttiere vorzunehmen. Das Festhalten der Mastfähigkeit war allerdings in der Durchführung schwierig, sagte wenig aus und kam nachlassend zur Anwendung.

Die Ermittlungen der Zuchtleistungsprüfungen fanden somit zunächst beim Schwein Beachtung und Anerkennung und wurden als Voraussetzung züchterischer Maßnahmen angesehen. 1926 führte die Vereinigung Deutscher Schweine-

züchter Zuchtleistungsprüfungen dann obligatorisch für seine Mitglieder ein, und die DLG folgte 1928 mit Richtlinien.
Offen blieb die Frage einer Verwendung der gewonnenen Unterlagen bei Schauen, d. h. einer Bewertung erbrachter Leistungen neben der bislang üblichen, alleinigen Exterieurbeurteilung. SEEDORF machte 1924 den Vorschlag, von einem bestimmten Zeitpunkt an die Leistungsfähigkeit der ausgestellten Tiere zu beachten. Er sagte: „Die DLG solle beschließen – vom Jahr 1927 oder 1928 an (über die Länge der Schonzeit läßt sich reden, sie wird von dem Urteil der Hochzüchter über ihre eigene Leistungsfähigkeit abhängig sein) werden nur noch Schweine zur Ausstellung der DLG zugelassen, für die die eigene oder die Leistungsfähigkeit der Eltern für mindestens zwei Jahre durch öffentlich anerkannte Zuchtbuchführung belegt ist. Schon von der nächsten Ausstellung an wird die nachgewiesene Leistung bei der Beurteilung der Tiere berücksichtigt."
Wie zu erwarten, wurde diese Anregung heftig diskutiert. Trotzdem führte DAHLANDER 1927 die erste Leistungsprämiierung bei Schweinen auf einer deutschen Schau durch (Königsberg 1927). Auf DLG-Schauen d. h. großen Zentralveranstaltungen, ist dies erstmals 1933 vorgenommen worden.
Wie bereits hervorgehoben, wurden Mastleistungsermittlungen anfänglich in den Herden durchgeführt. Dieses Verfahren erforderte nicht allein Wägungen, sondern auch eine genaue Ermittlung der verabreichten Futtermittel, möglichst ihres Nährstoffgehaltes. Es bedarf keiner Erörterung, daß dies bei den heterogenen Verhältnissen in der breiten Praxis sicherlich Anhaltspunkte lieferte, keineswegs aber für züchterische Maßnahmen als Voraussetzung dienen konnte. Diese Erkenntnis hatte zu Anfang des 20. Jahrhunderts in Dänemark bereits zur Einrichtung von Mastprüfanstalten geführt, neutral geleitete Anstalten mit gleichmäßigen Futter- und auch sonstigen gleichen Bedingungen für Nachzuchten von Sauen und von Ebern. Eine Ausschlachtung und Bewertung des Schlachtproduktes bei gleichen Endgewichten wurden angeschlossen. Dieser Gedanke wurde auch im übrigen Europa aufgenommen und führte in Deutschland im Jahr 1925 zur Einrichtung der ersten Mastprüfanstalt für Schweine in Friedland bei Göttingen.
Nach diesem Startschuß erfolgten bis zum Ausbruch des 1. Weltkrieges in fast allen Gebieten des damaligen Deutschen Reiches Bau oder Einrichtungen staatlicher oder staatlich anerkannter Mastprüfanstalten. Sie arbeiteten als Nachkommenprüfungen unter Heranziehung von jeweils 2 Ferkeln aus 2 Würfen einer Sau. Im Verlaufe der Kriegsjahre mußten diese Anstalten ihre Arbeit einstellen, da die Voraussetzungen einer exakten Durchführung nicht mehr gegeben waren.
Das System von Leistungserfassungen in derartigen Prüfanstalten wurde immer stark diskutiert. Viele Züchter lehnten die Einrichtungen der recht teuren, zentralen Anstalten ab, dies allerdings, ohne zu bedenken, daß die vorher an verschiedenen Stellen in den Mastställen der Zuchtbetriebe vorgenommenen Erhebungen kaum Ergebnisse gebracht hatten, die im Zuchtgeschehen Verwendung finden konnten. Sicherlich war methodisch mancherlei Verbesserung notwendig. Im allgemeinen hatte man somit den Vorteil derartiger Überprüfungen an neutral gelenkten Anstalten unter gleichmäßiger Gestaltung von Fütterung und Umwelt für die Entwicklung und Förderung der Schweinezucht erkannt. Trotz allen Für und Widers lieferten die seit 1925 in Tätigkeit befindlichen Anlagen wertvolle Unterlagen grundsätzlicher Art. Sicherlich gab es auch vorher schon Hinweise auf fettwüchsige Schweinerassen und Rassen mit vermehrter Fleischbildung. Klare diesbe-

zügliche Unterlagen erbrachten jedoch erst die Mastprüfanstalten und gaben zugleich Mitteilungen über den Verfettungsgrad bei verschiedenen Endgewichten. So ergab sich in der Mastprüfanstalt als Fett-Fleisch-Verhältnis nach der Wägemethode (Fett – Speckseiten + Flomen: Fleisch – Rückenfleisch + Schinken)

	bei 100-kg-Schweinen	bei 150-kg-Schweinen
veredeltes Landschwein	1:1,38	1:0,93
Deutsches Edelschwein	1:1,30	1:0,82
Berkshire	1:0,99	1:0,74
Deutsches Weideschwein	1:0,95	1:0,64

Dies waren Erkenntnisse, die in den Notzeiten der Kriegs- und Nachkriegsjahre zu einer Bevorzugung fettwüchsiger Rassen führte (später war auch bekannt geworden, daß die Schwäbisch-Hällischen Schweine und Angler Sattelschweine ebenfalls mehr Fett produzierten als die weißen Rassen veredelte Landschweine und Deutsche Edelschweine). Zugleich wurde auch die Grundlage gefunden für den späteren Siegeszug des fleischwüchsigen Deutschen veredelten Landschweines nach etwa 1950.

Neben diesen Rasseunterschieden ließen die frühen Unterlagen der Mastprüfanstalten erkennen, daß innerhalb dieser Populationen große Streubreiten bestanden, die beste Voraussetzungen für Selektionen boten.

Ein weiteres bedeutsames Resultat der Schweine-Mastleistungsprüfungen bis zum 2. Weltkrieg war die Ermittlung des Futteraufwandes bzw. die Feststellung der Futterverwertung. Die standardisierte Futterverabreichung ließ eine erstaunliche Streubreite erkennen, so daß auch hier erfolgreiche Selektionsmaßnahmen einsetzen konnten.

Alles in allem haben die Schweinemastprüfanstalten, die ab 1925 bis in die Zeit des 2. Weltkrieges hinein tätig waren, ohne Zweifel noch mit Methoden gearbeitet, die starke Fehlerquellen einschlossen. Insbesondere die damals übliche Bestimmung des Fleisch-Fett-Verhältnisses (Wägung von Speckseiten + Flomen und Rückenfleisch + Schinken) war ungenau. Trotzdem führten diese Prüfungen zu der bedeutsamen Erkenntnis, daß innerhalb der Rassen große Variationen bei Mastfähigkeit und Schlachtwerten bestehen, die gezielte Selektionen gestatten.

Mitteilungen von Ergebnissen aus der Arbeit der Mastprüfanstalten in der Vorkriegszeit sind vorhanden. Die Unterlagen stammen von den Einzelstationen und lassen kaum einen Gesamtüberblick zu, da die Prüfanstalten ihre Tätigkeit zu stark variierenden Zeitpunkten aufnahmen, Anfangsschwierigkeiten des in Deutschland noch unbekannten Verfahrens überwunden werden mußten wie auch die Methodik, aus Dänemark stammend, geändert bzw. anzupassen war. Aus den Prüfungsergebnissen ist die Zusammenstellung von SAALER herausgegriffen (Tab. 43), die vervollständigt einen guten Einblick in die damalige Arbeit gestattet.

Diese wichtigen, fundamentalen Ermittlungen waren Veranlassung, nach 1945 neben den auch weiterhin fortlaufend in den Ställen durchgeführten Zuchtleistungsprüfungen auch solche zur Erfassung des Mastvermögens und der Schlachtwerte wieder aufzunehmen. Am 25. 2. 1949 konstituierte sich in Eltville ein Arbeitsausschuß für Mastleistungsprüfungen. Beteiligt an den Beratungen waren die Zuchtverbände, staatliche Stellen und Tierzuchtinstitute, aber auch Fachleute des verarbeitenden Handwerks und der Fleischwarenindustrie.

Bereits am 7. 10. 1949 beschloß dieser Ausschuß, das Prüfungssystem für die Mast nach der inzwischen verbesserten dänischen Methode wieder aufzunehmen. Es kam

Tab. 43. Mastleistungsergebnisse aus der Mastprüfanstalt Forchheim in den Jahren 1932/33 bis 1941/42 (nach Saaler).

	1932/33	1933/34	1934/35	1935/36	1936/37	1937/38	1938/39	1939/40	1940/41	1941/42
Anzahl der geprüften Mastgruppen	34	72	63	79	55	76	94	15	41	64
Alter von der Geburt bis zum Schlachttag in Tagen	194,0	199,1	213,0	218,4	213,0	216,0	212,0	209,0	211,5	214,3
Zunahme von der Geburt bis zum Schlachttag in Gramm	523	524	505	493	515	521	532	536	550	522
Mastdauer in Tagen im Mastabschnitt von 30–100 kg (40–100 kg)*	103,5	105,2	117,7	114,8	89,0	85,6	86,3	86,0	79,0	83,8
Zunahme in Gramm im Mastabschnitt von 30–100 kg (40–100 kg)*	682,0	672,0	654,0	621,5	668,5	716,5	697,5	698,0	769,5	734,0
Durchschnittl. Futterverbrauch in kg für 100 kg Zuwachs im Mastabschnitt von 30–100 kg (40–100 kg)*	400,3	393,3	398,7	391,3	375,8	375,9	371,5	363,2	364,5	371,1
Lebendgewicht am Schlachttag in kg	103,5	106,8	108,8	107,8	112,8	108,5	111,0	109,7	117,7	117,7
Schlachtverlust in Prozent	19,3	18,8	18,4	18,6	17,8	17,3	17,7	18,4	20,0	17,7
Fettanteil Speck und Schmer in Prozent	14,1	14,5	14,9	13,9	14,5	14,6	14,4	14,2	15,6	15,7
Fleischanteil Kotelett mit Kamm, Hüfte und Schinken in Prozent	45,5	45,0	44,3	45,4	45,1	44,9	45,1	44,5	43,1	42,9
Fett u. Fleischverhältnis 1:	3,3	3,1	3,0	3,3	3,1	3,3	3,2	3,2	2,8	2,8

* Vom Prüfungsjahr 1936/37 an ist der Mastabschnitt 40–100 kg berechnet

Tab. 44. Deutsches veredeltes Landschwein (ab 1969 Bezeichnung Deutsche Landrasse) Mastabschnitt 40–100 kg (nach ADS, Bonn).

Jahr	Zahl der geprüften Gruppen	Mastfähigkeit			Schlachtwerte				
		Alter bei Mastende Tage	tägliche Zunahme g	Futter-verbrauch kg	Länge der Tiere cm	Rücken-speckdicke cm	Rücken-muskelfläche cm^2	Fett-fläche cm^2	Fleisch:Fett = 1:
1952/53	514	203	733	3,82	96,0	4,7	–	–	–
1958	1319	204	718	3,60	94,8	4,6	29,7	47,0	1,64*
1960	994	203	710	3,49	95,9	4,2	30,1	40,0	1,36
1965	2305	198	750	3,18	102,3	3,3	34,2	29,6	0,89
1970	1251	192	779	3,04	101,9	3,0	38,5	25,9	0,65**

* ab 1958/59 planimetrische Messungen der Rückenmuskelfläche *(longissimus dorsi)* und Fettfläche am Kotelettschnitt (13./14. Rippe)

** ab 1970/71 Änderung der Prüfungsmethodik. Aufgabe der Prüfung in Vierergruppen (2 kastrierte männliche, 2 weibliche Tiere) zugunsten von Zweiergruppen (2 weibliche Tiere). Aussagewert nicht herabgesetzt, Freimachung der Stallkapazitäten für Eigenleistungsprüfungen. Zugleich nur noch Prüfung im Abschnitt 30–100 kg

somit weiterhin zu zentralen, neutral gelenkten Prüfanstalten, da Ermittlungen in den Züchterbetrieben, für allgemein wirtschaftlich-ökonomische Fragen ausreichend, keineswegs jedoch als Grundlage züchterischer Maßnahmen dienen können. Der Ausschuß legte die Prüfungsmethodik entsprechend den neueren Erkenntnissen fest und hat diese später fortlaufend überarbeitet und abgeändert.
1950 erfolgte die Einrichtung bzw. Wiederaufnahme der Arbeit in den Prüfungsanstalten Forchheim bei Karlsruhe und Oberer Hardthof bei Gießen. Die Anstalten unterstanden nunmehr den Obersten Behörden der Länder, und sehr bald wurde überall die Arbeit in zentral gelenkten Prüfanstalten aufgenommen (14 Anstalten – später 12 Anstalten). Die Anstalten arbeiten nach einer „Grundregel für die Durchführung von Mastleistungsprüfungen in der Schweinezucht", die der bereits erwähnte Arbeitsausschuß für Mastleistungsprüfungen erarbeitet hatte. Die Bestimmungen wurden von der DLG im Einvernehmen mit den Obersten Landesbehörden für Landwirtschaft erlassen. Im Verlaufe der Jahre waren mancherlei Änderungen der zur Anwendung gebrachten Methodik erforderlich. Diese folgten den Erkenntnissen der Tierzuchtwissenschaft. Hierzu gehört auch die Aufnahme von Eigenleistungsprüfungen neben denjenigen von Nachkommengruppen.
In der stürmischen Entwicklung der Schweinezucht nach 1950, d.h. auf ihrem steilen Weg zum Fleischschwein, wurden die Mastprüfanstalten zu einem wichtigen Faktor für die Ermittlung züchterischer Grundlagen, die, vom Züchter zur Anwendung gebracht, ungemein wirkungsvoll wurden. Dies sei in Tab. 44 an der Entwicklung des Deutschen veredelten Landschweines (ab 1969 Deutsche Landrasse genannt) im Verlaufe von 20 Jahren gezeigt. In diesem Zeitraum konnte der Futterverbrauch bei Verkürzung der Mastdauer (203 auf 192 Tage) von 3,82 auf 3,04 gesenkt werden. Fast unbegreiflich ist die Verbesserung des Fleisch-Fett-Verhältnisses von 1,64 auf 0,65.

1.1.4.2.4 Leistungsermittlungen bei Schafen
(s. auch S. 68)

Nach GÄRTNER (1924) sind „Leistungsprüfungen in der Schafzucht so alt wie die Schafzucht selbst." Dieser Ausspruch betrifft jedoch nur allgemeine Ermittlungen wie insbesondere die Feststellung des Wollertrages einer Herde oder einer Schafgruppe. Damit ist betont, daß vor allem das Vlies bzw. die Wolle Interesse fand. Sicherlich hat man derartige Ermittlungen über die Jahrhunderte hin in deutschen Schafhaltungen hier und da bei besonderem Interesse (z. B. Klöstern angeschlossene landwirtschaftliche Betriebe) vorgenommen. Zu Anfang des 19. Jahrhunderts kommt es dann bei der zunehmenden industriellen Verwertung der Wolle zu einer Intensivierung der Leistungsüberprüfungen. Sogenannte Wollmesser bestimmen mit subjektiven Beurteilungen und Bewertungen die Leistungen der Schafzucht. Fest umrissene Bestimmungen und Regeln, die auch Einzeltiere erfassen und damit Voraussetzungen für züchterisch-genetische Maßnahmen schaffen, gibt es noch nicht. Die hohe Bewertung der feinen Wollen fördert die Feinwollschafzucht, und bei der Entwicklung dieser Rassengruppen ist die Tätigkeit der Wollmesser nicht ohne Auswirkungen geblieben. Nach der Mitte des 19. Jahrhunderts wird die Produktion feinster Wollen uninteressanter, und das Fleischbildungsvermögen des Schafes findet stärkere Beachtung. Schrittweise ist nun das Wiegen von Tieren zu bemerken, und neben dem Feinheitsgrad der Wolle beachtet man auch ihre Menge. Dieser Entwicklung schließt sich die DLG mit ihren 1887 beginnenden Schauen an.

Bereits auf der Tierschau der DLG-Ausstellung im Jahr 1888 wurden sogenannte Probeschuren vorgenommen. Diese Maßnahme kann als der Beginn geregelter und gezielter Schafleistungsprüfungen in Deutschland angesehen werden, zumindest erbrachten sie wertvolle Erkenntnisse über die Schafrassen, ihre Wollmengenproduktion und Wollqualitäten wie auch über die Leistungen von Nutzungsrichtungen innerhalb der großen Rassegruppen. Festgestellt wurden die Vliesgewichte und das Gewicht der geschorenen Tiere auf dem Ausstellungsplatz; es folgte die spätere Bewertung der Wollen in landwirtschaftlichen Instituten unter Heranziehung von Experten der Wollkämmerei Leipzig. 1891 bis 1906 sind derartige Ermittlungen durchgeführt worden. Die Ergebnisse ließ die DLG zusammenstellen (LEHMANN – Probeschur in Halle/S. 1901; LEHMANN – Probeschur in Hannover 1903; LEHMANN – Probeschur in Danzig 1904; LEHMANN – Probeschur in Berlin-Schönenberg 1906). Ab 1900 sind nur noch Jährlinge einbezogen worden, da man bald erkannte, daß diese Altersgruppe von der Umwelt einschließlich Trächtigkeit noch wenig beeinflußt war.
Auch 1910, 1913 und 1914 fanden auf den DLG-Schauen Probeschuren statt. Es verblieb nunmehr jedoch nach den Wägungen von Wollmenge und Tieren bei einer Qualitätseinstufung bzw. Klassifizierung auf den Schauen. Nach dem 1. Weltkrieg wurde das System der Probeschuren zunächst fortgesetzt (VON FALCK – GOLF – Probeschur in Nürnberg 1922; VON FALCK – GOLF – Probeschur in Hamburg 1924; VON FALCK – Probeschuren in Stuttgart, Breslau, Dortmund 1925 bis 1928).
Betrachtet man rückwärtsschauend die Bedeutung dieser Probeschuren, dann sind die Ermittlungen nicht ohne Bedeutung geblieben. Letztere war allerdings begrenzt, da die Feststellung an Einzeltieren – häufig auch für die Ausstellung verstärkt vorbereiteten Schafen – kaum nachhaltige züchterische Auswirkung haben konnte. Es fehlten umfassende Leistungsermittlungen in den Herden, wie sie sich um 1900 bei Rind und Schwein anbahnten. Es ist somit keineswegs verwunderlich, wenn auch beim Schaf eine starke Diskussion um die Einführung planmäßiger Leistungsprüfungen in den Herden einsetzte. Die DLG besaß innerhalb ihrer Schafzuchtabteilung verschiedene Sonderausschüsse für die einzelnen Rassegruppen. Dies hatte sich durch die unterschiedliche Entwicklung der einzelnen Rassen ergeben und erbrachte auch ein zeitlich unterschiedliches Befassen mit Leistungsprüfungen. So werden im Sonderausschuß für Merinozucht bereits 1913 Grundzüge derartiger Maßnahmen diskutiert. Der 1. Weltkrieg verzögerte alle diesbezüglichen Maßnahmen, und wie bei den anderen landwirtschaftlichen Tierarten wuchs auch beim Schaf nach dem Krieg das Interesse an Leistungsprüfungen. Aber erst 1924 etablierte sich innerhalb der Schafzuchtabteilung der DLG ein Sonderausschuß für Schafleistungsprüfungen.
Inzwischen hatten die Praxis bzw. die Schafzuchtverbände bereits gehandelt. Schon 1920 begann die Oldenburgische Schafzüchtervereinigung mit planmäßigen Leistungskontrollen. Hier wurden bei Deutschen weißköpfigen Fleischschafen systematisch Lebendgewicht von Alt- und Jungtieren sowie Schurgewicht und Qualitätsbestimmungen der Wolle ermittelt. Diese Feststellungen wurden unter Aufsicht eines Kontrollbeamten vorgenommen.
1923 erfolgte dann innerhalb des Verbandes Schlesischer Schafzüchter in Breslau die Gründung eines ersten deutschen Schafkontrollvereins. In Zusammenarbeit mit der Wissenschaft (Tierzuchtinstitut Breslau) wurden etwa 10 000 Schafe in 27 Herden einer regelmäßigen Leistungsprüfung unterzogen.

Danach verbreitete sich der Gedanke „Leistungsprüfungen beim Schaf" sehr bald und stark. Ende der 20er Jahre liegen Berichte aus Pommern, Westfalen, Niedersachsen usw. vor. Die Erfahrungen erforderten allerdings zunächst eine häufige Änderung der Bestimmungen. Als zweckvoll werden die Erfassung folgender Eigenschaften erkannt: Fruchtbarkeit und Aufzucht (Fortpflanzungsleistung), 100-Tage-Gewicht, Wollmenge und -qualität bei Jährlingen (geringere Umweltbeeinflussung als bei sonstigen Altersgruppen).
Wie bereits erwähnt, besaß die DLG seit 1924 einen Sonderausschuß für Schafleistungsprüfungen. Dieser befaßte sich in erster Linie mit Wolleistungsprüfungen, aber auch mit Fleischleistungsprüfungen und bildete außerdem einen Unterausschuß für die Begründung eines Deutschen Schafleistungsbuches. Nach Ausarbeitung in diesem Ausschuß erließ die DLG 1930 die Grundregel für ein Schafleistungsbuch (Deutsches Schafleistungsbuch, Abteilung Wolle), welches jedoch nie eingerichtet wurde.
Die in ihren Grundzügen skizzierten Erhebungen in den Herden werden bis in die Neuzeit fortgesetzt.
Als besondere Prüfung sind bei der kleinen Gruppe Ostfriesischer Milchschafe seit 1926 (MÜHLBERG) Milchleistungsprüfungen bei den Herdbuchtieren vorgenommen worden. Sie folgten in ihrer Anlage und Durchführung dem Beispiel der Kontrolle bei Milchkühen. Ab 1930 nahm die DLG diese Leistungsergebnisse bei den ausgestellten Tieren auf. Ergebnisse der Milchleistungsprüfungen s. Tab. 23.
Wie bereits betont, fand die Fleischleistung des Schafes mit dem Nachlassen des Interesses für die Wollproduktion seit etwa der Mitte des 19. Jahrhunderts eine zunehmende Berücksichtigung. Die bereits genannten Wägungen von Einzeltieren auf den DLG-Schauen wie auch solche in einzelnen Herden haben aber zunächst eine nur geringe Aussagekraft. Als Maßstab des Fleischbildungsvermögens setzten sich dann mehr und mehr die von neutralen Personen in den Herden ermittelten 100-Tage-Gewichte oder ähnliche Gewichtsermittlungen an bestimmten Stichtagen durch. Diese geben sicherlich wertvolle Hinweise, sind jedoch im Rahmen exakter Zuchtwertschätzungen nur bedingt brauchbar. Daher mußte der Weg zu Nachkommensüberprüfungen auf Mastfähigkeit in zentralen, neutral geführten Anstalten führen (Vorbild Schweinemastprüfanstalten). Derartige Einrichtungen entstanden nach 1945 (1955 Beginn dieser Prüfungen in Kassel-Wilhelmshöhe, 1956/57 in Triesdorf/Bayern). Neben der Überprüfung von Nachkommengruppen sind in diesen Anstalten in jüngster Zeit auch Eigenleistungsprüfungen aufgenommen worden, nachdem bereits seit Beginn 1956 die Rücknahme besonders guter Tiere nach der Prüfung möglich war.

1.1.4.2.5 Leistungsermittlungen bei Kleintieren
(s. auch S. 68 u. 73)

Ziegen

Aufnahme oder Beginn von Leistungsprüfungen sind fast immer eng mit einer Organisation für eine Tierart, Zusammenschluß von Züchtern oder ähnliche Vereinigungen, in Verbindung zu bringen. Der Stand der organisierten Ziegenzucht war noch gegen Ende des 19. Jahrhunderts auf einem so tiefen Punkt, daß 1891 für die damalige DLG-Schau Angaben zum Züchter der vorgestellten Tiere als „falls möglich" gemacht werden sollten. Die Entwicklung ging dann, allerdings durch Importe aus der Schweiz und einsetzende züchterische Arbeit, schnell voran, und die Ausstellungsbestimmungen konnten nach und nach verschärft werden. Der Vermerk zur Schau 1891 sei ein Hinweis auf das züchterische Niveau innerhalb der damaligen deutschen Ziegenzucht. Der Gedanke an Leistungsprüfungen (Milch und Milchfett), der beim Rind im letzten Jahrzehnt des 19. Jahrhunderts an Boden gewann, ließ sich somit bei der Ziege nur allmählich durchsetzen.

Große Verdienste sowohl in der Förderung allgemeiner züchterischer Maßnahmen als auch für die Leistungsprüfungen erwarb sich auch hier die DLG. Ein 1895 gegründeter Sonderausschuß für Ziegenzucht befaßte sich allerdings zunächst nur mit den dringlichen Fragen der Rassenbereinigung, Vatertierhaltung sowie den allmählich entstehenden Züchtervereinigungen, nahm dann aber auch zu Leistungsprüfungen Stellung, die ab 1912 gefördert wurden. Inzwischen waren – sicherlich angeregt durch die entstandenen Rindviehkontrollvereine – sporadisch bereits innerhalb der deutschen Ziegenzucht einzelne Überprüfungen auf Milchergiebigkeit zur Durchführung gekommen. 1895/96 wird über eine solche in Freiberg/Sa. berichtet (KOHLSCHMIDT), und 1904 bzw. 1905 liegen Kontrollergebnisse in Braunschweig und in Hannover vor.

Milchleistungsprüfungen bei Ziegen haben seit ihrem Beginn mit organisatorischen und technischen Schwierigkeiten zu kämpfen gehabt. Die Kleinheit der Bestände läßt einen Aufbau des Verfahrens, wie es sich in den Milchviehkontrollvereinen entwickelte, nicht zu. Eine Übernahme der Kontrolle – zumindest der Fettbestimmungen nach dem Gerber-Verfahren – durch die Kontrolleure der Milchviehprüfungen ist hier und da mit Erfolg zur Durchführung gekommen, konnte jedoch keine allgemeine Anwendung finden. Die Probeentnahme durch die Züchter im eigenen Stall schuf kaum sichere Unterlagen. Vielfach bewährte sich der Einsatz von Vertrauensmännern zur Durchführung der Kontrollen.

Trotz dieser Schwierigkeiten kann ab etwa 1920 von einer umfassenderen Durchführung der Milchleistungsprüfungen bei Ziegen gesprochen werden. Hier mag, wie auch bei anderen Tierarten, der 1. Weltkrieg mit seinen Notzeiten nicht nur einen fördernden Einfluß auf die Kleintierzucht an sich, sondern auch auf deren Leistungsfähigkeit ausgeübt haben. Die bislang durchgeführten Ermittlungen waren fast immer innerhalb kleiner Gruppen bei besonders interessierten Züchtern oder Zuchtvereinen vorgenommen worden. Sie haben Züchtern und Zuchtleitungen ohne Zweifel einen guten Einblick in das Leistungsvermögen der verschiedenen Ziegenrassen gegeben, ohne allerdings in erweitertem Rahmen für das Züchtungsgeschehen Unterlagen zu liefern. Die verstärkte Aufnahme von Leistungsprüfungen nach dem 1. Weltkrieg fand Unterstützung von seiten des Staates, der Landwirtschaftskammern u. a. Dies wirkte sich so günstig aus, daß 1931 erstmals auf der DLG-Schau in Hannover Milchleistungswettbewerbe ausgeschrieben werden konnten. 1938 teilt die damalige Reichsfachgruppe der Ziegenzüchter (KELLER) die Absicht mit, als Voraussetzung einer planmäßigen Zucht Leistungsprüfungen bei allen Herdbuchziegen obligatorisch durchführen zu lassen. Zuständig dafür sollten die Zuchtwarte für Kleintierzucht sein.

Nach dem 2. Weltkrieg hat sich der Ziegenbestand in der Bundesrepublik Deutschland stark verringert. Die Herdbuchzüchter führen Milchleistungskontrollen in Anlehnung an diejenigen bei Rindern durch. (S. Tabellen 25 u. 26).

Kaninchen
Die Haltung und Zucht von Kaninchen hat in der zweiten Hälfte des 19. Jahrhunderts eine stärkere Verbreitung gefunden. Bei der zunehmenden Industrialisierung und Verstädterung der zumeist aus ländlichem Bereich stammenden Menschen waren kleinere Haustiere ein willkommener Ausgleich in einer fremden Umgebung. Zudem konnte diese Tierart auch in Kleingärten oder sonstigen begrenzten Räumen gehalten werden. Liebhaberei und Sport haben sicherlich zunächst mehr im Vordergrund gestanden als die Leistung der Tiere. Aus Berichten nach dem 1. Weltkrieg läßt sich jedoch auch für Kaninchen feststellen, daß ihr Leistungsvermögen stärkere Beachtung gefunden hat.
Zu Leistungsprüfungen ist es zunächst bei Angorakaninchen gekommen. Auf Anregung der damaligen Reichsfachgruppe der Kaninchenzüchter und mit Unterstützung der Ministerien nahm die Forschungsanstalt für Kleintierzucht Kiel-Steenbek Ende 1933 Leistungsprüfungen für Angorakaninchen auf. 1935 folgten das Tierzuchtinstitut in Halle sowie die Versuchs- und Forschungsanstalt Tschechnitz bei Breslau. Nach Sammlung von Erfahrungen wurde eine allgemein gültige Prüfungsordnung festgelegt, die das Ziel hatte, den Jahreswollertrag der geprüften Tiere zu ermitteln. Die Züchter machten sehr bald von der Möglichkeit, ihre Tiere überprüfen zu lassen, Gebrauch, um eine entsprechende Selektion betreiben zu können.
Nach 1945 sind diese Angora-Wolleistungsprüfungen fortgesetzt worden. Zudem wurden die Leistungsprüfungen bei Kaninchen um eine solche der Ermittlung der Mastfähigkeit (nach DLG-Richtlinien in der Hessischen Landesanstalt für Leistungsprüfungen in Neu-Ulrichstein) erweitert.

Geflügel
Die DLG gründete bereits 1889 einen Sonderausschuß für Geflügelzucht. Dieser hatte „während der Zeit seiner Tätigkeit das Bestreben, die Nutzgeflügelzucht – im Gegensatz zur Sportgeflügelzucht – zu fördern" (HANSEN-FISCHER, 1936). Die Arbeit bestand über Jahrzehnte hin in einer Bereinigung von Rassenfragen, Haltungsproblemen wie auch solchen der Fütterung. Ein erstes Wettlegen fand 1910 bis 1915 in Schabernack bei Neuss statt. Es erfolgte auf den Wunsch rheinischer Geflügelzüchter hin und unterstand der Kontrolle der Landwirtschaftskammer. Aber erst nach 1920 wurden die Leistungen des Huhnes stärker beachtet und hier ausschließlich das Legeleistungsvermögen [1]. Nach englischem, teils holländischem Vorbild wurden Leistungsprüfungen an neutralen Orten aufgenommen, nachdem Fallnesterkontrollen in den Geflügelhaltungen gute Überblicke, aber kaum Unterlagen für die züchterische Arbeit ergaben. Zu den älteren derartigen Einrichtungen gehören das Ende 1924 begonnene Rheinische staatliche Wettlegen in Hohenangern bei Düsseldorf und die etwa zur gleichen Zeit angesetzten Leistungsprüfungen in der Versuchsanstalt Halle-Cröllwitz. Sehr bald wurden derartige Prüfanstalten in allen Teilen des damaligen Deutschen Reiches aufgebaut, fast immer bestehenden Lehr- und Versuchsanstalten für Geflügelzucht angeschlossen und unterstellt.

[1] Aus vielen Mitteilungen der damaligen Geflügelzucht ist zu entnehmen, daß der äußerst agile Referent im damaligen preußischen Ministerium für Landwirtschaft GERRIETS die Entwicklung besonders stark förderte.

Entwickelt wurde die sogenannte Standardprüfung, die, aus Herdbuch- und Vermehrungszuchten stammend, kleinere Gruppen von Junghennen (5 bis 7 Tiere nach SCHNEIDER) in einer Legeperiode überprüfte. Später wurde das von Holland übernommene Verfahren der Auswahl von Bruteiern in den Betrieben durch Vertrauensmänner teilweise übernommen. Die in den Prüfanstalten ausgebrüteten, aufgezogenen und auf ihr Leistungsvermögen geprüften Tiere boten züchterisch ohne Zweifel eine weitaus bessere Ausgangsbasis, erforderten jedoch größere Einrichtungen und führten damit zur geringeren Anzahl überprüfter Gruppen.
Auch auf Tierschauen fand die Leistung Anklang. Bereits 1901 erfolgte auf der DLG-Schau ein Eier-Wettbewerb. Ab 1927 wurde ein Leistungswettbewerb für Tiere aufgenommen, die im Vorjahr in Halle-Cröllwitz geprüft waren.
Der 2. Weltkrieg unterbrach diese Ermittlungen. Nach 1945 machte die Wirtschaftsgeflügelzucht durch die Veränderung der Zuchtmethoden (Hybridzucht) einen beträchtlichen Wandel durch. Zugleich kam es zu einer Trennung der Nutzungsrichtungen Lege- und Mastleistung. Entsprechend änderten sich auch die Leistungsprüfungen, die, den fortlaufenden Erkenntnissen angepaßt, heute in Richtlinien gefaßt sind und in 6 Leistungsprüfanstalten zur Durchführung kommen.

1.1.4.3 Sonderleistungsbücher/-register

Der Gedanke, bei fortlaufender Durchführung von Leistungsermittlungen Tiere mit herausragenden Ergebnissen hervorzuheben und in speziellen Registern (Sonderherdbücher, Eliteregister u. a.) zu führen, ist bei allen Tierarten vorhanden, zumindest sind Ansätze dazu zu finden. Diese Tiere werden als züchterisch besonders wertvoll angesehen und möglichst entsprechend eingesetzt. Dabei sei allerdings nicht übersehen, daß einmalige, häufig kurzfristig erbrachte Leistungen zwar das hohe Leistungsvermögen wiedergeben, aber nicht unbedingt im Erbgang die Erwartungen immer erfüllen. Man hat sich somit in zunehmendem Maße bemüht, auch die in den Eliteregistern erfaßten Spitzenleistungen im Rahmen von Erbwertschätzungen zu überprüfen und ihre Leistungen sicherer auszuwerten.
Nicht unerwähnt sei, daß bei der Einrichtung von Eliteregistern oder Aufstellungen von Zuchttieren mit überragenden Leistungen auch Fragen des Absatzes oder allgemein propagandistische Wirkungen in Betracht gezogen werden, zumal es in Verkaufskatalogen Zeichen für diese Tiere gibt.
Sonderleistungsbücher/-register sind in Deutschland zunächst und vermehrt bei Rind und Schwein eingerichtet worden. Es erschien zweckvoll, im folgenden diese Tierarten voranzustellen.

1.1.4.3.1 Rind

Das Deutsche Rinderleistungsbuch (DRLB – RL).
Innerhalb der Tierarten wurde in Deutschland beim Rind die Diskussion um Sonderleistungsregister angeregt und schnell aktuell, nachdem eine Studienkommission die USA bereist hatte und der Rinderzüchter DEICKE, PEEST, im Februar 1926 vor der DLG berichtete. Er wies auf die hohen Leistungen der in den USA auf der Grundlage aus Westeuropa importierten, schwarzbunten Rinder hin und nannte Zahlen von im Vorzugsregister (Advanced Registry – AR) der Holstein-Friesischen Züchtergesellschaft (Holstein-Frisian-Breeder Association) eingetragenen Tieren. Dieses Leistungsregister erfaßt hochveranlagte Kühe nach einer sorg-

fältigen Prüfung und erreicht mit einer gezielten Fütterungstechnik Höchstleistungen, die damals bei den deutschen Rindern unbekannt waren. Derartige Prüfungen werden in den USA seit Ende des 19. Jahrhunderts durchgeführt (1886).
Die deutschen Rinderzüchter griffen die nunmehr aufkommenden Gedankengänge um die bislang unbekannte Leistungshöhe der deutschen Rinderrassen sofort auf, um einerseits die Veranlagungen innerhalb der Bestände zu erkennen und züchterisch auszunutzen, andererseits aber auch um mit diesen Unterlagen dem aufkommenden internationalen Absatz von Zuchttieren propagandistisch zu begegnen. Der Sonderausschuß für Rinderleistungsprüfungen der DLG faßte bereits im April 1926 den Beschluß, eine ähnliche Einrichtung wie in den USA zu schaffen und legte Grundregeln für ein „Deutsches Rinderleistungsbuch" vor, welche allseitige Zustimmung und Genehmigung fanden. Bereits am 1. 10. 1926 wurden die Arbeiten dieser Institution mit der Kurzbezeichnung DRLB aufgenommen.
Das Deutsche Rinderleistungsbuch unterstand als Einrichtung und Sammlung der Daten der DLG und wurde von einem Vorstand geleitet, dem Vertreter der zuständigen Ministerien, der Tierzuchtinstitute und der Züchtervereinigungen angehörten. Aus den in einer Grundregel zusammengefaßten Bestimmungen sei genannt:
Zu der Sonderprüfung konnten nur in die Herdbücher einer von der DLG anerkannten Züchtervereinigung eingetragene Tiere angemeldet werden (im Ausland gezüchtete Tiere waren ausgeschlossen).
Gemäß Grundregel des DRLB erfolgte die Durchführung der Leistungsprüfungen unter verantwortlicher Leitung der Tierzuchtinstitute der Universitäten und landwirtschaftlichen Hochschulen unter Einteilung nach Prüfungsbezirken. In den Betrieben arbeiteten sogenannte Leistungsinpektoren. Zusammenfassung der Ergebnisse und ihre Auswertung erfolgten, wie bereits hervorgehoben, in der Geschäftsstelle des DRLB bei der DLG.
Die Prüfung der Kühe auf ihre Leistungsfähigkeit wurde in 365tägiger oder 305tägiger Dauer vorgenommen. Es waren somit einmalige Prüfungen in bestimmten Zeiträumen, selbstverständlich unter den Bestimmungen weitgehend normaler Trächtigkeiten und Abkalbungen. Die Fütterung war dem Besitzer überlassen, unterlag jedoch Bestimmungen, die HANSEN wie folgt zusammenfaßte: „Es kommt darauf an, unter denkbar reichlicher Fütterung die volle, den Tieren innewohnende Leistungsfähigkeit zur Entfaltung zu bringen. Die Art der Fütterung ist den Besitzern freigestellt. Verboten sind nur die Verfütterung von Milch und Molkereiabfällen sowie die Verabreichung von Reizmitteln irgendwelcher Art." Die Zuchtabläufe wie auch die Fütterung wurden von dem besonderen Personal des Rinderleistungsbuches, den Leistungsinspektoren, überwacht und in den Prüfungsunterlagen festgehalten. Zur Aufgabenstellung der Leistungsinspektoren gehörte auch die Kontrolle der Milchleistungen und Probeentnahme für die Milchfettbestimmungen. Futtermittelproben sind in Laboratorien der Tierzuchtinstitute oder in den Landwirtschaftlichen Versuchsstationen untersucht worden.
Die Prüfung galt als bestanden, wenn bestimmte Mindestleistungen (kg Milchfett) erfüllt waren. Den Zuchtzielen entsprechend unterlagen die Rinderrassen unterschiedlichen Bedingungen (vom leistungsfähigen Niederungsvieh bis zu geringer veranlagtem Höhenvieh). Daraus ergaben sich die Abteilung A – Niederungsschläge und Abteilung B – Höhenschläge. Bullen wurden eingetragen, wenn mindestens 4 Töchter die Prüfung bestanden hatten.

Die deutschen Rinderzüchter nahmen diese Prüfungen erstaunlich schnell auf. Die Ergebnisse bzw. die entstehenden Eliteregister wurden von der DLG in Sonderbänden herausgegeben, deren Band I bereits Ende 1929 vorlag. Prüfungen und Eintragungen zum DRLB in der beschriebenen Form sind bis 1936/37 zur Durchführung gekommen (Band I–IV) und wurden dann von dem RL ersetzt (s. S. 378). BÄSSMANN gab 1938 folgende Zusammenstellung über die Eintragungen in das DRLB für den Zeitraum seines Bestehens:

	1928	1929	1930	1931	1932	1933	1934	1935	1936	1937
Zahl der geprüften Tiere	605	829	1052	1109	736	622	603	683	748	177
Zahl der tätigen Leistungs-inspektoren	32	37	46	33	20	16	16	16	16	7

Es zeigte sich sehr bald, zu welch hohen Leistungen die deutschen Rinder fähig waren. Dabei sind die in den USA ermittelten Ergebnisse übertroffen worden. Aus dem Bericht und Rückblick von BÄSSMANN 1938 seien die Höchstleistungen genannt, die zugleich ein Rassenbild der deutschen Rinderrassen darstellen (Tab. 45).

Tab. 45. **1. Höchstleistungen in Milchmenge***

Name und Herdbuch-Nr.	DRLB Nr.	Züchtervereinigung	Milch kg	Fett %	Fett kg
A) Niederungsschläge (Schwarz-weiß)					
a) Prüfung 365 Tage					
Therese Z. C. 10390	1837	Rhein. Verband für Tief-land-Rinderzucht, Köln	15 930	3,09	493
b) Prüfung 305 Tage					
Usta 9835	1070	Rhein. Verband für Tief-land-Rinderzucht, Köln	11 561	3,35	387
A) Niederungsschläge (Rotbunt)					
a) Prüfung 365 Tage					
Veilchen 9637	1151	Landesverbd. Schles. Rin-derzüchter, Breslau	15 664	3,72	583
b) Prüfung 305 Tage					
Kea 13890	783	Landesverbd. Schles. Rin-derzüchter, Abt. Görlitz	10 755	3,29	354

Tab. 45. **1. Höchstleistungen in Milchmenge***

B) Höhenschläge (Fleckvieh)					
a) Prüfung 365 Tage					
Amme 2601/O. Z.	236	Zuchtverbd. für Oberbayer. Alpenfleckvieh, Miesbach	11 548	3,98	460
b) Prüfung 305 Tage					
Lilly 181	77	Fränkisch-Hohenlohescher Fleckviehzuchtverbd., Hall	9 147	3,52	322
B) Einfarbig gelbe Höhenschläge					
a) Prüfung 365 Tage					
Dabora 2768	232	Landesverbd. Thür. Frankenzüchter, Weimar	7 640	4,61	352
b) Prüfung 305 Tage					
Lotte 201	44	Landesverbd. Thür. Frankenzüchter, Weimar	6 714	4,05	272
B) Höhenschläge (Graubraunes Gebirgsvieh)					
a) Prüfung 365 Tage					
Isar 19551	126	Zuchtverbd. für einfarb. Gebirgsvieh in Oberbayern, Weilheim	9 767	3,16	309
b) Prüfung 305 Tage					
Aleta 5/1908	34	Allgäuer Herdbuch-Gesellsch., Immenstadt	7 795	3,45	269
B) Höhenschläge (Mitteldeutsches Rotvieh)					
a) Prüfung 365 Tage					
Zigeunerin 4633	110	Landesverbd. Schles. Rinderzüchter, Abt. Rotvieh	9 210	4,48	413
b) Prüfung 305 Tage					
Westfalin 4569	40	Landesverbd. Schles. Rinderzüchter, Breslau, Abt. Rotvieh	7 508	4,84	363

* entnommen: BÄSSMANN, Züchtungskunde 1938

Tab. 45. **2. Höchstleistungen in Fettmenge***

Name und Herdbuch-Nr.	DRLB Nr.	Züchtervereinigung	Milch kg	Fett %	Fett kg
A) Niederungsschläge (Schwarz-weiß)					
a) Prüfung 365 Tage					
Gertrud 131 182	1315	Verein Ostfries. Stammviehzüchter, Norden	13 819	4,44	613
b) Prüfung 305 Tage					
Wichtel 45958	1643	Ostpr. Herdbuch-Gesellschaft, Insterburg	9 217	4,89	451
A) Niederungsschläge (Rotbunt)					
a) Prüfung 365 Tage					
Veilchen 9637	1151	Landesverbd. Schles. Rinderzüchter, Breslau	15 664	3,72	583
b) Prüfung 305 Tage					
Olga 9319	843	Verein Ostfries. Stammviehzüchter, Norden	8 905	4,41	392
B) Höhenschläge (Fleckvieh)					
a) Prüfung 365 Tage					
Kastanie 24 610	197	Rindviehz.-Verbd. Sachsen-Anh., Abt. Mitteldt. Fleckvieh, Halle	10 511	5,16	542
b) Prüfung 305 Tage					
Hulda 19 783	15	Rindviehz.-Verbd. Sachsen-Anh., Abt. Mitteldt. Fleckvieh, Halle	8 372	4,71	394
B) Einfarbig gelbe Höhenschläge					
a) Prüfung 365 Tage					
Dabora 2768	232	Landesverbd. Thüringer Frankenzüchter, Weimar	7 640	4,61	352
b) Prüfung 305 Tage					
Lotte 201	44	Landesverbd. Thüringer Frankenzüchter, Weimar	6 714	4,05	272
B) Höhenschläge (Graubraunes Gebirgsvieh)					
a) Prüfung 365 Tage					
Zarin 16 420	73	Zuchtverbd. für einfarb. Gebirgsvieh Oberbayern, Weilheim	9 023	3,85	348
b) Prüfung 305 Tage					
Alwine 6/356	106	Allgäuer Herdbuch-Gesellsch., Immenstadt	6 700	4,16	278

* entnommen: BÄSSMANN, Züchtungskunde 1938

B) Höhenschläge (Mitteldeutsches Rotvieh)					
a) Prüfung 365 Tage					
Zigeunerin 4633	110	Landesverbd. Schles. Rinderzüchter, Bresl., Abt. Rotvieh	9 210	4,48	413
b) Prüfung 305 Tage					
Westfalin 4569	40	Landesverbd. Schles. Rinderzüchter, Breslau, Abt. Rotvieh	7 508	4,84	363

HANSEN gab bereits 1931 Berechnungen der durchschnittlichen Leistungen bekannt. Aus den Bänden I und II, die 1929 und 1931 erschienen waren, errechnete er folgende Durchschnittsleistung aller in 365 Tagen geprüften Kühe:

	Milch kg	Fett %	Fett kg
Niederungskühe	8798	3,76	331
Höhenviehkühe	7320	4,13	302

Nach HANSEN blieb die Resonanz im Ausland nicht aus und dokumentierte den züchterisch hohen Stand der deutschen Rinderrassen. Sicherlich waren dies Einzeltiere. Ihr Vorhandensein vor nunmehr 50 Jahren ist jedoch nicht zu übersehen und verdient stärkste Beachtung!

Es hat aber auch nicht an Kritik zur Einrichtung und Durchführung der Prüfungen gefehlt. Nach Überwindung anfänglicher Schwierigkeiten, die auf organisatorischem Gebiet lagen, aber auch die Fütterungstechnik betrafen, sind eine Reihe von Untersuchungen und Auswertungen angesetzt worden, die sich mit dem Ergebnis und den Auswirkungen dieser Ermittlungen befaßten. So bearbeitete VON FALCK 1931 die Probleme der Fütterung. UHRIG befaßte sich 1933 mit dem Einfluß auf den Gesundheitszustand bei ostpreußischen Prüfungstieren, um nur einige der Auswertungen zu nennen. Insbesondere rückte das Problem starke Fütterung und Gesundheitszustand vermehrt in den Vordergrund. Aus der Vielzahl von Stellungnahmen praktischer Züchter, insbesondere aber von Zuchtleitern der Herdbuchverbände, seien 2 Mitteilungen herausgegriffen:

PETERS führte aus der Sicht der ostpreußischen Rinderzüchter, die sich besonders stark an den Prüfungen beteiligten, 1929 aus:

„Wichtig sind folgende Fragen:

1. Haben die Tiere die Prüfung ohne Gesundheitsschädigung überstanden?
2. Sind sie wieder tragend geworden?
3. Wie sind die nach der Prüfung geborenen Kälber ausgefallen?

z. 1) Was den Gesundheitszustand der Tiere anbetrifft, ist zu sagen, daß bisher noch bei keinem Tier die seinerzeit aus Amerika gemeldeten Krankheitserscheinungen aufgetreten sind.

z. 2) Das Geschlechtsleben der Leistungskühe war in keiner Weise gestört; sie haben normal wieder aufgenommen.

z. 3) Über die Kälbergewichte sind in Ostpreußen keine Aufzeichnungen gemacht worden. In einigen Fällen wurde berichtet, daß die Kälber stark entwickelt seien."

KÖPPE sagt zum DRLB aus der Sicht Ostfrieslands nach siebenjährigem Bestehen:

„*Vorteile*
1. Das DRLB ist für die Weltgeltung der deutschen Milchkühe von Vorteil gewesen.
2. Die Futtertechnik zur Erreichung höchster Leistungen ist weitgehendst ausgebildet worden. Unsere Züchter haben hinsichtlich Futterberechnung, Akkuratesse und Gefahren zu hoher Eiweißgaben viel gelernt.
3. Weibliche Stämme und männliche Töchterfamilien sind gefunden worden, die für optimale Futtergaben dankbar sind und somit eine gewisse Futterdankbarkeit bekunden.

Nachteile
1. Die Gesundheit der zu höchsten Leistungen angestrengten Kuhorganismen ist anfälliger als bei gewöhnlicher Haltung. Nach Abstellung überhoher Eiweißgaben sind aber die Verluste nicht viel höher gewesen als bei wirtschaftlicher Leistungshaltung.
2. Die züchterische Verbesserung der Leistungen durch das Herausfinden gutreagierender Familien führt andererseits zu einer Verschleierung der Leistungsanlagen, da vielfach Leistungen herausgeholt werden, die die Erbanlage nicht genügen sicherstellt."

Neben diesen Stellungnahmen aus einzelnen Zuchtgebieten wurde der wichtigen Frage einer Auswirkung von Sonderprüfungen in der Art des DRLB auf den Gesundheitszustand der Tiere 1936 auch durch eine allgemeine Rückfrage bei den Züchtervereinigungen nachgegangen. Die Ergebnisse wertete SCHÄPER aus. Zugleich verarbeitete er die genannten Untersuchungen von UHRIG an ostpreußischen Kühen, die von ZAHN in Bayern und von KÄB an Frankenkühen. Aus seinem sehr aufschlußreichen Bericht seien folgende Aussagen hervorgehoben: „In den ersten Jahren der Prüfungen wurden in einzelnen Betrieben vermehrt Erkrankungen beobachtet, die durchweg auf Störungen der Verdauungsorgane zurückzuführen waren. Sie beruhten in erster Linie auf Unkenntnis der zweckmäßigen Futterzusammensetzung und Verabreichung zu hoher Kraftfuttergaben. Nach Überwindung dieser Anfangsschwierigkeiten hat man keine erhöhten Verluste infolge Erkrankungen mehr feststellen können. Das Gesamturteil geht infolgedessen dahin, daß die außerordentlich hohen Milch- und Milchfettleistungen, die bei den Sonderleistungsprüfungen des Deutschen Rinderleistungsbuches verlangt und erzielt wurden, keine erhöhten Abgänge an Konstitutionskrankheiten zur Folge hatten."

Das 1926 angelegte Deutsche Rinderleistungsbuch (DRLB), seine Methodik und seine Zielsetzung sind somit nicht ohne Überlegungen zum Für und Wider geblieben. Auch nach Überwindung anfänglicher Schwierigkeiten, insbesondere bei der noch weitgehend unbekannten Fütterungstechnik von Hochleistungskühen, verblieben die Diskussionen. Die Hauptsorge galt dem Gesundheitszustand der Tiere, und es ist bemerkenswert, daß hier ein negativer Einfluß nicht nachgewiesen werden konnte. Die anfänglichen Bedenken wichen sogar bald der Anerkennung einer Selektion in konstitutioneller Hinsicht (SCHÄPER). Kaum zu klären war jedoch die Notwendigkeit oder das Beibehalten des Denkens in Rekordleistungen, nachdem der Beweis erbracht war, daß die deutschen Rinderrassen die Veranlagung zu höchsten Leistungen besaßen. In dieser Diskussion vermerkten die Ökonomen, daß derartige Leistungen nur mit einem hohen Kraftfutteraufwand möglich seien und dies in Zeiten wirtschaftlicher Depressionen um 1930, somit eine für die Züchter

oft schwer erfüllbare Voraussetzung der Prüfungen. Hinzu kamen die Kosten für die Durchführung des Verfahrens mit einer eigens dazu eingerichteten Institution. Unter diesen Gegebenheiten beschränkten sich die Züchter in zunehmendem Maße auf Erreichung der Mindestanforderungen oder verzichteten gänzlich auf die Prüfungen. Die Aufstellung von BÄSSMANN zeigt nach einer hohen Eintragungsquote 1930/31 eine allmähliche Stagnation bis zum Rückgang (s. S. 372).
Ende 1937 erschien Band IV des Leistungsregisters bzw. der geprüften Tiere. Mit diesem Abschlußband nannte BÄSSMANN die Zahlen aller eingetragenen Tiere getrennt nach Niederungs- und Höhenschlägen:

A)	Niederungsschläge:	I.	Kühe,	a)	Prüfung 365 Tg:	3196
		I.	Kühe,	b)	Prüfung 305 Tg:	2274
		II.	Bullen			359
B)	Höhenschläge	I.	Kühe,	a)	Prüfung 365 Tg:	571
		I.	Kühe,	b)	Prüfung 305 Tg:	308
		II.	Bullen			34

Die zahlenmäßige Überlegenheit der Eintragungen bei den Niederungsschlägen entspricht dem damaligen Leistungsniveau. Nicht uninteressant ist nun eine Aufgliederung nach den Überprüfungen innerhalb der Zuchtverbände, die in der Tabelle 46 für die schwarzbunten Niederungsrinder angefertigt wurde. Dabei sind Züchtervereinigungen herangezogen worden, die mehr als 15 000 eingetragene Tiere hatten. Wie zu erwarten, besteht zwischen den beiden damals führenden Züchtervereinigungen in Ostpreußen und in Ostfriesland/Jeverland kein Unterschied. Auffallend ist jedoch die prozentual geringe Prüfungsquote bei den anderen west-nordwestdeutschen Züchtervereinigungen im Vergleich mit denjenigen Ost-Mitteldeutschlands. Der züchterische Stand zwischen diesen Zuchtgebieten des Schwarzbuntrindes gibt kaum eine Erklärung. Sucht man nach anderen Gründen, dann dürften diese in der Betriebsstruktur zu suchen sein. Für die bäuerlichen Betriebe West- und Nordwestdeutschlands mögen die Kosten durch den Aufwand (eigener Personalbestand des DRLB, hoher Kraftfutteraufwand) des Prüfverfahrens zu groß gewesen sein, während in den Großbetrieben Mittel- und Ostdeutschlands diese Belastung eher getragen werden konnte.
Es sind verschiedene Gründe, die allmählich zu einer Umstellung des Prüfungsverfahrens führten. Im Vordergrund stand insbesondere die Diskussion um eine einmalige Überprüfung der Tiere oder Eintragung nach einer Dauerleistung. Eine Ansicht von PETERS blieb nicht unwidersprochen:
„Die einmalige Prüfung der Kühe für das DRLB braucht die Tiere durchaus nicht übermäßig anzustrengen und ist weniger schädlich als eine jahraus, jahrein dauernd starke Fütterung. Züchterisch halte ich es für verfehlt, die hervorragendsten Zuchttiere ihr ganzes Leben hindurch auf Höchstleistungen zu halten. Wenn die Vollblutpferde geprüft sind, kommen sie in den Zuchtstall und werden als Zuchttiere ausgenutzt. Das ist gut und richtig; ihre Leistungsfähigkeit ist erwiesen. In der Rinderleistungszucht muß es ebenso gemacht werden."
Im Gegensatz zu dieser Auffassung wurde vor allem von seiten der Konstitutionsforschung die Züchtung einer langlebigen Leistungskuh herausgestellt, da das Rind bekanntlich seine Maximalleistung in der 3. bis 5. Laktation bringt.
Hinzu kam der nach 1933 nachlassende Import von Kraftfutter, somit eine kaum

Tab. 46. DRLB-Eintragungen bei den Zuchtverbänden des schwarzbunten Niederungsrindes (Verbände mit über 15 000 eingetragenen Tieren)*

I) West-/Nordwestdeutschland	eingetragene Tiere am 1. 1. 38 (Bullen und Kühe)	DRLB-Eintragungen (Bullen u. Kühe) bei Abschluß d. Prüfungsverfahrens 1937	Prozent der eingetragenen Tiere
Verein Ostfriesischer Stammviehzüchter (einschl. Friesischer Milchverein, Jever)	57 808	1038	1,80
Verband Schwarzbunter Schleswig-Holsteiner	40 721	64	0,16
Westf. Herdbuchges.	23 689	70	0,30
Lüneburger Herdbuchges.	22 174	17	0,08
Stader Herdbuchges.	16 477	3	0,02
Oldenburger Herdbuchges.	15 452	169	1,10
II) Ost-/Mitteldeutschland			
Ostpreußische Herdbuchges. (einschl. Abt. Insterburg)	105 177	1874	1,78
Landesverband Kurmärkischer Rinderzüchter	33 409	165	0,49
Rinderzuchtverband Sachsen-Anhalt	22 550	123	0,55
Pommersche Herdbuchges.	16 895	340	2,01
Landesverband Mecklenb. Rinderzüchter	16 142	71	0,44

* Zahlen nach:
BÄSSMANN, Züchtungskunde 1938
GRUETER, Deutsche Landw. Tierzucht, 1938

überwindbare Erschwernis der Prüfungsmethodik des DRLB. Die Rinderzucht mußte sich auf das geringere Kraftfutter einstellen. Es erfolgte die Umstellung des Zuchtzieles auf den sogenannten Wirtschaftstyp, d. h. eines langlebigen, fruchtbaren Rindes, welches mit wirtschaftseigenem Futter gleichmäßig hohe, nicht höchste Einzellaktationsleistungen bringt. Dies erforderte auch eine neue Form des Rinderleistungsbuches.

Am 1. 4. 1937 sind die Diskussionen und Vorbereitungen beendet, und die neue Form des Deutschen Rinderleistungsbuches wird eingeführt mit der Kurzbezeichnung RL. Seine Grundzüge waren:

1. Als Grundlagen der Eintragungen werden die Ergebnisse der normalen Milchleistungsprüfungen verwendet.
2. In das RL werden nur Kühe ab dem 8. Lebensjahr eingetragen und einer möglichen 2. und 3. Eintragung nach dem 11. und 14. Lebensjahr. Das Ziel ist

eine „fruchtbare, gesunde, bodenständige Kuh auf der Basis von wirtschaftseigenen Futtermitteln" (nach BIRKER).

3. Nach den Zuchtzielen der einzelnen Rinderrassen abgestuft, erfolgte die Eintragung unter festgesetzten Mindestmengen für kg Milchfett und einem Mindestfettgehalt der Milch. Bullen können eingetragen werden, wenn mindestens 8 Töchter die Leistungen erfüllt haben.

Diese Eintragungsbestimmungen unter Festlegung von Mindestleistungen sind im Verlaufe der Jahre immer wieder entsprechend den erhöhten Leistungsanforderungen im Zuchtziel der einzelnen Rassen heraufgesetzt worden.

Die Anträge zur Aufnahme in das neue RL waren sehr stark. In der kurzen Zeitspanne von 1937 bis 1940 erschienen 5 Bände (Band VI–X der laufenden Folge der Rinderleistungsbücher DRLB – RL). BÄSSMANN legte 1940 eine erneute Zusammenfassung vor. Diesem Bericht sind die Werte in Tab. 47 entnommen, die der Aufstellung Tab. 46 gegenübergestellt sei. Generell hat sich der Anteil der RL-Tiere zum Gesamtherdbuchbestand erhöht. Zwischen den Züchtervereinigungen des Ostens und des Westens besteht nunmehr kein Unterschied. Die geringeren Eintragungen zum DRLB bei einigen nord- bzw. nordwestdeutschen Schwarzbunt-

Tab. 47. RL-Eintragungen bei den Zuchtverbänden des schwarzbunten Niederungsrindes *

	eingetragene Tiere am 1. 1. 39 (Bullen und Kühe)	RL-Eintragungen (Bullen und Kühe) von 1937–1940	Prozent der eingetragenen Tiere
I) West-/Nordwestdeutschland			
Verein Ostfriesischer Stammviehzüchter (einschl. Friesischer Milchverein, Jever)	55 486	1636	2,95
Verband Schwarzbunter Schleswig-Holsteiner	43 969	511	1,17
Westf. Herdbuchges.	26 896	460	1,71
Lüneburger Herdbuchges.	21 075	469	2,23
Stader Herdbuchges.	18 897	150	0,80
Oldenburger Herdbuchges.	14 111	272	1,93
II) Ost-/Mitteldeutschland			
Ostpreußische Herdbuchges. (einschl. Abt. Insterburg)	106 606	1934	1,82
Landesverband Kurmärkischer Rinderzüchter	33 659	353	1,05
Rinderzuchtverband Sachsen-Anhalt	23 838	777	3,26
Pommersche Herdbuchges.	17 456	688	3,95
Landesverband Mecklenb. Rinderzüchter	13 725	100	0,73

* Zahlen nach BÄSSMANN, DLT 1940

verbänden (Tab. 46) sind somit nicht auf züchterische Unterschiede im Leistungsniveau zurückzuführen, sondern haben die bereits erwähnte Begründung in den genannten hohen Kosten des DRLB-Verfahrens.
Auffallend ist, daß bei den Bestimmungen für das RL die Milchmengenleistung keine direkte Berücksichtigung fand. Ob hier Gedankengänge der damaligen „Erzeugungsschlacht" mit einer Schließung der sogenannten Fettlücke im Vordergrund standen, dürfte anzunehmen sein, läßt sich jedoch kaum sicher nachweisen. Die Zuchtziele waren verstärkt auf die Erhöhung des prozentualen Fettgehaltes ausgerichtet, zumal man seine starke genetische Abhängigkeit und damit schnelle Beeinflußbarkeit kannte. Nach 1945 wurde diese Frage aufgegriffen, und ab 15. 6. 1955 ist auch eine Mindestmilchmenge in die Grundregel aufgenommen worden. Erkenntnisse im Rahmen der Populationsgenetik wie auch Nachweise, daß die Nachkommen von RL-Kühen und Nicht-RL-Kühen nur geringe oder keine Unterschiede aufweisen, haben die Führung eines RL-Registers bei der Arbeitsgemeinschaft Deutscher Rinderzüchter (Aufgabenstellung der DLG bis zu ihrer Auflösung 1934, dann Reichsverband der Rinderzüchter Deutschlands, ab 1948 ADR) in Frage gestellt und stark zurückgehen lassen.
Rückwärtsschauend muß jedoch hervorgehoben werden, daß DRLB und RL in der Entwicklung der Rinderzucht einen bedeutsamen Platz einnehmen. Bei der geringen Zahl der geprüften oder eingetragenen Tiere, gemessen am Gesamtherdbuchbestand, mag die züchterische Auswirkung allerdings gering geblieben sein. Das Denken um eine leistungsfähige Bullenmutter hat ungemeine Anregungen gegeben. Ferner sind die Erfahrungen mit der Fütterung von Hochleistungskühen wie auch die Erkenntnisse zur konstitutionellen Veranlagung derartiger Tiere nicht zu übersehen und als Marksteine in der Entwicklung und Förderung der deutschen Rinderzucht anzusehen.

Angeldschauen

In Zuchtgebieten mit intensiv durchgeführten Züchtungsmaßnahmen, sogenannten Hochzuchtgebieten, versucht man seit langen Zeiten, hochwertige Vatertiere für die eigene Zucht zu erhalten, d. h. vom Verkauf nach außerhalb auszuschließen. Durch Prämien (Angelder) werden diese Tiere „gefesselt", und bei einem durch die Zuchtleitung nicht genehmigten Verkauf innerhalb der Sperrfrist ist ein „Reugeld" zu zahlen. Diese Form der Erhaltung wertvollen Genmaterials für ein Zuchtgebiet ist bei allen Tierarten üblich gewesen und wird teilweise bis in die Neuzeit durchgeführt. Die Vergabe und Festsetzung der Prämien kann bei den verschiedensten Gelegenheiten (Schauen, Körungen u. a.) zur Durchführung kommen. Der Geldwert spielt eine nur untergeordnete Rolle. Für den Züchter ist die Herausstellung seines Vatertieres als für das Zuchtgebiet besonders wertvoll der zumeist entscheidende Faktor. Angeld-Prämien sind immer begehrenswerte Anerkennungen gewesen.
Derartige Erhaltungen und Fesselungen von Zuchttieren für ein Zuchtgebiet gibt es auch für Jungtiere.
Sehr bekannt wurde das in der ostfriesischen Rinderzüchtervereinigung (Verein Ostfriesischer Stammviehzüchter) vergebene Angeld, ein Verfahren, welches in seiner Art auch anderen Zuchtgebieten als Vorbild diente. Es entstand aus der erwähnten Absicht, wertvolle Vatertiere, zumindest für eine bestimmte Zeit, dem Zuchtgebiet zu erhalten. Nach KÖPPE wurden ab 1906 Angeld- und Zuchterhal-

tungsprämien vergeben. Ab 1911 war die Einführung eines Reugeldes erforderlich, um Mißachtungen der „Fesselung" zu ahnden. Zunächst gab es ein Vorangeld für Jungbullen jeweils im Februar, während ältere Bullen auf Schauen im Sommer Zuchterhaltungsprämien erringen konnten. Ab 1922 erfolgte dann eine Vereinigung aller Altersklassen in einer gemeinsamen Schau, eine Veranstaltung, die als Angeldprämierung bis in die Neuzeit durchgeführt wird. Dabei sind die wachsenden Erkenntnisse über den Zuchtwert der vorgestellten Vatertiere in die Bewertung einbezogen worden und haben die Bestimmungen für die Vergabe des Angelds fortlaufend verändert und vervollkommnet. Die jährlich durchgeführten Veranstaltungen sind einerseits eine Vorstellung des vorhandenen Vatertiermaterials und geben der Zuchtleitung andererseits die Möglichkeit, über Zuchterhaltungsprämien (Angelder) eine Fesselung besonders wertvoller Tiere vorzunehmen.
Nach 1945 haben neuere Zuchttechniken wie die künstliche Besamung auch in dem Hochzuchtgebiet der Schwarzbuntzucht schrittweise Anwendung gefunden. Durch Gefriersperma ist es möglich geworden, Vatertiere aus benachbarten bis fernen Zuchtgebieten einzusetzen. Der ursprüngliche Gedanke, über die Angeldschauen das gesamte züchterisch einzusetzende Vatertiermaterial des Verbandes vorzustellen, zu bewerten und evtl. dem Zuchtgebiet zu erhalten, ist nicht mehr voll zu verwirklichen.
Die traditionsreichen Bullenangeldprämiierungen des VOSt der letzten Jahre (75. Bullenangeldprämiierung 1980) suchen nach neuen, den veränderten Bedingungen angepaßten Formen.

Elite-Register
In der Einleitung zum Kapitel „Sonderleistungsbücher, -register" ist betont, daß in der Tierzucht immer das Bestreben bestand, besonders leistungsfähige, herausragende Tiere als sogenannte Eliten herauszustellen und zu registrieren.
Beim Rind werden daher bei verschiedenen Verbänden wie auch bei deren Spitzenorganisationen (1954 bei ADR, Abteilung B für Schwarzbunte, Rotbunte und Rotvieh) Elite-Einzeltiere oder Familien herausgestellt, die nach Anerkennung in Elite I und II zur Einstufung kommen. Eine zuverlässige Vererbung nach Zuchtwertschätzungen als Voraussetzung hat hier besondere Bedeutung erlangt.
Für die süddeutschen Länder bzw. Zuchtverbände (Bayern, Baden-Württemberg, Rheinland-Pfalz und Hessen) besteht seit 1964 das Süddeutsche Rindersternbuch (RLS) mit einer Eintragung besonders leistungsfähiger Kühe (Gesundheit, Fruchtbarkeit, Langlebigkeit, Milchleistung).

Süddeutsches Kuhfamilienleistungsbuch
In Bayern erfolgte 1947 die Einrichtung eines Kuhfamilienleistungsbuches, dem sich ab 1957 die Länder Baden-Württemberg, Rheinland-Pfalz und Hessen angeschlossen haben. Im Rahmen von Familien (Stammütter und Nachkommen) finden Fruchtbarkeit, Lebensdauer und Milchleistung sowie der Milchfettgehalt besondere Beachtung. Daraus ergibt sich folgende Gruppierung: Lebenskraftfamilie, Milchfamilie und Fettfamilie.

1.1.4.3.2 Schwein

Das Deutsche Schweineleistungsbuch

Die Einführung eines Eliteleistungsbuches für Rinder (DRLB) im Jahr 1926 ist nicht ohne Ausstrahlung auf die übrigen Haustierarten geblieben. So setzten auch in Kreisen der Schweinezüchter Diskussionen um die Gründung oder Anlegung eines Sonderregisters, einer Herausstellung von Zuchttieren mit besonderen Leistungen, ein. In den Fachgremien wurde das Für und Wider über Jahre hin besprochen, Richtlinien überlegt, bis dann zum 1. 1. 1936 das „Deutsche Schweineleistungsbuch" der Öffentlichkeit übergeben werden konnte. In der Präambel heißt es: „Zur Förderung einer bodenständigen Schweinezucht legt der Reichsverband Deutscher Schweinezüchter im Auftrage des Reichsnährstandes und mit Zustimmung des Reichs- und Preußischen Ministers für Ernährung und Landwirtschaft ein Leistungsbuch an mit dem Namen – Deutsches Schweineleistungsbuch."

Das Deutsche Schweineleistungsbuch hat im Verlaufe der Jahre der Entwicklung und dem züchterischen Stand angepaßte Änderungen erfahren, in seinem grundsätzlichen Aufbau und seinen Bestimmungen blieb es jedoch mit der Fassung von 1936 gleich. So können in das Leistungsbuch nur Tiere aufgenommen werden, die bei einer anerkannten Züchtervereinigung eingetragen sind und der laufenden Kontrolle von Fruchtbarkeit und Aufzuchtleistung unterliegen. Ihre Aufnahme in das allgemeine Herdbuch der Vereinigung hat eine Bewertung des Exterieurs bedingt.

Bei der Einrichtung 1936 erhielt das Schweineleistungsbuch folgende Abteilungen:

Abteilung A – Sauen
Abteilung B – Eber

Die Abteilung A führte Untergliederungen:

a) Aufzuchtleistungen
Mindestaufzuchtleistungen in 5 Würfen, bezogen auf geborene und aufgezogene Ferkel; Mindest-4-Wochen-Gewichte; Alter beim ersten Wurf sowie begrenzte Wurfabstände
b) Mindestmastleistung von jeweils 2 Ferkeln (kastriert männlich und weiblich) aus 2 Würfen. Die Mastleistungsprüfungen wurden in den staatlichen Mastprüfanstalten vorgenommen.

Die Abteilung B führte bzw. trug Eber ein. Die Eintragungsmöglichkeit war gegeben, wenn 6 Töchter in das Leistungsbuch aufgenommen waren oder ein Eber, mit derselben Sau gepaart, in 5 Würfen die Bestimmungen erfüllte.

Die Mindestleistungen sind im Verlaufe der Jahre immer wieder erhöht und damit den Zuchtzielen angepaßt worden. Selbstverständlich waren entsprechend diesen Zuchtzielen die Anforderungen zwischen den einzelnen Rassen immer unterschiedlich.

Die eingetragenen Tiere erhielten das Zeichen SL.

Das Schweineleistungsbuch ist somit von Anfang an auf gleichmäßige Dauerleistungen eingestellt worden, ein Prinzip, welches später durch eine Erweiterung um sogenannte Elitesauen besondere Beachtung erhielt. Danach wurde eine weitere Unterabteilung für Sauen eingerichtet. Unter den allgemeinen Bedingungen des Schweineleistungsbuches müssen diese Sauen 100 und mehr Ferkel aufgezogen haben. Der Gedanke an eine dem Zuchtziel angepaßte hohe Leistung in Verbin-

dung mit Langlebigkeit (Konstitution) fand somit auch beim Schwein Beachtung. Geführt wurde das Schweineleistungsbuch beim damaligen Reichsverband der Schweinezüchter, der nach der Überwindung von Anfangsschwierigkeiten schon sehr bald die ersten Eintragungen mitteilte.
Der 2. Weltkrieg brachte eine Unterbrechung, und 1949 erfolgte die Wiedereröffnung bei der Arbeitsgemeinschaft Deutscher Schweinezüchter, Bonn, nunmehr unter folgender Gliederung und Vergabe von Zeichen zur Herdbuchnummer:

A. Das Zuchtleistungsbuch
    I. für Sauen
        a) Durchschnittsleistungen (Z)
        b) Eliteleistungen (ZE)
    II. für Eber
B. Das Mast- und Schlachtleistungsbuch
    I. für Eber (MS)
    II. für Sauen

Die grundsätzlichen Bestimmungen änderten sich nicht wesentlich. Bei den Sauen mit Durchschnittsleistungen (Z) wurden weiterhin 5 aufeinanderfolgende Würfe mit Begrenzung des Alters beim ersten Wurf und der Wurfabstände verlangt. Geborene und aufgezogene Ferkel sowie das 28-Tage-Wurfgewicht sind für die einzelnen Schweinerassen dem jeweiligen Leistungsniveau angepaßt. Bemerkenswert sind nunmehr Bedingungen an die Mutter- und Großmütterleistungen.
Der schnelle Umtrieb in den Beständen bedingte in jüngster Zeit eine rückläufige Anmeldung von Sauen (5 Würfe) zur Eintragung.
Bei den sogenannten Elite-Sauen (ZE) verbleibt es bei der Gesamtaufzuchtleistung von 100 Ferkeln.
Eber werden in das Zuchtleistungsbuch eingetragen, wenn 5 Töchter die Leistungen für das Z oder ZE erfüllt haben.
Das Mast- und Schlachtleistungsbuch gewann mit seinen Bestimmungen besondere Bedeutung für Eber. Nach Erfüllung der Mindestleistungen von mindestens 3 Nachkommengruppen (Vierergruppen) in Mastprüfanstalten kann das Vatertier mit dem Zeichen MS eingetragen werden.
Die Eintragungen der Mindestmast- und -schlachtleistungen der Nachkommen von Sauen und Ebern waren selbstverständlich immer an die diesbezüglichen Ermittlungen in staatlichen Mastprüfanstalten gebunden. Einrichtung und Arbeit der mastprüfanstalten s. S. 359.

1.1.4.3.3 Pferd

Im Abschnitt „Leistungsermittlungen bei Pferden“ (s. S. 346) sind Hinweise auf Verfahren und Entwicklung der Überprüfungen bei Voll-, Warmblut- und Kaltblutpferden gegeben. Sie zeigen das seit langem vorhandene Bemühen, Schnelligkeit, Rittigkeit, Zugvermögen u. a. zu erfassen und dies auch im Hinblick auf züchterische Auswertungen. So finden Derby-Sieger oder andere Vollblutpferde mit Spitzenleistungen bald ihren Platz in Zuchtstätten. Dieses Bemühen ist auch bei Warm- und Kaltblutpferden immer vorhanden gewesen.
Eliteregister, d. h. Sonderbücher für Spitzentiere, wie sie bei Rind und Schwein beschrieben wurden, sind beim Pferd allenfalls in der Registrierung der Derby-Sieger zu sehen. Bei den anderen Gruppen sind in der Literatur immer wieder Hinweise zu finden. Es verblieb jedoch bis in die Neuzeit bei der Absicht. Erst 1976

führte die Deutsche Reiterliche Vereinigung (FN) ein Elitebuch ein – Leistungsbuch (LStB) für Zuchtpferde der Gruppe Deutsches Reitpferd. Vorgesehen ist die Eintragung von Zuchtstuten mit hoher Beurteilung nach Exterieur, Regelmäßigkeit und Schwung der Gänge usw. sowie gleichmäßiger Fruchtbarkeit.

1.1.4.3.4 Schaf

Auch für das Schaf sind in dem besonderen Abschnitt „Leistungsermittlungen bei Schafen" (s. S. 365) Mitteilungen über das Prüfungswesen für diese Tierart erfolgt. Ebenso wie beim Pferd ist aber ein sogenanntes Eliteregister nicht eingeführt oder angelegt worden. Ansätze dazu waren bei verschiedenen Verbänden vorhanden, ohne bislang zu einem überregional geführten Leistungsbuch zu führen. So wählte u. a. das Kurhessische Herdbuch in den ersten Jahren nach dem 2. Weltkrieg Tiere mit besonders hoch rendierten Wollen aus, die das Zeichen „R" erhielten und bevorzugt als Bockmütter eingesetzt wurden.

1.1.4.3.5 Kleintiere

Die Kleintierzucht mit ihren verschiedenen Sparten hat immer passionierte und die Entwicklung fördernde Züchter gehabt. Auf Leistungsprüfungen bei einigen Gruppen der Kleintierzucht wie auch auf Lege-Wettbewerbe wurde bereits hingewiesen (s. S. 367). Ansätze zur Einrichtung sogenannter Sonderleistungsbücher sind nur beim Wirtschaftsgeflügel (Hühner-Leistungsbuch) festzustellen, erhielten jedoch keine besondere Bedeutung.

1.1.4.4 Schauwesen

Tierschauen sind Veranstaltungen und Einrichtungen, deren zeitlicher Beginn oder erstmalige Durchführung schwer feststellbar sind. Der Verkauf von Tieren hat weit zurückreichend zur Vorstellung von abzugebenden Gruppen geführt. Dies zunächst in regional engem Rahmen. Eine Art Wechselspiel zwischen Verkaufs- und Schautieren war somit immer schon vorhanden. Das klassische Altertum kannte bereits Tierschauen oder die Vorführung besonders schöner Tiere, und auf deutschem Boden lassen sich im Mittelalter die Verkäufe von Schlachttieren, aus Osteuropa oder aus viehdichten Gebieten Deutschlands stammend, als eine Art Tierschau bezeichnen. Auf den Umschlag- oder Handelsplätzen dieser Viehkontingente kam es zur Demonstration und Bewertung, und aus manchem Schlachttier wurde ein Zuchttier.
Die Grenze zwischen Verkaufsveranstaltung und Tierschau ist somit zunächst nicht eng gezogen gewesen. Neben dem genannten Geschehen auf den Viehhandelsplätzen des Mittelalters sei die Verknüpfung von Markt und Ausstellung auch an einigen Beispielen der Viehwirtschaft des 19. Jahrhunderts gezeigt. Ab 1812 werden im Rahmen des Oktoberfestes in München Viehmärkte mit sich mehr und mehr entwickelnden Tierschauen abgehalten. Das gleiche gilt für die Veranstaltungen in Cannstatt bei Stuttgart seit 1818. Bekannt wurden auch die Pferdemärkte in Schleswig-Holstein. Im Rahmen der Schafzucht erfolgte bei Bockverkäufen in den Stammherden schon zu Anfang des 19. Jahrhunderts zugleich eine Vorstellung von Zuchttieren (Frankenfelde, Möglin u. a.). Mit diesen Hinweisen ist nun zugleich die Entwicklung angedeutet, die allmählich zur Eigenständigkeit von Nur-Tierschauen führte. Die wesentlichen Merkmale dieser Schauen werden: 1. Bewertung, 2. Vergleich des züchterisch Erreichten, 3. Belehrung.

Unter Beachtung dieser grundsätzlichen Merkmale oder Forderungen an eine Tierschau ist es fast selbstverständlich, daß sich die gegen Ende des 18. Jahrhunderts, insbesondere aber zu Beginn des 19. Jahrhunderts, entstehenden zahlreichen Vereinigungen auf landwirtschaftlichem Gebiet (s. Vereine und Gesellschaften in der Landwirtschaft S. 409) des Schauwesens annahmen. Diese Vereine oder ähnliche Institutionen wollten vornehmlich fördernd und belehrend arbeiten und wirken. Die veranstalteten Schauen umfaßten selbstverständlich den gesamten Landwirtschaftsbereich. Die sich entwickelnde Technik, d. h. die Maschine und das Tier, blieben jedoch Kernstücke und Anziehungspunkte der Veranstaltungen. Daneben werden auch spezielle Tierschauen im Verlaufe des 19. Jahrhunderts in zunehmendem Maße zur Durchführung gebracht.
Das Verlangen nach Demonstration, Vorführung und Vergleich des Materials nimmt besonders stark nach Gründung von Züchtervereinigungen in der zweiten Hälfte des Jahrhunderts zu. Innerhalb des Tierschauwesens gibt es bald Differenzierungen. Abgehalten werden solche für Zuchttiere wie auch für Schlachtvieh oder für sonstige Erzeugnisse der tierischen Produktion.
Fragt man nach Sinn und Zweck von Tierschauen, dann läßt sich bis in die Neuzeit hinein folgendes herausstellen:
1. Einblick in den Stand der Entwicklung
2. Festlegung von Zuchtzielen (Typ, Leistungen u. a.) durch Bewertung und Rangierung der vorgestellten Tiere
3. Vorführung des Vatertiermaterials im Rahmen züchterischer Maßnahmen und Planungen (Hengstparaden, Stammbullenschauen u. a.)
4. Werbetätigkeit (Absatzfragen im In- und Ausland)
5. Koordinierung von Erzeugung und Verbrauch (z. B. Schlachttierschauen)
6. Allgemeine Belehrung
Es ist nun kaum möglich, einen detaillierten Einblick in die mannigfachen kleineren Veranstaltungen zu geben, die in der ersten Hälfte des 19. Jahrhunderts und nach der Mitte des Jahrhunderts abgehalten wurden. Wie bereits erwähnt, entwickelten sich aus Verkaufsveranstaltungen oder Viehmärkten Schauen, oder die vielen landwirtschaftlichen Vereine führten kleinere, regional begrenzte Vorführungen ihres Materials durch, und allmählich weiteten diese sich auf größere Einzugsgebiete aus. Bemerkenswert mag sein, daß sehr bald Prämien von seiten der Staaten oder privater Herkunft Anreize für die Tieraussteller schufen. Staatlicherseits erhielt somit der stark zuchtfördernde Einfluß des Tierschauwesens Anerkennung (s. auch S. 147). Die in Bayern und Württemberg (Oktoberfest und Landwirtschaftliches Hauptfest – Cannstatter Wasen) auf Landesebene durchgeführten Schauen fanden auch in anderen Ländern Nachahmung. Baden führte ab 1839 landwirtschaftliche Wanderausstellungen durch, deren Viehschauen jedoch mehr den Charakter von Verkaufsmessen hatten. In Sachsen veranstaltete der 1839 gegründete sächsische landwirtschaftliche Zentralverein im gleichen Jahr eine Ausstellung auf Landesebene in Altenzella mit Tierschau. In Preußen verblieb es jedoch bei Schauen im Rahmen der Regierungsbezirke oder Kreise (Ostpreußen, Pommern, Provinz Sachsen, Rheinprovinz, Westfalen u. a.). Besondere Förderung erhielten in Preußen Pferderennen und hier auch Veranstaltungen unter Einbezug landwirtschaftlicher Pferde (Bauernrennen). Diese blieben nicht ohne Kritik, da ihre zuchtfördernde Auswirkung problematisch war. Anerkennung bis in die Neuzeit behielten Preis- oder Wettpflügen, erstmals 1839 in Bornstedt (gelegentlich

der Versammlung deutscher Land- und Forstwirte zu Potsdam) abgehalten. Im erweiterten Sinn kann man das Wettpflügen, seinerzeit nur mit Pferden durchgeführt, als Demonstration der Pferdezucht bzw. Leistungsfähigkeit dieser Tierart ansprechen.
Zu Tierschauen über die damaligen Landesgrenzen hinaus kam es in der ersten Hälfte des 19. Jahrhunderts nicht. Dies hätte der 1837 gegründete „Verein der deutschen Landwirte", wenig später „Verein der deutschen Land- und Forstwirte" genannt, erreichen können. Dieser Zusammenschluß von Land- und Forstwirten war zweifelsohne eine die Entwicklung sehr fördernde Einrichtung; sie beschränkte sich jedoch vornehmlich auf Wanderversammlungen. Auf dem Sektor Ausstellungen verblieb man bei einer Art Zusatzveranstaltung als Demonstration des Landes oder Bezirkes, in dem die oft einwöchigen Versammlungen stattfanden. Dabei standen Tiervorführungen, Maschinenausstellungen oder die Vorstellung spezieller landwirtschaftlicher Produkte im Vordergrund. So wurde der Versammlung 1839 in Potsdam eine Kollektion Wollvliese gezeigt. 1842 stellte das Land Württemberg gelegentlich der Versammlung in Stuttgart eine große Rinderkollektion vor, um seine Züchtungserfolge zu demonstrieren (diese sehr gelungene Rindviehausstellung ist 1852 wiederholt worden). 1852 fand die XV. Versammlung des Vereins in Hannover statt. Es wird von „einer großartigen Thierschau" berichtet.
Der Gedanke, landwirtschaftliche Ausstellungen einschließlich Tiervorführungen oder auch nur Tierschauen durchzuführen, gewann somit im Verlaufe des 19. Jahrhunderts zunehmend an Boden und Verwirklichung. Allenthalben erkannte man die Bedeutung derartiger Veranstaltungen für die Entwicklung der Viehwirtschaft. In einer Zeit mit mannigfachen, keineswegs immer zielstrebigen Importen und Züchtungsmaßnahmen veranstaltet, erhielten sie eine besondere Bedeutung zur Vereinheitlichung des Geschehens. Weiten Kreisen der Landwirtschaft wurden ausländische Rassen mit höherem Leistungsniveau als mit dem eigenen Material erzielbar, vorgestellt, aber auch im Inland erreichte Züchtungserfolge nähergebracht.
1851 fand in London eine „Weltausstellung mit Tierschau" statt. 1855 wurde die „Allgemeine Pariser Ausstellung" durchgeführt. Letztere hatte auch eine deutsche Beteiligung. Sicherlich gaben diese großen Veranstaltungen Einblick in die z. T. weiter entwickelten Tierzuchten Englands und Frankreichs. Der Besuch blieb jedoch nur einem kleinen Kreis deutscher Landwirte und Tierzüchter vorbehalten. Es sollten die Verkehrsverhältnisse um die Mitte des 19. Jahrhunderts nicht übersehen werden. Ein Besuch regional durchgeführter Tierschauen oder solcher im für damalige Reisemöglichkeiten begrenzten Rahmen hatte für die deutsche Tierzucht eine breiter gefächerte Auswirkung. Selbst THAER war nie in dem um 1800 stark landwirtschaftlich entwickelten England.
So ist es keineswegs verwunderlich, wenn die großen, in Deutschland durchgeführten Ausstellungen 1863 in Hamburg, 1874 in Bremen und 1883 wiederum in Hamburg besondere Bedeutung erhielten. Ihr Rahmen und Charakter waren national bis international. Weiteste landwirtschaftliche Kreise in Deutschland wurden angezogen und erlangten Einblick in das tierzüchterische Geschehen des In- und auch des Auslandes. Die Auswirkungen waren groß und gingen bis zur Ebene der Landestierzucht. Diese Ausstellungen zeigten führenden landwirtschaftlichen Kreisen, daß zweifelsohne regional durchgeführte Tierschauen wie Stammbullenschauen, Zuchtschauen der entstehenden Züchtervereinigungen oder auch Veran-

staltungen auf Kreis- oder Bezirksebene notwendig seien, darüber hinaus aber größer angelegte Vorführungen und Demonstrationen zu einer allgemeinen Hebung des tierzüchterischen Niveaus beitragen würden. Veranlasser der großen Schauen in Hamburg und Bremen war u. a. die 1861 in Erfurt gegründete „Deutsche Ackerbau-Gesellschaft“. Erfahrungen und Fehlbeträge bei den Ausstellungen führten jedoch 1886 zur Auflösung der Gesellschaft.
Inzwischen war es 1885 zur Gründung der „Deutschen Landwirtschafts-Gesellschaft“ gekommen. Der Begründer MAX VON EYTH legte von Anfang an den Schwerpunkt auf das Ausstellungswesen, und hier stellte er Tier und Maschine in den Vordergrund. Diese Auffassung entstand nach dem erfolgreichen englischen Vorbild der dort jährlich stattfindenden Royal Shows. Auch für Deutschland strebte er jährlich stattfindende Wander-Ausstellungen an. Die 1. DLG-Ausstellung wurde bereits 1887 in Frankfurt/M. durchgeführt und hatte eine beachtliche Tierschau mit Kollektionen von Pferden, Rindern, Schweinen und Schafen. Die nunmehr fortlaufend stattfindenden Tierschauen der DLG haben einen ungemein fördernden Einfluß ausgeübt. Sie führten schnell zu einer Vereinheitlichung der Zuchtziele und zur Hebung des Leistungsniveaus (s. S. 520). Sicherlich ist auch Repräsentation und Werbung der deutschen Tierzucht mit und durch diese Schauen nicht zu übersehen, ihre wichtigste Bedeutung lag und liegt jedoch in der tierzüchterischen Förderung. In Tab. 48 ist eine Zusammenfassung zur Beschikkung der DLG-Schauen einschließlich derjenigen des Reichsnährstandes gegeben. Ausführungen zu den bei den einzelnen Tierarten vorgeführten, im Verlauf der Jahre gewandelten Nutzungsrichtungen, s. S. 520.
Andere größere Tierschauen auf nationaler Ebene haben nach Einführung und Abhaltung der regelmäßig stattfindenden Zuchttiervorstellungen im Rahmen der DLG-Wanderausstellungen keinen nachhaltigen Erfolg mehr gehabt. So war die 1890 in Berlin veranstaltete 1. Allgemeine deutsche Pferdeausstellung sicherlich erfolgreich und konnte den Stand der deutschen Pferdezucht zeigen (Veranstalter und Beschicker alle landwirtschaftlichen Central-Hauptvereine). Es blieb jedoch bei der einmaligen Durchführung.
Wie bereits betont, haben daneben regional durchgeführte Veranstaltungen ihre Notwendigkeit behalten. Dem Züchter muß das vorhandene Vatertiermaterial der Gestüte, Besamungsstationen oder bei Einzelzüchtern stehend, gezeigt werden, um seine züchterischen Maßnahmen entsprechend einrichten zu können. Ferner ist es notwendig, Möglichkeiten und Erfolge seines engeren Bereiches zu demonstrieren, um damit Anreiz und Nachahmung zu erreichen.
Wie bereits eingangs hervorgehoben, sind neben den genannten Tierschauen im Charakter von Zuchttiervorstellungen auch Veranstaltungen zur Durchführung gekommen, die Spezialfragen der tierischen Produktion behandelten. Hierzu gehören die Ausstellung tierischer Produkte wie Milch, Käse, Eier u. a., auf die nicht genauer eingegangen werden kann. Ein näherer Hinweis ist jedoch für den umfangreichen Komplex Schlacht- bzw. Mastvieh erforderlich. Schon sehr früh wurde erkannt, daß beim Schlachtvieh eine Brücke vom Erzeuger zu den Ansprüchen der Verbraucher geschlagen werden muß. Angeregt durch englische Mastviehausstellungen, richtete 1872 das Preußische Landesökonomie-Kollegium an den Minister für Landwirtschaftliche Angelegenheiten das Gesuch, in Berlin ähnliche Veranstaltungen durchzuführen. 1875 wurde dann in Berlin die erste Fettviehausstellung durchgeführt (Veranstalter Landwirschaftlicher Provinzialverein Brandenburg

Tab. 48. Anzahl der vorgestellten Tiere auf den Wanderausstellungen der DLG (1933–1939 Reichsnährstandsausstellung*)

			Pferde	Rinder	Schafe	Schweine	Ziegen
1.	1887	Frankfurt/M.	216	823	535	185	–
2.	1888	Breslau	338	1148	1432	464	–
3.	1889	Magdeburg	271	669	827	429	–
4.	1890	Straßburg	361	946	168	318	42
5.	1891	Bremen	386	910	739	452	3
6.	1892	Königsberg/Pr.	339	810	449	242	–
7.	1893	München	398	1222	207	384	40
8.	1894	Berlin	570	1193	809	363	77
9.	1895	Köln	359	639	134	556	126
10.	1896	Stuttgart	392	1256	202	454	192
11.	1897	Hamburg	606	1189	479	523	88
12.	1898	Dresden	242	1056	453	437	105
13.	1899	Frankfurt/M.	322	1228	214	463	74
14.	1900	Posen	371	801	828	375	25
15.	1901	Halle/S.	342	1076	688	459	134
16.	1902	Mannheim	369	694	210	345	199
17.	1903	Hannover	501	891	590	540	143
18.	1904	Danzig	366	626	931	514	89
19.	1905	München	325	867	324	553	170
20.	1906	Berlin	710	1135	962	685	84
21.	1907	Düsseldorf	514	886	270	634	223
22.	1908	Stuttgart	309	651	295	493	184
23.	1909	Leipzig	341	935	848	621	293
24.	1910	Hamburg	660	1268	825	782	219
25.	1911	Kassel	491	–	–	–	–**
26.	1913	Straßburg	273	631	282	351	141
27.	1914	Hannover	553	1333	768	640	436
28.	1919	Magdeburg	–	–	–	–	–
29.	1921	Leipzig	–	–	–	–	84
30.	1922	Nürnberg	86	–	449	332	155
31.	1924	Hamburg	323	523	442	490	46
32.	1925	Stuttgart	340	825	642	462	377
33.	1926	Breslau	189	431	696	358	93
34.	1927	Dortmund	289	474	384	564	235
35.	1928	Leipzig	237	745	928	673	157
36.	1929	München	254	551	432	520	151
37.	1930	Köln	117	516	260	523	161
38.	1931	Hannover	200	527	456	589	260
39.	1932	Mannheim	69	303	192	421	135
	1933	Berlin	247	577	504	553	120
	1934	Erfurt	200	550	378	528	174
	1935	Hamburg	267	422	314	455	130
	1936	Frankfurt/M.	263	499	247	450	180
	1937	München	289	583	296	469	247
	1939	Leipzig	302	423	308	435	302
40.	1950	Frankfurt/M.	156	384	165	241	128
41.	1951	Hamburg	168	326	279	287	96

			Pferde	Rinder	Schafe	Schweine	Ziegen
42.	1953	Köln	145	356	217	305	133
43.	1955	München	117	371	232	315	126
44.	1956	Hannover	120	301	260	227	156
45.	1959	Frankfurt/M.	132	612	259	296	177
46.	1960	Köln	158	528	166	216	191
47.	1962	München	123	699	244	237	160
48.	1964	Hannover	158	456	229	216	102
49.	1966	Frankfurt/M.	134	527	169	171	109
50.	1968	München	133	461	289	124	116
51.	1970	Köln	134	399	186	131	22
52.	1972	Hannover	170	469	242	193	23
53.	1974	Frankfurt/M.	140	351	147	120	11
54.	1976	München	159	386	235	156	24
55.	1978	Frankfurt/M.	149	362	301	121	23
56.	1980	Hannover	225	284	365	162	24

* Von 1933 bis 1939 Reichsnährstandsveranstaltungen, die bei den Tierschauen im wesentlichen den gleichen Charakter behielten. Ab DLG-Schau 1950 nur Bereich Bundesrepublik Deutschland

** Ausfall von Klauentieren durch MKS, später – 1919–1921 – keine Tierschau in den Nachkriegsjahren

sowie Zentralvereine Potsdam und Frankfurt/O.). Dieser Schau und Demonstration reihten sich dann jährlich durchgeführte Masttierschauen in Berlin an, die in anschaulicher Weise züchterische Erfolge und Auswirkungen zeigten. Bis 1937 (Unterbrechung im 1. Weltkrieg) sind 44 Mastviehausstellungen in Berlin zur Durchführung gekommen. Ferner fanden bis zum 2. Weltkrieg in Hamburg 7, in Köln 6 und in Frankfurt/M. 4 derartige Veranstaltungen statt. WINNIGSTEDT sagt zu ihrer Aufgabe und Bedeutung:

„Landwirtschaft, Fleischer- und Viehhandelsgewerbe haben sich gemeinsam bemüht, durch die in ihren Einzelheiten ständig fortentwickelten Ausstellungen die Erzeugung von Schlachttieren den jeweiligen Zeitumständen, d. h. den Anforderungen der Verbraucher, die letzten Endes entscheidend sind, anzupassen."

Nach 1945 hat die DLG diese Tradition aufgegriffen und mit der Schau „Vom Tier zum Tisch" in Hamburg 1954 fortgesetzt.

Zusammenfassend kann zum Schauwesen in der Tierzucht hervorgehoben werden, daß die günstige Entwicklung dieses Zweiges der Landwirtschaft ohne diese Veranstaltungen kaum denkbar wäre. Sicherlich haben gelegentlich Werbung und Verkauf den zuchtfördernden Charakter überschattet. Dies sollte jedoch keineswegs überbewertet werden, und es hat zu allen Zeiten nicht an Kritik gefehlt, die das notwendige Gleichgewicht der Aufgabenstellungen erhielten. Charakter und Durchführung der Schauen haben sich immer den Forderungen an die Tierzucht bzw. ihren Züchtungsmaßnahmen angepaßt. Der zuchtfördernde Einfluß war somit fortlaufend gegeben.

Es sei auch nicht übersehen, daß zu Zeiten des Formalismus eine verstärkte Exterieurbeurteilung im Schauwesen einen breiten Raum einnahm, wie auch die Tiere häufig zu stark vorbereitet wurden (Ausstellungskondition). Dies hat immer schärfste Kritik hervorgerufen, jedoch war ein Formalismus zu Beginn des Schauwesens im 19. Jahrhundert bei dem starken Rassenwirrwarr erfoderlich und trat im Verlaufe der Zeit mehr und mehr in den Hintergrund. Dafür fanden Leistungsdenken und die Beachtung genetischer Abhängigkeiten (Nachkommengruppen, Familien u. a.) stärkere Beachtung, wie auch der Gesundheitszustand wachsende Berücksichtigung erhielt.
Abschließend zum Schauwesen und seiner Entwicklung sowie Bedeutung in der deutschen Tierzucht sei bemerkt, daß sich in jüngster Zeit die züchterischen Kriterien dieser Demonstrationen mehr und mehr auf die regional durchgeführten Veranstaltungen verlagert haben, während die großen Schauen wie diejenigen der DLG zunehmend als „Vorstellungen" der deutschen Tierzucht und nicht zuletzt Werbezwecken dienen.

1.1.4.5 Absatz, Auktion, Export

Für die Entwicklung und den Aufbau einer Viehwirtschaft bzw. Tierzucht besitzen Tierbewegungen im Rahmen von Völkerverschiebungen, Verbringen von Tieren bei oder nach kriegerischen Handlungen und der sich allmählich entwickelnde Viehhandel bis zum gezielten, organisierten Absatz der jüngeren Zeit größte Bedeutung. So haben die Völkerwanderungen nicht allein große Verschiebungen gesamter Tiergruppen gebracht, ohne Zweifel dürfte es auch immer wieder zu Absplitterungen und Vermischungen von Einzeltieren mit heimischen Beständen gekommen sein, sofern einzelne Völkergruppen nur vorübergehend seßhaft wurden. Bei diesen Wanderungen sind nur die konstitutionshärtesten Tiere den Strapazen gewachsen gewesen. Eine Vermischung heimischer Bestände mit diesem einer natürlichen Selektion unterworfenen Material wird günstige Auswirkungen gehabt haben. Dies trifft in gleicher Weise für Kriegs- und Beutezüge zu, hier ist immer das beste Tiermaterial mitgenommen und den eigenen Beständen eingereiht worden. Ähnlich sind auch Einwirkungen auf die heimische Pferdezucht als Folge der Kreuzzüge zu sehen; durch sie gelangten durchgezüchtete Pferde aus dem Orient nach Europa. Nicht unerwähnt sei auch der Einfluß längerer Besatzungszeiten. So wurde verschiedentlich hervorgehoben, daß die Tierzucht des Römischen Reiches weitaus stärker entwickelt war als diejenige des damaligen germanischen Raumes. Aus den Berichten geht nun hervor, daß in dem damals von den römischen Truppen besetzten und verwalteten deutschen Gebiet wie auch entlang der Grenzlinie ein relativ großes und kräftiges Vieh entstand.
Diese verschiedenen Einwirkungen auf die Tierzucht des deutschen Raumes lassen sich jedoch nur z. T. belegen. Außer allgemeinen Hinweisen sind bis zum Mittelalter hin genaue Quellen spärlich. Besonders bedeutungsvoll ist der Viehhandel, und wann ein solcher entstand, läßt sich aus den geringen Unterlagen nicht entnehmen. Über den im Mittelalter aufkommenden, nunmehr organisierten und gezielten Handel mit Vieh liegen Dokumentationen vor. ABEL weist in seinen Untersuchungen zur Geschichte der deutschen Landwirtschaft vom frühen Mittelalter bis zum 19. Jahrhundert auf den hohen Fleischverzehr im Spätmittelalter hin. Er hebt einen „kaufkräftigen Bedarf der Städter" hervor, der zum Anlaß eines entsprechenden Handels wurde. Es entwickelten sich Handelswege von Nord nach Süd, d. h. von

der Nordseeküste und Schleswig-Holstein in das Binnenland, sowie ein damals besonders starkes Angebot aus Ost- und Südosteuropa. In einer Reihe eingehender Ermittlungen, die sich mit den diesbezüglichen Verhältnissen im 14. und 15. Jahrhundert befassen, ließ sich dieser Viehhandel urkundlich belegen. So wird in einer Kölner Urkunde aus dem Jahr 1492 von ungarischen, polnischen, dänischen, russischen und eiderstedtischen Ochsen gesprochen. In Mitteilungen aus anderen damals bereits relativ dicht besiedelten deutschen Räumen sind friesische Ochsen erwähnt. Unter Ochsen verstand man allgemein Rindvieh, so daß zu dem Handelsgut auch weibliche Tiere gehört haben. Diese Rinder sind in tage-, oft wochenlangen Märschen aus ihren Produktionsgebieten an der Nordseeküste und in Ost-/Südosteuropa in die Verbrauchergebiete getrieben worden. Es ist mit Sicherheit anzunehmen, daß auf den vielen Rastplätzen, die im Verlaufe der Zeit zu festen Einrichtungen wurden, ein Zwischenhandel entstand, der häufig aus dem für Schlachtzwecke vorgesehenen Vieh „Zuchttiere" machte, die zur Förderung der umliegenden Viehwirtschaft beitrugen. Dieser Viehhandel befaßte sich vornehmlich mit Rindern, nennt aber auch Schafe. Ohne Zweifel dürften für den genannten „Zuchtviehhandel" nur kräftige, die heimischen Tiere übertreffende Typen ausgewählt worden sein.

Nach ABEL ließ sich auch ermitteln, daß bei dem Schlachtviehhandel im Mittelalter unterschiedliche Bewertungen der Tiere nach ihren Herkunftsgebieten vorgenommen wurden. „Das friesische Rind erscheint bereits im Späten Mittelalter auf dem Kölner Markt als ein deutlich abgehobenes Rind." Diese Feststellungen setzten sich fort und führten dazu, daß beim Beginn und stärkeren Aufleben züchterischen Denkens im 17. und 18. Jahrhundert friesische Rinder schnell zu begehrten Zuchttieren wurden. Bereits 1580 kauft der Herzog Adolf I. von Gottorp-Schleswig einige friesische Bullen. 1624 stehen auf der Domäne Bahrdorf in Braunschweig friesische Kühe, und im 18. Jahrhundert werden friesische Tiere nach vielen Orten verkauft (s. Einrichtung von Holländereien durch Peter den Großen in Rußland). Aber auch in anderen Gebieten beginnt ein gezielter Zuchtviehhandel. So nimmt der Begründer der Miesbacher Fleckviehzucht, OBERMAYER, 1837 den Ankauf und schwierigen Transport von Simmenthaler Vieh aus der Schweiz auf, nachdem bereits um die Mitte des 18. Jahrhunderts Rinder aus dem Berner Oberland nach Triesdorf gebracht worden waren. Auch beim Braunvieh sind schon früh Zuchttierankäufe im benachbarten Montafoner Zuchtgebiet bekannt. Die Beispiele ließen sich erweitern. Sie zeigen, daß der Viehhandel allmählich zu einer Art Schrittmacher der tierzüchterischen Entwicklung geworden ist und damit Grundlagen und Voraussetzungen geschaffen wurden.

Im Verlaufe des 19. Jahrhunderts setzt sich dies in verstärktem Maße fort und führt in vielen Gebieten zunächst zu einer vermehrten Vermischung der Rassen, bis sich allmählich der Gedanke der Konsolidierung dieser Gruppen durchsetzt. Gegen Ende des 19. Jahrhunderts bilden sich die Züchtervereinigungen, und diese nehmen sich sehr bald des Viehhandels an. Dabei ist sicherlich das ökonomische Denken, d. h. der Absatz des produzierten Viehs, nicht zu übersehen. Nicht verkannt sei jedoch die erfolgreiche Arbeit dieser Organisationen als Lenker des Zuchtviehhandels, insbesondere auch mit züchterisch wertvollen Tieren. Zuchtverbände, später auch Referate der zuständigen Regierungen, Landwirtschaftskammern u. a. bemühen sich bis in die Gegenwart hinein, den Zuchttierbedarf regional und überregional zu leiten. Dabei haben sich die Züchtervereinigungen zunächst die Aufgabe

gestellt, die Bestände ihrer Mitglieder im Sinne des gesteckten Zuchtzieles zu verbessern, dies aus sich heraus und durch die gezielte Hereinnahme von Tieren anderer deutscher oder ausländischer Zuchtgebiete. Derartige Maßnahmen sind bei allen Tierarten in etwa gleicher Weise festzustellen.
Sehr bald zeigte sich die Notwendigkeit, den von den Züchtervereinigungen angestrebten und in zunehmendem Maße durchgeführten Absatz der erzeugten Zuchttiere festen Bestimmungen und Kontrollen zu unterstellen, die schrittweise verbessert und erweitert wurden. Diese Kontrollen schließen Abstammungsnachweise ein, und im Verfolg des Ausbaues der Bestimmungen für die Auktionen der Züchtervereinigungen galt und gilt bei den Unterlagen über das zu verkaufende Tier immer die Devise „Schutz dem Käufer" (Gesundheitsatteste, Garantieerklärungen über Deck- und Befruchtungsfähigkeit sowie Trächtigkeit u. a.). Dadurch unterscheiden sich die Auktionen der Züchtervereinigungen wesentlich von dem unkontrollierten allgemeinen Viehhandel.
Erstmalig wird 1886 eine derartige Versteigerung oder Auktion bei der Ostpreußischen Holländer Herdbuchgesellschaft in Königsberg genannt. Es folgen eine Unzahl von Versteigerungsplätzen in zumeist verbandseigenen Hallen bei den verschiedenen Tierarten, ein System, welches sehr bald einen stark fördernden Einfluß auf die Entwicklung der deutschen Tierzucht genommen hat. Dies um so stärker, nachdem der Zuchtwert der verkauften Tiere immer umfangreicher erfaßt und belegt wird (Zuchtwertschätzungen).
Der Zuchttierhandel und Zuchttieraustausch innerhalb Deutschlands ist somit insbesondere durch die Züchtervereinigungen unter Beachtung staatlicher Verordnungen abgewickelt und geregelt worden. Daneben hat es außer dem allgemeinen Viehhandel – zumeist als Stallverkauf zwischen Erzeuger und Händler – aber auch sonstige Organisationen gegeben, die Versteigerungen oder ähnliche Veranstaltungen durchführten.
Auf den Absatzveranstaltungen der Züchtervereinigungen sind selbstverständlich auch Ankäufe für das Ausland oder für den Export getätigt worden. Es hat sich jedoch ergeben, daß hier mehr oder weniger eigenständige Organisationen vorteilhafter arbeiten. So betrieb die deutsche Tierzucht bereits vor dem 1. Weltkrieg einen sogenannten Außenhandel mit Zuchttieren (z. B. Aufbau der Karakulzucht in Südwestafrika mit Zuchtmaterial des Haustiergartens in Halle/S.). Damals erkannte man, daß Exporte ins Ausland günstig verlaufen, wenn überregionale Institutionen sich ihrer Regelung annehmen. Diese Absicht verfolgte die DLG mit der Einrichtung eines „Sonderausschusses für Ein- und Ausfuhr von Zuchtvieh" im Jahr 1920, nachdem bereits seit 1911 eine „Auskunftsstelle für Zuchtvieh" bestand. Im Jahr 1926 wurde darüber hinaus die „Gesellschaft für den deutschen Zucht- und Nutzviehabsatz nach dem Ausland" gegründet. Beide Gremien sind dann zum „Sonderausschuß der Werbestelle für deutsche Viehausfuhr" innerhalb der DLG-Arbeit vereinigt worden. Die Tätigkeit der DLG ist sicherlich sehr anzuerkennen, sie war jedoch nicht besonders erfolgreich, da finanzielle Risiken nicht getragen werden konnten. Dies sollte dann die 1930 gegründete „Deutsche Agrargesellschaft" in Zusammenarbeit mit der DLG vornehmen. Bis zur Auflösung der DLG im Jahr 1934 hat der Zuchtviehexport zwar gefördert werden können, erreichte jedoch kaum große Ausmaße (Rinder- und Schweineexporte nach Griechenland, Jugoslawien und Rußland).
Nach 1934 hat nach einigen vom Staat bzw. Reichsnährstand eingerichteten Stellen

ab 1938 die „Pferde- und Viehverkehrsgesellschaft" (PVG) das Im- und Exportgeschäft für alle Tierarten übernommen. Gesellschafter waren die neugegründeten Reichsverbände für die einzelnen Tiergruppen. Diese Gesellschaft hatte insbesondere auch nach 1939 den Zuchtviehverkehr innerhalb und zwischen den besetzten Gebieten mit teils züchterisch hochstehenden Beständen wie in Holland und in Dänemark zu regeln. Es sei nicht unerwähnt, daß WINNIGSTEDT zur Arbeit dieser Institution hervorhebt: „Nach dem Kriege wurde durch Tierzuchtsachverständige der besetzten Länder ausdrücklich bestätigt, daß die deutschen Aufkäufer zu guten Preisen und ohne Anwendung irgendwelcher Zwangsmaßnahmen die Ankäufe getätigt haben."
Nach dem 2. Weltkrieg erfolgte 1949 die Gründung der „Deutschen Zuchtvieh-Im- und Exportgesellschaft". Bald bürgerte sich der Begriff IMEX ein, während die offizielle Firmenbezeichnung in „Deutsche Zucht- und Nutzvieh Im- und Exportgesellschaft" geändert wurde. In der IMEX wurde die Zusammenarbeit mit den Züchterverbänden, dem Vieh- und Fleischhandel, den landwirtschaftlichen Genossenschaften und der DLG festgelegt und geregelt. Die Arbeit der Gesellschaft hat sich sehr vorteilhaft zum Import, besonders aber zum Export für die deutsche Tierzucht ausgewirkt. Die Tab. 49 zeigt die getätigten Tierbewegungen.

Tab. 49. Exporte der verschiedenen Tierarten (Stück)*

Jahr	Pferde	Rinder	Schafe	Schweine	Ziegen
1950	930	334	19 268	23	–
1960	32	1 412	3 921	80	6
1970	14	12 895	5 930	1868	111
1975	2	17 580	455	791	46

(nach 25 Jahre IMEX, 1974, und schriftliche Mitteilung für 1975)

* Nur von der IMEX getätigte Exporte. Die tatsächlichen Exportzahlen liegen höher.

1.1.4.6 Weidewirtschaft/Jungviehaufzuchthöfe

Wie in den allgemeinen Ausführungen zur Gründung und Entwicklung der Züchtervereinigungen betont und hervorgehoben (s. S. 247), haben sich die Tierzüchterverbände neben züchterischer Betreuung der Bestände, Leistungsermittlungen, Schauwesen und Absatz auch mit allgemeinen Fragen der Tierhaltung befaßt. Hier hat sich bei regional starken Unterschieden eine breite Arbeitspalette ergeben, die als Beratungstätigkeit zusammengefaßt ist. Als besonders wichtig seien die Ernährung/Fütterung, Haltungsfragen/Gesunderhaltung sowie Weidewirtschaft/Jungviehaufzuchthöfe herausgegriffen. Die bedeutsamen Fragen der Ernährung/Fütterung (s. S. 182) sowie die der Haltung/Gesunderhaltung (s. S. 241) werden in speziellen Abschnitten des Buches behandelt.
Fragen und Probleme der Weidewirtschaft einschließlich Jungviehweiden und Jungviehaufzuchthöfe sind nur z. T. zum speziellen Arbeitsgebiet der Züchtervereinigungen geworden. Vielfach ergaben sich Aufgabenbereiche staatlicher Institutionen oder erfolgte nach Beginn und Einrichtung durch die Züchtervereinigungen eine Übernahme und Fortführung von seiten des Staates oder Stellen öffentlich-

rechtlicher Art. Die folgenden Ausführungen berühren somit eine Nahtstelle privater Tätigkeiten und Einrichtungen des Staates oder öffentlich-rechtlicher Institutionen.

Die Entwicklung einer Viehwirtschaft und ein Anwachsen ihrer Produktivität sind in starkem Maße von dem Futterangebot sowohl nach Quantität wie auch Qualität abhängig. Futtermittelimporte waren zu Beginn des zu behandelnden Zeitraumes, d. h. um 1800, noch weitgehend unbekannt oder unbedeutend. Die Versorgung der Viehbestände erfolgte aus dem Futteraufwuchs der Brachflächen der Dreifelderwirtschaft und durch geringwertige Wiesen- und Waldweiden.

ABEL sagt zu der Bewirtschaftung der Ackerflächen und damit zu den für das Vieh zur Verfügung stehenden Flächen um 1800: „Im größeren Teil Deutschlands waren die Felder noch in drei Schläge eingeteilt." Eine Reihe von Autoren aus jener Zeit, so JUSTI, BLOCK, BENECKENDORF u. a. weisen auf die Notwendigkeit der Viehernährung durch die Brache im System der Dreifelderwirtschaft hin. So BENECKENDORF (1780): „Was wollte man in solchen Orten, wo weder Waldungen noch besondere Hutungsplätze vorhanden sind, und woran es gemeiniglich den fruchtbarsten Gegenden am meisten fehlt, mit dem in jeder Landwirtschaft unentbehrlichen Vieh anfangen, wenn man nicht die Brachfelder hätte."

Zugleich machten die genannten Autoren auf den ungemein schlechten Zustand und die fehlende Pflege von Wiesen und Weiden aufmerksam, so daß auch diese Futterquelle mehr oder weniger gering war. Somit bestanden bis zum Zeitraum um 1800 ungünstigste Voraussetzungen für die Entfaltung der Tierzucht über oder mit Hilfe einer geordneten Futterwirtschaft.

Nach etwa 1800 trat ein Wandel in den mäßigen Futtervoraussetzungen für die Viehwirtschaft ein. Die einsetzende Besömmerung der Brachen ließ zwar Weideflächen entfallen, erbrachte jedoch mit Änderung der Felderwirtschaft einen hohen Futteranfall aus dem Anbau von Klee, Esparsette, Luzerne, Wicken, Erbsen und Bohnen sowie auch Abfallprodukte des Kartoffel- und des allmählich aufkommenden Rübenanbaus.

Das bislang vorhandene Grünland wird zwar vielfach zu Ackerland umgewandelt. Das verbleibende, zumeist absolute Grünland erfährt jedoch bessere Pflege und steigt in seinen Erträgen. Nach BITTERMANN ist von 1800 bis 1900 ein Rückgang des Weidelandes in Deutschland von 5,5 Mio. ha auf 2,7 Mio. ha festzustellen. Das Ackerland erhöhte sich von 18 auf 25 Mio. ha, und das Verhältnis von Grünland zu Ackerland verschob sich von 1 : 5 auf 1 : 3. Die Freigabe und Verteilung der Gemeindeweiden trug wesentlich zu dieser Veränderung bei.

Der sich allmählich steigernde Futteranfall und damit das Entstehen besserer Voraussetzungen für eine positive Entwicklung der Viehwirtschaft betraf die Rinder-, Pferde-, Schaf- und Ziegenbestände. Bei der Schweinehaltung verblieb es noch länger bei der herkömmlichen Weidehaltung auf Wiesen- und Waldflächen. Die wichtigsten Standorte für Schweine waren die weidereichen Gebiete Westfalen, Niedersachsen, Bayern, aber auch Mecklenburg und Pommern. Hier wurden die Schweine den Sommer über nur von der Weide (Wald-) ernährt, und um die Jahreswende verblieben (Dezember – Schlachtmond) nur die notwendigen Zuchttiere. Allmählich wandelt sich dieses Bild allenthalben, und die Stallfütterung kommt mehr und mehr zur Anwendung.

Bringt man die Voraussetzungen für eine Entwicklung der Tierzucht durch den Futteranfall ab 1800 mit wenigen Worten zum Ausdruck, dann hat das Verlassen der Dreifelderwirtschaft und die grundsätzliche Änderung der Bodennutzung günstigere Bedingungen geschaffen. Der Feldfutterbau, die Abfälle des aufkommenden Hackfruchtbaues und auch die Verbesserung des verbleibenden Grünlandes sind unübersehbare Vorteile geworden. Wie bereits erwähnt, nehmen die Weideflächen allerdings ab, und es kommt zu einem Zustand, den ein Autor folgendermaßen umschreibt: „Verdrängen der Viehbestände – vornehmlich Rind und Schwein – von den extensiven Weideplätzen der Brache und des Waldes in die Stallungen." Dies gilt für weite Gebiete des damaligen deutschen Raumes. Darüber hinaus sei aber auch nicht übersehen, daß sich im Verlaufe dieser Entwicklung Zonen mit hohen Niederschlägen (Seegebiete, Mittelgebirge, Voralpengebiete) oder besonders futterwüchsige Böden (See- und Flußmarschen) herauskristallisieren, die mit ihrem absoluten Grünland Weidewirtschaft betreiben müssen. Diese Gebiete werden insbesondere beim Rind, teils auch beim Pferd, zu sogenannten Hochzuchtgebieten.

In weiten Gebieten Deutschlands kommt es aber zur ganzjährigen Haltung der Tiere im Stall. In der zweiten Hälfte des 19. Jahrhunderts mehren sich daraufhin die Stimmen, die auf die Folgen dieser Haltungsform in den kaum entlüfteten und schlecht beleuchteten Gebäuden aufmerksam machen. Hohe Abgänge, mangelnde Fruchtbarkeit u. a. werden auf die fehlende Weide oder zumindest fehlenden Auslauf zurückgeführt. Insbesondere sind es die entstehenden Züchtervereinigungen, aber auch sonstige landwirtschaftliche Organisationen, die versuchen, Wandel zu schaffen. In vielen Gebieten läßt die nunmehrige Bodennutzungsstruktur Weiden nur noch bedingt zu. Trotzdem wird versucht, solche wieder einzurichten oder Wiesenflächen unter Verbesserung als Weide zu nutzen. Häufig ist dies jedoch für alle Altersklassen nicht möglich. Es findet dann vornehmlich die Aufzucht von Jungtieren Beachtung, und man versucht, in Gebieten mit fehlenden Weideflächen zumindest sogenannte Tummelplätze einzurichten oder über Genossenschaftsanlagen in der näheren oder weiteren Umgebung Jungviehweiden oder -stationen einzurichten. PUSCH-HANSEN schildern um 1900 und zu Anfang des 20. Jahrhunderts die Situation wie folgt: „In den Küsten- und Gebirgsgegenden ist die Weidewirtschaft nie außer Gebrauch gekommen. In neuerer Zeit hat sie aber, sehr zum Vorteil der Viehzucht, auch in Mittel- und Süddeutschland, wo sie in Vergessenheit geraten war, eine weite Verbreitung gefunden und sich als sehr gut durchführbar erwiesen. Man sucht allenthalben, wenigstens das Jungvieh auf die Weide zu bringen . . ." (s. auch S. 246).

In einer Vielzahl von Mitteilungen der jungen Züchtervereinigungen oder sonstiger landwirtschaftlicher Organisationen wird über die Einrichtung von Aufzuchtstationen für weibliche Jungrinder, aber auch männliche Tiere berichtet. Derartige Einrichtungen gibt es bis in die jüngste Zeit (Sommeralpweiden in Süddeutschland, Hengstaufzuchtstation Hunnesrück am Solling u. a.). Vornehmlich waren und sind sie dort anzutreffen, wo es an natürlichem Grünland fehlt oder Kleinbetriebe und enge Dorflagen die Anlage von Weiden nicht gestatten. Auf einige derartige Einrichtungen sei beispielhaft hingewiesen: BAUR hat 1965 im Auftrage des Landesverbandes Württ. Rinderzüchter eine Denkschrift über die öffentlichen Jungviehweiden im früheren Land Württemberg verfaßt. Er hebt hervor, daß derartige Einrichtungen seit etwa 1870 bestehen und den weidearmen Gebieten einen großen Vorteil für ihre Viehbestände gebracht haben. – Aus weiteren Berichten geht hervor, daß der Zuchtverband für gelbes Frankenvieh, Nürnberg, 1900 sogenannte

Musterzuchtstationen gründete, die auch für die Bullenaufzucht Verwendung fanden. – Der Rinderzuchtverband in Traunstein schuf den Verbandshof Wartberg mit folgender Aufgabenstellung: ... die sachgemäße Aufzucht bodenständiger Stiere bester Abstammung und die Vergabe derselben als Verbands-Genossenschafts- und Privattiere ... – Die Allgäuer Herdbuchgesellschaft betreibt seit ihrer Gründung 1893 eine gezielte „Sömmerung des Jungviehs". – PETER berichtet über Jungviehweiden und Bullenaufzuchtstationen beim Verband der Frankenviehzüchter in Würzburg usw.

Derartige Mitteilungen lassen sich insbesondere aus fast allen Gebieten Süd- und Südwestdeutschlands beibringen. Aber auch im Raum der Mittelgebirge sind Aufzuchtstationen und Jungviehhöfe eingerichtet worden. HANSEN-HERMES berichten 1905 vom Vorhandensein solcher Aufzuchtverfahren im Gebiet des Glan-, Westerwälder- und Vogelsberger Viehs, somit in einem Bereich, der sich von der Westgrenze des damaligen Deutschen Reiches quer durch die Mittelgebirge zieht. In der Norddeutschen Tiefebene sind Aufzuchthöfe in nur ganz geringem Maße eingerichtet worden. Die vergleichsweise besseren Weideverhältnisse, größere Betriebe und die zumeist aufgelockerten Dorfanlagen bis zu Einzelgehöften erbrachten gute Voraussetzungen für hofnahe Weideanlagen für die Aufzucht von Jungtieren aller Tierarten. Bemühungen um eine gute Bullenaufzucht gab es allerdings auch in Norddeutschland. So wurde in Ebstorf für den Bereich Hannover durch die zuständige Züchtervereinigung eine Bullenaufzuchtstation eingerichtet (WARMBOLD, 1910). Interessant und bemerkenswert ist auch der Bericht von HANSEN-HERMES (1905), ebenfalls für das Zuchtgebiet Niedersachsen gegeben. Es werden hier im Bereich des landwirtschaftlichen Hauptvereins Hannover Aufzuchtstationen für Tuberkulose-freies Rindvieh mit hoher Milchfettleistung genannt. Derartige Stationen, die mit Unterstützung aus Staatsmitteln arbeiteten, gab es in Uenzen (Krs. Hoya), Ahausen (Krs. Syke) und Holtorf (Krs. Nienburg). Nach den Berichterstattern hatten die Stationen die Aufgabe, die Tuberkulose-freie Aufzucht (Tuberkulinisierung) in bäuerlichen Betrieben auszuprobieren und zu demonstrieren mit dem Ziel einer Erkennung, ob und mit welchen Mitteln die Zucht auf Leistung im bäuerlichen Betrieb praktisch durchzuführen ist.

Trotz dieser häufig nur sporadisch durchgeführten Maßnahmen zur Verbesserung des Grünlandes und seiner Ausnutzung sei nicht übersehen, daß fast überall die Dauergrünlandflächen noch lange Zeit hin stark vernachlässigt blieben. HAUSHOFER sagt 1962 rückwärtsschauend, daß „zum ersten Mal in der Geschichte der deutschen Landwirtschaft – abgesehen von einigen seit langer Zeit darauf spezialisierten Landschaften (Marschen der Küstengebiete und Grünlandzone des Voralpenbereiches) – erst nach dem 1. Weltkrieg eine wirkungsvolle Verlagerung zum Grünland festzustellen ist".

So erfolgte 1919 die Gründung des „Vereins zur Förderung der Grünlandwirtschaft in Bayern" (Steinach bei Straubing durch VON SCHMIEDER), und 1922 entsteht der „Deutsche Grünlandbund". Insbesondere greift die Wissenschaft anstehende Fragen und Probleme auf. WARMBOLD – Hohenheim entwickelt das System der Umtriebsweide, und FALKE lädt 1927 zum 1. Grünlandkongreß nach Leipzig ein. Die Gräser- und Futterpflanzenzüchtung macht Fortschritte und die „Silo-Bewegung" entsteht. Auch die Fütterungslehre nimmt sich verstärkt der auftauchenden Fragen zweckvoller Ernährung in verschiedenen Weidesystemen und bei Grünfutter im Stall an.

1.1.5 Zentralvereinigungen

1.1.5.1 Allgemeines

Wie in den Ausführungen zur Gründung und Entwicklung von Züchtervereinigungen hervorgehoben, haben sich für einige Rassen – zumeist Importtiere, die dann sporadisch verbreitet waren – zentrale Zusammenschlüsse (z. B. Shorthorns, Karakuls, Berkshires u. a.) ergeben. Sonst kam es zunächst nur zu regional begrenzten Vereinigungen von Züchtern. Bei den über weite Gebiete verbreiteten Gruppen wie Fleckvieh, Schwarzbunte, veredelte Landschweine u. a. bedeutete dies eine Vielzahl von Organisationen für die gleiche Rasse, die zudem keineswegs immer die gleichen Ziele verfolgten. Weitsichtige Züchter erkannten dies sehr bald und suchten nach Wegen, die vielen kleineren Gruppen zusammenzuführen. Die Tierschauen der DLG wie auch ähnliche Veranstaltungen mit überregionalem Charakter trugen viel zur Verwirklichung dieser Gedankengänge bei. Zumindest wurde ein gemeinsames Zuchtziel festgelegt und ein Austausch von Zuchttieren (vorwiegend männliche Tiere) angeregt und auch durchgeführt.
Die Aufstellungen zur Entwicklung der Züchtervereinigungen von 1901 bis in die Neuzeit (s. S. 259) lassen erkennen, daß diese Bestrebungen Erfolg hatten und innerhalb der Verbreitungsregionen der einzelnen Rassen eine fortlaufende Zusammenlegung, Vergrößerung und Konzentration stattgefunden hat. Dies ist ohne Zweifel von großem Vorteil gewesen und erbrachte Zusammenschlüsse auf Bezirks-, Landesebene usw., ließ jedoch zunächst für die großen Rassengruppen das Streben nach zentralen Vereinigungen im gesamten deutschen Raum offen. Ein derartiges Bemühen hat bei allen Tierarten jedoch bestanden und kam allmählich zur Verwirklichung. Dabei ergaben sich bei den einzelnen Tierarten unterschiedliche Abläufe. Sie sind im folgenden überblickartig wiedergegeben.

1.1.5.2 Pferde

Warmblut

In den letzten Jahrzehnten des 19. Jahrhunderts wie auch zu Anfang des 20. Jahrhunderts herrschte eine starke Remontenzucht vor, die ohne zentrale Lenkung verlief. Zugleich gewann der Reit- und Fahrsport zunehmendes Interesse. Dem kräftigen Bemühen von VON FUNCKE gelang dann 1905 die Gründung des „Verband der Halbblutzüchter" in Berlin (Vorsitzender SCHROEDER-POGGELOW). 1909 erfolgte die Umbenennung in „Reichsverband für deutsches Halbblut" (Vorsitzender HENCKEL VON DONNERSMARCK). Neben züchterischen Maßnahmen wurde auch die Einrichtung eines „Wettbewerbes deutscher Pferde" verfolgt. Diese Aufgabe ist ebenfalls vom 1910 gegründeten „Kartell für Reit- und Fahrsport" (Generalsekretär ANDREAE) übernommen worden. Ferner wurde 1913 das „Deutsche Olympiadekomitee für Reiterei" (Generalsekretär RAU) gegründet.
Nach dem 1. Weltkrieg entstand aus dem Reichsverband für Halbblutzucht und dem Kartell für Reit- und Fahrsport der „Reichsverband für Zucht und Prüfung deutschen Halbbluts" mit Abteilungen für Zucht und Leistungsprüfungen bzw. Reit- und Fahrsport. Auch das Olympiade Komitee fand ein Wiederaufleben 1919 als „Komitee für Kämpfe zu Pferde". RAU arbeitete in den beiden nunmehr bestehenden Organisationen (zugleich Chefredakteur der Fachzeitschrift „St. Georg").
1923 erfolgte die Umbenennung des Verbandes für Halbblutzucht in „Reichsver-

band für Zucht und Prüfung deutschen Warmbluts" unter Beitritt von 24 deutschen Warmblutzuchtverbänden.
Unter der maßgeblichen Gestaltung von Rau hatte ein Ausbau der züchterischen Maßnahmen, insbesondere aber auch die Entwicklung des Reit- und Fahrwesens, eingesetzt, der zu beachtlichen Erfolgen führte.
1929 erfolgte nach Auflösung des Komitees für Kämpfe zu Pferde die Konstituierung des „Deutschen Olympiadekomitees für Reiterei".
1936 kam es zu einer weiteren Zentralisierung in der Pferdezucht. Es entstand der „Reichsverband für Pferdezucht, -sport und -haltung mit:
1. Reichsverband für Zucht und Prüfung deutschen Warmbluts mit angeschlossenen Zuchtverbänden
2. Reichsverband der Kaltblutzüchter Deutschlands (ab 1938 Reichsverband für Zucht und Prüfung deutschen Kaltbluts) mit angeschlossenen Zuchtverbänden
3. Verband der Kleinpferdezüchter Deutschlands mit angeschlossenen Zuchtverbänden".

Außerdem bestanden: Oberste Behörde für Vollblutzucht und -rennen, Oberste Behörde für Traberzucht und Rennen, Oberste Behörde für die Prüfung von Warmblutpferden (OBW) und Oberste Behörde für die Prüfung von Kaltblutpferden (OBK).
Nach dem Zusammenbruch 1945 entstand bereits 1946 eine „Arbeitsgemeinschaft der Warmblutzuchtverbände" sowie ein „Zentralverband für Zucht und Prüfung deutscher Pferde". Ferner wurde 1948 eine „Zentralkommission für die Leistungsprüfungen von Warmblut- und Kaltblutpferden" gegründet.
Auch das „Deutsche Olympiadekomitee für Reiterei" konnte 1949 wieder aufleben.
Zentralisierungen und Zusammenfassungen mußten jedoch bald erfolgen. So schlossen sich die genannte Arbeitsgemeinschaft und der Zentralverband zur „Arbeitsgemeinschaft für Zucht und Prüfung deutscher Pferde" (ADP) zusammen, dem 1952 auch die Zentralkommission beitrat und dort Abteilung wurde.
1957 erfolgte eine Umbenennung in „Hauptverband für Zucht und Prüfung deutscher Pferde" (HDP). Ab 1968 nannte sich die Institution „Deutsche reiterliche Vereinigung" (FN) (allerdings weiterhin mit dem Untertitel des HDP) in der Arbeitsgemeinschaft Deutscher Tierzüchter (ADT).
Dieser Organisation gehören nunmehr alle Bereiche der Zucht (Verbände der Warmblut-, Kaltblutzucht, Araber und Kleinpferde), des Reit- und Fahrsports (einschließlich Leistungsprüfungen) sowie auch das Olympiadekomitee an (Sitz Warendorf/Westf.).

Kaltblut
Der starke Aufschwung der Zucht schwerer Arbeitspferde führte bereits 1904 in Berlin zur Gründung der „Vereinigung der Züchter eines schweren Arbeitspferdes in Deutschland". Es bestand die Absicht, eine für das damalige Reichsgebiet umfassende Vereinigung zu schaffen. Trotz aller Bemühungen verblieb es jedoch bei einer Beschränkung auf den Bereich Berlin (damalige Provinz Brandenburg, deren Züchter und Pferdehalter Initiatoren waren).
1921 erfolgte dann die Einrichtung des „Reichsverband der Kaltblutzüchter Deutschlands" (Vorsitzender HOESCH, Neuenkirchen) in Berlin, nunmehr ein überaus erfolgreicher Schritt.

Aufgabenstellung:
Überregionale Vereinigung von Züchtervereinigungen und von Züchtern des Kaltblutpferdes in Deutschland. Förderung züchterischer Entwicklungen, des Absatzes sowie allgemeiner Maßnahmen der Kaltblutzucht.
Nach 1933 zunächst weiterhin „Reichsverband der Kaltblutzüchter Deutschlands" ohne wesentliche Änderung der Aufgabenstellung.
1936 entsteht der „Reichsverband für Pferdezucht, -sport und -haltung" (s. unter Warmblut).
Die weitere Entwicklung geht gemeinsam mit derjenigen des Warmblutes, allerdings unter dem bekannten Rückgang der Kaltblutzucht schlechthin.
Erwähnt sei, daß weiterhin nach 1945 bestehen: Vollblutzucht und Rennen, Köln; Traberzucht und -rennen, Büttgen/Neuss.

1.1.5.3 Rinder

Beim Rind lassen sich einige Zentralvereine auf Landesebene bereits um 1900 feststellen.
Als darüber hinausgehender Zusammenschluß ist der am 1. 7. 1898 in Dresden gegründete „Centralverband der Rinderzüchtervereinigungen der norddeutschen Tiefebene" zu erwähnen (Vorsitzender: VON FRESE, Loppersun/Ostfriesland). Diese Vereinigung erhielt jedoch keine Bedeutung.
Nach dem 1. Weltkrieg kam es dann zu Reichsorganisationen für Höhenfleckvieh, Rotes und Rotbuntes Vieh, für Gelbvieh und für Rotviehzucht. Darüber hinaus entstanden erneut Bestrebungen für die Gründung eines Zentralverbandes der deutschen Rinderzüchter. Dieser sollte alle Rassen umfassen. Auf Einladung von KÖPPE (Ostfriesland) beschlossen am 25. 8. 1930 50 Vertreter aus allen Teilen des damaligen Deutschen Reiches in Berlin diesen überregionalen Zusammenschluß. Damit war der „Reichsverband der Rinderzüchter und -halter Deutschlands" gegründet. Beweggründe für diese Maßnahme waren insbesondere die wirtschaftliche Notlage, daher die Aufgabenstellung: Förderung von Produktion und Qualität der Molkereiprodukte, Absatzregelung, Beratung der Ministerien und sonstiger Stellen, wirtschaftspolitische Interessenvertretung u. a. Zunächst ergab sich ein schwieriges Arbeiten, da eine Zurückhaltung bei Landwirtschaftskammern und Spezialorganisationen (bestehende Zentralzusammenschlüsse für einige Rassen) erfolgte. Mehrmaliger Wechsel der Vorsitzenden: DEICKE, Peest; VOGELSANG, Ebersbach; SCHERNBECK, Fischbeck mag nicht zuletzt dazu Anlaß gewesen sein.
1934 erfolgte die Eingliederung der bestehenden Reichszusammenschlüsse der verschiedenen Zuchtrichtungen in einem „Reichsverband der Rinderzüchter Deutschlands" mit Abteilungen:
1. Schwarzbuntes Tieflandvieh, der Verband der Schwarzbuntzüchter Deutschlands
2. Rotes und Rotbuntes Tieflandvieh, der Verband Deutscher Rot- und Rotbuntzüchter für Niederungsvieh, der Herdbuchkontrollverband Angeln und der Verband Schleswig-Holsteinischer Shorthornzüchtervereine
3. Fleckvieh, der Reichsverband Deutscher Fleckviehzüchter mit Einschluß der Vorderwälder und Hinterwälder sowie der Pinzgauer*

* Später Abteilung 7, Pinzgauer, Verband für die Reinzucht des Pinzgauer Rindes in Oberbayern

4. Einfarbiges gelbes Höhenvieh, der Reichsverband für die Zucht des gelben Höhenrindes, Interessen- und Arbeitsgemeinschaft der deutschen Glan-, Donnersberger- und Lahnviehzüchter und des Mitteldeutschen Verbandes für einfarbig gelbes Höhenvieh (Franken)
5. Mitteldeutsches Rotvieh, der Verband Mitteldeutscher Rotviehzüchter und die Arbeitsgemeinschaft der Züchter des rot- und braunblässigen Höhenviehs Deutschlands
6. Graubraunes Höhenvieh, die Arbeitsgemeinschaft der Zuchtverbände für das graubraune Höhenvieh.

Nach 1945 zunächst Zusammenschlüsse in den Besatzungszonen. 1948 erfolgte die Gründung der Arbeitsgemeinschaft Deutscher Rinderzüchter (ADR) mit Abteilungen für die einzelnen Rinderrassen der BRD (Sitz Bonn/Rh.):

A Arbeitsgemeinschaft der Verbände der Höhenviehzüchter
B Schwarzbunte, Rotbunte, Angler, Rotvieh, Shorthorn-, Jersey- und Aberdeen-Angus-Rinder
C Arbeitsausschuß für Rinderbesamung
D Arbeitsausschuß für Milchleistungsprüfungen.

Seit 1948 arbeitet die ADR innerhalb der Arbeitsgemeinschaft Deutscher Tierzüchter (ADT).

1.1.5.4 Schweine

Bereits 1893 erfolgte die Gründung der „Vereinigung Deutscher Schweinezüchter und -mäster" in Berlin (Vorsitzender: Steiger, Klein-Bautzen).
Ziel dieses Zusammenschlusses (nach Knispel, 1903):

1. Austausch von züchterischen Erfahrungen mittels regelmäßiger Versammlung
2. Veröffentlichung von Artikeln in geeigneten Zeitungen, die sich auf die Verbesserung der Schweinezucht beziehen sowie Herausgabe einiger Schriften, die allen Mitgliedern zuzustellen sind
3. Anstellung von Fütterungs- und Mastversuchen in der Praxis und Mitteilung der Ergebnisse an die Mitglieder
4. Ausübung von Wanderlehrtätigkeit in landwirtschaftlichen Vereinen
5. Erteilung von Auskünften durch die Geschäftsführung an die Mitglieder über alle Fragen der Schweinezucht
6. Vereinbarung zur Sicherung des Abstammungsnachweises der Zuchttiere
7. Wahrnehmung der Interessen der deutschen Schweinezucht nach allen Richtungen.

Die Durchführung und Auswertung von Fütterungs- und Mastversuchen wurde später von dafür zuständigen wissenschaftlichen Instituten übernommen, insbesondere von der 1918 gegründeten Versuchsanstalt für Schweinezucht und -haltung in Ruhlsdorf bei Berlin.
Die Vereinigung gab „Mitteilungen der Vereinigung Deutscher Schweinezüchter" heraus, später die „Zeitschrift für Schweinezucht". Das erste Heft der Mitteilungen enthält folgende Einleitung: „Um den Verkehr mit den Mitgliedern der Vereinigung und den Meinungsaustausch der Mitglieder untereinander besser zu ermöglichen sowie zur Förderung der Schweinezucht im allgemeinen, hat der Vorstand der Vereinigung Deutscher Schweinezüchter beschlossen, eine Zeitschrift herauszugeben, welche als Organ der Vereinigung den Interessen der Mitglieder dienen soll. Alle Mitglieder werden gebeten, uns an der Leitung des Blattes ihre Unterstützung

zuteil werden zu lassen, denn nur so werden die „Mitteilungen" ihren Zweck erfüllen. Wir bitten in Sonderheit, uns etwaige Wünsche zum Ausdruck bringen zu wollen . . ." (nach HARING).
Die recht rührige Vereinigung bezeichnete sich ab 1936 „Reichsverband Deutscher Schweinezüchter", ohne wesentliche Veränderungen der Aufgabenstellungen.
Nach dem 2. Weltkrieg kam es 1945/46 anfänglich nur zu einem Zusammenhalten der Züchtervereinigungen in den vier Besatzungszonen.
Folgende Vereinigungen traten stärker in Erscheinung:
1. in Norddeutschland (britische Besatzungszone): „Zentralverband Deutscher Schweinezüchter" mit Sitz in Hamburg, später Hannover (Vorsitzender: WESTERMANN, Oldendorf/Uelzen)
2. in Süddeutschland (amerikanische und französische Besatzungszone): „Arbeitsgemeinschaft Süddeutscher Schweinezuchtverbände" mit Sitz in Forchheim (Vorsitzender: SPRENGER, Buchenauerhof).

1948 entstand der Zusammenschluß der Vereinigungen in der Bundesrepublik Deutschland zur „Arbeitsgemeinschaft Deutscher Schweinezüchter – (ADS)" (Vorsitzender: SPRENGER, Buchenauerhof). Die Gründung erfolgte gelegentlich der DLG-Tagung in Wiesbaden. Zunächst zwei Geschäftsführer: WINNIGSTEDT (Norddeutschland) und SAALER (Süddeutschland), später ECKHOFF (ADS) mit Geschäftsstelle in Bonn/Rh. 1972 Umbenennung in „Arbeitsgemeinschaft Deutscher Schweineerzeuger – ADS".
Diese Dachorganisation besitzt Arbeitsausschüsse und Beiräte, hat jedoch keine Untergliederungen bzw. eigene Organisationsformen für die einzelnen Rassen. Alle anfallenden Probleme in Rassenfragen, Leistungsprüfungen u. a. werden in den zentralen Ausschüssen geregelt.

Ferner sei erwähnt, daß die aus England importierten Rassen Berkshires und Cornwalls bei sporadischer Verbreitung über das gesamte Gebiet Deutschlands eigene Zentralvereinigungen bildeten.

1904 entstand: Deutsche Berkshire-Herdbuchgesellschaft, Berlin
1914 nannte sich diese Vereinigung (nach DLG-Schau Hannover): Vereinigung Deutscher Berkshirezüchter, Berlin, und Deutsche Cornwallgesellschaft, Berlin
1899 Gründung eines Verbandes für Schwarz-Weiße Landschweine, Hannover–Braunschweig, später Deutsche Weideschweine

Von 1933 bis 1945 blieben diese Vereinigungen selbständig, jedoch dem Reichsverband Deutscher Schweinezüchter angeschlossene Herdbuchgesellschaften. Nach 1945 zunächst Fortbestand, dann bei Rückgang bzw. Aussterben dieser Rassen Auflösung der Verbände.

1.1.5.5 Schafe

1876 entstand ein loser Zusammenschluß von Merinozüchtern. 1883, gelegentlich der Tierausstellung in Hamburg, erfolgte dann die vorläufige Gründung eines „Verein der Züchter edler Merino-Kammwolle", später „Verein der Merinozüchter". 1884 konstituierte sich diese Vereinigung endgültig in Berlin. Der Verein entwickelte eine rege Tätigkeit in Nord- und Mitteldeutschland. Unter anderem führte er 1892 die erste Versteigerung von Wollen durch.
Das Streben nach einer zentralen Vereinigung hatte vor dem 1. Weltkrieg wenig

Erfolg. Nach FREYER (1918) bestand ein 1914 gegründeter „Deutscher Schäfereiverband“ nur dem Namen nach und löste sich wieder auf. Während des 1. Weltkrieges kam es ferner auf Anregung von THILO zur Gründung des „Verband zur Förderung der deutschen Schafzucht“, der mit Erfolg tätig war.
Die Arbeit des „Verein der Merinozüchter“ war sehr fördernd und wirkungsvoll, zumal nach FRÖLICH, Halle, auch Gebrauchsherdenbesitzer und bäuerliche Schafhalter einbezogen wurden. Diese Breitenarbeit führte 1918/19 zur Umbenennung in „Norddeutscher Schäfereiverband“ (NSV) und zugleich zur Erweiterung. So schloß sich der genannte Verband zur „Förderung der deutschen Schafzucht“ an, ebenso der zwischenzeitlich gegründete „Reichsverband zur Zucht und Haltung des Deutschen Fleischwollschafes“. Damit waren die Aufnahmebedingungen für Fleischschafzuchten und Landesschafzuchten gegeben, insbesondere aber der Weg für die Gründung einer umfassenden Reichsorganisation bereitet.
Diese erfolgte im August 1920 in Nürnberg mit der Gründung des „Reichsverband für Deutsche Schafzucht“ unter Vereinigung des „Norddeutscher Schäfereiverband“ mit dem „Verband Süddeutscher Schäfereibesitzer“ (1911 in Stuttgart gegründet) und dem „Landesverband Bayerischer Schafzüchter“ (1918 in München gegründet). Die Zusammenarbeit des NSV mit den süddeutschen Vereinigungen war nicht intensiv, trotzdem fanden gemeinsame Reichsbockauktionen statt, die der NSV vorbereitete. Trotz des Zusammenschlusses blieben die großen Regionalverbände somit weitgehend selbständig.
Der Norddeutsche Schäfereiverband schuf für die züchterische Betreuung Zuchtabteilungen für Merino-, Fleisch-, Fleischwoll- und Landschafe sowie eine solche für die Hochzucht. Ein züchterisch-wissenschaftlicher Ausschuß wurde tätig.
Ferner erfolgte die Einrichtung von drei Reichsverbänden für Rhönschafzüchter, Leineschafzüchter und für das Württemberger Schaf (letztere nur für Mittel- und Norddeutschland).
Der Tätigkeit auf züchterischem Gebiet stand die Organisation des Wollabsatzes (Wollverwertungsverband) sowie Bearbeitung von Fragen der Fleischverwertung gegenüber. In Süddeutschland entstand 1920 ein Zusammenschluß der Bayerischen Wollverwertung mit der Württembergischen Wollverwertungsgenossenschaft zur „Süddeutschen Wollverwertung“ in Sindelfingen, später Ulm.
Neben dem genannten Reichsverband für Deutsche Schafzucht mit seinen Organisationen im damaligen Reichsgebiet seien folgende weitere Gründungen erwähnt. 1927 entstand in Rodenkirchen/Oldenburg der „Reichsverband der Züchter des deutschen weißköpfigen Fleischschafes“, und 1929 gründete sich der „Reichsverband für die Zucht des Deutschen Schwarzköpfigen Fleischschafes“ (Zusammenschluß von „Verein für veredelte schwarzköpfige Fleischschafzucht in Ostpreußen“ und „Herdbuchverein für das deutsche schwarzköpfige Fleischschaf in der Provinz Westfalen“).
1934 kam dann mit einem Erlaß der Zusammenschluß aller Schafhalter. Ab 1. 1. 1934 erfolgte nun eine Gliederung in Landes- und Provinzialschafzuchtverbände (Herdbuchvereine wurden den Landes- und Provinzialverbänden eingegliedert). (Durchführung: Bevollmächtigter für die Neuorganisation der Schafzucht VON GUMPPENBERG.)
Die Dachorganisation in Berlin erhielt den Namen „Reichsverband Deutscher Schafzüchter mit Reichswollverwertung“ und hatte folgende Gruppierungen:
1. Landesverbände der Schafzüchter

2. Reichswollverwertung mit Zentrale Berlin und Unterabteilungen in Neu-Ulm, Paderborn und Königsberg/Pr.
3. Verband Deutscher Karakulzüchter, Wolfenbüttel.

Nach 1945 entstand für den Bereich der Bundesrepublik Deutschland:
Vereinigung Deutscher Landesschafzuchtverbände (VDL) in Bonn/Rh., angeschlossen an Arbeitsgemeinschaft Deutscher Tierzüchter (ADT), Bonn/Rh.
Deutsche Wollverwertung, Neu-Ulm. Gesellschafter sind die in der VDL zusammengeschlossenen Schafzuchtverbände.

1.1.5.6 Kleintiere

An anderer Stelle dieses Buches ist hervorgehoben, daß örtliche Bezirks- bis zu Landesverbänden der Ziegenzüchter zeitlich schon recht früh bestanden haben. So werden in der ersten offiziellen Aufstellung über Züchtervereinigungen von KNISPEL, 1901, bereits zahlreiche Zusammenschlüsse von Ziegenzüchtern genannt (s. S. 261). 1909 kommt es dann zur Gründung des „Reichsverbandes Deutscher Ziegenzuchtvereinigungen".
1935 bis 1945 besteht die „Reichsfachgruppe Ziegenzüchter" im „Reichsverband Deutscher Kleintierzüchter". Ihr sind Landesfachgruppen angeschlossen.
Nach 1945 kommt es in der Bundesrepublik Deutschland zunächst zu einem „Zentralverband Deutscher Ziegenzüchter" in der britischen Besatzungszone sowie einer „Arbeitsgemeinschaft Süddeutscher Landesziegenzuchtverbände" in den amerikanischen und französischen Besatzungsgebieten. Später schließen sich diese zur „Arbeitsgemeinschaft der Landesverbände Deutscher Ziegenzüchter (ADZ)" innerhalb der „Arbeitsgemeinschaft Deutscher Tierzüchter", Bonn, zusammen.
In der Geflügelzucht ist bei den Züchtervereinigungen zwischen Rassegeflügelzüchtern und solchen für die Wirtschaftsgeflügelzucht zu unterscheiden. Nach MEHNER eilten erstere der landwirtschaftlichen Geflügelzucht weit voraus. Es mag strittig sein, in einem Buch zur Geschichte der landwirtschaftlichen Tierzucht nähere Ausführungen zur Rassegeflügelzucht zu machen. Die Berührungspunkte, nicht zuletzt bei der Rassenbildung, sind jedoch gegeben und verlangen einen kurzen Hinweis.
Bereits 1852 gründete OETTEL in Görlitz den sogenannten Hühnerologischen Verein (1854 erfolgte die erste Ausstellung und 1857 die Herausgabe der Hühnerologischen Monatsblätter). Der 1881 gegründete „Club Deutscher und Österreichisch-Ungarischer Geflügelzüchter" ist dann Vorläufer des späteren „Bund Deutscher Rassegeflügelzüchter" geworden.
In der Wirtschaftsgeflügelzucht erfolgte 1896 die Gründung des „Club Deutscher Geflügelzüchter, Berlin". Wirtschaftliche Fragen (insbesondere Absatz), aber auch solche der Beratung waren die Aufgabenstellungen.
Die Geflügelherdbuchzucht begann 1922 mit der Gründung eines Geflügelherdbuches für Ostpreußen. Diesem Beispiel folgten verschiedene Länder und Provinzen (so die Rheinprovinz 1925), ohne allerdings einheitliche Richtlinien zu erreichen.
Von 1933 bis 1945 wurden die beiden Richtungen im „Reichsverband Deutscher Kleintierzüchter" vereinigt – Reichsfachgruppe I landwirtschaftliche Geflügel- und Herdbuchzüchter; Reichsfachgruppe II Ausstellungsgeflügelzüchter. In der Wirtschaftsgeflügelzucht erfolgte nunmehr die Einführung eines Reichsgeflügelherdbuches.

Nach 1945 schlossen sich die Landesverbände für die Wirtschaftsgeflügelzucht zum „Verband Deutscher Wirtschaftsgeflügelzüchter", später „Zentralverband der Deutschen Geflügelwirtschaft (ZDG)" in der „Arbeitsgemeinschaft Deutscher Tierzüchter, Bonn" zusammen. Die Gruppe Ausstellungszüchter bildete den „Bund Deutscher Rassegeflügelzüchter".

Die übrigen Zweige der Kleintierzucht, die für die landwirtschaftliche Tierzucht Bedeutung haben – Kaninchenzucht, Bienenzucht, Seidenbau und Pelztierzucht – sind teils schon sehr früh als Zweige der Tierhaltung bekannt, gründeten auch regionale Vereinigungen, ohne allerdings größere Verbände zu bilden.

In England, insbesondere aber in Frankreich und Belgien, ist das Hauskaninchen schon im 17. und 18. Jahrhundert bekannt und verbreitet. Sein Vordringen in den deutschen Raum erfolgt langsam, verstärkt seit Rückkehr der Soldaten aus dem deutsch-französischen Krieg 1870/71. Es findet dann sehr schnell Anhänger, und bereits 1874 soll die erste Kaninchenausstellung in Bremen stattgefunden haben. Der erste Verein wird 1880 in Chemnitz gegründet, dem bald eine große Anzahl von örtlichen oder regional begrenzten Vereinigungen folgen. Besonders zu erwähnen wäre der 1891 gegründete „Kaninchenzüchterverein von Leipzig und Umgebung", der später international bekannte Großschauen durchführte.

Eine Trennung in Rasse- und Wirtschaftskaninchenzucht hat es in Deutschland nie gegeben. Zu einer Zentralvereinigung kam es am 27. 12. 1892 mit der Gründung des „Bund Deutscher Kaninchenzüchter" in Leipzig. Es war zunächst ein Zusammenschluß von Züchtern aus dem sächsischen Raum und demjenigen der Provinz Sachsen in Halle/S.

1895 schlossen sich dann in Westdeutschland Züchter zum „Bund westdeutscher Kaninchenzüchter" zusammen. Damit war der Schritt zu einer unglücklichen Zersplitterung getan. Es folgten eine Reihe mehr oder weniger großer Zusammenschlüsse. Vor allem kam es auch zu uneinheitlichen Herdbuch- und Bewertungsvorschriften. Bei der Auflösung des „Bund Deutscher Kaninchenzüchter 1892" am 17. 6. 1933 nannte der Vorsitzende etwa 30 größere Vereinigungen mit geringen oder keinen Verbindungen untereinander.

1933 erfolgte dann die mehr oder weniger zwangsweise Vereinigung zur „Reichsfachgruppe Kaninchenzüchter", die 1936 einheitliche Reichsbewertungsbestimmungen erhielt.

Einer der ältesten Zweige landwirtschaftlicher Tierzucht ist die Bienenzucht. Trotzdem ist von Züchtervereinigungen wenig zu lesen.

Nicht uninteressant mag sein, daß nach GERRIETS bereits 1581 der Seidenbau in Hessen eingeführt wurde. Im 18. Jahrhundert erlangte der Seidenbau eine beachtliche Ausdehnung in Bayern, Preußen, Sachsen, Pfalz sowie in Baden. Rückgang und Vernachlässigung der Maulbeeranpflanzungen und die 1854 erstmals auftretende Nosemaseuche ergaben dann einen drastischen Rückgang. Erst nach dem 1. Weltkrieg erwacht das Interesse für die Seidenbauzucht wieder.

Systematische Pelztierzucht wird erst nach dem 1. Weltkrieg aufgenommen. Die sporadische Verbreitung der Zuchten ließ Zentralvereinigungen zweckmäßig erscheinen. So kommt es zum „Reichsverband Deutscher Silberfuchs- und Edelpelztierzüchter" in Berlin. Seine Arbeit wurde durch die 1926 gegründete „Reichszentrale für Pelztier- und Rauchwarenforschung" durch verstärkte wissenschaftliche Untermauerung unterstützt. Von 1933 bis 1945 entstanden im Rahmen des „Reichsverband Deutscher Kleintierzüchter" Reichsfachgruppen für Kaninchenzüchter, Imker, Seidenbauer und Pelztierzüchter mit nachgeordneten Landesgruppen. Nach 1945 erfolgten für diese Tierarten der Arbeitsgemeinschaft Deutscher Tierzüchter, Bonn, angeschlossene Zentralvereinigungen: „Zentralverband Deutscher Kaninchenzüchter"; „Deutscher Imkerbund"; „Zentralverband Deutscher Pelztierzüchter". Der Seidenbau erlangte keine Bedeutung.

1.2 Vatertierhaltung und künstliche Besamung

1.2.1 Vatertierhaltung

In den vorhergehenden Ausführungen zu den Anfängen und Entwicklungen der Züchtervereinigungen (s. S. 247) ist darauf hingewiesen worden, daß die Vatertierhaltung häufig ein wichtiger und entscheidender Grund für einen Zusammenschluß von Züchtern war. Auch die Gesetzgebung hat sich der geregelten Haltung von Vatertieren verstärkt annehmen müssen (s. S. 141). Es bestehen somit ausreichende Voraussetzungen und Bedingungen, diesen Zweig der Tierzucht bzw. Tierhaltung eingehender in einem besonderen Abschnitt zu behandeln. Da er eng mit den Züchterorganisationen verbunden ist, wurde er dem Kapitel Züchtervereinigungen angeschlossen.
Schon zeitlich sehr früh ist erkannt worden, daß die Tierzucht über die Zurverfügungstellung guter Vatertiere nachhaltig verbessert werden kann. Dabei fand im deutschen Raum das Pferd zunächst eine vorrangige Berücksichtigung. Fürstenhöfe, der Adel und auch Klöster machten bereits im Mittelalter von der Zurverfügungstellung von Hengsten Gebrauch, um Nachzuchten für den eigenen Bedarf zu erhalten. Dienstleistungen des Adels und der Klöster an die Lehnsherren zwangen zu starken Pferdeproduktionen. Diese Regelung und Beeinflussung der Pferdezucht durch die Aufstellung guter Deckhengste fand in engerem Bereich aber auch als Maßnahmen für größere Bezirke statt. Als Beispiel dafür wird häufig die Arbeit des Deutschritterordens in Ostpreußen herangezogen. Hier wurden systematisch Ordensgestüte (Stutereien) geschaffen und mit den hier aufgestellten Hengsten die Landespferdezucht (Schweiken) stark beeinflußt bis umgewandelt.
Als im 17. und 18. Jahrhundert der Bedarf an Kriegspferden (Remonten) beträchtlich anstieg, sahen sich die Landesherren zu erweiterten Maßnahmen gezwungen. Allenthalben erfolgten die Einrichtungen von Gestüten. Diese erhielten entweder den Charakter von Hengstdepots (Landgestüte) und dienten der Aufstellung von Vatertieren für die Landeszucht, oder sie waren bereits bestehende Zuchtstätten für die Eigenproduktion der Fürstenhöfe als Hofmarställe, oft später Hauptgestüte (s. S. 439). Hofgestüte sind somit zeitlich zumeist ältere Einrichtungen und lassen sich häufig bis in das Mittelalter hinein zurückverfolgen.
Aber auch für die anderen Haustierarten spielte die Vatertierhaltung immer schon eine beachtliche Rolle. Dabei hat züchterisches Denken sicherlich erst allmählich an Boden gewonnen. Das Bemühen, die weiblichen Tiere überhaupt trächtig zu bekommen, stand zunächst stark im Vordergrund. Insbesondere waren Notzeiten oder Distrikte mit kleineren Tierhaltungen, die sich keine eigenen Vatertiere leisten konnten, meist aktueller und notwendiger Anlaß, Vatertiere zur Verfügung zu stellen. Die Verhältnisse im deutschen Raum sind hier so unterschiedlich gewesen, daß es unmöglich erscheint, genauere Angaben zu machen. Selbsthilfe (Genossenschaften oder ähnliche Formen gemeinsamer Vatertierhaltungen) und staatliche Maßnahmen sind festzustellen. Der allgemeine Aufschwung der tierischen Produk-

tion führt dazu, daß man sich im 18. Jahrhundert, vermehrt im 19. Jahrhundert, der Vatertierhaltung bei Rind und Schwein, aber auch bei Ziegen stärker annimmt. ZECHNER gibt 1899 in einem Beitrag „Die Genossenschaftsidee in ihrer Anwendung auf die Tierzucht" einen recht guten Rückblick: „Es ist wohl auf keinem Gebiet der Landwirtschaft seit alters her so vieles und teils auch so gutes durch praktische, genossenschaftliche Arbeit geleistet worden als auf dem Gebiete der Viehzucht. Man denke nur an die Bestimmungen der Ortsstatuten vieler Landgemeinden, nach denen die Haltung von Bullen und Ebern für die Gemeinde-Insassen, Einzelpersonen oder auch der Gemeinde oder den Rittergütern auferlegt worden sind, Bestimmungen, die einer Notwendigkeit entwachsen sind, da es dem einzelnen kleinen Viehhalter unmöglich ist, eigene, hervorragende Vatertiere anzuschaffen und in gutem Zustand zu erhalten. . . . diese genossenschaftlichen Bestrebungen sind lange Zeit hindurch die einzigen Mittel gewesen, um die Tierzucht überhaupt auf dem der Zeit entsprechenden Standpunkt zu halten."
Im Abschnitt „Gesetzgebung und allgemeine staatliche Förderung" (s. S. 141) ist hervorgehoben, daß Initiative der Tierhalter und staatliche Maßnahmen häufig nebeneinander verlaufen, aber auch ineinander übergegangen sind. Eine Verpflichtung der Gemeinden für die Vatertierhaltung kommt gegen Ende des 19. Jahrhunderts mehr und mehr in geregelte Bahnen. Sie führt in den einzelnen Bezirken des damaligen deutschen Raumes zu unterschiedlichen Intensitäten. Es ist ein noch langer Weg bis zu einer einheitlichen Bewertung (Körung) aller Vatertiere vor der Einstellung zur Zucht durch das Reichstierzuchtgesetz 1936 (s. S. 165).
Sofern eine Verpflichtung von Gemeinden oder Kreisen für eine Vatertierhaltung entstand, verlief dies keineswegs immer günstig im Interesse einer Förderung der Tierzucht. In einem Bericht aus Halle/S. ist 1922 für die Provinz Sachsen zu lesen: „Die Arten der Bullenhaltung durch Gemeinden sind heute leider noch so sehr verschieden voneinander, daß die Maßnahmen zur Beseitigung ihrer Fehler und Mängel mindestens jeder einzelnen Art angepaßt sein müssen." Der Verfasser klagt dann über das mangelnde allgemeine Interesse für die Förderung der Rinderzucht; dies allerdings in einem Gebiet mit vorwiegendem Ackerbau. Es fehlt aber auch nicht an günstigen Berichten, wenn von staatlicher Seite aus eine Verpflichtung, sich der Vatertierhaltung anzunehmen, erkannt wurde. So erfolgt 1926 – um ein Beispiel zu nennen – im Kreise Hünfeld (Hessen-Nassau) die Gründung eines Bullenhaltungszweckverbandes auf Kreisebene, d. h. einer unter Aufsicht der Kreisverwaltung arbeitenden Institution. Dieser Verband soll sich sehr bewährt haben, und der Berichterstatter schließt mit dem Satz: „Möge der Bullenhaltungszweckverband weiterhin seine erfolgreiche Tätigkeit zur Förderung der Rinderzucht ausüben."
Die Gemeindetierhaltungen haben häufig nur der Verpflichtung Genüge getan, und von einer tierzüchterischen Förderung kann hier kaum gesprochen werden. Sofern allerdings Genossenschaften vorhanden waren, haben diese eine äußerst gute und wirksame Arbeit geleistet. Wie bereits betont, waren sie Keimzellen von Züchtervereinigungen oder wurden auch von diesen eingerichtet und unterhalten.
Mit den verschiedensten Formen der Vatertierhaltungsgenossenschaften hat die Landwirtschaft ein System oder Faktoren entwickelt, die eine ungemein fördernde Auswirkung erzielt haben. Es ist dadurch wertvolles Vatertiermaterial auch in Herden und Gebieten zur Verwendung gekommen, die nur im Rahmen von Genossenschaften gute aber teure Vatertiere erwerben konnten.

KRONACHER hat dies 1922 wie folgt zum Ausdruck gebracht:
„... Die Beschaffung des männlichen Zuchtmaterials auf genossenschaftlichem Wege bietet nicht allein den Vorteil, daß auf Grund der aus öffentlichen bzw. Genossenschafts- und Verbandsmitteln fließenden Zuschüsse wertvollere Vatertiere aufgestellt zu werden vermögen; für die größeren Verbänden angehörigen Genossenschaften und Vereinigungen ist die Beschaffung aber auch durch den bestehenden Nachweis verkäuflicher, erstklassiger, abstammungs- und leistungsbekannter Tiere, durch gemeinsamen Bezug, vor allem auch durch die Vertrautheit der die Einkäufe besorgenden oder vermittelnden technischen Beamten und Züchter mit den züchterischen Verhältnissen des Einkaufsgebietes ebenso wie mit den züchterischen Bedürfnissen der kaufenden Genossenschaften sehr erheblich erleichtert." Vatertierhaltungsgenossenschaften haben sich bis in die jüngste Zeit erhalten. Die genossenschaftliche Haltung besonders wertvoller, teurer Vatertiere besteht nach wie vor, und die Besamungsstationen für Rind und Schwein sind der Zeit angepaßte Formen.
Die Möglichkeit, hochwertiges Vatertiermaterial zu halten und stark zu verbreiten ist nur eine Seite der künstlichen Besamung, insbesondere verdient auch der damit verbundene starke züchterische Vorteil größte Beachtung. Zur Entwicklung und Bedeutung der KB läßt sich folgendes sagen:

1.2.2 Die künstliche Besamung von Haustieren

Nach ROMMEL sollen die Assyrer bereits eine Samenübertragung gekannt haben. HELMIG-SCHUMANN hebt hervor, daß nach dem arabischen Schrifttum 1286 die künstliche Besamung einer Stute gelungen sein soll. JACOBI und VELTHEIM führen 1725 bzw. 1763 Samenübertragungen bei Fischen mit Erfolg durch. 1780 gelingt dieses Vorhaben dem italienischen Abt SPALLANZANI beim Hund.
Nach einer etwa 100 Jahre dauernden Stagnation beschäftigt sich dann IVANÓV zu Anfang des 20. Jahrhunderts in Rußland mit der künstlichen Besamung bei landwirtschaftlichen Nutztieren. Seine deutsche Dissertation erregt Aufsehen. Nach Erfindung einer künstlichen Scheide aus Gummi durch AMANTEA im Jahr 1914 wird die zunächst schwierige Technik der Samenübertragung wesentlich gefördert. In der Folgezeit kommt es allenthalben zu zahlreichen Untersuchungen und Verbesserungen. Aus einer Vielzahl von Bearbeitern der Materie und Autoren seien MILANOW, ROEMMELE, MCKENZIE, BONADONNA, GÖTZE und EIBL genannt.
Einer schnellen Entwicklung der Besamung auf künstlichem Wege standen zunächst insbesondere ethische Fragen und Probleme im Wege. Man sah einen Eingriff in die menschliche Gesellschaftsordnung! Der Abt SPALLANZANI soll nach der genannten erfolgreichen Besamung eines Säugetieres (Hund) gesagt haben: „Mein Geist, übervoll der Verwunderung und des Staunens, kann nicht an die Zukunft dessen denken, was ich entdeckt habe" (nach BAIER).
Darüber hinaus waren es aber auch technische Fragen, die über lange Zeit hin das Befruchtungsergebnis beeinflußten und damit ein Risiko einschlossen. EIBL hebt hervor, daß die Möglichkeit mikroskopischer Untersuchungen und später die künstliche Scheide die entscheidenden Voraussetzungen für die Entwicklung der künstlichen Besamung gewesen sind.
Nach IVANÓV errangen insbesondere russische Forscher in der Technik und Anwendung dieses Verfahrens besondere Verdienste. In den Jahren nach dem 1. Weltkrieg

wird in der Sowjetunion versucht, die stark darniederliegende Viehwirtschaft durch die Verwendung weniger guter Vatertiere über die Anwendung der künstlichen Besamung schnell zu fördern. Diese Maßnahmen blieben nicht ohne Erfolg. KRALLINGER hebt zu diesen Ergebnissen 1943 hervor, daß die Methode in der extensiven tierischen Produktion Osteuropas anders zu beurteilen ist als in Mittel- und Westeuropa. Durch Verdrängungskreuzung sei man in der seinerzeit extensiven Viehwirtschaft der Sowjetunion durch Verwendung einiger gut veranlagter Vatertiere schnell über die künstliche Besamung zu leistungsfähigeren Populationen gekommen. Zudem standen ethische Fragen und solche der Gesellschaftsordnung nicht im Wege.

Im deutschen Raum wird die Anwendung der künstlichen Besamung nach Bekanntwerden ausländischer Ergebnisse und der Vervollkommnung der Methodik stark diskutiert. Insbesondere sind es die Hochzuchten bzw. Herdbuchzuchten, die Bedenken gegen die KB haben. Bei den großen Haustieren hatte die künstliche Besamung im Verlaufe ihrer Vervollkommnung die größeren Sicherheiten im Befruchtungserfolg bei Rind, Schaf und Ziege erbracht, während für das Pferd und das Schwein zunächst nur unbefriedigende Resultate vorlagen. In Deutschland rückt die Rinderbesamung Ende der 30er Jahre in entscheidende Phasen. Trotz ausreichender Entwicklung der Techniken tritt die Besamung bei Schaf und Ziege wenig in den Diskussionsbereich. Die Schafherden sind infolge ihrer Bestandsgrößen in Deutschland besser mit einer Eigenbockhaltung zu bearbeiten, und die Ziegenhaltung läßt die Einrichtung von Besamungsstationen nur in wenigen Ballungsgebieten ökonomisch gestalten.

In den Auseinandersetzungen um die Rinderbesamung kommt es gelegentlich einer Versammlung der Rinderzüchtervereinigungen in Leipzig 1939 (Reichsnährstandsschau) zu heftigen Kontroversen. Folgende Punkte standen im Vordergrund der Betrachtungen um das Für und Wider und blieben dies auch in den Jahren nach 1945:

1. Züchterische Vorteile und Möglichkeiten durch Erhöhung der Nachkommenzahlen werden anerkannt. Dazu sind jedoch „sichere“ Vererber erforderlich.
   Erst als diese im Verlaufe der Nachkriegszeit mehr und mehr die Bestände der Besamungsstationen ausmachen, ist der Durchbruch gesichert.
2. In erbhygienischer Hinsicht muß verhindert werden, daß ungünstige Veranlagungen eines Vatertieres durch hohe Nachkommenzahlen verstärkt verbreitet werden.
3. Der Vorteil, Deckseuchen (so Trichonomadenseuche bei Rindern u. a.) wirkungsvoll zu bekämpfen, wird hervorgehoben und gewinnt insbesondere in den Jahren nach 1945 besondere Beachtung (Unterbrechung der gegenseitigen Infektionsmöglichkeit).
4. Die oft diskutierte Frage, ob der Ausfall psychophysischer Erlebnisse die Qualität der Nachkommen beeinflusse, verliert an Bedeutung, nachdem laufend Nachkommen aus der KB ohne Merkmale sind.

1942 entsteht dann in Deutschland die erste Besamungsstation in Pinneberg/Schleswig-Holstein. Die Namen GÖTZE und SELL sind mit diesem ersten Schritt einer nach dem 2. Weltkrieg schnell wachsenden Entwicklung verbunden.

Landeszucht und interessierte Rinderhalter sind nach 1945 zunächst die Träger der Besamung beim Rind, während sich die Herdbuchzucht noch zurückhält. Erst die erwähnte Notwendigkeit und allmähliche Verwirklichung, erbwertgeprüfte Bullen

in den Besamungsstationen aufzustellen, bringt schrittweise auch die Herdbuchzüchter zur Anwendung der KB. Eigene Besamungsstationen der Züchtervereinigungen, Zusammenarbeit mit bestehenden Besamungsvereinen führen letzten Endes dazu, daß die Rinderbesamung zu einem die Zucht stark fördernden Faktor wird. Technische Vervollkommnung wie Gefriersperma tragen wesentlich zum Erfolg bei, und der Gesetzgeber versucht, verstärkt aufkommende Fragen verwaltungstechnischer, hygienischer und juristischer Art zu klären und festzulegen (s. S. 176).
Die stürmische Entwicklung der Rinderbesamung in der BRD bis 1975 zeigt die Tab. 50.

Tab. 50. Entwicklung der künstlichen Besamung in der BRD (aus: Rinderproduktion 1975 in der BRD, ARD 1975).

Jahr	KB-Stationen	Anzahl besamter Tiere	Anteil am Kuh- und Färsenbestand in %
1952	98	663 536	10,3
1955	103	1 266 717	20,3
1960	102	2 064 752	32,1
1965	96	2 899 972	45,3
1970	74	3 781 423	60,3
1975	58	4 701 374	77,5

Wie bereits erwähnt, hat die künstliche Besamung bei Schaf und Ziege in Deutschland keine Bedeutung erlangen können. Beim Schwein verzögerten technische und methodische Fragen und Probleme eine durchgreifende Wandlung. Erst in jüngster Zeit erfolgen beim Schwein die entsprechenden Einrichtungen und Organisationen. Auch beim Pferd sind technisch-methodische Schwierigkeiten allmählich gelöst worden. Für eine verbreitete Anwendung besteht bei dieser Tierart jedoch kaum ein Bedarf.

1.3 Landwirtschaftlich tierzüchterische Vereine und Gesellschaften

1.3.1 Allgemeines

Im 18. Jahrhundert kommt es in Deutschland und in zahlreichen anderen europäischen Ländern zur Gründung sogenannter ökonomischer Gesellschaften. Die Anregung gaben die verstärkt aufkommenden und verbreiteten Lehren der physiokratischen Bewegung. Diese wandte sich insbesondere gegen den Merkantilismus, hatte ihren Ursprung vor allem in Frankreich und war nach ABEL „im ersten Ansatz eine agrarische Bewegung“. Von Frankreich ausgehend, interessierte man sich fast über Nacht für die Landwirtschaft, und dieser Funke sprang auch auf das übrige Europa über. Zwei Aussprüche mögen dies erläutern. MIRABEAU sagte: „Liebt und ehrt den Ackerbau; er ist der Herd, der Mutterschoß, die Wurzel eines Staates“. FRIEDRICH DER GROSSE sagte: „Die Landwirtschaft ist die erste aller Künste; ohne sie gäbe es keine Kaufleute, Dichter und Philosophen; nur das ist wahrer Reichtum, was die Erde hervorbringt.“

Diese Gedankengänge bereiteten die Agrarreformen um 1800 vor und führten auch zu den genannten Gründungen von Vereinigungen zur Verbesserung und Hebung der Verhältnisse auf dem Lande. Ihre Aufgabenstellung ging allerdings häufig über landwirtschaftlich-ökonomische Fragen hinaus und schloß solche allgemeiner Sittenlehren ein. So gehörten die Mitglieder verschiedensten Berufen, auch städtischen, an. Als Beispiel sei der 1768 in Altötting insbesondere von Geistlichen gegründete erste landwirtschaftliche Verein in Bayern genannt mit der späteren Bezeichnung für „Sittenlehre und Landwirtschaft" nach seiner Verlegung nach Burghausen.

Diese Vereine bedurften bei Gründung vor 1800 eines fürstlichen Privilegiums. Dies änderte sich im 19. Jahrhundert mit der schrittweisen Einführung der rechtlichen Grundlage eines allgemein garantierten Grundsatzes der Vereinsfreiheit. Damit vollzog sich allmählich der Übergang zu einem starken Vereinswesen in Deutschland bis zu Massenorganisationen. Trotz dieser großen Zahl von Vereinen blieb die Einbeziehung landwirtschaftlicher Kreise zunächst noch in engeren Grenzen. Als Begründung für die langsame Entwicklung müssen die schwierigen Verkehrsverhältnisse in den ländlichen Gebieten, insbesondere aber die Tatsache genannt werden, daß etwa bis zur Mitte des 19. Jahrhunderts große Teile der ländlichen Bevölkerung des Lesens und Schreibens unkundig waren. Eine Reihe von Forschern hat sich mit der sich anbahnenden geistigen Umstellung der Landbevölkerung befaßt. FRAUENDORFER gab 1958 eine sehr zutreffende Formulierung: „Damit ist der Landwirt und Bauer allmählich aus seiner räumlichen und geistigen Isolierung herausgetreten und konnte an den Errungenschaften der modernen Entwicklung von Wissenschaft und Technik in zunehmendem Maße teilnehmen. Damit vollendete sich die durch die Agrargesetzgebung in der ersten Jahrhunderthälfte angebahnte Emanzipation des Bauern auch in geistiger und sozialer Richtung, so daß nun wirklich eine neue Epoche der Agrargeschichte anhub, die alle Anzeichen glücklichen Gedeihens auch für die Zukunft zu gewährleisten schien".

Einen guten Einblick in das landwirtschaftliche Vereinswesen gibt FRAAS 1865. Er hebt hervor, daß in Frankreich die ersten Ackerbaugesellschaften bereits im 17. Jahrhundert festzustellen seien. Im 18. Jahrhundert werden derartige Vereinigungen in Frankreich, in der Schweiz, in England, in Österreich, in den skandinavischen Ländern und insbesondere auch im deutschen Raum gegründet. Von diesen nennt FRAAS folgende größere Vereinigungen:

1762	Thüringische Landwirtschaftsgesellschaft zu Weißensee
1764	Landwirtschaftsgesellschaft von Celle in Hannover
1764/65	Leipziger Societät
1765	Fränkische physikalisch-ökonomische Gesellschaft
1768	Gesellschaft der Sittenlehre und Landwirtschaft in Bayern
1769	Kurpfälzische physikalisch-ökonomische Gesellschaft
1772	Ökonomisch-patriotische Gesellschaft zu Breslau
1772	Ökonomische Gesellschaft im Magdeburgischen
1791	Märkische ökonomische Gesellschaft in Potsdam
1791	Westfälische ökonomische Gesellschaft zu Hamm
1797	Mecklenburgischer landwirtschaftlich-patriotischer Verein

Diese Aufzählung ließe sich fortsetzen.

FRAAS hebt hervor, daß im Verlaufe der ersten Hälfte des 19. Jahrhunderts überall im deutschen Raum landwirtschaftliche Vereine entstanden. Bei Abschluß seiner

Untersuchungen um 1860 schätzt er, daß insgesamt etwa 1000 derartige Vereinigungen vorhanden waren. Auch andere Autoren wie STADELMANN und VON DER GOLTZ hoben die starken Vereinsgründungen in diesem Zeitraum hervor.
Ihre Bedeutung ist ohne Zweifel sehr differenziert gewesen. Es gab viele, die „nur ein Scheinleben führen, oft eine humifizierte Masse, auf welcher nur schöne Redensarten von heißer Fürsorge für das Wohl der Ackerbauer wachsen".
In der zweiten Hälfte des 19. Jahrhunderts kommt es dann zu größeren Zentralorganisationen, die ihre Aufgabenstellung in der Vertretung standespolitischer sowie wirtschaftspolitischer Fragen sahen. Fachliche Erörterungen, Regelungen und Anweisungen werden von den Landwirtschaftskammern oder ähnlichen Institutionen mit öffentlich-rechtlichem Charakter übernommen. Hinzu kommen Fachministerien mit zunehmender Gliederung in Referate für die einzelnen Ressorts der Landwirtschaft.
Was die Viehwirtschaft anbetrifft, muß vermerkt werden, daß die landwirtschaftlichen Vereine im 19. Jahrhundert diesem Zweig der Landwirtschaft unterschiedliche Bedeutung beigemessen haben. Dies war eine natürliche Gegebenheit, da, um ein extremes Beispiel zu wählen, im Seemarschengebiet ein ganz anderes Interesse für die Viehwirtschaft bestand als im Bereich der Ackerbau treibenden Magdeburger Börde. In vielen Fällen sind aus den landwirtschaftlich-ökonomischen Gesellschaften oder Vereinen in der zweiten Hälfte des 19. Jahrhunderts die Züchtervereinigungen oder Herdbuchgesellschaften hervorgegangen.

1.3.2 Die Deutsche Gesellschaft für Züchtungskunde

Die Tierzucht im deutschen Raum nahm in der zweiten Hälfte des 19. Jahrhunderts und in der Zeit bis zum Ausbruch des 1. Weltkrieges einen gewaltigen Aufschwung. Die verschiedensten Gründe lösten eine Entwicklung aus, die nicht allein eine Aufstockung der Bestände erbrachte, insbesondere begann auch eine vermehrte Bearbeitung des Tiermaterials unter qualitativen Gesichtspunkten. Es zeigte sich allenthalben eine starke Regsamkeit. So fallen in diese Zeit die Gründungen der Züchtervereinigungen und die vermehrte Förderung der Tierzucht durch landwirtschaftliche Organisationen, wozu insbesondere die Deutsche Landwirtschafts-Gesellschaft gehörte. ZORN weist auf drei Gebiete hin, die verstärkt von Bedeutung waren, zunehmende Bearbeitung durch die Wissenschaft erfuhren und das besondere Interesse der Praxis besaßen.

1. Durchbruch des Zuchtzieles der Zucht auf Leistung.
2. Nach Wiederentdeckung der Mendelschen Regeln Streben nach mehr und besserem Wissen auf den Gebieten Biologie und Vererbung.
3. Neuere Erkenntnisse auf dem Gebiet der Tierernährung.

Dem Zusammenschließen vorwärtsstrebender und interessierter Züchter und den Förderungsmaßnahmen landwirtschaftlicher Vereine wie auch solcher staatlicher Stellen stand ein Aufgreifen der Materie durch die Landwirtschaftswissenschaft zur Seite. An den Hochschulen, Akademien oder Abteilungen für Landwirtschaft der Fakuläten gewann die Tierzucht mit ihren Problemen mehr und mehr an Bedeutung und kam in zunehmendem Maße zu eigenen Einrichtungen bis zu eigenen Instituten.
Sehr bald brach auch die Erkenntnis durch, daß eine Zusammenarbeit dieser jungen Wissenschaft dringend erforderlich wie auch eine enge Verbindung mit der

interessierten Praxis notwendig sei. Es zeigte sich das Verlangen, im Rahmen überregionaler Vereinigungen und Zusammenschlüsse eine verstärkte Förderung der Wissenschaft, einen Austausch der Erkenntnisse zu erreichen und zugleich eine Übertragung derselben in die Praxis zu erzielen. Diesen Gedankengängen entsprang auch die Forderung nach Einrichtung von Forschungsstätten. Um die Jahrhundertwende wurden somit zwei Möglichkeiten diskutiert – die Einrichtung biologischer Versuchsstätten für Tierzucht und die Gründung einer besonderen Gesellschaft, die Wissenschaft und Praxis in ihren Reihen vereinen solle.
Die Einrichtung von Forschungsstätten ist in verschiedenen Beiträgen der Fachzeitschriften im Jahr 1905 und später von R. MÜLLER (1866 bis 1922), Dresden, später Tetschen-Liebwerd, angeregt worden. Die experimentellen Erfolge in der Pflanzenzüchtung waren für ihn Ausgang seiner Forderungen. Er nannte MENDEL, DE VRIES, CORRENS, TSCHERMAK, BATESON u. a. mit ihren Arbeiten und Experimentiermöglichkeiten. Müller verlangte, daß in den vorgesehenen Versuchsstätten „die wissenschaftliche Tierzucht muß zur Biologie der Haustiere ausgestaltet werden“. Seine Gedankengänge zu den Aufgabenstellungen und zur Ausgestaltung derartiger Einrichtungen, die damals im In- und Ausland keine Vorbilder hatten, bringen z. T. Aspekte, die durchaus bis in die Neuzeit Bedeutung behalten haben. So mag nicht uninteressant sein, daß er im Jahr 1905 u. a. die Untersuchung von Anpassungserscheinungen an Klima und sonstige Umwelt der Haustiere in den Tropenländern forderte – damals im Rahmen der Kolonien, heute im Rahmen der Entwicklungsländer. Seine Vorschläge sind viel diskutiert worden. Grundsätzlich fanden sie Zustimmung. Sie konnten jedoch nur schrittweise verwirklicht werden, da die Kosten derartiger Einrichtungen nicht gering waren. Rückwärtsschauend läßt sich feststellen, daß im Bereich der landwirtschaftlichen Ausbildungsstätten im Verlaufe der Zeit spezielle Versuchswirtschaften für Tierzucht entstanden. Größere, zentrale Forschungsstätten, wie sie MÜLLER vorschwebten, wurden allerdings erst viel später eingerichtet – so die Preußische, später Reichsforschungsanstalt Tschechnitz bei Breslau (1921) von seiten des Staates, Dummerstorf bei Rostock (1939) durch die Kaiser-Wilhelm-Gesellschaft u. a.
Schneller ließ sich die Gründung einer wissenschaftlichen Gesellschaft verwirklichen. So forderte Müller im Januar 1905 die Einrichtung einer Gesellschaft für züchtungsbiologische Fragen und Problemstellungen, die für die vorgesehenen Versuchs- und Forschungsstätten eine Art Leitorgan sein solle. Die Diskussion um eine derartige Gesellschaft war so rege – insbesondere durch die damals angesehenen praktischen Tierzüchter wie HOESCH, BRÖDERMANN und DETTWEILER – daß bereits am 18. 5. 1905 eine Zusammenkunft zur Gründung einer Biologischen Gesellschaft für Tierzucht in Halle/S. stattfand. Dem Protokoll ist zu entnehmen, daß wohl alle in leitenden Stellungen stehenden Kapazitäten aus Wissenschaft und Praxis teilnahmen. Bei Führung der Verhandlungen durch KÜHN – Halle/S. gewann die Veranstaltung an Bedeutung. Nicht uninteressant ist die Diskussion um das Für und Wider einer derartigen Gesellschaft wie auch die Einrichtung von Forschungsstätten. Insbesondere scheint die Frage, ob ein Ausschuß in der Deutschen Landwirtschafts-Gesellschaft oder die Gründung einer selbständigen Institution zweckvoller sei, die Gemüter stark bewegt zu haben. Die Deutsche Landwirtschafts-Gesellschaft sprach sich für eine Zusammenarbeit, nicht jedoch für einen Ausschuß oder unmittelbaren Anschluß aus. Was die Forschungsstätten anbetrifft, herrschte die Meinung vor, diese im Rahmen der Hochschulen einzurichten. Das Ergebnis

der Tagung in Halle war die Schaffung einer Art Provisorium oder eines Vorläufers einer zu gründenden Biologischen Gesellschaft für Tierzucht. Für den Vorstand wurden in Aussicht genommen: KÜHN als Vorsitzender und LYDTIN als sein Stellvertreter. R. MÜLLER, Tetschen/Liebwerd, übernahm die Geschäftsführung, und seine Regsamkeit führte bereits am 1. 7. 1905 zu einer weiteren Besprechung in München und am 30. 10. 1905 zur wichtigen Berliner Tagung der Biologischen Gesellschaft für Tierzucht. Die Versammlung leitete der stellvertretende Vorsitzende LYDTIN. Eine erneute Diskussion erbrachte dann den Beschluß zur definitiven Gründung der Gesellschaft, die sich mit den anstehenden Fragen befassen sollte. HANSEN, Bonn/Poppelsdorf, schlug den Namen: „Deutsche Gesellschaft für Züchtungskunde" vor. Nach Erarbeitung von Satzungen und sonstigen Regularien trat die Gesellschaft am 12. 2. 1906 erstmals in Berlin offiziell in Erscheinung. Infolge Erkrankung von LYDTIN leitete diese Sitzung LEHMANN, Berlin. Sitz der Gesellschaft für Züchtungskunde wurde zunächst Berlin. Sie wurde ein eingetragener Verein, dessen Mitglieder führende Persönlichkeiten der praktischen Tierzucht, Tierzuchtwissenschaftler, Vertreter der Herdbuchverbände, solche von Behörden und öffentlichen Institutionen waren, wobei insbesondere die Tierzucht mit ihren Bereichen Züchtung, Ernährung und Haltung und die Veterinärmedizin zusammengefaßt werden sollten. Gemäß Satzung erfolgte die Leitung der Gesellschaft durch einen Vorstand mit Vorsitzendem, Stellvertretern und Geschäftsführer sowie einem Gesamtausschuß von 30 Mitgliedern, der wiederum eine Gliederung in 3 Sonderausschüsse erhielt mit den Aufgabenstellungen:

1. Biologischer Ausschuß
2. Ausschuß für Rassenforschungen
3. Ausschuß für Sammlung praktisch-wissenschaftlicher Fragen

Als Vorsitzender wurde HOESCH, Neukirchen, gewählt und LEHMANN, Berlin, wurde Stellvertreter.

Es mag einerseits daran gelegen haben, daß die Zeit reif für eine derartige Institution war, andererseits haben aber auch ein kraftvoller erster Vorsitzender (HOESCH, Neukirchen) und unermüdlicher Geschäftsführer (MÜLLER, Tetschen/Liebwerd) dazu beigetragen, daß die junge Gesellschaft sehr schnell Fuß fassen konnte, an Ansehen gewann und zu einer die Entwicklung stark fördernden Einrichtung wurde. ZORN hat dies rückwärtsschauend wie folgt zum Ausdruck gebracht: „Mitglieder der Deutschen Gesellschaft für Züchtungskunde waren von Anfang an alle besonders interessierten Tierzüchter und Tierärzte, fast alle großen Zuchtverbände, deren Geschäftsführer vielfach begeisterte fördernde Mitarbeit leisteten, die Tierzucht- und tierärztlichen Institute, Ministerien und sonstige Behörden und Organisationen. Optimismus, Idealismus, Opferwilligkeit und seltene Zähigkeit im Erreichen gesteckter Ziele, Eigenschaften, wie sie dem echten Züchter eigen sind, ließen die verschworene Hochzüchtergilde manche Krisen überstehen."

Dieser von Zorn genannte „Flug" der Deutschen Gesellschaft für Züchtungskunde sah – wie bereits erwähnt – auch die Einrichtung einer Forschungsstätte vor und auch die Ausstattung von Fachgelehrten mit Mitteln und Geräten, um umfangreiche Arbeiten auf den in der Aufgabenstellung genannten Tätigkeitsgebieten der Gesellschaft durchführen zu können. Die Mittel wurden nicht in dem gewünschten Maße bewilligt, so daß HANSEN 1907 erklären mußte: „Die fortschreitenden Ereignisse haben uns gelehrt, daß unser Flug ein zu kühner war. Die Geldmittel, die man uns vorläufig zur Verfügung gestellt hat, sind knapp bemessen, und allzu umfangreiche Aufgaben lassen sich damit nicht lösen. Wir müssen uns damit trösten, daß auch manch andere Einrichtung, die heute stolz und machtvoll dasteht, aus kleinen Anfängen entstanden ist."

Trotz aller Schwierigkeiten ist es aber keineswegs zum Stillstand der Arbeit und damit des Einflusses der Gesellschaft gekommen. Allerdings hat eine Verlagerung der Aufgabenstellungen stattgefunden. Der Gedanke an eine Gründung einer eigenen oder mehrerer Forschungsstätten tritt in den Hintergrund, dafür wird in zunehmendem Maße eine umfangreiche Vortrags- sowie publizistisch-literarische Tätigkeit betrieben. Die Sichtung und Auswertung in- und ausländischer Forschungsergebnisse, die wissenschaftliche Diskussion gelegentlich der Tagungen, der Austausch mit erfahrenen Praktikern und vieles mehr gaben der Wissenschaft Anregungen und Impulse und machten die Praxis zugleich mit neueren Erkenntnissen vertraut. WOHLTMANN brachte dies anläßlich des 50jährigen Bestehens des Landwirtschaftlichen Instituts in Halle/S. 1914 in einem Vortrag bzw. einer Stellungnahme zum Mangel an richtig erkannten Gesetzen der Vererbung und Entwicklung unserer Haustiere wie folgt zum Ausdruck: „Erst in neuerer Zeit und namentlich seit Begründung der Deutschen Gesellschaft für Züchtungskunde ist Wandel geschaffen und hat eine fast fieberhafte Erforschung eingesetzt."

Dabei sei nicht unerwähnt, daß Vortragstagungen der Gesellschaft in ihrer Notwendigkeit anfänglich umstritten waren, da eine Parallelität mit den Veranstaltungen der sehr rührigen Deutschen Landwirtschafts-Gesellschaft gesehen wurde. Derartige Gedankengänge sind allerdings bis in die Neuzeit vorhanden. Feststellen läßt sich, daß die Aufgabenstellungen sicherlich enge Berührungspunkte besitzen, keineswegs ist es jedoch im Verlaufe der Jahrzehnte zu unnötigen Überschneidungen gekommen. Die Deutsche Gesellschaft für Züchtungskunde hat mit der Thematik ihrer Vortragstagungen und ähnlichen Veranstaltungen immer wieder neue Gebiete aufgegriffen, hat wissenschaftliche Ergebnisse des Fachgebietes vorgetragen, sich von der Praxis kritisieren und fördern lassen und ist somit zu dem die Tierzucht vorantreibenden Organ geworden, welches ihren Gründern bereits vorschwebte. Sie hat sich dabei immer auf die Tierzucht und sie beeinflussende Disziplinen beschränkt. Die Deutsche Landwirtschafts-Gesellschaft umfaßt alle Bereiche der Landwirtschaft und ihrer Betriebe. Auch sie hat sich äußerst intensiv der Tierzucht bzw. tierischen Produktion angenommen. Hier standen und stehen jedoch organisatorische Fragen, praktische Einführungen neuerer Verfahren (z. B. Leistungsprüfungen) u. a. im Vordergrund, während sich die Züchtungskunde mit den wissenschaftlichen Grundlagen, allerdings immer stark praxisbezogen, befaßt hat.

Der seinerzeitige Altmeister der Tierzucht, VOGEL, München, erklärte 1928 zu der Vortragstätigkeit der Deutschen Gesellschaft für Züchtungskunde: „Verlauf, Besuch und Beurteilung der bisherigen Tagungen haben alle diese Bedenken erfreulicherweise nicht bestätigt (gemeint sind insbesondere Vorwürfe zur Abhaltung unnötiger Parallelveranstaltungen mit anderen Institutionen, z. B. Deutsche Landwirtschafts-Gesellschaft). Wer wie ich Gelegenheit gehabt hat, an den allermeisten Tagungen der Gesellschaft mit ihren sämtlichen Veranstaltungen teilzunehmen und die Urteile zahlreicher Besucher, auch aus den Kreisen praktischer Züchter, darüber zu hören, wird vielmehr aus voller Überzeugung die Auffassung vertreten, daß die Tagungen der Deutschen Gesellschaft für Züchtungskunde für jeden Teilnehmer, dem es mit der Tierzuchtförderung im allgemeinen oder im Eigenbetrieb ernst ist, immer ein reiches Maß von Belehrung und Anregung geboten haben. Als einen besonderen Vorzug möchte ich hervorheben, daß die Tagungen auch sehr wesentlich dazu beigetragen haben, Wissenschaft und Praxis sachlich und persönlich in enge Fühlung und zu fruchtbarer Zusammenarbeit zu bringen; daß davon beide Teile erheblichen Nutzen gezogen haben, steht einwandfrei fest."

Art und Durchführung der Tagungen und Vortragsveranstaltungen sahen im engeren Rahmen Vorstandssitzungen, Mitgliederversammlungen sowie Sitzungen der Ausschüsse vor. Diese Vorstands- und Mitgliederzusammenkünfte hatten selbstverständlich zunächst die Regularien eines eingetragenen Vereins zu erledigen, insbesondere wurden aber danach die Weichen für die Arbeit in den Ausschüssen gestellt oder die Thematik von großen Vortragstagungen festgelegt. Damit ist zum Ausdruck gebracht, daß vor allem in den Ausschüssen unter Heranziehung von Experten aus Wissenschaft und Praxis anstehende Probleme der Tierzucht und ihrer verschiedensten Bereiche freimütig und eingehend diskutiert wurden. Publikation und zugleich Erörterung des Erreichten waren und sind auch heute noch Tätigkeit und Ziel der wissenschaftlichen Ausschüsse. Eine besondere Breitenwirkung und damit eine starke Förderung der Tierzucht erlangten dann sehr bald die im Frühjahr und Herbst eines jeden Jahres, später jährlich, durchgeführten Vortragstagungen, die öffentlich waren und ab 1910 innerhalb Deutschlands wanderten, um damit Rücksicht auf die Anreisen zu nehmen und einen jeweils wechselnden Zuhörerkreis anzusprechen. Die Referenten und Vortragenden dieser Veranstaltungen waren immer hochqualifizierte Fachleute des In- und Auslandes, die neuere Ergebnisse aus ihrem Fachgebiet vortrugen, vorhandene Problematik aufzeichneten und Diskussionen einleiteten. In fast jedem Bericht der Gesellschaft sind Hinweise auf diese Aussprachen zu finden, die, zwischen Wissenschaft und Praxis geführt, überaus fruchtbar waren. Die angesprochenen Themen sind teils auf die jeweiligen Tagesprobleme der Züchtung, Ernährung und Haltung eingestellt worden, teils haben sich aber auch Inhalte der Vorträge ergeben, die zukunftsorientiert eine ungemein starke Förderung durch die Gesellschaft erbrachten. Gerade die letzteren verdienen Erwähnung und zeigen die große Bedeutung der Gesellschaft in einer Zeit des starken Aufschwungs der tierischen Produktion. Hier sind weit vorausschauende Probleme aus dem Bereich Genetik – Züchtung, Ernährungsphysiologie – Fütterung, Konstitution – Erkrankung der Tiere, Hygiene – artspezifische Haltung usw. behandelt worden. Eine Wiedergabe der Themen aller Veranstaltungen ist möglich, jedoch zu umfangreich, zumal auch weniger wichtige Zeitfragen in einer derartigen Aufstellung enthalten wären. Hervorgehoben sei auch, daß sich die Gesellschaft der Weiterbildung der in der Praxis tätigen Fachkräfte annahm. So fanden seit 1910 Arbeitstagungen für Tierzuchtbeamte (Tierzuchtinstruktoren) statt.

Die Bemerkungen und Ausführungen zu den Tagungen und Veranstaltungen leiten zu dem bereits genannten großen Aufgabenkomplex – der publizistisch-literarischen Tätigkeit – über. Der starke Aufschwung der tierischen Produktivität in der zweiten Hälfte des 19. Jahrhunderts forderte neben der praktischen Züchterarbeit auch eine starke Leitung und Anleitung durch die zuständigen Organisationen und insbesondere durch die Wissenschaft. Neben der vermehrt aufkommenden Vortrags- und Beratungstätigkeit war es auch die Publikation, mit der neuere Erkennt-

nisse zur Vermittlung kamen. Der rührige erste Geschäftsführer der Deutschen Gesellschaft für Züchtungskunde, MÜLLER, hatte bereits 1904 ein Jahrbuch für landwirtschaftliche Pflanzen- und Tierzüchtung herausgegeben. Der Autor wollte den Stand des Wissensgebietes unter Verarbeitung in- und ausländischer Ergebnisse wiedergeben und sagt dazu: „das jeweils Neueste auf dem Gebiet der Züchtung im weitesten Sinne zu erkunden, zu sammeln, in den interessierten Kreisen zu verbreiten, zu diskutieren und zu vermehrten Versuchen und Forschungen anzuregen." Seine Gedankengänge um eine publizistisch-literarische Aufgabenstellung konnte Müller in der Deutschen Gesellschaft für Züchtungskunde besonders gut und erfolgreich verwirklichen. Daher gab er bereits 1906 als 2. Jahrgang das *„Jahrbuch für wissenschaftliche und praktische Tierzucht einschließlich der Züchtungsbiologie"* heraus. Mit Originalarbeiten, insbesondere aber mit einem umfangreichen Referatenteil, wird für das gesamte Gebiet der Tierzucht und ihrer Grenzgebiete ein jeweiliger Überblick zum Stand dieses Zweiges der Landwirtschaft gegeben. Die Herausgabe der Jahrbücher ist von der Gesellschaft beibehalten worden. Durch die Schwierigkeiten der Kriegs- und Nachkriegsjahre unterbrochen, erschienen bis zum Jahr 1944 insgesamt 32 Bände.
Einen Markstein besonderer Art und Bedeutung setzte sich die Gesellschaft mit der Reihe *„Arbeiten der Deutschen Gesellschaft für Züchtungskunde"*. Diese bedeutsamen Schriften begannen mit dem Jahr 1908, und bis 1943 sind 77 Bände erschienen. Die in der Anlage beigefügte Aufstellung zeigt das weitgefaßte Gebiet, welches von Fachgelehrten und führenden Praktikern eingehend und gründlich behandelt wurde. Diese Buchreihe ist nach wie vor eine Fundgrube des Wissens und der Entwicklung der deutschen und sie beeinflussenden ausländischen Tierzucht.
Beliebt in der Praxis waren die kurz gefaßten *„Flugschriften"*, die, 1910 begonnen, bis 1925 herausgegeben worden sind (s. Aufstellung). Ebenfalls als eine Art Bindeglied zwischen Wissenschaft und Praxis erwiesen sich sehr bald die *„Anleitungen der Deutschen Gesellschaft für Züchtungskunde"*. Die Gesellschaft publizierte von 1920 bis 1943 die stattliche Zahl von 43 Heften (s. Aufstellung).
Daneben erschien es notwendig, Schriften für die Leitungen der Tierzuchtorganisationen herauszugeben. So gründete WILSDORF 1909 eine *„Taschen-Stammbuch-Bibliothek"*. 19 Bände erschienen bis 1932 (s. Aufstellung). Es sind Bücher, die zumeist von den Geschäftsführern der Zuchtverbände oder sonstigen Fachvertretern der organisierten Tierzucht geschrieben sind. Sie wurden zu wertvollen Unterlagen für die Arbeit in der praktischen Tierzucht und ihrer verschiedensten Maßnahmen bei Körungen, Schauen u. a.
In ähnlicher Form sind die Schriften in der Reihe *„Aus deutschen Zuchten"* abgefaßt, die 1936 begonnen, bereits 1941 mit Heft 10 einen Abschluß fanden (s. Aufstellung).
1925 ist dann das Gründungsjahr für eine eigene Zeitschrift *„Züchtungskunde"*, die ab 1. 1. 1926 erscheint. Sie erreichte inzwischen über 50 Jahrgänge. Viele der Aufgaben früherer Schriftenreihen sind in dieser Zeitschrift, die kostenlos allen Mitgliedern zugestellt wird, vereinigt.
Es sei somit nicht übersehen, daß die genannten wertvollen Schriftenreihen, insbesondere durch die Schwierigkeiten der Kriegs- und Nachkriegszeiten bedingt, nicht fortgeführt werden konnten, aber auch nicht erhalten werden mußten.
Die Deutsche Gesellschaft für Züchtungskunde hat somit selbstverständlich unter den harten Bedingungen und Folgen der Kriegs- und Nachkriegsjahre zweier

Weltkriege zu leiden gehabt. So ließen die allgemeine Niedergeschlagenheit der Notjahre nach 1918 und nicht zuletzt auch finanzielle Schwierigkeiten die Auflösung der Gesellschaft in Erwägung ziehen. Ihre Bedeutung und ihre innere Kraft waren jedoch so groß, daß diese Zeit überwunden wurde. Dies wiederholte sich nach 1945. Glücklicherweise hat es nicht an tatkräftigen und weitschauenden Männern gefehlt, die erhielten und erneut formten. Nach dem ersten Weltkrieg waren es FICK, KÖPPE, THOMSEN, ZORN, ADLUNG, KRONACHER, PETERS, WYCHGRAM, SCHMIDT und LAUPRECHT, die neben vielen anderen zu nennen wären. In den schweren Jahren nach 1945 sind NIKLAS, ZORN, SCHMIDT, LAUPRECHT, SCHNEIDER und WINNIGSTEDT hervorzuheben, die für einen Neubeginn der Arbeiten sorgten.
Grundsätzlich hat die Gesellschaft im Verlaufe ihrer nunmehr 70jährigen Geschichte keine Änderung oder stärkere Reform erfahren. Die Aufgabenstellung konnte und kann sich auch kaum ändern. Dabei mag es selbstverständlich sein, daß sich entsprechend der Entwicklung eine Wandlung der Arbeiten, insbesondere der Ausschüsse, vollzogen hat. Diese Arbeitsausschüsse haben zumeist eine Aufgabenstellung, die zeitlich befristet ist.
International hat die Deutsche Gesellschaft für Züchtungskunde immer ein hohes Ansehen genossen. Am 7. 11. 1949 erfolgte die Gründung der EVT (Europäische Vereinigung für Tierzucht), dessen Mitglied die Deutsche Gesellschaft für Züchtungskunde wurde. 1967 erwies sich die Gründung einer „*Gesellschaft für Tierzuchtwissenschaft*“ als erforderlich. Dies ist eine Vereinigung rein wissenschaftlichen Charakters, dem nur in der Wissenschaft tätige Mitglieder angehören. Sie vertritt die Tierzuchtwissenschaft der Bundesrepublik Deutschland im In- und Ausland. Der Deutschen Gesellschaft für Züchtungskunde gegenüber steht sie in allen Fragen tierzüchterisch-wissenschaftlicher Art zur Verfügung und übernimmt damit die Funktion eines Arbeitskreises für Tierzuchtforschung. Der Vorsitzende der Gesellschaft für Tierzuchtwissenschaft ist zugleich stellvertretender Vorsitzender der Deutschen Gesellschaft für Züchtungskunde.
Abschließend sei ein kurzer Hinweis auf das Verhältnis der deutschen Tierärzteschaft zur Deutschen Gesellschaft für Züchtungskunde gegeben. Bei ihrer Gründung war eine große Zahl von Tierärzten in der praktischen tierzüchterischen Betreuung und Arbeit tätig. Dies wandelte sich im Verlaufe der Zeit zugunsten entsprechend vorgebildeter Landwirte (Tierzuchtleiter). Trotzdem ist nach wie vor eine bedeutsame Aufgabenstellung des Tierarztes in der Bearbeitung und Förderung der Tierzucht verblieben. 1952 erfolgte die Gründung einer „Deutschen Gesellschaft für Tierärzte zur Förderung der Tierzucht“, somit eine Art Parallelinstitution. Nach vorübergehenden Spannungen gelang es dann NIKLAS, diese Vereinigung in die Deutsche Gesellschaft für Züchtungskunde zu überführen, und seitdem (1954) benennt die Deutsche Tierärzteschaft einen der Stellvertreter des Vorsitzenden.

Leitung und Geschäftsführung
1. Vorsitzende:
1905 J. Kühn/A. Lydtin
1906 F. Hoesch, Neukirchen
1923 Fick, Othal (später Tundersleben)
1931 N. Wychgram, Wybelsum
1934 W. Zorn, Breslau-Tschechnitz

1958 L. Dürrwaechter, München
1964 W. v. Scharfenberg, Wanfried
1981 D. Schröder, Wilhelminenhof

Geschäftsführer:
1905/06 R. Müller, Tetschen-Liebwerd
1906 Hartmann, Berlin (hauptamtlich – nach Einrichtung einer Geschäftsstelle in Berlin)
1908 H. Kraemer, Berlin
1909 G. Wilsdorf, Berlin
1923 J. Schmidt, Göttingen, später Berlin (unterstützt durch E. Lauprecht)
1953 H. Messerschmidt, Bonn
1957 W. Grabisch, Bonn
1957 Fr. Münsterer, Bonn
1963 Kl. Trog, Bonn
1965 H. Messerschmidt, Bonn
1966 K. O. v. Selle, Bonn
1971 K. v. Ledebur, Bonn
1973 B. Jüttner, Bonn
1979 H. Tewes, Bonn
1981 Kl. Wemken, Bonn

Auf die äußerst fruchtbare Arbeit der Deutschen Gesellschaft für Züchtungskunde durch Vortragsveranstaltungen und sonstige Fachtagungen, insbesondere aber durch die publizistisch-literarische Tätigkeit, wurde hingewiesen. Sie hat damit einen wesentlichen Anteil an der Förderung der tierzüchterischen Entwicklung.
Es ist nun ein übersichtlicher Einblick in diese Arbeitsbereiche, Themen usw. zu geben. Vieles – so häufig in Vortragsveranstaltungen/Fachtagungen – enthielt auch Auseinandersetzungen und Stellungnahmen zum Tagesgeschehen. Einen guten Einblick in die hochstehende, kontinuierliche Arbeit gestatten jedoch die Schriftenreihen, auf die bereits hingewiesen wurde. Ihre Thematik läßt die einerseits umfangreiche und andererseits fördernde Arbeit der Gesellschaft erkennen. Im folgenden ist eine Zusammenfassung des Schrifttums gegeben.

1.3.2.1 Schriftenreihen der Deutschen Gesellschaft für Züchtungskunde

Arbeiten

Heft 1 SCHMIDT, Beziehungen zwischen Körperform und Leistung bei Milchkühen (1908)
Heft 2 KRONACHER, Körperbau und Milchleistung. Untersuchungen über die Beziehungen von Körperbau und Milchleistung beim großen Fleckvieh (1909)
Heft 3 PETERS, Über Blutlinien und Verwandtschaftszuchten (1909)
Heft 4 HOFFMANN, Welche Züchtungsgrundsätze lassen sich aus den Einrichtungen zur Förderung der Tierzüchtung in England feststellen? (1909)
Heft 5 MÜLLER, Die Vererbung der Körperteile und des Geschlechtes (1910)
Heft 6 GUTH, Das bayerische Rotvieh (1910)

Heft 7 GAUDE, Die Beziehungen zwischen Körperform und Leistungen in der Rindviehzucht und die äußeren Merkmale des Milchviehes (1911)
Heft 8 WAGNER, Die Entwicklung des Rinderkörpers von der Geburt bis zum Abschluß des Wachstums (1910)
Heft 9 FRITZEN, Die wichtigsten Blutlinien des rheinischen Kaltblüters (1911)
Heft 10 von der MALSBURG, Die Zellengröße als Form- und Leistungsfaktor der landwirtschaftlichen Nutztiere (1911)
Heft 11 KRYNITZ, MAGERL, RAST, Hippologische Studien über Körperform, Leistungen und Behaarung (1911)
Heft 12 DUERST, Selektion und Pathologie (1911)
Heft 13 GROENEWOLD, Die wichtigsten Blutlinien des schwarzbunten ostfriesischen Rindes (1912)
Heft 14 HENSELER, Untersuchungen über die Stammesgeschichte der Lauf- und Schrittpferde und deren Knochenfestigkeit (1912)
Heft 15 SCHMEHL, Inzuchtstudien in einer deutschen Rambouillet-Stammschäferei (1912)
Heft 16 SCHMIDT, Vererbungsstudien im Königlichen Hauptgestüt Trakehnen (1913)
Heft 17 MOMMSEN, Stellung und Aufgaben in der Viehzucht und Viehhaltung in der modernen, intensiven Ackerwirtschaft (1913) 2. Auflage (1920)
Heft 18 HESSE, Inzucht- und Vererbungsstudien bei Rindern der Westpreußischen Herdbuchgesellschaft (1913)
Heft 19 SCHMIDT, Die Mitteldeutsche Rotviehzucht (1914)
Heft 20 ROTHES, Vererbungsstudien an den Rindern des Jeverländer Schlages (1914)
Heft 21 OSTHOFF, Blutlinien und Stämme des westpreußischen edlen Halbblutes (1915)
Heft 22 GROSS, Der Blutaufbau der ostfriesischen Hengststämme (1916)
Heft 23 HANSEN, Ziele und Grenzen der Kontrollvereine (1917)
Heft 24 OHLY, Studien in der Merinofleischschafherde Münchenlohra (1920)
Heft 25 WIDMER, Kritische und experimentelle Studien über die Pigmentierung des Integumentes (1923)
Heft 26 HANSEN, Die Entwicklung des ostpreußischen schwarzbunten Tieflandrindes von der Geburt bis zum Abschluß des Wachstums (1925)
Heft 27 HERING, Ein Beitrag zur Kenntnis der Jugendentwicklung des rheinischen deutschen Kaltblutes (1925)
Heft 28 MUNCKEL, Die Rheinische Kaltblutzucht (1925)
Heft 29 RICHTER, Zwillings- und Mehrlingsgeburten bei unseren landwirtschaftlichen Haussäugetieren (1926)
Heft 30 DIETRICH, Weibliche Blutlinien des schwarzbunten Niederungsrindes Ostfrieslands (1926)
Heft 31 MUND, Die Entwicklung der Zucht des veredelten Landschweines (1926)
Heft 32 BREY, Über die Wasserstoffionenkonzentration des Pferdeblutes (1926)
Heft 33 MOMMSEN, Typveränderung der ostfriesischen Milchkuh (1927)
Heft 34 WIECHERT, Messungen an ostpreußischen Kavalleriepferden und solchen mit besonderer Leistung und die Beurteilung der Leistungsfähigkeit (1928)
Heft 35 AMSCHLER, Vergleichende Haut- und Lederuntersuchungen (1928)

Heft 36 TEBBE, Die Schweinezucht in Oldenburg (1928)
Heft 37 RICHTER, HEMPEL, OHLIGMACHER, RODEWALD, Untersuchung an Sauen und Ferkeln während der Säugezeit bei den wichtigsten deutschen Schweinerassen (1928)
Heft 38 RICHAU, Ostpreußische weibliche Blutlinien und ihr Wert für die Leistungszucht (1928)
Heft 39 KÖPPE, Vererbung des Milchfettgehaltes in der ostfriesischen Rinderzucht (1928)
Heft 40 KRALLINGER, Gibt es einen Spermatozoendimorphismus beim Hausrind (1928)
Heft 41 VON UNGER, Die Ahnen des Hannoveraners (1928)
Heft 42 ESSKUCHEN, Die Färbung der Haussäugetiere in ihrer Entstehung und ihrer Bedeutung für die Widerstandsfähigkeit und Leistungsfähigkeit (1929)
Heft 43 PETERSEN, Der Zuchtaufbau der Hengststämme des Schleswiger Pferdes (1929)
Heft 44 CREMER, Die ostfriesischen Hengststämme und Hengste vom Jahre 1916 bis 1927 in ihrem Blutaufbau und in ihrem Zuchtwert (1929)
Heft 45 HOLPERT, Das Höhenfleckvieh in Mitteldeutschland (1929)
Heft 46 BAUERTAL, Die Milchleistungsprüfung in ihrer Bedeutung für die Milchviehzucht, unter besonderer Berücksichtigung ausländischer Erfahrungen (1929)
Heft 47 SCHMIDT, VOGEL, ZIMMERMANN, Leistungsprüfungen an deutschen veredelten Landschweinen und deutschen weißen Edelschweinen (1929)
Heft 48 BROSCH, Das Schrifttum über das Rind (1930)
Heft 49 SELL, Untersuchungen über die Organisation, den Blutaufbau und die Leistungen der Schleswig-Holsteinischen Rotbuntzucht (1931)
Heft 50 MÜHLBERG, Über den Ursprung und die züchterische Entwicklung des hannoverschen veredelten Landschweines (1931)
Heft 51 CARSTENS, Erforschung des Aufbaues führender Herden des Höhenviehs in Württemberg (1931)
Heft 52 EHRENBERG, Die neuzeitliche Fütterung des landwirtschaftlichen Arbeitspferdes (1932)
Heft 53 DRIEHAUS, Blutaufbau und Leistungsvererbung in der Lüneburger Herdbuchzucht (1932)
Heft 54 FRINGS, Die Zucht des veredelten Landschweins in der Provinz Schleswig-Holstein (1932)
Heft 55 STOCKKLAUSNER, Die Entwicklung des weiblichen Fleckviehrindes von der Geburt bis zum Abschluß des Wachstums (1933)
Heft 56 KÖPPE, Die wichtigsten Blutlinien des schwarzbunten ostfriesischen Rindes (1933)
Heft 57 DIRKS, Die wichtigsten Blutlinien des Jeverländer Rindes (1933)
Heft 58 TÖLLNER, Untersuchungen über die Jugendentwicklung des schwarzbunten ostfriesischen Niederungsrindes (1933)
Heft 59 SCHMIDT, VON SCHLEINITZ, LANGNEAU, ZIMMERMANN, Über die Zusammensetzung des Schweinekörpers bei Mastschweinen verschiedener Gewichtsklassen (1933)
Heft 60 SCHOTTERER, Die wichtigsten Grundlagen und die Entwicklung der

Rinderzucht in den österreichischen Bundesländern Salzburg, Tirol und Vorarlberg während der letzten Jahre (1933)

Heft 61 CLAUSEN, Die Futterverwertung der Milchkühe bei verschiedener Ernährung und Leistung (1933)

Heft 62 OTT, Studien zur experimentellen Prüfung der Fleischgüte (1934)

Heft 63 WIEGNER, Einige grundsätzliche Betrachtungen und Versuche zur physiologischen Beurteilung der Futtermittel auf Grund des Fett- und Fleischansatzes am Tiere (1934)

Heft 64 KRÜGER, Beiträge zur theoretischen Erbanalyse und praktischen Zuchtwahl nach „physiologischen" Eigenschaften, untersucht an der Milchleistung (1934)

Heft 65 WAGENER, Untersuchungen an Spitzenpferden des Spring- und Schulstalles der Kavallerie-Schule Hannover (1934)

Heft 66 STEGEN, Die Zucht des Hannoverschen Pferdes unter besonderer Berücksichtigung der Fruchtbarkeitsverhältnisse (1934)

Heft 67 RHEIN, Deutscher Seidenbau (1935)

Heft 68 WILKENS, Die Form- und Leistungsvererbung der wichtigsten männlichen Vertreter des schwarzbunten Stader Tieflandrindes (1936)

Heft 69 HESSE, Über die Vererbung der Mastleistung beim veredelten Landschwein hannoverscher Zucht (1937)

Heft 70 DINKHAUSER, Die drei ostfriesischen Elso II 34-Stämme (1937)

Heft 71 KÖPPE, BECKHUSEN, Die bedeutendsten ostfriesischen Kuhfamilien und ihre Leistungsvererbung 1926 bis 1936 (1937)

Heft 72 FRIEDRICHS, Erbanalytische Untersuchung an wichtigen Vatertieren der pommerschen Herdbuchgesellschaft (1938)

Heft 73 SCHÜTTE, Untersuchung über die Leistungsvererbung ostfriesischer und ostpreußischer Vatertiere in der westfälischen Schwarzbuntzucht (1939)

Heft 74 HANGEN, Hengstlinien des rheinischen deutschen Kaltblutpferdes (1939)

Heft 75 PRACHT, Der Blutaufbau des schwarzbunten Tieflandrindes (1941)

Heft 76 IMMER, Untersuchungen über die wichtigsten Vatertiere in der ostfriesischen Rinderzucht (1941)

Heft 77 WIEFEL, Die schwarzbunte Danziger Niederungszucht (1943)

Flugschriften

1. PLATE, Über die Vererbung (1910)
2. UHLENHUTH, Der biologische Nachweis der verschiedenen Blutarten und die Blutsverwandtschaft unter den Tieren (1911)
3. KRAEMER, Die Rassengeschichte unserer Haustiere in ihrer Bedeutung für die praktische Tierzucht (1910)
4. DUERST, Subfossile Haustiere (1911)
5. HANSEN, Welche Arbeiten kann die Deutsche Gesellschaft für Züchtungskunde im praktischen Zuchtbetrieb zur Ausführung bringen? (1911)
6. VON NATHUSIUS, Messungen am lebenden Pferde (1910)
7. FALKE, Biologische Beobachtungen über das Wachstum der Weidetiere (1911)
8. KÜLBS, Einfluß der Bewegung auf die Entwicklung innerer Organe (1910)
9. CORNELIUS, Der Tierkörper und die Scholle (1911)
10. KRONACHER, Über Physiologie der Milchsekretion und Milchleistung (1910)
11. CHAPEAUROUGE, Vererbung und Auswahl (1911)

12. Kammerer, Beweise für die Vererbung erworbener Eigenschaften (1910)
13. Külbs, Neue Untersuchungen über den Einfluß der Bewegung auf die inneren Organe (1910)
14. Steinhauss, Der Nonius und seine Zucht im königlich ungarischen Staatsgestüte zu Mezöhegyes von 1816 bis 1911 (1911)
15. von der Malsburg, Vortrag und Auszug aus Heft 10 unserer Arbeiten (1911)
16. Hesse, Funktionelle Anpassung im Tierreiche und in Beziehungen zur Vererbung (1911)
17. Wilsdorf, Tierzüchtung, 2. Auflage (1918)
18. Groenewold, Abstammung und Verbreitung der ostfriesischen Rindviehschläge (1912)
19. Pusch, Weber, Die Verwandtschaftszucht, behandelt auf Grund von züchterischen Versuchen (1912)
20. Chapeaurouge, Die Sage von der Galloway-Kuh und deren tatsächliche Stellung zur Shorthorn-Zucht (1912)
21. Külbs, Magenfunktion und Nahrungsaufnahme bei Tieren (1912)
22. Wilsdorf, Die praktische Anwendung der neueren Vererbungslehre (1912)
23. Henseler, Über die Bedeutung der Mendelschen Vererbungsregeln für die praktische Tierzucht und die entsprechenden Versuche im Haustiergarten zu Halle (1913)
24. Hoesch, Die Geschichte der Nutztierzuchten als Hilfsmittel praktischer Züchterarbeit, dargestellt am Hausschwein (1913)
25. Holdefleiss, Die Beziehungen zwischen der Pflanzen- und Tierzüchtung in ihren Arbeitsmethoden und gemeinsamen Aufgaben im Anschluß an Vererbungsversuche mit Mais und Hühnern (1913)
26. Löns, Der deutsche Hundesport, sein Wesen und seine Ziele (1913)
27. Rubner, Das Wesen des Wachstums (1913)
28. Zürn, Die Reit-Turniere, ihre Bedeutung für die deutsche Armee und die deutsche Halbblutzucht (1914)
29. Wilsdorf, Die Herdbuchführung im Dienste der Landestierzucht (1914)
30. Rau, Über Entstehung, Vererbung und Bestimmung von Pferdetypen, an Hand der Hannoverschen Pferdezucht dargestellt (1914)
31. Caspari, Die Bedeutung des Eiweißes für die Ernährung nach dem Stande neuzeitlicher Forschung (1914)
32. Bartens, Vererbungsstudien über Exterieurmerkmale im englischen Vollblutpferd (1914)
33. Augustin, Körperform und Milchleistung (1915)
34. Die Kennzeichnung der Zuchttiere sowie die Pferdebrände in Deutschland (1915)
35. Wecke, Die frühzeitige Feststellung der Trächtigkeit bei den Haustieren (1915)
36. Unger, Die Senner, Beitrag zur Geschichte deutscher Pferdezucht (1915)
37. Schultz, Tierzucht- und Schafzuchtfragen (1916)
38. Porzig, Die Vererbung in der Kaninchenzucht, mit Anhang: Vererbungsfragen von Königs (1916)
39. Sternfeld, Deutsche Vollblutzucht (1917)
40. Hansen, Der Einfluß der Kontrollvereine auf die Zucht und die Vererbung der Milchergiebigkeit (1917)

41. KRONACHER, Die deutsche Schweinezucht und -haltung nach dem Kriege (1918)
42. ABIDIN, Die Pferdezucht im Osmanischen Reiche (1918)
43. TOPP, Ist es möglich und empfehlenswert, die Lammzeit der Ziegen auf das ganze Jahr auszudehnen? (1918)
44. CLAUS, Untersuchungen über Kriegspferde (1918)
45. ZANDER, Züchterische Bestrebungen zur Veredlung der Honigbiene (1918)
46. KRONACHER, Beitrag zur Erbfehlerforschung in der Tierzucht mit besonderer Berücksichtigung des Rorens beim Pferde (1918)
47. SCHMIDT, Der Zeugungswert des Individuums, beurteilt nach dem Verfahren kreuzweiser Paarung (1919)
48. ZORN, Haut und Haar als Rasse- und Leistungsmerkmal in der landwirtschaftlichen Tierzucht (1919)
49. SCHMIDT, Ostpreußisches Leistungsvieh in der Tilsiter Niederung unter besonderer Berücksichtigung der in den ältesten ostpreußischen Kontrollvereinen bisher erzielten Erfolge (1920)
50. HAECKER, Über die Ursachen regelmäßiger und unregelmäßiger Vererbung (1920)
51. ELLINGER, Züchterische Beeinflussungen der Geschlechtsorgane weiblicher Haustiere. WITT, Das seuchenhafte Verfohlen, seine Folgezustände und deren Bekämpfung (1920)
52. PETERS, Vererbungsstudien auf dem Gebiete der Rinderzucht (1920)
53. SPÖTTEL, TÄNZER, Eigenschaften und Verwendbarkeit der Maultiere (1921)
54. HENSELER, Die Mendelsche Lehre und ihre Bedeutung für die praktische Tierzucht (1921)
55. BEECK, SCHACHT, SCHMIDT, Zucht- und Vererbungsfragen in der Geflügelzucht (1921)
56. KÖPPE, Inzucht und Individualpotenz in der schwarzbunten Rinderzucht (1921)
57. WILLKOMM, Das Beberbecker Pferd (1921)
58. HOESCH, Über Züchtung und Züchtungsergebnisse. Behandelt an 25jährigen Erfahrungen in der Neukirchener Zucht des deutschen veredelten Landschweines (1921)
59. RINECKER, Wert der Blutlinien für die Leistungsfähigkeit in bezug auf Milch- und Fettvererbung (1922)
60. Der Vererbungswert in der Rinderleistungszucht – Die Gemeinnützigkeit der deutschen Züchtervereinigungen – Die Gefahr des hohen Eisenbahnviehtarifs für die Zuchtorganisation und die Zucht selbst – Ausfuhrfragen (1923)
61. HANSEN, Die Erhöhung des Fettgehalts der Milch des Rindes (1924)
62. PFEILER, Neues aus dem Gebiete der Maul- und Klauenseuche-Forschung und -Bekämpfung. VOGEL, Aus der Entwicklung der bayerischen Rinderzucht in den letzten 30 Jahren. DEMOLL, Neuere Untersuchungen auf dem Gebiete der Inzucht (1925)
63. KEISER, Der derzeitige Stand unserer Versorgung mit tierischen Erzeugnissen (1925)
64. TEMPEL, NIEMANN, Zwei neue Darstellungsweisen für Blutlinie und Abstammung (1925)

Taschen-Stammbuchbibliothek

Wilsdorfs Taschen-Stammbücherei

Heft 1: WILSDORF, GROENEWOLD, DEICKE, MÜNINGA, FREYSCHMIDT, DRIEHAUS und GAEDE, Die wichtigsten ostfriesischen, brandenburgischen, hannoverschen und sächsischen Schwarzweißen Rindviehstämme (1909), 4. Auflage (1913), 6. Auflage (1920)

Heft 2: ABL, Der Blutaufbau und die Organisation der Zuchtbestrebungen des Simmentaler Rindes in der Provinz Sachsen, 2. Auflage (1920)

Heft 3: BECKER, Die hervorragendsten Stämme des Dänischen Pferdes (1912)

Heft 4: LÜTHY, Die wichtigsten Blutlinien des Simmentaler Rindes in der Schweiz (1913)

Heft 5: RAU, Die wichtigsten Blutströme in der hannoverschen Pferdezucht (1922)

Heft 6: PETERS, Die wichtigsten ostpreußischen schwarzweißen Rindviehstämme mit Bullenregister in der Ostpreußischen Herdbuch-Gesellschaft (1919)

Heft 7: VON WENCKSTERN, Der Aufbau der Oldenburger Pferdezucht und die wichtigsten Blutlinien seit hundert Jahren (1921)

Heft 8: LEUCHS, Die wichtigsten Blutlinien in der Jeverländer Rinderzucht (1921)

Heft 9: BUSCH, Die wichtigsten Blutlinien in der Zuchtgenossenschaft für das Meißner Schwein in Meißen (Sachsen) (1921)

Heft 10: DRIEHAUS, Die Zucht des schwarzbunten Niederungsviehs in der Lüneburger Elbmarsch und Geest, ihre Organisation und ihr Blutaufbau (1921)

Heft 11: SCHMIDT, Die wichtigsten Blutlinien des Herdbuchvereins für das schwarzweiße Tieflandrind in Ostpreußen mit Bullenverzeichnis (1922)

Heft 12: VON PODEWILS, Die Zucht des Oberländer Pferdes (1922)

Heft 13: FREYSCHMIDT, Die wichtigsten Blutlinien des Oldenburger Wesermarschrindes (1922)

Taschen-Stammbücher

Band 1 SCHMIDT, Blutlinien mit Bullenverzeichnis des Herdbuchvereins für das schwarzweiße Tieflandrind in Ostpreußen, Bd. II (1925)

Band 2 FREYSCHMIDT, Die aus anderen Zuchtgebieten eingeführten Bullen und ihre Bedeutung für die Rinderzucht in der Oldenburgischen Wesermarsch (1925)

Band 3 DAHLANDER, Eber- und Sauenregister der Ostpreußischen Schweinezüchter-Vereinigung Königsberg (1926)

Band 4 SCHMIDT, Blutlinien mit Bullenverzeichnis des Herdbuchvereins für das schwarzweiße Tieflandrind in Ostpreußen, Bd. III (1929)

Band 5 PETERS, Bullenregister (Band 4) der Ostpreußischen Holländer Herdbuchgesellschaft (1929)

Band 6 PETERS, 50 Jahre Zuchtaufbau der Ostpreußischen Holländer Herdbuchgesellschaft Königsberg mit Beschreibung der wichtigsten Stämme des ostpreußischen Schwarzweiß-Rindes (Band 5 des Bullenregisters) (1932)

Anleitungen

Heft 1 Anleitung zum Photographieren der Haustiere (1920)
Heft 2 BUTZ, HENSELER, SCHÖTTLER, Praktische Anleitung zum Messen von Pferden (1921)
Heft 3 ABL, LEUCHS, Anleitung zum Messen der Rinder (1921)
Heft 4 MÜLLER, Anleitung zum Messen der Schweine (1921)
Heft 5 FREYSCHMIDT, Aufzucht des Rindviehs (1929), 2. Auflage (1935)
Heft 6 LAUPRECHT, Fütterung der Milchkühe (1936)
Heft 7 MACHENS, Fütterung, Haltung und Pflege der Ziege (1930)
Heft 8 WEINMILLER, Aufzucht und Ernährung der Hühner (1930)
Heft 9 WOWRA, Die Fütterung der Schweine (1934)
Heft 10 LÜTHGE, Fütterung und Haltung der Schafe (1931)
Heft 11 MUNCKEL, Die Beurteilung des Kaltblutpferdes auf rheinisch-deutscher Grundlage (1931), 2. Auflage (1939)
Heft 12 RÖMER, Geflügelställe (1931)
Heft 13 FISCHER, Über Hufbeschlag, Huf- und Klauenpflege (1931)
Heft 14 OTTEN, Die Ernährung und Aufzucht des rheinisch-deutschen Kaltblutfohlens (1931)
Heft 15 EHRLICH, Die wichtigsten Krankheiten der Milchkühe (1931)
Heft 16 BÜNGER, Die Kälbermast (1931)
Heft 17 SPANN, Die Vorbereitung des Jungviehs für den Weide- und Alpgang (1932), 2. Auflage (1943)
Heft 18 EHRLICH, Die wichtigsten Seuchen und Aufzuchtkrankheiten der Schweine (1932)
Heft 19 DAHLANDER, Die Zucht des Schweines (1932), 2. Auflage (1937)
Heft 20 MACHENS, Der Landwirt als Milcherzeuger und das Milchgesetz (1932)
Heft 21 GÄRTNER, Bäuerliche Rindviehzucht in den deutschen Mittelgebirgen, (1932)
Heft 22 DAHLANDER, Die Beurteilung des Schweines (1933)
Heft 23 STOCKKLAUSNER, Die Beurteilung des Höhenrindes (1933)
Heft 24 GÄRTNER, Die Zucht des Schafes (1933)
Heft 25 EHRLICH, Die wichtigsten Krankheiten der Pferde (1933), 2. Auflage (1941)
Heft 26 DINKHAUSER, Der zweckmäßige Rindviehstall (1933), 2. Auflage (1939)
Heft 27 KIRSCH, Silofutter, seine Gewinnung und Verwendung (1933)
Heft 28 MACHENS, Die Beurteilung der Ziege (1933)
Heft 29 NIGGL und KÖNIG, Die Dauerweide (1934)
Heft 30 EHRLICH, Die wichtigsten Aufzuchtkrankheiten des Rindes (1934)
Heft 31 GOERTTLER, Die wichtigsten Geflügelseuchen (1934)
Heft 32 PETERS, Die Beurteilung des Niederungsviehs (1934)
Heft 33 EHRENBERG, Die Fütterung des landwirtschaftlichen Arbeitspferdes (1934)
Heft 34 BUTZ, Das Messen der Haustiere (Pferde, Rinder, Schweine, Schafe) (1934), 2. Auflage (1943)
Heft 35 GÄRTNER, Wollbeurteilung, Wollgewinnung und -pflege (1935)
Heft 36–38 RAU, Die Beurteilung des Warmblutpferdes (1936), 2. Auflage (1942)

Heft 39 EHRLICH, Die wichtigsten Krankheiten des Schafes (1935), 2. Auflage (1943)
Heft 40 DINKHAUSER, Die Erzeugung einwandfreier Milch (1935)
Heft 41 KLIESCH, Das Photographieren landwirtschaftlicher Nutztiere (1936)
Heft 42 DINKHAUSER, Das Euter und das Melken (1936)
Heft 43 KRÜGER, Die Fortbewegung des Pferdes (1939)

Aus deutschen Zuchten
Heft 1 KERN, Das rheinisch-deutsche Kaltblutpferd (1936)
Heft 2 WEINMILLER, Deutschlands anerkannte Nutzhühnerrassen (1937)
Heft 3 IVERSEN, Das Holsteiner Pferd (1937)
Heft 4 KLIESCH, Die deutsche Ziegenzucht (1937)
Heft 5 HUTTEN, Das deutsche veredelte Landschaf (Württemberg) unter besonderer Berücksichtigung der Zucht und Haltung in Süddeutschland (1938)
Heft 6 STOCKKLAUSNER, Das deutsche Fleckvieh (1938)
Heft 7 SCHILKE, Das ostpreußische Warmblutpferd (1937)
Heft 8 GRESSEL, Das schwäbisch-hällische Schwein (1940)
Heft 9 WOLF, Das deutsche graubraune Höhenvieh (1940)
Heft 10 DENCKER, Das Oldenburger Pferd (1941)

1.3.3 Die Deutsche Landwirtschafts-Gesellschaft (DLG)

Nach Gründung der Deutschen Landwirtschafts-Gesellschaft im Jahr 1885 wurden bereits 1886 die Ausschüsse oder Sonderabteilungen „Viehzucht“ und „Ausstellungen – Tiere“ eingerichtet, deren vordringlichste Aufgabe die Vorbereitungen der 1. DLG-Schau 1887 in Frankfurt/M. war. Dies ist damals ein Arbeitskomplex gewesen, dessen Schwierigkeiten und Probleme sich ungeheuerlich darstellten. Es bestand weder eine Schauordnung noch eine Preisausschreibung, und die für eine derartige Schau geeigneten Tiere standen bei Einzelzüchtern, waren äußerst differenziert züchterisch bearbeitet und nur in geringem Maße in den aufkommenden Züchtervereinigungen erfaßt. Sogenanntes Händlervieh wurde trotzdem nicht zugelassen. Aus dieser Situation ergaben sich 2 Arbeitsgebiete, die über lange Zeit hin für die Tierzuchtabteilung vordringlich blieben: Schauordnung und Preisausschreiben sowie Herdbuchwesen und Züchtervereinigungen (das Wort Schauordnung ab 1899, vorher Ausstellungs-Ordnung und Ausstell-Ordnung).
Die Deutsche Landwirtschafts-Gesellschaft hat auf ihren großen Wanderausstellungen die jeweiligen Tierschauen als einen der Eckpfeiler dieser Veranstaltungen angesehen. Dabei bestand immer die Aufgabe, einerseits einen repräsentativen Querschnitt der deutschen Tierzucht zu zeigen und damit den jeweils erreichten Stand darzustellen, andererseits aber auch durch ein mannigfaches Prämiierungswesen Anreize zu geben und damit eine Förderung der Züchtung zu erreichen. Die Tierschauen der DLG-Ausstellungen haben stets einen starken Einfluß ausgeübt! Hier sind Zuchtziele festgelegt worden, und die jeweils von Experten bewerteten Tiere prägten sich in ihrer Klassifizierung dem Besucher ein. Die Beurteilungen und Bewertungen der Tiere blieben aber auch nicht ohne Kritik, und die fortlaufende Diskussion und Abwägung sowie Suche nach dem Besseren haben über die

Jahrzehnte hin eine ungemeine Förderung ergeben. Es ist somit verständlich, daß der für Schauordnungen und Preisausschreiben zuständige Ausschuß ungemein wichtige Weichen zu stellen hatte. Dabei sind bereits bei den ersten Schauen Fundamente geschaffen worden, die dann fortlaufend verbessert und, den jeweiligen Erkenntnissen angepaßt, zu Schaubildern der deutschen Tierzucht wurden. HANSEN sagt 1936 in dem Buch „Geschichte der Deutschen Landwirtschaftsgesellschaft": „. . . daß die Schauordnungen und die Preisausschreiben für die Ausstellungen der DLG eine Geschichte der deutschen landwirtschaftlichen Tierzucht im letzten halben Jahrhundert zur Darstellung bringen".

Es wurde bereits erwähnt, daß in der Zeit um die Gründung der Deutschen Landwirtschafts-Gesellschaft und der ersten DLG-Schauen auch die Züchter zu Zusammenschlüssen und Vereinigungen strebten, um damit gleichmäßige Zuchtziele zu verfolgen, geordnete und überwachte Zuchtbuchführungen durchzuführen u. a. m. Die Deutsche Landwirtschafts-Gesellschaft mit ihrer Vereinigung führender Landwirte und weitschauender Tierzüchter erkannte die Förderungsmöglichkeit durch diese Züchterzusammenschlüsse bald. Der 2. Ausschuß, der nach der Gründung der Deutschen Landwirtschafts-Gesellschaft seine Arbeit aufnahm, unterlag daher der Aufgabenstellung: „Herdbuchwesen und Züchtervereinigungen". Die Deutsche Landwirtschafts-Gesellschaft schuf sich hier ein Gremium, welches neben und mit dem Ausschuß für das Ausstellungswesen „Ordnung" in die Vielfalt der damaligen Tierzucht brachte. Mit Umfragen und Erhebungen erfaßte die Deutsche Landwirtschafts-Gesellschaft die Verbreitung der einzelnen Tierarten mit ihren Rassen und Schlägen. Den Züchtervereinigungen wurden Anleitungen für eine zweckvolle Organisation wie auch solche der Erfassung und Bewertung ihrer Tiere gegeben. Es ist somit folgerichtig, wenn, nachdem bereits ab 1888 neben Einzelzüchtern auch Züchtervereinigungen ausstellen durften, letztere ab 1903 durch die Deutsche Landwirtschafts-Gesellschaft anerkannt sein mußten. Mit dieser Anerkennung wurde eine Prüfung der Arbeit und Arbeitsweise der Vereinigung verbunden, die als Aufgabe der Deutschen Landwirtschafts-Gesellschaft bis in die Neuzeit verblieben ist. Später wurde die offizielle Anerkennung einer Züchterorganisation zwar von staatlichen Stellen übernommen, dies jedoch immer erst nach einer fachlichen Überprüfung und Beurteilung durch die Deutsche Landwirtschafts-Gesellschaft. Dabei sind bald Mindestforderungen festgelegt und Bestimmungen über Kennzeichnung der Tiere, Körungen männlicher und weiblicher Tiere, Zuchtbuchführung u. a. herausgegeben worden.

HANSEN gibt in dem bereits zitierten Rückblick die Zahl der von der Deutschen Landwirtschafts-Gesellschaft im Zeitraum von 1887 bis 1927 betreuten bzw. anerkannten Züchtervereinigungen an (Tab. 51).

Bei den direkten und indirekten Förderungen der tierzüchterischen Entwicklung in Deutschland durch die Deutsche Landwirtschafts-Gesellschaft stand auch hier zunächst die Bewertung der Tiere nach formalistischen Gesichtspunkten im Vordergrund. Keineswegs verwunderlich, galt es doch zunächst, Ordnung in den bestehenden Rassenwirrwarr zu bringen und größere Rassenkontingente zu schaffen. Damit ergaben sich züchterische Fragen, die es zu lösen galt. Bei den Beratungen in den inzwischen für alle Tierarten eingerichteten Ausschüssen erhielten diese eine vorrangige Bedeutung, wobei insbesondere die Reinzucht und ihre verschiedenen Verfahren ein vieldiskutiertes Thema waren.

Hervorgehoben und besonders vermerkt sei, daß die Arbeit der Deutschen Land-

Tab. 51. Zahl der Züchtervereinigungen im Deutschen Reich.

	1887		1898		1914		1927	
Pferde:								
Warmblut	6		17		102		156	
Kaltblut	4	10	30	47	164	266	339	495
Rinder:								
Höhenvieh	34		216		1224		719	
Niederungsvieh	18	52	58	274	498	1722	683	1402
Schafe:								
Merinos	–		–		–		17	
Fleischschafe	–		–		–		15	
Landschafe	–	–	1	1	–	10	22	54
Schweine:								
Weiße Edelschweine	–		–		38		36	
Veredelte Landschweine	–		–		147		64	
Unvered. Landschweine	–		–		1		10	
Andere	–	–	–	13	2	188	–	110
Ziegen								
Weiße	–		–		1102		1278	
Bunte	–	–	–	19	452	1554	295	1573
Im ganzen:		62		354		3740		3634

wirtschafts-Gesellschaft immer als zeitnah und fortschrittlich bezeichnet werden muß. So führte die Vereinigung und Zusammenarbeit weitschauender praktischer Züchter mit Experten der Wissenschaft, der Verwaltung und der Organisation in den Gremien der Deutschen Landwirtschafts-Gesellschaft dazu, daß neuere Entwicklungen und Verfahren baldigst in die Arbeiten einbezogen wurden. Hier sind insbesondere das Leistungsdenken bei den verschiedensten Tierrassen, Fütterungsfragen wie auch Tierkrankheiten einschließlich der Hygiene und des Stallbaues zu nennen.

Besonders beim Rind ist die schrittweise Beachtung und Berücksichtigung der Leistungen (s. auch S. 350) bemerkenswert. Als um die Jahrhundertwende die Milchkontrolle bei Rindern zunehmend an Interesse und Bedeutung gewann, wurden die Gestaltung des Kontrollvereinswesens wie auch die Auswertung der Ergebnisse zu einer Aufgabe der Deutschen Landwirtschafts-Gesellschaft. 1909 kam es zur Gründung des Sonderausschusses für Rinderleistungsprüfungen, nachdem bereits ab 1904 Erhebungen über den Stand des Kontrollvereinswesens stattfanden. Die Deutsche Landwirtschafts-Gesellschaft befaßte sich somit sehr bald nach der Einführung von Milchleistungsprüfungen mit dieser Leistungseigenschaft des Rindes. Es mag allerdings verwunderlich sein, wenn bei den Schauen neben einer formalistischen Bewertung der Kühe eine solche nach den Milchleistungen nur sehr zögernd Eingang fand. Nach englischem Vorbild wurde bei der ersten Schau in Frankfurt/M. 1887 zwar ein Milchwettbewerb bereits durchgeführt, der jedoch züchterisch kaum Bedeutung hatte und nicht wiederholt worden ist. Nach Hansen sind 1891, 1895, 1907 und 1912 lediglich vergebliche Bestrebungen einiger Züchter festzustellen, die bei der Preisverteilung auch die Milchleistung einbeziehen wollten. So blieb die Vorstellung einiger Kontrollvereinskühe auf der Schau 1907 ohne Bedeutung oder Ausstrahlung. Dem 1909 gegründeten Sonderausschuß für Rinderleistungsprüfungen billigte man nach HANSEN nur eine „aufklärende und beratende Tätigkeit" zu. Außerhalb der Schauen nahm die Deutsche Landwirtschafts-Gesellschaft diese Arbeit allerdings sehr ernst, und ihre Maßnahmen zur Förderung des Kontrollvereinswesens sind ein bedeutsamer Meilenstein in der Entwicklung der deutschen Tierzucht.

Die Notjahre des 1. Weltkrieges mögen für das einseitige formalistische Denken bei der Bewertung der Tiere auf den Schauen eine Wandlung gebracht haben. Nach versuchsweiser Zulassung ab 1919 erfolgte 1924 in Hamburg ein Milchleistungswettbewerb. In den folgenden Jahren kam es dann zur Bewertung der Leistungen von Einzeltieren wie auch von Sammlungen, wobei nach einem Punktverfahren die Milch- und Milchfettmenge sowie der prozentuale Fettgehalt bewertet wurden. Eine Kombination mit den gleichzeitig vergebenen Formpunkten blieb umstritten, und der Gedanke fiel 1931 endgültig, da die Auffassung bestand, „Form und Leistung ließen sich nicht auf einen Nenner bringen". Die zusammenfassende Bewertung der Tiere nach Form und Leistung blieb den Ausstellungen nach 1945 vorbehalten.

Interessant und bemerkenswert ist, daß die Fleischleistung des Rindes schon sehr bald nach Gründung der Deutschen Landwirtschafts-Gesellschaft in ihren Gremien Beachtung fand. Bereits zu Anfang der 90er Jahre des vorigen Jahrhunderts wurden Schlachtbeobachtungen aufgenommen, darüber berichtet und in den Schriftenreihen ausführliche Niederschriften publiziert. Ein von 1894 bis 1907 hierfür bestehender Ausschuß ging allerdings in den Sonderausschuß für Fütterungsfragen auf. Erst 1930 kommt es im Rahmen der nunmehr bestehenden Rinderzucht-Abteilung zu einem neueren Sonderausschuß für Schlachtbeobachtungen an Rindern. Durchführung und Beobachtungen auf Mastvieh-Ausstellungen sowie die Auswertung von Probeschlachtungen nach Fütterungsversuchen waren die Arbeit und Tätigkeitsziele dieses Ausschusses.

Ebenso hat die Zugleistung des Rindes ein zeitlich frühes Interesse gefunden. Die Notwendigkeit dazu ergab sich aus der namentlich in Süddeutschland verbreiteten Kuhanspannung und solcher von Ochsen in den vermehrt ackerbautreibenden Gebieten des damaligen Deutschen Reiches. 1887 sind daher bereits Ochsen auf Gängigkeit und Lenksamkeit im schweren Zug überprüft worden. 1888 und 1898 wurde dies auf Kühe und Bullen ausgedehnt. Die Schwierigkeiten, derartige Prüfungen bei den großen Schauen zur Durchführung zu bringen, erwiesen sich allerdings als sehr groß. Eine Ausschreibung für Zugwettbewerbe bei Rindern ist daher unregelmäßig erfolgt und entfiel ab 1929 gänzlich. Danach begnügte man sich, „Schaugespanne" zu zeigen, bis die Kuhanspannung gänzlich uninteressant wurde.

Nach diesen Ausführungen zur Bearbeitung des Leistungsprüfungswesens und der Berücksichtigung von Leistungen bei der Beurteilung der Tiere auf den Schauen der Deutschen Landwirtschafts-Gesellschaft mag der Eindruck entstehen, als ob hier eine vorrangige Bearbeitung beim Rind stattgefunden hätte. Dies war keineswegs der Fall. Sicherlich erforderte die Bedeutung dieser Tierart für die tierische Produktion Schwerpunkte, aber auch bei den übrigen Tierarten sind deren Leistungen berücksichtigt worden, dies allerdings in zeitlich unterschiedlichem Beginn.

So hat beim Pferd (s. auch S. 346) schon bei den ersten DLG-Schauen die Leistung unter dem Reiter oder vor dem Wagen eine Rolle gespielt. Man forderte Mindestleistungen oder führte auch Prüfungen durch, allerdings mit wenig befriedigendem Ergebnis. Erst in den Jahren nach dem 1. Weltkrieg nahmen diese Prüfungen am Kraftmeßwagen festumrissenere Formen an.
Beim Schaf (s. auch S. 365) sind Leistungsermittlungen für die Wolle schon ab 1888 zur Durchführung gekommen, wobei Gewicht und Beschaffenheit einbezogen worden sind, aber auch hier ist eine wechselnde Intensität in der Durchführung wie auch Auswertung der Ergebnisse im Verlaufe der Jahrzehnte nicht zu übersehen. Bei Milchschafen wurden seit 1930 die Milchleistungen in den Wettbewerb einbezogen. Sonderausschüsse für Schafleistungsprüfungen wie auch ein solcher für Schlachtbeobachtungen bestehen seit 1924 bzw. seit 1927.
Zeitlich relativ spät fanden die Leistungen des Schweines (s. auch S. 359) Beachtung. 1926 wurde ein Unterausschuß eingerichtet, der sich dann ab 1929 in die Sonderausschüsse für Schweineleistungsprüfungen und Schlachtbeobachtungen gliederte.
So hat die Deutsche Landwirtschafts-Gesellschaft schrittweise nach einer Periode rein formalistischer Beurteilung der Tiere die Leistungen berücksichtigt. Dies ist nicht nur bei den Großtieren geschehen, sondern auch bei Ziegen und allen Gruppen der Kleintiere. Darüber hinaus sind konstitutionelle Fragen, Wuchsfreudigkeit u.a. einbezogen worden. In enger Zusammenarbeit zwischen Praxis und Wissenschaft sind immer wieder neuere Erkenntnisse aufgegriffen, in den Gremien diskutiert und gefordert worden. Die DLG hat mit ihren Fachausschüssen, Ausstellungen u.a. eine Förderung der deutschen Tierzucht erreicht, die sich kaum bewerten läßt.
Im folgenden ist trotzdem versucht worden, die Arbeit der Deutschen Landwirtschafts-Gesellschaft für die Förderung und Entwicklung der deutschen Tierzucht in einer Art Überblick mit Daten und Fakten zu belegen. Dies ist mit 2 Komplexen geschehen – Fachausschüsse für Fragen des Bereiches Tierzucht und publizistischliterarische Tätigkeit. Für erstere sind die Vielzahl der einzelnen Gremien und ihre Gründungsdaten sowie Aufgabenstellungen genannt und zweitens wurden aus den Schriftenreihen der DLG die Titel herausgezogen, die sich mit Themen der tierischen Produktion befassen.
Abschließend sei zur Arbeit der Deutschen Landwirtschafts-Gesellschaft hervorgehoben, daß nach Wiederaufnahme ihrer Tätigkeit nach 1945 eine Abteilung für Tierzucht eingerichtet wurde, die 1971 zum Fachbereich Tierische Produktion erweitert worden ist. In diesem Fachbereich arbeiten wiederum zahlreiche Ausschüsse und Gremien.

1.3.3.1 Abteilungen/Sonderausschüsse der DLG von 1885 bis 1934

1885
Gründung der Deutschen Landwirtschafts-Gesellschaft mit 2500 Mitgliedern zur Pflege bestimmter Zweige der Landwirtschaft, Einrichtung von Sonderausschüssen, später Sonderabteilungen und dann Abteilungen genannt

1886–1888
12 Abteilungen, darunter
4. Viehzucht
8. Ausstellungen – Tiere
Gemeinsame Sitzungen dieser beiden Abteilungen bis zur Gründung einer Tierzuchtabteilung 1888
Aufgabenstellung: Ausstellungswesen und Züchtervereinswesen (bestehende Züchtervereinigungen – Anerkennung von Züchtervereinigungen)

1888–1920
Innerhalb dieser Tierzucht-Abteilung ergab sich die Notwendigkeit, Sonderausschüsse einzurichten:
Sonderausschuß für Merinozucht gegr. 1887
(bereits vor Einrichtung einer Tierzucht-Abteilung gegründet)
Sonderausschuß für Fleischschafzucht gegr. 1888
Sonderausschuß für Pferde gegr. 1888
Sonderausschuß für Rinder gegr. 1888
Sonderausschuß für Schweine gegr. 1888
Sonderausschuß für Geflügelzucht gegr. 1889
Sonderausschuß für Tierabbildungen gegr. 1894*
Sonderausschuß für Ziegenzucht gegr. 1895
Sonderausschuß für Fischerei gegr. 1895
Sonderausschuß für Bekämpfung von Tierkrankheiten gegr. 1895
Sonderausschuß für Rinderleistungsprüfungen gegr. 1909
Sonderausschuß für Kaninchenzucht gegr. 1910

1920–1934
Umfang und Vielzahl der Aufgabenstellungen erforderten die Einrichtung weiterer Ausschüsse und eine neue Gliederung

I) Allgemeine Tierzucht-Abteilung
mit bestehenden Sonderausschüssen für Geflügelzucht, Tierabbildungen und Tiermessungen (früher Tierabbildungen), Ziegenzucht, Fischzucht (früher für Fischerei), Bekämpfung von Tierkrankheiten, Kaninchenzucht
Hinzu kamen:
Sonderausschuß für Ein- und Ausfuhr von Zuchtvieh gegr. 1920
Sonderausschuß für Anerkennungswesen und züchterische Ausstellungsfragen gegr. 1921
Sonderausschuß für Bienenzucht gegr. 1922
Sonderausschuß für Edelpelztierzucht gegr. 1931
(bereits 1928 als Unterausschuß)

* ab 1919 Sonderausschuß für Tierabbildungen und Tiermessungen

II) Pferdezucht-Abteilung	gegr. 1921
Sonderausschuß für Warmblutzucht	gegr. 1921
Sonderausschuß für Kaltblutzucht	gegr. 1921

III) Rinderzucht-Abteilung	gegr. 1921
Sonderausschuß für Rinderleistungsprüfungen	gegr. 1909
Sonderausschuß für Tieflandrinderzucht	gegr. 1920
Sonderausschuß für Höhenrinderzucht	gegr. 1920
Sonderausschuß für Schlachtbeobachtungen an Rindern	gegr. 1930

IV) Schafzucht-Abteilung	gegr. 1920
Sonderausschuß für Merinozucht	gegr. 1887
Sonderausschuß für Fleischschafzucht	gegr. 1888
Sonderausschuß für Landschafzucht	gegr. 1921
Sonderausschuß für Fleischwollschafzucht	gegr. 1922
Sonderausschuß für Schafleistungsprüfungen	gegr. 1924
Sonderausschuß für Schlachtbeobachtungen an Schafen	gegr. 1927

V) Schweinezucht-Abteilung	gegr. 1921
Sonderausschuß für Zucht des deutschen Edelschweines	gegr. 1920
Sonderausschuß für Zucht des veredelten Landschweines	gegr. 1920
Sonderausschuß für Zucht des Landschweines	gegr. 1920
Sonderausschuß für Zucht des Berkshireschweines	gegr. 1920
Sonderausschuß für Schweineleistungsprüfungen	
als Unterausschuß	gegr. 1926
als Sonderausschuß	gegr. 1929
Sonderausschuß für Schlachtbeobachtungen an Schweinen	gegr. 1929

1934
Suspendierung der Deutschen Landwirtschafts-Gesellschaft bzw. „Eingliederung" in den Reichsnährstand

1945
Nach Wiedereinrichtung der Deutschen Landwirtschafts-Gesellschaft Abteilung für Tierzucht

1971
Fachbereich Tierische Produktion

1.3.3.2 Schriftenreihen der DLG bis 1934 (Bereich tierische Produktion)

Arbeiten (Gesamtzahl 387)

Heft 3 BACKHAUS, Nordamerikanische Schweinezucht, 1894
Heft 7 SCHULTZ-LUPITZ, Zwischenfruchtbau auf leichtem Boden, 1895
Heft 9 FALKE, Die Braunheu-Bereitung, 1895
Heft 10 VON TIEDEMANN, Die Lüftung der Viehställe mit erwärmter Luft, 1895
Heft 18 MARTINY, Schlachtversuche im Jahre 1896, 1896
Heft 23 KNISPEL, Die Verbreitung der Rinderschläge in Deutschland nebst Darstellung der öffentlichen Zuchtbestrebungen, 1897
Heft 27 SCHULTZE, Statistische Untersuchungen über den Absatz der Molkerei-Erzeugnisse, 1897
Heft 28 Neuere Erfahrungen auf dem Gebiete der Tierzucht. Acht Vorträge, gehalten auf dem 2. Lehrgang zu Eisenach, 1897
Heft 30 HANSEN und GÜNTHER, Versuche über Stallmist-Behandlung, 1898
Heft 31 PETERSEN, Absatzverhältnisse für Molkereiwaren, unter besonderer Berücksichtigung des Buttermarktes, Ergebnisse einer Studienreise, 1898
Heft 37 MARTINY, Prüfung der „Thistle"-Melkmaschine, veranstaltet im Auftrage der Deutschen Landwirtschafts-Gesellschaft, 1899
Heft 39 BOYSEN, Mast- und Schlachtversuche mit Schweinen, veranstaltet von der DLG und der Landwirtschaftskammer der Provinz Schleswig-Holstein, 1899
Heft 41 LYDTIN und WERNER, Das deutsche Rind, 1899
Heft 43 VON NATHUSIUS, Die Hengste der Königlich Preußischen Landgestüte 1896–1897, 1899
Heft 45 SCHULTZE, Deutschlands Vieh- und Fleischhandel. Erster Teil: Deutschlands Außenhandel mit Vieh und Fleisch, 1899
Heft 46 MARTINY, Die Kennzeichnung von Zuchttieren, 1899
Heft 49 KNISPEL, Die Verbreitung der Pferdeschläge in Deutschland nach dem Stande vom Jahre 1898 nebst Darstellung der öffentlichen Zuchtbestrebungen, 1900
Heft 52 SCHULTZE, Deutschlands Vieh- und Fleischhandel. Zweiter Teil: Deutschlands Binnenhandel mit Vieh, 1900
Heft 61 EMMERLING und WEBER, Beiträge zur Kenntnis der Dauerweiden in den Marschen Norddeutschlands, 1901
Heft 66 KNISPEL, Die Züchter-Vereinigungen im Deutschen Reiche nach dem Stande vom 1. Januar 1901, 1901
Heft 69 DETTWEILER, Die deutsche Ziege. Beschreibung der Ziegenzucht Deutschlands, 1902
Heft 73 PFEIFFER, Stallmist-Konservierung mit Superphosphatgips, Kainit und Schwefelsäure, 1902
Heft 75 LEHMANN, Die Probeschur in Halle a. S. im Jahre 1901, 1902
Heft 77 KNISPEL, Die öffentlichen Maßnahmen zur Förderung der Schweinezucht, 1903
Heft 87 LYDTIN, Systeme des Punktierrichtens für Rinder und das System der DLG, 1904
Heft 90 LYDTIN, Die körperliche Entwicklung der deutschen Rinder, 1904

Heft 92 MARTINY, Sechs Prüfungen milchwirtschaftlicher Geräte, 1904
Heft 95 LEHMANN, Die Probeschur in Hannover 1903, 1904
Heft 99 POTT und SCHREWE, Kontrollvereine für Milchleistungen, 1904
Heft 102 HERTER, Zucht, Fütterung und Haltung des Schweines in Nordamerika, 1905
Heft 103 BOYSEN, Gräsung auf holsteinischen Weiden, 1905
Heft 105 WEBER, Der Fleisch-, Milch- und Futterertrag einiger Dauerweiden, 1905
Heft 108 KNISPEL, Die öffentlichen Maßnahmen zur Förderung der Rinderzucht, 1905
Heft 110 MARTINY, Vorprüfung neuer Molkereigeräte der Wanderausstellung zu Danzig 1904, 1905
Heft 111 FALKE, Braunheubereitung, 1905
Heft 112 VON NATHUSIUS, Messungen an Pferden, 1905
Heft 113 LEHMANN, Die Probeschur in Danzig 1904, 1906
Heft 122 MARTINY, Vorprüfung neuer Molkereigeräte der Wanderausstellung München 1905, 1906
Heft 126 MARTINY, Vorprüfung neuer milchwirtschaftlicher Geräte, 1907
Heft 128 Neuere Erfahrungen auf dem Gebiete der Tierzucht. Zwölf Vorträge, gehalten auf dem 6. Lehrgang in Eisenach 1907, 1907
Heft 134 HANSEN, Fütterungsversuche, 1907
Heft 144 MARTINY, Prüfungsbericht über neue milchwirtschaftliche Geräte, Düsseldorf 1907, 1908
Heft 145 KNISPEL, Die öffentlichen Maßnahmen zur Förderung der Nutzgeflügelzucht, 1908
Heft 152 KELLNER, Die Verfütterung der Zuckerfuttermittel, 1909
Heft 153 HOFFMANN, Die wichtigsten Futtermittel, Demonstrationstafel, 1909
Heft 155 LEHMANN, Die Probeschur in Berlin 1906, 1909
Heft 156 MARTINY, Hauptprüfung der Milchflaschen-Spülmaschinen. – Vorprüfung neuer Molkereigeräte Stuttgart 1908, 1909
Heft 157 LYDTIN und HERMES, Der Reinzuchtbegriff und seine Auslegung in deutschen und ausländischen Züchtervereinigungen, 1909
Heft 162 WAGNER, Wiesendüngungsversuche, 1909
Heft 165 WEBER, Die Dauerweiden an der Weichsel, 1909
Heft 170 RAU, Das anglo-normännische Pferd, 1910
Heft 171 HANSEN, Nährstoff- und Eiweißgehalt der Abmelkkühe, 1910
Heft 172 MARTINY, Geräteprüfungen II. Vorprüfung neuer Molkereigeräte Leipzig 1909. Nachweisung der in den Jahren 1887–1909 neu ausgestellten Molkereigeräte, 1910
Heft 182 HERTER und WILSDORF, Gewichtsverluste der Mastrinder, 1911
Heft 189 MÜLLER, Studien an Warm- und Kaltblutpferden, 1911
Heft 191 MARTINY, Geräteprüfungen IV. Vorprüfung neuer Molkereigeräte 1910, 1911
Heft 200 HOFFMANN, Gründüngungswirtschaften, 1911
Heft 205 VON NATHUSIUS, Pferdemessungen III, 1912
Heft 206 HERTER und WILSDORF, Die Bedeutung des Rindes für die Fleischerzeugung mit besonderer Berücksichtigung von Aufzucht-, Mästungs- und

Absatzfragen sowie der Ergebnisse der 36 Berliner Mastviehausstellungen von 1875 bis 1910, 1912

Heft 210 MARTINY, Geräteprüfungen VII. Hauptprüfung von Tiefkühlern, 1912
Heft 211 MARTINY, Geräteprüfungen VIII. Vorprüfung neuer milchwirtschaftlicher Geräte der 25. Wanderausstellung, Cassel 1911, 1912
Heft 235 Deutsche Tierrassen, 1912
Heft 245 Neuere Erfahrungen auf dem Gebiete der Tierzucht und des Ackerbaues. 19 Vorträge, gehalten auf dem 8. Lehrgang für Wanderlehrer in Coburg vom 10.–16. April 1913, 1913
Heft 254 MARTINY, Maschinenprüfungen XII. Vorprüfung neuer Molkereigeräte Straßburg 1913. I. Prüfung der Sharples-Melkmaschine, 1914
Heft 259 MARTINY, Maschinenprüfung XIII. Vorprüfung neuer Molkereigeräte Straßburg 1913. II. Folge, 1914
Heft 264 REISCH, WULFF, EWALD, SCHWEIGER und LILIENTHAL, angestellt von HANSEN, Die Sorghumhirse als Futtermittel. Bericht über die Ergebnisse von Fütterungsversuchen mit Schweinen, Rindern, Schafen und Pferden, 1914
Heft 266 ROEMER, Mendelismus und Bastardzucht, 1914
Heft 270 HERTER und WILSDORF, Die Bedeutung des Schweines für die Fleischversorgung, 1914
Heft 271 MARTINY und VIETH, Maschinenprüfungen XVI. Prüfung zweier Melkmaschinen Omega und Heureka, 1914
Heft 274 KNISPEL, Die Verbreitung der Pferdeschläge in Deutschland nach dem Stande vom Jahre 1914, 1915
Heft 277 MARTINY, Maschinenprüfungen XIX. Vorprüfung neuer Molkereigeräte, 1915
Heft 284 MARTINY, Maschinenprüfungen XIXa. Vorprüfung neuer milchwirtschaftlicher Geräte, Hannover 1914, 1916
Heft 286 HANSEN, Der Stand der Milchviehkontrollvereinsbewegung in Deutschland, 1916
Heft 289 SCHNEIDEWIND, Gründüngungsversuche aus den Jahren 1910 bis 1917, 1917
Heft 292 FREYER, Die Verbreitung und Entwicklung der deutschen Schafzuchten, 1918
Heft 293 AEREBOE, BLUME und BRÖDERMANN, Fragen der Schafzucht I, 1918
Heft 295 HERTER und WILSDORF, Die Bedeutung des Schafes für die Fleischerzeugung, 1918
Heft 300 Zukunftsfragen der Landwirtschaft, 19 Beiträge, 1919
Heft 305 ZADE, Das Knauelgras, 1920
Heft 306 HEYMONS, LEHMANN, VÖLTZ und FREYER, Fragen der Schafzucht II, 1920
Heft 309 VON LOCHOW, Beiträge über Leistungsprüfungen beim Milchvieh, 1921
Heft 311 HOFFMANN, Gründüngungstafel, 1922
Heft 314 Zeit- und Streitfragen der Landwirtschaft, 1921
Heft 315 VÖLTZ, Über die Eigenschaften und die Vererbung der Schafwollen, 1922
Heft 318 ARMBRUSTER, Die deutsche Bienenzucht, 1922

Heft 328 von Falck und Golf, Die Probeschur der Merino-Kammwollschafe und Fleischwollschafe in Nürnberg 1922, 1924
Heft 332 Mittel und Wege zur Verbesserung der deutschen Landwirtschaft, Beiträge, 1925
Heft 336 von Falck und Golf, Die Probeschur in Hamburg, 1924, 1926
Heft 351 Bässmann und Blumenthal, Die Verbreitung der Rinderschläge in Deutschland, 1927
Heft 358 Demoll, Plehn und Walter, Untersuchungen über Rasse-Karpfen, 1928
Heft 361 Stand und Entwicklung des Landbaues im Lichte neuzeitlicher Forschung, 1928
Heft 362 von Falck, Die Probeschuren der Merino-Kammwollschafe in Stuttgart, Breslau und Dortmund 1925 bis 1927, 1928
Heft 369 Koch, Die Ertragsermittlung im Weidebetrieb, 1929
Heft 372 Buss, Der Mais, 1929
Heft 373 Brödermann und Freyer, Der Werdegang des deutschen weißen Edelschweines, seine Züchtung, Beurteilung und Verbreitung, 1930
Heft 378 von Falck, Die Fütterung und Haltung der Kühe des Deutschen Rinderleistungsbuches, 1931
Heft 379 Neue Erfahrungen auf wichtigen Gebieten des Landbaues, 1931
Heft 380 Weber, Sumpfwiesen und ihre zeitgemäße landwirtschaftliche Verbesserung nebst Ausblicken auf die nichtversumpften Wiesen und Weiden, 1931
Heft 381 Bässmann, Die Verbreitung der Pferdeschläge in Deutschland, 1931
Heft 382 Henseler, Messungen an Zuchtpferden, 1931
Heft 383 Klapp, Der Grünlandversuch, 1931
Heft 384 Könekamp und Kallawis, Die Wiesen und Weiden im mittleren Ostdeutschland, 1932
Heft 386 Knoll, Die Pflanzenbestandsverhältnisse des süddeutschen Grünlandes, 1932
Heft 387 Schmidt, Über die Leistungseigenschaften verschiedener Schweinerassen, 1933

Anleitungen
(Gesamtzahl 33)

Heft 10 Lydtin und Werner, Anleitung zum Richten von Rindern, 1900
Heft 12 Knispel, Anleitung für Einrichtung und Verwaltung von Züchter-Vereinigungen, 1902
Heft 15 Beeck, Kaiser, Schmidt und Zollikofer, Anleitung zum Richten des Nutzgeflügels auf deutschen Schauen, 1913
Heft 17 Knispel, Anleitung für Züchtervereinigungen zur ordnungsgemäßen Führung der Zuchtregister, 1914
Heft 20 Freyer, Anleitung zum Einrichten und Durchführen von Milchleistungsprüfungen bei Ziegen, 1916
Heft 21 Brüning, Anleitung zur Zuchtbuchführung in Schafzüchtervereinigungen, 1918
Heft 22 Braun, Anleitung für das Photographieren der Tiere, 1927
Heft 23 Hansen, Anleitung für den Betrieb von Rindviehkontrollvereinen, 1927
Heft 33 Wehsarg, Wiesenunkräuter, 1934

Flugschriften
(Gesamtzahl 33)

Heft 2 HERZ, Milch, Butter, Käse, 1906
Heft 4 SCHMIDT, Eier und Geflügel, 1911
Heft 10 HOFFMANN, Melasse, Futterkalk und Salz, 1912
Heft 12 HOFFMANN, Futterfibel, 1917
Heft 14 HERZ, Die Milch und ihre Erzeugnisse für die Volksernährung, 1915
Heft 22 RÖMER, Neuere Erfahrungen und Bestrebungen auf dem Gebiete der Geflügelzucht, 1921
Heft 30 GEITH, KOCH, MÜNZBERG, NOLTE und TISNER, Grünlandfibel, 1932
Heft 32 KLAPP, Eiweißfutterbau, 1934

2 Staatliche Einrichtungen zur Förderung der Tierzucht

2.1 Staatliche Tierzuchtverwaltungsstellen

Die Einrichtung besonderer staatlicher Tierzuchtverwaltungen, -referate oder -dienststellen im Rahmen landwirtschaftlicher Behörden erfolgte in Deutschland zeitlich sehr spät. Sicherlich gab es bereits im Mittelalter gelegentlich an Fürstenhöfer ein spezielles Interesse für landwirtschaftliche Fragen einschließlich derjenigen für die Viehwirtschaft, und mag es auch hier schon Beauftragte für diese Aufgabenkreise gegeben haben. Feste oder dauernde Formen nahm dies jedoch nicht an. Spezielle Hofbeamte für Tierzucht sind dann im 18. Jahrhundert in den Gestütsleitern zu sehen, die Hof- oder Staatsgestüte leiteten und zumeist auch Einfluß auf die Landeszucht gewannen. Neben diesen im Rahmen der Höfe und auch Staaten tätigen „Hof- oder Staatsbeamten", die in den einzelnen Ländern zeitlich stark variierend eingestellt wurden (s. Gestüte S. 439), beauftragten auch private Züchter seit Anfang des 19. Jahrhunderts Experten mit der züchterischen Leitung ihrer Zuchtbestände. Zunächst machten von einer derartigen Möglichkeit Schafzüchter Gebrauch unter Anstellung sogenannter Schäfereidirektoren. Damit trat erstmals das Berufsbild des Experten im Tierzuchtdienst in Erscheinung. Im Vergleich mit den damaligen Gestütsleitern widmeten sie sich ausschließlich der züchterischen Betreuung der Herden und schlossen Fragen allgemeiner Tierhaltung ein. Man kann WINNIGSTEDT folgen, wenn er sagt: „Der Beruf des heutigen Tierzuchtbeamten hat seine ersten Anfänge in den Schäfereidirektoren gehabt, die als Privatberater erstmalig zur Zeit der blühenden Merinozucht zu Anfang des 19. Jahrhunderts tätig wurden . . .".
Es bestanden somit zu Anfang des 19. Jahrhunderts neben einem beginnenden oder im Ausbau befindlichen staatlichen Tierzuchtdienst auch bereits ein solcher im privaten oder genossenschaftlichen Bereich. Entsprechend ihrer Entwicklung stehen Pferd und Schaf bei der Betreuung im Vordergrund, und erst gegen Ende des 19. Jahrhunderts dehnt sich dies auf die übrigen Tierarten aus. Allenthalben werden Sachbearbeiter erforderlich, insbesondere entsteht dieses Verlangen bei den sich konstituierenden Züchtervereinigungen. Diese Zusammenschlüsse von Züchtern zu Herdbuchvereinigungen haben als Experten zunächst ehrenamtlich tätige Mitglieder (Körkommissare, Vertrauensmänner, s. S. 255), die alle Tätigkeiten des

Verbandes regeln. Dies reicht bald nicht mehr aus, und es kommt zur Einstellung hauptamtlicher Leitungen bzw. Geschäftsführer. Schrittmacher waren hier die großen Züchtervereinigungen, zumeist im nord- und mitteldeutschen Raum. Hier rangierte die Privatinitiative vor derjenigen des Staates. In anderen Gebieten des damaligen Deutschen Reiches – insbesondere Süd- und Südwestdeutschland mit viel kleinbäuerlichem Besitz – kam es zu einer umgekehrten Reihenfolge. Hier wird von seiten des Staates die Notwendigkeit verstärkter Maßnahmen zur Förderung der Viehwirtschaft gesehen, und es erfolgt eine Art Druck zur Gründung von Züchtervereinigungen unter Zurverfügungstellung oder Einstellung von Experten oder Verbandsleitern. Allenthalben wird bald die Notwendigkeit erkannt, insbesondere auch die allgemeine Viehwirtschaft, d. h. die sogenannte Landeszucht, zu fördern.
Es ist nun sehr schwer, die tatsächliche Geburtsstunde staatlicher Tierzuchtverwaltungen festzulegen. Sie entstehen in der zweiten Hälfte des 19. Jahrhunderts. Die Gestütsleiter haben bereits derartige Tätigkeiten ausgeübt, arbeiteten jedoch in begrenztem Rahmen, und erst allmählich wird die Notwendigkeit allgemeiner Förderung der Viehwirtschaft erkannt. So weist DIENER darauf hin, daß in Bayern mit dem 1.12.1871 im Staatsministerium des Innern eine Abteilung für „Landwirtschaft, Gewerbe und Handel mit je einem Referat für Pferdezucht und Rinderzucht" eingerichtet wurde. In den anderen Ländern des damaligen Deutschen Reiches bestanden ähnliche staatliche Dienststellen zu diesem Zeitpunkt bereits oder sind derartige Institutionen zu unterschiedlichen Zeitpunkten geschaffen worden. Aufbau und Aufnahme in ein bestehendes Ministerium sind ebenfalls sehr verschieden. Da zumeist keine Ministerien für die Landwirtschaft bestanden, wurden Spezialreferate für die Viehwirtschaft zumeist den Ministerien des Innern angeschlossen.
Bemerkenswert ist, daß in einigen Ländern in der zweiten Hälfte des 19. Jahrhunderts Landesinspektoren für Tierzucht eingestellt wurden (1871 LYDTIN Referent für Veterinärmedizin – zugleich Bearbeitung tierzüchterischer Fragen in Baden; 1892 PUSCH Landestierzuchtdirektor in Sachsen; 1894 VOGEL Landesinspektor für Tierzucht in Bayern). Die weiträumig arbeitenden Landesleitungen für die Belange der Viehwirtschaft zogen bald die Einrichtung von Unterdienststellen nach sich, die als Tierzuchtämter entstanden. Für letztere ist Umfang und Tätigkeitsbereich überall in Deutschland mit den Kreisen zusammengefallen. Tierzuchtämter oder ähnliche staatliche Einrichtungen wurden für einen oder mehrere Kreise geschaffen, wobei die jeweilige Viehdichte den Umfang des Gesamtarbeitsbereiches bestimmte. Die Aufgabenstellung umfaßt die Durchführung der staatlichen Gesetze und Verordnungen (Körgesetze, später Leistungsprüfungen u. a.) sowie insbesondere auch die allgemeine Förderung der Tierzucht (Lehrgänge, Beratung, Fachausbildung u. a.). Eine enge Verbindung mit den Züchtervereinigungen, häufig eine Art Personalunion in der Leitung der staatlichen Stellen und der Geschäftsführung des privaten Zusammenschlusses, hat immer bestanden und ist auch noch heute vielfach vorhanden.
Die Unterstellung dieser an der Basis arbeitenden Tierzuchtämter ist in den nunmehr zurückliegenden etwa 100 Jahren recht variabel gewesen, da – wie bereits hervorgehoben – die landwirtschaftlichen Dienststellen bis zur Einrichtung eigener Fachministerien oder Institutionen immer wieder neuen Eingliederungen unterworfen waren. So erfolgte in Preußen 1894 die Einrichtung von Landwirtschaftskam-

mern mit Tierzuchtreferaten, denen man alle weiteren Unterabteilungen eingliederte. Landwirtschaftskammern entstanden auch in Baden sowie Hessen und einer Reihe damals vorhandener kleinerer Staaten im mitteldeutschen Raum. In Bayern und Württemberg verblieb es bei einer direkten staatlichen Unterstellung der Tierzuchtämter und ähnlicher Einrichtungen, somit Einbezug in den Bereich der Landesministerien. Hier und dort gab es viel Hin und Her, und DIENER bezeichnet dies treffend als „Nichts ist beständiger als der Wechsel". Der Reichsnährstand richtete reichseinheitliche Verwaltungen ein, und nach 1945 gibt es in den Ländern Schleswig-Holstein, Niedersachsen, Nordrhein-Westfalen und Rheinland-Pfalz wieder Landwirtschaftskammern mit Tierzuchtreferaten, denen die Tierzuchtämter unterstellt sind, während in Bayern, Baden-Württemberg und Hessen Tierzuchtreferate der Landesministerien mit nachgeordneten Dienststellen die Viehwirtschaft betreuen. Der Vollständigkeit halber sei erwähnt, daß auch in Bundesländern mit Landwirtschaftskammern bei den Fachministerien Referate für Tierzucht bestehen.
Zusammenfassend und rückwärtsschauend sei hervorgehoben, daß sich eine Tierzuchtverwaltung im Bereich des deutschen Raumes innerhalb der Länder mit ihren Ministerien unterschiedlich entwickelte. Von besonderer Bedeutung ist, daß sich auf unteren Ebenen züchterischer Arbeit und allgemeiner Tätigkeiten in der Tierhaltung Organisationen wie die Tierzuchtämter ergaben, die immer unabhängig von staatlichen Änderungen und politischen Richtungen gearbeitet haben. Privatorganisationen und wechselnde staatliche Hilfe haben im Verlaufe der Jahre eine Verwaltung der Viehwirtschaft aufgebaut, die allen Fragen und Problemen der tierischen Produktion gerecht geworden ist.

2.2 Gestütswesen*

2.2.1 Allgemeines

Wie in einem anderen Abschnitt (s. S. 521) bereits erwähnt, fand die Erzüchtung oder Produktion von Pferden zeitlich schon früh eine Förderung durch den Adel, für Hofhaltungen und für kriegerische Zwecke, aber auch durch Klöster oder ähnliche Einrichtungen. Zu den ältesten Zuchtstätten oder Hengsthaltungen zur Belegung fremder Stuten gehören die Stutereien des Deutschritterordens in Ostpreußen. Aber auch anderswo im deutschen Raum wird bereits im Mittelalter die Zucht des so allseitig benötigten Pferdes gefördert, ausländische Pferde (Kreuzzüge) kamen ins Land, und eine allmähliche Verbesserung der Bestände war festzustellen. Der Bedarf verblieb jedoch zunächst in Grenzen.
Etwa ab dem 17. Jahrhundert wurde die Frage der Pferdeproduktion jedoch zunehmend aktueller. Einerseits wuchsen die notwendigen Kontingente für den Aufwand der Fürstenhöfe (zumeist Paradepferde, häufig in besonderen Farbausprägungen) enorm an, und andererseits wurden immer größere Pferdemengen für

---

* Die Angaben zu den Gründungsdaten einzelner Gestüte variieren zwischen den verschiedenen Literatur- oder sonstigen Quellen. Es war somit nicht immer möglich, allseitig übereinstimmende Datenangaben zu ermitteln. Die Begründung mag in dem häufig zeitlichen Auseinanderklaffen von Beschluß oder Absicht einer Gründung und der Ausführung liegen. Dies bezieht sich auch auf die Auflösungen. Auch hier ergab sich des öfteren ein längerer Zeitabstand zwischen Beschluß und seiner Durchführung.

Militärzwecke als Kavallerie-, Geschütz- und Trainpferde gebraucht. So hebt GATERMANN hervor, daß der Preußische König Friedrich Wilhelm I. für die Krönungsreise nach Königsberg 1708 außer dem Bestand des Marstalls von 1.000 Pferden weitere 30.000 benötigte. Die zahlreichen Kriege des 17., 18. und zu Anfang des 19. Jahrhunderts (Napoleon) erforderten und vernichteten große Mengen von Pferden. Diese Kontingente ließen sich nur teilweise im Inland decken. Als Beispiel sei genannt, daß FRIEDRICH der GROSSE seine Kavallerie aus der Wallachei, der Ukraine, der Moldau und aus Polen rekrutierte, da das Aufkommen in Preußen keineswegs ausreichte.

Es ist somit nicht verwunderlich, wenn im 18. Jahrhundert die Gründung von Gestüten vermehrt festzustellen ist. Diese Einrichtungen haben sich nun in vorwiegend 2 Formen entwickelt. Sie waren oder wurden Zuchtstätten mit der Verwendung zumeist ausgewählter Hengste, oder es entwickelte sich die Nur-Hengsthaltung mit der Belegung fremder Stuten. Die Übergänge sind anfänglich fließend gewesen. Es entwickelten sich daraus die Hauptgestüte (in Süddeutschland Stammgestüte genannt) als Zuchtgestüte mit Stutenherden und Hauptbeschälern oder die Landgestüte (Hengstdepots) mit Landbeschälern. Letztere werden während der Deckzeit auf Deckstationen gegeben (Beschälstationen, Beschälplatten, Deckplatten).

Die Zuchtgestüte wurden in der neueren Zeit zumeist in Gebäuden oder festen Anlagen eingerichtet. Dabei ist der bauliche Aufwand für die Marstallämter der Höfe häufig enorm gewesen. Weiter zurückreichend gab es neben diesen Gestüten mit voll eingerichteten Stallanlagen oft noch die Form der freien Haltung von Zuchtpferden. So besteht bis in die Neuzeit eine Gestütsart mit einer freien Haltung der Zuchtpferde als Wildpferdhaltung im Meerfelder Bruch bei Dülmen/Westf. Derartige Gestüte gab es, „Wildengestüte" oder „Halbwildengestüte" genannt, mit oft unbekannten Gründungsdaten. Die Pferdeherden bewegten sich frei in größeren Waldgebieten mit Lichtungen für den Futterwuchs und wurden betreut und bewacht von „Pferdehirten", die für den Gebrauch vorgesehene Tiere einfingen, Junghengste absonderten und eine häufig gezielte Belegung regelten. Hierzu wurden für die Deckperiode bestimmte Hengste der Stutenherde zugeteilt. Die Pferde blieben möglichst das ganze Jahr über im Freien, oder es zeigten sich Formen einer Unterbringung in Unterkünften während der Wintermonate (halbwild). Die Einrichtung derartiger Gestütsarten erfolgte zumeist durch die Fürstenhöfe, die dies neben ihren Marställen betrieben, oft in engem Zusammenhang mit diesen.

Allmählich verschwanden die Wildengestüte und wichen aufwendigen Gestütseinrichtungen, wie sie bis in die Neuzeit bestehen. Es waren somit Privatpferdehaltungen der Landesherren, die dann im Verlaufe der Zeit allerdings schrittweise in staatliche Verwaltungsstellen übergingen, oft blieben auch beide Formen der Verantwortlichkeit und Beaufsichtigung nebeneinander bestehen. Innerhalb Deutschlands entwickelten sich Variationen in den Gegebenheiten und Maßnahmen zum Gestütswesen und erfordern getrennte Hinweise auf die jeweilige Entwicklung in den Ländern oder Einflußbereichen.

Die folgende Aufstellung über die Gründungsdaten, Entwicklung u. a. der deutschen Gestüte enthält in einem ersten Teil diejenige in den Ländern der heutigen BRD, ein zweiter Teil gibt Einblick in die Gestüte im Bereich der heutigen DDR und ein dritter Teil erfaßt die ehemalige Preußische Gestütsverwaltung mit den 1945 oder vorher aufgelösten Einrichtungen.

Die Zusammenstellung folgt einer Gliederung und Reihenfolge nach Hofgestüten, Haupt-/Stammgestüten und Landgestüten. Falls bei den einzelnen Ländern oder politischen Bereichen diese oder jene Gruppe nicht genannt oder angeführt ist, hat sie nicht bestanden. Es sei auch nicht übersehen, daß fließende Übergänge gelegentlich die Eingruppierung erschwerten.

2.2.2 Gestüte im Bereich der BRD

2.2.2.1 Schleswig-Holstein

Landgestüt Traventhal
Seit 1863 wurden im Herzogtum Schleswig-Holstein Hengste für die Landespferdezucht zur Verfügung gestellt unter Einrichtung eines Gestütes in Schleswig.
1867 wurde das Gestüt Schleswig von der Preußischen Gestütsverwaltung übernommen.
1868 erfolgte eine Verlegung nach Plön, und 1874 ist das Landgestüt in Traventhal bei Segeberg eingerichtet worden.
Der Hengstbestand erhöhte sich auf 120.
Nach dem 1. Weltkrieg waren 145 Hengste des in Schleswig-Holstein angestrebten Typs eines mittelschweren Warmblutpferdes zur Verwendung als starkes, edles Wagenpferd vorhanden.
1926 erfolgte die Übernahme der Hengste des Verbandes der Züchter des Holsteiner Pferdes in das Staatsgestüt.
1949 Hengstbestand: 231 Landbeschäler.
Danach schnelle Reduzierung des Gestütsbestandes als Folge der allgemeinen starken Abnahme der Pferdebestände. 1960 Auflösung des Gestütes bei einem Bestand von 60 Hengsten (Überführung eines Teils des Hengstbestandes in die Reit-/Fahrschule Elmshorn zur weiteren Regelung der Stutenbedeckungen, nunmehr durch private Organisation).

2.2.2.2 Niedersachsen

Hofgestüte:

Hofgestüt Herrenhausen (Hannover)
1844 Einrichtung des Hofgestüts Herrenhausen durch Übernahme bisher in Neuhaus (Solling) gehaltener, weißgeborener, isabellfarbener und schwarzer Zuchtstuten und Weiterzüchtung dieser Pferdetypen (vorher von 1653 bis 1803 im Hofgestüt Memsen/Hoya). Zweck des Gestütes war die Erstellung von leichten Pferden für den königlichen Marstall sowie die Lieferung von Hengsten als Landbeschäler für das Landgestüt Celle. Letztere Aufgabe erwies sich bei der vordringlichen Züchtung leichterer Pferde in Herrenhausen als kaum durchführbar, da Celle und damit die Landespferdezucht in zunehmendem Maße schwere Wirtschaftspferde verlangten.
Aber auch weiterhin wurde in Herrenhausen die Zucht leichterer Pferde betrieben, ab 1892 die Zucht Weißgeborener aufgegeben.

1928 Auflösung von Herrenhausen.
Trotz der Kontroversen um den verlangten Pferdetyp ist der züchterische Einfluß von Herrenhausen auf die Entwicklung der Landespferdezucht beträchtlich gewesen.

Hofgestüt Harzburg
Frühe bzw. erste urkundlich nachweisbare Daten über die Gründung einer Zuchtstätte oder eines Gestütes in Harzburg sind nicht vorhanden – voraussichtlich fand die Einrichtung bereits im 15. Jahrhundert statt. Nachweisbar erfolgte um die Mitte des 17. Jahrhunderts durch die Herzöge von Braunschweig die Erweiterung von Anlagen eines sogenannten Wilden- oder Halbwildengestüts. Die Zuchtstuten kamen nur im Winter in Stallanlagen (Verteilung auf die Amtshäuser des Landes). Die Hengste wurden für die Deckperiode dem Marstall der Herzöge in Wolfenbüttel entnommen.
Während der französischen Besatzungszeit im ersten Jahrzehnt des 19. Jahrhunderts erfolgte eine Auflösung des Gestüts, jedoch im Jahr 1813 eine Wiedereinrichtung unter Verwendung von englischem Zuchtmaterial.
1824 wurde die Gründung des Landgestüts Harzburg vorgenommen, eine Einrichtung, die neben dem Hofgestüt (Marstall) bestand.
1832 sind die beiden Gestütsformen getrennt worden (Landgestüt nach Braunschweig, weitere Entwicklung s. unter Landgestüt Harzburg).
Nach Einrichtung eines Landgestüts wurden im weiterhin bestehenden Hofgestüt edle, leichte Pferde für die Hofhaltung gezüchtet (insbesondere englisches Vollblut). Die Aufgabenteilung der beiden Gestütseinrichtungen erwies sich als zweckvoll, da für die Landespferdezucht mehr und mehr schwere Pferde (bis zu Kaltblut) verlangt wurden. 1920 Auflösung des Hofgestüts. Die Vollblutzucht blieb jedoch in Harzburg bis in die Neuzeit unter den verschiedenen Trägerschaften erhalten.
Außerdem bestanden und gehörten zum Privatbesitz des Königshauses in Hannover folgende Gestüte:
Radbruch/Winsen (1776 aufgelöst)
Memsen/Hoya (1803 aufgelöst)
Meinsen/Hoya (1840 aufgelöst)
Neuhaus/Solling (1866 aufgelöst)

Landgestüte:

Landgestüt Celle mit Hengstprüfanstalt und Hengstaufzuchthof
1735 Gründung als Landgestüt durch Georg II. von England und Kurfürst von Hannover. Aus dem Erlaß 1735: „Demnach Wir zum Besten Unserer Unterthanen und zur Erhaltung einer guten Pferdezucht in Unseren Teutschen Landen, absonderlich aber in dem Herzogthum Bremen (dem heutigen Regierungsbezirk Stade) und der Grafschaft Hoya . . . ein Landgestüt, vorerst mit 12 Hengsten anlegen zu lassen . . .“
Somit war seit der Gründung die Aufgabenstellung eines Landgestüts festgelegt und ist der Hengstbestand nach Zahl und Typ den Bedürfnissen der Landespferdezucht angepaßt worden. Entsprechend den Erfordernissen der niedersächsischen Pferdezucht hat der Hengstbestand stetig zugenommen.
1866 erfolgte die Übernahme durch die Preußische Gestütsverwaltung.

Hengstbestände:
1800: 100 Hengste
1870: 220 Hengste
1925: 500 Hengste (notwendiger hoher Hengstbestand machte Einrichtung eines weiteren Landgestüts notwendig – s. Osnabrück)
1970: 158 Hengste (141 Warmblut, 15 Vollblut, 2 Trak.)
1980: 206 Hengste (189 Warmblut, 15 Vollblut, 2 Trak.)
1921 wird die Angliederung einer Hengstaufzuchtstation in Hunnesrück bei Einbeck (war vorher Remontendepot) vorgenommen – s. auch S. 395.
1928 erfolgte die Einrichtung der Hengstprüfanstalt Westercelle bei Celle. 1975 Erweiterung und Verlegung nach Adelheidsdorf bei Celle.

Landgestüt Osnabrück
1925 Gründung (Entlastung für den stark angestiegenen Hengstbestand im Landgestüt Celle).
Bestand: 1925: 114 Hengste, 1947: 209 Hengste
Danach schneller Rückgang als Folge der allgemeinen starken Verminderung der Pferdebestände.
1961 Auflösung und Überstellung der Hengste nach Celle.

Landgestüt Harzburg
1824 Gründung eines Landgestüts neben bestehendem Hofgestüt.
1832 wurde das Landgestüt nach Braunschweig (Mosthof der Burg Dankwarderode) verlegt.
1889 erfolgte eine Verlagerung nach der Domäne St. Leonhard/Braunschweig.
1934 Rückverlegung nach Harzburg-Bündheim.
1960 ergab auch hier der starke Rückgang der Landespferdezucht eine Auflösung des Gestüts und Überstellung der Hengste (Landbeschäler) in das Landgestüt Celle.
Zur Tätigkeit und Beeinflussung der Landespferdezucht durch die niedersächsischen Landgestüte sei vermerkt: Die Landgestüte Celle, Osnabrück und Harzburg haben in enger Zusammenarbeit mit den Züchtern und den Zuchtverbänden immer versucht, insbesondere das sich allmählich konsolidierende hannoversche Warmblutpferd über den Hengstbestand zu beeinflussen und zu gestalten. Dabei sind die verschiedensten Pferderassen und -typen vom Vollblut bis zu Halbblütern benutzt worden.
Auch die Kaltblutzucht fand entsprechend den Forderungen von Landwirtschaft/Gewerblicher Wirtschaft Berücksichtigung. In jüngster Zeit schlossen sich Ostfriesland und Oldenburg dem Einflußbereich des Landgestüts Celle an (Ostfriesland sowie Oldenburg hatten nur Privathengsthaltung).

2.2.2.3 Nordrhein-Westfalen

Hofgestüte:

Sennergestüt Lopshorn (Lippe-Detmold)
Ein Gestüt in der Senne, Lopshorn bei Detmold, wird bereits im 12. Jahrhundert erwähnt. Genauere Unterlagen bzw. Urkunden geben als Gründung den Anfang

des 15. Jahrhunderts an. Der starke Aktenverlust im Dreißigjährigen Krieg hat weitere Ermittlungen nicht zugelassen.
Das Senner- oder Lopshorner-Pferd ist ursprünglich ein Mischprodukt verschiedener im Lande verbreiteter Pferdetypen gewesen bei Aufwuchs auf kalkhaltigen Böden, teils Heide, teils Grasflächen, wild bis halbwild. Es entstand ein hartes, widerstandsfähiges Pferd unter der damals häufig üblichen Wildpferdhaltung ohne Unterkunft für die Tiere. Bis 1804 gab es keinen Winterstall für Stuten. Die Hengste kamen zur Deckperiode aus dem Fürstlichen Marstall.
Ab 1713 wurde ein laufendes Gestütsregister geführt, jedoch erst ab 1748 nachweisbar. Die Hereinnahme fremdblütiger Hengste vor 1713 ist unklar, danach erfolgte die Verwendung arabischer und englischer Vollbluthengste. Fremblütige Stuten sind bis 1880 nicht in die Herde genommen worden.
Im Verlaufe des 19. Jahrhunderts ging durch die verstärkte Verwendung von Vollbluthengsten der Charakter des alten harten Sennerpferdes in zunehmendem Maße verloren. Ende des 19. Jahrhunderts ist versucht worden, den Vollbluteinfluß zurückzudrängen und den früheren Pferdetyp wieder zu erzüchten.
Pferde aus dem Sennergestüt waren insbesondere wegen ihrer Härte und Widerstandsfähigkeit gesucht. So fanden sie auch in anderen Gestüten Verwendung (Weil, Dillenburg, Beberbeck u.a.).
Ende des 19. Jahrhunderts und zu Anfang des 20. Jahrhunderts trat ein allmählicher Rückgang der Zuchtstätte Lopshorn (1913 hatte das Fürstlich Lippische Sennergestüt noch einen Bestand von 15 Stuten und 2 Hengsten) ein. 1919 wurde das Gestüt vom Verband der Lippischen Pferdezüchter übernommen (Verkauf eines Teils des Bestandes). 1928 erfolgte die Verlegung von Lopshorn nach dem „Tiergarten" im Bücherberg bei Detmold. Im Tiergarten wurde zugleich eine Reit- und Fahrschule eingerichtet. (Bestand: 15 Pferde des ehemaligen Gestüts Lopshorn).

Landgestüte:

Lippisches Landgestüt
Neben dem Sennergestüt bestand seit Anfang des 18. Jahrhunderts ein Lippisches Landgestüt (ab 1738 Bezeichnung „Landgestüt"). Enge Beziehungen zum Sennergestüt haben immer bestanden. 1863 Auflösung des Landgestüts.

Landgestüt Warendorf bei Münster
1826 Gründung des Landgestüts für den Raum der damaligen Provinz Westfalen.
Hengstbestände:
1826: 13 Hengste
1850: 80 Hengste
1900: 130 Hengste
1930: 226 Hengste (1 Vollblut, 75 Warmblut, 150 Kaltblut)
1970: 126 Hengste (11 Vollblut, 98 Warmblut, 17 Kaltblut)
1980: 128 Hengste (11 Vollblut, 112 Warmblut, 5 Kaltblut)
Das Landgestüt hatte zunächst die Aufgabe, über die Aufstellung von Hengsten im leichteren Typ (Edelzucht) die Remonten-Produktion zu fördern. Im Verlaufe des 19. Jahrhunderts bis zum 1. Weltkrieg hin kam es zur Aufstellung von Hengsten der verschiedenen Rassen – Ostpreußen, Holsteiner, Oldenburger, Ostfriesen u. a. Erst ab 1920 erfolgte eine Festlegung auf den Typ des Hannoveraners.

Die Aufstellung von Kaltbluthengsten wurde ab 1881 auf Drängen von Landwirtschaft/Gewerblicher Wirtschaft und Industrie vorgenommen. Danach verstärkte Beachtung des Kaltblutanteils am Landbeschälerbestand bis zum Erlöschen dieser Rasse nach dem 2. Weltkrieg.

Landgestüt Wickrath bei Rheydt
1839 Gründung des Landgestüts Wickrath (einige Jahre Warendorf angeschlossen) mit 31 Hengsten.
Hengstbestände:
1850: 50 Hengste
1870: 70 Hengste
1910: 200 Hengste
1925: 110 Hengste
Zunächst auch hier Bevorzugung eines leichteren Halbbluttyps. Die verlangte Aufstellung schwerer Pferde bzw. Rassen für die wirtschaftlichen Belange des Zuchtgebietes der damaligen Rheinprovinz fand nur zögernd Beachtung. Dies änderte sich ab 1876. Nunmehr fanden vornehmlich Hengste im Typ des belgischen, später rheinisch-deutschen Kaltblutes Aufstellung. Besondere Verdienste bei dieser Umstellung erwarb sich der Landstallmeister GRABENSEE (1881 bis 1892).
1956 Auflösung des Gestüts (Überstellung des restlichen Hengstbestandes nach Warendorf).

2.2.2.4 Hessen

Hofgestüte:

Neu-Ulrichstein
In Neu-Ulrichstein bei Alsfeld bestand bis 1849 ein Großherzogliches Gestüt im Charakter eines Hauptgestüts (Hofgestüt), welches das Großherzogliche Marstallamt mit Pferden versorgte, aber auch Hengste für die Landespferdezucht stellte. Nach PUSCH soll die Gründung bereits im 16. Jahrhundert erfolgt sein. Diese Mitteilung ist jedoch nicht belegbar. Unterlagen liegen vor, daß um 1700 eine Stuterei in Gontershausen eingerichtet wurde, die 1778 zur Verlegung nach Ulrichstein kam.
Nach 1849 wurde Neu-Ulrichstein hessisches und danach preußisches Pferdedepot.

Landgestüte:

Landgestüt Dillenburg
Vorgänger des Landgestüts Dillenburg sind:
1. Das Fürstlich Oranien-Nassauische Hofgestüt zu Dillenburg.
   Erster Bericht um 1540, wechselvolle Entwicklung mit Produktion von leichten bis mittelschweren Halbblutpferden.
   Eine Auflösung erfolgte Anfang des 19. Jahrhunderts. Kurzfristig bestand von 1803 bis 1806 ein Nassau-Weilburgisches Hofgestüt in Weilburg.
2. Die 3 Fürstlichen bzw. Landgräflichen Landgestüte in Weilburg (Gründung 1811), Kassel (Gründung 1818) und Korbach (Gründung 1811 in Arolsen, 1852 nach Korbach verlegt).

Nach der gebietlichen Angliederung an Preußen im Jahr 1866 wurde eine Auflösung dieser Gestüte und Zusammenfassung der Bestände in Dillenburg vorgenommen. Ab 1871 folgende Bezeichnung:
„Königlich-Preußisches Hessen-Nassauisches Landgestüt Dillenburg". Nunmehr Eingliederung in die Preußische Gestütsverwaltung.
Nach 1945 wird Dillenburg Landgestüt des Bundeslandes Hessen. Der Hengstbestand wechselte stark nach den von der Pferdezucht in Hessen verlangten Rassen, teilweise waren Kaltblut und schweres Warmblut vorherrschend. In jüngster Zeit erfolgte die zeitgemäße Umstellung auf leichtes Warmblut.
Hengstbestände:
1871 79 Hengste (75 Warmblut, 4 Kaltblut)
1900 138 Hengste (58 Warmblut, 80 Kaltblut)
1920 167 Hengste (54 Warmblut, 113 Kaltblut)
1935 147 Hengste (1 Vollblut, 32 Warmblut, 114 Kaltblut)
1970 64 Hengste (5 Vollblut, 53 Warmblut – einschl. Trak., 6 Kaltbl.)
1980 56 Hengste (1 Vollblut, 55 Warmblut – einschl. Trak.)

Landgestüt Darmstadt
1821 Gründung des hessischen Landgestüts Darmstadt unter Zusammenfassung einer Reihe sogenannter Beschälerdepots, deren bedeutendste Gießen, Darmstadt, Romrod und Trebur waren.
Dem Bedarf entsprechend erfolgte auch hier die Aufstellung von Hengsten der verschiedensten Herkünfte (Vollblut bis Kaltblut).
Nach 1945 „Landgestüt Darmstadt des Bundeslandes Hessen". Der stark zurückgehende Pferdebestand macht 1957 die Auflösung erforderlich. Überstellung der Hengste nach Dillenburg.

2.2.2.5 Rheinland-Pfalz

Stamm- und Landgestüt Zweibrücken
Um 1750 werden Verordnungen für die Pferdezucht und die Einrichtung von Deckstellen im Herzogtum Pfalz-Zweibrücken gegeben. Danach erfolgt die Gründung und Einrichtung des Stamm- und Landgestüts Zweibrücken (1752). Einbezogen in den entstehenden Gestütskomplex wurden mehrere Betriebe, insbesondere solche für die Aufzucht (Eichelscheiderhof und Birkhausen). Im 18. Jahrhundert erfolgte die Erzüchtung eines gesuchten und bekannten edlen Pferdes durch die Kombination von Material arabischer und englischer Herkünfte. Bemerkenswert aus dieser Zeit ist die Lieferung von Zuchtpferden nach Trakehnen und Neustadt/Dosse.
Um 1800 unterlag das Gestüt einer wechselvollen Geschichte durch die Napoleonischen Kriege (unglückliche Lage des Gestüts an den Durchgangsstraßen zwischen Frankreich und den besetzten Gebieten – Napoleon ritt einen Zweibrücker Hengst). Unter diesem Hin und Her des Kriegsgeschehens brachten österreichische Truppen den Hengst Nonius nach Österreich, der dann im Gestüt Mezöhegyes Begründer der ungarischen Nonius-Zucht wurde.
1816 fiel Pfalz-Zweibrücken an Bayern. Das Gestüt blieb jedoch unter der Verwaltung des Kreises Zweibrücken. Erst 1890 wird die Übernahme durch die Bayeri-

sche Landesgestütsverwaltung vorgenommen unter Reorganisation als „Land- und Stammgestüt".
Das Zuchtziel im 19. Jahrhundert wurde stark geprägt vom Verlangen des Militärs nach leichten Remonten und demjenigen von Landwirtschaft/Gewerblicher Wirtschaft nach schweren Zugpferden. Dabei erbrachte die Kombination von arabischem und englischem Vollblut mit Normännern zunächst viel Erfolg, später ließen bei Verwendung von Hengsten aus Oldenburg und Ostfriesland die Qualitäten nach. Erst ab etwa 1890 erfolgt wieder eine stärkere Vereinheitlichung des Materials als mittelschwere bis leichte Typen. Nach Gründung des Landes Rheinland-Pfalz 1945 erfolgte die Übernahme des Gestüts in Landesverwaltung.
Auch hier blieb der allgemein starke Rückgang der Pferdebestände nicht ohne einschneidende Folgen. 1960 ist das Stammgestüt geschlossen worden, während das Landgestüt verblieb. Nach Auflösung des Stammgestüts wurde der Betrieb Birkhausen vom „Verband der Züchter und Freunde des Warmblutpferdes Trakehner Abstammung" als Zuchtstätte übernommen (Eichelscheiderhof ist verkauft worden).
Bestand des Landgestüts an Hengsten:
1930: 30 Hengste (17 Warmblut, 2 Vollblut, 11 Kaltblut)
1970: 19 Hengste (17 Warmblut, 1 Vollblut, 1 Kaltblut)
1980: 25 Hengste (24 Warmblut, 1 Vollblut)

2.2.2.6 Württemberg

Hauptgestüt Marbach bei Münsingen/Rauhe Alb
Im 15. Jahrhundert unterhielten die Grafen von Württemberg bereits die Gestüte Teck, später Einsiedel. 1573 erfolgte die Gründung des Hofgestütes Marbach (vorher Hofgestüt Stuttgart).
Diese Gestütseinrichtung in Marbach erhielt zugleich die Aufgaben eines Landgestütes, d. h. Hengste wurden für die Bedeckung in der Landespferdezucht zur Verfügung gestellt.
1817 wird das Gestüt in staatliche Verwaltung gegeben unter Weiterführung als Hauptgestüt mit den Betrieben Güterstein, St. Johann und Offenhausen. Das Landgestüt ist abgetrennt und nach Stuttgart verlegt worden.
1849 erfolgte die Rückverlegung des Landgestüts nach Marbach und erneute Kombination mit dem dort befindlichen Hauptgestüt.
1932 wurde das Arabergestüt Weil nach Marbach verlegt.
Züchterisch erstrebte man lange Zeit ein edles, leichtes Pferd in Marbach an. Im Verlaufe des 19. Jahrhunderts ist jedoch eine Verstärkung des Kalibers vorgenommen worden. Um 1900 legte man sich auf einen in 3 Klassen eingeteilten leichten, mittelschweren bis schweren Wagenpferdeschlag von jeweils guten Qualitäten fest. Bemerkenswert ist die Anspannung aller Pferde – auch der Hauptbeschäler – im landwirtschaftlichen Betrieb. Daneben ist insbesondere im Landgestüt auch Süddeutsches Kaltblut gehalten worden.
Zu den in Württemberg neben Marbach bestehenden oder zeitweise abgetrennten Gestüten sei im einzelnen vermerkt:

Arabergestüt Weil bei Stuttgart
1810 Einrichtung eines Hofgestüts in der Domäne Scharnhausen. 1817 war eine Erweiterung auf die Domänen Weil und Klein-Hohenheim erforderlich. Weil wird Stammgestüt und gibt den Namen. Betrieben wurde vornehmlich die Zucht von Pferden arabischer Herkunft. Daneben erfolgte eine begrenzte Züchtung edlen Halbblutes.
1932 Auflösung und Verlegung nach Marbach.

Landgestüt Marbach
Wie bereits hervorgehoben, wurden nach der Gründung des Hofgestüts Marbach 1573 fortlaufend Bedeckung von Stuten der sogenannten Landeszucht (Deckstellen) vorgenommen. Somit bestanden in Württemberg sehr früh die Anfänge eines Landgestüts – Hengstdepot.
1817 Verlegung des Landgestüts (Hengstdepot) nach Stuttgart. 1849 Rückverlegung und seitdem Kombination mit dem Hauptgestüt Marbach unter der Bezeichnung Haupt- und Landgestüt Marbach.
Der Bestand an Landbeschälern hat sich immer den Bedürfnissen der Landespferdezucht angepaßt – Warmblut, Süddeutsches Kaltblut, neuer Reitpferdetyp.
Hengstbestände:
1930: 88 Hengste (79 Warmblut, 9 Kaltblut)
1970: 109 Hengste (10 Vollblut, 77 Warmblut – einschl. Trak., 18 Kaltblut, 4 Haflinger)
1980: 106 Hengste (15 Vollblut, 81 Warmblut – einschl. Trak., 8 Kaltblut, 2 Haflinger)

2.2.2.7 Bayern
Die Pferdezucht in Bayern ist, wie in den anderen Ländern Deutschlands, zunächst von den Einrichtungen der Fürstenhöfe beeinflußt worden. Neben oder aus diesen Hofgestüten entwickelten sich Zuchtstätten als staatliche Einrichtungen (Stammgestüte) und auch Landgestüte bzw. Hengstdepots. Letztere als sogenannte Landbeschälung ist in Bayern bereits 1769 eingerichtet worden (auch als Königliches Landgestüt bezeichnet). Bis 1844 unterstand diese Versorgung der Landeszucht mit Hengsten der unmittelbaren Leitung des Königlichen Oberststallmeisterstabes. Durch Verordnung fiel die Verwaltung dann an das Ministerium des Innern mit Bildung einer Landesgestütsverwaltung unter einem Oberlandstallmeister.
In den einzelnen Gruppen sind folgende Entwicklungen bemerkenswert:

Hofgestüte:
Leitung Königlicher Oberststallmeisterstab

Rohrenfeld bei Neuburg/Donau
1571 von den Herzögen Pfalz-Neuburg als Hofgestüt eingerichtet. Zunächst erfolgte die Züchtung edler Pferde für den Hofmarstall auf der Grundlage neapolitanischer Pferde.
1777 fällt das Herzogtum Pfalz-Neuburg mit Rohrenfeld an Bayern. Die Zucht edler Pferde unter Verwendung von Pferden mit arabischer Blutführung war im 18. Jahrhundert fortgesetzt worden und wird auch beibehalten. Bemerkenswert ist eine

verstärkte Versorgung der Landespferdezucht mit Zuchtpferden, insbesondere mit Deckhengsten.
Rohrenfeld besaß den wichtigen Fohlenaufzuchthof Riff bei Salzburg. Dieser fiel 1816 an Österreich. Da man glaubte, ohne diese Aufzuchtstätte nicht auszukommen, wurde Rohrenfeld aufgelöst und das Hofgestüt Bergstetten eingerichtet.

Bergstetten bei Donauwörth
Ankauf von Bergstetten mit Neuhof erfolgte 1816. Rohrenfeld wurde nunmehr Aufzuchthof mit einigen weiteren Aufzuchtbetrieben, insbesondere Neuhof. Im Verlaufe des 19. Jahrhunderts ist ein starker Ausbau des Hofgestüts Bergstetten mit seinen Zweigbetrieben Rohrenfeld, Neuhof u.a. vorgenommen worden. Beachtung verdient die Versorgung der Landgestüte wie auch Privatdeckstellen mit Hengsten. Züchterisch ist eine Umstellung der Zuchtrichtung vom leichteren arabischen zum vergleichsweise schwereren englischen Vollblut bis zum mittelschweren Halbblut bemerkenswert. Nach dem 1. Weltkrieg wurden das Hofgestüt Bergstetten und seine Aufzuchtbetriebe aufgelöst.

Stammgestüte (Hauptgestüte):

Hauptgestüt Triesdorf
1730 Gründung einer Zuchtstätte in Triesdorf (Fürstentum Ansbach-Bayreuth). Es erfolgte eine schnelle und gute Entwicklung unter Erzüchtung eines bekannten und beliebten Warmblutpferdes.
1798 wurde das Hauptgestüt aufgelöst, aber als Landgestüt weitergeführt.
1802 wird auch das Landgestüt geschlossen, nachdem Ansbach 1791 an Preußen gefallen war. Der Pferdebestand wurde von Trakehnen und Neustadt/Dosse übernommen.

Stammgestüt Achselschwang/Ammersee
1815/16 richtete die bayerische Militärverwaltung in Achselschwang einen Fohlenaufzuchthof ein (Remonten-Aufzucht und Remontendepot).
1864 ist der Pferdebestand von Schwaiganger übernommen worden. Achselschwang wurde damit Zuchtstätte bzw. Stammgestüt (Schwaiganger nunmehr Fohlenaufzuchthof und Remontendepot).
1877 erfolgte die Übergabe an die Bayerische Landesgestütsverwaltung.
Züchterisch ergab sich eine uneinheitliche Entwicklung, da Zuchtrichtungen vom Vollblut über schweres Warmblut bis zu Kaltblütern (Noriker) wechselten. Auch in Bayern ergaben sich in der zweiten Hälfte des 19. Jahrhunderts starke Meinungsverschiedenheiten zwischen dem Verlangen des Militärs nach leichteren Pferden und der Landwirtschaft/Gewerblichen Wirtschaft nach schwereren Typen. Die Ausstrahlung des nunmehrigen Stammgestüts Achselschwang auf die Entwicklung der Pferdezucht in Bayern und auf die Versorgung der Landgestüte mit Hengsten blieb in Grenzen.
1952 wurde das Gestüt infolge des starken Rückganges der Pferdebestände in Bayern aufgelöst.

Stammgestüt Schwaiganger bei Murnau/Oberbayern
Das seit Jahrhunderten als landwirtschaftlicher Betrieb und Jagdgut betriebene Schwaiganger (Höhenlage 750 m) wurde 1806 an die bayerische Militärverwaltung

abgegeben. Es erfolgte die Einrichtung eines Militärfohlenhofes (Aufzucht von Remonten und Remontendepot) und eines Stammgestütes. Im letzteren wurden Pferde auf arabisch-ungarischer und Siebenbürger Grundlage gezüchtet. 1844 übernahm die Landesgestütsverwaltung die Zuchtstätte. 1864 erfolgte jedoch die Auflösung und Überstellung des Zuchtmaterials nach Achselschwang. Schwaiganger wurde erneut Fohlenaufzuchtstation und Remontendepot.
Gemäß den Bestimmungen des Versailler Vertrages wurde das Remontendepot Schwaiganger 1920 aufgelöst. Nunmehr richtete die Landesgestütsverwaltung wiederum ein Stammgestüt ein. Gezüchtet wurde zunächst insbesondere das Süddeutsche Kaltblut (Noriker), später auch Haflinger und Warmblut. Die Beeinflussung der Landespferdezucht war beachtlich und nachhaltig.
Hengstbestand des Bayerischen Haupt- und Landgestüts Schwaiganger nach Übernahme des Hengstbestandes aus Landshut 1980:
74 Hengste: 1 Vollblut, 56 Warmblut, 6 Kaltblut, 11 Haflinger.

Landgestüte:
Wie einleitend zum Gestütswesen in Bayern hervorgehoben, wurde bereits 1769 eine sogenannte Landbeschälung gegründet. Diese unterstand bis 1844 dem Königlichen Oberststallmeisterstab, dann dem Ministerium des Innern mit Landesgestütsverwaltung und Oberlandstallmeister.

Landgestüt Landshut/Niederbayern
1750 erfolgte in Landshut die Einrichtung eines Aufzuchthofes (Fohlen aus Schleißheim – kleineres Hofgestüt ohne Bedeutung). Bereits 1769 wurde dieser erweitert um eine Beschälerstation mit 38 Hengsten.
1844 liegt eine Verordnung zur Unterbringung von Hengsten für den Bereich Niederbayern (insbesondere zur Versorgung des Zuchtgebietes Rottal) vor, und das Landgestüt Landshut wird endgültig eingerichtet.
1980 Auflösung und Überstellung der Hengste nach Schwaiganger.

Landgestüt München
1844 wurde dieses Hengstdepot in München-Schwabing geschaffen. Die Ausdehnung der Stadt erzwang 1903 eine Verlegung nach Erding.
1922 Auflösung und Überstellung der Hengste nach Schwaiganger.

Landgestüt Ansbach/Franken
Ebenfalls 1844 erfolgte die Gründung des Landgestüts Ansbach für die Bereiche Ober-/Mittel-/Unterfranken. In diesem Raum bestand vorher bereits das Haupt-/Landgestüt Triesdorf – 1802 aufgelöst. Der starke Rückgang der Pferdebestände erzwang 1959 eine Schließung des Gestüts.

Landgestüt Augsburg
1844 Einrichtung eines Landgestüts.
1922 Auflösung.

Zweibrücken mit Stamm- und Landgestüt (1816 an Bayern) s. unter Rheinland-Pfalz.

2.2.3 Gestüte im Bereich der DDR

Hauptgestüte:

Hauptgestüt Neustadt/Dosse bei Neuruppin
1788 Gründung als „Friedrich-Wilhelm-Gestüt" des Preußischen Staates (vorher hatte in Neustadt bereits ein Gestüt mit speziellen Aufgaben – u. a. Maultierzucht – bestanden). Die Entwicklung der Zuchtstätte war gut, und bereits Anfang des 19. Jahrhunderts bestand eine anerkannt hochstehende Pferdezucht in Neustadt unter Bevorzugung einer Zuchtrichtung mit starker Verwendung des englischen Vollblutes.
Von 1846 bis 1866 wurde auch der staatliche Rennstall in Neustadt untergebracht. Die bevorzugte Zucht leichter Pferde führte zu starken Meinungsverschiedenheiten und Spannungen, da der gezüchtete Typ für die allgemeine Forderung nach einem schweren Wirtschaftspferd nicht genügte und die Hengste als Landbeschäler ungeeignet waren. 1875 wurde das Gestüt aufgelöst und der größere Teil des Bestandes nach Beberbeck, ein geringerer Teil nach Graditz überstellt. 1895 erfolgte die Wiedereinrichtung des Hauptgestütes, und nunmehr wurde die Züchtung eines mittelschweren Warmblutpferdes unter Verwendung von Zuchtmaterial aus Ostpreußen und aus Niedersachsen (Entstehung sogenannter Brandenburger) vorgenommen.
Neustadt ist nach 1945 Hauptgestüt mit gleichem Zuchtziel geblieben.

Hauptgestüt Graditz bei Torgau/Elbe
Bereits 1686 ist in Graditz/Repitz unter Kurfürst Johann Georg III. von Sachsen ein Gestüt eingerichtet worden. Die Entwicklung und insbesondere die Zuchtrichtungen waren uneinheitlich. Nach BRÄUER gingen diese bis zur Aufnahme der Maultierzucht. Zumeist erfolgte die Bevorzugung eines mittelschweren Halbblutes. 1815 wurde das Gestüt von der Preußischen Gestütsverwaltung infolge der Gebietsveränderungen (Sachsen-Anhalt kam zu Preußen) übernommen.
Die Zucht eines mittelschweren Warmblutpferdes blieb erhalten. Seit 1827 ist jedoch zugleich die Zucht englischen Vollblutes aufgenommen und die Einrichtung einer staatlichen Zuchtstätte für Vollblutpferde (Araber, besonders englisches Vollblut) angebahnt worden.

1866 erfolgte dann die Erstellung eines preußischen Staatsgestüts für Vollblutzucht. Auf Anweisung der Preußischen Gestütsverwaltung wurden alle Vollblutpferde aus Trakehnen und Neustadt/Dosse nach Graditz überstellt. Diese Zusammenführung guten Materials, gute Hengstankäufe und züchterische Maßnahmen führten zu einer erfolgreichen Entwicklung und zur Stellung von Derby-Siegern. Neben der Vollblutzucht ist eine Warmblutzucht betrieben worden (Vorwerk Repitz).

Das Gestüt blieb nach 1945 als Vollblutgestüt erhalten. Auch eine Warmblutzucht ist mit Warmblutpferden ostpreußischer Blutführung weitergeführt worden.

In der DDR sind nach 1945 ferner eine Reihe neuer Zuchtstätten für Vollblutzucht eingerichtet worden, so in (im Charakter von Hauptgestüten): Görlsdorf, Bockstadt-Massenhausen, Lehn und Vorder-Bollhagen.

Landgestüte:
(Hengstdepots – in der DDR übliche Bezeichnung für Landgestüte)

Landgestüt Redefin in Mecklenburg
Im Raum Mecklenburg hat die Pferdezucht weit zurückreichend Bedeutung gehabt. Wilden- oder Halbwildengestüte wurden bereits im 14. Jahrhundert erwähnt (Dierhagen, 1329). In der wechselvollen Entwicklung der Pferdezucht fanden die verschiedensten Rassen und Typen Verwendung. Staatlicherseits sind die Einrichtungen in den Großherzogtümern Mecklenburg-Schwerin und Mecklenburg-Strelitz bemerkenswert.

In Mecklenburg-Schwerin erlangte das Zuchtgestüt Redefin bei Hagenow Beachtung, dessen Gründungsdatum unbekannt ist. Es gehörte zum Herzoglichen Marstall, war von 1795 bis 1810 geschlossen und züchtete dann vornehmlich englisches Vollblut. 1812 erfolgte in Redefin neben dem Haupt- oder Zuchtgestüt die Gründung eines Landgestüts. Durch die Zupachtung der Domäne Paetow findet man in den Mitteilungen aus der damaligen Zeit des öfteren die Bezeichnung „Vereinigtes Haupt- und Landgestüt Redefin und Paetow". 1847 wurde das Hauptgestüt aufgelöst bzw. ist die Zucht im Privatgestüt des Großherzogs in Rabensteinfeld fortgesetzt worden. Dieses blieb bis 1883 bestehen.
Das Landgestüt bestand weiterhin und wird auch nach 1945 als Hengstdepot unterhalten.

Die aufgestellten Hengste gehörten in der ersten Hälfte des 19. Jahrhunderts vornehmlich dem Vollblut an. Später verlangte die landwirtschaftliche Praxis schwerere Typen; diese wurden dann nach wechselhaftem Gebrauch in Hannover gefunden.

Im Großherzogtum Mecklenburg-Strelitz wurde 1825 ein Landgestüt in Neustrelitz errichtet. Sein Umfang blieb gering, 1934 wurde es aufgelöst und der Hengstbestand nach Redfin überstellt.

Landgestüt Moritzburg
In Sachsen richtete das Kurfürstentum, später Königreich, eine Reihe von Gestüten im Charakter von Zuchtstätten (Hauptgestüte) ein, um insbesondere den großen Bedarf des Königlichen Marstalles des Hofmarschallamtes zu decken. Genannt seien Merseburg 1573, Repitz 1686, Paudritsch 1694, Graditz 1721 mit Döhlen und Kreischau, Vessra 1784, Wendelstein in der zweiten Hälfte des 17. Jahrhunderts (genaues Datum nicht bekannt).

Daneben erfolgte bereits 1767 die Einrichtung einer sogenannten Landbeschälerei mit 28 Stationen (nach PUSCH). 1815 verlor Sachsen seine Zuchtgestüte an Preußen, da sie in den abzutretenden Landesteilen lagen. Es verblieb nur die Landbeschälerei. Diese Landbeschälerei hatte bereits den Charakter eines Hengstdepots oder Landgestütes, ohne jedoch dessen feste Formen und Organisation zu besitzen. Die Hengste oder Landbeschäler waren teils im Marstall in Dresden, teils in Moritzburg untergebracht. 1828 erfolgte dann die Einrichtung des Landgestüts Moritzburg.

Das Landgestüt (Hengstdepot) blieb nach 1945 erhalten. Die aufgestellten Hengste entsprachen immer dem in Sachsen verlangten Pferdetyp – mittelschweres Warmblut und Kaltblut.

Landgestüt Kreuz (Halle/S.)
Das 1890 in Kreuz bei Halle/S. eingerichtete Landgestüt geht zurück auf eine Gestütseinrichtung in Merseburg 1816, nachdem dieses Gebiet an Preußen gefallen war (Erlaß der 2. Sektion des Königl. Preußischen General-Gouvernements im Herzogtum Sachsen). Es entstand ein Gestüt im Charakter eines Landgestüts. 1828 erfolgte eine vorübergehende Verlegung nach Döhlen und Repitz bzw. Graditz. 1877 ist dieses Landgestüt dann nach Lindenau (Neustadt/Dosse) weitergeleitet worden, um erst 1890 eine Dauerunterbringung in Kreuz bei Halle/S. zu erhalten (Beginn der Neubauten 1888). Dem Charakter der Landeszucht in der Provinz Sachsen-Anhalt gemäß lag der Schwerpunkt des Hengstbestandes bei Deutschem Kaltblut.
Das Landgestüt wurde nach 1945 als Hengstdepot aufrechterhalten, jedoch von Kreuz (Halle/S.) nach Thüringen verlegt.

Landgestüt Neustadt/Dosse (Lindenau)
Die Einrichtung eines Landgestüts auf dem Vorwerk Lindenau (nach dem 1. Leiter der Gestütseinrichtungen in Neustadt/Dosse benannt) erfolgte bereits 1789 nach der Gründung des Hauptgestüts. Von 1876 bis 1896 war das Hauptgestüt aufgelöst, während das Landgestüt für die Versorgung der Landespferdezucht weiterbestand. Der Landbeschälerbestand folgte den Bedürfnissen der Pferdezüchter Brandenburgs, d. h. mittelschweres Warmblut bis Kaltblut.
Nach 1945 blieb das Gestüt als Hengstdepot erhalten.

2.2.4 Die ehemalige Preußische Gestütsverwaltung

Der Pferdebestand in Preußen ist immer absolut, besonders aber im Vergleich mit den übrigen Ländern des Deutschen Reiches groß gewesen. So entfielen 1900 auf Preußen 2,9 Mio. Pferde, d. h. rund 70 % des Gesamtbestandes Deutschlands. Es ist somit keineswegs verwunderlich, daß von seiten des Staates schon zeitlich früh eine Förderung dieses wichtigen Zweiges der Tierzucht einsetzte. Bereits im 18. Jahrhundert befaßte sich der Königliche Hof mit der Pferdezucht, schuf Einrichtungen und ergriff Maßnahmen, die dann schrittweise in die staatliche Verwaltung übergingen. Umfang und Aufbau dieser Gestütseinrichtungen und ihrer Verwaltung erfordern eine besondere Betrachtung, da sie einen ungemein starken, fast vorbildlichen Einfluß auf die Entwicklung der deutschen Pferdezucht im 18. bis zum 20. Jahrhundert hatten.
Der Beginn eines Gestütswesens in Preußen im 18. Jahrhundert lag nicht ohne Grund in Ostpreußen, da sich hier Stutereien oder ähnliche Folgeeinrichtungen des Deutschritterordens erhalten hatten. So nannte die Preußische Gestütsverwaltung als ihr Gründungsdatum das Jahr 1732 mit der Eröffnung des Hauptgestüts Trakehnen. Dieses Gestüt entstand, nachdem FRIEDRICH WILHELM I. zu Anfang des 18. Jahrhunderts versuchte, einerseits eine unter Aufsicht des Königlichen Hofes entstehende Zuchtstätte für Pferde zu schaffen und sich andererseits bemühte, über ein Reskript (1713) die Landespferdezucht zu beeinflussen. Letzterem blieb zunächst ein nachhaltiger Erfolg versagt. GATERMANN sagt hierzu: „Seine Maßnahmen auf landespferdezüchterischem Gebiet, insbesondere ein Versuch der Bereitstellung von Landbeschälern, scheiterten in der Hauptsache daran, daß seine harten und ungehemmten Vorschriften dem bäuerlichen Züchter für den Fall des guten Zuchterfolges eigentlich mehr wirtschaftliche Strafen als persönliche Vorteile in

Aussicht stellten.“ Der Gedanke, neben eigenen, von Fürstenhöfen oder staatlichen Stellen verwalteten Pferdezuchtstätten die Versorgung der Landespferdezucht mit guten Vatertieren zu betreiben, blieb jedoch – wie überall in deutschen Landen – auch in Preußen erhalten. Allenthalben hatte man die Bedeutung der Landespferdezucht insbesondere für die Erstellung von Remonten erkannt.

Zur Gestütsgründung in Trakehnen sei hervorgehoben, daß die Absicht, im Raum zwischen Gumbinnen und Stallupönen ein Gestüt entstehen zu lassen, bereits 1717 entstand. Friedrich Wilhelm I. ordnete in diesem Jahr die Zusammenziehung von Zuchtpferden aus verschiedenen Stutereien Ostpreußens in den Bereich des Ortes bzw. des späteren Gestüts Trakehnen an. 1726 erfolgte unter dem Einsatz von Soldaten die Urbarmachung (Trockenlegung des versumpften Gebietes) für ein großes landwirtschaftliches Areal. 1732 konnte dann der Eröffnung des Königlichen Stutamtes in Trakehnen mit einer Kabinettsorder stattgegeben werden: „Seine Königliche Majestät in Preußen, Unser Allergnädigster Herr, machen dero würklichen Geheimen Etats Ministres dem v. Goerner, dem v. Lesgewang und dem v. Bredow hierdurch in Gnaden bekannt, wie daß sie resolviret haben, daß vom 1.ten May 1732 an, alle dero Preußische Gestütte nach Litthauen auf die Vorwerker Bajohrgallen, Gudinnen und Gurtzschen verleget werden sollen, und befehlen dahero gedachten dero v. Goerner wie auch beiden Präsidenten, die Veranstaltung dieserwegen nachstehendermaßen zu machen, und zwar . . .“

Es folgen detaillierte Anweisungen an die staatliche Verwaltung bzw. den Oberpräsidenten der Provinz Ostpreußen, dem das Königliche Stutamt (später Hauptgestüt) unterstellt wurde. Trakehnen war somit zunächst eine Domäne des Königlichen Hauses, hatte etwa 1100 Pferde und sollte die Marställe des Hofes ergänzen. Die Entwicklung von Trakehnen war allerdings zunächst keinesweg erfreulich. FRIEDRICH DER GROSSE soll sich 1777 nach einer Besichtigung des Gestüts mit seiner Auflösung befaßt haben. VON DOMHARDT, der damalige Oberpräsident von Ostpreußen, konnte dies allerdings verhindern und erreichte 1779 sogar die Erweiterung der Aufgabenstellung durch die Zurverfügungstellung von Hengsten für die Landespferdezucht.

Letztere Aufgabenstellung übernahmen dann eigens dazu eingerichtete Landgestüte, d.h. Haltungen staatlicher Hengste, die während der Deckzeit auf sogenannten Deckstationen für die Landespferdezucht zur Verfügung standen (Landbeschäler). Nach der Einrichtung von Landgestüten verblieb Trakehnen wieder in seiner eigentlichen Aufgabenstellung einer Zuchtstätte mit ausgewählten Hengsten (Hauptbeschälern) als Hauptgestüt.

Der Bedarf an Pferden wuchs überall weiterhin an und erforderte staatlicherseits entsprechende Maßnahmen, da insbesondere der Remontenbedarf für die Heere große Kontingente benötigte. Unter Beachtung dieser Notwendigkeit gründete FRIEDRICH WILHELM II. 1788 das Hauptgestüt Neustadt/Dosse. Wie bereits erwähnt, kommt es im gleichen Zeitraum zur stärkeren Förderung der Landespferdezucht. Das 1779 in Trakehnen eingeleitete Verfahren, Hengste in der Landespferdezucht einzusetzen, blieb nicht ohne Erfolg. Dies war Veranlassung, im Jahr 1787 das „Königlich Preußische Landesgestütsreglement“ herauszugeben, und damit war die Grundlage für die Einrichtung von Landgestüten geschaffen. Ferner ernannte der König von Preußen den Grafen LINDENAU zum Leiter einer gesamten Preußischen Gestütsverwaltung beim Oberhofmarschallamt (Oberstallmeister des Marstallamtes).

Nunmehr verblieb die Gestütsverwaltung in Preußen unter einer festen Zentralleitung. Dies ermöglichte eine starke Beeinflussung, aber auch Förderung der Pferdezucht. Folgende Gründungen und Einrichtungen erfolgten:

1787 Landgestüt Trakehnen (1877 nach Rastenburg)
1787 Landgestüt Ragnit (1805 aufgelöst)
1787 Landgestüt Oletzko (1824 nach Gudwallen – Landgestüt Gudwallen 1930 aufgelöst)
1787 Landgestüt Insterburg (1899 nach Georgenburg)
1788 Landgestüt Marienwerder/Westpr.
1789 Landgestüt Neustadt/Dosse – (Lindenau)
1815 Übernahme des ehemaligen sächsischen Gestüts Graditz (1686 gegründet)
1815 Übernahme des ehemaligen sächsischen Gestüts Vessra (früher „Kloster Vessra" – Gestütsgründung 1746; 1840 Auflösung zugunsten von Graditz)
1817 Landgestüt Leubus/Schlesien (später Fürstenstein 1938/39)
1826 Landgestüt Warendorf/Westf.
1828 Landgestüt Zirke/Posen (ein Hauptgestüt Zirke bestand von 1828–1882)
1839 Landgestüt Wickrath/Rheinland (1956 aufgelöst)

1849 wurde die Gestütsverwaltung vom Oberhofmarschallamt im Zuge aufkommender Demokratisierungsbestrebungen an das neu errichtete „Ministerium für die landwirtschaftlichen Angelegenheiten" abgegeben. Der Leiter der Gestütsverwaltung erhielt damit zugleich die Funktion des späteren Oberlandstallmeisters. Bemerkenswert, daß zu seinem Ressort auch die Landespferdezucht gehörte. Auf Königliche Anordnung verblieb der Stelleninhaber jedoch zunächst hauptamtlich Leiter des Königlichen Marstalles als dessen Oberstallmeister. Diese Doppelfunktion wirkte sich keineswegs günstig aus, da der Königliche Hof insbesondere die Aufgabenstellung als Leiter des Hofmarstallamtes sah und die Förderung der Landespferdezucht nicht genügend berücksichtigt wurde.

1866 wird von Maltzahn „technischer Direktor der Königlichen Gestüte" und zugleich Vortragender Rat mit dem Titel „Oberlandstallmeister". Damit gab es nunmehr einen „selbständigen Dirigenten" (nach Gatermann), nachdem diese Funktion bisher nebenamtlich ausgeübt wurde.

Die Entwicklung des preußischen Gestütswesens setzte sich wie folgt fort:

1866 Einrichtung einer Vollblutzucht in Graditz
1866 Übernahme des Landgestüts Celle (gegründet 1735)
1867 Übernahme des Landgestüts Schleswig (1868 nach Plön, ab 1874 in Traventhal)
1871 Übernahme des Landgestüts Dillenburg/Hessen
1876 Übernahme des Hauptgestüts Beberbeck
1876 Landgestüt Labes/Pommern
1877 Landgestüt Rastenburg/Ostpreußen (vorher Trakehnen)
1877 Landgestüt Cosel/Schlesien
1885 Landgestüt Gnesen/Posen
1890 Landgestüt Braunsberg/Ostpreußen
1890 Landgestüt Kreuz/Provinz Sachsen (1816 in Merseburg gegründet, 1828 nach Döhlen-Graditz, 1877 nach Neustadt/Dosse – Lindenau)
1898 Landgestüt Pr.-Stargard/Westpreußen
1899 Landgestüt Georgenburg (früher Insterburg)
1919 Gründung und Einrichtung des Hauptgestüts Altefeld/Thüringen

1925 Landgestüt Osnabrück-Eversburg
1926 Einrichtung der Hengstprüfstation Zwion bei Georgenburg/Ostpreußen
1928 Einrichtung der Hengstprüfstation Westercelle bei Celle

Abschließend sei zur Preußischen Gestütsverwaltung vermerkt, daß hervorragende und befähigte Persönlichkeiten die Gestüte leiteten. Ihre große Zahl läßt eine Nennung nicht zu. Erwähnt seien jedoch die Namen einiger überragender Oberlandstallmeister. Ihre Arbeit förderte und prägte die Pferdezucht in besonders starkem Maße. Hervorgehoben wurde bereits GRAF LINDENAU, der ab 1787 der erste Leiter einer Preußischen Gestütsverwaltung wurde, die Gesamtpferdezucht stark organisierte und förderte sowie eine Reihe von Gestütsgründungen vornahm. Als der „große" preußische Oberlandstallmeister wird GRAF GEORG LEHNDORFF bezeichnet, der von 1887 bis 1912 einen ungemein starken Einfluß ausübte und insbesondere das Vordringen der schweren Pferdetypen in die richtige Bahn lenkte. Unter seinem Nachfolger VON OETTINGEN wurde die sogenannte Edelzucht (starke Militärpferdeproduktion – 1. Weltkrieg) stark gefördert. 1920 bis 1928 löste der Oberlandstallmeister GROSCURTH die schwierige Aufgabe der notwendigen Typumstellung zum Wirtschaftspferd nach dem 1. Weltkrieg und dem Fortfall des Bedarfs an leichteren Militärpferden. Dies setzte Oberlandstallmeister GATERMANN (1928 bis 1933) mit bestem Erfolg fort.

Im folgenden sind preußische Haupt- und Landgestüte im einzelnen aufgeführt und kurze Hinweise auf ihre Bedeutung gegeben. Ihre starke und nachhaltige Beeinflussung der deutschen Pferdezucht erfordert diese Beschreibungen.

Haupt- und Landgestüte, die 1945 oder davor aufgelöst wurden

Hauptgestüte:

Hauptgestüt Trakehnen bei Gumbinnen/Ostpreußen

Wie bereits in den allgemeinen Ausführungen zur Preußischen Gestütsverwaltung erwähnt, erfolgte 1732 die Gründung des Gestütskomplexes Trakehnen durch FRIEDRICH WILHELM I. Mit der Einrichtung von Trakehnen wurde die Zusammenfassung einer Anzahl ehemaliger Ordensgestüte in Ostpreußen vorgenommen. Zunächst war dies ein Hofgestüt, und Ende des 18. Jahrhunderts ergab sich der Übergang in Staatsbesitz. So stand anfänglich die Versorgung des Königlichen Marstalls in Berlin im Vordergrund, ab Ende des 18. Jahrhunderts wurde auch die Abgabe von Zuchtpferden, insbesondere von Hengsten, an die Landespferdezucht vorgenommen.

Zur Zeit der Napoleonischen Kriege wurde der Pferdebestand zunächst nach Rußland, später nach Schlesien verlegt mit erheblichen Bestandseinbußen.

Die in Trakehnen gezüchteten Pferde dürften auf ostpreußische Wildpferdformen (Schweiken) zurückgehen, zumindest Ausgangsformen haben, die über die Jahrhunderte hin durch die Gestüte des Deutschritterordens (auch Stutereien genannt) in mannigfacher Weise zu leichteren und schwereren Typen verändert wurden.

Nach Einrichtung von Trakehnen, insbesondere nach Übernahme in die direkte staatliche Verwaltung, entstand züchterisch die Aufgabe, leichtere Remonten zu liefern, aber auch schwerere Hengste für die Produktion von Pferden für die Landwirtschaft/Gewerbliche Wirtschaft an die Landgestüte abzugeben. Das Trakehner Warmblutpferd war somit immer als Reit- wie auch als Wagen-(Wirt-

schafts-)pferd geeignet. Die in Trakehnen verwendeten Hengste wie auch die begrenzte Hereinnahme von Stuten waren Vollblüter englischer und arabischer Herkunft bis zu schweren Halbblütern. Bei immer lebhaften Diskussionen der passionierten Züchter Ostpreußens um den notwendigen zu erzüchtenden Pferdetyp ist eine Breite des Kalibers immer angestrebt worden. Die in Trakehnen gezogenen Hengste ergaben über die Landgestüte das vielseitig veranlagte ostpreußische Warmblutpferd.
Bemerkenswert ist die Einrichtung des sogenannten Jagdstalles – Überprüfung des Zuchtmaterials im Gelände – unter Graf SPONECK (Leiter seit 1912).
Größe von Trakehnen 1945: 6000 ha mit Hauptbetrieb und 16 Vorwerken und etwa 1300 Pferden.
Das leistungsfähige, widerstandsfähige und harte Warmblutpferd wird nach der Flucht aus dem Gestüt 1945 in Westeuropa und Übersee weitergezüchtet.

Hauptgestüt Beberbeck bei Hofgeismar
Vorläufer des Hauptgestüts:
1. Bereits im 16. Jahrhundert bestand in Beberbeck ein Kurfürstlich-Hessisches Hofgestüt, bekannt als Lieferant guter Reitpferde.
2. In Sababurg oder Zapfenburg im Reinhardswald gründeten die Erzbischöfe von Mainz im 14. Jahrhundert ein Gestüt, das später in den Besitz der Landgrafen von Hessen kam. Es wurde als sogenanntes „Wildengestüt" betrieben; 30 bis 40 Stuten liefen mit einigen Hengsten, bewacht von „Wildenhirten", in den Wäldern.

1724 erfolgte eine Vereinigung der Gestüte Beberbeck und Sababurg durch Verlegung von Sababurg nach Beberbeck. Sababurg wurde Vorwerk von Beberbeck.
1876 Übernahme durch die Preußische Gestütsverwaltung und Beginn eines Neuaufbaues. Nach Reorganisation ist die Zuchtstätte als Hauptgestüt Beberbeck wiedereröffnet worden. Gute Stuten aus dem Sennergestüt Lopshorn waren vorhanden, und Stuten des aufgelösten Hauptgestüts Neustadt/Dosse wie auch solche aus Trakehnen wurden überstellt.
Beberbeck übernahm den Gestütsbrand von Neustadt/Dosse nach dessen vorübergehender Auflösung. Gezogen wurde ein starkes, edles Halbblut (nach PUSCH, 1891).
1930 Auflösung von Beberbeck (Verkauf des Zuchtmaterials).

Hauptgestüt Altefeld/Thüringen bei Herleshausen
Nach starken Diskussionen um den Vor- oder Nachteil von Graditz als Zuchtstätte für Vollblutpferde (Bodenverhältnisse, Klima) fiel 1911 der Entschluß, in Altefeld/Thüringen ein Vollblutgestüt zu errichten. 1913 erfolgte der Ankauf des Areals (440 m Höhenlage, stark kalkhaltiger Boden).
Infolge der Schwierigkeiten bei der Erstellung der Baulichkeiten durch den 1. Weltkrieg konnte der Bezug des Gestüts erst 1919 erfolgen.
Die fortlaufende Kritik an der Errichtung eines zweiten staatlichen Vollblutgestüts war der Grund für eine nur vorsichtige Überführung von Zuchtmaterial aus Graditz nach Altefeld (Graditz blieb bestehen).
1945 Auflösung des Gestüts (seit 1962 Privatgestüt Waldfried).

Hauptgestüt Zwion-Georgenburg/Ostpreußen
1899 Ankauf des Privatgestüts der Familie von Simpson (war etwa 100 Jahre sehr bekannte Zuchtstätte) durch die Preußische Gestütsverwaltung.
Nach Georgenburg erfolgte die Übersiedlung des Landgestüts Insterburg, und im Vorwerk Zwion wurde ein Hauptgestüt eingerichtet bzw. die von Simpsonsche Züchtung fortgesetzt. Bei sehr guten Weideverhältnissen war die Erzüchtung eines kräftigen Warmblutpferdes möglich.
1921 Auflösung des Hauptgestüts Zwion.
1926 Einrichtung der staatlichen Hengstprüfungsstation in Zwion unter Leitung des Landgestüts Georgenburg.

Landgestüte, die 1945 aufgelöst wurden:
Landgestüt Rastenburg/Ostpreußen
Landgestüt Braunsberg/Ostpreußen
(Landgestüt Gudwallen/Ostpreußen, bereits 1930 aufgelöst)
Landgestüt Georgenburg/Ostpreußen
Landgestüt Marienwerder/Westpreußen
Landgestüt Labes/Pommern
Landgestüt Cosel/Schlesien
Landgestüt Fürstenstein/Schlesien (früher Leubus)

2.2.5 Privatgestüte

Neben den großen Pferdehaltungen der Fürstenhöfe im Rahmen ihrer Marstallämter hat es zeitlich schon sehr früh kleinere Pferdezuchten gegeben, die man mit dem neuzeitlichen Begriff Privatgestüte bezeichnen kann. Man findet sie an den Großgrundbesitz gebunden, aber auch in mittel- bis großbäuerlichen Betrieben. Nicht unerwähnt seien auch Klöster, die häufig mit guten Pferdezuchten einen starken Einfluß auf die Entwicklung ausübten.
Dabei sind Weiden und Ausläufe die unbedingte Voraussetzung einer guten Aufzucht. Je nach Größe des Betriebes und der damit zumeist bedingten Stutenherde erfolgte Eigenhengsthaltung oder die Inanspruchnahme staatlicher Hengste auf Deckstationen bzw. von Vatertieren genossenschaftlicher Haltung. Diese Gestüte und Zuchtbetriebe haben wesentlich zur Förderung der Pferdezucht beigetragen.
Eine besondere Form von Privatgestüten hat der Ausbau der Vollblutzucht in Verbindung mit dem Rennwesen gebracht. So sind im Verlaufe des 19. Jahrhunderts bis in die Neuzeit hinein eine große Anzahl von Vollblutgestüten im Privatbesitz entstanden, deren Zuchtprodukte im Rennwesen des In- und Auslandes eingesetzt wurden.
Nicht übersehen sei, daß die Warmblutzucht immer schon auf einzelne Hengste dieser Vollblutgestüte zurückgreifen mußte. Es steht außer Zweifel, daß die Entwicklung und Erhaltung der Warmblutzucht ohne das Vollblut nicht möglich war und ist.
Somit tragen diese Gestüte wesentlich zur Förderung der Pferdezucht bei.

2.3 Ausbildungs-/Beratungs-/Forschungswesen

2.3.1 Allgemeines

Die Ausbildung und das Beratungswesen besitzen ohne Zweifel einen starken Einfluß auf die Entwicklung und Förderung. Auf landwirtschaftlichem Gebiet kam es in Deutschland Ende des 18. Jahrhunderts, insbesondere aber im 19. Jahrhundert, zu allmählichen, zunächst fast schrittweisen Gründungen von Ausbildungsstätten, denen später auch Forschungsanstalten folgten. Wie auch im Bereich anderer Disziplinen sind verschiedene Ausbildungsebenen festzustellen.
Dabei hat sich die akademische Ausbildungsebene von Akademien über Hochschulen zu Fakultäten von Universitäten entwickelt, und im mittleren und unteren Bereich sind Fachhochschulen und Fach-/Berufsschulen zu finden.
Im folgenden ist nun zunächst eine Zusammenstellung der Ausbildungsinstitutionen innerhalb der Akademien – Hochschulen – Universitäten gegeben. Nach der notwendigen Einblicknahme in die Gründungsdaten und Entwicklungsphasen sind die Fächer Tierzucht, Tierernährung sowie Kleintierzucht besonders erwähnt. Dabei ist der Hinweis beachtenswert, daß diese Fächer – in den einzelnen Ausbildungsstätten zeitlich unterschiedlich – erst allmählich eigenständig wurden. Da Tierzucht auch in der veterinär-medizinischen Ausbildung immer ein wichtiges Fach war und viele Tierärzte bedeutsame Arbeitsgebiete in der Tierzucht wahrnahmen, sind die tierärztlichen Bildungsstätten ebenfalls angeführt.
Es erschien weiterhin zweckvoll, neben der allgemeinen Ausbildung in Tierzucht für alle Hochschul- und Fachschulabsolventen in einem besonderen Abschnitt die spezielle Ausbildung bzw. Heranbildung von Fachkräften für den Bereich tierische Produktion einschließlich Beratung auf diesem Gebiet herauszustellen. Dies für die akademische Ebene, insbesondere auch für den unteren und mittleren Bereich.
Ferner sind die vom Hochschulbereich unabhängigen Forschungsanstalten zusammengestellt worden, Institutionen, die ebenfalls einen starken Einfluß auf die Entwicklung und Förderung der Tierzucht ausübten. Dabei sei erwähnt und hervorgehoben, daß die Institute an den Hochschulen/Universitäten im deutschen Raum neben ihrer Aufgabe in der Lehre ebenfalls immer Forschung betrieben haben.

2.3.2 Akademien – Hochschulen – Universitäten

2.3.2.1 In der BRD

Berlin

	Landwirtschaft		*Veterinärmedizin*
		1790	„Kgl. Thierarzneischule Berlin" gegründet
1802	Die landwirtschaftlichen Ausbildungsstätten in Berlin bzw. in seiner näheren Umgebung sind aus einer kleinen landwirtschaftlichen Ausbildungsstätte in Celle hervorgegangen. Dr. med. Albrecht Daniel Thaer erwarb 1786 in Celle ein eigenes Gut (Thaer's Garten), gestaltete es allmählich zu einer Lehr- und Experimentalwirtschaft aus und richtete damit das erste landwirtschaftliche Institut in Deutschland ein.		
1804	Berufung Thaers nach Berlin. Ankauf von Möglin bei Wriezen.		
1806	Gründung und Einrichtung einer höheren landwirtschaftlichen Lehranstalt in Möglin nach Muster Celle.		
1810	Gründung der Universität Berlin. Die Philosophische Fakultät richtet ein Extraordinariat für Landwirtschaft ein – Berufung von Thaer als a. o. Prof. der Kameralwissenschaften (enge Beziehung zwischen Möglin und der Universität Berlin).		
1819	Möglin erhält die Bezeichnung „Königlich-akademische Lehranstalt des Landbaus".		
1859	Gründung eines landwirtschaftlichen Lehrinstituts in Berlin. Dieses ist materiell selbständig, steht aber durch Lehrkräfte mit der Universität in Verbindung. Der Leiter des Instituts ist gleichzeitig a. o. Prof. für Landwirtschaft an der Philosophischen Fakultät.		
1861	Schließung der Lehranstalt Möglin. Der Direktor A. C. Thaer wechselt zum landwirtschaftlichen Institut Berlin über.		
1881	Vereinigung des landwirtschaftlichen Lehrinstituts mit dem 1867 gegründeten Landwirtschaftlichen Museum zur „Königlichen Landwirtschaftlichen Hochschule Berlin".		
1881	Mit Berufung von Hermann Settegast aus Proskau auf den Lehrstuhl für Betriebslehre und Tierzucht wird die Zootechnische Sammlung der aufgelösten Akademie Proskau nach Berlin verlagert und mit der Sammlung des Landwirtschaftlichen Museums vereinigt.		

<table>
<tr><th colspan="2">Landwirtschaft</th><th colspan="2">Veterinärmedizin</th></tr>
<tr><td colspan="2"></td><td colspan="2">1887 Anerkennung als „Tierärztliche Hochschule“</td></tr>
<tr><td colspan="4">1934 Vereinigung der Landwirtschaftlichen Hochschule und der Tierärztlichen Hochschule unter Eingliederung in die Universität Berlin als „Landwirtschaftlich-Tierärztliche Fakultät“.</td></tr>
<tr><td colspan="4">1937 Erneute Trennung der Fachgebiete und Einrichtung von Fakultäten für Landwirtschaft mit Gartenbau und für Veterinärmedizin.</td></tr>
<tr><td colspan="4">1946 Wiedereröffnung der beiden Fakultäten an der Universität Berlin.</td></tr>
<tr><td colspan="2">1946–50
Landwirtschaftlich-Gärtnerische Fakultät der Berliner (ab 1948 Namensänderung in Humboldt-) Universität.</td><td colspan="2">1946–50
Veterinärmedizinische Fakultät der Berliner (ab 1948 Namensänderung in Humboldt-) Universität.</td></tr>
<tr><td colspan="2">1951</td><td colspan="2">1951</td></tr>
<tr><td>Fakultät für Landbau der Technischen Universität Berlin-West.</td><td>Landwirtschaftlich-Gärtnerische Fakultät der Humboldt-Universität Berlin-Ost.</td><td>Fakultät für Veterinärmedizin der Freien Universität Berlin-West.</td><td>Fakultät für Veterinärmedizin der Humboldt-Universität Berlin-Ost.</td></tr>
</table>

Berlin/Fortsetzung

Tierzuchtlehre

Landwirtschaft		*Veterinärmedizin*	
1870	Hermann von Nathusius übernimmt am Landwirtschaftlichen Lehrinstitut das Lehramt für Tierzucht.		
1881	Berufung von Hermann Settegast als o. Prof. für Betriebslehre und Tierzucht.		
1889	Gründung eines Instituts für Tierzucht unter Einschluß der umfangreichen Sammlungen (Berlin und aus Proskau).		
		1923	Gründung eines Instituts für Tierzucht.
1929	Umbenennung in Institut für Tierzüchtung und Haustiergenetik.		

Landwirtschaft		*Veterinärmedizin*	
1951		1951	
Institut für Tierzüchtung und Haustiergenetik an der Techn. Universität Berlin-West.	Institut für Tierzüchtung und Haustiergenetik an der Humboldt-Universität Berlin-Ost.	Institut für Tierzucht und Erbpathologie an der Freien Universität Berlin-West. 1961 Umbenennung in Institut für Tierzucht und Tierernährung.	Institut für Tierzucht und Tierernährung der Humboldt-Universität Berlin-Ost.

Berlin/Fortsetzung

Direktoren der Institute für Tierzucht

Landwirtschaftliche Hochschule – Landwirtschaftlich-Tierärztliche Fakultät

1881–1889 Hermann Settegast
1889–1921 Curt Lehmann
1922–1929 Johannes Hansen
1929–1936 Carl Kronacher
1936–1945 Jonas Schmidt

Technische Universität Berlin-West
1946–69
Joachim Kliesch
1969–
Hans-Joachim Weniger
(ab 1972 geschäftsführ. Direktor)

Humboldt-Universität Berlin-Ost
1951–57
Wilhelm Stahl
1957–60
Otto Liebenberg
1960–64
Karl Heinz Bartsch
1964–
Georg Schönmuth

Tierernährungslehre
Zunächst Tierernährung im Tierphysiologischen Institut (Nathan Zuntz ab 1881). 1935 Gründung eines Instituts für Tierernährungslehre (Direktor: 1935–55 Ernst Mangold, danach Andreas Hock).

Kleintierzucht
1948 Gründung eines Instituts für Geflügel- und Pelztierzucht (Direktor: Jan Gerriets).

Tierärztliche Hochschule – Landwirtschaftlich-Tierärztliche Fakultät

1923–1944 Valentin Stang

Freie Universität Berlin-West
1951–55
Paul Koch
1956–59
Walter Koch
1959–61
W. Renk, kommis. Direktor
1961–
Kurt Bronsch

Humboldt-Universität Berlin-Ost
1947–50
Paul Koch
1951–57
Wilhelm Stahl
1957–
Ekkehard Wiesner

Bonn-Poppelsdorf

Landwirtschaft

1818 Gründung der Königlich-Preußischen Rhein-Universität durch Friedrich Wilhelm III. unter Einrichtung in den Schlössern Bonn und Poppelsdorf.

1819 Gründung und Einrichtung eines Landwirtschaftlichen Instituts an der Universität Bonn. K. C. G. Sturm, o. Prof. der Landwirtschaft und Kameralistik in Jena, wird nach Bonn berufen und erhält die Leitung des Instituts.

1822 Ankauf des Frohnhofs zur Einrichtung einer Musterwirtschaft.

1826 Nach dem Tod von Sturm Schließung des Landwirtschaftlichen Instituts.

1836 Wiedereröffnung des Landwirtschaftlichen Instituts unter Peter Kaufmann bei gleichzeitiger Pachtung des Poppelsdorfer Gutes. Ausstrahlung und Erfolg blieben gering.

1843 Beschluß des Rheinischen Provinzial-Landtages, den König zu bitten, die Gründung einer Landwirtschaftlichen Lehranstalt nach Hohenheimer Muster anzuordnen.

1847 Gründung der „Königlichen Landwirtschaftlichen Lehranstalt" in Verbindung mit der Universität. Die Anstalt ist jedoch selbständig. Die Studierenden sind zugleich bei der Universität immatrikuliert. Zur Oberleitung wurde ein Kuratorium bestellt unter Beteiligung von Rektor oder Kurator der Universität.
Als Leiter der Lehranstalt und zugleich o. Prof. für Ökonomie an der Universität Bonn wurde August Gottfried Schweitzer aus Tharandt berufen. Zweiter Lehrer der Landwirtschaft und Verwalter des Gutes wird E. Hartstein.
Die Grund- und Hilfswissenschaften vertreten Professoren und Dozenten der Universität.
Als Hörer werden zunächst 6, später 30 bis 40 genannt.

1851 Ausscheiden von Schweitzer (war Bindeglied zur Universität). Die Zahl der Studierenden stieg auf 80.

1858 Die Bindungen zur Universität hatten sich allmählich gelockert. Auflösung des 1847 eingerichteten Kuratoriums. Die Anstalt wird dem Ministerium für Landwirtschaftliche Angelegenheiten unterstellt.
Der Ausbau der Hochschuleinrichtungen paßt sich der zunehmenden Aufgabenstellung (insbesondere den steigenden Hörerzahlen) an. 1857 Einrichtung einer Versuchsstation in Poppelsdorf und 1860 Ankauf des Gutes Annaberg (hier zugleich Einrichtung einer Ackerbauschule).

1861 Die Anstalt wird zur „Königlichen Landwirtschaftlichen Akademie Bonn-Poppelsdorf" erhoben.

1867 Bezug eines umfangreichen neuen Gebäudes.

1869 Hartstein erreicht eine erneute stärkere Verbindung mit der Universität, deren Dozenten wieder die Grund- und Hilfswissenschaften vertreten.

1875 Verkauf von Annaberg und Auflösung der Ackerbauschule.

1896 Der Leiter der Akademie, Theodor von der Goltz, wird zugleich Universitätsprofessor. Damit wiederum engere persönliche Bindung der Anstaltsleitung an die Universität (s. Schweitzer – 1847 bis 1851).

1919 Umbenennung der Akademie in „Landwirtschaftliche Hochschule Bonn-Poppelsdorf" mit Rektoratsverfassung und Promotionsrecht.

1934 Eingliederung der Landwirtschaftlichen Hochschule in die Rheinische Friedrich-Wilhelm-Universität Bonn als Landwirtschaftliche Fakultät.

Bonn-Poppelsdorf/Fortsetzung

Tierzuchtlehre

Bis 1905 Tierzuchtlehre wird unterschiedlich vertreten und gelesen.
1905 Gründung eines Instituts für Tierzucht und Molkereiwesen unter gleichzeitigem Erwerb und Angliederung der Versuchswirtschaft Dikopshof. Berufung von J. Hansen.
1930 Übernahme von Frankenforst als Versuchswirtschaft und Abgabe des Dikopshofes an den Pflanzenbau.
1950 Umbenennung in Institut für Tierzucht und Tierfütterung.
1950 Einrichtung eines Lehrstuhls für Kleintierzucht und -haltung (a. o. Prof. Havermann) im Rahmen des Instituts.
1953/54 Bau und Bezug eines neuen Institutsgebäudes.
1961 Abteilung für Tierernährung.
1975 Einrichtung einer Abteilung für Haustiergenetik.
1980 Das Institut hat folgende Abteilungen:
1. Abteilung für Haustiergenetik
2. Abteilung für Kleintierzucht und -haltung
3. Abteilung für Tierhaltungstechnik

Direktoren der Königlichen Landwirtschaftlichen Lehranstalt und der Akademie bis zur Umbenennung 1919 in Landwirtschaftliche Hochschule mit Rektoratsverfassung
1847–1851 August Gottfried Schweitzer
1851–1856 Ferdinand Weyhe
1856–1869 Eduard Hartstein
1870 Zimmermann
1871–1896 Friedrich Wilhelm Dünkelberg
1896–1905 Theodor Freiherr von der Goltz
1906–1919 Ulrich Kreusler

Direktoren des Instituts für Tierzucht
1905–1910 Johannes Hansen (seit 1901 in Bonn)
1910–1929 August Richardsen
1929–1954 Georg Rothes
1954–1971 Heinrich Havermann
ab 1971 Franz Schmitten

Tierernährungslehre

1967 Gründung und Einrichtung eines Instituts für Tierernährung mit Abteilung für Futtermittelkunde

Direktoren des Instituts für Tierernährung
1967–1978 Richard Müller
ab 1978 Ernst Pfeffer

Gießen

	Landwirtschaft		*Veterinärmedizin*
1607	Gründung der Ludwigs-Universität in Gießen		
1777	Eröffnung der sogenannten Ökonomischen Fakultät mit einem Lehrstuhl in Kameralwissenschaften und einem Veterinärmedizinischen Lehrstuhl (Johann August Schlettwein, Breidenbach).	1777	Aufnahme von Vorlesungen zur Tierheilkunde im Rahmen eines Lehrstuhls für Veterinärmedizin der Ökonomischen Fakultät.
		1777–1827	Tierheilkundevorlesung innerhalb der Ökonomischen und der Medizinischen Fakultät der Ludwigs-Universität.
1785	Auflösung der Fakultät und Einordnung der Landwirtschaftswissenschaft in die Philosophische Fakultät.		
1824–1852	Justus von Liebig (Agrikulturchemie) hält Vorlesungen für Studenten der Land-, Forstwirtschaft und Tiermedizin.		
		1827–1899	Tierheilkundlicher Unterricht innerhalb der Medizinischen Fakultät der Ludwigs-Universität.
1857–1866	K. J. E. Birnbaun lehrt den gesamten landwirtschaftlichen Bereich.		
1866–1870	Vakanz des Lehrgebietes.		
1870	Gründung eines Landwirtschaftlichen Instituts in der Philosophischen Fakultät mit o. Prof. für Landwirtschaft – K. W. Albrecht Thaer (Enkel von A. D. Thaer).		
		1900–1914	Veterinärmedizinisches Kollegium innerhalb der Medizinischen Fakultät der Ludwigs-Universität.
1903	Berufung von Paul Gisevius. Einrichtung eines geordneten Studienganges. Beginn der Aufteilung des landwirtschaftlichen Fachgebietes auf einzelne Institute.		

Gießen/Fortsetzung

	Landwirtschaft		*Veterinärmedizin*
		1914–1945	Veterinärmedizinische Fakultät der Ludwigs-Universität.
		1945–1970	Veterinärmedizinische Fakultät der Hochschule für Bodenkultur und Veterinärmedizin, 1950 der Justus-Liebig-Hochschule und ab 1957 der Justus-Liebig-Universität.
1946	Gründung einer Landwirtschaftlichen Fakultät im Rahmen der Hochschule für Bodenkultur und Veterinärmedizin.		
1950	Justus-Liebig-Hochschule.		
1957	Justus-Liebig-Universität mit Fakultät für Landwirtschaft und Veterinärmedizin.		

1970 Fachbereich Veterinärmedizin und Tierzucht der Justus-Liebig-Universität.

Gießen/Fortsetzung

Tierzuchtlehre

Tierzucht wird vor dem 1. Weltkrieg vom Landwirtschaftlichen Institut in der Philosophischen Fakultät wahrgenommen (Thaer, Gisevius).

1921 Berufung von H. Kraemer als o. Prof. für Tierzucht (Lehrveranstaltungen für Studierende der Landwirtschaft und der Veterinärmedizin).

1924 Einrichtung eines Instituts für Tierzucht auf dem Oberen Hardthof bei Gießen, später Verlegung nach Gießen.

Tierzuchtlehre wird vom Lehrstuhl für Tierzucht des Landwirtschaftlichen Bereiches vertreten.

Darüber hinaus:

1964 Einrichtung eines Lehrstuhles und Instituts für Tropische Veterinärmedizin einschließlich tierischer Produktion in diesen Gebieten.

1964 Einrichtung eines Lehrstuhls und Instituts für Zuchthygiene und Veterinärmedizinische Genetik.

1980 Das Institut für Tierzucht mit folgenden Gliederungen:
Fachgebiet Tierzüchtung und genetische Grundlagen
Fachgebiet Populationsgenetik und statistische Grundlagen
Fachgebiet Tierhaltung und biochemische Grundlagen
Fachgebiet Haustierökologie und tropische Tierhaltung
Fachgebiet Reproduktionsbiologie und technische Grundlagen
Fachgebiet Milchwissenschaft
Fachgebiet Kleintierzucht und -haltung

Gießen/Fortsetzung

Direktoren
des Tierzuchtinstituts

1921–1934	Hermann Kraemer
1935–1945	Hermann Vogel
1947–1969	Leopold Krüger
1969–1976	Rudolf Wassmuth
1977–	wechselnde Geschäftsführung, Wassmuth geschäftsführender Direktor

des Instituts für Zuchthygiene und Veterinärmedizinische Genetik

1964–	Georg Wilhelm Rieck

Tropische Veterinärmedizin

1964–	Helmut Fischer

Tierernährungslehre

1960	Gründung und Einrichtung eines Instituts für Tierernährung (vorher vertreten durch Institut und Lehrstuhl für Agrikulturchemie) Direktor: Heinrich Brune

Göttingen-Weende

Landwirtschaft

1737	Nach Gründung der Universität Göttingen erhält der landwirtschaftliche Bereich in Vorlesungen Beachtung (im 18. Jahrhundert vertreten durch Kameralisten).
1767	Johann Beckmann kündigt eine Vorlesung über „Anfangsgründe der Landwirtschaft“ an.
1770	Johann Beckmann o. Prof. der Landwirtschaft.
1811	J. F. Ludwig Hausmann wird Nachfolger von Beckmann als o. Prof. der Landwirtschaft und Technologie.
1839	Nach Gründung von Landwirtschaftlichen Akademien in Deutschland wird auch für das Königreich Hannover die Errichtung einer Landwirtschaftlichen Akademie in Göttingen erwogen.
1848	Genehmigung eines Kursus der Landwirtschaftskunde an der Universität
1851	Einrichtung eines landwirtschaftlichen Lehrganges als viersemestriges Studium der Landwirtschaft in Göttingen-Weende (Leitung: Georg Hanssen) in Verbindung mit der Universität. Bezeichnung: „Königlich-Hannoversche Landwirtschaftliche Academie zu Göttingen-Weende“, später – 1869 – „Königlich-Preußische Landwirtschaftliche Akademie“.
1854	Erweiterung des Lehrangebotes durch landwirtschaftliche Demonstrationen und Konversationen für Dozenten und Studierende der Landwirtschaft. Heranziehung von Lehrbeauftragten.
1860	Als Nachfolger von Hanssen übernimmt Helferich die Leitung des Ausbildungsganges.

Göttingen-Weende/Fortsetzung

1864	Einführung landwirtschaftlicher Besprechungen, die als Vorläufer der heutigen Seminare betrachtet werden können.
1871–1875	Bau eines landwirtschaftlichen Instituts der Universität Göttingen in Göttingen (Direktor Gustav Drechsler ab 1871).
1874	Verlegung der Einrichtungen in Weende nach Göttingen und zugleich Einrichtung von Versuchsgärten und Versuchsfeldern.
1882	Das seit 1771 bestehende Tierärztliche Institut (gegründet als „Tierarzneyschule“) wird stärker mit dem Landwirtschaftlichen Institut verbunden.
bis 1922	Der Ausbau des Instituts (im Rahmen der Philosophischen Fakultät) und Verzweigung des Lehrangebotes wird fortgesetzt (Bodenkunde, Pflanzenbau, Tierzucht, Tierernährung, Mikrobiologie, Agrikulturchemie, Betriebswirtschaft u. a. – zeitweilig besaß das Institut einen sogenannten Mitdirektor oder 2. Direktor).
1922	Gründung einer Naturwissenschaftlichen Fakultät und Lösung von der Philosophischen Fakultät; Bildung einer Landwirtschaftlichen Abteilung innerhalb der Naturwissenschaftlichen Fakultät. Die selbständigen Institute der Landwirtschaftlichen Abteilung sind zusammengefaßt unter der Leitung eines auf 2 Jahre zu wählenden geschäftsführenden Direktors.
1952	Gründung einer Landwirtschaftlichen Fakultät an der Georgia-Augusta in Göttingen.

Tierzuchtlehre

Seit Aufnahme von Vorlesungen über Landwirtschaft an der Universität Göttingen fand die Tierzucht Beachtung, vermehrt seit Aufnahme festumrissener Lehrgänge oder Kurse für Landwirtschaft seit 1851. Tierzuchtlehre wird neben anderen landwirtschaftlichen Disziplinen gelesen. (Backhaus, Griepenkerl, Esser, Kirchner). Eigenständige Vorlesungen hält Wilhelm Fleischmann 1896, der im Rahmen des Landwirtschaftlichen Instituts eine Abteilung für Milchwirtschaft und Tierzuchtlehre einrichtete.

1916	Lehrauftrag für Tierzucht an Privatdozent Heinz Henseler, Halle/S., als a. o. Prof.
1921	Gründung eines Instituts für Tierzucht und Molkereiwesen
1952	Umbenennung in Institut für Tierzucht und Haustiergenetik
1980	Folgende Gliederung: Fachgebiet für Haustiergenetik Fachgebiet für Tierzüchtung Fachgebiet für Tierhaltung Fachgebiet für Tierhaltung und Tierzucht an tropischen und subtropischen Standorten Fachgebiet für Fortpflanzungsbiologie

Leiter des Landwirtschaftlichen Lehrkursus in Göttingen-Weende

1851–1860 Georg Hanssen

1860–1872 Helferich

Göttingen-Weende/Fortsetzung

Direktoren des Landwirtschaftlichen Instituts
1871–1889 Gustav Drechsler
1889–1890 Wilhelm Kirchner
1890–1896 Georg Liebscher
1896–1912 Wilhelm Fleischmann
1912–1922 von Seelhorst
Danach Abteilung in der Naturwissenschaftlichen Fakultät mit wechselndem geschäftsführenden Direktor

Direktoren des Instituts für Tierzucht und Molkereiwesen
1921–1936 Jonas Schmidt
1936–1941 Otto A. Sommer
1941–1943 Berufung von Krallinger, Breslau – Kriegsdienst, Wahrnehmung der Vorlesungen durch Dinkhauser, Celle
1943–1945 Hermann Vogel, kommissarisch
1945–1951 Robert Gärtner
1952–1972 Fritz Haring
1972–1976 Diedrich Smidt (ab 1972 geschäftsführender Direktor mit zweijährigem Wechsel bzw. Wiederwahl)
1976–1980 Peter Glodek
1980– Hans Jürgen Langholz

Tierernährungslehre

1857 Gründung einer Landwirtschaftlichen Versuchsstation der Königlich-Hannoverschen Landwirtschaftlichen Gesellschaft in Weende bei Göttingen unter Leitung von Wilhelm Henneberg.
1865 Wilhelm Henneberg erhält Ruf als a. o. Prof. an die Universität Göttingen.
1873 Henneberg o. Prof. für Tierernährung in Göttingen.
1874 Verlegung der Versuchsstation von Weende nach Göttingen.
1890 Franz Lehmann wird Nachfolger von Henneberg als Leiter der Versuchsstation und a. o. Prof. für Tierernährung.
1923 Franz Lehmann o. Prof. für Tierernährung in Göttingen und Einrichtung eines gleichnamigen Instituts an der Universität (Überführung der bisherigen Versuchsstation in den Universitätsbereich).
1928–1936 Lehrstuhl vakant, kommissarische Leitung des Instituts durch den Direktor des Tierzuchtinstituts.
1936 Walter Lenkeit übernimmt den Lehrstuhl und das umbenannte Institut für Tierphysiologie und Tierernährung.

Direktoren des Instituts für Tierernährung, später Institut für Tierphysiologie und Tierernährung
1923–1928 Franz Lehmann
1936–1970 Walter Lenkeit
1970– Klaus Dietrich Günther

Hannover

Veterinärmedizin

1778 Gründung der Tierarzneischule. Vorlesungen in Tierzucht werden nebenamtlich gehalten.

1798 Friedrich Günther und Andreas Christian Gerlach lesen u. a. über Pferdezucht, Tierzucht und Diätetik.

1859 Gestütskunde ist als eigenes Fach vertreten, eng verbunden mit Hygiene.

1870–1880 Karl Günther, Jacob Hubert Esser, Friedrich Heinrich Roloff, Albert Eggeling und Carsten Harms lesen über Tierzucht.

1880–1916 Heinrich Kaiser und Theodor Oppermann betreuen das Fach Tierzucht neben ihrem eigentlichen Lehrfach Geburtshilfe.

1916 Berufung von Carl Kronacher als o. Prof. für Tierzucht und Vererbungsforschung, zugleich Gründung und Einrichtung eines gleichnamigen Instituts.

1929 Berufung von Hans Gutbrod.

1929 Berufung von Hans Butz.

1960 Berufung von Gustav Comberg.

1967 Einrichtung und Bezug eines neuen Institutsgebäudes.

1975 Berufung von Christian Gall.

Direktoren des Instituts für Tierzucht und Vererbungsforschung

1916–1929 Carl Kronacher
1929–1960 Hans Butz
1960–1973 Gustav Comberg
1975– Christan Gall

Tierernährungslehre

1968 Gründung und Einrichtung eines Instituts für Tierernährung (Fachgebiet vorher vertreten durch Lehrstühle für Physiologie und Tierzucht). Direktor: Helmut Meyer

Hohenheim

Landwirtschaft

1818 Gründung einer Höheren Landwirtschaftlichen Versuchs- und Lehranstalt durch König Wilhelm I. von Württemberg in Hohenheim bei Stuttgart (Leitung: J. N. Schwerz).

1820 Verlegung des Forstinstituts von Stuttgart nach Hohenheim.

1822 Übernahme der Stammschäferei (Leiter: Heinrich Volz).

1822/23 Die „Viehzuchtlehre" wird erstmals in den Unterrichtsplänen genannt. Teils wurde das Stoffgebiet im Rahmen anderer Vorlesungsgebiete behandelt, teils als Spezialvorlesungen vorgetragen. So las Schwerz die Rinderzucht noch im Rahmen des Ackerbaues (Rind als Düngerproduzent), und die spezielle Pferdezucht wird von Dozenten der Tierheilkunde gelesen.

1847 Erhebung der Anstalt zur Land- und Forstwissenschaftlichen Akademie (angeschlossen sind eine Ackerbauschule und eine Gartenbauschule mit ihren Lehrkursen).

Hohenheim/Fortsetzung

1850–1884	Die Behandlung des Stoffgebietes Tierzucht verbleibt fast ausschließlich in den Vorlesungsplänen der verschiedenen Disziplinen, da der Lehrstoff noch nicht fest aufgeteilt war. Tierzuchtforschung ist noch weitgehend unbekannt.
1884	Aufteilung des Lehrstoffes auf 3 Lehrstühle. Hermann Sieglin übernimmt den Lehrstuhl für Tierzucht; ihm wird ein 1883/84 gegründetes Molkereiinstitut unterstellt. Zur Verwertung von Abfällen wird eine Schweinehaltung eingerichtet; zugleich erfolgt die Errichtung einer Fischzucht.
1897	Der Lehrstuhl für Tierzucht erhält einen eigenen Rassenstall, jedoch fehlt eine Institutseinrichtung.
1904	König Wilhelm II. erhebt die Akademie zur Landwirtschaftlichen Hochschule, 1918 erhält sie das Promotionsrecht, 1919 das Habilitationsrecht.
1922	Rektoratsverfassung.
1967	Umbenennung in Universität Hohenheim.

Tierzuchtlehre

1923	Einrichtung eines Tierzuchtinstituts – Institut für Tierzuchtlehre mit Landesgeflügelzuchtanstalt und Kleintierzuchtanstalt.	
ab 1967	Neugliederung des Instituts für Tierzucht in die Fachgebiete:	
	1. Tierhaltung	1968
	2. Tierzüchtung	1967
	3. Kleintierzucht	1967
	4. Tierproduktion in den Tropen und Subtropen	1981

Direktoren

der Lehranstalt, Akademie bis zur Hochschule mit Rektoratsverfassung

1818–1828	Johann Nepomuk Schwerz
1828–1837	Heinrich Volz
1837–1845	August von Weckherlin
1845–1850	Heinrich Wilhelm Pabst
1850–1865	Gustav Walz
1865–1872	Hermann Werner
1872–1882	Ludwig Rau
1882–1884	kommiss. Emil Theodor von Wolff
1884–1896	Otto Voßler
1897–1912	Ernst Valentin Strebel
1913–1915	kommiss. Oskar von Kirchner
1915–1919	Hermann Warmbold
1919–1922	Friedrich Aereboe

des Tierzuchtinstituts (ab 1968 Bezeichnung „Institut für Tierhaltung und Tierzüchtung“)

1884–1909	Hermann Sieglin (Lehrstuhl für Tierzucht, bedingte Institutseinrichtung).
1909–1921	Hermann Kraemer
1921–1933	Adolf Richard Walther
1934–1941	Peter Carstens
1941–1945	Otto A. Sommer
1946–1953	Jonas Schmidt
1954–1967	Werner Kirsch
1967	Dietrich Fewson
ab 1968	Wechsel des geschäftsführenden Direktors

Hohenheim/Fortsetzung

Tierernährungslehre

1936 Mit Berufung von Werner Wöhlbier Lehrstuhl für Chemie und Tierernährung.

1963 Gründung eines Instituts für Tierernährung (1963–1966 Werner Wöhlbier, ab 1967 Karl-Heinz Menke).

Kiel

Landwirtschaft

1840–1844 Ferdinand Adolf Wilda und

1846–1854 Ludwig Meyn halten Landwirtschaftliche Vorlesungen.

1872 Einrichtung eines Lehrstuhls für Landwirtschaftslehre an der Philosophischen Fakultät der Universität (1872–1891 Hermann Backhaus o. Prof. für Landwirtschaftslehre).

1873 Backhaus richtet ein Institut für Landwirtschaftslehre ein und erweitert das Vorlesungsangebot durch Heranziehung weiterer Dozenten.

1891–1922 Hermann Rodewald übernimmt den Lehrstuhl und das Institut für Landwirtschaftslehre.

1922–1925 Der Lehrstuhl für Landwirtschaftslehre ist vakant. Die Landwirtschaftskammer in Kiel und die Preußische Forschungsanstalt für Milchwirtschaft in Kiel stellen der Philosophischen Fakultät der Universität Lehrkräfte zur Abhaltung landwirtschaftlicher Vorlesungen zur Verfügung.

1924 Heinrich Bünger liest Allgemeine Tierzucht und Fütterungslehre, Rudolf Georgs Züchtungslehre.

1925 2 Lehrstühle für Landwirtschaft werden eingerichtet. Ein geordnetes landwirtschaftliches Studium einschließlich Prüfungen kann in Kiel durchgeführt werden. Lehrstuhlinhaber Walter Dix, Emil Lang (1925–1927) sowie Berthold Sagave (1927–1935).

1935 Das Landwirtschaftliche Institut wird geschlossen, da beide Professoren Kiel verlassen haben.

1945–1947 Einrichtung Landwirtschaftlicher Institute (einschließlich eines Instituts für Tierzucht und Tierhaltung) und Gründung einer eigenen Fakultät.

1946 Bünger (Direktor des Instituts für Milcherzeugung der nunmehrigen Bundesanstalt für Milchforschung) leitet das Institut für Tierzucht und Tierhaltung in Personalunion.

1947 Die Landwirtschaftliche Fakultät hat 9 Lehrstühle. Nach dem Tod von H. Bünger wird Walter Kirsch (früher Königsberg) für Tierzucht berufen.

Kiel/Fortsetzung

Tierzuchtlehre

1924–1946	Heinrich Bünger (Direktor des Instituts für Milcherzeugung der Anstalt für Milchwirtschaft, Kiel – Hon.-Prof. an der Universität)
1947–1954	Walter Kirsch (zugleich Direktor des Instituts für Milcherzeugung der Anstalt für Milchwirtschaft, Kiel)
1955–1976	Joachim Friedrich Langlet
1978–	Ernst Kalm

Tierernährungslehre

1947	Gründung eines Instituts für Tierernährung (ab 1977 für Tierernährung und Futtermittelkunde)
1947–1950	Johannes Brüggemann
1951–1955	Heinrich Stotz
1956–1973	Max Becker
1973–	Kraft Drepper

München

Landwirtschaft			*Veterinärmedizin*
Schleißheim	Weihenstephan	München	München
			1790 Einrichtung einer Tierarzneischule
	1803 Gründung einer höheren Forst- und Landwirtschaftlichen Lehranstalt (Forst-Eleven-Schule u. landwirtschaftliche Musterschule)		
	1807 Schließung der Anstalt		
			1810 Bezeichnung als Zentral-Veterinär-Schule (später Kgl. Bayer. Zentral-Tierarzneischule)
1819 Beschluß zur Wiedereröffnung der Weihenstephaner landwirtschaftl. Musterschule unter Verlegung nach Schleißheim (Forstwirte in Landshut)			
1823 Eröffnung als Zentralschule für Landwirtschaft			

1852 Zentralschule für Landwirtschaft von Schleißheim nach Weihenstephan verlegt		
	1853 Landwirtschaftliche Zentralversuchsstation gegründet	
	1872 Gründung der Technischen Hochschule München mit Abteilung für Landwirtschaft einschließlich Zootechnischem Institut	
		1890 Umbenennung in Tierärztliche Hochschule
1895 Umbenennung in Kgl. Bayer. Akademie für Landwirtschaft und Brauerei		
		1914 Eingliederung in die Universität München als Med. Vet. Fakultät
1920 Erhebung und Umbenennung in Hochschule für Landwirtschaft und Brauerei mit Rektoratsverfassung		
1924 Promotionsrecht		
1925 Neue Verfassung und Wahlrektorat		

München/Fortsetzung

	Landwirtschaft		*Veterinärmedizin*
Schleißheim	Weihenstephan	München	München
	1930 s. München	1930 Eingliederung der Hochschule Weihenstephan in die Technische Hochschule München unter Zusammenlegung mit der Landwirtschaftlichen Abteilung der Technischen Hochschule zu einer Gesamtabteilung	
		1930–1934 Vorlesungen in Weihenstephan und München	
		Ab 1934 nur in München	
			1939–1946 Tierärztliche Fakultät geschlossen
	1946 Verlegung der Abteilung für Landwirtschaft der Technischen Hochschule von München nach Weihenstephan unter Erhebung zur Landwirtschaftlichen Fakultät	1946 s. Weihenstephan	1946 Wiedereröffnung als Vet. Med. Fakultät der Universität München
		1964 Umbenennung in Fakultät für Landwirtschaft und Gartenbau	

Tierzuchtlehre

Schleißheim	Weihenstephan	München	München
1820 Zentralschule für Landwirtschaft (Leiter Max Schönleutner). Schwinghammer Professor für Tierzucht und Anstaltstierarzt			
	1852 Lehrstuhl für Tierproduktion errichtet (Georg May)		
		1872–1904 In Abteilung für Landwirtschaft wird Tierzucht vertreten: Julius Lehmann, Tierernährung. H. Thiel, Tierische Produktion. Wollny und Pott, Rinder-, Pferde-, Schweinezucht. Leisewitz, Schafzucht und Wollkunde	
		1891 Lehrstuhl für Tierzucht eingerichtet (Pott)	

München/Fortsetzung

Tierzuchtlehre

Schleißheim	Weihenstephan	München	München
			1892 o. Professur für Tierzucht, Geburtshilfe und Exterieur
			1901 Einrichtung eines Instituts für Tierzucht und Geburtshilfe
		1904 Institut für Tierzucht und Züchtungsbiologie gegründet (Vorläufer Zootechnisches Institut)	
			1919 Trennung in Institut für Tierzucht und in Institut für Geburtshilfe
		1934 Lehrstühle für Tierzucht Weihenstephan und München in München zusammengelegt (2 Ordinarien)	
	1947 Institut für Tierzucht der Technischen Universität München in Weihenstephan		

1980	Institut für Tierzuchtwissenschaften mit folgenden Lehrstühlen: für Tierzucht für Physiologie der Fortpflanzung und Laktation für Tierhygiene und Nutztierkunde	1959	Umbenennung in Institut für Tierzucht, Vererbungs- und Konstitutionsforschung
		1980	Institut für Tierzucht und Tierhygiene mit folgenden Lehrstühlen: für Tierzucht für Haustiergenetik für Tierhygiene

München/Fortsetzung

Dozenten für Tierzucht und Direktoren der Institute für Tierzucht			
Schleißheim	Weihenstephan	München	München
Naturwissenschaftliche Vorlesungen, insbesondere Tierzucht		Vorlesungen im Rahmen der Abteilung für Landwirtschaft	Vorlesungen, insbesondere Tierzucht
			1810–1815 Konrad Ludwig Schwab
			1815–1847 Joseph Mundigle
1823 Friedrich Schwinghammer			
1842–1847 Karl Fraas, Inspektor			
			1848–1852 Joseph Plank
	1852–1880 Georg May		1852–1867 Karl Fraas
			1867–1877 W. Probstmayer
		1872 H. Thiel	
		1872–1901 E. Wollny	
		1873–1904 Karl Leisewitz	
			1877–1884 Johann Ludwig Franck (zugleich an der TH München)
	1880–1892 Michael Albrecht		

		1892 Johann Feser
	1891–1913 Emil Pott	
1892–1907 Ludwig Steuert		1892–1917 Michael Albrecht
1907–1916 Carl Kronacher		
	1913–1919 Leonhard Vogel	
1917–1934 Joseph Spann		
		1919–1934 Leonhard Vogel
	1920–1934 Heinz Henseler	
1934 Lehrstühle vereinigt in München		
	1934–1945 J. Spann und H. Henseler	
		1936–1939 Fritz Stockklausner
1946–1949 Joseph Spann		
		1947–1956 Wilhelm Niklas
1949–1958 F. Stockklausner		1949–1956 Wilhelm Zorn (Vertretung)
		1956–1967 Heinrich Bauer
1958–1971 Otto A. Sommer		
		1970– Horst Kräußlich
1971 Franz Pirchner		

München/Fortsetzung

Dozenten für Tierzucht und Direktoren der Institute für Tierzucht			
Schleißheim	Weihenstephan	München	München
Tierernährungslehre			
			1946 Institut für Physiologie
			1950 Umbenennung in Institut für Physiologie und Ernährung der Tiere (Direktor Johannes Brüggemann)
	1960 Gründung eines Instituts für Tierernährung (Direktor Manfred Kirchgessner)		
			1975 Umbenennung in Institut für Physiologie, Physiologische Chemie und Ernährungsphysiologie (Hermann Zucker und Merkenschlager)

2.3.2.2 In der DDR

Berlin (s. S. 460)

Dresden – Leipzig

Veterinärmedizin

1774 Tierärztliche Privatschule von Oberroßarzt Chr. Fr. Weber eröffnet.
1780 Erhebung zur Königlichen Tierarzneischule (öffentl.-staatl. Einrichtung).
1889 Erhebung zur Tierärztlichen Hochschule.
1914 Verlegung der Tierärztlichen Hochschule nach Leipzig an die Universität beschlossen (keine Ausführung durch Ausbruch des 1. Weltkrieges).
1923 Schließung der Tierärztlichen Hochschule Dresden.
1923 Einrichtung der Veterinärmedizinischen Fakultät an der Universität Leipzig.

Tierzuchtlehre

1888 Berufung von Gustav Pusch als Prof. für Tierzucht, Rassenkunde, Gesundheitspflege und Beurteilungslehre der Haustiere.
1899 Gründung eines Zootechnischen Instituts.
1912 Umwandlung in Institut für Tierzucht und Geburtskunde.
1912 Berufung von Johannes Richter als Nachfolger von Gustav Pusch.
1923 Bezug eines Neubaus des Instituts für Tierzucht und Geburtskunde in Leipzig.
1949 H. Arcularius o. Prof. für Tierzucht und Tierernährungslehre (Umbenennung des Instituts).

Direktoren des Instituts für Tierzucht und Geburtskunde bzw. für Tierzucht und Tierernährungslehre
1888–1912 Gustav Pusch
1912–1943 Johannes Richter
1949–1960 Heinrich Arcularius

Halle/S.

Landwirtschaft

1727 Einrichtung eines Lehrstuhls für Kameralistik (1. Professur für Kameralistik in Deutschland) für Simon Peter Gasser unter Eingliederung in die Juristische Fakultät.
1753– Friedrich Stiebritz Nachfolger von Gasser.
1772 Nach Ausscheiden von Stiebritz keine Wiederbesetzung des Lehrstuhls.
1862 Julius Kühn wird zum o. Prof. für Landwirtschaft in der Philosophischen Fakultät der Vereinigten Friedrichs-Universität Halle-Wittenberg berufen (1. Ordinariat für Landwirtschaft an einer deutschen Universität).
1863 Grundsteinlegung für ein Landwirtschaftliches Institut an der Universität.
1910 Wohltmann übernimmt die Leitung des Landwirtschaftlichen Instituts.
1920 Das Landwirtschaftl. Institut wird aufgegliedert in selbständige Institute.
1923 Eingliederung der Landwirtschaftlichen Institute in die neugegründete Mathematisch-Naturwissenschaftliche Fakultät.
1946 Gründung einer Landwirtschaftlichen Fakultät mit 13 Instituten.

Halle/S. Fortsetzung

Tierzuchtlehre

1865 Einrichtung des „Haustiergartens" durch J. Kühn – systematische tierzüchterische Forschung.
1872 Aufnahme von Vorlesungen in Allgemeiner Tierzuchtlehre (Kühn) und Spezieller Tierzuchtlehre (Freytag).
1910 Simon von Nathusius übernimmt innerhalb des Landwirtschaftlichen Instituts eine Abteilung für Tierzucht und Molkereiwesen.
1914 Neues Institutsgebäude für die Abteilung für Tierzucht und Molkereiwesen eingeweiht (erbaut durch Wohltmann und von Nathusius).
1915 Gustav Frölich wird als o. Prof. für Tierzucht berufen.
1920 Die Abteilung für Tierzucht und Molkereiwesen wird selbständiges Institut mit gleicher Bezeichnung.
1930 „Kühn-Museum" eingerichtet (Sammlung von Schädeln, Skeletten, Häuten, inneren Organen usw.).
1968 Nach dem Ausscheiden Wussows Auflösung des Instituts für Tierzucht unter Verlegung der Aufgabenstellung in Tierzuchtlehre nach Leipzig (Fachbereich Tierproduktion und Veterinärmedizin).

Direktoren
des Landwirtschaftlichen Instituts
1862–1910 Julius Kühn
1910–1919 F. Wohltmann

der Abteilung für Tierzucht, später Institut für Tierzucht und Molkereiwesen
1910–1913 Simon von Nathusius
1915–1939 Gustav Frölich
1941–1945 Robert Gärtner
1946–1949 Joachim Friedrich Langlet
1950–1968 Werner Wussow

Tierernährungslehre

Nach dem 1. Weltkrieg Aufnahme spezieller Vorlesungen zur Tierernährungslehre mit Lehraufträgen an G. Fingerling, Leipzig, und W. Wöhlbier, Rostock.
Nach 1945 Gründung und Einrichtung eines Instituts für Tierernährung (Leiter: A. Columbus, später K. Vöhringer, Manfred Zausch).

Kleintierzucht

1947 Gründung eines Instituts für Kleintierzucht (Leiter: Heinz Brandsch)

Jena

Landwirtschaft

1809 Hofrat Karl Christoph Sturm wird als o. Prof. für Kameralwissenschaften an die Universität berufen (Philosophische Fakultät). Auf Veranlassung von Großherzog Carl August und Johann Wolfgang von Goethe richtet Sturm ein landwirtschaftliches Institut ein mit Ausbildungsbetrieb Tiefurt bei Weimar.

Jena/Fortsetzung

1819	Sturm erhält als Leiter des neu errichteten Landwirtschaftlichen Instituts einen Ruf nach Poppelsdorf/Bonn. Friedrich Gottlieb Schulze übernimmt – weiterhin im Rahmen der Philosophischen Fakultät – die Vorlesungen über Kameralwissenschaften.
1821	Schulze a. o. Prof. für Staats- und Kameralwissenschaften.
1826	Schulze o. Prof.
1826	Schulze gründet auf privater Basis das „Landwirtschaftliche Lehrinstitut auf der Universität Jena" im Griesebach'schen Haus. Die Studenten sind an der Universität immatrikuliert, die Dozenten sind akademische Bürger. Schulze vertritt den Gedanken des Studiums der Landwirtschaft an Universitäten. Er versucht bei den Studierenden der Landwirtschaft, naturwissenschaftliche Studien mit nationalökonomischen zu verbinden. (1834–1839 Schulze wird nach Greifswald-Eldena berufen und richtet dort eine Landwirtschaftliche Akademie ein.)
1839–1860	Schulze kehrt nach Jena zurück, eröffnet erneut ein Privatinstitut in Jena und leitet es bis zu seinem Tod.
1843	Die 1816 errichtete Tierarzneischule am Heinrichsberg wird dem Landwirtschaftlichen Institut angegliedert.
1861	Das von Schulze gegründete Privatinstitut wird unter Erweiterung vom Staat übernommen. Stoeckhardt wird Direktor des Landwirtschaftlichen Instituts und Hildebrandt Lehrer für Staats- und Kameralwissenschaften. Stoeckhardt gelingt eine völlige Gleichstellung der landwirtschaftlichen mit allen anderen Universitätsdisziplinen.
1885	Von der Goltz (aus Königsberg berufen) richtet Abschlußprüfungen für Landwirte mit dem Charakter von Diplomprüfungen ein und bewirkt die Zulassung der landwirtschaftlichen Fächer als Examensfächer im Rahmen der Promotion.
1925	Gründung einer Mathematisch-Naturwissenschaftlichen Fakultät, zu der die Landwirtschaft gehört, unter Lösung von der Philosophischen Fakultät.
1927	Gliederung des Landwirtschaftlichen Instituts in 7 Einzelinstitute mit einer Anstalt für Tierzuchtlehre, später Institut für Tierzucht und Milchwirtschaft.
1954	Gründung einer Landwirtschaftlichen Fakultät.

Tierzuchtlehre

bis 1902	wird das Fachgebiet Tierzucht im Rahmen der allgemeinen landwirtschaftlichen Vorlesungen von dem jeweiligen Leiter des Landwirtschaftlichen Instituts behandelt.
ab 1902	Eigene Vorlesungen für das Gebiet Tierzuchtlehre.
1902–1910	Simon von Nathusius
1910	August Richardsen
1910–1912	Gustav Frölich
1913–1918	Hans Draeger
1919–1921	Jonas Schmidt

Jena/Fortsetzung

1921–1927	Freiherr Parzival Stegmann von Pritzwald (1927 Gründung einer Anstalt für Tierzuchtlehre, später Institut für Tierzucht und Milchwirtschaft).

Direktoren
des Landwirtschaftlichen Instituts

1826–1860	Friedrich Gottlieb Schulze
1860–1872	E. Theodor Stoeckhardt
1872–1881	Conrad Oehmichen
1881–1885	Georg Liebscher, kommissarisch
1885–1897	Theodor Freiherr von der Goltz
1897–1902	H. O. F. Settegast
1902–1927	Wilhelm Edler

der Anstalt für Tierzuchtlehre, später Institut für Tierzucht und Milchwirtschaft

1927–1931	Parzival Stegmann von Pritzwald
1931–1940	Robert Gärtner
1943–1945	Max Witt
1946–1965	Fritz Hofmann (zugleich Leiter der Thüringischen Landesanstalt für Tierzucht und der Seidenbau-Nachzuchtstation)
1965–1968	H.-J. Schwark, Auflösung des Instituts und Verlegung des Aufgabenbereiches nach Leipzig (Fachbereich Tierproduktion und Veterinärmedizin)

Tierernährungslehre

1956	Gründung und Einrichtung eines Instituts für Tierernährung (Alexander Werner, später – 1959 – Arno Hennig).

Leipzig

Landwirtschaft

1764	Aufnahme landwirtschaftlicher Vorlesungen durch Daniel Schreber (1764 als o. Prof. der Ökonomie und Kameralwissenschaften an der Universität Leipzig).
1869	A. Blomeyer aus Proskau wird als o. Prof. für Landwirtschaftslehre berufen unter Einrichtung eines Instituts.
1890	Wilhelm Kirchner wird Nachfolger Blomeyers.
1903	Bezug eines neuen Institutsgebäudes mit der 1901 eingerichteten Abteilung Tierzucht (Leitung: Friedrich Falke).
1921–1926	Das Landwirtschaftliche Institut wird in selbständige Institute und Abteilungen aufgegliedert. (Die Landwirtschaftlichen Institute gehörten zur Mathematisch-Naturwissenschaftlichen Abteilung der Philosophischen Fakultät.)
1951	Einrichtung einer Landwirtschaftlich-Gärtnerischen Fakultät.
1953	Aufnahme des Fernstudiums der Landwirtschaftswissenschaften neben Direktstudium.
1958	Nur landwirtschaftliche Fächer verbleiben in Leipzig (Konzentration der Ausbildung in Gartenbau in Berlin).

Leipzig/Fortsetzung

Tierzuchtlehre

1893 Wilhelm Kirchner richtet im Landwirtschaftlichen Institut einen Rassenstall und eine Molkerei ein.

1901 Berufung von Friedrich Falke als a.o. Prof. und Übertragung der Leitung einer Abteilung für Tierzucht.

1922 Berufung von Arthur Golf und Einrichtung eines Instituts für Tierzucht und Milchwirtschaft.

Direktoren des Landwirtschaftlichen Instituts

1869–1890	A. Blomeyer
1890–1920	Wilhelm Kirchner

des Instituts für Tierzucht und Milchwirtschaft

1922–1941	Arthur Golf
1942–1945	Leopold Krüger
1946–1948	Wilhelm Müller-Lenhartz, kommissarisch
1949–1950	Heinrich Arcularius, kommissarisch (Ordinarius in der Veterinärmedizinischen Fakultät)
1951–1960	Gustav Comberg
1960–	Otto Liebenberg

Tierernährungslehre

1956 Einrichtung eines Instituts für Tierernährung. Direktor: Ludwig Sperling.

Kleintierzucht

1956 Einrichtung eines Instituts für Kleintierzucht. Direktor: Horst Müller.

Rostock

Landwirtschaft

1419 Gründung der Universität Rostock

1760–1790 bestand die Universität Bützow neben derjenigen in Rostock. In Mecklenburg mit starker Agrarstruktur war immer großes Interesse an der Verankerung einer landwirtschaftlichen Ausbildung im Bereich der Universität vorhanden. Bis zur endgültigen Einrichtung einer landwirtschaftlichen Fakultät nach dem 2. Weltkrieg sind wechselvolle Perioden und längere Unterbrechungen festzustellen. – Im 18. Jahrhundert erfolgte die Einrichtung eines Lehrstuhls für Kameralistik.

1775–1818 war Lorenz Karsten Prof. der Kameralistik in Bützow und Rostock. Er vertrat auch die Landwirtschaftslehre (Karsten war Landwirt).

1793 richtet Karsten auf eigene Kosten das „Oeconomische Institut" Neuenwerder (1. landwirtschaftliche Versuchsanstalt in Deutschland) ein.

1830 Ein Versuch von Johann Pogge (Schüler von Karsten), auf seinem Gut Roggow eine landwirtschaftliche Akademie einzurichten, schlug fehl, da keinerlei staatliche Unterstützung bewilligt wurde.

Rostock/Fortsetzung

1830– 1875	Eduard Daniel Becker Ordinarius für Landwirtschaft.
1871	Berufung des Tierzuchtspezialisten Martin Wilckens zum a.o. Prof. (nur 1 Semester in Rostock).
1872– 1878	Graf zur Lippe-Weißenfels 1875 Ordinarius für Landwirtschaft. Vergebliches Bemühen eines Ausbaues des Instituts. Auf Anregung von Graf zur Lippe erfolgte 1875 die Einrichtung einer Landwirtschaftlichen Versuchs- und Untersuchungsstation durch den Mecklenburgischen Patriotischen Verein. Leiter: ab 1875 Reinhold Heinrich 1908–1934 Franz Honcamp 1934–1936 Werner Wöhlbier 1936–1960 Kurt Nehring
1879	Ordinariat für Landwirtschaft wird nicht wieder besetzt.
1918	Richard Ehrenberg, Nationalökonom in der Philosophischen Fakultät, beabsichtigt, eine landwirtschaftliche Fakultät zu gründen. Zunächst fehlen staatliche Zuschüsse.
1920/21	Beginn eines provisorischen landwirtschaftlichen Lehrbetriebes. Franz Honcamp (Agrikulturchemie, besonders Tierernährung) und Kurt Poppe (Tierhygiene und Pathologie). Das Lehrangebot wird allmählich erweitert durch Lehrbeauftragte (Landwirtschaftliche Versuchsstation sowie aus Provinz Mecklenburg).
1939	erfolgt die Einrichtung des Instituts für Tierzuchtforschung Dummerstorf bei Rostock der Kaiser-Wilhelm-Gesellschaft. Die dort tätigen wissenschaftlichen Kräfte drängen auf Ausbau der Lehrtätigkeit in Rostock unter Einrichtung einer Landwirtschaftlichen Fakultät. Kriegsverhältnisse verhindern jedoch den Ausbau.
1945	Die Landwirtschaftliche Fakultät wird aufgelöst.
1946	Wiedereröffnung mit 3 Instituten.
1950	Die Landwirtschaftliche Fakultät in Greifswald wird geschlossen – Verlegung nach Rostock.
1951	Es bestanden 10 Institute. Verstärkte Verbindung mit den wissenschaftlichen Kräften der Forschungsanstalten für Tierzucht in Dummerstorf und für Tierernährung (Oskar-Kellner-Institut).
1967	Gründung der Sektion Tierproduktion mit den ehemaligen Instituten für Tierzucht, für Tierernährung und landwirtschaftliche Chemie und für Veterinärwesen.

Direktoren des Instituts für Tierzucht der Landwirtschaftlichen Fakultät

1940–1945	Jonas Schmidt (zugleich Direktor der Forschungsanstalt für Tierzucht in Dummerstorf)
1949–1952	Fritz Haring (zugleich Direktor der Forschungsanstalt für Tierzucht in Dummerstorf)
1953–1966	Wilhelm Stahl (zugleich Direktor der Forschungsanstalt für Tierzucht in Dummerstorf)
ab 1966	Wilhelm Neumann

Rostock/Fortsetzung

Tierernährung

1946– Institut für Agrikulturchemie und Bodenkunde.
1963 Direktor: Kurt Nehring (zugleich Direktor des Oskar-Kellner-Instituts für Tierernährung).
1964 entstand durch Abtrennung das Institut für Tierernährung und Landwirtschaftliche Chemie. Direktor: Siegfried Poppe.

2.3.2.3 Ausbildungsstätten, die vor 1945 bestanden oder aufgelöst wurden

Danzig

Landwirtschaft

1904 Technische Hochschule gegründet
1925/ Einführung eines landwirtschaftlichen Studienganges im Rahmen der
1926 Abteilung für Chemie der Fakultät für allgemeine Wissenschaften (Abschluß mit Diplomexamen, Promotion zum Dr. rer. techn.). Vorher hat bereits eine Professur für landwirtschaftliches Gewerbe in der Abteilung Chemie bestanden.
1926 Einrichtung eines Instituts für Tierzucht, Tierernährung und Milchwirtschaft.

Professoren für Tierzucht

1926–1942 Walter Böhlke, Allgemeine und Spezielle Tierzuchtlehre (Pferdezucht auch in Königsberg gelesen)
1927–1945 Walter Herbst, Allgemeine und Spezielle Tierzuchtlehre, Milchwirtschaft, Tierernährungslehre

Greifswald – Eldena

Landwirtschaft

1833 Berufung von Friedrich Gottlieb Schulze aus Jena als o. Prof. der Kameralwissenschaften in der Philosophischen Fakultät der Universität Greifswald und Leiter einer zu gründenden „Staats- und Landwirtschaftlichen Akademie" zu Eldena bei Greifswald.
1835 Eröffnung der Königlich-Preußischen Staats- und Landwirtschaftlichen Akademie Greifswald-Eldena; Vorlesungen in Greifswald und in Eldena; praktische Ausbildung in Eldena (etwa 80 Studierende).
1838 Berufung des Kameralisten Baumstark.
1839 Berufung von Fr. G. Schulze nach Jena.
Nachfolger als Leiter: von Pabst; wissenschaftl. Leiter: Baumstark.
1845 Ausscheiden von Pabst. Nachfolger als Leiter der Anstalt: Baumstark.
1876 Schließung der Akademie Greifswald-Eldena.
Von 1835 bis 1876 waren insgesamt 1400 Landwirte an der Universität Greifswald immatrikuliert; Wahrnehmung der 13 Lehrgebiete neben den eigenen Lehrkräften z.T. durch Professoren und Dozenten der Universität. Im Lehrplan für Landwirtschaftslehre u.a.: Allgemeine Tierzuchtlehre, Rindviehzucht, Schafzucht, Schweinezucht.

Greifswald – Eldena/Fortsetzung

1913/14 u. 1925 Eingaben landwirtschaftlicher Kreise führten nicht zur Wiedereinrichtung eines landwirtschaftl. Instituts im Charakter der früheren Akademie.
1932–1943 Spezialvorlesungen für Studierende der Landwirtschaft werden an der Universität Greifswald gehalten.
1946 Auftrag an Georg Blohm, Landwirtschaftl. Fakultät in Greifswald bzw. Eldena aufzubauen. 6 Versuchsgüter werden zur Verfügung gestellt.
1946 Einrichtung eines Instituts für Tierzucht und Tierhaltung.
1950 Auflösung der Landwirtschaftlichen Fakultät Greifswald-Eldena zugunsten der Universität bzw. Landwirtschaftlichen Fakultät Rostock. Das Institut für Bodenkunde und Kulturtechnik blieb bestehen und wurde in die Mathematisch-Naturwissenschaftliche Fakultät eingegliedert.

Leiter der Akademie Eldena
1835–1839 Friedrich Gottlieb Schulze
1839–1845 Heinrich Wilhelm von Pabst
1845–1876 Baumstark
1946–1950 Werner Wussow, Lehrbeauftragter, Dozent am Institut für Tierzucht in der Landwirtschaftlichen Fakultät Greifswald

Hamburg

Kolonialinstitut (Tierzucht)

1908 Gründung eines Kolonialinstituts in Hamburg; Johannes Neumann (Leiter der Schlachthof- und Viehmarktverwaltung) hält Vorlesungen und Übungen über Tierzucht.
1919 Gründung der Universität Hamburg.
1922 Edmund Esskuchen übernimmt einen Teil der Vorlesungen zur landwirtschaftlichen Tierzuchtlehre.
1924 Einrichtung eines Instituts für Tierzucht im Rahmen der Universität Hamburg durch J. Neumann.
1934 Auflösung des Instituts für Tierzucht und Übergabe der Sammlung und der Bibliothek an das Institut für Zoologie.
1938 Gründung eines „Kolonialinstituts der Hansischen Universität".
1940 Empfehlungen und Genehmigung zur Einrichtung eines Lehrstuhls und Instituts für tropische Tierzucht; es erfolgte jedoch keine Berufung.
1946 Die Universität verzichtet auf den Lehrstuhl und das Institut für Tierzucht und verwendet die bewilligten Stellen und Einrichtungen für das Fach Fischereiwissenschaft.

Idstein – Hof Geismar/Wiesbaden (Nassau)

(Eine Lehranstalt mit Charakter einer Landwirtschaftlichen Akademie, die sich nicht zur Landwirtschaftlichen Hochschule oder Landwirtschaftlichen Fakultät entwickelte.)

1807 Vorschlag des Ökonomen Adam Haßloch an die Herzoglich-Nassauische Ökonomie-Deputation zur Einrichtung eines Ökonomischen Instituts.
1817 Das Nassauische Schuledikt kündigt eine Unterrichtsanstalt für die Ausbildung junger Landwirte an.

Idstein – Hof Geismar/Wiesbaden (Nassau)/Fortsetzung

	Berufung des Thaer-Schülers Wilhelm Albrecht als Leiter einer in Idstein zu errichtenden Landwirtschaftlichen Lehranstalt.
1818	Gründung eines Landwirtschaftlichen Instituts; Charakter und Aufgabenstellung vergleichbar mit der Königlich-Preußischen Akademie in Möglin (1806) und der Landwirtschaftlichen Akademie in Hohenheim (1818); Unterricht in Landwirtschaft wie auch in naturwissenschaftlichen Fächern.
1835	Verlegung des Landwirtschaftlichen Instituts von Idstein nach Hof Geismar bei Wiesbaden (bessere Verkehrslage); nur noch Durchführung von Wintersemestern.
1845	Remigius Fresenius, ein Schüler Liebigs, wird als Lehrer für die Naturwissenschaften gewonnen; danach starke Berücksichtigung von Chemie und Agrikulturchemie.
1849	Carl Thomae übernimmt die Leitung des Instituts.
1863	Erstmals werden Überlegungen angestellt, ob die Umwandlung des Instituts in eine Ackerbauschule mit einer Aufgabenstellung auf niedrigerem Ausbildungsniveau den Verhältnissen des Landes nicht dienlicher sei.
1866	Übergang der Staatshoheit auf den Preußischen Staat und Umbenennung in „Königlich-Preußisches Landwirtschaftliches Institut".
1869	F. C. Medicus Leiter des Instituts.
1868/69	Aufnahme von Sondervorlesungen für das Spezialfach Viehzucht.
1876	Schließung des Instituts, da „dieses den kleinbäuerlichen Verhältnissen Nassaus nicht gerecht würde".
1876	Eröffnung der bisherigen staatlichen Einrichtung als Privatlehranstalt mit behördlicher Genehmigung. Der Lehrstoff wird auf 2 Winter verteilt (Charakter einer einfachen landwirtschaftlichen Ausbildungsstätte).
1910	Übernahme und Eingliederung in den Bereich der zuständigen Landwirtschaftskammer.
1913	Umbenennung in „Landwirtschaftliche Winterschule".

Leiter (während der Zeit als Landwirtschaftliche Akademie)

1818–1849	Wilhelm Albrecht
1849–1869	Carl Thomae
1869–1876	Friedrich Carl Medicus

Heidelberg – Karlsruhe

Landwirtschaft

1787	Christoph Wilhelm Jakob Gatterer war von 1787 bis 1823 o. Prof. für Landwirtschaft, Forstwirtschaft, Technologie und Handlungswissenschaft in der Philosophischen Fakultät.
1872	Beschluß zur Verlegung des Landwirtschaftlichen Instituts am Polytechnikum in Karlsruhe nach Heidelberg (1869 Adolph Stengel Leiter in Karlsruhe) unter Ernennung von Alexander Pagenstecher (1866 o. Prof. für Zoologie in Heidelberg) zum Direktor (i. Rahmen der Phil. Fakultät).
1874	Adolph Stengel o. Prof. für Landwirtschaftslehre in Heidelberg.

Heidelberg – Karlsruhe/Fortsetzung

1875 Unterbringung der landwirtschaftl.-zool. Sammlung im „Riesen".
1876 Eröffnung des Landwirtschaftlichen Seminars.
1880 Aufhebung des Landwirtschaftlichen Seminars.
1890 Gründung einer Naturwissenschaftlichen Fakultät unter Lösung der Fächer Physik, Chemie, Botanik, Zoologie, Mineralogie, Mathematik und Landwirtschaft aus der Philosophischen Fakultät.
1900 Nach Ausscheiden von Stengel bleibt Professur für Landwirtschaft vakant.

Karlsruhe

Veterinärmedizin

1784 Gründung einer Tierarzneischule.
1814–1822 Vorübergehende Schließung der Ausbildungsstätte.
1822–1832 Großherzogliche Landesgestütsdirektion leitet die wiedereröffnete Anstalt.
1832 Sanitätskommission (technische Behörde für die Verwaltung des Medizinalwesens) übernimmt die Leitung. Verbindungen mit der Polytechnischen Schule Karlsruhe haben bestanden – Naturwissenschaften; das Fach „Viehzucht" war vertreten u.a. durch Schüssele.
1860 Auflösung der Anstalt (Teile der Sammlungen an das Polytechnikum Karlsruhe).

Leiter der Schule
1784–1810 E. Vierordt
1810–1814 S. Teuffel
1822–1832 Tscheulin
1832–1847 S. Teuffel
1847–1860 Christian Joseph Fuchs

Proskau – Breslau

Proskau/Landwirtschaft	Breslau/Landwirtschaft
	1727 wird der Universität Frankfurt/O. vom König von Preußen die Landwirtschaftslehre als hochschulfähige Doktrin „verordnet". Einrichtung eines Lehrstuhls für Kameralistik für Christoph Dithmar.
	1811 Vereinigung der Universität Frankfurt/O. (Viadrina) mit der Universität Breslau (Leopoldina) und Verlegung nach Breslau. Übernommen wurde von Frankfurt/O. der o. Prof. der

Proskau – Breslau/Fortsetzung

Proskau/Landwirtschaft	Breslau/Landwirtschaft
Ökonomie und Staatswissenschaften Friedrich Benedikt Weber. 1844 Der Preußische Minister des Innern Graf von Arnim erkennt die Notwendigkeit einer landwirtschaftlichen Akademie in Schlesien an. 1847 Gründung der Höheren Landwirtschaftlichen Lehranstalt Proskau. Die Domäne Proskau (1000 ha) wird in Pacht gegeben und das Schloß für Institutszwecke ausgebaut. Die Anstalt unterstand dem Königlich-Preußischen Landwirtschaftsministerium. 1. Leiter und Gründer: Ernst K. Heinrich. 1853 Die Lehranstalt erhält die Bezeichnung Akademie. Sie ist zunächst ohne Verbindung zur Universität Breslau. 1863 Hermann Settegast übernimmt die Leitung von Proskau (er war bereits 1847 bis 1858 Administrator in Proskau). Er lehrte Betriebs- und Tierproduktionslehre. Die Zahl der Dozenten erhöhte sich von 7 auf 17 (unter ihnen folgende Persönlichkeiten:	

Julius Kühn 1854–1855 Tierzucht, später Halle/S.; Walter Funke 1862–1865 Tierzucht, später Hohenheim; Carl Dammann 1865–1870 Veterinärmedizin, später Eldena und Hannover; Oskar Kellner 1874–1876 Tierernährung, später Hohenheim und Leipzig-Möckern.

1869 Im Zuge der von Fr. G. Schulze (1826), Liebig (1861) und J. Kühn (1869) vertretenen Forderung, die Landwirtschaftswissenschaft gehöre an Universitäten, erfolgte eine Mitteilung des Kultusministeriums Berlin, daß die Akademie aufzulösen sei und an der Universität Breslau eine o. Professur für Landwirtschaft errichtet werden solle.

1880 Erst 1880 nimmt das Ministerium für Landwirtschaft (zuständig für die Landwirtschaftliche Akademie Proskau) Stellung. Die Mitteilung enthält die Anordnung, Proskau

Proskau – Breslau/Fortsetzung

Proskau/Landwirtschaft

1881 1881 aufzulösen und den landwirtschaftlichen Unterricht an die Universität Breslau zu geben. Die zootechnischen Sammlungen gingen z.T. an das Landwirtschaftliche Institut der Universität Breslau, z.T. an das Museum der Landwirtschaftlichen Hochschule Berlin.

Tierzuchtlehre in Breslau

1896 Einrichtung eines Instituts für Tierproduktionslehre unter Holdefleiß.

1897–1902 Simon von Nathusius hält Vorlesungen über Groß- und Kleintierzucht.

1920 Berufung von Wilhelm Zorn für Tierzuchtlehre und Leiter des nunmehrigen „Instituts für Tierzucht und Milchwirtschaft“ (zugleich Leiter der Preußischen Versuchs- und Forschungsanstalt für Tierzucht, Breslau-Tschechnitz, später Umbenennung in Reichsforschungsanstalt für
Tierzucht Breslau-Kraftborn).

Breslau/Landwirtschaft

1881 Gründung eines Landwirtschaftlichen Instituts im Rahmen der Philosophischen Fakultät der Universität Breslau. Walter Funke aus Hohenheim wird als Direktor und o. Prof. für Landwirtschaft berufen. Die Fakultät fordert und erhält weitere 4 a.o. Professuren, u.a. Berufung von Holdefleiß aus Proskau.

1881–1882 Vorlesungsbeginn in den Räumen des Landwirtschaftlichen Zentralvereins.

1890 Die Zahl der Studierenden war von 44 auf 12 gesunken. Die Philosophische Fakultät beantragte, die Verbindung der Universität zum Landwirtschaftlichen Institut zu lösen. Funke und andere Professoren stellen ihre Ämter zur Verfügung. Holdefleiß wird kommissarischer Leiter des Instituts.

1891 Einrichtung eines Veterinärmedizinischen Instituts mit Tierklinik unter Fiedler.

1892 Holdefleiß o. Prof. und Direktor des Landwirtschaftlichen Instituts, da die Zahl der Studierenden wieder anstieg.

1896 Einrichtung weiterer Institute im Rahmen des sich allmählich zu einer Abteilung wandelnden Instituts für Landwirtschaft der Philosophischen Fakultät.

1939 Gründung einer Naturwissenschaftlichen Fakultät mit Abteilung Landwirtschaft nach Herauslösung aus der Philosophischen Fakultät.

Direktoren
der Landwirtschaftlichen Akademie
1847–1862 Ernst K. Heinrich
1863–1880 Hermann Settegast

des Landwirtschaftlichen Instituts
1881–1890 Walter Funke
1890–1919 Friedrich Holdefleiß

des Instituts für Tierproduktionslehre bzw. des Instituts für Tierzucht und Milchwirtschaft
1896–1919 Friedrich Holdefleiß
1920–1945 Wilhelm Zorn

Regenwalde/Pommern

Landwirtschaft

1842 Gründung einer landwirtschaftlichen Lehranstalt im Charakter einer landwirtschaftlichen Akademie durch Philipp Carl Sprengel als Privatinstitut, welches aber Staatsunterstützung erhielt.
1842–1859 Direktor Carl Sprengel.
1859 Schließung von Regenwalde.

Stuttgart

Veterinärmedizin

1821 Königlich-Württembergische Thierarzneischule eröffnet.
1890 Zur Tierärztlichen Hochschule erhoben.
1912 Schließung der Hochschule.

Tierzuchtlehre

1821–1834 Sigmund v. Hördt (Med. Rat)
1839–1846 Baumeister (Anatomie und Viehzucht)
1869–1877 Adolf Rueff (Tierzucht)
um 1900 Ludwig Hoffmann (Tierzucht)

Zwischen der Tierärztlichen Hochschule Stuttgart und dem Tierärztlichen Lehrstuhl an der Landwirtschaftlichen Hochschule Hohenheim bestanden enge Bindungen.

Tharandt

Forst- und Landwirtschaft

1811 Gründung der Forstakademie durch Cotta als Staatsanstalt.
1829 Der Akademie für Forstwirte wird eine Landwirtschaftliche Lehranstalt angeschlossen.
1829–1846 Leiter: August Gottfried Schweitzer (liest u.a. Viehzucht); die Landwirtschaftliche Lehranstalt ist dem Königlichen Ministerium der Finanzen unterstellt. Die Dauer der Lehrgänge beträgt 2 Jahre.
1846 Gliederung der Anstalt in 2 Abteilungen für Forst- und für Landwirtschaft.
1847 Hugo Schober (bisher Eldena) folgt als Prof. der Landwirtschaft nach Ausscheiden von Schweitzer (liest ebenfalls Viehzucht).

Tharandt/Fortsetzung

1847 Errichtung eines Lehrstuhls für Agrikulturchemie (Julius Adolph Stoeckhardt).
1849 Neubau der „Akademie für Forst- und Landwirtschaft" bezogen.
1862 Einrichtung einer 2. Professur für Landwirtschaftslehre (Adolph Stengel, bisher Proskau).
1869 Die landwirtschaftliche Abteilung wird geschlossen. Übertragung der Arbeiten auf das neu eingerichtete Landwirtschaftliche Institut der Universität Leipzig.

Waldau – Königsberg/Pr.

Landwirtschaft

Waldau

Königsberg/Pr.
1795 Chr. Jacob Kraus wird auf den neu errichteten Lehrstuhl für Kameralistik einschließlich Landwirtschaftskunde der Universität Königsberg berufen.

1809 V. Eichler stellt den Antrag, auf seinem Gut Aweiden „eine comparative Versuchswirtschaft" nach Muster Thaer-Celle/Möglin einzurichten. Regierung lehnt ab.
1837 Erneuter, wiederum vergeblicher Antrag nach landwirtschaftlicher Ausbildungsstätte.
1858 Einrichtung einer Höheren Landwirtschaftlichen Lehranstalt in Waldau
1869 Auflösung von Waldau

1869 Berufung von T. von der Goltz (Waldau) als o. Prof. für Landwirtschaftslehre an die Universität Königsberg.
1870 Antrag zur Einrichtung eines Landwirtschaftlichen Instituts mit Agrikulturchemie und Tierklinik.
1876 Einrichtung des Landwirtschaftlichen Instituts.
ab 1885 Erweiterung des Instituts, Vermehrung der Lehrstühle und Umwandlung zur Landwirtschaftlichen Abteilung.
1920 Anschluß der Landwirtschaftlichen Abteilung an die Philosophische Fakultät.

Waldau – Königsberg/Pr./Fortsetzung

1928 Es bestehen 9 landwirtschaftliche Institute.
1935 Erweiterung auf 10 landwirtschaftliche Institute.

Tierzuchtlehre

1869–1922 Tierzucht wird im Rahmen des Landwirtschaftlichen Instituts bzw. der Landwirtschaftlichen Abteilung vertreten.
1922 Gründung eines selbständigen Instituts für Tierzucht.

Direktoren in Waldau

1858–1863 Hermann Settegast
1863–1867 Wagener
1867–1869 Theodor Freiherr von der Goltz

des Landwirtschaftlichen Instituts bzw. der Landwirtschaftlichen Abteilung in Königsberg/Pr.

1869–1885 Theodor Freiherr von der Goltz
1885–1896 Wilhelm Fleischmann
1896–1903 Alexander Backhaus
1903–1910 Friedrich Alberg
1910–1922 Johannes Hansen

des Instituts für Tierzucht

1922–1928 Wilhelm Völtz
1929–1944 Werner Kirsch

2.3.3 Spezielle Ausbildung und Beratung in der Tierzucht

2.3.3.1 Hochschulbereich/Führungskräfte

Der starke Aufschwung in der Tierzucht Deutschlands in der zweiten Hälfte des 19. Jahrhunderts läßt das Verlangen nach spezieller Ausbildung in Tierzucht auf allen Ausbildungsebenen sowie die Anstellung geeigneter Persönlichkeiten zur Leitung und Beratung in den Vordergrund treten (s. auch S. 437).
Die Lehrpläne der damaligen landwirtschaftlichen Akademien bis zu den Fachschulen der mittleren und unteren Ebene weisen allerdings nicht überall eine besondere Ausbildung im Fach Tierzucht und seinen verschiedenen Bereichen wie Züchtung, Haltung, Ernährung u.a. aus, häufig erfolgte die Vermittlung des Stoffes im Rahmen der Vorlesungen und Seminare in Betriebswirtschaft. Dabei wird die Viehwirtschaft als ein Teil des Betriebes und der hier anstehenden Unterweisungen angesehen. Ein Drängen auf eine besondere Ausbildung in diesem Fachbereich ist jedoch unverkennbar, zumal spezielle Erkenntnisse auf den Gebieten Züchtung – Genetik, Ernährung u.a. über den zu vermittelnden Lehrstoff im ökonomischen Bereich hinausgehen.
Interessant mag der Einblick in das Vorlesungs- und Demonstrationsangebot des Faches Tierzucht an den akademischen Ausbildungsstätten um 1900 in Deutschland sein. Die „Deutsche Landwirtschaftliche Tierzucht" veröffentlichte 1901 folgende Übersicht zum Vorlesungs- und Übungsangebot für das Fach Tierzucht im Wintersemester 1901/02:
1. Die Königlich Landwirtschaftliche Hochschule zu Berlin
Geh. Regierungsrat Prof. Dr. Werner über Rindviehzucht (ferner landw. Betriebs-

lehre, landw. Buchführung, Abriß der landw. Produktionslehre, Pflanzenlehre). Prof. Dr. Lehmann: Allgemeine Tierzuchtlehre; Schafzucht und Wollkunde; landw. Fütterungslehre. Dr. Schiemenz: Fischzucht. Prof. Dr. Zuntz: Physiologie des tierischen Stoffwechsels; Gesundheitspflege der Haustiere. Geh. Regierungsrat Prof. Dr. Dieckerhoff: Seuchen und parasitische Krankheiten der Haustiere. Prof. Dr. Schmaltz: Anatomie der Haustiere. Oberroßarzt a. D. Küttner: Hufbeschlaglehre.
Das Fach der Tierzucht und Tierhaltung ist demnach gut besetzt. Bemerkenswert ist, daß Herr Geheimrat Werner, eine unserer ersten Autoritäten auf dem Gebiet der Tierzucht, hauptsächlich über andere Gegenstände liest.

2. Das Landwirtschaftliche Institut der Universität Halle
Geh. Oberregierungsrat Dr. Kühn: Allgemeine Tierzuchtlehre (ferner allgemeine Ackerbaulehre). Geh. Regierungsrat Dr. Freytag: Spezielle Tierzuchtlehre; Schafzucht und Wollkunde (ferner Güterabschätzungslehre). Prof. Dr. Albert: Milch-, Mast- und Zugviehhaltung mit praktischen Übungen im Wertschätzen der Tiere; Molkereiwesen mit Demonstrationen (ferner Gewinnung, Aufbewahrung und Verwertung der Futterpflanzen). Dr. Falke: Züchtung und Haltung des Pferdes; Beurteilung landw. Futtermittel und Produkte, verbunden mit Demonstrationen und mikroskopischen Untersuchungen (ferner landw. Buchführung). Lektor Beeck: Wirtschaftsgeflügelzucht. Dr. Cluß: Fütterungslehre. Prof. Dr. Disselhorst: Anatomie und Physiologie; Seuchenlehre.

3. Das Landwirtschaftliche Institut der Universität Breslau
Prof. Dr. Holdefleiß: Spezielle Tierzuchtlehre; Milchwirtschaft und Molkereiwesen; außerdem hält derselbe alle 14 Tage seminaristische Übungen auf dem Gebiete der Tierproduktionslehre und der Milchwirtschaft ab. Prof. Dr. Pfeiffer: Tierernährungslehre. Prof. Dr. Künnemann: Anatomie und Physiologie der Haustiere; gerichtliche Tiermedizin. Gesundheitspflege und Krankheiten der Haustiere werden nicht gelesen. Bemerkenswert ist, daß Herr Dr. von Nathusius, welcher in früheren Wintersemestern die Vorlesungen über spezielle Tierzucht hielt, in diesem Winter über landw. Taxationslehre und Buchführung, also über ganz andere Gegenstände, lesen wird.

4. Das Landwirtschaftliche Institut der Universität Göttingen
Prof. Dr. Fleischmann: Naturgeschichte und Züchtung des Hausrindes; Milchwirtschaft (ferner Betriebslehre). Prof. Dr. Lehmann: Die Ernährung der landw. Nutztiere. Prof. Dr. Esser: Anatomie und Physiologie der Haustiere, deren Seuchen, Seuchengesetze. Allgemeine und spezielle Tierzuchtlehre, welche Gegenstände im vorigen Wintersemester Prof. Dr. Griepenkerl vortrug, werden (mit Ausnahme der Rindviehzucht) nicht gelesen, desgl. Gesundheitspflege.

5. Das Landwirtschaftliche Institut der Universität Königsberg/Pr.
Prof. Dr. Backhaus: Allgemeine Tierzuchtlehre (ferner Betriebslehre; landw. Buchführung). Dr. Hittcher: Milchwirtschaft. Prof. Dr. Stutzer: Chemie der tierischen Ernährung. Korpsroßarzt Pilz: Pferdekenntnis und -Zucht; Physiologie der Haustiere; Demonstrationen in der Tierklinik. Anatomie der Haustiere und Seuchen werden nicht gelesen.

6. Die Landwirtschaftliche Akademie zu Poppelsdorf bei Bonn a.Rh.
Prof. Dr. Hansen: Fütterungslehre; Rindviehzucht; Pferdezucht; landw. Demonstrationen in der akademischen Gutswirtschaft. Geh. Medizinalrat Prof. Dr. Freiherr von la Valette St. George: Fischzucht. Prof. Dr. Hagemann: Anatomie und Physiologie; Histologie und Entwicklungsgeschichte. Kreistierarzt Bongartz: Seuchen und innere Krankheiten.

7. Die Landwirtschaftliche Abteilung der Universität Kiel
Prof. Dr. Rodewald: Fütterungslehre; Übungen im Futterberechnen. Dr. Emmerling: Über die chemischen Vorgänge der Verdauung und Ernährung. Dr. Schneidemühl: Gesundheitspflege der landw. Haustiere; Krankheiten der Haustiere. Ein Lehrstuhl für Tierzucht ist an der Universität, obgleich Schleswig-Holstein ein viehreiches Land ist und die Viehzucht für die dortige Landwirtschaft die Haupteinnahmequelle bildet, nicht vorhanden.

8. Die Landwirtschaftliche Abteilung der Königlich-Technischen Hochschule zu München
Prof. Dr. Leisewitz: Allgemeine Tierzucht und Gesundheitspflege (ferner landw. Betriebslehre; Taxationslehre; Rechnungswesen). Prof. Dr. Pott: Spezielle Tierzuchtlehre des Rindes; des Schafes (einschl. Wollkunde). Dr. Hofer: Fischzucht. Prof. Dr. Stoß: Anatomie; Hufbeschlag.

9. Königlich Bayerische Akademie für Landwirtschaft und Brauerei in Weihenstephan
Prof. Dr. Steuert: Tierproduktionslehre; Fischereiwesen; Anatomie und Physiologie der Haustiere; Geburtshilfe; Tierheilkunde. Prof. Dr. Stellwaag: Fütterungslehre.

10. Das Landwirtschaftliche Institut der Universität Leipzig
Geh. Hofrat Prof. Dr. Kirchner: Allgemeine Züchtungs- und Fütterungslehre; Demonstrationen im Rassenstall (ferner allgemeine Ackerbaulehre). Prof. Dr. Fischer: Spezielle Tierzuchtlehre; Seminar für angewandte Tierzuchtlehre (ferner Pflanzenbau). Dr. Zürn: Kleintierzucht. Prof. Dr. Eber: Anatomie und Physiologie; Seuchen, ihre Vorbeuge und Bekämpfung.

11. Die Landwirtschaftliche Akademie Hohenheim bei Stuttgart
Prof. Dr. Sieglin: Allgemeine Tierproduktionslehre; Molkereiwesen (ferner landw. Handelskunde und landw. Demonstrationen). Dr. Zielstorf: Kraftfuttermittel. Prof. Sohnle: Anatomie und Physiologie; Tierheilkunde; Geburtshilfe; Hufbeschlag.

12. Das Landwirtschaftliche Institut der Universität Gießen
Der Lehrstuhl für Landwirtschaft (und Tierzucht) dürfte in diesem Winter unbesetzt bleiben, da, wie uns mitgeteilt wird, Herr Prof. Dr. Albert, Halle, welcher als Nachfolger Thaers nach dort berufen worden ist, seine Entlassung aus dem Preußischen Staatsdienste noch nicht erhalten hat.

13. Die Landwirtschaftliche Abteilung der Universität Rostock
Der Lehrstuhl für Landwirtschaft ist (leider) schon seit Jahren unbesetzt.

14. Das Landwirtschaftliche Institut der Universität Jena
Prof. Dr. Settegast: Pferdezucht (ferner landw. Betriebslehre und Pflanzenbau).

Prof. Dr. Edler: Allgemeine Tierzuchtlehre (ferner Züchtung der landw. Kulturpflanzen). Prof. Dr. Immendorff: Fütterungslehre (ferner technische Chemie). Oberinspektor Schultze: Fischzucht. Prof. Dr. Klee: Krankheiten der Haustiere.

Die Mitteilung schließt mit dem Bemerken, daß einerseits dieses wichtige Fach an den einzelnen Hochschulen recht unterschiedlich behandelt wird und andererseits zahlreiche Dozenten auch Vorlesungen über „ferner liegende Gegenstände halten". Der Verfasser spricht den dringenden Wunsch aus, eigene Lehrstühle für Tierzucht zu schaffen. Die Aufstellung zur Entwicklung der landwirtschaftlichen Ausbildungsstätten läßt erkennen, wann derartige Einrichtungen geschaffen wurden (s. S. 460).

Die Aufgabe der Hochschuleinrichtungen für Tierzucht hat Grundlagewissen in der Tierzucht zu vermitteln. Daneben bestand jedoch, wie eingangs bereits angedeutet, bald das Verlangen nach Spezialkräften für die Tierzucht, Kräfte, die in Führungspositionen erforderlich wurden.

Leitende Funktionen, die eine Förderung der Tierzucht einschließen, wurden schon früh in Gestüten ausgeübt. Die Vorbildung der Landstallmeister ist allerdings recht unterschiedlich gewesen. Zumeist besaßen sie nur eine militärische Vorbildung, teils hatten sie ein veterinärmedizinisches Studium absolviert. Eine weitere Gruppe zeitlich früh eingesetzter Führungskräfte in der Tierzucht sind die Schäfereidirektoren. Bereits zu Anfang des 19. Jahrhunderts werden Schafzuchtexperten angestellt, die in den großen Schafherden Mittel- und Ostdeutschlands bis hin zu solchen im benachbarten Ausland Beratungen, Bockzuteilungen u.a. vornehmen. So übernahm Friedrich Heyne, Wollsortierer und Wollhändler, 1807 derartige Aufgaben und begründete eine Familiendynastie von Schäfereidirektoren bis ins 20. Jahrhundert. Eine große Zahl weiterer Schäfereidirektoren wäre zu nennen, ein Berufsstand, der als Vorläufer des späteren Tierzuchtleiters zu bezeichnen ist (s. S. 437). Die Aufgabenstellung ging allmählich in die Hände der Geschäftsführer der Schafzuchtverbände und Referenten für Schafzucht bei staatlichen Stellen oder Landwirtschaftskammern über.

Die züchterischen Entwicklungen der Pferdezucht wie auch diejenige der Schafzucht lagen zeitlich vor denjenigen bei den übrigen Tierarten und verlangten somit bald nach Führungskräften. Es sei auch hervorgehoben, daß die Pferdezucht in Hauptgestüten und die Hengsthaltung in Landgestüten (Hengstdepots) sowie die Schafzucht in großen Herden die Anstellung spezieller Leitungskräfte erleichterten. Schwieriger war dies zunächst bei den übrigen Tierarten, bei Rind und Schwein wie auch bei den Kleintieren. Um 1900 wird jedoch auch hier das Verlangen nach ausgebildeten Fachkräften immer stärker. Die sich entwickelnden größeren Züchtervereinigungen stellten Geschäftsführer ein, deren Vorbildung zunächst noch uneinheitlich war, aber zunehmend den Grad akademischer Ausbildung anstrebte. Darüber hinaus ergab sich mehr und mehr die Notwendigkeit, neben der prozentual geringen Herdbuchzucht auch die allgemeine Viehwirtschaft zu leiten und zu fördern. Der Ausdruck Landesviehzucht oder Landestierzucht taucht für diese große und für die Gesamtproduktion wichtige Gruppe auf. Tierzuchtinspektoren oder Zuchtinspektoren, die auf Landesebene oder im Bereich eines oder mehrerer Kreise (je nach Viehdichte) arbeiten sollen, werden um 1900 in Beiträgen der damaligen Fachzeitschriften gefordert.

Herdbuchwesen und Landestierzucht (diese gefördert durch Staat oder Einrichtun-

gen öffentlich-rechtlicher Art) verlangen somit um 1900 nach Führungskräften. Einige Beispiele mögen dies erläutern:
1900 wird aus Bayern mitgeteilt, daß bei 9 Züchtervereinigungen die technische Leitung und Geschäftsführung durch Tierzuchtinspektoren wahrgenommen werden (Gehalt und allgemeine Unkosten trägt der Staat). Besetzung nur mit Tierärzten, die den Rang eines Bezirkstierarztes erhalten und bei besonderer Auszeichnung den Titel „Königlicher Zuchtinspektor" führen. Ebenfalls 1900 stellt die Landwirtschaftskammer Rheinprovinz 2 Tierzuchtinspektoren (Landwirt oder Tierarzt) ein. 1908 nehmen im Bereich der Landwirtschaftskammer Pommern 8 Tierzuchtinspektoren (nur Landwirte) ihre Tätigkeit auf; Arbeitsgebiete sind die gesamte Tierzucht mit Pferdezucht, Einrichtung von Jungviehweiden u.a.
Aus diesen Mitteilungen geht die verlangte Vorbildung hervor – Landwirt oder Tierarzt. Interessant mögen daher die Auseinandersetzungen um die Tätigkeitsmerkmale dieser neuen Berufsgruppe sein, die, etwa ab 1899 beginnend, in den Fachzeitschriften geführt werden. So kommt in einer Stellungnahme 1899 zum Ausdruck, daß derartige Tierzuchtinspektoren geeignet sind, wenn sie „sowohl in der praktischen Landwirtschaft als auch in der Theorie tüchtige Kenntnisse erworben haben". Damit sind fundamental gewordene Grundsätze ausgesprochen, die Beachtung verdienen. Insbesondere zieht sich die Forderung nach allgemeinen landwirtschaftlichen Kenntnissen, d.h. das Wissen um die Abläufe im landwirtschaftlichen Betrieb, wie ein roter Faden durch alle späteren Diskussionen und Entscheidungen zur Ausbildung und Anstellung dieser Führungskräfte. Sie hat über die Jahrzehnte hin insbesondere mit der Tierärzteschaft zu heftigen Disputen geführt. Der im engsten Bereich der Tierzucht arbeitende Tierarzt hat immer einen Anspruch auf derartige Führungspositionen vertreten. Dies ist sicher auch dann berechtigt, wenn der betreffende Tierarzt Kenntnisse vom landwirtschaftlichen Betrieb besitzt. Tierzucht, Viehwirtschaft oder tierische Produktion waren immer ein Zweig der Landwirtschaft, der, in die Betriebsabläufe eingefügt, wirtschaftlich-ökonomisch denken muß.
Sofern diese Voraussetzungen vorhanden waren, sind Tierärzte bedeutende Tierzuchtleiter und -förderer geworden – um Namen wie LYDTIN, VOGEL, PUSCH, GUTBROD zu nennen –, zumal sie über die genannte Ausbildung hinaus besondere Kenntnisse in Anatomie und Physiologie, in der Hygiene und Seuchenlehre u.a. einbrachten. Ausbildung auf diesen Gebieten ist später bis in die Neuzeit hinein aber auch von den Leitern der Tierzucht mit nur landwirtschaftlich-akademischer Vorbildung verlangt worden.
Eine Bemerkung in einer Fachzeitschrift aus dem Jahr 1899 bringt die Situation in einer fast scherzhaften Form zum Ausdruck: „Am geeignetsten wäre allerdings, wenn ich einen züchterischen Ausdruck gebrauchen darf, eine Kreuzung von einem praktischen Landwirt und einem Tierarzt, d.h. also jemand, der in beiden Fächern beschlagen ist. Solche Persönlichkeiten sind aber außerordentlich selten." Mit dem letzten Satz mag gesagt sein, daß sicherlich die jeweilige Person und ihre vielseitige Qualifikation entscheidend ist.
Nach diesem Prinzip verfuhr man zu Anfang des 20. Jahrhunderts. Die Vorbildung der Leiter in den verschiedenen Bereichen der Tierzucht verblieb damit zunächst uneinheitlich. Erst allmählich haben sich feste, in Verordnungen und Ausbildungsvorschriften niedergelegte Unterlagen herauskristallisiert, die dann das Bild des neuzeitlichen Tierzuchtleiters festlegten.

In Preußen erließ der Minister für Landwirtschaft bereits 1903 eine Prüfungsordnung für Tierzuchtinspektoren. Die Prüfung wurde an der Königlichen Landwirtschaftlichen Hochschule in Berlin abgehalten. Der Prüfungskommission gehörten 7 Mitglieder an – jeweils 3 von der Landwirtschaftlichen und Tierärztlichen Hochschule, 1 Mitglied gehörte zum Lehrkörper beider Hochschulen.
Bemerkenswert ist die Zulassungsordnung zur Spezialprüfung, die Vorbildung verlangte. § 2 und § 3 besagen hierzu:

„§ 2. Zur Prüfung werden nur solche Kandidaten zugelassen, welche die landwirtschaftliche Abgangsprüfung, die Prüfung für Lehrer der Landwirtschaft an Landwirtschaftsschulen, oder die tierärztliche Approbationsprüfung bestanden haben. Für Landwirte ist außerdem der Nachweis einer vierjährigen praktischen Beschäftigung in der Landwirtschaft notwendig.
§ 3. Die Prüfung ist nur eine mündliche. Prüfungsfächer sind:
1. Geburtskunde.
2. Seuchenlehre und Seuchengesetzgebung.
3. Gesundheitspflege der Haustiere.
4. Anatomie der Haustiere.
5. Physiologie der Haustiere.
6. Allgemeine Tierzuchtlehre (Züchtungslehre, Beurteilungslehre, Zuchtbuchführung, Züchtereivereinigungswesen).
7. Die Lehre von der Fütterung und Aufzucht der Tiere.
8. Spezielle Pferdezucht.
9. Spezielle Rindviehzucht.
10. Spezielle Schweinezucht.
11. Spezielle Schafzucht.
12. Volkswirtschaftliche Aufgaben und Betriebslehre der Tierzucht.
13. Mineralogische Grundlagen der Bodenkunde.
14. Lehre a) von dem Pflanzenbau, b) von den dauernden Grasanlagen.
Diejenigen Kandidaten, welche die tierärztliche Approbationsprüfung bestanden haben, sind von der Prüfung in den unter Nr. 1–4 aufgeführten, die Kandidaten, welche die landwirtschaftliche Abgangsprüfung oder die Prüfung als Lehrer der Landwirtschaft an Landwirtschaftsschulen bestanden haben, von der Prüfung in den unter Nr. 13 und 14a aufgeführten Fächern entbunden."

Von den Kandidaten mit landwirtschaftlicher Vorbildung wurden somit in der mündlichen Prüfung Kenntnisse auf tierärztlichem Gebiet und bei Tierärzten solche aus dem landwirtschaftlichen Bereich verlangt.
Auch an anderen Orten konnte ein Tierzuchtinspektorexamen abgelegt werden, so in Leipzig, in Jena sowie auch in Gießen, hier an den jeweiligen Fakultäten oder Landwirtschaftlichen Instituten. Die Bestimmungen in Jena verlangten als Voraussetzung das landwirtschaftliche Diplomexamen, somit eine Sperre für den allgemeinen Tierarzt. Ausnahmen soll es allerdings gegeben haben, wenn der Kandidat mit Tierzuchtangelegenheiten betraut war (z.B. bei Bezirkstierärzten).
Nach dem 1. Weltkrieg erforderte die allgemeine Intensivierung der Bemühungen um die Viehwirtschaft und ihr Leistungsvermögen auch eine Erneuerung, Straffung der Ausbildungsvorschriften für Tierzuchtinspektoren oder Tierzuchtbeamte. Es kommt zu diesbezüglichen staatlichen Verordnungen. Dabei ist die Aufgabenstellung und das Berufsbild dieser Führungskräfte allenthalben gleich. Variationen gab es allerdings erneut bei der geforderten Vorbildung. Das Examen wurde schrittweise zu einer 2. Staatsprüfung (Assessorexamen).

Der Erlaß von Ausbildungsvorschriften lag auch weiterhin in den Händen der Landesbehörden, und hier sind die diesbezüglichen Verordnungen und Erlasse in Preußen und in Bayern von besonderer Bedeutung, zumal hier abgelegte Examina auch in den kleineren Ländern des damaligen Deutschen Reiches Anerkennung fanden.

In Preußen wurde im Ministerium für Landwirtschaft seit 1921 die Frage einer Neuregelung der Tierzuchtbeamtenprüfung aufgegriffen (stark gefördert durch GATERMANN). Beabsichtigt war, die bis dahin an Hochschulen oder Universitätsinstituten (nach Verordnung 1903) abgelegte Spezialprüfung zu einer Staatsprüfung nach Art der sonstigen 2. Staatsprüfung (Assessorexamen) zu machen. Die Durchführung der Prüfung mußte damit in die Hände des Ministeriums unter Heranziehung von Prüfenden insbesondere aus den Universitäts- oder Hochschulbereichen, aber auch aus der Verwaltung, gelegt werden. Nach langwierigen Verhandlungen mit Vertretern aus Landwirtschaft und der Veterinärmedizin trat dann mit dem 1.12.1923 (Erlaß vom 18.10.1923) die Prüfungsordnung für Tierzuchtbeamte in Preußen in Kraft.

Diese Prüfungsordnung besagt, daß für Landwirte folgende Voraussetzungen zu erfüllen sind:

a) Nachweis des Bestehens der Diplomprüfung
b) Nachweis einer mindestens dreijährigen praktischen Tätigkeit in der Landwirtschaft
c) Nachweis einer weiteren, mindestens einjährigen besonderen Fachausbildung in der Tierzucht

Für Kandidaten aus dem Bereich Veterinärmedizin wurde gefordert:

a) Nachweis der tierärztlichen Approbation
b) Nachweis einer mindestens zweijährigen praktischen Tätigkeit in der Landwirtschaft (Ausübung tierärztlicher Praxis ist während dieser Zeit untersagt)
c) Nachweis eines zweisemestrigen landwirtschaftlichen Studiums mit den Fächern Wirtschaftslehre des Landbaus, Allgemeiner und Besonderer Acker- und Pflanzenbaulehre sowie Volkswirtschaftslehre (kein Prüfungsfach).

Eine Verordnung vom 8.12.1923 regelte diese Bestimmungen zur Ergänzungsprüfung für Tierärzte.

Nach Meldung der Kandidaten beim Ministerium für Landwirtschaft in Berlin wurde die Prüfung der kommenden Tierzuchtbeamten durch ein vom Ministerium bestelltes Gremium, bestehend aus Landwirten und Tierärzten der Wissenschaft und Praxis sowie Verwaltungsbeamten, abgenommen. Der Prüfungsbereich umfaßte das gesamte Gebiet der tierischen Produktion für die verschiedenen landwirtschaftlichen Nutztierarten und schloß Züchtung, Ernährung, Haltung, Gesundheitspflege und Seuchenlehre sowie auch öffentliche und private Maßnahmen zur Förderung der Tierzucht ein.

In Bayern war bereits mit dem Erlaß vom 20.1.1921 die Anstellung und Prüfung von Tierzuchtbeamten geregelt worden. Man war in Süddeutschland der Ansicht, daß die tierärztliche Vorbildung beste Voraussetzung für den Tierzuchtbeamten sei. Hervorgehoben wurde jedoch, daß außerdem praktische Erfahrungen in der Tierzucht notwendig seien. Der genannte Erlaß sah bei den Bewerbern um eine Tierzuchtleiterstelle vor:

Approbation als Tierarzt oder Erlangung des Grades eines Diplomlandwirtes.

Prüfung für den tierärztlichen Staatsdienst oder für den landwirtschaftlichen Staatsdienst einschließlich des landwirtschaftlichen Lehramtes in Bayern.
Sonderausbildung von mindestens einem Jahr in einem landwirtschaftlichen Betrieb mit Tierzucht.
Ferner Prüfung für den staatlichen Tierzuchtdienst in Bayern.
Die allgemeinen Prüfungsbestimmungen hierzu einschließlich der Zusammensetzung der Prüfungskommission ähnelten denjenigen in Preußen.
Diese Bestimmungen für die Einstellung von Bewerbern für den höheren Tierzuchtdienst 1921 in Bayern und 1923 in Preußen erschwerten in Norddeutschland den Zugang von Tierärzten zu diesem Beruf.
Die Verordnung von 1903 hatte bereits eine Kenntnis in landwirtschaftlichen Fächern verlangt. Nach allen Berichten konnten sich die Kandidaten diese in wenigen Wochen aneignen. Die Bestimmungen von 1923 forderten weitaus mehr, so daß sich nach diesem Zeitpunkt nur wenige Tierärzte zu den nunmehr regelmäßig stattfindenden Prüfungen meldeten. In Süddeutschland waren die Weichen umgekehrt gestellt.
1937 erfolgte der Erlaß einer Reichseinheitlichen Prüfungsordnung. Sie trat als Reichsprüfungsordnung für staatlich anerkannte Tierzuchtleiter am 1.8.1937 in Kraft und ersetzte alle bisherigen Ausbildungsordnungen für die Berufsgruppe. Sie war Voraussetzung für die Anstellung als staatlich anerkannter Tierzuchtleiter. Da sie den Charakter eines 2. Staatsexamens hatte, wurde die Berechtigung zur Führung der Bezeichnung „Landwirtschaftsassessor" erworben.*
§ 3 legt zur Zulassung zur Prüfung fest:
Voraussetzung für die Zulassung zur Prüfung ist der Nachweis des Bestehens der Diplomprüfung, ferner

a) der Nachweis einer mindestens zweijährigen besonderen Fachausbildung in der Tierzucht
   oder
b) 1. Nachweis des erfolgreich abgeschlossenen Vorbereitungsdienstes des Diplomlandwirtes für das Lehramt der Landwirtschaft und
   2. Nachweis einer mindestens einjährigen besonderen Fachausbildung in der Tierzucht
   oder
c) 1. Nachweis der Bestallung als Tierarzt im Deutschen Reich und
   2. Nachweis einer einjährigen besonderen Fachausbildung in der Tierzucht.

Die besondere Fachausbildung in der Tierzucht muß nach dem Bestehen der Prüfung für Diplomlandwirte oder nach der Bestallung als Tierarzt abgeleistet werden.
In einer Übergangsbestimmung ist festgelegt, daß für Tierärzte mit Bestallung und einer einjährigen landwirtschaftlichen Praxis sowie einer mindestens einjährigen Sonderausbildung in Tierzucht und für Tierärzte mit bestandener Prüfung für den tierärztlichen Staatsdienst und einer halbjährigen landwirtschaftlichen Praxis und

---

* Diese Bezeichnung erwarben nach entsprechenden Examina auch die Anwärter für den landwirtschaftlichen Schuldienst. Das „Tierzuchtland" Ostpreußen glaubte seine Absolventen hervorheben zu müssen und bezeichnete sie als „Tierzuchtassessor", ein Verfahren, welches m.W. vor 1945 keine Nachahmung fand.

einer ebenfalls einjährigen Sonderausbildung einer Zulassung zur Reichsprüfung für staatlich anerkannte Tierzuchtleiter nur bis zum 15. 5. 1947 möglich ist.
Diese Übergangsbestimmung ist insbesondere für Süddeutschland vorgesehen gewesen, da hier Tierärzte in hervorragendem Maße leitende Positionen in der Tierzucht einnahmen.
Tatsächlich hat sich das Bild jedoch gewandelt. Mehr und mehr sind auch im süddeutschen Raum Tierzuchtleiter in den staatlichen Stellen, als Geschäftsführer bei Züchterorganisationen u. a. eingestellt worden, die über landwirtschaftliche Vorkenntnisse verfügten (landwirtschaftliche Praxis und Diplomexamen).
Nach 1945 sind die Ausbildungsvorschriften wieder Angelegenheit der Länder geworden, trotzdem besteht das Bemühen einer weitgehenden Erhaltung einheitlicher Bewertungen. WINNIGSTEDT sagte dazu 1952:

„Im heutigen Bundesgebiet ist die Abhaltung der Prüfungen für die staatlich anerkannten Tierzuchtleiter wieder in die Hand der Obersten Landesbehörden gelegt. Um eine gewisse Einheitlichkeit in der Ausbildung und der Prüfung der Diplomlandwirte und Tierärzte für den höheren landwirtschaftlichen Tierzuchtdienst zu erreichen, hat der Bundesminister für Ernährung, Landwirtschaft und Forsten für die Bestimmungen entsprechende Richtlinien herausgegeben. Die wesentlichsten Punkte dieser Bestimmungen, die im einzelnen bei den jeweiligen Obersten Landesbehörden für Landwirtschaft zu erfahren sind, sind folgende:
Der Anwärter für den höheren landwirtschaftlichen Tierzuchtdienst muß folgende Ausbildung nachweisen:
a) zwei Jahre landwirtschaftliche Praxis,
abgeschlossen mit der Landwirtschaftsprüfung;
b) Hochschulstudium von sechs Semestern,
abgeschlossen mit der Prüfung als Diplomlandwirt bzw. Tierarzt;
c) Vorbereitungsdienst von zwei Jahren für den höheren landwirtschaftlichen Dienst. Dieser ist mit einer Staatsprüfung abzuschließen, die die Berechtigung zur Führung der Bezeichnung „Landwirtschaftsassessor" verleiht.
Im Interesse der Vielseitigkeit der Vorbereitung sind von den zwei Jahren Vorbereitungsdienst sechs Monate an einer Landwirtschaftsschule und Wirtschaftsberatungsstelle abzuleisten. Die restlichen achtzehn Monate Vorbereitungsdienst sind darauf abgestellt, daß der Auszubildende später im höheren Tierzuchtdienst des Staates oder der Berufsvertretung als Leiter oder Nebenbeamter eines Tierzuchtamtes, als Gestütsleiter, als Landstallmeister, als Leiter von Viehhaltungsschulen und Versuchsanstalten, als Tierzuchtreferent in einer Landesregierung oder einer Landwirtschaftskammer oder als Geschäftsführer einer Züchtervereinigung Verwendung findet.
Die Staatsprüfung für Tierzuchtleiter, für die sich die Obersten Landesbehörden mehrerer Länder zur Bildung eines gemeinschaftlichen Prüfungsausschusses zusammenschließen können, besteht aus einem schriftlichen und einem mündlichen Teil."

Die von den Ländern der Bundesrepublik Deutschland erlassenen Bestimmungen über die Zulassung, Ausbildung und Prüfungsordnung für den höheren landwirtschaftlichen Dienst folgen dieser Richtlinie. Voraussetzung für die Zulassung im Fachgebiet Tierzucht ist die landwirtschaftliche Diplomprüfung oder die Approbation als Tierarzt (mit Sonderbestimmung). Für erstere wird eine praktische landwirtschaftliche Tätigkeit eingeschlossen oder setzt diese voraus. Approbierte Tierärzte (so in den Bestimmungen des Landes Niedersachsen) müssen eine zweijährige Praxis in einem anerkannten landwirtschaftlichen Betrieb nachweisen.
Eine zweijährige Vorbereitungs- bzw. Ausbildungszeit im Tierzuchtdienst (Referendarzeit im Rahmen der Bestimmungen über Ausbildung für den höheren

landwirtschaftlichen Dienst) folgt und wird mit einer Prüfung abgeschlossen (Assessor).

Der Vollständigkeit halber sei erwähnt, daß ab 1922 an den landwirtschaftlichen Hochschulinstituten eine berechtigungslose Prüfung bereits nach einem Studium von 4 Semestern abgelegt werden konnte. Damit wurde der Grad eines akademisch gebildeten Landwirts erworben. Dieser Bildungsgang stand Schulabsolventen mit Obersekundareife offen. Als Bildungsgang für die Führungskräfte in der Tierzucht blieb dieser Ausbildungsweg ohne Bedeutung, da hier nur Diplomlandwirte oder approbierte Tierärzte zugelassen wurden. Im Zuge der späteren Studienreform entfiel der akademisch gebildete Landwirt.

2.3.3.2 Mittlerer und unterer Ausbildungsbereich/Fachschulen

Wie bereits erwähnt, wurden die Ausbildung und das Beratungswesen in der Viehwirtschaft zunächst in die allgemeinen Maßnahmen auf diesem Gebiet für die Landwirtschaft eingebunden. Spezielle Ausbildungsstätten oder die Beratung bestimmter Zweige der Landwirtschaft kristallisierten sich erst allmählich heraus. Trotzdem hatten sich dank privater, genossenschaftlicher und staatlicher Bemühungen Umfang und Niveau der Tierbestände bereits in der ersten Hälfte des 19. Jahrhunderts beachtlich gehoben. Wie des öfteren in anderen Kapiteln betont, lagen die Schwerpunkte zunächst bei Pferd und Schaf, allmählich kam es dann zu einer Verschiebung zu Rind und Schwein.

Nicht unbeteiligt an der Entwicklung, wenn auch schwer meßbar, ist nun der Anteil des aufkommenden allgemeinen Ausbildungs- oder Fachschulwesens. Die nach 1800 oder im Verlaufe der ersten Jahrzehnte des 19. Jahrhunderts entstandenen Akademien in Celle, später Möglin, Weihenstephan, Hohenheim, Poppelsdorf usw., besaßen hohes Ansehen. Die Zahl der Absolventen war jedoch zu gering, und diese arbeiteten zumeist im Rahmen größerer Güterverwaltungen oder bei staatlichen Verwaltungsstellen. Eine Auswirkung auf die breite Masse der Landwirtschaft war kaum festzustellen. Zu Anfang des 19. Jahrhunderts bestand hier jedoch eine große Lücke. WILHELM ALBRECHT hatte wohl als erster den Gedanken, auf unterer und mittlerer Ebene, insbesondere für den Nachwuchs in klein- und mittel- bis großbäuerlichen Betrieben, Ausbildungseinrichtungen zu schaffen. Mit Rücksicht auf den saisonal bedingten Arbeitsanfall in den Betrieben wählte er als Unterrichts- oder Ausbildungszeit die Wintermonate. Eine von Albrecht in Idstein/Hessen erste sogenannte Winterschule wurde 1833 gegründet und später nach Geisberg (Wiesbaden) verlegt. Derartige Ausbildungsstätten entstanden dann vielerorts. Sie arbeiteten im Bereich der unteren und mittleren Ausbildungsebene und befaßten sich mit allgemeinen landwirtschaftlichen Belangen, solchen des Gartenbaus sowie der Forstwirtschaft und schlossen selbstverständlich die Viehwirtschaft ein. Die Art der Schulen paßte sich der jeweiligen Landwirtschaft in den einzelnen Ländern an. So bevorzugte man in Gebieten mit mittel- und kleinbäuerlichen Betrieben verstärkt den Typ der Winterschulen, während in solchen mit großbäuerlichen Wirtschaften auch ganzjährige Fachschulen entstanden. Auch das Lehrangebot nahm Rücksicht auf die landwirtschaftliche Struktur der einzelnen Gebiete bis zu Schwerpunkten in der Viehwirtschaft oder dem Ackerbau. DIENER nennt für die heutigen Länder der BRD bis etwa 1870 folgende Anzahl derartiger Fachschulen: Bayern 8, Württemberg-Baden 15, Hessen 2, Niedersachsen 2, Schleswig-Holstein 1 (hier besondere Berücksichtigung von Tierzucht und Tierhaltung).

Neben dieser Entwicklung des Fachschulwesens oder auch ergänzend zu dieser läßt sich der Beginn einer landwirtschaftlichen Beratung erkennen. 1860 erfolgte die Einstellung des ersten landwirtschaftlichen Wanderlehrers PETER GSELL, im Kreise Malmedy/Rheinland (nach FRANZ). Der Gedanke des Wanderlehrers und Beraters durch Fachvorträge oder direkt im Betrieb hat sich bis in die Neuzeit erhalten. GSELL ging 1863 nach Baden und übertrug damit den im Rheinland geborenen Gedanken in den Bereich Südwestdeutschlands mit klein- und mittelbäuerlichen Wirtschaften. Hier hatte eine Beratung oder Anleitung bislang fast gänzlich gefehlt. Nach dem bereits genannten Idsteiner bzw. Geisberger Vorbild (ALBRECHT) richtete er auch Ausbildungsstätten für das Winterhalbjahr ein, und die Kombination mit seiner bisherigen Tätigkeit als Wanderlehrer, insbesondere während der Sommermonate, lag nahe. Daraus entwickelte sich das System des Schulhalbjahres in den Wintermonaten und der zusätzlichen Beratung, die selbstverständlich fortlaufend durchgeführt wurde, jedoch einen Schwerpunkt in den unterrichtsarmen Sommermonaten erhielt. Diese Verbindung von Ausbildung und Beratung fand allenthalben in Deutschland Anwendung.
Der Ausbildungsstoff dieser Fachschulen für die untere und mittlere Ausbildungsebene blieb recht vielseitig und versuchte, sich weiterhin den jeweiligen Gegebenheiten in den einzelnen Ländern anzupassen. VON DER GOLTZ nannte zu Ende des 19. Jahrhunderts für das damalige Deutsche Reich bereits 200 Landwirtschafts-(Winter-)Schulen. Der 1. Weltkrieg unterbrach sowohl das Ausbildungs- wie auch das Beratungswesen. Um so stärker setzte dieses jedoch danach ein, zumal von seiten der Staaten ein vermehrtes Interesse zu bemerken war (Einrichtung von Fachschulreferaten bei den landwirtschaftlichen Ministerien).
1950 zählte WIMMER für die Bundesrepublik Deutschland 200 Fachschulen der verschiedensten Bereiche und Spezialgebiete. War die Viehwirtschaft bei Beginn dieses Ausbildungs- oder Beratungswesens noch zumeist in die allgemeinen landwirtschaftlichen Unterweisungen eingeschlossen, hatte sich im Verlaufe der Zeit jedoch eine notwendige Eigenständigkeit ergeben. Dies sei im folgenden Abschnitt wiedergegeben.

Ausbildungsart und Ausbildungsstätten in der Viehwirtschaft

Die positive Entwicklung der Tierzucht, verstärkt seit der Mitte des 19. Jahrhunderts, erforderte Spezialausbildungen für die verschiedenen Bereiche dieses Zweiges der Landwirtschaft. Über die Heranbildung von Führungskräften wurde bereits berichtet. Daneben sind Fachkräfte im Tierzuchtdienst der unteren und mittleren Ebene immer von besonderer Bedeutung gewesen. Sie lassen sich in 2 Gruppen einteilen:

1. Kräfte in der allgemeinen Betreuung, der Verwaltung und im technischen Dienst bei Organisationen oder staatlichen Stellen für die Viehwirtschaft
2. Kräfte in der Viehwirtschaft der Betriebe

Die unter 1. zu nennenden Mitarbeiter in tierzüchterischen Tätigkeitsbereichen sind entweder aus Ausbildungsstätten der sogenannten Mittleren Ebene (früher Höhere Landbauschule mit Abschluß staatlich geprüfter Landwirt, später Lehranstalten mit ein- bis dreijähriger Ausbildung und Abschluß als staatlich geprüfter Landwirtschaftsleiter – Ing. grad. agr., Dipl.-Ing. agr. (FH.)) hervorgegangen oder sie absolvierten nur die unter 2 hervorzuhebenden Schulen. Letztere sind für die

Entwicklung und Förderung der Tierzucht von besonderer Bedeutung. Dies ist im folgenden ausführlich behandelt.

In der deutschen Landwirtschaft erfolgt die spezielle Betreuung und Versorgung des Viehstapels durch Familienangehörige, oder sie ist eigens dazu eingestellten Fachkräften übertragen. Für letztere hat sich ein eigenes Berufsbild entwickelt mit festen Formen bei Ausbildung mit Abschlußprüfung und Erwerb von Qualifikationen. Staat, Landwirtschaftskammern, Berufsorganisationen u.a. haben sich im Verlaufe der Jahrzehnte bemüht, feste Bestimmungen zu erlassen, die von der Lehrausbildung über die Gehilfenfortbildung bis zur Meister- und Lehrmeisterprüfung reichen. So entstanden die Berufsbilder Melkermeister, Schweinemeister, Schafmeister wie auch Geflügelmeister. Lehrgänge an staatlichen oder staatlich anerkannten Ausbildungsstätten und Prüfungsordnungen wurden zu Garanten eines fest umrissenen Ausbildungsweges. Diese Ausbildungswege wurden verstärkt nach und seit dem 1. Weltkrieg beschritten, teils erhielten die Bestimmungen gesetzliche Verankerungen. Die Ausbildungsvorschriften lagen bei den Ländern oder in landeshoheitlicher Verantwortung. Damit hätten sich unterschiedliche Entwicklungen ergeben können. Es bestand aber immer das Bemühen, weitgehend einheitliche Vorschriften zu behalten. Nicht unerwähnt sei, daß auch Reit- und Fahrschulen zeitlich früh mit der Ausbildung von Fachkräften begonnen haben (Elmshorn – Schleswig-Holstein 1891).

Neben dieser speziellen Ausbildung von Fachkräften hat stets diejenige von Familienangehörigen oder sonstiger, nur gelegentlich in der Viehwirtschaft tätiger Kräfte Sorgen bereitet. Die verschiedenen Organisationen haben sich im Verlaufe der Zeit mit Angeboten an Ausbildungs- und Unterweisungsmöglichkeiten befaßt, wobei die Züchtervereinigungen eine vorrangige Bedeutung erlangten.

Fachlich stand zunächst die ordnungsgemäße Milchgewinnung im Vordergrund des Interesses, und Melkkurse wurden angesetzt. Schrittweise schloß man auch Fütterungsfragen und solche der Haltung (insbesondere Klauenpflege) ein. Der besonders starke Anfall von Arbeiten im Rinderstall des bäuerlichen Betriebes führte somit zu einer vorrangigen Beachtung dieses Aufgabengebietes. Schrittweise kam die Schweinehaltung und -fütterung hinzu wie auch einzelne Gebiete der Kleintierzucht (Geflügelwirtschaft).

Einige Beispiele mögen Hinweise auf die Entwicklung geben, die allmählich zur Einrichtung von Melkerschulen führte, deren weitere Vervollkommnung die heutigen staatlichen Lehr- und Versuchsanstalten für Viehhaltung sind. In den vorliegenden Berichten beschränken sich die Züchterverbände häufig nur auf Hinweise, erwähnen Lehrgänge und Kurse ohne Daten, Teilnehmerzahlen oder auch Art der Veranstaltungen. Einige Mitteilungen geben jedoch einen Einblick in Maßnahmen, die vielerorts zur Durchführung kamen, ohne daß besondere Mitteilungen über Ansatz und Ergebnis erfolgten.

So teilt HECKER mit, daß im Allgäu bereits gegen Ende des 19. Jahrhunderts Tierhaltungskurse (einschließlich Klauenpflege) stattgefunden haben. Ab 1904 wurde in der Allgäuer Melkmethode unterwiesen, und 1905 erfolgte die Einrichtung der Viehhaltungsschule Gaishof bei Memmingen, später Spitalhof bei Kempten. Der Milchwirtschaftsverein, unterstützt durch den Züchterverband (somit Privatinitiative), schufen diese Ausbildungsmöglichkeiten und Ausbildungsstätten im Allgäu, die später in staatliche Leitung und Verwaltung übergingen. – Der Zuchtverband für Fleckvieh in Pfaffenhofen begann 1911 mit Melkkursen, um eine fachliche Weiterbildung der Mitglieder oder ihrer Hilfskräfte zu erreichen. Diese Lehrgänge wurden in Privatbetrieben abgehalten (1. Kursus bei von Gumppenberg, Pöttmes). – Im mitteldeutschen Raum wurden 1911 in Niederrottenheim bei Löbau/Sachsen Lehrgänge eingerichtet (Unterstützung des Landesministeriums, des Landeskulturrates, durchgeführt von der Gesellschaft für Viehzucht und Weidewirtschaft, Leipzig). – In Bayern forderte 1913 die damalige Landestierzuchtverwaltung die Kreisackerbauschule Triesdorf auf, Viehhaltungs- und Melkkurse abzuhalten, die baldigst aufgenommen, jedoch durch den Kriegsausbruch unterbrochen wurden.

Diese Beispiele über den Beginn und die Aufnahme von Lehrgängen im Zeitraum kurz vor dem 1. Weltkrieg ließen sich vermehren. Wie erwähnt, liegen sie sporadisch aus dem Bereich des gesamten damaligen Deutschen Reiches vor. Allgemein erfolgte die Anregung für diese Ausbildung fast immer von seiten der Tierhalter oder -züchter und ihrer bereits bestehenden Organisationen. Staatlicherseits ist allerdings sehr bald ein wachsendes Interesse und eine zunehmende Förderung zu erkennen. Der 1. Weltkrieg verzögerte oder unterbrach diese Entwicklung.

Nach 1918 setzt in Fortsetzung des geschilderten Beginns dieser Ausbildungen ein allgemeines Bemühen um die Fortbildung der Kräfte in der Viehwirtschaft ein. Dabei steht weiterhin die Rinder- und Schweinehaltung im Vordergrund des Interesses, gefolgt von der Kleintier-, insbesondere Geflügelzucht. Beim Rind sind es die Züchtervereinigungen, Landwirtschaftskammern oder auch die staatliche Verwaltung, die Melker- und Viehhaltungsschulen entstehen lassen.

Zugleich stellen die Zuchtverbände, Tierzuchtämter und andere staatliche Stellen Beratungskräfte ein (Wanderlehrer für Melken, Klauenpflege u.a.). Auch hier mögen einige Beispiele die Entwicklung charakterisieren:

1918 erwirbt der Zuchtverband für Fleckvieh in Niederbayern Altenbach und richtet dort eine Ausbildungsstätte ein, die bis 1960 besteht.

1925 wird Echem bei Lüneburg durch den dortigen Rinderherdbuchverband übernommen und als Melkerschule eingerichtet; bereits 1926 erfolgt die staatliche Anerkennung.

1926 wird in Schleswig-Holstein (Landwirtschaftskammer und Verbände) auf dem damaligen Provinzialgut Bokelholm bei Rendsburg eine Melkerschule eingerichtet, 1929 nach Rickling bei Segeberg verlegt, um dann unter starker Erweiterung im Jahr 1934 in Sophienhof bei Flensburg eine Heimat zu finden (heute in Futterkamp/Plön).

1931 erwirbt der Staat Württemberg Aulendorf und gründet dort eine Viehpflege- und Melkerschule.

Die Ausbildungsstätten bilden sowohl das in der Viehwirtschaft hauptberuflich tätige Personal mit Gehilfen- und Meisterlehrgängen wie auch alle sonstigen in der Viehwirtschaft tätigen Kräfte aus.

1934 bestehen folgende Anstalten, die allgemein die Bezeichnung Viehhaltungs- und Melkerschule erhalten:

Ramten/Ostpreußen
Luisenhof/Mark
Schneidemühler Hammer/Grenzmark
Proskau/Schlesien
Ohlau-Baumgarten/Schlesien
Bertkow/Provinz Sachsen

Sophienhof/Schleswig-Holstein
Echem/Hannover
Rothertshausen/Hannover
Stromberg/Westfalen
Haina/Kassel
Kellen/Rheinprovinz
Machensen/Pommern
Drosedow/Pommern
Klein-Wockern/Mecklenburg
Aulendorf/Württemberg
Neumühle/Pfalz
Haus Düsse/Westfalen (ab 1937)
Pillnitz/Sachsen
Jena-Zwätzen/Thüringen
Altenbach/Bayern
Almesbach/Bayern

Erwähnt wurde, daß im Verlaufe der Entwicklung die entstehenden Ausbildungsstätten verschiedene Tierarten, zumindest Rind und Schwein, einschlossen. Vorübergehend bestanden jedoch auch artenspezifische Schulen oder Beratungsstellen. Teilweise blieben sie sogar erhalten. Im Bereich der Schweinehaltung zeigte sich bereits vor dem 1. Weltkrieg das Bemühen, Ausbildungseinrichtungen zu schaffen. So beabsichtigte die Gesellschaft Deutscher Schweinezüchter 1902 die Errichtung einer Ausbildungsstätte für Schweinemeister, ein Vorhaben, welches erst 1918 mit der Gründung von Ruhlsdorf bei Berlin verwirklicht wurde.

Darüber hinaus richteten die Schweinezüchterverbände auf regionaler Ebene Ausbildungsmöglichkeiten ein. 1921 wurden in der Versuchs- und Lehrwirtschaft Kehrberg, Kreis Greifenhagen, Schweinemeisterkurse eingeführt. 1927 entstand die Lehrwirtschaft für Schweinezucht des Verbandes Lüneburger Schweinezüchter in Ebstorf, und 1928 fand die Gründung des Lehrschweinehofes Hohehorst bei Bremen statt (Verband Stader Schweinezüchter).

Auch für die übrigen Tierarten entstanden Ausbildungs- und Unterweisungsstätten, zumeist eingerichtet und getragen von Privatverbänden und Züchtervereinigungen, jedoch unterstützt vom Staat und später häufig von diesem übernommen.

Das Lehrangebot der Schulen für Viehwirtschaft hat sich im Verlaufe der letzten Jahrzehnte immer mehr gewandelt, insbesondere wurde es erweitert. Es schließt heute die Ausbildung von in den Viehwirtschaften arbeitenden Kräften als Familienangehörige oder Hilfskräfte, die gesetzlich geregelte Ausbildung des Fach-Viehpflegepersonals ein und ist erweitert worden um Lehrgänge für Milchkontrollassistenten bis zu solchen für Anwärter des höheren Tierzuchtdienstes. Die aus Melkerschulen und einfachen Einrichtungen entstandenen heutigen Lehr- und Versuchsanstalten für Viehwirtschaft haben somit eine vielfältige Aufgabenstellung erhalten mit einer ungemein starken Möglichkeit der Förderung in allen Bereichen der Tierzucht.

1961 wird in CAMENZIND – „Erfolgreiche Rinder- und Schweinezucht" – ihre Aufgabe wie folgt umrissen:

a) die Durchführung von Lehrgängen für junge Landwirte, Landwirtstöchter und auch Molkereifachleute zu dem Zweck, sie in Viehpflege, Fütterung, Melken und Milchbehandlung praktisch und theoretisch auszubilden;

b) die Durchführung von Grundlehrgängen für Melkerlehrlinge, um ihnen zum Abschluß ihrer praktischen Lehrzeit eine zusammenfassende, theoretische und praktische Ausbildung zu geben mit dem Ziel, den Gehilfenbrief zu bekommen;
c) die Durchführung von Fortbildungslehrgängen für Melkergehilfen mit dem Zweck, sie für die Aufgaben eines Melkermeisters vorzubereiten und ihnen am Schluß des Lehrganges nach der Prüfung den Melkermeisterbrief überrreichen zu können;
d) die Durchführung von Lehrgängen für Leistungsprüfer und Kontrollassistenten mit dem Endziel, geeignete Personen für die praktische und theoretische Durchführung der Milchleistungsprüfungen zu bekommen;
e) die Durchführung von Lehrgängen für Klauenpflege, um damit in den Viehbeständen eine bessere Gesundheit und ein längeres Lebensalter erreichen zu können, indem geeignete Leute ausgebilet werden, die die Klauenpflege praktisch in den einzelnen Betrieben gegen Entgelt durchführen können;
f) die Durchführung von Melkmaschinenkurzlehrgängen, um auch auf diesem Gebiete für die bäuerliche Praxis eine Möglichkeit zu schaffen, sich innerhalb kurzer Zeit mit den verschiedenen Eigenheiten und Erfahrungen, die der Einsatz der Melkmaschine erfordert, vertraut zu machen;
g) in den einzelnen Anstalten werden verschiedene andere Lehrgänge durchgeführt, um die Kapazität der Schulen voll für das ganze Jahr auslasten zu können. Es sind dies Grünlandlehrgänge, Fütterungslehrgänge, Geflügelzuchtlehrgänge usw.;
h) die Durchführung von Ausbildungslehrgängen für Referendare auf dem Gebiete der Tierzucht, um für die Ableistung ihrer Zuchtleiterprüfung eine gewisse praktische Erfahrung vertiefen zu können;
i) die Durchführung von Fütterungs- und Aufzuchtversuchen auf dem gesamten Gebiet der Viehhaltung, um für die Praxis wichtige Erkenntnisse und Erfahrungen bei der Verwendung einzelner Aufzucht- und Fütterungsmethoden zu gewinnen, die nach den neueren wissenschaftlichen Erkenntnissen an den Hochschulinstituten erarbeitet worden sind.

1960 bestehen in der BRD folgende Anstalten:

Sophienhof bei Flensburg (Schleswig-Holstein)
Echem bei Lüneburg (Niedersachsen)
Loga-Meierhof bei Leer (Ostfriesland) (1929 Rothershausen, 1949 Rupennest, (Niedersachsen)
Kellen bei Kleve (Nordrh.-Westf.)
Haus Düsse bei Ostinghausen (Nordrh.-Westf.)
Gelsterhof bei Witzenhausen/Werra (Hessen)
Neumühle bei Münchweiler (Rheinland-Pfalz)
Grub/Poing/München (Bayern)
Kringell bei Hutthurm/Passau (Bayern)
Altenbach bei Landshut (Bayern)
Almesbach bei Weiden/Oberpfalz (Bayern)
Spitalhof/Kempten/Allgäu (Bayern)
Achselschwang bei Utting/Ammersee (Bayern)
Triesdorf/Ansbach (Bayern)
Schwarzenau bei Kitzingen (Bayern)
Aulendorf bei Ravensburg (Baden-Württemberg)

1980 stehen in der BRD folgende Ausbildungsstätten für die genannten speziellen Aufgaben zur Verfügung:

Lehr- und Versuchsanstalt für Tierhaltung Futterkamp bei Lütjenburg (Schleswig-Holstein)

Lehr- und Versuchsanstalt für Tierhaltung Echem bei Lüneburg (Niedersachsen)
Lehr- und Versuchsanstalt für Tierhaltung Haus Riswick bei Kleve (Nordrhein-Westfalen)
Lehr- und Versuchsanstalt für Tier- und Pflanzenproduktion Haus Düsse bei Ostinghausen (Nordrhein-Westfalen)
Lehr- und Forschungsanstalt Eichhof bei Bad Hersfeld (Hessen)
Lehr- und Versuchsanstalt für Tierhaltung Neumühle bei Münchweiler (Rheinland-Pfalz)
Versuchs- und Lehranstalt für Schweinezucht und -haltung Forchheim (Baden-Württemberg)
Lehr- und Versuchsanstalt für Tierhaltung Aulendorf (Baden-Württemberg)
Lehr- und Versuchsanstalt für Tierhaltung Spitalhof/Kempten (Bayern)
Lehr- und Versuchsanstalt für Tierhaltung Schwarzenau bei Kitzingen (Bayern)
Lehr- und Versuchsanstalt für Tierhaltung Almesbach bei Weiden (Bayern)
Landwirtschaftliche Lehranstalten Triesdorf/Mfr. (Bayern)
Viehhaltungs- und Melkerschule Schönbrunn bei Landshut (Bayern)
Lehranstalt für Tierhaltung Achselschwang/Obb. (Bayern)
Landesanstalt für Tierhaltung Grub/Poing (Bayern)
Lehr- und Versuchsanstalt für Tierhaltung Kringell bei Hutthurm (Bayern)

2.3.4 Forschungsanstalten

(BRD, DDR und vor 1945 bestehende oder aufgelöste Anstalten)

Forschungsanstalt für Landwirtschaft Braunschweig-Völkenrode
Gründung 1948

1948 Institut für Tierernährung (Direktor: 1948–1965 Karl Richter, dann H. J. Oslage)
1950 Institut für Konstitutionsforschung (Direktor: 1950–1954 W. Zorn, 1954–1961 O. A. Sommer)
1961 Auflösung des Instituts für Konstitutionsforschung
1974 Übernahme der Institute für Tierzucht Mariensee/Trenthorst und Kleintierzucht Celle – s. dort

Landwirtschaftliche Versuchs- und Forschungsanstalten in Bromberg und in Landsberg/Warthe
Bromberg
1902 Berichte über die Absicht, in Bromberg eine Landwirtschaftliche Hochschule einzurichten.
1906 Gründung und Einrichtung einer Landwirtschaftlichen Versuchs- und Forschungsanstalt in Bromberg.
Träger: Preußisches Landwirtschafts-Ministerium.
Name: Kaiser-Wilhelm-Institut für Landwirtschaft
Leiter: Gerlach

Abteilung für: Agrikulturchemie
Pflanzenkrankheiten
Meliorationswesen
Tierhygiene

1920 Abgabe der Anstalt an Polen.

1939 Übernahme des 1920 an Polen gegebenen Instituts (inzwischen fast unverändert geblieben).

1940 Ausbau der Einrichtungen zur „Reichsforschungsanstalt für Landwirtschaft in Bromberg" (Verwaltungsdirektor: G. Dietrich von Landsberg nach Bromberg versetzt) mit Instituten für Acker- und Pflanzenbau
Futterbau
Betriebslehre
Arbeitstechnik
Tierhaltung (Leiter G. Dietrich)

Landsberg/Warthe

1920 Gründung und Einrichtung einer Preußischen Versuchs- und Forschungsanstalt in Landsberg/Warthe mit 4 Instituten:
Acker- und Pflanzenbau
Futterbau
Betriebswirtschaft
Tierhaltung (Leiter G. Dietrich).

1940–1945 Schließung des Instituts für Tierhaltung in Landsberg nach Verlegung nach Bromberg (Anstalt Landsberg mit übrigen Instituten bleibt bestehen).

Forschungsanstalt für Kleintierzucht in Celle

1935 Staatlich anerkannte Versuchs- und Forschungsanstalt für Seidenbau.

1938 Reichsforschungsanstalt für Seidenbau.

1942 Reichsforschungsanstalt für Kleintierzucht unter Erweiterung der Aufgabenstellung auf alle Nutzkleintiere (Geflügel, Kaninchen, Ziegen, Milchschafe und Pelztiere).

1945 Zentralforschungsanstalt für Kleintierzucht.

1950 Bundesforschungsanstalt für Kleintierzucht (Bundesministerium für Ernährung, Landwirtschaft und Forsten unterstellt), Untersuchungsstelle für Bienenvergiftungen angeschlossen.

1974 Institut für Kleintierzucht der Bundesforschungsanstalt für Landwirtschaft, Braunschweig-Völkenrode (FAL).

Direktoren:

1938–1955 Albert Koch (ab 1927 Leiter des Landesinstituts für Bienenzucht, Celle)

1955–1973 Alfred Mehner

1973– Rose-Marie Wegner

Institut für Tierzuchtforschung Dummerstorf

1939 Gründung eines Instituts für Tierzuchtforschung der Kaiser-Wilhelm-Gesellschaft, Berlin, in Dummerstorf bei Rostock.
1945 Verlegung von Teilen der Anstalt Dummerstorf nach Mariensee bei Neustadt a. Rübenberge.
1952 Übernahme des Instituts in Dummerstorf durch Deutsche Akademie der Landwirtschaftswissenschaften, Berlin.

Direktoren:
1939–1940 Gustav Frölich
1940–1945 Jonas Schmidt (zugleich Ordinarius für Tierzucht in Rostock und Berlin)
1945–1948 komm. Leitung durch R. Römer (früher Halle-Cröllwitz) und Artur Moor (früher Breslau)
1949–1952 Fritz Haring (zugleich Ordinarius für Tierzucht in Rostock)
1953–1963 Wilhelm Stahl (zugleich Ordinarius für Tierzucht in Rostock und Berlin)
1963– verschiedene Leiter bzw. Leitungsgremien

Süddeutsche Versuchs- und Forschungsanstalt für Milchwirtschaft Freising-Weihenstephan

1877 Einrichtung einer Versuchsstätte für Molkereiwesen in Weihenstephan.
1923 Gründung der Süddeutschen Versuchs- und Forschungsanstalt für Milchwirtschaft in Weihenstephan als Einrichtung des Bayerischen Staates mit Unterstützung des Reiches und der Milchwirtschaftsverbände und -organisationen.
Die folgenden Abteilungen wurden eingerichtet:
1. Betriebstechn.-landwirtschaftliche Abteilung
2. Chemisch-physikalische Abteilung
3. Bakteriologische Abteilung
Die Anstalt stand seit ihrer Einrichtung in enger räumlicher und personeller Bindung mit dem Milchwirtschafts-Institut (Gründung 1902) der Hochschule für Landwirtschaft und Brauerei, später der Fakultät für Landwirtschaft und Gartenbau der Technischen Universität und mit der Staatlichen Molkereischule (Gründung 1901). Ab 1923 Bezeichnung: „Milchwirtschafts-Institut, Staatliche Molkereischule und Süddeutsche Versuchs- und Forschungsanstalt für Milchwirtschaft".
1938 Gliederung der 1923 eingerichteten 3 Abteilungen der Anstalt wie folgt:
1. Institut für Milcherzeugung (Aufteilung der Arbeitsbereiche der bisherigen Abteilung für Betriebstechn.-Landw.)
2. Institut für Milchverwertung
3. Bakteriologisches Institut
4. Chemisch-Physikalisches Institut
5. Institut für Milchw. Maschinenwesen
(ab 1937 in Weihenstephan, vorher Prüfungsamt für Milchgeräte – ab 1921 – unter B. Martiny in Halle/S.)
1964 Umbenennung des Instituts für Milchverwertung in Institut für Betriebswirtschaft.

1966 Umwandlung des Instituts für Milcherzeugung in Institut für Physiologie.
1973 Auflösung der Staatlichen Molkereischule – Übergang der Aufgabenstellung auf Fachschulstudiengang.
1974 Umorganisation im Rahmen der Ausführungsbestimmungen des Bayerischen Hochschulgesetzes. Bisheriges einheitliches Direktorat für Milchwirtschaftliches Institut der Fakultät (Lehrstuhl), Süddeutsche Versuchs- und Forschungsanstalt und Staatliche Molkereischule entfällt. Nunmehr Kollegialleitung mit wechselndem Geschäftsführer. An der Süddeutschen Versuchs- und Forschungsanstalt bestehen folgende Institute:
1. Institut für Physiologie
2. Institut für Betriebswirtschaft
3. Bakteriologisches Institut
4. Chemisch-Physikalisches Institut
5. Institut für Milchwirtschaftliches Maschinenwesen

Leiter der Süddeutschen Versuchs- und Forschungsanstalt:
1923–1936 Anton Fehr (während der Tätigkeit von F. als Reichsminister und Bayerischer Minister vertreten durch Th. Henkel)
1936–1946 Karl Zeiler (kommissarisch)
1946–1950 Anton Fehr
1950–1957 Karl Zeiler
1957–1974 Friedrich Kiermeier
ab 1974 Kollegialleitung mit wechselnder Geschäftsführung

Bayerische Landesanstalt für Tierzucht in Grub
1918 Ankauf des Gutes Grub durch bayerische Fleischversorgungsstelle (Stammkapital: Bayerischer Staat und Zuchtverbände) im Rahmen der „Dr.-Attinger-Stiftung zur Förderung der bayerischen Tierzucht“. Umbauten und ab 1923 Beginn von Lehrgängen auf den verschiedenen Ausbildungsebenen der Tierzucht. Daneben Aufnahme einer umfangreichen Forschungstätigkeit sowie weitläufige Beratung.
1940 Bayerische Landesanstalt für Tierzucht (dem Ministerium für Ernährung, Landwirtschaft und Forsten unterstellt). Für Versuchsvorhaben stehen neben Grub die Tierbestände mehrerer Staatsbetriebe zur Verfügung, u.a. Achselschwang, Neuhof und Schwaiganger.

Leiter der Anstalt
1921–1936 Fritz Stockklausner
1936–1938 Wohlgemuth
1938–1942 Ranke
1942–1945 Administrator Schreibauer
1945–1947 Borghoff
1947–1954 Wilhelm Zorn
1954–1959 Otto A. Sommer
1959– Hermann Bogner

Bundesanstalt für Milchforschung in Kiel

1922 Gründung und Einrichtung der Preuß. Versuchs- und Forschungsanstalt für Milchwirtschaft in Kiel unter Übernahme der Institute für Chemie und für Bakteriologie der bisherigen Versuchsstation und Lehranstalt für Molkereiwesen der Landwirtschaftskammer Schleswig-Holstein (1877 als Milchwirtschaftliche Versuchsstation durch landwirtschaftlichen Generalverein gegründet, 1897 nach Übernahme durch Landwirtschaftskammer Umbenennung). Im Gründungsjahr 1922 bzw. 1923 folgende Institute (teils Übernahme, teils Neueinrichtungen):
1. Chemisches Institut
2. Bakteriologisches Institut
3. Physikalisches Institut
4. Institut für Milchverwertung
5. Institut für Milcherzeugung
6. Institut für Maschinenwesen

1935 Umbenennung der Anstalt in Reichsforschungsanstalt für Milchwirtschaft. Erweiterung um das Institut für Futterbau (1960 aufgelöst). Abteilung für Milchhygiene (1932 gegründet) wird Institut für Milchhygiene.

1945 Umbenennung in:
Bundesanstalt für Milchforschung mit folgender Gliederung (1975):
Institut für Milcherzeugung/mit Abteilung für Tierernährung
Institut für Milchhygiene
Institut für Mikrobiologie
Institut für Chemie
Institut für Physik
Institut für Betriebswirtschaft und Marktforschung (früher Institut für Milchverwertung)
Institut für Verfahrenstechnik (früher Maschinenwesen)

	Leiter der Gesamtanstalt		Direktor des Instituts für Milcherzeugung
1922–1923	Hermann Weigmann	1923–1946	H. Bünger
ab 1923	Wahl eines Institutsdirektors als Verwaltungsleiter für jeweils 2 Jahre	1947–1954	W. Kirsch
		1955–1966	A. Orth
		1967–	H. O. Gravert

Bundesanstalt für Fleischforschung in Kulmbach

1938 Gründung der Reichsanstalt für Fleischforschung in Berlin.

1944 Zerstörung der Gebäude in Berlin durch Kriegseinwirkung und Verlegung der Anstalt nach Kulmbach.

1945 Weiterführung der Anstalt auf privatrechtlicher Grundlage.

1949 Zentralforschungsanstalt für Fleischwirtschaft in Kulmbach.

1950 Bundesanstalt für Fleischforschung in Kulmbach mit folgendem Aufbau:
Institut für Fleischerzeugung
Institut für Technologie
Institut für Bakteriologie und Histologie
Institut für Chemie und Physik

Institut für Tierzucht und Tierernährung Mariensee – Trenthorst

1946 Einrichtung eines Instituts für Tierzucht und Tierernährung der Max-Planck-Gesellschaft, Göttingen, in Mariensee bei Neustadt a. Rübenberge; später erweitert durch die Betriebe Mecklenhorst bei Neustadt a. Rübenberge und Trenthorst-Wulmenau bei Lübeck.

1974 Übernahme des Instituts von der Forschungsanstalt für Landwirtschaft in Braunschweig-Völkenrode (FAL); Umbenennung in Institut für Tierzucht und Tierverhalten.

Direktoren

1945–1946 Jonas Schmidt

1948–1972 Max Witt

1976– Diedrich Smidt

Rostock/Leipzig-Möckern

Oskar-Kellner-Institut für Tierernährung Rostock der Deutschen Akademie der Landwirtschaftswissenschaften zu Berlin

1952 Gründung (Leitung: Kurt Nehring 1952–1963). Nachfolge und Übernahme der Aufgabenstellung der 1851 in Leipzig-Möckern eingerichteten ersten deutschen landwirtschaftlichen Versuchsstation. Letztere nahm unter Leitung von Gustav Kühn (gestorben 1892) bedeutungsvolle, weltweit bekannt gewordene Forschungen zur Tierernährung auf.

ab 1893 Leitung Oskar Kellner und Gustav Fingerling (1912–1944).
Nach Verlegung des Instituts nach Rostock Verbleib einer Außenstelle des nunmehrigen Oskar-Kellner-Instituts Rostock in Leipzig-Möckern.

1956 Einrichtung eines Instituts für Tierernährung der Landwirtschafts-Fakultät Leipzig (vorher Lehrbeauftragte für Tierernährung im Bereich der landwirtschaftlichen Ausbildung der Universität Leipzig).

Versuchs- und Forschungsanstalt für Schweinehaltung Ruhlsdorf bei Berlin

1918 Gründung einer Versuchs- und Forschungsanstalt für Schweinehaltung in Ruhlsdorf bei Berlin auf privatrechtlicher Basis (GmbH, 1. Vorsitzender F. von Lochow).

1935 Überführung in Staatliche Verwaltung als Preußische Versuchs- und Forschungsanstalt.

1945 Fortsetzung der Tätigkeiten als Lehr- und Forschungsanstalt.

Direktoren

1918–1930 Karl Müller

1930–1945 Wilhelm Stahl

1945– W. Ritze

Preußische Versuchs- und Forschungsanstalt für Tierzucht in Tschechnitz (später Umbenennung in Kraftborn) bei Breslau

1923 gegründet (nach 1933 Reichsforschungsanstalt)

Dir.: W. Zorn (s. auch S. 496) – mit Instituten: Tierzüchtung (W. Zorn); Haustierfütterung (K. Richter); Grünlandwirtschaft u. Futterbau (A. Tiemann).

E Entstehung und Entwicklung der deutschen Haus-/Nutztierrassen

In den vorhergehenden Abschnitten ist die Entwicklung und Förderung der landwirtschaftlichen Haustierhaltung im 19. und 20. Jahrhundert unter Einwirkung und Arbeit der verschiedenen staatlichen und privaten Bereiche beschrieben und analysiert worden. Dabei sind bei den einzelnen Tierarten die aus kleineren Gruppen und Schlägen entstandenen Rassen fortlaufend erwähnt, insbesondere auch die nach 1900 zunehmende Erfassung und Bewertung der Leistungseigenschaften und -merkmale wiedergegeben worden, ohne auf eine zusammenhängende Rassenentwicklung einzugehen.

Im folgenden ist nun in einer Art zusammengefaßter Form das Ergebnis des vielfachen Bemühens um diese Rassen und ihre Entwicklung zusammengestellt, oder, anders ausgedrückt, es wurde versucht, den Weg vom Durcheinander von Gruppen und Schlägen um 1800 bis zum heutigen, überschaubaren Bild bei den einzelnen Tierarten aufzuzeigen.

Die Abbildungen sollen versuchen, nach der Beschreibung zur Entwicklung, Exterieurausprägung und Leistungen der deutschen Haustierrassen auch visuell einen Eindruck zu geben. Dieses Bemühen ist nicht ohne Problematik. Vor Anwendung der Fotografie, aber auch als diese Möglichkeit bereits bestand, sind zahlreiche Tierabbildungen als Gemälde oder Zeichnungen entstanden. Hier hat dem Künstler des öfteren das Wunschbild des Züchters vorgeschwebt. So existieren bereits im 19. Jahrhundert oder um die Jahrhundertwende Tierabbildungen, die sicherlich ein angestrebtes Zuchtziel, kaum jedoch das tatsächliche Erscheinungsbild darstellen. An anderer Stelle dieses Buches (s. S. 431) ist hervorgehoben, daß die DLG die Bedeutung naturgetreuer Wiedergabe der Tiere schon früh erkannte und hierfür bereits 1894 einen Ausschuß einsetzte. Auf den großen Tierschauen hat die Fotografie bald den notwendigen breiten Raum eingenommen.

Es sei nicht unerwähnt, daß Tierfotografie immer schwierig war. Das Tier soll von seiner „besten Seite" gezeigt werden. Der Tierbeurteiler oder Preisrichter sieht die Tiere in der Bewegung und im Stehen, d. h. mannigfach, während der Fotograf nur einen Moment erfaßt, und dieser soll das Individuum – zumeist sind es Spitzentiere der Rasse – als Vertreter des jeweiligen Zuchtzieles wiedergeben. Nicht verschwiegen sei auch, daß die Möglichkeit der Retusche im Zeitraum verstärkter Beachtung des Tier-Exterieurs Bedeutung gehabt hat. Sofern dies bemerkt oder vermutet wurde, sind derartige Abbildungen nicht aufgenommen worden.

Die Abbildungen folgen als Ergänzungen jeweils den einzelnen Rassen bzw. den Rassengruppen.

Zu der folgenden Zusammenstellung sei auch vermerkt, daß sie begrenzt werden mußte, so daß der Leser und der Betrachter der Abbildungen hier und da Lücken feststellen wird. Der tragbare Umfang des Buchabschnittes verlangte jedoch eine Beschränkung.

1 Entstehung und Entwicklung der deutschen Pferderassen

1.1 Allgemeines

Im Vergleich mit anderen Haustierformen wurde das Pferd zwar relativ spät domestiziert, erfuhr dann aber eine schnelle Verbreitung und intensive Nutzung. Letztere zeigt allerdings bei der starken Verwendung des Pferdes in allen Kulturkreisen des Menschen regionale Unterschiede. Sie tritt als Reit-, Zug-, aber auch Lasttier in Erscheinung sowohl für wirtschaftliche Belange, insbesondere aber für kriegerische Zwecke. Vor allem der Einsatz dieses Haustieres im Kriegsdienst hat seine Formen und Rassen- oder Typausprägungen stark beeinflußt. So konnten ostasiatische Völker nur mit leichten, beweglichen Pferden bis nach Europa vordringen, Araber eroberten unter Einsatz ihrer harten und leistungsfähigen Pferde Nordafrika und Spanien, und die sogenannten Ritterpferde des frühen Mittelalters mußten kräftig und schwer sein, um Mann und Rüstung im Kampf zu tragen. Nach Erfindung des Schießpulvers war dann wiederum ein leichteres, bewegliches Pferd erforderlich. Daneben haben selbstverständlich auch wirtschaftliche Belange den Pferdetyp geprägt. Wagenpferde wurden gefordert, und auch ein Nur-Zugpferd wie das europäische Kaltblut fand zeitlich früh Beachtung und Verbreitung. Nimmt man eine Prägung des Typs durch die Umwelt hinzu (trockene bis grazile Formen der heißen Klimate Vorderasiens – kräftige Ausprägungen mit viel Unterhautbindegewebe Nordwesteuropas), dann sind die vielfältigen Rassenbildungen zu erklären, die allenthalben zu beobachten waren.
Das Pferd wurde auch im deutschen Raum schon sehr früh ein auf der einen Seite sehr notwendiges, auf der anderen Seite auch beliebtes Haustier. Es ist somit keineswegs verwunderlich, wenn bereits im Mittelalter Bücher zur Haltung und Pflege von Pferden erschienen (so FUGGER: Von der Gestüterey, 1578), die den Gestüten an Fürstenhöfen, Klöstern u.a. Anweisungen gaben. Insbesondere das späte Mittelalter und der Übergang in die Neuzeit erbrachten für die Pferdezucht in Deutschland mannigfache Beeinflussungen und Änderungen. Dabei sei grundsätzlich nicht übersehen, daß dieses Haustier beweglicher als andere Haustiere ist und damit leicht verpflanzt werden kann, wie es auch schon seit dem Altertum als Geschenk zwischen Fürstenhöfen Verwendung fand. Eine frühe und fortlaufende Vermischung der in den verschiedenen Regionen vorhandenen Typausprägungen ist somit nicht nur anzunehmen, sondern hat tatsächlich stattgefunden. So sind die Kreuzzüge und das Zusammentreffen mit orientalischen Pferden wie auch deren Mitnahme zu erwähnen, Einflüsse neapolitanischer und spanischer Pferde in Mitteleuropa hervorzuheben. Auch umgekehrt gingen Pferde aus deutschen Zuchten ins Ausland (z.B. schenkte Karl der Große Pferde aus seinen Königshöfen an Papst Hadrian I.).
Die Variationen bei den Typausprägungen der im deutschen Raum gehaltenen Pferde sind fast zahllos. Dies besonders stark im 16. und 17. Jahrhundert. Sie weichen jedoch im Verlaufe des 18. Jahrhunderts allmählich einer wachsenden Konsolidierung. Die Begründung liegt nach dem Zerfall des Rittertums in der Erfindung des Schießpulvers und der verstärkten Entwicklung von Handel und Wandel. WRANGEL sagt zu der Situation nach dem Zerfall des Rittertums und allgemeiner Änderung der Kriegsführung: „Zu Ritten über Land und auf der Jagd bediente man sich indessen sowohl im Mittelalter wie auch später leichter orientali-

scher Zelter oder Klepper (neben dem schwereren sogenannten Ritterpferd, d. Verf.). Dieser Tatsache ist es auch zuzuschreiben, daß mit dem Verfall des Rittertums und der Einführung der Feuerwaffen das edle Blut immer mehr in den Vordergrund tritt, während die schweren Schläge ihrer naturgemäßen Bestimmung, dem Dienst vor der Karosse, dem Lastwagen und dem Pflug zugeführt werden." Die Haltung und Züchtung leichterer Pferde zumeist in Hofgestüten des 16. und 17. Jahrhunderts betont die Verwendung von Pferden aus dem Orient, Italien und Spanien und findet Ausdruck in Paradepferden für Hofkutschen oder auch in der eifrig gepflegten „Hohen Schule", während die allmählich erstarkende Wirtschaft schwerere Typen fordert. Insgesamt gesehen herrschte ein großes Durcheinander, und die Fürstenhöfe stoßen auf die Sorge, die Kavallerie ihrer stehenden Heere aus angeworbenen oder ausgehobenen Leuten mit brauchbaren Pferden beritten zu machen. Es ist somit keineswegs verwunderlich, wenn im 18. Jahrhundert allenthalben versucht wird, der Landespferdezucht aufzuhelfen und über die Hofgestüte hinaus Landgestüte einzurichten. So entstehen 1724 Beberbeck, 1730 Triesdorf, 1732 Trakehnen, 1735 Celle, 1752 Zweibrücken, 1788 Neustadt/Dosse, um nur einige der zahlreichen Einrichtungen in den verschiedenen Ländern des damaligen deutschen Raumes zu nennen (s. Gestüte S. 439).
Die Entwicklung war jedoch keineswegs einheitlich. Kreuzungstheorie (BUFFON) und Konstanztheorie (JUSTINUS) trugen zu den vielfältigen Auffassungen über die Züchtungsmaßnahmen bei. Hinzu kam im 19. Jahrhundert das starke Aufblühen von Landwirtschaft und Gewerbe mit ihrem Verlangen nach kräftigen Zugpferden im Gegensatz zu den Forderungen des Militärs nach leichteren Typen. Im Verlaufe des 19. Jahrhunderts schälen sich allerdings Gruppen und Rassen heraus, die unter dem Einfluß des Reinzucht-Denkens eine zunehmende Konsolidierung erfuhren.
Wie wurde nun eingeteilt? Die beschriebene, immer schon starke und schnelle Vermischung entstandener Gruppierungen macht beim Pferd zumeist eine nur weitflächige Einteilung in Rassen oder Rassengruppen möglich. Eine Gruppierung des Engländers HAMILTON SMITH nach der Farbe in 5 Abteilungen erwies sich nach S. VON NATHUSIUS als völlig wertlos. Auch eine Rangierung von FITZINGER
1. das nackte Pferd: *Equus nudus*
2. das wilde orientalische Pferd: *E. caballus*
3. das leichte Pferd: *E. velox*
4. das schwere Pferd: *E. robustus*
5. das Zwergpferd: *E. nanus*
6. das englische Pferd: *E. caballus anglicus*
fand wenig Anhänger.
Besser und in der Praxis brauchbarer hat sich immer die mehr oder weniger weitflächige Gruppierung nach leichten und schweren Pferden erwiesen. Ebenso ist eine Einteilung nach orientalischen und okzidentalen Pferden üblich geworden. H. VON NATHUSIUS führte die Bezeichnungen „warmblütig" und „kaltblütig" ein und drückte damit das Temperament der Pferde aus, da bereits MAY nachwies, daß zwischen den tatsächlichen Körpertemperaturen kein Unterschied besteht. Vertreter der temperamentvollen warmblütigen Pferderassen sind die leichteren Araber, englisches Vollblut u. a., während das norische Pferd sowie die Belgier den schwerfälligeren Kaltblütern zuzurechnen sind. Diese Bezeichnungen haben sich in Deutschland erhalten, während das Ausland sie kaum kennt. S. VON NATHUSIUS führte dann eine weitere Gruppierung nach Reitpferden, Wagenpferden und Last-

pferden oder auch Lauf- und Schrittpferden ein. Nimmt man auch geographische Gesichtspunkte hinzu, dann gibt es eine Vielzahl von Gesichtspunkten bei der Einteilung der Pferderassen. Der Vollständigkeit halber sei auch erwähnt, daß die Farbe des Pferdes beim Einzeltier immer eine beachtliche Rolle gespielt hat. Sie ist jedoch in Deutschland in seltenen Fällen Merkmal einer Rasse geworden (z.B. Schwarzwälder Füchse), dies im Gegensatz zu anderen Tierarten wie Rinder oder Schweine.

Löwe faßt die Aufgliederungsmöglichkeiten folgendermaßen zusammen:

nach Entstehung:	orientalische und okzidentale Pferde
nach Masse und Gewicht:	leichte, mittelschwere und schwere Pferde
nach Verwendung:	Lauf- und Schrittpferde, Reit-, Wagen- und Zugpferde
nach „Blut"-Anteilen (zugleich auch Temperament):	Vollblut, Warmblut, Kaltblut Halbblut (konsolidierte Kreuzungen zwischen Voll- und Warmblut) Mischblut (nicht konsolidierte Kreuzungen)
nach geographischer Herkunft:	Araber, Hannoveraner, Holsteiner, Belgier usw.
nach Größe:	Großpferde und Ponys

Die DLG führte 1898 eine Ermittlung der Rassen- oder Schlagzugehörigkeit in Deutschland gehaltener Pferde durch (Knispel und Wölbling, Berlin 1900). Die Einrangierung erwies sich als ungemein schwierig, so daß nur 3 Abteilungen gewählt wurden: Warmblut, Kaltblut und Ponys. Letztere hatten nur einen Anteil von 2,6 % am Gesamtpferdebestand, erschienen kaum auf den großen Schauen und blieben zu Anfang des 20. Jahrhunderts ohne weitere Beachtung.

Diese Schwierigkeiten bei der Einteilung der verschiedenen Pferdegruppen zeigten sich auch bei den Schauordnungen der 1887 begonnenen DLG-Schauen. Von 1887 bis 1904 rangierte man folgendermaßen:

Zuchtpferde

A Edle, warmblütige Schläge zum Gebrauch in schneller Gangart (englische und morgenländische Vollblüter eingeschlossen, 1889 eigene Klasse, später nicht mehr erwähnt)
- a) Leichter Reit- und Wagenschlag
- b) Schwerer Reit- und Wagenschlag

B Schwere kaltblütige Schläge
- a) Schwere Arbeitsschläge
  1. Belgisch-französische Schläge
  2. Alle übrigen (Clydesdales, Shires, Dänen, Noriker u.ä.)
- b) Leichtere Arbeitsschläge (Ardenner, leichte Dänen, Percherons u.ä.)

C Ponys

Bis zum 1. Weltkrieg kommt es nach 1900 jedoch zu einigen Umgruppierungen, die teils nur vorübergehend waren. Die Ponys verschwanden bereits ab 1890. Die Noriker erscheinen auf einer in Süddeutschland stattfindenden DLG-Schau in einer besonderen Klasse und die Belgisch-französischen Schläge erhalten die Bezeichnung Rheinisch-belgisches Kaltblut. Schleswiger und Dänen werden ebenfalls in eigener Gruppe vorgestellt. Ebenso wird eine Gruppe Kutschschlag, Karossiers, eingeführt, und hier deutet sich die Gruppe Oldenburger-Ostfriesen an. Insgesamt läßt sich eine zunehmende Konsolidierung erkennen.

KRONACHER teilt dann 1922 folgendermaßen ein:

Schrittpferde	(Schleswiger, Dänen, Pinzgauer, Ardenner, Belgier, Percherons, Boulonnais, Shires, Clydesdales)
Laufpferde	(alle Halbblutrassen von Oldenburgern bis zum Ostpreußen und das Vollblut) – oder Reitpferde (z. B. Ostpreußen usw.)
Wagenpferde	(Oldenburger, Rottaler usw.)
Arbeitspferde	(Pinzgauer, Belgier usw.)

Die DLG stellte auf ihrer Schau in Nürnberg 1922 die Pferde unter folgender Gruppierung vor:

A Reit- und Wagenpferde
- a) Leichter Reit- und Wagenschlag
- b) Starker Reitschlag
- c) Starker Wagenschlag
- d) Kutschschlag (Karossiers)

B Arbeitspferde
- a) Rheinisch-deutsches Kaltblut (Belgier)
  - 1. Leichte Form
  - 2. Mittelschwere Form
  - 3. Schwere Form
- b) Schleswiger
- c) Noriker
  - 1. Leichtere (Oberländer)
  - 2. Schwerere (Pinzgauer)

Im Prinzip ist diese Einteilung im Zeitraum zwischen den beiden Weltkriegen geblieben. Allerdings wurden die Gruppe A als Warmblutpferde und die Gruppe B als Deutsches Kaltblut bezeichnet.

München 1937 stellte vor:

A Warmblutpferde
- 1. Abt. (Ältere Zuchtgebiete): leichter, mittelschwerer und schwerer Schlag
  - a) Ostpreußen
  - b) Hannover
  - c) Holstein
  - d) Oldenburg-Ostfriesland
- 2. Abt. (Jüngere Zuchtgebiete): leichter, mittelschwerer und schwerer Schlag
  - a) Brandenburg, Mecklenburg, Pommern, Westfalen
  - b) Baden, Hessen-Nassau, Kurhessen, Niederbayern (Rottaler), Sachsen-Anhalt, Sachsen-Freistaat, Schlesien, Thüringen
  - c) Württemberg
  - d) Saarpfalz, Oberbayern

B Deutsches Kaltblut
- a) Rheinisch-Deutsches Kaltblut
  - 1) Ältere Zuchtgebiete: Rheinland, Provinz Sachsen, Westfalen
  - 2) Jüngere Zuchtgebiete: Schlesien, Thüringen, Ostpreußen, Hannover, Kurhessen, Mecklenburg, Pommern
  - 3) Alle übrigen Zuchtgebiete
- b) Schleswiger
- c) Oberländer

Auch auf der ersten DLG-Schau nach dem 2. Weltkrieg 1950 in Frankfurt/M. blieb diese Einteilung. Hinzu kamen nunmehr jedoch wieder die Gruppen Kleinpferde und Ponys.
Ab 1956 in Hannover erfolgte dann eine Gruppierung auf den DLG-Schauen, die zur Neuzeit überleitet:

A Spezialpferde
  (Vollblüter, Traber, Araber, Warmblut Trakehner Abstammung)
B Warmblutpferde
  1. Abt. Edles Warmblut (Holstein, Hannover, Westfalen)
  2. Abt. Schweres Warmblut (Oldenburger, Ostfriesen)
  3. Abt. Süddeutsches Warmblut (Kurhessen, Niederbayern)
C Kaltblutpferde
  1. Abt. Rheinisch-Deutsches Kaltblut (Rheinland, Westfalen, Niedersachsen)
  2. Abt. Schleswiger
  3. Abt. Südd. Kaltblut
D Kleinpferde
  1. Abt. Haflinger
  2. Abt. Fjordpferde
E Ponys

Die Gruppe B ist noch in verschiedene Typen gegliedert. Diese Unterschiede verschwinden, und es kommt zur Klasse „Deutsches Reitpferd".

Einzelne Rassen

Bei einer Beschreibung von Herkunft und Bedeutung einzelner Pferdegruppen für den deutschen Raum erscheint es zweckvoll, der Einteilung nach Rassen zu folgen, wie sie nach 1945 (s. Schauordnung für die DLG-Schau 1956) vorgenommen wurde.
In einer Darlegung der Entwicklung und Förderung der deutschen Pferdezucht im 19. und 20. Jahrhundert sind über die Herkunft der Vollblutpferde (in der Schauordnung als Spezialpferde geführt) kaum Ausführungen zu machen. Vollblutaraber, englisches Vollblut und Traber sind Pferderassen, deren Entstehung weit zurückreicht und im Ausland liegt.
Der Traber hat nun für die Entwicklung der deutschen Rassen keinerlei oder eine nur ganz geringgradige Bedeutung gehabt. Araber und englisches Vollblut hingegen sind Pferderassen, deren Einfluß auf die deutschen Rassen unübersehbar und von größter Bedeutung ist. Als stark konsolidierte Rassen trugen sie wesentlich zu Umformung und Charakter der deutschen Pferdezucht bei. Keine der deutschen Warmblutrassen, wie sie im deutschen Raum im Verlaufe des 19. und 20. Jahrhunderts entstanden, ist ohne die Verwendung des arabischen und englischen Vollblutes möglich gewesen. Dabei waren jeweils Anteil und Verwendung des rahmigeren englischen Vollblutes oder des kleineren Arabers in den Gestüten und sonstigen Zuchtstätten unterschiedlich, beide erbrachten jedoch Exterieur, Temperament und Konstitution.
Es sei nicht unerwähnt, daß sich das Denken in geschlossenen Populationen oder das Reinzucht-Denken bis in die Neuzeit bei diesen Vollblutrassen erhalten hat. Seit Jahrhunderten wird das arabische Vollblutpferd in sich weitergezüchtet, und nach Schließung des General Studbook 1791 trifft dies auch für das englische Vollblut zu. Die deutschen Warmblutrassen haben immer für militärische und

wirtschaftliche Zwecke Bedeutung gehabt, während die Vollblutpferde vornehmlich als Sportpferde eingesetzt und hier schärfstens auf ihre Leistungsfähigkeit hin geprüft wurden. Bei dieser scharfen Überprüfung auf der Rennbahn ist für den landwirtschaftlichen Tierzüchter die für eine bestimmte Strecke erzielte Zeit aus allgemein sportlicher Sicht interessant gewesen, mehr hat ihn jedoch die damit verbundene Überprüfung des Tieres auf seine konstitutionelle Veranlagung hin interessiert. Diese Veranlagung wurde bei den Warmblutpferden gesucht, und es ist immer die „Kunst der Auswahl" gewesen, zugleich auch genügend Exterieurausprägung zu beachten. Bei den in der Warmblutzucht verwendeten Hengsten galt es somit, Leistungsvermögen (Schnelligkeit), Temperament und Konstitution mit ausreichender Exterieurausprägung zu verbinden, um die Wirtschaftsnutzung der Warmblutpferde zu beachten. Wie wichtig dies war und ist, mag ein Beispiel erläutern. Es sei der zu starke Einsatz englischen Vollblutes in die Zucht des Mecklenburgischen Warmblutpferdes zu Anfang des 19. Jahrhunderts erwähnt (1822 erste deutsche Rennbahn in Bad Doberan). Das allmählich entstandene Pferd hatte seine Nutzungsmöglichkeit im landwirtschaftlichen Betrieb stark eingebüßt. Die allgemeine Auffassung dazu läßt Fritz Reuter seinen Onkel Bräsig aussprechen, wenn dieser das kräftige Pferd beschreibt, welches in Berlin das Standbild des Großen Kurfürsten trägt, und dann bemerkt: „Ein Hengst, der unser olles mecklenburgisches Blut noch mal auffrischen könnte, besser als diese Zegen von englische Windschneider!"
Bei den deutschen Pferderassen, die sich neben den importierten Vollblutrassen als bodenständige Formen entwickelten, mag es erforderlich sein, auf die großen Gruppierungen in leichte und schwere Pferde, Lauf- oder Schrittpferde bzw. in Warm- und Kaltblutrassen hinzuweisen. Die letztere Einteilung hat sich mehr und mehr durchgesetzt, und zusätzlich sind dann noch die Kleinpferde bzw. Ponys zu erwähnen. Die Zucht eines leichteren gängigen Pferdes läßt sich weit zurückverfolgen. Daneben bestand auch seit langen Zeiten eine Erzüchtung schwerer Formen wie die Noriker, die Schleswiger, die Dänen und die französisch-belgischen sowie englischen Formen. Letztere blieben nicht ohne Einfluß auf den benachbarten deutschen Raum. Kleinpferde sind durch die Umwelt geformt (z.B. Shetlandponys) oder auch als Kunstrassen (z.B. Haflinger) entstanden.
Erste Zahlen über das Verhältnis dieser 3 Gruppen zueinander liegen erstmalig nach einer Erhebung der DLG im Jahr 1898 vor und sind dann des öfteren durchgeführt worden. Für das damalige Deutsche Reich ergab sich ein Anteil von 69,2 % Warmblut, 28,2 % Kaltblut und 2,6 % Ponys. Auf das Gebiet der heutigen BRD berechnet sind dies: 67,2 % Warmblut, 32,8 % Kaltblut.

1.2 Warmblutpferde

1.2.1 Der Ostpreuße

(heute in der BRD Warmblutpferd Trakehner Abstammung)

Ostpreußen bot nach Boden und Klima für die Pferdezucht beste Voraussetzungen, und es mag dahingestellt sein, ob diese oder die Passion der Menschen die später blühende Zucht des ostpreußischen Warmblutpferdes bedingten. Nach weit zurückreichenden Berichten waren kleine, wildpferdähnliche Formen, besonders im litauischen Teil der Provinz, verbreitet. Diese als Schweiken (gesunde, kräftige) bezeichneten Pferde mögen dem Panjepferd ähnlich gewesen sein. Sie waren

vorhanden, als die Ordensritter schwere Pferde (Ritterpferde) aus Mittel- und Westdeutschland einführten, Gestüte gründeten und mit sonstigen Zuchtstätten schrittweise eine bodenständige Zucht mit einem kräftigen Pferdeschlag aufbauten. Unklar und umstritten ist die Vermischung mit den Schweiken. Sie dürfte keineswegs gezielt vorgenommen worden sein, hat aber sicherlich stattgefunden.
Nach Zerfall des Ritterordens wurde der Pferdebestand uneinheitlich und behielt züchterisch keine Zielsetzung. Letztere kam erst nach Zusammenfassung zerstreut liegender Stutereien und der Gründung von Trakehnen im Jahre 1732 wieder. Nun erfolgte aber keineswegs eine schnelle Entwicklung. Eine nicht immer gleichmäßige Auffassung über das Zuchtziel, häufig auch Differenzen zwischen der örtlichen Gestütsleitung und der Preußischen Gestütsverwaltung in Berlin sorgten für eine zwar stetige, aber zwischen einzelnen Zuchtperioden schwankende Herausstellung des späteren leichten bis mittelschweren, ungemein leistungsfähigen und widerstandsfähigen Warmblutpferdes. Auf bodenständiger Grundlage haben bei seiner Entstehung sowohl englisches wie auch arabisches Vollblut mitgewirkt.
Die Einrichtung von Landgestüten mit in Trakehnen gezogenen Hengsten und die Abgabe von Vatertieren in die Landeszucht erbrachten bald eine weit gefächerte Zucht eines ostpreußischen Warmblutpferdes (s. auch Abschnitt Gestüte S. 454).

Abb. 13. Ostpreußisches Warmblut-Trakehner.

1.2.2 Der Hannoveraner

Das im Gebiet des heutigen Landes Niedersachsen gezogene Pferd, der Hannoveraner, geht ebenfalls auf bodenständige Typen zurück, die zunächst mit Beutepferden aus Kreuzzügen und Kriegszügen, zumeist orientalischer, andalusischer oder neapolitanischer Herkunft, gepaart und verbessert wurden. Von staatlicher Seite setzte aber bereits im 15. und 16. Jahrhundert eine Förderung ein, wobei aus Hofgestüten allmählich Einrichtungen wurden, die auch der Landeszucht dienten. Nach Existenz eines Gestütes in Bücken (15./16. Jahrhundert nach LOEWE) wurde 1653 das Hofgestüt Memsen eingerichtet. Die Aufgaben von Memsen übernahm später Herrenhausen (s. Gestüte S. 441), eine Zuchtstätte mit der Zucht sogenannter Weißgeborener, aber auch der Herausstellung von Landbeschälern für das 1735 eingerichtete Landgestüt Celle. Letzteres sollte der Landzucht dienen, wie die Kabinettsorder vom 27.7.1735 besagt: „zum Besten unserer Untertanen und zur Erhaltung einer guten Pferdezucht in seinen deutschen Landen". Nach Gründung von Celle setzte die Herauszüchtung einer in sich konsolidierten Rasse ein, wobei auch eine wachsende Bedeutung der Privathengsthaltung zu beachten ist.
In einer Periode von der Einrichtung des Gestüts Celle bis etwa 1800 wurde das Landgestüt oder Hengstdepot nach anfänglicher Versorgung mit 12 Rapphengsten aus Holstein schnell auf einen größeren Vatertierbestand gebracht, der mannigfach zusammengesetzt war und die verschiedensten damaligen Herkünfte von Andalusiern, Neapolitanern, englischem Vollblut bis zu Halbblütern aus Holstein, Preußen und Mecklenburg aufwies.

Nach den napoleonischen Kriegen mit einer allgemein ungünstigen Beeinflussung der Pferdezucht erholte sich das Zuchtgebiet jedoch relativ schnell. Im Zeitraum bis etwa 1870 (Übergang der Gestütsverwaltung an Preußen als Folge der politischen Entwicklung) ist ein zunehmendes Anschwellen der Privathengsthaltung und ein gelegentlich hoher Einsatz von Vollbluthengsten festzustellen. So stammten 1839 nach LOEWE 70% aller Fohlen von Privathengsten. Eine Regelung der notwendigen Haltung von Hengsten im Privatbesitz neben dem Gestüt, welches nicht in der Lage war, den Bedarf zu decken, erwies sich als notwendig. Staatliche Lenkung erschien erforderlich und so folgte nach einer Verordnung im Jahr 1821 eine Körordnung 1844. Weiterhin ist für die erste Hälfte des 19. Jahrhunderts hervorzuheben, daß bei der Entwicklung des Hannoveraners das Vollblut eine beachtliche Rolle gespielt hat.

Der höchste Anteil von Vollbluthengsten im Gestüt Celle wurde 1841 erreicht, als von 207 Landbeschälern ein Anteil von 33,5% auf Vollblüter entfiel. Die Pferde wurden insbesondere für den landwirtschaftlichen Betrieb damit zu edel, so daß der Vollblutbestand auf vertretbare Grenzen zurückgeschraubt werden mußte. Nicht unerwähnt sei auch, daß zur Verstärkung des Kalibers Halbbluthengste schwererer Rassen (sogenannte Kutsch- oder Wagenpferde) aus England – Yorkshires, Clevelands und Norfolks – hereingeholt und verwendet wurden. Bemerkenswert ist aus dieser Periode ferner die beginnende enge Verflechtung mit Mecklenburg und Pommern. Es fehlte in den vorwiegend bäuerlichen Wirtschaften Niedersachsens mit der Haltungsmöglichkeit von wenigen Stuten in den einzelnen Zuchtstätten an geeigneten Aufzuchtmöglichkeiten für Junghengste. So kam es zum Verkauf von Fohlen an die Großbetriebe der östlich angrenzenden Länder, und, sofern sich die Jungtiere zu besonders wertvollen Zuchtpferden entwickelten, sind sie zurückge-

kauft worden. Bekannte Hengste wie Zernebog, Jellachich und Norfolk gingen diesen Weg. Staatlicherseits erkannte man diese Schwierigkeit, richtete aber erst 1921 eine Hengstaufzuchtstätte in Hunnesrück/Solling ein.
Der Zeitraum nach 1870 bis nach dem 1. Weltkrieg brachte eine weitere zunehmende Konsolidierung und Konzentration der Züchtungsmaßnahmen auf ein vielseitiges Warmblutpferd (Reit- und Wagenpferd), welches einerseits dem hohen militärischen Bedarf, andererseits aber auch den Forderungen der Wirtschaft gerecht werden sollte. Die Züchtungsmaßnahmen wurden ab 1888 durch die Gründung des hannoverschen Stutbuches für Warmblut unterstützt.
Nach dem 1. Weltkrieg entfiel der Absatz für das Heer. Die Folge war eine Verstärkung des Kalibers für ein Wirtschaftspferd. Man hat jedoch nie die Herauszüchtung edler Reitpferdemodelle vernachlässigt. Die Zucht des hannoverschen Warmblutpferdes fand eine starke Belebung durch die Gründung des Verbandes hannoverscher Warmblutzüchter 1922 mit nunmehr einheitlichen Richtlinien. Wenige Jahre später, 1928, fand die Einrichtung der Hengstprüfstation Westercelle statt. Der Bedarf an Beschälern war so groß geworden, daß 1925 neben Celle ein 2. Landgestüt in Osnabrück eingerichtet werden mußte.
Damit waren die Weichen gestellt und Grundlagen geschaffen für die fast sprunghafte Entwicklung insbesondere nach 1945, als eine Umstellung auf das „Nur-Reitpferd" erfolgte. Das in Niedersachsen gezogene Modell, vielseitig in seinen Ausprägungen, dabei jedoch immer gängig, lebhaft mit viel Nerv, entsprach allen Anforderungen und ist zum deutschen Warmblutpferd schlechthin geworden.

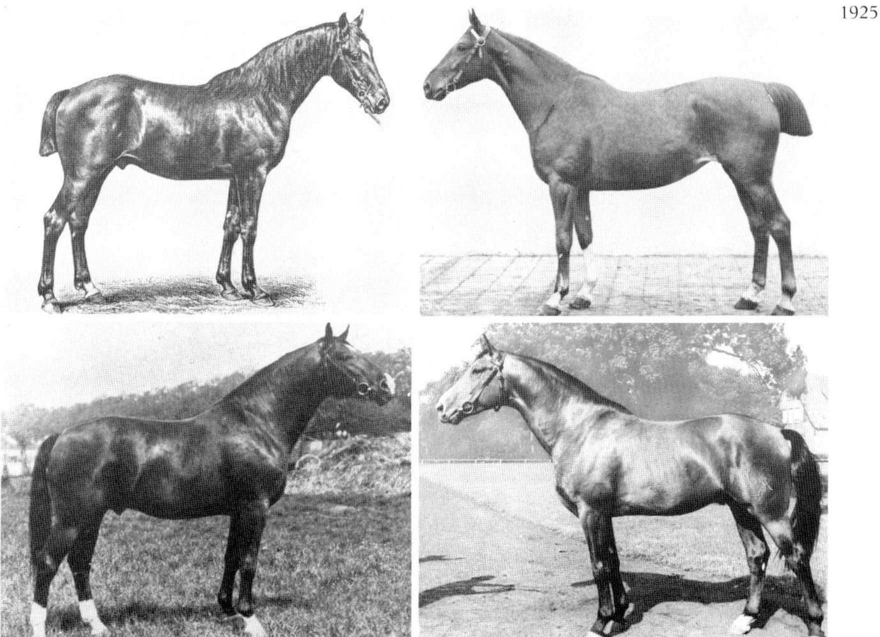

Abb. 14. Der Hannoveraner.

Der Westfale, wie auch die in Mecklenburg, Pommern und Brandenburg gezogenen Pferde haben selbstverständlich eine gewisse Eigenständigkeit immer gehabt, insgesamt gesehen sind sie jedoch im Exterieur und Charakter direkte Nachzuchten oder im gleichen Zuchtziel gezogene Pferde.

1.2.3 Der Holsteiner

Die Zucht von edlen Warmblutpferden in Holstein geht weit zurück und hat einen züchterisch hohen Stand bereits im 16. Jahrhundert erreicht. Klöster (z. B. Uetersen – Zisterzienser-Orden) richteten Stutereien bereits zu Anfang des 14. Jahrhunderts

Abb. 15. Der Holsteiner.

ein mit Pferden, die von den Mönchen aus romanischen Ländern als orientalische, neapolitanische oder spanische Pferde mitgebracht wurden. Später – insbesondere nach der Reformation – ging die Betreuung der Pferdezucht auf die Landesherren über. Verordnungen, Körbestimmungen und Prämien begünstigten die Erhaltung eines sehr brauchbaren und vielseitigen Warmblutpferdes.
Bis in das 18. Jahrhundert hinein waren Holsteiner Pferde sehr gefragt, und es ist keineswegs verwunderlich, wenn die Einrichtung des Gestüts Celle in Niedersachsen 1735 mit Hengsten aus Holstein erfolgte.
Im 19. Jahrhundert bewährte sich zunächst die Verwendung von englischen Vollbluthengsten in vorsichtiger Dosierung, aber auch die Hereinnahme englischer Yorkshires hatte günstige Auswirkungen. In der zweiten Hälfte des 19. Jahrhunderts folgte dann leider eine Periode uneinheitlicher Entwicklung, die erst 1935 nach Gründung eines großen Zuchtverbandes ein Ende fand, der zwischenzeitlich gegründete Pferdezuchtvereinigungen zusammenfaßte. Nicht unerwähnt sei, daß in dem 1874 eingerichteten Landgestüt Traventhal durch die Aufstellung von Hengsten der verschiedenen Rassen keineswegs ein Ausweg, ein einheitliches Zuchtziel gefunden wurde. Dies ist mehr durch die gute Tätigkeit der 1894 gegründeten Reit- und Fahrschule Elmshorn erreicht worden. Die Auswirkungen zeigten sich nach 1945. Es ist wiederum eine verstärkte Konsolidierung festzustellen und die Schaffung eines Types, der neben das hannoversche Pferd gestellt werden kann.
Direkte besondere Nachzuchtgebiete hat der Holsteiner nie gehabt. Es verblieb wie seit Jahrhunderten beim Verkauf wertvoller Zuchtpferde.

1.2.4 Der Oldenburger

Die natürlichen, günstigen Voraussetzungen des Landes Oldenburg mit seinem hohen Grünlandanteil ließen schon zeitlich früh beachtliche Tierzuchten entstehen. Dies trifft auch für die Pferdezucht zu. Sichere Überlieferungen und nähere Beschreibung des erzüchteten Typs liegen jedoch erst seit dem 16. bis 17. Jahrhundert vor. Um diese Zeit wurde eine friesisch-oldenburgische Rasse gezüchtet, die, im Exterieur stark und kräftig, bereits damals als „große Wagenpferde“ bekannt war. Zu Anfang des 17. Jahrhunderts fand diese Züchtung einen besonderen Förderer in dem Grafen ANTON GÜNTHER, der Hengste aus Spanien, Neapel und aus England einführte. Der insbesondere durch die Umwelt (Marschen) geprägte schwere Pferdetyp ist somit mit Temperament der damaligen edlen Pferde durchsetzt worden. Im Verlaufe des 19. Jahrhunderts wurde der Typ konsolidiert mit dem Zuchtziel eines kräftigen, schweren Warmblutpferdes, welches vornehmlich als elegantes Kutschpferd zum Einsatz kam. Dies erzüchteten private Züchter ohne die Hilfe eines Landgestütes oder sonstiger staatlicher Hengstversorgung! Dazu bedurfte es allerdings gezielter Maßnahmen und einer strengen Selbstkontrolle. 1819 wurde ein Körgesetz erlassen. Daneben erfolgte ein staatliches Prämiierungswesen für Hengste und Stuten. 1861 wurde ein Stutbuch eingerichtet, und 1897 ist das sogenannte Pferdezuchtgesetz erlassen worden. Das Oldenburger Pferdezuchtgesetz verleiht dem Verband der Züchter des Oldenburger Pferdes den Charakter einer öffentlich-rechtlichen Körperschaft. Züchterisch sind englische Yorkshires und Clevelands verwandt worden wie auch Vollblut, Hannoveraner und Normänner, d. h. die Schwere des Karossier-Typs wird erhalten, dies jedoch mit ausreichendem Temperament eines Warmblutpferdes.

Abb. 16. Der Oldenburger.

Das 20. Jahrhundert bringt dann zunächst eine weitere erstaunliche Vereinheitlichung zum Typ eines schweren Warmblutpferdes. Bei zunehmender Motorisierung wird dieser Pferdetyp nach dem 1. Weltkrieg immer weniger verlangt. Eine Umstellung auf ein leichteres Sport- oder Reitpferd ohne die Verwendung anderer Pferderassen wäre möglich gewesen, jedoch langwierig. So wurde der Weg einer Verwendung von Vollblutpferden eingeschlagen. Bereits 1935/37 deckt ein Hengst

des englischen Vollblutes, später ein Anglonormanne und weitere Vollbluthengste. Durch das Pferdezuchtgesetz besaß der Verband die Möglichkeit klarer und schneller Entscheidungen und der Lenkung des Zuchtgeschehens. Dies, gepaart mit hohen züchterischen Kenntnissen und Passion der Züchter, haben die Umstellung zu dem erwünschten Typ ungemein schnell herbeigeführt. Dabei folgte nach der Anpaarung mit Vollblut folgerichtig eine Anlehnung an den im benachbarten hannoverschen Zuchtgebiet gezogenen Typ und Einsatz von dort stammender Spitzenvererber.
Der Oldenburger besaß Nachzuchtgebiete im Binnenland, so in Hessen, Sachsen, Sachsen-Anhalt und in Schlesien.

1.2.5 Der Ostfriese

Pferde aus Friesland (Gebiet des heutigen holländischen Westfrieslands und deutschen Ostfrieslands) waren den Römern bereits bekannt. Als schweres, aber trotzdem gängiges Pferd fand es später als Ritterpferd Beachtung. Die Erfindung des Schießpulvers forderte für militärische Zwecke einen leichteren Pferdetyp und beeinflußte auch die Zuchtrichtung des Ostfriesen. So wurden im 17. und insbesondere im 18. Jahrhundert die verlangten leichteren Pferde gezogen, dies durch Verwendung von Hengsten der verschiedensten Herkünfte. Wie im benachbarten Oldenburg spielten die Privatzüchter eine beachtliche Rolle neben Landesherren, die vor allem edle Pferde erzüchten wollten. Eine Körordnung für das Harlingerland wurde zur Schaffung einheitlicherer Formen 1715 erlassen. 1744 fiel Ostfriesland an Preußen, und 1755 folgte eine Körordnung für das gesamte Zuchtgebiet. Trotzdem kam es zunächst zu keinem einheitlichen Pferdetyp, da die Landwirtschaft für die Bearbeitung des schweren Bodens ein kräftiges, kalibriges Pferd verlangte und der Staat leichtere Remonten forderte. Zu Anfang des 19. Jahrhunderts erfolgte ab 1816 die Aufstellung von Celler Hengsten. Dies erbrachte zwar die Zufuhr edleren Blutes in die ostfriesische Pferdezucht, konnte jedoch nicht hindern, daß über eine Privathengsthaltung die Anpaarung mit schweren Typen englischer Herkunft (Yorkshires und Clevelands) zugleich stattfand. Letztere setzten sich jedoch nicht nur zur vollen Zufriedenheit durch, und es ist bemerkenswert, daß besonders gern Nachzuchten dieser englischen Pferde aus dem benachbarten Oldenburg bezogen wurden. Auch in Ostfriesland schufen passionierte Züchter Grundlagen vorbildlicher, privater Überprüfungen und Kontrollen. Seit 1859 erfolgte neben der bestehenden Körordnung eine freiwillige Stutenkörung, und 1869 wird ein Stutbuch eingerichtet. Bis 1903 (ab 1816) blieben Deckstationen des Landgestüts Celle in Ostfriesland. Wie erwähnt, standen hier zumeist edlere Hengste, und die Anpaarung dieser mit dem schweren ostfriesischen Warmblutpferd mag den Typ geprägt haben, der sich von dem benachbarten Oldenburger unterschied. Der Hippologe RAU sagte 1911: „Die Ostfriesen sind trockener, nicht so aufgeschwemmt, und machen oft einen härteren, nervigeren Eindruck als die Oldenburger."
Auch in Ostfriesland schwand die Nachfrage nach dem Karossiertyp, einem Kutsch- oder Wagenpferd, mit zunehmender Motorisierung. Wie in Oldenburg trat der Gedanke einer Veredlung durch Verwendung von Vollbluthengsten in den Vordergrund. Die Zuchtleitung entschloß sich zur Verwendung von arabischem Vollblut. Der Erfolg blieb nicht aus, und der Weg zum modernen Reitpferdtyp war

eingeschlagen. Ab 1975 decken nunmehr wieder Hengste des Landgestüts Celle (nach siebzigjähriger Unterbrechung) in Ostfriesland. Wie in Oldenburg entsteht aus dem schweren Warmblutpferd im Karossiertyp ein Sport- und Reitpferd allgemein verlangter Prägung.

Abb. 17. Der Ostfriese.

1.2.6 Sonstige Warmblutrassen

Neben den im 19. und zu Anfang des 20. Jahrhunderts verstärkt hervortretenden Warmblutrassen (leichtes Warmblut als Ostpreuße, Hannoveraner und Holsteiner; schweres Warmblut als Oldenburger und Ostfriese) sind einige weitere Warmblutrassen bzw. Zuchtgebiete zu erwähnen, die bodenständige Gruppen hervorbrachten, die zu nennen sind und somit zu diesen Typausprägungen gehören. Es sind dies der Württemberger, der Rottaler und der Zweibrücker.

1.2.6.1 Das Württembergische Warmblutpferd

Hofgestüte haben in Württemberg die Grundlage für eine Warmblutzucht geschaffen. Bereits 1573 wurde das Gestüt Marbach eingerichtet, und allmählich erfolgte die Versorgung der Landeszucht mit Hengsten. Bereits im 18. Jahrhundert, aber endgültig ab 1817, wird Marbach auch als Landgestüt genutzt. Den Charakter eines Haupt- und Landgestüts hat es bis heute behalten. Man hat somit in Württemberg schon sehr früh die notwendige Versorgung der Wirtschaft mit geeigneten Pferden gesehen (s. S. 447).

Der bäuerliche Kleinbesitz in diesem Raum verlangte ein hartes, bewegliches, aber zugleich umgängliches Warmblutpferd. Dies hat man durch eine Vielzahl von Anpaarungen und Einkreuzungen im Verlaufe des 19. Jahrhunderts zu erreichen versucht. Verwandt wurden fast alle Pferderassen von Vollblut bis zu englischen Kaltblütern. Gegen Ende des Jahrhunderts legte man sich auf einen Typ fest, der etwa einem mittelschweren Warmblutpferd in einer Art Wirtschaftstyp entsprach. In jüngster Zeit wurde dieser in ein modernes Sport- und Reitpferd umgezüchtet.

1.2.6.2 Der Rottaler

Im Tal der Rott (Niederbayern) entstand dieses Pferd zeitlich sehr früh. Im Mittelalter war es als mittelschweres, gängiges Ritterpferd beliebt (dem damaligen Friesenpferd vergleichbar). Die Zucht auf futterwüchsigen Böden, insbesondere unter dem Einfluß von Klöstern, blieb über die Jahrhunderte hin erhalten. Aber auch hier setzte im 19. Jahrhundert eine starke Einkreuzungswelle mit den verschiedensten Pferderassen ein. Gegen Ende des Jahrhunderts erfolgte dann eine Bevorzugung von Zufuhren aus Oldenburg. Damit entsprach das Zuchtziel dem eines schweren, beweglichen Warmblutpferdes.

In jüngster Zeit wird bei zunehmendem Nachlassen des Verlangens nach Wirtschaftspferden und der Herausstellung eines Reit- und Sportpferdes eine stärkere Verwendung von Hengsten aus dem Zuchtgebiet Hannover vorgenommen.

1.2.6.3 Der Zweibrücker

In der Rheinpfalz züchtete man bereits im 16. Jahrhundert in kurfürstlichen und klösterlichen Gestüten edle Pferde, zumeist orientalischer Herkunft. 1752 wurde das Gestüt Zweibrücken (mit Eichelscheid) eingerichtet. Es entwickelte sich bald zum Mittelpunkt pferdezüchterischer Maßnahmen und gab der Rasse den Namen. Dieses Zweibrücker Pferd ist ebenfalls aus den verschiedensten Rassen Deutschlands und Europas geformt und geprägt worden, vornehmlich wurde ein leichterer Typ angestrebt. Versuche, das Kaliber mit Oldenburgern zu verstärken, blieben eine nur vorübergehende Maßnahme und ohne nachhaltigen Erfolg. Die Umstellung zu dem gewünschten leichten Typ der Neuzeit erbrachte nach diesen züchterischen Maßnahmen keinerlei Schwierigkeiten.

Abb. 18. Der Rottaler.

1.3 Kaltblutpferde

Die starke Industrialisierung und der damit erhöhte Güterverkehr sowie die Intensivierung der Landwirtschaft (Ackerbau) im deutschen Raum und in den Nachbarländern hat im Verlaufe des 19. Jahrhunderts das Verlangen nach einem Zugpferd gebracht, welches mit seinem Körpergewicht und kräftiger Muskulatur größere Lasten bewegen kann, dies in Verbindung mit einem ruhigen Temperament bzw. Umgänglichkeit. Diese Pferdetypen sind erstellt worden, und RAU sagte zu dem Ergebnis, daß es „ein geradezu erstaunlicher Erfolg der Pferdezucht" gewesen sei.

Der Anteil von Warmblut und von Kaltblut hat sich entsprechend verschoben. Genauere Zahlen liegen erst seit den ersten Ermittlungen der DLG aus dem Jahr 1898 vor. Für das Gebiet der heutigen BRD läßt sich folgende Übersicht geben (jeweils Anteil am Gesamtbestand):

	Warmblut	Kaltblut	Ponys
1898	67,2 %	32,8 %	–
1928	42,5 %	57,5 %	–
1975	69,6 %	2,3 %	28,1 %

Diese Zahlen zeigen das Anwachsen des Anteils an Kaltblutpferden, dessen Beginn in das 19. Jahrhundert hineinreicht, seinen enormen Anstieg zu Anfang des 20. Jahrhunderts und jähen Abstieg nach 1945, als Zugpferde nicht mehr gebraucht und der Pferdebedarf auf einen Typ vom größeren Warmblutpferd bis Ponys für Hobby- und Sportzwecke festgelegt wurde.
Es sind 3 Rassen oder Rassengruppen, die zu erwähnen sind: Das Rheinisch-Deutsche Kaltblut, der Schleswiger und das Süddeutsche Kaltblut (Noriker). 1935 ergab sich zwischen diesen Gruppen folgende Aufteilung:

Rheinisch-Deutsches Kaltblut	82,2 %
Schleswiger	4,3 %
Süddeutsches Kaltblut	13,5 %

1975 ist das Bild gänzlich verändert:

Rheinisch-Deutsches Kaltblut	13,7 %
Schleswiger	6,5 %
Süddeutsches Kaltblut	78,5 %

Diese Verschiebung vom schweren bis überschweren Typ des Rheinisch-Deutschen Kaltblutes zum leichteren und beweglicheren Süddeutschen Kaltblut drückt den Verlauf der Entwicklung aus. In den landwirtschaftlichen Betrieben trennte man sich bald von den in der Bewegung schwerfälligen, langsamen Typen oder Zugpferden, während solche wie das Süddeutsche Kaltblut zumindest noch bei leichten Arbeiten Verwendung finden können. Es ist eine offene Frage, ob auch Schleswiger und Süddeutsches Kaltblut verschwinden werden. Der Schlachtpferdemarkt, wie teils im Ausland mit diesen schweren Pferden, bleibt bemerkenswert, und nicht übersehen sei auch der zunehmende Einsatz des Süddeutschen Kaltblutpferdes bei Arbeiten im Forst.

1.3.1 Das Rheinisch-Deutsche Kaltblutpferd

Auf der Grundlage einheimischer schwerer Pferdetypen entwickelte sich in der zweiten Hälfte des 19. Jahrhunderts die Züchtung eines besonders kräftigen und rumpfigen Zugpferdes in Gebieten mit intensivem Ackerbau. Dies waren zunächst das Rheinland, Westfalen und das südliche Niedersachsen (Hildesheim – Braunschweig) mit der anschließenden Provinz Sachsen (Magdeburger Börde, Altmark). Belgische schwere Pferde, französische Percherons und englische Clydesdales und Shires wurden importiert, wobei die aus Belgien stammenden Typen vornehmlich im benachbarten Rheinland-Westfalen Fuß faßten, während Sachsen-Anhalt die englischen Pferde bevorzugte. Allmählich entwickelte sich eine Pferderasse, die, letztlich als Rheinisch-Deutsches Kaltblut bezeichnet, in weiten Teilen des damaligen Deutschen Reiches Verbreitung fand. Die Pferderasse wurde neben den genannten Stammgebieten auch in Baden, Brandenburg, Hessen, Sachsen, Schlesien, Mecklenburg, Pommern sowie in Ostpreußen gezüchtet. Zur Kaltblutpferdezucht in Ostpreußen sei bemerkt, daß es in diesem Stammland des edlen Warmblutpferdes nach LOEWE Mitte der 30er Jahre dieses Jahrhunderts bis zu 600 Kaltbluthengste gegeben hat, eine Zahl, die in keinem anderen Zuchtgebiet erreicht wurde.

Landgestüte wie Wickrath (Rheinland), Warendorf (Westfalen) und Kreuz (Sachsen-Anhalt) hatten mit ihren wertvollen Kaltbluthengstbeständen wesentlichen Anteil am züchterischen Erfolg und an der schnellen Verbreitung des Rheinisch-Deutschen Kaltblutpferdes.
Das weite Verbreitungsgebiet mit unterschiedlichen Voraussetzungen blieb nicht ohne Einfluß auf die Typausprägung. So gab es den schweren Typ der älteren Zucht- bzw. Stammgebiete (Hengste bis 1000 kg mit Größen von 160–170 cm) bis zum leichteren Ermländer in Ostpreußen.
Die Züchter dieses schweren Zugpferdes sahen selbstverständlich im Verlaufe des 20. Jahrhunderts die sich anbahnende Motorisierung in der Landwirtschaft wie im Handel und Gewerbe. Sie erkannten und spürten sehr bald den zurückgehenden Bedarf an einem schweren Zugpferd oder auch Zugpferd schlechthin. Beim Warmblutpferd mit seinen Nutzungen unter dem Reiter und im Zug trat die Rittigkeit in den Vordergrund, während das Kaltblutpferd zu einseitig der Zugleistung diente. Selektionen auf leichtere Typen oder Anpaarungen mit Vollblutpferden (Beispiel Entstehung der Percherons) verlangsamten den Rückgang gering, ließen ihn jedoch nicht verhindern.

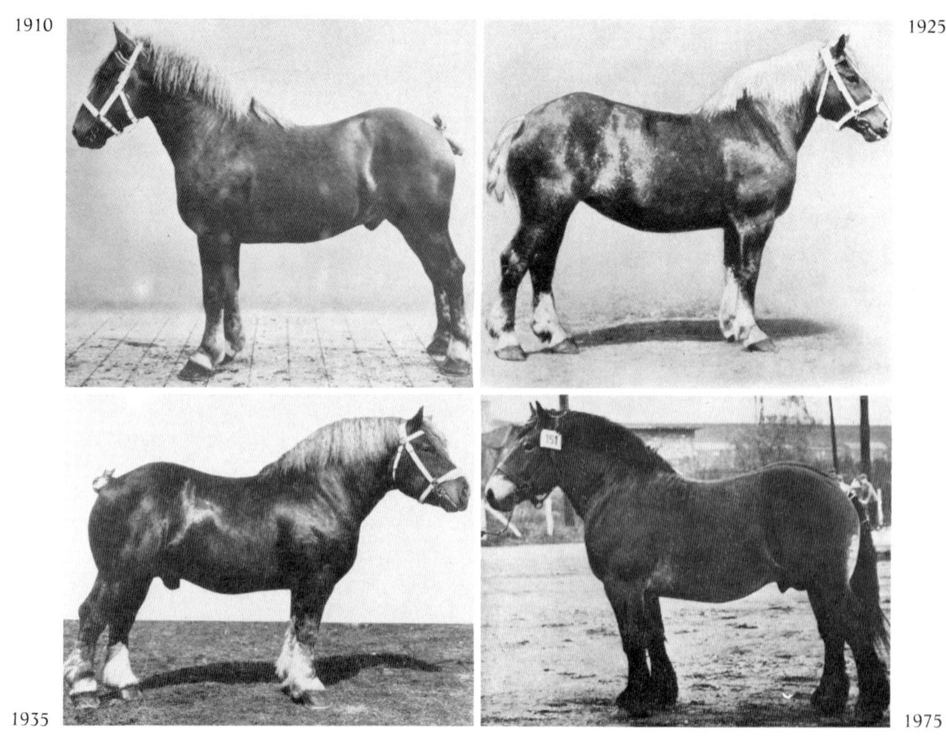

Abb. 19. Das Rheinisch-Deutsche Kaltblutpferd.

1.3.2 Der Schleswiger

Die Heimat dieser Pferderasse ist Schleswig-Holstein. Im übrigen Deutschland hat der Schleswiger nur vorübergehend in seinem Stammland benachbarten Gebieten Verbreitung gefunden, wurde hier aber von den vordringenden Kaltblütern rheinisch-deutscher Prägung verdrängt. Das Schleswiger Pferd ist bodenständig und geht auf das jütische Pferd aus Dänemark zurück. Gängigkeit und Beweglichkeit bei ruhigem Temperament wurden angestrebt. Um dies zu erreichen oder den bodenständigen Typ zu verbessern, sind um die Mitte des 19. Jahrhunderts englische Yorkshires, gelegentlich sogar Vollblut und auch leichtes englisches Kaltblut (Suffolks) eingekreuzt worden. Nach einer Phase der Konsolidierung stellten die Züchter Ende des 19. Jahrhunderts einen gängigen, im Gegensatz zum Rheinisch-Deutschen Kaltblutpferd leichteren Kaltbluttyp vor, der als ruhiger, umgänglicher „Motor" für Straßenbahn und Omnibusse gefragt war.
Auch der Schleswiger ist nach 1945 stark zurückgegangen und wird derzeit mit leichten französischen Kaltblütern gekreuzt.

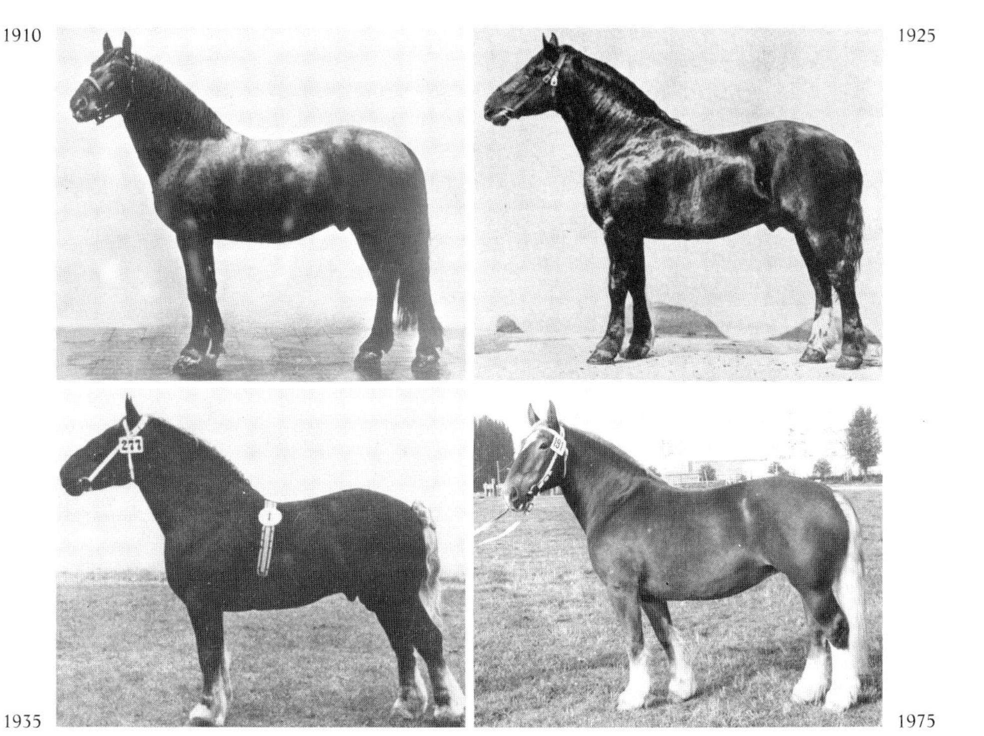

Abb. 20. Der Schleswiger.

1.3.3 Das Süddeutsche Kaltblutpferd (Noriker) und Schwarzwälder Füchse

Im Raum der Alpen, insbesondere der Voralpengebiete, ist schon immer ein relativ schweres und gängiges Pferd gezogen worden. Die römische Provinz Noricum gab dieser Gruppe den Namen Noriker. Klöster wie auch Fürstenhöfe förderten die züchterischen Maßnahmen. Wie bei den anderen landwirtschaftlichen Nutztierarten fand auch hier im 19. Jahrhundert eine Belebung statt. Durch Einkreuzungen

1900
Pinzgauer

1935
Oberländer

1975

Abb. 21. Das Süddeutsche Kaltblutpferd.

mit englischen Kaltblütern wie Clydesdales, schwereren Warmblütern als Oldenburger oder Clevelands, aber auch leichteren Holsteinern, Normannen u.a. versuchte man, mehr Nerv und Gängigkeit zu erreichen. Nach dieser Kreuzungsperiode schälten sich 2 Typen heraus: „Der Oberländer" in gebirgigen Gebieten und „Der Pinzgauer" im Alpenvorland und in Tallagen (Chiemsee, Pinzgau). Es kam dann jedoch zu einer Typenbereinigung und Annäherung der Exterieurausprägungen und Einführung des einheitlichen Namens Süddeutsches Kaltblut (Noriker). Verbreitet ist diese Pferderasse in Bayern und in Baden-Württemberg.
Eine kleine Gruppe von Pferden, die ebenfalls auf das norische Pferd zurückgeht, allerdings mit Rheinisch-Deutschem Kaltblut gekreuzt wurde, sind die „Schwarzwälder Füchse" (auch St. Märgener Pferd genannt). Diese kleine Gruppe zeichnet sich durch besonders trockene, harte Pferde im Schwarzwaldgebiet (vornehmlich für Holzfuhren eingesetzt) aus.

1.4 Kleinpferde

Kleinpferde besaßen vor dem 2. Weltkrieg in Deutschland eine nur geringe Bedeutung. Die erste durch die DLG durchgeführte Rassenerhebung im Jahr 1898 nennt einen Prozentsatz am Gesamtbestand von nur 2,6 %. Sie wurden als Ponys bezeichnet, und man verstand darunter: Ponys, Litauer, Doppelponys und Russen. Bei den späteren Ermittlungen der DLG werden Kleinpferde nicht mehr genannt. Sie sind jedoch in geringer Zahl immer vorhanden gewesen, gewinnen aber erst an Bedeutung, als bei zunehmender Motorisierung ein gängiges Pferd für leichte Pflegearbeiten auf dem Acker sowie für den Fuhrbetrieb oder auch als Hobbypferd gesucht wurde. Der 1975 hohe Anteil von Kleinpferden mit 28,1 % am Gesamtpferdebestand der BRD ist somit erst in jüngster Zeit entstanden, wobei Importe diese schnelle Zunahme stark unterstützten.
Zur Entwicklung von bodenständigeren Kleinpferdeformen oder -rassen sei hervorgehoben, daß der Gesamtpferdebestand im deutschen Raum in den zurückliegenden Jahrhunderten in der Körperausprägung kleiner gewesen ist, wie Berichte (z.B. die ostpreußischen Schweiken) oder heute noch gehaltene Wildpferde (z.B. Dülmener Kleinpferde) beweisen. Eine bedeutende, konsolidierte, in der Größe kleine Rasse hat sich daraus jedoch nicht entwickelt. Die ursprünglich vorhandenen kleineren Formen sind durch Selektion und Anpaarung mit importierten Pferden allmählich zu Ausprägungen entwickelt worden, deren Widerristhöhe bei etwa 160 cm anfängt.
Auch vor dem 2. Weltkrieg bereits bekannte kleinere Pferderassen wie der *Haflinger*, das *Fjordpferd* oder die *Shetlands* sind Importrassen, die weitergezogen wurden und dann eine gewisse Bodenständigkeit erlangten.

2 Entstehung und Entwicklung der deutschen Rinderrassen

2.1 Allgemeines

Eine Gliederung der Rinderbestände im deutschen Raum in Gruppen oder Populationen, die in bestimmten Merkmalen – zunächst meist äußeren wie Farbe, Haarkleid u.a. – übereinstimmen, setzt zeitlich erst sehr spät ein. Nach Zerfall des Römischen Reiches mit seiner relativ hoch entwickelten Tierzucht, die zumindest in den Grenzgebieten zum damaligen Germanien nicht ohne Einfluß auf den späteren deutschen Raum blieb, kam es in einem langen Zeitraum zu nur geringgradigen Veränderungen. Zu den Rinderbeständen im damaligen germanischen Raum machte TACITUS folgende Bemerkungen: „Das Land ist reich an Vieh, aber das ist meist wenig ansehnlich." Sicherlich ist dieser Ausspruch als allgemeine, überblickartige Bewertung anzusehen. Schon damals dürfte es Variationen innerhalb des weiten Gebietes gegeben haben. So ließen günstige Umweltverhältnisse wie in den Marschen der Küstengebiete oder in dem regenreichen Grünland der Voralpen oder Alpentäler schon früh Rindergruppen entstehen, die unterschiedliche Leistungsmerkmale zu den sonstigen Rindern zeigten.
Diese beiden Gruppen im nord- und süddeutschen Raum kristallisierten sich somit schon zeitlich weit zurückliegend heraus. Insbesondere zeigten sie grundsätzliche Unterscheidungen in den Körperausprägungen. Auch hier ist eine Feststellung von Tacitus interessant, wenn er sagt: „Nicht einmal das Pflugvieh hat in dem stolzen Stirnschmuck die ihm zukommende Auszeichnung." Mit diesen Rindern hat er vornehmlich die nördlich des damaligen Limes, insbesondere aber die um die Nordseeküste verbreiteten Rinder gemeint. Letztere, zu denen später die Schwarzbunten, Rotbunten, Roten Dänen, Angler, Ayrshires und sonstige englische Rassen gehören, haben im Vergleich zu den Rinderformen des Römischen Reiches einschließlich des Alpenraumes kleinere Hornformen besessen (s. auch Rinder von Haithabu, HERRE 1960). Die späteren großen Gruppen der Niederungs- oder Tieflandrinder und der Höhenrinder waren somit um die Zeitenwende bereits vorhanden bzw. erkennbar.
Bemerkenswert sind die verwandtschaftlichen Beziehungen dieser Gruppen bei Blutuntersuchungen. So fanden MEYER und WEGNER (1964), daß die Rindergruppen im nordwesteuropäischen Raum alle zur Hämoglobingruppe A gehören und die besonderen Eigenschaften Milch- und Mastleistung besitzen mit geringer entwickelter Anspannfähigkeit. Die im süddeutschen wie auch im Alpenraum verbreiteten Rassen hatten hingegen die Hämoglobintypen AB und B. Hier finden sich zumeist die rahmigen Formen, die neben relativ geringerer Milchleistung hohe Schlachtgewichte bringen und für die Anspannung besonders geeignet sind.
Damit sind Zusammenhänge in der Entwicklung der Rinderrassen im europäischen Raum angedeutet, und es ist offensichtlich, daß eine weitflächige Betrachtungsweise erforderlich erscheint. Bei der Entstehung von größeren und kleineren Gruppen, als Rassen bis zu Schlägen bezeichnet, gilt es, die Ausformungen durch die Umwelt zu beachten, aber auch die bewußte Bevorzugung von Tieren mit bestimmten, sichtbaren Merkmalen wie Farbe und Größe oder auch die Hornstellung (s. Ayrshires). Hier kommt einerseits die Freude des Menschen am Haustier zum Ausdruck (s. Hobbytiere der Neuzeit), andererseits das Suchen nach Unterscheidungsmerkmalen im Hinblick auf die Besitzverhältnisse (KÖPPE, 1967).

Geht man von dieser Entwicklung in Europa aus, dann gibt es Gebiete und Regionen, die aufgrund ihrer natürlichen Voraussetzungen vergleichsweise bessere Rinderformen entstehen ließen. Wie bereits erwähnt, gehören hierzu der Nordseeraum mit seinen fruchtbaren Marschen sowie die Weidegebiete der Voralpen und der Alpentäler mit ebenfalls hohen Niederschlägen. Ab Mitte des 18. Jahrhunderts kommen englische Zuchtzentren hinzu, Gebiete, in denen günstige Voraussetzungen für eine Rinderzucht bestehen, nun aber der Einfluß des Menschen hinzukommt. In gezielten Maßnahmen entstehen hier Rindergruppen, die somit den Beginn einer echten Züchtung darstellen (BAKEWELL, Gebr. COLLINGS u.a.). Beim Rind entwickelt sich neben den durch die Umwelt geformten Gruppen der Landrasse die sogenannte Kulturrasse. Dieser Beginn oder Funke aus England springt zu Anfang des 19. Jahrhunderts auf den Kontinent über.
Was war nun im deutschen Raum geschehen? Es wurde bereits hervorgehoben, daß sich schon früh die großen Gruppen der Rinder im Bereich der Küsten-(Marsch-)-Gebiete und diejenigen des Voralpen- und Alpenraumes herausschälten. Dies blieb ohne wesentliche Änderungen über die Jahrhunderte hin. ABEL weist darauf hin, daß im späten Mittelalter das friesische Rind auf dem Kölner Markt wegen seines höheren Schlachtgewichtes bekannt war. Ähnliche Körpervariationen zu dem allgemein gehaltenen Vieh galten auch für Rinder aus dem Alpenraum. Nach Abel werden bereits im 16. Jahrhundert sogenannte „Schweizer Kühe" erwähnt. Bei letzteren ist besonders die Größe hervorgehoben wie auch kräftige Körperausprägungen, die den schwierigen Geländeformen des Herkunftsbereiches entsprechen.

Was um 1800 vorhanden war, beschreibt in einer wohl ersten Bestandsaufnahme der deutschen Rinderrassen FREDERIK BENEDIKT WEBER (Professor in Frankfurt/Oder, später Breslau) im Jahr 1811 (nach ABEL 1978):

1. „Die Ostfriesische Rasse: Sie ist mehrenteils schwarz und weiß gefleckt, oder getigert, sehr milchreich, und zur Mastung wohl geschickt und daher auch schon vielfältig zur Veredlung anderer deutscher Rassen gebraucht worden. Man rühmt auch, obwohl weniger als jene, die benachbarte Butjadinger Rasse aus der Gegend von Bremen.
2. Unter den Sächsischen zeichnet sich die Voigtländische Rasse besonders aus, die unter den deutschen Rassen mit eine der größten ist, obwohl sie der ersten darin nicht gleichkömmt. Sie ist sehr wohl gebaut, langgestreckt, mehrenteils braun, sehr milchreich und zur Mastung und zum Zuge gleich geschickt.
   Auch die Thüringische, Mainzische, Erzgebirgische und Altenburgische Rasse ist sehr brauchbar und gut, und man findet im ganzen Königreich Sachsen mehrere vortreffliche, schon seit langer Zeit durch Schweizer und ostfriesisches Vieh veredelte Rindviehbestände.
3. Auch in Niedersachsen, auf dem Harz, und in Holstein an den sogenannten Marschkühen, d.h. Kühen aus fetten Weidegegenden, im Magdeburgischen und überhaupt im jetzigen Königreich Westfalen findet man zum Teil eine große milchreiche Viehrasse; zum Teil aber auch, besonders im Hannöverschen und so weiter eine sehr kleine Rasse, nämlich die sogenannte Heidekuh, Sandkuh.
4. Die Pommersche und die Märkische Rindviehrasse sind eigentlich beide etwas klein, indes findet man sie hie und da auch ziemlich groß, und besonders milchreich, vornehmlich im Oderbruche und Warthebruche.
5. Die Schlesische Rasse ist zwar meist sehr klein und mager, aber darum doch ungemein milchreich.
6. Endlich gibt es auch im südlichen Deutschland, besonders am Rheine, sehr vorzügliche Rassen des Rindviehs. Auch sind die tiroler und österreichischen Kühe besonders schön und groß."

Bei dieser Gliederung kann man sicherlich nur bedingt von festumrissenen Rassen oder Rassengruppen sprechen. Man muß Abel Recht geben, wenn er in dieser Zusammenstellung eine Aufzählung von Gruppen nach regionalem Vorkommen wie auch politischer Gliederung sieht, die allenfalls eine Einteilung nach Rassen und Schlägen andeutet. Bemerkenswert mag jedoch die Betonung von Milchleistung und Mastfähigkeit sein. Diese Leistungsmerkmale haben damals bereits Bedeutung gehabt. Farbe und Form, die bei der weiteren Entwicklung so stark in den Vordergrund rückten, dürften zunächst vornehmlich notwendige Unterscheidungskriterien gewesen sein.
Das 19. Jahrhundert bringt nun einerseits eine Verbesserung der von Weber genannten Gruppen im Charakter von Landrassen des deutschen Raumes, andererseits aber auch eine Fülle von Importen von Tieren ausländischer Rassen, die bereits weiter entwickelt waren.
Es ist somit keineswegs verwunderlich, wenn in den Fachbüchern des 19. Jahrhunderts bei den Einteilungen der Rinderrassen von einer solchen in Europa ausgegangen wird, dies jedoch in zunehmendem Maße unter Einschluß der deutschen Rassen.

Folgende Einteilungen seien genannt:

VON WECKHERLIN nimmt 1845 folgende Gliederung vor:
1. Das graue Landvieh des östlichen Europas
2. Das rote Landvieh des nordwestlichen Europas
3. Das große bunte Vieh der Küstenländer an der Nordsee
4. Das bunte Vieh der Schweiz und Tirols
5. Das schwarz-braune und dachsfarbige Vieh in der Schweiz und deren Nachbarschaft.

FRAAS nennt 1852 dann nur noch drei Hauptrassen:
1. Die graue Rasse von Osteuropa
2. Das bunte Vieh von Mittel- und Westeuropa
3. Das einfarbige Rind von Mitteleuropa

Dieser Einteilung folgt auch MAY, der 1863 versucht, die vorhandenen deutschen Rassen in diese 3 großen Gruppen einzuordnen:

I. Die graue Rasse in Ost-Europa

Die podolisch-ungarische Rasse
Die podolische Rasse mit ihren Stämmen
Die Steppenrasse mit ihren Stämmen
Die ungarische Rasse mit ihren Stämmen
Die romanische Rasse mit ihren Stämmen
Die Mürztaler-Rasse mit ihren Stämmen

II. Die bunte Rasse von Mittel- und West-Europa
Die Freiburger Rasse
Die Simmenthal-Saanen-Rasse
Das Zillertaler oder Tiroler Vieh
Das Durertaler Vieh
Das Pinzgauer Vieh
Das Pongauer Vieh

Das Lungauer Vieh
Das Miesbacher Vieh
Das oberbayerische Gebirgsvieh
Das ober- und niederbayerische Landvieh
Das Kelheimer Vieh
Das Voigtländer oder Egerländer Vieh
Das fränkische Landvieh
Das Ansbacher Vieh
Das Hofer und Bayreuther Vieh
Das Altmühltaler und Ellinger Vieh
Das schwäbische Vieh
Das Rieser Vieh
Das Schwäbisch-Hallsche Vieh
Das Ellwanger Vieh
Das Schwäbisch-Limpurger Vieh
Das Alb-und-Teckvieh
Das böhmische Landvieh
Das mittel- und norddeutsche Vieh
Das holländische Vieh mit seinen Schlägen
Das Oldenburgische Vieh
Das Limburger und Flanderische Vieh
Das Holsteinsche und Breitenburger Vieh
Das jütische Vieh
Das Tondernsche und Angler Vieh
Das Danziger Vieh
Die Durham- oder Kurzhornrasse
Die Devonrasse
Die Herefordrasse
Die Sussexrasse
Die Ayrshirerasse
Die Jersey- oder Aldernayrasse
Die Nord- und Süd-Wales-Rasse
Die langhornige Rasse
Die Kerryrasse
Die ungehörnte Rasse mit ihren Stämmen
Das normannische Vieh mit seinen Stämmen
Das flamändische Vieh
Das Charolais- und Nivernais-Vieh
Das Garonnais- und Agenais-Vieh
Das Limousin-Vieh
Das Vieh von Auvergne und Salers
Das Bretonner-Vieh
Diverse französische Viehstämme
Das spanische Vieh
Das russische Vieh
Das Vieh in Schweden und Norwegen

III. Die einfarbige Rasse von Mittel- und West-Europa
Die Schwyzerrasse mit ihren Stämmen
Das Montafoner Vieh
Das Kloster- und Walsertaler Vieh
Das Thannberger- und Wäldler-Vieh
Das Allgäuer Vieh
Das Glanvieh mit seinen Schlägen
Das Donnersberger Vieh
Die Rasse der Franche-Comté
Die Parthenayrasse mit ihren Schlägen
Die Rasse der Pyrenäen
Die Bazadoisrasse

Im Verlaufe der zweiten Hälfte des 19. Jahrhunderts nehmen die Kenntnisse über die Rassen zu, Abgrenzungen zwischen den einzelnen Gruppen werden klarer und differenzierter, wie auch die Populationen in sich stärker zur Bearbeitung kommen. 1880 gibt A. THAER, Gießen, die Rinderzucht von PABST neu heraus und legt folgende Gliederung vor:

I. Osteuropäische Rassen des Niederlandes
   1. Ungarisch-siebenbürgische Rasse
   2. Podolisch-moldauische Rasse
   3. Romanische Rasse
   4. Der Zebu
II. Westeuropäische Niederungsrassen
   1. Holländische Rasse
   2. Friesische und oldenburgische Rasse
   3. Rassen von Holstein und Schleswig
   4. Danziger Niederungsrasse
   5. Verschiedene andere Rassen
III. Südeuropäische Alpenlandsrassen
   1. Rote und scheckige Schweizer-Rasse
   2. Schwarzbraune Schweizer-Rasse
   3. Damit verwandte Nebenrassen
   4. Mürztaler Rasse
   5. Semmelfarbige kärntensche Rasse
   6. Pinzgauer Rasse
   7. Tiroler Rassen
IV. Mitteleuropäische Binnenlandsrassen
   1. Rassen in Schwaben und im Odenwald
   2. Rheinbayerische Rassen
   3. Fränkische, hessisch-thüringische Landrassen
   4. Voigtländer Rasse
   5. Egerländer Rasse
   6. Ansbacher Rasse
V. Englische Rassen
VI. Französische und andere fremde Rassen

Wie bereits betont, heben diese Gliederungen um die Mitte des 19. Jahrhunderts die starke innere Verflechtung mit außerdeutschen Rassen hervor und sehen die Aufstellungen in einem europäischen Bereich.
Nun aber zu den speziellen Verhältnissen in Deutschland im Verlaufe des 19. Jahrhunderts. Von WEBER wurde der Hinweis auf die Rindergruppen in Deutschland um 1800 gegeben (s. S. 543). Hervorgehoben wurde auch, daß allenthalben versucht wird, bessere, leistungsfähigere Rinder aus bereits entwickelten Gebieten wie Holland, der Schweiz, Ostfriesland oder auch aus England zu importieren, diese weiterzuzüchten wie auch zu Paarungen mit dem vorhandenen Landvieh zu verwenden. Der Ausdruck „veredeln" wird verwendet, womit man versucht, das Verfahren zu verdeutlichen.
HAUSHOFER (1963) sagt hierzu: „Diesem Ausdruck Veredelung begegnet man im Menschenalter von 1815 bis 1848 immer wieder in der gesamten Tierzucht, er steht gleichsam wie ein Motto über allen Bestrebungen dieser Zeit."
Was zunächst entstand, ist eine Vielzahl von Gruppen, die erst langsam das Bild festumrissener Rassen oder Populationen erkennen lassen, die sich stärker voneinander unterscheiden. Dies kommt auch bei den verschiedenen Versuchen zum Ausdruck, in welcher Form eine zweckvolle Einteilung der vorhandenen Rassen vorgenommen werden kann.
BAUMEISTER gibt 1846 eine Aufstellung mit einer Gliederung, die in ihrer Tendenz auch später erhalten geblieben ist.

1. Niederungsrassen
   Große Tiere, schmal im Körperbau, dünne Haut
   Weidevieh (auch Stallhaltung) mit hoher Milchergiebigkeit (Inhaltsstoffe nicht so bemerkenswert) bei reichlicher Fütterung. Langsame Mast mit ausreichenden Ergebnissen.
   Farbe: schwarz-weiß, grau-weiß, rot-weiß, nur weiß oder nur schwarz
   Besondere Gruppen:
   a) Holländerrasse
      schwarz-weiß, gescheckt oder getigert
      Weidevieh mit hoher Milchleistung
   b) Friesische Rasse (nahe verwandt mit Holländerrasse) Farbe wie Holländer, im Körperbau gröber und bessere Mastfähigkeit. Auch unempfindlicher

2. Gebirgsrassen
   Mittelgroß, breiter und gedrungener als Niederungsrassen. Gröber in Haut und Haar. Milchleistungsfähigkeit mehr nach Beschaffenheit als nach Menge. „Gute Ernährung selbst bei mäßiger Futtermenge."
   Farbe: dunkel, graubraun, schwarzgrau, rotbraun, rot, gescheckt
   Besondere Gruppen:
   a) Schweizerrassen als Schwyzervieh (späteres Braunvieh), als große Scheckenrasse (genannt sind Freiburger und Simmentaler) sowie verschiedene kleinere Gruppen
   b) Tiroler Rassen
   c) Vorarlberger Rassen (Montafoner) und Allgäuer Schlag

3. Mittelrassen
   Hier beschreibt Baumeister die aus Kreuzungen entstandenen Rassen. Die Einrangierung ist problematisch, da „einige früher konstante Rassen bis zur

Unkenntlichkeit vermischt seien". B. erwähnt auch Rassen, die „den originellen Typus erlangt haben".
Unter diesen allgemeinen Gesichtspunkten des Kreuzungsstandes teilt er ein:
a) reine Mittelrassen
b) gemischte Mittelrassen
In die Gruppe der gemischten Rassen fallen bis auf wenige Ausnahmen die vielerorts vorhandenen Lokalrassen. Hier seien u.a. genannt:
Der Voigtländische Rindviehstamm, der Vogelsberger Stamm, der Westerwälder Rindviehschlag, die Westerwälder, der Fränkische Rindviehschlag, die Ansbacher sowie die Schwäbisch-Hallischen und Schwäbisch-Limpurgischen Stämme.

Auf dieser Gruppierung aufbauend, schält sich dann eine systematischere Gliederung in der zweiten Hälfte des 19. Jahrhunderts mehr und mehr heraus.
Hier hat die DLG hohen Anteil. Insbesondere sind es die DLG-Ausstellungen mit ihren Tierschauen, die einen starken Einfluß ausübten. Nach Gründung der Gesellschaft im Jahre 1885 erfolgte bereits 1886 die Einrichtung eines Sonderausschusses „Ausstellungen – Tiere", der die Schauordnung und damit die Gruppierung für die ab 1887 stattfindende Ausstellung festlegen mußte. In diesen Ausschüssen sind immer praktische Züchter, Züchtervereinigungen und Tierzuchtwissenschaftler vertreten gewesen. Ihre Zusammenarbeit bewirkte, daß die vorgenommene Einteilung der Rassen und Rassengruppen als dem jeweiligen Stand entsprechend angesehen werden kann (s. auch S. 426).
In der ersten Beratung des für die Ausstellungen eingesetzten Sonderausschusses in Dresden 1886 wurde folgender Hinweis gegeben:
„Die Gesellschaft ist bemüht, tunlichst bald die bezeichnenden und unterscheidenden Eigenschaften der einzelnen Viehschläge, soweit solche bereits zusammengestellt sind, zu sammeln oder durch Fachkundige aufstellen zu lassen, sei es mit oder ohne Zahlwerte für die einzelnen Punkte."
Die Arbeiten in den Ausschüssen der DLG, die beginnende Gründung von Züchtervereinigungen und nicht zuletzt das allgemein wachsende Interesse an züchterisch-genetischen Fragen haben dazu beigetragen, daß aus einem Rassenwirrwarr nunmehr Gruppen entstanden, die stärkere Unterscheidungsmerkmale aufwiesen. Die Einteilungen basierten somit weiterhin auf dem Rassenbegriff und seiner Untergliederung in Schläge. Dabei hat wohl immer Klarheit darüber bestanden, daß „der Rassebegriff weder wissenschaftlich noch praktisch genau begrenzt ist" (PUSCH, 1904). Trotzdem verdient die damalige Arbeit höchste Anerkennung, da sie Festlegungen und Ausgangspositionen geschaffen hat, die später bis in die Neuzeit als Grundlage für immer besser werdende Züchtungsmaßnahmen dienten. Die Begrenzung der Rassen und ihre Konsolidierung schufen Ansatzpunkte für alle züchterisch-genetischen Maßnahmen innerhalb und zwischen diesen Populationen. Dabei ist es sicherlich zunächst ohne Bedeutung gewesen, ob die Einteilungen streng wissenschaftlich genetischen Standpunkten standhielten. Unter den seinerzeit gegebenen Verhältnissen war es ein wichtiges und bedeutungsvolles Vorhaben. Die DLG hat dann versucht, Beschreibungen der einzelnen bekannten heimischen Rinderschläge in ihrem Publikationsorgan „Mitteilungen" zur allgemeinen Diskussion und zur Beurteilung zu stellen. Dieser Weg blieb allerdings wenig erfolgreich, da es an fachkundigen Beurteilern und Kennern der Rassen fehlte. Über Tiermes-

sungen und Fotografien auf den DLG-Schauen, Publikation der Ergebnisse und durch die verdienstvollen Untersuchungen (Besichtigungen in den einzelnen Zuchtgebieten) von WERNER für den norddeutschen Raum und von LYDTIN für den süddeutschen Raum kam es jedoch zu Klarstellungen und Abgrenzungen, die im wesentlichen bis in die Neuzeit bestehen blieben. Parallel zu den Arbeiten WERNER – LYDTIN erfolgte die statistische Zusammenstellung über die Verbreitung der Rinderschläge in Deutschland (KNISPEL 1897; 2. Auflage 1907).
LYDTIN und WERNER publizierten ihre Arbeiten und Erhebungen 1899 unter dem bemerkenswerten Titel „Das deutsche Rind". Es ist eine umfangreiche Zusammenstellung, die dem Vorkommen bzw. der Verbreitung der Rinderrassen und -gruppen folgte, Gebrauchszwecke berücksichtigte und die Farbe und Behornung beachtete. Folgende Aufstellung und Beschreibung der einzelnen Rassen- oder Schlaggruppen wurden gegeben:

Das Rind des Tieflandes *

A. Die Schläge Holländischer Abkunft
   a) Rotbunter Niederrheinischer Tieflandschlag
   b) Schwarzbunter Niederrheinischer Tieflandschlag
   c) Eupen-Limburger Schlag
   d) Rotbunter Westfälischer Tieflandschlag
   e) Schwarzbunter Westfälischer Tieflandschlag

B. Die Schläge Ostfriesischer Abkunft
   a) Bunter Ostfriesischer Marschschlag
   b) Bunte Ostfriesen in der Altmark
   c) Bunte Ostfriesen in der Priegnitz
   d) Bunte Baltische Ostfriesen
   e) Einfarbig rotbrauner Ostfriesischer Marschschlag

C. Die gekreuzten Schläge Holländisch-Ostfriesischer Abkunft
   a) Schwarzbunter Ost- und Westpreußischer Tieflandschlag
   b) Schwarzbunter Lüneburger Tieflandschlag
   c) Schwarzbunter Tieflandschlag im Netze- und Warthebruch
   d) Schwarzbunter Pommerscher Tieflandschlag

D. Die Schläge Oldenburger Abkunft
   a) Oldenburger Wesermarsch-Schlag
   b) Hannoverscher und Bremer Wesermarsch-Schlag
   c) Schwarzbunter Nordoldenburger Geestschlag
   d) Jeverländer Marschschlag
   e) Jeverländer-Holländer-Kreuzung in Mittel-Holstein
   f) Jeverländer-Ostfriesen-Kreuzung um Parchim

E. Die Kurzhornschläge in Schleswig, Hannover und Lothringen
   a) Eiderstedter Vollblut-Kurzhornschlag (Shorthorns)
   b) Schleswiger Land-Kurzhornschlag (Land-Shorthorns).
   c) Land-Shorthorns im Lande Hadeln und Kehdingen
   d) Shorthorns in Lothringen (Durhams)

---

* Bemerkenswert ist, daß auf den DLG-Schauen immer die Höhenrinder in einer Gruppe A vor den Tieflandrindern der Gruppe B rangierten.

F. Die rotbunten Schläge Holsteinscher Abkunft
  a) Rotbunter Holsteinscher Marschschlag
  b) Breitenburger Schlag
  b) Breitenburger in Mecklenburg
  d) Rotbunte Holsteiner in Ostpreußen

G. Die roten Schläge Schleswigscher Abkunft
  a) Angler Milchviehschlag
  b) Roter Nordschleswigscher Milchviehschlag
  c) Angler-Ostfriesen-Kreuzung in Schwansen

H. Der rote Schlag Schlesischer Abkunft
  Roter Schlesischer Tieflandschlag (Schlesisches Rotvieh)

Das Rind des Höhenlandes

A. Mischlinge von Tief- und Höhenland-Rindern
  a) Ansbach-Triesdorfer Vieh
  b) Rosensteiner

B. Reines Braun- oder Grauvieh
  a) Der Allgäuer Schlag neuerer Richtung im Regierungsbezirk Schwaben-Neuburg (Bayern)
  b) Das graue und braune Vieh im württembergischen Allgäu
  c) Weitere Braunviehzuchten innerhalb Deutschlands
  d) Oberschlesischer Braunviehschlag

C. Mischlinge mit vorwiegendem Braunvieh-Charakter
  a) Murnau-Werdenfelser
  b) Ellinger Schlag

D. Gelbe einfarbige Thallandrinder
  a) Scheinfelder Schlag
  b) Franken- oder Mainthaler Schlag
  c) Chamauer
  d) Glan-Donnersberger Schlag
  e) Schwälmer Schlag
  f) Limpurger Schlag

E. Einfarbig rotes und rotbraunes Vieh
  a) Vogtländer, Sechsämter, Braun- oder Rotvieh in Bayern
  b) Vogtländer Schlag im Königreiche Sachsen
  c) Vogelsberger Schlag
  d) Taunusvieh
  e) Lahnschlag
  f) Röhnvieh
  g) Spessartrind
  h) Odenwälder Vieh
  i) Siegerländer Schlag
  k) Harzer Schlag
  l) Waldecker Schlag

F. Braun- und rotblässige Rinder
  a) Kelheimer Vieh
  b) Westerwälder Schlag
  c) Wittgensteiner Schlag

G. Rückenschecken (Rinder mit Rückenblässe)
  a) Vogesenschlag
  b) Ober- und Niederbayerisches Landvieh
  c) Sudetenschlag
  d) Hinterwälder Schlag
  e) Wälder oder Vorderwälder Schlag
  f) Pinzgauer Schlag

H. Großes Höhenfleckvieh. Simmenthaler Schlag
  a) Oberbayerisches Alpenfleckvieh oder Miesbacher Schlag
  b) Oberfränkische Schecken
  c) Großes Höhenfleckvieh in den übrigen Gegenden des rechtsrheinischen Bayern
  d) Großes Höhenfleckvieh in der bayerischen Rheinpfalz
  e) Oberbadisches Höhenfleckvieh. Meßkircher und Baaremer Rind
  f) Großes Höhenfleckvieh im übrigen Baden
  g) Großes Höhenfleckvieh in Hohenzollern
  h) Die Fleckviehherde, Simmenthaler Schlages, der Landw. Akademie Hohenheim
  i) Großes Höhenfleckvieh in den Hochzuchtbezirken des württembergischen Schwarzwald- und Donaukreises
  k) Großes Höhenfleckvieh in den übrigen Teilen Württembergs
  l) Großes Höhenfleckvieh im Großherzogtum Hessen
  m) Großes Höhenfleckvieh in anderen deutschen Gegenden
  1. Königreich Preußen
  2. Königreich Sachsen
  3. Die thüringischen Staaten
  4. Elsaß-Lothringen

Bei dieser und auch späteren Gliederungen fanden folgende Gesichtspunkte Berücksichtigung:

1. Verbreitungsgebiete
   Niederungsviehrassen, Höhenviehrassen, Inselrassen oder sonstige geographische Gesichtspunkte
2. Äußere Merkmale
   Farbe, Schädelbildung und Behornung
3. Gebrauchszweck und Leistungen
   Milchrassen, Mastrassen, Arbeitsrassen oder solche mit kombinierter Leistung

Praktisch ist es zu einer Gliederung in die großen Gruppen norddeutsche und süddeutsche Rassen gekommen, wobei sich in den Grenzgebieten stärkere Überschneidungen ergaben. Hinzu kam eine Gruppe rein nachgezogener Importrassen, wozu über lange Zeit hin nur die Shorthorns gehörten. In der Reihenfolge kommt es nach den Arbeiten von LYDTIN – WERNER auf den DLG-Schauen zu folgender Schauordnung bzw. Gruppierung:

A Gebirgs- und Höhenschläge
B Tieflandschläge
C Importrassen (Shorthorns).

Darüber hinaus war es über lange Zeit hin erforderlich, innerhalb der großen Rassenblöcke Fleckvieh und Schwarzbunte Rangierungen nach Leistungsgruppen vorzunehmen, die in etwa der Einteilung nach älteren Zuchtgebieten mit einem höheren Züchtungs-/Leistungsstand entsprachen und den sogenannten Nachzuchtgebieten. Als Beispiel seien die schwarzbunten Rinder genannt mit den Gruppen sogenannter alter Zuchtgebiete Ba_1, wie Ostfriesland, Ostpreußen u. a., und den in

Ba_2 zusammengefaßten Zuchtgebieten des Binnenlandes. Diese Gliederung entfiel nach 1945, da die neueren Wirtschaftsmethoden in der Landwirtschaft und damit fast überall ausgeglichene Grundfuttervoraussetzungen diese Gruppierung nicht mehr zuließen.
Die Mitteilungen von Lydtin – Werner decken sich in etwa mit fast zur gleichen Zeit vorgenommenen Untersuchungen von HANSEN und HERMES (Die Rindviehzucht im In- und Auslande, 1905). Diese Erhebungen haben in der Hauptsache das Vorkommen und die Verbreitung erfaßt, ohne auf nähere Rassen- oder Schlagbeschreibungen einzugehen, sind damit jedoch zu einer wertvollen, ergänzenden Unterlage geworden (s. Angaben bei den einzelnen Rassen).
Auch nach Hansen – Hermes hat um 1900 (Abschluß der Bearbeitung) noch ein starkes Durcheinander bestanden. Sie erwähnen, daß in dem späteren einheitlichen Zuchtgebiet für schwarzbunte Rinder bis etwa 1875 (Einführung eines Schauwesens) Importe von Shorthorns, Ayrshires, Allgäuer, Harzer und Angler vorgenommen wurden. Insbesondere auch in den Mittelgebirgen, d. h. den Berührungspunkten der großen Gruppen norddeutscher Tieflandrinder und süddeutscher Höhenschläge, ist es zu den mannigfachsten Vermischungen gekommen.
Überblickartig läßt sich nach Hansen – Hermes um 1900 folgende Verbreitung festlegen:

In Süddeutschland:
Bayern – Fleckvieh, Franken, Braunvieh, Ansbach-Triesdorfer, Scheinfelder, Glan-Donnersberger, Pinzgauer, Kelheimer, Ellinger, Murnau-Werdenfelser, Vogelsberger, Chamauer, Wälder und Vogtländer sowie eine kleine Gruppe schwarzbunter und blaubunter Holländer.
Baden – Fleckvieh, Wälder, Hinderwälder, Neckarschlag, Braunvieh, Scheinfelder und Franken.
Württemberg – Fleckvieh, Braunvieh und Limpurger.

In Norddeutschland:
In den zumeist preußischen Provinzen sind die Niederungsviehschläge als Ostfriesen, Jeverländer, Wesermarschrinder und Holländer (die spätere Ostpreußische Herdbuchgesellschaft hieß damals Ostpreußisch-Holländer-Herdbuchgesellschaft) in schwarzweißer Ausprägung sowie als rot-weiße Holsteinische Marsch-Geestschläge verbreitet.
Im Rheinland und Westfalen werden auch rotbunte Holländer erwähnt.

Übergangsgebiete:
In den Übergangsbereichen zwischen Süddeutschland mit Bayern, Württemberg und Baden und der norddeutschen Tiefebene befinden sich in den Mittelgebirgen Rotvieh sowie auch Rot- und Braunblässen, die man zu den Gebirgs- oder Höhenschlägen zählt.

Wie mehrmals hervorgehoben, verblieb die genannte große Gruppierung in die nord- und süddeutschen oder Tiefland/Niederungs- und Gebirgs-/Höhenschläge sowie in Importrassen. KRONACHER gab nach der Schauordnung für die DLG-Schau Nürnberg 1922 folgende Übersicht:

A. Gebirgs- und Höhenschläge*:

a) Großes Fleckvieh mit hellem Pigment (schwarzes Pigment schließt aus):
   1. Tiere, bei welchen die Milch-, Fleisch- und Arbeitsleistung mit je 10 Punkten bewertet wird;
   2. Tiere, bei welchen die Milchleistung mit 15, die Fleischleistung mit 10 und die Arbeitsleistung mit 5 Punkten bewertet wird;

b) Gelbe einfarbige Höhenschläge (gelbes Frankenvieh, Glan-Donnersberger, Limpurger, Schwälmer, Lahnschlag);

c) Graubraunes Gebirgsvieh (Allgäuer, Schwyzer, Montafoner, Murnau-Werdenfelser);

d) Mitteldeutsches Rotvieh (Vogelsberger, Vogtländer, Harzer, Waldecker, Odenwälder, Bayerisches Rotvieh, Westfälisches Rotvieh, Schlesisches Rotvieh);

e) Rot- und Braunblässen (Kehlheimer, Westerwälder, Wittgensteiner);

f) Pinzgauer;

g) Kleines geflecktes und rückenblässiges Höhenvieh:
   1. Hinterwälder- und Wäldervieh,

h) Ansbach-Triesdorfer. Mittelgroßes Fleckvieh mit ausgesprochenem Simmentaler Charakter.

B. Tieflandschläge:

a) Schwarzbunte Tieflandschläge (Ostfriesen, Jeverländer, Ost- und Westpreußen, Pommern, Posen, Niederrhein, Holstein usw.):
   1. Tiere, bei welchen die Milchleistung mit 18, die Fleischleistung mit 12 Punkten bewertet wird,
   2. Tiere, bei welchen die Milch- und Fleischleistung mit je 15 Punkten bewertet wird;

b) Wesermarschschlag;

c) Rotbunte Tieflandschläge Rheinlands, Westfalens und Südoldenburgs;

d) Rotbunte Holsteinische Schläge (rotbuntes Milchvieh der holsteinischen Marschen, Breitenburger, rotbuntes Milchvieh der holsteinischen Geest) und rotbuntes Vieh der hannoverschen Elbmarschen:
   1. Tiere, bei welchen die Milchleistung mit 18, die Fleischleistung mit 12 Punkten bewertet wird,
   2. Tiere, bei welchen die Milch- und Fleischleistung mit je 15 Punkten bewertet wird;

e) Rotes Schleswigsches Milchvieh (Angler und Nordschleswiger);

f) Rote Ostfriesen;

g) Rotbunte Ostfriesen;

h) Alle anderen Tieflandschläge:
   1. Tiere, bei welchen die Milchleistung mit 18, die Fleischleistung mit 12 Punkten bewertet wird,
   2. Tiere, bei welchen die Milch- und Fleischleistung mit je 15 Punkten bewertet wird.

C. Shorthorn:

a) Vollblutshorthorn;

b) Landshorthorn.

Besonders aufschlußreich und interessant zur Rassenentwicklung sind die Schauordnungen der DLG-Ausstellungen im Verlaufe der Jahrzehnte. Es zeigt sich eine erstaunliche Vereinheitlichung und Konsolidierung.

Die Aufstellung der Tabelle 52 folgt denen der Schauordnungen der Ausstellungen der DLG 1887, 1922, 1952 und 1964. Dabei sind einerseits größere Zeitabstände gewählt, andererseits aber auch Neu- oder Umgruppierungen insbesondere nach

---

* Das Wort „Schlag" wird gleichbedeutend mit dem Wort „Rasse" gebraucht.

Tab. 52. Einteilung und Bezeichnung der deutschen Rinderrassen seit Begründung der DLG*.

1887	1922 (nach Kronacher)	1952	1964
A Gebirgs- und Höhenschläge einschließlich der Tallandschläge Süddeutschlands	A Gebirgs- und Höhenschläge	A Höhenschläge	Abt. A
		Gruppe A	
a) Schecken- und Fleckvieh, Simmentaler u. ä. und Kreuzungen, Ansbach-Triesdorfer Rind	a) Großes Fleckvieh mit hellem Pigment (schwarzes Pigment schließt aus): 1. Tiere, bei welchen die Milch-, Fleisch- u. Arbeitsleistung mit je 10 Punkten bewertet wird, 2. Tiere, bei welchen die Milchleistung mit 15, die Fleischleistung mit 10 u. die Arbeitsleistung mit 5 Punkten bewertet wird	a) Höhenfleckvieh mit Untergruppe 1 (alte Zuchtgebiete) und Untergruppe 2 (alle übrigen Zuchtgebiete)	Deutsches Fleckvieh Deutsches Braunvieh Deutsches Gelbvieh Pinzgauer Vorderwälder Hinterwälder Murnau-Werdenfelser
b) Braune und graue Schläge: Schwyzer, Montafoner, Allgäuer u. ä.	b) Gelbe einfbg. Höhenschläge (gelbes Frankenvieh, Glan-Donnersberger, Limpurger, Schwälmer, Lahnschlag)	b) einfarbig gelbes Höhenvieh	
c) Unter a) und b) nicht fallende schwere Höhenschläge wie Scheinfelder, Franken, Ellinger usw.	c) Graubraunes Gebirgsvieh (Allgäuer, Schwyzer, Montafoner, Murnau-Werdenfelser)	c) Graubraunes Höhenvieh	

d) Unter a) und b) nicht fallende leichte Höhenschläge wie Harzer, Glanvieh, Vogtländer, Westerwälder, Vogelsberger und Lahnvieh	d) Mitteldeutsches Rotvieh (Vogelsberger, Vogtländer, Harzer, Waldecker, Odenwälder, Bayerisches Rotvieh, Westfälisches Rotvieh, Schlesisches Rotvieh)	d) Deutsches Rotvieh	
	e) Rot- und Braunblässen (Kelheimer, Westerwälder, Wittgensteiner)	e) Pinzgauer	
	f) Pinzgauer	f) Hinter- und Vorderwälder	
	g) Kleines geflecktes und rückenblässiges Höhenvieh: 1. Hinterwälder- und Wäldervieh		
	h) Ansbach-Triesdorfer, Mittelgroßes Fleckvieh mit ausgesprochenem Simmentaler Charakter		
B Niederungsschläge	B Tieflandschläge	B Tieflandschläge Gruppe B	Abteilung B
a) Schwarz-, rot- und fahlbunte Holländer und schwere Ostfriesen	a) Schwarzbunte Tieflandschläge (Ostfriesen, Jeverländer, Ost- und Westpreußen, Pommern, Posen, Niederrhein, Holstein usw.) 1. Tiere, bei welchen die Milchleistung mit 18, die Fleischleistung mit 12 Punkten bewertet wird 2. Tiere, bei welchen die Milch- und Fleischleistung mit je 15 Punkten bewertet wird	a) Schwarzbunte Tieflandschläge mit Untergruppe 1 (alte Zuchtgebiete) und Untergruppe 2 (alle übrigen Zuchtgebiete)	Deutsche Schwarzbunte Deutsche Rotbunte Angler Deutsches Rotvieh Shorthorn Jersey Deutsche Angus

Tab. 52. Einteilung und Bezeichnung der deutschen Rinderrassen seit Begründung der DLG* (Fortsetzung).

1887	1922 (nach Kronacher)	1952	1964
b) Wesermarschschlag, schwarzbunt	b) Wesermarschschlag	b) Rotbunte Tieflandschläge mit älteren und jüngeren Zuchtgebieten	
c) Schleswig-Holsteiner, rotbunt, soweit sie nicht zu a) oder Shorthorns gehören. Wilstermarsch, Breitenburger u. ä.	c) Rotbunte Tieflandschläge Rheinlands, Westfalens und Südoldenburgs	c) Angler	
d) Leichte deutsche Niederungsschläge, Angler, Hannoversche u. ä.	d) Rotbunte Holsteinische Schläge (rotbuntes Milchvieh der holsteinischen Marschen, Breitenburger, rotbuntes Milchvieh der holsteinischen Geest) und rotbuntes Vieh der hannoverschen Elbmarschen 1. Tiere, bei welchen die Milchleistung mit 18, die Fleischleistung mit 12 Punkten bewertet wird 2. Tiere, bei welchen die Milch- und Fleischleistung mit je 15 Punkten bewertet wird		
	e) Rotes Schleswigsches Milchvieh (Angler und Nordschleswiger)		

	f) Rote Ostfriesen	
	g) Rotbunte Ostfriesen	
	h) Alle anderen Tieflandschläge: 1. Tiere, bei welchen die Milchleistung mit 18, die Fleischleistung mit 12 Punkten bewertet wird 2. Tiere, bei welchen die Milch- und Fleischleistung mit je 15 Punkten bewertet wird	
C Alle andere deutschen Schläge	C Shorthorn:	C Shorthorns
	a) Vollblutshorthorn	
	b) Landshorthon	
D Shorthorns und ihre Kreuzungen		

* 1887, 1952 und 1964 nach ZORN-SOMMER: Rinderzucht, Stuttgart 1970

Tab. 53. Zusammensetzung des Rinderbestandes im Deutschen Reich nach Rassen und Schlägen in den Jahren 1896 und 1906*.

Rasse bzw. Schlag	1896		1906	
	Ges. Zahl	%	Ges. Zahl	%
Höhenrinder				
Fleckvieh (Simmentaler)	2 945 878	16,78	3 677 326	19,41
Franken	533 281	3,04	576 662	3,10
Glan-Donnersberger	383 721	2,19	402 128	2,12
Scheinfelder	157 354	0,90	62 780	0,33
Ellinger	79 581	0,45	20 677	0,11
Chamauer	33 159	0,19	10 339	0,05
Limpurger	46 965	0,27	53 942	0,28
Schwälmer	–	–	3 094	0,02
Lahnvieh	–	–	58 780	0,31
Braunvieh	376 067	2,14	405 894	2,14
Murnau-Werdenfelser	61 896	0,35	40 206	0,21
Vogtländer	16 482	0,09	58 000	0,31
Vogelsberger	188 567	1,07	73 550	0,39
Harzer	134 266	0,76	111 099	0,59
Siegerländer	12 909	0,07	5 379	0,03
Odenwälder	–	–	13 236	0,07
Waldecker	–	–	36 872	0,19
Kelheimer	101 687	0,58	80 411	0,42
Westerwälder	72 420	0,41	39 977	0,21
Wittgensteiner	23 708	0,14	24 362	0,13
Vogesenvieh	23 201	0,13	23 005	0,12
Pinzgauer	101 687	0,58	83 857	0,44
Ansbach-Triesdorfer	190 110	1,08	89 601	0,47
Ober- u. Niederbayerisches Landvieh	315 686	1,80	151 964	0,80
Wälder	70 888	0,40	54 776	0,28
Hinterwälder	33 536	0,19	37 876	0,20
Sudetenvieh	5 026	0,03	5 018	0,03
Freiburger	–	–	369	0,00
Landvieh mit Fleckvieh-Charakter	1 020 909	5,82	1 415 641	7,47
Landvieh mit Rotvieh-Charakter	340 372	1,94	252 059	1,33
Landvieh mit Braunvieh-Charakter	140 308	0,80	63 218	0,33
Verschiedene Kreuzungen	–	–	71 355	0,37
[illegible]	567 453	3,24	375 882	1,98

Tieflandrinder				
Schwarzbunter Tieflandschlag (Holländer, Ostfriesen, Jeverländer)	3 538 075	20,15	3 644 369	19,24
Holländer, blaubunt	82 840	0,47	37 271	0,20
Holländer, rotbunt	331 654	1,89	97 911	0,52
Ostfriesen, rotbunt	71 864	0,41	185 819	0,98
Ostfriesen, rot	24 284	0,14	58 962	0,31
Schwarzbuntes Niederungsvieh friesischen Stammes	458 760	2,61	1 509 813	7,97
Wesermarschschlag	521 029	2,97	477 450	2,52
Schlag des Niederrheins	105 486	0,61	231 049	1,22
Westfälisches Niederungsvieh	118 361	0,67	320 593	1,69
Oldenburger Geestschlag, schwarzbunt	48 488	0,28	211 573	1,12
Oldenburger Geestschlag, rotbunt	–	–	10 120	0,05
Südoldenburger Schlag, schwarzbunt	–	–	15 136	0,08
Südoldenburger Schlag, rotbunt	23 408	0,13	22 705	0,12
Rotbunter Schlag der Hannoverschen Elbmarschen	–	–	48 156	0,25
Rotbunter Holsteinischer Marschschlag	263 580	1,50	213 014	1,12
Rotbunter Holsteinischer Geestschlag	225 673	1,29	177 142	0,94
Breitenburger	122 422	0,70	162 284	0,86
Angler	151 165	0,86	77 484	0,41
Rotes Schleswigsches Milchvieh	28 824	0,16	94 616	0,50
Schlesisches Rotvieh	383 253	2,18	276 296	1,46
Schlesisch-Polnisches Landvieh	125 541	0,72	452 365	2,39
Schwarzbunter Schlag d. Weichselniederung	55 547	0,32	29 370	0,16
Niederungs-Landvieh	1 628 340	9,28	795 075	4,20
Shorthorn (Durham)	237 045	1,35	246 169	1,30
Verschiedene Kreuzungen	–	–	19 848	0,10
Unbestimmter Niederungsschlag	990 605	5,04	1 145 767	6,05
Eifeler	37 693	0,21	–	–
Normänner	4 640	0,03	–	–
	17 555 694	100,00	18 939 692	100,00

* nach O. Knispel, Berlin 1907 (DLG-Erhebungen)

Tab. 54. Zusammensetzung des Rinderbestandes im Deutschen Reich nach Rassen und Schlägen in den Jahren 1896, 1906, 1925 und 1936.

Rasse bzw. Schlag	Bestand							
	1896 [1]		1906 [1]		1925 [2]		1936 [3]	
	Ges. Zahl	%	Ges. Zahl	%	Ges. Zahl	%	Ges. Zahl	%
Höhenrinder								
Rinder im Gepräge des Höhenfleckviehs	3 661 415	23,5	4 726 870	28,2	5 031 709	29,1	5 017 906	26,5
Rinder im Gepräge des graubraunen Gebirgsviehs (einschließl. Murnau-Werdenfelser)	573 418	3,7	509 033	3,0	565 031	3,3	591 840	3,1
Rinder im Gepräge des gelben einfarbigen Höhenviehs	1 228 752	7,9	1 197 991	7,2	1 021 213	5,9	1 070 419	5,7
Rinder im Gepräge des mitteldeutschen Rotviehs	969 319	6,2	701 156	4,2	457 574	2,6	409 595	2,2
Rot- und Braunblässen	197 815	1,3	144 750	0,9	28 976	0,2	36 579	0,2
Scheckiges Höhenvieh (insbes. Pinzgauer, Vorder- und Hinterwälder, Glatzer)	401 247	2,6	271 128	1,6	186 678	1,1	175 904	0,9
Landvieh (Kreuzungen) im Typ des Höhenviehs	810 996	5,2	482 152	2,9	205 840	1,2	142 256	0,8
Tieflandrinder								
Schwarzbuntes Tieflandvieh	4 480 080	28,8	5 464 084	32,7	7 620 353	44,1	9 202 320	48,7
Rotbuntes Tieflandvieh	756 746	4,9	1 024 672	6,1	1 123 532	6,5	1 326 181	7,0
Einfarbig rotes Tieflandvieh (Angler u. Ostfriesen)	144 926	0,9	130 765	0,8	105 308	0,6	111 425	0,5
Landvieh (Kreuzungen) im Typ des Tieflandviehs	2 248 295	14,4	1 980 419	11,8	741 056	4,3	641 599	3,4

Sonstige								
Shorthorn	88 673	0,6	104 800	0,6	186 293	1,1	188 473	1,0
Fleischrinder (Angus, Charolais, Shorthorn)	–	–	–	–	–	–	–	–
Jerseys	–	–	–	–	–	–	–	–
	15 561 682	100,0	16 737 820	100,0	17 273 563	100,0	18 914 497	100,0

[1] nach O. Knispel, Berlin 1907, auf Reichsgebiet nach dem 1. Weltkrieg umgerechnet
[2] nach Bässmann/Blumenthal/Hansen: Die Verbreitung der Rinderschläge in Deutschland, Berlin, 1927
[3] nach Statistik des Deutschen Reiches, Die Viehwirtschaft 1935/36, Berlin, 1937

Tab. 55. Zusammensetzung des Rinderbestandes im Gebiet der BRD.

Rasse bzw. Schlag	1896[1] Ges. Zahl	%	1906[1] Ges. Zahl	%	1936[2] Ges. Zahl	%	1951[3] Ges. Zahl	%	1973[4] Ges. Zahl	%
Höhenrinder										
Rinder im Gepräge des Höhenfleckviehs	3 112 881	31,8	3 999 240	38,6	4 529 445	39,0	4 379 396	38,5	5 246 765	36,5
Rinder im Gepräge des graubraunen Gebirgsviehs (einschließl. Murnau-Werdenfelser)	611 991	6,2	514 854	5,0	587 331	5,1	648 378	5,7	862 482	6,0
Rinder im Gepräge des gelben einfarbigen Höhenviehs	1 058 642	10,8	1 107 234	10,7	1 000 488	8,6	875 879	7,7	416 866	2,9
Rinder im Gepräge des mitteldeutschen Rotviehs	545 157	5,6	409 418	4,0	197 352	1,7	113 750	1,0	14 375	0,1
Rot- und Braunblässen	197 815	2,0	64 339	0,6	36 219	0,3	–	–	–	–
Scheckiges Höhenvieh (insbes. Pinzgauer, Vorder- und Hinterwälder, Glatzer)	206 111	2,1	176 509	1,7	154 850	1,3	170 628	1,5	28 749	0,2
Landvieh (Kreuzungen) im Typ des Höhenviehs	787 096	8,0	429 285	4,1	73 147	0,6	79 625	0,7	14 375	0,1
Tieflandrinder										
Schwarzbuntes Tieflandvieh	1 586 631	16,2	2 355 028	22,7	3 653 798	31,4	3 913 020	34,4	5 721 131	39,8
Rotbuntes Tieflandvieh	667 477	6,8	605 194	5,8	964 876	8,3	955 505	8,4	1 883 086	13,1
Einfarbig rotes Tieflandvieh (Angler u. Ostfriesen)	161 647	1,7	123 834	1,2	88 355	0,8	125 126	1,1	100 623	0,7
Landvieh (Kreuzungen) im Typ des Tieflandviehs	662 740	6,8	340 470	3,3	145 503	1,3	79 625	0,7	28 749	0,2

Sonstige										
Shorthorn	194 082	2,0	239 393	2,3	187 547	1,6	34 125	0,3	–	–
Fleischrinder (Angus, Charolais, Shorthorn)	–	–	–	–	–	–	–	–	43 124	0,3
Jerseys	–	–	–	–	–	–	–	–	14 375	0,1
	9 792 270	100,0	10 364 798	100,0	11 618 911	100,0	11 375 057	100,0	14 374 700	100,0

[1] auf Gebietsumfang der BRD ohne Berlin berechnet; nach Erhebungen der Deutschen Landwirtschafts-Gesellschaft
[2] auf Gebietsumfang der BRD ohne Berlin berechnet; nach Statistik des Deutschen Reiches, Die Viehwirtschaft 1935/36, Berlin, 1937
[3] nach WINNIGSTEDT: Die Verbreitung der Rinderrassen im Bundesgebiet; Der Tierzüchter, 9, 1953
[4] nach BIEDERMANN/GRANZ: Rinderproduktion, Berlin, 1976

den beiden Kriegen erfaßt. Die für 1964 gegebene Rassenordnung besteht auch derzeit noch, allerdings unter Beachtung, daß in der Abteilung A die kleine Gruppe Pinzgauer, Vorder- und Hinterwälder sowie Murnau-Werdenfelser mehr und mehr zurückgegangen sind. In der Abteilung B trifft dies für die Rassen bzw. Rassengruppen Deutsches Rotvieh und Shorthorn zu.
Nicht uninteressant sind die zahlenmäßigen Entwicklungen. Hier kommen die Umwandlungen des rassenlosen Landviehs zum Ausdruck, insbesondere aber auch die allmähliche Verschiebung zu großen Rassenblöcken. Aus den verschiedensten Quellen zusammengetragen, entstanden hierzu die Tabellen 53 bis 55. In Tabelle 53 sind die Erhebungen der DLG wiedergegeben, die Knispel 1907 für die Jahre 1896 und 1906 publizierte. Sie zeigen die noch bestehende starke Vielfalt an Schlägen und kleinen Rassengruppen. Die Tabellen 54 und 55 beziehen sich dann zum einen auf den Gebietsumfang des Deutschen Reiches 1936 und zum anderen auf denjenigen der Bundesrepublik Deutschland. Dabei gehen die Angaben in Tabelle 54 von Erhebungen der DLG zum Rinderrassen-Aufbau 1925 aus, sie sind ergänzt durch vergleichbare Angaben für 1936. Diese Zahlen wurden in Vergleich gesetzt mit den Werten für 1896 und 1906 aus Tabelle 53, umgerechnet auf den Gebietsumfang des Deutschen Reiches nach dem 1. Weltkrieg. Tabelle 55 folgt dem gleichen Verfahren, wobei die Unterlagen aus den Jahren 1951 und 1973 mit den umgerechneten Werten von 1896, 1906 und 1936 vergleichbar sind. Die Umrechnung auf den Gebietsumfang der Bundesrepublik Deutschland war möglich und ist mit ganz geringgradigen Fehlern behaftet.
Bemerkt sei, daß es sich in den Tabellen immer um die Gesamtrinderbestände handelt (nicht nur Herdbuchtiere). Sie basieren auf den amtlichen Viehzählungsergebnissen. Zur Einteilung in Rassen und Schläge sind Fachleute herangezogen worden, die allerdings häufig mit Schätzungen arbeiten mußten. Die Werte von 1973 entstanden durch Berechnungen nach Unterlagen der künstlichen Besamung.
Im folgenden sind nun eine Beschreibung und eine Bewertung der Rinderrassen gegeben, die sich im Verlaufe des 19. Jahrhunderts aus bodenständigen Formen bildeten, aus Kombinationen entstanden oder auch als Importrassen weitergezogen wurden. Man schließt sich bei einer derartigen Aufstellung zweckmäßigerweise der großen Gruppierung Höhenrinder, Tieflandrinder und Sonstige sowie Importrassen an. Innerhalb dieser Einordnung haben LYDTIN und WERNER in ihrem 1899 erschienenen Buch „Das deutsche Rind" die wohl beste Übersicht der entstandenen und vorhandenen Formen im 19. Jahrhundert gegeben. Die folgende Beschreibung der Rassen ist nach dieser Gliederung aufgebaut, in einigen Fällen erschien die von KRONACHER 1922 vorgenommene Gruppierung jedoch vorteilhafter.

2.2 Höhenrinder

2.2.1 Höhenfleckvieh (Deutsches Fleckvieh)*

Die heute in der Bundesrepublik Deutschland, vornehmlich im süddeutschen Raum, so bedeutsame Rasse hat ihren Siegeszug um die Mitte des vorigen Jahrhunderts angetreten. Auch die ersten Rassenerhebungen der DLG 1896 schließen noch sogenannte Rinder im Gepräge des Höhenfleckviehs ein, zumeist in den Gebieten, die später gänzlich im Charakter dieser Rasse stehen. Bezogen auf das Gebiet der heutigen BRD umfaßte die Gesamtgruppe Höhenfleckvieh 1896 31,8 %; 1906 38,6 %; 1936 39,0 %; 1951 38,5 % und 1975 36,5 % am Gesamtbestand, eine Zahl, die in jüngerer Zeit in der Größenordnung der Deutschen Schwarzbunten liegt mit einer Tendenz, von dieser gering überholt zu werden.

Heimat und Herkunft des Fleckviehs ist die Schweiz. WERNER rechnet sie zu den Großstirnrindern *(Bos taurus frontosus)*. Diese Rindergruppe hatte sich weit zurückreichend in der Westschweiz gebildet und zeigte immer schon eine scharfe Abgrenzung zum Braunvieh der Ostschweiz. Das Verbreitungsgebiet in verschiedenen Tallagen und Distrikten führte zu Schlagbildungen, daher auch die unterschiedlichen Bezeichnungen wie Berner Vieh, Simmentaler Vieh u. a.

Die Schweizer Rassengruppe war durchgezüchteter und in sich konsolidierter als die vielen deutschen Schläge im 18. und in der ersten Hälfte des 19. Jahrhunderts im süddeutschen Raum. ENGELER sagt, daß schon im Mittelalter im Saanenland (Berner Oberland) und im Simmental ein rotes scheckiges Vieh gezüchtet wurde, welches kräftig und milchergiebig war. Es ist somit keineswegs verwunderlich, daß einzelne Züchter im benachbarten Süddeutschland bereits zu Anfang des 19. Jahrhunderts, teils noch früher, Zuchttiere aus den Schweizer Kantonen Bern und Freiburg einführten. Insbesondere wurden mit diesen Tieren Kreuzungen vorgenommen. Dies fand bei der Entstehung des Ansbach-Triesdorfer Schlages, bei den Glan-Donnersbergern u. a. statt. Zunächst kam es jedoch noch nicht zur Entwicklung großer geschlossener Zuchtgebiete des Berner oder Simmentaler Viehs in Deutschland.

Dies erfolgte erst ab etwa 1840 mit Zuchtzentren in Bayern, Württemberg und Baden. Verdrängungskreuzung kam zur Anwendung, möglichst schnelle Umwandlung zum Typ des Schweizer Viehs war das Ziel. Es ist viel diskutiert worden, ob das vorgenommene „Überfluten und Aufsaugen" der bodenständigen Landschläge zweckvoll war. Sicher hätte man diese Landschläge auch aus sich heraus verbessern können. Bei dem vorhandenen Rassenwirrwarr in Süddeutschland um die Mitte des 19. Jahrhunderts wäre dies jedoch nur in einem langen Zeitraum möglich gewesen, und man sollte der Auffassung von STOCKKLAUSNER folgen, der es als müßig bezeichnete, diese Frage zu erörtern. Rückwärtsschauend hat die Übernahme und Verwendung der im Nachbarland Schweiz erzüchteten, in sich gefestigten, vergleichsweise leistungsfähigeren Rasse in wenigen Jahrzehnten das Rassengemisch in Süddeutschland verdrängt.

So nennen die DLG-Erhebungen für Bayern 1896 Fleckvieh (Simmentaler) 28,7 % am Landesbestand, und 1906 sind es 38,3 %. Für Landvieh im Fleckviehcharakter sind es 10,9 % und 18,3 %. Später entfallen dann 70–80 % des Landesbestandes auf das Fleckvieh.

---

* In Klammern sind die Bezeichnungen genannt, die in neuerer Zeit Verwendung finden – s. auch Tab. 52.

1800
1910
1925
1850
1950
1890
1970

Da zunächst Vieh aus dem Berner Bezirk importiert wurde, war die Bezeichnung „Berner Vieh" üblich. Später sind Tiere aus dem Simmental bevorzugt worden. In der Farbausprägung unterschieden sich diese Untergruppen, und allmählich gewannen die Rot- und Gelbschecken die Überhand, so daß sich die allgemein gebräuchliche Bezeichnung „Fleckvieh" einführte.
Wie bereits hervorgehoben, bildeten sich in Süddeutschland einige Zuchtzentren, von denen aus – neben weiteren direkten Importen aus der Schweiz – die starke Verbreitung des Fleckviehs bis nach Hessen, Thüringen und in das südliche Sachsen erfolgte.
So entstand für Bayern in Miesbach ab 1837 eine Zelle des Fleckviehs, als MAX OBERMAYER und JOHANN FISCHBACHER in einem für die damalige Zeit mühevollen Viehtrieb „Berner" und „Simmentaler" nach Miesbach brachten. Obermayer soll noch „an die neunzigmal" diese Reise unternommen haben. Seine Importtiere werden als geälpte Tiere mit trockenem Beinwerk, trächtige Tiere 16–17 Ztr. schwer, großrahmig, und in der Farbe weiß bis semmelgelb gescheckt bezeichnet. Nach DÜRRWAECHTER richtete kurz darauf der HERZOG ALEXANDER VON WÜRTTEMBERG auf seinen Besitzungen bei Bayreuth ein weiteres Zuchtzentrum für diese Rasse in Bayern ein.
In Württemberg erwarb die Meierei Hohenheim im Jahr 1835 einen Stamm Simmentaler. Die allgemeine Zustimmung, nach Abgabe von Zuchttieren an die Landeszucht, führte zu weiteren Importen aus der Schweiz und zunehmender Umwandlung der verbreiteten Landschläge im Rahmen einer Verdrängungskreuzung.
In Baden entwickelte sich ebenfalls ein Zuchtzentrum für die Fleckviehzucht in Meßkirch in Oberbaden. 1843 erfolgten die ersten Importe von Simmentalern aus der Schweiz, die dann sehr bald die vorhandenen Rindergruppen verdrängten (insbesondere Braunvieh). Meßkirch blieb lange von Importen aus der Schweiz abhängig. Noch 1880 entstammte ein großer Teil der aufgestellten Bullen aus Einfuhren. Der Einfluß auf die Landeszucht war auch hier stark und erfolgreich.
Wie bei den Schwarzbunten ergaben sich zu Anfang des 20. Jahrhunderts im großen Zuchtgebiet des Fleckviehs, bedingt durch die Weite der Verbreitung unter variierenden Umweltverhältnissen, Unterschiede in der Qualität der Tiere. Dies zeigte sich insbesondere auf den großen Schauen der DLG und führte auch hier zu den Untergruppen alte und jüngere Zuchtgebiete, um eine echte Konkurrenz untereinander sicherzustellen. Eine starke Angleichung der Zuchtbezirke hat nach 1945 diese Gliederung nicht mehr erforderlich gemacht.

2.2.2 Einfarbig gelbe Höhenrinder (Deutsches Gelbvieh)

Die heute als Deutsches Gelbvieh einheitliche Population ist aus vielen kleinen Schlägen und Rassengruppen entstanden. LYDTIN–WERNER fassen diese um 1900 als gelbe einfarbige Thallandrinder zusammen und nennen folgende Schläge:

Scheinfelder (auch Heilbronner, Langheimer, Schweinfurter, Itzgrunder und Frankenvieh genannt)
Franken- oder Maintaler

Abb. 22. Höhenfleckvieh – Deutsches Fleckvieh.

Chamauer (bayerische Oberpfalz – Scheinfelder ähnlich)
Glan-Donnersberger (bayerische Rheinpfalz)
Schwälmer (Reg.Bez. Kassel)
Limpurger (Württemberg)

Nach dem 1. Weltkrieg umfaßte das Gelbvieh im wesentlichen noch die beiden Gruppen Frankenrinder und Glan-Donnersberger. 1926 kommt es dann zur Arbeitsgemeinschaft der Frankenviehzuchtverbände, die 1930 zum „Reichsverband für die Zucht des gelben Höhenrindes“ unter Einschluß aller Gelbviehgruppen wird.

Es erscheint erforderlich, zu einzelnen Gruppen nähere Beschreibungen oder Erläuterungen zu ihrer Entstehung zu geben.

Frankenrinder

Diese Rinder oder Gruppe von Schlägen hat ihren Ursprung in einem roten bis rotbraunen Landvieh, welches in den nördlichen Teilen Badens und Württembergs sowie in der Tauber- und mittleren Maingegend verbreitet war. WECKHERLIN bezeichnet dieses Rind 1828 als „Frankenrind“, eine Bezeichnung, die sich vorübergehend durch stärkere Schlagbildungen verlor. So nahm man zumeist in größeren Betrieben des genannten Bereiches Kreuzungen vor, die, anfänglich dem Ansbacher Beispiel folgend (s. Ansbach-Triesdorfer Schlag S. 597), mit Tieflandrindern vorgenommen wurden. Da die erwünschte Körpergröße und Robustheit der Tiere (geringe Boden-/Futterverhältnisse der Gebiete beachten) und damit auch ihre Arbeitstüchtigkeit für die vorherrschenden kleinbäuerlichen Betriebe nachließen, wurden die weiteren Anpaarungen mit Importtieren aus der Schweiz vorgenommen. Man verwandte Simmentaler bzw. Berner oder Tiere im Charakter des Braunviehs (Schwyzer bis Allgäuer). Die entstandenen Schläge führten die verschiedensten Bezeichnungen als Neckar-, Heilbronnervieh, als Scheinfelder, Ellinger usw. Wichtig erscheint, daß diese Gruppen Zuchttiere untereinander ausgetauscht haben. Bemerkenswert ist auch, daß nach GUTBROD Shorthorns eingekreuzt wurden, eine für das Fleischbildungsvermögen vorteilhafte Maßnahme. HANSEN-HERMES nennen den Anteil an der Verbreitung für 1905:

Baden:	Neckarschlag	5,0 %
	Scheinfelder	0,4 %
	Franken	0,2 %
Großherzogtum Hessen:	Neckarschlag	0,6 %
	Scheinfelder	6,1 %
Bayern:	Scheinfelder	3,5 %
	Franken	11,6 %
	Ellinger	2,4 %
	Chamauer	1,0 %

Die allmähliche Vereinheitlichung führte 1897 zur Gründung des „Zuchtverbandes für gelbes Frankenvieh in Ober- und Mittelfranken“. 1899 erfolgte auch ein Zusammenschluß der einzelnen Gruppen in Unterfranken. 1905 entstand eine gemeinsame Zentralleitung. Damit war der Weg für eine einheitliche Zuchtrichtung geebnet, die zu einem einfarbigen, erbsengelben bis rotgelben Rind im Dreinutzungstyp (Arbeit – Fleisch – Milch) führte, welches später die Bezeichnung Deutsches Gelbvieh erhielt.

Dieses Rind fand auch in den angrenzenden Gebieten Hessen-Nassaus und Thüringens Verbreitung.

Glan-Donnersberger Rind

HANSEN-HERMES gaben nach den DLG-Erhebungen 1896 folgende Verbreitungszahlen an (jeweils Prozent des Landes/Provinz – Bestandes):

Bayern:	(bayer. Rheinpfalz)	3,2 %
Preußen:	a) Rheinprovinz	22,8 %
	b) Hannover	1,6 %
	c) Hessen-Nassau	1,3 %
	d) Provinz Sachsen	0,5 %

Die Heimat dieser Rassen- bzw. Schlaggruppe ist die damalige bayerische Rheinpfalz sowie der südliche Teil der ehemaligen preußischen Rheinprovinz. Den Namen gab das Gebiet nördlich von Kaiserslautern, um den Donnersberg sowie das Glantal. Die entstandenen Schläge fanden Verbreitung bis in den Hunsrück und die Eifel. Dieser Raum hatte eine wechselvolle geschichtliche Entwicklung. Dies blieb nicht ohne Einfluß auf die Landwirtschaft, ihre Wirtschaftsform und damit auch Viehwirtschaft.

Wie der Doppelname der Rindergruppe zum Ausdruck bringt, handelt es sich ihrer Entstehung nach um 2 Schläge. Wie überall ist auch hier der Ausgang das einfarbig rote bis rotbraune Landvieh.

Im Glantal wird bereits in der zweiten Hälfte des 18. Jahrhunderts dieses mit importiertem Berner Vieh gekreuzt, wie auch Schwäbisch-Limpurger Bullen zur Verwendung kamen. Ebenso hat ein Import von Tieren aus Friesland stattgefunden. Das entstandene Glanvieh soll um 1800 ein gesuchtes Rind mit guten Leistungen gewesen sein.

Bei der Entstehung der Donnersberger fand neben Simmentalern auch Braunvieh Verwendung.

Eine Verbindung der räumlich dicht beieinander entwickelten ähnlichen Schläge war unvermeidbar. Im Verlaufe des 19. Jahrhunderts wurde das einfarbig gelbe bis auch einfarbig dunklere Rind als nunmehrige Glan-Donnersberger gleichmäßiger in Farbe und Form. Es kommt nach Zusammenschluß unter dem Zuchtziel Gelbvieh zum erfolgreichen Widerstand gegen das Vordringen des Fleckviehs.

Limpurger Rind

Dieser Schlag hat keine Umwandlung zum Gelbvieh erfahren. LYDTIN–WERNER zählen ihn noch zu dieser Gruppe. Durch seine abweichende Entwicklung wird er besonders angeführt.

Nach Erhebungen der DLG 1896 (nach HANSEN–HERMES 1905) hatte das Limpurger Rind folgende Verbreitung:

Württemberg 4,8 %

Den Namen gab die Grafschaft Limpurg bei Hall. Entstanden ist dieser in der Farbe zumeist einfarbige Schlag im teils kärglichen, teils fruchtbaren Jagstgebiet aus der Landrasse, die aus sich heraus verbessert, aber dann auch mit Berner – Simmentaler Vieh verstärkt und vergrößert wurde. Auch Bullen des Schwyzer Viehs (weniger erfolgreich) wie solche des Glanschlages fanden im Verlaufe des 19. Jahrhunderts Verwendung. Um 1900 herrscht der Einfluß des Fleckviehs vor, welches das

Limpurger Vieh allmählich verdrängt bzw. aufgesogen hat. Der Viehschlag wird auch später noch mit einem kleinen Bestand (1930 – 20 000 Stück) genannt.

Schwälmer Rind

Auch dieses Rind zählen LYDTIN–WERNER zu den einfarbig gelben Formen. Es war verbreitet im Reg.Bez. Kassel. Die Erhebungen der DLG im Jahr 1896 nennen für die Kreise Ziegenhain und Homburg diesen Rinderschlag mit der Bezeichnung Schwälmer. Zahlen über das Vorkommen sind nicht wiedergegeben. Es handelt sich um eine kleine Gruppe von Rindern im Dreinutzungstyp, die nach LYDTIN und WERNER dem Glanvieh ähnlich waren. Die Entstehung des Schlages ist unklar, reicht zeitlich jedoch weit zurück. So soll bereits im Mittelalter ungarisches Steppenvieh eingeführt worden sein. Später haben dann Kreuzungen mit dänischen Rindern, insbesondere aber mit Braunvieh (Vorarlberger) stattgefunden. Etwa ab 1890 fanden dann Simmentaler Bullen Verwendung, so daß in diesem Gebiet heute Fleckvieh vorhanden ist.

Lahnrind

Nach Erhebungen der DLG 1896 (HANSEN–HERMES 1905) folgendes Vorkommen:
Ohne Zahlenangaben in Hessen-Nassau

LYDTIN–WERNER (1899) gliederten das Lahnrind in das einfarbig rote bzw. rotbraune Vieh ein. Seine Entwicklung veranlaßte HANSEN (1927), diesen Schlag in der Gruppe einfarbig gelber Landschläge zu führen.

Hierzu sei bemerkt:

Der Schlag entstand aus der roten bis rotbraunen Landrasse, die in der ersten Hälfte des 19. Jahrhunderts mit Schwyzer und Berner Bullen gekreuzt wurde. Ähnlich den anderen, später zu den einfarbig gelben Rindern zählenden Gruppen, kam es auch hier durch die Verwendung des Grauviehs zu der Aufhellung der roten Farbe in eine gelbliche Tönung. Durch den späteren Einsatz von Glanvieh und Frankenrindern folgte allmählich die Angliederung an die Gruppe des heutigen Deutschen Gelbviehs.

Ellinger Rind

Auch bei diesen Rindern ist erst später eine Angliederung an das Gelbvieh erfolgt. LYDTIN–WERNER nennen 1899 den Ellinger Schlag bei der Gruppe Schläge im Braunvieh-Charakter. WERNER 1911 und HANSEN 1927 führen diese Gruppe nunmehr bei den einfarbig gelben Rindern. Nach den Erhebungen der DLG waren sie damals mit 2,4 % am Landesbestand von Bayern beteiligt.

Die Heimat dieses Schlages ist Mittelfranken. Hier war im Ellinger Zuchtbezirk (südlich Nürnberg) um 1800 ein einfarbig gelbes bis rotes Landvieh (Altmühltalvieh) verbreitet. Dieses wurde zu Anfang des 19. Jahrhunderts mit Schwyzer Vieh verkreuzt und erhielt dadurch ein dem Braunvieh ähnliches Gepräge. Später fanden dann jedoch vorwiegend Frankenbullen Verwendung, und damit erfolgte die Umwandlung zum Typ des einfarbigen gelben Viehs mit entsprechender Einrangierung in diese Gruppe

Abb. 23a. Einfarbig gelbe Höhenrinder – Frankenrinder.

1825

1860

Scheinfelder 1885

Abb. 23a. Einfarbig gelbe Höhenrinder – Frankenrinder.

1910

1925

1935

Abb. 23b. Einfarbig gelbe Höhenrinder – Glan-Donnersberger.

1860

1910

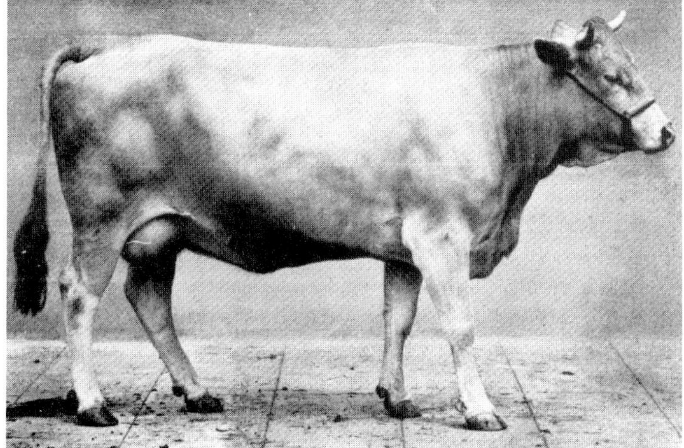

1925

Abb. 23c. Einfarbig gelbe Höhenrinder.

1925 Limpurger

1925 Lahnrind

2.2.3 Graubraunes Höhenvieh (Deutsches Braunvieh)

Braunvieh
In Tab. 55 zum Rassenvorkommen von 1896 bis in die Neuzeit zeigen die Berechnungen auf den Gebietsumfang der heutigen Bundesrepublik Deutschland für das Braunvieh einen fast gleichbleibenden Prozentsatz von 5–6 % am Gesamtbestand. Dies deutet darauf hin, daß diese Rasse in Deutschland ein festumrissenes Verbreitungsgebiet besitzt und im wesentlichen auf dieses beschränkt blieb. Es sind die Zuchtgebiete in Bayern und in Württemberg, im bayerischen und im württembergischen Allgäu. In Bayern gehörten 1896 (einschließlich der Gruppe Landvieh im Braunviehcharakter ohne Murnau-Werdenfelser) rund 9,5 % des Landesbestandes zu dieser Rasse, 1906 beträgt der Prozentsatz 8,3 %. Für Württemberg sind die entsprechenden Zahlen 7,6 % und 12,1 %.

1970 Deutsches Gelbvieh

Abb. 23d. Einfarbig gelbe Höhenrinder – Deutsches Gelbvieh.

Neben diesen Stammgebieten hat es auch im übrigen Deutschland Braunvieh im vorigen Jahrhundert und zu Anfang des 20. Jahrhunderts gegeben, dies jedoch im Charakter einer sporadischen Verbreitung. LYDTIN und WERNER (1899) sagen hierzu: „Das Verbreitungsgebiet des Braunviehs erstreckt sich, obgleich die Bestände ziemlich klein sind, von den Alpen bis tief in die norddeutsche Ebene". Nirgendwo kam es jedoch zu einem außerhalb des Allgäus liegenden geschlossenen Zuchtgebiet. Die hier und da vorkommenden kleinen Herden sind im Verlaufe der Zeit wieder verschwunden.

Das graubraune Höhenrind geht nach RÜTIMEYER auf das Kurzhornrind der Pfahlbauten zurück (Torfrind). Nach ENGELER wurde es von 2000 bis 800 v. Chr. aus dem Osten kommend in den Alpenraum gebracht. Es hat hier Schläge gebildet wie die Montafoner, Vorarlberger, Oberinntaler, Schweizer (Schwyzer), Allgäuer u. a. Die starke Schlagbildung ist durch seine Verbreitung in den verschiedenen Tallagen oder Gebirgsgebieten bedingt. Eine Verkreuzung mit anderen Rassen hat nicht oder in nur ganz geringem Maße stattgefunden.

Für den deutschen Raum liegen keine genauen Daten oder Zeiträume vor, wann sich diese Rindergruppe in das deutsche Voralpengebiet vorgeschoben hat. ATTINGER (1910) sagt, daß es im Allgäu „seit alter Zeit" diese Rasse gibt. Die hohen Niederschläge und damit günstige Futterverhältnisse bieten beste Voraussetzungen für eine Rinderhaltung im Allgäu. Diese hat allerdings mancherlei Rückschläge erlitten, insbesondere durch Seuchen. Mit einer Umstellung auf eine verstärkte

Abb. 24a. Graubraunes Höhenvieh – Allgäuer.

1825
Allgäuer

1860
Allgäuer

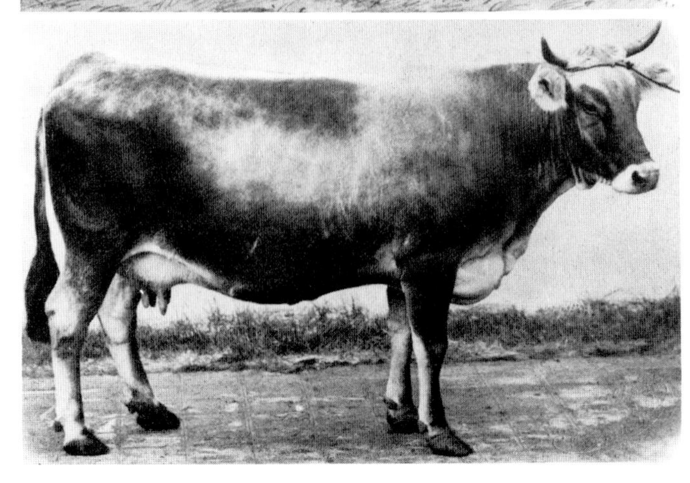

1910
Allgäuer

Abb. 24b. Graubraunes Höhenvieh – Deutsches Braunvieh.

1940
Allgäuer

1960
Murnau-Werdenfelser

1970
Deutsches Braunvieh

Käseproduktion in der zweiten Hälfte des 19. Jahrhunderts erhoffte und erreichte man ein stärkeres züchterisches Aufleben. Nach WOLF war in diesem Zeitraum der alte Allgäuer Schlag, der sogenannte „Allgäuer Dachs", genügsam, langlebig, fruchtbar und leistungsfähig, stark dezimiert, und ein Import aus den übrigen Stammgebieten des Braunviehs mußte die Lücken füllen. Dieser erfolgte aus verschiedenen alpenländischen Bezirken, insbesondere wurde aber das große und schwere Schwyzer Vieh bevorzugt (bekannte Zuchtstätte Kloster Einsiedeln). Die Zuchtrichtungen drohten uneinheitlich zu werden, so daß die Gründung von Herdbuchgesellschaften dringend notwendig waren (Bayern: Allgäuer Herdbuchgesellschaft Immenstadt 1893; Württemberg: Zuchtverband zur Förderung der Württemberger Braunviehzucht Hopfenweiler bei Waldsee bzw. Biberach 1883). Namen wie WIDMANN (Weitnau), KÖNIG (Simmerberg) sowie MÖHRLIN gelten als Pioniere der neueren Zucht des Deutschen Braunviehs. Dieses wurde zu einem mittelgroßen, kräftigen Rind in graubrauner Farbe entwickelt, welches den Geschmacksrichtungen entsprechend geringe Variationen in Körperform und Färbung zeigte.
Die Milchergiebigkeit hat immer eine starke Beachtung erhalten. Daneben sind die Kühe bis in die Neuzeit hin angespannt, und eine ausreichende Mastfähigkeit ist immer berücksichtigt worden. Die Betonung der Milchleistung des Allgäuer Rindes zeigt sich auch in der zeitlich frühen Aufnahme von Leistungsprüfungen (1894 Gründung eines Kontrollvereins).

Murnau-Werdenfelser
Murnau-Werdenfelser sind eine Schlagausprägung des Braunviehs in Oberbayern (Garmisch, Weilheim). 1896 entfielen nach den Erhebungen der DLG 1,9 % des Landesbestandes an Rindern in Bayern auf diese Gruppe.
Den Namen gab das ehemalige Kloster Murnau sowie die frühere Grafschaft Werdenfels. Nach LYDTIN–WERNER soll dieser Schlag auf das gelbe Ober-Inntalervieh zurückgehen, welches später mit Montafonern, Graubündenern und Allgäuern gepaart wurde. Dies führte zu der starken Ähnlichkeit mit dem Braunvieh und seiner Zurechnung zu diesem.

2.2.4 Rot- und Braunblässen

Wie hervorgehoben, lehnt sich die Beschreibung der Rassen und Schläge im wesentlichen der Gruppierung von Lydtin und Werner an, die 1899 nach eingehenden Untersuchungen erfolgte. Danach ergab sich eine Gliederung in Rot- und Braunblässen sowie in Rückenschecken (Rinder mit Rückenblässe). Auch KRONACHER hält 1922 diese Einteilung noch bei, während HANSEN 1927 nur noch von einer Gruppe „die scheckigen und blässigen Landschläge" spricht. Im folgenden sind in 2 Abschnitten die von LYDTIN und WERNER untersuchten Gruppen angeführt.
Das Kelheimer Rind
Der Schlag entstand zu einem unbekannten Zeitpunkt, voraussichtlich unter Verkreuzung von rotem, bayerischem Landvieh mit Grau- oder Fleckvieh in der Umgebung von Kelheim südwestlich Regensburg. Hierauf dürften auch die „Blässen" der Tiere zurückzuführen sein. Im Verlaufe des 19. Jahrhunderts fand der Schlag – allerdings nur regional – Verbreitung nach Westen (nordöstliches Würt-

Abb. 25. Rot- und Braunblässen.

1880 Schwäbisch-Hallscher Schlag

1925 Westerwälder

temberg, Hohenlohe). Der *Schwäbisch Hallsche Viehschlag* in der Umgebung von Nürnberg wurde den Kelheimern zugerechnet. Später erfolgte ein Zurückdrängen auf die südwestliche, bayerische Oberpfalz.
Kelheimer Rinder waren in der Grundfarbe kastanien- bis dunkelbraun. Der Kopf ist weiß oder hat Blessen bzw. dunkle Abzeichen. Brust und Bauch sind zumeist aufgehellt gewesen. Die Arbeitsleistung stand im Vordergrund der Eigenschaften. HANSEN–HERMES nennen nach den Erhebungen der DLG 1896 für Bayern einen Bestand von 3,0 %. HANSEN erwähnt diesen Schlag 1927 noch unter der Gruppe blässige und scheckige Landschläge, später wurde er dann vom vordringenden Fleckvieh aufgesogen.

Der Westerwälder Schlag

Die DLG-Erhebungen 1896 (nach HANSEN–HERMES 1905) erbrachten einen Anteil

der Westerwälder am jeweiligen Bestand: Rheinprovinz 3,0 %; Hessen-Nassau 7,0 % und Provinz Westfalen 0,3 %. Verbreitet war dieser Schlag somit im Gebirgszug Westerwald, in den seinerzeitigen preußischen Provinzen Hessen-Nassau und Rheinprovinz, und dies ist so geblieben.
LYDTIN und WERNER geben eine ausführliche Darstellung der Geschichte dieser Rindergruppe. Nach ihren Ausführungen ist seit Jahrhunderten im Westerwald ein kleines rotblässiges Rind gehalten worden, in einem Gebiet, welches von Franken und Alemannen bewohnt war. Zusammenhänge mit Kelheimern und Schwäbisch-Hallschen Rindern werden angedeutet. Stark unterschiedliche und teils ungeregelte Weideverhältnisse, Besitzzersplitterungen u. a. ließen den einstmals beachtlichen Rinderbestand sowohl nach Quanität wie nach Qualität stark zurückgehen. Auch hier fanden im 19. Jahrhundert die verschiedensten Einkreuzungen statt, die nicht genau belegt sind. Die Farbausprägung braunrot bis rotbraun, weißer Kopf mit braunumrandeten Augen und weiße Brust und Bauchflächen weisen nach HANSEN auf Anpaarungen mit Bernern bzw. Simmentalern hin. Auch Importe von Shorthorns finden Erwähnung. Auf den Schauen der DLG vor und um 1900 fanden die Rinder Beachtung. Heute ist dieser Schlag von leistungsfähigeren Rassen aufgesogen oder ersetzt worden, zumal die einst wichtige Arbeitsleistung in dem Verbreitungsgebiet mit viel bäuerlichem Kleinbesitz keine Rolle mehr spielt.

Das Wittgensteiner Rind
Die DLG-Erhebungen 1896 ermittelten zum Vorkommen (jeweils am Bestand der Provinz)

Provinz Westfalen	3,6 %
Hessen-Nassau	0,3 %

Auch dieser Rinderschlag hat somit eine nur regionale Verbreitung gehabt, vornehmlich im südlichen Westfalen auf kargem Boden in kleinbäuerlichen Haltungen als Rind des Dreinutzungstyps (verstärkt Anspannung). In Farbe und Exterieur wird es als dem Westerwälder Schlag ähnlich beschrieben (braunrot bis gelbrot, weiße Köpfe oder Blässen und weiße Flächen an Brust und Bauch). Über die Entstehung und Geschichte ist nach LYDTIN–WERNER wenig bekannt. Sicher ist, daß im Verlaufe des 19. Jahrhunderts mehr oder weniger planlos Anpaarungen mit Waldecker-, Braunvieh-, Simmentaler- wie auch Vogelsberger Bullen stattfanden. Reinzuchtbestrebungen ab etwa 1900 hatten kaum Erfolg. Nach HANSEN (1927) erfolgte eine Umstellung im Zuchtgebiet zugunsten des Rotviehs.

2.2.5 Rückenschecken
(s. S. 551)

Vorder- und Hinterwälder
Nach den Erhebungen der DLG waren 1896 in Baden 9,4 % Wäldervieh (Vorderwälder) und 5 % Hinterwäldervieh vorhanden. Diese beiden Gruppen besitzen ihr Verbreitungsgebiet im Schwarzwald, und zwar die kleinen Hinterwälder im südlichen Teil, d. h. um den Feldberg, während die größeren Vorderwälder im flacheren, mittleren und nördlichen Teil des Gebirgszuges zu finden sind. Nach WERNER gehen beide auf das rote Keltenrind zurück. Die Vorderwälder sind zu Anfang des 19. Jahrhunderts mit Braunvieh, später jedoch verstärkt mit Simmentalern gekreuzt worden und haben Typ und Farbausprägung weitgehend angenommen. Diese Verwandtschaft mit den Simmentalern ist bei den Hinterwäldern nicht geklärt,

1925 Hinterwälder

1970 Hinterwälder

Abb. 26a. Rückenschecken – Vorder-/Hinterwälder Rind.

1970 Vorderwälder

Abb. 26b. Rückenschecken – Vorder-/Hinterwälder Rind.

obwohl auch hier farblich eine Ähnlichkeit mit Fleckvieh vorhanden ist. Eine Verwendung von Braunviehbullen bei den Hinterwäldern ist nach LYDTIN nur kurz gewesen. Die Hinterwälder sind somit von Einkreuzungen weitgehend frei geblieben.

Die Leistungen des Vorderwälderviehs wie auch diejenigen des Hinterwälders lagen bei Milch, Fleisch und Arbeit. Diese Vielseitigkeit bedingten die bäuerlichen, insbesondere kleinbäuerlichen Wirtschaften des Verbreitungsgebietes. Dabei haben die Umweltverhältnisse vom kärglichen Hochschwarzwald bis zu fruchtbaren Hanglagen Variationen der Leistungen und auch solche zwischen diesen bedingt.

Der Anteil am Gesamtrinderbestand ist im Verlaufe der Zeit stark zurückgegangen. Im Gebiet der heutigen Bundesrepublik Deutschland hat die Gruppe der Vorder- und Hinterwälder (zu denen auch die Pinzgauer zählen) 1936 1,3 % gehabt, und 1973 waren es nur noch 0,2 % des Gesamtbestands.

Das Pinzgauer Rind

In Deutschland gehört eine kleine Rassengruppe im südöstlichen Bayern zu den in Österreich verbreiteten Pinzgauern (Pinzgau im Salzburgischen). Diese rotbraunen Rückenschecken sind kräftige Rinder im Dreinutzungstyp. Die lange betriebene Zucht auf eine hervorragende Zugtüchtigkeit sowie auch Mastfähigkeit haben die Milchergiebigkeit zurücktreten lassen. Dies hat in jüngster Zeit zu einem starken Rückgang in Deutschland zugunsten leistungsfähigerer Rassen geführt.

Abb. 27. Rükkenschecken – Das Pinzgauer Rind.

1860

1910

1970

Zur Geschichte der Rasse und zugleich Entstehung der charakteristischen Farbausprägung sagt WERNER, daß diese bereits zu Anfang des 18. Jahrhunderts im Gebiet der salzburgischen Fürstbischöfe begonnen hat. Damals ist es zur Einkreuzung mit Rindern des Berner Oberlandes (damals vorwiegend rot) sowie aus dem Simmental gekommen, wobei der kräftige Körperbau und die Farbausprägung Beachtung erhielten.
Den Anteil der Pinzgauer am Landesbestand in Bayern geben HANSEN–HERMES 1905 mit 3,0 % an, während KNISPEL (DLG-Erhebungen) für das Deutsche Reich 1896 0,58 % und 1906 0,44 % ermittelte. Hierin dürften die in den mitteldeutschen Ackerbaugebieten sehr geschätzten kräftigen Pinzgauer Ochsen bereits enthalten sein.

Ober- und Niederbayerisches Landvieh
LYDTIN und WERNER (1899) nennen diesen Schlag in der Gruppe der Rückenschekken. KRONACHER (1922) führt ihn bei seiner Aufstellung nicht mehr an. HANSEN–HERMES (1905) heben hervor, daß sich bei den Erhebungen der DLG 1896 ein Prozentsatz von 9,2 % am Landesbestand von Bayern für diese Rasse ergab. Es besteht somit ausreichende Begründung, auf diese Rindergruppe, die um 1900 etwa 350 000 Stück betragen haben soll, kurz einzugehen.
Nach diesen Ermittlungen sind es Landviehgruppen oder -schläge, die im mittleren und südlichen Bayern verbreitet waren, etwa im Raum zwischen München und Passau. Ihr Ursprung ist unklar. Nach LYDTIN–WERNER herrschten Hauptfarben gelb/rot und schwarz mit Abzeichen, aber auch einfarbig schwarz vor. In der Nutzung wurden Milch, Fleisch und Arbeit verlangt mit jeweiligen Verschiebungen entsprechend den Betriebsstrukturen.
Diese Schläge sind bald von leistungsfähigeren Rassen, insbesondere Fleckvieh, verdrängt oder aufgesogen worden.

Das Glatzer Gebirgsrind (Sudetenvieh)
Die Erhebungen der DLG im Jahr 1896 nennen folgende Zahlen für diesen Rinderschlag:

Provinz	Schlesien	
	Sudetenvieh	0,3 %

HANSEN nennt diese Rassengruppe Glatzer Gebirgsrind. Bei ihren Ermittlungen und Rasseneinteilungen im Jahr 1899 reihen LYDTIN und WERNER diese kleine Gruppe bei den Rückenschecken ein (auch Weißrückiger Landschlag Schlesiens genannt). Sie weisen auf die Herkunft vom Keltenrind hin, welches kaum eine gezielte züchterische Bearbeitung erfuhr in dem gebirgigen Verbreitungsgebiet (Sudeten, Riesengebirge, Glatzer Bergland). Verschiedenste, mehr oder weniger planlose Einkreuzungen haben stattgefunden (nach WERNER: Zillertaler, Freiburger, Berner, Schwyzer, Mürztaler, Allgäuer u. a.). HANSEN hebt 1926 hevor, daß dieser Schlag aus dem weißrückigen Sudetenvieh hervorgegangen sei und als Glatzer Gebirgsrind mit Bernern, schlesischem Rotvieh sowie roten und rotbraunen Ostfriesen (nach BLASCHKE) gekreuzt sei. Die Farbe der Tiere ist dunkelrot bis fahlrot, weißer Kopf mit Abzeichen, dem Pinzgauer ähnlichen weißen Streifen über Rücken und Bauch sowie weiße Beine.
Bei guter Arbeitstüchtigkeit aber Spätreife und geringer Milchleistung ging dieser Schlag allmählich stark zurück.

2.2.6 Mitteldeutsches Rotvieh (Deutsches Rotvieh)

In den verschiedenen Mitteilungen zu den Rinderrassen in Europa und im deutschen Raum werden in einer Reihe von Gebieten einfarbig rote Gruppen erwähnt, ohne oder mit nur ganz wenigen Abzeichen. Es sind dies Reste keltischer Kurzkopfrinder, die sich in ihren ursprünglichen Bereichen erhalten haben und hier gelegentlich auch mit anderen Rassen gekreuzt worden sind. LYDTIN und WERNER waren nach ihren dankenswerten Erhebungen 1899 in der Lage, genauere Mitteilungen zu geben wie auch zwischenzeitlich entwickelte Zuchtgebiete zu nennen. Sie fassen eine Gruppe einfarbig roter bis rotbrauner Landschläge zusammen, die nunmehr jede Abzeichen ablehnen. Sie entstanden oder verblieben im Tiefland (s. S. 594) wie auch in gebirgigen Gebieten.

In der Gruppe der Höhenrinder blieb bei diesen Landschlägen der Charakter eines harten, widerstandsfähigen Rindes im Dreinutzungstyp erhalten, zumal ihr Vorkommen zumeist in den deutschen Mittelgebirgen mit teils kärglichen Futterverhältnissen in mittel- bis kleinbäuerlichen Betrieben liegt. LYDTIN und WERNER nennen:

Vogtländerschlag, Sechsämter und Rotvieh in Bayern
Vogtländer in Sachsen
Vogelsbergerschlag
Taunusschlag
Lahnschlag (dieser ist als in der Farbe rot bis gelb bezeichnet und wird in späteren Zusammenstellungen zum Gelbvieh genommen, s. S. 570)
Rhönschlag
Spessartschlag
Odenwaldschlag
Siegerländerschlag
Harzschlag Waldeckerschlag

(Das später in diese Gruppe einbezogene Schlesische Rotvieh führen LYDTIN–WERNER bei den Rindern des Tieflandes an)

Bemerkenswert ist die Verbreitung nach den Erhebungen der DLG im Jahr 1896:

Provinz Sachsen:		
	Harzer	8,0 %
	Landvieh im Rotviehcharakter	5,0 %
Provinz Hannover:		
	Harzer	5,8 %
	Landvieh im Rotviehcharakter	0,1 %
Provinz Westfalen:		
	Siegerländer	1,8 %
	Vogelsberger	0,3 %
	Landvieh im Rotviehcharakter	2,4 %
Rheinprovinz:		
	Siegerländer	0,2 %
	Vogelsberger	3,5 %
	Landvieh im Rotviehcharakter	4,7 %
Provinz Hessen-Nassau:		
	Vogelsberger	12,4 %
	Harzer	0,3 %
	Landvieh im Rotviehcharakter	15,4 %

Provinz Schlesien:	
Landvieh im Rotviehcharakter	1,4 %
Schlesisches Rotvieh	18,3 %
Bayern:	
Vogelsberger	1,8 %
Vogtländer	0,2 %
Landvieh im Rotviehcharakter	1,3 %
Sachsen (Königreich):	
Vogtländer	1,5 %
Baden:	
Landvieh im Rotviehcharakter	1,0 %
Hessen (Großherzogtum):	
Vogelsberger	6,6 %
Landvieh im Rotviehcharakter	4,4 %

Bei diesen Mitteilungen zu dem zahlenmäßigen Vorkommen sind einige größere Gruppen namentlich genannt, während sonst die Bezeichnung Landvieh im Rotviehcharakter in allen Gebieten auftaucht. Dies deutet bereits auf teils kleine Gruppen hin, die verschwinden oder sich benachbartem gleichem oder ähnlichem Rotvieh anschließen. WERNER gibt 1911 bereits konsolidiertere Angaben für das Rotvieh in Deutschland.

Vogtländerschlag in Bayern (Sechsämterschlag eingeschlossen) und in Sachsen sowie bayerisches Rotvieh
Vogelsbergerschlag (einschließlich Taunusvieh)
Odenwälderschlag
Siegerländerschlag
Harzerschlag
Waldeckerschlag

1927 bringt dann HANSEN eine Aufstellung, die sich bis in die Neuzeit erhalten hat und nunmehr auch das Schlesische Rotvieh einschließt:

Das Vogelsberger Rind
Das Westfälische Rotvieh
Das Waldecker Rind
Das Harzer Rind
Das Vogtländer Rind
Das Bayerische Rotvieh
Das Odenwälder Rind
Das Schlesische Rotvieh

Diese Gruppe wird dann später als Deutsches Rotvieh mit einheitlichem Zuchtziel zusammengefaßt. Notwendig erscheint eine Stellungnahme zur Übernahme des Schlesischen Rotviehs aus der Gruppe der Tieflandrinder, während andere wie das Angler Rind, die roten Ostfriesen u. a. selbstverständlich dort verblieben. Wie erwähnt, zählten Lydtin und Werner 1899 wie auch Werner 1911 das schlesische Rotvieh (18,3 % am Rinderbestand der Provinz Schlesien 1896) zu der Gruppe der Tieflandrinder. Die Autoren heben bereits hervor, daß diese Gruppe von Rindern aus dem kurzköpfigen Sudetenschlag (keltischen Ursprungs) hervorgegangen ist, der im Verlaufe des 18. Jahrhunderts planlos verkreuzt wurde. Nach ZIEGERT und HOLDEFLEIß sind dann im Verlaufe des 19. Jahrhunderts zunächst Berner und Schwyzer und später Tieflandrinder (Holländer, rotbunte Ostfriesen und Holsteiner, Angler, rote Ostfriesen, Shorthorns) für Einkreuzungen verwandt worden. Seit etwa 1900 fand eine verstärkte Konsolidierung und züchterische Bearbeitung (Reinzucht) statt. Die Farbe wurde einfarbig rot und die Frage der Zugehörigkeit zu den Tiefland- oder den Höhenrindern wurde nach dem 1. Weltkrieg durch den Anschluß des Verbandes in Breslau an die Gruppe der Rotviehzüchter im Höhenviehcharakter (Mitteldeutsches Rotvieh) entschieden.

In einer Gesamtübersicht ergeben sich für diese Gruppe folgende Zahlen:
Rinder im Gepräge Deutschen Rotviehs (Höhenrinder) – später Mitteldeutsches Rotvieh
1896 – 6,2 %
1906 – 4,2 % (bezogen auf das Reichsgebiet nach dem 1. Weltkrieg).
1925 waren es 2,6 % und 1936 nur noch 2,2 %. Von 1936 über 1951 bis 1973 nahm das Rotvieh in dem Gebiet der heutigen Bundesrepublik Deutschland von 1,7 % auf 1,0 bis 0,1 % ab. Somit kann es derzeit als fast ausgestorben gelten.

Auf eine Beschreibung zur Entstehung und zur Entwicklung der einzelnen Gruppen des Deutschen Rotviehs im Charakter der Höhenrinder kann verzichtet werden. Ihre Ableitung vom kurzköpfigen keltischen Rind, Erhalt eines Landviehcharakters und Zurückdrängung auf Reservate, vornehmlich in den mitteldeutschen Gebirgszügen, wurden bereits erwähnt oder angedeutet. Daß auch diese Gruppe nicht von Einkreuzungen frei blieb, bedarf keiner besonderen Herausstellung. Erstaunlich ist jedoch, daß trotz räumlicher Entfernungen bald ein einheitliches Zuchtziel entstand. Dies haben insbesondere die Richtlinien der DLG bewirkt (1911 Verband mitteldeutscher Rotviehzüchter). Es entstand das einfarbige, mittelgroße und mittelschwere Rind, kräftig und hart sowie beweglich. Die Verbreitungsgebiete –

1860 Vogtländer 1910 Harzer

1935 Mitteldeutsches Rotvieh 1970 Deutsches Rotvieh

Abb. 28. Rotes Höhenvieh – Mitteldeutsches Rotvieh – Deutsches Rotvieh.

klein- bis mittelbäuerische Betriebe – erforderten ein Rind im Dreinutzungstyp. Variierende Verhältnisse zwischen diesen Gebieten erbrachten selbstverständlich Unterschiede in Schwere und Leistungen. Die allgemein verlangte Arbeitstüchtigkeit erforderte einen Typ im Charakter der Höhenrinder (ab 1941 Bezeichnung Deutsches Rotvieh).
Die Verbreitung war zumeist in jeweils geschlossenen Zuchtgebieten für die einzelnen Gruppen. Nur in Schlesien kam das dortige Rotvieh zumeist sporadisch – ebenfalls in klein- bis mittelbäuerischen Betrieben – vor.

2.3 Tieflandrinder

In den einleitenden Ausführungen zur Entstehung und Entwicklung der deutschen Rinderrassen wurde bereits hervorgehoben, daß sich im Bereich der Nordseeküsten unter dem Einfluß eines günstigen Klimas und eines futterwüchsigen Bodens (Marschen) schon früh im Gegensatz zu den Verhältnissen und Voraussetzungen im Binnenland eine beachtliche Rinderzucht entwickelte. Dieser Vorsprung führte im Verlaufe der Zeit zu einer starken Beeinflussung und Verbesserung der Schläge und Gruppen der sonstigen Gebiete des deutschen Raumes.
Zur Herkunft nennt WERNER in seinem Standardwerk 1892 eine Rassengruppe der Tieflandrinder, die er als germanische Rasse bezeichnet. Folgende Merkmale treten auf:
Überwiegend bunt wie schwarz-, rot-, weiß- und blaubunt, die beiden zuerst genannten Farben am häufigsten. Einfarbig rote Tiere in geringer Zahl auftretend. In der Körperform mittelgroß, groß bis sehr groß. Die Tiere sind milchergiebig.
Als Unterrassen hebt Werner Schläge hervor, die später eigenständig und anerkannte Rassen wurden. Er nennt: schwarzbunter holländisch-friesischer Schlag, Groninger Schlag, rotbunter Maas-Rhein-Yssel-Schlag, Schwarz- und Rotbunte im Rheinland und in Westfalen, schwarzbunte Ostfriesen und Jeverländer, schwarzbunter Oldenburger Wesermarschschlag, rotbunte Holsteiner, rote Ostfriesen, Angler u. a., aber auch flandrisch-normännische und angelsächsische Rinder sind angeführt. Werner erwähnt insbesondere eine Gruppierung, die er nach Farbtönungen ordnet. Es sind dies in zahlenmäßiger Abstufung: schwarz-weiße über rotweiße zu der kleinen Gruppe roter Rinder. Die Farbausprägung ist damals das augenfälligste und damit erste Unterscheidungsmerkmal gewesen, und es mag müßig sein, von der Bevorzugung der einen oder anderen Farbe zu sprechen. Hier haben Geschmack und Gefallen an dieser oder jener Farbtönung einschließlich Abzeichen und Form einer Rolle gespielt.

2.3.1 Schwarzbunte Tieflandrinder (Deutsche Schwarzbunte)

KÖPPE hat 1967 einen ausgezeichneten Einblick in die Entwicklung dieser Rassengruppe gegeben. Ihr wichtigstes Entstehungsgebiet sind die Nordseemarschen – Friesland. In Deutschland entwickelten sich die schwarzbunten Rinder verstärkt im Raum des späteren Ostfrieslands, Jeverlands wie auch im Bereich der Wesermündung. Westfriesland (heute Niederlande) und Ostfriesland (heute BRD) wurden zwar politisch getrennt, behielten aber innere Zusammenhänge, wozu auch ein Viehaustausch gehörte.
ABEL weist darauf hin, daß bereits sehr früh, vermehrt ab dem 18. Jahrhundert,

Rinder aus Ostfriesland für Betriebe des Binnenlandes gekauft wurden, um damit die vorhandenen, wenig leistungsfähigen Landrassen zu verbessern. Derartige Importe von Zuchttieren sind im 19. Jahrhundert allenthalben festzustellen und dokumentieren das überlegene Züchtungspotential dieser Rassengruppe aus den deutschen Nordseemarschen.

KÖPPE hebt die besonders eigenständige, besser eigenwillige Entwicklung der schwarzbunten Rinder im Raum Ostfriesland und Jeverland hervor. Dies trat vor allem bei Typfragen zutage. Der norddeutsche Raum bzw. die Abnehmer der schwarzbunten Rinder verlangten Fleisch bzw. Mastfähigkeit und Milchergiebigkeit. Bei der Entwicklung dieses Zweinutzungstyps der Rasse haben die englischen Shorthorns aus Durham eine beachtliche Rolle gespielt. In Nordfriesland (Westküste Schleswig-Holsteins) wurden sie schon in den ersten Jahrzehnten des 19. Jahrhunderts eingeführt und fanden dann auch Verwendung bei den Schwarzbunten im Raum der Wesermündung. Hier entstand der fleischwüchsige Weser-Marschschlag. Die eigenwilligen Züchter des Raumes Ostfriesland/Jeverland sträubten sich gegen die Verwendung von Durhams, mußten jedoch dem Verlangen der binnenländischen Abnehmer folgen, die neben einer Milchergiebigkeit auch Mastfähigkeit forderten. Nun erwiesen sich die Bindungen zum holländischen Friesland als zweckvoll, und nach KÖPPE kamen von hier mit schwarzbunten Zuchttieren auch die Gene von Shorthorns, die für die Erzüchtung eines deutschen schwarzbunten Rindes im sogenannten Zweinutzungstyp notwendig waren. Das Jeverland schloß sich diesen Forderungen jedoch nur zögernd an, und lange Zeit verblieb diese Gruppe der Schwarzbunten verstärkt im Typ eines Milchrindes.

Die Frage des Zweinutzungstyps hat die deutschen Züchter schwarzbunter Rinder immer stark interessiert, um den Marktforderungen gerecht zu werden. Lange Zeit waren die klassischen Gegenüberstellungen des milchbetonten, vergleichsweise muskelärmeren Rindes des Jeverlandes mit dem fleischwüchsigen schwarzbunten Wesermarschrind die augenfälligste Darstellung mit allen dazwischenliegenden Übergängen.

Im Verlaufe des 19. Jahrhunderts ist die Vereinheitlichung der deutschen schwarzbunten Rinder im gesamten norddeutschen Raum zunächst langsam und seit Gründung der Züchtervereinigungen in der zweiten Hälfte des Jahrhunderts schneller vorangegangen. Als die DLG 1896 erstmals eine Rassenerhebung durchführte, gehörten in die Gruppe Schwarzbuntes Tieflandvieh (berechnet für das Gebiet der heutigen Bundesrepublik Deutschland) nur 16,2 % des Gesamtbestandes, und hier wird man sicher bei der Einrangierung noch großzügig gewesen sein. Dieser Anteil stieg bereits 1906 auf 22,7 %, um 1936 bereits 31,4 % zu erreichen. 1973 sind dann mit 39,8 % fast 40 % schwarzbunte Rinder vorhanden. Dieser Anstieg bzw. diese Umgruppierung entstand einerseits durch Nachzuchten im Binnenland, andererseits aber auch durch schrittweise züchterische Verbesserung des sogenannten Landviehs, welches von 6,8 % auf 0,2 % zurückging. Nicht zu übersehen ist aber auch eine zahlenmäßige Verschiebung zuungunsten der Höhenrinder. Hier sind die Kerngebiete im süddeutschen Raum allerdings nicht so stark betroffen. Insbesondere hat sich das schwarzbunte Rind von Nord nach Süd vorgeschoben und hier die vielen kleineren Gruppen in den mitteldeutschen Berg- und Hügellandschaften verdrängt bzw. aufgesogen, zumal agrotechnische Maßnahmen die Voraussetzungen für das anspruchsvollere Schwarzbuntrind schufen.

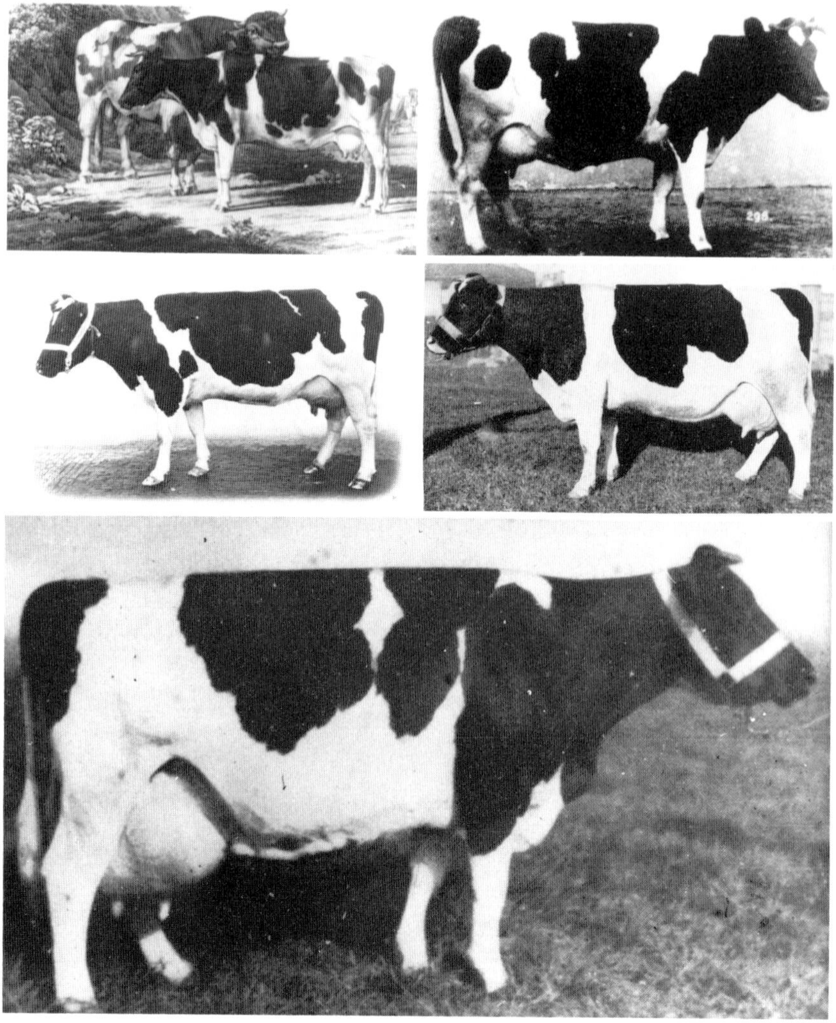

Abb. 29. Schwarzbunte Tieflandrinder – Deutsche Schwarzbunte.

2.3.2 Rotbunte Tieflandrinder (Deutsche Rotbunte)

Wie bereits hervorgehoben, sind innerhalb der von WERNER in germanische Rasse zusammengefaßten Gruppen oder Schläge alle Farbvariationen vorhanden, aber auch Unterschiede in den Körperausprägungen, die zumeist auf die Auswirkungen der Umwelt bzw. damit zusammenhängender Futterversorgung zurückgeführt werden (Marsch – Geest; schwere – leichte Böden). Ebenfalls wurde bereits erwähnt, daß sich insbesondere im Verlaufe des 19. Jahrhunderts die späteren mehr und mehr konsolidierten Farbausprägungen und zugleich Rassengruppen schwarz-weiß, rot-weiß und einfarbig rot herauskristallisieren. Dabei hat sich rot-weiß

1850
Breitenburger

1900

1900

1930

1960

Abb. 30a. Rotbunte Tieflandrinder – Deutsche Rotbunte (Schleswig-Holstein).

1850
Dithmarscher

1900

1900

1930

1960

Abb. 30b. Rotbunte Tieflandrinder – Deutsche Rotbunte (Schleswig-Holstein).

Abb. 30c. Rotbunte Tieflandrinder – Deutsche Rotbunte.

neben schwarz-weiß an vielen Stellen oder Gebieten der weiten norddeutschen Tiefebene entwickelt, sich aber nur in wenigen Zuchtbezirken halten können.
Die Erhebungen der DLG nennen 1896 und 1906 einen Anteil Rotbunter am Rinderbestand (berechnet auf das Gebiet der heutigen Bundesrepublik Deutschland) von 6,8 % und 5,8 %. Nach dem 1. Weltkrieg verschiebt sich dieser Prozentsatz auf 8,3 %, um 1973 sogar 13,1 % zu erreichen. Dieser Anstieg verläuft allerdings parallel mit demjenigen der schwarzbunten Rinder, d. h. der Tieflandrinder insgesamt, so daß sich in der zahlenmäßigen Relation zwischen diesen beiden Gruppen im norddeutschen Raum kaum eine Änderung ergeben hat.
Entstanden sind allerdings Zuchtdistrikte, die heute in Schleswig-Holstein, am Niederrhein, in Westfalen (Münsterland) und Süd-Oldenburg liegen. Daneben gibt es eine mehr oder weniger sporadische Verbreitung, wozu auch die rotbunten

Ostfriesen gehören, die häufig die gleiche Abstammung wie die schwarzbunten haben (doppelt rezessive rotbunte Kombination).
Über die Entstehung und Entwicklung der Deutschen Rotbunten bzw. der genannten Untergruppen vor der Gründung von Züchtervereinigungen Ende des 19. oder zu Anfang des 20. Jahrhunderts ist wenig bekannt.
Für Schleswig-Holstein weisen MARTENS und DITTMANN darauf hin, daß in der ersten Hälfte des 19. Jahrhunderts eine Gruppe schwererer Marschrinder im Gegensatz zu den leichteren Geesttieren vorhanden war und deren Vermischung als Bastarde oder Blendlinge bezeichnet wurden. Für alle Gruppen sagen die Autoren zur Farbausprägung: „Der Farbe haben sie von allen Sorten". Eine Durchkreuzung mit Shorthorns hat in Einzelfällen bereits in der ersten Hälfte des 19. Jahrhunderts begonnen, gewinnt aber erst nach der häufig zitierten Tierschau in Hamburg 1863 stärkere Anwendung. Nun entstanden in Schleswig-Holstein Schläge der Rotbunten, die neben den Einkreuzungen mit Shorthorns vornehmlich durch die Umwelt der Marsch und Geest geprägt waren (Dithmarscher, Breitenburger, Elb-/Wilstermarscher u. a.).
Nach LYDTIN und WERNER weiß man von den Zuchtgebieten des rotbunten Rindes am Niederrhein und in Westfalen, daß auch hier aus den buntscheckigen Tieren ein Bevorzugen der rotweißen Farbausprägung bestand. Beide Gebiete sind aber stark von dem benachbarten holländischen, rotbunten Rhein-Maas-Yssel-Rind beeinflußt worden (früher Zusammenhang innerhalb des Herzogtums Cleve). Diese Rinder besaßen immer eine im Vergleich mit den Schwarzbunten stärkere Mastfähigkeit bzw. ausgeprägteres Fleischbildungsvermögen (auch Shorthorneinkreuzungen). Dies bedingte eine vergleichsweise geringere Milchergiebigkeit. Die Gründung von Zuchtverbänden (Westfalen 1892, Rheinland 1895) hat die Entwicklung wesentlich gefördert.
Die kleine Gruppe des rotbunten Rindes in Süd-Oldenburg ist nach WERNER dem in Westfalen gezüchteten Rind immer sehr ähnlich gewesen.
Im Verlaufe der ersten Jahrzehnte des 20. Jahrhunderts hat sich eine wachsende Vereinheitlichung im Typ des rotbunten Rindes ergeben, der durch einen Zusammenschluß aller Rotbuntzüchter in Deutschland (1922 Gesellschaft Deutscher Rotbuntzüchter, 1930 Reichsverband der Rinderzüchter und -halter Deutschlands) verstärkt wurde und zum Austausch von Zuchttieren zwischen den Zuchtgebieten führte.

2.3.3 Einfarbig rote Tieflandrinder

Bei den im deutschen Raum bis in das 18. und 19. Jahrhundert hinein verbreiteten vielfarbigen Rindern haben sich immer einfarbige rote, schwarze und weiße Tiere ergeben. Letztere hat man kaum behalten oder selektiert, da eine mögliche Anfälligkeit (Konstitutionsschwäche) gegenüber den häufig mangelhaften Umweltverhältnissen (insbesondere schlechte Stallanlagen) schon früh bekannt war. Einfarbig schwarze Tiere scheinen unbeliebt gewesen zu sein. So verblieben einfarbig rote Gruppen, die bis in die Neuzeit als Rassengruppen bei Tiefland- und Höhenrindern vorhanden sind (s. S. 585). Eine Trennung dieser Gruppen und jeweilige Zuordnung zu den im norddeutschen Tiefland verbreiteten Rassen sowie zu denjenigen im süddeutschen Raum hat nur formale Bedeutung, von Entstehung und Ursprung her haben beide Gruppen den gleichen Ausgang.

Innerhalb der in der Norddeutschen Tiefebene verbreiteten Rassen haben Bedeutung erlangt:

2.3.3.1 Das Angler Rind

Das Zuchtgebiet dieser Rasse ist die ehemalige Grafschaft Angeln im Nordosten Schleswig-Holsteins. In bäuerlichen Betrieben, auf futterwüchsigen Böden, wurde eine einfarbig rote Rindergruppe erhalten, deren genauer Ursprung und deren Entwicklung unbekannt blieben. Sie ist aus der großen Gruppe über Mittel- und Nordeuropa verbreiteter Rinder entstanden mit einer Bevorzugung der einfarbig roten Farbausprägung.

Abb. 31. Das Angler Rind.

Im 19. Jahrhundert hat im Gegensatz zu den anderen Rindergruppen in Schleswig-Holstein eine Verwendung von Shorthorns nicht stattgefunden. Eine verstärkte Betonung des Milchleistungsvermögens führte im Vergleich zu den benachbarten Gruppen der sich entwickelnden Schwarz- und Rotbunten zu kleineren Typen und damit gelegentlich zur Einrangierung in die Kategorie eines Einnutzungstypes Milch.

Von den im 19. Jahrhundert allenthalben üblichen Kreuzungen blieb das bodenständige Angler Rind somit verschont. Bereits 1838 werden die ersten Maßnahmen für eine „Reinhaltung" der Bestände von derartigen Maßnahmen beschlossen. 1841 folgt die erste Beschreibung des genauen Zuchtzieles. 1842 wird auf einer Tierschau in Süderbrarup die „blutrote" Farbe festgelegt. Auf internationalen Schauen um die Mitte des 19. Jahrhunderts zeigt sich die Rasse bereits in einem bemerkenswert gleichmäßigen Bild. Ein Protokoll von 1858 besagt: „Die Angler Rasse ist lediglich durch Reinzucht zu fördern und konstant zu halten." Das Gepräge des Angler Rindes hat sich somit im Verlaufe der Jahrzehnte nicht wesentlich gewandelt. LYDTIN und WERNER stellen 1899 nach ihren umfangreichen Erhebungen wie auch Bestandsbesichtigungen fest, daß „hier abgebildete Tiere (Abbildungen von 1847) gleichen in Körperfarbe und Gestalt vollständig den Rindern des gegenwärtigen Schlages". Erst in jüngster Zeit sind Anpaarungen (teils über Besamungen) mit schwereren Bullen anderer – in der Herkunft verwandter – europäischer Rotviehrassen vorgenommen worden.

Wesentlich gearbeitet wurde an dem Leistungspotential der Rasse. Dies durch örtliche Vereine, die sich 1879 zu einer zentralen Vereinigung im Charakter einer Herdbuchgesellschaft zusammenschlossen. Die Herdbuchkühe gaben 1903: 2765/3.41/94 und erzielten 1975: 4798/4.71/226 (s. S. 55). Dies wurde erreicht mit Kühen, die im Jahr 1910 etwa 400 kg und 1975 etwa 580 kg wogen. Neben der züchterischen Arbeit haben sich auch die zunehmende Verbesserung von Haltung und Fütterung ausgewirkt.

2.3.3.2 Rote Ostfriesen und Rote Nordschleswiger

In einem Prozentsatz von 0,9 % am Gesamtrinderbestand, der 1896 ermittelt wurde, sind in der Gruppe Tieflandrinder neben den Anglern 2 damals bemerkenswerte Schläge beteiligt – die Roten Ostfriesen (0,14 %) und die Roten Nordschleswiger (0,16 %).

Die *Roten Ostfriesen* werden in der Statistik 1896 auch mit rotbraun bezeichnet (nach HANSEN-HERMES) und hatten in der damaligen Provinz Hannover einen Anteil von 1,6 %. LYDTIN und WERNER beschreiben diesen in Ostfriesland beheimateten Schlag als in der Körperausprägung kräftig mit hoher Milchergiebigkeit und Eignung zu Mastzwecken. Die Farbe der Tiere wird als einfarbig rotbraun in Abtönungen von gelbbraun bis dunkelkastanienbraun angegeben.

Über die Herkunft ist nichts bekannt. WERNER glaubt an eine Mitführung dieses Schlages durch die sächsische Einwanderung nach Ostfriesland und rangiert sie bei der sächsischen Unterrasse ein. Die in der Gesamtausprägung des Körpers enge Beziehung zu den Schwarzbunten und Rotbunten in Ostfriesland deutet auf Herauszüchten einer in der Farbe selbständigen Gruppe hin. Der Schlag ging zu Anfang des 20. Jahrhunderts schnell zurück. HANSEN erwähnt 1927 die Roten Ostfriesen nur noch kurz.

Der *Rote Nordschleswiger* Milchviehschlag bedarf der Vollständigkeit halber einer

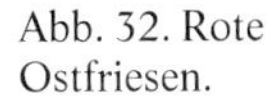

Abb. 32. Rote Ostfriesen.

1900

1925

Erwähnung. Sein Vorkommen beschränkte sich auf Gebiete, die heute zum größten Teil (Tondern) zu Dänemark gehören. Die Erhebungen 1896 nennen für die damalige Provinz Schleswig-Holstein für Rotes Schleswiger Milchvieh 3,5 %. WERNER weist auf die nahe Verwandtschaft dieser Tiere mit den Anglern hin, hebt aber ihre vergleichsweise stärkere Körperausprägung hervor, die auf die Verwendung aus Holland stammender Rinder hindeuten soll. Der Schlag hat in Deutschland später keine Bedeutung mehr gehabt und ist gänzlich verschwunden.

2.4 Sonstige Schläge und Importrassen

2.4.1 Ansbach-Triesdorfer Schlag

Nach Erhebungen der DLG 1896 entfielen in Bayern 5,7 % des Bestandes auf den Schlag Ansbach-Triesdorfer. BEUTNER nennt 1924 nur noch 10 bis 14 angekörte Bullen im regionalen Verbreitungsgebiet Mittelfranken.

Trotz dieses Rückganges und Aussterbens der Ansbach-Triesdorfer haben diese über lange Zeit hin eine in der Geschichte der Rinderzucht interessante Rolle gespielt. Bereits 1740 ließ der Markgraf von Ansbach Ostfriesische und Holländer Rinder importieren, da deren Milchleistung höher war als diejenige der heimischen Tiere. Eine spätere Überstellung der Importtiere nach Triesdorf führte zur Bezeichnung des Schlages. Er ist somit entstanden aus Tieflandrindern unter Anpaarung mit der vorhandenen Landrasse (Braunblässen) wie auch mit Bernern. Der kleinbäuerliche Besitz in Franken verlangte jedoch Zugtiere, und dies leisteten die Kreuzungstiere bei anerkannter Milchergiebigkeit nicht. So wurden 1757 verstärkt Rinder aus dem Berner Oberland eingeführt. Es folgte eine lange Zeit der Kreuzungen mit dem Ziel, das Milchleistungsvermögen zu erhöhen unter Erhalt der notwendigen Arbeitstüchtigkeit. Nach Hansen haben diese zum größten Teil wenig geregelten Maßnahmen bis etwa 1890 gedauert. Verwandt wurden: Ostfriesen, Holländer, Berner bzw. Simmentaler, Freiburger, Schwyzer, Allgäuer, Mürztaler wie auch Breitenburger und Shorthorns.

Es sei jedoch nicht übersehen, daß die Ansbach-Triesdorfer über lange Zeit hin in einigen Gebieten Süddeutschlands eine bedeutende Rolle spielten. Die Blütezeit hat etwa um 1850 bis 1860 gelegen. 1860 nahmen die Ansbach-Triesdorfer große Teile des südwestlichen Mittelfrankens ein. Danach erfolgte das allmähliche Verdrängen durch die Simmentaler.

Als man um 1890 im Zuge der allgemeinen Rassenbereinigung versuchte, die Ansbach-Triesdorfer zu konsolidieren, mag diese Rassenvermischung schon zu weit fortgeschritten gewesen sein. Nach den DLG-Vorschriften galten bei dem heterogenen Material nur noch Rot- und Gelbtiger–Tigervieh. Nach Beutner sind jedoch einheitliche Rassenmerkmale kaum zu finden gewesen – bald Höhen-, bald Niederungsrinder. Die starke Heterogenität hat somit dazu geführt, daß die

1910

Abb. 33. Ansbach-Triesdorfer Schlag.

Ansbach-Triesdorfer vom Fleckvieh verdrängt wurden. HANSEN sagt 1927: „. . . werden in absehbarer Zeit verschwunden sein."

2.4.2 Der Rosensteiner Stamm

Rosensteiner sind ein kleiner Rinderstamm, der in der Meierei Rosenstein bei Stuttgart gezüchtet wurde und nach LYDTIN-WERNER im Jahr 1897 etwa 80 Tiere umfaßte. Er ist bei den DLG-Erhebungen zur Verbreitung der Rinderschläge nicht genannt, wie auch WERNER (1911) und HANSEN (1927) bei ihren Zusammenfassungen und Übersichten zu den Rinderrassen und -schlägen im deutschen Raum keine Beschreibung vornehmen. Er ist trotzdem ein Stamm von Rindern, der in der Züchtungsgeschichte besondere Beachtung verdient und vor allem bei der Auseinandersetzung um die Konstanztheorie des öfteren erwähnt wird (SETTEGAST u. a.). Entstanden ist dieser Rinderstamm ab 1821 aus der Anpaarung Limpurger Rinder mit importierten Holländern. Später wurden Schwyzer, Alderneys, Shorthorns wie auch Zebus verwandt. Danach erfolgte über mehrere Jahrzehnte hin ein In-sich-Fort-Züchten des Stammes. Nach LYDTIN-WERNER sind große Tiere entstanden, die fast vollkommen weiß mit feinem und kurzem Haar Albinos ähnelten. „Ein durch Inzucht entstandener, krankhafter Albinismus" habe sich allerdings nicht gezeigt. Der Stamm hat keine Verbreitung gefunden. Ein Einfluß auf die Landestierzucht über abgegebene Vatertiere ist nicht bekannt, jedoch anzunehmen.

2.4.3 Shorthorns

Die in England erzüchtete Durham-Rasse, später allgemein Shorthorn-(Kurzhorn-)Rinder genannt, hat wegen ihrer vorzüglichen Mastfähigkeit und guten Fleischqualität die meisten deutschen Rassen im Verlaufe des 19. Jahrhunderts stark beeinflußt. Fast überall findet man eine direkte Verwendung von Shorthorns oder eine mehr oder weniger indirekte Übertragung der gewünschten Veranlagung (s. Schwarzbunte in Ostfriesland über Schwarzbunte Hollands).
Der als Shorthorns bezeichnete Rinderschlag entstammt den englischen Grafschaften Durham und York. Bereits im 18. Jahrhundert wird hier ein kurzhorniges, schwarzes oder rotes Rind beschrieben, welches leistungsfähig sowohl nach Milchergiebigkeit als auch nach Fleischbildungsvermögen war. Es gliederte sich in einzelne Schläge und wird nach dem Vorkommen benannt. Dabei sind die Holderness-Durham-Tiere (fruchtbare Polder in Holderness) besonders erwähnt.
Die Gebrüder COLLINGS (Schüler von BAKEWELL) in Ketton und Brampton, Durham, nahmen sich dann ab etwa 1770 der Verbesserung dieser Schläge bzw. Rasse an. Sie fußten dabei auf Züchtungsmaßnahmen, die bis in das 17. Jahrhundert zurückgehen (berühmte Kuh Duchess – Duchess-Familie). 1785 erwarb CH. COLLINGS den eigentlichen Stammvater „Hubback", der die später weltweit bekannte Züchtung begründete. Es entstand ein mittelgroßes bis großes, in der Farbe rotschimmeliges bis rot-scheckiges, aber auch rotes Rind mit kräftigem, tiefem Körper. Kurze Köpfe mit kleinen Hörnern und einer dicken Haut (viel Unterhautbindegewebe) bei geringer Euterausbildung zeichnen diese Mastrasse aus.
In Deutschland entstand an der Westküste Schleswig-Holsteins ein Nachzuchtgebiet englischer Shorthorns. Unter den günstigen Bedingungen (fruchtbare Marsch-

weiden) der Halbinsel Eiderstedt hatte sich hier bereits zu Anfang des 19. Jahrhunderts ein besonderes Interesse für die Rindviehzucht gezeigt mit allerdings noch spätreifen, eckigen, schwarzbunten Rindern. 1838 wurde ein landwirtschaftlicher Verein gegründet, der 1839 eine Tierschau abhielt. 1843 erfolgte dann der erste Import eines englischen roten Shorthornbullen, zu einer Zeit, als sich über den Hafen Tönning eine Ausfuhr von Vieh aus den sogenannten Fettgräsereien nach England anbahnte. Sehr schnell kam es dann zu weiteren Importen englischer Zuchttiere, und bereits 1855 war die schwarze Farbe zugunsten der rot-schimmeligen oder roten Ausprägung verdrängt bei einem Rind, welches in seinen Leistungseigenschaften gänzlich den Originaltieren Englands glich. Die Hamburger Ausstellung (1863) machte die Shorthorns allgemein in Deutschland bekannt und führte (vorher war dies vereinzelt schon geschehen) zu einer verstärkten Verwendung dieser Rasse, um den deutschen Schlägen mehr Mastfähigkeit bzw. Fleischbildungsvermögen zu geben. Als 1879 der englische Markt gesperrt wurde, hatten

1860

1935

Abb. 34. Shorthorns.

sich zwischenzeitlich in Deutschland Absatzmöglichkeiten gebildet, so daß die sogenannte Eiderstedter Zucht davon nur wenig beeinflußt wurde.
Nochmals hervorgehoben sei (s. auch S. 248), daß H. SETTEGAST und A. KROCKER 1868 den ersten Band „Deutsches Herdbuch" vorlegten. Dieses war in der Hauptsache ein Shorthorn-Herdbuch, da man hier von den englischen Unterlagen ausgehend die Abstammung verfolgen konnte. Später wurde dieses Herdbuch von dem 1883 gegründeten Bezirksverein für Shorthornzucht, Eiderstedt, übernommen und weitergeführt. 1898 erfolgte der Zusammenschluß einer Reihe kleinerer Vereinigungen zur Gesellschaft deutscher Shorthornzüchter. In den von den Shorthornzüchtern weiterhin vorgelegten Herdbüchern wurde eine Trennung in Vollblutshorthorns (Tiere mit vollständigen Abstammungsnachweisen, häufig aus Importen stammend) und Landshorthorns (Nachzuchttiere) vorgenommen.
Die Erhebung der DLG gaben für Schleswig-Holstein im Jahr 1896 den hohen Anteil von 22,5 % am Landes- bzw. Provinzbestand an. 1906 ergaben diese Ermittlungen sogar 26,5 %.
Danach ist dann ein zunächst langsamer und in jüngster Zeit schneller Rückgang bis zum gänzlichen Verschwinden der Shorthorns eingetreten. Das starke Verlangen nach milchergiebigen Rindern mit ausreichender Mastfähigkeit ließ keinen Raum mehr für den Einnutzungstyp Mast- (Beef-)Shorthorns. Die Umstellung der international bedeutsamen Rasse zu Milch- (Dairy-)Shorthorns hat in Deutschland zu geringem Erfolg geführt, da Rinderrassen wie die Schwarzbunten und Rotbunten dies ohne eine stärkere züchterische Umstellung erreichen ließen.

3 Entstehung und Entwicklung der deutschen Schweinerassen

3.1 Allgemeines

Nach den verschiedenen Mitteilungen und Untersuchungen war im deutschen Raum über die Jahrhunderte hin ein hochbeiniges und flachrippiges Hausschwein verbreitet, welches in 2 Typen vorkam: 1. Das große, großohrige Landschwein, 2. das kleine, klein- bis mittelohrige Landschwein. In der Hauptsache ist die in der Körperausprägung größere und zugleich großohrige bzw. schlappohrige Form verbreitet gewesen, die dem kleineren und spitzohrigen Schwein gegenüberstand. Diese zweite Form soll nach DETTWEILER durch slawischen Einfluß in den mitteleuropäischen Raum gekommen sein. Beide Schweinegruppen waren spätreif, lieferten aber sicherlich die damals erwünschte Dauerware. Eine Entwicklung ihrer Produktivität war kaum möglich, da die Bewirtschaftung der landwirtschaftlichen Flächen für eine intensivere Schweinehaltung bzw. -mast keine Voraussetzungen bot. Waldweide, Brache und sonstige kümmerliche Ernährung genügten für einen frühreiferen Typ nicht. Es fehlte aber auch der Anstoß durch einen Markt, wie ihn später die Industriegesellschaft brachte und sich damit als Vorbedingungen einer Veredlungswirtschaft ergab.
Trotzdem blieb die Entwicklung nicht gänzlich stehen. Aus dem vorhandenen, weit verbreiteten, schlappohrigen Typ im mittel-, nord- und vornehmlich nordwesteuropäischen Raum hatte sich sehr langsam unter teils besseren Futtervoraussetzungen ein – man möchte sagen – leicht frühreiferer Typ ergeben, den man als „Marsch-

schwein" bezeichnete. Der Name deutet auf seine vornehmliche Verbreitung im norddeutschen Küstenraum und angrenzende Gebiete hin, während die kleinrahmige Form vermehrt im süddeutschen Raum bodenständig geworden ist. In beiden Gebieten sind Schlag- oder Gruppenbildungen erkennbar, allerdings zunächst ohne Bedeutung und Auswirkung geblieben. Insgesamt gesehen ist um 1800 ein spätreifes Schwein verbreitet, welches für die übliche geräucherte Dauerwarenherstellung sehr geeignet, für den Frischfleischverbrauch jedoch wenig brauchbar war.
Nach 1800 kommt es nun zu Wandlungen, insbesondere durch Anstöße der Verbraucherkreise. Das bereits genannte Entstehen einer Industriegesellschaft mit zunehmender Verstädterung beginnt in der zweiten Hälfte des 18. Jahrhunderts in England und greift schrittweise auf den Kontinent über. Die bislang übliche verbreitete Selbstversorgung wird allmählich zugunsten eines stärkeren Marktes für landwirtschaftliche Produkte aufgegeben. Ein frühreiferes, zu Direktverkauf und Vermarktung anzubietendes Schwein wird interessant! Englische Züchter holen sich (Verbindungen innerhalb des englischen Weltreiches) frühreife Typen (*Sus vittatus*-Formen) aus Ostasien, ziehen diese in Reinzucht nach oder kreuzen sie mit vorhandenen spätreifen Landschweinen der britischen Inseln. Rückschläge bleiben dabei nicht aus. So erweisen sich die zunächst entstehenden kleinohrigen Typen (small white und small black) konstitutionell dem rauheren englischen Klima nicht gewachsen und sind auch für den Verbraucher zu fettreich. Es kommt dann in England zur Herauszüchtung mittelgroßer, weißer und schwarzer (middle white und middle black) sowie großer weißer und schwarzer (large white und large black) Schweineformen, während bei den Tamworth der Erhalt der konstitutionellen Veranlagung der Landschweine Beachtung behielt. Diese Züchtungsmaßnahmen ziehen sich bis weit in das 19. Jahrhundert hinein hin.
Führende deutsche Landwirte sehen die auch für Deutschland zu erwartende Entwicklung mit dem Verlangen nach einem frühreiferen Schwein. A. THAER u. a. machen auf die englischen Schweine aufmerksam. Es kommt zu Importen aus England, aber auch aus Ostasien (1820 original chinesische Schweine nach Württemberg) oder aus dem Mittelmeerraum, der mit seinen damaligen spanischen, neapolitanischen und portugiesischen Schweinen (Mischformen aus *Sus scrofa ferus* und *Sus vittatus*) ebenfalls bereits vergleichsweise frühreifere Schweine besaß. Die Verwendung von Schweinen aus dem Mittelmeerraum wird erstmals 1802 erwähnt. Namentlich der Großgrundbesitz richtete Zuchten sogenannter Vollblutschweine, vornehmlich aus England stammend, ein. Der Erfolg war zunächst gering, zumindest wechselhaft. Die Begründung mag darin liegen, daß die anfänglich importierten Rassen, die kleinen englischen Formen, noch zu wenig durchgezüchtet waren, insbesondere aber auch Haltungs- und Fütterungsverhältnisse verlangten, die man nicht hatte und erst allmählich kennenlernte. Es mag somit keineswegs verwunderlich sein, wenn immer wieder von Rückgriffen auf die vorhandenen spätreifen Landschweine berichtet wird. Wie bereits erwähnt, waren auch die englischen Züchter mit diesen kleinen erzüchteten Schweinerassen keineswegs zufrieden.
Mit der Erzüchtung der größeren englischen Schweinerassen (middle und large) und stärkerer Beachtung der Konstitution ergaben sich jedoch günstigere Voraussetzungen für ihre Verwendung durch die deutschen Schweinezüchter und -halter. Es verblieb jedoch auch weiterhin bei einer nur vorsichtigen Anpaarung mit den englischen „Vollblutschweinen" oder der Herauszüchtung von Kombinationskreu-

zungen. Hier seien genannt: Das Hundisburger Schwein, das Schlanstedter Schwein, das Düsselthaler Schwein, das Glan-Schwein u. a. Diese Formen haben sich allerdings nicht gehalten. Neben dieser Gruppe der aus Kreuzungen entstandenen Schweineschläge erfolgten auch reine Nachzuchten englischer Rassen. Diese sind immer sporadisch über den deutschen Raum verbreitet geblieben. Nicht unerwähnt sei, daß auch amerikanische Schweine, wie die Poland-Chinas, Interesse fanden, ferner wurden Schweineformen aus Ungarn (Mangalicas) gelegentlich verwandt.

ROHDE beschreibt 1874 den Zustand um die Mitte des 19. Jahrhunderts wie folgt: „Durch den mittleren, westlichen und nördlichen Teil von Europa ist das großohrige Schwein als ein Abkömmling des Wildschweines verbreitet und bildet sonach das europäische Hausschwein. Durch die Verschiedenheit in der Haltung hat es sich mit von einander abwechselnden Körperformen ausgebildet, so daß man ein großes und kleines Schwein unterscheidet; das erstere wird auch unter dem Namen Marschschwein und das letztere als kurzohriges Schwein bezeichnet . . . Das erstere ist in dem nordwestlichen Teil, das andere dagegen mehr in dem südlichen Teil von Deutschland verbreitet.“ ROHDE sagt zur Produktivität dieser Landschweinformen: „Sie erfordern zur Ausmästung wegen ihrer langsamen Entwicklung viel Futter. Sie werden deshalb auch immer mehr durch die mit Hilfe des chinesischen Schweines verbesserten englischen Rassen verdrängt, und man findet nur noch selten ein durch Kreuzung nicht verbessertes großohriges Schwein im nördlichen Deutschland.“ Diese von Rohde hervorgehobene Verbesserung der vorhandenen Schweinetypen hat jedoch weiträumig erst nach der Jahrhundertwende eingesetzt. So sollen die ihrer bäuerlichen Mentalität nach schwer zugänglichen und abwartenden Züchter des nordwestdeutschen Raumes erst durch die Tierschau 1863 in Hamburg mit vorgestellten, verbesserten englischen Rassen stark beeinflußt worden sein (DETTWEILER). Dies ist um so bemerkenswerter bei der starken Schweinedichte dieses Gebietes.

Wie bereits erwähnt, mußte das weite Verbreitungsgebiet des in Deutschland gehaltenen Hausschweines zu Gruppen oder Schlagbildungen führen. Hier wirkten die Umwelteinflüsse oder auch die genannten Einkreuzungen mit. Einige dieser im Charakter von Landrassen entstehenden Gruppen blieben erhalten, andere wie das Eifeler Schwein oder das Talschwein in den Schwarzwaldtälern behielten keine nachhaltigen Wirkungen.

Ein brauchbarer Überblick zum Rassenaufbau liegt erst um die Mitte des 19. Jahrhunderts vor. Rohde gibt ihn 1874 wie folgt:

a) Das Marschschwein
   1. Das Jütländische Schwein
   2. Das Holsteinische Schwein
   3. Das Westfälische Schwein
b) Das Landschwein
   1. Das Bayerische Schwein
   2. Das Württembergische Schwein
   3. Das Mährische Schwein
c) Das gekreuzte Hausschwein
   Der Düsselthaler Schlag

Hinzu kommen über ganz Deutschland verbreitete Stammzuchten nachgezogener englischer Rassen mit folgender Unterteilung:

I) Stammherden der großen weißen Zucht
II) Stammherden der mittelgroßen Zucht
III) Stammherden der kleinen Zucht

Nach Gründung der DLG im Jahr 1885 kommt es dann bei den in regelmäßigen Abständen durchgeführten Tierschauen zu einer fast zwangsläufigen Notwendigkeit einer Einrangierung bislang verschiedenartigster Formen.

Die erste DLG-Ausstellung im Jahr 1887 erhielt bei Schweinen folgende Schauordnung:

1887 – Frankfurt/Main
1. große, weiße englische Schläge und Kreuzungen in dieser Form
2. mittlere, weiße englische Schläge und Kreuzungen in dieser Form
3. mittlere und kleine englische, schwarze, glatthaarige Rassen (Essex, Suffolks u. ä.)
4. mittlere, dunkelhaarige auch mit weißen Abzeichen und weichem, etwas krausem Haar (Berkshires, Poland-Chinas, Tamworth u. ä.)
5. sonstige Schläge und Kreuzungen

Bemerkenswert ist, daß bei dieser ersten Schau die zahlenmäßig ohne Zweifel vorhandenen großen Gruppen der mehr oder weniger verkreuzten Landschweine nicht direkt genannt werden, sondern nur unter 5. sonstige Schläge und Kreuzungen eingruppiert wurden.

Diese erste Tierschau der DLG stand somit verstärkt unter dem Einfluß und dem Vorhandensein englischer, teils auch amerikanischer Schweinerassen. Dies entsprach jedoch kaum den tatsächlichen Gegebenheiten. Vorherrschend und verbreitet war die große Gruppe der Landschweine, die dann auch mehr und mehr in den Vordergrund rückte. Diese später als Deutsche veredelte Landschweine bezeichnete Rasse und die aus der Verwendung englischer großer weißer Schweine (large white/Yorkshires) entstandenen Deutschen weißen Schweine bilden ab etwa 1900 die Eckpfeiler der deutschen Schweinezucht und erfordern eine besondere Beschreibung ihres Entwicklungsweges. Die starke züchterisch-genetische Verflechtung bei der Entstehung dieser Rassen deutscher weißer Schweine läßt es jedoch zweckvoll erscheinen, sie in einem Abschnitt zu behandeln.

3.2 Deutsche weiße Edelschweine und Deutsche veredelte Landschweine

Die weiteren Tierschauen der DLG als Spiegelbild der Veränderungen im Rassenaufbau zeigen bis zur Jahrhundertwende einerseits die verbleibende Abhängigkeit von ausländischen Rassen, andererseits das Erstarken der Landschweine und hier des weißen veredelten Landschweines. Genannt seien die Schauordnungen der Ausstellungen 1892 und 1898:

1892 Königsberg
a) Weiße Schweine im ausgesprochen englischen Typus
b) Berkshires und Poland-Chinas
c) Tamworth
d) Meißener Schweine
e) Sonstige Schweine und Kreuzungen in weißer Farbe
f) Sonstige Schweine und Kreuzungen in bunter Farbe

1898 Dresden
a) Weiße Schweine im ausgesprochenen Edelschwein-(engl.)Typus
b) Schwarze Schweine im ausgesprochenen Berkshire- und Poland-China-Typus
c) Landschweine, unveredelt (Bayern, Hannoveraner, Tamworth usw.)
d) 1. Veredelte Landschweine im ausgesprochenen Landschwein-Typus
d) 2. Meißener Schweine
e) Schweine, die nicht den a–d angeführten Zuchtzielen entsprechen
1892 werden erstmals veredelte Landschweine aus Sachsen (Meißener Schweine) genannt, und die Gruppe der weißen Kreuzungen dürfte vornehmlich den Charakter von in „Veredlung“ befindlichen Landschweinen gehabt haben.
1898 ist dann die Trennung der weißen Schweine in die später bedeutsamen Gruppen Edelschweine und veredelte Landschweine bereits zu erkennen, die 1904 endgültig herausgestellt wird. Dieser Trennung sind längere Kämpfe in den zuständigen Gremien der DLG vorausgegangen, und es dürfte HOESCH, Neuenkirchen, gewesen sein, der die Gliederung anstrebte und dann auch durchsetzte. MEYER, Friedrichswerth, prägte die Bezeichnung „Weiße Edelschweine“.
Die Begründung für eine längere Erörterung um diese weißen Schweinerassen liegt in der Entwicklung und Entstehung dieser beiden Gruppen. Herkunft und züchterische Bearbeitung sind schwer voneinander zu trennen. Beide entstammen den bodenständigen Gruppen, die ROHDE 1874 unter Marschschweine zusammenfaßte. Eine unterschiedliche Entwicklung und Voraussetzung für eine spätere Trennung der beiden weißen Formen wurde eingeleitet durch Art der Verwendung importierter Eber der weißen englischen Rassen. Aus den Schauordnungen der ersten DLG-Schauen geht hervor, daß diese englischen Importtiere einerseits rein nachgezogen, andererseits als Kreuzungstiere nach Anpaarung mit Landschweinen vorgestellt wurden. Für die Kreuzungen verwandte man vornehmlich die weißen Rassen. Die weiße Farbausprägung stand somit im Vordergrund. Verwandt wurden fast nur noch die englischen middle und large white. Die Erfahrungen mit den kleinen weißen englischen Schweinen waren nicht gut, so daß diese bald verschwanden. Auch die mittleren englischen weißen Schweine wurden mehr und mehr abgelehnt, da die deutschen Züchter Kennzeichen der Überbildung zu erkennen glaubten. Es verblieb die Verwendung der großen weißen englischen Rasse, der Herkunft nach allgemein Yorkshires genannt. Aber auch hier stellten die deutschen Züchter bei den Originaltieren aus England Mängel im Exterieur und bei den Leistungseigenschaften fest. Eine Reihe von Zuchten verließ daher die Nachzucht der Importtiere und ging zu einer Verdrängungskreuzung unter Verwendung des vorhandenen Landschweinmaterials über, dies, um die Fehler bei den Yorkshires zu eliminieren und gleichzeitig Gewünschtes von der deutschen Landschweingrundlage zu erhalten. Letzten Endes wurde das Produkt ein „Deutsches Yorkshireschwein“. Diese Bezeichnung wählte man jedoch nicht und nannte sie um 1900 „Weiße Edelschweine“, später „Deutsche weiße Edelschweine“. Zu diesem Zeitpunkt kann die Rasse als in sich gefestigt angesehen werden. Der Berichterstatter zur Schweineschau der DLG-Ausstellung 1901 in Halle/S. sagte „ . . . die Edelschweinzucht hat sich ganz von der englischen Zuchtrichtung befreit und sich den deutschen Ansprüchen in Leistungsfähigkeit, Frühreife, in leichter Ernährbarkeit, guter Gesundheit und Fruchtbarkeit angepaßt.“ BRÖDERMANN hob 1903 hervor, daß die deutschen Züchter nur noch ausnahmsweise Zuchtmaterial in England finden würden, welches ihren Ansprüchen genüge.

Das Weiße deutsche Edelschwein fand eine starke Verbreitung in Mittel- und Ostdeutschland. So gehörten 1939 in Ostpreußen 95 %, Niederschlesien 48,4 %, Oberschlesien 31,6 %, Pommern 40,9 % und in der Provinz Sachsen 23,3 % zu den Edelschweinen, um nur einige der Verbreitungsgebiete zu nennen. Nach den Erhebungen des Statistischen Reichsamtes gehörten im Jahr 1936 19,5 % des Gesamtschweinebestandes zu dieser Rasse.
Im Bereich des Gebietes der heutigen BRD war der Anteil immer gering. Bei einer Berechnung auf dieses Gebiet ergibt sich für 1936 ein Anteil von 8,2 %, der 1950 nur noch 5,9 % betrug, um dann sogar auf 2–3 % zurückzugehen. Diese Werte sind für die Bundesrepublik Deutschland allerdings für Herdbuchtiere erstellt, andere liegen nicht vor. Beim Schwein decken sich jedoch die Zahlen für die Herdbuchtiere in etwa mit denjenigen der Gesamtbestände.
Die Form einer Verdrängungskreuzung und Herauszüchtung eines Schweines im Typ der englischen Yorkshires fand allerdings bei großen Teilen der deutschen Schweinezüchter und -halter keine Zustimmung. Man sah einerseits den wirtschaftlichen Vorteil, der durch die Verwendung von Yorkshires an erwünschter Frühreife und Mastfähigkeit hereingeholt wurde, glaubte jedoch andererseits Mängel an Konstitution und Fruchtbarkeit, die bei dem vorhandenen Landschweinmaterial nicht vorhanden waren, bei der Zuchtmethode Verdrängungskreuzung nicht ausreichend beachtet. Namhafte Landwirte und Schweinezüchter standen auf dem Standpunkt, daß man die guten Eigenschaften der englischen Schweinerassen sicherlich gebrauchen könne und einfließen lassen solle, dies jedoch unter Erhalt des bodenständigen Charakters der Landschweine im Typ des verbreiteten Landschweines oder des bereits verbesserten Marschschweines. Insbesondere war es das schweineintensive nordwestdeutsche Gebiet mit seinen bäuerlichen Wirtschaften, welches erhalten und allenfalls vorsichtig verbessern wollte.
Dies führte zu einer Veredlungskreuzung, wobei Yorkshireblut nur „dosiert“ verwandt oder die gewünschten Gene über auf deutschem Boden in Nachzuchten von Yorkshires bzw. durch bereits entstandene Schweine im Typ des späteren Edelschweines hereingenommen wurden. Hier mag die Entstehung der später führenden Zucht der veredelten Landschweine HOESCH, Neukirchen, besonders interessant sein. Hoesch kaufte einen Stamm englischer Suffolks aus der späteren Edelschweinzucht von UNGEWITTER, Großkühren, und erwarb Stammtiere, die aus der Kombination von englischen middle white und deutschen Marschschweinen hervorgegangen waren. Die enge Verflechtung der sich entwickelnden Landschweine in Deutschland mit englischen Schweinetypen ist somit unverkennbar.
Nicht übersehen sei, daß die in Exterieur und Leistung zu verbessernden weißen Landschweine ein weitläufiges Verbreitungsgebiet besaßen. Dies erbrachte unterschiedliche Auffassungen über das Zuchtziel und ließ Gruppen oder Schläge entstehen. So erzüchtete man in Sachsen das Meißener Schwein, ein Typ mit feinem Knochenbau und geringer Behaarung, der sich von den sich entwickelnden Edelschweinen nur durch das fallende Ohr (Lappohr-Schwein) unterschied. Hierzu im Gegensatz stand das in Westfalen gezüchtete robuste Minden-Ravensberger Schwein. Ähnliche Ziele verfolgte man auch im großen Zuchtgebiet Hannover mit dem sogenannten Hoyaer Schwein. In den letzten Jahrzehnten des vorigen Jahrhunderts erschien es so, als ob diese Gruppen eigenständige Rassen bilden würden. So entstanden bereits kleinere Gruppen wie z. B. im Amtsbezirk Ronneburg (Sachsen-Altenburg) mit der Bezeichnung Ronneburger Schwein (1894).

Glücklicherweise wurde eine Zersplitterung verhindert, und es ist zweifelsohne das Verdienst der DLG und führender Landwirte und Schweinezüchter in den entscheidenden Gremien dieser Gesellschaft, wenn eine einheitliche Entwicklung entstand. Noch 1898 auf der Tierschau der DLG-Ausstellung in Dresden gibt es die Gruppen: Weiße Schweine im Edelschweintyp, Veredelte Landschweine im ausgesprochenen Landschwein-Typ und Meißener Schweine. Ab 1904 ist die Konsolidierung erreicht, und die Gruppen Weiße Edelschweine und Veredelte Landschweine sind gebildet.

1904 – Danzig

1. Weiße Edelschweine
2. Berkshires
3. Unveredelte Landschweine
4. Veredelte Landschweine
5. Schweine, die nicht den in 1 bis 4 bezeichneten und befestigten Zuchtzielen angehören

Es hat selbstverständlich längere Zeit gedauert, bis die Gruppen der Veredelten Landschweine zu einem gänzlich einheitlichen Gepräge fanden. Die 1904 noch vorhandenen Gruppen unveredelter und veredelter Landschweine verschwinden, und es kommt zu 2 Gruppen weißer Schweine neben 2 schwarzen Importrassen (Berkshires und Cornwalls) sowie einigen Landrassen.

HOESCH faßt 1911 diese Entwicklung zusammen und stellt nunmehr folgende Rassengruppen für den deutschen Raum heraus:

1. Das deutsche Edelschwein
2. Das Berkshireschwein
3. Das Baldinger Tigerschwein
4. Das deutsche veredelte Landschwein
5. Das große schwarze (Cornwall-)Schwein
6. Das unveredelte schwarzweiße Landschwein in Hannover und Braunschweig
7. Das unveredelte halbrote bayerische Landschwein

Abschließend zur Entstehung und Entwicklung der nunmehrigen geschlossenen Gruppen weißer deutscher Edelschweine und weißer veredelter Landschweine sei hervorgehoben, daß in den ersten Jahrzehnten des 20. Jahrhunderts eine fortlaufende Annäherung der Leistungseigenschaften dieser Rassen stattfand. In ihren Zuchtzielen Frühreife, Futterverwertung, Fruchtbarkeit usw. näherten sich die beiden weißen Rassen so weit, daß ZORN später die Frage aufwarf, ob man sie nicht „Stehohr-" und „Schlappohrschweine" nennen sollte, da die sonstigen Eigenschaften so stark zusammenliegen würden, daß die Bezeichnung „edel" und „verbessertes Landschwein" irreführen würde.

Das deutsche veredelte Landschwein hatte immer eine starke Verbreitung, die noch zunahm. 1936 waren im damaligen Reichsgebiet 71,6 % zu dieser Rasse gehörend. Bezogen auf das Gebiet der heutigen Bundesrepublik Deutschland waren an deutschen veredelten Landschweinen vorhanden: 1936 82,7 %; 1960 86,5 % und 1970 93,8 %.

Die beschriebene Entwicklung der deutschen Schweinezucht im 19. Jahrhundert bzw. bis zum 1. Weltkrieg macht es erforderlich, auf einige Landrassen wie auch auf vorübergehend bedeutsame Kreuzungen einzugehen. Ebenso sind verbleibende Importrassen und Rassen jüngeren Datums zu erwähnen. Dies soll im folgenden geschehen.

Abb. 35a. Deutsche weiße Edelschweine.

1890
Großer Typ
(Yorkshire)

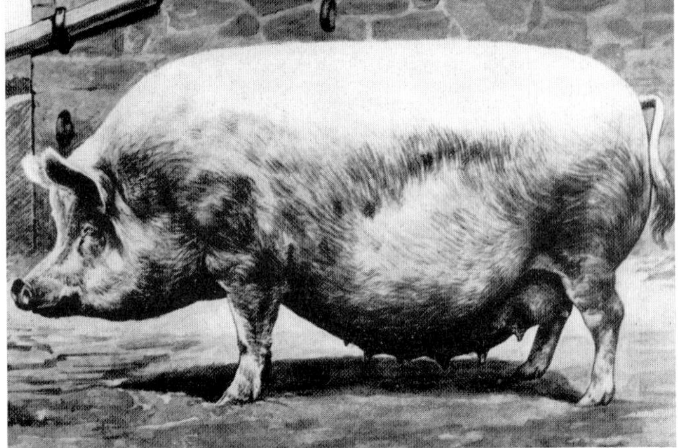

1905
Großer Typ

1890
mittelgroßer
Typ

Abb. 35b. Deutsche weiße Edelschweine.

1920 mittelgroßer Typ

1935

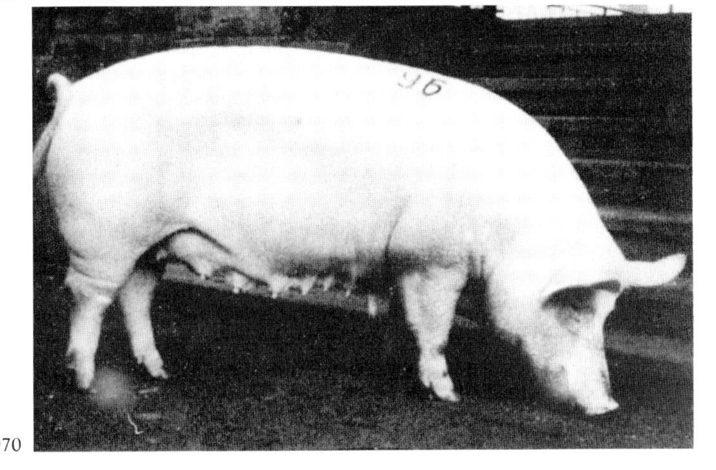

1970

1850 unveredeltes europäisches Landschwein

1890 Meissener Schwein

1890 Minden-Ravensberger Schwein

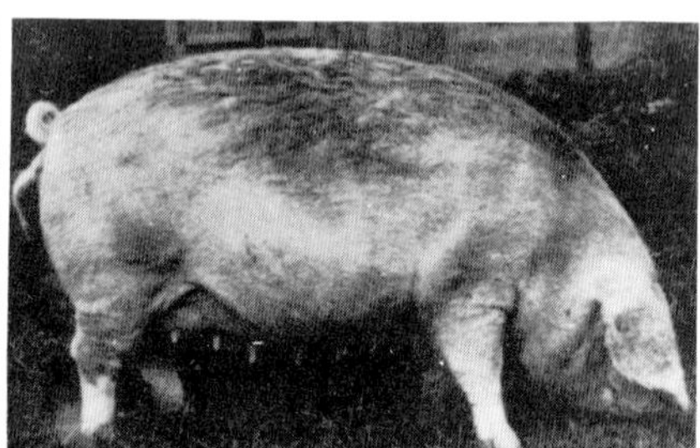

1935

1975

Abb. 36. Deutsche veredelte Landschweine – Deutsche Landrasse.

3.3 Landrassen

3.3.1 Das schwarzweiße Landschwein in Hannover-Braunschweig – später Deutsches Weideschwein

Wie der ältere Name bereits zum Ausdruck bringt, hat dieses Landschwein seine Verbreitung nördlich und nordwestlich des Harzes im Gebiet zwischen Hildesheim und Braunschweig. Nach DETTWEILER soll es durch slawische Volksstämme in

diesen Raum gebracht worden sein. Im Typ verblieb es stark im Charakter des *Sus scrofa ferus,* dabei mittelgroß mit langem Kopf und Spitzohren, schwarzweiß gefärbt und vergleichsweise spätreif, jedoch sehr konstitutionshart. Kreuzungsversuche zur Verbesserung der Rasse im Sinne einer erstrebenswerten Frühreife mit den verschiedensten Rassen (u. a. französische Limousin-Perigord, schwarzweiße bayerische Landschweine, Tamworth, amerikanische Hampshires) brachten keinen Erfolg. Der Erhalt der Rasse wurde durch rührige Züchter eines 1899 gegründeten Verbandes sichergestellt. Dieser überwachte die verbreitete Anwendung einer sogenannten Doppelzucht – 1. Reinzucht zur Erhaltung der Rasse; 2. Gebrauchskreuzung mit Ebern der Rasse Deutsche Edelschweine, Berkshires, Cornwalls, nach 1945 auch frühreife veredelte Landschweine zur Produktion wüchsiger, harter Mastschweine.
Nach 1945 erfolgte ein schneller Rückgang der inzwischen als Deutsche Weideschweine bezeichneten Rasse. 1956 waren auf der DLG-Ausstellung in Hannover nochmals Weideschweine zu sehen. Etwa 1970 kann die Rasse als ausgestorben gelten.

3.3.2 Das bayerische halbrote (und schwarzweiße) Landschwein

Nach ATTINGER waren diese Landschweine bis etwa 1860 in Ober- und Niederbayern, Oberpfalz wie auch in Mittelfranken – (früher bis nach Hessen) verbreitet. Nach DETTWEILER besteht eine Verwandtschaft mit dem Hannover-Braunschweigischen Landschwein. Es war mittel- bis großohrig, bunt in der Farbausprägung, mittelrahmig und spätreif.
Sie gingen in der zweiten Hälfte des 19. Jahrhunderts stark zurück. Der Versuch, durch Aufstellung einer Stammherde 1902 in der Jungviehaufzuchtstation Almesbach bei Weiden wie auch durch die Gründungen einiger Zuchtgenossenschaften, diese Rasse zu erhalten, blieben auf weite Sicht gesehen ohne Erfolg. Diese Neubegründungen bevorzugten nur halbrote Schweine (s. Namensgebung), während früher auch schwarzbunte vorkamen.
Das stete Vordringen insbesondere veredelter Landschweine war nicht aufzuhalten. ATTINGER, HOESCH nennen 1911 folgende Schweinerassenanteile in Bayern: 80 % veredelte Landschweine, 15 % deutsche Edelschweine und 5 % halbrote Landschweine. Nach dem 1. Weltkrieg starb diese Rasse allmählich aus.
Erwähnt sei, daß es neben den beiden genannten Land- oder Weideschweinerassen auch einige regional stark begrenzte Züchtungen eines besonders konstitutionell harten Weideschweintyps gegeben hat. Hier wurde das Güstiner Schwein (1910 mit der Züchtung begonnen in Güstin bei Gingst/Rügen) bekannt, blieb jedoch ohne Bedeutung und Ausstrahlung.

3.4. Importrassen

3.4.1 Das Deutsche Berkshire Schwein

Diese aus England stammende Schweinerasse hat fast bis in die Neuzeit einen fortlaufenden Einfluß auf die deutsche Schweinezucht ausgeübt. Ihre Entstehung in England bis zur Konsolidierung als Rasse und Einstufung als middle black ist vielfältig und bis in alle Einzelheiten nicht zu klären. Nach MAVOR ist der Ausgang

Abb. 37. Landrassen.

1910
Landschwein
in Hannover –
Braunschweig

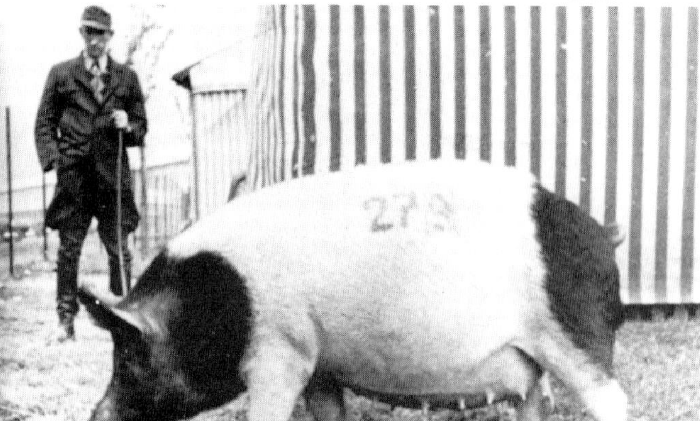

1955
Deutsches
Weideschwein

1900
bayrisches
halbrotes
Landschwein

in der englischen Grafschaft Berkshire ein großer rahmiger Typ des Landschweines, der ab etwa 1800 in „verschiedenen Epochen" mit frühreifen Rassen verkreuzt wurde. DETTWEILER faßt die Entstehung folgendermaßen zusammen: „. . . das Berkshireschwein ist das Ergebnis vielfacher, teilweise sehr heterogener Kreuzungen, und es trägt das Blut folgender Rassen und Schläge in sich: englische alte Suffolks, Chinesen, Siamesen, Wildschweine, Neapolitaner, Portugiesen, neue Suffolks und Essex. Im Jahr 1856 war die Periode der Blutmischung beendet, und man hat es rein in sich weitergezüchtet . . ." Das Ergebnis war ein mittelrahmiges, frühreifes Schwein. In der Farbe schwarz mit weißen Abzeichen am Rüssel und an den Enden der Extremitäten.
In Deutschland fand dieses frühreife Schwein mit noch ausreichendem Wuchs schon sehr früh Beachtung. Seit etwa 1850 wurde es verstärkt eingesetzt. SCHMIDT, KLIESCH, GOERTTLER heben hervor, daß im damaligen Preußen, Baden und Württemberg zahlreiche Berkshire-Eber mit Staatsunterstützung zur Verbesserung der Landeszuchten aufgestellt wurden. Insbesondere sind auch Gebrauchskreuzungen zur Anwendung gebracht worden, da man die Dominanz von weiß im Erbgang kannte (schwarzhaarige Schlachtprodukte waren in Deutschland immer unerwünscht) und in der F_1-Generation frühreife und frohwüchsige Masttiere erhielt. Aber auch für die Bildung neuer Rassen zog man englische Berkshires heran (s. Düsselthaler Schwein und Baldinger Tigerschwein).
Durchsetzen und erhalten konnten sich in Deutschland jedoch nur die Nachzuchten der aus England importierten Tiere. Die älteste derartige Zuchtstätte in Deutschland entstand bereits 1860 in Sahlis in Sachsen. Auch die dann einsetzende stärkere Verbreitung verblieb bei sporadischen Zuchten. Nie bildete sich in Deutschland ein geschlossenes Zuchtgebiet der Berkshires. Sicherlich hat es eine Anhäufung von Einzelzuchten gegeben, so am Niederrhein und in Schleswig-Holstein (nach SCHMIDT, KLIESCH, GOERTTLER), grundsätzlich verblieb es jedoch bei einer sporadischen Verbreitung. Nach längerem Bemühen und verschiedenen Vorläufern schlossen sich 1925 diese Zuchten zu einem Zentralverband zusammen, der Deutschen Berkshire-Herdbuchgesellschaft in Berlin, später Hannover, nachdem die DLG 1920 einen besonderen Ausschuß für Berkshirezüchter gegründet hatte.
Die DLG mit ihrem Bestreben der Rassenerfassung, aber auch Rassenbereinigung widmete den Berkshires immer das notwendige Augenmerk. Die Schauordnung der ersten Wanderausstellung 1887 nennt Berkshires, und bereits 1888 bilden sie eine eigene Gruppe. Dies ist so verblieben, und letztmalig wurden sie 1956 in Hannover gezeigt.
Zahlenmäßig ist der Anteil am Gesamtbestand nie groß gewesen. Vor 1936 liegen keine Zahlen vor. In diesem Jahr haben die Berkshires 0,3 % am Schweinebestand des damaligen Deutschen Reiches. Umgerechnet und bezogen auf das Gebiet der heutigen Bundesrepublik Deutschland sind es nur 0,1 % am Gesamtschweinebestand. Die Entwicklung der Berkshires im Verlaufe der letzten Jahrzehnte zeigt sich besonders gut bei den Zahlen über die Herdbuchtiere. Dabei muß allerdings betont werden, daß die Berkshirezüchter relativ stark herdbuchmäßig arbeiteten. Unter Beachtung dieser Gegebenheit lassen sich für den Bereich der heutigen Bundesrepublik Deutschland folgende Angaben machen:

Abb. 38. Deutsches Berkshire Schwein.

1910

1955

Anteil der Berkshires am Gesamtherdbuchbestand:

1936	1,6 %
1950	1,1 %
1952	0,2 %

Danach erfolgte ein allmählicher weiterer Rückgang bis zum gänzlichen Verschwinden zugunsten fleischwüchsigerer Rassen mit höherer Fruchtbarkeit.

3.4.2 Das Deutsche Cornwall Schwein

DETTWEILER hebt nach Verarbeitung der Untersuchungen von R. WALLACE (1910) hervor, daß die als large black eingestufte englische Rasse in ihrer Entstehung sehr alt, aber zeitlich spät auf Schauen vorgestellt (ab 1910) und damit bekannt wurde. Sie ist hervorgegangen aus kleinen schwarzen Essex (Suffolk-Essex) und dem großen robusten Cornwall-Schwein (Devon-Cornwall).

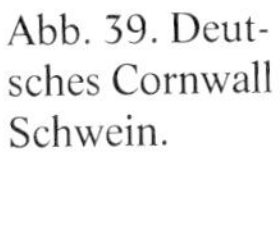

Abb. 39. Deutsches Cornwall Schwein.

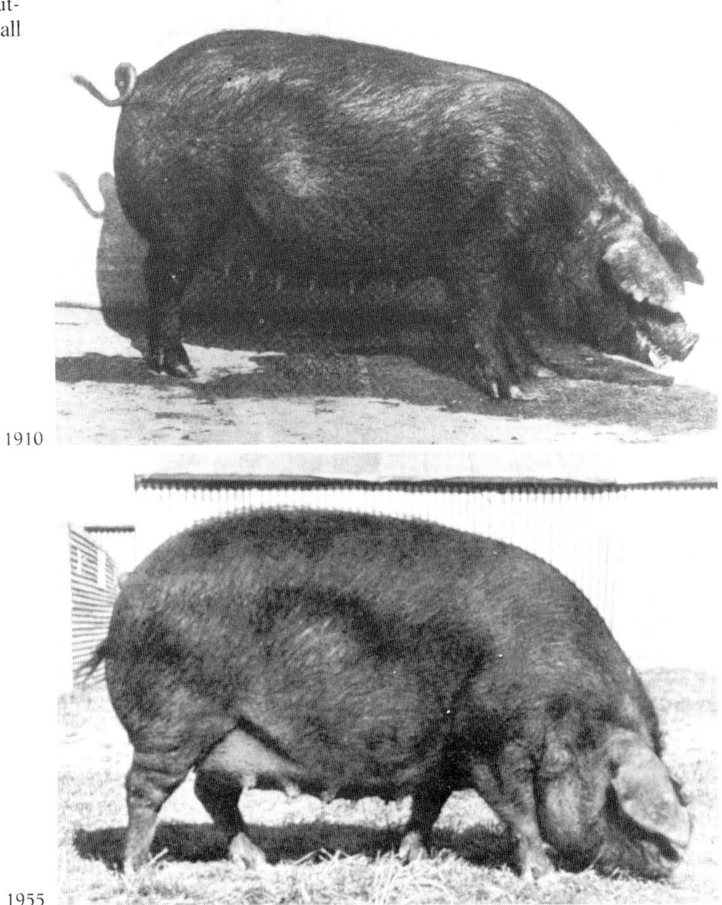

1896 führte H. MONTU die ersten großen schwarzen Schweine nach Deutschland ein (Groß-Saalau in Westpreußen). Sie stammten aus Cornwall und wurden daher Cornwall-Schweine genannt. Als robuste und widerstandsfähige Tiere, großrahmig, ausreichend frühreif genügten sie den Anforderungen, fanden Beachtung, und weitere Importe folgten.

Auch die Cornwalls bildeten in Deutschland nie ein geschlossenes Zuchtgebiet. Einzelzuchten waren über ganz Deutschland verteilt. Eine gewisse Konzentration erfolgte vorübergehend in Bayern. Man sagte dem dunkel pigmentierten Schwein eine vergleichsweise stärkere Unempfindlichkeit gegenüber Sonneneinstrahlung in höheren Lagen nach. Dies hatte eine verstärkte Haltung von Cornwalls im südlichen Bayern zur Folge.

Auf den Tierschauen der DLG erschienen sie erstmals 1901 in Halle/S. (nach HARING) und wurden nach dem 1. Weltkrieg in einer eigenen Gruppe vorgestellt. Vorübergehend (Hamburg 1923) wurden sie auch in eine Gruppe schwarze

veredelte Landschweine einrangiert. Die herdbuchmäßige Betreuung erfolgte durch einen Zuchtverband, die Deutsche Cornwallherdbuchgesellschaft mit dem Sitz in Berlin, später Hannover.
Der Anteil am Gesamtbestand im Deutschen Reich wurde bei der ersten Rassenermittlung im Jahr 1936 mit 0,2 % festgestellt. Der gleiche Anteil liegt bei einer Berechnung für das Gebiet der heutigen BRD vor. Erfaßt man die Herdbuchtiere für das Gebiet der BRD, dann ergeben sich für 1936 1,6 %; 1950 1,3 % und 1960 sind es noch 0,3 %. Danach liegen keine Angaben mehr vor und kann die Rasse als erloschen gelten.

3.5 Neuzüchtungen

Hier seien einige Schweinerassen genannt und beschrieben, die im 19. Jahrhundert entstanden und dann entwickelt wurden. Sie wurden teils auf den DLG-Schauen vor dem 1. Weltkrieg vorgestellt. Danach sind sie nur noch sporadisch vorkommend zu finden bis zum gänzlichen Verschwinden. Ihre Bedeutung hat zumeist lokalen Charakter, greift jedoch bei einigen darüber hinaus. Genannt seien:

3.5.1 Das Hundisburger Schwein

Ein von H. VON NATHUSIUS in Hundisburg (Provinz Sachsen) gezüchtetes Schwein. Es gehört zu den mannigfachen Formen, die um die Mitte des 19. Jahrhunderts in deutschen Großbetrieben entstanden. Zumeist waren es Kreuzungen importierter englischer Schweine mit einheimischen Populationen.

3.5.2 Das Schlanstedter Schwein

Auch dieses Schwein entstand in der Zucht eines Großbetriebes in Schlanstedt bei Salzmünde (VON RIMPAU) unter der Arbeit eines passionierten Züchters. Es erfolgte eine Kombination importierter großer weißer Yorkshireschweine (large white) mit den vorhandenen großohrigen Landschweinen. Beabsichtigt war die Zusammenführung rahmiger und frühreifer englischer Typen mit der Konstitutionshärte der Landschweine. Das erzüchtete Schwein fand allgemein Anklang und verbesserte mit dem abgegebenen Zuchtmaterial die Landesschweinezucht wesentlich.

3.5.3 Das Düsselthaler Schwein

Nach ROHDE (1872) entstand dieser Schweineschlag in der Umgebung Düsseldorfs (bekannter Züchter VON DER RECKE, Grafschaft Berg-Cleve, daher auch Clevesches Schwein genannt). Es soll aus Kreuzungen englischer Rassen wie auch solcher aus China oder Portugal mit einheimischem Material entstanden sein. HOESCH sagt, daß das Düsselthaler Schwein aus einer Kreuzung englischer Berkshires mit Suffolks hervorgegangen sei. Das entstandene frühreife Schwein mit ausreichender konstitutioneller Veranlagung war bald beliebt und erbrachte eine Verbreitung den Rhein hinauf bis nach Baden und Württemberg. Hoesch hebt die Bedeutung des Düsselthaler Schweines für die Hebung der Schweinezucht in Württemberg hervor, insbesondere „Kreuzungen von Landschwein mit Düsselthaler (Suffolk-) Schwein".

Abb. 40. Neuzüchtungen vor dem 1. Weltkrieg.

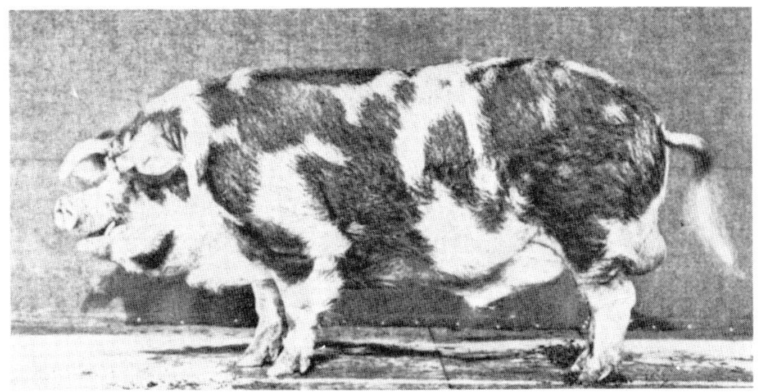

1910
Baldinger Tigerschwein

1890
Glan-Schwein

3.5.4 Das Baldinger Tigerschwein

Dieses Schwein ging aus Züchtungen in der Zuchtgenossenschaft Donaueschingen-Baar hervor. Es entwickelte sich aus einer Kombination von Berkshires mit stark veredelten Landschweinen bzw. deutschen Edelschweinen. Es galt als frühreif und war schwarz-weiß-gefleckt. Seine Bedeutung war vorübergehend bei regionaler Verbreitung. Hoesch führt diesen Schweineschlag bei seiner 1911 gegebenen Gruppierung an (s. S. 607).

3.5.5 Das Glanschwein

Dieser Schweinetyp kam im Bereich um Kaiserslautern vor. Nach HOESCH ist er aus dem Chaloner Schwein (französische Lokalrasse) hervorgegangen unter Einfluß anderer Schweinerassen (Düsselthaler, westfälisches Landschwein). Die Bedeutung verblieb begrenzt.

3.6 Nach dem 1. Weltkrieg anerkannte Schweinerassen

Zu aus bodenständigen Schweinen hervorgegangenen Schweinen, die im Rahmen von Kreuzungen verbessert wurden, gehören auch einige Schläge, die schwarzweiß, rotweiß oder getigert gezüchtet wurden und in dieser Farbausprägung eine Konsolidierung erfuhren.

3.6.1 Das Schwäbisch-Hällische Schwein

Diese Schweinerasse gehört zu den ältesten in Deutschland züchterisch bearbeiteten Schweinegruppen. Bereits Ende des 18. Jahrhunderts ist in Württemberg ein „Hällischer Schlag" nachweisbar. Nach den vorliegenden Berichten waren es hochbeinige und schmale Landschweintypen, schwarzweiß mit Schlappohr, aber einer hervorragenden Fruchtbarkeit und Aufzuchtvermögen. Diese bodenständige Rasse wird dann um 1800 mit nicht näher bezeichneten Schweinen gekreuzt und entstehende Schläge wie der Weilderstädter Schlag und der Filderschlag haben ihre Besonderheiten nicht lange halten können. Bedeutungsvoller waren Importe im Jahr 1826 von original chinesischen Maskenschweinen und Aufstellung dieser Tiere zu Kreuzungszwecken in den königlichen Meiereien (namentlich in Weil). Einkreuzungen mit diesen *Sus vittatus*-Typen sind nicht ohne Einfluß geblieben. Eine Neigung zum Fettansatz und im Äußeren die faltig-runzlige Stirn, aber weitere Förderung der Anlage zur Fruchtbarkeit dürften auf diese Periode und ihre Maßnahmen zurückzuführen sein.
In der zweiten Hälfte des 19. Jahrhunderts werden die nunmehr als Schwäbisch-Hällische Rasse bezeichneten Schweine stark und häufig auch planlos gekreuzt. Anpaarungen mit Yorkshires, Berkshires, Windsors und Essex sind genannt. Es waren dies Originaltiere aus England oder in Deutschland mit auswärtigem Material entstandene Gruppen. Zu letzteren gehörte auch das Düsselthaler Schwein, welches, nach Württemberg gebracht, hier ebenfalls zu Kreuzungen mit dem bodenständigen Schwein herangezogen wurde.
Zu Anfang des 20. Jahrhunderts beginnt eine Periode der Konsolidierung und insbesondere ein Rückgriff auf das alte bodenständige Schwein mit seinen guten Eigenschaften, insbesondere seiner hohen Fruchtbarkeit. Aber erst 1925 kommt es zur Aufstellung eines Rassenstandards, der dann ein schwarzweißes Schwein mit Schlappohren herausstellt, sehr fruchtbar, aber zu einem im Vergleich mit den weißen Rassen höheren Fettansatz neigend.
Die Schweinerasse behielt ihre lokale Verbreitung in Württemberg und fand nur sporadische Verbreitung im übrigen Deutschland. Ihr Anteil am Gesamtbestand wird bei der Zählung im Jahr 1936 mit 1,3 % angegeben. Bezogen auf das heutige Gebiet der Bundesrepublik Deutschland und bei Erfassung der Herdbuchtiere betrug der Anteil 1936 4,8 %; 1950 5,9 %; 1960 4,8 % und 1970 0,1 %. Ihre erhöhte Fettwüchsigkeit hat ihren Rückgang bis zum Verschwinden bewirkt.

3.6.2 Das Angler Sattelschwein

Diese Schweinerasse dürfte zeitlich früh in der Grafschaft oder Landschaft Angeln im Nordosten Schleswig-Holsteins bekannt und auch bei der Passion der dort lebenden bäuerlichen Bevölkerung züchterisch bearbeitet worden sein. Beachtung

Abb. 41. Nach dem 1. Weltkrieg anerkannte Rassen/Schwäbisch-Hällisches Schwein.

1800

1850

1960

erhielt diese Schweinegruppe jedoch erst nach der Gründung eines Herdbuchverbandes 1929, Rassenbereinigung 1934 und Anerkennung im Jahr 1937. Genaue Unterlagen oder Mitteilungen über die Herkunft liegen nicht vor oder sind nicht bekannt. Das schwarzweiße, rahmige Schwein mit fallenden Ohren dürfte jedoch aus Landschweinen (jütisches Schwein) hervorgegangen sein. Man nimmt an, daß weit zurückgreifende Zusammenhänge mit den englischen Wessex-Saddlebacks bestehen, keinesfalls hat es jedoch solche mit Berkshires gegeben. Das Angler Sattelschwein ähnelt dem Schwäbisch-Hällischen Schwein sehr, obwohl nach Herkunft und Entwicklung keine Verbindungen bestanden haben. Neben der ähnlichen Körperausprägung und Farbe ist das Angler Sattelschwein ebenfalls sehr fruchtbar, aber auch fettwüchsig.
Bei der Rassenzählung im Jahr 1936 wird diese Rasse bereits genannt und hat einen Anteil von 0,4 % am Schweinebestand des damaligen Deutschen Reiches. Bezogen auf das Gebiet der heutigen Bundesrepublik Deutschland und bei Erfassung der Herdbuchtiere ergeben sich folgende Anteile:
1936 – keine Werte, da erst ab 1937 in die Herdbuchvereinigungen aufgenommen; 1950 14,2 %; 1960 5,1 %; 1970 0,5 %.
Der hohe prozentuale Anteil im Jahr 1950 ist auf eine vorübergehende, stärkere Verbreitung außerhalb des Angler Zuchtgebietes zurückzuführen und mit dem „Fetthunger" der Nachkriegsjahre zu erklären. Das im Vergleich mit den anderen deutschen Schweinerassen hohe Fettbildungsvermögen führte dann auch hier zum schnellen Rückgang des Rassenanteiles zugunsten fleischwüchsigerer Gruppen. Trotzdem verblieb ein Restbestand, insbesondere von weiblichen Tieren, der ihrer hohen Fruchtbarkeitsveranlagung wegen zu Gebrauchstiererstellung gehalten werden.

3.6.3 Das Rotbunte Schwein

1954 wurde mit dem Sitz in Husum/Schleswig-Holstein eine Vereinigung von Zuchten eines rotbunten Schweines anerkannt. Es handelte sich um ein Herausspalten aus den Angler Sattelschweinen, somit auch um die gleichen Eigenschaften dieser Rasse. Diese Gruppe in der Art eines Schlages bestand nur kurze Zeit.

3.6.4 Das Bunte Schwein

Eine kleine Rassengruppe, in der Farbausprägung schwarz-weiß-gefleckt (getigert), sogenannte „Bunte Schweine", erhielt im Emsland nur lokale Bedeutung. In der Körperausprägung ähnelt es den veredelten Landschweinen. Durch seine stärkere Verbreitung im Gebiet der ehemaligen Grafschaft Bentheim ist gelegentlich auch der Name „Bentheimer Schwein" bekannt.
Über seine Herkunft oder Entstehung, evtl. aus einer Kombination von Schweinerassen, ist wenig bekannt. Bei lokaler Bedeutung verblieb sein Anteil am Gesamtbestand gering. Obwohl frühreif bei guter Futterverwertung konnten Wünsche an die Fruchtbarkeit und Aufzuchtleistung nicht erfüllt werden. Dies führte dann etwa nach 1960 zum Verschwinden der Rasse.
Das Zurückgehen und Verschwinden einzelner Schläge und Rassen um die Jahrhundertwende bis zum 1. Weltkrieg sowie die dann erfolgte Anerkennung weiterer Rassen änderte die Schauordnungen der DLG-Ausstellungen.

Abb. 42. Nach dem 1. Weltkrieg anerkannte Rassen.

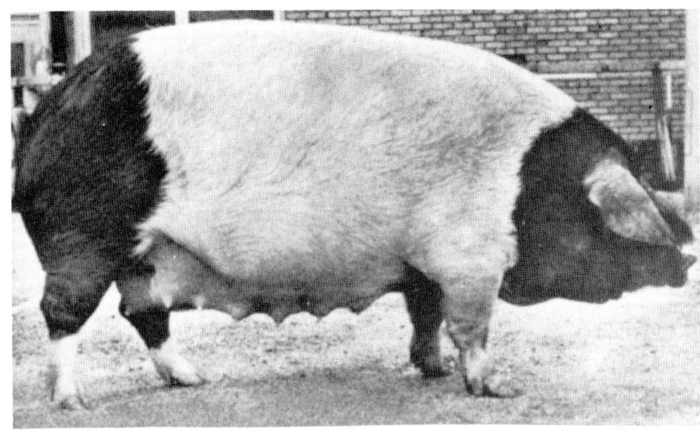

1960
Angler Sattelschwein

1960
Buntes Schwein

Nach wie vor blieben sie das Spiegelbild des Rassenaufbaues in Deutschland.
So wurden 1929 in München vorgestellt:
1. Deutsche weiße Edelschweine
2. Berkshires
3. Deutsche veredelte Landschweine
4. Deutsche Landschweine
5. Cornwalls
6. Schwäbisch-Hällische Schweine

Im wesentlichen ist es somit bei der bereits von Hoesch 1911 genannten Aufstellung geblieben, jedoch unter Fortfall kleinerer Gruppen wie der Tigerschweine und bayerischen Landschweine und Hinzunahme der Schwäbisch-Hällischen.
1950 werden in Frankfurt vorgestellt:
1. Deutsche veredelte Landschweine
2. Deutsche weiße Edelschweine
3. Schwäbisch-Hällische und Angler Sattelschweine
4. Deutsche Weideschweine
5. Cornwalls
6. Berkshires

Auch nach dem 2. Weltkrieg ist der Rassenaufbau fast unverändert geblieben. Die inzwischen als Rasse anerkannten Angler Sattelschweine sind hinzugekommen, und die kleine Gruppe „Bunte Schweine" und „Rotbunte Schweine" haben ein stark begrenztes Verbreitungsgebiet.
Erst die Neuzeit bringt dann das Vordringen sogenannter Fleischschweine durch Umzüchtung vorhandener Rassegruppen, Nachzüchtung auswärtiger Rassen und Eliminierung fettwüchsiger Formen.
1975 sind vorhanden: (D. v. L. ab 1969 Deutsche Landrasse)
1. Deutsche Landrasse
2. Deutsche Landrasse B
3. Deutsche weiße Edelschweine
4. Deutsche Piétrainschweine
5. Hybridschweine

4 Entstehung und Entwicklung der deutschen Schafrassen

4.1. Allgemeines

Die Schafhaltung hat im deutschen Raum immer eine beachtliche Rolle gespielt. Seit alters her wird dieses Haustier gehalten und insbesondere bei Völkerwanderungen mitgeführt, da seine Marschtüchtigkeit fast unbegrenzt ist. Dies hat immer schon zu Vermischungen von Formen und Typen geführt, somit sind Schlag- oder Rassenbildung vielfach verwischt worden.
Auch um 1800 genießt das Schaf als Haustier nach wie vor eine bevorzugte Rolle. 1784 erschien das Buch: „Ökonomisch-juristischer Tractat von der Schäfereigerechtigkeit" des C. Freiherr von Benckendorf. Hierin steht folgender Satz: „Unter allen gewöhnlichen Hausthieren sind wohl sonder Zweifel die Schafe in der Landwirtschaft, besonders an den Orten, wo eine gute und gedeihliche Weide vor sie vorhanden ist, die nützlichsten und die vorzüglichsten. Alles ist an denselben nutzbar, und kein einziger Theil dieser Thiere bleibt übrig, der nicht zur menschlichen Nothdurft und Bequemlichkeit theils notwendig und theils nützlich wäre."
Dieser Nutzen oder die Leistungsfähigkeit der Schafbestände steigerte sich noch, nachdem zu Ende des 18. Jahrhunderts der Import spanischer Merinos begann und Nachzuchten und Anpaarungen dieser mit Landrassen sich auswirkte.
Tabelle 4 zeigt die hohen Anteile des Schafes an den Gesamttierbeständen. Man kann von einer Art Vorrangstellung sprechen, die bis in die zweite Hälfte des 19. Jahrhunderts anhält. Dann wirkte sich der Import von Wolle aus Übersee aus, der zu einem Rückgang der heimischen Schafzucht führte.
Wie bei den anderen Haustierarten hat sich eine Rassen- oder Schlagbildung zunächst durch die Herkunft und Abstammung der Tiere ergeben oder zeigt Auswirkungen der Umweltverhältnisse. Hinzu kommen Unterscheidungsmerkmale wie Größe der Tiere, Hornbildungen, Ohrformen und Farbe. Insbesondere ist es aber die Schwanzbildung, die bei einer Gruppierung herangezogen wird. Im Verlaufe der Entwicklung dieser Tierart haben dann die Haar-/Wollbildung sowie in jüngerer Zeit das Fleischbildungsvermögen zu einer Einteilung in Populationen beigetragen.

Die Einteilung in kurzschwänzige und langschwänzige Schafrassen geht auf BOHM zurück, eine Einteilung, die auch WILCKENS übernahm. KRONACHER stellte fest, daß die Schwanzlänge beim Schaf aus genetischer Sicht ein brauchbares Unterscheidungsmerkmal sei. Zu den kurzschwänzigen (weniger als 13 Wirbel) ohne Wolle, nur mit Haaren besetzt, gehören von den deutschen Rassen die Heidschnucken. Eine langschwänzige Form ist das Marschschaf. Es gibt auch Übergangsformen wie schmalschwänzige und stummelschwänzige.
Bei Berücksichtigung der Wollbildung kommt es vom Haarschaf über das mischwollige, schlichtwollige bis zum Wollschaf.
Um die Wende zum 19. Jahrhundert sind in Deutschland Gruppen bekannt, die man den Landrassen und importierten Merinos zurechnen muß.
Im Verlaufe der ersten Hälfte des 19. Jahrhunderts kommt es erstmals zu einigen Mitteilungen und Hinweisen auf den Rassenaufbau, die, wie damals häufig, große Überblicke gaben, in Europa vorhandene Schafrassen anführten und den deutschen Raum einschlossen. Aus diesen Aufstellungen sei die von May genannt.
MAY nimmt 1868 folgende Gliederung vor (er stützt sich auf die Arbeiten von FITZINGER, Wien 1859/60):

A) Schafrassen, welche von den Menschen wenig oder keine Sorgfalt erhalten:
   1. Das langschwänzige Schaf
   2. Das Fettschwanzschaf oder breitschwänzige Schaf
   3. Das Fettsteißschaf
   4. Das Stummelschwanzschaf
   5. Das nordische kurzschwänzige Schaf
   6. Das Mähnenschaf
   7. Das hochbeinige Schaf
   Diese Gruppen enthalten keine deutschen Schafrassen
   8. Das Hängeohrschaf mit Bergamasterschaf und Schaf im Pinzgau sowie im bayerischen Gebirge
   9. Das Zackelschaf ohne Gruppen im deutschen Raum
   10. Das Heideschaf mit deutschem Heideschaf oder die Heidschnucke

B) Schafrassen, welche besonders in Europa größere Sorgfalt und Pflege erhalten:
   1. Das gemeine deutsche oder Zaupelschaf mit bayerischem Zaupel und hannoverschem und pommerschem Schaf
   2. Das schlichtwollige deutsche Schaf mit deutschem und thüringischem Schaf, rheinischem und flämischem Schaf, fränkischem Landschaf oder Bamberger Schaf, Rhönschaf sowie mecklenburgischem Schaf, Spiegel- oder Bergschaf
   3. Das edle deutsche Schaf mit Bastard zwischen deutschen und Merinoschafen, Württembergischer Rasse und Bastard zwischen deutschen und englischen Schafen
   4. Das Marsch- oder Niederungsschaf mit Eiderstädter, Dittmarscher, friesischem und holländischem Schaf, Texelschaf und flandrischem Schaf sowie Vagas- oder Faggaschaf

Nach Aufstellung von englischen, französischen, italienischen, spanischen und russischen Schafrassen der Gruppe B. läßt May dann Merinoschafe folgen und gliedert diese in:

1. Das spanische Merinoschaf
2. Einführung der spanischen Merinos in die verschiedenen Länder von Europa

(England, Schweden, Sachsen, Dänemark, Österreich, Frankreich, Italien, Holland, Preußen, Württemberg, Bayern, Baden, Oberweimar, Rußland, Polen)
3. Die Verschiedenheit der eingeführten spanischen Merinos und die deutschen Merinoschafe in ihren verschiedenen Bezeichnungen:
Escurialschafe
Negretti- und Infantadoschafe
Elektoralschafe
Sanftwollige und kraftwollige Merinos

ROHDE gab dann 1879 eine Gliederung, die vor allem die in Deutschland vorkommenden Rassen berücksichtigt. Selbstverständlich mußte auch er die Herkunft einzelner Gruppen wie Merinos, veredelte Marschschafe u. a. vermerken.
Rhode teilte ein:

I) Das schmalschwänzige Schaf. Der Schwanz bis über das Sprunggelenk hinabreichend mit 20 bis 24 Wirbeln und bewollt.
   1. Das Merinoschaf und die merinoartigen Schafe, deren Körperbedeckung aus Flaum besteht.
   Die Unterteilungen sind regionale Gliederungen nach Vorkommen in Spanien, Frankreich, Deutschland usw.
   2. Das Landschaf mit schlichter, leicht filzender Wolle, die bei schlechter Haltung und unter der Ungunst des Klimas mit Zackelhaar sich vermengt.
   Hierzu werden gezählt: Zaupelschaf in Süddeutschland, rauhwolliges Landschaf an der Ostseeküste, Rhönschaf, rheinisches Schaf, Frankenschaf (Bastardschaf)
   3. Das Marschschaf mit langer, gewellter, glanzhaariger Wolle (Lüstre), die bei unveredelten Tieren zum Grannenhaar übergeht.
   Hierzu gehören auch für die Nachzucht in Deutschland bekannte englische Rassen wie die Cotswolds, Leicester und Romneys, während die bodenständigen deutschen Marschschafe zu der kurzschwänzigen Gruppe gezählt werden.

II) Das kurzschwänzige Schaf. Der Schwanz nicht bis zum Sprunggelenk hinabreichend mit 12 bis 16 Wirbeln und nicht bewollt, sondern mit Haaren besetzt.
   1. Kleine gehörnte Rasse
   Hier sind genannt: Die Heideschafe (Heidschnucken)
   2. Große ungehörnte Rassen
   Einbezogen sind: Die Schafformen entlang der Nordseeküste sowie auf den friesischen Inseln (Eiderstädter-/Wilstermarschschaf, Budjadingerschaf, Ostfriesisches Schaf). Hierzu werden auch das Texelschaf in Holland wie auch das Vaggasschaf in der Danziger Niederung gezählt.

III) Das Zackelschaf, aufrecht stehende, gewundene Hörner, verschieden gefärbte Zackelwolle.
   Verbreitung in Südosteuropa mit Einfluß auf deutsche Schafrassen.

IV) Das Hängeohrschaf, auch Riesenschaf genannt, schwerer Kopf, Ramsnase mit breiten, herabhängenden Ohren.
   Hierzu gehört das Bergamaskerschaf, welches im gebirgigen Süddeutschland (Alpen) Bedeutung hat.

Von den weiter genannten Gruppen der Rohdeschen Einteilung wie das breitschwänzige Schaf, das fettsteißige Schaf, das langschwänzige Schaf, das Stummel-

schwanzschaf, das hochbeinige Schaf und das Mähnenschaf hat für Deutschland in der damaligen Zeit keine Rasse Bedeutung. Erst später gewinnt die Importrasse Karakuls eine vorübergehende Beachtung.
Diese Einteilung von Rohde wird gegen Ende des 19. Jahrhunderts zugunsten der Leistungseigenschaften, insbesondere der Wolle, aufgegeben. 1912 führte die DLG eine Rassenerhebung durch und teilte bei dieser Umfrage folgendermaßen ein (diese Einteilung bei der Umfrage hat die Schauordnungen der DLG-Schauen beeinflußt, ist jedoch nicht unbedingt identisch mit diesen):

I) Merinos:
Tuchwollschafe
Stoffwollschafe
Kammwollschafe
einschl. Merinofleischschafe
Dishley Merinos
Kreuzungen im Charakter der Merinos
II) Deutsche Schafe (Landrasse):
Württembergische Schafe
Weißköpfige, schlichtwollige Schafe
Schwarzköpfige, schlichtwollige Schafe
Fuchsköpfige, schlichtwollige Schafe
Grobwollige Schafe
Marschschafe
Heidschnucken
Kreuzungen im Charakter des deutschen Landschafes
III) Englische Schafe:
Oxfordshires
Hampshires
Shropshires
Weißköpfige englische Schafe
Andere englische Schafe
Kreuzungen im Charakter des schwarzköpfigen englischen Fleischschafes
IV) Sonstige:
Karakulschafe
Andere Kreuzungen
Nicht bestimmte Rassen

Nach dem 1. Weltkrieg gab KRONACHER 1922 folgende Gliederung:

A) Merinorassen:
I. Merino-Tuchwollschafe;
II. Merino-Stoffwollschafe;
III. Merino-Kammwollschafe:
1. Mit besonderer Berücksichtigung auf Wolle gezüchtet, A-Wolle und feiner;
IV. Merino-Kammwollschafe:
1. Mit mehr gleichzeitiger Berücksichtigung auf Wolle und Fleisch gezüchtet, A-Wolle und feiner;
V. Merino-Kammwollschafe, auf Wolle und Fleisch gezüchtet, A-B-Wolle;
VI. Dishleymerinos;

VII. Fleischwollschafe, die aus einer Kreuzung von Merinos mit weißköpfigen englischen Fleischrassen hervorgegangen sind.

B) Fleischschafe:
Gruppe 1. Kurzwollrassen:
a) Shropshires,
b) Hampshires,
c) Oxfordshires,
d) Suffolks,
e) Deutsche schwarzköpfige Fleischschafe.
Gruppe 2. Langwollrassen:
a) Cotswolds,
b) Schwere frühreife Butjadinger Marschschafe, weißköpfige hannoversche Marschschafe, weißköpfige holsteinische Elbmarschschafe.

C) Landschafrassen:
1. Württembergische veredelte Landschafe:
   a) Feinerer Typ,
   b) Gröberer Typ;
2. Frankenschafe;
3. Leineschafe;
4. Rhönschafe;
5. Fuchsköpfige (Coburger, Eifel, Hessisches Schaf);
6. Milchschafe;
7. Wilstermarschschafe;
8. Heideschafe:
   a) Weiße hornlose Heidschnucken,
   b) Graue gehörnte Heidschnucken;
9. Bentheimer, Skudden und andere rauhwollige deutsche Landschafe;
10. Karakuls.

Diese folgte im wesentlichen noch der Rassenumfrage der DLG aus dem Jahr 1912. Danach kam es jedoch zu einer stärkeren Zusammenfassung von Rassengruppen. 1936 wurde erneut eine Rassenerhebung im damaligen Deutschen Reich vorgenommen, die unter folgender Rassengliederung erfolgt ist:
1. Merinos und Merinofleischschafe
2. Fleischschafe
   a) Deutsche schwarzköpfige Fleischschafe
   b) Deutsche weißköpfige Fleischschafe
3. Deutsche veredelte Landschafe (Württemberger)
4. Ostfriesische Milch- und Wilstermarschschafe
5. Leineschafe
6. Rhönschafe
7. Hochgebirgsschafe (Bergschafe)
8. Heidschnucken
9. Skudden
10. Karakuls und deren Kreuzungen

Auf den Schauen der Reichsnährstandsausstellungen 1933 bis 1939 wird eine weitere Untergliederung vorgenommen:

A) Merinofleischschafe
(Wollzuchtziel A–AB bei Schafen, A–B bei Böcken)
B) Merinolandschafe
(Wollzuchtziel A/AB–B)
C) Fleischschafrassen
1. Deutsche schwarzköpfige Fleischschafe
(Wollzuchtziel C–CD)
2. Deutsche weißköpfige Fleischschafe
(Wollzuchtziel CD–DE)
D) Landschafrassen
1. Leineschafe (Wollzuchtziel C–D)
2. Milchschafe (Wollzuchtziel C–D)
3. Rhönschafe (Wollzuchtziel CD–D)
4. Heideschafe (Wollzuchtziel E–EE)
5. Bentheimer Schafe (Wollzuchtziel D–E)
6. Deutsche Bergschafe (Wollzuchtziel C–E)
7. Karakul-Schafe (Wollzuchtziel E–EE)

Diese Einteilung mußte sich nach 1945 insofern ändern, als die Feinwollmerinos in Fortfall gekommen sind (letzte Herden in Ostdeutschland) und zugleich die bislang unter den Landschafrassen als Deutsche veredelte Landschafe (Württemberger) geführten zahlenmäßig große Gruppe mehr und mehr den Charakter von Merinos erhielten und als Merinolandschafe bezeichnet wurden. Folgende Einteilung ergab sich:

A) Merinofleischschafe; Wollzuchtziel A–AB bei Schafen, A–B bei Böcken
B) Merinolandschafe; Wollzuchtziel A/AB–B (früher Deutsches veredeltes Landschaf; Wollzuchtziel AB–B)
C) Fleischschafrassen
1. Deutsche schwarzköpfige Fleischschafe*; Wollzuchtziel C–CD
2. Deutsche weißköpfige Fleischschafe; Wollzuchtziel CD–DE
D) Landschafrassen
1. Leineschafe; Wollzuchtziel C–D
2. Milchschafe; Wollzuchtziel C–D
3. Röhnschafe; Wollzuchtziel CD–D
4. Heideschafe; Wollzuchtziel E–EE
5. Bentheimer; Wollzuchtziel D–E
6. Deutsche Bergschafe; Wollzuchtziel C–E
7. Karakuls; Wollzuchtziel E–EE

Wie bei den anderen Tierarten ist im folgenden eine kurze Beschreibung zur Herkunft, Entwicklung und Bedeutung der in Deutschland gehaltenen Schafrassen gegeben. Diese folgt der Einteilung, wie sie im Verlaufe der letzten Jahrzehnte entstand:

Merinos, Merinolandschafe, Fleischschafe und Landschafe.

---

* Seit einigen Jahren hat man die Großschreibung – Deutsche Schwarzköpfige Fleischschafe usw. – eingeführt.

4.2 Merinorassen

Die Zucht von Feinwollschafen, wie sie sich gegen Ende des 18. Jahrhunderts in Deutschland und in den benachbarten Ländern entwickelte, hat ihren Ausgang in Spanien. Dort bauten erst die Römer, dann die Westgoten, insbesondere aber seit dem 8. Jahrhundert die Mauren eine Zucht aus Vorderasien stammender Wollschafe auf (nach GOLF, 1939). Nach Vertreibung der Mauren im 15. Jahrhundert verblieb das Interesse für die Schafzucht, vertiefte sich noch und führte zu einer Monopolstellung in Europa, die mit einer Ausfuhrsperre für Zuchttiere unterstrichen wurde. Aus der Bezeichnung ovejas merinos, Wanderschafe, ging der Name Merinos hervor und wurde gebräuchlich.
Die Ausfuhrsperre umgehende Importe nach England um 1600 und nach Schweden 1723 erbrachten nicht den erwarteten Erfolg. In dem im Gegensatz zum Trockenklima Spaniens feuchten Norden und Nordwesten Europas ließ sich der Charakter der feinen Wollausprägung nicht halten. Diese Erkenntnis war sehr bedeutungsvoll und verblieb auch für die spätere Zucht von Merinos in Europa und selbst in Deutschland.
Im Verlaufe des 18. Jahrhunderts kam es dann zur Lockerung der Ausfuhrsperre. Nun erfolgten Importe in das damalige Preußen, Österreich, insbesondere aber in das Kurfürstentum Sachsen. Prinz Xaver, der Regent Sachsens, führte 1765 mit Genehmigung des Königs von Spanien 220 Tiere ein – dieses Datum gilt als Gründungsdatum der deutschen Merinozucht.
In Sachsen entwickelte sich sehr bald eine blühende Merinozucht, wobei reinblütige Weiterzucht und Verbesserung der Landschafe bis zur Umwandlung im Rahmen einer Verdrängungskreuzung eine Rolle spielten. Gezüchtet wurde eine hochfeine Wolle, die auf dem damals sehr bekannten Londoner Markt starke Beachtung fand und Electoral-(Kurfürstliche)Wolle genannt wurde. Diese Bezeichnung übertrug sich auf die sächsischen Schafe, die man Elektoralschafe nannte. Nach GOLF wurde das Elektoralschaf in Sachsen von 1765 bis 1830 gezüchtet, einige Herden hielten sich bis 1860. Es war ein auf einseitig hohe Wollfeinheit gezüchtetes Schaf. Dies vollzog sich allerdings auf Kosten der Körperentwicklung, Gesundheit und Fruchtbarkeit. Hohe Wollpreise für die Elektoralwolle erhielt zunächst die Zuchtrichtung. Als diese Preise nicht mehr erzielbar waren, erfolgte ein Rückgang der Elektorals.
Ein zweiter Merinotyp nach Importen zu Ende des 18. Jahrhunderts wurde in Preußen (Mark Brandenburg) entwickelt. 1785/86 erfolgte der erste preußische Ankauf von Merinos in Spanien. 1802 wurde ein weiterer Import aus Spanien durchgeführt und 1815 ein solcher von Merinoschafen aus Frankreich. Insbesondere A. THAER beeinflußte die Entwicklung der preußischen Schafzucht sehr stark mit seiner züchterisch hochstehenden Herde in Möglin bei Berlin. Aus den spanisch-französischen Importen aber auch durch Verwendung von Elektorals (Sachsen) und Negrettis (Österreich) versuchte er, aufgetretene Mängel zu beseitigen und schuf das Elektoral-Negrettischaf. A. Thaer nannte es Eskurialschaf, später wurde es als Deutsches Edelschaf bezeichnet.
Weitere Zuchtzentren für die Merinozucht entstanden zu Anfang des 19. Jahrhunderts vor allem in Mecklenburg und in Pommern aus Importen von Merinos aus Österreich. Nach Österreich waren 1775 etwa 300 bis 400 Merinos aus Spanien eingeführt worden. Auch hier fand eine reine Nachzucht, aber auch Verbesserung

vorhandener Schafrassen durch Verdrängungskreuzung statt. Letztere dehnte man in Ungarn bis zur Umwandlung von Zaupelschafherden aus. Die entstehende Schafform erhielt 1823 auf dem Leipziger Wollkonvent die Bezeichnung Infantadoschaf, später Negrettischaf. Die österreichische Merinoform war im Gegensatz zu den Elektorals kräftiger im Exterieur, lieferte ausreichende Wollmengen, die in der Qualität jedoch geringer waren. Dieser Typ wurde in Deutschland nach GOLF bis etwa 1870 gezüchtet.

Im Verlauf des 19. Jahrhunderts ergab sich dann eine Wandlung der Merinozucht. Die allzu feinen Wollen wurden nicht mehr herausragend bezahlt, und insbesondere fand die Menge der Wollen stärkere Beachtung. Damit mußte zwangsläufig die Größe der Tiere und ihre Exterieurausprägung berücksichtigt werden, was zugleich einer erhöhten Fleischleistung zugute kam.

Es schälen sich 3 Richtungen heraus:

1. Das deutsche Merinotuchwollschaf
   Diese Zuchtrichtung kann als Fortsetzung der Zucht des Deutschen Edelschafes (Eskurial-) angesehen werden, aber auch als Weiterentwicklung der Elektorals. Die Schafe waren klein bis mittelgroß mit sehr feiner Wolle AAA – AAAAA (3-5 cm Stapeltiefe bei Jahreswuchs). Die letzte Herde dieser Art stand in Belschwitz/Westpreußen bis 1945.
2. Das deutsche Merinostoffwollschaf
   Aus Merinotuchwollherden sind die Merinostoffwollschafe gezogen worden. Körpergröße, Schurgewicht und Wollänge fanden Beachtung. Dies erreichte man durch Reinzucht, aber auch durch die Verwendung von französischen Rambouillets. Bei der stärkeren Betonung der Körperausprägung, die zugleich eine höhere Fleischergiebigkeit brachte, ließen sich die Feinheitsgrade der Tuchwollschafe nicht halten. Merinostoffwollschafe hatten AA – AAA (4–7 cm Stapeltiefe bei Jahreswuchs).
3. Das deutsche Merinokammwollschaf
   Die Herauszüchtung eines Schafes mit noch längerer Wolle, die zugleich auch schweißärmer sein sollte, hat bereits in der ersten Hälfte des 19. Jahrhunderts begonnen, setzte sich dann aber verstärkt nach 1850 fort. Es sind zwei Beweggründe, die noch stärkere Umzüchtungsmaßnahmen als diejenigen bei den Merinostoffwollschafen verlangten. Die verarbeitende Industrie hatte auch die etwas gröbere Wolle zu verarbeiten gelernt und bezahlte entsprechend, so daß Stapeltiefe und Schurgewicht starke Beachtung erfuhren. Es entstanden die sogenannten Kammwollen, die man von vergleichsweise größeren und kräftigeren Schafen erzielte. Das verlangte Größerwerden der Tiere und damit ihre Produktivität für das Fleischaufkommen der Viehwirtschaft ist ein weiterer Grund für die Umstellung der Zuchtrichtung, da das Verhältnis von Woll- und Fleischpreisen zugunsten letzterer sich veränderte. Es wurde bereits darauf hingewiesen, daß im Verlaufe des 19. Jahrhunderts der aus Übersee stammende Import von Wollen den europäischen Markt beeinflußte, während zugleich die Fleischpreise stiegen, da hier eine Einfuhr (noch keine Schiffe mit Kühlaggregaten) erschwert war.

Die Tabelle 56 zeigt die Preisentwicklung.

Diese Entwicklung in der deutschen Merinozucht hängt eng mit derjenigen in Frankreich wie auch in England zusammen. Bei den Merinostoffwollschafen als ersten Schritt in einer Entwicklung zu einem Woll-Fleisch-Typ sind bereits die

Tab. 56. Woll- und Hammelfleischpreise in Berlin von 1830–1910.

Jahrzehnt	Wolle im Mittel 1kg/Mark	Hammelfleisch 1 kg/Mark	1 kg Wolle im Preise gleich . . kg Hammelfleisch
1831/40	4,81	0,54	8,8
1841/50	4,52	0,59	7,7
1851/60	4,63	0,78	6,0
1861/70	3,83	0,87	4,4
1871/80	3,61	1,12	3,2
1881/90	2,78	1,12	2,4
1891/1900	2,58	1,22	2,2
1901/10	3,15	1,50	2,2

(aus DOEHNER, Handbuch der Schafzucht, 1939)

französischen Rambouillets erwähnt worden. Die 1786 mit spanischen Merinos gegründete staatliche Stammschäferei Rambouillet bei Paris wurde Mittelpunkt einer Zucht von Schafen im Charakter der Merinos, die im Gegensatz zu den bisherigen, insbesondere auch deutschen Zuchtrichtungen, schwerere und größere Körperformen herausstellten und bei der Wolle unter Verringerung der Feinheit größere Länge bzw. tiefere Stapelung anstrebten. Es entstand eine kammfähige Wolle auf kräftigen Körpern. Dieses Schaf kann als ein frühreifes Zweinutzungsschaf bezeichnet werden, entsprechend den Forderungen des Marktes, da auch in Frankreich die Fleischpreise stiegen, die Wollpreise fielen und damit eine Doppelnutzung dieses Haustieres interessant wurde. Die französischen Merinos – merinos précoce – wurden in 2 Schlägen bekannt: Merinos Soissonnais (oder auch Merinos non plissés, faltenlose Merinos). Sie waren größer als der 2. Schlag, die Merinos Chatillonnais. In beiden Formen kommt die jeweilige Herkunftsbezeichnung und auch Verwendung jeweiliger Landschafrassen zum Ausdruck. Nach GOLF 1939 dürfte ihre Frühreife auf eine mäßige Einmischung von Dishleymerinos zurückzuführen sein. Diese Dishleymerinos gehen zurück auf langwollige, weißköpfige englische Fleischschafe, die bereits Ende des 18. Jahrhunderts, vornehmlich aber nach 1830, von England in das nördliche Frankreich gebracht wurden. BAKEWELL hatte die frühreife Dishley-Leicester-Rasse erzüchtet, die aber reingezogen auch in der dem englischen Klima ähnlichen Normandie nicht gedeihen wollte. In Verbindung mit französischen Merinos aus Rambouillet entstand dann das Dishleymerinoschaf.

Diese Entwicklung in Frankreich lag zeitlich gering vor derjenigen in Deutschland. Das Zuchtziel war ein Merinoschaf mit mehr Fleischbildung in Verbindung mit ebenfalls mehr Frühreife und einer längeren, leicht gröberen Wolle, die von der Textilindustrie verarbeitet werden konnte. Der Einfluß der französischen diesbezüglichen Zuchtrichtung blieb nicht aus. Es fand aber auch eine direkte Verwendung englischer Fleischrassen bei den deutschen Merinos statt. In Württemberg entstanden aus der Kreuzung von Merinos mit englischen Leicesters sogenannte „Englisch Merinos", und auch H. VON NATHUSIUS führte derartige Paarungen in der Provinz Sachsen durch. Beide Verfahren blieben jedoch ohne nachhaltigen Erfolg.

Abb. 43a. Merinos – Merinofleischschafe.

1825

1865
Elektoral-Schaf

1870
Negretti-Schaf

Abb. 43b. Merinos – Merinofleischschafe.

1870
Elektoral-
Negretti-
Schaf

1900
Merino-
Tuchwoll-
schaf

1900
Merino-
Stoffwoll-
Schaf

Abb. 43c. Merinos – Merinofleischschafe.

1900 Merino-Kammwollschaf

1940 Merinofleischschaf (feinerer Typ)

1970 Merinofleischschaf

Erhalten hat sich die ab 1908 von H. L. THILO erneute Anpaarung von Border-Leicesters mit Merinos. Es entstand das Meleschaf.
Der Weg zum heutigen Merino-Fleisch-Schaf ist somit vielfältig. Dies mag die Gliederung der Schauordnung der DLG-Ausstellungen um 1900 zum Ausdruck bringen (Tabelle 57).

Tab. 57. Einteilung der Merino-Tuch-, Stoff- und Kammwoll-Schafe auf den Wanderausstellungen der Deutschen Landwirtschaftsgesellschaft um 1900.

Bezeichnung der Merinoschaf-Typen	Sortiment	Stapeltiefe in cm
Merino-Tuchwollschafe	AAA-AAAAA	3–5
Merino-Stoffwollschafe	AA-AAA	4–7
Merino-Kammwollschafe		
1. mit vorwiegender Berücksichtigung von Wolle	A/AA	6,5–8
2. unter gleichzeitiger Berücksichtigung von Wolle und Fleisch gezüchtet (Merinofleischschaf)	A-A/AA	7–9
3. unter vorwiegender Berücksichtigung der Fleischerzeugung (Deutsches Fleischwollschaf aus Meleschaf)	A/B	7,5–10

(aus HARING, Schafzucht, 1980)

Aus der Gruppe Merino-Kammwollschafe mit gleichzeitiger Berücksichtigung von Wolle und Fleisch ist dann der moderne Typ hervorgegangen, der eine schwerpunktmäßige Betonung von Wolle oder Fleisch zuläßt.
Merinos und Merinofleischschafe waren sehr stark in Mittel- und Ostdeutschland verbreitet. Die feuchteren Klimate Nordwestdeutschlands boten ungünstige Voraussetzungen für diese Schafgruppe, und in Süddeutschland waren immer schon Landschafe im Charakter des Württemberger Landschafes vorhanden.

4.3 Merinolandschafe

(früher Württemberger Schafe, Deutsche veredelte Landschafe)

Das heute sehr bekannte und verbreitete Merinolandschaf (1970 rund 40 % am Gesamtbestand der Schafe in der Bundesrepublik Deutschland) ist aus dem Württemberger Schaf über das Deutsche veredelte Landschaf entstanden. Nach DOEHNER sollte seine Entwicklung nicht ohne die strukturellen landwirtschaftlichen Verhältnisse im süddeutschen Raum gesehen werden. In Mittel- und Ostdeutschland war die Schafhaltung in größeren Gutswirtschaften verankert. Im Gegensatz zu dieser sich frei entwickelnden Schafzucht verblieb diejenige in Süddeutschland bis zum Beginn des 19. Jahrhunderts Privileg der Landesherrschaft. Doehner sagte zu den Verhältnissen in Württemberg: „Die Ausübung einer privaten Schäferei war neben den herrschaftlichen Herden nur auf eigenen Grundstücken gestattet und durfte die Herden der Grundherren nicht beeinträchtigen." Diese privaten Grundstücke waren aber zumeist klein. Vielfach wurde die herrschaftliche Selbstadministration im Verlaufe der Zeit auch aufgegeben und die Schäferei verpachtet. Diese zumeist im Erbstand gegebenen Verpachtungen wurden von Interessenten mit

kleinerem Grundbesitz wahrgenommen, die selbständige Schäfereien gründeten und, da die Flächen meist verstreut lagen, den Charakter von Wanderschäfereien annehmen mußten. Die so entwickelten wandernden Herden, die auf nächtlichen Pferch angewiesen waren, verlangten ein marschtüchtiges und konstitutionell hartes Schaf. Zur Verfügung stand zunächst das mischwollige deutsche Zaupelschaf. In Württemberg war dieses bereits seit 1539 wegen seiner Räudeanfälligkeit in Herdenhaltung verboten. Nach Doehner findet man es jedoch bis zu Ende des 19. Jahrhunderts. Das Zaupelschaf war allerdings zwischenzeitlich in stärkerem Maße durch das schlichtwollige flämische oder rheinische Schaf ersetzt worden, welches sich rheinaufwärts verbreitete. Dieses kräftige Schaf mit einer CD/D-Wolle war für die harten Bedingungen der Pferchhaltung durchaus geeignet.
Zu Ende des 18. Jahrhunderts kamen auch Importe von Merinos aus Spanien oder Nachzuchten aus Sachsen in den süddeutschen Raum (Bayern, Württemberg, Baden). Die Struktur der Schafhaltung ließ jedoch eine unverkreuzte Nachzucht der Feinmerinos nicht zu. Feinwollzucht verlangt Stallhaltung in unwirtlichen Jahreszeiten und Pflegemaßnahmen, die eine Wanderschäferei nicht bieten kann. Es kam daher kaum zu reiner Zucht importierter Merinos, sondern zu Anpaarungen mit den eingeführten Tieren, und aus dieser Veredlungskreuzung gingen sogenannte Bastardschafe hervor. Diese Entwicklung zeigte sich zunächst am deutlichsten in Württemberg. Hier entstanden in klimatisch günstigeren Gebieten die mastfähigen „Rauhbastarde" mit einer gröberen Wolle, während man auf der trockenen Schwäbischen Alb noch zu Merinos neigte oder sogenannte „Feinbastarde" züchtete. Die Herde des Staatsbetriebes Hohenheim (seit 1847 Landwirtschaftliche Akademie) gab Merinos ab und förderte ebenso die Kreuzungen.
Baden folgte der Entwicklung in Württemberg, und auch in Bayern ergaben sich ähnliche Voraussetzungen für die Schafzucht. Merinos wurden um 1800 und zu Anfang des 19. Jahrhunderts auch nach Bayern importiert. Neben einigen Privatherden wurden diejenigen in den Staatsbetrieben Schleißheim und Weihenstephan bald bekannt. Schlichtwollige Landschafe (rheinisch-flämische Schafe) und insbesondere später das Frankenschaf (s. S. 643) wurden mit Merinoböcken aus diesen Herden gekreuzt und „Bastarde" wie in Württemberg erzüchtet. Später schloß man sich ganz den Zuchtzielen der Württembergischen Schafzucht an. Bei der Entstehung dieser Gruppe wurden zeitweise neben Merinos im spanischen Typ auch englische langwollige Rassen, Dishley-Leicesterschafe und Bergschafe (Bergamasker) verwandt. Das Ziel blieb jedoch immer ein Schaf in robuster Konstitution (Wanderschäferei), welches möglichst gute Wolleistung, verbunden mit Fleischbildungsvermögen, bringen sollte.
Auf der ersten DLG-Schau 1887 wurde eine Gruppe süddeutscher weißköpfiger Schafe vorgestellt, und 1889 ist diese als württembergisches Bastardschaf bezeichnet (Feinbastarde – Wollsortiment B und Rauhbastarde – Wollsortiment C) worden. Interessant sind die weiteren Bezeichnungen für diese Schafrasse, die sich mehr und mehr konsolidiert und im Gesamtcharakter einheitlicher wird. Bereits 1906 wird erstmalig die Bezeichnung Merinolandschaf gebraucht, die dann aber bis 1950 wieder verschwindet. Die große Rassenerhebung der DLG im Jahr 1912 rangiert diese aus einer Veredlungskreuzung bis Kombinationskreuzung hervorgegangene Rasse weiterhin als Württembergische Schafe ein. Auf der DLG-Schau 1924 gruppiert man das Württembergische veredelte Landschaf folgendermaßen in der Gruppe Landschafe ein:

Abb. 44. Merino-Landschafe (früher: Württemberger, Deutsche veredelte Landschafe)

1900

1935

1970

Zuchtziel I: Schafe mit gleichzeitiger Berücksichtigung von Wolle und Fleisch, Wollfeinheit A–B
Zuchtziel II: Schafe mit besonderer Berücksichtigung von Fleisch, Wollfeinheit B–C.
1934 entfällt diese Gliederung. Die Schafgruppe wird nunmehr Deutsche veredelte Landschafe (Württemberger) genannt und zugleich aus der Gruppe Landschafe herausgenommen und selbständig geführt. Ihre Verbreitung geht über Süddeutschland hinaus bis nach Hessen und Thüringen hin.
1950 erfolgt die Benennung Merino-Landschafe.

4.4 Deutsche Fleischschafrassen

Die Entwicklung einer vornehmlich auf die Produktion von Fleisch ausgerichteten Schafzucht ist im Verlaufe des 19. Jahrhunderts in zunehmendem Maße zu beobachten, dies insbesondere nach 1850, als die Wollpreise zugunsten der Fleischpreise stark sanken. Bei der Zucht der Merinos ist darauf hingewiesen worden, daß sich schrittweise eine Wandlung von den vorwiegend zur Wollproduktion gehaltenen Feinmerinos aus Spanien um 1800 zu den neuzeitlichen Merinofleischschafen im Zweinutzungstyp ergeben hat. Darüber hinaus entstand eine eigenständige Fleischschafzucht, die sich vornehmlich auf englischem Material aufbaute. Wie an anderer Stelle hervorgehoben, hat man auf den Britischen Inseln bereits im 17. Jahrhundert versucht, die im Trockenklima Spaniens erzüchteten und gehaltenen Feinmerinos unter das maritime Klima Großbritanniens zu stellen. Es folgten Fehlschläge und die Erkenntnis, nur Schafrassen zu halten oder zu erzüchten, die in feuchteren und kühlen Klimaten gedeihen. Dies führte zu Formen mit vergleichsweise gröberer Wolle, aber zugleich erhöhtem Fleischbildungsvermögen. Unter den von der Umwelt diktierten Gegebenheiten sind somit die englischen Schafrassen entstanden, und wie bei den anderen Tierarten erzüchteten die englischen Züchter auch beim Schaf mannigfache Gruppen.
Es ist nun keineswegs verwunderlich, wenn auch in Deutschland bei dem allmählichen Aufhören des „Zeitalter des Goldenen Vlieses“ und fallenden Woll- und steigenden Fleischpreisen das Interesse für die englischen Fleischschafrassen stieg, Nutzungstypen, die man selbst nicht hatte. So führte man bereits 1838 einen Stamm Southdowns ein, die in der Akademie Eldena zu Kreuzungszwecken Verwendung fanden. Beachtenswerte Importe erfolgten jedoch erst ab 1850, und etwa ab 1870 kann von einer größeren Nachzucht englischer Fleischrassen und einer sich allmählich entwickelnden deutschen Zuchtrichtung dieser Art gesprochen werden.
Zu einigen dieser Rassen sei vermerkt, daß von 1860 bis 1880 Importe von Shropshireschafen (entstanden aus Bergschafen in Shropshire und Staffordshire, die mit Southdown- und Leicesterschafen gekreuzt waren) erfolgten und der Aufbau von Shropshirezuchten in der Provinz Sachsen, Mecklenburg, Holstein und Schlesien einsetzte. Diese Zucht blieb jedoch stark begrenzt, und die letzten Herden verschwanden um 1930.
Ebenfalls von begrenzter Bedeutung verblieb der Import und die Weiterzucht von Suffolkschafen. Nur einige Herden hielten diese Schafe im Zeitraum von 1900 bis 1930.

Von besonderer und nachhaltiger Bedeutung waren jedoch die Importe von Hampshire- und die von Oxfordshireschafen. Hampshires waren in England aus der Anpaarung von Landschlägen mit Southdowns zu Anfang des 19. Jahrhunderts entstanden, und etwa ab 1850 kreuzte man Hampshires mit Cotswolds und Southdowns und erhielt die Oxfords. Beide Rassen fanden in Deutschland, vornehmlich in Nordwestdeutschland und in Ostpreußen, Verbreitung. Diese Gebiete mit einem Klima, welches demjenigen der Britischen Inseln ähnelte, war für eine Merinozucht bedingt geeignet, bot den englischen Fleischschafrassen jedoch eine leichte Anpassung. Bis zum 1. Weltkrieg erfolgten Importe von beiden Rassen. Sie wurden zunächst getrennt gezüchtet; es entstanden auch Schlagbildungen wie das *Teutoburger Schaf.* Trotzdem erfolgte eine Annäherung der beiden sehr ähnlichen Rassen, und nach dem 1. Weltkrieg wurde ein einheitliches Zuchtziel für ein nunmehriges *schwarzköpfiges deutsches Fleischschaf* festgelegt. Verlangt wird seitdem ein kräftiges, frohwüchsiges Schaf, welches auch in regenreicheren Gebieten und bei Pferchhaltung gedeiht. Hohes Fleischbildungsvermögen wird mit einer C–CD-Wolle kombiniert. 1936 waren 11,8 % des Gesamtbestandes schwarzköpfige Fleischschafe (Ostpreußen 46,1 %; Westfalen 83,4 %; Hessen-Nassau 61,3 %; Rheinprovinz 68,5 %). Durch Fortfall der Merinozuchten Mittel- und Ostdeutschlands stieg der prozentuale Anteil in dem Gebiet der BRD auf ca. 30 %, nachdem er, auf den BRD-Umfang berechnet, 1936 ca. 20 % betragen hatte. Neben der immer schon starken Verbreitung dieser Rasse in Nordwestdeutschland (Westfalen, Rheinland, Hessen) kommt bei diesem Anstieg auch die starke Bevorzugung der Fleischschafzucht in den Jahren nach 1945 zum Ausdruck.
Neben dieser aus englischen schwarzköpfigen Fleischschafen entstandenen, bodenständig gewordenen, deutschen schwarzköpfigen Fleischschafzucht entwickelte sich eine zweite Rassengruppe mit der vornehmlichen Zuchtrichtung Fleisch. Es waren dies, ebenfalls in England entstandene, weißköpfige Rassen, die für die deutschen Schafzüchter interessant wurden. In Marschgebieten und Niederungen des mittleren Englands hatte BAKEWELL bereits im 18. Jahrhundert das langwollige, frühreife Leicesterschaf erzüchtet, welches ein hohes Fleischbildungsvermögen besaß. Ferner fanden die robusten englischen Cotswolds Beachtung, ebenfalls eine Langwollrasse mit gutem Fleischbildungsvermögen. Etwa ab 1840 beginnend, verstärkt ab 1850 einsetzend, erfolgten Importe von Leicester- und von Cotswoldböcken in die Gebiete entlang der Nordseeküste Schleswig-Holsteins, Niedersachsens und Oldenburgs. Es wurden hier die bodenständigen großen und kräftigen Marschschafe zu Fleischschafen umgezüchtet (ausgenommen das ostfriesische Milchschaf). Verwandt wurden insbesondere Cotswolds, weniger Leicesters. Aber auch Lincolns und gering Southdowns, Hampshires und Oxfords sind importiert und eingesetzt worden. Es gab mannigfache Diskussionen um den Anteil zu verwendender, importierter Rassen mit einer Konzentration auf die mehr und mehr bevorzugten Cotswolds. 1928 erfolgte die Gründung einer Arbeitsgemeinschaft (Reichsverband) der Züchter des *weißköpfigen deutschen Fleischschafes,* die 1934 endgültig ein einheitliches Zuchtziel erhielt. Seitdem züchtet man ein besonders frühreifes, sehr fruchtbares Schaf mit einer C–D-Wolle. 1936 betrug sein Anteil, berechnet auf das Gebiet der heutigen BRD, etwa 10 %, ein Prozentsatz des Gesamtbestandes, der in etwa so verblieben ist.

Abb. 45a. Deutsche Fleischschafrassen (einschließlich nachgezogener englischer Rassen).

1890
Southdown

1890
Shropshire

1890
Oxfordshire

Hampshire Schaf.
Schaf aus der Herde des Herrn Sattig-Würchwitz.

1890
Teutoburger

1935
Schwarzköpfiges
Deutsches
Fleischschaf

Abb. 45b. Deutsche Fleischschafrassen (einschließlich nachgezogener englischer Rassen).

1970
Schwarzköpfiges
Deutsches
Fleischschaf

1890
Cotswold

1970
Weißköpfiges
Deutsches
Fleischschaf

Abb. 45c. wie 45b

4.5 Landschafrassen

Wie in den einleitenden Ausführungen zu den Schafrassen im deutschen Raum betont, hat die Schafhaltung immer eine beachtliche Rolle gespielt, über Typen und Rassen ist aber vor 1800 wenig bekannt. Erst größere Importe spanischer Merinos und ihre Nachzuchten veränderten das Rassenbild wesentlich und gaben auch Einblick in das Landschafmaterial, welches man mit oder ohne Merinos verbessern wollte. Die um 1800 vorhandenen Landrassen in den verschiedenen Gebieten des damaligen Deutschlands waren sicherlich seit langen Zeiten in ihren Verbreitungsgebieten bodenständig bei zweifelsohne untereinander starken Variationen. Auf eine Verbesserung der Wolleistung sowohl nach Menge wie auch nach Qualität hat man nach allen vorliegenden Berichten schon immer Wert gelegt. Die Verarbeitung von Wolle zu Geweben geht auch in Deutschland zeitlich weit zurück. Größere Betriebe, Klöster u. a. haben schon früh versucht, besseres Anpaarungsmaterial aus benachbarten Ländern zu erhalten. Insgesamt gesehen setzte jedoch die Ausnutzung des Weiderechts einer weitflächigen Verbesserung Grenzen. Es ist somit keineswegs verwunderlich, daß die Schafzuchtliteratur jener Zeit die Weidefrage verstärkt in den Vordergrund stellen mußte. Versucht man nun, einen Einblick in den Aufbau der Landschafbestände zu Anfang und in der Mitte des 19. Jahrhunderts zu erhalten, dann sollte man dem Autor aus dieser Zeitepoche, MAY 1868, folgen (s. S. 623). Übersichtlicher und verständlicher erscheint allerdings eine Gliederung, wie sie GOLF 1939 gab. Mit dieser Aufstellung versucht der Autor, einen klareren Übergang in die jüngere Entwicklung aufzuzeigen. Er teilt ein in:
1. Mischwollige deutsche Landschafe (Zaupelschafe)
2. Schlichtwollige deutsche Landschafe
3. Hochgebirgsschafe
4. Heideschafe
5. Marschschafe

Aber auch diese sicherlich gute und zusammenfassende Übersicht kann nicht ohne Kritik gesehen werden. Unter 3 bis 5 sind Schafgruppen besonders angeführt, die auch im 19. Jahrhundert bereits Wollvliese hatten, die man somit als mischwollig oder schlichtwollig bezeichnen konnte. MAYMONE, HARING und LINNENKOHL nehmen daher nur noch folgende Gruppierungen vor:
1. Mischwollige deutsche Land- und Heideschafe
2. Schlichtwollige deutsche Landschafe

Zu den *mischwolligen deutschen Landschafen* zählte man im 19. Jahrhundert:
Zaupelschafe
Pommersche Landschafe
Skudden
Heideschafe
Bentheimer Schafe
Lippische oder Paderborner Schafe.

Über die Herkunft dieser mischwolligen Schaftypen liegen keine genauen Angaben vor. Nach BOHM soll ein mischwolliges Schaf schon sehr früh von Ost nach West Verbreitung gefunden haben. Im folgenden sind Hinweise auf die Verhältnisse im 19. Jahrhundert gegeben, d. h. in dem Zeitraum stärkerer Rassenentwicklungen.
Zaupelschafe findet man im 19. Jahrhundert vornehmlich in Süddeutschland. Sie waren relativ klein, fruchtbar und widerstandsfähig. Zumeist weiß, aber auch

braun und schwarz. Sie gingen allmählich zugunsten schlichtwolliger oder zugunsten von Feinwollrassen zurück oder wurden in diese Nutzungsrichtungen hin umgezüchtet.

Das *rauhwollige pommersche Landschaf* ist eine Schafrasse, die in Mecklenburg und Pommern wie auch weiter östlich bis nach Westrußland verbreitet war und dort auch heute noch erhalten bzw. gezüchtet wird. Sie gehört zu der großen Gruppe polnischer und schlesischer Landschafe, geht sicherlich auf das Zaupelschaf zurück oder zeigt enge Zusammenhänge mit diesem. BOHM gibt 1880 eine Beschreibung, die der des Zaupelschafes fast entspricht.

Zu unterscheiden ist dieses rauhwollige pommersche Landschaf von den ostpreußischen *Skudden*. Diese haben einen kurzen unbewollten Schwanz wie die Heideschafe Nordwestdeutschlands (daher auch Bildung einer Sondergruppe bei GOLF). Man führt sie auf das Wildschaf Mufflon zurück mit ebenfalls kurzem unbewolltem Schwanz. *Heideschafe* waren in großen Anteilen im vorigen Jahrhundert als graue und weiße Heidschnucken in den Heide- und Moorgebieten Nordwestdeutschlands verbreitet. ARCULARIUS nennt für 1870 in der Provinz Hannover einen Bestand von 700 000 bis 800 000, 1919 etwa 170 000 und danach weiterer schneller Rückgang (1975 15 000).

Das *Bentheimer Schaf* ist in den Heide- und Moorgebieten des Emslandes aus holländischen Landschafen und Heidschnucken gezüchtet worden. Kräftiger und größer als letztere, zeigt sein Wollvlies schon Übergänge zur Schlichtwolligkeit. Diese Schafrasse ist nunmehr fast ausgestorben.

Nach BOHM war im Raum der südlichen Provinz Hannover das *lippische* und *Paderborner Schaf* verbreitet, mischwollig, das, dem Zaupelschaf ähnlich, insgesamt jedoch etwas kräftiger war.

Als *schlichtwollige Schafrassen* kennt man im 19. Jahrhundert:
Rheinisch-flämische Schafe (mit mannigfachen Schlagbildungen)
Frankenschafe
Rhönschafe
Leineschafe
Marsch-Niederungsschafe
Bergschafe

Rheinisch-flämische Schafe und *Frankenschafe* (auch Bamberger) mit einer Reihe von Schlagbildungen wie Eifelschaf, Thüringer Schaf, Hessisches oder Lippisches Schaf, Mecklenburgisches, auch Spiegelschaf. Diese Schafgruppen verdrängten wegen ihrer höheren Leistungsfähigkeit die mischwolligen Formen, gingen dann aber auch mehr und mehr zurück. Herausgezüchtet und erhalten haben sich das *Rhönschaf* und das *Leineschaf* als später eigenständige Rassen. Aber auch ihr Anteil am Gesamtbestand ist sehr zurückgegangen.

Zu den schlichtwolligen Schafrassen gehört auch das *ostfriesische Milchschaf.* Es zählt zu der Gruppe Marsch- und Niederungsschafe (Eiderstedter, Dithmarscher, friesische und holländische Schafe), wie sie MAY um die Mitte des 19. Jahrhunderts anführte. Es sind dies Schlagausprägungen, die unter den günstigen Umweltverhältnissen entlang der Nordseeküste größer und kräftiger als die Binnenlandschafe wurden. Nur die ostfriesischen Milchschafe blieben unverkreuzt (s. Deutsche weißköpfige Fleischschafe). May zählt zu dieser Gruppe auch das *Vagas-* oder *Faggaschaf* in den Flußniederungen Westpreußens (Weichsel – Nogat). Dieses Schaf soll durch holländische Siedler dorthin gebracht worden sein.

Abb. 46a. Landschafrassen.

1800
Schlichtwollige
Landschafe

1900
Franken-
schafe

1935
rauhwolliges
pommersches
Landschaf

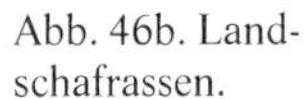
Abb. 46b. Landschafrassen.

1970 Heidschnucke

1935 Bentheimer Schaf

In ihrem Vliesaufbau schlichtwollig, sind auch die verschiedenen Gruppen oder Schläge der *Bergschafe* im südlichen deutschen Raum – Bergamasker, Kärntner-, Steinschaf u. a. Die größte Bedeutung gewann das *Bergamaskerschaf.* Dies ist aus dem Zaupelschaf hervorgegangen und mit dem großrahmigen Schaf aus Bergamo verkreuzt worden (Hängeohr).

Abb. 46c. Landschafrassen – Rhönschafe.

1920

1970

Abb. 46d. Landschafrassen – Leineschafe.

1920

1970

Abb. 46e. Landschafrassen – Ostfriesische Milchschafe.

1900

1970

Abb. 46f. Landschafrassen – Bergschafe.

1890

1970

4.6 Importrassen

Wie beim Schwein (Berkshires, Cornwalls) oder Rind (Shorthorns) gehören zu Importrassen Tiergruppen, die importiert und weitergezogen wurden, aber im Gegensatz zu anderen importierten Rassen den ursprünglichen Charakter weitgehend behielten. Das Wort Deutsche . . . hinzuzufügen, erscheint nur bedingt berechtigt. Die Schafzucht hat bis in die Neuzeit (Texelschafe) nur eine Rasse anzuführen. Die vielen aus Spanien, England und Frankreich eingeführten Rassen sind zumeist zu Kreuzungen benutzt oder stark umgezüchtet worden. Im Rassencharakter erhalten blieben Karakulschafe (Fettschwanzschafe), die 1903 erstmalig aus Turkestan nach Deutschland importiert wurden. Weitere Einfuhren folgten zum Aufbau von Reinzuchtherden (Vollblutkarakuls) und von Kreuzungsherden (Landkarakuls). Die Verbreitung in Deutschland blieb sporadisch und begrenzt. Ihr Anteil am Gesamtbestand erreichte immer nur weniger als 1,0 %. Nach 1945 verschwanden die letzten Herden.

5 Entstehung und Entwicklung der deutschen Ziegenrassen

5.1 Allgemeines

Angaben über Ziegenzucht bzw. -haltung aus den zurückliegenden Jahrhunderten sind äußerst spärlich. Auch im 19. Jahrhundert verblieben bei allgemeiner Belebung der Viehwirtschaft in Deutschland die Mitteilungen zu den Ziegenbeständen gering. Statistisch wurden Ziegen wie die anderen Haustierarten (s. Tabelle 4) erfaßt und zeigten nach dem 1. Weltkrieg im Bereich des damaligen Deutschen Reiches einen Bestand von über 4 Mio. Danach erfolgte ein fortlaufender Rückgang.

Bekannt ist jedoch, daß in der zweiten Hälfte des 19. Jahrhunderts die in Deutschland gehaltenen Ziegen als sogenannte Landschläge in mancherlei Variationen vorkamen. Es fehlte an einer züchterischen Konzeption, insbesondere am Zusammenschluß der vielen Kleinhaltungen. Die Bestände mit 1 oder 2 Ziegen waren auch kaum in der Lage, Böcke zu halten, ziehen eigene männliche Jungtiere auf und betreiben Inzucht in ihren Beständen und sonstige mangelhafte züchterische Maßnahmen. Nicht ohne Grund spielt die Ziegenbockhaltung bei den sich langsam entwickelnden Maßnahmen zur Vatertierhaltung des Staates oder allgemeiner Organisationen eine beachtliche Rolle (s. S. 161).

Ende des 19. Jahrhunderts kam es dann, sicherlich angeregt durch Maßnahmen bei den anderen Tierarten und nicht zuletzt durch solche der DLG (Beginn großer umfassender Tierschauen), zu wesentlichen Verbesserungen innerhalb der deutschen Ziegenzucht. Bei der Ziege war es die Schweiz, die mit bereits entwickelten Ziegenrassen bzw. -typen beeinflußte. Diese Entwicklung in Deutschland ist eng mit dem Namen DETTWEILER, Wintersheim, und ULRICH, Pfungstadt, verbunden. Importiert und verwendet wurden weiße Appenzeller und Saanenziegen, gemsfarbige Schwarzenberg/Guggisberg-Ziegen sowie auch bunte Toggenburger. Durch die Initiative und Arbeit von Dettweiler und Ulrich entstand ein Zuchtzentrum für die Zucht weißer Ziegen in Hessen. Dies wurde auf dem Weg einer Verdrängungs-

oder Veredlungskreuzung erreicht unter Gründung zahlreicher Ziegenzuchtvereine (s. S. 295). Die älteste derartige Vereinigung dürfte der Ziegenzucht-Verein Wieseck/Hessen (1888) sein.
Die DLG nannte 1890 erstmals Ziegen in einer Schauordnung (DLG-Ausstellung Straßburg). Ziegen wurden dann bald zu einem festen Teil der DLG-Tierschauen, allerdings unter einem züchterisch anfänglich stark unausgeglichenen Blickfeld (s. S. 367). Ab 1895 bearbeitete ein Sonderausschuß bei der DLG Ziegenzuchtfragen. 1908 wird der „Reichsverband Deutscher Ziegenzuchtvereinigungen" gegründet.
Importe aus der Schweiz ließen allmählich nach, waren bei zunehmender Konsolidierung auch nicht mehr erforderlich, dauerten jedoch bis etwa in den Zeitraum des 1. Weltkrieges hinein. 1927 kam es dann nach einer zunehmenden Festlegung auf 2 Typen (weiß und bunt) im Rahmen des Reichsverbandes Deutscher Ziegenzuchtvereinigungen in Zusammenarbeit mit der DLG zur Herausstellung der beiden Rassen:
1. Weiße Deutsche Edelziege und 2. Bunte Deutsche Edelziege.
Diese Einteilung ist bis heute verblieben. Zur Entstehung und Entwicklung dieser Form auf deutschem Boden sei hervorgehoben:

5.2 Weiße Deutsche Edelziege

Die im Vergleich zur Bunten Ziege etwas größere und kräftigere Weiße Ziege entstammt selbstverständlich den verbreiteten Landschlägen. Diese wurden unter Verwendung der genannten importierten Schweizer Ziegen (vornehmlich Appenzeller und Saanenziegen) umgezüchtet (Veredlungs- bis Verdrängungskreuzung). Aus in der Farbausprägung und Körperform mannigfachen Schlägen entstand allmählich ein weißer (gering rötlich-gelbe Färbung auf dem Rücken und am Bauch und kleine Pigmentflecke blieben erlaubt) Typ mit beachtlichen Leistungen (s. Tabellen 25, 26). Ein Zuchtzentrum für die Weiße Ziege entstand in Hessen, sie wurde bald aber auch in ganz Deutschland gezüchtet.

5.3 Bunte Deutsche Edelziege

Die gering kleinere Bunte Ziege entwickelte sich vermehrt aus Landschlägen, wobei die Thüringer Waldziegen, die Frankenziege, Schwarzwaldziege u. a. genannt seien. Der genannte DETTWEILER, Wintersheim, erzüchtete unter Verwendung importierter gemsfarbiger Schwarzenberg/Guggisberger Ziegen die dunkle Wintersberger Ziege, wovon sicherlich einige Nachzuchten in andere Züchtervereinigungen gelangten, insgesamt verblieb diese Züchtung jedoch ohne Bedeutung und verschwand wieder. Toggenburger Ziegen fanden in Thüringen Verwendung.
Insgesamt ist bei den Bunten Ziegen weniger eingekreuzt worden; es hat somit eine nur geringe bis mäßige Verwendung importierter Tiere stattgefunden. Dies mag der Grund sein, daß sich bis heute Farbvariationen (heller bis schokoladenfarben) erhalten haben bei sonst jedoch gemeinsamem Zuchtziel. Zu den Leistungen der Bunten Ziegen s. Tabelle 25.

Abb. 47. Landziegen.

1890 Landziege

1890 Gebirgsziege

Abb. 48. Weiße Deutsche Edelziege.

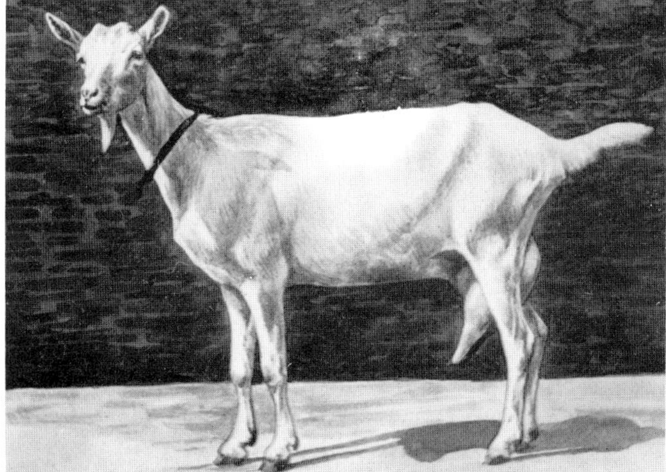

1900 Saanenziege

1935

Abb. 49. Bunte Deutsche Edelziege.

1935 Thüringer-Toggenburger

1935 hell

1935 dunkel

F Bedeutende und verdienstvolle Persönlichkeiten für die Entwicklung und Förderung der deutschen Tierzucht

Die landwirtschaftliche Tierzucht in Deutschland nahm seit etwa 1800 einen Aufschwung, dessen Intensität sich im Verlaufe der nunmehr fast 2 Jahrhunderte fortlaufend vergrößerte. Wirtschaftliche Voraussetzungen, wissenschaftliche Erkenntnisse u. a. erbrachten insbesondere, etwa mit dem 20. Jahrhundert beginnend, einen zunehmend steiler werdenden Anstieg der tierischen Produktivität. Entsprechend ergab sich auch eine Vielzahl beteiligter und verdienter Persönlichkeiten in jüngerer und jüngster Zeit. Viele von ihnen können noch auf ihre Tätigkeit zurückblicken. Es mußten jedoch Beschränkungen vorgenommen werden, da für den Umfang des Buchabschnittes Grenzen gezogen waren. Hierbei wie auch bei der Sammlung der vielen Daten bin ich von vielen Seiten unterstützt worden, vor allem von den Herren Biegert – Stuttgart, Diener – München, Schimmelpfennig – Oldenburg und Winnigstedt – Bonn.
Um eine möglichst große Zahl aufnehmen zu können, erfolgte nur eine Wiedergabe der wichtigsten Daten. Bei den Angaben einiger Personen waren Lücken nur schwer zu schließen; es wurde jedoch immer versucht, mit einigen zusätzlichen Hinweisen dem Leser ausreichend Auskunft zu geben.
Bei noch lebenden Persönlichkeiten war eine Altersgrenze erforderlich. Diese wurde mit der Pensionierung oder Emeritierung angesetzt. (Abschluß 1980.)

Abderhalden, Emil (1877–1950)
Geburtsort: Ober-Utzwyl/St. Gallen – Schweiz
1908 o. Prof. der Physiologie an der Universität Berlin und Tierärztlichen Hochschule Berlin
1911 o. Prof. an der Universität Halle/S.
Bekannter Physiologe, der durch seine grundsätzlichen Arbeiten die Erkenntnisse zur Ernährungsphysiologie der Haustiere stark beeinflußte.

Abelein, Richard (1891–1973)
Geburtsort: München
Studium: Veterinärmedizin mit Approbation und Promotion in München
1919 praktischer Tierarzt in Kreßbronn/Bodensee
1935 a. o. Prof. für Sterilitätsbekämpfung und Geburtshilfe in München
Besondere Verdienste auf dem Gebiet der Tierseuchenbekämpfung und Sterilität des Rindes. Förderer der KB bei Rindern.

Adametz, Leopold (1861–1941)

Geburtsort:	Brünn/Mähren
Studium:	Landwirtschaft (Wien), Promotion in Leipzig
1888	Habilitation in Wien
1891	o. Prof. für Tierzucht und Molkereiwesen in Krakau
1898–1932	o. Prof. für Tierzucht in Wien
	Forschungsbereiche:
	Grundlinien einer neuzeitlichen Wollkunde. Milchfehler und Käsereifungsprozesse (1888–1900). Studien über die Verwandtschaft der Rinderrassen (ab 1900).

Adlung, Friedrich (1883–1954)

Geburtsort:	Kirchheim/Ries
Studium:	Landwirtschaft in Hohenheim
	Praktischer Landwirt (Domäne Sindlingen bei Herrenberg) und hervorragender Tierzüchter (Fleckvieh und Württ. Warmblutpferde). Tätigkeit in tierzüchterischen Organisationen und als Preisrichter.

Aehnelt, Erich (1917–1974)

Geburtsort:	Salzbrunn/Schlesien
Studium:	Veterinärmedizin mit Approbation und Promotion in Gießen und Hannover
1956–1974	o. Prof. für Tiergeburtshilfe und -gynäkologie an der Tierärztlichen Hochschule Hannover
	Arbeitsgebiete:
	Erforschung gynäkologischer Fragen beim Rind, insbesondere Abhängigkeit der Fruchtbarkeitsstörungen von Veranlagungen und Umwelteinflüssen.

Aereboe, Friedrich (1865–1942)

Geburtsort:	Horn/Hamburg
Studium:	Landwirtschaft mit Abschlußprüfungen und Promotion in Basel (Botanik)
1899–1904	Güterdirektor
1904–1906	a. o. Prof. für Landwirtschaftliche Betriebslehre in Breslau
1906–1908	o. Prof. für Landwirtschaftliche Betriebslehre in Bonn-Poppelsdorf
1908–1912	Institut für Wirtschaftsberatung in Berlin (Reform der Kredittaxverfahren der Kur- und Neumärkischen Ritterschaft) und Landwirtschaftliche Hochschule Berlin
1913–1919	o. Prof. für Landwirtschaftliche Betriebslehre in Breslau
1919–1922	o. Prof. für Landwirtschaftliche Betriebslehre in Hohenheim
1922–1930	o. Prof. für Landwirtschaftliche Betriebslehre in Berlin (Landwirtschaftliche Hochschule)
	AEREBOE gilt als Reformator der Landwirtschaftlichen Betriebslehre.

Albrecht, Michael (1843–1917)
Geburtsort: Rettenberg/Allgäu
Studium: Veterinärmedizin
1871–1882 Bezirkstierarzt in Sonthofen
1880–1892 Prof. für Tierzucht an der Zentrallandwirtschaftsschule Weihenstephan
1892–1917 o. Prof. für Tierzucht und Geburtshilfe an der Tierärztlichen Hochschule München.

Albrecht, Wilhelm (1789–1863)
Ausbildung bei A. THAER in Möglin
1818–1848 Begründer und Direktor der landwirtschaftlichen Lehranstalt in Idstein (später in Hofgeismar bei Wiesbaden)
ab 1848 Bewirtschaftung seines landwirtschaftlichen Betriebes in Franken. Einrichtung des Landwirtschaftlichen Instituts und Lehrer in Hofwyl. Tätigkeit im Rahmen der militärischen Gestütsverwaltung.

Althaus, Johann (1798–1876)
Geburtsort: Schweiz
1827 Übersiedlung nach Deutschland (Allgäu)
Begründer der Rund-Käserei nach Schweizer Art im Allgäu in Verbindung mit geregelter Güllewirtschaft.

Ammon, Georg Gottlieb (1772–1839)
Studium: Veterinärmedizin in Berlin
Roßarzt in Trakehnen, später Gestütsleiter in Vessra. AMMON war ein bedeutender Hippologe, der sich mit sehr bekannt gewordenen Schriften (u. a. Handbuch der Gestütskunde, 1833) um die Förderung der Tierzucht bemühte.

Amschler, Johann Wolfgang (1893–1957)
Geburtsort: Moggast/Oberfranken
Studium: Landwirtschaft mit Abschlußprüfung und Promotion in München
1924 Korrespondent am Internationalen Landwirtschaftsinstitut in Rom
1929 o. Prof. an der Sibirischen Akademie Omsk/UdSSR
1934–1938 a. o. Prof. für Tierzucht an der Hochschule für Bodenkultur in Wien
1946–1957 a. o. Prof., später o. Prof. für Tierzucht an der Hochschule für Bodenkultur in Wien
AMSCHLER sammelte durch seine langjährigen Aufenthalte und Arbeiten im Ausland Erfahrungen und Kenntnisse, die nach 1946 Niederschlag in seiner Forschertätigkeit in Wien fanden (Tier- und Umwelt – insbesondere Offenstallfragen).

Arcularius, Heinrich (1893–1968)
Geburtsort: Schotten/Oberhessen
Studium: Veterinärmedizin und Landwirtschaft mit Approbation und Promotion
Tätigkeit im Rahmen der niedersächsischen Tierzucht bei Herdbuchverbänden und Landwirtschaftskammer
(Sachbearbeiter für Schweinezucht, später Schafzucht)
1949–1960 o. Prof. für Tierzucht und Tierernährung in Leipzig (Veterinärmedizinische Fakultät)
ARCULARIUS befaßte sich mit Fragen der Konstitution bei den großen Haustieren und mit den Problemen prophylaktischer Maßnahmen zur Gesunderhaltung der Tierbestände.

Aristoteles (384–322 v. Chr.)
Geburtsort: Stagira/Thrazien
Schüler PLATOS, Lehrer ALEXANDER DES GROSSEN. Schriften, in denen Krankheiten der Haustiere sowie Zucht und Exterieur behandelt werden. ARISTOTELES ist der erste bedeutende Tieranatom.

Attinger, Johann (1867–1924)
Geburtsort: Augsburg
Studium: Veterinärmedizin mit Approbation und Promotion in München
Praktischer Tierarzt und Distrikttierarzt
1897 Ernennung zum bayerischen Tierzuchtinspektor und Beginn seiner Tätigkeit auf dem Gebiet der Tierzucht
1903–1920 Landesinspektor für Tierzucht und Tätigkeiten im Bayerischen Ministerium des Innern, später im Landwirtschaftsministerium
1920–1924 Leiter der Tierzuchtabteilung im Bayerischen Landwirtschaftsministerium
Starker Förderer der bayerischen Tierzucht und ihrer Organisationen. Erwerbung des Staatsgutes Grub bei München und Einrichtung einer Ausbildungsstätte für Tierzuchtbeamte und praktische Tierzüchter.

Bachner, Franz (1895–1965)
Geburtsort: Schaiblishausen/Ehingen – Donau
Studium: Landwirtschaft mit Abschlußprüfung und Promotion in Hohenheim und Weihenstephan
Praktische Tätigkeit und Landwirtschaftslehrer
1931–1960 Einrichtung und Leitung der Viehhaltungs- und Melkerschule (später Staatliche Lehr und Versuchsanstalt für Viehhaltung) in Aulendorf
BACHNER erwarb sich als Leiter der Fachschule in Aulendorf große Verdienste. Starker Förderer der Fleck- und Braunviehzucht in Württemberg.

Backhaus, Reinhard (1884–1954)
Geburtsort: Sander-Ostergroden
Praktischer Landwirt und Tierzüchter in Sander-Ostergroden/Jeverland.
BACKHAUS gehört zu den bekannten und markanten Persönlichkeiten der deutschen Schwarzbuntzucht. Einerseits erfolgreicher, praktischer Rinder- und Pferdezüchter, war er andererseits ein kluger und sachlicher Organisator in den Fachorganisationen. 1925–1935 Vorsitzender des Jeverländer Herdbuches.

Bader, Franz (1908)
Geburtsort: Öttingen/Schwaben
Praktischer Landwirt und Tierzüchter. Bekannter und erfolgreicher Tierzüchter, insbesondere Schweinezüchter, in Vatersdorf/Ndby.

Bärlehner, Carl (1885–1947)
Geburtsort: Hartkirchen an der Vils
BÄRLEHNER war als Amtsvorstand des Tierzuchtamtes und Geschäftsführer der Zuchtverbände in Weilheim (1914–1947) ein tatkräftiger Förderer der Fleckvieh- und Braunviehzucht.

Bäßmann, Friedrich (1882–1953)
Geburtsort: Ützingen/Fallingbostel
Studium: Landwirtschaft mit Abschlußprüfung und Promotion in Bonn, Berlin und Jena
1908–1914 Leiter der Bezirkstierzuchtinspektion Cottbus
1914–1922 Kriegsdienst und Tätigkeit im Kriegsernährungsamt und im Preußischen Landwirtschaftsministerium
1922–1933 Geschäftsführer der Tierzuchtabteilung
1947–1952 der DLG (unterbrochen durch vorübergehende Auflösung der DLG)
BÄSSMANN erweiterte die Aufgabenbereiche der Tierzuchtabteilung der DLG und intensivierte ihre Arbeit. Er baute die Tierschauen der Wanderausstellungen stark aus und förderte die Züchtervereinigungen. Bemerkenswert ist die Einrichtung des Deutschen Rinderleistungsbuches (DRLB, später RL).

Bäßmann, Wilhelm (1887–1967)
Geburtsort: Ützingen/Fallingbostel
Studium: Landwirtschaft mit Abschlußprüfung in Jena
1912–1913 Landwirtschaftskammer für die Provinz Brandenburg (Schaf- und Schweinezucht)
1913–1949 Geschäftsführer des Verbandes der Schweinestammzüchter der Provinz Brandenburg (später Landesverband kurmärkischer Schweinezüchter), zugleich Referent für Schweinezucht der Landwirtschaftskammer
WILHELM BÄSSMANN hat in den bedeutsamen Jahren der Entwicklung der deutschen Schweinezucht nach Gründung der meisten

Schweinezüchtervereinigungen unermüdlich und bahnbrechend gearbeitet. Planmäßige Leistungskontrollen, Mastleistungsprüfungen, Ausbildungswesen u. a. sind Marksteine seines Wirkens für die deutsche Schweinezucht.

Baier, Walter (1903)

Geburtsort:	Neustadt a. d. W.
Studium:	Veterinärmedizin mit Approbation und Promotion
1931	Habilitation und wissenschaftliche Tätigkeit an der Tierärztlichen Hochschule Hannover
1933–1948	Praktischer Tierarzt
1948–1971	o. Prof. für Geburtshilfe und Gynäkologie an der Tierärztlichen Fakultät München

BAIER fußte als hervorragender Hochschullehrer auf umfangreichen praktischen Kenntnissen und Erfahrungen. Seine erfolgreiche Arbeit auf dem Gebiet der Gynäkologie, Erkennung und Vermeidung von Zuchtschäden, Aufzuchtkrankheiten u. a. trugen wesentlich zur Erhöhung der Reproduktion landwirtschaftlicher Nutztiere bei.

Bakewell, Robert (1725–1795)

Geburtsort: Dishley/Leicestershire

Praktischer Landwirt und Tierzüchter. Hervorragender praktischer Züchter in England. Als „Genie auf dem Gebiet der Tierzucht" bezeichnet, schuf BAKEWELL neue Rinder-, Schaf- und Pferderassen. Er verwandte in starkem Maße Inzucht und Zuchtmethoden, die der Zeit und ihrem Kenntnisstand weit vorauseilten. Starke Beeinflussung des züchterischen Geschehens in England und auf dem Kontinent.

Baldauf, Erwin (1895–1982)

Geburtsort: Bonn/Rh.

Als Leiter der Rheinischen Pferde-Zentrale und der Abteilung Verkaufsvermittlung des Rheinischen Pferdestammbuches ist BALDAUF zu einem bekannten und erfolgreichen Förderer der Tierzucht geworden.

Bartels, Gustav (1892–1958)

Geburtsort: Dolgen/Burgdorf – Hannover

Praktischer Landwirt und Tierzüchter. Bekannter und erfolgreicher Züchter insbesondere des Rheinisch-Deutschen Kaltblutpferdes im südlichen Niedersachsen.

Batsch, M. (1872–1935)

Geburtsort: Großkemnath

Praktischer Landwirt und Tierzüchter in Großkemnath/Schwaben. Verdienstvoller Förderer der Braunviehzucht.

Bauer, Heinrich (1902)

Geburtsort:	Grimma/Sachsen
Studium:	Landwirtschaft und Veterinärmedizin mit Abschlußprüfungen und Promotionen
1954	Habilitation an der Universität München für Tierzucht
	Assistententätigkeit an den Instituten für Tierzucht in Leipzig, Berlin sowie in den USA
1932–1945	Tierarzt am Zentralviehhof in Berlin
1949–1956	Tätigkeit am Tierhygiene-Institut in Freiburg/Br.
1956–1967	o. Prof. für Tierzucht an der Veterinärmedizinischen Fakultät in München
	BAUER befaßte sich mit Fragen der Konstitution und der Gesunderhaltung der Tierbestände durch züchterische Maßnahmen und solche der Prophylaxe. Spezielle Arbeiten auf dem Gebiet der Pferdezucht.

Bauer, Karl (1903–1974)

Geburtsort:	Weilheim/Teck
Studium:	Veterinärmedizin mit Approbation und Promotion
1929–1945	Tätigkeit in der Veterinär-Verwaltung in Baden-Württemberg und Kriegsdienst
Nach 1945	Aufbau einer eigenen Schafzucht in Kirchheim/Teck und Arbeit als hervorragender Schafzüchter. Daneben Tätigkeit im Schafgesundheitsdienst und in Schafzuchtorganisationen einschließlich Wollverwertung (langjähriger Vorsitzender des Württ. Schafzuchtverbandes).

Baumann, Theodor (1899–1977)

Geburtsort:	Rees/Kleve
	Praktischer Landwirt und hervorragender Tierzüchter (Deutsches rotbuntes Rind) in Mehr-Sandenhof/Ndrh.

Baumeister, Johann Wilhelm (1804–1846)

Geburtsort:	Augsburg
Studium:	Veterinärmedizin
1831	Dozent für Tierheilkunde, Zoologie und Pferdezucht an der Landwirtschaftlichen Versuchs- u. Lehranstalt in Hohenheim
1839	Prof. an der Tierarzneischule in Stuttgart
	Verfasser zahlreicher Schriften aus den Bereichen Tierheilkunde und Tierzucht.

Baumgart, Hans (1901)

Studium:	Landwirtschaft in Breslau, Berlin und Bonn mit Abschlußprüfung und Promotion
	BAUMGART war von 1932 bis 1945 Referent für Schafzucht und Geschäftsführer des Schlesischen Schafzuchtverbandes in Breslau. Nach 1948 übernahm er die Hauptverwaltung der deutschen Wollverwertung.

Baur, Erwin (1875–1933)

Geburtsort:	Ichenheim/Baden
Studium:	Medizin
1900	Staatsexamen Medizin und Promotion, anschließend Tätigkeit als Arzt in Offenburg/Baden
1903	Nach Studium Botanik Promotion
1903	Assistent am Botanischen Institut Berlin
1904	Habilitation im Fach Botanik in Berlin
1907	Vorlesungen über Vererbungsforschung in Berlin
1911	o. Prof. für Botanik an der Landwirtschaftlichen Hochschule in Berlin
1927	o. Prof. für Vererbungswissenschaft an der Universität Berlin und an der Landwirtschaftlichen Hochschule Berlin
1928	Gründung des Instituts für Züchtungsforschung in Müncheberg bei Berlin und Übernahme seiner Leitung (Kaiser-Wilhelm-Gesellschaft)
	Forschungsbereiche: Grundlegende Arbeiten auf dem Gebiet der Pflanzenzüchtung (u. a. Züchtung der Süßlupine). Auf dem Gebiet der Tierzüchtung: Müncheberger Bronze-Schwein.

Baur, Georg (1895–1975)

Geburtsort:	Trugenhofen
Studium:	Landwirtschaft mit Abschlußprüfung und Promotion in Hohenheim, Habilitation
	Zunächst Pflanzenbauer, bevorzugt Grünland-/Feldfutterpflanzen. BAUR war Leiter landwirtschaftlicher Betriebe (v. Rechbergsche Gutsverwaltung) und o. Prof. für Wirtschaftslehre des Landbaus in Hohenheim. Darüber hinaus förderte er die Tierzucht durch Übernahme leitender Funktionen bei tierzüchterischen Organisationen (Landesverband Württ. Rinderzüchter, Zentralverband für Tierbesamung u. a.).

Beaulieu, Franz Chârles de (1899)

Geburtsort:	Berlin
1920	Pressereferent, später Generalsekretär, des Union-Klubs in Berlin
1945–1968	Leitung des deutschen Rennsports in der britischen Zone – Generalsekretär des Direktoriums für Vollblutzucht und Rennen, Köln.

Bechtolsheim, Clemens von (1852–1930)

Geburtsort:	München
Studium:	Technik und Jura in München
	Tätigkeit in der Industrie (Landwirtschaftsmaschinen). Maßgebliche Mitarbeit an der Entwicklung von Milchzentrifugen.

Becker, Max (1906)
Geburtsort: Aschersleben
Studium: Chemie mit Abschlußprüfung und Promotion in Berlin
1950–1956 Abteilungsleiter am Institut für Tierernährung der Bundesforschungsanstalt für Landwirtschaft in Braunschweig-Völkenrode (zugleich apl. Prof. für Tierernährung in Göttingen)
1956–1973 o. Prof. für Tierernährung an der Landwirtschaftlichen Fakultät Kiel.

Beekmann, Theodor (1899–1975)
Geburtsort: Ukeborg in Soltborg/Ems
Studium: Landwirtschaft mit Abschlußprüfung und Promotion
Praktischer Landwirt, Tierzüchter und langjähriger Vorsitzender des Vereins Ostfriesischer Stammviehzüchter (1941–1965).

Bemberg, Hans von (1892–1958)
Geburtsort: Burg Ringsheim/Euskirchen
BEMBERG war ein erfolgreicher Züchter des deutschen schwarzbunten Rindes und erwarb sich besondere Verdienste im Rahmen organisatorischer Aufgaben (nach seinem Tod Stiftung des Hans-von-Bemberg-Preises zur Verleihung innerhalb des Rheinischen Schwarzbuntverbandes).

Benefeld, Julius von (1839–1907)
Geburtsort: Quoossen – Bartenstein/Ostpr.
Studium: Landwirtschaft in Bonn-Poppelsdorf
Praktischer Landwirt und Tierzüchter (Rinder) in Quoossen/Ostpr. VON BENEFELD war ein bekannter und erfolgreicher Züchter des schwarzbunten Rindes. Vorsitzender der Ostpreußischen Herdbuchgesellschaft (1892–1907).

Berkemeier, Wilhelm (1885–1967)
Geburtsort: Lengerich/Westf.
Praktischer Landwirt und Züchter des Deutschen veredelten Landschweines in Lengerich.

Berlepsch, August von (1818–1877)
Geburtsort: Seebach
Studium: Jura, kath. Theologie und Landwirtschaft
Förderer der praktischen und wissenschaftlichen Bienenkunde („Bienenbaron"). Erfinder des Wabenrähmchens.

Berns, Hans-Dieter (1907–1970)
Geburtsort: Moers/Ndrh.
Studium: Landwirtschaft mit Abschlußprüfung und Promotion in Bonn/Rh.
Praktischer Landwirt und bekannter Züchter des veredelten Landschweines.

Bichler, Georg (1881–1967)

Geburtsort:	Percha/Aibling
	Landwirt und Tierzüchter (Fleckvieh) in Vagen/Oberbayern. BICHLER erwarb sich besondere Verdienste um den Wiederaufbau der tierzüchterischen Organisationen nach 1945 (ARD, DLG u. a.).

Biegert, Kurt (1909)

Geburtsort:	Mühlhausen/Elsaß
Studium:	Jura und Landwirtschaft mit Abschlußprüfung und Promotion in Hohenheim
1937	Geschäftsführer, später Hauptgeschäftsführer beim Landesverband der Schafzüchter in Stuttgart
1962	Leiter des Referats Tierzucht in Stuttgart
1969–1974	Leiter der Abteilung Landwirtschaft im Ministerium für Ernährung, Landwirtschaft und Umwelt, Stuttgart
	Besondere Verdienste auf dem Gebiet der Schafzucht und Förderer der Baden-Württembergischen Tierzucht (Leistungsprüfungswesen, Einführung moderner Zuchtmethoden).

Bilke, Ernst (1895–1966)

Geburtsort:	Ohlau/Schlesien
Studium:	Landwirtschaft mit Abschlußprüfung in Breslau
	Nach Tätigkeit in den Tierzuchtämtern Görlitz, Bunzlau und Sagan Übernahme des Sachgebietes Pferdezucht in der Landwirtschaftskammer Breslau
1929–1937	Geschäftsführer der schlesischen Pferdezuchtverbände unter Beibehaltung des Referats für Pferdezucht
1937–1945	Landstallmeister des Landgestüts Moritzburg in Sachsen
1948–1958	Tätigkeit auf pferdezüchterischem Gebiet in Freiburg/Br.
	BILKE hat sich nach intensiver Arbeit und Förderung der Pferdezucht in Schlesien und in Sachsen um die Züchtung des arabischen Pferdes in der BRD bemüht (1949 Gründung, dann langjähriger Präsident der Gesellschaft der Züchter und Freunde des arabischen Pferdes).

Blume, Karl (1888–1975)

Geburtsort:	Heppen, Krs. Soest
	Praktischer Landwirt und Züchter des schwarzbunten Rindes in Westfalen. Verdienstvolle Tätigkeit in tierzüchterischen Organisationen.

Böhling, Dietrich (1863–1954)

Geburtsort:	Harmelingen
	Landwirt und Tierzüchter (veredelte Landschweine) in Harmelingen/Soltau. Gründung einer der ältesten Schweinezuchtgenossenschaften in Soltau 1897.

Böhling, Gustav (1907)
Geburtsort: Harmelingen
Sohn von DIETRICH BÖHLING
Übernahme und erfolgreiche Fortsetzung der bekannten Schweinezucht in Harmelingen (veredeltes Landschwein).

Böhlke, Walter (1893–1950)
Geburtsort: Elbing
Studium: Veterinärmedizin mit Approbation und Promotion
1926 Habilitation in Danzig
1927 Prof. in Ankara/Türkei
1934–1942 a. o. Prof. für Tierzuchtlehre und Tierphysiologie in Danzig
1937 Zusätzlich Lehrauftrag über Pferdezucht und Gestütswesen in der Naturwissenschaftlichen Fakultät der Universität Königsberg.

Böllhoff, Fritz (1900)
Geburtsort: Hagen-Haspe/Westf.
Studium: Landwirtschaft
1926 Assistent am Gestüt Beberbeck (Warm- und Kaltblutzucht)
1929 Referent für Pferdezucht bei der Landwirtschaftskammer in Münster/Westf. und Geschäftsführung des Westfälischen Pferdestammbuches
Besondere Verdienste um die Förderung der westfälischen Pferdezucht.

Bölts, Karl (1881–1976)
Geburtsort: Westerscheps
Praktischer Landwirt und bekannter Tierzüchter in Osterscheps/Oldenburg (Deutsche weiße Edelschweine).

Börger, Heinrich (1900–1976)
Geburtsort: Berlin
Studium: Landwirtschaft mit Abschlußprüfung
BÖRGER war insbesondere im Rahmen der Kleintierzucht tätig (Lehr- und Versuchsanstalt Halle/Cröllwitz, Bundesforschungsanstalt Celle, Referent für Kleintierzucht in Hessen) und erwarb sich um die Erhaltung und Förderung dieses Zweiges der landwirtschaftlichen Tierzucht große Verdienste.

Boetel, Otto (1903–1972)
Geburtsort: Roklum/Wolfenbüttel
Praktischer Landwirt und Tierzüchter (Merino-Fleischschafe) in Roklum/Wolfenbüttel. Langjähriger Vorsitzender des Niedersächsischen Schafzuchtverbandes.

Böttger, Theodor (1897–1977)
Geburtsort: Bad Segeberg
Studium: Veterinärmedizin mit Approbation und Promotion
Habilitation
1926 Assistent am Institut für Tierzucht und Vererbungsforschung der Tierärztlichen Hochschule Hannover
1927/28 Verein Ostfriesischer Stammviehzüchter
1950–1961 Institut für Konstitutionsforschung der Forschungsanstalt für Landwirtschaft in Braunschweig-Völkenrode
1961–1962 Privatdozent am Institut für Tierzucht und Vererbungsforschung der Tierärztlichen Hochschule Hannover.

Bolz, Walther (1901–1970)
Geburtsort: Schönau a.d. Katzbach
Studium: Veterinärmedizin mit Approbation und Promotion
1931 Habilitation
1935 o. Prof. für Chirurgie und Augenheilkunde in Gießen
1951 Regierungsveterinärrat in Bad Mergentheim
1957 o. Prof. für Tierheilkunde an der Landwirtschaftlichen Hochschule Hohenheim
Arbeitsgebiete:
Hygienische Fragen, insbesondere Aufzucht von spezifisch-pathogenfreien Ferkeln (SPF-Verfahren).

Bonfert, Alfred (1904)
Geburtsort: Bukarest
Studium: Veterinärmedizin mit Approbation und Promotion in Hannover
1947 Errichtung der Besamungsstation in Meldorf/Holstein
1951 Übernahme der Zentralbesamungsstation in Schönböken/Schleswig-Holstein
1957 Leitung der Besamungsstation Saarbrücken
BONFERT erwarb sich besondere Verdienste um den Auf- und Ausbau der künstlichen Besamung bei Rindern in der BRD.

Born, Dietrich (1869–1945)
Geburtsort: Wehlau/Ostpreußen
Studium: Landwirtschaft in Zürich
Praktischer Landwirt und Tierzüchter (Kaltblutpferde) in Dommelkeim/Ostpr. BORN war ein hervorragender Züchter des Kaltblutpferdes (Ermländer) in Ostpreußen, der auch als talentierter Organisator im Rahmen landwirtschaftlicher Vereinigungen tatkräftig arbeitete.

Brödermann, Ernst-August (1849–1930)
Geburtsort: Hamburg
Studium: Landwirtschaft in Göttingen und Halle/S.
1874 Ankauf und Übernahme des Rittergutes Knegendorf/Mecklenburg
Bekannter Züchter des Deutschen weißen Edelschweines. Starke und einflußreiche Tätigkeit in Organisationen der Tierzucht. Langjähriger Preisrichter (Brödermann-Medaille als Preis bei Tierschauen).

Brüggemann, Johannes (1907–1982)
Geburtsort: Leipzig
Studium: Veterinärmedizin und Chemie mit Approbation und Promotion
1936 Habilitation in Berlin
Wissenschaftliche Tätigkeit in Berlin
1947–1950 o. Prof. Für Tierernährungslehre an der Landwirtschaftlichen Fakultät in Kiel
1950–1975 o. Prof. für Physiologie und Physiologische Chemie, später Physiologie und Ernährung der Tiere, an der Tierärztlichen Fakultät der Universität München
BRÜGGEMANN bearbeitete umfangreiche Komplexe der Grundlagenforschung zur Ernährung landwirtschaftlicher Nutztiere. Seine zielstrebige und erfolgreiche Tätigkeit beeinflußte die tierische Produktion in starkem Maße.

Brüning, Adolf (1869–1941)
Geburtsort: Sudhoff bei Amelsbüren/Westf.
1894 Praktischer Landwirt in Vogelsang/Westfalen
1901 Mitarbeiter in der Tierzuchtabteilung der Landwirtschaftskammer Westfalen (Rindvieh- und Schweinezucht)
1927–1934 Tierzuchtdirektor des Münsterländer Schweinezuchtvereins.

Brüning-Sudhoff, Josef (1865–1951)
Geburtsort: Sudhoff bei Amelsbüren/Münster
Praktischer Landwirt und Tierzüchter (veredelte Landschweine und rotbunte Rinder). Langjähriger Vorsitzender von Züchtervereinigungen.

Brummenbaum, Albert (1892–1953)
Geburtsort: Hoffnungsthal/Rösrath
Studium Landwirtschaft mit Abschlußprüfung und Promotion
Praktischer Landwirt (Bacherhof bei Ruppichteroth/Köln). Leiter der Reichshauptabteilung Landwirtschaftliche Erzeugung und Beauftragter für die Deutsche Tierzucht.

Brunnert, Johannes (1894)

Geburtsort:	Westenholz/Paderborn
Studium:	Landwirtschaft mit Abschlußprüfung
1920–1922	Landwirtschaftslehrer
1922–1945	Sachbearbeiter für Schweinezucht an der Landwirtschaftskammer in Stettin und Geschäftsführer des Pommerschen Schweinezuchtverbandes
1947–1949	Wirtschaftsberater an der Landwirtschaftsschule Paderborn
1949–1959	Referent für Schweinezucht an der Landwirtschaftskammer Münster/Westfalen und Geschäftsführer des Schweinezüchterverbandes Westfalen/Lippe.

Bührig, Otto (1875–1962)

Geburtsort:	Bleckenstedt/Braunschweig
Studium:	Landwirtschaft mit Abschlußprüfung in Halle/S.
	Tätigkeiten bei Herdbuchverbänden in Sachsen-Anhalt und in der Westpriegnitz
1922–1945	Geschäftsführer des Verbandes Lüneburger Rindviehzüchter (später Lüneburger Herdbuch)
	BÜHRIG gehörte zu den bekannten Tierzuchtdirektoren seiner Zeit, die mit züchterischem Können und organisatorischem Talent ihre Züchtervereinigungen und damit die züchterische Entwicklung förderten.

Bünger, Heinrich (1880–1946)

Geburtsort:	Westhoyel, Krs. Melle
Studium:	Landwirtschaft mit Abschlußprüfung und Promotion
1906–1923	Landwirtschaftslehrer an verschiedenen Schulen und Kriegsdienst
1923	Berufung nach Kiel als Leiter des Instituts für Milcherzeugung der Preußischen Milchwirtschaftlichen Forschungsanstalt (zugleich 1. Verwaltungsdirektor dieser Anstalt)
1939	Hon. Prof. für Tierzucht und Fütterungslehre an der Universität Kiel
	Starke Forschungstätigkeit, insbesondere auf den Gebieten der praktischen Fütterung bei Rind und Schwein mit umfangreicher Publikations- und Vortragstätigkeit („Bauernprofessor").

Buffon, Georg Louis Leclerc, Comte de (1707–1788)

Geburtsort:	Dijon oder Montbard/Burgund
1739	Intendant des Königlichen Gartens in Paris
1749–1786	Niederschrift und Bearbeitung von „Histoire naturelle générale et particulière" (36 Bände)
	BUFFON vertrat den Standpunkt fortlaufender Rassenkreuzungen. Seine Auffassung stand später im Gegensatz zur sogenannten Konstanztheorie.

Buitkamp, Johannes (1903–1979)
Geburtsort: Lingen/Ems
Studium: Landwirtschaft mit Abschlußprüfung und Promotion in Halle/Saale
1933–1941 Tätigkeit im Bereich der Tierzuchtämter Halberstadt, Norden/Ostfriesland, Stendal und Torgau
1941–1953 Tierzuchtamtsleiter in Norden/Ostfriesland
1953–1968 Leiter der Tierzuchtabteilung der Landwirtschaftskammer Weser-Ems, Oldenburg.

Burgsdorff, Alhard von (1890–1960)
Bekannter und erfolgreicher Geflügelzüchter in Garath/Düsseldorf. VON BURGSDORFF gehört zu den Pionieren der deutschen Geflügelwirtschaft. 1925 Gründung des ersten deutschen Geflügelherdbuches. 1927 Präsident des Clubs Deutscher Geflügelzüchter. 1950–1958 Präsident des Verbandes Deutscher Wirtschaftsgeflügelzüchter (Einrichtung einer Bundesberatung für Geflügelfütterung).

Burgsdorf, C. F. Wilhelm von (1775–1842)
Geburtsort: Schaumburg/Lippe
Ausbildung an der Tierarzneischule in Berlin und Verwendung im Staatsgestütsdienst
1814 Landstallmeister von Ostpreußen und Litauen
1818–1842 Landstallmeister und Leiter des Königlichen Hauptgestüts Trakehnen
VON BURGSDORF gilt als einer der hervorragenden Leiter von Trakehnen. Unter Verwendung von arabischem Vollblut, später englischem Vollblut, verbesserte er das bodenständige Material nachhaltig.

Burmeister, Eduard (1894)
Geburtsort: Norden/Ostfriesland
Studium: Landwirtschaft mit Abschlußprüfung
Nach Tätigkeit in Norden/Ostfriesland (1934) Übernahme der Leitung des Tierzuchtamtes Osnabrück und zugleich Geschäftsführung des dortigen Schweinezuchtverbandes.

Butz, Hans (1890–1970)

Geburtsort:	Mannheim
Studium:	Veterinärmedizin und Landwirtschaft mit Approbation und Promotion
1914	Wissenschaftlicher Assistent an der Tierärztlichen Hochschule Berlin
1919	Wissenschaftlicher Assistent an der Tierärztlichen Hochschule Hannover
1924	Tätigkeit in der Industrie
1927	Obertierarzt am Schlachthof Heidelberg
1929–1960	o. Prof. für Tierzucht und Vererbungsforschung an der Tierärztlichen Hochschule Hannover Besondere Arbeitsgebiete: Pferdezucht. Konstitutionsprobleme bei großen Haustieren. Zwillingsforschung.

Carstens, Peter (1903–1945)

Geburtsort:	Brunsbüttel/Schl.-Holst.
Studium:	Landwirtschaft mit Abschlußprüfung, Promotion und Habilitation in Hohenheim
1934–1941	o. Prof. für Tierzucht in Hohenheim
1941	o. Prof. für Tierzucht in Posen (Landwirtschaftliche Fakultät der neugegründeten Reichsuniversität) Besondere Verdienste um die Erforschung von Erbfehlern bei Schweinen.

Caspari, Georg (gest. 1921)

Praktischer Landwirt und Tierzüchter (Schwarzbunte Rinder) in Kobbelbude/Ostpreußen.

Caspari, Gerhard (1890–1972)

Geburtsort:	Kobbelbude/Ostpreußen (Sohn von Georg Caspari) Setzte das Werk seines Vaters mit großem Erfolg bis 1945 fort (Vertreibung aus Ostpreußen).

Casper, Max (1866–1945)

Geburtsort:	Zirkwitz, Krs. Trebnitz/Schlesien
Studium:	Medizin und Veterinärmedizin Approbation als Tierarzt und Promotion
1890–1894	Assistent und Prosektor am Pathologischen Institut der Tierärztlichen Hochschule Berlin
1894–1897	Assistent am Robert-Koch-Institut Berlin, später am Bakteriologischen Institut der Höchster Farbwerke
1897	Promotion zum Dr. med. in Freiburg/Br.
1903	a. o. Prof. in Breslau und Direktor des Veterinärinstituts der Universität
1908	Hon. Prof. in Breslau

1920–1935 o. ö. Prof. in Breslau
CASPER hat sich um die tierärztliche Betreuung der Tierzucht in Schlesien besonders verdient gemacht (1904 Gründung des Tierseuchenamtes in Breslau, später Übergabe an Tiergesundheitsamt der Landwirtschaftskammer).

Chapeaurouge, Axel de (1861–1941)
Geburtsort: Hamburg
Studium: Medizin mit Approbation und Promotion
Bis 1896 ärztliche Tätigkeit, danach Forschungstätigkeit zu Vererbungsfragen in der Tierzucht. Bahnbrechende und wegweisende Arbeiten. Auswertungen von Ahnentafeln, Blutlinienführung (einschließlich Inzucht) insbesondere bei Vollblut-/Warmblutpferden. Förderte durch Schriften und Lehrgänge das züchterische Denken und die tierzüchterische Entwicklung.

Clausen, Hjalmar (1905)
Studium: Landwirtschaft in Kopenhagen und Göttingen (Promotion)
Tätigkeit im Rahmen des Versuchswesens, insbesondere aber bei der Durchführung und Auswertung von Mastleistungsprüfungen bei Schweinen
1952 Professor für Haustierzucht an der Hochschule in Kopenhagen
CLAUSEN genießt als Experte auf dem Gebiet der Schweinezucht hohes internationales Ansehen. Seine enge Verbindung mit der deutschen Tierzuchtwissenschaft beeinflußte und förderte.

Coler, Johann (1566–1639)
Geburtsort: Goldberg/Schlesien
Evangelischer Pastor in Brandenburg und Mecklenburg. Erster deutscher Schriftsteller auf landwirtschaftlichem Gebiet (mit COLER beginnt die sogenannte Hausväterliteratur). Seit 1591 Herausgabe eines ökonomischen Kalenders. 1592–1604 erschien ein Hausbuch, die „Oeconomia ruralis et domestica“, der 4. Teil behandelt die Zucht sämtlicher Haustiere und die Heilung ihrer Krankheiten. Seine Abhandlungen und Mitteilungen sind Berichte aus eigenen Erfahrungen oder aus denjenigen seines Vaters.

Collings, Robert (1749–1820)

Collings, Charles (1750–1836)
(Brüder) Bekannte englische Rinderzüchter. Schüler BAKEWELLS. Erzüchtung und Konsolidierung der neueren Shorthorn-Rasse (Bullen Favourite und Comet).

Cohrs, Paul (1897–1977)

Geburtsort:	Öderan/Sachsen
Studium:	Naturwissenschaften und Veterinärmedizin in Leipzig und Dresden mit Approbation und Promotion
1927	Habilitation
1928–1937	a. o. Prof. am Veterinär-Anatomischen Institut der Universität Leipzig
1937	o. Prof. für Pathologie an der Tierärztlichen Hochschule Hannover

COHRS förderte in starkem Maße die Diagnostik der Krankheiten landwirtschaftlicher Nutztiere und hatte dadurch wesentlichen Anteil an der erfolgreichen Bekämpfung der Maul- und Klauenseuche des Rindes, der Schweinepest sowie der Tuberkulose. Ebenso bedeutsam sind seine Arbeiten zu den Erbkrankheiten der Haustiere.

Comberg, Gustav (1910)

Geburtsort:	Werden-Land/Krs. Essen
Studium:	Landwirtschaft mit Abschlußprüfung und Promotion in Bonn und Breslau
1951	Habilitation in Halle/Saale
1935–1938	Assistententätigkeit an der Versuchs- und Forschungsanstalt für Tierzucht Tschechnitz (Kraftborn)/Breslau
1938–1947	Tätigkeit bei der Ostpreußischen Herdbuchgesellschaft Königsberg/ Pr. und Marienburg/Westpreußen – Kriegsdienst – Tierzuchtamt Halle/S.
1947–1951	Institut für Tierzucht der Universität Halle/S.
1951–1960	o. Prof. für Tierzucht und Milchwirtschaft an der Universität Leipzig
1960–1973	o. Prof. für Tierzucht und Vererbungsforschung an der Tierärztlichen Hochschule Hannover.

Cornelius, Bernhardt (1906)

Geburtsort:	Imshausen bei Rotenburg/Fulda

Bekannter und erfolgreicher Züchter des Merinolandschafes in Dens/Hessen. Langjähriger Vorsitzender des Kurhessischen Schafzuchtverbandes.

Cornelius, Peter (1864–1943)

Geburtsort:	Seeverns/Wesermarsch

Praktischer Landwirt und Tierzüchter (Deutsche Schwarzbunte) in Großenmeer/Oldenburg. Langjähriger Vorsitzender der Oldenburger Herdbuchgesellschaft (1903–1934).

Correns, Carl Erich (1864–1933)
Geburtsort: München
Studium: Botanik in München, Graz und Berlin mit Promotion in München (Botanik)
1892 Habilitation in Tübingen
1902 a. o. Prof. für Botanik in Leipzig
1909 o. Prof. für Botanik in Münster
1914–1933 Leiter des Instituts für Biologie der Kaiser-Wilhelm-Gesellschaft in Berlin
Starker Förderer und Mitbegründer der neueren Vererbungsforschung (Wiederentdeckung der Mendelschen Gesetze).

Cuvier, Georg (1769–1832)
1803 Prof. für vergleichende Anatomie in Paris
Bekannt geworden durch Katastrophentheorie: Die großen zoologischen Typen (Wirbeltiere, Insekten u.a.) bestehen unabhängig voneinander seit Urzeiten. Große Umwälzungen in den Erdschichten räumten jeweils vollständig mit dem Alten auf.

Dahlander, G.
Bekannter und erfolgreicher Geschäftsführer der Ostpreußischen Schweinezüchtervereinigung (Königsberg/Pr.), der sich besondere Verdienste um die Einführung von Leistungsprüfungen in der Schweinezucht erwarb (Begründer der Mastprüfanstalt Heilsberg – 1. Schweinekontrollring in Deutschland in Reichenbach/Ostpr. 1924).

Darwin, Charles Robert (1809–1882)
Geburtsort: Shrewsbury
Studium: Medizin und Theologie in Edinburgh und Cambridge
1831–1836 Reisen nach Amerika und in die Südsee (Weltumsegelung)
1842–1882 Schriftstellerische Tätigkeit und wissenschaftliche Studien (Landgut Down in Kent)
Begründer der Evolutionstheorie. Natürliche Selektion – Kampf ums Dasein. Beeinflußte die „Konstanzlehre" stark. Hinweise auf Neubildungen und Umformungen von Rassen durch Selektion (züchterischer Fortschritt).

Daun, Jakobus (1887–1936)
Geburtsort: „Grashaus" bei Jever
Praktischer Landwirt und bedeutender Tierzüchter (Oldenburger Warmblutpferd).

Deicke/Peest
Praktischer Landwirt und Tierzüchter in Pommern, der nach Besuch der USA (1926) Höchstleistungsermittlungen bei deutschen Rindern anregte (DRLB).

Demoll, Reinhard (1882–1960)

Geburtsort: Kenzingen/Baden
Studium: Medizin und Zoologie
Promotion zum Dr. rer. nat.
1908 Habilitation in Gießen
1914 o. Prof. für Forstzoologie an der Technischen Hochschule Karlsruhe
1918 o. Prof. für Zoologie und Fischkunde an der Tierärztlichen Fakultät der Universität München
(Gleichzeitig Leitung der Bayerischen Biologischen Versuchsanstalt und der Teichwirtschaftlichen Versuchsanstalt in Wielenbach. 1920 Gründung des Instituts für Seeforschung und Seenbewirtschaftung in Langenargen am Bodensee und Leitung desselben)
DEMOLL hat sich besonders um die Binnenfischwirtschaft verdient gemacht und hier grundlegende Forschungen betrieben.

Dencker, Claus (1901–1962)

Geburtsort: Ranzenbüttel bei Berne
Studium: Landwirtschaft mit Abschlußprüfung und Promotion
DENCKER war ein bekannter Hippologe, der bis zu seinem Tode das Gestüt Dillenburg/Hessen leitete.

Dettweiler, Christian (1831–1893)

Geburtsort: Wintersheim/Hessen
Starker Förderer der deutschen Ziegenzucht. Import von Ziegen aus der Schweiz.
(Sohn FR. DETTWEILER – Rostock).

Dieken, Brechter (1835–1899)

Geburtsort: Wybelsum/Ostfriesland
Praktischer Landwirt und überragender Tierzüchter (Schwarzbunte Rinder) in Schoonorth/Ostfr. (Züchter von Matador 589 – Stammvater der neueren ostfr. Rinderzucht).

Diener, Hans Oskar (1899–1982)

Geburtsort: Aub bei Ochsenfurt/Unterfranken
Studium: Nationalökonomie in Würzburg und Landwirtschaft mit Abschlußprüfung und Promotion in Weihenstephan
1925–1930 Tätigkeit als wissenschaftlicher Assistent am Institut für Betriebswirtschaft Weihenstephan
1930–1936 Leiter des Staatsgutes in Weihenstephan
1936–1955 Referent für Schafzucht in Bayern, zugleich Geschäftsführer des Landesverbandes Bayerischer Schafzüchter sowie Kriegsdienst
1955–1964 Leiter der Unterabteilung Tierzucht im Bayerischen Staatsministerium für Ernährung, Landwirtschaft und Forsten
DIENER arbeitete über Jahrzehnte hin an der Förderung der bayerischen Tierzucht und erwarb sich besondere Verdienste um die Schafzucht (Typänderung des Merinolandschafes, Nachkommenschaftsprüfungen, Herdengesundheitsdienst, Erzeugergemeinschaften).

Dietrich, Gottfried (1899–1966)
Geburtsort: Prenzlau/Ulm
Studium: Landwirtschaft mit Abschlußprüfung und Promotion
1931–1938 Geschäftsführer der Herdbuchgesellschaft Mittelweser in Hannover
1938–1940 Prof. und Leiter des Instituts für Allgemeine Viehhaltung in der Versuchs- und Forschungsanstalt Landsberg/Warthe
1940–1945 Verwaltungsdirektor der Reichsforschungsanstalt für Landwirtschaft in Bromberg, zugleich Leiter des Instituts für Tierhaltung
1953–1961 Referent für Futter und Fütterung in der Landwirtschaftskammer Hannover.

Disselhorst, Rudolf (1854–1930)
Geburtsort: Rinteln
Studium: Veterinärmedizin mit Approbation in Hannover
1881–1898 Verschiedene Tätigkeiten als Assistent und Prosektor. Daneben medizinische und naturwissenschaftliche Studien (1892 medizinische Staatsprüfung und Dr. med., 1895 Dr. sc. nat.)
1898 a. o. Prof. in Halle und Leiter des Veterinärmedizinischen Instituts (später Anatomisch-physiologisches Institut mit Tierklinik)
1909 o. Prof. in Halle/S.
DISSELHORST bildete an der Landwirtschaftlichen Fakultät in Halle/S. Landwirte aus. Er bemühte sich mit großem Erfolg, Beurteilungslehre und Leistungsdenken durch anatomische und physiologische Grundlagen zu untermauern.

Dobberstein, Johannes Christian Albrecht (1895–1965)
Geburtsort: Graudenz/Westpr.
Studium: Veterinärmedizin mit Approbation und Promotion in Berlin
1927 Habilitation
1928–1960 o. Prof. für Veterinär-Pathologie in Berlin
DOBBERSTEIN trug durch seine Arbeiten in der Diagnostik der Krankheiten landwirtschaftlicher Nutztiere stark zur Förderung der Gesunderhaltung der Haustierbestände bei.

Dobel, Werner (1904)
Geburtsort: Augsburg
Studium: Landwirtschaft mit Abschlußprüfung
Praktischer Landwirt und Tierzüchter. Administrator der Fürstlich-Oettingen-Wallersteinschen Güter. Erwarb sich große Verdienste auf dem Gebiet der Rinderzucht (Fleckvieh) sowie Schweinezucht. Langjähriger Vorsitzender von Züchtervereinigungen.

Dobler, Jakob (1886–1980)
Geburtsort: Pflugfelden
Studium: Landwirtschaft in Hohenheim
Praktischer Landwirt. Starke züchterische Einflußnahme auf die Warmblutzucht des Landes. Errichtung des Fohlenhofes Maßhalderbuch auf der Schwäbischen Alb. Langjähriger Vorsitzender des Württ. Pferdezuchtverbandes.

Doehner, Herbert (1899)
Geburtsort: Chemnitz
Studium: Landwirtschaft mit Abschlußprüfung und Promotion in München
1926–1934 Assistent am Institut für Tierzucht und Züchtungsbiologie der Technischen Hochschule München (Schafzucht und Wollkunde)
1934–1941 Geschäftsführer des Reichsverbandes Deutscher Schafzüchter
1941–1945 Abteilungsleiter am Kaiser-Wilhelm-Institut für Tierzuchtforschung in Dummerstorf/Rostock
1948–1974 Referent für Schafzucht im Landwirtschaftsministerium Württemberg/Baden
1940 Habilitation
1952 Vorlesungen über Schafzucht in Hohenheim
DOEHNER gehört zu den Schafexperten der letzten Jahrzehnte. Ausgestattet mit hohem Wissen und Kenntnissen, verfaßte er wertvolle Fachbücher (u.a. „Handbuch der Schafzucht").

Douglas, Wilhelm, Graf (1907)
Studium: Landwirtschaft mit Abschlußprüfung in Weihenstephan und Berlin
Praktischer Landwirt in Langenstein-Stockach/Bodensee. Tierzüchter (Deutsche Schwarzbunte in Baden-Württemberg) und talentierter Förderer der Landwirtschaft in zahlreichen Institutionen (langjähriger Vorsitzender des Verbandes der Niederungsviehzüchter in Baden-Württ.).

Dreyer, Hermann (1889–1982)
Geburtsort: Wellingen
Praktischer Landwirt und Tierzüchter (insbesondere veredelte Landschweine in Wellingen/Osnabrück.

Driehaus, Karl (1889–1959)
Geburtsort: Lemförde/Osnabrück
Studium: Landwirtschaft in Göttingen und Jena mit Abschlußprüfung und Promotion
Hervorragender und befähigter Zuchtleiter des Lüneburger Herdbuches (1919–1935). Ankauf der späteren Lehr- und Versuchswirtschaft für Viehhaltung in Echem.

Dünkelberg, Friedrich Wilhelm (geb. 1819)
Geburtsort: Schloß Schaumburg/Lahn
Studium: Landwirtschaft mit Abschlußprüfung
1871–1896 Direktor der Landwirtschaftlichen Akademie Poppelsdorf bei Bonn.

Dürigen, Bruno (1853–1930)
Geburtsort: Erdmannsdorf/Sachsen
DÜRIGEN arbeitete über Jahrzehnte hin in leitenden Stellungen der deutschen Geflügelzucht. Er war Dozent für Geflügelwirtschaft an der Landwirtschaftlichen Hochschule Berlin.

Dürrwaechter, Ludwig (1897–1964)

Geburtsort:	Bamberg
Studium:	Landwirtschaft mit Abschlußprüfung und Promotion in München
1923–1934	Verschiedene Tätigkeitsbereiche bei bayerischen Herdbuchverbänden sowie in der Tierzuchtverwaltung
1934	Leitung der Tierzuchtabteilung der Landesbauernschaft Bayern in München
1945	Gleiche Aufgabenstellung im Bayerischen Landwirtschaftsministerium
1943	Habilitation in München
1959	Hon.-Prof. der Tierärztlichen Fakultät der Universität München
1957	Vorsitzender der Deutschen Gesellschaft für Züchtungskunde und Vizepräsident der Europäischen Vereinigung für Tierzucht
	DÜRRWAECHTER besaß ein hohes Fachwissen und war ausgestattet mit hervorragendem Organisationstalent. Er schuf die Grundlagen der neuzeitlichen, leistungsfähigen Tierzucht in Bayern. Zugleich bemühte er sich mit großem Erfolg, wissenschaftliche Erkenntnisse in die tierzüchterische Praxis zu übertragen.

Duerst, Ulrich (1876–1950)

Geburtsort:	Köln
Studium:	Landwirtschaft und Zoologie mit Promotion
1908–1949	Prof. für Tierzucht und Veterinärhygiene in Bern
	Besondere Arbeitsgebiete: Herkunft und Abstammung der Haustiere. Konstitutionsprobleme bei landwirtschaftlichen Nutztieren (Duerstscher Rippenwinkelmesser).

Dusche, Helmut (1904–1973)

Studium:	Landwirtschaft mit Abschlußprüfung und Promotion
	Geschäftsführer und Leiter (1950–1969) des Lüneburger Herdbuches in Uelzen/Niedersachsen. Talentierter Zuchtleiter und Förderer der Zucht des Deutschen Schwarzbunten Rindes.

Ebbinghaus, Hermann (1879–1967)

Geburtsort:	Kreuztal Krs. Siegen
Studium:	Landwirtschaft mit Abschlußprüfung
	Geschäftsführer des Landesverbandes der Westfälischen Schafzüchter. Erwarb sich große Verdienste um den Ausbau der Schafzucht (Deutsche Schwarzköpfige Fleischschafe).

Eckhoff, Heinrich (1903–1979)

Geburtsort:	Zeven
Studium:	Landwirtschaft mit Abschlußprüfung in Bonn und Göttingen
1929–1936	Wissenschaftlicher Assistent für Tierzucht in Göttingen und Tschechnitz/Breslau sowie Tätigkeit in der Praxis in schlesischen Tierzuchtbetrieben
1936–1945	Geschäftsführer des Verbandes Schlesischer Schweinezüchter, zugleich Referent für Schweinezucht in der Landesbauernschaft Breslau
1949–1969	Geschäftsführer der Arbeitsgemeinschaft Deutscher Schweinezüchter, Bonn
	ECKHOFF erwarb sich große Verdienste bei Wiederaufbau und Organisation der Schweinezucht in der BRD.

Ehlert, Ernst (1875–1957)

Geburtsort:	Wernersdorf/Marienburg/Westpreußen
Studium:	Landwirtschaft und Philosophie mit landwirtschaftlicher Abschlußprüfung und Promotion
	Tätigkeit in der Preußischen Gestütsverwaltung
1921	Landstallmeister in Labes (vorher kurze Zeit Landstallmeister in Rastenburg)
1928	Landstallmeister in Braunsberg
1931–1944	Landstallmeister in Trakehnen
	EHLERT gehört zu den bekannten Hippologen, die mit Fachkenntnissen und organisatorischem Geschick die Zucht stark förderten. Seine Arbeit in Trakehnen setzte er nach 1945 in der Trakehner-Zucht in Hunnesrück/Solling fort.

Ehrenberg, Paul (1875–1956)

Geburtsort:	Brandenburg
Studium:	Landwirtschaft mit Abschlußprüfung und Promotion
1907	Habilitation in Breslau
1910	o. Prof. an der Forstlichen Hochschule in Hann.-Münden
1911	o. Prof. für Agrikulturchemie in Göttingen
1921	o. Prof. für Agrikulturchemie in Breslau
1946–1948	o. Prof. für Agrikulturchemie in Weihenstephan
	EHRENBERG bearbeitete in starkem Maße das Gebiet der Tierernährung, insbesondere schuf er grundlegende Normen für die Pferdefütterung.

Ehrensberger, Emil (1879–1938)

Geburtsort:	Landau/Pfalz
Studium:	Veterinärmedizin mit Approbation und Promotion in München
	Tätigkeit als praktischer Tierarzt
1906–1920	Gestütstierarzt im Stamm- und Landgestüt Zweibrücken/Pfalz
1920–1938	Leiter des Stamm- und Landgestüts Zweibrücken/Pfalz
	EHRENSBERGER war ein hervorragender Pferdefachmann, der sich große Verdienste um die Pferdezucht in der Pfalz erwarb (Zweibrückener Pferd).

Eibl, Karl (1906–1972)
Geburtsort: Parsberg/Opf.
Studium: Landwirtschaft und Veterinärmedizin mit Diplomprüfung, Approbation und Promotion in Weihenstephan und München
Praktischer Tierarzt und Kriegsdienst
1944 Regierungsveterinärrat in Neustadt/Aisch
1948–1972 Gründung des Besamungsvereins Neustadt/Aisch und Übernahme der Geschäftsführung der Besamungszentrale in Neustadt/Aisch
EIBL baute die Station Neustadt/Aisch zu dem seinerzeit größten deutschen und europäischen Besamungszentrum aus. Er verband in vorbildlicher Weise veterinärhygienische Maßnahmen (Deckseuchenbekämpfung, Sterilitätsbekämpfung) mit neuzeitlichem, tierzüchterischem Denken (Erbwertermittlungen u. a.).

Ellermeyer, Ernst (1893–1978)
Geburtsort: Allershausen/Solling
Praktischer Landwirt und bekannter Tierzüchter (Rheinisch-Deutsches Kaltblutpferd) in Allershausen/Solling. Langjähriger Vorsitzender der Kaltblutzüchter-Vereinigung Niedersachsen.

Engberding-Ahrenhorst, Diedrich (1879–1968)
Geburtsort: Badbergen/Vehs
Praktischer Landwirt und Tierzüchter (Deutsche Schwarzbunte) in Vehs bei Badbergen.

Engeler, Willy (1901)
Studium: Landwirtschaft mit Abschlußexamen in Zürich und Promotion in München
1928–1969 Direktor der Schweizerischen Herdebuchstelle für Braunvieh in Zug/Schweiz
ENGELER leitete über Jahrzehnte hin die Braunviehzucht in der Schweiz. Seine Kenntnisse und Befähigung bei der Lösung tierzüchterischer Fragen erbrachten hohe internationale Anerkennung.

Engelhard, Ludwig (1904)
Geburtsort: Attenhofen/Neu-Ulm
Praktischer Landwirt und hervorragender Tierzüchter bei Rind, Pferd und Geflügel (Puten, Gänse). Langjähriger Vorsitzender von Züchtervereinigungen und Besamungsstationen.

Enigk, Karl (1906)

Geburtsort:	Torgau
Studium:	Veterinärmedizin mit Approbation und Promotion in Leipzig
1932	Assistententätigkeit am Institut für Parasitologie und Zoologie der Tierärztlichen Hochschule Berlin
1938	Habilitation in Berlin
1940	Dozentur für Parasitologie, veterinärmedizinische Zoologie und Tropenhygiene in Berlin
1941–1953	Tätigkeit am Hamburger Bernhard-Nocht-Institut (unterbrochen durch Kriegsdienst)
1953–1975	o. Prof. für Parasitologie und Zoologie der Tierärztlichen Hochschule Hannover
	ENIGK erwarb sich besondere Verdienste um die parasitären Erkrankungen auf Grün- und Weideflächen. Er trug damit wesentlich zur Gesunderhaltung und zur Leistungsfähigkeit der Tierbestände bei.

Ess, Michael (1869–1925)

Geburtsort:	Burgberg im Allgäu
1894–1909	Melklehrer der Allgäuer Herdebuch-Gesellschaft
ab 1909	Melkinstruktor für Bayern
	Arbeitete mit den Brüdern Josef und Gebhard Mader in Meierhöfen die „Allgäuer Melkmethode" aus. Einführung und Überwachung der Milchleistungsprüfungen bei den bayr. Zuchtverbänden.

Eyth, Max von (1836–1906)

Geburtsort:	Kirchheim/Teck
Studium:	Ingenieurwissenschaften – Maschinenbau in Stuttgart
1861–1882	Ingenieur in England (Bau landwirtschaftlicher Maschinen), verbunden mit umfangreichen Reisen
1882	Rückkehr nach Deutschland (Bonn, später Ulm und Berlin)
1885	Gründung der Deutschen Landwirtschafts-Gesellschaft (Vorbild englische Royal Agricultural Society) und Tätigkeit immerhalb dieser Gesellschaft (1887 1. Wanderausstellung der DLG unter seiner Leitung)
	Starker Förderer landwirtschaftlicher Organisationen sowie vermehrter Einführung der Technik in die Landwirtschaft. Schriftstellerische Tätigkeit.

Falke, Friedrich (1871–1948)

Geburtsort:	Schwarzholz/Altmark
Studium:	Landwirtschaft mit Abschlußprüfung und Promotion in Halle/S.
1898	Habilitation in Halle
1901	o. a. Prof. für Tierzucht und Pflanzenbau an der Universität Leipzig
1914–1920	Kriegsdienst und Verwaltungstätigkeit im Wirtschaftsministerium in Dresden
1920	o. Prof. für Landwirtschaftliche Betriebslehre an der Universität Leipzig

1933 Übernahme des Aufbaus der Landwirtschaftlichen Hochschule in Ankara/Türkei
FALKE bearbeitete insbesondere Fragen und Probleme der Grünlandwirtschaft (1923 Arbeitsgemeinschaft für Grünlandwirtschaft, 1927 internationaler Grünlandkongreß). Herausgabe wertvoller Schriften zur Gründlandbewirtschaftung und zum Betrieb von Dauerweiden.

Fangauf, Reinhard (1898–1982)
Geburtsort: Berlin
Studium: Landwirtschaft mit Abschlußprüfung und Promotion
1928–1961 Leiter der Lehr- und Versuchsanstalt für Kleintierzucht Kiel – Steenbeck
1950 Hon.-Prof. Universität Kiel
FANGAUF gehörte zu den nachhaltigen Förderern der Kleintier-, insbesondere Geflügelproduktion sowohl im wissenschaftlichen als auch praktischen Bereich. Herausgeber der Buchreihe Geflügelzucht-Bücherei.

Fehr, Anton (1881–1954)
Geburtsort: Lindenberg/Allgäu
Studium: Landwirtschaft mit Abschlußprüfung und Promotion in München und Weihenstephan
1904–1917 Verschiedene Tätigkeiten als Assistent am Milchwirtschaftlichen Institut in Weihenstephan und im Rahmen der Milchwirtschaft des Allgäus, später für den Bereich Bayern
1917–1936 zunächst Lehrer für Milchwirtschaft und ab 1919 o. Prof. für Milchwirtschaft in Weihenstephan, seit 1923 zugleich Leiter der neugegründeten Süddeutschen Versuchs- und Forschungsanstalt für Milchwirtschaft und Staatlichen Molkereischule
1946–1950 Nach Entlassung 1936 Wiederaufnahme der Tätigkeit in Weihenstephan
FEHR war in zahlreichen landwirtschaftlichen Organisationen (vornehmlich Milchwirtschaft) tätig, im Jahr 1922 Reichsernährungsminister und von 1924 bis 1930 Bayerischer Landwirtschaftsminister.

Feuersänger, Helmut (1898–1942)
Geburtsort: Berlin
Studium: Landwirtschaft mit Abschlußprüfung und Promotion in Breslau
1924–1938 Tätigkeiten in der Tierzuchtverwaltung (Brandenburg, Oldenburg, Danzig)
1939–1942 Sachbearbeiter für Pferdezucht und Geschäftsführer des Landespferdezuchtverbandes Alpenland
FEUERSÄNGER erwarb sich besondere Verdienste um die Entwicklung und Förderung der alpenländischen Pferdezucht (insbesondere Haflinger).

Ficken, Friedrich Wilhelm (1884–1967)

Geburtsort:	Westerstede
Studium:	Landwirtschaft mit Abschlußprüfung und Promotion
1922–1936	Zuchtleiter des Verbandes Lüneburger Schweinezuchtgenossenschaften in Uelzen
1936–1945	Zuchtleiter des Verbandes Mecklenburger Schweinezüchter
1946–1949	Zuchtleiter der Ammerländer Schweinezuchtgesellschaft in Bad Zwischenahn
	FICKEN trug zur züchterischen Entwicklung und zum Leistungsstand des veredelten Landschweines und des weißen Edelschweines wesentlich bei.

Fingerling, Gustav (1876–1944)

Geburtsort:	Sachsenburg/Waldeck
Studium:	Naturwissenschaften (Chemie) mit Promotion in Marburg
1900–1912	Tätigkeit an der Landwirtschaftlichen Versuchsanstalt in Hohenheim (Spezialisierung in Tierernährungslehre)
1912–1944	Leiter der Staatlichen Versuchs- und Forschungsanstalt für Tierernährung in Leipzig-Möcken (Nachfolger von OSKAR KELLNER)
	FINGERLING setzte die Arbeiten von Kellner fort und befaßte sich darüber hinaus mit grundlegenden Arbeiten auf dem Gebiet der Ernährung des Schweines.

Fittje, Fritz (1896–1966)

Geburtsort:	Hollwege/Ammerland
	Praktischer Landwirt und hervorragender Tierzüchter (Deutsche weiße Edelschweine).

Fleischmann, Gustav Friedrich Wilhelm (1837–1920)

Geburtsort:	Erlangen
Studium:	Naturwissenschaften mit Staatsprüfung für Lehramt (Mathematik und Physik) und Promotion in Tübingen
1864–1867	Lehrer an der Gewerbeschule Memmingen und Leiter der landwirtschaftlichen Versuchsstation Rothenfels-Seifenmoos
1867	Leiter der Gewerbeschule Lindau
1876	Leiter des 1. deutschen milchwirtschaftlichen Instituts in Raden (Mecklenburg)
1886	o. Prof. in Königsberg und Direktor des Landwirtschaftlichen Instituts Königsberg sowie Leiter der Versuchsstation und Lehranstalt für Molkereiwesen
1896	o. Prof. in Göttingen und Direktor des Landwirtschaftlichen Instituts in Göttingen
	FLEISCHMANN gehört zu den Begründern einer deutschen organisierten Milchwirtschaft (Lehrbuch der Milchwirtschaft).

Foerster, Max (1885–1952)

Geburtsort:	Neuhaus, Frankenstein/Schlesien
Studium:	Landwirtschaft mit Abschlußprüfung und Promotion in Jena und Halle/S.
1922–1934	Geschäftsführer der Schweinezuchtgesellschaft beim Landwirtschaftlichen Zentralverein in Insterburg
1934–1945	Hauptgeschäftsführer der Ostpreußischen Schweinezuchtgesellschaft in Königsberg/Pr.
1945–1951	Tätigkeit bei der Landwirtschaftskammer Oldenburg (Ammerländer Edelschweinzucht)

FOERSTER schuf in Ostpreußen ein beachtliches Zuchtgebiet für das Deutsche weiße Edelschwein. Sein züchterisches Können und sein Talent in der Bewältigung organisatorischer Aufgaben verdienen hohe Anerkennung.

Fraas, Carl Nikolaus (1810–1875)

Geburtsort:	Rattelsdorf/Oberfranken
Studium:	Medizin und Naturwissenschaften (insbesondere Botanik) mit Promotion zum Dr. med.
1835–1842	Hofgarteninspektor und Professor für Botanik in Athen
1842–1847	Lehrer an der Landwirtschafts- und Gewerbeschule zu Freising, zugleich Inspektor an der Centrallandwirtschaftsschule zu Schleißheim
1847	Prof. der Landwirtschaft in München
1851–1867	Direktor der Zentraltierarzneischule in München

FRAAS bemühte sich in zahlreichen Schriften, die Erkenntnisse der Naturwissenschaften der Landwirtschaft zuzuführen (Gründung der 1. Kunstdüngerfabrik in Bayern). FRAAS gehört zu den starken Förderern der Landwirtschaft im 19. Jahrhundert.

Frahm, Heinrich (1886–1959)

Praktischer Landwirt und Tierzüchter (Angler Sattelschweine und Schleswiger Kaltblutpferde) in Norderbrarup.

Freckmann, Wilhelm (geb. 1878)

Leiter der Moorversuchsstation Neu-Hammerstein in Pommern, später des Grünlandinstituts der Preußischen Forschungsanstalt in Landsberg/Warthe sowie o. Prof. für Kulturtechnik in Berlin

FRECKMANN gilt als einer der Pioniere der Grünlandwirtschaft, der durch die damit verbundene Verbesserung der Futtergrundlagen die tierische Produktion stark förderte.

Freyer, Gottfried (1875–1934)

Geburtsort: Ilfeld/Harz

Studium: Landwirtschaft in Halle/S. mit Diplomprüfung, Zoologie und Philosophie in Jena mit Promotion und Pädagogik in Leipzig

Tätigkeit als landwirtschaftlicher Lehrer und wissenschaftlicher Assistent in Tetschen-Liebwerd

1909–1934 Wissenschaftlicher Hilfsarbeiter und Geschäftsführer (ab 1910) in der DLG (Tierzuchtabteilung)

Als langjähriger Geschäftsführer der Tierzuchtabteilung der DLG hat FREYER die deutsche Tierzucht stark gefördert (umfangreiches Schrifttum, Tierschauen der Wanderausstellungen).

Freyschmidt, Kurt (1883–1956)

Geburtsort: Strykowo/Posen – West

Studium: Landwirtschaft mit Abschlußprüfung in Berlin

1906–1917 Landwirtschaftslehrer in Visselhövede und Tierzuchtbeamter in Zeven

1917–1919 Tierzuchtdirektor beim Verband Stader Herdbuchgesellschaften in Stade

1919–1927 Tierzuchtdirektor der Oldenburger Wesermarsch-Herdbuchgesellschaft

1928–1948 Leiter der Tierzuchtabteilung der Landwirtschaftskammer Hannover

FREYSCHMIDT gehört in die Reihe der Tierzuchtdirektoren, die mit Fachwissen und Organisationstalent zu den großen Förderern der deutschen Tierzucht wurden (FREYSCHMIDT setzte sich insbesondere für die Schwarzbuntzucht in Niedersachsen ein).

Friedrich Karl Alexander, Markgraf von Ansbach-Bayreuth (1736–1806)

Geburtsort: Ansbach

Vielseitiger Förderer der fränkischen Viehzucht. Einführung von Rindern für die Entstehung des Ansbach-Triesdorfer Rindes. Gründung eines Gestüts in Triesdorf. Führte Überprüfung von Wollmengen und -qualitäten bei Schafen durch. Gründung der Schäferschule in Triesdorf, Import von spanischen Merinos.

Fritz, Wilhelm (1894–1949)

Geburtsort: Bamberg

Studium: Technik mit Abschlußprüfung und Promotion

FRITZ war in Halle/S. und in Weihenstephan im Rahmen milchwirtschaftlicher Institute tätig. Er förderte die Technik der Milchverarbeitung in hervorragendem Maße. Erfindung und Entwicklung mehrerer Milchverarbeitungsmaschinen.

Fritzsche, Karl (1906)

Geburtsort: Ottendorf/Sachsen

Studium: Veterinärmedizin mit Approbation und Promotion in Leipzig und Wien

1930–1957 Tiergesundheitsamt Breslau und Landes-Veterinär-Untersuchungsamt Koblenz
1957 a. o. Prof. in Gießen
FRITZSCHE beschäftigte sich in starkem Maße mit der Tierseuchenbekämpfung und hier insbesondere mit solchen in der Geflügelzucht. Wird als „Altmeister der Geflügelkrankheiten" bezeichnet.

Frobeen, Erhard (1899–1981)
Geburtsort: Königsberg/Pr.
Studium: Landwirtschaft mit Abschlußprüfung und Promotion in Königsberg/Pr. und Berlin
1934–1945 Zuchtleiter innerhalb der Landesschafzuchtverbände Ostpreußen und Westpreußen
1951–1964 Referent für Schafzucht der Landwirtschaftskammer Rheinland und Geschäftsführer des Landesverbandes Rheinischer Schafzüchter.

Frölich, Gustav (1879–1940)
Geburtsort: Oker/Harz
Studium: Landwirtschaft mit Abschlußprüfung und Promotion
1910–1912 o. Prof. für Tierzucht und Taxationslehre in Jena
1912–1915 o. Prof. für Landwirtschaftliche Betriebslehre in Göttingen (Vorlesungen über Tierzucht)
1915–1939 o. Prof. für Tierzucht in Halle/S.
1939–1940 Erster Direktor des 1939 gegründeten Instituts für Tierzuchtforschung Dummerstorf/Rostock der Kaiser-Wilhelm-Gesellschaft
Forschungen auf verschiedenen Gebieten der Zucht, Fütterung und Haltung landwirtschaftlicher Nutztiere, insbesondere bei Schweinen und Schafen.

Fugger, Marx, Herr von Kirchberg und Weißenhorn (1525–1597)
Rat Kaiser Rudolfs II. in Augsburg und Besitzer eines Gestüts in Sonthofen/Allgäu
FUGGER befaßte sich mit Fragen der Züchtung und Haltung von Pferden. „Von der Gestüterey" (1578) gehört zu den ersten Fachbüchern der Tierzucht (1786 von WOLSTEIN überarbeitet und als „Von der Zucht der Kriegs- und Bürgerpferde" herausgegeben).

Gaede, Ernst (1889–1936)
Geburtsort: Fischbeck/Elbe
Studium: Landwirtschaft mit Abschlußprüfung in Bonn und Halle/S.
Tätigkeit innerhalb des Verbandes für die Zucht des Schwarzbunten Tieflandrindes in der Provinz Sachsen in Halle/S.
1920–1936 Referent für Rinderzucht der Landwirtschaftskammer Pommern in Stettin und Geschäftsführer der Pommerschen Herdbuchgesellschaft
GAEDE schuf die seinerzeit bekannte und leistungsfähige Rinderzucht in Pommern (starke Förderung der Leistungszucht).

Gärtner, Robert (1894–1951)
Geburtsort: Freiburg/Schlesien
Studium: Landwirtschaft mit Abschlußprüfung und Promotion
1922 Habilitation in Breslau
1928 a. o. Prof. in Breslau
1931–1941 o. Prof. für Tierzucht in Jena
1941–1945 o. Prof. für Tierzucht in Halle/S.
1945–1951 o. Prof. für Tierzucht in Göttingen
Besondere Arbeitsgebiete:
Zuchtwertschätzungen bei Rindern. Schafzucht und Beurteilung von Wolle.

Galton, Sir Francis (1822–1911)
(Vetter von CHARLES DARWIN)
Naturwissenschaftler in England, der sich mit genetischen, insbesondere genetisch-statistischen Fragen befaßte (Galtonsche Gesetze). Seine Arbeiten sind Grundlagen der modernen Populationsgenetik.

Gatermann, Wilhelm (1891–1933)
Studium: Landwirtschaft mit Abschlußprüfung in Bonn, Jena und Königsberg/Pr.
Tätigkeiten in der Praxis und Tierzuchtverwaltung (Leiter des Tierzuchtamtes Kottbus)
1920–1928 Tätigkeit in verschiedenen leitenden Positionen des Preußischen Landwirtschaftsministeriums, einschl. Gestütsreferat
1928-1933 Leiter der Preußischen Gestütsverwaltung (Oberlandstallmeister) und Direktor der Tierzuchtabteilung im Preußischen Landwirtschaftsministerium
GATERMANN war ein sehr begabter Tierzuchtfachmann, der neben der Pferdezucht auch einen starken Einfluß auf die gesamte tierzüchterische Entwicklung ausgeübt hat.

Gehrke, Heinrich (1877–1972)
Geburtsort: Ahrsen
Praktischer Landwirt und Tierzüchter (veredelte Landschweine) in Ahrsen bei Visselhövede.

Gehrke, Ernst (1893–1982)
(Bruder von HEINRICH GEHRKE)
Geburtsort: Ahrsen
setzte die züchterische Arbeit (veredelte Landschweine) seines Bruders ab 1945 fort und förderte die Schweinezucht durch Übernahme wichtiger Positionen in Tierzuchtorganisationen.

Gemmeke, Franz (1909)
Geburtsort: Münsterbrock, Krs. Höxter
Studium: Landwirtschaft mit Abschlußprüfung und Promotion in München und Bonn
1946–1974 Referent für Schafzucht bei der Landwirtschaftskammer Westfalen-Lippe und Geschäftsführer des Landesverbandes Westfälischer Schafzüchter
GEMMEKE erwarb sich große Verdienste um die Schafzucht in Westfalen, insbesondere in den für diesen landwirtschaftlichen Betriebszweig schwierigen Jahren nach 1945.

Gentner, Franz Xaver (1889–1976)
Geburtsort: Bergervorstadt/Donauwörth
Studium: Veterinärmedizin mit Approbation und Promotion in München
1919–1945 Geschäftsführer bayerischer Pferdezuchtverbände und Referent für Pferdezucht in der Landesbauernschaft Bayern
1947–1955 Referent für Pferdezucht im Bayerischen Landwirtschafts-Ministerium
Anerkannter und erfolgreicher Pferdefachmann. Besondere Verdienste um die Vereinheitlichung zum Süddeutschen Kaltblut (Pinzgauer – Oberländer) sowie Entwicklung des Haflingers.

Gerauer, Franz (1900)
Geburtsort: Hartham/Niederbayern
Praktischer Landwirt und Tierzüchter in Hartham/Rottal/Niederbayern
GERAUER war in zahlreichen führenden Positionen tierzüchterischer Organisationen tätig. Von 1959 bis 1976 leitete er die Arbeitsgemeinschaft Deutscher Tierzüchter (ADT). Er gilt als einer der hervorragenden Förderer der Tierzucht in der BRD nach 1945.

Gerriets, Jan (1889–1963)
Geburtsort: Purkswarfe/Jeverland
Studium: Landwirtschaft mit Abschlußprüfung und Promotion in Jena und Halle/S.
1912–1920 Abteilungsvorsteher bei der Landwirtschaftskammer in Posen (Schriftleitung der Kammerzeitung)
1920–1933 Referent im Preußischen Landwirtschaftsministerium in Berlin (Schwein, Kleintierzucht, Lehr- und Versuchanstalten)
1933–1945 Landesbauernschaft Kurmark in Berlin (Abteilung Kleintierzucht)
1945–1948 Tätigkeit in der Verwaltung für Land- und Forstwirtschaft der sowjetischen Besatzungszone (inbesondere Kleintierzucht)
1948–1956 o. Prof. für Kleintierzucht an der Humboldt-Universität Berlin
GERRIETS hat sich mit unermüdlicher Schaffenskraft und organisatorischem Talent um die Entwicklung der Kleintierzucht sowie der Versuchs- und Forschunganstalten (Preußen) bemüht. Er ist einer der großen Förderer der deutschen Kleintierzucht.

Gmelin, Walter (1903)

Geburtsort: Sinsheim/Heidelberg
Studium: Landwirtschaft mit Abschlußprüfung und Promotion in Breslau und Hohenheim
1925–1944 Tätigkeit im Bereich der Tierzuchtverwaltung in Schlesien
1948–1951 Tätigkeiten als Landwirtschaftslehrer und in der Beratung Nordbaden
1951–1968 Referent für Tierhaltung und Fütterung im Ministerium für Ernährung, Landwirtschaft und Forsten in Stuttgart

GMELIN erwarb sich hohe Verdienste um den Wiederaufbau der Tierzucht nach 1945. Sein besonderes Engagement erhielten die Gebiete Fütterung und Ausbildungsfragen.

Goerttler, Victor (1897–1982)

Geburtsort: Sondershausen/Thüringen
Studium: Veterinärmedizin mit Approbation und Promotion in München und Gießen
1937 Habilitation in Berlin
1923–1929 Verschiedene Tätigkeiten in der Industrie und bei staatlichen Veterinäruntersuchungsämtern
1929–1935 Veterinärrat der Kreise Göttingen und Hann. Münden (enge Verbindung zum Tierzuchtinstitut der Universität)
1935–1938 Referent in der Veterinär-Verwaltung in Berlin (Seuchenbekämpfung)
1938–1962 o. Prof. für Tiermedizin an der Mathematisch-Naturwissenschaftlichen Fakultät, später Landwirtschaftlichen Fakultät, der Universität Jena unter gleichzeitiger Übernahme der Leitung des Thüringischen Veterinäruntersuchungs- und Tiergesundheitsamtes (später Serum- und Impfstoffinstitut und Institut für bakterielle Tierseuchen)

GOERTTLER beschäftigte sich vornehmlich mit tierhygienischen Fragen und mit der Tierseuchenbekämpfung. Dies geschah in enger Verbindung mit der Landwirtschaft bzw. der landwirtschaftlichen Tierzucht. GOERTTLER förderte die tierische Produktion mit seinen Vorschlägen und Maßnahmen sehr stark.

Götze, Richard (1890–1955)

Geburtsort: Oberlichtenau/Sa.
Studium: Veterinärmedizin mit Approbation und Promotion in Dresden
1923 Habilitation
1925 o. Prof. für Geburtshilfe und Rinderkrankheiten an der Tierärztlichen Hochschule Hannover

Neben seinen umfangreichen und weitläufigen Arbeiten auf den verschiedensten Gebieten der Erkrankungen des Rindes hat sich GÖTZE besonders um die Unfruchtbarkeitsbekämpfung und um die Besamung bei dieser Tierart verdient gemacht. Trotz größter Schwierigkeiten verhalf er der Besamung beim Rind in Deutschland zum Durchbruch und schuf damit eine wertvolle Grundlage für die züchterische Weiterentwicklung.

Golf, Arthur (1877–1941)

Geburtsort:	Beyersdorf/Provinz Sachsen
Studium:	Landwirtschaft mit Abschlußprüfung und Promotion in Breslau, Bonn und Halle/S.
1907	Habilitation in Halle/S. (Mitarbeiter von KÜHN). Auslandsreisen (Afrika, Asien)
1912	a. o. Professor für koloniale und ausländische Landwirtschaft in Leipzig
1922–1941	o. Prof. für Tierzucht in Leipzig
	Verdienste um die deutsche Schafzucht (u. a. verstärktes Bemühen um Auf- und Ausbau einer Karakulzucht in Deutschland).

Goltz, Theodor von der (1836–1905)

Geburtsort:	Koblenz
Studium:	Rechts-, Staatswissenschaft und Landwirtschaft in Erlangen und Bonn-Poppelsdorf
1860	Lehrer der Landwirtschaft und der Naturwissenschaft an der Ackerbauschule Biesenroth bei Werdohl/Westf.
1862–1869	Landwirtschaftlicher Lehrer und Administrator in Waldau/Ostpr.
1869–1885	o. Prof. für Landwirtschaft in Königsberg/Pr.
1885–1896	o. Prof. für Landwirtschaft in Jena
1896–1905	o. Prof. für Landwirtschaft in Bonn-Poppelsdorf
	VON DER GOLTZ erreichte Anerkennung der landwirtschaftlichen Betriebslehre als Lehrfach. Einrichtung der Buchführungsabteilung der DLG.

Grabensee, Wilhelm Hubert (1841–1915)

Geburtsort:	Büderich/Neuss
Studium:	Landwirtschaft, Veterinärmedizin und Naturwissenschaften mit Approbation und Promotion (Dr. phil.)
1869–1881	Gestütstierarzt in Trakehnen, Dillenburg und Graditz
1881–1892	Gestütstierarzt in Wickrath, später Landstallmeister in Wickrath
1892–1915	Landstallmeister in Celle
	Starker Einfluß auf die Entwicklung der Pferdezucht seiner Gestütsbereiche, so auf die Rheinisch-Deutsche Kaltblutzucht und auf das Hannoversche Warmblutpferd.

Grau, Hugo (1899)

Geburtsort:	Vilsbiburg/Niederbayern
Studium:	Veterinärmedizin mit Approbation und Promotion in München
	Praktischer Tierarzt. Tätigkeit an der Landwirtschaftlichen und Tierärztlichen Hochschule Teheran.
	Veterinär-Untersuchungsamt Karlsbad
1946	Leiter des bayerischen Landesuntersuchungsamtes für das Gesundheitswesen Schleißheim. Einrichtung von Herdengesundheitsdiensten
1952–1964	o. Prof. für Anatomie, Histologie und Embryologie in München
	GRAU erwarb sich große Verdienste um die Einführung und den Ausbau des bayerischen Herdengesundheitsdienstes.

Gravert, Johannes (1895–1976)

Geburtsort:	Bokhorst/Haneran-Hademarschen
	Praktischer Landwirt und Tierzüchter (Deutsche Schwarzbunte) in Lindau/Schl.-Holst.
	Erwarb sich besondere Verdienste um die Einführung der künstlichen Besamung beim Rind.

Groscurth, Hermann (gest. 1931)

Studium:	Landwirtschaft
1897–1920	Referent in der Preuß. Domänenverwaltung Berlin, später Leitung der Zentraldomänenadministration in Ostpreußen
1920–1928	Leitung der Preuß. Gestütsverwaltung (Oberlandstallmeister)
	GROSCURTH hat sich um die Pferdezucht in den schwierigen Jahren nach dem 1. Weltkrieg sehr verdient gemacht. In seine Amtszeit als Oberlandstallmeister fällt die Aufnahme von Leistungsprüfungen (Hengstprüfstation Zwion 1926).

Grüter, Peter (1902–1956)

Geburtsort:	Boge bei Telgte (Münsterland)
Studium:	Landwirtschaft mit Abschlußprüfung und Promotion in Göttingen und Bonn
	GRÜTER war Geschäftsführer des Reichsverbandes der Rinderzüchter und nach 1945 Leiter der Abteilung Tierzucht im Ministerium für Landwirtschaft Nordrhein-Westfalen. Umfassendes Wissen und organisatorisches Talent erbrachten starke Impulse und Förderung der Tierzucht.

Gruhn, Ruth (1907)

Geburtsort:	Opalenitza/Schlesien
Studium:	Mathematik, Naturwissenschaften und Landwirtschaft in Breslau mit Promotion
1941	Habilitation in Breslau
1938–1945	Wissenschaftliche Tätigkeit in der Abteilung für Vererbungsforschung an der Landwirtschaftlichen Fakultät Breslau, später (1943) Übernahme dieser Abteilung
1949	Wissenschaftliche Mitarbeiterin, später Leiterin der Abteilung für angewandte Vererbungswissenschaft am Institut für Tierzuchtforschung in Dummerstorf
1952–1971	Wissenschaftliche Tätigkeit und Leitung der Abteilung für Haustiergenetik am Institut für Tierzucht Göttingen (1957 a. o. Prof.)
	Frau GRUHN (Schülerin von KRALLINGER) arbeitete auf dem Gebiet der Genetik in der Tierzucht. Sie erwarb sich überragende Verdienste bei der Einführung und Entwicklung neuer Verfahren und Methoden (Zuchtwertschätzungen).

Gumppenberg, Johannes von (1891–1959)

Geburtsort: Pöttmes/Bayern

Praktischer Landwirt und Tierzüchter (insbesondere Schafe) in Pöttmes/Bayern. VON GUMPPENBERG war 1933–1945 Vorsitzender des Reichsverbandes Deutscher Schafzüchter, 1950–1954 Vorsitzender der Vereinigung Deutscher Landesschafzuchtverbände in der BRD einschl. Wollverwertungseinrichtungen. VON GUMPPENBERG gehört zu den erfolgreichen Förderern der deutschen Schafzucht.

Gutbrod, Hans (1877–1948)

Geburtsort: München

Studium: Veterinärmedizin mit Approbation in München

1903–1938 Tätigkeit in der bayerischen Tierzuchtverwaltung (Tierzuchtinspektion Würzburg) und beim Zuchtverband für gelbes Höhenvieh Würzburg (Geschäftsführer und Tierzuchtdirektor)
(1929 Ruf auf den Lehrstuhl für Tierzucht und Vererbungsforschung an der Tierärztlichen Hochschule Hannover abgelehnt)

1939–1945 Landesbauernschaft Bayern

GUTBROD hat in langer Tätigkeit, begabt mit Können und organisatorischem Talent, die Grundlagen für die neuzeitliche Zucht des Deutschen Gelbviehs geschaffen.

Hahl, Gustav (1896–1958)

Geburtsort: Oggersheim/Rheinpfalz

Studium: Landwirtschaft in Weihenstephan

1919 Praktischer Landwirt und Tierzüchter in Schwaighof/Augsburg

Neben führenden Positionen in süddeutschen Zuchtverbänden übernahm HAHL eine Fülle wichtiger Ämter in den verschiedensten Gremien (ADT, DLG, DGfZ, Imex u. a.), die sich in den schweren Jahren nach dem 2. Weltkrieg konstituierten. HAHL hat großen Anteil an dem Wiederaufbau und der Entwicklung der Tierzucht in der BRD (1948–1958 Vorsitzender der ADT).

Hammond, Sir John (1889–1964)

Geburtsort: Norfolk/England

Studium: Naturwissenschaften in Cambridge mit landwirtschaftlichem Diplom

1912 Master of Arts

1914 Assistent von F. H. MARSHALL

1920–1943 Physiologe am Tierernährungsinstitut der Universität Cambridge

1943–1954 Dozent für Physiologie landwirtschaftlicher Nutztiere in Cambridge

HAMMOND ist in seiner Zeit als einer der führenden Tierzuchtwissenschaftler der Welt zu bezeichnen. Seine anatomisch-physiologischen Untersuchungen haben einen starken Einfluß auf die Entwicklung der Tierzucht gehabt. (H.-v.-Nathusius-Medaille der DGfZ).

Hangen, Günther (1911)
Geburtsort: Wanfried/Hessen
Studium: Landwirtschaft mit Abschlußprüfung und Promotion in Göttingen
HANGEN baute als Leiter des Referates Tierzucht im Landesamt für Landwirtschaft in Hessen die Tierzucht seines Tätigkeitsbereiches in den Jahrzehnten nach 1945 mit viel Sachverstand und Organisationstalent wieder auf.

Hansen, Johannes (1863–1938)
Geburtsort: Nadelhöft, Krs. Flensburg
Studium: Landwirtschaft mit Abschlußprüfung und Promotion
1886–1897 Landwirtschaftslehrer, später Leiter der Ackerbauschule in Zwätzen/Jena
1897–1901 Güterdirektor
1901–1910 o. Prof. für Tierzucht in Bonn
1910–1922 o. Prof. für Tierzucht in Königsberg/Pr.
1922–1929 o. Prof. für Tierzucht in Berlin (Landwirtschaftliche Hochschule)
Besondere Tätigkeitsbereiche:
Förderung der Leistungsprüfungen (Kontrollvereinswesen) bei Rindern, Durchführung von Höchstleistungsprüfungen (DRLB).
Bemerkenswert: Johannes-Hansen-Preis der DLG. Johannes-Hansen-Stiftung.

Hansen, Wilhelm (1896–1982)
Geburtsort: Rosenthal/Peine
Praktischer Landwirt und Tierzüchter (Pferde und Rinder) in Rosenthal/Peine
WILHELM HANSEN erwarb sich große Verdienste in leitenden und entscheidenden Positionen tierzüchterischer Organisationen (1933 Vorsitzender des Reichsverbandes der Rinderzüchter, 1948 Vorsitzender der Arbeitsgemeinschaft für Zucht und Prüfung deutscher Pferde, 1955 Vorsitzender des Deutschen Olympischen Komitees für Reiterei).

Haring, Fritz (1907)
Geburtsort: Dessau
Studium: Landwirtschaft mit Abschlußprüfung und Promotion in Jena und Halle/S.
1949 Habilitation in Halle/S.
1932–1937 Wissenschaftliche Tätigkeit im Institut für Tierzucht in Halle/S.
1937 Hauptgeschäftsführer des Reichsverbandes deutscher Schweinezüchter
1949 o. Prof. für Tierzucht in Rostock, zugleich Leitung von Dummerstorf/Rostock (Forschungsanstalt für Tierzucht der Akademie der Landwirtschaftswissenschaften, Berlin)
1952–1972 o. Prof. für Tierzucht in Göttingen
HARING hat in langjähriger Tätigkeit als akademischer Lehrer und Forscher die deutsche Tierzucht stark beeinflußt und gefördert. Dabei ist ein Schwerpunkt für das Gebiet Schweinezucht bemerkenswert.

Havermann, Heinrich (1909–1971)

Geburtsort:	Benrath/Düsseldorf
Studium:	Landwirtschaft und Zoologie in Kiel und Bonn mit Abschlußprüfung und Promotion im Fach Landwirtschaft
1946	Habilitation in Bonn
1946	Tätigkeit als Assistent und Oberassistent am Institut für Tierzucht in Bonn
1950	a. o. Prof. und Abteilungsleiter für Kleintierzucht und -haltung, Bonn
1954	o. Prof. für Tierzucht und Tierfütterung, Bonn
	HAVERMANN erwarb sich besondere Verdienste um die Förderung und Entwicklung der Kleintierzucht, insbesondere Geflügelzucht. Er war langjähriger Schriftleiter der Zeitschrift „Züchtungskunde".

Heck, Ludwig (1860–1951)

Geburtsort:	Darmstadt
Studium:	Zoologie, Naturgeschichte
	HECK war von 1888–1932 Direktor des Berliner Zoologischen Gartens. Auf seine Anregung hin wurden Haustierrassen, ihre Wildformen oder wilden Verwandten in Zoos aufgestellt (Haustierkunde und Domestikationsforschung).

Hecker, Eugen (1912)

Geburtort:	Bonlanden, Kreis Biberach
Studium:	Landwirtschaft mit Abschlußprüfung und Promotion in Hohenheim und München
	Tätigkeit in der Bayerischen Landesanstalt für Tierzucht, Grub
1955–1977	Zuchtleiter des Verbandes der Braunviehzüchter in Kaufbeuren/Bay. sowie Geschäftsführer der Arbeitsgemeinschaft Deutsches Braunvieh
	HECKER erwarb sich besondere Verdienste um die Förderung der Braunviehzucht nach 1945.

Heitmüller, Heinz (1898)

Geburtsort:	Holtorf
	Praktischer Landwirt und Tierzüchter (Deutsche Schwarzbunte) in Holtorf/Niedersachsen (langjähriger Vorsitzender der Herdbuchgesellschaft Mittelweser, Hannover-Verden).

Heling, Martin (1889–1980)

Geburtsort:	Koseeger/Kolberg
Studium:	Landwirtschaft mit Abschlußprüfung und Promotion in Halle/S. und München
1919–1922	Tätigkeit in der Preußischen Gestütsverwaltung, Berlin
1922–1945	Leitung der Landgestüte bzw. Hauptgestüte in der zeitlichen Reihenfolge: Braunsberg, Neustadt/Dosse, Rastenburg und Georgenburg
1945–1954	Leitung des Landgestüts Celle sowie des Gestüts Harzburg, später Referent für Tierzucht im Ministerium für Ernährung, Landwirtschaft und Forsten in Hannover.
	HELING hat in langer Tätigkeit im Rahmen der Gestütsverwaltung ein hohes Maß an hippologischen Kenntnissen und Erfahrungen erworben. Er galt als einer der befähigtsten Hippologen.

Henkel, Theodor (1855–1934)

Geburtsort:	Wolfertschwenden bei Ottobeuren
Studium:	Naturwissenschaften in München (bes. Chemie) mit Promotion (1891)
1880–1884	Assistententätigkeit in München (bei Soxleth)
1884–1902	Tätigkeit in der Milchindustrie
1902–1913	o. Prof. für Milchwirtschaftslehre in Weihenstephan
1913–1930	o. Prof. für Agrikulturchemie und Milchwirtschaft in München (Landwirtschaftliche Abteilung der Technischen Hochschule), zugleich Leiter der Bayerischen Hauptversuchsanstalt für Landwirtschaft
	HENKEL wird „Altmeister der deutschen Milchwirtschaft" genannt. Neben Fragen der Milchgewinnung, -verarbeitung und -verwertung befaßte er sich auch mit solchen der Rinderhaltung und -fütterung.

Henneberg, Johann-Wilhelm (1825–1890)

Geburtsort:	Wasserleben/Wernigerode
Studium:	Naturwissenschaften mit Promotion
1857	Gründung und Leitung der Landwirtschaftlichen Versuchsstation Weende-Göttingen
1865	a. o. Prof. in Göttingen
1873	o. Prof. für Tierernährungslehre in Göttingen
	Begründer der wissenschaftlichen Tierernährung (Futtermittelanalyse „Weender Methode").

Henseler, Heinz (1885–1968)

Geburtsort:	Euskirchen/Rheinland
Studium:	Naturwissenschaften und Landwirtschaft mit Abschlußprüfung und Promotion in Halle/S.
1913	Habilitation in Halle/S.
1909–1913	Assistententätigkeit in der Abteilung für Tierzucht des Landwirtschaftlichen Instituts der Universität Halle/S.
1916–1920	a. o. Prof. für Tierzucht in Göttingen
1920–1954	o. Prof. für Tierzucht und Züchtungsbiologie an der Technischen Hochschule München
	HENSELER hat sich in langer Tätigkeit als akademischer Lehrer im Fachgebiet Tierzucht ein großes Ansehen erworben. Neben dieser erfolgreichen Tätigkeit in der Ausbildung landwirtschaftlicher Führungskräfte förderte er die tierzüchterische Entwicklung nachhaltig.

Hensler, Adolf (1886–1964)

Geburtsort:	Sauldorf-Bichtlingen/Sigmaringen
	Praktischer Landwirt und hervorragender Tierzüchter (Fleckvieh). Langjähriger Vorsitzender der Fleckviehzuchtgenossenschaft Meßkirch. Einführung von Milchleistungsprüfungen, Export von Zuchttieren u. a.

Herbst, Walter (1898–1949)

Geburtsort:	Königsberg/Pr.
Studium:	Landwirtschaft mit Abschlußprüfung und Promotion
1927	Habilitation in Danzig
1930	a. o. Prof.
1927–1945	Vorlesung allg. Tierzucht, Tierernährung und Milchwirtschaft in Danzig und Leitung des Instituts für Tierzucht, Tierernährung und Milchwirtschaft an der Technischen Hochschule Danzig.

Heresbach, Conrad von (1496–1576)

1512	Studium in Köln (Jura)
1515	zum Magister der freien Künste ernannt und nach Studien in Frankreich und Italien Dr. jur. in Ferrara
1522–1523	Professor der griechischen Wissenschaften in Freiburg
1523–1536	Erzieher und Übernahme von kirchlichen und von Verwaltungsaufgaben im Herzogtum Cleve
1536	Übernahme seines landwirtschaftlichen Betriebes Lorward bei Wesel und Aufnahme schriftstellerischer Tätigkeit auf landwirtschaftlichem Gebiet
	(Rei Rusticae Libri Quattuor . . .). VON HERESBACH gilt neben GROSSER und COLER als Begründer eines eigenständigen landwirtschaftlichen Schrifttums.

Hermes, Andreas (1878–1964)

Geburtsort:	Köln
Studium:	Landwirtschaft mit Abschlußprüfung und Promotion in Bonn-Poppelsdorf
1902	Nach Praxis und Lehrtätigkeit an Landwirtschaftsschulen Assistent am Institut für Tierzucht in Poppelsdorf (Prof. Hansen). Umfangreiche Reisen und Erhebungen im In- und Ausland (Die Rindviehzucht im In- und Ausland – Hansen/Hermes)
1905–1911	Wissenschaftlicher Hilfsarbeiter bei der DLG in Berlin
1911–1914	Direktor der Technischen Abteilung des Internationalen Agrarinstituts in Rom
1920–1922	Reichsminister für Ernährung und Landwirtschaft, zugleich Finanzminister
1926	Aufsichtsrat der deutschen Raiffeisenbank
1930	Leitung des genossenschaftlichen Einheitsverbandes
1936–1939	Wirtschaftsberater in Bogotá (Kolumbien)
1946	Gründung der Arbeitsgemeinschaft der deutschen Bauernverbände
1948	Gründung des deutschen Bauernverbandes und Übernahme des Vorsitzes
1948	Gründung des deutschen Raiffeisenverbandes und Übernahme des Vorsitzes.

Herold, Franz (1884–1950)

Geburtsort:	Hammelburg/Mainfranken
Studium:	Veterinärmedizin mit Approbation in München
1911–1950	Tätigkeit in der bayerischen Tierzuchtverwaltung und bei Herdbuchverbänden. Im besonderen Förderung der Fleckviehzucht (1930 Geschäftsführer des neu gegründeten Reichsverbandes Deutscher Fleckviehzüchter), 1940 Tierzuchtreferent im Landwirtschaftsministerium in München.

Herre, Wolf (1909)

Geburtsort:	Halle/S.
Studium:	Naturwissenschaften mit Abschlußprüfung und Promotion in Halle/S. und Graz
1935	Habilitation für Zoologie und vergleichende Anatomie in Halle/S.
1933	wissenschaftlicher Assistent am Institut für Tierzucht in Halle/S.
1939	Dozent für Zoologie in Halle/S. – Soldat bis 1945
1945	Dozent an der Universität in Kiel
1948	Gründung und Leitung des Instituts für Haustierkunde in Kiel (ab 1951 Zugehörigkeit zur Naturwissenschaftlichen und Landwirtschaftlichen Fakultät)
1951–1977	o. Prof. und Direktor des Instituts für Haustierkunde in Kiel

HERRE war in Halle/S. am Institut für Tierzucht der Landwirtschaftlichen Fakultät tätig, und auch das Institut für Haustierkunde in Kiel gehört zur dortigen Landwirtschaftlichen Fakultät. Diese enge Verbindung des Zoologen HERRE zur landwirtschaftlichen Tierzucht prägte seine umfangreichen Arbeiten und Forschungsgebiete im Rahmen der Domestikationsforschung bis zu den Problemen neuerer Leistungsformen bei Veränderung von Tieren und Tiergruppen unter Züchtung und Umwelt.

Herz, Franz Josef (1885–1920)
Geburtsort: Obergünzburg/Allgäu
Studium: Landwirtschaft mit Abschlußprüfung und Promotion
Leiter der Milchwirtschaftlichen Untersuchungsanstalt in Memmingen. Staatlicher Konsulent, später Königlicher Landesinspektor für Milchwirtschaft in Bayern.

Heyne – für die Entwicklung der deutschen Schafzucht verdienstvolle Familie

Heyne, Friedrich (1759–1847)
Wollhändler und Wollsortierer
Übernahm ab 1807 züchterische Beratungen und Bockzuteilungen in Schafherden in Thüringen, Sachsen und Schlesien (Schäfereidirektor).

Heyne, Johann Gottfried (1801–1869)
(Sohn von FRIEDRICH HEYNE)
Wurde von seinem Vater eingewiesen und übernahm den Tätigkeitsbereich in Thüringen, Sachsen, Schlesien mit Erweiterung auf Posen. Intensivierte und erweiterte die züchterische Arbeit in den Schafherden (Zuchtbücher, Bonitierungsregister, Tätowierung und Einteilung in Zuchtwertklassen u. a.). Arbeitete mit SETTEGAST und KÜHN zusammen.

Heyne, Johann Ernst (1828–1903)
(Sohn von JOHANN GOTTFRIED HEYNE)
Schäfereidirektor in Ungarn, Mähren und Böhmen sowie Sachsen und Schlesien.

Heyne, Ludwig (1831–1917)
(Sohn von JOHANN GOTTFRIED HEYNE)
Schäfereidirektor in Ungarn, Mähren, Polen und Rußland.

Heyne, Adolf (1838–1922)
(Sohn von JOHANN GOTTFRIED HEYNE)
War als Schäfereidirektor vornehmlich in deutschen Schafzuchten tätig (u. a. Hundisburg, Strohwalde).

Heyne, Johannes (1869–1933)
(Sohn von ADOLF HEYNE
Studium: Landwirtschaft in Breslau und Leipzig sowie Spezialausbildung in der Wollverarbeitung
J. HEYNE war Leiter der Schafzuchten der Familie Falz-Fein in Ascania Nova in Südrußland (280 000 Mutterschafe). Sammelte große Erfahrungen und Kenntnisse, die er später bei der Betreuung von Herden in Deutschland, Ungarn, Polen und der Tschechoslowakei anwandte.

Heyne, Adolf, d. J. (geb. 1872)
(Sohn von ADOLF HEYNE d. Ä.)
Zunächst praktischer Landwirt. Später Übernahme von Herdenbetreuungen (Schäfereidirektor) aus dem Arbeitsbereich seines Vaters.

Hezler, Hans (1890–1975)
Geburtsort: Weiler o. H./Geislingen/Steige
Praktischer Landwirt und angesehener Tierzüchter (Fleckvieh). Verdienstvolle Tätigkeit in tierzüchterischen Organisationen, u. a. langjähriger Vorsitzender des Fleckviehzuchtverbandes Ulm/Donau.

Hille, Ernst-August (1899)
Geburtsort: Riesenbeck/Westfalen
Studium: Landwirtschaft mit Abschlußprüfung und Promotionen in Göttingen und Jena
1926–1967 Geschäftsführer der Oldenburger Schweinezuchtgesellschaft
HILLE hat, mit hohen Sachkenntnissen ausgestattet, in 4 Jahrzehnten die Zucht des veredelten Landschweines im Raum Oldenburg organisiert und züchterisch betreut.

Hönig, Robert (1871–1945)
Geburtsort: Knipstein/Heilsberg/Ostpr.
Praktischer Landwirt und Tierzüchter (Deutsche Schwarzbunte – Züchter von Mozart 30793).

Hoesch, Felix (1866–1933)
Geburtsort: Düren/Rhld.
Studium: Technik und Landwirtschaft (Berlin)
1890 Erwerb des Rittergutes Neukirchen (Altmark) und Betätigung als praktischer Landwirt und Tierzüchter.
HOESCH war überragender Landwirt und Züchter (Deutsches veredeltes Landschwein, Rheinisch-Deutsches Kaltblutpferd). Starker Förderer der Tierzuchtorganisationen und Beeinflussung der Tierzuchtwissenschaft (führende Positionen in der DLG, bei der DGfZ sowie sonstigen landwirtschaftlich-tierzüchterischen Vereinigungen. 1906–1923 Vorsitzender der DGfZ; 1921 Vorsitzender des Reichsverbandes der Kaltblutzüchter u. a.).

Hofacker, Cäsar von (1829–1896)
Ausbildung: Militärdienst/aktiver Offizier
1867–1896 Landoberstallmeister am Haupt- und Landgestüt Marbach/Lauter
VON HOFACKER erwarb sich große Verdienste um den Ausbau und die züchterische Arbeit in Marbach. Insbesondere förderte er den Aufbau einer württembergischen Warmblutzucht unter Verwendung von Anglonormännern und Ostpreußen.

Hofer, Bruno (1862–1916)

Geburtsort: Rhein bei Lötzen/Ostpreußen

Prof. für Zoologie an der Tierärztlichen Hochschule in München. Gründer der Bayerischen Biologischen Versuchsanstalt in München und der Teichwirtschaftlichen Versuchsanstalt Wielenbach/Weilheim. Besondere Verdienste bei der Schaffung bayerischer Fischerei- und Wassergesetze.

Hofmann, Fritz (1901–1965)

Geburtsort: Markkleeberg/Leipzig

Studium: Landwirtschaft mit Abschlußprüfung und Promotion in Leipzig und Berlin

1925–1927 Tätigkeit am Tierzuchtamt Landsberg/Warthe

1927–1940 Leitung der amtlichen Leistungskontrolle bei Rind und Schwein in der Provinz Brandenburg (insbesondere beim Schweinezuchtverband Kurmark)

1940–1945 Geschäftsführer des Schweinezuchtverbandes Danzig

1946 Leitung des Hauptreferats für Schweinezucht in der Sowjetischen Besatzungszone

1947–1965 o. Prof. für Tierzucht in Jena.

HOFMANN hat insbesondere während seiner Tätigkeit in der Kurmark grundlegende Verfahren zur Einführung praxisnaher Leistungskontrollen in der Schweinezucht entwickelt und durchgeführt. Seine Arbeiten trugen wesentlich zur Förderung der Schweinezucht bei.

Hohnbaum, Ernst (1899–1973)

Geburtsort: Bibra/Meiningen

Studium: Landwirtschaft mit Abschlußprüfung in Jena

HOHNBAUM war bis 1953 in der Fleckviehzucht Thüringens als Verbandsgeschäftsführer tätig. Danach arbeitete er in gleicher Eigenschaft in Hessen. Er erwarb sich große Verdienste um die Förderung der Fleckviehzucht im mitteldeutschen Raum.

Holdefleiß, Friedrich (1846–1919)

Geburtsort: Bennstedt/Halle

Studium: Landwirtschaft mit Abschlußprüfung und Promotion in Halle/S.

1876 Habilitation in Halle/S.

1878 Direktor der agrikulturchemischen Versuchs- und Kontrollstation des landwirtschaftlichen Zentralvereins in Breslau

1881 a. o. Prof. für Landwirtschaft in Breslau

1892–1919 o. Prof. für Tierproduktionslehre in Breslau

HOLDEFLEISS befaßte sich insbesondere mit der Entwicklung der schlesischen Tierzucht und wurde durch diesbezügliche Schriften bekannt.

Holzrichter, Arnim (1911)

Geburtsort:	Wuppertal
Studium:	Landwirtschaft mit Abschlußprüfung und Promotion in Bonn, Kiel und Halle/S.
1936–1945	Tätigkeit als Assistent und Tierzuchtleiter beim Reichsverband der Kaltblutzüchter, Berlin, und Pferdezuchtverband Sudetenland
1946–1962	Referent für Pferdezucht Kurhessen-Waldeck
1962–1976	Landstallmeister in Dillenburg/Hessen

Honcamp, Franz (1875–1934)

Geburtsort:	Erfurt
Studium:	Naturwissenschaften (insbesondere Chemie) mit Promotion, später Landwirtschaft mit Diplomprüfung
	Assistent an den Agrikulturchemischen Versuchsstationen in Marburg/L. und Leipzig (bei Oskar Kellner) sowie am Agrikulturchemischen Institut in München (bei Soxleth)
1907	Leiter der Agrikulturchemischen Kontroll- und Versuchsstation Oldenburg i. O.
1908	Leiter der landwirtschaftlichen Versuchsstation Rostock und a. o. Prof. für Agrikulturchemie an der Universität Rostock – 1923 persönliches Ordinariat
1925	o. Prof. für Agrikulturchemie in Rostock
	Honcamp hat sich nach der Grundausbildung bei Kellner und Soxleth auf dem Gebiet der Tierernährung besondere Verdienste erworben.

Horn, Valentin (1901)

Geburtsort:	Steinbach, Kr. Limburg
Studium:	Landwirtschaft mit Abschlußprüfung und Promotion
	Assistententätigkeit am Agrikulturchemischen Institut in Gießen und zugleich Studium der Veterinärmedizin mit Approbation
1933	Habilitation in Gießen
1934	Leiter des Agrikulturchemischen Instituts in Gießen
1936–1940	Tätigkeit an der Universität Ankara (Agrikulturchemie, Veterinär-Physiologie, Tierernährung)
1940	Tätigkeit an der Landwirtschaftlichen Forschungsanstalt Pulawy in Polen (Institut für Tierernährung)
1948	o. Prof. für Veterinär-Physiologie in Gießen
	Horn hat neben seinen sonstigen Aufgabengebieten der Tierernährung seine Arbeitskraft gewidmet und diese mit grundlegenden Forschungen gefördert.

Hutten, Hans Ulrich (1899–1976)

Geburtsort:	Niedersteinach/Schwäbisch-Hall
Studium:	Landwirtschaft mit Abschlußprüfung in Hohenheim
1925–1939	Tierzuchtleiter für Schafzucht und Referent für Schafzucht in der Landesbauernschaft Württemberg
1939	Übernahme des Gutes Dächheim/Unterfranken
	Angesehener praktischer Landwirt und hervorragender Schafzüchter (Merinolandschaf). Starke Mitarbeit in Organisationen der Tierzucht.

Itzenga, Theodor (1885–1959)
Geburtsort: Osteel
Praktischer Landwirt und Tierzüchter (Pferde) in Osteeler-Neuland/Ostfriesland. Langjähriger Vorsitzender des Ostfriesischen Stutbuches – 1943 bis 1959.

Janssen, Fritz (1874–1959)
Geburtsort: Ussenhausen
Praktischer Landwirt und hervorragender Tierzüchter (Deutsche Schwarzbunte) in Ussenhausen/Jeverland.

Jodlbauer, Johann (1876–1949)
Geburtsort: Hilleröd/Rottal
Praktischer Landwirt und Tierzüchter (Fleckvieh) sowie Förderer moderner Grünlandbewirtschaftung.

Johannsen, Wilhelm Ludwig (1857–1927)
Naturwissenschaftler in Dänemark (Prof. für Botanik in Kopenhagen). Führte umfangreiche Untersuchungen auf dem Gebiet der Genetik durch und wurde zu einem der bedeutendsten Vererbungsforscher seiner Zeit. Starker Einfluß auf die Züchtungsforschung bei Haustieren (Populationsgenetik).

Johansson, Ivar (1892)
Geburtsort: Kronobergslän/Schweden
Studium: Stockholm und Wisconsin (USA)
1926 Extraordinarius für Tierzuchtlehre in Ultana/Uppsala
1932 Prof. für Genetik in Wisconsin/USA
1933–1958 o. Prof. für Tierzuchtlehre in Ultana/Uppsala
In enger Verbindung mit amerikanischen Fachwissenschaftlern hat sich JOHANSSON bemüht, populationsgenetische Erkenntnisse und Möglichkeiten in die Tierzucht einzuführen. Sein Einfluß auf die deutsche Tierzucht und ihre diesbezügliche Entwicklung war sehr stark.

Justinus, Johann Christoph (1750–1824)
Geburtsort: Bayreuth
Studium: Vetärinärmedizin in Wien
Tätigkeit in verschiedenen landwirtschaftlichen Großbetrieben in Österreich und Deutschland mit verstärktem Interesse für die Pferdezucht
1815 Hofgestütsinspektor in Kaiserlichen Diensten in Wien (ab 1821 Unterricht in Pferdekunde am Tierarzneiinstitut in Wien)
JUSTINUS war ein bekannter und erfolgreicher Pferdefachmann, der in vielen Fachschriften sein Gebiet stark förderte. Vertrat die Konstanztheorie bei seine Züchtungmaßnahmen.

Kannenberg, H. (geb. 1887)

Geburtsort:	Schönfelde/Wirsitz
	Leiter der Moorversuchsanstalt Neuhammerstein/Pommern und später Direktor des Instituts für Futterbau und Moorkultur in Bromberg. Nach 1945 beschäftigte er sich weiterhin mit wichtigen Fragen des Meliorationswesens und des Futterbaus.

Karsten, Fritz (1884–1971)

Geburtsort:	Watenstedt, Krs. Helmstedt
Studium:	Veterinärmedizin mit Approbation und Promotion
1922–1955	Direktor des Tiergesundheitsamtes der Landwirtschaftskammer Hannover
	Als langjähriger Direktor des Tiergesundheitsamtes des viehstarken Gebietes Hannover erwarb sich F. KARSTEN besondere Verdienste um die Tierseuchenbekämpfung und um die Gesunderhaltung der Tierbestände (Einführung von Tiergesundheitsdiensten).

Karsten, Lorenz (1751–1829)

Geburtsort:	Pohnstorf bei Teterow
Studium:	Mathematik und Naturwissenschaften mit Promotion in Bützow
	Dozent in Bützow
1780	a. o. Prof.
1783–1818	Lehrstuhl für Kameralwissenschaft, Landwirtschaft, Volkswirtschaft und Finanzwissenschaft der Universität Bützow
1789	Vereinigung der Universität Bützow mit der Universität Rostock
	Übersiedlung nach Rostock
1793	Gründung des „Oeconomischen Instituts" Neuenwerder auf eigene Kosten – früheste landwirtschaftliche Versuchsanstalt in Deutschland
	L. KARSTEN setzte sich verstärkt für eine theoretische Unterweisung und Ausbildung der Landwirte ein.

Kautz, Hans (1900–1977)

Studium:	Landwirtschaft mit Abschlußprüfung und Promotion
	Praktischer Tierzüchter (Wirtschaftsgeflügel) in „Kugelberg" bei Ludwigsburg. Beachtliche Tätigkeit im Bereich tierzüchterischer Organisationen (1958 Präsident des Verbandes Deutscher Wirtschaftsgeflügelzüchter).

Kellner, Oskar (1851–1911)

Geburtsort:	Tillowitz/Schlesien
Studium:	Naturwissenschaften mit Promotion in Leipzig
1874–1876	Assistent am Tierphysiologischen Institut der Landwirtschafts-Akademie Proskau
1876–1881	Assistent in Hohenheim (bei EMIL von WOLFF)
1881–1892	Prof. in Tokio
1893–1911	Leiter der Landwirtschaftlichen Versuchsstation in Möckern/Leipzig

KELLNER förderte und erweiterte die Kenntnisse auf dem Gebiet der Tierernährung in besonderem Maße. Seine Grundlagenforschung führte zur neuen Bewertung von Futtermitteln – Stärkewerte.

Kern, Paul (1896–1974)
Geburtsort: Troppen/Österreich
Studium: Landwirtschaft mit Abschlußprüfung und Promotion
KERN war von 1929–1934 Geschäftsführer des Reichsverbandes der Deutschen Kaltblutzüchter und übernahm danach die Geschäftsführung des Rheinischen Pferdestammbuches.

Kersting, Joh. Adam (1726–1784)
Geburtsort: Liebenau/Hessen
Allgemeine veterinärmedizinische Ausbildung (Wund-, Roßarzt)
1778 Erster Leiter der ältesten deutschen Tierarzneischule in Hannover (später Tierärztliche Hochschule Hannover)

Kiermeier, Friedrich (1908)
Geburtsort: Dresden
Studium: Chemie mit Abschlußprüfung und Promotion
1937–1953 Wissenschaftliche Tätigkeit in Instituten für Lebensmittelchemie und Lebensmitteltechnologie in Karlsruhe und München
1953–1978 Direktor des Chemisch-Physikalischen Institus der Versuchs- und Forschungsanstalt für Milchwirtschaft in Weihenstephan
1957–1978 zusätzlich o. Prof. für Milchwirtschaft und Molkereiwesen, Landwirtschaftliche Fakultät in Weihenstephan
1957–1976 Leitung der Gesamtanstalt für Milchwirtschaft Weihenstephan
KIERMEIER widmete sich den Fragen der Milchgewinnung sowie denjenigen der Milchverarbeitung. Seine auf hohem Grundwissen basierenden Arbeiten behielten immer Praxisnähe.

Kirchner, Wilhelm (1848–1921)
Geburtsort: Göttingen
Studium: Landwirtschaft mit Abschlußexamen und Promotion in Göttingen und Halle/S.
1876 Leitung der Milchwirtschaftlichen Versuchsstation in Kiel
1879 a. o. Prof. für Landwirtschaft in Halle/S.
1889 o. Prof. für Landwirtschaft in Göttingen
1890–1920 o. Prof. für Landwirtschaft in Leipzig
KIRCHNER erwarb sich als Hochschullehrer und Institutsleiter besondere Verdienste um den Ausbau des Ausbildungszweiges Landwirtschaft an den Universitäten sowie bei Einrichtung und Ausbau entsprechender Institute. Sein besonderes Forschungsgebiet war die Milchwirtschaft (Handbuch der Milchwirtschaft).

Kirsch, Werner (1901–1975)
Geburtsort: Osterode/Ostpr.
Studium: Landwirtschaft (und Zoologie) mit Abschlußprüfung, Promotion und Habilitation in Königsberg/Pr.
Assistententätigkeit am Institut für Tierzucht der Universität Königsberg/Pr.
1929–1944 o. Prof. für Tierzucht in Königsberg/Pr.
1947–1954 Direktor des Instituts für Milcherzeugung der Forschungsanstalt für Milchwissenschaft in Kiel, zugleich o. Prof. für Tierzucht und Tierhaltung an der Universität Kiel
1954–1967 o. Prof. für Tierzucht in Hohenheim
KIRSCH hat in einer fast vierzigjährigen Tätigkeit als Hochschschullehrer und Forscher die von ihm vertretenen Fächer Tierzüchtung, Tierernährung und Tierhaltung nachhaltig durch grundlegende Erkenntnisse beeinflußt und gefördert.

Klapp, Ernst (1894–1975)
Geburtsort: Mainz
Studium: Landwirtschaft
Habilitation in Berlin
1927 a. o. Prof. für Acker-/Pflanzenbau in Jena
1930 o. Prof. für Acker-/Pflanzenbau in Jena
1934 o. Prof. für Acker-/Pflanzenbau in Hohenheim
1936 o. Prof. für Acker-/Pflanzenbau in Bonn
KLAPP hat durch seine Arbeiten zur Grünlandbewirtschaftung und zum Feldfutterbau eine starke und nachhaltige Förderung der tierischen Produktion erzielt.

Klaue, A. (1866–1967)
Geburtsort: Hessen/Wolfenbüttel
Praktischer Landwirt und Tierzüchter in Riechenberg/Goslar
KLAUE erwarb sich besondere Verdienste als langjähriger Preisrichter für Schweine auf den DLG-Schauen. Er hat damit den Typ der zu züchtenden Schweine in starkem Maße geprägt.

Kliesch, Joachim (1900)
Geburtsort: Königsberg/Pr.
Studium: Landwirtschaft mit Abschlußprüfung und Promotion in Halle/S.
1934 Habilitation in Berlin
1925 Assistent am Institut für Tierzucht und Vererbungsforschung an der Tierärztlichen Hochschule Hannover
1930 Oberassistent am Institut für Tierzüchtung und Haustiergenetik an der Universität Berlin
1946–1969 o. Prof. für Tierzucht in Berlin
KLIESCH war als akademischer Lehrer insbesondere in Berlin tätig. Daneben umfaßte seine vielseitige Forschungstätigkeit das gesamte Gebiet der tierischen Produktion und setzte teilweise die Arbeiten seiner Vorgänger KRONACHER und SCHMIDT fort.

Klockenbring, Richard (1898–1967)
Geburtsort: Horbruch/Hunsrück
Studium: Landwirtschaft mit Abschlußprüfung und Promotion in Hohenheim und Bonn
KLOCKENBRING war langjähriger Zuchtleiter des Verbandes der Schwarzbuntzüchter in Südhannover-Braunschweig. Er trat insbesondere durch seine praxisnahen, wissenschaftlich fundierten Auswertungen tierzüchterischer Fragen hervor.

Koch, Albert (1890–1968)
Geburtsort: Neu-Isenburg
Studium: Zoologie in Marburg und Münster mit Promotion
1917 Habilitation in Münster
1922–1927 Tätigkeit im Rahmen der Landwirtschaftskammer Westfalen (Leiter der Lehr- und Versuchsanstalt für Bienenzucht)
1927–1955 Zunächst Leiter der Landesanstalt für Bienenzucht, ab 1938 der Reichsforschungsanstalt für Seidenbau, später Bundesforschungsanstalt für Kleintierzucht Celle.

Koch, Paul (1883–1960)
Geburtsort: Roßla/Harz
Studium: Veterinärmedizin und Naturwissenschaften in Hannover, Berlin und Leipzig
1907 praktischer Tierarzt in Kelbra/Thüringen
1920 Veterinärreferent im Thüringischen Wirtschaftsministerium in Weimar, später zugleich Tierzuchtreferent
(Lehrauftrag über Fragen allgemeiner und spezieller Tierzucht an der Universität Jena)
1934–1945 Veterinärrat und Lehrer an der Landwirtschaftsschule in Arnstadt (nach Entlassung aus seinen Ämtern 1933)
1945 Landestierarzt und Leiter der Veterinärabteilung im Ministerium in Weimar
1947–1955 o. Prof. für Tierzucht in Berlin (bis 1950 an der Humboldt-Universität, ab 1950 Freie Universität)
KOCH war über Jahrzehnte hin für die deutsche Tierzucht tätig. Als Tierzuchtreferent in Thüringen schuf er ein sehr bedeutsam gewordenes Körgesetz, und als Professor für Tierzucht befaßte er sich insbesondere mit dem Komplex Erbkrankheiten.

Koch, Walter (1902–1973)
Geburtsort: München
Studium: Zoologie und Veterinärmedizin
mit Approbation und Promotion in München
Habilitation in München
Tätigkeit als Dozent und Forscher im Rahmen des Instituts für Tierzucht der Veterinärmedizinischen Fakultät München
1956–1959 o. Prof. für Tierzucht an der Freien Universität Berlin
(1952 Gründung und Geschäftsführer der später in die DGfZ übergeführten Tierärztlichen Gesellschaft zur Förderung der Tierzucht).

Könekamp, Alfred H. (1898–1981)

Geburtsort:	Offenburg/Baden
Studium:	Landwirtschaft mit Abschlußprüfung und Promotion in Bonn und Gießen
1928–1939	Prof. an der Preußischen Versuchs- und Forschungsanstalt für Landwirtschaft, Landsberg/Warthe (Institut für Grünlandwirtschaft und Futterbau)
1939	Leitung des Instituts für Grünlandwirtschaft der „Reichsforschungsanstalt für Landwirtschaft", Säusenstein/Niederösterreich
1947–1963	Leitung des Instituts für Grünlandwirtschaft und Futterkonservierung der Forschungsanstalt für Landwirtschaft, Braunschweig-Völkenrode
	KÖNEKAMP förderte die tierische Produktion durch seine Arbeiten auf dem Gebiet der Grünlandbewirtschaftung und des Futterbaues nachhaltig.

Köppe, Adolf (1874–1956)

Geburtsort:	Fischbeck/Elbe
Studium:	Landwirtschaft in Halle/S.
1900–1914	Praktischer Landwirt und Tierzüchter (Rinder, Pferde) in Fischbeck
1921–1956	Geschäftsführer und Zuchtleiter des Vereins Ostfriesischer Stammviehzüchter in Norden – Leer/Ostfr.
	KÖPPE war ein hochbegabter Tierzüchter, der nach theoretischer Ausbildung (bei Kühn in Halle/S.) und praktischen Erfahrungen als Züchter die Leitung des VOST übernahm. In jahrzehntelanger Arbeit als Zuchtleiter schuf er die weit über die Grenzen Deutschlands hinaus bekannt gewordene ostfriesische Zucht des Schwarzbuntrindes.

Köppe, Johanna (Hanni) (1909–1976)
geb. Forsthoff

Geburtsort:	Unna/Westf.
Studium:	Landwirtschaft mit Abschlußprüfung u. Promotion in Göttingen
	Assistententätigkeit in Göttingen am Institut für Tierzucht
1940	Verheiratung mit A. KÖPPE – Norden/Ostfr.
	J. KÖPPE widmete sich mit hohem Sachverstand der züchterischen Entwicklung der Rinderzucht in Ostfriesland. Von ihr stammen wertvolle Arbeiten über die Entwicklung der Deutschen Schwarzbuntzucht.

Körte, Heinrich Friedrich Franz (1772–1845)

Geburtsort:	Bischersleben
	Ausbildung als Lehrer der Naturwissenschaften und Mathematik
	Leiter der Ackerbauschule Ober-Theres/Franken
1814	Lehrer in Möglin
1818–1845	Leitung der Akademie Möglin

Kolkmann, Balthasar (1891–1974)
Geburtsort: Hoerstgen/Wesel
Praktischer Landwirt und Tierzüchter (Deutsche Schwarzbunte, Rheinisch-Deutsches Kaltblut)
KOLKMANN war sehr erfolgreich in leitenden Positionen der Tierzuchtorganisationen auf Landes- und Reichsebene tätig.

Koppe, Johann Gottlieb (1782–1863)
Geburtsort: Beesdau/bei Luckau
Praktischer Landwirt und Verwalter größerer Güter bzw. Güterkomplexe
1807 Mitarbeiter von THAER in Möglin
1811–1813 Lehrkraft für Landwirtschaft in Möglin
Besonders bekannt geworden durch seine Tätigkeit im Rahmen der Stammschäferei Möglin.

Kraemer, Adolf (1832–1910)
Geburtsort: Berleburg
Studium: Landwirtschaft mit Abschlußprüfung und Promotion
1863 Dozent an der Akademie Poppelsdorf bei Bonn
1866 Dozent am Polytechnikum Darmstadt und Generalsekretär der landwirtschaftlichen Vereine des Großherzogtums Hessen
1871 Prof. an der Landwirtschaftlichen Abteilung des Polytechnikums (Technische Hochschule) in Zürich
Vertrat den Formalismus in der Tierbeurteilung („Das schönste Rind").

Kraemer, Hermann (1872–1940)
(Sohn von ADOLF KRAEMER – Zürich)
Geburtsort: Zürich
Studium: Jura, Volkswirtschaft, Landwirtschaft mit landwirtschaftlichen Abschlußprüfungen und Promotion in Zürich und Gießen
1901 Habilitation an der Landwirtschaftlichen Hochschule Bonn-Poppelsdorf
1901–1908 o. Prof. für Tierzucht (Beurteilungslehre, Hygiene der Tiere und allgemeine Biologie) in Bern
1908 Übernahme der Geschäftsführung der Deutschen Gesellschaft für Züchtungskunde in Berlin (hauptamtlich) und zugleich Dozent an der Tierärztlichen Hochschule Berlin
1909–1921 o. Prof. für Tierzucht in Hohenheim, zugleich Dozent an der Tierärztlichen Hochschule Stuttgart
1921–1934 o. Prof. für Tierzucht in Gießen
Bedeutender Hochschullehrer und Forscher, der die tierzüchterische Entwicklung stark förderte. Verfasser vieler Schriften (Neuauflage des Buches seines Vaters „Das schönste Rind").

Krämer, Heinrich (1891–1976)
Geburtsort: Unterschützen/Westerwald
Praktischer Landwirt u. Tierzüchter (Deutsche Rotbunte) in Unterschützen/Westerwald. KRÄMER arbeitete über Jahrzehnte hin neben seiner Tätigkeit als praktischer Landwirt und Züchter in Tierzuchtorganisationen und in der landwirtschaftlichen Verwaltung an entscheidenden Stellen. Sein ungemein fördernder Einfluß, insbesondere nach 1945, verdient hohe Anerkennung.

Krallinger, Hans Friedrich (1904–1943)

Geburtsort:	München
Studium:	Landwirtschaft mit Abschlußprüfung und Promotion in München
1930	Habilitation in Breslau
	Tätigkeit am Kaiser-Wilhelm-Institut für Biologie in Berlin-Dahlem, später am Zoologischen Institut der Universität München
1929	Wissenschaftlicher Hilfsarbeiter am Institut für Tierzucht der Preußischen Versuchs- und Forschungsanstalt für Tierzucht in Tschechnitz/Breslau
1930	Oberassistent am Institut für Tierzucht der Universität Breslau
1935/36	Lehrauftrag für angewandte Vererbungswissenschaft und Übernahme der Leitung einer Abteilung für angewandte Genetik am Institut für Tierzucht, Breslau
1937	a. o. Prof. für angewandte Genetik
1942	Ruf als o. Prof. für Tierzucht nach Göttingen (KRALLINGER war im Kriegsdienst)

KRALLINGER arbeitete insbesondere auf dem Gebiet der Vererbungsforschung. Er befaßte sich mit grundlegenden Fragen angewandter Genetik in der Haustierzüchtung. Mit seinem Namen bleibt die Einführung neuerer genetischer Erkenntnisse in die Züchtung landwirtschaftlicher Nutztiere verbunden.

Krancher, Oskar (1857–1936)
Geburtsort: Schneeberg
Leitete bis 1935 die Abteilung für Bienenzucht am Landwirtschaftlichen Institut der Universität Leipzig. Seine führende Position innerhalb der deutschen Bienenzucht erbrachte ihm den Namen „Bienenvater".

Krebs, Kurt (1887–1969)
Geburtsort: Klein-Darkehmen/Ostpreußen
Praktischer Landwirt und Leiter seiner großen Zuchtstätte des ostpreußischen Warmblutpferdes in Klein-Darkehmen (später Schimmelhof). Starke Beeinflussung der Typgestaltung des ostpreußischen Warmblutpferdes.

Kronacher, Carl (1871–1938)
Geburtsort: Landshut
Studium: Naturwissenschaften, Landwirtschaft und Veterinärmedizin mit Approbation und Promotion in München und Zürich
1900–1907 Praktische Tätigkeit als Tierzuchtleiter in Bamberg
1907–1916 Prof. für Tierzucht in Weihenstephan
1916–1929 o. Prof. für Tierzucht in Hannover (Tierärztliche Hochschule)
1929–1936 o. Prof. für Tierzucht in Berlin (Landwirtschaftliche Hochschule)
KRONACHER war ein überragender Tierzuchtwissenschaftler (Zwillingsforschung beim Rind u. a.). Er faßte das Wissen seines Fachgebietes in einem 6bändigen Werk zusammen.

Krüger, Leopold (1901–1974)
Geburtsort: Altenmuhr/Mittelfranken
Studium: Landwirtschaft mit Abschlußprüfung und Promotion in München
1931 Habilitation in Breslau
Assistent für Tierzucht in Weihenstephan und München
1934–1936 Auslandsaufenthalt (o. Prof. für Tierzucht in Sapporo/Japan)
1938 a. o. Prof. für Tierzucht in Breslau
1942–1945 o. Prof. für Tierzucht in Leipzig (Landwirtschaftliche Fakultät)
1947–1969 o. Prof. für Tierzucht in Gießen (Landwirtschaftliche Fakultät)
Besondere Arbeitsgebiete:
Zugleistungsprüfungen bei Pferden. Zuchtwertschätzungen bei Rindern und Schafen.

Kübitz, Heinrich (1882–1967)
Geburtsort: Lohburg/Magdeburg
Studium: Veterinärmedizin mit Approbation und Promotion in Berlin und München
KÜBITZ erwarb sich besondere Verdienste um die Entwicklung und Förderung der Tierzucht in Baden-Württemberg.

Kückens, Heinz (1901–1977)
Geburtsort: Motzen
Praktischer Landwirt und Tierzüchter (Pferde) in Hiddigwarden/Wesermarsch. KÜCKENS wurde 1946 Vorsitzender des Verbandes der Züchter des Oldenburger Pferdes. Er hat in der schwierigen Phase der Umstellung des schweren Warmblutpferdes zu leichteren Typen hervorragend gearbeitet und sich große Verdienste um die Oldenburger Pferdezucht erworben.

Kühn, Julius (1825–1910)

Geburtsort:	Pulsnitz/Oberlausitz
1844–1855	Verwalter landwirtschaftlicher Betriebe
1855–1856	Studium Landwirtschaft in Bonn-Poppelsdorf mit abschließender Promotion zum Dr. phil. in Leipzig (1856)
1857	Habilitation an der Landwirtschafts-Akademie in Proskau
1857–1862	Wirtschaftsdirektor eines landwirtschaftlichen Betriebes
1862–1909	o. Prof. der Landwirtschaft in Halle/S. (1863/64 Einrichtung eines Landwirtschaftlichen Instituts mit Haustiergarten in Halle/S.)
	KÜHN baute den Lehrstuhl für Landwirtschaft an einer Universität (bislang nur Akademien für Landwirtschaft) mit Energie und Umsicht aus. Mit einem bedeutenden praktischen und theoretischen Wissen konnte er die Landwirtschaft in der Lehre umfassend vertreten (Betriebslehre, Tierzucht, Pflanzenbau, Ackerbau); Schwerpunkt auf tierzüchterischem Gebiet (Haustiergarten, Karakulzucht u. a.).

Kühne, Erich (1858–1946)

Geburtsort:	Wanzleben/Magdeburg
	Praktischer Landwirt und Tierzüchter (Rheinisch-Deutsches Kaltblutpferd) in Wanzleben/Magdeburg.

Küst, Diedrich (1888–1974)

Geburtsort:	Vehs, Krs. Bersenbrück
Studium:	Veterinärmedizin mit Approbation und Promotion
1928–1956	Prof. für Geburtshilfe und Leiter der Ambulatorischen Klinik in Gießen (1934 o. Prof.)
	KÜST erwarb sich besondere Verdienste um die Bekämpfung von Fruchtbarkeitsstörungen bei Rindern. Er setzte sich ferner stark für die Einführung der künstlichen Besamung bei den landwirtschaftlichen Nutztieren ein.

Kunze, Eberhard (1907)

Geburtsort:	Oppershausen/Thür.
Studium:	Rechtswissenschaften mit Abschlußprüfungen und Promotion in Jena und Köln
1935–1945	Hauptvereinigung der Deutschen Viehwirtschaft, Berlin
1947–1972	Justitiar und Abteilungsleiter (ab 1962) im Ministerium für Ernährung, Landwirtschaft und Forsten des Landes Schleswig-Holstein in Kiel
	KUNZE arbeitete über Jahrzehnte im Rahmen der landwirtschaftlichen Verwaltung mit Schwerpunkt tierische Produktion. Als Justitiar befaßte er sich in hervorragendem Maße mit Fragen und Problemen der Tierzuchtgesetzgebung (Das Tierzuchtrecht in der Bundesrepublik Deutschland, 1959 und 1964).

Lamarck, Jean Baptist (1744–1829)
Geburtsort: Barentin
Zoologe und Botaniker in Frankreich, Prof. der Naturgeschichte am Jardin des plantes in Paris. Begründer der nach ihm genannten Abstammunglehre – „Lamarckismus" –, wonach neue Arten durch Umwandlung unter der Einwirkung von Faktoren der Außenwelt entstehen. Die durch Umwelteinwirkungen entstandenen Eigenschaften bleiben im Erbgang erhalten (Vererbung erworbener Eigenschaften).

Lambrecht, Friedrich Karl (1899–1968)
Geburtsort: Grimma/Sachsen
Studium: Landwirtschaft mit Abschlußprüfung und Promotion in Gießen
1923–1951 Tätigkeit im Rahmen der Tierzuchtverwaltung Sachsen-Anhalt (Magdeburg und Halle/S.)
1951–1953 Abteilungsleiter am Kaiser-Wilhelm-Institut für Tierzuchtforschung in Rostock-Dummerstorf
1953–1965 Tätigkeit in Ostfriesland (1953–1958 Geschäftsführer des Milchkontrollverbandes Friesland; 1958–1965 Zuchtleiter des Vereins Ostfriesischer Stammviehzüchter).

Lampe, Hermann (1902)
Geburtsort: Wührden/Hoya
Studium: Landwirtschaft mit Abschlußprüfung und Promotion in Göttingen
Praktischer Landwirt und Tierzüchter (Deutsche Weideschweine) in Ohlhof/Goslar.

Lange, Wilhelm (1894)
Geburtsort: Wanne-Eickel/Westf.
Studium: Landwirtschaft mit Abschlußprüfung in Bonn/Rh.
Hervorragende und erfolgreiche Tätigkeit bei Züchterverbänden und Organisationen der Rinderzucht in Westfalen, Rheinland sowie Schleswig-Holstein (insbesondere Deutsche Rotbunte).

Langethal, Christian Eduard (1806–1878)
Geburtsort: Erfurt
Studium: Botanik und Landwirtschaft in Jena
1835 Lehrer für Naturwissenschaften in Eldena
1839 Prof. für Landwirtschaft in Jena, später Leitung des Landwirtschaftlichen Instituts in Jena
Bedeutende schriftstellerische Tätigkeit auf den Gebieten Landwirtschaft und Botanik (Herausgabe einer Geschichte der deutschen Landwirtschaft).

Langlet, Joachim-Friedrich (1906–1979)

Geburtsort:	Berlin
Studium:	Landwirtschaft mit Abschlußprüfung, Promotion und Habilitation in Jena und Halle/S.
	Tätigkeit als wissenschaftlicher Assistent und Dozent in Halle/S. (Schafzucht)
1937–1940	Zuchtleitung des Karakul-Zuchtverbandes in Südwest-Afrika – Windhoek
1946–1949	o. Prof. für Tierzucht in Halle/S.
1950–1954	Tätigkeit beim Verein Ostfriesischer Stammviehzüchter (Forschungsauftrag), später Geschäftsführung der Vereinigung Deutscher Landesschafzuchtverbände in Bonn
1954–1976	o. Prof. für Tierzucht und Tierhaltung in Kiel
	Besondere Tätigkeit/Forschungsbereiche: Schafzüchterische Probleme. Zuchtwertschätzungen bei Rindern.

Lauprecht, Edwin (1897)

Geburtsort:	Bremen
Studium:	Landwirtschaft mit Abschlußprüfung und Promotion in Göttingen
1930	Habilitation in Göttingen
1925–1940	Tätigkeit als wissenschaftlicher Assistent und Dozent für Tierzucht in Göttingen
1941–1945	Kaiser-Wilhelm-Institut für Tierzuchtforschung in Dummerstorf/ Rostock (Abteilungsleiter für Rinderzucht)
1945-1967	Max-Planck-Institut Mariensee/Trenthorst (Leiter der Abteilung Tierzüchtung und Haustier-Genetik sowie der Arbeitsgruppe Statistik)
	LAUPRECHT hat mit unermüdlichem Fleiß, ausgestattet mit hohen wissenschaftlichen Qualifikationen, die tierzüchterische Entwicklung stark beeinflußt und gefördert (u. a. Redaktion der Züchtungskunde – DGfZ, Leiter des Arbeitsausschusses „Genetisch-Statistische Methoden in der Tierzucht" der DGfZ).

Lehmann, Curt (1849–1921)

Geburtsort:	Kreuzburg/Oberschlesien
Studium:	Landwirtschaft mit Abschlußprüfung und Promotion in Halle/S. und Göttingen
1875–1889	Tätigkeit als wissenschaftlicher Assistent und Dozent am Landwirtschaftlichen Institut, später Landwirtschaftliche Hochschule Berlin
1889–1921	o. Prof. für Tierzucht (Nachfolger von SETTEGAST) an der Landwirtschaftlichen Hochschule Berlin.

Lehmann, Franz (1860–1942)

Geburtsort:	Klein-Perschleben/Köthen/Sachsen-Anhalt
Studium:	Naturwissenschaften (Chemie) mit Promotion in Göttingen
1889	Habilitation für Tierernährung in Göttingen
1884	Wissenschaftlicher Assistent (bei Henneberg) in Göttingen

1890 a. o. Prof. für Tierernährung (Nachfolger von Henneberg) und Leiter der Versuchsstation Göttingen (früher Weende)
1916–1928 Honorarprofessor (ab 1923 o. Prof.) für Tierernährung in Göttingen
Besondere Arbeits-/Forschungsgebiete:
Grundlegende Arbeiten auf dem Gebiet der Tierernährung. Einführung der Berechnung nach „Gesamtnährstoffen"; „Göttinger Schweine-Schnellmastmethode".

Lehndorff, Georg, Graf von (1833–1914)
Geburtsort: Steinort/Ostpr.
Aktiver Offizier (bis 1855) und Tätigkeit im Pferdesport (aktiver Rennreiter)
1866–1906 Leitung des Hauptgestüts für Vollblutzucht Graditz/Torgau
zugleich
1887–1912 Oberlandstallmeister und Chef der Preußischen Gestütsverwaltung
Graf LEHNDORFF baute als talentierter Züchter die Vollblutzucht in Graditz auf. Als Leiter der umfangreichen und verzweigten Preußischen Gestütsverwaltung förderte er außer Voll- und Warmblut- auch die Kaltblutzucht in hervorragender Weise.

Lehndorff, Siegfried, Graf von (1869–1956)
Sohn von Georg Graf von Lehndorff
Aktiver Offizier
1896–1906 Leitung des Hauptgestüts Neustadt/Dosse
1906–1922 Leitung des Hauptgestüts Graditz
1922–1931 Leitung des Hauptgestüts Trakehnen
1931–1934 Leitung des Landgestüts Braunsberg/Ostpreußen.

Leisewitz, Carl (1831–1916)
Geburtsort: Dorfmark/Celle
Studium: Landwirtschaft mit Abschlußprüfung und Promotion in Bonn und München
Habilitation
1861–1871 Landwirtschaftlicher Lehrer in Annaberg, Proskau und Darmstadt
1871 Berufung nach München in die Landwirtschaftliche Abteilung der Technischen Hochschule
1873–1904 o. Prof. in der Landw. Abteilung der Technischen Hochschule München.
LEISEWITZ vertrat in der 1872 gegründeten Landwirtschaftlichen Abteilung einschl. Zootechnischem Institut in der damals üblichen Weise mehrere Fachgebiete. In der Tierzucht widmete er sich vornehmlich der Schafzucht und Wollkunde.

Lenkeit, Walter (1900)

Geburtsort:	Bilderweitschen/Ostpr.
Studium:	Naturwissenschaften, Philosophie, Medizin und Veterinärmedizin mit Approbation und Promotionen zum Dr. med. vet. und Dr. med. in Königsberg/Pr. und Berlin
1932	Habilitation in Berlin
	Assistenten- und Dozententätigkeit in Berlin (Tierernährungsphysiologie)
1936–1970	o. Prof. für Tierphysiologie und Tierernährung in Göttingen
	LENKEIT befaßte sich in umfangreichen Forschungsarbeiten mit den Grundlagen der Tierernährung und vermittelte sein Wissen und Können als hervorragender Hochschullehrer.

Leydolph, Walter (1903–1969)

Geburtsort:	Bad Sulza/Stadtroda
Studium:	Landwirtschaft mit Abschlußprüfung und Promotion in Jena und Halle/S.
1929–1968	Wissenschaftliche Tätigkeit an den Instituten für Tierzucht in Jena, Halle/S. und Göttingen (1947 a. o. Prof.)
	LEYDOLPH widmete sich verschiedenen wissenschaftlichen Forschungen im Bereich der Tierzucht. Insbesondere fanden seine Arbeiten zur Biophotogrammetrie Beachtung.

Liebig, Justus von (1803–1873)

Geburtsort:	Darmstadt
Studium:	Chemie in Bonn, Erlangen, Paris mit Promotion in Erlangen
1824	a. o. Prof. für Chemie in Gießen (errichtete das 1. chemische Unterrichtslaboratorium)
1825–1852	o. Prof. für Chemie in Gießen
1852–1873	o. Prof. für Chemie in München
	LIEBIG ist Begründer der Agrikulturchemie. Befaßte sich insbesondere mit Pflanzenernährung und führte Kunstdünger (Mineraldüngung) ein. Starker Verfechter der Eingliederung des Landwirtschaftlichen Studiums in den Universitätsbereich.

Liebscher, Wilhelm (1897–1970)

Geburtsort:	Mähr.-Schönberg
Studium:	Landwirtschaft mit Abschlußprüfung, Promotion sowie Habilitation für Tierernährung in Wien
	Tätigkeit in Güterverwaltungen und im Untersuchungswesen (Futtermitteluntersuchungen und Tierernährung)
1938	Lehrstuhl für Tierernährung an der Hochschule für Bodenkultur und Leiter einer Forschungsanstalt für Landwirtschaft in Wien
nach 1945	Tätigkeit als landwirtschaftlicher Berater und Agrarjournalist
	LIEBSCHER widmete sich insbesondere Fragen der Tierernährung. Er hat hier grundlegende Fragen bearbeitet und die praktische Fütterung durch Wort und Schrift wesentlich gefördert.

Lindenau, Carl, Graf von (1755–1842)

Geburtsort:	Machem/Leipzig
	Besuch der Tierarzneischule und aktiver Offizier
1787–1806	Leiter der Preußischen Gestütsverwaltung
	Graf LINDENAU kann als der Gründer der Preußischen Gestütsverwaltung angesehen werden – „ihr geistvoller Organisator und Sachverständiger" (GATERMANN 1927).

Linnenkohl, Karl (1902–1980)

Geburtsort:	Breuna/Wolfhagen
Studium:	Landwirtschaft mit Abschlußprüfung und Promotion in Göttingen und Halle/S.
	Tätigkeit beim Verband Provinzialsächsischer Schafzüchter in Halle/S.
1929–1955	Zuchtleiter des Verbandes Kurhessischer Schafzüchter in Kassel
1955–1967	Leitung der Tierzuchtabteilung der Land- und Forstwirtschaftskammer Kurhessen in Kassel
	Die großen Verdienste von LINNENKOHL liegen auf dem Gebiet der Schafzucht, die er über die Grenzen seines Arbeitsgebietes in Hessen hinaus stark förderte.

Lochow, Ferdinand von (1849–1924)

Geburtsort:	Petkus/Mark
Studium:	Landwirtschaft in Halle/S.
1876	Übernahme des landwirtschaftlichen Betriebes Petkus/Mark. Aufnahme sehr erfolgreicher Züchtungsarbeiten an Roggen (Petkuser Winterroggen) und Hafer. Zugleich starke Förderung der Rinder- und Geflügelzucht, insbesondere Schweinezucht (Lochow-Stall). Förderte die Gründung der Schweinezuchtlehranstalt Ruhlsdorf.

Lochow, Ferdinand von d. J. (1884–1931)

	(Sohn von FERDINAND von LOCHOW, d. Ä.)
Geburtsort:	Petkus/Mark
Studium:	Landwirtschaft in Berlin und Jena
	Intensive Fortsetzung der Arbeiten in Petkus auf den Gebieten der Pflanzen- und Tierzüchtung.

Löwe, Berthold (1875–1960)

Geburtsort:	Olvenstedt/Magdeburg
	Praktischer Landwirt und Tierzüchter (Rheinisch-Deutsches Kaltblutpferd) in Alt-Bertkow/Altmark (bis 1945).

Löwe, Hans (1903)

	(Sohn von BERTHOLD LÖWE)
Geburtsort:	Bertkow/Altmark
Studium:	Landwirtschaft mit Abschlußprüfung und Promotion in Halle/S. und Bonn
1940–1945	Wissenschaftliche Assistententätigkeit in Halle/S. Kaiser-Wilhelm-Institut für Tierzuchtforschung in Dummerstorf/ Rostock (Abteilungsleiter für Pferdezucht)
1945	o. Prof. für Tierzucht in Tetschen-Liebwerd
1945	Zuchtleiter des Stammbuches für Kaltblutpferde Niedersachsen und des Verbandes der Pony- und Kleinpferdezüchter
1954–1968	Referent für Tierzucht im Landwirtschaftsministerium Hannover LÖWE erwarb sich große Verdienste insbesondere auf dem Gebiet der Pferdezucht (zahlreiche Publikationen, Lehrbeauftragter für Pferdezucht an der Universität Göttingen). Darüber hinaus widmete er sich als Tierzuchtreferent in Hannover mit Erfolg den Fragen der Leistungsprüfungen einschl. ihrer statistischen Auswertung (Rechenzentrum in Verden/Aller).

Lush, Jay L. (1896–1982)

	Bachelor of Science and Master of Science an der Kansas State University sowie Promotion in Wisconsin Versuchsleiter für Haustiere an der Texas Agricultural Experiment Station
1930	Professor für Tierzucht an der Iowa State University in Ames/Iowa LUSH erwarb sich große Verdienste durch die Übertragung und Anwendung genetischer Erkenntnisse und Gesetzmäßigkeiten in die Züchtung der Haustiere – Entwicklung von Zuchtmethoden (Animal Breeding Plans, 1937 erstmals erschienen).

Lutz, Max (1908–1980)

Geburtsort:	Sontheim, Krs. Heilbronn
	Praktischer Landwirt (Domänendirektor der Rechbergschen Güterverwaltung) und hervorragender Tierzüchter (Schaf, Pferd). Erwarb sich als Vorsitzender der Landesverbände Württemberg-Hohenzollern und Baden-Württemberg besondere Verdienste um die Zucht des fleischbetonten Merinolandschafes.

Lydtin, August (1834–1917)

Geburtsort:	Bühl/Baden
Studium:	Tierarzneischule Karlsruhe mit Staatsprüfung
1858	Kreistierarzt in Saargemünd
1862	Praktischer Tierarzt in Baden-Baden
1871–1895	Referent für tierärztliche Fragen im Badischen Ministerium des Innern, zugleich Hoftierarzt und Übernahme zahlreicher Ehrenämter im Bereich des Gesundheitswesens, der Veterinärmedizin und der landwirtschaftlichen Tierzucht

LYDTIN hat die badische Tierzucht durch sein Können als Tierzüchter und durch sein Organisationstalent stark gefördert. Sein Einfluß ging bald über die Grenzen seiner Heimat hinaus und wirkte auf die Fachorganisationen des Reiches ein (DGfZ, DLG, Reichsgesundheitsamt). LYDTIN ist Verfasser vieler wertvoller Schriften auf tierzüchterischem Gebiet (verstärkt Tierbeurteilung – Lydtinscher Meßstock – und Reinzuchtfragen).

Mangold, Ernst (1879–1961)

Geburstort: Berlin
Studium: Medizin und Naturwissenschaften mit Promotionen zum Dr. med. und Dr. phil. in Gießen, Leipzig und Jena
1906 Habilitation (Physiologie)
Wissenschaftliche Assistenten- und Dozententätigkeit an physiologischen Instituten in Greifswald und Freiburg/Br.
1923 o. Prof. für Tierphysiologie an der Landwirtschaftlichen Hochschule Berlin (später Landwirtschaftliche Fakultät der Humboldt-Universität)
MANGOLD widmete sich grundlegenden Arbeiten der Tierernährungsphysiologie. Sein Name ist mit der Erforschung physiologischer Grundlagen der Ernährung der Haustiere eng verbunden.

Marek, Josef (1868–1952)

Geburtsort: Vagszerdahely (Ungarn)
Studium: Veterinärmedizin mit Approbation in Budapest und Promotion in Bern
1898–1935 o. Prof. an der Tierärztlichen Hochschule in Budapest
MAREK erwarb sich hohe Verdienste auf vielen Gebieten der Veterinärmedizin. Seine Arbeiten im Rahmen der Tierseuchenbekämpfung haben die tierische Produktion wesentlich beeinflußt.

Martiny, Benno (1836–1923)

Geburtsort: Krampe, Grünberg/Schlesien
Studium: Landwirtschaft mit Abschlußprüfung an der Landwirtschaftlichen Akademie in Eldena
Praktischer Landwirt, Generalsekretär des Zentralvereins Westpreußischer Landwirte Danzig, Geschäftsführer der Deutschen Viehzucht- und Herdbuchgesellschaft, Berlin
1880–1884 Dozent für Molkereiwesen an der Landwirtschaftlichen Hochschule Berlin
MARTINY betätigte sich in starkem Maße auf fachschriftstellerischem Gebiet. Hier förderte er insbesondere die Milchwirtschaft. Er gilt als einer der Bahnbrecher auf diesem Gebiet. Beachtung fanden auch seine kritischen Stellungnahmen zu dem sich entwickelnden Herdbuchwesen.

Matzen, Walter (1897)

Geburtsort:	Koselau/Holstein
	Praktischer Landwirt und Tierzüchter (Deutsche Schwarzbunte) in Koselau/Schleswig-Holstein. Verstärkte Arbeit in Tierzuchtorganisationen.

May, Georg (1819–1881)

Geburtsort:	Ebern/Unterfranken
Studium:	Veterinärmedizin mit Approbation und Promotion
1842	Praktischer Tierarzt in Haßfurt
1844	Truppenveterinärarzt in Augsburg
1848	Amtstierarzt in Augsburg
1852–1880	Professor für Viehzucht und Tierheilkunde in Weihenstephan. MAY hat entscheidende Verdienste um die Rassenbereinigung in der deutschen Tierzucht. Er war als hervorragender Fachautor tätig.

Mehner, Alfred (1908)

Geburtsort:	Stuttgart
Studium:	Landwirtschaft mit Abschlußprüfung und Promotion in Hohenheim
1937	Habilitation in Hohenheim
1933–1938	Wissenschaftliche Assistenten- und Dozententätigkeit in Hohenheim
1942	Abteilungsvorsteher für Kleintierzucht am Institut für Tierzucht Hohenheim (zugleich Leiter der Landesgeflügelzuchtanstalt in Hohenheim)
1955–1973	Leiter der Bundesforschungsanstalt für Kleintierzucht in Celle MEHNER war vornehmlich auf dem Gebiet der Kleintierzucht tätig. Er leistete hier vorbildliche Arbeit mit Anerkennung im In- und Ausland.

Mendel, Johann Gregor (1822–1884)

Geburtsort:	Heinzendorf/Schlesien
1843	Eintritt als Novize in das Augustiner-Kloster in Brünn
Studium:	Theologie in Brünn
	Pfarrtätigkeit
	Lehrer für Mathematik und Griechisch
1851–1854	Studium: Naturwissenschaften und Mathematik in Wien
1854	Lehrer an der Oberrealschule in Brünn
1856–1863	Versuche mit Erbsenkreuzungen (Basis für die späteren Mendelschen Vererbungsgesetze)
1868–1884	Abt des Klosters Brünn (zugleich Tätigkeit in landwirtschaftlichen Organisationen und als Abgeordneter)
	Begründer der modernen Vererbungslehre. Stellte Gesetzmäßigkeiten im Erbgang fest (Material Erbsen), die, 1866 publiziert, der Zeit weit vorauseilten und um 1900 „wiederentdeckt" wurden.

Mentzel, Oswald (1801–1874)
Geburtsort: Waldenburg/Schlesien
1818 Ausbildung an der Landwirtschaftlichen Akadamie zu Möglin
Fortsetzung der Studien in Breslau
Tätigkeit in Möglin (bei A. THAER)
1824 Administration des neuerrichteten königlichen Remontendepots auf der Domäne Friedrichsaue (Oderbruch), später Direktor der Remontendepots diesseits und jenseits der Weichsel
MENTZEL gehört zu den Verfechtern der Konstanztheorie. Verfaßte zahlreiche Schriften auf dem Gebiet der Tierzucht (u. a. auch Mentzel-Lengerke-Kalender seit 1847).

Merk, Wilhelm (1867–1928)
Geburtsort: Nürnberg
Studium: Rechtswissenschaft
Landwirt und Tierzüchter
MERK war ein vielseitiger und erfolgreicher Förderer der bayerischen Tierzucht. So beteiligte er sich 1892 an der Gründung des Zuchtverbandes für das oberbayerische Fleckvieh in Miesbach, 1907 an der Entstehung des Pferdezuchtverbandes für das bayerische Oberland und war danach über lange Zeit hin Vorsitzender der Landesverbände bei Rind und Pferd.

Messerschmidt, Heino (1915)
Geburtsort: Braunschweig
Studium: Landwirtschaft in Witzenhausen und Göttingen
Längere Auslandsaufenthalte (Internierung im Krieg)
1948–1968 Tätigkeiten im Verband Rotbunte Schleswig-Holsteiner, bei der Arbeitsgemeinschaft Deutscher Rinderzüchter in Bonn, Geschäftsführer der DGfZ (1953–1957 und 1965–1966) und Leiter der Auslandsabteilung bzw. Auslandskontor der Arbeitsgemeinschaft Deutscher Tierzüchter in Bonn (1957–1968)
1968–1980 Geschäftsführer der Arbeitsgemeinschaft Deutscher Tierzüchter und der Arbeitsgemeinschaft Deutscher Rinderzüchter, Bonn.

Metz, Rolf (1910)
Landwirt und hervorragender Tierzüchter (Deutsche Schwarzbunte) in Gudensberg/Hessen. Verstärkte organisatorische Tätigkeit im Bereich der Tierzucht auf regionaler bis Bundesebene (ADT, ADR, DLG, DGfZ); 1965–1971 Vorsitzender der ADR. METZ beeinflußte und förderte die Entwicklung der Tierzucht nach 1945 maßgeblich.

Meyer, Eduard (1859–1931)
Geburtsort: Hannover
Praktischer Landwirt in Friedrichswerth/Thür. und Schwöbber/Hameln. MEYER war ein hervorragender Landwirt und Tier-/Pflanzenzüchter (Deutsches weißes Edelschwein, Friedrichswerther Wintergerste).

Meyer, Eduard (1885–1965)

Geburtsort:	Lemgo/Lippe
Studium:	Landwirtschaft mit Abschlußprüfung in Halle/S.
1911–1921	Leitung des Tierzuchtamtes Görlitz
1914	Zuchtleiter des Verbandes Schlesischer Kaltblutzüchter
1917	Zuchtleiter des Verbandes Schlesischer Warmblutzüchter
1921	Referent für Pferdezucht der Landwirtschaftskammer Breslau, zugleich Geschäftsführer des Schlesischen Pferdestammbuches
1924	Übernahme des Tierzuchtreferates der Landwirtschaftskammer Breslau
1927–1934	Referent für Tierzucht im Landwirtschaftsministerium in Berlin
1934	Geschäftsführer des Reichsverbandes für Zucht und Prüfung deutschen Kaltblutes in Berlin
1946	Geschäftsführer des neu gegründeten Zentralverbandes der Kaltblutzuchtverbände
1948	Geschäftsführer der Arbeitsgemeinschaft Deutscher Pferdezüchter
1949–1950	Hauptgeschäftsführer des Zentralverbandes für Zucht und Prüfung deutscher Pferde in Celle
	MEYER war insbesondere auf dem Gebiet der Pferdezucht tätig und leistete hier vorbildliche und nachhaltige Arbeit (Zugleistungsprüfungen, Pferdeleistungsbuch).

Meyer zu Eissen, Robert (1869–1961)

Geburtsort:	Schildesche-Bielefeld, Sattelmeierhof
	Praktischer Landwirt und Tierzüchter (Deutsches veredeltes Landschwein – Minden/Ravensberger Typ) in Bielefeld-Schildesche/Westf.

Meyn, Adolf (1898–1962)

Geburtsort:	Krümse/Harburg
Studium:	Veterinärmedizin mit Approbation und Promotion in Hannover
1930	Habilitation in Leipzig
	Verschiedene wissenschaftliche Tätigkeiten innerhalb hygienischer, insbesondere milchhygienischer Forschungs- und Überwachungsstellen in Hannover und Leipzig
1938	o. Prof. für Veterinär-Hygiene und Tierseuchen an der Universität Leipzig
1947	Leiter des Bakteriologischen Instituts Warthausen/Württemberg
1955	o. Prof. für Mikrobiologie und Infektionskrankheiten der Tiere an der Universität München (Vetärinärmedizinische Fakultät)
	MEYN erwarb sich große Verdienste im Rahmen der Tierseuchenbekämpfung, insbesondere Bekämpfung der Rindertuberkulose (ferner Tiergesundheitsdienste, Blutgruppenforschung).

Mitscherlich, Eilhard (1913)
Geburtsort: Königsberg/Pr.
Studium: Naturwissenschaften und Veterinärmedizin mit Approbation und Promotion
1942 Habilitation
1938–1940 Auslandsaufenthalt mit Forschungsarbeiten in Südwestafrika
1955–1978 o. Prof. für Tierhygiene und Leiter des Tierärztlichen Instituts der Landwirtschaftlichen Fakultät Göttingen
Besondere Verdienste: Blutgruppenforschung.

Möhlenbrock, Johann (1884–1956)
Geburtsort: Delmenhorst
Praktischer Landwirt und Tierzüchter (Deutsche Schwarzbunte) in Dwoberg/Oldenburg (Langjähriger Vorsitzender der Oldenburger Herdbuchgesellschaft – 1935 bis 1956).

Möller, Max (1900–1974)
Geburtsort: Achterwehr/Schl.-Holst.
Praktischer Landwirt und Tierzüchter (Deutsche Schwarzbunte) in Achterwehr/Schleswig-Holstein.

Mommsen, Christian (1868–1927)
Geburtsort: Toftum/Tondern, Schleswig-Holstein
Studium: Landwirtschaft mit Abschlußprüfung
1901–1927 Leiter der Tierzucht in der Provinz Sachsen (zugleich Hauptgeschäftsführer der vereinigten Züchterverbände)

Morgan, Thomas Hunt (1866–1945)
Naturwissenschaftler (USA)
Prof. an der Columbia Universität in New York und am Californ. Inst. of Technology
Untersuchungen an Chromosomen (*Drosophila*), X/Y Chromosomen. Beeinflußte die Entwicklung der modernen Populationsgenetik nachhaltig.

Müller, Karl (1874–1930)
Geburtsort: Wolmirstedt/Sachsen
1918–1930 Einrichtung und Leitung der Versuchsanstalt für Schweinefütterung, -haltung und -zucht in Ruhlsdorf/Teltow.
K. Müller baute die Anstalt mit viel Sachkenntnis und großem Geschick auf und führte sie zu beachtlichem Ansehen. Er nahm sich der damals aufkommenden Leistungsprüfungen in der Schweinezucht an und förderte Maßnahmen der Fütterung und Haltung durch ein umfangreiches Versuchswesen und starke Vortrags- und Publikationstätigkeit.

Müller, Robert (1866–1922)

Geburtsort:	Brünn/Mähren
Studium:	Landwirtschaft mit Abschlußprüfung und Promotion
	Habilitation in Dresden
1905/06	Geschäftsführer der Deutschen Gesellschaft für Züchtungskunde
1906	Dozent in Dresden
	Prof. für Tierzucht in Tetschen-Liebwerd
	R. MÜLLER erwarb sich besondere Verdienste um die Gründung und Konstituierung der Deutschen Gesellschaft für Züchtungskunde.

Münzberg, Helmut (1894–1981)

Geburtsort:	Sommerfeld/Krs. Krossen
Studium:	Landwirtschaft mit Abschlußprüfung und Promotion in Berlin
1920–1923	Tätigkeiten im Rahmen der Landwirtschaftskammer Berlin-Brandenburg und Geschäftsführer des Westmark-Stutbuches
1923–1934	Stellvertretender Geschäftsführer der Futter- und Düngerabteilung der DLG
1934–1945	Tätigkeit im Rahmen des Reichsnährstandes (Futtermittel, Getreidewirtschaft, Ernährungsbilanzen)
1947–1963	Aufbau und Leitung der DLG-Abteilungen Futter und Grünland sowie Markt
	MÜNZBERG hat die Futterwirtschaft und das Grünlandwesen maßgeblich gefördert und damit bedeutsame Unterlagen für die tierische Veredlungswirtschaft geschaffen.

Müssemeier, Friedrich (1876–1957)

Geburtsort:	Müssen/Lippe
Studium:	Veterinärmedizin mit Approbation und Promotion in Hannover
	Tierärztliche Praxis und Tätigkeit an tierärztlichen Kliniken
1908–1914	Kreistierarzt in Hoya/Weser und Hannover
1914	Dezernent für Veterinärwesen bei der Regierung in Potsdam
1920–1935	Leiter der Veterinärabteilung im Preußischen Landwirtschafts-Ministerium
1935–1941	Leiter der Veterinär-Abteilung des Reichsgesundheitsamtes
1941–1945	Leiter der Veterinär-Abteilung des Reichsministeriums des Innern
1946–1954	o. Prof. an der Humboldt-Universität Berlin
	MÜSSEMEIER war über Jahrzehnte in Preußen und später im Reichsgebiet maßgeblich an der Tierseuchenbekämpfung beteiligt. Seine hohe Sachkenntnis und sein organisatorisches Talent trugen wesentlich zur Bekämpfung der Tierseuchen bei und förderten damit die tierische Produktion.

Munding, Anton (1876–1968)

Geburtsort:	Pleß/Unterallgäu
	Praktischer Landwirt und Brauer. War in starkem Maße in tierzüchterischen Organisationen tätig (Fleckvieh). Insbesondere förderte er die künstliche Besamung in Nordschwaben (Anton-Munding-Medaille 1976).

Nathusius, Hermann von (1809–1879)
Geburtsort: Magdeburg
Praktischer Landwirt in Hundisburg/Sachsen-Anhalt
Pferdezüchter (führte den Begriff Kaltblut ein), besonders aber Schafzüchter
Beeinflußte die züchterische Entwicklung in starkem Maße durch Vorträge und Schriften (Kampf gegen die Konstanzlehre – WECKHERLIN). Seine Schriften waren lange Zeit Standardwerke der deutschen Tierzucht.

Nathusius, Wilhelm von (1821–1899)
(Bruder von HERMANN VON NATHUSIUS)
Geburtsort: Hundisburg
Praktischer Landwirt in Königsborn/Sachsen-Anhalt. Schafzüchter (Merinoschafzucht). Vorträge und Schriften zur züchterischen Entwicklung. Gab nach dem Tod seines Bruders Hermann die „Vorträge über Tierzucht" heraus.

Nathusius, Heinrich von (1824–1890)
(Bruder von HERMANN VON NATHUSIUS)
Geburtsort: Althaldensleben
Studium: Landwirtschaft in Tharandt
Praktischer Landwirt in Althaldensleben/Sachsen-Anhalt. Pferde- und Schafzüchter. Ebenfalls starke schriftstellerische Tätigkeit.

Nathusius, Simon von (1865–1913)
(Sohn von HEINRICH VON NATHUSIUS)
Geburtsort: Althaldensleben
Studium: Landwirtschaft, Jura und Geschichte mit Abschlußprüfungen und Promotion in Halle/S.
1897 Habilitation (Breslau)
1902 a. o. Prof. für Tierzucht in Jena
1910 o. Prof. für Tierzucht in Halle/S. sowie Leiter der Abteilung Tierzucht und Molkereiwesen
S. VON NATHASIUS trat durch seine wissenschaftliche Tätigkeit hervor (Messungen an Pferden, Beurteilungslehre) sowie als Pferdefachmann (Preisrichter).

Nehring, Alfred (1845–1904)
Geburtsort: Gandersheim
o. Prof. und Leiter des Zoologischen Instituts der Landwirtschaftlichen Hochschule Berlin
NEHRING befaßte sich insbesondere mit Abstammungsfragen der Haustiere (verstärkt Abstammung des Pferdes). Seine Arbeiten erbrachten grundsätzliche Klärungen.

Nehring, Kurt (1898)

Geburtsort:	Posen
Studium:	Chemie mit Abschlußprüfungen und Promotion Habilitation
1928	Dozent in Königsberg/a. o. Prof.
1936	Leiter der Landwirtschaftlichen Versuchsstation Rostock
1948	o. Prof. für Agrikulturchemie und Bodenkunde in Rostock
1952	Einrichtung und Leitung des Oskar-Kellner-Instituts für Tierernährung der Deutschen Akademie der Landwirtschafts-Wissenschaften Berlin.

Niederberger, Karl (1901–1976)

Geburtsort:	Gerstetten/Heidenheim/Württ.
Studium:	Landwirtschaft mit Abschlußprüfung und Promotion in Hohenheim
1925–1934	Tätigkeit als Leistungskontrolleur sowie als Tierzuchtinspektor im Raum Osnabrück
1934–1968	Geschäftsführer der Osnabrücker Herdbuchgesellschaft NIEDERBERGER war über 3 Jahrzehnte Zuchtleiter im Gebiet der Osnabrücker Schwarzbuntzucht. Sein Organisationstalent und sein züchterisches Können förderten das Zuchtgebiet stark.

Niggl, Ludwig (1875–1971)

Geburtsort:	Bad Aibling/Bayern
Studium:	Landwirtschaft in Hohenheim
1904–1945	Praktischer Landwirt und leitender Beamter der Dr. v. Schmiederschen Gutsverwaltung in Steinach/Straubing NIGGL befaßte sich in langen Berufsjahren insbesondere mit der Verbesserung des Grünlandes. Er hat hier Pionierarbeit geleistet (Gründung verschiedener Vereinigungen zur Förderung der Grünlandbewegung in Zusammenarbeit mit W. Zorn). Steinach baute er zur Zuchtstätte für Gräser- und Futterpflanzenbau aus.

Niklas, Wilhelm (1887–1957)

Geburtsort:	Traunstein/Bayern
Studium:	Landwirtschaft, Veterinärmedizin und Volkswirtschaft mit Abschlußexamen als Diplomlandwirt, Approbation und Promotion
1913–1915	Tätigkeit bei bayerischen Zuchtverbänden
1915	Tierzucht-Referent im Bayerischen Innenministerium
1916	Leitung der Reichsfleischstelle im Kriegsernährungsamt in Berlin
1920	Referent im Reichsministerium für Ernährung und Landwirtschaft in Berlin
1925	Leiter der Tierzucht- und Milchwirtschaftsabteilung für Bayern in München
1935	Entlassung aus dem Staatsdienst und Bewirtschaftung seines bäuerlichen Betriebes in Bayern mit Betriebsberatungen in Süddeutschland und Österreich
1945	Leitung des Amtes für Ernährung und Landwirtschaft in Bayern

1947–1954 o. Prof. für Tierzucht der Universität München (Vet. Med. Fakultät)
1949–1953 Bundesminister für Ernährung, Landwirtschaft und Forsten in Bonn
NIKLAS hat, auf umfassenden Kenntnissen in Landwirtschaft und Veterinärmedizin fußend, ausgestattet mit hohem organisatorischen Können, sein Fachgebiet Tierzucht stark gefördert.

Nörner, Carl (1854–1932)
Geburtsort: St. Petersburg
Praktischer Tierarzt in Barsinghausen/Hannover
NÖRNER ist durch seine schriftstellerische Tätigkeit auf dem Gebiet der Tierzucht (insbesondere Schweinezucht) bekannt geworden.

Nußhag, Wilhelm (1889–1970)
Geburtsort: Waldangelloch/Baden
Studium: Veterinärmedizin mit Approbation und Promotion
1918–1946 Verschiedene Tätigkeiten im Bereich der Wissenschaft, Industrie und als Kreistierarzt
1946 o. Prof. für Tierheilkunde in Greifswald
1950 o. Prof. für Tierhygiene an der Veterinärmedizinischen Fakultät der Universität Leipzig
1952 o. Prof. für Tierhygiene an der Veterinärmedizinischen Fakultät der Humboldt-Universität Berlin
NUSSHAG befaßte sich mit Fragen der Tierhaltung und förderte dieses Gebiet durch seine umfassenden Kenntnisse in der Tierhygiene.

Obée, Hermann (1905)
Geburtsort: Mauchenheim/Pfalz
Studium: Landwirtschaft mit Abschlußprüfung in Hohenheim und Weihenstephan
Tätigkeit in der Rinderzucht Thüringens als Geschäftsführer von Rinderzuchtverbänden sowie als Sachbearbeiter bei der Hauptlandwirtschaftskammer
1948–1970 Leiter der Tierzuchtabteilung der DLG in Frankfurt/M.
OBÉE hat insbesondere im Rahmen der Tätigkeit bei der DLG sein Fachwissen und großes organisatorisches Können (Tierschauen) für die Entwicklung und Förderung der deutschen Tierzucht einsetzen können.

Obermayer, Max (1821–1898)
Geburtsort: Gmund am Tegernsee
Gilt als der Begründer der bayerischen Fleckviehzucht. Begann 1837 unter damals schwierigsten Transportverhältnissen mit der Einfuhr von Original-Simmentaler-Fleckvieh nach Gmund/Tegernsee. Diese Transporte wurden fortlaufend wiederholt und schufen eine stark aufblühende Fleckviehzucht in Bayern.

Oertzen, Hans-Ulrich von (1891–1970)

Geburtsort:	Briggow/Mecklenburg
	Praktischer Landwirt und Tierzüchter (Pferde, Rinder und Schweine)
1949	Schriftleiter der Zeitschrift „Tierzüchter“
	VON OERTZEN war ein bekannter und erfolgreicher Tierzüchter in Pommern. Sein großes Können und vielseitige praktische Erfahrungen erbrachten eine ebenfalls erfolgreiche Arbeit als Fachjournalist in Bonn.

Ohly, Karl (1887–1967)

Studium:	Veterinärmedizin mit Approbation und Promotion in Gießen
	OHLY war als praktischer Tierarzt und später als Kreistierarzt tätig. Er widmete sich in starkem Maße berufsständischen Fragen. Als stellvertretender Vorsitzender der DGfZ beeinflußte er die Entwicklung auf dem Gebiet der Tierzucht.

Oltmanns, Jan Warntjes (1876–1951)

Geburtsort:	Leer/Ostfr.
Studium:	Nationalökonomie (Agrarpolitik) und Philosophie in Berlin und Halle/S. mit Promotion (bei Kühn, Halle/S.)
1902	Übernahme des Meierhofes in Loga bei Leer
1938	Erwerb des Wilhelminenhofes unter Aufgabe des Meierhofes
	Umfangreiche fachbezogene Auslandsreisen
	Bedeutender Züchter des Schwarzbunten Rindes in Ostfriesland, der praktisches Können und Erfahrung mit theoretischen Kenntnissen und Wissen verband. Verwirklichte sein Zuchtziel, hohe Milchmenge mit hohem Fettgehalt zu verbinden. Starker Einfluß auf die Entwicklung des Schwarzbunten Niederungsrindes in Deutschland durch Oltmannsche Zuchtstämme.

Oppermann, Theodor (1877–1952)

Geburtsort:	Oelper/Braunschweig
Studium:	Veterinärmedizin mit Approbation und Promotion
	Tätigkeit als Assistent an der Tierärztlichen Hochschule Hannover und als Kreistierarzt
1912–1925	Leiter der Ambulatorischen Klinik an der Tierärztlichen Hochschule Hannover (Vorlesungen über Tierzucht bis 1916)
1925–1945	o. Prof. und Leiter der Medizinisch-Forensischen Klinik in Hannover
	OPPERMANN vertrat vor Einrichtung eines eigenen Lehrstuhles für Tierzucht an der Tierärztlichen Hochschule Hannover dieses Fachgebiet in Vorlesungen und Übungen. Auch in seiner späteren Tätigkeit förderte er die Entwicklung der Tierzucht in starkem Maße.

Ostertag, Robert von (1864–1940)

Geburtsort:	Schwäbisch-Gmünd
Studium:	Veterinärmedizin mit Approbation in Stuttgart und Promotion (Dr. med.) in Freiburg/Br.
1885	Schlachthoftierarzt in Berlin
1891	o. Prof. für Seuchenlehre, Veterinärpolizei und Fleischbeschau in Stuttgart
1892	o. Prof. für Nahrungsmittelkunde und Fleischbeschau in Berlin
1907	Leiter der Veterinärabteilung des Reichsgesundheitsamtes
1920–1933	Landestierarzt für Württemberg in Stuttgart
	VON OSTERTAG besaß die Fähigkeit, mit großem Können und Wissen ausgestattet, Aufgabengebiete seines Fachbereiches weit vorausschauend und umfassend zu bearbeiten. Herausragend sind die Schaffung des Reichsfleischbeschaugesetzes und das Tuberkulosetilgungsverfahren (Ostertagsches Verfahren).

Ott, Aloys (1910)

Geburtsort:	Hechingen
Studium:	Landwirtschaft mit Abschlußprüfung und Promotion in Hohenheim und Breslau
	Assistententätigkeit im Institut für Tierzucht der Forschungsanstalt für Tierzucht Tschechnitz (Kraftborn) bei Breslau
	Kriegsdienst – Tierzuchtverwaltung
1953–1975	Leiter des Tierzuchtamtes Biberach und Geschäftsführer des Württembergischen Braunviehzuchtverbandes
	OTT erwarb sich große Verdienste um die neuere züchterische Bearbeitung des Deutschen Braunviehs (Einkreuzung amerikanischer brown swiss).

Pabst, Heinrich Wilhelm von (1798–1868)

Geburtsort:	Maar/Hessen
Studium:	Landwirtschaft in Hohenheim
1823–1831	Lehrer am Landwirtschaftlichen Institut zu Hohenheim (1828 Prof. für Landwirtschaft)
1831–1839	Ständiger Sekretär der landwirtschaftlichen Vereine im Großherzogtum Hessen und Gründung der Landwirtschaftlichen Lehranstalt zu Darmstadt (mit Pachtung des Gutes Kranichstein)
1839–1845	Leiter der Landwirtschaftlichen Akademie Eldena
1845–1850	Leiter der Landwirtschaftlichen Akademie Hohenheim
1850–1861	Österreichischer Referent für Landeskultur und Leiter der Reichslehranstalt zu Ungarisch-Altenburg (Landwirtschaftliche Akademie)
1861–1867	Vorstand des Departements für Landeskultur im Ministerium für Handel und Volkswirtschaft in Wien
	Durch die Leitung von Eldena und Hohenheim hat PABST die allgemeine landwirtschaftliche Ausbildung stark gefördert. Schriftstellerisch war PABST auch im Rahmen der Tierzucht tätig (Rindviehzucht).

Pabst, Karl (1896)
Geburtsort: Burgstall/Rothenburg o. T.
Studium: Landwirtschaft in Hohenheim
Praktischer Landwirt und überragender Schafzüchter in Burgstall. Mit großen Fachkenntnissen züchtete er das Frankenschaf zum Merinolandschaf um. Vielbeanspruchter und allgemein anerkannter Preisrichter.

Pasteur, Louis (1822–1895)
Geburtsort: Dôle
Studium: Chemie
Prof. am Lyzeum in Dijon und an den Universitäten von Straßburg, Lille und Paris. Bahnbrechende Arbeiten auf dem Gebiet der Mikrobiologie, der Desinfektion, der Sterilisation, der Seuchenlehre und der Immunisierung.

Patow, Carl von (1880–1960)
Geburtsort: Calau/Niederlausitz
VON PATOW war im Rahmen der Tierzuchtwissenschaft an den Tierzuchtinstituten in Hannover, Berlin und Hohenheim tätig. Maßgebliche Bearbeitung und Beeinflussung der Zuchtwertschätzungen beim Rind (Töchter-Mütter-Vergleich).

Peitzmeier, Heinrich (1863–1952)
Geburtsort: Wiedenbrück/Westf.
Praktischer Landwirt und Tierzüchter (Deutsche Schwarzbunte) in Lintel/Ems. Starke Tätigkeit in tierzüchterischen Organisationen (Verbandsvorsitzender, Preisrichter).

Peters, Jacob (1873–1944)
Geburtsort: St. Peter/Eiderstedt
Studium: Landwirtschaft mit Abschlußprüfung in Bonn
1900–1939 Geschäftsführer und Zuchtleiter der Ostpreuß.-Holländer-Herdbuchgesellschaft, später Ostpreußische Herdbuchgesellschaft
Ausgestattet mit großem züchterischen Können, außerordentlichem Organisationstalent und unermüdlicher Arbeitskraft, hat PETERS die ostpreußische Zucht des schwarzbunten Rindes in 4 Jahrzehnten zu einem beachtlichen Leistungsstand geführt. Dabei bemühte er sich, neuere wissenschaftliche Erkenntnisse in die Praxis zu übertragen. Er führte eine vorbildliche Herdbuchführung ein, förderte die Milchleistungsprüfungen und ihre Auswertungen (Zuchtwertschätzungen – Stallgefährtinnenvergleich) besonders stark und baute eine Gesundheitskontrolle der Herden auf.

Pfennigstorff, Fritz (1857–1942)
Verleger in Mecklenburg und in Berlin. Er widmete sich insbesondere dem Auf- und Ausbau der Geflügelzucht.
PFENNIGSTORFF wird als geistiger Begründer der neuzeitlichen land-

wirtschaftlichen Geflügelzucht bezeichnet. 1896 Gründung des „Clubs Deutscher Geflügelzüchter", später „Reichsfachgruppe Landwirtschaftlicher Geflügelzüchter". Herausgeber der Zeitschrift „Deutsche Landwirtschaftliche Geflügelzucht".

Pflaumbaum, Walter (1891–1974)

Geburtsort:	Addensdorf/Uelzen
Studium:	Landwirtschaft mit Abschlußprüfung und Promotion in Halle/S. und München
1926	Leitung des Tierzuchtamtes Stendal, später Geschäftsführer der Herdbuchgesellschaft Mittelweser, Hannover
1931	Abteilung für Tierzucht der Landwirtschaftskammer Rheinland in Bonn
1934	Vorsitzender der Hauptvereinigung der Viehwirtschaft und der Reichsstelle der Tiere in Berlin
Nach 1945	Praktischer Landwirt und verschiedene Tätigkeiten im Rahmen der Agrarpolitik und Politik (1957–1965 MdB)
	PFLAUMBAUM gehört zu den Kennern und Förderern der deutschen Tierzucht, insbesondere beim Wiederaufbau nach 1945.

Philipp, Karl (1901–1966)

Geburtsort:	Wittenweiler/Blaufelden
	Praktischer Landwirt und Tierzüchter (Deutsches Fleckvieh) in Wittenweiler/Hohenlohe, der sich in vielen leitenden Positionen tierzüchterischer Organisationen betätigte.

Pott, Emil (1851–1913)

Geburtsort:	Oldenburg
Studium:	Naturwissenschaften in Breslau und Göttingen (Promotion) und Landwirtschaft in Proskau (bei SETTEGAST)
1879	Privatdozent für Tierzucht an der Technischen Hochschule München
1890–1913	o. Prof. und Vorstand der Landwirtschaftlichen Abteilung der Technischen Hochschule München
	POTT wurde durch sein starkes Engagement bei der Bekämpfung des übertriebenen Formalismus in der Tierbeurteilung bekannt („Der Formalismus in der Landwirtschaftlichen Tierzucht, 1899").

Prandtl, Antonin (1842–1909)

1864	Erfindung des Zentrifugierens der Milch – Eimerzentrifuge –

Prandtl, Alexander (1840–1896)

	(Bruder von ANTONIN PRANDTL)
	Prof. in Weihenstephan
1875	Konstruktion der ersten, kontinuierlich arbeitenden Milchzentrifuge

Preiss, Reinhold (1872–1945)

Praktischer Landwirt und Tierzüchter (Rinder, Schweine, insbesondere Kaltblutpferde) in Niedertöschwitz/Schlesien

Prieshoff, August (1897–1951)
Geburtsort: Bokel/Bersenbrückerland
Studium: Landwirtschaft mit Abschlußprüfung in Bonn und Göttingen
PRIESHOFF war von 1921–1951 in Meppen/Emsland als Leiter der Tierzucht tätig. Er schuf in diesem landwirtschaftlich schwierigen Gebiet unter schlechtesten Voraussetzungen wertvolle züchterische Grundlagen für alle Haustiergruppen.

Pulte, Josef (1894)
Geburtsort: Elspe/Westf.
Studium: Landwirtschaft mit Abschlußprüfung und Promotion in Bonn
bis 1945 Vielseitige Tätigkeit in verschiedenen Bereichen der Pferdezucht in Gestüten Beberbeck, Graditz und Altefeld sowie bei Pferdezuchtverbänden (Hauptgeschäftsführer des Reichsverbandes der Kaltblutzüchter)
1945–1959 Referent für Pferdezucht der Landwirtschaftskammer Bonn und Geschäftsführer des Rheinischen Pferdestammbuches.

Pusch, Gustav (1858–1912)
Geburtsort: Pförten/Oberlausitz
Studium: Veterinärmedizin mit Approbation in Hannover und Berlin und Promotion in Leipzig (Landwirtschaftl. Institut)
1884–1888 Tätigkeit als Assistent und Kreistierarzt
1888–1912 o. Prof. für Tierzuchtlehre und Gesundheitspflege der Haustiere an der Tierärztlichen Hochschule Dresden (zusätzlich bis 1893 Direktor der Ambulatorischen Tierklinik)
Ab 1892 gleichzeitig Landestierzuchtdirektor von Sachsen
Als Hochschullehrer und Leiter der Sächsischen Tierzucht hat PUSCH Hervorragendes geleistet. Von ihm stammen grundlegende Fachbücher für Lehre und Praxis sowie richtungsweisende Maßnahmen in der Tierzuchtförderung (Körgesetz u. a.).

Ramm, Eberhard (1861–1935)
Geburtsort: Nippenburg/Württ.
Studium: Landwirtschaft, Volkswirtschaft sowie Staatswissenschaften
Tätigkeit in der landwirtschaftlichen Praxis als Leiter einer landwirtschaftlichen Güterdirektion
1890–1901 o. Prof. der Landwirtschaft in Bonn-Poppelsdorf
1901–1926 Tätigkeit im Preußischen Ministerium für Landwirtschaft, Domänen und Forsten
RAMM förderte in verschiedenen leitenden Positionen im Preußischen Landwirtschaftsministerium die Belange der tierischen Produktion stark und nachhaltig.

Ratjen, Detlef (1893–1981)

Geburtsort: Fitzbek/Schleswig-Holstein

Studium: Landwirtschaft mit Abschlußprüfung und Promotion in Göttingen, Kiel, Berlin und Königsberg/Pr.

1923–1925 Assistent in der Lehr- und Versuchsanstalt für Schweinezucht Ruhlsdorf, später bei der Ostpreußischen Schweinezuchtvereinigung in Königsberg/Pr.

1925–1958 Tätigkeit in der Zucht des Rotbunten Rindes in Schleswig-Holstein

RATJEN einigte mit Fachwissen und Umsicht die verschiedenen Richtungen der Rotbuntzucht in Schleswig-Holstein. Er schuf einen umfassenden Verband mit einem einheitlichen Zuchtziel.

Rau, Gustav (1880–1954)

Geburtsort: Stuttgart

Kaufmännische Ausbildung und landwirtschaftliche Volontärzeit

Danach Journalist und Schriftsteller

1901 Redaktion Sportwelt, Berlin – hippologischer Mitarbeiter

1913 Generalsekretär des Deutschen Olympiade Komitees für Reiterei

1919–1933 Geschäftsführer des Reichsverbandes für Zucht und Prüfung deutschen Halbblutes (ab 1923 des deutschen Warmblutes) sowie Generalsekretär des Deutschen Olympiade Komitees

1933–1934 Oberlandstallmeister und Referent für Pferdezucht im Preußischen Ministerium für Landwirtschaft, Domänen und Forsten

1946–1950 Landstallmeister in Dillenburg

RAU war ein überragender Hippologe. Er nahm einen ungemein starken Einfluß auf die Entwicklung, insbesondere Typgestaltung, in der deutschen Pferdezucht sowie auf die Förderung des Reit- und Fahrsportes.

Rechberg-Rothenlöwen, Joseph Graf von (1885–1967)

Geburtsort: Weißenstein

Praktischer Landwirt und bedeutender Tierzüchter in Donzdorf/Göppingen. Trat besonders als Pferde- und Schafzüchter hervor und war maßgeblich in tierzüchterischen Organisationen sowie als Preisrichter tätig.

Rechberg-Rothenlöwen, Otto Graf von (1833–1918)

Geburtsort: Weißenstein

Praktischer Landwirt und Tierzüchter (Pferde). Tätigkeit in allgemeinen landwirtschaftlichen Organisationen (Mitbegründer der DLG) sowie in solchen der Tierzucht.

Rehwinkel, Edmund (1899–1977)

Geburtsort: Westercelle

REHWINKEL war von 1949–1969 Präsident des Deutschen Bauernverbandes. Mit viel Fachkenntnissen und großer Tatkraft setzte er sich für alle Bereiche der Agrarwirtschaft einschl. tierischer Produktion nachhaltig ein.

Reiff, Helmut (1911)
Geburtsort: Deizisau
Studium: Landwirtschaft mit Abschlußprüfung in Hohenheim
1936–1979 Tätigkeiten in der Landesbauernschaft Württemberg und Ministerium für Landwirtschaft in Stuttgart auf dem Gebiet der Tierzucht, insbesondere Pferdezucht. Trug wesentlich zur Zucht des modernen Württembergischen Warmblutpferdes bei, förderte das Prüfungswesen und beteiligte sich in starkem Maße am Aufbau des Reit- und Fahrwesens.

Reis, Albert (1921–1978)
Geburtsort: Ostrach-Spöck (Sigmaringen)
Landwirt und praktischer Tierzüchter in Baden-Württemberg. Erwarb sich als Vorsitzender der Arbeitsgemeinschaft Baden-Württembergischer Tierzuchtorganisationen besondere Verdienste um den Zusammenschluß der Züchtervereinigungen zu größeren Zuchteinheiten. Starker Förderer des Leistungsprüfungswesens.

Renz, August (1885–1954)
Geburtsort: Heufelden/Ehingen
Praktischer Landwirt und Tierzüchter (Pferde, Rinder)
RENZ gehört zu den deutschen Fleckviehzüchtern, die durch praktische Züchtungsarbeit, aber auch durch Tätigkeit in tierzüchterischen Organisationen stark förderten. Er wurde als markante und einflußreiche Persönlichkeit Oberschwabens bezeichnet.

Richardsen, August (1873–1957)
Geburtsort: Kleiseerkoog/Tondern – Schleswig-Holstein
Studium: Landwirtschaft mit Abschlußprüfung und Promotion in Leipzig, Berlin, Bonn und Jena
1910 Habilitation in Bonn
Tätigkeit bei Landwirtschaftskammern sowie in Versuchsbetrieben
1910 a. o. Prof. in Jena
1910–1929 o. Prof. für Tierzucht in Bonn-Poppelsdorf
RICHARDSEN war ein bekannter Hochschullehrer und Forscher auf dem Gebiet der Tierzucht. Nach dem frühen Ausscheiden aus dem aktiven Dienst arbeitete er weiter erfolgreich an der Förderung der tierischen Produktion.

Richter, Johannes (1878–1943)
Geburtsort: Dresden
Studium: Veterinärmedizin mit Approbation und Promotion
1904 Habilitation in Dresden
1920 o. Prof. für Tierzucht und Geburtshilfe an der Tierärztlichen Hochschule Dresden, später Veterinärmedizinische Fakultät in Leipzig
RICHTER befaßte sich insbesondere mit der Unfruchtbarkeit bei den Haustieren und bearbeitete Fragen erblicher Zuchtschäden.

Richter, Karl (1899)
Geburtsort: Hamm/Westfalen
Studium: Landwirtschaft mit Abschlußprüfung und Promotion in Göttingen
1922–1929 Wissenschaftliche Tätigkeit in den Versuchsanstalten Ruhlsdorf bei Berlin und Tschechnitz (Kraftborn) bei Breslau
1929–1945 Leiter des Instituts für Tierernährung in Tschechnitz (Kraftborn) bei Breslau
1946–1948 Tätigkeit (stellvertretender Leiter) im Max-Planck-Institut für Tierzucht und Tierernährung in Mariensee
1948–1965 Leiter des Instituts für Tierernährung der FAL Braunschweig-Völkenrode
RICHTER hat sich durch eine umfassende Forschungs- und Versuchstätigkeit, zahllose Vortragsveranstaltungen sowie ein umfangreiches Schrifttum um die praktische Tierernährung besondere Verdienste erworben („Praktische Viehfütterung", 31 Auflagen).

Rinderle, Ludwig (1915)
Geburtsort: Niederdorf/Memmingen
Studium: Landwirtschaft mit Abschlußprüfung und Promotion in Weihenstephan
1948 Referent für Rinderzucht im Bayerischen Ministerium für Landwirtschaft
1964 Unterabteilungsleiter für Tierzucht
1965 Abteilungsleiter „Landwirtschaftliche Erzeugung"
RINDERLE erwarb sich große Verdienste als langjähriger Referent um die bayerische Rinderzucht. Er förderte die Einführung des Bullenprüfprogramms, den Tiergesundheitsdienst, die Anwendung der Blutgruppenforschung u.a.

Rinecker, A. (1895)
Geburtsort: Bamberg
Studium: Landwirtschaft mit Abschlußprüfung und Promotion in München, Jena und Königsberg/Pr.
Verschiedene Tätigkeiten im Rahmen der Tierzuchtverwaltungen in Posen/Westpreußen und in Sachsen-Anhalt. Von 1950–1960 Leiter des Tierzuchtreferates des Bundesministeriums für Ernährung, Landwirtschaft und Forsten in Bonn.

Rintelen, Paul (1904)
Geburtsort: Ahlen/Beckum
Studium: Landwirtschaft mit Abschlußprüfung und Promotion in Münster und Bonn
1938 Habilitation in Bonn (Landwirtschaftliche Betriebslehre)
1926–1952 Verschiedene Tätigkeiten in der landwirtschaftlichen Wirtschaftsberatung sowie in der Industrie
1952–1971 o. Prof. für Wirtschaftslehre des Landbaues der Technischen Universität München in Weihenstephan
RINTELEN hat als landwirtschaftlicher Betriebswirtschaftler mit

hohen theoretischen und praktischen Kenntnissen die Tierzucht stark gefördert. Insbesondere verdienen seine Arbeiten über den Futterbau (Mais) Erwähnung.

Rohlfes, Otto (1888–1965)
Geburtsort: Dalvers/Bersenbrück
Studium: Landwirtschaft mit Abschlußprüfung in Jena
1920–1938 Leiter des Tierzuchtamtes Stendal/Altmark und Geschäftsführer des Rinderzuchtverbandes Sachsen-Anhalt
1938–1953 Leitung der Tierzuchtabteilung der Landwirtschaftskammer Weser-Ems in Oldenburg.

Romanowski, Arthur (1859–1936)
Geburtsort: Mehlsack/Ostpreußen
Praktischer Landwirt und Züchter des Rheinisch-Deutschen Kaltblutpferdes in Mehlsack/Ostpr. Bei überragender züchterischer Begabung verstand er es, für Ostpreußen geeignete Hengste im Rheinland und in Belgien anzukaufen und bei Paarung mit bodenständigen Stuten zum Ermländer Typ zu entwickeln.

Romeis, Georg (1881–1959)
Geburtsort: Herpersdorf
Praktischer Landwirt und Tierzüchter (Gelbvieh – Frankenrind) in Herpersdorf/Scheinfeld.

Rosenberger, Gustav (1909–1983)
Geburtsort: Schmalkalden/Thüringen
Studium: Veterinärmedizin mit Approbation und Promotion in München und Hannover
1936 Tätigkeit als Assistent in der Klinik für Geburtshilfe und Rinderkrankheiten der Tierärztlichen Hochschule Hannover
1943 o. Prof. an der Universität Posen
1945–1953 Praktischer Tierarzt in Sarstedt/Hannover
1953–1979 o. Prof. für Rinderkrankheiten an der Tierärztlichen Hochschule Hannover
Der Aufgabenbereich von ROSENBERGER lag insbesondere in den von ihm geleiteten Kliniken sowie in der Tätigkeit als Hochschullehrer. Darüber hinaus widmete er sich der Förderung der tierischen Produktion (Rinderzucht) durch die Veterinärmedizin.

Rothes, Georg (1886–1960)
Geburtsort: Strommoers bei Rheinberg/Niederrhein
Studium: Landwirtschaft mit Abschlußprüfung und Promotion in Berlin, München, Bonn und Königsberg/Pr.
1914–1929 Verschiedene Tätigkeiten bei Herdbuchverbänden sowie in staatlichen Stellungen (Preußisches Landwirtschaftsministerium und Tierzuchtämter)

1929–1954 o. Prof. für Tierzucht in Bonn-Poppelsdorf
ROTHES wurde nach Tätigkeiten in leitenden Positionen der tierzüchterischen Praxis und Verwaltung Hochschullehrer. Dieser Ausbildungsweg machte ihn zu einem mit umfangreichem Wissen ausgestatteten Lehrer, der zugleich ein Bindeglied zwischen Wissenschaft und Praxis blieb (Einrichtung der Bonner Hochschultage).

Rueff, Gottlieb Adolph von (1820–1885)
Geburtsort: Stuttgart
Studium: Medizin und Veterinärmedizin mit Abschlußexamen und Promotion
1846–1869 Tierarzt und Lehrer für Tierheilkunde, Pferdezucht und Zoologie in Hohenheim, später (1852) akademischer Prof.
1869–1875 Direktor der Tierarzneischule in Stuttgart
Umfangreiche Reisen (Besuch fast aller Gestüte Europas) machten VON RUEFF zu einem bekannten und überragenden Hippologen, der darüber hinaus alle Zweige der Tierzucht beeinflußte und förderte.

Rüther, Karl (1912)
Geburtsort: Steinhausen, Krs. Paderborn
Studium: Landwirtschaft mit Abschlußprüfung und Promotion in Bonn
1951–1977 Geschäftsführer des Westfälischen Rinderstammbuches (Rotbuntzucht)
RÜTHER prägte als erfolgreicher Zuchtleiter die Rotbuntzucht in Westfalen.

Ruoff, Rudolf: (1888–1971)
Geburtsort: Domäne Niederreutin
Studium: Landwirtschaft in Hohenheim
Praktischer Landwirt und hervorragender Tierzüchter in Niederreutin/Herrenberg. Beeinflußte als Züchter, Vorsitzender des Fleckviehzuchtvereins Herrenberg sowie als überragender Tierkenner die Entwicklung der deutschen Fleckviehzucht in starkem Maße.

Saaler, Hans (1903–1967)
Geburtsort: Kandern/Müllheim-Baden
Studium: Landwirtschaft mit Abschlußprüfung und Promotion in Gießen und Berlin
SAALER war von 1928–1966 mit großem Erfolg in der Schweinezucht Baden-Württembergs tätig (Geschäftsführer des Landesverbandes, Leitung der Mastprüfanstalt Forchheim). Sein positiver Einfluß auf die Entwicklung der Schweinezucht ging weit über die Grenzen seines Arbeitsgebietes in Baden hinaus (u.a. trug er wesentlich zur Gründung der Arbeitsgemeinschaft Deutscher Schweinezüchter bei).

Sack, Ludwig (1893–1945)

Geburtsort:	Gießen
Studium:	Landwirtschaft mit Abschlußprüfung und Promotion in München und Gießen
1912–1913	Tätigkeit als wissenschaftlicher Assistent in Gießen sowie als Landwirtschaftslehrer in Hessen
1913–1919	Tätigkeit in der Tierzuchtverwaltung der Landwirtschaftskammer Danzig
1919–1938	Leitung des Tierzuchtamtes Marienburg, zugleich Geschäftsführer des Rinderzuchtverbandes (Gebiet von Westpreußen, welches nach 1919 Ostpreußen angegliedert wurde)
1938–1945	Leiter des Referats Tierzucht in Königsberg für die Provinz Ostpreußen (II D).

Saint-Paul, Ulrich von (1887–1971)

Geburtsort:	Otten/Ostpreußen
Studium:	Landwirtschaft in Bonn und Königsberg/Pr.
	Praktischer Landwirt und erfolgreicher Tierzüchter (Schwarzbuntes Rind) in Jäcknitz/Ostpr. Seit 1928 Vorstandsmitglied der Ostpreußischen Herdbuchgesellschaft, vertrat ab 1953 die Belange der Züchter dieser Gesellschaft in der Bundesrepublik Deutschland.

Sanders, Heinrich (1892–1962)

Geburtsort:	Loquard
	Praktischer Landwirt und Tierzüchter (Deutsche Schwarzbunte) in Loquard/Ostfriesland
	SANDERS gehört zu den hervorragenden Tierzüchtern des Vereins Ostfriesischer Stammviehzüchter, der wesentlich zur Prägung des Typs des deutschen schwarzbunten Rindes beitrug.

Schäfer, Albert (1892–1966)

Studium:	Landwirtschaft in Hohenheim
Ab 1921	Leitung der Versuchsanstalt Limburgerhof der BASF (Rheinl.-Pfalz) A. SCHÄFER war ein hervorragender Tierzüchter (Deutsche veredelte Landschweine) und übte eine starke Förderung der tierischen Produktion über die Arbeiten der Versuchswirtschaft (Grünland, Beregnungen u. a.) aus.

Schäfer, Heinrich (1909–1980)

Geburtsort:	Jessnitz/Sachsen
Studium:	Landwirtschaft und Veterinärmedizin mit Abschlußprüfung und Promotion in München und Leipzig
1935–1945	Tätigkeit im Institut für Tierzucht der Universität Leipzig
1946–1950	Leitung der Lehr- und Versuchsanstalt für Tierzucht Gelsterhof sowie Dozentur für Tierzucht an der Höheren Landbauschule Witzenhausen
1950–1961	Leitung der Karakulzuchtfarm Haribes in Südwestafrika

1961–1974 Leiter der Abteilung für Tierzucht und Tierernährung in den Tropen und Subtropen am Tropeninstitut der Universität Gießen
H. SCHÄFER beschäftigte sich insbesondere mit ökologischen Fragen und der Tierhaltung in den Entwicklungsländern.

Schäper, Wilhelm (1897–1958)
Geburtsort: Nordkirchen/Westf.
Studium: Veterinärmedizin mit Approbation und Promotion in Berlin, Hannover und München; Landwirtschaft mit Abschlußprüfung in Bonn; Habilitation in Berlin
1923–1929 Tätigkeit im Institut für Tierzucht und Vererbungsforschung Hannover
1929–1936 Tätigkeit in der Tierärztlichen Hochschule Berlin
1936–1957 Beamteter Tierarzt in Labes/Pommern und Merzig/Saar
SCHÄPER war nach seiner vielseitigen Ausbildung und Tätigkeiten im Rahmen der tierärztlichen Hochschulen Hannover und Berlin in starkem Maße auf dem Gebiet der Konstitutionsforschung tätig. Seine Arbeiten gaben wesentliche Impulse und Anregungen.

Scharffetter, Johann (1863–1934)
Praktischer Landwirt und Tierzüchter (ostpreußische Warmblutpferde)
SCHARFFETTER war ein bekannter und überaus erfolgreicher Züchter des ostpreußischen Warmblutpferdes in Kallwischken/Ostpreußen. Er erwarb sich insbesondere große Verdienste bei der Typumstellung nach dem 1. Weltkrieg, ohne bei der Zucht auf ein vermehrtes Wirtschaftspferd die Eigenschaften des ostpreußischen Warmblutpferdes als Reitpferd zu übersehen.

Scheibke-Jerschendorf, Oskar (1880–1942)
Praktischer Landwirt und Tierzüchter in Jerschendorf/Neumarkt (Schlesien)
SCHEIBKE-JERSCHENDORF war ein über die Grenzen Schlesiens hinaus bekannter Züchter von Pferden im Typ des Rheinisch-Deutschen Kaltblutes.

Schermer, Siegmund (1886–1974)
Geburtsort: Hüttenrode/Harz
Studium: Naturwissenschaften und Veterinärmedizin mit Approbation und Promotion in Hannover
1908–1913 Wissenschaftliche Assistententätigkeit in Hannover und Leipzig sowie praktischer Tierarzt in Ostpreußen.
1913 Leiter des Tierseucheninstituts der Landwirtschaftskammer Hannover
1922–1954 o. Prof. für Tierheilkunde und Direktor des Tierärztlichen Instituts der Landwirtschaftlichen Fakultät der Universität Göttingen
SCHERMER war ein hochgeschätzter Lehrer. Seine Forschungsarbeiten (Blutgruppen, Mangelkrankheiten) förderten die tierische Produktion stark.

Schernbeck, Johannes (1876–1951)
Geburtsort: Fischbeck/Altmark
Praktischer Landwirt und Tierzüchter (Deutsche Schwarzbunte)
SCHERNBECK war ein hochbegabter Tierzüchter, der darüber hinaus durch seine Tätigkeit in den verschiedensten Gremien und als Preisrichter die Tierzucht nachhaltig förderte.

Schilke, Fritz (1899–1981)
Geburtsort: Diebowen/Sensburg/Ostpr.
Studium: Landwirtschaft mit Abschlußprüfung und Promotion
Geschäftsführer der Ostpreußischen Stutbuchgesellschaft in Königsberg/Pr. 1946 Gründung des Trakehner-Verbandes in der BRD, Geschäftsführer, später Vorsitzender
SCHILKE erwarb sich große Verdienste um die Förderung der Zucht des deutschen Warmblutpferdes.

Schimmelpfennig, Karl (1901)
Geburtsort: Briesen/Pommern
Studium: Landwirtschaft mit Abschlußprüfung und Promotion in Jena
Nach verschiedenen Tätigkeiten in der Rinderzucht in Brandenburg, Schlesien und Niedersachsen von 1930–1971 Geschäftsführer der Oldenburger Herdbuchgesellschaft
SCHIMMELPFENNIG war ein hervorragender Zuchtleiter, der mit züchterischem Können und organisatorischem Geschick seinem Zuchtverband höchste Anerkennungen brachte.

Schlie, Arnold (1900–1968)
Geburtsort: Wuppertal
Studium: Landwirtschaft mit Abschlußprüfung und Promotion
1925–1938 Tätigkeit bei der Stader Herdbuchgesellschaft
1938–1965 Geschäftsführer des Verbandes Hannoverscher Warmblutzüchter, später zugleich Referent für Pferdezucht bei der Landwirtschaftskammer Hannover
SCHLIE war ein hervorragender Pferdefachmann, der die Niedersächsische Warmblutzucht stark beeinflußte und förderte.

Schmehl, Rudolf (1885–1963)
Geburtsort: Chemnitz/Sa.
Studium: Landwirtschaft mit Abschlußprüfung und Promotion
SCHMEHL war von 1913–1963 in der Schwarzbuntzucht Westfalens tätig (Geschäftsführer der Westfälischen Herdbuchgesellschaft). Ausgestattet mit hohem züchterischen Können und organisatorischem Talent, hatte er großen und fördernden Einfluß auf die westfälische wie auch die Schwarzbuntzucht Deutschlands.

Schmid, Jakob (1911–1979)

Geburtsort:	Urspring
	Praktischer Landwirt und Tierzüchter (Pferdezucht). SCHMID hat sich als Züchter (Süddeutsches Kaltblut), insbesondere aber auf organisatorischem Gebiet große Verdienste erworben. Als Vorsitzender Württembergischer Pferdezuchtverbände war er in hohem Maße an den züchterischen Maßnahmen und Weichenstellungen für die Entwicklung der Pferdezucht in Württemberg, vor allem nach 1945, beteiligt.

Schmidt, Jonas (1885–1958)

Geburtsort:	Wiesbaden
Studium:	Landwirtschaft und Volkswirtschaft mit Abschlußprüfung und Promotion in Bonn und Berlin
1913	Habilitation in Bonn
1908–1919	Verschiedene Tätigkeiten in der landwirtschaftlichen Praxis, als Landwirtschaftslehrer, im Preußischen Landesökonomiekollegium sowie Kriegsdienst
1919	a. o. Prof. für Tierzucht in Jena
1920	o. Prof. für Tierzucht in Jena
1921–1936	o. Prof. für Tierzucht in Göttingen
1936–1945	o. Prof. für Tierzucht in Berlin, zugleich 1940–1945 o. Prof. für Tierzucht in Rostock sowie Leiter der Forschungsanstalt Dummerstorf der Kaiser-Wilhelm-Gesellschaft
1945–1946	Aufbau und Leiter des Max-Planck-Instituts für Tierzucht und Tierernährung in Mariensee
1946–1953	o. Prof. für Tierzucht in Hohenheim
	SCHMIDT war ein sehr tätiger und erfolgreicher Hochschullehrer und Forscher. Er arbeitete auf allen Gebieten der tierischen Produktion. Besonders stark war sein Einsatz für die wissenschaftlich fundierte Arbeit der DGfZ. Bemerkenswert ist die Einrichtung der ersten Mastprüfanstalt für Schweine 1925 in Göttingen.

Schmieder, Carl-August von (1867–1941)

Geburtsort:	Karlsruhe
Studium:	Rechtswissenschaften mit Abschlußprüfungen und Promotion in Heidelberg und Breslau
1888–1898	Verschiedene Tätigkeiten als Jurist
ab 1898	Nach Ankauf des Gutes Steinach bei Straubing Ausbau einer Pferdezucht (Vollblut), später auch Rinderzucht. Besondere Verdienste erwarb sich VON SCHMIEDER um die Förderung der Grünlandwirtschaft. Er regte nach dem 1. Weltkrieg eine „Grünlandbewegung" an (1919 Bayer. Grünlandverein, 1922 Deutscher Grünlandbund).

Schmucker, Josef (1882–1971)

Geburtsort:	Oggelshausen/Saulgau
Studium:	Landwirtschaft mit Abschlußprüfung in Hohenheim und Halle/S.
1909–1950	Tierzuchtamtsleiter und Geschäftsführer von Fleckviehzüchtervereinigungen in Sigmaringen und Ulm. Erwarb sich große Verdienste bei der Aufnahme von Milchleistungsprüfungen, Aufbau geordneter Herdbuchorganisationen sowie gezielter züchterischer Maßnahmen beim Fleckvieh.

Schneider, Carl Theodor (1902–1964)

Geburtsort:	Leer/Ostfr.
Studium:	Landwirtschaft mit Abschlußprüfung und Promotion in Göttingen
	Wissenschaftlicher Mitarbeiter in der Versuchs- und Forschungsanstalt für Tierzucht Tschechnitz bei Breslau. Später praktischer Landwirt und Tierzüchter in Hofschwicheldt bei Peine
	SCHNEIDER gehört zu den markantesten Persönlichkeiten der Tierzucht in den Jahrzehnten nach 1945. Mit Weitblick, unermüdlichem Eifer und großem Organisationstalent arbeitete er erfolgreich an dem Wiederaufbau der Tierzucht in der BRD.

Schöck, Günter (1898–1972)

Geburtsort:	Öhringen
Studium:	Landwirtschaft mit Abschlußprüfung an der Landwirtschaftlichen Hochschule Hohenheim
	Verschiedene Tätigkeiten im Tierzuchtdienst Württembergs
1952–1962	Tätigkeit im Ministerium für Ernährung, Landwirtschaft und Forsten Stuttgart (ab 1960 Leiter des Referates Tierzucht).
	SCHÖCK förderte bedeutsame Gebiete der Tierzucht – Besamungsstationen, Auswertungsverfahren der Milchleistungsprüfungen, Zuchtwertschätzungen, Ausbau von Prüfstationen bei Rindern, Schweinen und Geflügel.

Schönleutner, Maximilian Josef Adam (1777–1831)

Geburtsort:	Prüfening/Regensburg
Studium:	Jura und Kameralwissenschaften mit Staatsexamen in Ingolstadt und Landshut
1801–1803	Tätigkeit bei A. THAER, Celle
1803–1807	Errichtung einer Muster-Landwirtschaftsschule in Weihenstephan bei Freising (Schließung 1807)
1807–1831	Administrator der Güter Weihenstephan, Schleißheim und Fürstenried
1822	Gründung und Leitung der Landwirtschaftlichen Zentralschule in Weihenstephan.

Schrewe, Hugo (1845–1916)

Geburtsort: Samitten/Ostpreußen

Praktischer Landwirt und Tierzüchter (Schwarzbunte Rinder) in Kleinhof-Tapiau. SCHREWE war ein talentierter Tierzüchter, der besonders als Vorkämpfer für Leistungsprüfungen beim Rind (Einrichtung von Kontrollvereinen) bekannt wurde.

Schriever, Ernst (1881–1961)

Geburtsort: Ratingen/Eggerscheidt

Praktischer Landwirt und Tierzüchter (Rheinisch-Deutsche Kaltblutpferde) in Neu-Lohoff/Düsseldorf-Mettmann. SCHRIEVER war ein erfolgreicher und über das Rheinland hinaus bekannter Züchter, der mit seiner Zuchtstätte die Kaltblutpferdezucht wesentlich beeinflußte.

Schrötter-Wohnsdorff, Siegfried von

Praktischer Landwirt und Tierzüchter (Ostpreußische Warmblutpferde). 1938 Vorsitzender der Ostpreußischen Stutbuchgesellschaft für Warmblut Trakehner Abstammung. Nach 1945 Vorsitzender des Trakehner-Verbandes in der BRD.

Schropp, Wilhelm (1901–1971)

Geburtsort: Pressig/Rothenkirchen

Studium: Landwirtschaft mit Abschlußprüfung und Promotion in Weihenstephan und München

1940 Habilitation

Tätigkeit im Rahmen der Milchwirtschaft

1953–1966 Leiter des Instituts für Milcherzeugung der Süddeutschen Versuchs- und Forschungsanstalt für Milchwirtschaft in Weihenstephan.

Schubart, Johann Christian, Edler von Kleefeld (1734–1787)

Geburtsort: Zeitz

Erwarb nach verschiedenen Tätigkeiten in Verbindung mit umfangreichen Reisen das Rittergut Würchwitz bei Zeitz. Bemühte sich um Änderung der Anbaumethoden und fügte die seinerzeit ungewöhnlichen Kulturpflanzen Kartoffeln und Klee in die alte Dreifelderwirtschaft ein. Dadurch Bereitstellung von Futtermengen für größere Viehbestände (1784 geadelt als Edler von Kleefeld).

Schürmann, Ernst (1903–1974)

Geburtsort: Gelsenkirchen-Rotthausen

Studium: Veterinärmedizin mit Approbation und Promotion in München und Hannover

Habilitation in Bonn

1926–1932 Tätigkeit als Assistent am Pathologischen Institut der Tierärztlichen Hochschule Berlin

1932 Beamteter Tierarzt in Bonn

1936 Leiter des Schlacht- und Viehhofes und des Städtischen Veterinäruntersuchungsamtes Bonn

1951–1971 o. Prof. des Instituts für Anatomie, Physiologie und Hygiene der Haustiere in Bonn

SCHÜRMANN war ein hervorragender und beliebter Hochschullehrer. Seine besonderen Verdienste liegen auf den Gebieten hygienischer Maßnahmen in der neuzeitlichen Tierhaltung.

Schulte-Sienbeck (1903)

Geburtsort: Ebbelich/Herten/Westf.

Studium: Landwirtschaft mit Abschlußprüfung und Promotion in Bonn

1932–1945 Verschiedene Tätigkeiten insbesondere im Rahmen der Pferdeleistungsprüfungen, im Reitwesen sowie als Referatsleiter für Pferdezucht in Münster und in Berlin

1945–1951 Referent für Pferdezucht der Landwirtschaftskammer und Geschäftsführer des Westfälischen Pferdestammbuches in Münster

1951–1968 Leiter der Tierzuchtabteilung der Landwirtschaftskammer Westfalen-Lippe, Münster

Bekannter Pferdefachmann, der insbesondere auch organisatorische Aufgaben beim Wiederaufbau nach 1945 hervorragend löste.

Schultz-Lupitz, Albert (1831–1899)

Studium: Landwirtschaft in Hohenheim und Jena

Praktischer Landwirt (Erwerb des Gutes Lupitz/Altmark). SCHULTZ-LUPITZ gehört zu den großen Landwirten des 19. Jahrhunderts. Besonders bekannt geworden durch Anwendung der Gründüngung einerseits und Verwendung künstlicher Düngemittel andererseits.

Schulze, Friedrich Gottlob (1795–1860)

Geburtsort: Gävernitz/Meißen

Studium: Nach Jurastudium praktische landwirtschaftliche Ausbildung. Anschließend Studium in Tiefurt/Weimar und Jena (Kameralwissenschaften und Nationalökonomie) und Promotion

1819 Prof. der Kameralwissenschaften in Jena

1821 a. o. Prof. für Staats- und Kameralwissenschaften in Jena

1826 o. Prof. der Staats- und Kameralwissenschaften (Gründung des Landwirtschaftlichen Lehrinstituts an der Universität Jena – Privatinstitut)

1834–1839 o. Prof. der Kameralwissenschaften in Eldena

1839–1860 Leitung eines erneut gegründeten Landwirtschaftlichen Lehrinstituts (Privatinstitut) in Jena.

Schumann, Albert (1849–1925)

Geburtsort: Aschersleben/Provinz Sachsen

Praktischer Landwirt und Tierzüchter (schwarzbunte Rinder) in Tykrigehnen/Ostpr. SCHUMANN war einer der bekanntesten und erfolgreichsten Rinderzüchter Deutschlands, aus dessen Herde überragende Zuchttiere der Ostpreußischen Herdbuchgesellschaft hervorgegangen sind.

Schwarznecker, Gustav (1829–1893)
Studium: Veterinärmedizin mit Approbation
1852–1863 Gestütsroßarzt an verschiedenen preußischen Gestüten
1863 Gestütsinspektor in Graditz
1870 Leiter des Landgestüts Wickrath/Rhld.
1881 Leiter des Landgestüts Marienwerder/Westpreußen
Als hochbegabter Hippologe hat SCHWARZNECKER die deutsche Pferdezucht stark beeinflußt und gefördert. Besonders bekannt wurde ein von ihm verfaßtes Standardwerk zur Pferdezucht.

Schwechten, Hasso (1886–1973)
Geburtsort: Rogatz/Magdeburg
Aktiver Offizier
1922–1950 Leiter des Landgestüts Kreuz bei Halle/S. und zugleich Geschäftsführer des Pferdezuchtverbandes Sachsen-Anhalt.
SCHWECHTEN war ein hervorragender Hippologe, der einen starken Einfluß auf die Entwicklung der Pferdezucht in Sachsen-Anhalt (Deutsches Kaltblut) ausübte. Nach Verlassen seiner Wirkungsstätte war er nach 1950 in der Deutschen Reiterlichen Vereinigung in der BRD tätig.

Schweitzer, August Gottfried (1788–1854)
Geburtsort: Naumburg
Studium: Landwirtschaft in Möglin
1829–1846 Direktor der neu errichteten Landwirtschaftlichen Abteilung der Akademie Tharandt bei Dresden
1847–1851 o. Prof. der Universität Bonn und Leiter der Landwirtschaftlichen Lehranstalt Poppelsdorf.

Schwerz, Johann Nepomuk Hubert von (1759–1844)
Geburtsort: Koblenz
1780–1810 Nach Ausbildung in den Geisteswissenschaften (vorübergehend auch Studium der Jurisprudenz) war SCHWERZ als Hauslehrer und Erzieher tätig. Sein starker Hang zum Landleben führte dann zu Verwaltungen landwirtschaftlicher Güter, unterbrochen durch Auslandsreisen
1812 Regierungsrat in Preußischen Diensten in Münster
1818–1828 Errichtung, Leitung und Ausbau der Landwirtschaftlichen Lehranstalt in Hohenheim bei Stuttgart.

Schwinghammer, Franz Gg. (1795–1881)
Geburtsort: Linz a.d. Donau
Studium: Medizin und Veterinärmedizin
ab 1823 Tierarzt in der Güterverwaltung in Schleißheim (bei M. SCHÖNLEUTNER)
1824–1852 Prof. für Tierzucht und Tierheilkunde an der Zentralschule für Landwirtschaft Schleißheim
SCHWINGHAMMER galt als ein hervorragender Lehrer, der sein Fachgebiet über die Lehrtätigkeit hinaus mit zahlreichen Büchern bereicherte.

Seedorf, Wilhelm (1881)
Geburtsort: Bostel/Niedersachsen
Studium: Landwirtschaft mit Abschlußprüfung und Promotion
Tätigkeit als Landwirtschaftslehrer, Wirtschaftsberater sowie in der landwirtschaftlichen Verwaltung
1920–1948 o. Prof. für Landwirtschaftliche Betriebslehre in Göttingen
Basierend auf einem umfassenden Wissen und Können in allen landwirtschaftlichen Bereichen, hat SEEDORF immer wieder Anregungen für die tierzüchterische Entwicklung gegeben (u.a. Einführung von Leistungsprüfungen beim Schwein).

Seeger, Georg (1891)
Geburtsort: Habitzheim
Studium: Landwirtschaft mit Abschlußprüfung in Gießen
1933–1956 Leitung des Tierzuchtamtes Darmstadt
SEEGER erwarb sich besondere Verdienste um die Förderung und Erhaltung der Ziegenzucht (Geschäftsführung des Verbandes der Ziegenzüchter in Hessen-Nassau, der Arbeitsgemeinschaft der Landesverbände sowie Tätigkeit im Fachausschuß der DLG).

Seelemann, Martin (1899–1977)
Geburtsort: Berlin
Studium: Veterinärmedizin mit Approbation und Promotion
1937–1964 Leitung des Instituts für Milchhygiene an der Forschungsanstalt für Milchwissenschaft in Kiel
SEELEMANN hat in dem von ihm geleiteten Institut insbesondere praxisnahe Fragen der Milchhygiene bearbeitet. Er hat damit eine starke Förderung der qualitativen Milcherzeugung erreicht.

Sehmer, Waldemar (1880–1945)
Geburtsort: Saarbrücken
Praktischer Landwirt und Tierzüchter (Schwarzbunte Rinder) in Carmitten/Ostpreußen. Vorsitzender der Ostpreußischen Herdbuchgesellschaft von 1929–1934.

Sell, Christian (1905)
Geburtsort: Mörel/Hohenwestedt
Studium: Landwirtschaft mit Abschlußprüfung und Promotion in Hamburg, Wien und Kiel
Tätigkeit im Rahmen der Forschungsanstalt für Milchwirtschaft in Kiel
1937–1970 Leiter des Tierzuchtamtes Schleswig, zusätzlich ab 1942 Leiter der Besamungsstation Pinneberg, später Geschäftsführer der Arbeitsgemeinschaft Schleswig-Holsteinischer Rinderbesamungsvereinigungen
SELL erwarb sich um die Einführung der künstlichen Besamung beim Rind große Verdienste.

Senckenberg, Ernst (1919–1983)

Hermannsdorf/Krs. Ebersberg
Praktischer Landwirt und Tierzüchter (Deutsches Fleckvieh)
SENCKENBERG war ein über die Grenzen der BRD hinaus bekannter Landwirt und Tierzüchter (1974–1978 Präsident der Welt-Simmental-Fleckvieh-Vereinigung). In der Bundesrepublik war er in führenden Positionen der Arbeitsgemeinschaft Deutscher Tierzüchter und der Deutschen Landwirtschaftsgesellschaft tätig. Mit hohem Fachwissen und überragendem Organisationstalent ausgestattet, beeinflußte und förderte er die deutsche Tierzucht maßgeblich.

Settegast, Hermann Gustav (1819–1908)

Geburtsort: Königsberg/Pr.
Studium: Landwirtschaft in Berlin und Hohenheim
1847–1858 Lehrer und Administrator an der Landwirtschaftlichen Akademie Proskau
1858–1863 Direktor der Akademie Waldau/Ostpr.
1863–1880 Direktor der Akademie Proskau/Schlesien
1881–1889 Prof. für Betriebslehre und Tierzucht an der Landwirtschaftlichen Hochschule zu Berlin
SETTEGAST gehört zu den bedeutenden Tierzuchtwissenschaftlern des 19. Jahrhunderts. Einführung des Begriffs Individualpotenz in die Tierzucht und Auseinandersetzungen mit den Auffassungen zur Konstanztheorie. Bemerkenswerter Fachschriftsteller (u. a. „Die Tierzucht, 2 Bände").

Seyffert, Hans (1895–1968)

Geburtsort: Sangerhausen
Studium: Landwirtschaft mit Abschlußprüfung und Promotion in Halle/S.
1925–1927 Gestütsassistent in Neustadt/Dosse
1927–1930 Landstallmeister in Marienwerder/Westpreußen
1930–1934 Landstallmeister in Leubus/Schlesien
1934–1945 Oberlandstallmeister in der Preußischen, später Reichsgestütsverwaltung
Mit SEYFFERT ging die ruhmreiche Zeit der Preußischen Gestütsverwaltung zu Ende.

Sommer, Otto A. (1902)

Geburtsort: Aschaffenburg
Studium: Landwirtschaft mit Abschlußprüfung und Promotion in Hohenheim
Assistententätigkeit in Hohenheim, Arbeit in Zuchtverbänden und in der Tierzuchtverwaltung
1936–1941 o. Prof. für Tierzucht in Göttingen
1941–1945 o. Prof. für Tierzucht in Hohenheim
1949 Nach Kriegsdienst und Gefangenschaft Prof. für Tierzucht in Nürtingen

1954–1959 Leitung der Bayerischen Landesanstalt für Tierzucht in Grub und des Instituts für Konstitutionsforschung in Braunschweig-Völkenrode

1959–1971 o. Prof. für Tierzucht in Weihenstephan

In enger Verbindung mit der tierzüchterischen Praxis hat SOMMER als Hochschullehrer und Forscher insbesondere die Entwicklung der süddeutschen Tierzucht (vor allem Rinderzucht) beeinflußt und gefördert.

Sonnenbrodt, Albert (1878–1966)

Geburtsort: Hannover

Studium: Veterinärmedizin mit Approbation und Promotion in Berlin, München und Gießen

1908–1920 Leitung des Hofgestüts (Vollblutzucht) Harzburg – unterbrochen durch Kriegsdienst

1920–1938 Leitung des Landgestüts Braunschweig, später Harzburg

1938–1948 Wissenschaftliche und Lehrtätigkeit im Rahmen des Instituts für Tierzucht und Vererbungsforschung Hannover

SONNENBRODT erwarb sich besondere Verdienste um die deutsche Vollblutzucht.

Spann, Joseph (1879–1957)

Geburtsort: München

Studium: Veterinärmedizin mit Approbation und Promotion

Tätigkeit als wissenschaftlicher Assistent und praktischer Tierarzt

1907–1917 Leiter der Tierzuchtinspektion Immenstadt und Geschäftsführer der Allgäuer Herdbuchgesellschaft

1917 Berufung als Dozent an die Bayerische Akademie für Landwirtschaft in Weihenstephan

1920–1949 o. Prof. für Tierzuchtlehre, Tierheilkunde und Alpwirtschaft in Weihenstephan und München

SPANN wurde nach seiner praktischen Tätigkeit im Allgäu als bekannter und hochgeschätzter Hochschullehrer ein Förderer der Tierzucht (insbesondere Voralpen und Alpengebiet).

Sponeck, Kurt Graf von (1873–1955)

Geburtsort: Bruchsal

1906 Leitung der Landgestüte Braunsberg und Gudwallen

1912–1922 Leitung des Hauptgestüts Trakehnen

1922–1927 Leitung des Hauptgestüts Altefeld

Graf SPONECK war ein hervorragender Hippologe, der in Trakehnen und in Altefeld züchterisch stark förderte.

Sprengel, Philipp Carl (1787–1859)
Geburtsort: Schillerslage/Hannover
Ausbildung bei A. THAER in Celle/Möglin
Mitarbeiter in Möglin und Verwalter landwirtschaftlicher Betriebe
1821 Studium der Naturwissenschaften mit Promotion in Göttingen
1831–1859 Lehrtätigkeit in Göttingen, Braunschweig (Collegium Carolinum) und an der 1842 gegründeten Landwirtschaftlichen Lehranstalt Regenwalde/Pommern (Leiter der Anstalt).

Sprenger, Edmund (1902–1980)
Geburtsort: Leiberg, Büren/Westf.
Praktischer Landwirt und Tierzüchter (Deutsche veredelte Landschweine) in Buchenauerhof/Südbaden. Die Verdienste von SPRENGER liegen in seiner vielseitigen Tätigkeit im Rahmen tierzüchterischer Organisationen. SPRENGER gehört zu den hervorragenden Landwirten, die nach 1945 die Entwicklung der Tierzucht in der BRD prägten. So war er Vorsitzender des Fleckviehzuchtverbandes und des Pferdezuchtverbandes in Heidelberg sowie des Badischen Schafzuchtverbandes. Seine besondere Arbeit galt den Schweinezüchterorganisationen. Nach Verbandstätigkeit in Baden war er von 1948 bis 1975 Vorsitzender der Arbeitsgemeinschaft Deutscher Schweinezüchter – ADS.

Sprengler, Karl (1907–1968)
Geburtsort: Frankenthal/Rheinpfalz
Studium: Landwirtschaft mit Abschlußprüfung und Promotion in München
1935–1954 Tätigkeiten an den Tierzuchtämtern Kaufbeuren und Landshut sowie Viehhaltungs- und Melkerschule Almesbach/Oberpfalz
1954–1968 Leiter des Tierzuchtamtes Weiden und Geschäftsführer des oberpfälzischen Rinderzuchtverbandes (Fleckvieh). Hier erwarb er sich besondere Verdienste. Bei unermüdlichem Einsatz, reichen organisatorischen und züchterischen Fähigkeiten baute er dieses Zuchtgebiet trotz karger Bodenverhältnisse zu einem beachtlichen Pfeiler der bayerischen Fleckviehzucht aus.

Stählin, Adolf (1901)
Geburtsort: Nürnberg
Studium: Landwirtschaft mit Abschlußprüfung und Promotion in München
Habilitation
1944 Dozent in Jena
1948 Dozent in Hohenheim
1956–1969 o. Prof. für Grünlandwirtschaft und Futterbau in Gießen
STÄHLIN beschäftigte sich neben allgemeinen Fragen der Grünlandwirtschaft insbesondere mit speziellen Arbeiten zur Futtermittelkunde.

Staffe, Adolf (1888–1958)

Geburtsort:	Klantendorf/Mähren
Studium:	Landwirtschaft mit Abschlußexamen und Promotion in Wien Habilitation in Wien Tätigkeit in Gestüten (Lipizza) sowie in der Verwaltung landwirtschaftlicher Betriebe
1928–1945	a. o. Prof. für Milchwirtschaft und Landwirtschaftliche Bakteriologie an der Hochschule für Bodenkultur in Wien
1945–1958	Tätigkeit in der Tierzuchtforschung in der Schweiz (Bern) sowie in der FAO STAFFE war ein unermüdlicher, erfolgreicher Forscher, der insbesondere dem Fragenkomplex Tier und Umwelt nachging („Haustier und Umwelt, 1948").

Stahl, Wilhelm (1900–1980)

Geburtsort:	Hillbeck, Unna/Westf.
Studium:	Landwirtschaft mit Abschlußprüfung und Promotion in Göttingen Tätigkeit im Rahmen des Kontrollwesens (Leistungsprüfungen) beim Schwein
1928–1930	Mitarbeiter in der Lehr- und Versuchswirtschaft für Schweinezucht Ruhlsdorf bei Berlin
1930–1945	Leitung von Ruhlsdorf
1951–1957	o. Prof. für Tierzucht an der Landwirtschaftlichen Fakultät der Humboldt-Universität Berlin und o. Prof. für Tierzucht an der Veterinärmedizinischen Fakultät der Humboldt-Universität Berlin
1953–1966	Zugleich o. Prof. für Tierzucht in Rostock sowie
1953–1963	Leiter der Forschungsanstalt für Tierzuchtforschung Dummerstorf STAHL leistete als begabter und ungemein fleißiger Tierzuchtwissenschaftler eine enorme Arbeit. Zunächst brachte er Ruhlsdorf zu großem Ansehen, um dann als Hochschullehrer erfolgreich tätig zu sein und die umfangreiche Forschungsanstalt Dummerstorf zu leiten.

Stakemann, Ernst-Georg (1873–1958)

Geburtsort:	Oppeln/Land Hadeln
Studium:	Landwirtschaft mit Abschlußprüfung Landwirtschaftslehrer in Westpreußen
1909–1938	Tätigkeit in Allenstein/Ostpreußen als Leiter der Tierzucht im Bereich des Reg.-Bezirkes Allenstein/Masuren, zugleich Leiter der Viehhaltungsschule Ramten.

Stang, Valentin (1876–1944)
Geburtsort: Bad Niederbronn/Elsaß
Studium: Veterinärmedizin
1909–1918 Landesinspektor für Tierzucht in Elsaß-Lothringen
1919–1923 Tätigkeit im Reichsernährungsministerium und Verwaltungsdienststellen in Berlin
1923–1944 o. Prof. für Tierzucht an der Tierärztlichen Hochschule Berlin
STANG erwarb sich im Rahmen von Verwaltungsaufgaben und als Hochschullehrer große Verdienste um die Tierzucht (1926 Herausgabe der Enzyklopädie: „Tierheilkunde und Tierzucht").

Starck, Ernst-Günther von (1905–1956)
Geburtsort: Dortmund-Hörde
Praktischer Landwirt und Tierzüchter in Laar/Hessen (insbesondere Deutsche Schwarzköpfige Fleischschafe sowie Pferde und Schwarzbunte Rinder). Langjähriger Verbandsvorsitzender.

Steiger, Otto (1851–1935)
Geburtsort: Leutewitz/Sachsen
Praktischer Landwirt und Tierzüchter (Schafzucht). Er war ein angesehener und bekannter Züchter des damaligen Typs des deutschen Merinoschafes. Tätigkeiten in landwirtschaftlichen Organisationen (DLG, Wollverwertungsverband u. a.).

Stetten, Max von (1866–1919)
Geburtsort: Hammel/Augsburg
Studium: Landwirtschaft in Hohenheim und Halle/S.
Praktischer Landwirt und Tierzüchter in Aystetten bei Augsburg. Bedeutender Züchter des Allgäuer Braunviehs. Sein Vater führte bereits 1864 regelmäßige Probemelkungen in der Herde Aystetten ein.

Steuert, Ludwig (1853–1907)
Geburtsort: Neukirch/Baden
Studium: Veterinärmedizin mit Approbation und Promotion
1876–1892 Distriktstierarzt und Bezirkstierarzt
1892–1907 o. Prof. für Anatomie, Physiologie und Tierzucht in Weihenstephan (Landwirtschaftliche Akademie)
STEUERT war ein bekannter Hochschullehrer, der die beiden Gebiete Tierzucht sowie Anatomie und Physiologie hervorragend vertrat. Bedeutungsvoll seine schriftstellerische Tätigkeit („Das Buch vom gesunden und kranken Haustier", 12. Auflage 1955).

Stockklausner, Fritz (1889–1976)

Geburtsort:	Tegernheim/Regensburg
Studium:	Veterinärmedizin und Landwirtschaft mit Abschlußprüfungen und Promotion in München Tätigkeit in der Tierzuchtverwaltung
1921–1936	Leiter der Bayerischen Landesanstalt für Tierzucht in Grub bei München
1936	o. Prof. für Tierzucht an der Veterinärmedizinischen Fakultät in München
1949–1958	o. Prof. für Tierzucht an der Landwirtschaftlichen Fakultät in Weihenstephan STOCKKLAUSNER erwarb sich große Verdienste beim Aufbau (1. Direktor) der Lehr- und Forschungsanstalt Grub und war später ein hochgeschätzter Hochschullehrer. Besondere Verdienste auf den Gebieten Rinderzucht und Konstitutionslehre.

Storz, Karl (1880–1948)

Geburtsort:	Neuhausen o. Eck
Studium:	Landwirtschaft mit Abschlußprüfung in Hohenheim
1924–1948	Leiter (Landoberstallmeister) des Haupt- und Landgestütes Marbach/Lauter STORZ erwarb sich Verdienste um die züchterische Bearbeitung der in Württemberg gehaltenen Pferde in ihrer Umformung zu Wirtschaftspferden. 1932 Übernahme des Arabergestütes Weil nach Marbach.

Stralenheim, Henning von (1877–1960)

Praktischer Landwirt und Tierzüchter (Deutsche Weideschweine und Leineschafe) in Imbshausen/Northeim.

Sturm, Karl Christoph Gottlieb (1781–1826)

Geburtsort:	Hohenleuben/Vogtland
Studium:	Kameralwissenschaften in Jena und Bauakademie in Berlin Habilitation in Jena
1807	a. o. Prof. in Jena
1809	o. Prof. für Kameralwissenschaften in Jena (in den Sommersemestern Ausbildung der Studenten auf dem Großherzoglich-Sächsischen Kammergut Tiefurt bei Weimar)
1819	o. Prof. für Landwirtschaft und Kameralwissenschaften in Bonn/Poppelsdorf (Gründung des Landwirtschaftsinstitutes).

Stutt, Rudolf (1901–1978)

Geburtsort: Berlin

Studium: Landwirtschaft mit Abschlußprüfung in Berlin

1928–1938 Verschiedene Tätigkeiten an Tierzuchtinstituten (Leipzig), in der Praxis (Deicke-Peest) sowie bei Schweinezuchtverbänden (Pommern)

1938–1966 Referent für Schweinezucht in Schleswig-Holstein und Geschäftsführer des Verbandes Schleswig-Holsteinischer Schweinezüchter

STUTT war ein überaus passionierter und begabter Zuchtleiter, der sich besonders bei der Umstellung der Schweinezucht zum Typ des Fleischschweines nach 1945 große Verdienste erwarb.

Tantzen, Hayo (1904–1982)

Geburtsort: Hiddingen bei Rodenkirchen/Weserm.

Praktischer Landwirt und Tierzüchter (Deutsche Schwarzbunte) in Hiddingen/Oldenburg. Langjähriger Vorsitzender der Oldenburger Herdbuchgesellschaft, 1956–1975

TANTZEN erwarb sich besondere Verdienste um die Deutsche Schwarzbuntzucht in ihrer Entwicklung nach 1945.

Temme-Springmeyer, Heinrich (1872–1944)

Praktischer Landwirt und bekannter Tierzüchter (Deutsche veredelte Landschweine) in Erpen/Niedersachsen.

Tewes, Wilhelm (1882–1952)

Geburtsort: Schmarbeck

Praktischer Landwirt und Tierzüchter (Heidschnucken) in Schmarbeck/Celle.

Thaer, Daniel Albrecht (1752–1828)

Geburtsort: Celle

Studium: Medizin mit Approbation und Promotion in Göttingen

1778 Stadtphysikus und Zuchthausarzt in Celle

1780 Kurfürstlicher Hofmedikus in Celle (1796 Leibarzt des Königs von Großbritannien)

1786 Erwerbung eines Gartens bei Celle, der durch Zukauf zu einem kleinen Gut erweitert wurde, und Einrichtung einer landwirtschaftlichen Ausbildungsstätte (1. landwirtschaftliches Lehrinstitut in Deutschland)

1804 Übernahme in den Preußischen Dienst in Berlin als „Königlich Preußischer Geheimer Kriegsrath“. Kauf und Übersiedlung nach Möglin bei Wriezen, zugleich Abgabe und Auflösung der landwirtschaftlichen Einrichtungen in Celle

1806 Einrichtung einer landwirtschaftlichen Ausbildungsstätte in Möglin als Königlich Akademische Lehranstalt des Ackerbaus, später Königlich Akademische Lehranstalt des Landbaus (1. landwirtschaftliche Akademie in Deutschland)

1810–1819 a. o. Prof. für Kameralwissenschaften an der Universität Berlin (in Verbindung mit praktischer Ausbildung der Studierenden in Möglin)
THAER hat als praktischer Landwirt durch Einführung neuer Bewirtschaftungsverfahren die damalige Landwirtschaft ungemein beeinflußt und gefördert (zahlreiche Schriften). Als Tierzüchter war er insbesondere auf dem Gebiet der Schafzucht tätig. THAER ist Begründer der landwirtschaftlich-akademischen Ausbildung.

Thaer, Konrad Wilhelm Albrecht (geb. 1828)
(Enkel ALBRECHT THAERS)
Geburtsort: Lüdersdorf bei Weitzen a. d. O.
Studium: Staatswissenschaft in Heidelberg und Landwirtschaft in Möglin und Berlin
Habilitation an der Universität Berlin
Praktische Tätigkeit in der Landwirtschaft
1859–1864 Lehrer an der Akademie in Möglin
a. o. Prof. in Berlin
1871–1901 Prof. für Landwirtschaft in Gießen
Bekannter Hochschullehrer mit starker schriftstellerischer Tätigkeit (u. a. Neuauflage der „Rinderzucht" von PABST).

Thiele, Otto (1857–1938)
Praktischer Landwirt und Tierzüchter (Deutsches weißes Edelschwein, Rhein.-Deutsches Kaltblut, Schwarzbunte Rinder) in Ringfurth/Provinz Sachsen. Erfolgreiche Tätigkeit in tierzüchterischen Organisationen.

Thiele, Werner (1897–1970)
(Sohn von OTTO THIELE)
Geburtsort: Ringfurth/Elbe
Setzte die Arbeit seines Vaters mit hohem tierzüchterischen Können fort. Von 1953 ab in der Rinderbesamung der BRD tätig.

Thilo, Rudolf, d. Ä. (1830–1899)
Geburtsort: Daberkow/Pommern
Praktischer Landwirt in Daberkow und Ballin, zugleich Schäfereidirektor in Schafzuchten Pommerns und Mecklenburgs. Erwarb sich besondere Verdienste bei der Erzüchtung des deutschen Merino-Kammwollschafes.

Thilo, Erich (geb. 1865)
(Sohn von RUDOLF THILO d. ÄL.)
Geburtsort: Stargard/Pommern
Schäfereidirektor für Zuchten in Pommern, Mecklenburg und Brandenburg.

Thilo, Rudolf, d. J.
(Sohn von RUDOLF THILO d. ÄL.)
Praktischer Landwirt in Ballin und Schäfereidirektor für Zuchten in Pommern und Mecklenburg

Thilo, Hans-Ludwig (geb. 1869)
(Sohn von RUDOLF THILO d. ÄL.)
Geburtsort: Anklam
Zunächst Buchhändler, später Schäfereidirektor und Tätigkeit im Zuchtbereich seines Vaters.

Thilo, Dietrich (geb. 1901)
(Sohn von ERICH THILO)
Geburtsort: Neubrandenburg
Schäfereidirektor unter Übernahme der Zuchten seines Vaters.

Thomsen, Johs. (1874–1949)
Geburtsort: Hardesby/Sörup
Praktischer Landwirt und Tierzüchter (Angler-Rind) in Sophienhof/Schleswig-Holstein. Langjähriger Vorsitzender des Herdbuchverbandes Angeln.

Thormählen, Claus (1885–1968)
Geburtsort: Moorhusen/Elmshorn
Praktischer Landwirt und Tierzüchter (Deutsche Weißköpfige Fleischschafe) in Neuendorf/Elmshorn. Tätigkeit in tierzüchterischen Organisationen sowie bei der Wollverwertung.

Thünen, Johann Heinrich von (1783–1850)
Geburtsort: Canarienhausen/Jeverland
Studium: Natur- und Staatswissenschaften in Göttingen
Volks-, Betriebswirtschaftler und praktischer Landwirt, der sein Gut Tellow (Mecklenburg) zu einem landwirtschaftlichen Musterbetrieb ausbaute. Verfasser zahlreicher Schriften zur Landbewirtschaftung, die auf eigenen Erkenntnissen und Erfahrungen beruhten und die Entwicklung der deutschen Landwirtschaft stark beeinflußten. Besonders bekannt die „Thünschen Ringe", eine kombinierte Intensitäts- und Standorttheorie der landwirtschaftlichen Erzeugung.

Tornede, Heinrich (1888–1960)
Geburtsort: Lippe/Westf.
Studium: Landwirtschaft mit Abschlußprüfung und Promotion in Bonn, Halle/S. und Gießen
1920–1953 Leitung des Tierzuchtamtes Biedenkopf
TORNEDE widmete sich insbesondere der Zucht des Deutschen Rotviehs. Mit Passion und Organisationstalent setzte er sich für die Erhaltung dieser Rinderrasse und den Zusammenschluß der Züchtervereinigungen (Verband Deutscher Rotviehzüchter) ein.

Trautwein, Karl (1896)
Geburtsort: Weingarten/Baden
Studium: Veterinärmedizin mit Approbation und Promotion in Gießen
Habilitation in Greifswald
1922–1932 Tätigkeit in der Staatlichen Forschungsanstalt Riems
1932–1962 Leitung des Tierhygiene-Instituts in Freiburg/Br.
TRAUTWEIN erwarb sich große Verdienste in der Tierseuchenbekämpfung (Tbc, Bazillus Bang u. a.). Seine für Baden aufgenommenen Arbeiten und Verfahren strahlten weit über die Landesgrenzen hinaus und förderten die deutsche Tierzucht wesentlich.

Trog, Wilhelm (1864–1942)
Geburtsort: Remkersleben/Kreis Wanzleben
Studium: Landwirtschaft in Halle/S.
Praktischer Landwirt und Tierzüchter (Deutsche weiße Edelschweine) in Klein-Räudchen/Schlesien.

Trog, Walter (1899)
(Sohn von WILHELM TROG)
Setzte die erfolgreiche tierzüchterische Arbeit seines Vaters in Klein-Räudchen fort (bis 1945).

Tschermak-Seysenegg, Erich von (1871–1962)
Geburtsort: Wien
Studium: Landwirtschaft mit Abschlußprüfungen in Wien und Promotion in Halle/S.
Tätigkeit in Samenzuchtbetrieben in Deutschland
1900 Wiederentdeckung der Mendelschen Erbregeln nach umfangreichen Kreuzungsversuchen an Erbsen in Gent und in Österreich
1903 a. o. Prof. für Pflanzenzüchtung in Wien
1909–1941 o. Prof. für Pflanzenzüchtung in Wien

Turek, Franz (1913–1976)
1959–1975 o. Prof. für Tierzucht, Fütterungslehre und Alpwirtschaft an der Hochschule für Bodenkultur, Wien
TUREK war ein sehr praxisnaher, aufgeschlossener Hochschullehrer, dessen Einfluß auf die tierzüchterische Entwicklung über Österreich hinaus auch in der BRD groß war.

Uppenborn, Wilhelm (1904)
Geburtsort: Berlin
Studium: Landwirtschaft mit Abschlußprüfung und Promotion in Berlin
1928 Assistent am Haupt-/Landgestüt Neustadt/Dosse
1931 Leiter der Hengstprüfanstalt Zwion/Ostpr.
1934 Landstallmeister in Osnabrück
1937 Landstallmeister in Rasteburg
1950 Referent für Pferdezucht und Geschäftsführer des Verbandes der Pferdedzüchter in Hessen-Nassau
1962 Leitung des Vollblutgestüts Harzburg.

Vahlbruch, Rudolf (1902–1974)

Geburtsort:	Hankenhütten
Studium:	Landwirtschaft mit Abschlußprüfung und Promotion in Kiel und Göttingen
1929–1964	Leitung der Lehr- und Versuchsanstalt für Viehhaltung Rickling – ab 1934 Sophienhof bei Flensburg
	VAHLBRUCH setzte sich besonders stark für die Ausweitung und Verbesserung der landwirtschaftlichen Ausbildung im Bereich der tierischen Produktion ein.

Veit, Franz (1912)

Geburtsort:	Hohenberg b. Ellwangen/Jagst
Studium:	Landwirtschaft mit Abschlußprüfung und Promotion in Gießen und Hohenheim
1945–1977	Tätigkeit bei Tierzuchtämtern und Zuchtverbänden (Fleckvieh) in Herrenberg, Schwäbisch-Hall und Ulm. Erwarb sich besondere Verdienste um die Einführung und Durchführung von Zuchtprogrammen in der Rinderzucht.

Völtz, Wilhelm (1872–1928)

Geburtsort:	Völtzendorf/Westpreußen
Studium:	Landwirtschaft mit Abschlußprüfung, Promotion und Habilitation in Berlin
1909–1922	Vorstand der Ernährungsphysiologischen Abteilung des Instituts für Gärungsgewerbe in Berlin
1922–1928	o. Prof. für Tierzucht an der Universität Königsberg/Pr.
	VÖLTZ arbeitete auf dem Gebiet der Tierernährungsphysiologie und erwarb sich besondere Verdienste um die Entwicklung von Methoden praktischer Futterkonservierung (Silofutter).

Vogel, Hermann (1895–1974)

	(Sohn von LEONHARD VOGEL)
Geburtsort:	München
Studium:	Landwirtschaft, Jura und Volkswirtschaft mit landwirtschaftlicher Abschlußprüfung und Promotion in München und Göttingen Habilitation in Göttingen
1924	Wissenschaftlicher Assistent in Göttingen (Institut für Tierzucht)
1935–1945	o. Prof. für Tierzucht in Gießen (Landwirtschaftliche und Tierärztliche Fakultät)
	zusätzlich (1943) kommissarische Leitung des Instituts für Tierzucht in Göttingen
1948–1956	Mitarbeiter in der Landesanstalt für Tierzucht in Grub
1961	Schriftleitung der „Mitteilungen für Tierhaltung" (Cyanamid).

Vogel, Leonhard (1863–1942)

Geburtsort: Rothenburg/Tauber

Studium: Veterinärmedizin, Landwirtschaft und Zoologie in München mit Approbation und Promotion

1885–1894 Tätigkeit als praktischer Tierarzt und Bezirkstierarzt

1894–1903 Landesinspektor für Tierzucht in Bayern und Referent für Tierzucht im Bayerischen Ministerium

1903–1913 Landestierarzt im Innenministerium München unter Beibehaltung des Referates für landwirtschaftliche Tierzucht (1910 Honorarprofessor für Tierzucht an der Technischen Hochschule München)

1913–1919 o. Prof. für Tierzucht in der Landwirtschaftlichen Abteilung der Technischen Hochschule München

1919–1934 o. Prof. für Tierzucht an der Tierärztlichen Fakultät der Universität München

VOGEL hat in einer Zeit starken Vorwärtsstrebens in der landwirtschaftlichen Tierzucht als Tierarzt und landwirtschaftlicher Tierzüchter die Entwicklung der bayerischen Tierzucht erfolgreich beeinflußt und gestaltet (Organisation der Züchterverbände, Körgesetz u. a.). Auch als Hochschullehrer verblieb sein stets fördernder Einfluß.

Volkmann, Kurt (1902–1980)

Geburtsort: Breslau

Studium: Landwirtschaft mit Abschlußprüfung und Promotion in Breslau

1927–1928 Leistungsinspektor beim DRLB

1928–1934 Tätigkeit beim Reichsverband für Zucht und Prüfung deutschen Warmbluts

1934–1945 Referent für Warmblutzucht im Preußischen Landwirtschaftsministerium, später Reichsministerium

1945–1950 Hauptreferent für Pferdezucht in Berlin-Ost

1952–1972 Hauptgeschäftsführer der „Arbeitsgemeinschaft für Zucht und Prüfung deutscher Pferde", Bonn

VOLKMANN war ein bekannter Hippologe, der mit hohen organisatorischen Fähigkeiten sein Fachgebiet in schwierigen Zeiten beeinflußte und förderte.

Vries, Hugo de (1848–1935)

Geburtsort: Haarlem

Studium: Botanik

1878 Prof. in Amsterdam

1897 Prof. in Würzburg

Bekannter und erfolgreicher Forscher auf genetischem Gebiet (1900 Wiederentdeckung der Mendelschen Gesetze).

Wagener, Kurt (1898–1976)

Geburtsort: Elmshorn/Holstein

Studium: Veterinärmedizin mit Approbation und Promotion in Hannover

1929 Habilitation in Berlin

1924–1932	Verschiedene Tätigkeiten auf dem Gebiet der Mikrobiologie in wissenschaftlichen Instituten und bei Veterinäruntersuchungsämtern
1932	Leiter des Staatl. Veterinäruntersuchungsamtes Landsberg/Warthe
1935	a. o. Prof. an der Veterinärmedizinischen Fakultät in Berlin
1936	o. Prof. am Institut für Veterinärhygiene an der Universität Berlin
1938–1967	o. Prof. für Mikrobiologie, Hygiene und Veterinärpolizei an der Tierärztlichen Hochschule Hannover

WAGENER erwarb sich besondere Verdienste um die Tierseuchentilgung. Er gab entscheidende Impulse für die Bekämpfung der Rindertuberkulose.

Waldmann, Otto (1885–1955)

Geburtsort:	Pforzheim
Studium:	Veterinärmedizin mit Approbation und Promotion in Stuttgart, München und Berlin
1925–1948	Leiter der Staatlichen Forschungsanstalt für Tierseuchenbekämpfung auf der Insel Riems, Greifswald, zugleich Dozent an der Universität Greifswald
1948–1954	Aufenthalt und Tätigkeit in Argentinien

WALDMANN erwarb sich große Verdienste um die Gesunderhaltung der Rinderbestände durch seine bahnbrechenden Arbeiten bei der Bekämpfung der Maul- und Klauenseuche.

Wandhoff, Heinz-Erich (1908)

Geburtsort:	Aachen
Studium:	Landwirtschaft mit Abschlußprüfung in Bonn und Göttingen
1934–1945	Wissenschaftlicher Assistent an der Forschungsanstalt für Tierzucht Tschechnitz bei Breslau, später praktischer Landwirt und Tierzüchter in Mecklenburg
1946–1976	Geschäftsführung des Verbandes der Angler Rinderzüchter und des Verbandes der Züchter des Angler Sattelschweines, Süderbrarup (später Verband der Züchter des Piétrainschweines und des Angler Sattelschweines – Neumünster)

WANDHOFF erwarb sich besondere Verdienste um die Erhaltung der Zucht des Angler Sattelschweines und um die Einführung und Züchtung von Piétrainschweinen in der BRD.

Weber, Friedrich (1901)

Geburtsort:	Allmendingen/Ehingen
Studium:	Landwirtschaft mit Abschlußprüfung in Hohenheim
1934–1966	Tätigkeit im Rahmen der deutschen Fleckviehzucht in Rottweil, Schwäbisch-Hall und Ulm. Hervorragender Kenner und Förderer der Fleckviehzucht. Erwarb sich besondere Verdienste in der Typumstellung des Fleckviehs, Einbau von Zuchtwertschätzungen und Einführung der KB.

Weber, Fritz (1928–1977)
Geburtsort: Täuffelen, Kanton Bern/Schweiz
Studium: Landwirtschaft mit Abschlußprüfung und Promotion
1956–1971 Verschiedene Tätigkeiten innerhalb der Tierzuchtverwaltung sowie bei Landwirtschaftsschulen in der Schweiz
1971–1977 o. Prof. für Tierzucht an der Eidgenössischen T. H. Zürich
Hervorragender Tierzuchtwissenschaftler, der sich insbesondere den Methoden der Zuchtwertschätzung widmete.

Weckherlin, August von (1794–1868)
Geburtsort: Stuttgart
Studium: Landwirtschaft am Hofwyler Institut in der Schweiz
Württembergischer Domänenbeamter
1837–1845 Direktor der Akademie Hohenheim (Vorlesungen über Tierproduktionslehre)
1845–1865 Domänenkammerpräsident im Dienst des Fürsten von Hohenzollern-Sigmaringen in Deutschland, Österreich und Holland
VON WECKHERLIN hatte als Verwalter großer Ländereien zunächst im Dienst der Württembergischen Domänenverwaltung und nach einem Jahrzehnt der Lehrtätigkeit in Hohenheim innerhalb der Güterverwaltung des Fürsten von Hohenzollern-Sigmaringen praktische Erfahrungen, die er mit dem Wissensstand seiner Zeit verband. Dabei lag ein Schwerpunkt seiner Arbeit bei der Tierzucht. Er gehört zu den bedeutendsten Tierzuchtwissenschaftlern des 19. Jahrhunderts, der in grundlegenden Schriften und Büchern seine Erkenntnisse niederlegte. (Verfechter der „Konstanzlehre").

Weidenbach, Fritz von (1852–1935)
Geburtsort: Haxenagger/Augsburg
Praktischer Landwirt und Züchter (Fleckvieh) in Lichtenau/Miesbach. Er war Mitbegründer des Zuchtverbandes für Oberbayerisches Alpenfleckvieh Miesbach und von 1892–1907 dessen Vorsitzender.

Weigmann, Hermann (1856–1950)
Geburtsort: Fürth/Franken
Studium: Naturwissenschaften in Erlangen und München, Examen für das höhere Lehramt mit Sonderprüfung in Chemie und Promotion in Erlangen
Assistententätigkeit im Bereich der Nahrungsmittelchemie in Rostock, Münster und Memmingen/Allgäu unter verstärkter Beschäftigung mit bakteriologischen Fragen
1889 Übernahme der Abteilung für Bakteriologie der Milchwirtschaftlichen Versuchsstation der Landwirtschaftskammer in Kiel
1892 Leiter der Versuchsstation in Kiel
1922 Gründung der Preußischen Versuchs- und Forschungsanstalt für Milchwirtschaft in Kiel und Übernahme des Direktorats bis 1923
WEIGMANN gehört zu den großen und erfolgreichen Förderern der deutschen Milchwirtschaft.

Weinmiller, Lothar (1897–1941)
Geburtsort: Schrobenhausen/Oberbayern
Studium: Landwirtschaft mit Abschlußprüfung und Promotion in München
1923 Leiter der Kreisgeflügelzuchtanstalt Kitzingen/Main
1926 Vorstand der Geflügelzuchtlehranstalt Erding/Oberbayern
1940 Habilitation und Dozent für Kleintierzucht in München
WEINMILLER war ein hervorragender Kleintier-, insbesondere Geflügelzüchter. Die bayerische und auch die deutsche Geflügelwirtschaft erhielten von ihm starke Impulse.

Wenzler, Georg (1909–1981)
Geburtsort: Bernried b. Neukirch/Tettnang
Studium: Landwirtschaft mit Abschlußprüfung und Promotion in Hohenheim
1936–1949 Tätigkeiten in der Tierzuchtverwaltung in Württemberg – Kriegsdienst
1949–1974 Leiter (Landoberstallmeister) des Haupt- und Landgestütes Marbach/Lauter
WENZLER erwarb sich große Verdienste bei der Umstellung der in Württemberg gezogenen Pferdeformen zum neuzeitlichen Typ (Deutsches Reitpferd).

Widmann, Josef (1833–1899)
Geburtsort: Dalking/Oberpfalz
Baurat und praktischer Landwirt in Weitnau/Allgäu.
WIDMANN ist Gründer der Allgäuer Herdebuchgesellschaft und führte die ersten Milchleistungsprüfungen in Deutschland durch. Er erwarb sich außerdem große Verdienste um die Entwicklung der Grünlandwirtschaft und des Molkereiwesens im Allgäu.

Wilckens, Martin (1834–1897)
Geburtsort: Hamburg
Studium: Medizin und Naturwissenschaften mit Approbation und Promotion
Armenarzt in Hamburg und Lehrer für Anatomie an der Anatomisch-Chirurgischen Lehranstalt in Hamburg
1859 Land- und forstwirtschaftliche Studien in Jena
1861–1871 Praktischer Landwirt in Schlesien
1872 Habilitation an der Medizinischen Fakultät in Göttingen für Tierphysiologie und Tierzucht
1872 Prof. für Landwirtschaft in Rostock
1872 o. Prof. für Tierphysiologie und Tierzucht an der Hochschule für Bodenkultur in Wien
M. WILCKENS erwarb sich besondere Verdienste bei der Bearbeitung der Abstammung und Rassenbildung der Haustiere.

Wilkens, Heinrich (geb. 1867)
Praktischer Landwirt und hervorragender Tierzüchter (Deutsche veredelte Landschweine) in Tadel, Visselhövede/Niedersachsen.

Wilkens, Johann (1902–1971)

	(Sohn von HEINRICH WILKENS)
Geburtsort:	Tadel/Visselhövede
	Setzte die Arbeit seines Vaters als erfolgreicher Züchter von Deutschen veredelten Landschweinen in Tadel fort.

Wilkens, Christel (1904–1972)

	(Sohn von HEINRICH WILKENS)
Geburtsort:	Tadel/Visselhövede
Studium:	Landwirtschaft mit Abschlußprüfung und Promotion
1929–1935	Leiter der Lehr- und Versuchswirtschaft für Schweinezucht Hohehorst-Ebstorf/Niedersachsen
1935–1969	Geschäftsführer des Verbandes Lüneburger Schweinezüchter
	C. WILKENS hat mit großem Können und Weitblick die Umstellung der Züchtung des Deutschen veredelten Landschweines zum Typ eines Fleischschweines stark beeinflußt und gefördert.

Wilkens, Kurt (1908–1974)

1954–1974	Geschäftsführer der Ammerländer Schweinezuchtgesellschaft (Deutsche weiße Edelschweine)

Wilsdorf, Georg (1871–1949)

Geburtsort:	Chemnitz/Sachsen
Studium:	Landwirtschaft, Jura, Volkswirtschaft mit Abschlußprüfungen und Promotion in Bonn und Leipzig
1898–1909	Tierzuchtdirektor in der Landwirtschaftskammer Brandenburg
1909–1923	Geschäftsführer der Deutschen Gesellschaft für Züchtungskunde
	Vorsitzender der Arbeitsgemeinschaft Deutscher Mastviehausstellungen; später Sachbearbeiter bei der Hauptvereinigung der Deutschen Viehwirtschaft
	WILSDORF war ein außerordentlich vielseitig begabter Tierzüchter, vor allem aber Organisator und Förderer für den Gesamtbereich Tierzucht. Zahlreiche Gründungen von Züchtervereinigungen bei den verschiedenen Tierarten einschl. von Organisationen zur Wollverwertung und Weidewirtschaft gehen auf seine Initiative zurück. Hinzu kam eine starke fachschriftstellerische Tätigkeit.

Winnigstedt, Robert (1903–1977)

Geburtsort:	Minden/Westf.
Studium:	Landwirtschaft mit Abschlußprüfung und Promotion in Jena und Berlin
1926–1945	Verschiedene leitende Stellungen in tierzüchterischen Organisationen Westfalens, des Rheinlandes sowie im Reichsnährstand Berlin
1946	Geschäftsführer der neu gegründeten Zusammenschlüsse der Rinder-, Schweine- und Schafzuchtverbände der britischen Zone, später (1948) Geschäftsführer der Arbeitsgemeinschaft der Tierzuchtverbände für das Bundesgebiet (ADT) sowie Gründung der IMEX

WINNINGSTEDT gehört zu den großen Könnern, insbesondere aber zu den überragenden Organisatoren in der deutschen Tierzucht. An dem Wiederaufbau der Tierzucht in der BRD nach 1945 hatte er entscheidenden Anteil.

Winter, Georg Simon von Adlersflügel (um 1634)
Geburtsort: Halberstadt
WINTER war Hof- und Stutenmeister an verschiedenen Fürstlichen Höfen sowie in Gestüten. Er wurde bekannt durch seine Schriften, die sich mit der „Reitkunst, Gestüt- und Rossarzneiwissenschaften" befassen.

Witt, Max (1899–1979)
Geburtsort: Ammerswurth/Dithmarschen
Studium: Landwirtschaft und Volkswirtschaft mit landwirtschaftlicher Abschlußprüfung und Promotion
Habilitation in Halle
1925–1933 Wissenschaftliche Assistententätigkeit an den Tierzuchtinstituten Göttingen und Halle/S., später Leitung der Lehr- und Versuchsanstalt für Viehhaltung Bertkow/Altmark
1933–1945 Tätigkeit im Reichsernährungsministerium (Referent für Rinderzucht), zusätzlich (ab 1943) o. Prof. für Tierzucht an der Universität Jena
1948–1972 Leiter des Max-Planck-Instituts für Tierzucht und Tierernährung in Mariensee/Trenthorst
Die großen Verdienste von WITT liegen im Aufbau und in der Leitung des Max-Planck-Instituts für Tierzucht und Tierernährung. Er schuf hier eine Forschungs- wie auch Ausbildungsstätte von internationalem Ansehen.

Wöhlbier, Werner (1899)
Geburtsort: Seggerde/Gardelegen
Studium: Landwirtschaft und Chemie mit Abschlußexamen und Promotion in Breslau und Halle/S.
1930 Habilitation für Agrikulturchemie in Rostock
1934 a. o. Prof. für Agrikulturchemie an der Universität Rostock und Direktor der Versuchsstation Rostock
1936–1966 o. Prof. für Chemie und Tierernährungslehre an der Landwirtschaftlichen Hochschule Hohenheim
WÖHLBIER arbeitete sehr erfolgreich auf dem Gebiet der Grundlagenforschung der Ernährung landwirtschaftlicher Nutztiere, wie auch seine Übertragung der Erkenntnisse in die Praxis hohe Anerkennung verdient.

Wolff, Emil von (1818–1896)

Geburtsort:	Flensburg
1854	Prof. an der Landwirtschaftlichen Akademie Hohenheim und Leiter der Landwirtschaftlichen Versuchsstation Hohenheim
	WOLFF erwarb sich große Verdienste um die Erforschung der Grundlagen der Ernährung landwirtschaftlicher Nutztiere (zahlreiche Schriften zur Tierernährung wie auch zur praktischen Fütterung).

Wolstein, Johann Gottlieb (1738–1820)

Geburtsort:	Flinsberg/Schlesien
Studium:	Medizin und Veterinärmedizin in Wien und Alfort mit Promotion zum Dr. med. in Jena
1777–1795	Einrichtung und Leitung der Wiener Tierarzneischule
1795	Praktischer Arzt in Altona bei Hamburg nach Verlassen von Österreich aus politischen Gründen und Beginn verstärkter wissenschaftlicher Tätigkeit
	WOLSTEIN wird als Begründer der wissenschaftlichen Tierheilkunde in Deutschland angesehen. Darüber hinaus befaßte er sich mit Fragen der Tierzucht (u. a. Neuauflage des Buches von M. FUGGER und Erweiterung dieses Werkes).

Wowra, Walter (1900)

Geburtsort:	Berlin
Studium:	Landwirtschaft mit Abschlußprüfung und Promotion in Berlin
1919–1928	Tätigkeit in der Versuchswirtschaft für Schweinehaltung Ruhlsdorf bei Berlin
1928–1937	Geschäftsführer des Reichsverbandes Deutscher Schweinezüchter
1937–1965	Geschäftsführer der Genossenschaftlichen Reichsviehverwertung in Berlin, nach 1945 Leiter der Abteilung Viehverwertung des Deutschen Raiffeisenverbandes
	WOWRA gehört zu den Experten auf dem Gebiet der Schweinezucht, die ideenreich und passioniert die Entwicklung stark förderten.

Wree, Peter (1878–1963)

Geburtsort:	Lutzhöft
	Praktischer Landwirt und Tierzüchter (Deutsche veredelte Landschweine) in Lutzhöft/Schleswig-Holstein. Langjähriger Vorsitzender des Verbandes Schleswig-Holsteinischer Schweinezüchter.

Wrede, Carl Philipp von (1767–1838)

	Fürst von Ellingen
Geburtsort:	Heidelberg
1814	Generalfeldmarschall
	Gründer und Förderer des Ellinger Rinderschlages; führte Schweizer und Allgäuer Zuchtvieh sowie spanische und südfranzösische Merinos ein.

Wülfing, Joachim von (1908)
Wülfinghof bei Heimersheim/Rhld.
Praktischer Landwirt und Tierzüchter (Schafzüchter). Langjähriger Vorsitzender der Vereinigung Rheinischer Schafzüchter und -halter sowie der Vereinigung Deutscher Landesschafzuchtverbände.
Von WÜLFING ist ein bekannter Züchter Schwarzköpfiger Fleischschafe. Er betätigte sich als Mitarbeiter in zahlreichen Gremien der deutschen Tierzucht – Wollverwertung, ADT, DLG, Imex u. a. Von WÜLFING hat sich um die Entwicklung und Förderung der deutschen Tierzucht sehr verdient gemacht.

Wussow, Werner (1903–1969)
Geburtsort: Roggow/Pommern
Studium: Landwirtschaft mit Abschlußprüfung und Promotion
1928–1945 Praktischer Landwirt und Tierzüchter (Pferdezucht) in Pommern
1946 Lehrbeauftragter, später Dozent am Institut für Tierzucht der Landwirtschaftlichen Fakultät der Universität Greifswald
1949 Habilitation in Greifswald
1950–1968 o. Prof. für Tierzucht an der Landwirtschaftlichen Fakultät in Halle/Saale
WUSSOW fußte als beliebter Hochschullehrer auf umfassenden praktisch-tierzüchterischen Kenntnissen. Besondere Erwähnung verdienen seine Arbeiten auf hippologischem Gebiet.

Wychgram, Nikolaus (1860–1941)
Geburtsort: Emden/Ostfr.
Studium: Landwirtschaft in Halle/S. und Berlin
Praktischer Landwirt und Tierzüchter (Schwarzbuntes Rind). Langjähriger Vorsitzender des Vereins Ostfriesischer Stammviehzüchter und der Deutschen Gesellschaft für Züchtungskunde.

Zander, Enoch (1873–1957)
Geburtsort: Zirzow/Mecklenburg
1927–1938 o. Prof. an der Naturwissenschaftlichen Fakultät der Universität Erlangen und Vorstand der Bayerischen Landesanstalt für Bienenzucht
ZANDER förderte durch Lehrkurse und Vorträge die Bienenzucht nachhaltig.

Zettler, Josef (1886–1958)
Geburtsort: Pfaffenberg/Lörrach
Studium: Veterinärmedizin mit Approbation und Promotion in Stuttgart und Berlin
1933–1956 Tätigkeit im Rahmen Unterbadischer Fleckviehzüchtervereinigungen, später zusätzlich Leitung des Tierzuchtamtes Heidelberg
ZETTLER erreichte die Typumstellung des Fleckviehs in Nordbaden und schuf die Grundlagen für die Erfolge dieses Zuchtgebietes.

Zitzewitz, Eberhard von (1867–1934)

	Praktischer Landwirt und Tierzüchter (Ostpreußisches Warmblutpferd) in Weedern/Ostpr. (Vorsitzender der Ostpreußischen Stutbuchgesellschaft und Präsident des Reichsverbandes Warmblut).

Zorn, Wilhelm (1884–1968)

Geburtsort:	Memmingen/Allgäu
Studium:	Landwirtschaft mit Abschlußprüfung und Promotion in München, Leipzig und Breslau und Habilitation in Breslau
1908–1920	Tätigkeit als Assistent und wissenschaftlicher Mitarbeiter an den Instituten für Tierzucht in München und Breslau
1920–1945	o. Prof. für Tierzucht in Breslau, zugleich von 1923–1945 Direktor der Versuchs- und Forschungsanstalt für Tierzucht in Tschechnitz (Kraftborn) bei Breslau
1947–1954	Leiter der Bayerischen Landesanstalt für Tierzucht in Grub bei München, zugleich (ab 1950) Leitung des Instituts für Konstitutionsforschung in Grub – Vökenrode bei Braunschweig
1947–1956	Übernahme der Vorlesungen für Tierzucht an der Veterinärmedizinischen Fakultät der Universität München (in Vertretung von Prof. Dr. Niklas)
	ZORN hat über mehr als 4 Jahrzehnte hin die deutsche Tierzucht in maßgeblichen Positionen der Tierzuchtwissenschaft gefördert und beeinflußt. Sein umfangreiches Wissen und organisatorisches Talent haben die Entwicklung der tierischen Produktion wesentlich geprägt.

Zuntz, Nathan (1847–1920)

Geburtsort:	Bonn
Studium:	Medizin (Physiologie)
1881	o. Prof. der Tierphysiologie an der Landwirtschaftlichen Hochschule Berlin
	Widmete sich hauptsächlich der Erforschung des Stoffwechsels und der Atmung der Haustiere und der Menschen.

G Literatur

1 Autoren

ABEL, H.: Über die Erbwertbestimmung beim Verband Schwarzbunte Schleswig-Holsteiner. Zükde. 1951.

– Töchter-Mütter-Vergleich – Durchführung beim Verband Schwarzbunte Schleswig-Holsteiner. Zükde. 1951/52.

ABEL, W.: Wandlungen des Fleischverbrauchs und der Fleischversorgung in Deutschland seit dem ausgehenden Mittelalter. Berichte über Landwirtschaft. Berlin 1937.

– Rinderhaltung in Gründlandgebieten im Mittelalter. Ein Beitrag zur Rassenbildung des Rindes im Hausstand. Z.f.Tierzüchtung u. Züchtungsbiol. 1961.

– Geschichte der deutschen Landwirtschaft vom frühen Mittelalter bis zum 19. Jahrhundert. Stuttgart 1978.

ADAMETZ, L.: Lehrbuch der allgemeinen Tierzucht. Wien 1926.

AHLBORN, H.: Die Geschichte und Zucht der weißgeborenen Kutschrasse zu Hannover. Diss. Hannover 1941.

ALLESSON, L. E. und WECKHERLIN, A.: Abbildungen der Rindvieh- und anderen Hausthier-Racen. Stuttgart 1827 u. 1829.

AMANTEA, G.: Recherches sur la sécretion spermatique. Arch.ital.biol. 62, 35. Ref. Vet.-Med. 36, 1916.

AMMON, G. G.: Handbuch der gesamten Gestüts-Kunde und Pferdezucht. Königsberg 1833.

AMSCHLER, J. W.: Hist.-genet. Untersuchungen über die Züchtung von Leistungsherden in der Höhenviehzucht. Zükde. 1956.

ANDREAE, B.: Die Feldgraswirtschaft in Westeuropa. Berichte über Landwirtschaft. Berlin 1955.

ANTONIUS, O.: Grundzüge einer Stammesgeschichte der Haustiere. Jena 1922.

ARCULARIUS, H.: Hauptgestüt Ulrichstein und Anfänge der hessischen Pferdezucht. Diss. Gießen 1920.

– Heideschafe. In: Handbuch der Schafzucht und Schafhaltung. Berlin 1939.

ARISTOTELES: Tierkunde, dargestellt von J. B. Meyer. Berlin 1855.

ATTINGER, J.: Die rassegeschichtliche Entwicklung der Viehzucht in Bayern (nach Vortrag 1910). D.L.T. 1911.

– Die Aufgaben der Züchterverbände. Landw. Jahrb. für Bayern. München 1913.

ATTINGER, J. und VOGEL, L.: Führer durch die bayerische Tierzucht. Leipzig 1905.

BACHNER, F.: Die Braunviehzucht Württembergs. Z. f. Züchtung. Reihe B. 1930.

BACHNING, H.: Leistungsprüfungen Jeverland. Diss. 1937.

BÄSSMANN, F.: Die Verbreitung der Rinderschläge in Deutschland (Arbeiten der DLG). Berlin 1927.

– Anleitung zur Einrichtung von Rinderzüchtervereinigungen und Richtlinien für die Zuchtbuchführung (Arbeiten der DLG). Berlin 1929.

– Die Verbreitung der Pferdeschläge in Deutschland (Arbeiten der DLG). Berlin 1931.

– Deutsches Rinderleistungsbuch. Band I 1929; II 1931; III 1937; IV 1937; V 1937; VI 1938; VII 1938; VIII 1939; IX 1939; X 1939; XI 1940; XII 1940; XIII 1941; XIV 1941; XV 1942; XVI 1942; XVII 1943. Berlin.

– Das Deutsche Rinderleistungsbuch. Zükde. 1938.

BAIER, W.: Lazzarro Spallanzani und wir. Wien. Tierärztl. Mschr. 1977.

BARESEL, K. und DEICHMANN-ZANDER, A.:

Bibliographie der Beiträge in deutschsprachigen Zeitschriften der Tierheilkunde und Tierzucht 1784–1845. Hannover 1978.
BARTELS, J.: Staatliche Maßnahmen zur Förderung der Schafzucht in Preußen im 18. und Anfang des 19. Jahrhunderts. Diss. Berlin 1928.
BAUERTAL, H.: Die Milchleistungsprüfungen in ihrer Bedeutung für die Milchviehzucht. Diss. Berlin 1929.
BAUMEISTER, W.: Kurzgefaßte Anleitung zum Betriebe der Rindviehzucht. Stuttgart 1844.
– Anleitung zur Beurteilung des Äußeren des Rindes. Stuttgart 1846.
BAUR, G.: Denkschrift über die öffentlichen Jungviehweiden des früheren Landes Württemberg. Stuttgart-Hohenheim 1965.
BECKER, H.: Entwicklung und Stand der Rindviehzucht in Oldenburg. Diss. Berlin 1929.
BECKER: 30 Jahre Ziegenzucht in Westfalen. Dortmund 1938.
BEHMER, R.: Neues aus dem Gebiet der Züchtungskunde. Berlin 1897.
BEHRENS, H., DOEHNER, H., SCHEELJE, R., WASSMUTH, R.: Lehrbuch der Schafzucht. Hamburg u. Berlin 1976.
BENCKENDORF, C. Freiher von: Ökonomisch-juristischer Tractat von der Schäfereigerechtigkeit. Berlin 1784.
– Oeconomia Forensis. 8 Bände. Berlin 1780–1784.
BERGE, S.: Historische Übersicht über Zuchttheorien und Zuchtmethoden bis zur Jahrhundertwende. In: Handbuch der Tierzüchtung. Hamburg u. Berlin 1959.
BEUTNER: Das Ansbach-Triesdorfer Rind. Diss. Königsberg 1924.
BIELENBERG, H.: Der Einfluß des Stalles auf die Schweinemast. Diss. Braunschweig 1963.
BIRKER, F.: Zücht. Erkenntnisse aus den RL-Eintragungen des Nied. Viehs. (Arbeiten der ADR). Bonn 1954.
BIRKMANN, G.: Schweinezucht in Minden-Ravensburg. Diss. Gießen 1934.
BITTERMANN, E.: Die landwirtschaftliche Produktion in Deutschland 1800–1950. Kühn-Archiv. Halle/S. 1956.
BLOECH, H.: Ostpreußens Rinder und ihre Zuchtstätten (Bd. I). Witzenhausen/Leer 1974.
BLOECH, H. und ALBRECHT, H.: Ostpreußens Rinder und ihre Zuchtstätten (Bd. II) und Westpreußens Rinder und ihre Zuchtstätten. Witzenhausen/Lübeck/Leer 1980.
BOER, H. de: Herdbücher für Rinder in Europa. Europ. Vereinigung f. Tierzucht 1962.
BÖRING, J.: Entwicklung und Stand der westfälischen Pferdezucht. Diss. Halle/S. 1911.
BOESSNECK, J.: Herkunft und Frühgeschichte unserer mitteleuropäischen landwirtschaftlichen Nutztiere. Zükde. 1958.
BÖTTGER, Th.: Konstitution und rotes Blutbild. Z. f. Tierzucht und Züchtungsbiol. 1926.
BOGDONAS, V.: Untersuchungen über die Fruchtbarkeit der Flicklinie. Diss. Hannover 1947.
BOHM, J.: Die Schafzucht (Lieferung 10). Berlin 1874.
BOJANUS, L.: Über den Zweck und die Organisation der Tierarzneischulen. Frankfurt/M. 1805.
BORNHORN, H.: Die Schwarzbuntzucht Südoldenburgs. Diss. Hannover 1950.
BRÄUER, C.: Die Gestüte des In- und Auslandes. Dresden 1901.
BRAUBACH, M.: Kleine Geschichte der Universität Bonn. Bonn 1968.
BREITHAUPT, K.: Vollblüter in nieders. Gestüten und Einfluß auf Körper und Typ. Diss. Berlin 1958.
BRÖDERMANN, E. A.: Züchtungsgrundsätze und Züchtervereinigungswesen (Arbeiten der DLG). Berlin 1897.
– Züchtungsgrundsätze. Z. Deutsche Landw. Tierzucht 1901.
BÜCHERL, L.: Geschichte des Staatsgestütswesens in Bayern. Diss. München 1952.
BÜHRIG, O.: Einfluß der Kontrollvereine. Berlin 1908.
BÜNNING, K.: 50 Jahre Gestüt Kreuz. Diss. Hannover 1941.
BÜSCHER, W.: Schwarz-weiße Tieflandrinder im Kreis Soest mit ostpreußischem Blut. Diss. Hannover 1949.
BUFFON, G. V. von: Allgemeine Historie der Natur nach allen ihren besonderen Theilen abgehandelt. 2. Theil. Hamburg u. Leipzig 1752.
BUSCH, E. G.: Körpermaße und Leistungen

bei RL- und Nicht-RL-Kühen. Diss. Hohenheim 1958.
BUSCH, W.: Die Leistungssteigerung der deutschen Landwirtschaft seit 1800. Kriegsvorträge der Rhein. Fr. Wilh. Universität. Bonn 1941.

CAMENZIND, T.: Erfolgreiche Rinder- und Schweinezucht (25. Auflage, Herausgeb. Fr. Andrist), Hildesheim 1961.
CHAPEAUROUGE, A. de: Einiges über Inzucht und ihre Leistung auf verschiedenen Zuchtgebieten. Hamburg 1909.
CHRAMBACH, W.: Die Steigerung der tierischen Leistungen im Laufe der Jahrhunderte in Bayern. Diss. München 1953.
CHRISTENSEN, E.: Milchleistungsprüfungen. Diss. Berlin 1971.
CLAUSSEN, P.: Das Angler Rind. Festschrift zum 50jährigen Bestehen des Verbandes Angler Rinderzüchter. Süderbrarup 1933.
COMBERG, G.: Konstitutionsprobleme der Haustiere im Blickfeld des Tierzüchters. Sitzungsberichte; Akademie der Landwirtschaftswissenschaften zu Berlin. Leipzig 1955.
– Schweinezucht. 8. Auflage. Stuttgart 1978.
– Tierzüchtungslehre. 3. Auflage. Stuttgart 1980.
CREMER, E.: Über die Herkunft des Ostfriesischen Milchschafes. D.L.T. 1934.
CULLEY, G.: Über die Auswahl und Veredlung der vorzüglichsten Haustiere. Berlin 1804.

DECKEN, H. von der: Entwicklung der Selbstversorgung Deutschlands mit landwirtschaftlichen Erzeugnissen. Berichte über Landw. Sonderh. 138. Berlin 1938.
DEGENER, H. A. L.: Wer ist's? Unsere Zeitgenossen. IX. Ausgabe. Berlin 1928.
DENCKER, C.: Untersuchung über die Entwicklung der Leistungsprüfungen unserer Kaltblutpferde. D.L.T. 1936.
– 120 Jahre Hessisches Landgestüt Darmstadt. Z. Deutsches Kaltblut. 1941.
– Das Oldenburger Pferd (Arbeiten der DGfZ). Berlin 1941.
DETTMERING, O.: Waldecker Rotvieh. Diss. Halle/S. 1929.
DETTWEILER, Fr.: Die deutsche Ziege (Arbeiten der DLG). Berlin 1902.
– Wie läßt sich unter den heutigen Zuchtverhältnissen eine zuverlässige Leistungsprüfung in der Rinderzucht durchführen? D.L.T. 1903.
DETTWEILER, F., MÜLLER, K. und PFEILER, W.: Lehrbuch der Schweinezucht. Berlin 1924.
DEUTSCH, E. Untersuchungen über den Einfluß der Bauart der Stallungen und der Führung des Stallbetriebes auf die Beschaffenheit der Stalluft. Z. f. Infektionskrankh., parasit. Krankh. u. Hygiene der Haustiere. 1928.
DEUTSCHE LANDWIRTSCHAFTS-GESELLSCHAFT: Deutsche Tierrassen. Berlin 1912.
– Grundregeln für die Zuchtbuchführung und Leistungsprüfungen in der deutschen Tierzucht. Frankfurt/M. 1951.
DIENER, H. O.: Festschrift zum 40jährigen Bestehen des Landesverbandes Bayerischer Schafzüchter. München 1958.
– Förderung der deutschen Haustierzucht und der tierischen Produktion im 19. und 20. Jahrhundert durch staatliche Maßnahmen. Bayer. Landw. Jahrbücher 1980.
DILL, W.: Tierzucht im Klostergut Riechenberg 1880–1948. Diss. Hannover 1948.
DITTMANN: Schleswig-Holstein. Landwirtschaft. Altona 1839.
DITTRICH, E.: Die deutschen und österreichischen Kameralisten 1974.
DOBBERSTEIN, J.: Das Problem der Erbkrankheiten in seiner Bedeutung für die Veterinärmedizin und Tierzucht. Z. f. Tierzucht und Züchtungsbiol. 1951.
DOEHNER, H.: Handbuch der Schafzucht und Schafhaltung. Berlin 1939.
DOSSENBACH, M., DOSSENBACH, H. D. und KÖHLER, H. J.: Die großen Gestüte der Welt. 2. Aufl. Bern und Stuttgart 1978.
DRECHSLER, G.: Das landwirthschaftliche Studium an der Universität Göttingen. Festschrift. Göttingen 1875.
DÜNKELBERG, Fr. W.: Die Zucht des Pferdes, im besonderen das Englisch-Arabische Vollblut, historisch und kritisch bearbeitet. Braunschweig 1898.
DÜRRWÄCHTER, L.: Das bayerische Fleckvieh. D.L.T. 1938.
– Züchtungsfibel. München 1953.
DUERST, U.: Grundlagen der Rinderzucht. Berlin 1931.

EGGERT, W.: Gesunde und konstitutionell einwandfreie Dauerleistungskühe. Diss. Hannover 1937.

EGLE, H.: Fruchtbarkeit und Nutzungsdauer. Höhenfleckvieh in der Oberpfalz. Diss. München 1964.

EIBL, K.: Lehrbuch der Rinderbesamung. Berlin 1959.

ELSAS, M. J.: Umriß einer Geschichte der Preise und Löhne in Deutschland. Leiden 1936–1949.

ENGELER, W.: Die Entwicklung des Herdbuchwesens unter dem Einfluß der Lehren von der Vererbung und Züchtung bei den landwirtschaftlichen Haustieren. Festschrift zum 60. Geburtstag von U. Duerst, Bern 1936.

– Zusammenhänge zwischen Körperform, Milchleistung, Fruchtbarkeit und Lebensdauer beim Rind. Schweiz. Landw. Monatsh. 1941.

– Erstrebtes und Erreichtes in der Züchtung des schweizerischen Braunviehs. Luzern 1969.

ENGELHARD, G.: Untersuchungen über die züchterische Bedeutung der Dauerleistung, dargestellt an RL-Kühen im Gebiet der oberbayerischen Fleckviehzucht. Bayer. Landw. Jahrbücher 1961.

ENGELHARDT, W.: Die geschichtliche Entwicklung des Dithmarscher Rindes, zugleich Beitrag zur Geschichte der gesamten rotbunten holsteinischen Schläge. D.L.T. 1923.

ENIGK, K., SOMMERKAMP, G. und WIEZOREK: Weidehygiene und Parasitenbekämpfung. Oldenburg 1967.

ERMAN-HORN: Bibliographie der deutschen Universitäten. 1904–1905. 1905.

ERNST, H.: Entwicklung des ehemaligen Lippischen Sennergestüts. Diss. Hannover 1956.

ESSLEN, J. B.: Die Fleischversorgung des deutschen Reiches. Stuttgart 1912.

FALCK, H. von: Die Probeschuren der Merino-Kammwollschafe in Stuttgart, Breslau und Dortmund 1925 bis 1927 (Arbeiten der DLG). Berlin 1928.

– Die Fütterung und Haltung der Kühe des Deutschen Rinderleistungsbuches (Arbeiten der DLG). Berlin 1931.

FALCK, H. v., und GOLF, A.: Die Probeschur der Merino-Kammwollschafe und Fleischwollschafe in Nürnberg 1922 (Arbeiten der DLG). Berlin 1924.

– Die Probeschur in Hamburg 1924. (Arbeiten der DLG). Berlin 1926.

FEHRS, G.: Das Holsteiner Marschpferd. Hannover 1919.

FEUERBAUM: Die Wollpreise vor 1914. Z. f. Schafzucht 1926.

FEUERSÄNGER, H.: Der Pinzgauer Noriker. Innsbruck/Leipzig 1941.

FEWSON, D.: Versuche einer Neugliederung der Zuchtmethoden. Zükde. 1962.

FINCK VON FINCKENSTEIN, H. W.: Die Entwicklung der Landwirtschaft in Preußen und Deutschland von 1800–1930. Würzburg 1960.

FISCHBACH, E. M.: Untersuchungen an langlebigen württ. Fleckviehkühen über Beziehungen zwischen Erstkalbealter, mittlerer Zwischenkalbezeit und mittlerer Lebensleistung. Diss. Hohenheim 1961.

FITZINGER, L.: Über die Rassen des zahmen Schafes. Wien 1859/60.

FLAMME, W.: Deutsche Rotbuntzucht. Diss. Bonn 1938.

FRAAS, C.: Geschichte der Landwirtschaft in den letzten 100 Jahren. 1852.

– Geschichte der Wissenschaften in Deutschland. Landbau- und Forstwissenschaft. München 1865.

FRAAS, C. und ADAM, B.: Bayerns Rinderrassen, Schläge und Stämme. München 1853.

FRANZ, F. C.: Über die zweckmäßige Erziehung, Fütterung und Behandlung der zur Veredlung und Mästung bestimmten Hausthiere. Dresden 1821.

FRANZ, G.: Geschichte des deutschen Bauernstandes vom frühen Mittelalter bis zum 19. Jahrhundert. Stuttgart 1970.

– Der Dreißigjährige Krieg und das deutsche Volk, Quellen und Forschung zur Agrargeschichte 7. 1961.

– Universität Hohenheim 1818–1968. Stuttgart 1968.

– Der erste Landwirtschaftliche Wanderlehrer. Z. f. Agrargeschichte und Agrarsoziologie. 1976.

FRANZ, G. und HAUSHOFER, H.: Große Landwirte. Frankfurt/M. 1970.

FRAUENDORFER, S. von: Ideengeschichte der Agrarwirtschaft und Agrarpolitik im deutschen Sprachgebiet. 1957.

FREYER, G.: Die Verbreitung und Entwicklung der deutschen Schafzuchten (Arbeiten der DLG). Berlin 1918.
– Was ist in den letzten 45 Jahren in der deutschen Merinozucht erreicht worden? D.L.T. 1933.
FRITZ, O.: Alles schon dagewesen. Renn-, Reit- und Zugleistungsprüfungen vor 100 Jahren. Z. St. Georg. 1927.
FROEHNER, R.: Beitrag zur Kenntnis der mittelalterlichen Pferdebrände. Z. f. Gestütskunde. 1935.
FRÖLICH, G. und SCHWARZNECKER G.: Lehrbuch der Pferdezucht. 6. Aufl. Berlin 1926.
FRY: Fr. Leistungsvererbung in der westf. Schweinezucht in den Jahren 1930–1950. Hiltrup 1952.
FÜRSTENBERG, M. und ROHDE, O.: Die Rindviehzucht nach ihrem jetzigen rationellen Standpunkt. 2. Band: Die Racen des Rindes – die Milchwirtschaft und die besondere Fütterungslehre. Berlin 1872.
FUGGER, M.: Von der Gestüterey. Worms 1578. Um Abb. erweiterte Auflage Frankfurt/M. 1584. Von Wolstein herausgegeb. als „Von der Zucht der Kriegs- und Bürgerpferde". Wien 1786.

GÄRTNER, R.: Schafzucht. 2. Aufl. Stuttgart 1934.
GAISER, K.: Geschichte der ehemaligen Tierarzneischule Karlsruhe 1784–1860. Diss. München 1938.
GATERMANN, W.: Köpfe der Preuß. Gestütsverwaltung. D.L.T. 1924.
– Rückblick auf die Entwicklung der Preuß. Gestütsverwaltung. In: Die Preuß. Gestütsverwaltung. Hannover 1927.
GEHLEN, A.: Die Seele im technischen Zeitalter, sozialpsychologische Probleme in industrieller Gesellschaft. 1957. (nach Haushofer, 1963).
GEHRING, K.: Untersuchungen über Kreislauf und Atmung im Hinblick auf die Leistungsprüfung des Pferdes. Z. f. Züchtung. Reihe B. 1938.
GEIGER, J.: Geschichte des Rottaler Pferdes. Diss. München 1938.
GENTNER, F.: Das Haflinger Pferd. Z. Deutsches Kaltblut. 1938.
– Der Haflinger. München 1957.
GEORGS, R.: Das rotbraune Holsteiner Rind. Hannover 1914.
GERBER, N.: Milchfettbestimmung (Schwefelsäure-Verfahren). Chemik. Zeitung. 1892.
GERRIETS, J.: Seidenbau. In: Handbuch der Landwirtschaft. Bd. IV. Berlin/Hamburg 1953.
GEUKING, J.: Panjepferd. Diss. Hannover 1944.
GÖTZE, R.: Besamung und Unfruchtbarkeit der Haussäugetiere. Hannover 1949.
GOLDMANN, K. H.: Verzeichnis der Hochschulen. Neustadt/Aisch 1967.
GOLF, A.: Die geschichtliche Entwicklung der deutschen Schafzucht und -haltung in rassischer und wirtschftlicher Richtung. In: Handbuch der Schafzucht und Schafhaltung. Berlin 1939.
GOLTZ, T. von der: Geschichte der deutschen Landwirtschaft. Band I. u. II. Stuttgart 1902/1903.
GRACKLAUER, O.: Die deutsche Literatur auf dem Gebiet der Pferdekunde 1850–1879. Leipzig 1879.
GRAVERT, H. O.: Untersuchungen über die Heritabilität der Butterfettleistung. Z. Tierz. u. Züchtbiol. 1958.
– Zur Bewertung der Milchfettleistung in absoluten oder prozentischen Zahlen. Zükde. 1959.
– Zuchtwertschätzung. In: Tierzüchtungslehre. 2. u. 3. Aufl. Stuttgart 1971, 1980.
GREITHER, K.: Bayerns Rinderrassen in der Mitte des vorigen Jahrhunderts. D.L.T. 1904.
– Württembergs Rinderrassen in der Mitte des vorigen Jahrhunderts. D.L.T. 1905.
GRESSEL, A.: Das Schwäbisch-Hällische Schwein (Arbeiten der DGfZ). Berlin 1940.
– Festschrift zum 50jährigen Bestehen des Verbandes Württ. Ziegenzüchter. 1959.
GROLL, E.: Die Hebung der Alpwirtschaft. 2. Aufl. Traunstein 1917.
– Zur Entwicklungsgeschichte des Norischen Kaltblutpferdes. Z. Deutsches Kaltblut. 1936.
GROSCURTH, H.: Die Preußische Gestütsverwaltung. Hannover 1927.
GROSS, H.: Das ostfriesische Pferd. Hannover 1908.
GRUPE, D.: Die Nahrungsmittelversorgung

Deutschlands seit 1925. Z. f. Agrarwirtschaft. 1957.

GURETZKI, M.: Die tierärztlichen Lehrer an den landwirtschaftlichen Bildungsstätten Deutschlands (seit der Gründung bis 1950). Diss. Hannover 1975.

GUTBROD, H.: Die Rindviehzucht. 10. Auflage. Berlin 1928.

– Zuchtziel und Typfragen bei den Höhenrindern. Mitt. der DLG. 1928.

GUTH, O.: Das bayerische Rotvieh (Arbeiten der DGfZ). Berlin 1910.

HAHN, C. und VIANDT, Fr.: Geschichte der Königl. Bayerisch. Zentral-Tierarzneischule München 1790–1890. Festschrift zur Centenarfeier. München 1890.

HAMMOND, J., JOHANSSON, I., HARING, Fr. et al.: Haustiergenetik. Berlin – Hamburg 1959.

HANSEN, J.: Ergebnisse der Rasseleistungsprüfungen in Bonn-Poppelsdorf. D.L.T. 1907.

– Welche Arbeiten kann die DGfZ im praktischen Zuchtbetrieb zur Ausführung bringen? Prenzlau 1911.

– Das Studium der Landwirtschaft an der Universität Königsberg/Pr. 2. Aufl. Berlin 1913.

– Die Landwirtschaft in Ostpreußen. Berichte des landwirtschaftlichen Instituts der Universität Königsberg/Pr. Berlin 1916.

– Ziele und Grenzen der Kontrollvereine (Arbeiten der DGfZ). Hannover 1917.

– Der Einfluß der Kontrollvereine auf die Zucht und die Vererbung der Milchergiebigkeit (Arbeiten der DGfZ). Berlin 1917.

– Die Milchviehkontrolle in der Rindviehzucht des Deutschen Reiches (Arbeiten der DLG). Berlin 1917.

– Das landwirtschaftliche Unterrichtswesen und die Ausbildung des Landwirts. Berlin 1919.

– Zeitfragen auf dem Gebiet des Kontrollvereinswesens. Berlin 1923.

– Rindviehkontrollvereine. 3. Aufl. (1. Aufl. 1921). Berlin 1927.

– Lehrbuch der Rinderzucht. 4. Aufl. (1. Aufl. 1920). Berlin 1927.

– Mitteilungen zum Stand des Kontrollvereinswesens 1925–1934 (Mitt. der DLG. u. D.L.T.). 1926–1935.

– Die Milcherträge der deutschen Rinderschläge im Durchschnitt der Jahre 1928–1933. Zükde 1934.

– Das deutsche Rinderleistungsbuch, seine Bedeutung und sein weiterer Ausbau. D.L.T. 1936.

HANSEN, J. und FISCHER, G.: Geschichte der Deutschen Landwirtschafts-Gesellschaft. Berlin 1936.

HANSEN, J. und HERMES, A.: Rindviehzucht im In- und Auslande. Leipzig 1905.

HANSSEN, G.: Zur Geschichte der Feldsysteme in Deutschland. (Agrarhist. Abhandl. I). 1880.

HANSSON, A.: Der Einfluß der Aufzuchtintensität auf Wachstum, Fruchtbarkeit, Milchleistung und Langlebigkeit. Zükde. 1954.

HARDER, W.: Studien am Darm von Wild- und Haustieren. Z. f. Anat. u. Entw.-Gesch. 1951.

HARING, Fr.: Wege zur Leistungssteigerung in der deutschen Schweinehaltung. Kühn-Archiv. Halle/S. 1938.

– Die Kreuzung. In: Tierzüchtungslehre. Stuttgart 1958.

– 50 Jahre Tierschau der DLG. Tierzüchter. 1968.

– 75 Jahre Ammerländer Edelschweine. Festschrift. 1969.

– Schafzucht. 4. Aufl. (5. Aufl. 1976; 6. Aufl. 1980). Stuttgart 1975.

HARING, Fr., GROENEWOLD, H., u. GRUHN, R.: Bericht über die Nachkommenprüfung von Bullen des schwarzbunten Niederungsrindes in Loga (Ostfriesland). Z. Tierzücht. u. Züchtungsbiol. 1956.

HARING, Fr., GRUHN, R. u. GROENEWOLD, H.: Zweiter Bericht über die Nachkommenprüfung von Bullen des schwarzbunten Niederungsrindes in Loga (Ostfriesland) 1955/56. Z. Tierzücht. u. Züchtungsbiol. 1958.

HARTSTEIN, E.: Die landwirtschaftliche Akademie Poppelsdorf. Bonn 1864.

– Mitteilungen über die landwirtschaftliche Akademie Poppelsdorf. Bonn 1868.

HAUGER, A.: Zur römischen Landwirtschaft und Haustierzucht. Hannover 1921.

HAUSHOFER, H.: Die deutsche Landwirtschaft im technischen Zeitalter. Stuttgart 1963.

HAVERMANN, H.: Das Rheinische Geflügelherdbuch und seine Bedeutung für die Landesgeflügelzucht. Bonn 1940.

HAZZI, VON: Über die Veredelung des landwirtschaftlichen Viehstandes. München 1824.

HEESS, W.: Geschichtliche Bibliographie von Mecklenburg. Bd. 1. Rostock 1944.

HEIDORN, G.: Geschichte der Universität Rostock 1419–1969. 2 Bände. Berlin 1969.

HEINE, O.: Das Harzrind. Hannover 1910.

HEINELT, U.: Tierärzte in der deutschen Tierzucht seit Errichtung der tierärztlichen Hochschulen. Diss. München 1960.

HELING, M.: Landespferdezucht – Gestütsverwaltung – Staatsgestüte. St. Georg Almanach. 1958.

HELMIG-SCHUMANN, H.: Das Für und Wider der künstlichen Besamung beim Pferd. Zükde. 1961.

HENGEN, A.: Entwicklungsgeschichte des Glan-Donnersberger Rindviehschlages. Speyer 1900.

HENNING, F.-W.: Wirtschafts- und Sozialgeschichte. Bd. 1: Das vorindustrielle Deutschland 800 bis 1800. 3. Aufl. Bd. 2: Die Industrialisierung in Deutschland 1800 bis 1914. 4. Aufl. Paderborn. 1977 u. 1978.

HENNING, R.: Vorschläge zur Einführung öffentlicher Leistungsprüfungen für Pferde. Burg b. M. 1895.

HENSELER, H.: Vererbungslehre und Zuchtbuchführung. D.L.T. 1920.

– Messungen an Zuchtpferden (Arbeiten der DLG). Berlin 1931.

HERING, E.: Die königlich-württ. Thier-Arzneischule zu Stuttgart. Stuttgart 1847.

HERMANN-NEPOLSKY, H.: 125 Jahre Braunschweigisches Landgestüt. Z. St. Georg. 1950.

HERPEL, H. J.: Die Entwicklung des landwirtschaftlichen Studiums an der Universität Göttingen. Göttingen 1932.

HERRE, W.: Ziele und Grenzen in der Beurteilung landwirtschaftlicher Nutztiere. Schriftenreihe der landw. Fakultät. Kiel 1950.

– Über die Abstammung und Domestikation von Haustieren. Schweiz. Landw. Monatshefte. Bern 1966.

HERRE, W. u. a.: Die Haustiere von Haithabu. Neumünster 1960.

HERTER, M. und WILSDORF, G.: Die Bedeutung des Schafes für die Fleischerzeugung (Arbeiten der DLG). Berlin 1918.

HERTWIG, P.: Anpassung, Vererbung und Evolution. Ber. Sächs. Akad. d. Wissenschaften. Leipzig 1959.

HEUMANN, A.: Nutzen und Wert von Dauerleistungskühen. Diss. Hannover 1940.

HEYNE, J.: Großes Handbuch der Schafzucht auf neuzeitlicher Grundlage. Leipzig 1916.

HIBLER, J. J.: Vom Werdenfelser Rind. D.L.T. 1909.

HILPERT: Die Entstehung und Organisation der Zuchtgenossen- und Herdbuchgesellschaften sowie deren Einfluß auf die Entwicklung mit besonderer Berücksichtigung der deutschen Verhältnisse. Allg. Centralzeitung für Tierzucht. Leipzig 1897.

HINZ, O. G.: Aus der Geschichte der Universität Heidelberg und ihrer Fakultäten. Aus: Ruperto-Carola 1386–1961. Heidelberg 1961.

HOESCH, F.: Der Streit um die Reinzuchtfrage. Hannover 1910.

– Die Schweinezucht. Hannover 1911.

HÖVEL, E.: Der Reisige Stall des Rates zu Münster (Beitrag zur Geschichte des Reitpferdes im 16. u. 17. Jahrhundert). Z. St. Georg. 1930.

HOFFER, H.: Untersuchungen zur Frage der Erbwertermittlung beim Rind. Z. Tierzücht. u. Züchtungsbiol. 1955.

HOFFMANN, E.: Spezielle Pferdezucht. Leipzig 1902.

HOFFMANN, Fr.: Der deutsche Kameralismus. In: Europäischer Wissenschaftsdienst. Berlin 1944.

– Die „Hausväterliteratur". Göttinger Studien zur Pädagogik. Weinheim/Berlin 1959.

HOFFMANN, J.: Predigten über den christlichen Hausstand 16.–18. Jahrhundert. 1955.

HOFFMANN, L.: Allgemeine Tierzucht. Stuttgart 1899.

HOFMANN, G.: Angler Rinderzucht. Süderbrarup 1975.

– Angeln, Deine Rote Kuh. Süderbrarup 1980.

HOFMANN, P.: Moderne Probleme der Stallhygiene. D.T.W.-Schr. 1937.

HOGREVE, F. und LEHMANN, C. F.: Tuberkulose und Konstitutionstyp bei 1000 schwarzbunten Schlachtkühen am Braunschweiger Schlachthof 1950/1952. Forschungsanstalt Braunschweig-Völkenrode 1952.

HOGREVE, F.: Beobachtungen über Typ und Alter an 1000 Schlachtkühen. Zükde. 1953.

HOLDEFLEISS, F.: Das schlesische Rotvieh. (Festschrift J. Kühn). Berlin 1895.

– Die öffentliche Förderung der Tierzucht in Deutschland. Breslau 1906.

HONCAMP, F.: Die landwirtschaftliche Versuchsstation Leipzig-Möckern. (Dem Andenken O. Kellners gewidmet). Berlin 1913.

HORN, A.: Zusammenhang zwischen Körperform, Leistung und Konstitution. Z. f. Tierz. u. Züchtungsbiol. 1943.

HÜBNER, H.: Geschichte der Universität Halle. Halle/S. 1977.

HÜGEL, J. von und SCHMIDT, G. F.: Die Gestüte und Meiereien Seiner Majestät des Königs von Württemberg. Stuttgart 1861.

HÜTTEMANN, H.: Die züchterisch wertvollsten Kuhfamilien der westfälischen Rotbuntzucht. (Arbeiten aus der deutschen Tierzucht). Münster 1952.

HUMPERT, M.: Bibliographie der Kameralwissenschaft. 1972.

HUNDT, K. W.: 50 Jahre deutsche Karakulzucht. Zükde. 1954/55.

HUTH, W.: Buch berühmter Landwirte. Güstrow 1893.

IVANÓV, I.: Die künstliche Befruchtung der Haustiere. Hannover 1910.

JACOBEIT, W.: Zur Geschichte der Pferdeanspannung. Z. f. Agrargesch. u. Agrarsoziol. 1954.

JACOBI, S. L.: Abhandlung über das Ausbrüten der Forellen. Hann. Mag. 62. Stück. 1765.

JASCHKE, L. und VAUK, G.: Studien am Blut verschiedener Haustierarten und einigen ihrer Stammformen. Zool. Anz. 147. 1951.

JANKE, W., KÖRTE, A. und SCHMIDT, G. von: Jahrbuch der Deutschen Viehzucht nebst Stammzuchtbuch deutscher Zuchtherden. 1. Bd. Breslau 1864.

JANKUHN, H.: Vorgeschichte und Frühgeschichte vom Neolithikum bis zur Völkerwanderungszeit. Stuttgart 1969.

JANNERMANN, G.: Zur Entwicklung der Landwirtschaftlichen Fakultät der Universität Rostock. Wissenschaftliche Zeitschr. der Universität Rostock. 1969.

JOHANSSON, I. et. al.: Haustiergenetik und Tierzüchtung. Berlin-Hamburg 1966.

JOHANNSEN, S.: Angler Sattelschwein. Diss. Hannover 1935.

JOHANNSEN, W.: Elemente der exakten Erblichkeitslehre. Leipzig 1909.

JUSTINUS, J. C.: Allgemeine Grundsätze zur Vervollkommnung der Pferdezucht, anwendbar auf die übrige Haustierzucht (2. Aufl. 1884). Wien 1815.

KALNEIN, Graf von: Das Vollblutgestüt Graditz. Z. Deutsches Warmblut. 1939.

KALTENBACH, H.: Züchterische Bedeutung der Kuhfamilie (Fleckvieh). Diss. Hohenheim 1963.

KALTENBACH, R.: Zoos und Tierzuchtwissenschaft. Diss. München 1932.

KARG, Fr.: Einfluß der Schweiz auf die süddeutsche Landwirtschaft. Diss. München 1954.

KAUFMANN, G.: Geschichte der deutschen Universitäten 1888–1896.

KEISER, F.: Die Deutsche Wirtschaft und ihre Führer. Bd. 7. Landwirtschaft. Gotha 1928.

KEUNE, O.: Männer, die Nahrung schufen. Hannover 1952.

KIRCHNER, W.: Handbuch der Milchwirtschaft. 1.–6. Aufl. Berlin 1882–1919.

KLATT, B.: Messende-anatomische Untersuchungen an gegensätzlichen Wuchsformen. Archiv f. Entwickl. Mech. der Organismen. 1948.

KLEIN, E.: Die akademischen Lehrer der Universität Hohenheim 1818–1968. Stuttgart 1968.

KLEIN, J. und SCHRÖDER-LEMBKE, G.: Lorenz Karsten und die mecklenburgische Landwirtschaft. Z. f. Agrargesch. u. Agrarsoziol. 1974.

KLIESCH, J.: Die deutsche Ziegenzucht (Arbeiten der DGfZ). Berlin 1937.

KLIMMER, M.: Veterinärhygiene. 1. Bd.: Gesundheitspflege der landwirtschaftlichen Nutztiere. 4. Aufl. Berlin 1924.

KLOCKENBRING, R. und JONAS, H. J.: Zusammenfassende Ergebnisse aus Töchter-Mütter-Vergleichen. Zükde. 1953/54.

KNÄPPER, G.: Bergische Kaltblutpferde. Diss. Hannover 1945.

KNIPPER, A.: Bibliografie zur Geschichte der Universität Gießen von 1900–1962. Gießen 1963.

KNISPEL, O: Die Verbreitung der Pferdeschläge in Deutschland (Arbeiten der DLG). Berlin 1900.
- Die Züchter-Vereinigungen im Deutschen Reiche nach dem Stande vom 1.1.1901 (Arbeiten der DLG). Berlin 1901.
- Die öffentlichen Maßnahmen zur Förderung der Schweinezucht nach dem Stande vom Jahre 1902 (Arbeiten der DLG). Berlin 1903.
- Die öffentlichen Maßnahmen zur Förderung der Rinderzucht nach dem Stande vom Jahre 1904 (Arbeiten der DLG). Berlin 1905.
- Die Verbreitung der Rinderschläge in Deutschland nebst Darstellung der öffentlichen Zuchtbestrebungen (Arbeiten der DLG). 2. Aufl. Berlin 1907.
- Anleitung zur Führung von Zuchtregistern (Arbeiten der DLG). Berlin 1914.
- Die Verbreitung der Pferdeschläge in Deutschland. 2. Aufl. (Arbeiten der DLG). Berlin 1915.

KNISPEL, O. und WÖLBLING, B.: Verwaltung von Züchtervereinigungen (Arbeiten der DLG). Berlin 1902.

KNOBLICH, P.: Das landwirtschaftliche Unterrichtswesen in der Provinz Schlesien. Z. f. Agrargeschichte u. Agrarsoziol. 1960.

KOCH, W.: Hormonsystem und Konstitution. Fortpflanzung, Züchtungshygiene u. Haustierbesamung. 1954.

KÖPPE, A.: Ostfriesische Leistungen und Deutsches Rinderleistungsbuch. D.L.T. 1934.
- Zum DRLB. D.L.T. 1934.
- Langlebigkeitsleistungen. D.L.T. 1936.
- Ostfrieslands Leistungsprüfungen in den vergangenen dreißig Jahren. D.L.T. 1936.
- Ostfrieslands Rinderzucht zwischen zwei Weltkriegen (1920–1945). Norden 1946.

KÖPPE-FORSTHOFF, J.: 100 Jahre Deutsche Schwarzbuntzucht. Hiltrup 1967.
- Ostfrieslands Tierzucht. In: Ostfriesland im Schutze des Deiches. Bd. III. Pewsum/Emden 1969.

KOHLSCHMIDT: Untersuchungen über die Milchergiebigkeit des im östlichen Erzgebirge verbreiteten Ziegenschlages. Landw. Jahrbücher. Berlin 1897.

KOPPE, J. G.: Über den Unterricht im Ackerbau. 3. Teil: Viehzucht. 1829.

KORKMANN, N.: Versuch einer vergleichenden Nachkommenschaftsuntersuchung von Bullen, die in Herden mit verschieden starker Fütterung wirken. Z. f. Tierz. u. Züchtungsbiol. 1953.

KRAEMER, A.: Über das fränkische Pferd der Merowinger-Zeit. Diss. 1923.

KRAEMER, H.: Aus Biologie, Tierzucht und Rassengeschichte. Stuttgart 1912.
- Das schönste Rind (1. Aufl. 1885 u. 2. Aufl. 1894 von A. Kraemer). Berlin 1912.

KRÄUSSLICH, H.: Organisation und Förderung der Tierzucht. In: Tierzüchtungslehre. Stuttgart 1980.

KRAFFT, F. und MEYER-ABICH, A.: Große Naturwissenschaftler. Frankfurt/M. 1970.

KRALLINGER, H. F.: Angewandte Vererbungslehre für Tierzüchter. Stuttgart 1937; 2. Aufl. (Zorn-Brüggemann). Stuttgart 1954.– Einige ergänzende Gesichtspunkte zur Beurteilung und Anwendung der künstlichen Besamung. Zükde. 1943/44.

KRAMER, H.-O.: Braunschweig. Landgestüt 1825–1937. Diss. Hannover 1938.

KRANEMANN, J.: Anfänge der Pferdezucht in Thüringen. Diss. Bern 1935.

KRETSCHMER, E.: Körperbau und Charakter. Berlin 1926.

KRONACHER, C.: Tierzüchterisches aus alter Zeit. Bamberg 1906.
- Allgemeine Tierzucht. 1. Abtlg.: Bedeutung der Tierzucht und Aufgaben der Allg. Tierzuchtlehre. 2. Abtlg.: Fortpflanzung – Variation und Selektion – Vererbung. 3. Abtlg.: Der Artbegriff und die Wege der Artbildung. 4. Abtlg.: Die Züchtung. 5. Abtlg.: Aufzucht – Ernährung – Haltung – Pflege – Nutzung. 6. Abtlg.: Öffentliche und genossenschaftliche Maßnahmen zur Förderung der Tierzucht. Berlin 1922–1924.
- Züchtungslehre. Berlin 1929.

KRONACHER, C., PATOW, C. von, und SCHÄPER, W.: Körperbau, Blutwerte, Konstitution und Leistung. III. Teil. Z. f. Tierz. u. Züchtungsbiol. 1932.
KROP, H.: Die Bedeutung des Deutschen Rinderleistungsbuches für den züchterischen Fortschritt in der ostfriesischen Schwarzbuntzucht. Z. f. Tierzücht. u. Züchtungsbiol. 1962. (Diss. Göttingen 1961).
KRÜGER, L.: Die Prüfung von Arbeitspferden. Z. Deutsches Warmblut. 1939.
– Die Zuchtwahl nach dem Phänotyp. In: Tierzüchtungslehre. Stuttgart 1958.
KRZYMOWSKI, R.: Philosophie der Landwirtschaftslehre. Stuttgart 1919.
– Geschichte der deutschen Landwirtschaft (2. Aufl. 1951). Stuttgart 1939.
KÜHN, A.: Grundriß der Vererbungslehre. Leipzig 1939.
KÜHN, J.: Nachrichten über das Studium der Landwirtschaft an der Universität Halle/S. Berlin 1872.

LANDSTEINER, K.: Erkennung der physiologischen Natur der gruppenspezifischen Substanzen (1901), (nach Steffan, P. 1932).
LANGETHAL, C. E.: Geschichte der deutschen Landwirtschaft. 4 Bde. Jena 1847/56.
LANGLET, J. Fr.: Töchter-Mütter-Vergleich, ein Hilfsmittel zur Beurteilung der Milch- und Milch-Fettleistungsvererbung von Bullen. Zükde. 1950/51.
– Erbwertschätzungen. In: Tierzüchtungslehre, Stuttgart 1958.
LANKAMP, H.: Hundert Jahre Stammviehzucht zwischen Dollart und Jadebusen. Verein Ostfriesischer Stammviehzüchter, Leer 1979.
LAUCHE, R.: Internationales Handbuch der Bibliographien des Landbaues. München 1957.
LAUPRECHT, E.: Über erbliche Defekte bei landwirtschaftlichen Nutztieren. Zükde. 1958.
– Anatomische und physiologische Defekte. In: Handbuch der Tierzüchtung, Berlin – Hamburg 1958.
– Grundlagen der Tierzüchtung. In: Handbuch der Biologie. Konstanz 1960.
– Allgemeine Grundlagen der Populationsgenetik. In: Tierzüchtungslehre, Stuttgart 1971.
– 75 Jahre Deutsche Gesellschaft für Züchtungskunde (1905–1980). Zükde. 1980.
LEHMANN, C.: Die Probeschur in Halle/S. im Jahre 1901 (Arbeiten der DLG). Berlin 1902.
LEHMANN, C.: Die Probeschur in Hannover im Jahre 1903 (Arbeiten der DLG). Berlin 1904.
– Die Probeschur in Berlin-Schöneberg im Jahre 1906 (Arbeiten der DLG). Berlin 1909.
LEHNERT, H.: Rasse und Leistung der Rinder. Berlin 1896.
LEISEWITZ, C.: Lehr- und Handbuch der allgemeinen landwirtschaftlichen Tierzucht. München 1888.
LENGERKEN, H. von: Ur, Hausrind und Mensch. Wiss. Abh. hg. Deutsch. Akad. d. Landwirtschaftswiss. zu Berlin, Berlin 1955.
LENZ, M.: Geschichte der Königlich. Friedrich-Wilhelms-Universität zu Berlin 1910–1980. Berlin 1980.
LERNER, F.: Geschichte des Frankfurter Metzgerhandwerks. 1959.
LEROY, H. L. und LÖRTSCHER, H.: Die wichtigsten Methoden der Heritabilitätsbestimmung. Z. f. Tierz. u. Züchtungsbiol. 1956.
LETTMAIER: Die Alpwirtschaft im Bezirk Traunstein. Diss. München 1939.
LINDNER: Geschichte der Allgäuer Milchwirtschaft. Kempten 1955.
LOCHMANN, E. H.: 200 Jahre Tierärztliche Hochschule Hannover 1778–1978. Hannover 1978.
LÖWE, H.: Bedeutung und Durchführung von Hengstnachzuchtbewertungen. Zükde. 1944.
LÖWE, H. und MEYER, H.: Pferdezucht und Pferdefütterung. 5. Auflage (4. Aufl. 1974). Stuttgart 1979.
LOHMEYER, E.: Das Studium der Landwirtschaft an der Universität Jena 1826–1954. Jena 1954.
LÜKEN, W.: Die Entwicklung, Bedeutung und Einrichtung des Herdbuchwesens. Kühn-Archiv. Halle/S. 1911.
LÜERS, G.: Die Edelschweinzucht im Ammerland. 1941.
LÜTGE, F.: Geschichte der deutschen Agrarverfassung vom frühen Mittelalter bis zum 19. Jahrhundert. 2. Aufl. Stuttgart. 1967.

LUKAS, W.: Schulen der Landwirtschaft. München 1951.

LYDTIN, A.: Körpermessungen an Rindern und Schweinen. Berlin 1897.

LYDTIN, A. und WERNER, H.: Das Deutsche Rind (Arbeiten der DLG). Berlin 1899.

LYDTIN, A.: Systeme des Punktierrichtens für Rinder (Arbeiten der DLG). Berlin 1904.

LYDTIN, A. und HERMES, A.: Der Reinzuchtbegriff (Arbeiten der DLG). Berlin 1909.

LYDTIN, A., BUTZ, O. und WILSDORF, G.: Rechenknecht, Gewinnung von vergleichenden Zahlen durch Körpermaße (Arbeiten der DLG). 2. Auflage. Berlin 1922.

MALSBURG, K. VON DER: Die Zellengröße als Form und Leistungsfaktor der landwirtschaftlichen Nutztiere (Arbeiten der DLG). Berlin 1911.

MANNES, A.: Hochleistungskühe und Lebensdauer. Diss. Hannover 1947.

MARSHALL, W.: Über das Haushaltsvieh als Pferde, Hornvieh, Schafe und Schweine und über die Vervollkommnung dieser Vieharten nach dem gegenwärtigen Verfahren in den mittelländischen Grafschaften in England. Göttingen 1773.

MARTENS, J. D.: Darstellung der schleswig-holsteinischen Rindviehzucht und Molkereiwirtschaft (2. Aufl. 1850, 3. Aufl. 1853). Berlin 1830.

MARTINY, B.: Die Zucht-Stammbücher aller Länder. Bremen 1883.

– Kennzeichnung der Zuchttiere (Arbeiten der DLG). Berlin 1899.

MASCHKE, E.: Universität Jena. In: Mitteldeutsche Hochschulen. Bd. 6. 1969.

MAY, G.: Das Rind. 2. Bd.: Die Racen, Züchtung, Ernährung und Benutzung des Rindes. München 1863.

– Das Schaf, seine Wolle, Racen, Züchtung, Ernährung und Benutzung sowie dessen Krankheiten. Breslau 1868.

MAYMONE, B., HARING, F. und LINNENKOHL, K.: Landschafrassen. In: Handbuch der Tierzüchtung, Bd. 3, Hamburg–Berlin 1961.

MCKENZIE, F. F.: A method for the collection of boar semen. J. Amer. Veter. med. Ass. 1931.

MEHNER, A.: Lehrbuch der Geflügelzucht. Hamburg–Berlin 1962.

MENTZEL, E. O.: Handbuch der rationellen Schafzucht (3. Aufl. 1892). Berlin 1859).

MEYER, E.: Was die Melkerfachschulen in Preußen leisteten. D.L.T. 1934.

– Der Reichsverband der Rinderzüchter Deutschlands, sein Werdegang, Aufbau und Aufgabengebiet. D.L.T. 1935.

– Das Deutsche Kaltblutpferdeleistungsbuch und seine Anwendung. Z. Deutsches Kaltbl. 1939.

– Leistungsprüfungen in der Pferdezucht. Zükde. 1948/49.

– Neue Aufgaben und Wege für Leistungsprüfung von Zuchtpferden. Zükde. 1949/50.

MEYER, H. und WEGNER, W.: Vorkommen und Verteilung der Hämoglobin-Typen in deutschen Rinderrassen. Deutsche Tierärztl. Wschr. 1964.

MEYER, K.: Gefüge und Ordnung der deutschen Landwirtschaft. Berlin 1939.

MEYER, R.: Weideschweine. Diss. Hannover 1934.

MIECKLEY, E.: Die Leistungsprüfungen in Warendorf. Z. f. Gestütskunde. 1908.

– Das Hauptgestüt Beberbeck. Z. f. Gestütskunde. 1911.

– Lopshorn (Sennergestüt). Z. f. Gestütskunde. 1914.

MITCHELL, F. S.: Conditions for mechanization in Europe. Mechanization in agriculture (Hrsg. v. Meij). 1960.

MOMM, H.: Untersuchungen über die Konsequenzen populationsgenetischer Methoden für die Organisation der Rinderzüchtung. Hannover 1972.

MOMMSEN, CHR.: Typveränderungen der ostfriesischen Milchkuh. Hannover 1927.

MÜHLBERG, M.: Milchschafe. In: Handbuch der Schafzucht und Schafhaltung. Berlin 1939.

MÜLLER: Die wissenschaftlichen Anstalten der Universität. München 1926.

MUTTSCHELLER, R. W.: Populationsgenetische Untersuchungen über die Bedeutung des Süddeutschen Kuhfamilienleistungsbuches und des Rinderleistungsbuches für die Abstammungsbewertung, dargestellt an Kühen des württ. Braunviehzuchtverbandes. Z. f. Tierz. und Züchtbiol. 1959.

NAHR, H.-G.: Geschichtliche Daten über das Landgestüt Redefin. Diss. Hannover 1941.

NATHUSIUS, H. VON: Die Rassen des Schweines. Berlin 1860.
– Über Constanz in der Tierzucht. Berlin 1860.
– Vorträge über Viehzucht und Rassenkenntnis. Berlin 1872 u. 1890.
– Vorträge über Schafzucht. Berlin 1888.

NATHUSIUS, S. VON: Die Pferdezucht unter besonderer Berücksichtigung des betriebswirtschaftlichen Standpunktes. Stuttgart 1902.
– Atlas der Rassen und Formen unserer Haustiere. I. Serie: Die Pferderassen; II. Serie: Die Rinderrassen; III. Serie: Die Schweinerassen, die Schafrassen, die Ziegenrassen. Stuttgart 1904.
– Einiges über die Celler Hengste. Z. f. Gestütskunde. 1906.

NEUMANN, J.: Die Abteilung für Tierzucht am Hamburger Kolonialinstitut. Jahrbuch für wissenschaftliche und praktische Tierzucht. Berlin 1915.

NEUSCHULZ, H.: Pferdezucht, Haltung und Sport. Berlin 1956.

NIGGL, L.: Gründungsgedanke und Ziele des Vereins zur Förderung der Grünlandwirtschaft in Bayern. D. L. T. 1920.

NIGGL, L. und ZORN, W.: Die Geschichte der deutschen Grünlandbewegung 1914 bis 1945. Hannover 1953.

NIKLAS, W.: Züchtervereine in Süddeutschland. Vorträge in Sigmaringen. Hannover 1929.

NOBIS, G.: Die Entwicklung der Haustierwelt Nordwest- und Mitteldeutschlands in ihrer Beziehung zu landwirtschaftlichen Gegebenheiten. Petermanns Geogr. Mitteilg. 1955.

NÜBLING, E.: Ulms Fleischereiwesen im Mittelalter. 1892.

NUSSHAG, W.: Hygiene der Haustiere. Leipzig 1954.

OBER, J.: Gesundes Stallklima. München 1957.

OBER, J. und WEISS: Richtlinien zum Bau von Stallüftungsanlagen, Kuratorium f. Technik in der Landwirtschaft. Berlin 1939.

OBERST, S. und LENZ, S.: Maße und Gewichte von RL-Kühen der Fleckviehrasse und nicht eingetragener Kühe im gleichen Alter. Zükde. 1949/50.

OBERST, S. und RUMBAUR, A.: Untersuchungen einiger Leistungseigenschaften an RL-Kühen des württ. Fleck-/Braunviehs. Zükde. 1950/51.

OSTERKAMP, B.: Geschichtliche Darstellung der Entwicklung der Schwarzbunten Niederungszuchten Deutschlands. Diss. Berlin 1933.

OTTEN: Zur Entwicklung des Rheinischen Landgestüts Wickrath und des Rheinischen Pferdestammbuches. Z. Deutsches Kaltbl. 1932.

PABST, H. W. VON: Anleitung zur Rindviehzucht. Stuttgart 1829. 2. Aufl. 1851; 3. Aufl. 1859; 4. Aufl. 1880 (A. Thaer).

PARAU, D.: 40 Jahre Süddeutsche Versuchs- und Forschungsanstalt für Milchwirtschaft der Technischen Hochschule München-Weihenstephan. Weihenstephan 1964.
– Studien zur Kulturgeschichte des Milchentzuges. Kempten 1975.

PATOW, C. VON: Weitere Studien über die Vererbung der Milchleistung beim Rinde. Z. f. Tierz. u. Züchtungsbiol. 1930.
– Einführung in die allgemeine Biologie für Tierzüchter. Stuttgart 1948.

PETER, O.: Untersuchungen über geschichtliche Entwicklung und züchterisch-wirtschaftlich wichtige Leistungseigenschaften des deutschen Gelbviehs. Diss. München 1966.

PETERS, J.: Die Vererbung der Milchergiebigkeit und die Verwertung der Kontrollvereinsresultate. D.L.T. 1913.
– Vererbungsstudien auf dem Gebiete der Rinderzucht (Arbeiten der DGfZ). Berlin 1920.
– Zuchtwahl, Zuchtziel und Neueinstellung in die Ostpreußische Rinderhochzucht. D.L.T. 1921.
– Ziele und Aufgaben einer modernen Rinderzüchtervereinigung. Tierz. Vorträge. München 1926.
– Unsere Erfahrungen bei der Prüfung von Kühen für das Deutsche Rinderleistungsbuch und die züchterische Bedeutung dieser Prüfung. D.L.T. 1929.
– 50 Jahre Zuchtaufbau der Ostpreußischen Holländer Herdbuchgesellschaft. Bullenregister Bd. 5. Königsberg 1932.
– Vorschläge zur Änderung des Deutschen Rinderleistungsbuches. D.L.T. 1934.

PETERSEN, A.: Die Gründung der Landwirtschaftlichen Fakultät an der Universität Rostock. Wissenschaftliche Zeitschr. der Universität Rostock, Rostock 1955/56.

PFLAUMBAUM, W.: Die Gemeinnützigkeit der deutschen Züchtervereinigungen (Arbeiten der DGfZ). Berlin 1923.

PIEGLER, H.: Deutsche Forschungsstätten im Dienste der Nahrungsfreiheit. Neudamm 1940.

PIEL, H.: Lebensdauer württ. Braunviehs. Zükde. 1951/52.

PIEL, H. und RUMBAUR, R.: RL-Kühe des württ. Braunviehs. Zükde. 1950/51.

PIRCHNER, FR.: Populationsgenetik in der Tierzucht (2. Aufl. 1979). Hamburg und Berlin 1964.

PITSCH, O.: Historische Studien – Schafzucht Schweiz. Diss. Bern 1946.

POLENZ, R.: Blut, Temperament und Form. Breslau 1866.

POTT, E.: Der Formalismus in der landwirtschaftlichen Tierzucht. Stuttgart 1899.

PRANDTL, W.: Antonin Prandtl und die Erfindung der Milchentrahmung durch Zentrifugieren. München 1938.

PRESSLER: Neue Viehmesskunst. 3. Aufl. Leipzig 1886.

PRUNS, H.: Berichte über Landwirtschaft. Z. f. Agrarpolitik und Landwirtschaft. Sonderheft. 1. Teil: Staat und Agrarwirtschaft 1800–1865; 2. Teil: Anhangband. Hamburg und Berlin 1978.

PUSCH, G.: Das Gestütswesen Deutschlands. Berlin 1891.

– Die Beurteilung des Rindes (2. Aufl. 1910). Berlin 1896.

– Lehrbuch der Allgemeinen Tierzucht (2. Aufl. 1911). Stuttgart 1904.

PUSCH, G. und HANSEN, J.: 3. Aufl. des Pusch, Lehrbuch der Allgemeinen Tierzucht (4. Aufl. 1919; 5. u. 6. Aufl. 1920; 7.–9. Aufl. 1922). Stuttgart 1915.

PUTLITZ, K. zu und MEYER, L.: Landlexikon A–Z. Bd. 1–7. Stuttgart 1911–1914.

RABOLD, K.: Lebensdauer von Höhenfleckvieh. Diss. Hohenheim 1957.

RAMM, E.: Die Arten und Rassen des Rindes. 1. u. 2. Teil. Stuttgart 1901.

RATJEN, D.: Die Entwicklung des Verbandes Rotbunter Schleswig-Holsteiner zum einheitlichen Herdbuchverband. Neumünster 1971.

RAU, G.: Die deutschen Pferdezuchten. Stuttgart 1911.

– Die Landespferdezucht in Preußen und die Preußische Gestütsverwaltung. Berlin 1920.

REIMERS, K.: 40 Jahre Ammerländische Schweinezucht-Genossenschaft. D.L.T. 1934.

REIMOLD, A.-E.: Das Limpurger Rind. Diss. Berlin 1929.

REINHARDT, R.: Die Geschichte der ehemaligen Tierärztlichen Hochschule zu Stuttgart. Stuttgart 1953.

RIEBE, K.: 1. Der moderne Kuhstall; 2. Die historische Entwicklung der landwirtschaftlichen Gebäude. Schriftenreihe der Landw. Fakultät der Universität Kiel. Kiel 1958.

RIEMANN, F.: Ackerbau und Viehhaltung im vorindustriellen Deutschland. Diss. Göttingen 1952.

– Stellung der Viehwirtschaft während des 17./18. Jahrhunderts. Zükde. 1954.

RITTER, K.: Die Entwicklung des deutschen Viehbestandes seit Anfang des 19. Jahrhunderts. Agrarpol. Aufsätze u. Vorträge. H. 13. Berlin 1929.

ROEDER, G.: Grundzüge der Milchwirtschaft und des Molkereiwesens. Hamburg–Berlin 1954.

ROEMER, TH., SCHEIBE, A., SCHMIDT, J. und WOERMANN,E.: Handbuch der Landwirtschaft. 3. Bd.: Allg. Zierzuchtlehre; 4. Bd.: Besondere Tierzucht. Berlin 1952.

ROEMMELE, O.: Biologische und physiologische Untersuchungen am Sperma und am Scheidensekret des Rindes im Hinblick auf die künstliche Besamung. Diss. München 1926.

ROHDE, O.: Die Schweinezucht nach ihrem jetzigen rationellen Standpunkt. 2. Aufl. 1874; 3. Aufl. 1883; 4. Aufl. 1892. Berlin 1860.

ROHDE, O. und SCHMIDT, H.: Schweinezucht. 6. Aufl. Berlin 1920.

ROHDE, O.: Die Schafzucht. Berlin 1879.

ROHDE, O. und EISBEIN, C. J.: Die Rindviehzucht nach ihrem jetzigen rationellen Standpunkt. 3. Aufl; 2. Aufl. Rohde, O. u. C. F. Müller 1875; 1. Aufl. Fürstenberg, M. u. O. Rohde 1872. Berlin 1885.

ROLOFF, F.: Die Beurteilungslehre des Pferdes und des Zugochsen. Halle/S. 1870.

ROMMEL, W.: Zur Geschichte und Verbreitung der künstlichen Besamung. In: Die künstliche Besamung bei den Haustieren. Jena 1963.

RUEFF, G. A. VON: Das Pferd, Rassen, Farben und Gangart. Beschreibung der Rassen des Rindes. Ravensburg und Stuttgart 1874, 1877.

– Die königl. Württembergische Thierarzneischule zu Stuttgart nach ihrem 50jährigen Bestehen. Stuttgart 1871.

RÜMKER, K. VON: Mitteilungen der landwirtschaftlichen Institute der Königl. Universität Breslau. Berlin 1890.

RÜTIMEYER, L.: Die Fauna der Pfahlbauten in der Schweiz. Schweiz. Naturw. Ges. 1862.

RYBARK, J.: Die Steigerung der Produktivität der deutschen Landwirtschaft im 19. Jahrhundert. Berlin 1905.

SACHS, C. L.: Metzgergewerbe und Fleischversorgung der Stadt Nürnberg bis zum Ende des 30jährigen Krieges. Mitt. d. Ver. f. Gesch. der Stadt Nürnberg. 1922.

SALLER, K.: Allgemeine Konstitutionslehre. Stuttgart 1950.

SCHÄPER, W.: Milchleistung und Konstitutionskrankheiten beim Rind. D. T. Wschr. 1938.

– Die Verbesserung der Konstitution unserer Haustiere. Zeitschr. f. Tierz. u. Züchtbiol. 1949.

– Milchleistungskühe und Konstitutionsbild. Zükde. 1955.

SCHILLING, E.: Rassenunterschiede am Skelett des Beckens und der Hinterextremitäten beim Schwein. Z. f. Tierz. u. Züchtungsbiol. 1962/63.

SCHIMMELPFENNIG, K. (Hrsg.): 75 Jahre Oldenburger Herdbuchzucht. Bd. I. Oldenburg (Oldb.) 1955.

– Über neuzeitliche Probleme in der Rinderzucht. Oldenburg 1956.

– Möglichkeiten der praktischen Verwirklichung der Zucht auf Lebensleistung in einem Zuchtverband und Fleischleistung als Zuchtziel in der deutschen Rinderzucht (Vortrag DGfZ). München 1962.

SCHIMMELPFENNIG, K., FREDEMANN, R. und SOMMERKAMP, G.: Betrachtungen zur gegenwärtigen Situation der Betriebe mit starker Rindviehhaltung. Oldenburg 1964.

SCHLAAK, M.: Das Shorthorn-Rind. Hannover 1910.

SCHLIE, A.: Der Hannoveraner. Neu bearbeitet von Löwe, H. 2. Aufl. München 1975.

SCHLÖGL, A. und WIMMER, J.: Schulen der Landwirtschaft. 1950.

SCHLOLAUT, W.: Schafhaltung. Frankfurt/M. 1977.

SCHMALZ, F.: Thierveredlungskunde. Königsberg 1832.

SCHMEDEMANN, O.: Geschichte der mecklenburgischen Pferdezucht. Diss. Hannover 1937.

SCHMIDT, B.: Leistungsvieh in der Tilsiter Niederung (Flugschr. DGfZ). Berlin 1920.

SCHMIDT, J.: Leistungseigenschaften verschiedener Schweinerassen. 1933.

SCHMIDT, J., VON PATOW, C. und KLIESCH, J.: Züchtung, Ernährung und Haltung der landwirtschaftlichen Haustiere. Allgemeiner und Besonderer Teil. 1.–5. Aufl. Berlin und Hamburg 1939–1950.

SCHMIDT, J., OBERST, S., LENZ, S. und RUMBAUR, A.: Beobachtungen an RL-Kühen des Württ. Fleckviehs. Zükde. 1949/50.

SCHMIDT, J. und MEHNER, A.: Ist die Forderung nach Dauerleistungskühen berechtigt? Zükde. 1951/52.

SCHMIDT, J., KLIESCH, J. und GOERTTLER, V.: Lehrbuch der Schweinezucht. Berlin–Hamburg 1956.

SCHMOLLER, G.: Die historische Entwicklung des Fleischkonsums sowie der Vieh- und Fleischpreise in Deutschland. Z. f. Staatswissenschaft. 1871.

SCHNEIDEMÜHL, G.: Das thierärztliche Unterrichtswesen Deutschlands. Leipzig 1890.

SCHNEIDER, FR.: Leistungsprüfungen in der Geflügelzucht. D.L.T. 1938.

SCHOLZ, H.: Langfristige Entwicklung der Milchleistung je Kuh. Berichte über Landwirtschaft. Hamburg 1966.

SCHOLZ, U.: 30. Juli 1787, Preußens 1. Landgestütsordnung. Z. St. Georg. 1940.

SCHRADER: Biographisch-literarisches Lexikon. 1863.

SCHRÖDER: Schröders Allgem. Deutscher Universitäts- und Hochschulkalender. Kirchhain 1920.

– Schröders Allgem. Deutscher Hochschulführer. Kirchhain 1928/29.
– Schröders Allgem. Deutscher Hochschulführer. Kirchhain 1935/36.
SCHRÖDER-LEMBKE, G.: Die Hausväterliteratur als agrargeschichtliche Quelle. Z. f. Agrargesch. u. Agrarsoziologie. 1953.
SCHUBERT, H.: Zwölf Jahre Kuratorium für Rindergesundheitsdienst Oldenburg. Oldenburg 1962.
SCHULTZ, A.: Das Mecklenburgische Landgestüt Redefin mit besonderer Berücksichtigung seiner Geschichte und seiner Bedeutung für die Landespferdezucht. Diss. Leipzig. 1935.
SCHULZE, FR. G.: Das landwirthschaftliche Institut zu Jena. Deutsche Blätter f. Landwirtsch. u. Nationalökon. Leipzig 1843.
– Geschichtliche Mitteilungen über das akademische Studium und Leben auf den landw. Instituten zu Jena und Eldena nebst Rückblicken auf Karl August's landw. Wirksamkeit. Deutsche Blätter f. Landwirtschaft u. Nationalökon. Leipzig 1859.
SCHUMANN, H.: Nutzungs- und Lebensdauer beim Rind. Zükde. 1960.
SCHUSTER, W.: Die Ertragssteigerung verschiedener Kulturpflanzen und die Zunahme der Stickstoffdüngung von 1952–1969. Der Stickstoff. 1973.
SCHWARZNECKER, G.: Pferdezucht. Rassen, Züchtung und Haltung des Pferdes. 1.–4. Aufl.; 5. Aufl. (S. von Nathusius); 6. Aufl. (G. Frölich). Berlin 1878–1902.
SCHWINGHAMMER, FR. G.: Unterricht für Rindviehzucht. Landshut 1839.
SEEDORF, W.: Die Leistungsprüfungen in der Schweinezucht und die Ausstellungen der DLG. Z. f. Schweinezucht. 1924.
– Der Leistungsgedanke in der Schweinezucht. D. L. T. 1939.
SELL, CH.: Rotbunte Schleswig-Holsteiner. Hannover 1931.
– Zwei Jahre künstliche Besamung. D. L. T. 1944.
SELLE, G. VON: Geschichte der Albert-Universität Königsberg/Preußen. 2. Aufl. Würzburg 1956.
SETTEGAST, H.: Der Betrieb der Landwirtschaft in Proskau und die höhere landwirtschaftliche Lehranstalt. Berlin 1856.
– Über Tierzüchtung und die dabei zur Anwendung kommenden Grundsätze. Berlin 1859.
– Die landwirthschaftliche Akademie Proskau. Berlin 1864.
– Die Thierzucht. Breslau 1868.
– Züchtungslehre. Breslau 1878.
– Die deutsche Viehzucht, ihr Werden, Wachsen und gegenwärtiger Standpunkt. Berlin 1890.
– F. G. Schulze und Justus von Liebig, die Begründer des Studiums der Landwirtschaft an der Universität. D. L. Presse. Berlin 1896.
SETTEGAST, H. und KROCKER, A.: Deutsches Heerdbuch. Berlin 1868.
SIGAUD, C.: La forme humaine. I. Sa signification. Paris–Lyon 1914.
SMITH, A.: An inquiry into the nature and causes of the wealth of natives. 2 Bd. England 1776 (1794–96 in deutscher Übersetzung).
SOMMER, O. A. und SOMMER, A. M.: Leben und Wirken von Dr. Karl Gustav Wentz. Festschrift zum 175jährigen Jubiläum der Fakultät f. Landwirtschaft und Gartenbau der Techn. Universität München 1979.
SPÄTH, H.: Geschichte des Wildponygestütes Croy-Dülmen. Diss. Hannover 1939.
SPANN, J.: Alpwirtschaft. Freising 1923.
STADELMANN, R.: Das landwirtschaftliche Vereinswesen in Preußen. Halle/S. 1874.
STAHL, W.: Neuere Ergebnisse der Tierzuchtforschung. Wiss. Z. d. Universität Rostock. Rostock 1954/55.
– Haustiergenetische Forschung und Leistung der Tierzucht. Wiss. Z. d. Humboldt-Universität Berlin. Berlin 1956/57.
– Populationsgenetik für Tierzüchter. Berlin 1969.
STANG, V. und WIRTH, D.: Tierheilkunde und Tierzucht. 11 Bände. Berlin–Wien 1926–1937.
STAUTNER: Die Zucht des bayerischen Landschweines in Almesbach. D. L. T. 1906.
STEGMANN VON PRITZWALD, F. P.: Das germanische Rind. D. L. T. 1920.
– Die Rassengeschichte der Wirtschaftstiere und ihre Bedeutung für die Menschheit. Jena 1924.
STEUERT, L.: Das Buch vom gesunden und kranken Haustier. 12. Aufl. Berlin–Hamburg 1955.

STIETENROTH, K.: Hygienische und wärmewirtschaftliche Forderungen beim Stallbau und Stallbetrieb. Landw. Jahrbücher. Berlin 1935.

STOCKKLAUSNER, F.: Das Deutsche Fleckvieh (Arbeiten der DGfZ). Berlin 1938.

STURM, K. CH. G.: Über Racen, Kreuzungen und Veredlung der landwirtschaftlichen Haustiere. 1820.

SÜPFLE, K. und HOFFMANN, P.: Untersuchungsmethodik und hygienische Beurteilung der Stalluft: Z. f. Tierz. und Züchtungsbiol. 1929.

SÜPFLE, K.: Bauhygiene des Stalles. D. T. Wschr. 1930.

SYBEL, H. VON und OBER, J.: Lüftungstechnik im Viehstall. Ein Rückblick auf 5 Jahre Forschung, Prüfung und Planung. Gesundheits-Ingenieur. 1941.

TAUSSIG, ST.: Die Milchleistungsprüfungen in den verschiedenen Ländern. Berichte über Landwirtschaft. Berlin 1935.

THAER, A.: Einleitung zur Kenntnis der englischen Landwirtschaft und ihrer neueren practischen und theoretischen Fortschritte in Rücksicht auf Vervollkommnung teutscher Landwirtschaft für denkende Landwirthe und Cameralisten. 3. u. letzter Bd. Hannover 1804.

– Grundsätze der rationellen Landwirtschaft. Berlin 1809.

THOLE: Der Bullenhaltungszweckverband Hünfeld im Dienste der Rinderzucht. D.L.T. 1928.

TORNAU, O.: Die Entwicklung der Landwirtschaftswissenschaft in Göttingen. Z. f. Agrargeschichte u. Agrarsoziologie. 1958.

TRAUT, FR.: Gestüte Europas. Verden 1971.

UHRIG, H. G.: Untersuchungen über die Auswirkung der Leistungsfütterung an Kühen des Deutschen Rinderleistungsbuches unter besonderer Berücksichtigung der Zusammensetzung der Milch und deren Käsetauglichkeit. Z. f. Züchtung Reihe B. f. Tierzüchtg. u. Züchtungsbiol. 1933.

UNGER, W. VON: Die Senner, Beitrag zur Geschichte der deutschen Pferdezucht (Arbeiten der DGfZ). Berlin 1915.

VERHULST, A. E.: Karolingische Agrarpolitik: Das Capitulare de villis und die Hungersnöte von 792/93 und 805/06. Z. f. Agrargesch. und Agrarsoziol. 1965.

VIELHAUER, H.: 30 Jahre Ziegenzucht in Schleswig-Holstein. Neumünster 1978.

VIELHAUER, TH: Die Zuchtbuchführung. Hannover 1918.

VIERGUTZ, G.: Altes und Neues über Pferdeauktionen in Ostpreußen. Z. f. Gestütskunde. 1924.

VIESELER, FR.: Die Rinderleistungskontrolle in Waldeck und die Auswertung ihrer Ergebnisse für die waldeckische Rindviehzucht. Diss. 1931.

WAGNER, G.: Geschichte der Landwirtschaftsschule Wiesbaden 1818–1968. Wiesbaden 1968.

WALL, D.: Genetischer Fortschritt der Schwarzbunten und Rotbunten in Westfalen. Diss. Göttingen 1968.

WALLOWY, H.: Zur Geschichte der Tierzuchtlehre und -forschung in Hohenheim. Dipl.-Hausarbeit 1967.

WALTHER, A. R.: Beiträge zur Kenntnis der Pferdefarben. Hannover 1912.

WARMBOLD: Bullenaufzuchtgenossenschaft Ebstorf. D.L.T. 1910.

WEBER, E. B.: Theoretisches und praktisches Handbuch der größeren Viehzucht. Leipzig 1811.

WECKHERLIN, A. VON: Die landwirtschaftliche Tierproduktion. Allg. Teil. 1.–4. Aufl. 1845–1865.

– Constanz in der Tierzucht. Stuttgart 1860.

WEDEKIND, O.: Brandzeichen bei Pferden. Pferdebrände einst und jetzt. Hannover 1975.

WEISERT, H.: Die Rektoren der Ruperto Carola zu Heidelberg und die Dekane ihrer Fakultäten 1386–1968. Heidelberg 1968.

WEISHAAR, P.: Der Vorderwälder Rinderschlag. Diss. Hannover 1936.

WERNER, H.: Die Rinderzucht. 1.–3. Aufl. Berlin 1892–1912.

WIARDA, H.: Über Wuchsformen bei Haustieren. Eine Studie an Schweineskeletten. Zeitschr. f. Tierz. u. Züchtungsbiol. 1954.

WICHMANN, CH. A.: Katechismus der Schafzucht (nach Daubenton – Frankreich). Leipzig/Dessau 1784.

WIERIES, R.: Wildengestüte in Norddeutschland, insbesondere Harz. Zeitschr. f. Gestütskunde. 1922.

WIESE, H. und BÖLTS, J.: Rinderhandel und Rinderhaltung im nordwesteuropäischen Küstengebiet vom 15. bis zum 19. Jahrhundert. Stuttgart 1966.

WIESE-LUINO, B.: Schafhaltung im 16. Jahrhundert. Z. f. Schafzucht. 1925.

WIESEMÜLLER, W.: Die Verselbständigung des Fachgebietes Tierernährung und landwirtschaftliche Chemie an der Universität Rostock. Wissensch. Zeitschr. der Universität Rostock. Rostock 1967.

WILCKENS, M.: Die Rinderrassen Mitteleuropas. Wien 1876.

– Form und Leben der landwirtschaftlichen Haustiere. Wien 1878.

– Die Vererbungslehre auf Grund tierzüchterischer Erfahrungen. Z. f. Tiermed. u. vergl. Pathologie. 1892.

WILSDORF, G.: Die Herdbuchführung im Dienste der Landestierzucht (Arbeiten der DGfZ). Berlin 1914.

– Tierzüchtung. 2. Aufl. (Arbeiten der DGfZ). Berlin 1918.

– Zum 60jährigen Jubiläum der Berliner Mastvieh-Ausstellung. D. L. T. 1934.

WIMMER, J.: Schulen der Landwirtschaft. München 1950.

WINNIGSTEDT, R.: Maßnahmen zur Förderung der landwirtschaftlichen Tierzucht. In: Handbuch der Landwirtschaft. Allg. Tierzuchtlehre. Berlin u. Hamburg 1952.

– Die Tiere auf 50 DLG-Ausstellungen. Mitteilg. der DLG. 1968.

– Förderung der Tierzucht. In: Tierzüchtungslehre. Stuttgart 1971.

– 25 Jahre Imex. Bonn–München 1974.

WOLF, H.: Das deutsche graubraune Höhenvieh (Arbeiten der DGfZ). Berlin 1940.

WOLF, H. und KENNERKNECHT, H.: Die Milchleistung der Allgäuer Kühe 1894–1918. 1920.

WOLSTEIN, J. G.: Bruchstücke über wilde, halbwilde, Militär- und Landgestüte. 2. Teil. Wien 1788.

WOWRA, W. und LENTZ, W.: Schweinehaltung und Schweinekrankheiten. 2. Aufl. Neudamm 1937.

WRANGEL, C. G. VON: Die Rassen des Pferdes. Ihre Entstehung, geschichtliche Entwicklung und charakteristische Kennzeichen. 2 Bände. Stuttgart 1908/09.

WULF, E. G.: Entwicklung und heutiger Stand des Milchleistungskontrollwesens im früheren Reich bzw. heutigen Bundesgebiet. Landeskontrollverband Kassel, unveröffentlicht. 1950.

ZECHER, M.: Die Genossenschaftsidee in ihrer Anwendung auf die Viehzucht. Allg. Centralzeitung f. Tierz. 1899.

ZEDDIES, H.: 200 Jahre hannoversches Landgestüt Celle. D. L. T. 1935.

ZEDDIES, J.: Die Leistungssteigerung in der Tierproduktion. Diss. Göttingen 1969.

ZEISING, A.: Neue Lehre von den Proportionen des menschlichen Körpers. Leipzig 1854.

ZEUNER, FR. E.: Geschichte der Haustiere. London–München 1963.

ZIEGERT: Die Hebung der Landesrinderzucht in Schlesien. Breslau 1888.

ZIELENZINGER, K.: Die alten deutschen Kameralisten. 1914.

ZIMMERMANN, H.: Die Erzielung guter Dauerleistungen bei Rindern als züchterisches Problem. Zükde. 1955.

ZISCHKA, G. A.: Allgemeines Gelehrten-Lexikon. Stuttgart 1961.

ZOLLIKOFER: Das Deutsche Weideschwein (Hann.-braunschw. Landschwein). Z. f. Schweinezucht. 1927.

ZORN, W.: Viehzucht und Viehhaltung. In: Die deutsche Wirtschaft und ihre Führer. Bd. 7: Die Landwirtschaft. Gotha 1928.

– Schweinezucht. 1.–5. Aufl. Stuttgart 1927–1954.

– Die Steigerung des Milchfettgehaltes durch Züchtung. Mitt. d. Inst. f. Tierz. der Forschungsanstalt Kraftborn (Tschechnitz) Nr. 6. 1941.

– Züchtung auf einen höheren Fettertrag der Milchviehrassen. Tierzuchtreihe, Lutzeyer's Wegweiser für die Landwirtschaft. Bad Oeynhausen–Leipzig 1946.

– Bedeutung und Methoden der Konstitutionsforschung. Archiv der DLG. Frankfurt/M. 1950.

ZORN, W., COMBERG, G. und RICHTER, K.: Schweinezucht. 6. u. 7. Aufl. Stuttgart 1963, 1968.

ZORN, W.: Die Geschichte der Landwirtschaftswissenschaft in Schlesien. Beiheft zum Jahrbuch der Schlesischen Friedrich-Wilhelms-Universität zu Breslau II. Würzburg 1964.

ZORN, W., KRÜGER, L., LACHMANN, F. und FREIDT, G.: Reaktion des Tierkörpers auf Veränderungen in der Umwelt, gemessen am Blutbild des Rindes. Z. f. Tierz. u. Züchtungsbiol. 1941.

ZORN, W. und FREIDT, G.: Pferdezucht. Stuttgart 1944.

ZORNIG, H.: Nutzungsdauer von Kühen der Rotbunten Schleswig-Holsteiner. Zükde. 1955.

2 Quellen für statistische Unterlagen, Fachzeitschriften und sonstige allgemeine Publikationsreihen*

Adreßbuch der organisierten Tierproduktion in der Bundesrepublik Deutschland. Hannover 1980.

Adreßbuch der Deutschen Ziegenzuchtvereine. Dortmund 1919.

Allgemeine Centralzeitung für Tierzucht. Leipzig 1897–1900. (Ab 1901 Umbenennung in: Deutsche Landwirtschaftliche Tierzucht.)

Archiv für Bienenkunde. Giebelbach. Ab 1918.

Archiv für Geflügelkunde (vorübergehend Archiv für Kleintierzucht). Berlin–Stuttgart 1926–1980.

Bayerische Akademie der Wissenschaften, Historische Kommission: Neue deutsche Biographie.

Bayerische Landwirtschaftliche Jahrbücher. München. 1923–1980.

Berliner Thierärztliche Wochenschrift. Berlin 1888–1938. (Ab 1938 Berliner und Münchener Tierärztliche Wochenschrift nach Vereinigung mit Münchener Tierärztliche Wochenschrift.)

Berliner und Münchener Tierärztliche Wochenschrift. Berlin 1938 bis 1944, 1946 bis 1980.

Biographisch-literarisches Lexicon der Tierärzte, Landwirte. 1863.

Deutsche Gesellschaft für Züchtungskunde (s. auch S. 418). Züchtungskunde 1926–1980. Jahrbücher für wissenschaftliche und praktische Tierzucht 1906–1944. Arbeiten der Deutschen Gesellschaft für Züchtungskunde 1908–1943. Flugschriften der Deutschen Gesellschaft für Züchtungskunde 1910–1925. Taschen-Stammbuchbibliothek (Wilsdorf's Taschen-Stammbücherei) 1920–1932. Anleitungen der Deutschen Gesellschaft für Züchtungskunde 1920–1939. Aus Deutschen Zuchten 1936–1941.

Deutsche Landwirtschafts-Gesellschaft (Bereich tierische Produktion (s. auch S. 433): Arbeiten der Deutschen Landwirtschafts-Gesellschaft 1894–1933. Anleitungen der Deutschen Landwirtschafts-Gesellschaft 1900–1934. Flugschriften der Deutschen Landwirtschafts-Gesellschaft 1906–1934.

Deutsche Landwirtschaftliche Presse. Berlin 1896.

Deutsche Landwirtschaftliche Tierzucht. Hannover 1901–1945.

Der Deutsche Pelztierzüchter. München–Hamburg–Burgdorf 1926–1980.

Der Tierzüchter. Hannover 1949–1980.

Deutsches Kaltblut. Hannover 1927/28–1943.

Deutsche Tierärztliche Wochenschrift. Hannover 1893–1943/44, 1946–1980.

Deutsches Warmblut. Hannover 1938–1943.

Gatermann's Kalender für Tierzüchter, später Taschenkalender für Tierzüchter. Hannover 1921–1975.

Jahrbücher der Deutschen Ziegenzucht. Dortmund 1924–1928.

* In dieser Zusammenstellung des Schrifttums sowie auch in der über die Lehr- und Forschungsstätten und der Zuchtverbände sind Publikationen allgemeiner Art wiedergegeben. Sofern einzelne Autoren die Materie behandelt haben, s. bei diesen.

Kürschner's Deutscher Gelehrten-Kalender. Berlin 1926, 1940/41, 1954, 1966, 1980.

Milchzeitung. Bremen–Leipzig 1871–1911. Ab 1912 (41. Jahrgang d. Milchzeitung) – 1944.

Milchwirtschaftliches Centralblatt. Hannover.

Münchener Tierärztliche Wochenschrift. München 1909–1938. (Ab 1938 Berliner und Münchener Tierärztliche Wochenschrift.)

Preußische Gestütsverwaltung (Festnummer z. 200jährigen Bestehen). Deutsche Landwirtschaftliche Tierzucht. Hannover 1932.

Reichsmilchgesetz v. 31.7.1930 nebst Durchführungsbestimmungen vom 15. 5. 1931. Hildesheim.

Süddeutsche Landwirtschaftliche Tierzucht. München 1917–1923, 1925–1937. (Ab 1938 in Deutsche Landwirtschaftliche Tierzucht aufgegangen.)

Statistische Jahrbücher des Deutschen Reiches. Berlin 1890–1944.

Statistische Jahrbücher für die Bundesrepublik Deutschland ab 1952–1980. Wiesbaden.

Statistische Jahrbücher der Deutschen Demokratischen Republik. Berlin 1956, 1960–1978.

Statistische Jahrbücher über Ernährung, Landwirtschaft und Forsten der Bundesrepublik Deutschland. Bundesministerium für Ernährung, Landwirtschaft und Forsten. Hamburg und Berlin 1956–1975. Münster-Hiltrup 1976–1980.

St. Georg, Zeitschrift für Pferdesport und Pferdezucht. Düsseldorf 1924–1930, 1940–1942, 1949–1980.

Zeitschrift für Agrargeschichte und Agrarsoziologie. 1953–1977.

Zeitschrift für Gestütskunde. Hannover 1906–1938. (Ab 1938 Umbenennung in Deutsches Warmblut.)

Zeitschrift für Schafzucht. Hannover 1914–1916, 1925–1941/42 (später bis 1980 Deutsche Schäfereizeitung, Deutsche Schafzucht. Stuttgart).

Zeitschrift für Schweinezucht, Schweinemast und Schweinehaltung. Neudamm 1922–1943.

Zeitschrift für Schweinezucht und Schweinemast. Hannover 1953–1980.

Zeitschrift für Tierpsychologie. Berlin 1937–1938, 1967, 1974–1975.

Zeitschrift für Tierzüchtung und Züchtungsbiologie. 1924–1929; von 1929–1938 Zeitschrift für Züchtung Reihe B, Tierzüchtung und Züchtungsbiologie; von 1938–1980 Zeitschrift für Tierzüchtung und Züchtungsbiologie. Berlin.

Zeitschrift für Ziegenzucht. Hannover 1924.

Zeitschrift für Zuchthygiene. Hannover– Jena 1957–1980.

3 Lehr- und Forschungsstätten

Allgemeines

Deutsche Forschungsstätten für Tierzüchtung und Tierhaltung. Zeitschr. f. Züchtungsk. 1961.

Deutsche Forschungsstätten im Dienste der Nahrungsfreiheit. Neudamm 1940.

Festschrift zum 150jährigen Bestehen der Königl. Landwirtschafts-Gesellschaft Hannover. Hannover 1764–1914.

Beiträge zur Kenntnis der landwirtschaftlichen Verhältnisse im Königl. Hannover. Hannover 1864.

Das Thierärztliche Unterrichtswesen Deutschlands. Leipzig 1890.

Die Tierzucht als Lehrfach landwirtschaftlicher Hochschulen. Deutsche Landwirtschaftliche Tierzucht 1901.

Vademecum deutscher Lehr- und Forschungsstätten. Essen 1968.

Universitätsführer. Leipzig 1963.

Die Universitäten in Mittel- und Ostdeutschland. Bremen 1961.

Spezielles Schrifttum der einzelnen Lehr-/Forschungsstätten

Die landwirtschaftliche Hochschule zu Berlin. Ihre Begründung und Einrichtung. Berlin 1881.

Wissenschaft und Landwirtschaft. Festschrift zum 50jährigen Bestehen der Landwirtschaftlichen Hochschule Berlin. Berlin 1931.

Die Humboldt-Universität gestern, heute, morgen. Zum 150jährigen Bestehen. Berlin 1960.

Zur 175. Wiederkehr des Gründungstages der Königlichen Tierarzneischule. Berlin 1965.

Festschrift zur Feier des 50jährigen Bestehens der Königlich-Preußischen Landwirtschaftlichen Akademie Bonn-Poppelsdorf. Bonn 1897.

Verzeichnis der Professoren und Dozenten der Rheinischen Fr.-Wi.-Universität zu Bonn 1818–1968. Bonn 1969.

Festschrift zur Feier des 100jährigen Bestehens der Universität Breslau, Bd. 1 u. 2. Breslau 1911.

Chronik der schlesischen Fri.-Wi.-Universität Breslau 1912–1915. Breslau.

Festschrift der Technischen Hochschule Breslau zur Feier ihres 25jährigen Bestehens (1910–1935). Breslau 1935.

Festschrift zur Säcularfeier der Königlichen Landwirtschafts-Gesellschaft zu Celle. Hannover 1864.

Die Technische Hochschule Danzig. Danzig 1930.

Danziger Hochschulführer. Ausgabe 5–6. 1931 und 1935.

Technische Hochschule Danzig 1904–1954. 2 Bd. 1954.

Vom geistigen Fortleben der Technischen Hochschule Danzig 1961.

150 Jahre Landwirtschaftsschule Hof Geisberg/Wiesbaden 1818–1968. Wiesbaden.

200 Jahre Veterinärmedizin an der Universität Gießen 1777–1977. Gießen.

Die Universität Gießen, ihre Entwicklung und ihre Anstalten. Gießen 1928.

Das landwirtschaftliche Institut an der Universität Göttingen. In: Festschrift zum 150jährigen Bestehen der Königl. Landwirtschaftsgesellschaft Hannover. Hannover 1914.

Die landwirtschafliche Versuchsstation Weende–Göttingen. In: Festschrift zum 150jährigen Bestehen der Königl. Landwirtschaftsgesellschaft Hannover. Hannover 1914.

25 Jahre landwirtschaftliche Fakultät Göttingen. Göttingen 1977.

Die Ernst-Moritz-Arndt-Universität Greifswald und ihre Institute. 1959.

Festschrift zur 500-Jahr-Feier der Universität Greifswald. Bd. II. 1956–1961. 1962.

Bayerische Landesanstalt für Tierzucht, Grub. Jahresberichte.

Die Universität Halle, ihre Anstalten, Institute und Kliniken. Halle/S. 1928.

250 Jahre Universität Halle (Streifzüge). Halle/S. 1944.

100 Jahre landwirtschaftliche Institute der Universität Halle. Halle/S. 1963.

Die Universität Heidelberg. Heidelberg 1931.

Aus der Geschichte der Universität Heidelberg und ihrer Fakultäten (575jähriges Bestehen). Sonderband Ruperto-Carola 1386–1961. Heidelberg.

Die Königlich Württ. Lehranstalt für Land- und Forstwirtschaft zu Hohenheim. 3. Aufl. Stuttgart 1838.

Beschreibung der Land- und Forstwirthschaftlichen Akademie Hohenheim. Stuttgart 1863.

Festschrift zur Feier des 100jährigen Bestehens der Königl. Landw. Hochschule Hohenheim. Stuttgart 1918.

Geschichte der Universität Jena 1548/58. Jena 1958.

Universität Kiel, ihre Anstalten, Institute, Kliniken. Kiel 1929.

90 Jahre Milchforschung in Kiel 1877–1967. Bundesanstalt für Milchforschung. Kiel 1967.

Königsberger Studenten-Handbuch. Königsberg/Pr. 1931.

Jahrbuch der Albertus-Universität zu Königsberg nebst Beiheften 1–29. 1951–1977.

Die Karl-Marx-Universität Leipzig. 1409–1959. Leipzig.

Tierärztliche Ausbildungsstätte München 1790–1965. München.

Die wissenschaftlichen Anstalten der Ludwig-Maximilians-Universität zu München. München 1926.

Die Universität München, ihre Anstalten, Institute und Kliniken. München 1928.

175 Jahre Tierärztliche Ausbildungsstätte in München. Festschrift. München 1965.

Die landwirtschaftliche Akademie Proskau. 3. Ausgabe. Berlin 1869.

Die 500-Jahr-Feier der Universität Rostock 1419–1919. Rostock 1920.

Rektor der Universität Rostock. Geschichte der Universität Rostock 1419–1969. Festschrift. 2 Bände. Rostock 1969.

Die Königl. Württ. Thierarzneischule zu Stuttgart. Stuttgart 1847.

Thierarzneischule zu Stuttgart. Stuttgart 1871.

Tharandter Jahrbuch, zugleich Festschrift zum 50jährigen Jubiläum der Akademie. Leipzig 1866.

50 Jahre Forschung, Lehre, Praxis (1923–1973). Jahresbericht der Südd. Versuchs- und Forschungsanstalt für Milchwirtschaft, Weihenstephan. Freising.

4 Auszug aus dem umfangreichen Schrifttum und den Mitteilungen der Tierzuchtverbände

Mitteilungen der Ammerländer Schweinezucht-Gesellschaft. Bad Zwischenahn 1979.

Zuchtverband für Fleckvieh in Mittelfranken (75jähriges Jubiläum 1898–1973). Ansbach 1973.

75jähriges Bestehen des Landwirtschaftlichen Hauptvereins Bremervörde. Festschrift 1910.

Mitteilungen des Landesziegenzuchtverbandes Baden.

Mitteilungen und Jahresberichte der Deutschen Reiterlichen Vereinigung. Hauptverband für Zucht und Prüfung deutscher Pferde. Bonn–Warendorf 1957–1980.

Mitteilungen und Jahresberichte der Arbeitsgemeinschaft Deutscher Rinderzüchter. Bonn 1953–1980.

Mitteilungen und Jahresberichte der Arbeitsgemeinschaft Deutscher Schweinezüchter (ab 1972 Arbeitsgemeinschaft Deutscher Schweineerzeuger). Bonn 1958–1980.

Mitteilungen und Jahresberichte der Vereinigung Deutscher Landesschafzuchtverbände. Bonn 1952–1980.

Mitteilungen des Württ. Braunviehzuchtverbandes Biberach/Riß.

Festschrift zum 75jährigen Bestehen, 1901–1976, des Kontrollvereins Bislich.

Hoyaer Schweine. Festschrift zum 75jährigen Bestehen des Hoyaer Schweinezuchtverbandes Hannover, 1895–1970.

Festschrift zum 75jährigen Bestehen der Allgäuer Herdebuchgesellschaft, 1893–1968, Kempten–Kaufbeuren.

Mitteilungen des Direktoriums für Vollblutzucht und Rennen. Köln.

50jähriges Bestehen (Rückblick) des Verbandes der Rotbuntzüchter in Kurhessen-Waldeck. Korbach 1970.

Mitteilungen der Allgäuer Herdbuchgesellschaft. Kaufbeuren.

Festschrift 60 Jahre Fleckvieh in der Pfalz. Mitteilungen des Zuchtverbandes für Fleckvieh in Landau.

60 und 70 Jahre Zuchtverband für Fleckvieh in Niederbayern. Landshut 1960 und 1970.

Mitteilungen des Tierzuchtamtes Miesbach zum 40jährigen Bestehen des Zuchtverbandes für oberbayerisches Alpenfleckvieh in Miesbach (1892–1932). Süddeutsche Landwirtschaftliche Tierzucht. 1933.

80 Jahre (1892–1972) Zuchtverband für oberbayerisches Alpenfleckvieh in Miesbach. Festschrift. Miesbach 1972.

Arbeitsgemeinschaft der Verbände der Höhenviehzüchter. Grundregel für das Südd. Kuhfamilien-Leistungsbuch. München 1957.

75 Jahre Westfälische Rotbuntzucht 1892–1967. Festschrift des Westf. Rinderstammbuches der Rotbuntzüchter. Münster 1967.

Mitteilungen des Schweinezuchtverbandes Südhannover-Braunschweig. Northeim.

60 Jahre Oldenburger Schweinezucht-Gesellschaft 1894–1954. Oldenburg 1954.

75 Jahre Oldenburger Herdbuchzucht (1880–1955). Bericht der Oldenburger Herdbuchgesellschaft. Bd. I. 1955.

Festschrift zum Jubiläum des Bestehens der Oldenburger Herdbuchgesellschaft 1880–1970. Oldenburg (O.) 1970.

Mitteilungen des Landeskontrollverbandes Weser-Ems. Oldenburg.

Mitteilungen des Landesschafzuchtverbandes Weser-Ems. Oldenburg.

Osnabrücker Schwarzbuntzucht 1901 bis 1961.

Bericht der Osnabrücker Herdbuchgesellschaft. 1961.

Mitteilungen des Landesverbandes Württ. Ziegenzüchter. Stuttgart.

75 Jahre Zuchtverband 1896–1971. Festschrift des Rinderzuchtverbandes Traunstein. 1975.

80 Jahre Zuchtverband 1896–1976. Mitteilungen des Rinderzuchtverbandes Traunstein. 1976.

Mitteilungen des Verbandes oberschwäbischer Fleckviehzuchtvereine. Ulm.

Mitteilungen des Verbandes Lüneburger Schweinezüchter. 70 Jahre Schweinezucht. 1897–1967. Uelzen.

75 Jahre Rinderzuchtverband in der Oberpfalz. Weiden 1972.

Mitteilungen des Zuchtverbandes für Gelbvieh. Würzburg.

75 Jahre Schweizerischer Braunviehzuchtverband. Zug 1972.

Namensregister

(ohne Autorennamen in den Literaturverzeichnissen)

Sachregister